"十三五"国家重点出版物出版规划项目

国家出版基金项目
NATIONAL PUBLICATION FOUNDATION

采矿手册

第七卷 矿山安全

古德生◎总主编

唐绍辉◎主编

谢 源 赵艳艳◎副主编

Mining Handbook

中南大学出版社
www.csupress.com.cn

·长沙·

内容提要

　　本卷共 9 章。分别为第 1 章矿山通风；第 2 章矿山防灭火；第 3 章深井的热环境控制；第 4 章矿山防排水；第 5 章排土场；第 6 章矿山尾矿库；第 7 章井下安全避险；第 8 章矿山安全评价；第 9 章矿山安全标准化。

　　本卷结合金属非金属矿山安全生产实际，重点介绍了矿山通风、防灭火、深井热环境控制、防排水、排土场、尾矿库和井下安全避险等安全技术，还包括安全评价、安全标准化等先进安全管理内容。作为一部大型手册，本卷尽可能突出其实用性，重点收录了金属非金属矿山安全技术、装备与管理方法，并筛选了部分经实践检验有效的典型工程案例。本卷内容强调实用性与可操作性，适合从事金属非金属矿山安全工作的管理人员、技术人员、科研教学人员和相关专业的研究生与本科生参阅。

矿产资源是在地球长达 46 亿多年的演化过程中形成的、不可再生的可开发利用矿物质的聚合体。矿业是人类开发利用矿产资源而形成的产业，包括矿产地质勘探、矿床开采和矿物加工，是获取初级矿产品、为后续工业提供原材料的基础性产业。

人口、资源、环境是人类社会可持续发展的三大要素，而矿产资源是核心要素。人猿揖别后，人类文明"一切从矿业开始"：从旧石器时代到当前大数据、人工智能、物联网协同发展的"大人物"时代，人类从未须臾离开过矿业！矿产资源的开发利用与人类社会的发展，在历史长河中相辅相成，各类矿产资源为人类的衣、食、住、行，社会的发展与科技进步提供了重要的物质基础，衍生了人类社会，创造了人类的物质文明、科技文明和精神文明。现代社会的冶炼和压延加工业、建筑业、化学工业、交通运输业、机械电子业、航空航天业、核能业、轻工业、医药业和农业等国民经济的各行各业，没有矿业一切都将成无米之炊。

绵延五千年，在中华大地上，炎黄子孙得以生存发展与繁衍生息，中华文明的传承和发扬光大，与矿产资源的开发密不可分。华夏祖先是世界上开发利用矿产资源最早、矿物种类最多的先民之一，在世界矿业史上开创了辉煌的时代，创造了灿烂的矿冶文明。1973 年，在陕西临潼姜寨文化遗址中出土的黄铜片和黄铜管状物，年代测定为公元前 4700 年左右，是世界上最古老的冶炼黄铜，标志着我们的祖先早已为人类青铜时代的到来奠定了坚实的基础。成批出土了青铜礼器、兵器、工具、饰物等的二里头文化，表明在距今已有 4000 余年的夏朝时期，华夏文明就已进入了青铜时代。2009 年，在甘肃临潭磨沟寺洼文化墓葬中出土的两块铁条，距今已有 3510~3310 年，表明 3000 多年前华夏的铁矿采冶技术就已经相当成熟，为春秋战国时期大量开采铁矿、使用铁器和人类跨入铁器时代奠定了基础。到了近代，特别是 1840 年鸦片战争以后，由于列强的掠夺、连年战乱和长期闭关锁国，中国矿业开始逐渐落后于西方国家。

1949 年，中华人民共和国成立后，国民经济得到了迅猛的恢复和发展，中国矿业从年产钢 15 万吨、10 种有色金属 1.3 万吨、煤炭 3200 万吨、原油 12 万吨起步，开启了快速发展与重新崛起的新纪元。

20 世纪 50 年代初期，为规划"建设强大的社会主义国家"，振兴矿业成为头等大事。

1950 年 2 月 17 日，正在苏联访问的毛泽东主席在莫斯科为中国留学生亲笔题写了"开发矿业"四个大字，号召有志青年积极投身祖国的矿山事业，为中国矿业的发展和壮大贡献青春和智慧。七十多年弹指一挥间，经过几代人的努力，我国已探明了一大批矿产资源，建成了比较完整、齐全的矿产品供应体系，为国民经济的持续、快速、协调、健康发展提供了重要的物质保障，取得了举世瞩目的成就：2019 年生产钢材 12.05 亿吨，10 种有色金属 5866 万吨，原煤 38.5 亿吨，原油 1.91 亿吨。

1　矿业特点与产业定位

在人类社会漫长的发展过程中，被发现和利用的矿产种类越来越多。依据矿业经济和社会发展的不同历史阶段所需矿物种类的差异性，可以大致将矿产资源分为三类：

第一类是传统矿产，包括铜、铁、铅、锌、锡、煤和黏土等工业化初期需要的主导性矿产品。

第二类是现代矿产，包括铝、铬、锰、钨、镍、矾、铀、石油、天然气和硅等工业化成熟期到高技术发展初期广泛利用的矿产品。

第三类是新兴矿产，包括钴、锗、铂、稀土、钛、锂、金刚石、高纯石英、晶质石墨等知识经济高技术时代大量使用的矿产品。

一个国家的科技及经济处于哪个发展阶段，依据上述三类矿产品的生产量和需求量的比例就可做出判断。当今世界正面临着新的技术革命，不仅需要第一类、第二类矿产，还需要大力开发第三类矿产。比如，航空航天、医疗设备、电子通信、国防装备等，都需要大量的新兴矿产品。

在联合国的《国际标准行业分类》(ISIC-4.0)和欧盟标准产业分类(NACE2006)、北美产业分类(NAIC2012)等文件中，矿业(包括探矿、采矿和选矿)均归属于从自然界获取初级矿产品、为后续加工产业(第二产业)提供原材料的第一产业。世界矿业大国和矿产品消费大国，如俄罗斯、美国、巴西、澳大利亚、新西兰、加拿大、南非等，都把矿业作为一个独立产业门类且归属为第一产业。仅有日本、德国等少数国家，因其国内矿产资源较为贫乏，所需要的矿产品主要依靠国外进口，矿业在其国民经济中所占份额较少，而把矿业列为第二产业。

由于历史的原因，我国矿业被划分在第二产业，这是不合适的。中华人民共和国成立之初所确定的产业分类法，是从苏联移植的按生产单位性质划分产业类型的方法，完全没有考虑经济活动的性质。因此，把设在冶金联合企业(包含探矿、采矿、选矿、冶炼和材料加工等生产业务)内部的矿山采掘生产作业(探矿、采矿、选矿)连带划入了第二产业。几十年来，我国一直维持着这一分类法。到 2003 年，国家统计局颁布的《三次产业划分规定》及现行的《国民经济行业分类》(GB/T 4754—2017)中，依然将采矿业划归为第二产业，且把勘查业划归为第三产业。这种把矿业等同于加工业的产业分类方法，混淆了企业经济活动的性质，压制了矿山企业的经济活力，实在有待商榷。马克思在《资本论》中阐述剩余价值学说时，就曾论述到：农业、矿业、加工业和交通运输业是人类社会的四大生产部类，农业和矿业是直接从自然界获取原料的生产部类，是基础性产业；加工业是对农业和矿业所获得的原料进行加工，以满足社会的需求；交通运输业是连接农业、矿业、加工业等的纽带和桥梁；没有农业和矿业的发展，就没有加工业和交通运输业的繁荣。

随着经济和社会的发展，中国已成为世界第一矿业大国，理应同世界上绝大多数国家一样，把矿业归属于第一产业。从生产活动的性质上看，矿业不仅应该划归第一产业，而且它还应该是个独立的产业门类。因为它与一般工业有本质的不同，主要有如下特性：

(1)建矿选址的唯一性。一般工业可选择相对有利于人们生产、生活的地区建厂，而矿山只能建在矿床所在地。大多数蕴藏矿产资源的地区往往是水、电、交通条件很差的边远山区，建矿如同建社会，矛盾多、投资大、工期长。

(2)开采对象的差异性。开采对象资源禀赋天然注定，其工业储量、有用矿物种类与价值、赋存条件、矿床形态、矿岩的物理力学性质、矿石品位等的差异非常大，由其所决定的生产方式、开发规模、服务年限与可营利性等千差万别。这些差别表明矿山投资风险高、技术工艺多变、建设周期长。

(3)作业场所的不确定性。矿山开采作业人员和设备的工作面随着生产推进而日新月异，同时还面对地质构造、地下水、地压、矿体边界等许多不确定性，以及采、掘(剥)等主要生产工序间的协同性，导致矿山生产作业、安全管控难度大、风险高。

(4)矿产资源的不可再生性。矿产资源是地质作用下形成的有用矿物质的聚合体，是不可再生的，因此，矿山终将随着资源的枯竭而关闭，大量固化工程将报废，大量固定资产因失效而流失，同时还有大量的如闭坑等善后处理工程。

(5)产业发展的艰难性。目前，矿山生产与建设需要遵守国家五十多项法律法规，矿山建设准备工作纷繁复杂；矿山生产设施和废渣排放需要占用大量土地，矿山建设与矿区周边复杂的利益关系往往使得矿地关系协调异常困难；受矿床赋存条件制约，矿山建设工程量大、建设周期长、投资风险高；采矿生产过程需要经常移动作业地点、资源赋存条件也往往不断变化，这些都会导致生产安全、生态环境等诸多不确定性，根本不可能用管理工厂的固定工艺流程的办法来管理矿山。

(6)矿业的基础性。矿业处于工业产业链的最前端，它为后续加工业提供初级原料，向下游产业输送巨大的潜在效益，全面支撑国民经济的可持续发展。我国85%的一次能源、80%的工业原材料、70%以上的农业生产资料均来自矿业。没有矿业就没有工业、没有国防，也没有国家现代化。矿业与粮食一样是国家立业之根本。

世界上最早认识到矿业处于国民经济基础地位的是现代工业发源地英国，其后是非常重视矿产资源基础地位、掀起了第二次工业革命浪潮的美国。当今时代，矿业在国民经济的发展和国家安全中的重要性尤为突出。但是，长期以来我国矿业被定位为第二产业，与加工业混为一谈，这漠视了矿业的特殊性，严重扭曲了矿业的租税制度，导致我国的矿业管理几近碎片化，致使矿业负担过重、资源开发过度、环境破坏严重，形成了当代矿业发展与后代子孙的资源权益同时受损的局面。在面临百年未有之大变局的今天，国际政治、经济、军事环境复杂多变、世局纷扰，无不涉及矿产资源的激烈竞争。对于我国这样一个涉及油气、煤炭、冶金、有色金属、化工、核工业、建材等领域的矿业大国来说，缺乏全国性的统一管理部门，对我国经济和社会的健康发展与有效应对复杂多变的国际环境十分不利。现实在呼唤：中国矿业应该与同是基础产业的农业一样划入第一产业，并由独立部门负责管理，以加强我国矿业发展的战略规划和政策引导。这有利于将矿业作为一个整体纳入国民经济体系之中，有利于制定统一的矿业发展战略和发展规划，有利于制定统一的方针政策和行业规范，有利于协调不同行业之间的矛盾，有利于解决行业内部遇到的共同问题，有利于制定并实施全球资源战略和参与国际竞争。让中国矿业大步跨出国门，积极融入"一带一路"建设，这也是第一矿业大国应有的担当。

2 矿产资源开发的世界视野

矿产资源的不可再生性，决定了世界矿产资源保有量的枯竭性和供应量的有限性。加上矿产资源供需不均衡，致使世界范围内争夺矿产资源的矛盾加剧，造成了全球局势的纷扰动荡。

在近代，全球地缘政治复杂多变，无不与资源争夺有关。矿产资源丰富本是一个国家的优势，但在世界资源激烈争夺的过程中，相对弱小的国家，资源优势成为了外国入侵的导火索，如某些中东国家的石油，非洲国家的钻石、黄金等，都带着资源争夺的血腥味。

当前，全球四千三百多家国际矿业公司中，尤其是占比达63.5%的加拿大、美国、澳大利亚等国的矿业公司，在一百多个国家和地区既争夺资源，又争夺市场。这种争夺不仅表现在贸易摩擦和投资竞争的激烈性上，也表现在这些国际矿业公司与东道国之间矛盾的尖锐性上，有时甚至演化成为领土间的争端和冲突，造成世界经济、政治和军事的动荡不安。

邓小平同志在1992年曾经说过："中东有石油，中国有稀土"，中国稀土年产量曾经独占全球的九成。随着高新科技产业的快速崛起，稀土资源成为极其重要的战略资源，特别是产于中国南方离子吸附型矿床中的钆、铽、镝、钬、铒、铥、镱、镥、钇、钪等10种重稀土。长时间超大规模、超强度的无序开采，给中国南方稀土矿区的生态环境带来了非常严重的破坏。为了保护生态环境，国家2007年决定对稀土出口实行配额管理，使得稀土的出口量缩减了35%~40%。2012年，美国、欧盟、日本等纠集起来，在世界贸易组织对中国的稀土配额管理制度横加指责、粗暴干涉。这些深刻地反映出世界矿产资源争夺与国际市场贸易战的激烈程度。

作为世界第一矿业大国，中国矿业对世界矿业的影响举足轻重，在矿业市场全球化的环境下，中国矿业已经深深地植根于全球化的矿业市场中，面对日益激烈的竞争，中国应加快从矿业大国向矿业强国转变。

到2050年，全球人口将会突破90亿，水、粮食和矿产资源的需求将大幅增加。资源过度开发利用所带来的环境破坏，以及资源过度消耗所造成的环境污染与气候变迁，将使人类面临更为严峻的生态危机。

　　放眼世界，资源是世局纷扰的主要因素。资源占有和资源供应决定着国家战略。发达国家之所以不惜投入巨资发展太空科技，研究打造月球基地和小行星采矿，努力向外太空发展，除了国家安全战略方面的考虑外，开发太空资源是其重要动因。未来一定是谁掌握了未来资源，谁就掌握了未来。

　　当前，我国经济已由高速发展阶段转向高质量发展阶段，对矿产资源的需求也由全面、持续、快速增长转变为差异化增长。矿产资源的供给安全正逐步突破以数量、规模、成本、利润为目标的市场供给范围，新一轮科技革命必将驱动矿产资源的供应安全渗透到国家经济发展和地缘政治领域。

　　面对错综复杂的国际环境，中国矿业要紧扣矿业领域新的发展阶段、新的发展理念、新的发展格局，以推进高质量低碳发展为目标，以短缺矿产资源找矿突破为重点，以树立绿色低碳矿业新形象为标志，加快构筑互利共赢的全球产业链、供应链命运共同体，形成以国内大循环为主体、国内国际双循环相互促进的发展新格局。

3　矿业的可持续发展

　　矿业要坚定不移地走可持续发展之路，"绿色开发"将成为矿业发展的永恒主题。人类在石器时代，对矿产品的认识、采集、加工利用等活动仅在地表进行，矿产品产量、开采方式和废弃物排放等，与生态环境的承载能力基本上相适应。自青铜时代起，铜、铁等矿产品先后出现规模化开采矿点，涉及地表、地下开发，但规模有限，对生态环境的影响也有限，故早期人类并没有十分重视矿业对周边生态环境的影响。进入工业化时代以后，经济和社会的发展使得矿产资源的需求量激增，矿业对生态环境的破坏也越来越严重。为了解决现代工业发展与生态环境保护间的矛盾，自20世纪70年代以来，人类在不懈地探求生存和发展的新道路，提出了"可持续发展"理念，倡导绿色矿业。经过几十年的实践，可持续发展和绿色矿业的理念，已被越来越多的人接受，并已成为全球共识。

　　我国是世界上少有的几个资源总量大、矿种配套程度较高的资源大国之一，矿产资源总量居世界第三位。但是，大宗矿产资源赋存条件不佳，可持续供给能力不强，人均资源量约为世界人均的58%。从这个意义上说，我国实际上还是一个资源相对贫乏的国家。目前，我国的镍、铜、铁、锰、钾、铅、铝、锌等大宗矿产品的后备资源储量较少，品质不高，且经过多年远高于全球平均水平的高强度开采，资源消耗过快，静态储采比大幅下降，总体上处于相对危机状态。

　　目前，我国正处于工业化中期阶段，对矿产资源的需求强度将进入高峰期，矿产资源的供需矛盾日益突出，因此，矿产资源的可持续开发利用更加引人瞩目。自20世纪末以来，我国矿业的可持续发展理念有了很大升华，归纳为以下四点：

　　(1) 矿业经济的全球观。将一个国家和地区的资源供求平衡过程与国际平衡过程紧密地联系起来，采取两种资源和两个市场的战略方针和对策，稳定、及时、经济、安全地在国际范围内，实现国内总供给和总需求的平衡；同时积极、主动地适应矿业全球化的大趋势，以获得全球竞争与合作的"红利"，防止被边缘化。

（2）矿业的可持续发展观。将矿产资源的开发利用和生态环境的保护与整治紧密联系起来，强调资源利用的世界时空公平性和资源效益的综合性，在生产和消费模式上，实现由浪费资源到节约资源和保护资源，由粗放式经营到集约化经营，由只顾当代利用到兼顾后代持续利用的转变。

（3）资源开发利用增值观。通过科技进步，提高资源的综合回收率，开拓资源应用的新领域，延伸资源开发利用的产业链，从根本上改变"自然资源无价"和"劳动唯一价值论"的传统观念，使资源得到最大限度的利用。

（4）矿产资源供应安全观。矿产资源在很大程度上决定着一个国家的经济发展实力和综合国力，因此，资源需求大国应大大提高资源供求意义上的国家安全观，强化重要资源的安全供给。

矿业可持续发展是矿产资源开发利用与人口、经济、环境、社会发展相协调的可持续发展。2003年，我国提出了"坚持以人为本，实现全面、协调、可持续发展"的科学发展观，它成为我国实施可持续发展战略的原动力和重要指导方针。为了实现矿产资源可持续开发，在树立上述四个新观念的基础上，人们十分关注与矿产资源可持续开发相关的矿业政策与措施：

（1）健全矿产资源法律法规体系。在已有《矿产资源法》《固体废物污染环境防治法》等的基础上，制定《矿山环境保护法》《矿业市场法》等法律；科学编制和严格实施矿产资源规划，加强对矿产资源开发利用的宏观调控，促进矿产资源勘查和开发利用的合理布局；健全矿产资源有偿使用制度，加强矿山生态环境保护和治理，制定矿业监督监察工作条例，加强矿业执法、检查和社会监督。

（2）择优开发资源富集区。加强矿产资源调查评价和矿产勘查工作，积极开拓资源新区，开发国家短缺的和有利于西部经济发展的矿产资源；依据资源配置市场化的战略思路，对战略性资源实行保护性开采；按照价值规律调节资源供求关系，重视开发利用过程中资源价值的增值问题；科学地探索和总结矿床地质理论，不断创新勘探技术与方法，提高矿产资源保证程度。

（3）提高矿产资源开采和回收利用水平。依靠科技进步，推广采、选、冶高新技术，大力提高矿石回采率和伴生、共生组分的回收利用能力，最大限度地合理利用矿产资源，减少矿业对环境的影响；促进资源开发的节能降碳、绿色发展；大力培养全民节约资源和保护资源的意识，建立节约资源和循环利用资源的社会规范。

（4）用好国内外两种资源、两个市场。从国内矿产资源供应为主，转变为立足国内资源，通过扩大国际矿产品贸易、合作勘查开发和购置矿业股权等途径，最大限度地分享国外资源；组建海外经济联合体，形成利益共同体，掌控海外矿冶产业链的主导权，以稳定国外资源供应。对国内优势矿产，坚持保护性开发，以保障国家资源安全。

（5）矿产开发与环境保护协调发展。推进矿产资源开发集约化之路，提高矿业开发的集中度，发挥规模经济效益；发展现代装备技术，提高采掘装备水平，变革采矿工艺技术，"在保护中开发，在开发中保护"，推进安全生产、绿色发展，促进矿产资源开发利用与生态建设和环境保护的协调发展。

（6）建立重要战略矿产资源储备制度。采用国家储备与社会储备相结合的方式，实施战略性矿产资源储备；建立重要战略矿产资源安全供应体系和预警系统，最大限度地保障国家经济和国防建设对资源的需求；完善相关经济政策和管理体制，以应对国内紧缺支柱性矿产供应中断和国际市场的突发事件；积极开展大洋与极地矿产资源的调查研究，为开发海底与极地资源做好技术储备。

4　金属矿采矿工程

我国目前已经发现的矿产有 173 种，其中金属矿产 59 种、非金属矿产 95 种、能源矿产 13 种、水气矿产 6 种。本书所涵盖的内容主要涉及金属矿产资源的开采领域，包括已探明储量的 54 种金属矿产。

根据金属矿床赋存的空间环境和所采用的采矿工艺技术及装备的不同，金属矿床的开采方式目前一般分为露天开采、地下开采和海洋开采三种。

"露天开采"用于开采近地表的矿床。我国的铁矿石和冶金辅助原料，以及化工、建材及其他非金属矿产多采用露天开采。

"地下开采"用于开采上覆岩土层较厚或滨海、滨江、滨湖的矿床。我国的铅、锌、钨、锡、锑、金等有色金属矿产主要采用地下开采。

"海洋开采"用于开采海水、海底表层沉积物和海底浅表基岩中的有用矿物，至今仍然处于探索阶段。我国已于 1991 年成为海底资源"先驱投资者"国家，在国际公海上获得了 15 万 km^2 的"开辟区"和"保留区"的权利。我国在深海海底资源勘探、深海耐高压采掘设备和机器人等领域的研究，也已取得重要进展。

采矿工程学科是一个以矿山地质、矿床开采系统与方法、采矿工艺技术、矿山装备与信息技术、数字矿山与智能采矿、矿床开采设计、矿山建设与管理、矿山安全与环境工程等为主线，以岩体力学为专业基础理论，以机械化、自动化、信息化、智能化为重要技术支撑的工程科学技术学科。为了开发利用矿岩中的有用矿物资源，需要在长期地质作用下所形成的矿岩体中进行采掘作业而形成采矿工程，因而打破了亿万年来地层结构的原始应力平衡状态，必须通过支护、充填或崩落等地压控制手段在矿岩中形成一个新的应力平衡。但在长期的地质作用下所形成的板块、地块、断层、裂隙、层理、节理等多层次的结构体存在着复杂多变的地应力，直接影响着岩体本构关系的性质，使得采矿工程学科的基础理论与工艺技术比一般工程学科更加复杂。作为采矿工程基础理论的岩体力学，由于受到开采过程中多种随机因素的影响，要研究和处理非均质、非连续介质、内部充满各种软弱面的力学问题，也变得十分复杂。但在近代计算力学成果的基础上，通过计算机仿真技术，岩体力学已经能够从工程的角度诠释混沌问题的本质，为采矿工程技术的发展提供科学基础。

5 金属矿采矿的未来

我国钢铁和有色金属产量已于2000年前后分别跃居世界第一位,成为世界金属矿业大国。如今,我国正处于迈向矿业强国的重要转折期。站在世界矿业科技前沿的高度,去审视我国金属矿业的发展状况,前瞻未来,明确重点发展领域,全面落实可持续发展、绿色开发理念,努力构建非传统的"深地"开采模式,寻求"智能采矿"技术的新突破,是当代中国矿业人的重大使命。

(1)遵循矿业可持续发展模式——绿色开发。遵循矿业可持续发展的模式,将矿区资源、环境和社会看作一个有机整体,在充分开发、有效利用矿产资源的同时,保护矿区土地、水体、森林等生态环境,实现资源-环境-经济-社会的和谐发展是绿色开发的基本特征。"绿色开发"的技术内涵很广,主要包括矿区资源的高效开发设计和闭坑设计,矿区循环经济规划设计,固体废料产出最小化和资源化,节能减排,矿产资源的充分综合回收,矿区水资源的保护、利用与水害防治,矿区生态保护与土地复垦,矿山重金属污染土地生物修复,矿区生态环境的容量评价等。

2005年8月15日,习近平同志首次提出"绿水青山就是金山银山"的理念。按照"绿水青山"和"金山银山"和谐共存、互利互惠的基本原则,充分依靠不断创新的充填采矿工艺技术和装备,特别是金属矿山"采、选、充"一体化技术、特殊资源原位溶浸开采技术、闭坑后采掘空间绿色开发利用技术,推广节能降碳、绿色发展的矿业新模式,是矿山企业践行"绿水青山就是金山银山"的绿色发展理念、建设美丽中国的时代要求。

新建矿山必须牢牢把"绿色、智能、安全、高效"作为矿山建设发展方向,高起点、高标准建设,把绿色发展理念贯穿到矿产资源开发的全过程,一次性建成"生态型、环保型、安全型、数字化"的绿色矿山,正确处理和妥善解决好矿产资源开发与生态环境保护这个主要矛盾,实现"开发一矿、造福一方"的目标,不断增强企业员工和矿区人民群众的获得感、幸福感和安全感。

已建成矿山应该秉持"天地与我并生,而万物与我为一"的中国传统哲学思想,把矿区的资源与环境作为一个整体,在充分回收利用矿产资源的同时,协调开发利用和保护矿区的土地、森林、水体等各类资源,实现绿色发展。

(2)开拓矿业的科技前沿——深部(深地)开采。由于浅部资源正在消耗殆尽,未来金属矿山开采的前沿领域必将是深部开采。对于"深部"概念的确定,国内外采矿专家、学者历经近半个世纪的研究,到目前为止尚无统一的标准。我国有些专家、学者建议以岩爆发生频率明显增加作为标准来界定,普遍认为矿山转入深部开采的深度为超过800~1000 m。谢和平院士指出:确定深部的条件应是由地应力水平、采动应力状态和围岩属性共同决定的力学状态,而不是量化的深度概念,这种力学状态可以经过力学分析得到定量化的表述,并从力学角度出发,提出了"亚临界深度""临界深度""超临界深度"等概念。

"深地"的科学内涵包括揭露陆地岩石圈结构,揭示地壳结构构造、地壳活动规律与矿物质组成；探索地球深部矿床成矿规律，开展深部矿产资源、热能资源勘查与开发；进行城市地下空间安全利用、减灾、防灾与深地核废料处理等。为开发"深地"基础科学与工程技术研究，2016年、2017年，国家项目"深部岩体力学与采矿基础理论研究""深部金属矿建井与提升关键技术""深部金属矿安全高效开采技术"和"金属矿山无人开采技术"等已先后启动，我国矿业拉开了向"深地"进军的大幕。

随着开采深度的增加，开采难度将越来越大。开采深度达到2000 m后，开采环境将更加恶化，井下温度将高达60℃以上，地应力在100 MPa以上，开采活动变得更加困难，这被视为进入"超深开采"(或"深地开采")阶段。"高地应力能""高地热能"和"高水势能"的"三高能"特殊开采环境，现有传统技术已经难以应对。因此，"深地开采"必将成为矿业发展的前沿领域。

任何事物都有两面性，如可以引起岩爆、造成事故的"高地应力能"，目前已能利用其诱导岩石致裂来提高破碎效果。严重危害人的健康，甚至能引发炸药自爆的"高地热能"或许可用来供暖、发电，甚至实现深井降温；可造成管网爆裂和深井排水成本大幅增加的"高水势能"或许可作为新的动力源，用于矿浆提升或驱动井下机械设备。从能量角度思考，可以说，深地开采中的难题源自"三高能"的可致灾性，而这些难题的解决在一定程度上又寄望于"三高能"的开发利用。因此，在"深地"开采中，既要研究"三高能"的能量控制与转移，以防止诱发灾害，又要研究"三高能"的能量诱导与转化，为"深地"开采所利用。遵循这一技术思路，在基础理论、装备与工程技术的研究中，就会有更宽广的路线，实现安全、高效、绿色开采，从而有更宽阔的空间发展未来的"深地"矿业科技。

"深地"开采包含许多需要研究开发的高端领域，如：整体框架多点支撑推进、导向钻进的智能竖井掘进机械；深井集约开采智能化无轨采掘装备；大矿段多采区协同作业连续采矿技术；高应力储能矿岩的诱导致裂与深孔耦合崩矿技术；深井开采过程地压调控与区域地压监测技术；井下磨矿、泵送地面选厂的浆体输送技术；深部井底泵站与全尾砂膏体泵压充填技术；"深地"地热开发利用与热害控制技术；集约开采生产过程智能管控技术，等等。

"深地"矿物资源、能源资源的开发利用，已引起世人的极大关注，它是未来矿业的重要领域，是矿业发展高技术的战略高地。

(3)迈向矿业的未来目标——智能采矿。智能采矿是新一代信息智能技术与矿山开发技术深度融合，人文智慧与系统智能高效协同，通过人-机-环-管5G网络化数字互联智能响应矿产资源开发环境变化，实现采矿作业遥控化、采掘装备智能化、开采环境数字化、生产管理信息化的绿色智能、安全高效开采技术，是21世纪矿业发展的必然趋势。近期目标是全面实现矿山采矿机械化、信息化、自动化，个别矿山初步构建较完善的智能采矿应用场景，针对井下有轨/无轨作业装备实行局部智能调度；中期目标是构建完善成熟的智能感知、智能决策、自动执行的智能采矿技术规范与标准体系，以矿山无轨装备远程自主智能化作业为基础，实现矿山开拓设计、地质保障、采掘(剥)、出矿(充填)、运输通风、供风排水、地压监控等系统的智能化决策和自动化协同运行；远期目标是矿山开采全过程三维可视化及数据实时采集智能化处理、矿山生产决策及管控一体化平台高效协同，地下矿山生产作业全部实现机器人替代，矿产资源开发实现全流程智能化开采。

　　矿业作为传统而复杂的产业，面对着采矿条件复杂、生产体系庞大、采掘环境多变等诸多挑战，抓住新一代信息技术变革机遇，树立互联网新思维，利用无线遥控传感技术、云计算、人工智能、机器视觉、虚拟现实、无人驾驶、工业机器人等先进技术，解决了生产、设备、人员、安全等制约矿山发展的瓶颈问题，着力打造"智能化矿山"，是当前矿业高质量发展的努力方向。

　　"智能采矿"的发展，起步于数字矿山的基础平台建设，发展于信息化智能化采矿技术的创新过程。近几年来，一批具有远见卓识的矿山企业，已把矿山数字化、信息化列为矿山基础设施工程，初步建成了集多功能于一体的矿山综合信息平台，包括矿产资源评价、资源动态管理、开采优化设计、矿山安全生产指挥调度中心、灾害远程监测与预报、矿山固定设备远程集中控制、井下移动目标跟踪定位、智能采装运设备检测与遥控系统、生产经营管理，等等。一批如杏山铁矿、迪庆普朗铜矿、城门山铜矿、乌山铜矿、三山岛金矿和即将投产的思山岭铁矿等智能化矿山标杆企业，已经走在前头。总体而言，我国大型矿山企业的智能化发展水平与国际先进水平的差距正逐步缩小，其中在智能化装备技术应用方面已基本与国际实现同步发展；在智能软件设计和应用，以及井下有轨矿山智能化改造等方面已经处于国际先进水平。

　　"智能采矿"是一个综合的系统工程，在推进智能采矿的过程中，需要矿业软件、矿山装备与通信信息等学科及产业部门的大力合作和支撑，但把握矿山工程活动全局的采矿工作者要做实践智能采矿的主导者，以推动矿业全面升级：实现采矿作业室内化，最大限度地解决矿山生产安全问题，使大批矿工远离井下作业环境；实现生产过程遥控化，大幅提高井下作业生产效率，大幅降低井下通风、降温等费用；实现矿床开采规模化，大幅提升矿山产能，大幅降低采矿成本，使大规模低品位矿床得到更充分的利用；实现职工队伍知识化，大幅提升职工队伍的知识结构，使矿工弱势群体的社会地位发生根本性的改变。

　　人类文明始于矿业，未来仍将以矿业为基石，伴随着中华文明的伟大复兴，中国采矿必将走向星辰大海，前途一片光明！

采矿业因其作业场所复杂与不确定性，是受到安全威胁较多的行业，一直受到党中央、国务院的高度重视，其安全始终是生产工作的重中之重。

20多年来，随着《中华人民共和国安全生产法》等安全方面的法律法规陆续颁布实施，有关安全生产的规章制度逐步形成和不断完善，金属非金属矿山安全生产条件不断改善、安全管理水平不断提高，机械化、自动化、信息化和智能化水平明显提高，从业人员安全素质普遍增强；加上"科技兴安"强制淘汰落后生产工艺和装备，大力推广应用先进适用技术与装备，矿山企业的本质安全得到了全面提升，金属非金属矿山安全生产形势持续稳定好转。

金属非金属矿山安全技术取得了丰硕成果，矿山通风管理日益规范化、可视化、智能化，以低耗、高效、安全为准则的通风新技术和新装备在许多矿山得以实施；地面帷幕注浆堵水、地面岩溶塌陷防治、井下近矿体帷幕注浆技术和注浆新材料的应用，为解决岩溶大水矿山防治水技术难题发挥了重要作用；我国尾矿库克服了数量多、库容大、坝体高等诸多风险，在高尾矿坝建设、岩溶地区尾矿库建设、尾矿坝排渗降水技术等方面取得了丰硕成果；随着露天开采规模的加大，排土场已从传统的工艺设计为主，向排土场工艺设计与安全稳定性、排土场复垦、排土场关闭与环境保护等综合优化方向发展；地下矿山实施安全避险"六大系统"和尾矿库在线监测系统建设等方面取得了一系列创新成果，大大推进了金属矿山信息化安全管理、灾害监测与预警技术的应用和发展。

金属非金属矿山领域的安全评价工作在探索中不断前进与发展，随着安全生产许可制度的实施，以企业安全生产标准化建设、安全风险分级管控和隐患排查治理双重预防机制为核心的矿山安全管理体系日趋完善，成为有效遏制矿山重特大事故，促进金属非金属矿山安全生产形势根本好转的有效措施和根本途径。

综上，本次《采矿手册》编写时，将矿山安全方面的内容单独成卷，是非常必要的，符合矿山安全技术发展和时代的要求。本卷共9章，由长沙矿山研究院有限责任公司唐绍辉担任主编，矿冶科技集团有限公司谢源、长沙矿山研究院有限责任公司赵艳艳担任副主编。各章编写人员如下：

第1章 杜翠凤(北京科技大学)，吴冷峻(中钢集团马鞍山矿山研究总院股份有限公司)

第2章 陈宜华(安徽工业大学)，金龙哲(北京科技大学)

第3章 胡汉华(中南大学)

第4章 辛小毛、谢世平(长沙矿山研究院有限责任公司)，王军(长沙矿山研究院有限责任公司、紫金矿业集团股份有限公司)

第5章 许传华、代永新、张雷(中钢集团马鞍山矿山研究总院股份有限公司)

第6章 袁兵(长沙有色冶金设计研究院有限公司)

第7章 谢源、杜振斐(矿冶科技集团有限公司)

第8章 谢长江、朱必勇、廖文景(长沙矿山研究院有限责任公司)，吴永刚(北京国信安科技有限公司)

第9章 唐绍辉(长沙矿山研究院有限责任公司、紫金矿业集团股份有限公司)，赵艳艳(长沙矿山研究院有限责任公司)，喻鸿(广晟有色金属股份有限公司)

本卷由中南大学吴超主审，由中国矿业大学(北京)程久龙、北京科技大学李怀宇、矿冶科技集团有限公司谢旭阳、中国中钢集团有限公司李晓飞、中冶北方工程技术有限公司王少泉、中国建筑科学研究院张昊、中南大学张舒、长沙矿山研究院有限责任公司邹平组成审稿专家组，对本卷进行了多次系统审阅，提出了修改意见或建议。在编撰过程中，召开了多次专题研讨会议，对各章节的框架和内容不断进行调整与完善。本卷的出版，凝集了各章节作者以及审稿人员的智慧和心血。本卷内容除参考引用国内外相关专业文献外，还融入了编者们多年来从事金属非金属矿山安全生产管理、设计、安全技术咨询与研究等得到的经验与体会。同时，还有一大批幕后工作人员提供了素材，进行了文字编录和插图绘制，在此，一并向他们表示衷心感谢。

　　本手册适合于从事金属非金属矿山安全工作的管理人员、技术人员以及科研教学人员和相关专业的研究生与本科生参阅。本手册虽由多位长期工作在矿山设计、科研、生产第一线的技术与研究人员共同编写，但由于矿山安全涉及面宽和编撰工作量大，难免存在不当之处，希望各位读者批评指正。

Contents **目 录**

1

第 1 章

矿山通风

1.1 概述

1.1.1 矿井通风任务

矿山生产中的凿岩、爆破、放矿、装运、破碎等环节会产生大量的粉尘,其中凿岩生产是粉尘的主要来源之一,作业区的粉尘浓度随凿岩时间的延长而升高,一般作业 0.5 h 后,矿尘浓度可达 250 mg/m³, 3 h 后可达 800 mg/m³。其次,爆破作业也会产生大量的粉尘,只是该作业过程中的粉尘飘散距离远,含高浓度粉尘空气的持续时间较短。但是,若不及时采取有效的通风防尘措施,爆破数小时后,巷道内空气粉尘浓度会比正常时高 10~20 倍。装运作业同样是重要的产尘源。一般情况下,人工装岩时的粉尘浓度可达 700~800 mg/m³,机械装岩时粉尘浓度更高,达到 1000 mg/m³ 以上。此外,矿内爆破炮烟、柴油机尾气、火灾、硫化物的燃烧等均会产生大量有毒有害气体,如 CO、H_2S、SO_2、NO_x 等;开采铀矿床及含铀、钍伴生的金属矿床时会产生氡等放射性气体污染;深井开采矿山井下地热等会对风流温度产生影响。所以,矿山井下需要建立完善的通风系统。

矿井通风的主要任务是向井下各工作地点连续输送足够数量的新鲜空气,稀释并排除有毒、有害气体和粉尘等,调节矿内小气候,创造良好的工作环境,保障矿工安全和健康,提高劳动生产率。

1.1.2 矿井通风现状及发展

与国外矿山相比较,我国许多矿山作业面数量多,生产能力低,井下作业工人多,矿井通风网络远比国外矿山复杂。

自 20 世纪 70 年代开始,我国矿井通风技术有了长足的进步,通风管理日益规范化、系统化、制度化,通风新技术和新装备愈来愈多地投入应用。以低耗、高效、安全为准则的通风系统优化改造在许多矿山得以实施,使其能够更好地为高产、高效、安全的集约化生产提供保障。

随着矿井开采规模、强度、深度、难度不断提高,矿井通风系统复杂程度日益增加。未来矿山开采的主要特点包括:开采深度大,高温热害严重,开采的机械化、自动化程度高。因此,未来矿井通风的发展要结合未来矿山开采的特征,只有处理好上述问题,才可以确保

1

未来地下开采的可持续发展。

1）矿井通风系统优化与通风网络解算技术

矿井通风系统优化是从系统分析开始到给出最优矿井通风系统为止的一系列工作的总称。其工作步骤是：矿井通风系统分析（对改扩建矿井通风系统应进行系统的现状调查测定），拟订系统优化改造（或建设）方案，各拟订方案的风量计算，各拟订方案的网络调节优化，最优矿井通风系统方案选择及技术经济效果评价等。由此可知，矿井通风系统优化分为两个类型，一是矿井通风网络内部调节最优化，其目标是对拟订的各系统方案给出一个最优的技术经济参数方案；二是在网络内部优化调节的基础上，在各拟订的系统方案之间选择最优矿井通风系统。

矿井通风的优化研究离不开计算机。1953 年，Scott 和 Hinsley 首先使用计算机来解决矿井通风网络问题。1967 年，Wang Y J 和 Hartman 开发出计算包含多风机和自然通风的立体矿井通风网络程序，该软件表明用于解决矿井通风基本参数的应用程序走向一个成熟阶段。此后，世界上许多通风研究人员开发出大量的用于更加复杂的矿井通风系统的分析软件。例如波兰科学院开发研制的可视化 VENTGRAPH 系统及美国开发的 Ventilation Design 软件，这些矿井通风软件的功能越来越多：能够确定矿井通风系统的最优布局；评判矿井通风网络中风流稳定性和矿井通风网络调节；分析和估计矿井通风网络参数，如阻力、风量、温度、湿度、主/局扇参数、粉尘浓度、爆破炮烟浓度、柴油机排放废气浓度等；对通风系统进行实时控制，制订未来通风计划；模拟矿井火灾的发生、发展过程，解算火灾时期矿井通风系统的风流状态，从而对火灾的救灾、避灾进行决策。

我国从 20 世纪 70 年代开始对矿井通风网络解算程序进行研究，并用 ALGOL、FORTRAN、BASIC 等语言编制了相应的程序。近年来，国内各大院校和科研院所在通风网络解算软件的开发、通风可视化及通风网络动态模拟的研究方面做了大量的工作，开发出了一大批将通风计算与图形生成、绘制和交互集成化的软件系统，在交互技术、模拟过程可控等方面已取得了相当大的进展。其中，中国矿业大学、辽宁工程技术大学、西安科技大学、马鞍山矿山研究院、昆明理工大学、北京科技大学、中南大学等都开发了各具特色、方便实用的通风网络软件。

2）矿井风流调节技术

许多地下开采的矿山，尤其是大型机械化或井下地质条件差的矿山，井下的通风过程中一直存在着风流控制的难题，如新鲜风流短路或漏风、无风死角、风流反向、污风循环等，特别是在主要的运输巷道中，解决此类问题的难度更大，常常出现井下作业面风量不足、污风不能及时排出等问题，这无疑对井下通风的有效风量率、风流的分配等影响很大，直接威胁矿山井下的安全生产。因此，在矿山井下生产过程中加强风流调节和通风管理工作就显得十分重要。

矿井通风过程中，虽然风流调节与控制的方法及技术措施很多，但有时也受到一定条件的制约，如在主要运输和行人巷道内实施增阻调节风流、隔断风流、辅扇通风或引射风流、在易变形巷道内安装风门控制风流、在作业中段的运输巷道内设置风机机站分配风流等。一般用常规的方法均难以实现调控风流的目的，因而，常常出现影响运输和人员通行、设备或设施被破坏、效果不理想、管理麻烦等问题。因此，研究可以在主要运输巷道或易变形巷道内实现风流调节与控制的技术就显得十分必要和有意义。

目前，在国内，对于在主扇的作用下新鲜风流不能达到工作地点或通风网络中出现漏风、风流短路、风流循环等问题时，一般是采取人工措施对风流的大小和方向进行调控。控制风流的设施主要有通风构筑物、辅扇、引射器等。

在国外，受矿山条件的影响，矿井风流的自动控制系统研究与应用情况较好，但国内矿山仍处于试验研究阶段，对井下风流大多是采用传统的人工调控方法。因而，矿井通风的全自动控制系统在可预见的一个时期内仍将处于试验研究阶段。20 世纪 60 年代，虽然有人将空气幕应用于地下矿山的风流控制——阻隔风流，但其主要是在巷道断面较小、需隔断的风流阻力较小的巷道中应用单机空气幕来实现，且隔断风流的效率难以适应环境条件的变化，空气幕的作用比较单一，对于大断面大压差巷道一般不易满足要求。大门空气幕技术及理论不能直接应用于井下的风流控制，尤其是在大断面、大压差的井下运输巷道内更不能简单应用。

3）矿井通风监测与通风控制自动化

矿井通风控制包括三个主要组成部分：①矿井通风网络状态的监测与模拟；②控制方案的决策；③控制方案的实施。对矿井通风控制的大量研究也都可以归结为对这三个方面的研究。

国外早在约半个世纪前便实现了井下风量、粉尘、有害气体、温度、湿度的自动检测，并已形成计算机管理系统，在矿井通风自动化上已取得可喜的成果。相比之下，目前我国矿井通风系统的自动化水平较低，大多数矿井的通风控制仍主要是由人工进行。有些矿井安装了遥控风门，可远距离控制风门的开与关。现有的矿井自动风门主要是针对行车与行人设计，并不是根据通风控制的要求进行自动控制。风机与风窗的调节也主要靠人工完成。

矿井通风的全自动控制是科学技术发展的目标。但由于自动控制系统的高昂成本和技术上还有许多问题没有解决，因此，矿井通风自动控制系统在实际矿井中获得应用还有很大困难。一方面，进行全自动控制，应具备三个条件：①完善的风流状态监测系统；②性能完善的通风控制方案决策软件和计算机系统；③可自动控制的调节设施及控制执行系统。由于矿井生产条件复杂，作业地点分散，情况变化频繁，使通风系统不断变化，其控制系统也要随之改变。这样复杂的一个系统，不仅设备的安装、维护和管理需要消耗大量人力、财力，而且系统的可靠性也难以保证。另一方面，对矿井正常通风来说，人工设置一些简单的通风构筑物，一般就可以满足工作地点的风量要求。因此，建立自动的通风控制系统，对大多数矿井来说并不是十分迫切的；对矿井灾变通风来说，由于灾变可能由许多偶然因素引起，即使建立了通风自动控制系统，也很难保证不发生事故；而且灾变对通风控制系统还有较大的破坏性，一旦控制系统遭到破坏，也就不能对风流状态进行有效的控制。由此看来，矿井通风的全自动控制系统在可预见的一个时期内仍将处于试验研究阶段。

1.2　矿井通风原理

1.2.1　矿内空气

1）地面空气

地面新鲜空气是由多种气体组成的干空气和水蒸气组合而成的混合气体。通常状况下，干空气各组成的数量基本不变，如表 1-1 所示。一般将大气分为恒定组分、可变组分和不定组分。

表 1-1 地面空气的主要成分

主要成分	氮气(N_2)	氧气(O_2)	二氧化碳(CO_2)	氩气(Ar)	其他气体
体积分数/%	78.09	20.94	0.03	0.93	0.01

恒定组分系指大气中含有的氧气占大气总体积的百分比为 20.94%，氮气为 78.09%，氩气为 0.93%，仅此 3 种成分，共占大气总体积的 99.96%。除此之外，还含有微量的氖、氦、氪、氙、氢等稀有气体。上述组分的比例在地球上任何地方几乎可以看作不变的。

可变组分系指大气中除含有上述恒定组分外，还含有二氧化碳和水蒸气，在通常情况下二氧化碳的体积分数为 0.02%~0.04%，水蒸气的体积分数为 4% 以下，这些组分在大气中的含量随地区、季节、气象以及人们的生产和生活活动等因素的影响而有所变化。

不定组分来自自然和人为两个方面。自然界的火山爆发、森林火灾、海啸、地震等自然灾害形成的污染物有尘埃、硫、硫氧化物、氮氧化物、盐类及恶臭气体，可造成局部和暂时的大气污染。工业化、城市化等人为活动排放的烟尘和其他有害气体，是大气不定组分的主要来源，是大气污染的主要原因。

2）矿内空气的有毒有害成分来源及允许浓度

地面空气进入矿井后，其成分与地面空气成分相同或近似，且符合安全卫生标准，称为矿内新鲜空气（新风）；由于井下生产过程，会产生各种有毒有害物质，使矿内空气成分发生一系列变化，这种充满矿内巷道的各种气体、矿尘和杂质的混合物，称为矿内污浊空气（或称为乏风）。

矿内空气的主要成分除了氧气(O_2)、氮气(N_2)、二氧化碳(CO_2)、水蒸气(H_2O)以外，有时还混入一些有害气体和物质，如一氧化碳(CO)、硫化氢(H_2S)、二氧化硫(SO_2)、二氧化氮(NO_2)、氨气(NH_3)、氢气(H_2)和矿尘等。有毒有害气体主要来源于以下几个方面。

（1）爆破时所产生的炮烟。炸药在井下爆炸后，产生大量的有毒有害气体，其种类和数量与炸药的性质、爆炸条件与介质有关。一般情况下，产生的主要成分大部分为一氧化碳和氮氧化合物。如果将爆破后产生的二氧化氮，按 1 L 二氧化氮折合 6.5 L 一氧化碳计算，则 1 kg 炸药爆破后所产生的有毒气体（相当于一氧化碳量）为 80~120 L。

（2）柴油机工作时产生的废气。柴油机的废气成分很复杂，它是柴油机在高温下燃烧时所产生的各种有毒有害气体的混合体，其主要成分为氧化氮、一氧化碳、醛类和油烟等。柴油机排放的废气量由于受各种因素的影响，其变化较大。

（3）硫化矿物的水解、氧化和燃烧，可以使有机物腐烂。在开采高温矿床时，硫化矿物的缓慢氧化除了会产生大量热量外，还会产生二氧化硫和硫化氢气体。

（4）井下火灾。当井下失火引起坑木燃烧时，会产生大量一氧化碳。如一架棚子（直径为 180 mm、长 2.1 m 的立柱两根和一根长 2.4 m 的横梁，体积为 0.17 m³）燃烧所产生的 CO 约 97 m³，这足使断面为 4~5 m² 的巷道在 2000 m 长范围以内的空气中 CO 含量达到致命的量。

我国《金属非金属矿山安全规程》(GB 16423—2020)规定：矿内空气中氧气体积浓度不得低于 20%。

各物质的允许浓度如表 1-2 和表 1-3 所示。

表 1-2 作业场所空气中粉尘浓度限值

粉尘中游离 SiO_2 的质量分数/%	时间加权平均浓度限值/$(mg \cdot m^{-3})$	
	总粉尘	呼吸性粉尘
<10	4	1.5
10~50	1	0.7
50~80	0.7	0.3
≥80	0.5	0.2

表 1-3 采矿工作面进风风流中有害气体浓度限值

名称	限值/%
一氧化碳	0.0024
二氧化氮	0.00025
二氧化硫	0.0005
硫化氢	0.00066
氨	0.004

1.2.2 矿内空气的物理参数

1)密度

单位体积空气所具有的质量称为空气的密度,用 ρ 表示,单位为 kg/m^3。空气密度随着压力、温度和湿度而变化。大气压力越大,ρ 越大;温度越高,ρ 越小;相对湿度越大,ρ 越小。

不同湿度条件下空气的密度,可根据道尔顿定律导出的公式进行计算。即:

$$\rho = 3.48 \times \frac{p}{273 + T}\left(1 - 0.378\frac{\varphi p_s}{p}\right) \quad (1-1)$$

式中:p 为空气压力,kPa;T 为空气的温度,℃;p_s 为温度为 T 时的饱和水蒸气分压值,kPa;φ 为空气湿度,%。

在一般情况下,矿井空气湿度变化对密度影响很小,通常用经验公式进行计算。即:

$$\rho = 3.48\frac{p}{273 + T} \quad (1-2)$$

2)黏性

空气在各层顺次流动时,层与层之间就会出现相对运动而产生内摩擦力以抵抗空气的变形,这种性质称为空气的黏性。黏性可用动力黏性系数 μ 或运动黏性系数 γ 来表示,μ、γ 的大小表示气体流动的难易程度,两者之间的关系是:

$$\gamma = \frac{\mu}{\rho} \quad (1-3)$$

式中:γ 为运动黏性系数,m^2/s;μ 为动力黏性系数,$Pa \cdot s$。

1.2.3 矿内风流运动状态及风速

流体具有层流和紊流两种状态。雷诺数是判断流体运动状态的基本参数，其表达式为：

$$Re = \frac{vd}{\gamma} \tag{1-4}$$

式中：Re 为雷诺数；v 为平均风速，m/s；d 为管道或巷道直径，m。

由紊流运动变为层流运动的雷诺数称为临界雷诺数，在实际工程计算中，为简便起见，取其值为 2300。

假设直径为 2 m 的圆形断面，风流运动黏性系数 $\gamma = 15 \times 10^{-6}$ m²/s，以临界雷诺数 2300 和巷道当量直径代入式(1-4)，即可求得巷道风流在临界雷诺数时的风速：

$$v = \frac{Re\gamma}{d} = \frac{2300 \times 15 \times 10^{-6}}{2} \approx 0.0173 \text{ m/s}$$

计算结果表明，在直径为 2 m 的巷道中，风速大于 0.0173 m/s 即属于紊流风流。大多数井巷面积上的风流速度均大于上述值，因此井巷中风流几乎都是紊流。

由于空气的黏性和井巷壁面摩擦影响，井巷断面上风速分布是不均匀的。在贴近壁面处仍存在层流运动薄层，即层流边层。其厚度 δ 随 Re 增加而变薄，它的存在对流动阻力、传热和传质过程有较大影响。在层流边层以外，从巷壁向巷道轴心方向，风速逐渐增大，呈抛物线分布，如图 1-1 所示。设断面上任一点风速为 v_i，则井巷断面的平均风速 v 为：

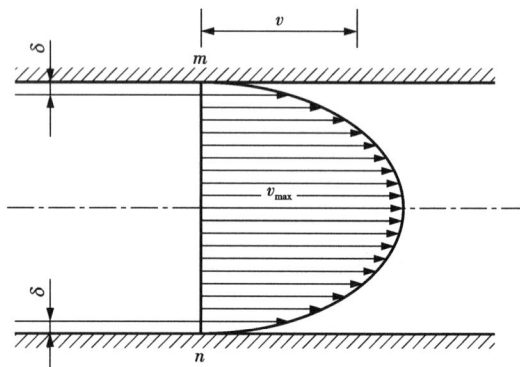

图 1-1 紊流中的速度分布

$$v = \frac{1}{S} \int_S v_i \mathrm{d}S \tag{1-5}$$

式中：S 为断面积，m²；$\int_S v_i \mathrm{d}S$ 为断面积 S 上的风量 Q，则：

$$Q = v \cdot S \tag{1-6}$$

断面上平均风速 v 与最大风速 $v_{\max}$ 的比值称为风速分布系数(速度场系数)，用 K_v 表示：

$$K_v = \frac{v}{v_{\max}} \tag{1-7}$$

K_v 值与井巷粗糙程度有关。巷壁愈光滑，K_v 值愈大，即断面上风速分布愈均匀，$K_v = 0.75 \sim 0.85$。

由于受井巷断面形状和支护形式以及局部阻力物的影响，最大风速不一定在井巷的轴线上，风速分布也不一定具有对称性。

1.2.4 矿内空气压力

1)静压

空气分子对容器壁单位面积上施加的压力称为空气静压。在巷道或风筒内，同一断面上的静压一般认为大致是相等的，其作用是四面八方的。井巷中只要有空气存在，不论其流动与否都会呈现静压。大气压力是地面静止空气的静压力，它等于单位面积上空气柱的重力，单位为帕斯卡(Pa)。在矿井里，随着深度增加，空气静压力升高。垂深每增加 100 m，空气静压力升高 1.2~1.3 kPa。

绝对静压和相对静压：绝对静压 p_s 是以真空状态为比较基准的压力，恒为正值。相对静压 H_s 是以当地大气压力为比较基准的静压。当某点绝对静压大于当地大气压力时，称为正压，反之为负压。

2) 动压(或速压)

单位体积的风流作定向流动时，其动能所呈现的压力称为动压(又称速压)，用 H_v 表示，速压仅对与风流方向垂直或具有一定角度的平面施加压力，速压永远为正值。如果风速为 v，空气密度为 ρ，则动压 $H_v(Pa)$ 可表示为：

$$H_v = \frac{1}{2}\rho v^2 \tag{1-8}$$

3) 全压

风流的全压为该点静压、动压的叠加。当静压用绝对压力表示时，绝对全压 $p_t(Pa)$ 等于绝对静压 p_s 与动压 H_v 之和。

$$p_t = p_s + H_v \tag{1-9}$$

如果静压用相对压力表示时，叠加后的相对全压 H_t 为相对静压 H_s 和动压 H_v 的代数和。

压入式通风中：

$$H_t = H_s + H_v \tag{1-10}$$

抽出式通风中：

$$|H_t| = |H_s| - H_v \tag{1-11}$$

1.2.5 井巷通风阻力

空气沿井巷流动时，井巷对风流所呈现的阻力，称为井巷的通风阻力。而单位体积风流的能量损失称为风压降或风压损失，井巷的通风阻力是引起风压损失的原因，而风压损失是通风阻力的量度，两者在数值上相等。

通风阻力分为 3 类：摩擦阻力、局部阻力和正面阻力。一般来说，在全矿通风阻力中摩擦阻力居主导地位，但对个别井巷(如风桥、风硐等)而言，有时局部阻力和正面阻力也可占主导地位。

1) 摩擦阻力

风流沿井巷流动时，由于空气与井巷周壁间的摩擦以及空气微团相互间的摩擦而产生的阻力称为摩擦阻力。

在矿井通风过程中，井巷摩擦阻力可用式(1-12)计算：

$$h_f = \alpha \frac{PL}{S^3}Q^2 \tag{1-12}$$

式中：h_f 为摩擦阻力，Pa；Q 为通过井巷的风量，m^3/s；L 为风流流过井巷的长度，m；α 为摩擦阻力系数，$(N \cdot s^2)/m^4$；P 为井巷周长；S 为井巷断面面积。

各类不同井巷的摩擦阻力系数值列于表 1-4 中。

表 1-4 摩擦阻力系数 α 单位：10^3

井巷支护方式	摩擦阻力系数	井巷支护方式	摩擦阻力系数
箕斗井筒与罐笼井筒	35~40	无设备的料石或砖砌壁井筒	2
混凝土砌碹并抹灰浆，壁面光滑	3~4	无支护巷道	8~12
混凝土砌碹，壁面粗糙	5~7	U 型钢棚架	14~18.5
砖砌碹并抹灰浆	2~3	工字钢、钢轨棚架	13~14
砖砌碹未抹灰浆	3~4	金属支架回采工作面	30~35
料石砌碹	5~6	木支架回采工作面	45
毛料石砌碹	6~8	混凝土砌壁、无设备井筒	2
混凝土棚架支护	9~19	料石砌壁、无设备井筒	4
锚杆、喷浆巷道	8~12	木支护小风井	16

在同一条井巷，一定时间内，其长度、断面面积、周长以及摩擦阻力系数均为常数，比值 $\dfrac{\alpha PL}{S^3}$ 也是一个常数，称为摩擦风阻，可写成：

$$R_f = \frac{\alpha PL}{S^3} \qquad (1-13)$$

摩擦阻力还可写成：

$$h_f = R_f Q^2 \qquad (1-14)$$

2）局部阻力

在风流运动过程中，由于井巷边壁条件的变化，风流在局部地区受到局部阻力物（如巷道断面突然变化、风流分叉与交会、断面堵塞等）的影响和破坏，引起风流流速大小、方向和分布的突然变化，导致风流本身产生很强的冲击，形成极为紊乱的涡流，造成风流能量损失，这种均匀稳定的风流经过某些局部地点所造成的附加能量损失，就叫作局部阻力。

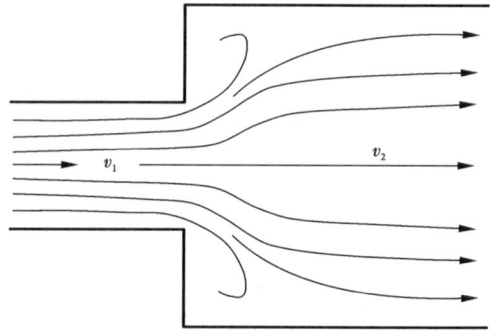

图 1-2 突然扩大的断面

实验证明，不论井巷局部地点的断面、形状和拐弯如何变化，也不管局部阻力是突变类型还是渐变类型，所产生的局部阻力的大小都和局部地点的前、后断面上的风速压力成正比。如图 1-2 所示，突然扩大的巷道，该局部地点的局部阻力为：

$$h_1 = \xi_1 h_{v_1} = \xi_2 h_{v_2} = \xi_1 \cdot \frac{1}{2}\rho v_1^2 = \xi_2 \cdot \frac{1}{2}\rho v_2^2 \qquad (1-15)$$

式中：h_1 为局部阻力；v_1、v_2 分别为局部地点前、后断面上的平均风速；ξ_1、ξ_2 分别为局部阻力系数，无因次，分别对应 h_{v_1}、h_{v_2}，对于形状和尺寸已定型的局部地点，这两个系数都是常数，但它们彼此不相等，可以任选其中的一个系数和相应的风速压力来计算局部阻力。

若通过局部地点的风量为 Q, 前、后两个断面的面积分别是 S_1 和 S_2, 则两个断面上的平均风速为:

$$v_1 = \frac{Q}{S_1}; \ v_2 = \frac{Q}{S_2} \qquad (1-16)$$

代入得:

$$h_1 = \xi_1 \frac{\rho}{2S_1^2} Q^2 = R_1 Q^2 \quad \text{或} \quad h_1 = \xi_2 \frac{\rho}{2S_2^2} Q^2 = R_1 Q^2 \qquad (1-17)$$

其中, R_1 为局部风阻。由于产生局部阻力的过程非常复杂, 所以系数 ξ 一般由实验求得, 计算局部阻力时查表即可。表 1-5 是各种巷道突扩与突缩时的局部阻力系数值, 表 1-6 是各种局部阻力系数值。

表 1-5 各种巷道突扩与突缩时的局部阻力系数值(光滑管道)

$S_1 : S_2$	1	0.9	0.8	0.7	0.6	0.5	0.4	0.3	0.2	0.1	0.01	0
$S_1 \boxed{\to v_1} S_2$	0	0.01	0.04	0.09	0.16	0.25	0.36	0.49	0.64	0.81	0.98	1.00
$S_2 \boxed{\to v_1} S_1$	0	0.05	0.10	0.15	0.20	0.25	0.30	0.35	0.40	0.45	0.50	

需要说明的是, 在查表确定局部阻力系数 ξ 值时, 一定要和局部阻力物的断面面积 S、风量 Q、风速 v 相对应。

表 1-6 各种局部阻力系数值

局部阻力类型	局部阻力系数	示意图	备注
矿井通风口	0.6		当风速为 v 时
矿井圆边进风井	0.1(当 $R = 0.1D$ 时)		当风速为 v 时
末端突出的管道入口	0.85		当风速为 v 时
矿井的切边进风井口	0.2		当风速为 v 时
两边缘均为尖角的 90° 转弯	1.4		当风速为 v 时
内边呈圆角的 90° 转弯	$\begin{cases} R = b/3; \\ \xi = 0.75 \end{cases} \begin{cases} R = \frac{2}{3}b; \\ \xi = 0.52 \end{cases}$		当风速为 v 时

续表1-6

局部阻力类型	局部阻力系数	示意图	备注
内边呈 45° 切角的 90° 转弯	0.6		当风速为 v 时
两边缘均为圆角的 90° 转弯	$\begin{cases} R_i = \dfrac{b}{3}; \\ R_c = \dfrac{3}{2}b; \\ \xi = 0.6; \end{cases} \begin{cases} R_i = \dfrac{2}{3}b \\ R_c = \dfrac{17}{10}b \\ \xi = 0.3 \end{cases}$		当风速为 v 时
有导风板的 90° 转弯	0.2		当风速为 v 时
具有弧度不适当的导风板 90° 转弯	0.35~0.37		当风速为 v 时
两个方向一致且各为 90° 的转弯	2.1(当 $l < 8b$ 时)		当风速为 v 时
两个方向相反且各为 90° 转弯	2.4		当风速为 v 时
两个互相垂直的转弯	2.8		当风速为 v 时
两个各成 45° 角的转弯	$\begin{cases} l = 2b; \\ \xi = 0.7; \end{cases} \begin{cases} l = (4 \sim 8)b \\ \xi = 1.1 \end{cases}$		当风速为 v 时
通过的风流与分流成直角的分风点	3.6		$\begin{cases} 当 S_2 = S_3 \\ \dfrac{v_2}{v_3} = 1 \\ 风速为 v_2 时 \end{cases}$
风流与分流成 60° 角时分风点	1.5		当风速为 v_2 时
出风流与分流成直角的汇合点	2.0		当风速为 v_2 时
同上，但转角处呈 45° 切角	1.0		当风速为 v_2 时

续表1-6

局部阻力类型	局部阻力系数	示意图	备注
风流的分叉在一定角度下流入同一巷道的汇合点	1.0		当 $v_1 = v_3$ 时
两分流直角相交的汇合点	2.6		当风速为 v_2 时
交角为60°的风流汇合点	1.5		当风速为 v_2 时
风流直角转弯，且向两个相反方向分开的分风点	2.5		当风速为 v_2 时
同上，但转弯处边缘成45°的切角	1.5		当风速为 v_2 时
向成60°角的两侧巷道分开的分风点	1.0		当风速为 v_2 时
风流通向大气的管道出口	1.0		当风速为 v 时

3）正面阻力

井巷内存在某些物体(如罐道梁、电机车、堆积物)时，风流只能在这些物体的周围绕过，风流因而受到附加阻力作用。这种附加阻力，称为正面阻力。

正面阻力的计算公式为：

$$h_c = C \frac{S_m}{S - S_m} \times \frac{\rho v_m^2}{2} \qquad (1-18)$$

式中：h_c 为正面阻力；S_m 为正面阻力物在垂直于风流总方向上的投影面积；C 为正面阻力系数，无因次；v_m 为风流通过空余断面 $S-S_m$ 时的平均风速。

令正面风阻 R_c 为：

$$R_c = \frac{\rho C S_m}{2(S - S_m)^3} \qquad (1-19)$$

则式(1-18)可表示为：

$$h_c = R_c Q^2 \qquad (1-20)$$

如果同一井巷中既有摩擦阻力，又有局部阻力和正面阻力，则该井巷的总通风阻力等于井巷所有的摩擦阻力、局部阻力与正面阻力之和。

$$h = R Q^2 \qquad (1-21)$$

式中：h 为井巷通风阻力；R 为井巷风阻，$R = R_f + R_c + R_1$，R_1 为局部风阻。Q 为通过井巷的风量。

式(1-21)为通风阻力的数学表达式。

降低阻力的方法有以下几种。

(1)降低摩擦阻力方法

扩刷井巷断面;保证井巷壁面平整光滑;采用周长较小的井巷圆形或拱形断面;井巷风速不宜过大,采用多条巷道并联通风,合理分配井巷风量;尽量缩短风路长度。

(2)降低局部阻力方法

改善局部阻力物断面的变化形态,减少风流流经局部阻力物时产生的剧烈冲击和巨大涡流,减少风流能量损失,主要措施如下:

①应尽量避免井巷断面的突然扩大或突然缩小,将断面大小不同的连接处做成逐渐扩大或逐渐缩小的形状。

②要尽量避免出现直角弯。巷道拐弯时,转角越小越好,拐弯处内外侧要尽量做成圆弧形。

③在风速较大的井巷局部区段上(如主要通风机风硐与专用风井连接处),设置导流板引导风流,减小局部阻力系数。

(3)降低正面阻力方法

将永久性的正面阻力物做成流线型。及时清理巷道中的堆积物,做到巷道内无杂物、无淤泥、无片帮,保证有效通风断面。

井巷等积孔:假定在薄壁上开一面积为 A 的孔口,当孔口通过的风量等于矿井总风量 Q,而且孔口两侧的风压差等于井巷通风阻力时,此孔口称为该井巷的等积孔。等积孔面积或井巷风阻 R 均可反映井巷通风的难易程度。

井巷等积孔面积 A 可表示为:

$$A = 1.19 \frac{Q}{\sqrt{h}} \qquad (1-22)$$

式中: A 为井巷等积孔面积, m^2; Q 为通过井巷的风量; h 为井巷通风阻力。

井巷等积孔面积 A 与井巷风阻 R 之间的关系可表示为:

$$A = \frac{1.19}{\sqrt{R}} \qquad (1-23)$$

式中: R 为井巷风阻。

对于使用 n 台主要通风机的矿井,矿井等积孔面积可表示为:

$$A = \frac{1.19Q_{总}^{3/2}}{\sqrt{\sum_{i=1}^{n} Q_i h_i}}$$

式中: Q_i 为每台通风机的风量; $Q_{总}$ 为通风机总风量; h_i 为每台通风机的风压。

井巷阻力特性曲线:当井巷风阻 R 值一定时,用横坐标表示井巷通过的风量 Q,用纵坐标表示通风阻力 h,将风量与对应的阻力 (Q, h) 绘制于平面坐标系中得到一条二次抛物线如图1-3所示,这条曲线就叫作该井巷阻力特性曲线。曲线越陡,曲率越大,井巷风阻越大,通风越困难。反之,曲线越缓,通风越容易。

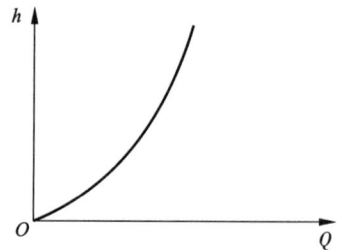

图1-3　井巷阻力特性曲线

1.2.6　风流运动的能量方程及应用

1）风流运动的能量方程（伯努利方程）

矿井风流属黏性流体，通常以体积流量为基础表示能量关系，当深度小于 1000 m 时，其风流密度变化不大，可视为不可压缩流体。如图 1-4 所示，单位体积不可压缩性实际流体的能量方程式为：

$$(p_1 - p_2) + \left(\frac{1}{2}\rho v_1^2 - \frac{1}{2}\rho v_2^2\right) +$$

$$(\rho g z_1 - \rho g z_2) = h_{1-2} \qquad (1-24)$$

式中：p_1、p_2 为断面 1、2 处单位体积的风流的静压；v_1、v_2 为断面 1、2 处的平均流速；z_1、z_2 为断面 1、2 处的高程；g 为重力加速度；$\frac{1}{2}\rho v_1^2$、$\frac{1}{2}\rho v_2^2$ 为断面 1、2 处单位体积风

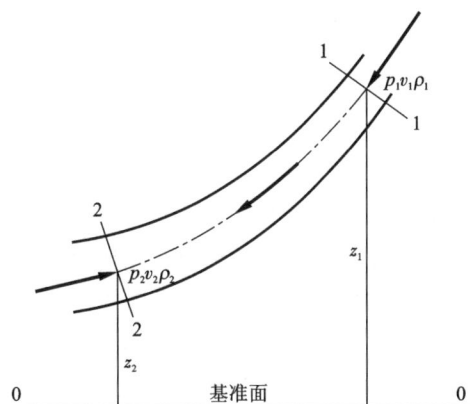

图 1-4　两个断面处的风流能量关系

流的动压；$\rho g z_1$、$\rho g z_2$ 为断面 1、2 处单位体积风流位能；h_{1-2} 为断面 1、2 间的通风阻力。

式（1-24）表明，两断面之间的压能差、动能差与位能差的总和等于风流由 1 断面到 2 断面克服井巷阻力所损失的能量。风流总是由总能量大的地方流向总能量小的地方。

2）能量方程在阻力测定中的应用

根据能量方程式（1-24），可确定下列两种不同情况的能量方程及其通风阻力的计算和测定方法：

（1）断面相同的水平巷道

在断面相同的水平巷道中，$v_1 = v_2$，$z_1 = z_2$，且断面 1、2 的空气密度 $\rho_1 = \rho_2$，则 $h_{1-2} = p_1 - p_2$。

两断面间的静压差等于这段巷道的阻力。只要测出两断面间的静压差，即为这段巷道的通风阻力。

（2）断面不同的水平巷道

由于水平巷道中 $z_1 = z_2$，两断面间空气的密度 ρ 又近似相等，因此，方程式（1-24）可简化为：

$$h_{1-2} = (p_1 - p_2) + \left(\frac{1}{2}\rho v_1^2 - \frac{1}{2}\rho v_2^2\right) \qquad (1-25)$$

能量方程式（1-25）表明两断面间的静压差和动压差之和，等于这段巷道的通风阻力。如果用精密气压计分别测定断面 1、2 处的静压 p_1 和 p_2，又用风速计分别测定两断面的平均风速 v_1 和 v_2，并计算出动压，然后按式（1-25）计算两断面间的静压差和动压差之和，即为这段巷道的通风阻力。如果用皮托管的静压端和压差计直接测定两断面的静压差（$p_1 - p_2$），再加上两断面间的动压差，同样可求得这段巷道的通风阻力。

（3）断面相同的垂直或倾斜巷道

当风流由断面 1 流向断面 2 时，由于两断面相同，$v_1 = v_2$，空气密度近似相等，则两断面间风流的动压差等于零。此时，式（1-24）可简化为：

$$h_{1-2} = (p_1 - p_2) + (\rho gz_1 - \rho gz_2) \qquad (1-26)$$

此式表明，在断面相同的垂直或倾斜巷道中，两断面间的静压差与位能差之和等于井巷的通风阻力。用精密气压计分别测定断面 1、2 处的静压 p_1 和 p_2，同时测定两断面距基准面的高度 z_1、z_2 及空气的平均密度，可由式(1-26)求得这段井巷的通风阻力。如果用皮托管的静压端和压差计直接测定两断面的压差时，压差计上的示度 Δp 即为井巷的通风阻力，无须再计算两断面的位能差。

(4)断面不相同的垂直或倾斜巷道

欲测定其通风阻力，必须全面测定两断面的静压差、动压差和位压差，然后根据能量方程式(1-24)，计算通风阻力。

3)能量方程在分析通风动力与阻力关系上的应用

(1)有通风机工作时的能量方程

如图 1-5 所示，在断面 1、2 间如果有风机工作，则断面 1 的全能量加上通风机的全压，等于通风机出口断面 2 的全能量加上断面 1、2 间的通风阻力。

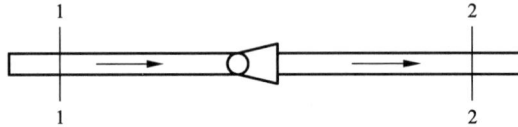

图 1-5　有通风机工作的通风井巷

此时能量方程可表示为：

$$p_1 + \frac{1}{2}\rho v_1^2 + \rho gz_1 + H_f = p_2 + \frac{1}{2}\rho v_2^2 + \rho gz_2 + h_{1-2} \qquad (1-27)$$

式中：H_f 为通风机的全压。

当分析通风机工况时，常在通风机进口取断面 1，出口取断面 2，列出能量方程。此时，忽略两断面间的阻力，且 $\rho_1 z_1 = \rho_2 z_2$，则能量方程如下：

$$H_f = (p_1 - p_2) + \left(\frac{1}{2}\rho v_1^2 - \frac{1}{2}\rho v_2^2 \right) \qquad (1-28)$$

通风机的全压等于通风机出风口与进风口之间的静压差和动压差之和。

(2)压入式通风时动力与阻力的关系

通风机做压入式工作时，如图 1-6 所示。在风硐断面 1 处造成静压 p_1，风流平均风速为 v_1，出口断面 2 处的静压等于地表大气压力 p_0，平均风速为 v_2，则断面 1、2 间能量方程为：

$$(p_1 - p_0) + \left(\frac{1}{2}\rho v_1^2 - \frac{1}{2}\rho v_2^2 \right) + (z_1\rho_1 - z_2\rho_2) = h_{1-2}$$

$$(1-29)$$

式中：$(p_1 - p_0)$ 为压入式通风机风硐中造成的相对静压；$(z_1\rho_1 - z_2\rho_2)$ 为断面 1、2 间的位能差，等于自然风压，以 H_n 来表示。

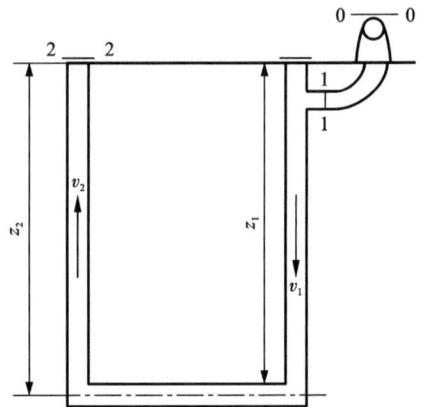

图 1-6　压入式通风机工作的通风系统

压入式通风机的全压 H_f 为：

$$H_f = (p_1 - p_0) + \frac{1}{2}\rho v_1^2 \qquad (1-30)$$

将该式代入能量方程(1-29)得：

$$H_f + H_n = h_{1-2} + \frac{1}{2}\rho v^2 \qquad (1-31)$$

此式表明，通风机全压与自然风压共同作用，克服矿井通风阻力，并在出风口造成动压损失。

（3）抽出式通风时动力与阻力的关系

通风机做抽出式工作时，如图 1-7 所示。在风硐断面 2 处造成静压 p_2，风流平均风速为 v_2，入口断面 1 处的静压等于地表大气压力 p_0，平均风速为 0，则断面 1、2 间能量方程为：

$$(p_0 - p_2) - \frac{1}{2}\rho v_2^2 + (z_1\rho_1 - z_2\rho_2) = h_{1-2}$$
$$(1-32)$$

抽出式通风机的全压为：

$$H_f = (p_0 - p_2) + \left(\frac{1}{2}\rho v_3^2 - \frac{1}{2}\rho v_2^2\right)$$
$$(1-33)$$

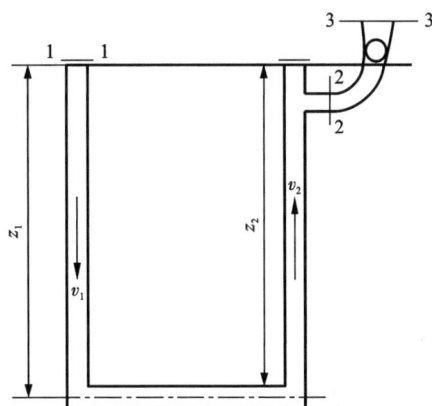

图 1-7　抽出式通风机工作的通风系统

式中：$(p_0 - p_2)$ 为抽出式通风机在风硐中所造成的相对静压；v_3 为通风机扩散塔出口的平均风速。

由式(1-32)和式(1-33)求得：

$$H_f + H_n = h_{1-2} + \frac{1}{2}\rho v_3^2 \qquad (1-34)$$

此式表明，抽出式风机的全压与自然风压共同作用，克服矿井通风阻力，并在通风机扩散塔出口造成动压损失。

当不考虑自然风压时，在通风机的全压中，用于克服矿井阻力的那一部分，常称为通风机有效静压，以 H_s' 表示。

$$H_s' = H_f - \frac{1}{2}\rho_3 v_3^2 \qquad (1-35)$$

在通风技术上，利用良好的扩散器，降低通风机出口的动压损失，对提高通风机的效率具有实际意义。

1.2.7　自然通风

图 1-8 为平硐开拓+竖井开拓的矿井通风系统。如果把地表大气视为断面无限大，风阻为零的假想风路，则通风系统可视为一个闭合的回路。在冬季，由于空气柱 1-2 比空气柱 3-4 的平均温度低，平均空气密度较大，导致两空气柱作用在 2-3 水平面上的重力不等。其重力之差就是该系统的自然风压。它使空气源源不断地从井口即图 1-8 中平硐 2 流入，从井口 4 流出。在夏季时，若空气柱 4-3 比空气柱 1-2 温度低，平均密度大，则系统产生的自然风

压方向与冬季相反。地面空气从井口 4 流
入,从井口即图 1-8 中平硐 2 流出。这种
由自然因素作用而形成的通风叫作自然
通风。

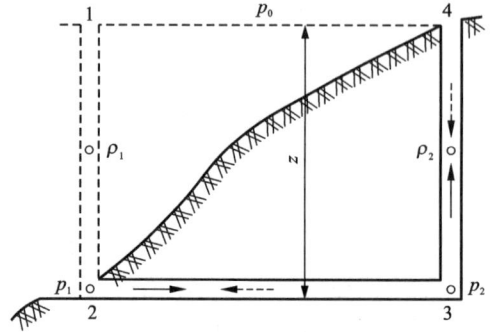

图 1-8 简化的矿井自然通风系统

1)自然风压计算

(1)当井深小于 100 m 时,可近似视为
等容过程,则

$$H_n = (\rho_1 - \rho_2)gz \qquad (1-36)$$

式中:ρ_1、ρ_2 分别表示进风井、回风井空气
柱的平均密度,一般取空气柱始末两点的
平均密度;z 为井筒深度,m。

(2)当井深大于 100 m 时,井筒空气常态可近似视为等温过程,则:

$$H_n = 0.0341 K p_0 z \left(\frac{1}{T_1} - \frac{1}{T_2} \right) \qquad (1-37)$$

其中,K 为校正系数,$K = 1 + \dfrac{z}{10000}$;p_0 为当地井口大气压力;T_1、T_2 为进风井、回风井空气柱
平均绝对温度,K。

2)矿井自然通风的特性

影响自然风压的决定性因素是两侧空气柱的密度差,而空气密度又受温度、大气压力、
气体常数和相对湿度等因素影响。

(1)自然风压随地表气温变化而变化。平硐开拓的矿井或深部露天转地下开采的矿井,自然
风压一年四季变化明显。对于竖井开拓的深矿井,自然风压受地面温度变化影响则较小。

(2)自然风压随矿井深度成正比例增加。对于千米深的矿井,最大自然风压约占总通风
压的 30%。

(3)地面大气压力、气体成分和湿度因影响空气密度,进而也影响自然风压,但影响
较小。

(4)风量变化对自然风压影响不大。在一定气温条件下,可认为自然风压不随风量变化。

(5)主要通风机工作对自然风压的大小和方向也有一定影响。矿井主要通风机工作决定
了主风流的方向,加之风流与围岩的热交换,使冬季回风井气温高于进风井,在进风井周围
形成了冷却带以后,即使风机停转或通风系统改变,这两个井筒之间在一定时期内仍有一定
的气温差,从而仍有一定的自然风压起作用。有时甚至会干扰通风系统改变后的正常通风工
作,这在建井时期表现得尤为明显。

(6)对自然通风的矿井,各水平的自然通风量主要取决于各水平自然风压和相关风阻。

3)自然风压的控制和利用

(1)新设计矿井在选择开拓方案、拟订通风系统时,应充分考虑利用地形和当地气候特
点,使在全年大部分时间内自然风压作用的方向与机械通风风压的方向一致,以便利用自然
风压。例如,在山区要尽量增大进、回风井井口的高差;进风井井口布置在背阳处等。

(2)根据自然风压的变化规律,应适时调整主要通风机的工况点,使其既能满足矿井通风
需要,又可节约电能。例如在冬季自然风压帮助机械通风时,可采用减小叶片角度或转速

方法降低机械风压。

（3）对于多井口通风的矿井，要掌握自然风压的变化规律，防止因自然风压作用造成某些巷道无风或风流反向。

（4）在建井时期，要注意因地制宜和因时制宜利用自然风压通风，如在表土施工阶段可利用自然通风；在主副井与风井贯通之后，有时也可利用自然通风；有条件时还可利用钻孔构成回路，形成自然风压，解决局部地区通风问题。

（5）利用自然风压做好非常时期通风。主要通风机因故遭受破坏时，便可利用自然风压进行通风。这在制订矿井事故预防和处理计划时应予以考虑。

4）自然风压的测定

自然风压的测定方法包括直接法和间接法两种。

（1）直接测定法

如图1-9（a）所示的矿井，停止通风机（若有）的运转，在总风流通过巷道中任意适当地点建立临时风墙，隔断风流后，立即用压差计测出风墙两侧的风压差，此值就是该停风区段的自然风压。如果矿井还有其他水平，则应同时将其他所有水平的自然风流用风墙隔断。可见，该方法在多水平矿井中的应用并不简便。

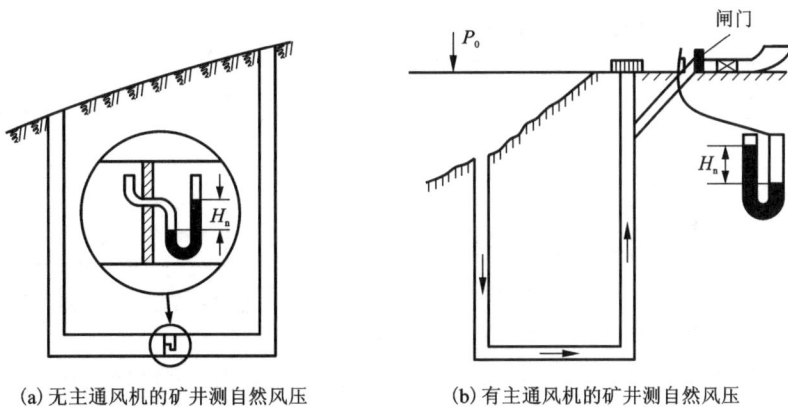

（a）无主通风机的矿井测自然风压　　（b）有主通风机的矿井测自然风压

图 1-9　自然风压直接测定方法

在有主通风机通风的矿井，测定全矿井自然风压的简便方法如图1-9（b）所示。首先停止主通风机运转，立即将风硐内的闸板放下，隔断自然风流，这时接入风硐内闸板前侧的压差计的读数就是全矿自然风压。

（2）间接测定法

对于有主通风机工作的矿井，在主通风机正常运转时，首先测出其总风量 Q 及主通风机的有效静压 H'_s，则可列出方程为：

$$H'_s + H_n = RQ^2 \qquad\qquad (1-38)$$

然后，停止主通风机运转，当仍有自然通风风流流过全矿且稳定时，立即在风硐内或其他总风流中测出自然通风量 Q_{n0}，则可列出方程式为：

$$H_n = RQ_{n0}^2 \qquad\qquad (1-39)$$

联立求解式（1-38）与式（1-39），可解得未知的自然风压 H_n。

$$H_n = \frac{H'_s}{\left(\dfrac{Q}{Q_{n0}}\right)^2 - 1}$$

$$(1-40)$$

1.3 矿井通风网络

1.3.1 矿井通风网络中风流运动基本定律

矿井通风网络是由纵横交错、彼此连通的井巷构成的一个复杂网络,称之为通风网络。用图论的方法对通风系统进行抽象描述,把通风系统变成一个由线、点及其属性组成的系统,称为通风网络图。

1)风压平衡定律

风压平衡定律是指在通风网络的任一闭合回路中,各分支的通风阻力(也称风压降)代数和等于该回路中自然风压与通风机风压的代数和(如果不存在自然风压和通风机风压,则为零)。假设:回路中分支风流方向为顺时针时,其阻力取"+";逆时针时,其阻力取"-"。

(1)无动力源(即不存在自然风压 H_n 和通风机风压 H_f)。此时,通风网络中任一回路的各分支阻力的代数和为零。即:

$$\sum h_i = 0 \qquad (1-41)$$

如图 1-10 所示,对回路 2-3-4-6 有:

$$h_6 - h_2 - h_3 - h_4 = 0$$

(2)有动力源(即存在自然风压 H_n 和通风机风压

图 1-10　闭合回路风压降计算图例

H_f)。在任一闭合回路中,各分支的通风阻力代数和等于该回路中自然风压与通风机风压的代数和。即:

$$\sum H_f + \sum H_n = \sum h_i \qquad (1-42)$$

如图 1-10 所示,对回路 1-2-3-4-5-1 中有:

$$H_f + H_n = h_1 + h_2 + h_3 + h_4 + h_5 \qquad (1-43)$$

2)风量平衡定律

风量平衡定律是指在稳态通风条件下,单位时间流入某节点的空气质量等于流出该节点的空气质量;或者说,流入与流出某节点的各分支的空气质量流量的代数和等于零。即:

$$\sum M_i = 0 \qquad (1-44)$$

式中:M_i 为通风网络流入(取正号)或流出(取负号)第 i 节点的各分支空气质量流量,kg/s。

若不考虑风流密度的变化,则流入与流出某节点的各分支的体积流量(风量)的代数和等于零,即:

$$\sum Q_i = 0 \qquad (1-45)$$

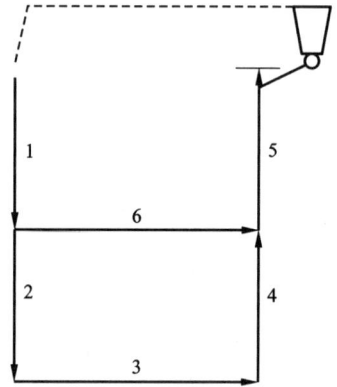

式中：Q_i 为通风网络流入（取正号）或流出（取负号）第 i 节点的各分支空气体积流量，m^3/s。

如图 1-11(a)所示，节点 7 的风量平衡方程为：

$$Q_{1-7} + Q_{2-7} + Q_{3-7} + Q_{4-7} - Q_{5-7} - Q_{6-7} = 0 \tag{1-46}$$

将上述节点扩展为无源回路，则风量平衡定律依然成立。如图 1-11(b)所示，回路 2-5-6-3-2 的各邻接分支的风量满足：

$$Q_{1-2} - Q_{5-7} - Q_{3-4} - Q_{6-8} = 0 \tag{1-47}$$

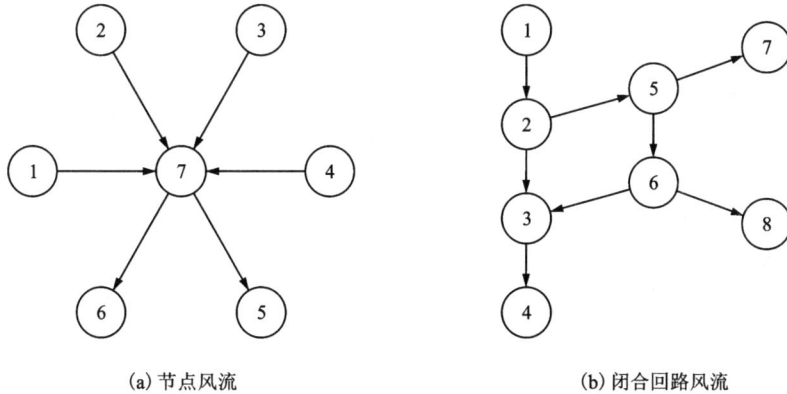

(a)节点风流　　　　　　　　(b)闭合回路风流

图 1-11　节点和闭合回路风流计算图例

1.3.2　串联通风网络

1)定义

由两条或两条以上分支彼此首尾相连，中间没有风流分汇点的线路称为串联通风网络。如图 1-12 所示，则分支 3、4、5 之间就属于串联通风。

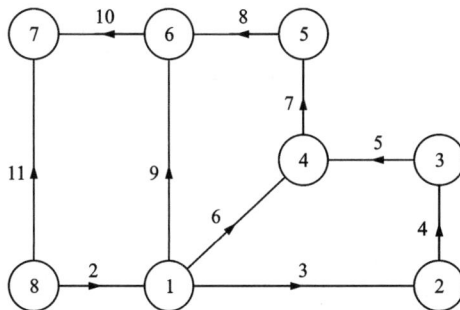

图 1-12　简单通风网络图

2)性质

(1)根据风量平衡定律可得，串联通风网络的总风量等于串联各分支的风量，即：

$$M_c = M_1 = M_2 = M_3 = \cdots = M_n \tag{1-48}$$

当各分支的空气密度相等时，即：

$$Q_c = Q_1 = Q_2 = Q_3 = \cdots = Q_n \tag{1-49}$$

(2)根据风压平衡定律可知，串联通风网络的总阻力 h_c 为串联各分支的阻力 h_i 之和，即：

$$h_c = h_1 + h_2 + h_3 + \cdots + h_n \tag{1-50}$$

(3)根据通风阻力计算公式，式(1-50)可以写成：

$$R_c Q_c^2 = R_1 Q_1^2 + R_2 Q_2^2 + R_3 Q_3^2 + \cdots + R_n Q_n^2$$

因为 $Q_c = Q_1 = Q_2 = Q_3 = \cdots = Q_n$，所以可得：

$$R_c = R_1 + R_2 + R_3 + \cdots + R_n \tag{1-51}$$

(4)由等积孔计算公式 $A = 1.19/\sqrt{R}$，可得 $R = 1.19^2/A^2$，将其代入式(1-51)得：

$$A_c = \cfrac{1}{\sqrt{\cfrac{1}{A_1^2} + \cfrac{1}{A_2^2} + \cfrac{1}{A_3^2} + \cdots + \cfrac{1}{A_n^2}}} \tag{1-52}$$

3)特点

串联通风网络有如下缺点：总风阻大，通风困难；串联风路中各分支的风量不易调节，而且前面工作地点产生的污染物直接影响后面的工作场所；在矿井的进、回风风路多为串联风路，在采区内部应尽量避免串联通风，当条件不允许而又必须采用串联时，也应采取相应的风流净化措施。

1.3.3 并联通风网络

1)定义

由两条或两条以上具有相同始节点和末节点的分支所组成的通风网络，称为并联通风网络。如图1-12所示，如分支9、分支2、分支11和分支10就形成并联通风。

2)性质

(1)根据风量平衡定律可得，并联通风网络的总风量等于并联各分支风量之和，即：

$$M_b = M_1 + M_2 + M_3 + \cdots + M_n \tag{1-53}$$

当各分支的空气密度相等时，有：

$$Q_b = Q_1 + Q_2 + Q_3 + \cdots + Q_n \tag{1-54}$$

(2)根据风压平衡定律，并联通风网络的总阻力 h_b 与并联各分支的阻力 h_i 相等，即：

$$h_b = h_1 = h_2 = h_3 = \cdots = h_n \tag{1-55}$$

(3)根据通风阻力计算公式，式(1-54)可以写成：

$$\frac{\sqrt{h_b}}{\sqrt{R_b}} = \frac{\sqrt{h_1}}{\sqrt{R_1}} + \frac{\sqrt{h_2}}{\sqrt{R_2}} + \frac{\sqrt{h_3}}{\sqrt{R_3}} + \cdots + \frac{\sqrt{h_n}}{\sqrt{R_n}}$$

因为 $h_b = h_1 = h_2 = h_3 = \cdots = h_n$，所以可得：

$$\frac{1}{\sqrt{R_b}} = \frac{1}{\sqrt{R_1}} + \frac{1}{\sqrt{R_2}} + \frac{1}{\sqrt{R_3}} + \cdots + \frac{1}{\sqrt{R_n}} \tag{1-56}$$

式(1-56)说明，并联通风网络的总风阻平方根的倒数等于并联各分支风阻平方根倒数之和，也就是说并联的风道越多，总风阻就越小，且并联通风网络的总风阻永远小于并联通风网络中任一巷道的风阻。

(4)由等积孔计算公式 $A = 1.19/\sqrt{R}$，可得 $\dfrac{1}{\sqrt{R}} = \dfrac{A}{1.19}$，将其代入式(1-56)得：

$$A_b = A_1 + A_2 + A_3 + \cdots + A_n \qquad (1-57)$$

(5)并联通风网络风量自然分配,因为 $h_b = h_i$,即 $R_b Q_b^2 = R_i Q_i^2$,代入式(1-57)并整理可得:

$$Q_i = Q_b\sqrt{\frac{R_b}{R_i}} = \frac{Q_b}{\sqrt{\frac{R_i}{R_1}} + \sqrt{\frac{R_i}{R_2}} + \cdots + \sqrt{\frac{R_i}{R_{i-1}}} + 1 + \sqrt{\frac{R_i}{R_{i+1}}} + \cdots + \sqrt{\frac{R_i}{R_n}}} \qquad (1-58)$$

3)特点

并联通风网络与串联通风网络相比,有许多优点,首先并联通风网络风流的总阻力比任意分支巷道的阻力都小,而且各个分支中的空气都是新鲜的,不像串联巷道中的风流,后面分支的风流受前面风流的污染。此外,并联通风网络易于人工调节风量,易于控制巷道内的火灾事故。因此,在采区内部应尽量采用并联通风方式。

1.3.4 角联通风网络

1)定义

若两条并联巷道之间有一条或者一条以上的使两并联巷道相通的对角巷道,这种通风网络就称为角联通风网络(简称角联风网)。使两并联巷道相通的对角巷道称为角联分支,如图1-13所示,分支5就属于角联分支。

2)性质

在角联通风网络中,对于角联分支,分支的风向取决于其始、末节点间的压能值。下面以图1-13所示的简单角联通风网络为例,分析角联分支5的风向。

(1)角联分支5无风,此时角联风网可简化为并联风网。由风压、风量平衡定律,得

$$Q_1 = Q_3, \quad Q_2 = Q_4, \quad h_1 = h_2, \quad h_3 = h_4$$

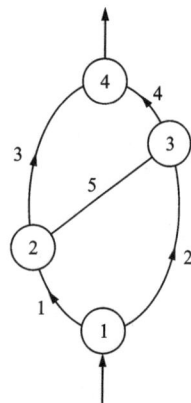

图 1-13 简单角联通风网络

根据通风阻力计算公式,即:

$$R_1 Q_1^2 = R_2 Q_2^2, \quad R_3 Q_3^2 = R_4 Q_4^2$$

可推导出:

$$\frac{R_1 Q_1^2}{R_3 Q_3^2} = \frac{R_2 Q_2^2}{R_4 Q_4^2}$$

得:

$$R_1/R_3 = R_2/R_4 \quad 即:(R_1 \cdot R_4)/(R_2 \cdot R_3) = 1 \qquad (1-59)$$

(2)当角联分支5中风向由2→3,此时:

$$R_1 Q_1^2 < R_2 Q_2^2, \quad R_3 Q_3^2 > R_4 Q_4^2$$

所以:

$$R_2 Q_2^2 \cdot R_3 Q_3^2 > R_1 Q_1^2 \cdot R_4 Q_4^2;$$

又因为 $Q_3 < Q_1$,得 $Q_3/Q_1 < 1$;$Q_2 < Q_4$,得 $Q_2/Q_4 < 1$。故,

$$\frac{R_1 \cdot R_4}{R_2 \cdot R_3} < 1 \qquad (1-60)$$

（3）当角联分支 5 中风向由 3→2，同理可推导得：

$$\frac{R_1 \cdot R_4}{R_2 \cdot R_3} > 1 \tag{1-61}$$

3）特点

角联分支的风向完全取决于与之相连的风路的风阻值比，而与角联风网本身的风阻无关。在用风地点的角联风路不利于安全生产，为有害角联，应尽量减少；在处于回风段、进风段中的角联风路，其风流反向不影响安全，称为无害角联，而且还有利于降低矿井总风阻。

1.3.5　复杂通风网络风流自然分风计算

1.3.5.1　复杂通风网络风流自然分风计算方法

由串联、并联、角联和更复杂的连接方式组成的通风网络，统称为复杂通风网络。复杂通风网络中，各巷道自然分配的风量和对角巷道的风流方向，用直观的方法很难判定，需要进行解算。复杂通风网络解算是在已知各巷道风阻及总风量（或通风机特性曲线）的情况下，求算各巷道自然分配的风量，并确定对角巷道的风流方向。

任意复杂通风网络均由 N 条分支、J 个节点和 M 个网孔构成，它们之间存在如下关系：

$$M = N - J + 1$$

在网络解算中，应用风压平衡定律可列出 N 个方程式，用以求算 N 条巷道的风压未知数。应用风量平衡定律又可列出 $(J-1)$ 个有效的节点方程式（在 J 个节点方程式中有一个是重复的），用以求算 $(J-1)$ 条巷道的风量值。需要用风压平衡方程式求解的风量未知数就只剩下 $(N-J+1)$ 个，由上列公式可知，它正好等于网孔数 M。由此可见，每一个网孔可列出一个风压平衡方程式，共列出 M 个方程式，就可以求算出各巷道自然分配的风量。

复杂网络自然分配风量的计算方法很多，归纳起来可分为图解法、图解分析法、数学分析法、模拟计算法以及电子计算机解算法。目前使用最普遍的是改进后的斯考德–恒斯雷近似计算法（数学分析法中的一种）。

斯考德–恒斯雷近似计算法的实质是利用方程式中的一个根的近似值为已知值时，用泰勒级数展开，略去高次项，逐次计算，求得近似的真实值。

在通风网络中，根据 $\sum Q_i = 0$ 的原理，拟订出各巷道的近似风量。再根据 $\sum h_i = 0$ 的原则，列出各网孔的条件式。根据条件式的泰勒级数展开式，求风量校正值。然后逐步求出真实值。如图 1-14 所示的简单角联通风网络，Ⅰ、Ⅱ 两网孔的风压平衡方程为：

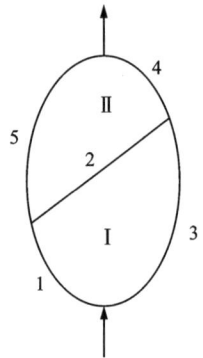

图1-14　简单角联通风网络

$$\left.\begin{array}{l} F_{\mathrm{I}} = R_1 Q_1^2 + R_2 Q_2^2 - R_3 Q_3^2 \\ F_{\mathrm{II}} = R_5 Q_5^2 - R_2 Q_2^2 - R_4 Q_4^2 \end{array}\right\} \tag{1-62}$$

Q_1、Q_5 是两个风量未知数，由 $\sum Q_i = 0$，

则，$Q_2 = Q_1 - Q_5$，$Q_3 = Q_0 - Q_1$，$Q_4 = Q_0 - Q_5$。

设 Q_1'、Q_5' 为风量未知数的初始值，Q_1、Q_5 为终值；ΔQ_{I}、ΔQ_{II} 为网孔 I、II 的风量校正值，则：

$$Q_1 = Q_1' + \Delta Q_{\mathrm{I}}$$
$$Q_5 = Q_5' + \Delta Q_{\mathrm{II}}$$

上式中任一网孔的风量校正值 ΔQ_i，可按下式计算：

$$\Delta Q_i = -\frac{\sum R_j Q_j^2}{2\sum |R_j Q_i|} \tag{1-63}$$

式中：$\sum R_j Q_j^2$ 为网孔中各巷道风压降的代数和，j 为巷道编号，当风流按顺时针方向流动时，其风压为正；逆时针方向流动时风压为负；$\sum |R_j Q_i|$ 为网孔中各巷道风量和风阻之积的绝对值之和，该项不考虑风流方向，均为正值。

当网孔中有通风机工作和自然风压作用时，风量校正值的计算式为：

$$\Delta Q_i = -\frac{\sum R_j Q_j^2 - \sum H_{fj} - \sum H_{nj}}{2\sum |R_j Q_i| - \sum a_j} \tag{1-64}$$

式中：H_{fj} 为第 j 条巷道中的通风机风压；H_{nj} 为第 j 条巷道中的自然风压；a_j 为第 j 条巷道中的通风机特性曲线的斜率。

1.3.5.2　复杂通风网络的简化

1）复杂通风网络简化方法

对复杂通风网络的简化大致可分为 3 种。

(1)将阻力很小(小于 10 Pa)的分支的局部风网并为一个节点处理，它忽略了通风网络的细节和不重要的特征，在进行通风网络宏观特性的研究中很有效，这种方法称为模糊简化。

(2)将串联并联子网按一定原则复合成一条等效分支，同时将参数进行等效变换，没有引入任何误差，同时又简化了通风网络，可以降低计算复杂度，有效提高计算效率，这种方法称为等效简化。

(3)在完成模糊简化后，可再进行等效简化，得到更为简单的模型，能够满足精度要求，并可以大幅提升计算效率，可用于研究系统各分支的灵敏度等，将这种方法称之为复合简化。

2）通风网络简化原则

为了提高对复杂与极其复杂通风网络的模拟解算的效率，在目标对象不参与简化的基本原则下，可将简单的串联和并联子网简化为一条等效分支，并对其参数进行等效变换。在简化过程中应坚持以下原则。

(1)串联子网简化

若串联子网中不包括固定风量分支及无风机时，该串联子网可简化为一条等效分支；若串联子网中包括固定风量分支时，则该串联子网可简化为一条固定风量等效分支；若串联子网中含有风机，则先将若干无风机分支简化成一条等效分支，再将若干有风机分支简化为一条等效分支，动力效果按风机串联方式合成。

(2)并联子网简化

若并联子网中不包括固定风量分支且无风机时，该并联子网可简化为一条等效分支；若并联子网中全为固定风量分支时，则该并联子网可简化为一条固定风量等效分支；若不全为固定风量分支时，则将各固定风量分支简化为一条固定风量等效分支，将其他各分支简化为另一条等效分支；若并联子网中含有风机，则需先去掉风机分支，再按上述两个方法将剩余分支简化。

（3）复合子网简化

将分支串联后又与另一分支并联或分支并联后又与另一分支串联的情况称为复合子网。复合子网的简化要有层次性，一个复杂的子网简化后又与其他分支形成串联或者并联关系，应按照串、并联子网的简化原则，不断地简化下去，直到不能再简化为止。

3）复杂网络自然分风计算步骤

（1）对巷道平面图或者立体示意图的各条巷道连接处的节点进行编号，将全系统划分为进风段、需风段、回风段三部分，并分别作通风网络示意图。作图时，凡是与地表大气相通的进风口、回风口之间可用虚线连接，其风阻为零，作为一个节点考虑。

（2）对于矿井通风网络较为复杂，巷道较多的，按照复杂通风网络简化方法和原则，适当进行简化。

（3）确定风流方向，可根据各巷道的性质（竖井、平巷）及其在通风系统中的位置和通风机的位置以及它们相互间的关系，初步拟订风流方向（当计算结果中风量为负时，即表示与原来拟订风流方向相反）。

（4）拟订各条巷道的初始风量，根据各巷道的风阻、风流方向，按风量平衡定律，从进风段逐步拟订各巷道的风量。

（5）风量校正的网孔数。根据经验，在计算网孔风量校正值时，网孔数为 $M = N - J + 1$。

（6）各网孔风量校正。对于 M 个网孔，逐个按风量校正计算公式计算网孔的风量校正值，并用风量校正值对该网孔所有巷道进行风量校正。经校正后的巷道风量即作为以下网孔计算风量校正值时该巷道的风量。如此，对 M 个网孔反复进行几次风量校正，直到最后一次校正的 M 个网孔中最大风量校正值小于规定的精度时为止。此时，各巷道经最后校正的风量即为该巷道自然分配的风量。

1.3.6 矿井通风网络中风量调节

在矿井通风网络中，风流是自然流动的。井下作业点实际需风量是根据稀释或排除各作业面的炮烟或粉尘及降温需求来确定的。实际生产中，由于工作面不断推进，巷道风阻、网络结构及所需的风量均在不断变化，依靠自然分配的风量往往满足不了生产实际需要，这就需要进行风量调节。

矿井风量调节可通过采用通风机、射流器、风窗、空气幕等设施或增加并联井巷或扩大通风断面等方法来实现。按风量调节的范围，可分为局部风量调节与矿井总风量调节。

1.3.6.1 局部风量调节

局部风量调节是指在采区内部各工作面间，采区之间或生产水平之间的风量调节。调节方法：增阻调节法、减阻调节法及辅助通风机调节法。

1）增阻调节法

增阻调节法是通过在巷道中安设调节风窗等设施，增大巷道中的局部阻力，从而降低与该巷道处于同一通路中的风量，或增大与其关联的通路上的风量。增阻调节法是一种耗能调节法。

增阻调节法原理分析：如图 1-15 所示，1、2 分支风阻分别为 R_1 和 R_2，风量分别为 Q_1、Q_2；则两分支的阻力为：$h_1 = R_1 Q_1^2$、$h_2 = R_2 Q_2^2$，根据风压平衡定律可知 $h_1 = h_2$。

若现在分支 2 风量不足，而分支 1 风量又有富余。可在 1 分支中设置调节窗，使分支 2 的风量由 Q_2 增大到 Q_2'，分支 1 的风量由 Q_1 减小到 Q_1'。设调节风窗产生的局部风阻为 ΔR，由风压平衡定律可得：

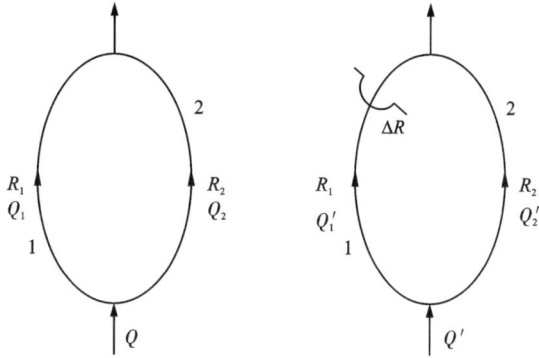

图 1-15 增阻调节法

$$(R_1 + \Delta R) Q_1'^2 = R_2 (Q_2')^2$$

$$即：\Delta R = R_2 \frac{(Q_2')^2}{Q_1'^2} - R_1 \tag{1-65}$$

式中：ΔR 为阻力小的分支上增加的调节风阻。

主要措施：①风窗调节；②设置临时风帘调节；③设置空气幕调节装置等。使用最多的是风窗调节。

（1）风窗调节

风窗调节就是在风门或者挡风墙上开一个面积可调的小窗口，如图 1-16 所示。调节风窗开口面积的计算式为：

当 $S_c/S \leqslant 0.5$ 时：

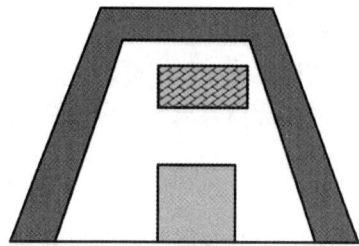

图 1-16 风窗调节

$$S_c = \frac{Q_f S}{0.65 Q_f + 0.84 S \sqrt{h_c}} \quad 或者 \quad S_c = \frac{S}{0.65 + 0.84 S \sqrt{R_c}} \tag{1-66}$$

当 $S_c/S > 0.5$ 时，

$$S_c = \frac{Q_f S}{Q_f + 0.759 S \sqrt{h_c}} \quad 或者 \quad S_c = \frac{S}{1 + 0.759 S \sqrt{R_c}} \tag{1-67}$$

式中：S_c 为调节风窗的断面积；Q_f 为按设风窗巷道的风量；h_c 为调节风窗阻力；R_c 为调节风窗的风阻；S 为巷道断面面积。

在求风窗面积之前，S_c/S 的值是不知道的。计算时，可先用 $S_c/S \leqslant 0.5$ 时的计算公式，如果求得的面积较大，符合 $S_c/S > 0.5$ 的条件，再用 $S_c/S > 0.5$ 的公式计算。

（2）设置临时风帘调节

设置临时风帘调节指用一个由机翼形叶片的百叶帘，悬挂于需要增加局部阻力的分支上。利用改变叶片的角度（0~80°）以增加或减少其产生的局部阻力的方式来实现风量的调节。

特点：可连续平滑调节，调节范围较宽，调节比较均匀；当含尘空气通过叶片时，有利于降尘。但是这种调节装置不利于人和设备的通行，故一般只能设在回风道中。若主要通风机风压特性曲线不变，会导致矿井总风量下降；否则，就得改变主要通风机风压特性曲线，以弥补增阻后总风量的减少。

（3）设置空气幕调节装置

矿用空气幕由供风器、整流器和通风机组成，如图1-17所示。根据巷道断面尺寸及压差大小，可以布置成单机空气幕，多机并联空气幕，多机串/并联空气幕等多种形式。空气幕在所需要增加风量的巷道中顺巷道风流方向工作，可起增压调节作用；在需要减少风量的巷道中逆风流方向工作，可起增阻调节的作用。

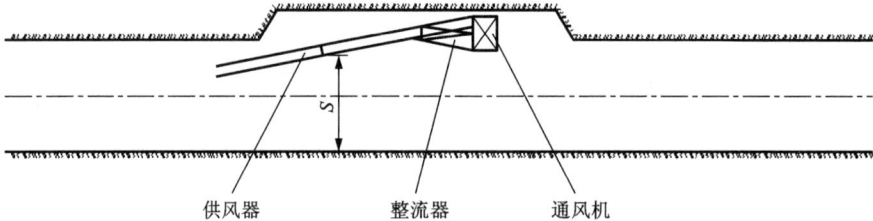

图 1-17　矿用空气幕

特点：空气幕在运输巷道中可代替风门起隔断风流的作用。空气幕还可以用来防止漏风、控制风向、防止平硐口冻结和保护工作地点、防止有毒气体入侵，在运输频繁的巷道中工作不妨碍运输，工作可靠。

当采用宽口大风量循环型矿用空气幕时，其有效压力 ΔH_m 的计算：

$$\Delta H_m = \frac{2\cos\theta_0}{k_s + 0.5\cos\theta_0} \cdot \frac{v_0^2 \cdot v}{2g} \tag{1-68}$$

式中：ΔH_m 为有效风压；θ_0 为空气幕射流轴线与巷道轴线的夹角，(°)；v_0 为空气幕出口的平均风速；k_s 为断面比例系数：

$$k_s = S/S_0 \tag{1-69}$$

式中：S_0 为空气幕的出口断面。

经试验证明，由于巷道壁凹凸不平，θ_0 宜取30°。空气幕的供风量受巷道允许风速的限制，不能过高，可取巷道风速不大于4 m/s。在此条件下，由空气幕有效压力公式可求出断面比例系数 k_s：

$$k_s \geq 0.03\left(\Delta H_m + \sqrt{\Delta H_m^2 + 28.8\Delta H_m}\right) \tag{1-70}$$

式中：ΔH_m 为空气幕的有效风压，即为调节风量时所要求的调节风压。

在已知巷道的过风断面 S 和所需要的调节风压值 ΔH_m 时，空气幕参数的设计步骤如下：

①由最小过风断面 S 和最大允许风速 v_{max} 确定空气幕供风量 Q_c，即：

$$Q_c = v_{max}S \tag{1-71}$$

②按所需的调节风压 ΔH_m，根据式（1-68）计算，确定断面比例系数 k_s；

③确定空气幕出口面积 S_0，$S_0 = S/k_s$；

④计算通风机全压 H_f，$H_f = 12.5\ k_s^2$；

⑤计算通风机功率 N_f，$N_f = Q_c H_f/1000\eta_f$；N_f 是通风机的功率、η_f 是通风机的效率。

金川集团股份有限公司二矿区在运输巷道内安装多机并联空气幕对风流进行增阻，在冬季控制井筒或斜坡道的进风量，可有效防止有淋水井筒内水的结冰，不仅保护了井筒内的电缆等设备，而且减少了采用主要通风机反风来控制井筒结冰所带来的不利影响。

增阻调节法的评价。

①增阻调节法的使用条件必须是增阻分支风量有富余。

②增阻调节法会使通风网络的总风阻增大，如果主要通风机性能曲线不变，总风量就会减少。总风量减少的程度，取决于增阻调节设施在整个通风系统中所处的位置。例如，风窗安设在主风流中，风窗增阻对通风系统总风阻影响较大，矿井总风量就减少得较多。在这种情况下，就难以达到预期的要求，同时也不经济。

③总风量减少值 ΔQ 的大小与主要通风机性能曲线的陡缓程度有关。通风机性能曲线愈陡(轴流式通风机)，总风量减少值愈小；反之则愈大。

④调节窗应尽量安设在回风巷道中，以免影响运输。

总之，增阻调节法具有简单易行、见效快的优点，我国矿山将其广泛用于并联网络的风路调节。其缺点是增大了矿井总风阻，使总风量有所降低。

2)减阻调节法

减阻调节法是通过在巷道中采取降阻措施，降低巷道的通风阻力，从而增大与该巷道处于同一通路中的风量，或减小与其关联通路上的风量。

减阻调节法原理分析：如图1-18所示的并联风网，两分支风路的风阻分别为 R_1 和 R_2，所需风量分别为 Q_1 和 Q_2，则两条风路产生的阻力分别为：

$$h_1 = R_1 Q_1^2 \qquad h_2 = R_2 Q_2^2$$

假设现在 $h_2 > h_1$，采用降阻调节法调节时，则以 h_1 的数值为依据，使 h_2 减少到 $h_2'(h_2' = h_1)$。

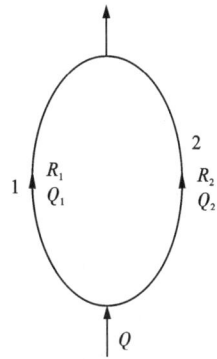

图1-18 减阻调节

为此，需把 R_2 降到 R_2'，即：

$$h_2' = R_2'(Q')^2 = h_1 \quad 得 \quad R_2' = h_1/(Q')^2 \tag{1-72}$$

由此表明，降阻调节法与增阻调节法相反。为了保证风量的按需分配，当两并联巷道的阻力不相等时，以小阻力分支为依据，设法降低大阻力巷道的风阻，使风网达到阻力平衡。

减少阻力的主要措施有：①扩大巷道断面；②降低风道的摩擦阻力系数；③清除巷道中的局部阻力物；④采用并联风路；⑤缩短风流路线的总长度等。在实际应用中，减少阻力采取的主要措施是扩大巷道断面和降低风道的摩擦阻力系数。

(1)扩大巷道断面

若将分支2的断面扩大到 S_2'，根据摩擦阻力计算公式可知：

$$R_2' = \frac{\alpha_2' L_2 U_2'}{(S_2')^3} \tag{1-73a}$$

式中：α_2' 为分支2扩大后断面的摩擦阻力系数；L_2 为分支2的长度；U_2' 为分支2巷道扩大后的断面周长。

$$U_2' = C\sqrt{S_2'} \tag{1-73b}$$

式中：C 为巷道断面形状系数，梯形断面：$C=4.03 \sim 4.28$，一般取4.16；三心拱断面：$C=3.80 \sim 4.06$，一般取3.85；半圆拱巷道：$C=3.78 \sim 4.11$，一般取3.90；圆形断面 $C=3.54$。

将式(1-73b)代入式(1-73a)，得出分支2扩大后的断面积公式为：

$$S_2' = \left(\frac{C\alpha_2'L_2}{R_2'}\right)^{\frac{2}{5}} \tag{1-74}$$

如果分支 2 断面扩大以后摩擦阻力系数 α_2' 与断面扩大以前的摩擦阻力系数 α_2 相等,则式(1-74)可改写为:

$$S_2' = S_2\left(\frac{R_2}{R_2'}\right)^{\frac{2}{5}} \tag{1-75}$$

式中:S_2、S_2' 为分支 2 扩大断面前、扩大断面后的断面积;R_2、R_2' 为分支 2 扩大断面前、扩大断面后的风阻。

(2)降低风道的摩擦阻力系数

采用改变摩擦阻力系数降阻时,减小后的摩擦阻力系数的公式为:

$$\alpha_2' = \frac{R_2'S_2^3}{L_2U_2} = \frac{R_2'S_2^{2.5}}{L_2C} \tag{1-76}$$

或

$$\alpha_2' = \alpha_2 \frac{R_2'}{R_2} \tag{1-77}$$

减阻调节法的评价:减阻调节法可使矿井总风阻减少,若主要通风机风压特性曲线不变,矿井总风量会增加。但这种方法工程量大、投资多、施工时间较长,所以减阻调节法多在矿井增产、老矿挖潜改造或某些主要巷道年久失修的情况下,用来降低主要风路中某一段巷道的通风阻力。

3)辅助通风机调节法

当并联网络中,两并联网络的阻力相差很大,用增阻调节法和减阻调节法都不合理或不经济时,可在风量不足的分支风路中安设辅助通风机,以提高克服该巷道阻力的通风压力,从而达到调节风量的目的。用辅助通风机调节时,应将辅助通风机设在阻力大的风路中。辅助通风机所造成的有效压力应等于两并联风路中的阻力差值。在生产中,辅助通风机调节的使用方法有两种:一种是有风墙的辅助通风机调节;另一种是无风墙的辅助通风机调节。

(1)有风墙的辅助通风机调节

有风墙的辅助通风机调节是安设辅助通风机的巷道断面上,除辅助通风机外,其余面均用风墙封闭,巷道的风流全部通过辅助通风机,如图 1-19 所示。

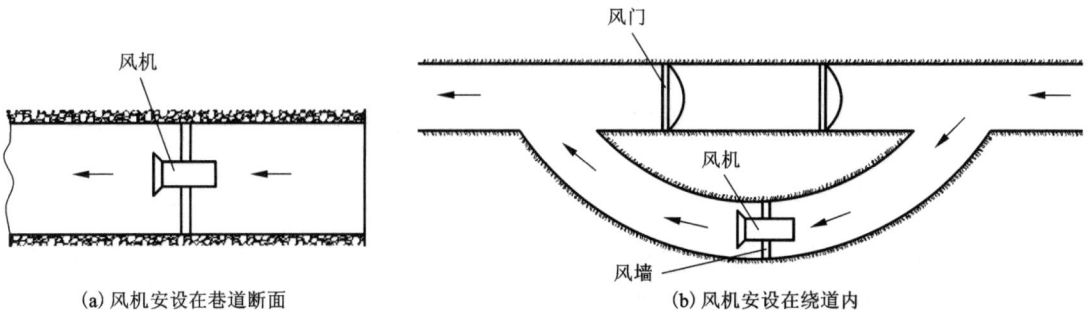

(a)风机安设在巷道断面   (b)风机安设在绕道内

图 1-19 有风墙的辅助通风机调节

有风墙辅助通风机调节风量时，必须选择适当的辅助通风机才能达到预期的效果。如果辅助通风机选择不当，有可能出现以下不合理的工作情况。

①如果辅助通风机能力不足，则不能调节到所需要的风量值。

②如果辅助通风机能力过大，可能造成与其并联的其他风路风量大量减少，甚至无风或反风，形成循环风流。

③如果辅助通风机的风墙不严密，在辅助通风机周围可能出现局部风流循环，降低辅助通风机的通风效果。

有风墙辅助通风机是靠通风机的全压做功，能造成较大的压差，可用于并联风路阻力差值较大的网络中调节风量。

（2）无风墙的辅助通风机调节

无风墙的辅助通风机的作用是靠其出口动压引射风流，从而使巷道的风量大于通风机的风量。无风墙的辅助通风机在巷道中工作时，其出口动压除去由辅助通风机出口到巷道全断面突然扩大的能量损失和风量绕过通风机的能量损失外，剩余的能量用于克服巷道阻力。单位体积流体的这部分能量称为无风墙辅助通风机的有效风压，一般以 ΔH_f 表示。无风墙的辅助通风机在巷道中造成的有效风压的计算式为：

$$\Delta H_f = k_f \frac{H_v S_0}{S} \qquad (1-78)$$

式中：ΔH_f 为无风墙的辅助通风机在巷道中造成的有效风压；k_f 为试验系数，与辅助通风机在巷道中的安装条件有关，k_f 值为 $1.5 \sim 1.8$，安装条件较好时可取最大值；S_0 为辅助通风机出口的断面；S 为巷道断面面积；H_v 为辅助通风机的出口动压，即

$$H_v = \frac{v_0^2}{2g} v \qquad (1-79)$$

式中：v_0 为辅助通风机出口的风速。

辅助通风机调节法的评价：辅助通风机调节法机动灵活、简便易行，并能降低矿井阻力，增大矿井总风量。但采用辅助通风机调节时，其设备投资较大，辅助通风机的能耗较大，且辅助通风机的安全管理工作比较复杂，安全性较差。

1.3.6.2　矿井总风量调节

矿井总风量调节主要是调整主通风机的工况点。其方法是改变主通风机的工作特性，或是改变矿井通风系统的总风阻。

1）改变主通风机的工作特性

改变主通风机的叶轮转速、轴流式风机叶片安装角度和离心式风机前导器叶片角度等，可以改变通风机的风压特性，从而达到调节风机所在系统总风量的目的，如图 1-20 所示。

2）改变矿井通风系统的总风阻

（1）风硐闸门调节法

如果在风机风硐内安设了调节闸门，通过改变闸门的开口大小可以改变风机的总工作风阻（如图 1-21 所示），从而调节风机的工作风量。

（2）降低矿井总风阻

当矿井总风量不足时，如果能降低矿井总风阻，则不仅可增大矿井总风量，而且可以降低矿井总阻力。

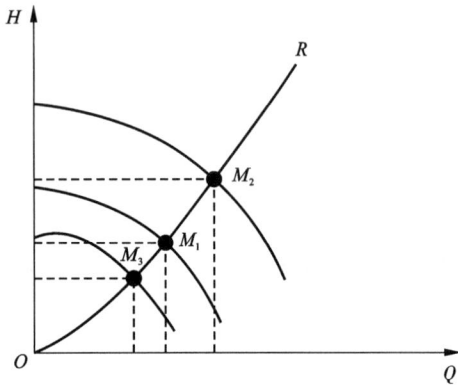

图 1-20　改变主通风机的工作特性

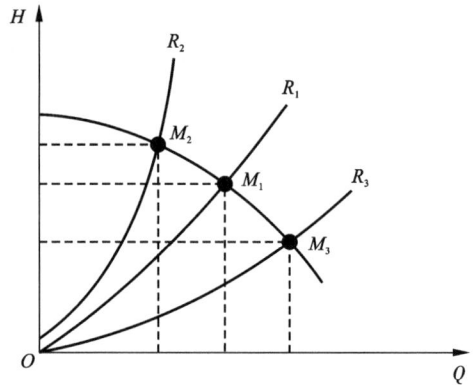

图 1-21　改变矿井通风系统的总风阻

1.3.7　通风网络解算的计算机模拟

1.3.7.1　计算机模拟的数学模型

由风压平衡定律、风量平衡定律以及通风阻力计算公式可知，对于一个有 N 条分支、J 个节点的通风网络，其基本方程有：

（1）节点风流连续定理：

$$\sum_{j=1}^{N} a_{ij} Q_j = 0 \quad (i = 1, 2, \cdots, J - 1) \tag{1-80}$$

式中：N 为通风网络中分支数；J 为通风网络中节点数；Q_j 为网络中第 j 分支的风量；a_{ij} 为节点流向系数，且 $a_{ij} = \begin{cases} 1, 分支 j 与节点 i 关联，方向背离节点 i; \\ 0, 分支 j 与节点 i 不关联; \\ -1, 分支 j 与节点 i 相关联，指向节点 i \end{cases}$

（2）网孔风压平衡定理：

$$f_i = \sum_{j=1}^{N} b_{ij} h_j = 0 \quad (i = 1, 2, 3, \cdots, M) \tag{1-81}$$

即：

$$f_i = \sum_{j=1}^{N} b_{ij}(R_j \mid Q_j \mid Q_j - H_{Nj}) - b_{ij} H_{Fj} = 0 \quad (i = 1, 2, 3, \cdots, M)$$

式中：b_{ij} 为网孔中分支的风向系数；

$b_{ij} = \begin{cases} 1, 第 j 分支在网孔 i 中，且风流方向为顺时针方向; \\ 0, 第 j 分支不在网孔 i 中; \\ -1, 第 j 分支在网孔 i 中，且风流方向为逆时针方向 \end{cases}$

其中 R_j 为第 j 分支的风阻；H_{Fj} 为第 j 分支的风机风压；H_{Nj} 为第 j 分支的自然风压；M 为网络内的独立网孔数。

（3）矿井空气流动定律：

$$H_i = R_i \cdot Q_i^2 \tag{1-82}$$

式中：H_i 为第 i 条支路所消耗的风压；R_i 为第 i 条支路的风阻；Q_i 为第 i 条支路的风量。

（4）对一些问题的处理

①当一个网孔内出现多台风机时，对网孔风量校正式的修正。

当一个网孔有多台风机和多个自然风压时，网孔风压平衡式应写成：

$$f_i = \sum_{j=1}^{N} b_{ij}(R_j \,|\, Q_j \,|\, Q_j - H_{\mathrm{N}j} - H_{\mathrm{F}j}) = 0 \tag{1-83}$$

而不能再按网孔风量校正式求算校正风量。

ΔQ_i 计算式如下：

$$\Delta Q_i = -\dfrac{\sum\limits_{j=1}^{N}(R_j Q_j^2 - H_{\mathrm{F}j}) - H_{\mathrm{N}i}}{\sum\limits_{j=1}^{N} 2(R_j \,|\, Q_j \,|\, - H_{\mathrm{F}j}')} \tag{1-84}$$

或为：

$$\Delta Q_i = -\dfrac{\sum\limits_{j=1}^{N} b_{ij} F_j(Q_j)}{\sum\limits_{j=1}^{N} b_{ij}^2 \dfrac{\mathrm{d}F_j(Q_j)}{\mathrm{d}Q_j}} \tag{1-85}$$

式中：$F_j(Q_i)$ 为每个分支的总风压，即：

$$F_j(Q_i) = H_j = R_j Q_j^2 - H_{\mathrm{F}j} - H_{\mathrm{N}j} \tag{1-86}$$

可见，在式（1-84）和式（1-85）中，已经用网孔中各分支的全部风机替代了网孔中仅有的一台风机。

把 $F_j(Q_i)$ 代入分子分母中，写成常见的形式：

$$\Delta Q_i = -\dfrac{\sum\limits_{j=1}^{L} b_{ij}(R_j Q_j \,|\, Q_j \,|\, - H_{\mathrm{F}j} - H_{\mathrm{N}j})}{\sum\limits_{j=1}^{L} b_{ij}^2 \left(2R_j \,|\, Q_j \,|\, - \dfrac{\mathrm{d}H_{\mathrm{F}j}}{\mathrm{d}Q_j}\right)} \tag{1-87}$$

假设自然风压不随风量变化，则 $\dfrac{\mathrm{d}(H_{\mathrm{N}j})}{\mathrm{d}Q_j} = 0$。

在多级机站通风网络解算软件中，每个独立网孔均按其实际的分支数分别计算，故式（1-87）可写成：

$$\Delta Q_i = -\dfrac{\sum\limits_{j=1}^{L} b_{ij}(R_j Q_j \,|\, Q_j \,|\, - H_{\mathrm{F}j} - H_{\mathrm{N}j})}{\sum\limits_{j=1}^{L} \left(2R_j \,|\, Q_j \,|\, - \dfrac{\mathrm{d}H_{\mathrm{F}j}}{\mathrm{d}Q_j}\right)} \tag{1-88}$$

式中：L 为该网孔的分支总数。

由于 j 分支一定在 i 网孔中，不存在 $b_{ij}=0$ 的情况，故 b_{ij} 恒为 +1，可以略去。

②风机特性曲线及其对迭代的影响。

模拟风机的风量-风压特性的方程式为：

$$N_{\mathrm{F}} = B_1 + B_2 Q_{\mathrm{F}} + \cdots + B_n Q_{\mathrm{F}}^{n-1} \tag{1-89}$$

拟合风机曲线时，所选的风量、风压特性点数越多，则所拟合的曲线与实际曲线间的误差越小，另外还要求风机曲线的拟合阶数，最好远小于点数。应根据输入的点数及要求的精度来确定风机曲线的阶数，输入点数 D 为 2~6 时，阶数 $n=D-1$，输入点数大于 6 时，阶数 $n=6$。

实践表明，应用二次或三次曲线来模拟风机曲线的有效工作段，即可满足方程式计算的精度要求。

只要输入足够的风量、风压参数，多级机站通风网络解算软件也可拟合六阶的风机曲线，但一般只要求输入有效工作段五个点的数据，拟合成四阶(三次)的多项式：

$$N_F = B_1 + B_2 Q_F + B_3 Q_F^2 + B_4 Q_F^3 = \sum_{K=1}^{4} B_K Q_F^{K-1} \tag{1-90}$$

$\mathrm{d}H_F/\mathrm{d}Q$ 实质上是风机曲线的斜率，可写成：

$$N_F' = B_2 + 2B_3 Q_F + 3B_4 Q_F^2 = \sum_{K=2}^{4} (K-1) B_K Q_F^{K-2} \tag{1-91}$$

在任意风机的有效工作段，其风量-风压特性曲线总是随风量的增大而单调下降的，亦即其斜率 H_F' 在 $Q_F>0$ 时，恒为负值，如图 1-22 中曲线 Ⅰ。但是就全曲线而言，因不同风机 B_K 值的不同，其斜率 H_F' 有可能为正值。这一般出现于有效工作段的左侧，亦即曲线出现了波峰和波谷，如图 1-22 中曲线 Ⅱ。图中 $b'c'$ 表示有效工作段，其 H_F' 恒为负值。当曲线由 b' 向 a' 变化时，曲线先向左下降，此段 H_F' 为正值。

分析上述 ΔQ_i 校正式可知，其分子部分表示该网孔的不平衡风压值，若为正值，说

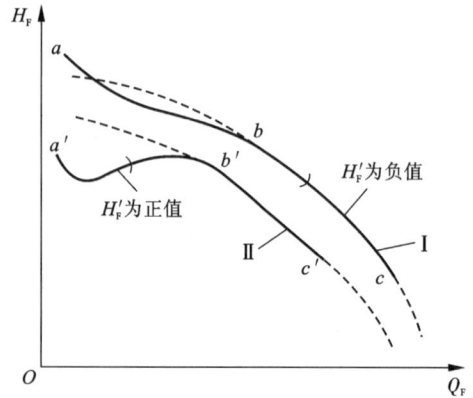

图 1-22 风机特性曲线形状

明阻力过大，则校正风量 ΔQ 应是负值，才能使网孔风压平衡。这就要求 ΔQ_i 校正式的分母部分恒为正值。由于分母的首项恒为正值，可见若 $\mathrm{d}H_F/\mathrm{d}Q$(即 H_F')恒为负值，便能保证迭代过程不断收敛。

当风机的工作点处于有效工作段内时，能够满足上述要求。但是，多级系统在开始迭代时，有些风机往往会偏离有效工作段，此时如果风机模拟曲线具有图 1-22 中曲线 Ⅱ 的形状，H_F' 可能为正，因而 ΔQ_i 校正式的分母有可能为正值，从而使迭代过程发散。

为解决此问题，可用二次抛物线来拟合风机特性曲线有效工作段以外的部分，亦即图 1-22 中 bc 段的左侧及右侧的虚线部分。

二次抛物线可写成：

$$H_F = A_1 + A_3 Q_F^3 \tag{1-92}$$

$$\frac{\mathrm{d}H_F}{\mathrm{d}Q} = H_F' = 2A_3 Q_F \tag{1-93}$$

由于 A_3 恒为负值，故 H_F' 永远小于 0，便可以保证风机工作点在全曲线的任意段时，迭代过程均能正常收敛。

③自圈网孔原则的确定。

通风网络的解算软件，必须圈划独立网孔。而圈划独立网孔的技巧，直接影响网络迭代计算的收敛速度。所谓独立网孔是指该网孔中包含有一条在其他网孔中不重复出现的分支，

该分支称为基准巷(或称作弦)。通风网络中除基准巷外的其他巷道分支,必须互相连通,包含全部节点,但不构成回路,称为树。树中的分支,可以在各独立网孔中重复出现。

当矿井采用主要通风机压抽混合式通风,尤其是采用多级系统时,往往不可能把所有的风机巷均作为基准巷。因为如果不把某一风机巷作为树的一部分,就圈不成网孔。有时存在装机巷道数大于需要确定的基准巷数的情况。因此,提出了一个在有风机分支中按照一定原则来确定基准巷的问题。

多级机站通风网络解算软件规定的选取基准巷的原则是:

A. 若网孔中有固定风量巷,必须定为基准巷,不必参加自圈网孔,固定风量巷的编号排在最后;

B. 软件自圈网孔确定的基准巷数应等于独立网孔数减去固定风量巷数;

C. 装机巷按$(R+|A_3|)Q$的大小,由大到小排列。式中R为该装机巷的风阻,A_3是该装机巷风机特性抛物线拟合公式中Q二次项的系数,Q为该风机高效点的风量。若装机巷的风机全停,则该巷的风阻在增加风机出入口风阻或增加风机闸门的风阻后,会降为无风机巷。无风机巷按巷道风阻的大小排列,排在装机巷的后面。

按上述次序,根据最小树原则,由软件自动确定基准巷及圈划网孔。通常软件在能圈成足够数量的独立网孔的前提下,优先选取$(R+|A_3|)Q$最大的装机巷及R最大的无风机巷作为基准巷。

实践证明,为了连成最小树,圈成足够的独立网孔,并不是所有排在前面的装机巷均能选作基准巷。但是,运用上述的排列原则,能使迭代的收敛速度加快。

④巷道初始风量的确定及漏风的考虑。

软件自定巷道初始风量的方法,亦即使风机的基准巷的初始风量等于该机站风机高效点的风量。无风机的基准巷,初始风量可以为零。而其他属于树中的分支巷的风量,则根据各基准巷的风量,按节点风量平衡来确定。

设基准巷的风量为$q_i(i=1,2,\cdots,M)$,若j分支为i网孔的基准巷:$Q_i=q_i$,则j分支为树中的分支:

$$Q_j = \sum_{i=1}^{M} b_{ij}q_i \qquad (1-94)$$

式(1-94)可作为计算包括基准巷在内所有分支风量的通式,因基准巷只在一个网孔中出现,在其他网孔中有$b_{ij}=0$,$Q_1=q_1$。

对网孔中的内部漏风,若风阻较小者,软件用漏风巷来表示。例如未装矿的溜井,与一般巷道一样,以其实际风阻参加迭代。对于砌筑了密闭、漏风很小的巷道或存矿的溜井,则认为其风阻为无穷大,不予考虑。对于机站本身的通风,则用漏风系数来表示。

⑤风机风压与巷道阻力间的关系。

网孔风压平衡式$f_i = \sum_{j=1}^{N} b_{ij}(R_j|Q_j|Q_j - H_{Nj}) - b_{ij}H_{Fj} = 0$中的$H_{Fj}$,实际上是指风机能用于克服阻力的风压,用$H_S$表示。机站风量$Q_S$也就是装机巷的风量$Q_j$。

对于井下机站来说,风机风量Q_F与机站风量Q_S的关系式为:

$$Q_S = N_F Q_F / C_L \qquad (1-95)$$

式中:N_F为机站运转的并联机站数;C_L为机站的漏风系数。

机站风压应等于风机风压与风机出、入口局部阻力 h_{FS} 之差：

$$H_S = H_F - h_{FS} \qquad (1-96)$$

$$h_{FS} = R_{FS}Q_S^2 = \frac{\gamma KC_L^2}{(N_F S_F)^2}\left[\xi_{Fi}\left(\frac{S_F}{S_{Fi}}\right)^2 + \xi_{FO}\right]Q_S^2 \qquad (1-97)$$

式中：ξ_{Fi}、ξ_{FO} 分别为风机入口、出口的局部阻力系数；K 为校正系数；S_F 为风机出口处的断面；S_{Fi} 为风机入口侧断面。

ξ_{Fi}、ξ_{FO} 的计算式如下：

$$\xi_{Fi} = 0.5K_E\left(1 - \frac{S_{Fi}}{S_{FS}}\right)^2 \qquad (1-98)$$

式中：S_{FS} 为风机入口侧机站断面；K_E 为风机入口边缘形状系数，锐边入口 $K_E = 1$；圆边入口，当圆边半径与入口直径之比为 $0.15\sim0.1$ 时，$K_E = 0.1\sim0.24$。

当风机出口无扩散器时：

$$\xi_{FO} = K_A\left(1 - \frac{S_F}{CL \cdot S_d}\right)^2 \qquad (1-99)$$

式中：S_d 为装机巷风流出口混合面处断面；K_A 为风机出口侧机站巷道粗糙度的影响系数，其计算式为：

$$K_A = 1 + 0.5 \times (0.5 - 1.05 \times 10^{-3}a + 10^{-3}a^2 - 0.2 \times 10^{-9}a^3) \qquad (1-100)$$

式中：a 为风机出口侧机站巷的摩阻系数。

当风机出口有扩散器时：

$$\xi_{FO} = \xi_{KM} + \xi_{KE} + \xi_{KD}\left(\frac{S_F}{S_K}\right)^2 \qquad (1-101)$$

式中：ξ_{KM} 为扩散器沿程阻力系数；ξ_{KE} 为扩散器渐扩局阻系数；ξ_{KD} 为扩散器出口突扩局阻系数；S_K 为扩散器出口处断面积。

其中：

$$\xi_{KM} = \frac{0.014}{0.5\sin\theta}\left(\frac{0.0003}{D_F + D_K}\right)^{0.25}\left(1 - \frac{S_F^2}{S_K^2}\right) \qquad (1-102)$$

式中：θ 为扩散器的扩散角；D_F 为风机出口直径；D_K 为扩散器出口直径。

$$\xi_{KE} = 4.8(0.5\sin\theta)^{1.25}\left(1 - \frac{S_F}{S_K}\right)^2 \qquad (1-103)$$

$$\xi_{KD} = K_A\left(1 - \frac{S_K}{C_L \cdot S_d}\right)^2 \qquad (1-104)$$

为了简化迭代计算，可运用机站的特性方程式：

$$H_S = C_1 + C_2Q_S + C_3Q_S^2 + C_4Q_S^3 \qquad (1-105)$$

若单台风机的特性方程为：

$$H_F = B_1 + B_2Q_F + B_3Q_F^2 + B_4Q_F^3 \qquad (1-106)$$

则可以导出：

$$\begin{cases} C_1 = B_1 \\ C_2 = B_2 C_L / N_F \\ C_3 = B_3 (C_L / N_F)^2 - R_{FS} \\ C_4 = B_4 (C_L / N_F)^3 \end{cases}$$

⑥自然风压的处理及其他参数的计算。

软件中自然风压采取按巷道计算的原则。在已知巷道的自然风压可以直接输入，也可以打开独立计算各巷道的自然风压的数据文件来输入，软件可以求算各个网孔总自然风压。自然风压的定义为静止的空气柱重量差，因此，巷道的自然风压计算式为：

$$H_{Nj} = D_j \gamma_j Z_j \qquad (1-107)$$

式中：γ_j 为巷道内空气的平均重率；Z_j 为巷道的高度；D_j 为风向系数，当风流沿巷道下行时为 +1，上行时为 -1。

$$\gamma_j = (\gamma_{jA} + \gamma_{jB})/2 \qquad (1-108)$$

式中：γ_{jA}、γ_{jB} 分别是巷道始节点、末节点处的空气重率。

$$\gamma_{jA} = \frac{13.6 P_A}{R_A T_A} \qquad (1-109)$$

$$\gamma_{jB} = \frac{13.6 P_B}{R_B T_B} \qquad (1-110)$$

$$P_B = P_A + \gamma_j \cdot Z_j / 13.6 \qquad (1-111)$$

式中：P_A、P_B 为始、末节点的绝对气压；T_A、T_B 为始、末节点的空气绝对温度；R_A、R_B 为始、末节点的空气气体常数，当节点处于地表时 $R = 29.27$，在井下时 $R = 29.4$。

合并上述等式，可得：

$$\gamma_j = \frac{13.6 P_A (R_B T_B + R_A T_A)}{R_A T_A (2 R_B T_B - Z_j)} \qquad (1-112)$$

每个机站单台风机的功率的计算式为：

$$N_e = \frac{H_F Q_F}{102 \eta_e \eta_F} \qquad (1-113)$$

式中：H_F、Q_F 分别为机站中单台风机的风压、风量；η_e 为电机传动效率；η_F 为风机工作效率。

一个机站的总功率为：

$$N_j = N_F N_e = \frac{H_S Q_S}{102 \eta_e \eta_F \eta_S} \qquad (1-114)$$

式中：H_S、Q_S 分别为机站的风压、风量；η_S 为机站的工作效率。

机站的工作效率的计算式为：

$$\eta_S = E_H / C_L \qquad (1-115)$$

式中：C_L 为机站漏风系数；E_H 为机站的有效风压率，为机站风压与风机风压之比，即

$$E_H = H_S / H_F \qquad (1-116)$$

全矿的风机总功率为：

$$N = \sum_{j=1}^{M_S} N_j \qquad (1-117)$$

式中：M_S 为全矿的总机站数。

1.3.7.2　商用通风网络解算软件

在进行通风管理及设计工作中，往往要进行网络解算。目前商用通风网络解算软件主要包括 Ventsim、Mivendes、SmartEXEC 等软件。各软件利用数值分析的方法准确地分析通风系统存在的问题，并模拟出通风系统优化的最佳方案。商用通风网络解算软件的主要功能如下。

（1）用该系统可模拟新增构筑物或拆除某构筑物或某构筑物移位后对通风系统的影响，并针对影响情况给出改造方案。

（2）能够模拟机站的设置，如新增机站或拆除某机站或机站移位对通风系统的影响，并给出优化方案。

（3）能够模拟矿井断面、支护方式等变化对通风系统的影响。

（4）能够模拟风机参数的变化对通风系统的影响。

（5）能反映全矿各用风点的用风量，及各条井巷的风阻、风量、风压、功耗状况。

1.4　矿井通风系统

矿井通风系统是由向井下各作业地点供给新鲜空气、排出污浊空气的通风网络和通风动力以及通风控制设施等构成的工程体系。

1.4.1　矿井通风系统分类

1）按照通风系统服务范围划分

（1）统一通风

一个矿井构成一个整体的通风系统称统一通风，其特点是进、回风比较集中，使用的通风设备少，便于管理，对于开采范围不大的矿井，特别是深矿井，采用全矿统一通风比较合理。

（2）分区通风

一个矿井划分成若干个独立的通风系统，各个系统均有各自进、回风井巷和通风动力，井巷虽有联系但风流互不干扰、相互独立，称分区通风。分区通风具有风路短、阻力小、网络简单、风流易于控制等特点。因此，在一些矿体埋藏较浅且分散的矿山或矿井开采浅部矿体的时期，分区通风得到了广泛的应用。

分区通风可以按照水平分区（见图 1-23）和按照阶段分区（见图 1-24）。

2）按照进、回风井的布置划分

按进风井与回风井之间的相对位置，可分为中央式、对角式和中央对角混合式三种布置形式。

（1）中央式通风系统

如图 1-25 所示，进风井与回风井位于矿体走向中央，风流在井下的流动路线是折返式的。

中央式布置具有基建费用少、投产快，地面建筑集中，便于管理，井筒延深工作方便，容易实现反风等优点。中央式多用于开采层状矿体的金属矿山，当矿脉走向不太长，要求早期投产，或受地形、地质条件限制，在两翼不宜开掘风井时，可采用中央式。

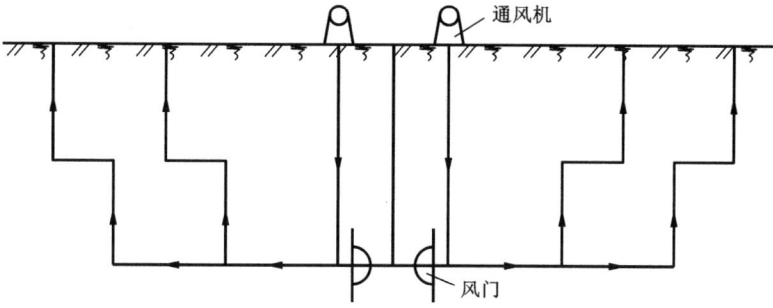

图 1-23　按水平分区通风系统

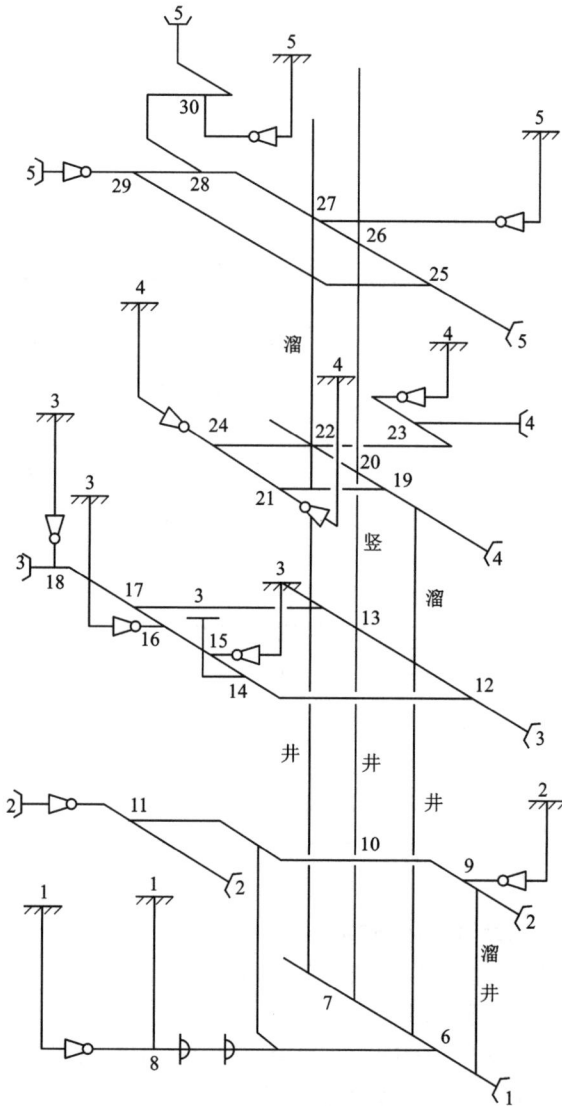

1, 2, …, 30—风路节点或风流分合点。

图 1-24　按阶段分区通风系统

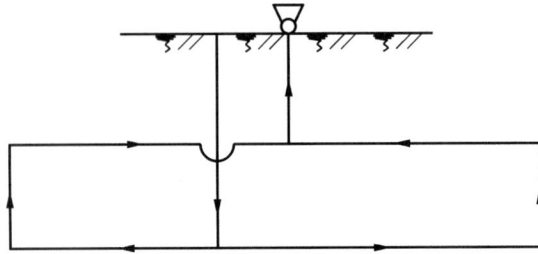

图 1-25 中央式通风系统

（2）对角式通风系统

进风井在矿体一翼，回风井位于矿体另一翼的称为单翼对角式，如图 1-26(a)所示。进风井在矿体中央，回风井在两翼的称为两翼对角式，如图 1-26(b)所示。当矿体走向很长，进风井和回风井沿走向间隔布置或矿体较陡，进、回风井环绕矿体周围间隔布置称为间隔对角式（图 1-27）。

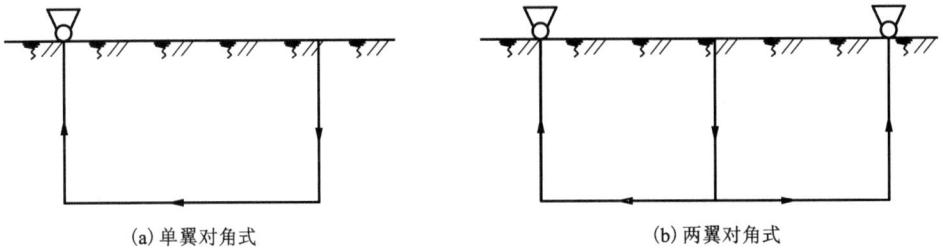

(a) 单翼对角式　　　　　　　　　　(b) 两翼对角式

图 1-26　对角式通风系统

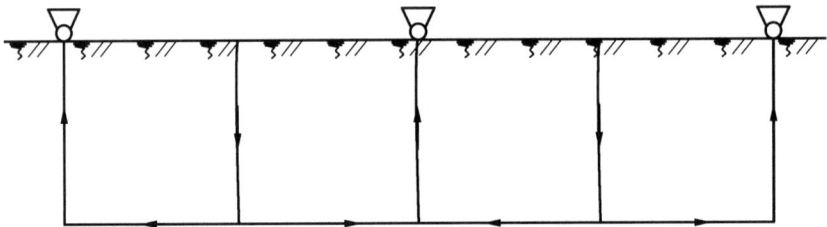

图 1-27　间隔对角式通风

对角式布置具有风流路线短，风压损失小，漏风少，整个矿井生产期间风压比较稳定，风量分配比较均匀，排出的污风距作业场地较远等优点。金属矿山多采用对角式布置方式。

（3）中央对角混合式通风系统

当矿体走向长，开采范围广，采用中央开拓，可在中部布置进风井和回风井，用于解决中部矿体开采时的通风，而在矿体两翼另开掘回风井，解决边远矿体开采时的通风，整个矿体既有中央式又有对角式，形成中央对角混合式（如图 1-28 所示）。

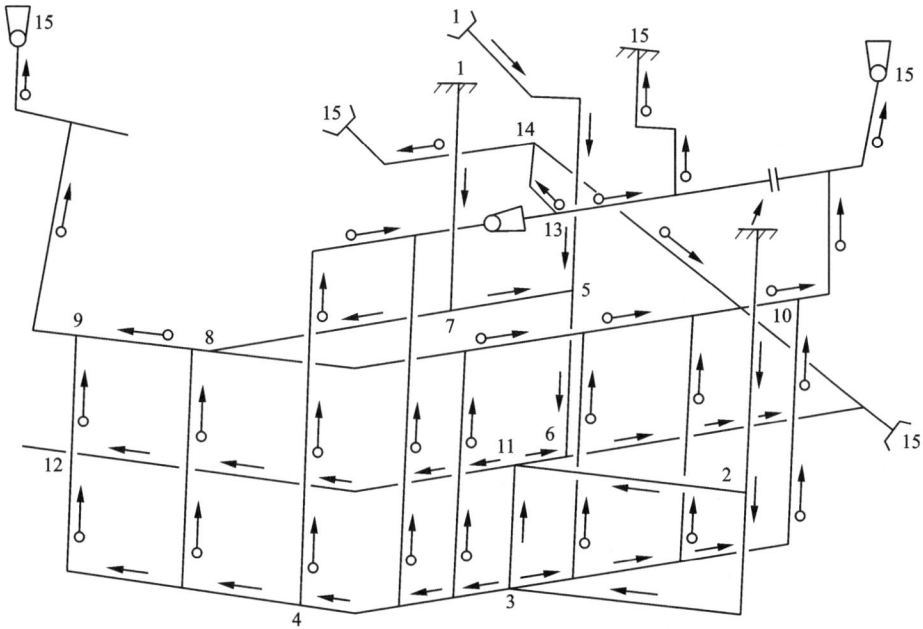

1, 2, …, 15—风路节点或风流分合点。

图 1-28　中央对角混合式通风系统

3）按照通风机工作方式划分

通风机工作方式有抽出式、压入式和压抽混合式 3 种。

（1）抽出式——主要通风机安装在回风井口，在抽出式主要通风机的作用下，整个矿井通风系统处在低于当地大气压力的负压状态。

抽出式通风的优点：回风集中，回风量大，在回风侧造成高压力梯度，使作业面的污风迅速向回风巷道集中，排污速度快。此外，风流调控设施安装在回风侧，不妨碍运输，管理方便，控制可靠。

抽出式通风的缺点：回风系统不严密时，容易造成短路吸风现象，特别是采用崩落法开采的矿井，如果地表有塌陷区或采空区的情况，这种现象更为严重。此外，作业面和整个进风系统风压较低，各进风风路之间受自然风压影响，容易出现风流反向。主提升井处于进风位置，北方矿山需要考虑提升井筒防冻问题。我国金属矿山大部分采用抽出式通风。

（2）压入式——主要通风机安设在进风井口，在压入式主要通风机作用下，整个通风系统处于高于当地大气压的正压状态。

压入式通风的优点：在进风段压力梯度高，可使新鲜风流沿指定的通风路线迅速送入工作面，避免受其他作业污染，风质好。

压入式通风的缺点：风门等风流调控设施需要设在进风段，风流不易管理和控制，井底车场漏风量大。在回风段，压力梯度低，受自然风压影响，可能发生风流反向，污染新风的情况。

（3）压抽混合式——在进风侧和回风侧均安设主要通风机，使进、回风段在较高的风压和压力梯度作用下，风流按照指定路线流动，不易受自然风压影响，兼具压入式和抽出式通风的优点。其缺点是，所需通风设备多，且不能控制需风段风流，入风侧井底车场和回风侧塌陷区的漏风仍然存在，但程度上要小得多。

20 世纪 80 年代以来，我国金属矿山出现了"多级机站压抽式（又称可控式）通风系统"。这是一种由几级进风机站以接力方式将新鲜空气经进风井巷送到作业区，再由几级回风机站将作业时形成的污浊空气经回风井巷排出矿井的通风系统。由于此系统在进风段、需风段和回风段均设有通风机，对全系统施行均压通风，能有效地控制漏风，节省通风能耗，风量调节也比较灵活。但所需通风设备较多，管理较复杂，如图 1-29 所示。我国近几年兴建的大型铁矿如李楼铁矿、罗河铁矿均采用了多级机站通风系统。

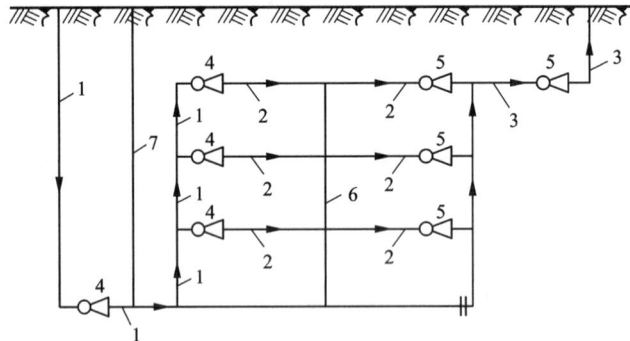

1—进风井巷（进风段）；2—需风巷（需风段）；3—回风井巷（回风段）；
4—两级压入机站；5—两级抽出机站；6—溜矿井；7—提升井。

图 1-29　多级机站通风系统

选择通风方式时，需要考虑矿井内的有害因素及地表有无塌陷区等因素。对于开采含有放射性元素或矿岩有自然发火危险的矿井，一般可以采用压入式或以压入式为主的压抽混合式。对于地表无塌陷或虽有塌陷但可以通过充填、密闭等方式保持回风巷道良好严密性的矿井，应采用抽出式或以抽出式为主的压抽混合式。对于开采有大量地表塌陷区，且回风巷道与采空区之间不易隔绝的矿井，或由露天开采转入地下开采的矿井，应采用以压入式为主的压抽混合式或多级机站通风系统。

主要通风机安装地点可以是地面，也可以是井下。

主要通风机安装在地面的优点：安装、检修、维护管理比较方便；不易受井下影响。其缺点是：当矿井较深、工作面距离较远时，沿途漏风量大；地形条件复杂时，安装、建设费用高。

主要通风机安装在井下的优点：主要通风机距离需风段较近，沿途漏风少；密闭过程工作量少。其缺点是：安装检查、管理不方便，易受井下灾害影响。

1.4.2　阶段通风网络结构

阶段通风网络是由各阶段进、回风巷道和进、回风天井所构成的通风网络，是连接进风井和回风井的通风干线。

金属矿山通常多阶段同时作业。为使各阶段作业面都能从进风井得到新鲜风流，并将所产生的污风送到回风井，各作业面的风流应互不串联，就必须对各阶段的进、回风巷道统一安排，构成一定形式的阶段通风网络。金属矿山常用以下五种阶段通风网络结构。

1）阶梯式

当矿体由边界回风井向中央进风井方向后退回采时，可利用上阶段已结束作业的运输道作下阶段的回风巷道，使各阶段的风流呈阶梯式互相错开，新风与污风互不串联（图 1-30）。这种通风网络结构简单，工程量最少，风流稳定，适用于能严格遵守回采顺序、矿体规整的脉状矿床。其缺点是对开采顺序限制较大，常因不能维持所要求的开采顺序，而造成风流污染。

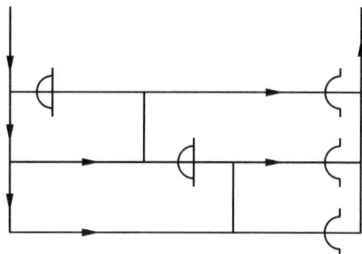

图 1-30　阶梯式通风网

2）平行双巷式

每个阶段开凿两条相互平行的巷道，其中一条进风，一条回风，构成平行双巷通风网。各阶段采场均由本阶段进风道得到新鲜风流，其污风可经上阶段或本阶段回风道排走，如图 1-31 所示。平行双巷通风网络结构简单，能有效地解决风流串联污染。但是开凿工程量较大，适于在矿体较厚、开采强度较大的矿山使用。有些矿山结合探矿工程，只需开凿少量专用通风巷道即可形成平行双巷，也可使用此种通风网络。

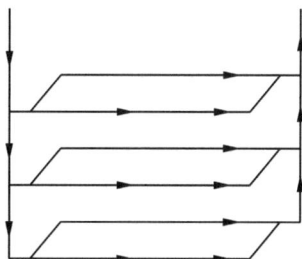

图 1-31　平行双巷式通风网

3）棋盘式

由各阶段进风巷道、集中回风天井和总回风巷道所构成。通常，在上部已采阶段维护或开凿一条总回风巷道，然后沿矿体走向每隔一定距离（60~120 m），保留一条贯通上下各阶段的回风天井。各天井与阶段运输道交叉处用风桥或绕道跨过。另有一分支巷道与采场回风巷道相连通。各回风天井均与上部总回风巷道相连。新鲜风流由各阶段运输平巷进入采场，污浊风流通过采场回风巷道和分支联络巷道引进回风天井，直接进入上部总回风巷道，其网络结构如图 1-32 所示。棋盘式通风网能有效地消除多阶段作业时，回采作业面间风流中联。但需开凿一定数量的专用回风天井，通风构筑物也较多，通风成本较高。

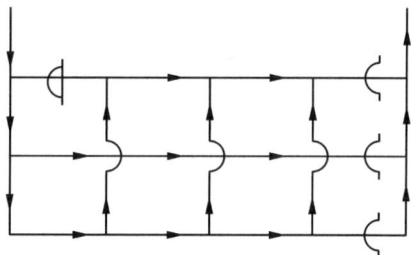

图 1-32　棋盘式通风网

4）上、下行间隔式

每隔一个阶段建立一条脉外集中回风平巷，用来汇集上、下两个阶段的污风，然后排到回风井。在回风阶段上部的作业面，由上阶段运输道进风，风流下行，污风由下部集中回风平巷排走；在回风阶段下部的作业面，由下阶段运输道进风，风流上行，污风也汇集于回风平巷排走，其网络结构如图 1-33 所示。上、下行间隔式通风

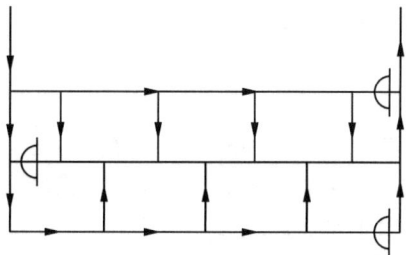

图 1-33　上、下行间隔式通风网

网能有效地解决多阶段作业时作业面风流串联、开凿工程量比平行双巷网络少等问题,适合在开采强度较大的矿山使用。但回风平巷必须专用,并加强主要通风机对回风系统的控制和风量调节,防止出现风流反向。

5)梳式

当开采平行密集脉状矿床时,每一阶段建立一条脉外集中回风巷道,能将各层矿脉的污风全部汇集到回风巷道中。盘古山钨矿建立了一种叫作梳式的通风网络,较好地解决了各层矿脉的回风问题。该矿将穿脉巷道断面扩大,然后用风障隔成两格,一格运输兼进风,另一格回风。回风格与沿脉回风平巷相连,构成形如梳状的回风系统。各采场均由本阶段的穿脉运输格进风,其污风则由本阶段或上阶段穿脉巷道的回风格排到沿脉集中回风平巷,如图1-34所示。此通风网络能有效地解决作业面间风流串联的问题。但扩大穿脉巷道断面和修建风障的工程较大;进、回风巷道相距很近,容易漏风。这种通风网适用于开采多层密集脉状矿体的矿井。

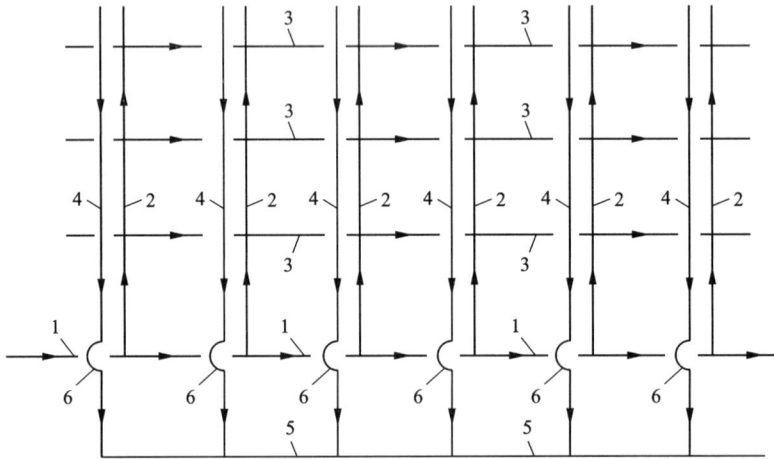

1—阶段运输平巷;2—穿脉巷运输格;3—沿脉运输平巷;4—穿脉巷回风格;5—阶段脉外回风巷;6—风桥。

图 1-34 梳式通风网络

1.4.3 采场通风网络及通风方法

合理的采场通风网络和通风方法,是保证整个通风系统发挥有效通风作用的最终环节,是整个通风系统的重要组成部分。按照各种采矿方法的结构特点,回采作业面的通风可归纳为:①无出矿水平的巷道型或硐室型采场的通风;②有出矿水平采场的通风;③无底柱分段崩落采矿法的通风。

1)无出矿水平的巷道型或硐室型采场的通风

浅孔留矿法、充填法、房柱法和壁式崩落法的采场,均属于无出矿水平的巷道型或硐室型采场。这类采场的特点是凿岩、充填和出矿作业都在采场内进行,风路简单,通风较容易,通常采用主通风机的总风压,形成贯穿风流通风。

对于作业面较短的采场,可在一端用一条人行天井兼做进风井,另一端设置一条贯通上阶段回风巷道的回风天井,如图1-35(a)所示。对于作业面较长或开采强度较大的采场,可在两端各设置一条人行天井作进风井,在中央开凿贯通上阶段回风井的通风天井,如图1-35

(b)所示。这样布置采场进、回风巷道之后，即可利用主通风机的总风压来通风。一般情况下，位于主风路附近的采场都能获得比较好的通风效果。在远离主风路的采区，总风压微弱而风量不足时，可在中段回风巷道中增设局部通风机加强通风。

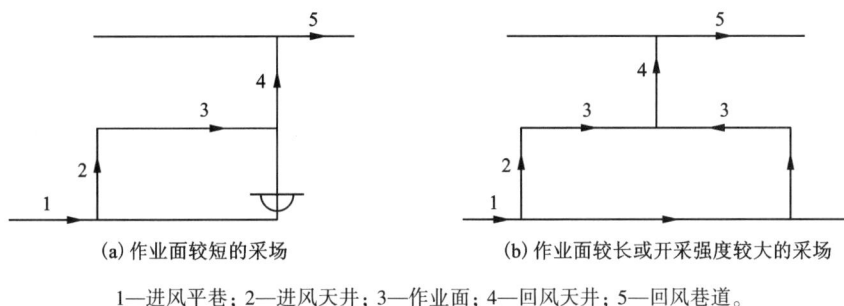

(a)作业面较短的采场　　　　　　　(b)作业面较长或开采强度较大的采场

1—进风平巷；2—进风天井；3—作业面；4—回风天井；5—回风巷道。

图 1-35　巷道型或硐室型采场的通风路线

对于采场空间较大，同时作业机台数较多的硐室型采场，除了合理布置进风井与回风井位置，使采场内风流畅通，不产生风流停滞区以外，还应采取喷雾洒水及其他除尘措施。

2)有出矿水平的采场通风

在崩落法、阶段矿房法及留矿法等采矿方法中，广泛使用出矿底部结构。这类结构的出矿能力大，效率高，生产安全。有出矿底部结构时，采场工作面分为两部分：一部分是出矿工作面，另一部分是凿岩工作面。这两部分各有独立的通风路线，风流互不串联，均应利用贯通风流通风。出矿巷道中工作人员应处于上风侧。各出矿巷道之间构成并联风路，保持风流方向稳定，风量分配均匀。图1-36所示为有出矿水平的采场的通风路线图。新鲜风流由进风平巷经人行天井到出矿水平和上部凿岩工作面。清洗作业面后的污浊风流，由回风天井排到上阶段回风巷道。凿岩作业面与出矿水平之间风流互不串联，通风效果好。

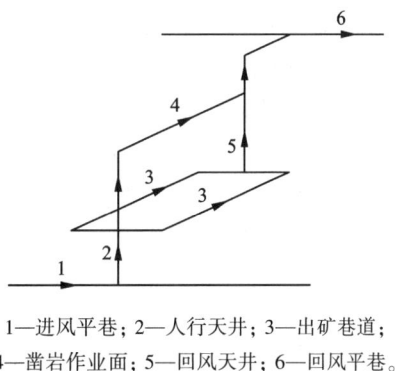

1—进风平巷；2—人行天井；3—出矿巷道；
4—凿岩作业面；5—回风天井；6—回风平巷。

图 1-36　有出矿水平的采场的通风路线图

3)无底柱分段崩落采矿法的通风

无底柱分段崩落采矿法的采准和回采工作多在独头巷道内进行，通风比较困难，通常采用局部通风方式来解决，如图1-37所示。由于作业区内爆破冲击波较强，应特别注意通风机和风筒的布置与维护。此时，不仅要合理选择局部通风机和风筒，还要有一个合理的采区通风路线，以保证在分段巷道中有较强的贯通风流。一般情况下，分段巷道可布置在下盘脉外，沿走向每隔一定距离设一回风井，通过分支联络巷与分段巷道和上阶段回风平巷相连。新鲜风流由运输平巷和进风天

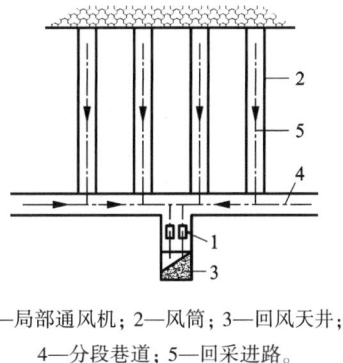

1—局部通风机；2—风筒；3—回风天井；
4—分段巷道；5—回采进路。

图 1-37　无底柱分段崩落采矿法的进路通风

井送入各分段巷道，污风由各回风天井排至上阶段回风道，如图 1-38 所示。

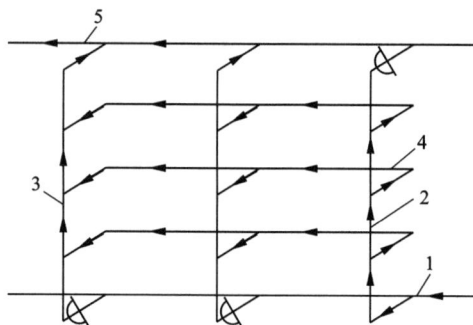

1—进风(运输)平巷；2—进风天井；3—回风天井；4—分段巷道；5—回风巷。

图 1-38　无底柱分段崩落法采区通风网络图

1.4.4　典型矿井通风系统实例

1) 某铁矿北采区多级机站通风系统

某铁矿为国内大型地下矿山(400 万 t/a)，采用无底柱分段崩落法。北采区的多级机站通风系统于 1985 年建成并投入运行。该系统由 A、B、C、D 四级机站组成，两级压入、两级抽出，机站全部设在井下。在进风天井下方-200 m 联络巷内设置 A 级总进风机站，在上部三个回采分段平巷靠近进、回风天井处分别设置 B 级、C 级机站。在-140 m 回风石门内设置 D 级总回风机站。A 级机站、D 级机站为 4 台风机并联，B 级、C 级机站为 2 台并联。全系统共有 8 个机站，20 台风机，如图 1-39 所示。

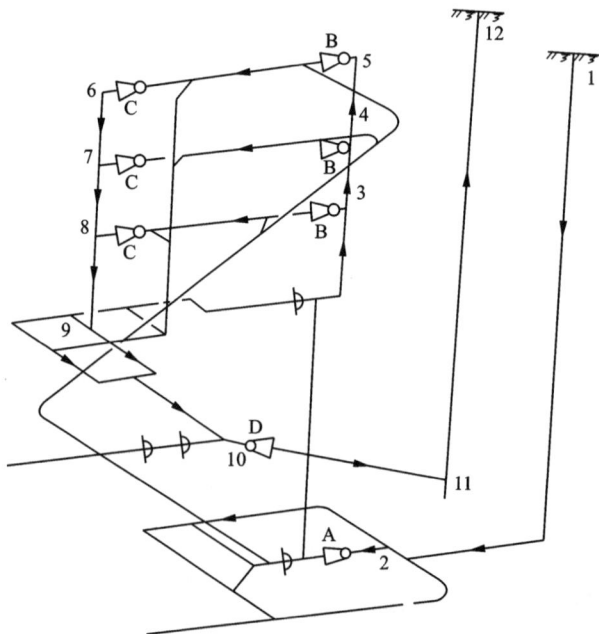

1, 2, …, 12—风路节点或风流分合点；A、B、C、D—风机机站。

图 1-39　某铁矿北采区多级机站通风系统

2)某钨矿分区通风系统

某钨矿中北区水平分区通风系统示意图如图1-24所示。全矿区共有5个阶段,各阶段间有少量溜井和罐笼井相连。各阶段均为本阶段进风和本阶段回风,阶段间风流干扰小,基本形成各阶段独立通风系统。该矿通风系统具有以下优点。

(1)由于通风线路短,多井口进风和出风,通风阻力小,可选用小风量、低风压的风机。主要通风机均安装在地下,漏风少,有效风量率高,全矿通风能耗低。

(2)每台主要通风机体积小,灵活性大,便于拆卸和安装,通风管理方便。

1.4.5　超大规模矿井通风系统

近年来,习惯性将非煤矿山建设规模大于1000万t/a的露天矿和大于300万t/a的地下矿称为超大规模矿山。

超大规模矿井工作面数量多,所需风量大,主要进风、回风井巷多,井巷连接复杂,风流线路长,风流组织和调控难度大。因此对于超大规模矿井的通风系统来说,要实现有效通风,对通风方式选择、通风设备、通风构筑物、风流调控等通风技术和管理的要求比普通规模矿井要复杂得多。

近几年建成投产的李楼铁矿、田兴铁矿等超大规模矿井均采用多级机站或者多机站通风方式。根据机站负担的风量和提供的风压大小,将风量大和克服阻力大的机站称之为主力机站。在多级机站通风系统中,矿井的Ⅰ级机站和出风段的末级机站通常设计成主力机站。为了提高超大规模矿井多级机站通风系统的风流调控能力和可靠性,有时只将末级机站设为主力机站。在不同位置并联的机站,宜选用同规格型号的风机。每个机站工作的风机数,在满足风量、风压要求的前提下宜设计为单台风机工作,更有利于管理。

超大规模矿井中运转的风机数量多,主要通风机的开、停及反转均应实现远程集中监控,并对各主要通风机的风量、风压、电流、电压、轴温等参数进行监控,以利于在线检查通风系统工作状况和调节风机工作参数。

风门、风窗等通风构筑物是保证井下风流有序流动、保证通风系统正常运转的重要设施。在超大规模矿井通风系统中,由于风路多而且长,设置的通风构筑物数量多。为了保证通风构筑物稳定、可靠运行,必须加强日常检查和管理。尤其是设于既要进风又要频繁行车、行人的进风机站的风门,必须进行经常性检查及维护,始终保证其处于完好的工作状态。

此外应该根据采矿工作面推进速度,及时对废弃采场或井巷进行密闭处理,提高有效风量率。

某铁矿建设规模为2200万t/a,为新建特大型充填法矿山。矿区共分为17个矿体,其中Ⅰ、Ⅱ、Ⅴ号为主矿体,走向长分别为1750 m、1210 m、2100 m,平均厚分别为35.80 m、120.88 m、80.20 m。矿体总体呈北—北西走向,层状产出,倾向北西或南西,倾角39°~56°,矿带总体走向长6 km。矿体赋存深度为120~1900 m。

矿山采用竖井-斜坡道联合开拓运输系统,共设3条主井、3条副井、2条专用进风井和4条专用回风井,共12条竖井以及1条通向地表的主斜坡道。

采用大直径深孔阶段凿岩阶段空场嗣后充填采矿法、点柱式上向分层充填采矿法和分段凿岩阶段空场嗣后充填采矿法,各采矿方法占比分别为88.5%、6.8%、4.7%。开采范围为-900~-240 m,并划分为2个采区,其中-540~-240 m为上部采区,规模为1500万t/a。

-900~-540 m 为下部采区,规模为 700 万 t/a。

矿山采用多级机站通风方式,两翼对角式通风系统。其中 3 条副井、2 条专用进风井进风,4 条专用回风井回风。在矿体下盘进风侧设 Ⅰ 级机站,机站主要布置在-480 m 水平、-540 m 水平、-840 m 水平、-900 m 水平进风石门;在矿体上盘回风侧设 Ⅲ 级机站,机站主要布置在-480 m 水平、-540 m 水平、-840 m 水平、-900 m 水平回风石门;在采场内设 Ⅱ 级机站,主要为采场内引风用的无风墙风机。矿井总风量 2200 m^3/s,共有风机 47 台,装机功率 18194 kW。井筒进回风风量分配见表 1-7。风机位置及风机型号见表 1-8。通风系统如图 1-40 所示。

表 1-7　井筒进回风量分配

序号	井筒	进风量/($m^3 \cdot s^{-1}$)	回风量/($m^3 \cdot s^{-1}$)
1	1 号副井	240	—
2	2 号副井	310	—
3	3 号副井	230	—
4	1 号进风井	700	
5	2 号进风井	720	
6	1 号回风井	—	720
7	2 号回风井	—	650
8	3 号回风井	—	710
9	4 号回风井	—	100
10	主斜坡道	—	20
11	1 号主井	0	—
12	2 号主井	0	—
13	3 号主井	0	—

表 1-8　风机位置及风机型号

水平标高/m	机站位置	风机型号	台数	单台功率/kW	总功率/kW
-480	-480 m 水平 1 号回风井南石门	DK62(A)-8-NO25	2	2×315	1260
	-480 m 水平 1 号回风井北石门	DK62(A)-8-NO25	2	2×315	1260
	-480 m 水平 3 号回风井南石门	DK62(B)-6-NO20	2	2×220	880
	-480 m 水平 3 号回风井北石门	DK62(B)-6-NO20	2	2×220	880
	-480 m 水平 4 号回风井石门	DK62(A)-8-NO20	1	2×132	264
	-480 m 水平 1 号进风井北石门	K40-8-NO24	2	160	320

续表1-8

水平标高 /m	机站位置	风机型号	台数	单台功率 /kW	总功率 /kW
−540	−540 m 水平 1 号回风井南石门	DK62(A)−8−NO24	2	2×315	1260
	−540 m 水平 1 号回风井北石门	DK62(A)−8−NO24	2	2×315	1260
	−540 m 水平 3 号回风井南石门	DK62(A)−8−NO24	1	2×315	630
	−540 m 水平 3 号回风井北石门	DK62(A)−8−NO24	1	2×315	630
	−540 m 水平 4 号回风井石门	DK62(A)−6−NO16	1	2×110	220
	−540 m 水平 1 号进风井北石门	K40−8−NO21	2	90	180
−570	−570 m 水平下部溜破系统回风井石门	K40−6−NO19	1	2×110	220
	−570 m 水平回风天井联络巷	K40−6−NO19	1	2×110	220
	−570 m 水平 4 号回风井石门	DK62(A)−6−NO14	1	2×55	110
−840	−840 m 水平 2 号回风井南石门	DK62(A)−8−NO25	2	2×315	1260
	−840 m 水平 2 号回风井北石门	DK62(A)−8−NO25	2	2×315	1260
	−840 m 水平 3 号回风井石门	DK62(B)−6−NO20	2	2×220	880
	−840 m 水平 2 号进风井南石门	K40−8−NO25	2	200	400
	−840 m 水平 2 号进风井北石门	K40−6−NO22	2	250	500
−900	−900 m 水平 2 号回风井南石门	DK62(A)−6−NO20	2	2×250	1000
	−900 m 水平 2 号回风井北石门	DK62(A)−6−NO20	2	2×250	1000
	−900 m 水平 3 号回风井石门	DK62(A)−6−NO20	2	2×250	1000
	−900 m 水平 2 号进风井南石门	DK40−8−NO22	2	2×110	440
	−900 m 水平 2 号进风井北石门	DK40−8−NO22	2	2×110	440
−930	−930 m 水平下部溜破系统回风井石门	K40−6−NO19	1	110	110
	−930 m 水平回风天井联络巷	K45−6−NO17	1	110	110
主斜坡道	−300 m 标高主斜坡道联络巷	K40−4−NO14	1	90	90
	−600 m 标高主斜坡道联络巷	K40−4−NO15	1	110	110

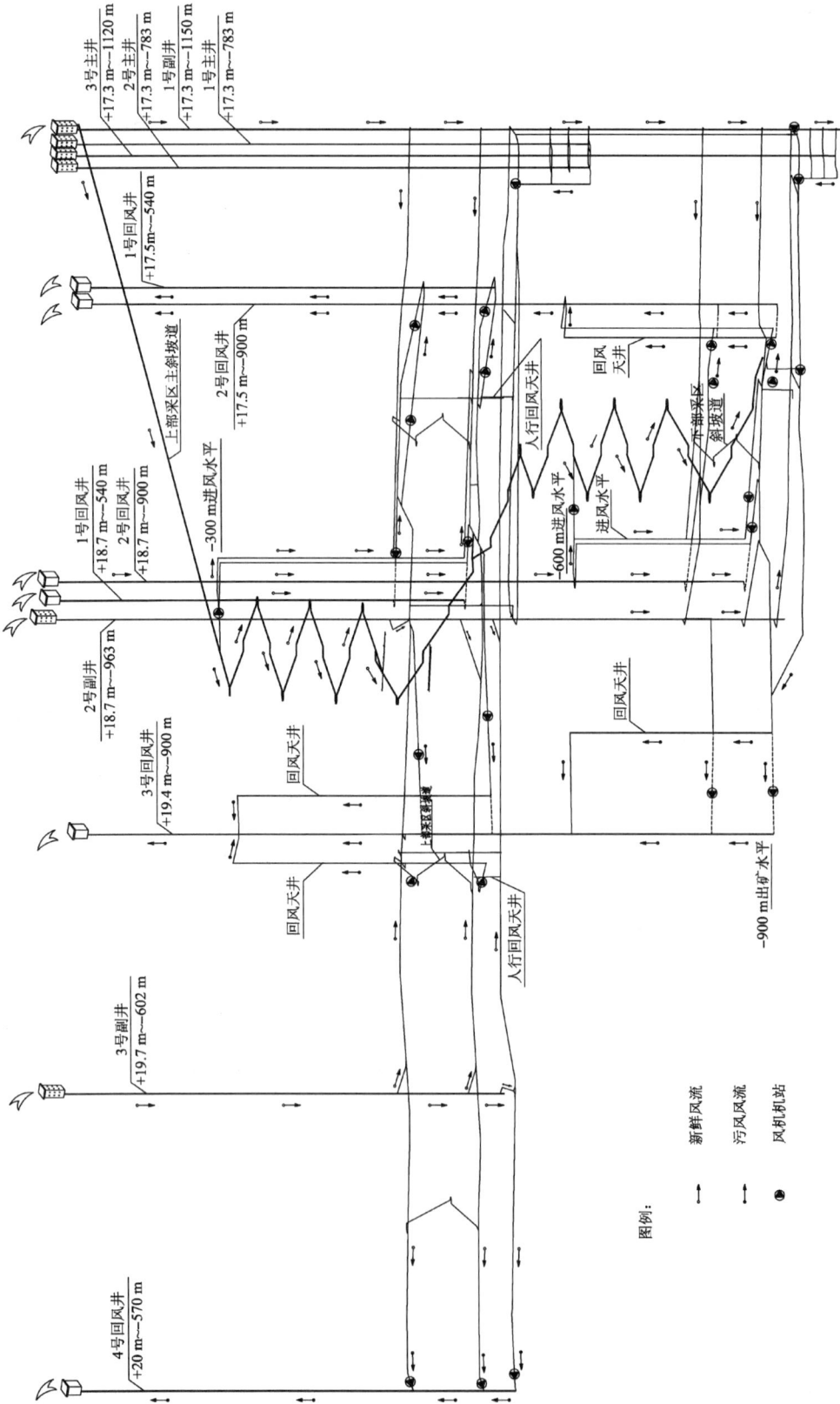

图1-40 某铁矿通风系统图

1.4.6　通风构筑物

矿井通风构筑物是矿井通风系统中的风流调控设施,用以保证风流按生产需要的路线流动。凡用于引导风流、遮断风流和调节风量的装置,统称为通风构筑物。合理地安设通风构筑物,并使其经常处于完好状态,是矿井通风技术管理的一项重要任务。

通风构筑物可分为两大类:一类是通过风流的构筑物,包括风桥、导风板、调节风窗和风障;另一类是遮断风流的构筑物,包括挡风墙和风门等。

1)风桥

通风系统中进风巷道与回风巷道交叉处,需构筑风桥。风桥应坚固耐久,不漏风。主要风桥应采用砖石或混凝土构筑或开凿立体交叉的绕道,风桥的风阻要小,主要风路上的风桥断面应不小于 1.5 m²;次要风路上应不小于 0.75 m²。

风桥按其结构及材料,可分为绕道式风桥、混凝土风桥、砖风桥、木风桥、风筒风桥等,如图 1-41、图 1-42 所示。

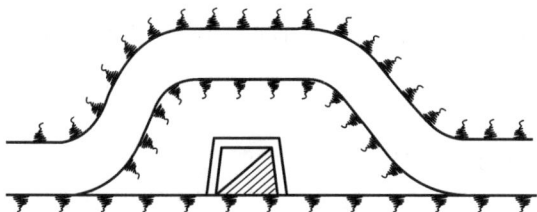

图 1-41　绕道式风桥

图 1-42　混凝土风桥

绕道式风桥最坚固,漏风最小,允许通过的风量最大,造价也最高;其他几种风桥造价依次降低,效果也减弱。所以在服务期限不长、通过风量不大的地方,往往采用木风桥或风筒风桥。

2)导风板

矿井通风工程中使用的导风板有以下几种。

(1)引风导风板

压入式通风的矿井,为防止井底车场漏风,在进风石门与阶段沿脉巷道交叉处,安设引导风流的导风板,利用风流动压的方向性,改变风流分配状况,提高矿井有效风量率。图 1-43 是导风板安装示意图。导风板可用木板、铁板和混凝土板制成。

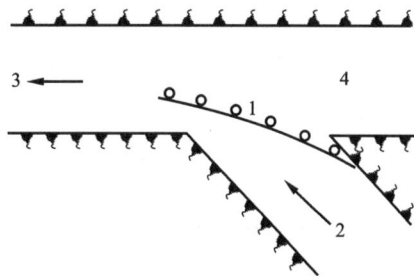

1—导风板;2—进风石门;3—采区巷道;4—井底车场巷道。

图 1-43　导风板安装示意图

(2)降阻导风板

在风速较高的巷道直角转弯处,为降低通风阻力,可用铁板制成机翼形或普通形导风板,减少风流冲击的能量损失。如图 1-44 是直角转弯处的导风板装置。

(3)汇流导风板

在三岔口巷道中,当两股风流对头相遇时,可安设如图 1-45 所示的导风板,减少风流相遇时的冲击能量损失。

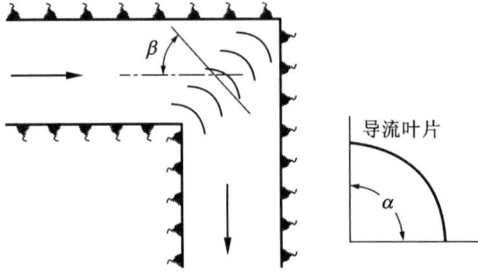

图 1-44　直角转弯处的导风板装置

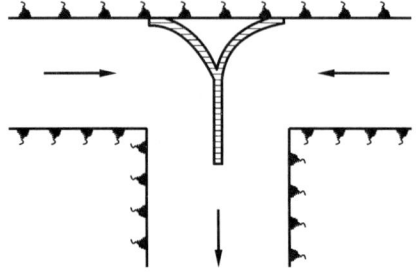

图 1-45　汇流导风板

3）调节风窗及纵向风障

（1）调节风窗是以增加巷道局部阻力的方式，调节巷道风量的通风构筑物。在挡风墙或风门上留一个面积大小可调节的窗口，通过改变窗口的面积，控制所通过的风量，从而调节风网风量。调节风窗多设置在无运输、无行人或运输、行人较少的巷道中。

（2）纵向风障是沿巷道长度方向砌筑的风墙。它将一个巷道隔成两个格间，一格入风，另一格回风。纵向风障可在长独头巷道掘进通风时使用。根据服务时间的长短，纵向风障可用木板、砖石或混凝土构筑。

4）挡风墙（密闭）

挡风墙又称密闭，是隔断风流的构筑物。挡风墙通常砌筑在非生产的巷道里。对密闭的要求有：密闭墙墙垛应深入巷道周壁的矿岩内，根据矿岩的稳定程度，应深入矿岩周壁 0.3~0.5 m，以保证巷道周边矿岩松动后，密闭墙仍严密不漏风；砌筑密闭墙应保证质量，确保其坚固耐用，不易损坏；应经常对密闭墙进行检查和保持定期维护。

永久性挡风墙可用砖、石或混凝土砌筑。当巷道中有水时，在挡风墙下部应留有放水管；临时性挡风墙可用造价较低的木板和废旧风筒。

永久性密闭墙适用条件：服务年限大于 5 年；永不通行的井巷和密闭采空区、火灾区及地压很大的地方；密闭墙所承受的风压在 2000 Pa 以上。

5）风门

在通风系统中，既需要隔断风流，又需要在通车、行人的地方建立风门。在回风道中，只行人不通车或通车不多的地方，可构筑普通风门。在通车、行人比较多的主要运输巷道上，则应建自动风门。

（1）普通风门可用木板或铁板构成，如图 1-46 所示。

（2）自动风门种类很多，金属矿山常用的自动风门有以下几种。

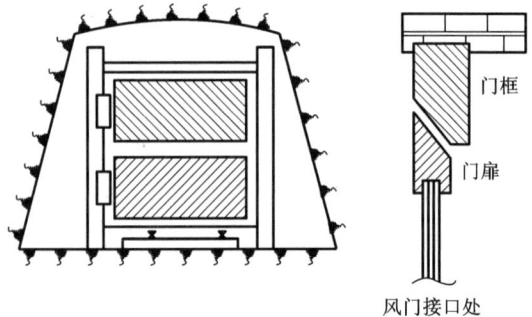

图 1-46　普通风门

①碰撞式自动风门：由门板、推门杠杆、门耳、缓冲弹簧、推门弓和铰链等组成，如图 1-47 所示。其工作原理是靠矿车碰撞风门两侧的缓冲弹簧及推门弓，使风门自动打开；由于风门倾斜 80°~85°，可借自重自行关闭。

②压气驱动或液压驱动风门：风门的动力来源是压缩空气或高压水，如图 1-48 所示。压气驱动装置是用矿井空压站为掘进提供压缩空气作为风门的驱动动力，只要给压气电磁阀通电，使电磁阀开启，压气即可进入压气缸以推动活塞往复运动，从而带动风门启闭。液压驱动是用静水压力作驱动风门动力，是靠垂直高差形成位能，通过管路和液压元件转换为机械能推动风门，动作原理与压气驱动相似。这种风门简单可靠，但只能用于有压气和高压水源的地方，严寒易冻的地点不能使用。

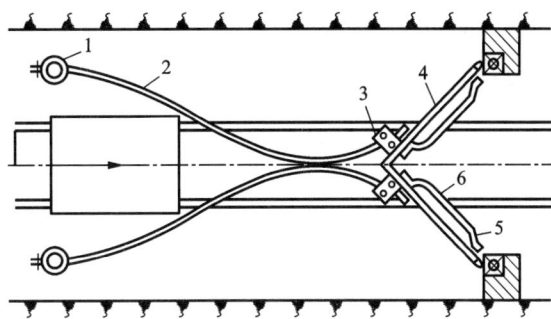

1—杠杆回转轴；2—碰撞推门杠杆；3—门耳；
4—门板；5—推门弓；6—缓冲弹簧。

图 1-47　碰撞式自动风门

③电动风门：这种风门是以电动机为动力，经减速后带动联动机构口风门开闭，如图 1-49 所示。电动机的启动与停止，可借车辆触动电气开关或光电控制器自动控制。

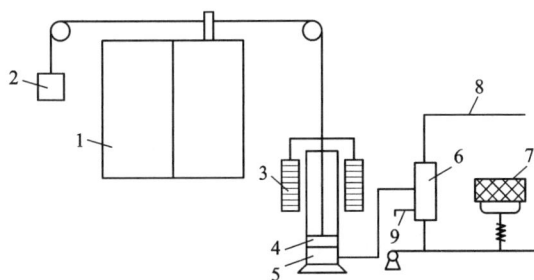

1—门扇；2—平衡锤；3—重锤；4—活塞；5—水缸；
6—三通水阀；7—连磁铁；8—高压水管；9—放水管。

图 1-48　水力配重自动风门

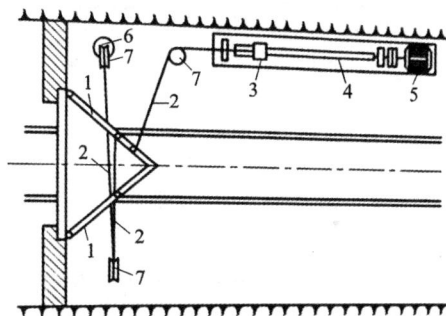

1—门扇；2—牵引绳；3—滑块；4—螺杆；
5—电动机；6—配重；7—导向滑轮。

图 1-49　电力自动风门

1.5　局部通风

在掘进巷道时，为了稀释并排出掘进工作面涌出的有害气体及爆破后产生的炮烟和矿尘，创造良好的空气条件，保证人员的健康和安全，必须不断对掘进工作面进行通风，这种通风称为掘进通风或局部通风。

1.5.1　局部通风方法及分类

向井下局部地点进行通风的方法，按通风动力形式不同，可分为局部通风机通风、总风压通风、引射器通风和扩散通风 4 种。其中最常用的是局部通风机通风。

1) 局部通风机通风

利用局部通风机作动力,用风筒导风把新鲜风流送入掘进工作面。按其工作方式不同分为压入式、抽出式和混合式通风 3 种。

(1) 压入式通风

压入式通风如图 1-50 所示,局部通风机把新鲜风流经风筒送入掘进工作面,污风沿掘进巷道排出。这种通风方式的优点是风筒出口风流的有效射程长,排烟能力强,工作面通风时间短。缺点是污风沿巷道排出,污染范围大,炮烟从掘进巷道排出的速度慢,全巷道需要的通风时间长,适用于较短巷道掘进时的通风。

(2) 抽出式通风

抽出式通风如图 1-51 所示。风筒出口端安装在离掘进巷道口 10 m 以外的回风侧巷道中,新鲜风流沿掘进巷道流入工作面,污风经风筒由局部通风机抽出。

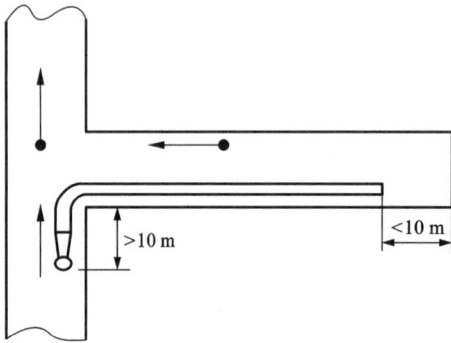

图 1-50　压入式通风

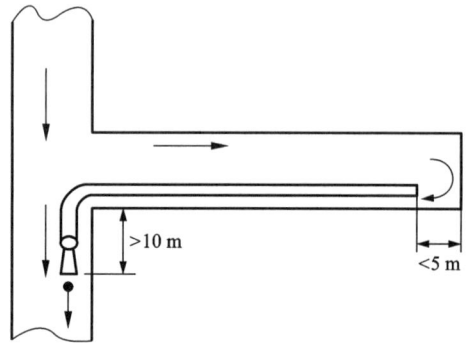

图 1-51　抽出式通风

这种通风方式的优点是炮烟从风筒中排出,巷道处于新鲜风流中,故劳动卫生条件好。缺点是风筒有效吸程小,排出工作面炮烟的能力较差,工作面通风时间长,适用于较长巷道的掘进通风。

有爆炸性气体涌出的矿井禁止使用抽出式通风。

(3) 混合式通风

混合式通风是安装两台通风机,分别做压入式和抽出式工作,其布置方式如图 1-52 所示。

新鲜风流经压入式风筒送入工作面,工作面污风经抽出式通风排出。这种通风方式兼具压入式和抽出式通风的优点,通风效果好,多用于大断面长距离掘进巷道通风。

压入式风筒出风口应超前抽出式风筒出风口 10 m 以上,它与工作面的距离应不超过有效射程。压入式通风机的风量应大于抽出式通风机的风量。

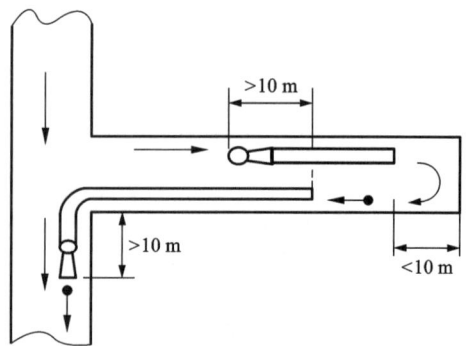

图 1-52　混合式通风

混合式通风兼有抽出式与压入式通风的优点，通风效果好。主要缺点是增加了一套通风设备。
为避免循环风，局扇通风布置需要满足以下要求。

①从贯穿巷道中吸取的风量不得超过该巷道风量的 70%。

②压入式通风时，吸风口应设在贯穿巷道距独头巷道口不小于 10 m 的上风侧；抽出式通风时，回风口应设在贯穿巷道距离独头巷道不小于 10 m 的下风侧。

③混合式通风时，抽出式风筒也要满足上述要求，同时要求吸入口的风量比压入式局扇的风量大 20%~25%；抽出式风筒吸风口位置和压入式风筒吸风口之间的距离应大于 10 m。

2）总风压通风

总风压通风是直接利用矿井主通风机所造成的风压对掘进工作面进行的通风，借助风障和风筒等导风设施将新风引入工作面，并将污风排出掘进巷道。

如图 1-53 所示，在掘进巷道中安设纵向风障，将巷道分隔成两部分，一侧进风，一侧回风。

如图 1-54 所示，利用风筒将新鲜风流导入工作面，工作面污风由掘进巷道排出。为了使新鲜风流进入导风筒，应在风筒入口处的贯穿风流巷道中设置风墙和调节风门。

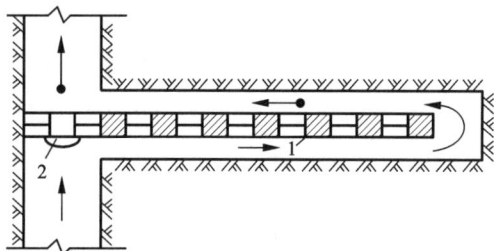

1—风障；2—调节风门。

图 1-53　风障导风

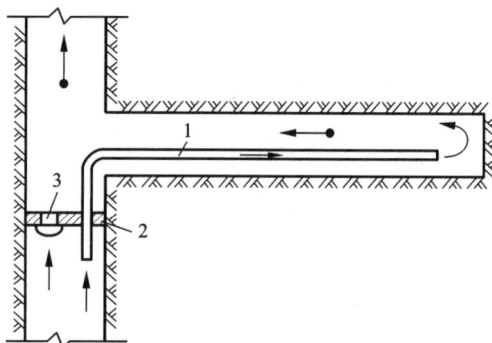

1—风筒；2—风墙；3—调节风门。

图 1-54　风筒导风

利用全矿总风压通风，简单可靠，管理方便。但通风距离较短，消耗主通风机风压较多。

3）引射器通风

利用压力水或压缩空气为动力，经喷嘴高速射出，在射流周围造成负压，而吸入空气，射流在混合管内掺混，整流后共同向前运动，使风筒内有风流不断流过，如图 1-55 所示。以高压水为动力的称为水力引射器，以压缩空气为动力的称为压气引射器。

引射器通风的主要优点是装置简单紧凑，噪声小。缺点是供风量小（20~200 m^3/min），风压和效率均较低。只有在无法安装风机而又有高压水或压缩空气供应点使用。

4）扩散通风

主要靠新鲜风流的紊流扩散作用清洗工作面。该方法不需要任何辅助设施，但只适用于短距离独头工作面。适用距离的计算式为：

$$L \leqslant (2 \sim 3)\sqrt{S}$$

式中：L 为适用距离，m；S 为独头巷道断面积，m^2。

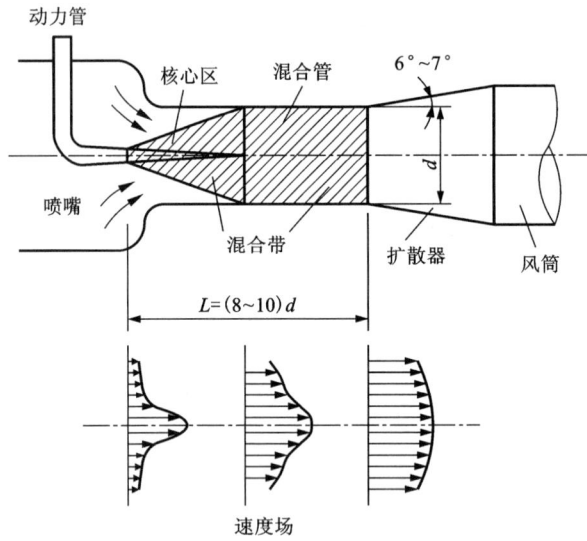

1—风筒；2—引射器；3—水管(或风管)。

图 1-55 引射器通风工作原理图

1.5.2 局部通风设计

局部通风设计的内容包括，根据掘进区域的自然条件、掘进工艺及掘进巷道的布置情况，确定合理的局部通风方法及其布置方式，选择风筒类型和直径，计算风筒出入口风量及风筒通风阻力，选择局部通风机等工作。

1) 风量计算

对于金属矿井来说，独头工作面污浊空气的主要成分是爆破后的炮烟及各种作业工序所产生的矿尘，故局部通风所需风量也就以排出炮烟和矿尘作为计算依据。

(1) 按排出炮烟计算风量

①压入式通风的风量：

$$Q_p = \frac{19}{t}\sqrt{Al_rS} \tag{1-118}$$

式中：Q_p 为压入式通风工作面所需风量；t 为通风时间，一般取 1800 s；A 为一次爆破的炸药消耗量，kg；l_r 为巷道长度；S 为风筒面积，m^2。

②抽出式通风的风量：

$$Q_e = \frac{18}{t}\sqrt{Al_0S} \tag{1-119}$$

式中：Q_e 为抽出式通风所需风量；l_0 为炮烟抛掷带长度，取决于爆破方式及炸药消耗量，其数值可按下面的方法估算。

电雷管起爆时：

$$l_0 = 15 + \frac{A}{5} \tag{1-120}$$

③混合式通风的风量计算：

使用 2 台不同工作方式的局部通风机，两者的风量需分别计算：

$$Q_{mp} = \frac{19}{t}\sqrt{Al_w S} \tag{1-121}$$

$$Q_{me} = (1.2 \sim 1.25)Q_{mp} \tag{1-122}$$

式中：Q_{mp} 为压入式工作的局扇风量；Q_{me} 为抽出式工作的局扇风量；l_w 为抽出式的吸风口到工作面的距离。

（2）按排尘风速计算风量

$$Q = uS \tag{1-123}$$

式中：Q 为需要的通风风量；u 为排尘风速，掘进巷道中一般为 0.15~0.25 m/s。

2）风筒选择

矿用风筒分为刚性风筒和柔性风筒，常用的刚性风筒是铁皮风筒，强度好，但拆装和搬运困难且易锈蚀，而帆布、人造革、塑料等柔性风筒搬运、拆装方便，但易被尖锐物刺破。

在巷道断面允许的条件下，尽可能选择直径较大的风筒，以降低风阻，减少漏风，节约通风电耗。

金属矿井局部通风时，送风量不超过 2~3 m³/s，风筒直径为 300~600 mm。

3）局部通风机选择

已知井巷掘进所需风量和所选用的风筒，则可以计算风筒的通风阻力。根据风量和风筒的通风阻力，在可选择的各种通风设备全压范围，选用合适的局部通风机。

（1）局扇供风量

根据掘进工作面所需风量 Q_0 和风筒的漏风情况，风机的工作风量 Q_f 为

$$Q_f = \varphi Q_0 \tag{1-124}$$

式中：Q_0 为风筒末端风量；φ 为风筒漏风系数，一般用百米漏风率来表示。

$$\varphi = \frac{100}{100 - \varphi L}$$

式中：L 为风筒长度；φ 为百米漏风率。

（2）局扇风压

局部通风机要克服风筒的通风阻力 h 及风流出口的动压损失 h_{v0}，则局部通风机的全压 H_t 为：

$$H_t = h + h_{v0} = RQ_m^2 + \frac{1}{2}\rho \frac{Q_e^2}{S^2} \tag{1-125}$$

$$Q_m = \sqrt{Q_f Q_0} \tag{1-126}$$

压入式通风时，$Q_e = Q_0$，

$$h_f = \left(\varphi R + \frac{\rho}{2S^2}\right)Q_0^2 \tag{1-127}$$

抽出式通风时，$Q_e = Q_f$，

$$h_f = \left(\varphi R + \frac{\rho \varphi^2}{2S^2}\right)Q_0^2 \tag{1-128}$$

风筒风阻 R 为：

$$R = R_1 + R_2 + R_3 = \frac{6.5\alpha L}{d^5} + n\zeta_2\frac{\rho}{2S^2} + \sum\zeta_3\frac{\rho}{2S^2} \quad (1-129)$$

式中：R_1 为风筒摩擦风阻；R_2 为风筒接头局部风阻；R_3 为风筒拐弯处局部风阻；n 为风筒的接头数；ζ_2 为风筒接头的局部阻力系数；ζ_3 为风筒拐弯处的局部阻力系数。

铁皮风筒与柔性风筒的 α 系数列于表 1-9。

表 1-9 风筒摩擦阻力系数 α 　　单位：$(N\cdot s^2\cdot m^{-4})$

风筒直径/m		0.3	0.4	0.5	0.6
风筒种类	铁皮	0.0045	0.004	0.0035	0.003
	柔性	0.0006	0.00048	0.00042	0.00036

表 1-9 中未考虑风筒接头处的局部风阻，实际应用时，可将表中 α 值增大 25%。

风筒拐弯处的局部阻力系数 ζ_3 可参考图 1-56 来确定。图中 β 为风筒转弯的角度。

（3）选择局部通风机

根据需要的 Q_f 和 H_t 值在各类局部通风机特性曲线上，确定局部通风机的合理工作范围，选择长期运行效率较高的局部通风机。局部通风机可分轴流式和离心式两种。矿用局部通风机多为轴流式。这种局部通风机体积小，效率较高，但噪声较大。

我国目前生产的轴流式通风机有防爆型和非防爆型。金属矿山由于没有瓦斯和煤尘爆炸危险，因此多选用结构简单、使用方便的非防爆型局部通风机。

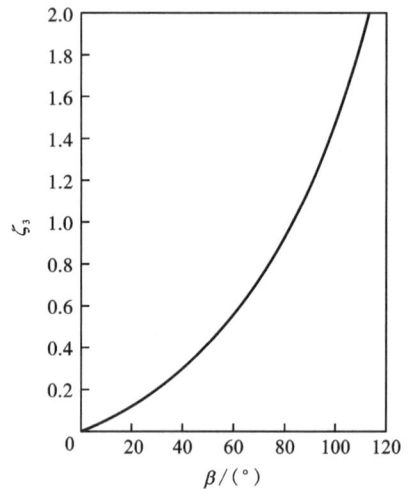

图 1-56　风筒拐弯局部阻力系数 ζ_3

1.5.3 长距离独头巷道通风

长距离独头巷道的传统通风方法是采用多台串联或抽压混合的通风方式。这种通风方式虽然回风距离长，但存在风阻大、漏风大、有效风量率低等问题。为取得良好通风效果，应采取以下措施：选用大直径风筒；风筒悬吊力求平直；减少风筒接头数量，提高风筒接头质量。

枣庄煤矿曾创造了一台 11 kW 局扇做压入式通风且送风距离达到 3795 m 的记录，其漏风率仅为 3.99%。

德国哈腾（Haltern）煤矿在 1984 年创造了 7266 m 独头巷道掘进通风新纪录。巷道断面面积为 28.5 m^2，并铺设了两列直径为 1.2 m 的布基风筒做压入式通风，每节风筒长 100 m，风机送风量 11 m^3/s，全长 7000 m 的风筒仅漏风 0.8 m^3/s。

辰州矿业龙溪矿区采用密闭硐室串联风机，采用两抽一压混合式通风较好地解决了小断面、600 m 长距离独头巷道通风难的问题。具体做法：在独头巷道适当地点，巧妙地利用一小段报废巷道,用木板、废旧风筒布将其装配成一个小小的密闭硐室,第 1 台抽风机置于独头面适当距离处将污风抽至密闭硐室内,第 2 台抽风机置于密闭硐室内,将硐室中污风抽至回风巷道。

1.5.4 独头巷道净化循环通风

20 世纪 90 年代初,江西荡坪钨矿和东北工学院采用净化循环通风的方法成功地解决了长距离独头巷道通风中存在的风阻大、漏风量大等问题。具体的做法是将生产过程中的含尘气流抽出来,在净化硐室内净化后又往复送入工作面,达到了风流净化和节能的效果。但由于净化循环通风中只具有过滤粉尘的功能,因此对含有毒气体的非煤矿井和有瓦斯等气体溢出的煤矿井,净化循环通风并不适用。

循环风量的计算式为:

$$Q_x = \frac{G}{k\eta_x c} \tag{1-130}$$

式中: G 为工作面粉尘生成量,mg/s; c 为工作面粉尘浓度,mg/m^3; k 为风流掺混系数; η_x 为除尘器效率; $\frac{G}{kc}$ 是贯穿风流正常通风时所需风量,若以 Q_{x0} 表示,则:

$$Q_x = \frac{Q_{x0}}{\eta_x} \tag{1-131}$$

式(1-131)表明,除尘的效率越高,循环风量越接近正常通风量。

当掘进工作面用贯穿风量通风的风量达不到要求时,也可同时在工作面采用高效除尘净化系统,构成开路循环式通风。

1.6 矿井通风设备

1.6.1 通风机的构造和分类

矿用通风机按其服务范围可分为 3 种:

(1)主要通风机,服务于全矿或矿井的某一翼(部分),简称主扇;

(2)辅助通风机,服务于矿井网络的某一分支(采区或工作面),帮助主要通风机通风,以保证该分支风量,简称辅扇;

(3)局部通风机,服务于独头掘进井巷等无贯穿风流的局部地点,简称局扇。

按通风机的构造和工作原理可分为离心式通风机和轴流式通风机两种。

(1)离心式通风机。可用作矿井通风用的有 4-72 型、4-79 型、G$_4$-73 型等。自从 K 系列风机应用后,矿井通风很少采用离心式通风机。

(2)轴流式通风机。金属矿井多采用轴流式通风机。可作主要通风机、辅助通风机的有 K40、K45、DK40、DK45 等型号。作局部通风机用的有 FBC 型、FBCD 型、JK 型、DJK 等系列。K40、DK40 型通风机是根据金属矿山通风网络参数和井下作业条件研制的,具有低风压、大流量的特性,结构紧凑,重量轻,便于安装和搬运。金属非金属矿山常用的 K、DK 系列和有关的矿用通风机见表 1-10。

表 1-10　金属非金属矿山常用的 **K**、**DK** 系列和有关的矿用通风机

通风机型号	K40、K45、K54（轴流）	DK40、DK45（轴流）	BDK、FBDCZ（可供参考的防爆对旋轴式风机）	2K56、2K60（轴流）	TAF（轴流）
叶轮直径/m	0.7~2.6	1.2~2.5	1.2~2.8	1.8、2.4、2.8	2.8
叶轮转速/（r·min^{-1}）	730 980 1450	730 980	490 590 740 980	500 600 750 1000	362
风量范围/（m^3·s^{-1}）	2~164	7~150	7~300	15~250	20~110
风压范围/Pa	全压 38~2409	全压 306~3819	静压 559~6586	静压 290~5100	全压 200~700
功率范围/kW	1.1~250	(2×22)~(2×250)	(2×55)~(2×710)	30~900	
最高效率/%	84	84	89	83	99
传动方式	叶轮直接套装在电机轴上	叶轮直接套装在电机轴上	叶轮直接套装在电机轴上	直联	直联
反风方式	反转	反转	反转	反转	调叶片
噪声程度	低	低	—	稍高	中
性能调节方法	改变叶片角度	改变叶片角度	改变叶片角度	改变电机转数、改变叶片数量及角度	改变电机转数、改变叶片角度

1.6.2　通风机特性

1）通风机性能的基本参数

表示通风机性能的主要参数是风压 H、风量 Q、风机轴功率 N、效率 η 等。

（1）风量

通风机在单位时间内所输送的气体体积称为风量，又称流量，单位为 m^3/h 或 m^3/s。

（2）风压

当空气流过通风机时，通风机给予每立方米空气的总能量，称为通风机的全压，其单位为 Pa。通风机的全压由通风机的静压和动压两部分组成。抽出式通风时，常用有效静压来表示通风机的风压参数。

（3）功率

通风机在单位时间内传递给空气的能量称为风机的有效功率 N_t，可表示为：

$$N_t = \frac{QH_t}{1000} \qquad (1-132)$$

式中：N_t 为通风机的有效功率，单位为 kW；H_t 为通风机全压，单位为 Pa。

如果通风机风压是用其有效静压 H'_s 表示，则通风机的有效静压功率 N_s 如式（1-133）所示：

$$N_s = \frac{QH_s'}{1000} \qquad (1-133)$$

(4) 效率 η

通风机有效功率与通风机轴功率 N 之比，称为通风机效率。根据所用风压参数不同，可分为全压效率和静压效率。

全压效率：

$$\eta_t = \frac{QH_t}{1000N} \qquad (1-134)$$

静压效率：

$$\eta_s = \frac{QH_s'}{1000N} \qquad (1-135)$$

2）通风机个体特性曲线

以风量 Q 为横坐标，风压 H 为纵坐标，将通风机在不同网络风阻条件下测得的 Q、H 值画在坐标图，所得出的曲线称为通风机的风压曲线（$H-Q$）。同理也可绘出功率曲线（$N-Q$）和效率曲线（$\eta-Q$），如图 1-57 所示。上述曲线反映了通风机在某一条件下的性能和特点，称为通风机的个体特性曲线。

通风机的个体特性曲线与网络风阻特性曲线的交点称为该风机的工况点。工况点对应的坐标就是该风机的工作风量和风压。由该点再分别作垂线与通风机的功率曲线和效率曲线分别相交，就可找到通风机的功率和效率。

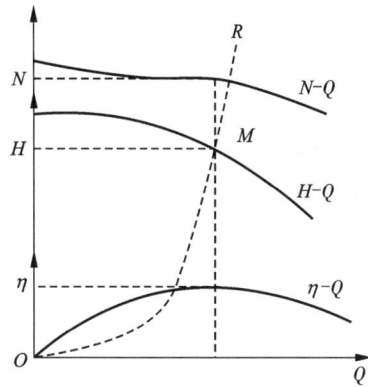

图 1-57　通风机的个体特性曲线

由于通风机构造和空气动力学性能不同，通风机个体特性曲线的形状也不同。一般来说，叶片后倾的离心式通风机，其 $H-Q$ 曲线呈单斜状；叶片前倾的呈驼峰状；轴流通风机的 $H-Q$ 曲线呈马鞍形。凡是呈驼峰状曲线的通风机不应将工况点选在驼峰左段，因为该区段通风机效率低且可能出现工况不稳定现象。

离心式通风机的 $N-Q$ 曲线通常是向上斜的；轴流通风机的 $N-Q$ 曲线则呈马鞍状，在稳定工作区是向下倾斜。因此，离心式通风机在启动时可采用关闭风道闸门的方法来减小启动电流。

1.6.3　通风机类型特性曲线

同一类型的通风机满足几何相似、运动相似和动力相似，因此一台通风机与另一台同类型通风机之间存在如下关系：

$$\frac{Q}{Q'} = \frac{n}{n'}\left(\frac{D}{D'}\right)^3 \qquad (1-136)$$

式中：Q、Q' 分别为这两台通风机的风量；n、n' 分别为这两台通风机工作轮的转速，r/min；D、D' 分别为这两台通风机工作轮的外径，m。

$$\frac{H}{H'} = \frac{\rho}{\rho'}\left(\frac{n}{n'}\right)^2\left(\frac{D}{D'}\right)^2 \tag{1-137}$$

式中：ρ、ρ' 分别为这两台通风机工作环境的空气密度；H、H' 分别为这两台通风机的风压。

$$\frac{N}{N'} = \frac{\rho}{\rho'}\left(\frac{n}{n'}\right)^3\left(\frac{D}{D'}\right)^5 \tag{1-138}$$

$$\eta = \eta'$$

式中：N、N' 分别为这两台通风机的功率；η、η' 分别为这两台通风机的效率。

上述公式在使用时必须注意以下问题：

(1) 对于不同类型通风机或者同类型通风机但叶片安装角不相等时，不能利用上述关系式进行参数换算；

(2) 上述关系式只在通风机工作的网络风阻不变时才成立。

由同类型通风机的相似可引出以下类型系数：

类型风压系数 $\overline{H}$

$$\overline{H} = \frac{H}{\rho u^2} \tag{1-139}$$

类型风量系数 $\overline{Q}$

$$\overline{Q} = \frac{Q}{\frac{\pi}{4}D^2 u} \tag{1-140}$$

式中：u 为通风机动轮的圆周速度，$u = \dfrac{\pi Dn}{60}$。

类型 (通风机轴) 功率系数 $\overline{N}$

$$\overline{N} = \frac{1000N}{\frac{\pi}{4}\rho D^2 u^2} \tag{1-141}$$

上述类型系数都是无量纲系数。对于同一类型风机而言，其值为一系列常数，而与通风机的尺寸和转速无关。

以类型风量系数 $\overline{Q}$ 为横坐标，类型风压系数 $\overline{H}$、类型功率系数 $\overline{N}$ 和类型通风机效率 η 为纵坐标，即可作一组无因次特性曲线，如图 1-58 所示。同一类型的通风机在同一网络风阻条件下工作的所有工况点只有一组 $\overline{H}$-$\overline{Q}$、$\overline{N}$-$\overline{Q}$ 和 η-$\overline{Q}$ 类型特性曲线，代表同一类型的通风机的共性，从而可以用其来比较不同类型通风机的性能。

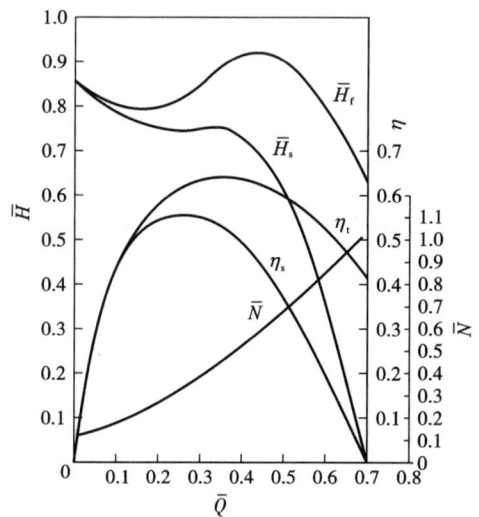

图 1-58　类型特性曲线

1.6.4 通风机联合作业

当单台风机作业不能满足生产对通风的要求时，必须使用多台通风机联合作业进行通风。多台通风机联合作业时，各个通风机的选型方法，仍然根据通风系统和通风机在网络中的位置，分别算出各通风机所负担的风量和阻力，再初选通风机型号。

通风机联合作业的工况分析方法可采用图解法和计算机解算方程组法。本节仅介绍图解法。

图解法是以通风机个体特性曲线和网络风阻曲线为基础，运用通风机特性曲线变位和合成的方法，将通风网络变化为等值的"单机"网络，求出等值"单机"的联合工况点。再由此联合工况点按照网络变简的相反程序进行分解，逐步返回到原来的网络，即可获得通风机的实际运转工况。

1）串联作业

通风机串联工作的特点是，各通风机的风量相等，风压之和等于网络总阻力，如图 1-59 所示。

通风机 Ⅰ 与 Ⅱ 串联作业，其特性曲线分别为 Ⅰ、Ⅱ，网络总风阻为曲线 R。按风量相等、风压相加原理求得两台风机串联的等效合成曲线 Ⅰ+Ⅱ。等效合成曲线 Ⅰ+Ⅱ 与总风阻 R 曲线的交点 M 就是联合工况点。其横坐标为联合作业的总风量 $Q_{Ⅰ+Ⅱ}$，其纵坐标为总风压 $H_{Ⅰ+Ⅱ}$。

通风机串联作业时应注意以下问题：

（1）两台通风机均应在有效工作区，以保证有较高的工作效率；

（2）两台性能相差较大的通风机串联工作时，由于网络风阻值小或通风机选型不适

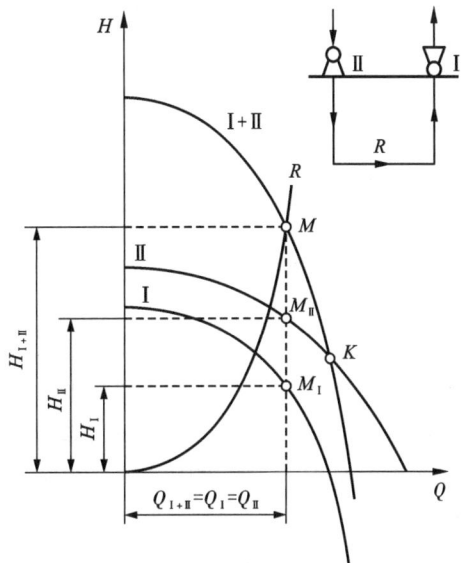

图 1-59　两台通风机串联作业

当，其中一台风机的风压可能为 0 或负值，成为另一台风机的阻力，这种串联是不合理的；

（3）通风机串联适合于高风阻的通风网络。

2）并联作业

通风机并联特点是：两通风机风压相等，风量之和等于流过网络的总风量，如图 1-60 所示。设并联的两台通风机是同一型号的轴流风机，其压力特性曲线为 Ⅰ、Ⅱ 曲线，网络总风阻曲线为 R，首先将曲线 Ⅰ 和 Ⅱ 按照风压相等、风量相加的方法，作出并联合成曲线 Ⅰ+Ⅱ。该曲线与网络风阻曲线 R 的交点 M 为联合工况点。由于 M 点在合成曲线驼峰的右侧，风机 Ⅰ、Ⅱ 的实际工况点也在曲线 Ⅰ、Ⅱ 的右侧，因此并联工作是稳定的。如果矿井风阻增大到图上的 R'，那么 R' 曲线与合成曲线 Ⅰ+Ⅱ 就有两个交点，说明这种并联运转是不稳定的。

通风机并联应注意以下问题。

（1）并联作业时应保证通风机工作的稳定性。网络风阻越小，越有利于保持通风机工作的稳定。

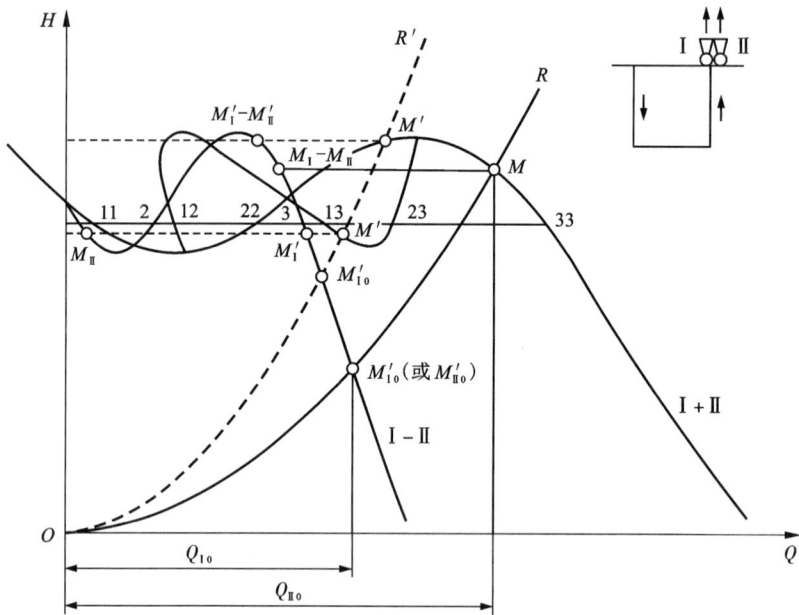

图 1-60　两台通风机并联作业

（2）反向自然风压的出现可能引起通风机工作不稳定。

两台通风机分别在两个井口并联运转，为保证通风机工作的稳定有效，应注意以下几点：

①尽量降低通风系统中公共段井巷的风阻值；

②尽量使两翼的风量和风压接近相等，以便采用相同型号和规格的风机；

③在生产过程中，需要加大一台通风机转速和叶片角时，应注意对另一台通风机工作稳定性的影响。

1.6.5　通风机辅助装置

通风机的辅助装置包括风硐、扩散器（扩散塔）以及反风装置等。

1）风硐

风硐是连接风机和井筒的一段巷道。由于其通过风量大、内外压差较大，应尽量降低其风阻，并减少漏风。在风硐的设计和施工中应注意下列问题：断面适当增大，使其平均风速取 10~12 m/s，最大不超过 15 m/s；尽量减少转弯，转弯应成圆弧形，风硐的风压损失不大于主要通风机风压的 10%；施工时应使其壁面光滑，各类风门要严密，所留的人员进出口应用双重密闭门密闭。风硐的总漏风量不超过主要通风机工作风量的 5%；为了满足测风要求，风硐中应有长度不小于风硐直径或高度 6~8 倍的平直段，并应安装测风流压力的测压管。为避免积水流向机身，风道应具有 5‰ 的坡度。

2）扩散器（扩散塔）

为了减少通风机回风口的动压损失，提高通风机的有效静压，在通风机的出风口处一般都安装一定长度、断面逐渐扩大的构筑物，称为扩散器。小型离心式通风机的扩散器由金属板焊接而成，扩散器的扩散角(敞角)a不宜过大，以防止脱流，一般为$8°\sim10°$；出口处断面与入口处断面之比为$3\sim4$，扩散器四面张角的大小应视风流从叶片出口的绝对速度方向而定。大型的离心式通风机和大中型的轴流式通风机的外接扩散器，一般用砖和混凝土砌筑。其各部分尺寸应根据风机类型、结构、尺寸和空气动力学特性等具体情况而定，总的原则是，扩散器的阻力小，出口动压小并无回流。轴流式通风机扩散器如图1-61所示，离心式通风机扩散器如图1-62所示。

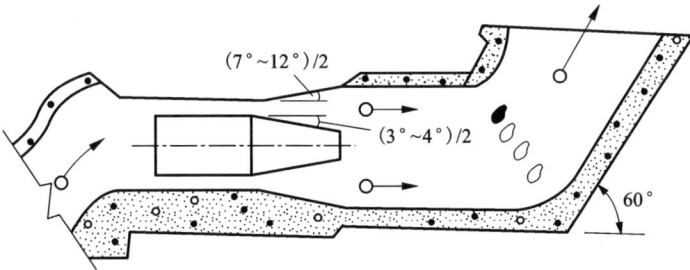

图1-61　轴流式通风机扩散器

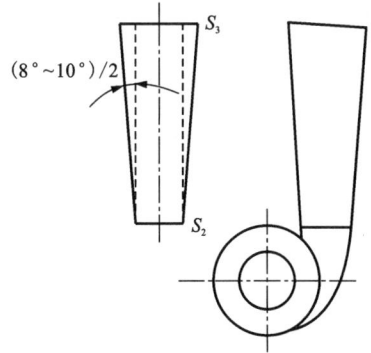

图1-62　离心式通风机扩散器

3)反风装置

反风装置是用来使井下风流反向的一种设施，以防止进风系统发生火灾时产生的有害气体进入作业区；有时为了适应救护工作也需要进行反风。

反风方法因风机的类型和结构不同而异。目前的反风方法主要有：专用反风道反风；通风机反转反风。

(1)专用反风道反风

图1-63为轴流式通风机作抽出式通风时利用反风道反风的示意图。反风时，风门1、5、7打开，新鲜风流由风门1经反风门7进入风硐2和通风机3，然后经反风门5进入反风绕道6，再返回风硐送入井下。正常通风时，风门1、7、5均处于水平位置，井下的污浊风流经风硐直接进入通风机，然后经扩散器排到大气中。

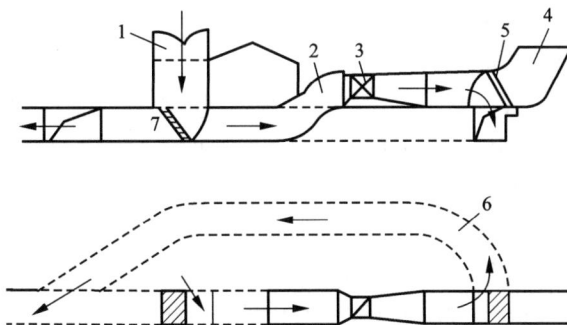

1—反风进风门；2—风硐；3—风机；4—扩散器；5、7—反风导向门；6—反风绕道。

图1-63　轴流式通风机做抽出式通风时利用反风道反风的示意图

（2）轴流式通风机反转反风

调换电动机电源的任意两项接线，使电动机改变转向，从而改变通风机叶（动）轮的旋转方向，使井下风流反向。此种方法基建费较少，反风方便，但反风量较小。

反风装置应定期检修、试验，确保其处于良好状态，反风门应当严密。

近年来金属非金属矿山，大多使用能反转的轴流式通风机反风。

1.7　矿井通风设计

矿井通风设计是矿井总体设计的一个重要组成部分，是保证矿井安全生产的重要环节。矿井通风设计的基本任务是结合矿井开拓与开采设计，拟订一个安全可靠、技术先进、经济合理和便于管理的通风系统，并在此基础上计算各用风地点所需风量、总风量和总风压，选择矿井通风设备。

矿井通风设计分为新建矿井和改建或扩建矿井的通风设计。对于新建矿井的通风设计，既需要考虑当前的需要，又要考虑长远发展的要求。而对于改建或扩建矿井的通风设计，必须对矿井原有的生产与通风情况做出详细的调查，分析通风存在的问题，考虑矿井生产的特点和发展规划，充分利用原有的井巷与通风设备，在原有的井巷与通风设备基础上提出更完善、更切合实际的通风设计。

无论是新建还是改扩建矿井的通风设计，都必须遵守国家现行的设计规范、安全规程、技术操作规程的相关规定。

1.7.1　通风设计依据及基础资料

1）新建矿井通风设计需要的原始资料

（1）矿区地质、地形图；

（2）矿岩中游离的二氧化碳含量、硫含量、放射性物质及有害气体含量；

（3）矿区气象资料：历年气温最高月和最低月的月平均气温、月平均气压、年平均气温、常年主导风向等；

（4）矿区地层恒温带平均深度和温度、矿井地温梯度、矿岩热物理性质（导热系数、比热、导温系数）、矿区地层热水构造；

（5）矿区水文和工程地质资料：洪水位、矿井涌水量、水质；

（6）矿井年产量及服务年限；

（7）矿井的开拓、采准及采矿方法，开拓系统图，阶段平面图，采矿方法图；

（8）回采顺序，采掘计划；同时工作的阶段数，同时采掘工作面数；

（9）产尘点的类型，产尘设备的规格型号、位置和数量；

（10）回采、掘进、二次破碎作业的炸药量以及大爆破一次装炸药量；

（11）井下同时工作的最多人数；

（12）使用柴油设备的台数、功率及尾气净化措施效果；

（13）各类井巷的断面形状、面积及支护形式。

2）改建、扩建矿井对原始资料的要求

改建、扩建除上述资料外，尚需以下资料：

(1)通风系统现状的调查报告，包括通风设备、风井布置、通风方式、通风网络、通风构筑物等；

(2)通风系统测定资料，包括作业点的实测风量、漏风量、井巷通风阻力状况、通风设备的工况等；

(3)采场通风状况；

(4)自然通风状况各产尘点粉尘浓度、矿井粉尘合格率；

(5)矿区工业用水供水系统资料。

3)矿井通风设计的内容

(1)拟订矿井通风系统，选定最优方案；

(2)矿井总风量的计算与风量分配；

(3)计算矿井通风系统总阻力；

(4)计算自然风压；

(5)选择矿井通风设备，确定通风机和电机的型号；

(6)确定通风构筑物的种类、使用地点和数量；

(7)编制矿井通风设计的经济部分。

1.7.2 矿井通风系统选择

1.7.2.1 通风系统选择需要考虑的因素

矿井通风系统的拟订是矿井通风设计的基础部分，主要是拟订矿井风流路线、进风井与出风井的布置方式、矿井主要通风机的布置位置并确定工作方法。

影响矿井通风的因素较多，只有抓住起决定作用的因素，同时考虑其他相关因素，进行全面分析，才有可能选定比较合理的通风系统。

拟订矿井通风系统应严格遵循安全可靠、投产较快、出矿较多，通风基建费用和经营费用总和最低以及便于管理的原则。

(1)矿井通风网络结构合理：集中进、回风线路要短，通风总阻力要小，多阶段、多工作面同时作业时，主要人行、运输巷道和工作点上的污风不串联；

(2)内外部漏风少；

(3)通风构筑物和风流调节设施及辅助通风机要少；

(4)充分利用一切可用的通风井巷，使专用通风井巷工程量最小；

(5)通风动力消耗少，通风费用低。

为使拟订的矿井通风系统安全可靠和经济合理，必须对矿山进行实地考察和对原始条件做细致分析。拟订通风系统的基本要求是：

(1)每个矿井和阶段水平之间都必须有 2 个安全出口；

(2)入风井巷和采掘工作面的风源含尘量应不超过 0.5 mg/m³，箕斗井、混合井作进风井时，应采取有效的净化措施，保证空气质量；

(3)主要回风井巷不得作为人行道，放射性矿山回风井与进风井的间距应大于 300 m，矿井排出的污风不应对矿区环境产生危害；

(4)矿井通风系统的有效风量率应不低于 60%；

(5)采场、二次破碎巷道和电耙巷道应利用贯穿风流通风或机械通风；

（6）来自破碎硐室、主溜井等处的污风经净化处理达标后可以进入通风系统；未经净化处理达标的污风应引入回风巷道；所有机电硐室都应供给新鲜风流；爆破器材库应有独立的回风巷道；充电硐室空气中 H_2 的体积浓度不超过 0.5%；

（7）采场回采结束后，应及时密闭采空区，并隔断影响正常通风的相关巷道；

（8）禁止串联通风，否则必须采取空气净化措施；

（9）主要通风机应有使矿井风流在 10 min 内反向的措施，当利用轴流式通风机反转反风时，其反风量应达到正常运转时风量的 60%。

1.7.2.2　通风方案比较

1）通风方案比较项目

（1）是否需要分区，分区的范围和分界线；

（2）通风方式和主要通风机安装位置；

（3）风井布置，主要进、回风井巷数量和断面；

（4）矿井通风网络；

（5）采区通风网络。

2）技术比较的项目

（1）通风系统的安全性；

（2）通风网络的复杂程度；污风串联的可能性，风流控制难易程度和通风构筑物的数量，风质的好坏；

（3）矿井总风压大小及风压分布，高风压区段风道的严密程度和通风构筑物数量，产生漏风的可能性；

（4）风流控制设施的位置，对生产的影响，管理的难易程度；

（5）主要通风机的位置、安装、供电、检修维护的方便程度；

（6）通风管理人员的数量。

3）经济比较的主要项目

（1）通风井巷工程量、主要通风构筑物的工程量；

（2）矿井通风设备数量、装机容量；

（3）通风基建投资；

（4）电力消耗；

（5）全年运营费。

1.7.3　全矿需风量计算

1.7.3.1　全矿总风量计算方法

全矿所需总风量应为井下工作面需要的最大风量与需要独立通风的硐室风量之和，同时考虑矿井漏风等因素，给予一定的备用风量。

生产矿井的总风量按下列要求分别计算，并取其中最大值。

1）按井下同时工作的最多人数计算

$$Q_人 \geqslant 4 \times N_0 \times K_0 \qquad (1-142)$$

式中：4 为每人每分钟应供给的最低风量；N_0 为井下同时工作的最多人数；K_0 为矿井通风系数，包括矿井内部漏风和配风不均匀等因素，一般可取 1.2~1.25。

2）按照采矿、掘进、硐室和其他用风地点的需风量总和计算

$$Q_t = k(\sum Q_s + \sum Q_s' + \sum Q_d + \sum Q_r) \tag{1-143}$$

式中：k 为矿井风量备用系数，考虑了矿井有难以避免的漏风，同时包含风量调整不及时和生产不均衡等因素而设立的大于 1 的系数，取 1.20～1.45，可根据矿井开采范围的大小、所用的采矿方法、设计通风系统中风机的布局等具体条件进行选取；$\sum Q_s$ 为各回采工作面所需风量之和；$\sum Q_d$ 为各掘进工作面所需风量之和；$\sum Q_r$ 为要求独立风流通风的硐室所需风量之和；$\sum Q_s'$ 为各备用工作面所需风量之和，其风量可取作业工作面风量的一半。

3）使用柴油设备时，按照排除柴油尾气计算风量

使用柴油设备时，其风量应满足将柴油所排出的尾气全部稀释和排走，并降至允许浓度以下的条件，下面仅介绍按照单位功率计算需风量的方法。

$$Q_设 = q_0 N_0 = q_0 \sum_{i=1}^{n} N_i k_i \tag{1-144}$$

式中：$Q_设$ 为按照单位功率计算的风量；q_0 为单位功率的风量指标，一般取 4.0 m³/(min·kW)；N_0 为各种作业（出渣、凿岩、铲装等）所用柴油设备实际作业的总功率数；N_i 为各柴油设备的功率数，$i = 1, 2, 3, \cdots, n$；k_j 为时间系数，即作业时间所占比例，$j = 1, 2, 3, \cdots, n$。

1.7.3.2　回采工作面风量计算

回采工作面的风量计算时，根据不同的采矿方法，按照爆破排烟和凿岩出矿时排尘分别计算，然后取其较大值作为该回采工作面的风量。在回采过程中，爆破工作又根据一次爆破用炸药量的多少，分为浅孔爆破和大爆破两种。因此工作面风量需要分别计算。

1）浅孔爆破回采工作面需风量计算

（1）巷道型回采工作面的风量计算

$$Q_巷 = \frac{25.5}{t} \sqrt{A_爆 L_0 S} \tag{1-145}$$

式中：$Q_巷$ 为巷道型回采工作面风量；$A_爆$ 为一次爆破炸药量；L_0 为采场长度的一半；t 为通风时间；S 为采场断面面积。

（2）硐室型回采工作面风量

$$Q_硐 = 2.3 \frac{V}{k_硐 t} \lg \frac{500 A_爆}{V} \tag{1-146}$$

式中：$Q_硐$ 为硐室型回采工作面风量；V 为硐室空间体积；$k_硐$ 为风流扩散系数，其取值可参照表 1-11。

表 1-11　风流扩散系数

圆形射流		扁平型射流	
$\dfrac{aL}{\sqrt{S}}$	$k_硐$	$\dfrac{aL}{b}$	$k_硐$
0.420	0.335	0.600	0.192
0.554	0.395	0.700	0.224

续表1-11

圆形射流		扁平型射流	
$\dfrac{aL}{\sqrt{S}}$	$k_硐$	$\dfrac{aL}{b}$	$k_硐$
0.605	0.460	0.760	0.250
0.750	0.529	1.040	0.318
0.945	0.600	1.480	0.400
1.240	0.672	20280	0.496
1.680	0.744	4.000	0.604
2.420	0.810	8.900	0.726
3.750	0.873		
6.60	0.925		

注：表中 L 为硐室长度，m；b 为进风巷道宽度的一半，m；a 为自由风流结构系数，圆形射流 a 为 0.07，扁平型射流 a 为 0.1。

2）按照排除粉尘计算风量

按照排尘计算风量有两种计算方法：一是按照作业地点产尘量计算风量；二是按照排尘风速计算。

（1）按产尘量计算风量

回采工作面空气中的粉尘，主要来源于设备产尘，其产尘量大小取决于设备的产尘强度和同时工作的设备台数，对于不同的作业面和作业类型，可按照表1-12确定排尘风量。

（2）按照排尘风速计算风量

计算公式为：

$$Q_排 = Sv \tag{1-147}$$

式中：v 为回采工作面要求的排尘风速。

排尘风速：硐室型采场不小于 0.15 m/s；饰面石材开采时不小于 0.06 m/s；巷道型采场和掘进巷道不小于 0.25 m/s；电耙道和二次破碎巷道不小于 0.5 m/s；箕斗硐室、装矿皮带道等作业地点的风速不小于 0.2 m/s。

破碎机硐室：采用旋回破碎机的，风量不小于 12 m³/s；采用其他破碎机的，风量不小于 8 m³/s；采用 2 台破碎设备时，不小于 12 m³/s；

根据采掘计划的作业安排和布置以及所用采矿方法分别计算回采工作面的风量后，汇总便可获得回采工作面的总风量。

表1-12 排尘风量

工作面	设备名称	设备数量	排尘风量/(m³·s⁻¹)
巷道型采场	轻型凿岩机	1	1.0~2.0
		2	2.0~3.0
		3	3.0~4.0
硐室型采场	轻型凿岩机	1	3.0~4.0
		2	4.0~5.0
		3	5.0~6.0
中深孔凿岩	重型凿岩机	1	2.5~4.0
		2	3.0~5.0
	轻型凿岩机	1	1.5~2.0
		2	2.0~2.5
装运机出矿	装岩机、装运机	1	2.5~3.5
电耙出矿			2.0~2.5
放矿点、二次破碎	电耙	1	1.5~2.0
喷锚支护			3.0~5.0

1.7.3.3 掘进工作面风量计算

掘进工作面包括开拓、采准和切开工作面,其风量可参照表1-13选取或依据局部通风风量计算方法计算。

表1-13 掘进工作面计算风量值

掘进巷道断面/m²	掘进工作面计算风量/(m³·s⁻¹)
<5.0	1.0~1.5
5.0~9.0	1.2~2.5
>9.0	2.5~3.5

1.7.3.4 硐室风量计算

以下硐室需要独立风流通风,其风量计算如下。

(1)井下炸药库,取1.5~2 m³/s。

(2)电机车库,取1.0~1.5 m³/s。

(3)充电硐室。

所需风量需要将充电过程产生的氢气量冲淡至允许浓度0.5%以下。

氢气产生量 q 的计算式为:

$$q = 0.000627 \frac{101.3}{p_1} \times \frac{273 + t_{硐}}{273} (I_1 a_1 + I_2 a_2 + \cdots + I_n a_n) \tag{1-148}$$

式中:q 为氢气产生量,m³/h;0.000627为1 A电流通过一个电池每小时产生的氢气量;p_1

为硐室内的气压；$t_硐$ 为硐室内空气温度，℃；I_1，I_2，…，I_n 为对应各电池的充电电流，A；a_1，a_2，…，a_n 为蓄电瓶内的电池数。

充电硐室所需风量 $Q_充$ 的计算式为：

$$Q_充 = \frac{q}{0.005 \times 3600} \tag{1-149}$$

（4）压气硐室的风量 $Q_压$：

$$Q_压 = 0.04 \sum N_0 \tag{1-150}$$

式中：$\sum N_0$ 为硐室内所有电动机的功率之和。

（5）水泵或卷扬硐室所需风量 $Q_卷$ 的计算式为：

$$Q_卷 = 0.008 \sum N_0 \tag{1-151}$$

式中符号意义同上。

1.7.3.5 大爆破后通风量计算

大爆破的采场是指采用深孔、中深孔或药室爆破的大量落矿的采场。

大爆破后，大量炮烟涌出到巷道中，其通风过程与巷道型采场的通风过程十分相似。其风量可按照下式计算：

$$Q_采 = \frac{40.3}{t_通} \sqrt{I A_爆 V} \tag{1-152}$$

式中：$Q_采$ 为大爆破通风风量，m^3/s；$t_通$ 为通风时间，通常取 7200~14400 s，炸药量大时，还可延长；I 为炮烟涌出系数，可按照表 1-14 查得；V 为充满炮烟的容积，m^3；

$$V = V_1 + I A_爆 b_a \tag{1-153}$$

式中：V_1 为回风侧巷道容积，m^3；b_a 为 1 kg 炸药所产生的全部气体量，大约等于 $0.9\ m^3/kg$。

大爆破采场放矿过程的通风量，可比一般采场放矿时的通风量增加 20%。

大爆破作业多安排在周末或节假日进行，通常采用延长通风时间和临时调节通风风流、加大爆破区通风量的方法。

表 1-14　炮烟涌出系数

采矿方法		采落矿石与崩落区接触面的数目	I
"封闭扇形"中段崩落法		顶部和 1 个侧面	0.193
		顶部和 2~3 个侧面	0.155
阶段强制崩落法		顶部	0.157
		顶部和 1 个侧面	0.125
		顶部和 2~3 个侧面	0.115
空场处理		表土下或表土下 1~2 个阶段	0.095
		若干个阶段以下	0.124
房柱法深孔落矿		$V/A < 3$	0.175
		$V/A = 3~10$	0.250
		$V/A > 10$	0.300

1.7.3.6　风量分配

全矿总风量确定后,应按照各工作地点实际所需风量进行分配,并以此为依据进行通风系统阻力计算。

(1)回采工作面的风量应该按照排炮烟或排尘风速计算出来的风量中取较大者来进行风量分配;掘进工作面应按照局部通风风量计算值进行分配;各采掘工作面应避免串联通风。

(2)井下炸药库应独立通风,污浊风流直接导入总回风巷道。

(3)矿井通风系统为多井口进风时,各进风风路的风量,应按照风量自然分配的规律进行计算。

(4)一切需风点和有风流通过的井巷中,其风速必须符合矿山安全规程的相关规定。

井巷断面平均风速限值见表 1-15。

表 1-15　井巷断面平均风速限值

井巷名称	平均风速限值/$(m \cdot s^{-1})$
专用风井、专用总进风巷道、专用总回风巷道	20
用于回风的物料提升井	12
提升人员和物料的井筒、用于进风的物料提升井、中段的主要进风巷道和回风巷道、修理中井筒、主要斜坡道	8
运输巷道、输送机斜井、采区进风巷道	6
采场	4

1.7.4　全矿阻力计算

矿井通风总阻力即风流由进风井口到通风机风硐(抽出式)或者由通风机风硐到回风井口(压入式),沿任一条风路流动途中所产生的摩擦阻力和局部阻力的总和。矿井通风总阻力是选择矿井主要通风机的重要依据之一,为了合理地选用矿井主要通风机,必须正确计算出矿井通风总阻力。

在主要通风机的服务年限内,通风系统的总阻力随着开采深度的增加或产量的增加而增加。为了使主要通风机在整个服务期限内均能在合理的效率范围内运转,在选择通风机时必须考虑可能的最大总阻力和最小总阻力,分别对应通风机服务期内通风最困难时期和最容易时期,此外还需考虑反向自然风压。

在进行阻力计算之前,在通风系统图上,根据采掘作业布置情况找出风流线路最长、风量最大的一条作为阻力最大路线。对选定的路线(分最困难时期和最容易时期)从进风井口到回风井口逐段编号并绘制通风系统示意图。然后沿选定的路线分段计算摩擦阻力,其总和即为总摩擦阻力:

$$h_{f_{总}} = \sum_{i=1}^{n} h_i \tag{1-154}$$

式中:$h_{f_{总}}$ 为总摩擦阻力;h_i 为各段巷道的摩擦阻力。

一般认为,总局部阻力大致等于总摩擦阻力的 20%,即 $h_1 = 0.2 h_{f_{总}}$。

因此,矿井总阻力 h_t:

$$h_t = h_1 + h_{f_{总}} \qquad (1-155)$$

设计时必须注意，矿井通风总阻力一般不超过 3500 Pa，最大不超过 4500 Pa，否则应对某些巷道采取降阻措施。

1.7.5 矿井通风设备选择

矿井通风设备主要是指主要通风机和电动机。

1.7.5.1 主要通风机的选择

1）通风机的风量 Q_f

$$Q_f = \varphi Q_t \qquad (1-156)$$

式中：φ 为通风机装置的风量备用系数，一般取 1.1；Q_t 为矿井要求的总风量。

2）通风机的全压 H_f

通风机产生的全压不仅用于克服矿井总阻力 h_t，同时还需克服反向自然风压 H_n、通风机的通风阻力 h_r 以及风流流到大气出口时的动压损失 h_v。

$$H_f = h_t + H_n + h_r + h_v \qquad (1-157)$$

式中：H_n 为与通风机通风方向相反的自然风压，Pa；h_r 为通风机装置阻力之和（包括通风机、风硐和扩散器的阻力），一般取 150~200 Pa；h_v 为风流流到大气出口时的动压损失，Pa，$h_v = \dfrac{\rho v^2}{2}$，其中 ρ 为出口处空气密度，v 为风速。

根据矿井通风最容易时期与最困难时期所计算得到的通风机的 Q_f、H_f 数据，在通风机特性曲线上找出相应的工况点，要求工况点均在通风机特性曲线的合理工作范围内，满足效率大于 60%，风压在驼峰点最高风压的 90% 以下。

根据通风机工况点的 Q_f 与 H_f 以及在通风机特性曲线上查出的效率 η_f，计算通风机功率 N_f：

$$N_f = \frac{H_f Q_f}{1000 \eta_f} \qquad (1-158)$$

1.7.5.2 电动机的选择

电动机的功率可按照式（1-159）计算

$$N_e = \frac{k H_f Q_f}{1000 \eta_d \eta_e} \qquad (1-159)$$

式中：k 为电动机备用系数，轴流式取 1.1~1.2，离心式取 1.2~1.3；η_e 为电动机效率，取 0.9~0.95；η_d 为传动效率，直联传动时 $\eta_d = 1$，皮带传动时 $\eta_d = 0.95$；H_t、Q_f 分别对应于通风最困难时期的工况点的风压、风量。

根据计算得到的电动机功率，可在产品目录上选取合适的电动机。一般通风机功率不大时，可选用异步电动机；若功率大于 400 kW，宜选用同步电机。

1.7.6 专用风井经济断面的计算

专用通风井巷经济断面计算需要综合考虑经济性、合理性和施工技术可能性等因素。

风道从开始掘进到投入运营直至服务期满，整个期间所耗费的资金包括基建费、维修费和运营电费。所谓经济性是指所选定的井巷断面能使以上 3 种费用的总和最小。合理性是指所确定的井巷断面能满足风速极限的要求。施工技术的可能性是指所确定的断面在掘进技术上方便可行。

基建费随风道尺寸增大而增加,如图 1-64 中曲线 $c_f = f(S)$ 所示。维修费也随风道尺寸增大而增加,如图 1-64 中曲线 $c_w = \phi(S)$ 所示。运营电费则随风道尺寸增大而减少,如图 1-64 中曲线 $c_d = \varphi(S)$ 所示。总费用是以上 3 项费用的总和。曲线 $c_t = f(S) + \phi(S) + \varphi(S)$。

从曲线 c_t 可以看出,当风道尺寸为 S_0 时,总费用最少,所以 S_0 是经济断面的尺寸。

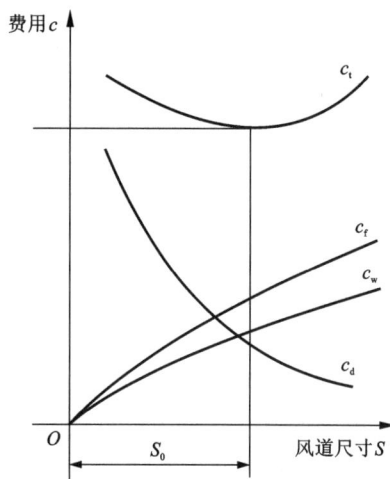

图 1-64　通风经济断面计算示意图

1.7.7　通风设计经济部分的编制

进行通风设计时,还需计算每吨矿石开采所需通风总费用。

1)设备折旧费

通风设备折旧费与设备数量、成本及服务年限有关。可采用表 1-16 进行计算。

表 1-16　通风成本计算

序号	设备名称	数量	单位成本	总成本			服务年限	每年折旧费	
				设备费	运输及安装费	总计		基本投资折旧费（G_1）	大修理折旧费（G_2）

回采每吨矿石的通风折旧费 W_1 为:

$$W_1 = \frac{G_1 + G_2}{T_a} \qquad (1\text{-}160)$$

式中:T_a 为矿井年产量,t/a。

2)矿井通风动力费用

(1)主要通风机每年耗电量 I_1

$$I_1 = \frac{N_e t_1 t_2}{\eta_e \eta_b \eta_w} \qquad (1\text{-}161)$$

式中:I_1 为主要通风机年耗电量,kW·h/a;N_e 为电动机输出功率,kW;t_1、t_2 分别为通风机每年的工作日数和每日的工作小时数;η_e、η_b、η_w 分别为电动机、变压器和电线的输电效率,一般取 $\eta_e = 0.9 \sim 0.95$,$\eta_b = 0.8$,$\eta_w = 0.95$。

（2）一年内局部通风机和辅助通风机的耗电量 I_2。

（3）回采每吨矿石的通风动力费 W_2：

$$W_2 = \frac{I_1 + I_2}{T_a} e \qquad (1-162)$$

式中：W_2 为回采每吨矿石的通风动力费，元/t；e 为每度电的费用，元/(kW·h)。

3）材料消耗费

材料消耗费包括各种通风构筑物的材料费、通风机和电机润滑油料费、防尘等设施费用。每吨矿石的通风材料消耗费 W_3 为：

$$W_3 = \frac{c_材}{T_a} \qquad (1-163)$$

式中：W_3 为每吨矿石的通风材料消耗费；$c_材$ 为每年的材料消耗费，元/a。

4）通风工作人员工资

矿井通风工作人员每年工资总额为 $A_工$，则回采每吨矿石的工资费 W_4 为：

$$W_4 = \frac{A_工}{T_a} \qquad (1-164)$$

5）专为通风服务的井巷工程折旧费和维护费 W_5。

6）回采每吨矿石的通风仪表的购置和维修费 W_6。

矿井每回采一吨矿石的通风总费用 $W_总$：

$$W_总 = W_1 + W_2 + W_3 + W_4 + W_5 + W_6 \qquad (1-165)$$

1.7.8 通风系统改造实例

冬瓜山铜矿属于深井（开采深度接近 1000 m）、高硫（矿石中硫的平均质量分数为 17%，最高达 19%）、高温（矿体主要开拓阶段原岩温度高达 39.8℃，井巷空气温度 31℃）的特大型矿山（设计产量 10 kt/d），设计采用阶段空场嗣后充填的采矿方法，井筒有主井（$\phi5.6$ m）、副井（$\phi6.5$ m）、进风井（$\phi6.9$ m）、辅助井（$\phi4.5$ m）、团山副井（$\phi5.6$ m）及回风井（$\phi7.4$ m）6 条竖井，首采区包括 -670 m、-730 m、-90 m、-850 m 阶段和 -875 m 运输水平，各阶段之间通过斜坡道联络。

原设计的多级机站方式为侧翼对角式通风系统，共三级机站，即进风段、采区（需风段和回风段各设一级，为有风墙机站）。新鲜风流主要由冬瓜山副井和进风井进入，回风井回风，同时冬瓜山主井和辅助井也承担少量回风。矿井总风量为 596 m³/s，其中进风有进风井 468 m³/s、冬瓜山副井 128 m³/s；出风为回风井 528 m³/s、冬瓜山主井 38 m³/s、冬瓜山辅助井 30 m³/s。

通过对多级机站通风系统原设计方案及矿床条件进行分析和研究，在建立与完善冬瓜山铜矿深井通风系统过程中，对设计方案进行了优化：按照采矿方法和采准设计优化后冬瓜山矿床所采用的阶段空场嗣后充填采矿法需要的采准、凿岩、爆破出矿、充填等作业工序，取每个出矿采场需风量 25 m³/s，每个凿岩采场需风量 20 m³/s，每个充填采场需风量 12 m³/s，每个掘进工作面需风量 9 m³/s，计算采区同时作业各工作面所需风量为 300 m³/s；加上 -875 m 运输水平所需风量 60 m³/s，井下各类硐室所需风量 98 m³/s，井下通风系统实际所需总风量为 458 m³/s，再加上由于风量分配不均及通风系统内、外部漏风原因的漏风量（取系统漏风系数 1.2），则矿井总风量为 550 m³/s。

从降温角度考虑，在一定范围内，通过提高风流速度，加大通风量，可以降低井下作业环境的温度，提高作业人员的劳动效率，确定冬瓜山多级机站通风系统总风量为 600 m^3/s，考虑到多级机站风机对风流的控制能力、对排除污风和热量的调节措施，采用零压平衡技术控制主要作业阶段的风量分配、减少内部漏风、完善风量与风压的合理匹配。研究了机站设置和风机选型问题，进风机站只克服进风井筒通风阻力，进风机站均采用两用两台风机并联方式运行。采区通过无风墙机站调节风量分配，系统优化了盘区风流调控技术，提出了以增压调节为主的深井盘区风量调节方案，并采用无风墙辅扇作为盘区风流调控的主要设备，将采区通风阻力交由回风段机站承担，较好地解决了多中段多盘区同时作业时污风串联的难题。回风机站均采用 4 台同型号风机两两串联或并联方式运行，原二级机站从采区移到 −790 m、−850 m 总回风巷，避免了采场爆破冲击波的破坏，方便维护和管理；同时采用远程集中监控技术、风机变频调速控制技术对多级机站通风系统进行节能控制。

优化后的冬瓜山回风井总回风量为 604 m^3/s，满足了通风降温需要，进风井各阶段石门设置进风机站主要进风，其余各井筒少量进风；污风全部由冬瓜山回风井排出。系统进风总量为 604 m^3/s，各井筒进风量分别为进风井 473 m^3/s、副井 31 m^3/s、主井 32 m^3/s、辅助井 47 m^3/s、团山副井 21 m^3/s。系统装机容量从 3743 kW 降为 3110 kW，实际运行功率 2424 kW；系统有效风量率为 82%，风机平均效率为 91%。−790 m 和 −850 m 回风巷所负担的通风阻力基本均衡，回风巷道断面优化设计为 25 m^2，降低机站局阻 20%，进风机站减少掘进工程量 1152 m^3。

1.8　矿井通风管理

1.8.1　矿井通风系统的检查和测定

矿井生产条件的变化(如矿井开采深度的增加、采矿方法的改变、井巷工程和采掘运输设备的变化、炸药消耗量的变化等)，会引起全矿所需风量、矿井风阻、矿井内空气成分的变化，故必须定期或不定期进行通风系统检测、加强通风管理，以保证矿井通风处于良好状态。

1.8.1.1　通风检测的相关规定

国家安全生产监督管理总局于 2008 年 11 月 19 日发布，2009 年 1 月 1 日实施的《金属非金属地下矿山通风技术规范 通风系统检测》(AQ 2013.3—2008)中对通风系统检测作出如下规定。

1)检测时间要求

(1)每年至少检测一次矿井通风系统，如果对通风系统进行较大调整与改造，需及时对调整改造前、后的通风系统运行状况进行检测。

(2)至少每月检查 1 次主要通风机，改变通风机转速或叶片角度时，必须经矿山技术负责人批准。

(3)新安装的主要通风机投入使用前，必须进行 1 次通风机性能测定和试运转工作，以后每 5 年至少进行 1 次性能测定。

2）检测内容

（1）检测矿井通风系统风量分配情况，包括矿井总进风量、总回风量，各中段进、回风量，井下需风点风量和主要漏风点风量。

（2）检测矿井通风系统风压分布情况，包括主要进风井巷和主要回风井巷的阻力损失、机站风压和一条从入风井巷进风口到回风井巷的出风口的主要通风路线的风压变化及矿井总阻力。

（3）检测通风机工况，包括风机风量、风压和电机实耗功率。

1.8.1.2　矿井通风检测与管理的主要内容

（1）矿井内空气成分（包括各种有毒有害气体）与气候条件的检测。

（2）矿井内空气含尘量的检测。

（3）矿井风量、风速的检测。

（4）矿井通风阻力的检测。

（5）矿井主要通风机工况、辅助通风机与局部通风机工作状况的检测。

（6）根据生产情况的进展和变化，计算确定各个时期内矿井与各分区所需风量，提出风量合理分配措施。

（7）主要通风巷道和通风构筑物的检查与维护。

（8）自燃发火矿井的火区密闭检查及全矿消防火的检查与管理。

各生产矿井都应设立专业的通风安全管理机构以保证上述各项任务的完成。

矿井通风系统检测的主要作用：

（1）全面掌握矿井通风系统状况；

（2）建立通风系统的资料档案，以便总结经验，对通风系统的变化进行比较；

（3）正确提出通风系统改进技术方案与调整措施；

（4）为通风设计提供准确的基础资料。

1.8.1.3　通风系统检测前的准备工作

通风系统检测前的准备工作主要包括：矿井通风系统资料的收集与分析、通风检测仪器仪表的准备及校正、测点布置及标记等。

（1）矿井通风系统资料收集与分析：收集与分析矿井通风系统各种技术资料、图件等，并对矿井通风系统井巷工程、通风构筑物、主要机站进行实地查看。

（2）通风检测仪器仪表的准备及校正：主要通风检测仪器仪表包括高速风表、中速风表、数字式风速仪（可测低速及中速、高速）、气压计、钳形表或功率表、干湿球温度计、激光测距仪或皮尺、测杆、电度表、测尘仪等。

通风检测前，应对所有的检测仪器仪表进行检查及校正，因检测仪器仪表产生的误差是导致通风检测失败的主要因素之一。

为了记录及数据整理方便，通风检测前应设计专用的记录表格。

（3）测点布置及标记：在矿井通风系统立体图及各中段平面图上同时进行测点预布置并编号，再到井下通风巷道壁上进行测点标记。对于使用时间较长的主要通风巷道，可布置并标记永久性测点。

1.8.1.4　矿井风量检测

1)检测目的

(1)计算矿井总风量及单位产量的耗风量。

(2)检查矿井通风系统的漏风情况,计算有效风量率或系统外部、内部漏风率,并找出主要的漏风地点。

(3)检查工作面实际获得的风量是否满足需风要求。

(4)检查系统内风流的污染程度。

(5)检查通风系统风量分配是否合理。

(6)核算井巷风速是否符合《金属非金属矿山安全规程》。

2)测点布置

测点的选择原则是能够控制各需风点风量、主要分风点和设置机站的巷道,尽量选择和建立永久性测点。测点布置的主要位置:系统各机站、各井筒中段联络巷、各主要分支巷、各辅助机站、主要工作面、漏风串风或污风循环的地点等。

为了保证测点处的风流稳定,应使测点前后有一段断面变化比较均匀的平直巷道(长度为巷道宽度的 5 倍以上,其距离为在测点前 3 倍以上巷道宽度、测点后 2 倍以上巷道宽度)。井下所有作业场所都是需风点,独头工作面的测点选在靠近通风系统的风路上,贯穿风流中的测点应布置在靠近作业场所。

3)巷道断面的测量与计算

巷道断面的测定可在测风前布置测点及标记时一次性完成,也可与测风同时进行。巷道断面分规则型和不规则型两种,因其测量方法不同,计算方法也有所不同。

(1)规则断面:其尺寸测量和计算见表 1-17。

表 1-17　规则断面尺寸计算表

断面类型	形状与尺寸	面积	周长
圆形		πr^2	$2\pi r$
矩形		bh	$2(b+h)$
梯形		$\dfrac{(a+b)h}{2}$	$a+b+2h_1$

续表1-17

断面类型	形状与尺寸	面积	周长
半圆拱形 $h_0 = b/2$	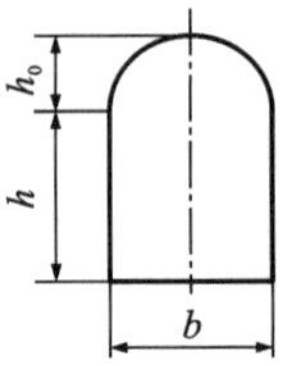	$b(h+0.39b)$	$2.57b+2h$
三心拱形 $h_0 = b/3$	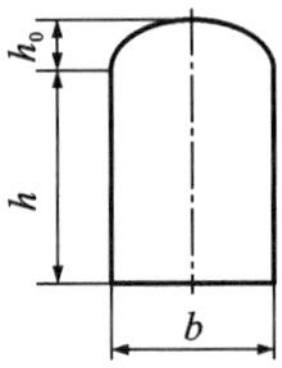	$b(h+0.263b)$	$2.33b+2h$
三心拱形 $h_0 = b/4$	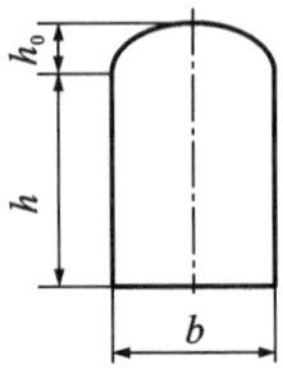	$b(h+0.198b)$	$2.22b+2h$
圆弧拱形 $h_0 = b/3$	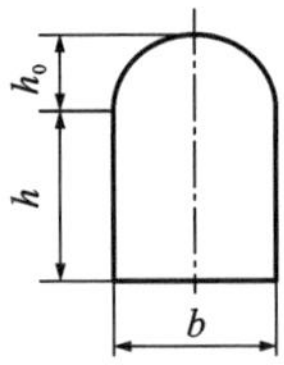	$b(h+0.241b)$	$2.27b+2h$
圆弧拱形 $h_0 = b/4$	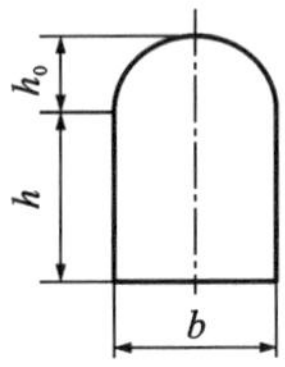	$b(h+0.175b)$	$2.16b+2h$

（2）不规则断面：不规则断面的测量精度对测定结果的影响较大，在一些风速较大的测点，断面测量误差和风速测量误差同时导致风量计算的误差。因此，除了次要的测点可以参照相似的规则断面进行测量和计算外，主要测点的断面还应进行精确测量。在实践中有两种简便实用的测量方法，即小梯形测量法和放射状测量法（小三角形测量法）。

①小梯形测量法：测量原理是将断面等分成若干个小梯形，然后将等分的各小梯形面积相加，如图1-65所示。

计算公式：

$$S = \left[h_1 + h_n + 2(h_2 + h_3 + \cdots + h_{n-1}) \right] B / \left[2(n-1) \right] \qquad (1-166)$$

式中：S 为巷道断面面积；B 为巷道宽度；n 为等分数；h_i 为第 i 等分点处的巷道高度。

具体测量方法是：先量出断面宽度，根据断面大小将其分为 $6 \sim 12$ 个等分，量出各等分点的断面高度，计算巷道断面面积。

测量工具比较简单，可用激光测距仪或软皮尺和可伸缩测杆。

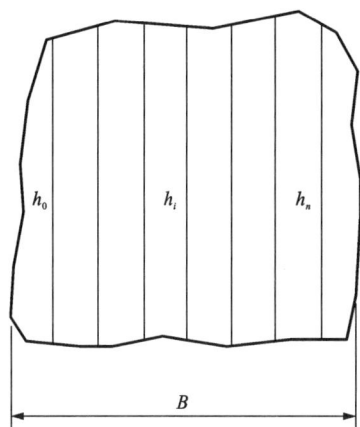

图 1-65　小梯形断面测量法

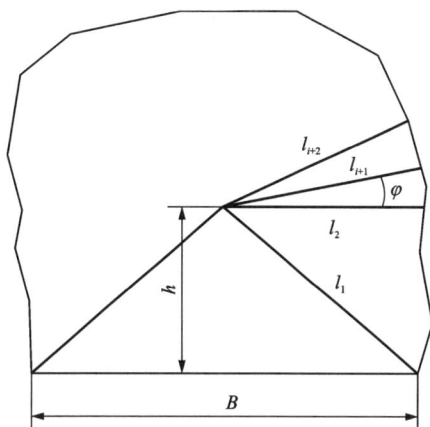

图 1-66　放射状断面测量法

②放射状测量法(小三角形测量法)：测量原理是将巷道划分成共顶点的若干个小三角形，计算各小三角形的面积之和，如图 1-66 所示。

计算公式：

$$S = \frac{1}{2}Bh + \frac{1}{2}\sum_{i=1}^{n}l_i l_{i+1}\sin\varphi \tag{1-167}$$

$$C = B + \sum_{i=1}^{n}\sqrt{l_i + l_{i+1} - 2l_i l_{i+1}\sin\varphi} \tag{1-168}$$

式中：C 为巷道周长；h 为中心点距巷道底边高度；l_i 为第 i 等分线长度。

具体方法：自制一个 1 m 左右高的木支架和一根 2.5 m 长的木条尺，支架板上每 15° 画一条线，每 15° 读一次木尺数。

4)风速测量

矿内风速可用风表、热电式风速仪及皮托管和压差计进行测定。按迎风转动部件的形式，风表大致分为叶式和杯式两种，如图 1-67 所示。杯式风表适用于测量 5~25 m/s 的较高风速，其惯性和机械强度较大，开始转动的最低风速为 1.0~1.5 m/s。叶式风表按照其风速测定范围分为中速(0.5~10 m/s)和低速(0.3~0.5 m/s)两种。

(a)叶式风表

(b)杯式风表

图 1-67　风表

热电式风速仪有热线式、热球式和热敏电阻式 3 种，分别以金属丝、热电偶和热敏电阻作热效应元件，可根据其不同风速中热耗量的大小测量风速。以 QDF 型热球式风速仪为例，该仪器由热球式探头、电表和运算放大器等构成。在测杆的端部有一个直径约 0.8 mm 的玻璃球，球内绕有加热玻璃球用的镍铬丝线圈和两个串联的热电偶，热电偶的冷端连在磷铜质的支柱上且直接暴露在风流中。当一定大小的电流通过加热线圈后，玻璃球的温度升高，球内的热电偶产生热电势。热电势的大小和风流的速度有关，风速大时玻璃球温升程度小，则热电势小，反之则热电势大。热电势再经运算放大器后就可以在电表上指示出来。校正后的电表读数即为风流的真实速度。

热电式风速仪操作比较方便，但热电式风速仪易于损坏，灰尘和湿度对其有一定的影响，有待进一步改进和提高，以便在矿山广泛使用。

皮托管和压差计可用于通风机或风筒内高风速的测定。通过测量测点动压，计算测点风速。

测风时应保持"同时性"原则，这是因为系统测风数据是按风量平衡定律来验证的。若因全矿同时检测规模太大，人力和物力受到限制，就应采取分期测定，即如果检测工作不能在一天内全部完成，则可由最高一级的并联分支开始，一级一级地分阶段进行，但每次必须把该级的各并联分支测完，而每次测定的总分(汇)风点应当是上一次检测点的重复点，以便对该点风量的变化进行校正。

为了检测数据整理计算的需要，在测风时应同时测定气压 P、温度 T 和相对湿度 φ。

对一个通风系统的检测，测定前应选择风速计的测量方法和持表方法，并在测量过程中保持一致，以减少系统误差。风速测量方法常用的有 3 种，即走线测量法、点测量法、中心测量法。持表方法常用的有 2 种，即迎面法和侧面法。

风速测量方法：

(1)走线测量法：风速计在测量过程中沿图 1-68 中的路线均匀缓慢地移动，以检测全断面的平均风速。大断面巷道，可按照图 1-68(a)走线，小断面巷道可按照图 1-68(c)走线。每个检测点的风速测量次数应不少于 3 次，其读数误差不大于 5%。

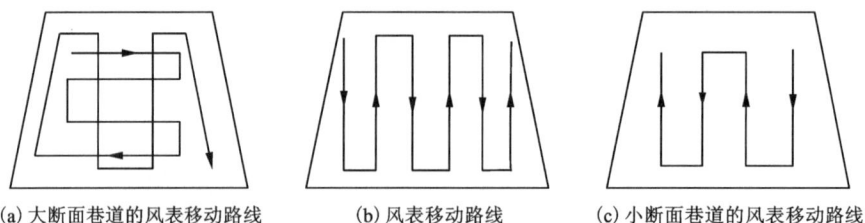

(a) 大断面巷道的风表移动路线   (b) 风表移动路线   (c) 小断面巷道的风表移动路线

图 1-68 风表移动路线

(2)点测量法：将断面均分成若干相等面积，用风速计在每个小面积的中心部位测量风速，将各检测数据进行算术平均即得到该巷道检测点的平均风速。巷道断面面积在 10 m² 以内，一般布置 9 个检测点；巷道断面面积为 10~15 m²，布置 12 个检测点；巷道断面面积大于 15 m²，应布置 15 个或 15 个以上检测点。

(3)中心测量法：先求出各种类型断面的中心风速与平均风速的比值，之后只要将风速计置于该断面的中心位置测量风速，将其进行相应的比值换算即可得到平均风速。这种方法简便快捷，但事前工作量大，且测得的精度不如走线法和点测法。

持表方法：

（1）迎面法：测量人员面对风流进行测量，其结果应乘以校正系数 K（一般取 1.14）。由于该方法难以掌握，准确性较差，故较少采用。

（2）侧面法：测量人员面对巷道壁进行测量，计算风量时，需将巷道断面面积减去测量人员的迎风断面面积（一般为 0.3~0.4 m^2），即校正面积 $S_{校} = S_{巷} - S_{人}$。

1.8.1.5 通风阻力检测

系统阻力检测的目的是查明各段井巷通风阻力分布情况，并针对通风阻力较大的地段采取降阻措施，改善通风状况，降低通风能耗。

1）线路选择和测点布置

（1）线路选择：

①选线之前，应掌握通风网络的结构、工作面的分布及风流的走向等情况，并绘制出尽可能详细的通风系统示意图。

②对于每一个通风区域或每一台主要通风机所负担的区域，都应选择一条负担作业量最大、风路最长的线路作为主要线路，并尽可能选择几条大的并联分支作为辅助风路，其目的是较全面掌握风压损失的分布情况和对主要风路的测定结果进行校核。

③选定的风路中各段的风流方向应当保持一致，以确保线路中任意两点间的风压损失等于其间各段损失之和，其数据整理也比较方便。

④将选定的线路在通风系统示意图上标出，并进行现场标记。

（2）测点布置：

按以下测点布置原则进行布点：

①根据风量的变化划分测段原则，即凡是有分风的地方都要布置测点。

②根据风阻的变化划分测段原则，在巷道摩擦阻力有明显改变时（如支护形式、断面等发生变化），需布置测点。

③有严重局部损失（如风窗）和正面损失的地方（如在风速高的地方堆积大量废石），应在其前后布置测点。

④遇有辅助通风机时应在其前后布置测点。

⑤测点处的风流应是比较稳定的，在测点前后应各有一段断面变化比较均匀的直巷。

⑥测点的位置用明显的标志标出。

⑦在条件许可的情况下，尽量将测风点同时作为测压点。

测定时应注意的事项有：

①各测点的标高应事先查明，以便进行高程校正。

②在井下测定的同时，应在地面放置一气压计，并每隔一定时间记录一次读数。

③记下测定时间，以便查到此刻的地面大气压力，进行气压校正。

④测定时还应对温度、风速进行测定。

⑤计算时应进行气压校正、高程校正和速压校正。

1.8.1.6 通风机工况测定

通风机工况测定的主要任务是：

（1）测定通风机的风量和风压，分析通风机风量是否满足生产实际的需要，是否需要调节及如何调节；计算矿井通风阻力与矿井总风阻或矿井等积孔；了解风阻是否过大或是否与通风机特性相匹配，工况点是否在通风机特性的许可范围内。

（2）测定通风机电机的输入功率，计算通风机的运转效率和耗电指标，提出通风机的节能措施。

测定内容包括：通风机风量、通风机风压、通风机电动功率、通风机效率。

1）通风机风量的测定

通风机风量的测定通常在风硐内的直风硐段进行。由于风硐内的风速较大，一般使用高速风表测定断面上的平均风速。也可将该断面划分成若干面积相等的方格，用皮托管逐一测定各方格中心点上风流的动压，再换算成相应的风速，然后求平均值。如果要在测风断面上设置固定测点，安装风速传感器测风，则应事先测得平均风速与该点处风速的比值，确定修正系数，然后根据该点的风速，再乘以修正系数，求得平均风速。平均风速与巷道断面面积之积，即为通风机风量。

2）通风机风压的测定

风压的测定，通常都是在风硐内测定通风机风量的断面上进行。如果通风机安装在井下，其进、出风端都接有风道，则在进、出风端都要设置测点。

测定时，在测点的断面上安置皮托管，用胶皮管将其静压端与压差计相连，读取该断面的相对静压 h_s，再根据该断面的平均风速，算出该断面的动压 h_v，求得该断面的相对全压 h_t。最后，根据通风机的全风压等于通风机出口全压与进口全压之差的关系，计算通风机的全风压。

3）通风机电动功率的测定

电机功率的测定通常有 3 种方法。

（1）功率表法

采用两个功率表测三相功率。其中一个功率表测量 AC 线间电压和 A 相电流，另一个功率表测量 BC 线间电压和 B 相电流，两个功率表的读数之和即为电机的输入功率。在高压或大电流线路上测量时，还需要通过电压互感器和电流互感器，将功率表接入线路，在此情况下两个功率表读数之和与电压互感系数、电流互感系数的乘积为电机的输入功率。

（2）电流、电压、功率因素表法

此法同时测定电机的电流 I、电压 U 及功率因素 $\cos \varphi$。电机功率计算式为：

$$N_{电} = \sqrt{3}\, UI\cos \varphi \tag{1-169}$$

式中：$N_{电}$ 为电机功率。

（3）电度表法

当现场安有电度表时，可以读取在一段时间 t 内所消耗的电度数 $W_{电}(\mathrm{kW \cdot h})$，并按式（1-170）计算电机功率：

$$N_{电} = W_{电} / t \tag{1-170}$$

4）通风机效率的计算

将有关数据测定并计算出来后，按式（1-171）计算通风机效率：

$$\eta = \frac{QH}{1000\eta_e \eta_d \cdot N_{电}} \times 100\% \tag{1-171}$$

式中：η 为通风机效率；Q 为通风机风量；H 为通风机风压；$N_{电}$ 为电机的输入功率；η_e 为电机效率；η_d 为电机与通风机间的传动效率。

1.8.2　矿井反风

1.8.2.1　相关标准对于反风的要求

《金属非金属矿山安全规程》(GB 16423—2020)对反风作出如下要求：

主通风设施应能使矿井风流在 10 min 内反向，反风量不小于正常运转时风量的 60%。采用多级机站通风的矿山，主通风系统的每台通风机都应满足反风要求，以保证整个系统可以反风。每年应至少进行 1 次反风试验，并测定主要风路的风量。

1.8.2.2　矿井反风的目的和意义

(1)矿井反风是为了在矿井发生灾变，尤其是发生火灾事故时缩小灾害波及范围，使可能受影响的人员能够有充分的时间按避灾路线撤至地面，从而减少和避免因火灾等事故而带来的人员伤亡。

(2)通过系统反风，掌握矿井各回风机站风机反风性能，测定矿井主要巷道、风井反风风量，验证矿井各主要通风机反风量能否达到《金属非金属矿山安全规程》(GB 16423—2020)要求。

(3)检验主要通风机的反风设备性能是否灵敏可靠，能否在 10 min 内改变巷道中风流方向。

(4)反风后通过对井下风量的测定，检验反风风量是否达到正常风量的 60% 以上。

(5)通过反风试验，检验井下反风设施完好程度，以便今后采取有效的措施进行整改。

(6)通过反风试验，记录主要通风机的电流、电压、轴承温度和风压等数据，与正常通风时进行比较，以便及时掌握主要通风机运行状态和规律。

(7)观测全矿井反风以后，井下主要巷道的风流方向、风量的变化情况，为年度灾害预防处理计划的制定提供理论依据。

(8)通过系统反风，查找问题，提高矿井抗灾能力，并为矿井通风与安全决策提供各种理论数据及经验。

1.8.2.3　矿井反风条件

是否进行反风、在什么情况下反风、何时反风，主要取决于灾害发生的地点、性质和灾害程度。

矿井发生火灾时是否进行反风，可参考以下几点：

(1)在进风井口、进风井筒、井底车场、主要进风大巷(运输大巷)等地点发生火灾爆炸事故时，可进行反风。反风前，有时需紧急提升该地区的人员上井，以使采区内的工作人员免遭有害气体侵袭。

(2)发生火灾时一般不能停止主要风机的运转。因矿井存在自然风压，尤其是因火灾产生的火风压，会使井下风流混乱、反向，大量有害气体充满井下巷道和采区，更容易造成人员中毒窒息。

(3)在采区内或回风系统内发生火灾时，一般不进行全矿反风，应该采取风流短路的办法将有害气体排出，以免工作人员遭受伤害。具体的风流短路方法应因地制宜，根据各矿的巷道布置而定。风流短路的具体措施、人员的避灾路线等应在灾害预防和事故处置计划中有明确的规定。

1.8.3　矿井漏风及其控制

矿井漏风使作业面有效风量降低，导致通风效果下降；破坏通风系统的可靠性和风流的稳定性，使某些角联风路出现风流反向、烟尘倒流现象。此外，矿井漏风还能加速可燃性矿物自燃起火。因此，减少漏风、提高有效风量是矿井通风管理工作的一项重要任务。

1.8.3.1 漏风的分类及漏风原因

矿井漏风可分为以下两类：

（1）外部漏风。外部漏风是风流由地面直接进入回风巷道，或由进风巷道直接渗出地面的漏风。外部漏风的通道常常是不严密的井口、风硐或采空区、塌陷区等。

（2）内部漏风。内部漏风是指风流进入矿井后，没有清洗工作面，却经其他通道进入回风巷道。内部漏风的通道常常是矿井中不严密的通风构筑物或采空区。

当有漏风通道存在，并在通道两端有压差存在时，就可产生漏风。一般矿山的主要漏风地点和产生漏风的原因如下：

（1）抽出式通风矿井。漏风点位于地表塌陷区及采空区，漏风原因有 3 种：一是由于开采上缺乏统一规划，过早地形成了地表塌陷区；二是在回风巷道上部没有保留必要的隔离矿柱；三是未及时对地表塌陷区和采空区进行充填或隔离。

（2）压入式通风的矿井。漏风点位于井底车场或井口附近，漏风原因是井底车场或井口风门不严密甚至失效。

（3）有些矿山井下作业面分散，很多废旧巷道不能及时进行封闭，形成漏风通道。

（4）井口密闭、反风装置、风门、风桥、挡风墙等通风构筑物不严密或因管理不善造成漏风。

1.8.3.2 减少矿井漏风的措施

（1）矿井开拓系统、开采顺序、开拓方法等因素对矿井漏风有很大影响。中央并列式通风系统，由于进风井与回风井相距较近，通风构筑物较多，压差较大，比对角式通风漏风大。采用后退式开采顺序，采空区由两翼向中央发展，对于减少漏风和防止风流串联都有好处。采用充填采矿法比其他采矿法漏风少。在巷道布置上，主要运输巷道和通风巷道采用脉外布置，使其在开采过程中不致过早遭受破坏，对维持正常通风系统、减少漏风有利。

（2）采用抽出式通风的矿井，应特别注意地表塌陷区和采空区的漏风。从采矿设计和生产管理上，要尽量避免过早地形成地表塌陷区。已形成地表塌陷区的矿井，应采取在回风巷道上不留保护矿柱、充填采空区或密闭天井口等措施。采用压入式通风的矿井，应特别注意防止进风井井底车场或井口漏风。为此在进风井和提升井之间（或进风通道与平硐口之间）至少要建立两道可靠的自动风门。有些矿井在各阶段进风串脉巷道口试用空气幕或导风板引导风流，防止漏风，也收到了一定的效果。有些矿山由进风井底开凿专用进风巷道，避开运输系统，直接将新风送到各采区，有很好的效果。

（3）提高通风构筑物的质量，加强通风构筑物的严密性是防止矿井漏风的基本措施。

（4）降低风阻、平衡风压也是减少漏风的一个重要措施。漏风风路两端压差的大小，主要取决于并联的用风地点的通风阻力。降低用风地点风阻，使两端压差减小，能降低并联漏风风路的漏风量。根据同样的道理，通过在用风风路中安设辅助通风机或采取多级机站的工作方式，降低漏风风路两端的压差或在生产区段造成零压区，也能有效起到减少漏风的作用。在选用调节风量方式时，从防止漏风的角度来看，采用降阻调节比采用增阻调节更为有利，因为降阻调节可使通风网络总风阻降低，从而降低了各风路的压差值。同理，采用分区通风系统，可缩短风流路线，也可降低风路的压差，对减少漏风有利。在条件允许时，将主要通风机安装在井下，可减少主要通风机装置的漏风。由于通风机距工作面近，还可提高作业面风量。另外，还可利用较多的井巷进风或回风，以降低通风阻力。

1.8.4　矿井通风技术指标及评价

1.8.4.1　矿井通风技术指标

评价矿井通风系统状况的指标包括基本指标、综合指标、辅助指标及矿井漏风率。

1）基本指标

（1）风量（风速）合格率 η_q

风量（风速）合格率为实测风量（风速）符合《金属非金属地下矿山通风技术规范 通风系统》（AQ 2013.1—2008）第5.2条标准的需风点数和与需风点总数的百分比，其反映需风点的风量或风速是否满足需要，以及风量的分配是否合理。$\eta_q \geq 65\%$ 为合格标准，其计算式为：

$$\eta_q = \frac{n}{z} \times 100\% \tag{1-172}$$

式中：n 为风量或者风速符合《金属非金属地下矿山通风技术规范 通风系统》（AQ2013.1—2008）第5.2条要求的需风点数；z 为同时工作的需风点总数，包括凿岩、出矿、装岩等作业点和工作硐室，即在通风设计中需进行风量计算以及分配各需风地点。

（2）风质合格率 η_z

风质合格率为风源质量符合《金属非金属地下矿山通风技术规范 通风系统》（AQ 2013.1—2008）第4.1条和第4.3条标准的需风点数与需风点总数的百分比，反映风源的质量及其污染情况。$\eta_z \geq 90\%$ 为合格标准，其计算如下：

$$\eta_z = \frac{m}{z} \times 100\% \tag{1-173}$$

式中：m 为风源质量符合《金属非金属地下矿山通风技术规范 通风系统》（AQ 2013.1—2008）第4.1条和第4.3条要求的需风点数。

（3）作业环境空气质量合格率 η_k

作业环境空气质量合格率为作业环境空气质量（粉尘、CO、NO_x 等）符合《金属非金属地下矿山通风技术规范 通风系统》第4.2条、第4.4条和第4.5条标准的需风点数与需风点总数的百分比，其反映井下作业环境的空气质量状况及通风效果。$\eta_k \geq 60\%$ 为合格标准，其计算如下：

$$\eta_k = \frac{e}{z} \times 100\% \tag{1-174}$$

式中：e 为作业环境空气质量符合《金属非金属地下矿山通风技术规范 通风系统》（AQ 2013.1—2008）第4.2条、第4.4条和第4.5条要求的需风点数。

（4）有效风量率 η_u

有效风量率为矿井通风系统中的有效风量与主要通风机风量的百分比，其反映主要通风机风量的利用程度。$\eta_u \geq 60\%$ 为合格标准，其计算式为：

$$\eta_u = \frac{\sum Q_u}{\sum Q_f} \times 100\% \tag{1-175}$$

式中：$\sum Q_u$ 为各需风点实测的有效风量之和，m^3/s；$\sum Q_f$ 为主要通风机的实测风量，多台主扇并联，为其风量之和；压抽混合式通风时，取其风量值大者；多级机站通风时，取第一级进风机站或末级回风机站风机风量总和值之大者。

（5）风机效率 η_f

风机效率，在主要通风机通风系统中为主要通风机的输出功率与输入功率的百分比，其反映主要通风机的工况、性能及其与矿井通风网络的匹配状况。当多台主要通风机并联时，取其风机效率的算术平均值。在多级机站通风系统中，风机效率为所有风机效率的算术平均值。$\eta_f \geqslant 70\%$（全压）为合格标准，其计算如下：

$$\eta_f = \frac{H_f Q_f}{1000 N \eta_d \eta_c} \times 100\% \qquad (1-176)$$

式中：H_f 为风机全压，Pa；Q_f 为主要通风机工作风量，m^3/s；N 为风机电机输入功率，kW；η_d 为风机电机效率，%，其值应实测，如无条件实测，可参考表 1-18 取值；η_c 为传动效率，直联传动 $\eta_c = 1.0$，胶带传动 $\eta_c = 0.95$。

表 1-18　电机效率选取参考表

电机额定功率/kW	<50	50~100	>100
电机效率/%	85	88	89

（6）风量供需比 β

风量供需比为实测的主要通风机风量或一级机站风机总风量最大值与设计的矿井需风量的比值，反映风量的供需关系，其计算如下：

$$\beta = \frac{\sum Q_f}{\sum Q_c} \qquad (1-177)$$

式中：$\sum Q_c$ 为设计的矿井需风量，m^3/s。

如果 $\sum Q_f$ 与设计选取的风机风量相同，则 β 等于风量备用系数 K_b 和风机装置漏风系数 K_f 的乘积。风量供需比的合格标准为 $1.32 \leqslant \beta \leqslant 1.67$。

K_b 为 1.20~1.45，可根据矿井开采范围的大小、所用的采矿方法、设计通风系统中风机的布局等具体条件进行选取。K_f 为 1.10~1.15。

2）综合指标

通风系统综合指标 C，是以上 6 项基本指标的综合反映，用以直观衡量通风系统实施后的综合技术经济效果，其计算如下：

$$C = \sqrt[6]{\eta_q \eta_z \eta_k \eta_u \eta_f \beta'} \times 100\% \qquad (1-178)$$

式中：β' 为风量供需指数，%。当 $1.32 \leqslant \beta \leqslant 1.67$ 时，取 $\beta' = 100\%$，为合格指标；当 $\beta > 1.67$ 时，取 $\beta' = \frac{1.67}{\beta} \times 100\%$；当 $\beta < 1.32$ 时，取 $\beta' = \frac{\beta}{1.32} \times 100\%$。

以上 6 项指标的合格值代入式（1-178），可求得综合指标的合格标准，$C \geqslant 72\%$。

3）辅助指标

以下 4 项指标作为鉴定矿井通风系统的辅助指标，主要是衡量矿井通风系统的经济及能耗情况。

（1）单位有效风量所需功率 B

单位有效风量所需功率为每立方米有效风量通过单位长度的主风路的能耗，反映单位风量的能耗问题，其计算如下：

$$B = \frac{\sum N_f}{\sum Q_u \cdot L} \tag{1-179}$$

式中：$\sum N_f$ 为矿井主要通风机、辅助通风机和局部通风机所需总功率之和，按实测的电机输入功率计算；L 为以百米为单位长度的主风流线路的总长度。

（2）单位采掘矿石量的通风费用 I

单位采掘矿石量的通风费用为矿井通风总费用与年采掘矿石量之比。其计算如下：

$$I = \frac{\sum F}{1000 T_采} \tag{1-180}$$

式中：$\sum F$ 为每年用于矿井通风的总费用，包括电费、设备折旧费、工程摊提费、材料消耗费、维修费以及工资，元/a；$T_采$ 为该通风系统内的年采掘矿石量，万 t/a。

（3）年产万吨耗风量 Y

年产万吨耗风量为主要通风机工作风量与采掘矿石量的比值，用以直观地衡量单位采掘矿石量所需的风量，其计算如下：

$$Y = \frac{\sum Q_f}{T_采} \tag{1-181}$$

式中：Y 为年产万吨耗风量，$m^3/(a \cdot 万\ t)$。

（4）单位采掘矿石量的通风电耗 E

单位采掘矿石量的通风电耗为所有通风机消耗电能的总和与年采掘矿石量的比值，反映采掘一吨矿石所耗的通风电能，其计算如下：

$$E = \frac{\sum t_风 f D N_f}{10000 T_采} \tag{1-182}$$

式中：E 为单位采掘矿石量的通风电耗，$kW \cdot h/t$；$t_风$ 为通风机每班运转的小时数，h/班。按工作制度，主要通风机、辅助通风机按 7 h/班、5 h/班，局部通风机按 6 h/班计算；f 为通风机每昼夜运转的班数，班/昼夜，按矿山的实际工作制度确定；D 为每年工作天数，d/a。

4）矿井漏风率

矿井漏风率是指全矿总漏风量与主要通风机工作风量之比（以百分数表示）。

$$P_1 = \frac{Q_1}{Q_f} \times 100\% \tag{1-183}$$

式中：P_1 为矿井漏风率；Q_1 为矿井漏风量；Q_f 为主要通风机工作风量。

矿井漏风是由地表外部漏风和井下内部漏风两部分组成，因此矿井漏风率也可以分为外部漏风率与内部漏风率两部分：

$$\left. \begin{array}{l} P_e = \dfrac{Q_e}{Q_f} \times 100\% = \dfrac{Q_f - Q_m}{Q_f} \times 100\% \\[3mm] P_i = \dfrac{Q_i}{Q_f} \times 100\% = \dfrac{Q_m - Q_u}{Q_f} \times 100\% \end{array} \right\} \tag{1-184}$$

式中：P_e 为外部漏风率；P_i 为内部漏风率；Q_e 为外部漏风量；Q_i 为内部漏风量；Q_m 为矿井总进风量或总回风量；Q_u 为全矿各作业地点和硐室获得的总有效风量。

1.8.4.2　矿井通风系统的评价

矿井通风系统的评价在矿井通风管理中是一项很重要的工作，只有对矿井通风系统的状况作出正确的评价，才能对系统的调节作出正确的决策。对矿井通风系统进行全面评价应包括两个主要方面的内容：一是通风系统的安全性；二是通风系统的经济性。

通风系统的安全性指的是工作面风量是否满足生产需求，风质是否符合标准，风流是否稳定，对火灾的抵抗能力如何，系统是否易于管理（包括自动化程度），调节的灵活性如何等。而通风系统的经济性则包括通风成本、能源消耗、风量的合理利用等。为了提高矿井通风技术经济效果，《金属非金属地下矿山通风技术规范　通风系统》中有定量评价矿井通风状况的鉴定指标，包括基本指标、综合指标、辅助指标及矿井漏风率。

1.9　通风系统自动控制与智能通风

1.9.1　通风系统自动控制

矿井通风系统自动控制的目的，在于借助各种自动化手段，及时了解通风系统的状况，迅速作出反应，合理地调度风流，达到既能随时满足生产对通风的要求，又能减少风流浪费、节约电力消耗的目的。

1.9.1.1　系统结构

通风系统的自动化监控管理通常包括以下内容：①通风系统中主要通风设备和通风构筑物的自动监控；②井下大气环境参数的自动监测；③按照通风系统管理要求（或最佳方案）自动调节和分配风量。

下面以冬瓜山铜矿为例，介绍通风系统自动化监控系统的结构。该通风监控系统采用计算机网络与通信以及变频驱动技术，对分布于井下各级机站的风机进行远程集中监控（包括风机开关控制、变频调速控制、运行状态及参数监视等），对主要通风巷道风流参数进行连续自动监测。

该系统由一台监控主机通过 Ethernet（以太网）、RS-485 通信网络以及 Ethernet 通信控制器、RS-485 中继器等与若干远程 I/O 智能模块互连，形成网络，各远程 I/O 智能模块与变频器、继电器及各种传感器相连，从而控制风机的运行和各种数据采集。

1.9.1.2　监控目标和系统功能

具体控制和监测功能如下。

（1）风机的远程启停控制和反转控制

在调度室主控计算机上可以随时操作，控制任意一台风机的启停。在应急状态下还可以使风机反转，实现井下风流反向。

（2）风机的远程调速控制

在调度室主控计算机上可以随时操作，通过变频器调节控制任意一台风机的转速，从而调整风机运行工况。

（3）风机的本地控制

在实现上述远程启停控制的同时，仍可通过变频器键盘在原机站控制硐室手动控制风机启停和调速,以便在维修、应急情况下,仍能人工现场启停风机。

(4)风机开停状态的监测显示

对每一台风机的开停状态进行监测,并将监测结果以动画形式直观地显示在主控计算机的屏幕上。

(5)风机运行电流的监测显示

对风机的运行电流进行连续监测,电流值以动画表头及数字两种形式显示在主控计算机屏幕上。

(6)主要进回风巷道风量监测显示

对各进回风机站的主要进回风巷道风量进行连续监测,监测结果显示在主控计算机的屏幕上。

(7)风机过载自动保护

计算机检测到风机过载一定时间间隔时,自动关闭过载风机,以保护过载风机不被烧毁。

(8)风机启动前发出启动警告信号

在调度室主控计算机远程控制某机站风机启动前,系统能手动或自动发出风机启动警告信号,通知机站处人员注意安全。

(9)机站允许/禁止远程控制

在每一个机站控制柜设置两地控制开关,当机站进行维修作业或暂时不允许远程控制时,可关闭两地控制开关,这样调度室主控计算机对该机站风机的启停控制功能将被禁止,但其他监视功能不受影响。

(10)监测数据记录保存、统计及报表打印输出

计算机对操作员操作记录、风机运行记录、报警记录、风机运行实时电流、主要巷道风量、风机运行累计时间等数据进行保存、统计及报表打印输出。

(11)通风系统状态参数的网络发布

主控计算机可以把通风系统运行状态参数发布到企业内部局域网,从而使相关人员可以通过企业内部局域网,浏览这些状态参数。

1.9.1.3 冬瓜山铜矿井下通风系统监控实例

冬瓜山铜矿井下通风系统分新区和老区两部分,通风监控系统也相应地对新区和老区各机站的风机和风流参数进行监控。下面对其控制原理、功能及应用进行简介。

1)现场风机分布情况及监控范围

(1)新区通风系统风机分布

冬瓜山铜矿新区井下多级机站通风系统设有三级机站,新风从冬瓜山进风井进入,分别经-670 m、-730 m、-790 m、-850 m、-875 m进风机站(Ⅰ级机站)送入相应的中段和盘区,由盘区出来的污风汇集于-790 m、-850 m、-875 m回风巷道,经-790 m回风机站、-850 m左回风机站及-850 m右回风机站(Ⅱ、Ⅲ级机站)送入回风井并排至地表。另外在-875 m水平设有一个溜破回风机站,用于溜破系统通风。

在新区,涉及控制的机站有9个,共有风机23台,采用变频器进行启停和调速控制。这些机站详细分布如下:

①-670 m进风机站,2台 K40-6 NO17 型 75 kW 风机及变频器;

②-730 m进风机站,2台 K40-6 NO16 型 45 kW 风机及变频器;

③-790 m进风机站,2台 K40-6 NO18 型 75 kW 风机及变频器;

④-850 m 进风机站，2 台 K40-6 NO18 型 75 kW 风机及变频器；

⑤-875 m 进风机站，2 台 K40-6 NO18 型 75 kW 风机及变频器；

⑥-790 m 回风机站，4 台 K45-6 NO19 型 200 kW 风机及变频器；

⑦-850 m 左回风机站，4 台 K45-6 NO19 型 200 kW 风机及变频器；

⑧-850 m 右回风机站，4 台 K45-6 NO19 型 200 kW 风机及变频器；

⑨-875 m 溜破回风机站，1 台 K40-6 NO15 型 37 kW 风机及变频器。

（2）老区通风系统风机分布

冬瓜山铜矿老区井下多级机站通风系统在改造后，设有 3 个机站，分别为-280 m 老鸦岭机站、-390 m 团山机站和-460 m 团山机站。

在老区，系统控制的 3 个机站共有风机 3 台，除了-390 m 团山机站因为风机功率较小而采用接触器直接启动外，其他机站均采用变频器进行启停和调速控制。这些机站详细分布如下：

①-280 m 老鸦岭机站，1 台 K45-6 NO19 型 200 kW 风机及变频器；

②-390 m 团山机站，1 台 K40-6 NO13 型 18.5 kW 风机；

③-460 m 团山机站，1 台 K45-6 NO19 型 200 kW 风机及变频器。

（3）风量监测点

由于各进回风机站风机采用了变频器调速控制，所以对主要进回风巷道风量的监测将具有实际意义。这样不仅能随时了解各主要进回风机站的风量，而且可以根据监测的风量值，通过变频器调节风机运行频率，在满足生产需要的前提下，降低通风能耗。

系统风量监测的地点共有 11 个，分别是：-670 m、-730 m、-790 m、-850 m、-875 m 进风机站的进风巷道；-790 m 回风机站、-850 m 左回风机站、-850 m 右回风机站的回风巷道；-875 m 溜破回风机站回风巷道；老区-280 m 老鸦岭机站和-460 m 团山机站的回风巷道。

（4）监控系统范围

监控系统包括的机站有 12 个，共有风机 26 台（其中有 11 个机站 25 台风机采用变频器进行启停和调速控制，1 个机站的 1 台风机因为功率很小而采用接触器直接启动）。涉及风量监测的地点共有 11 处。

2）系统硬件

（1）系统硬件组成及原理

监控系统布置总图见图 1-69。

整个系统由主控计算机、交换机（均设在地表调度室）、Ethernet 通信控制柜、远程 I/O 控制柜、分线箱、中继器、风速传感器、变频器和 Ethernet（以太网）、RS-485 通信网络等组成。主控计算机通过交换机及 Ethernet 网络采用 TCP/IP 协议与设在井下的 Ethernet 通信控制柜进行通信，Ethernet 通信控制柜将通信数据转换为符合 DCON 协议的数据，通过 RS-485 网络与设在井下机站控制硐室的远程 I/O 控制柜进行通信，I/O 控制柜根据主控机的指令对变频器进行控制，完成风机的启停及调速控制，并对风机运行电流、运行频率进行监测，同时通过风速传感器对主要进回风巷道的风量进行监测，并将结果传回主控计算机。

主控计算机对收到的数据进行分析处理，将风机的运行状态和各种监测数据以图形（动画）或文字形式显示在主控计算机屏幕上。同时，主控计算机根据风机电流大小及持续时间判断风机是否过载，当检测到某台风机过载时，及时发出关闭过载风机指令，机站 I/O 控制柜内的智能模块根据主控机的指令关闭过载风机。另外，主控计算机还将对历史数据进行保存、统计和报表打印输出。

（2）通信网络及布线

根据井下机站位置、巷道分布情况、巷道服务年限等条件，确定监控系统通信网络布线，见图1-69。

由于地面调度室离井下回风机站最远布线距离约为5 km，通信距离较远，为提高系统的抗干扰性及可靠性，并考虑到工程的投资及系统扩展的灵活性，通信网络采用Ethernet（以太网）加RS-485网络方案，相应的网络通信介质分别采用铠装单模光缆和RS-485通信电缆，即地面调度室到井下进、回风机站的主干通信网络采用铠装单模光缆，而各中段进风机站及回风机站区域的通信网络采用RS-485通信电缆。

通信网络布线路线为：

①通信光缆。铠装单模通信光缆由地表调度室经冬瓜山副井+107 m井口，由副井垂直下到-875 m，沿-875 m副井石门，到-875 m井下调度指挥中心，连到设在-875 m井下调度指挥中心的用于新区进风机站和-875 m溜破回风机站监控的$1^{\#}$Ethernet通信控制柜，经该控制柜内的光纤收发器及交换机后，分为两路：一路沿-875 m下盘沿脉到47线盲措施井，由盲措施井上到-850 m水平，沿-850 m水平下盘沿脉巷道、57线穿脉连到设在-850 m回风机站配电所的用于新区回风机站监控的$2^{\#}$Ethernet通信控制柜；另一路由冬瓜山副井垂直上到-390 m，连接到设在-390 m冬瓜山副井石门处的用于老区各机站监控的$3^{\#}$Ethernet通信控制柜。

②RS-485通信电缆。为了提高通信网络的可靠性，减少相互影响，RS-485通信网络分为3个区域，9个独立的RS-485网段，即老区各机站、新区进风机站和新区回风机站各分为3个独立的RS-485网段，分别连接老区-280 m老鸦岭机站、-390 m团山机站、-460 m团山机站远程I/O控制柜；新区-670 m、-730 m、-790 m、-850 m、-875 m进风机站、-875 m溜破回风机站远程I/O控制柜以及新区-790 m回风机站、-850 m左回风机站、-850 m右回风机站远程I/O控制柜。

对于老区各机站RS-485网络，RS-485通信电缆由设在-390 m冬瓜山副井石门处的$3^{\#}$Ethernet通信控制柜分为3路：一路由冬瓜山副井上到-280 m水平，接连到-280 m老鸦岭机站远程I/O控制柜；第二路连接到-390 m团山机站远程I/O控制柜；第三路由-390～-430 m回风井及-430～-460 m回风井，下到-460 m水平，连接到-460 m团山机站远程I/O控制柜。

对于新区进风机站RS-485网络，RS-485通信电缆由-875 m井下调度指挥中心的$1^{\#}$Ethernet通信控制柜分为3路。第一路直接连到-875 m进风机站远程I/O控制柜。第二路直接连到-875 m溜破回风机站远程I/O控制柜。第三路由冬瓜山副井上到-850 m，连接到设在副井石门的$1^{\#}$分线箱后又分为两路，其一路直接连到-850 m进风机站远程I/O控制柜，另一路再由冬瓜山副井上到-790 m，连接到设在副井石门的$2^{\#}$分线箱后又分为两路，其一路直接连到-790 m进风机站远程I/O控制柜，另一路再由团山副井上到-730 m，连接到设在团山副井石门的$3^{\#}$分线箱后又分为两路，其一路直接连到-730 m进风机站远程I/O控制柜，另一路再由团山副井上到-670 m，连接到-670 m进风机站远程I/O控制柜。

对于新区回风机站RS-485网络，RS-485通信电缆由-850 m回风机站配电所处的$2^{\#}$Ethernet通信控制柜分为3路：一路直接连到-850 m左回风机站远程I/O控制柜；第二路直接连到-850 m右回风机站远程I/O控制柜；第三路经联络巷道及-850 m右回风机站附近的措施井上到-790 m，再沿-790 m回风巷道连接到-790 m回风机站的远程I/O控制柜。

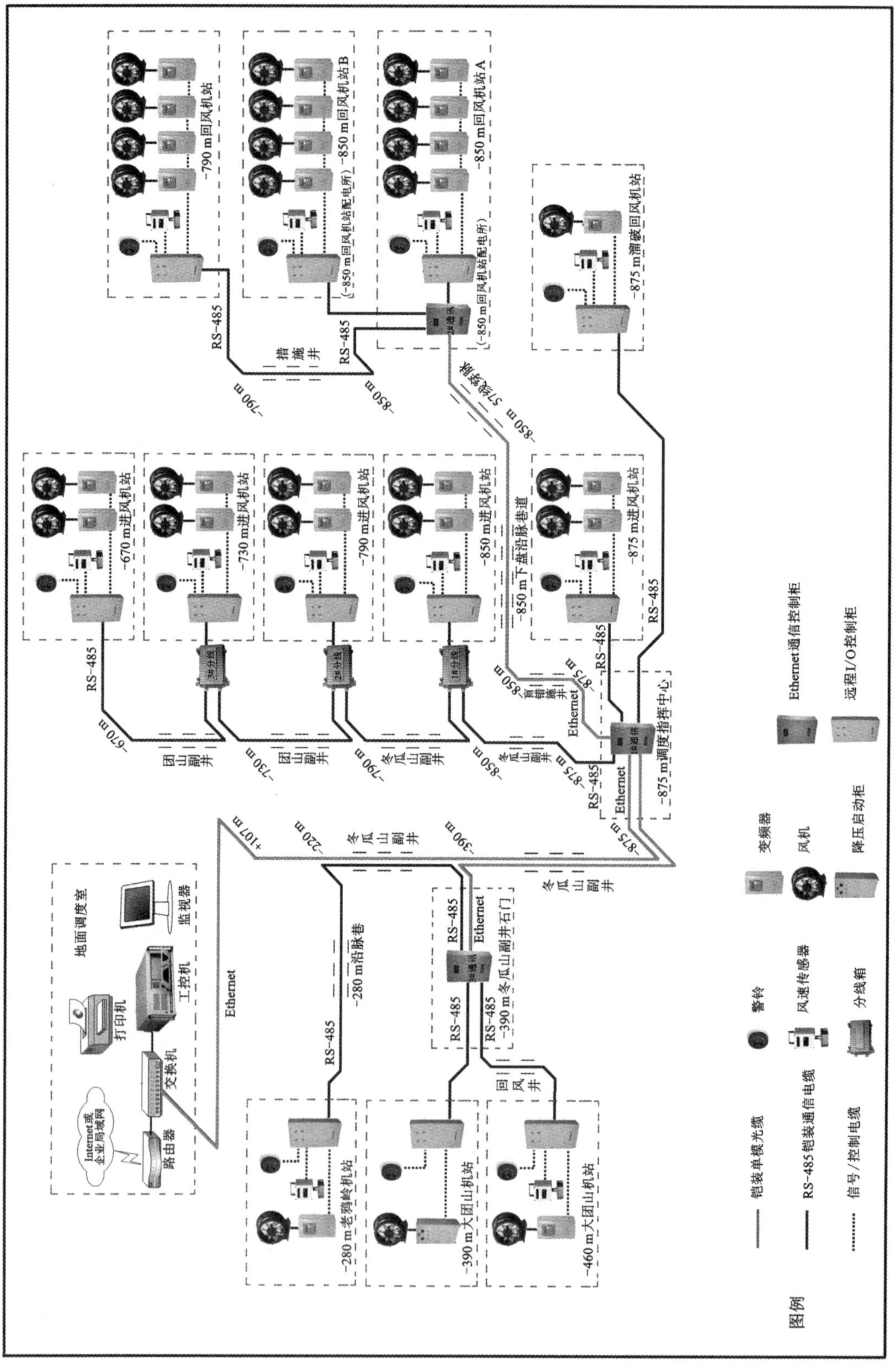

图 1-69 监控系统布置总图

1.9.2　智能通风

21 世纪初，国外地下矿山通风中提出了 VOD(ventilation-on-demand)通风概念，目的是用最小的通风成本，最大限度地保护井下工作环境和工人身心健康。

目前，我国众多大型地下金属矿山采用了多级机站通风系统，但是井下多而分布广的风机机站布局形式带来了风机管理的困难。梅山铁矿将 VOD 按需通风理念引入到矿井通风系统中，并从自动化控制的角度，提出矿井"VOD 智能通风"。VOD 智能通风原理：将作业人员工种及数量、主要设备工作状态、作业面类型分布、井下空气有害成分浓度及温湿度等影响实际需风量大小的因素通过一定的监测手段反馈到 VOD 智能通风控制系统并自动计算实际需风量 Q_x，相应地通过风量监测技术监测通风区域供风量并反馈到 VOD 智能通风控制系统，自动计算实际供风量 Q_g，根据 Q_x 与 Q_g 的大小关系，自动调节控制风机的开停或变频调速，实现通风系统风机风量的闭环控制。同时，建立三维通风系统模型，采用三维通风仿真模拟软件进行三维可视化通风网络模拟解算，用于风机远程集中监控系统风机控制方案的对比参考及相互验证，进一步提高 VOD 智能通风系统的可靠性和稳定性。梅山铁矿 VOD 智能通风系统示意图如图 1-70 所示。

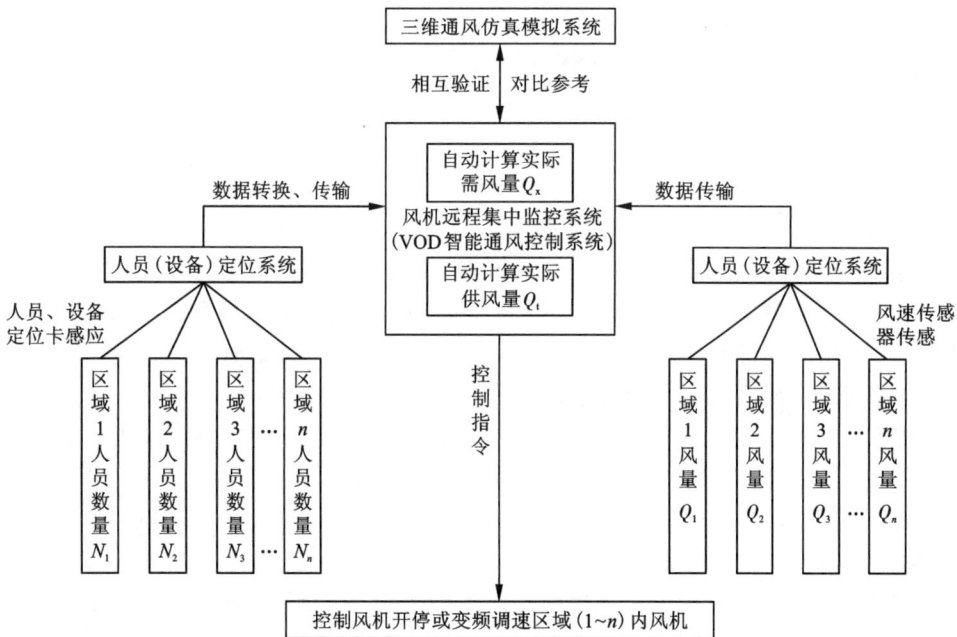

图 1-70　梅山铁矿 VOD 通风系统结构

1.10　高海拔矿井通风

高海拔矿井通常是指海拔高于 3000 m 的矿井，其环境具有空气稀薄、寒冷、风大、干燥和日光辐射强等特点。

成年人在静息状态下耗氧量约 250 L/min，剧烈运动时可增加 8~9 倍。正常人体内氧储量极为有限，必须依赖呼吸、血液循环等功能的协调来完成氧气的运输和交换，以保证机体氧的供应。由于高海拔环境大气氧分压的降低，人体肺泡气氧分压、动脉血氧分压、动脉血氧饱和度亦相应下降，机体供氧不足，造成组织缺氧而表现出一系列缺氧症状和体征，如头痛、头晕、记忆力下降、心慌、气短、发绀、恶心、呕吐、食欲下降、腹胀、疲乏、失眠和血压改变等。

高海拔气候不仅会给人体健康带来负面影响，对生产也会造成不利影响。据测试表明：海拔 4000 m 以上，柴油机功率带增压装置时下降 30%，不带增压装置时下降 50% 以上，致使尾气排放量明显提升，CO、SO_2 等有毒有害气体的产生量也迅速增加。

昆明理工大学赵梓成教授在 20 世纪 80 年代对云贵高原矿井通风中的风机选型及风量计算等问题进行了研究，获得以下结论：①随着海拔升高，地面空气的大气压力、温度、重率均发生相应的改变，并同时给出了海拔高度对空气压力、温度和重率的高程校正系数；②高海拔矿井风量计算时，如果按炸药量计算风量，需对供风量进行高原系数校正；按作业人数或排尘风速计算风量时，可不进行校正；③给出矿井风阻和通风阻力随着海拔高度升高而降低的关系式；④在高海拔矿井进行风机选型时，根据海拔高度，可求得通风机在高海拔地区的压力-风量特性曲线，该曲线和海平面状态工况点的等风量曲线的交点也就是在某海拔高度上通风机工作的工况点，为分析高原矿用通风机工况及选择提供了依据。

近年来，国内针对高海拔采矿及隧道施工过程的通风问题进行了相关研究，其核心内容主要集中在增压和增氧两个方面。

1.10.1 增压技术

高原地区的低气压是引起高原缺氧的关键因素，如果能将高原地区的气压提高到平原地区的气压水平，那么就能从根本上解决高原缺氧问题。尽管目前尚没有能力改变高原地区整个环境气压，但可以通过改变局部环境气压达到类似的效果，即通过增加局部环境气压来提高空气中的氧分压，从而达到改善高原缺氧的目的。

青海煤矿设计研究院的孙信义探讨了压入式通风改善高海拔矿井通风效果。根据压入式通风在高海拔矿井中的应用及其风压、风量和风阻的显现规律，将整个通风过程分为 6 个阶段，即加压段→稳压段→需压段→憋压段→释压段→还原段，应用伯努利方程式分析了压入式通风中的增压通风过程；试想通过主扇加压，优化通风系统，维持主扇施予的压力，让新鲜风流顺利地流至采区及其他人员密集的采掘工作场所，从而尽可能地改善高海拔矿井通风中的缺氧问题，给高原矿山的工人创造比较好的工作环境。

山东科技大学的辛嵩等人针对高海拔矿井生产过程中存在的机械降效和人身健康安全问题，从矿井通风系统入手，选择压入式通风方式，采用人工增压技术、调整巷道通风阻力、提高整个矿井内部空气压力以改善生产劳动环境；人工增压通风方法的目标设置以劳动适应指标（海拔 3200 m）为基准，并将矿区海拔高度 3800~4100 m 的井下气压提高至海拔 3200 m 处的大气压力。

1.10.2　增氧技术

高海拔地区空气稀薄、大气压力低，平原地区人员进入后，由于缺氧和不适应高原气候条件，易发生多种急、慢性高原病，从事体力劳动能力会明显下降，再加上工程施工条件差，劳动能力还会进一步降低。无论在地下施工还是地面施工，都存在缺氧问题。特别是地下工程施工，如果通风不畅，还会进一步降低氧含量。

北京科技大学杨鹏教授科研团队针对锡铁山铅锌矿缺氧状况进行了研究，提出了高原地区人体缺氧及有害因素的毒性增强公式，高原非煤矿山井下氧气浓度、有毒有害气体浓度、粉尘浓度的建议指标，进而提出了一种高原非煤矿井工作面增氧方法，"以膜分离制氧原理为核心的矿井增氧通风方案"，该方案使用压缩机提供压缩气源，以中空纤维膜组件作为分离设备，使用远距离集中输氧管作为供氧设备。

青藏铁路工程中的世界第一高隧——风火山隧道海拔 4495 m，全长 1338 m，环境大气压 53.9 kPa，氧分压最低为 10.87 kPa，空气含氧量仅为内陆平原的 50%，由于严重缺氧，隧道施工进度缓慢。北京科技大学的刘应书教授为了解决高海拔地区隧道施工严重缺氧的难题，研究开发了隧道掌子面弥散供氧与氧吧车相结合的综合供氧方法，并在青藏铁路风火山隧道工程中得到应用。隧道掌子面弥散供氧是将氧气以弥散方式分布在施工掌子面附近，增加该工作区域的氧气浓度。该供氧系统主要由输氧管道、阀门、弥散供氧装置等部分组成。掌子面弥散供氧后，掌子面附近施工区域的氧分压得到了提高。

1.11　露天矿通风

1.11.1　露天矿内空气污染

露天矿通风是以新鲜空气稀释与置换露天矿采场中含生产性粉尘和有毒、有害气体的空气，使污染空气得以净化的技术。

1.11.1.1　露天矿主要污染源及源强测算

1）主要污染源分析

金属矿山的污染源按污染源释放的有害物质分为粉尘污染源、气体污染源、放射性污染源和热污染源。按污染物产生的原因分为工艺污染源和非工艺污染源。工艺污染源又称为人为污染源。金属矿山开采工艺包括穿孔、爆破、铲装、运输、排土(岩)等工艺环节。每个工艺环节均有粉尘产生，而爆破、铲装、汽车运输环节还会释放有毒有害气体。非工艺污染源又称自然污染源，包括岩石风化、硫化矿床氧化、风力扬尘等，其中风力作用使尾矿库、排土场及土路的粉尘扬起对矿区环境影响较大。概括起来，露天矿大气的主要污染物包括粉尘、一氧化碳、氮氧化合物、二氧化碳、硫化氢、丙烯醛、甲醛，还可能存在放射性氡及其子体和致癌物质苯并芘。

在露天矿重大污染源中，露天矿爆破产生的烟尘是露天矿最大的污染源。爆破作业时会产生粉尘、一氧化碳、氮氧化合物等有毒有害物质。

矿用汽车运输等大型移动设备均为内燃机设备，其工作时释放的有毒有害气体成分复杂，主要包括氮氧化物、一氧化碳、醛类和油烟等物质。

露天矿主要污染源及其产生的有害物对大气污染的程度可用有害物浓度倍数(即有害物浓度为卫生标准浓度的倍数)及污染范围来表示(见表1-19)。由表1-19可见,在自然通风条件下,各种作业的有害物浓度普遍超过卫生标准,少则几倍,多则几十倍,甚至百倍以上。除了有害物浓度指标外,还有主要污染源的排放强度(见表1-20)。

表 1-19 露天矿主要污染源及有害物大气污染程度

露天矿主要污染源	产生的有害物	有害物浓度 (卫生标准的倍数)	污染范围
爆破工作	CO、NO_x	5~10	局部、全矿
潜孔钻机穿孔	粉尘	17~150	局部
牙轮钻机穿孔	粉尘	25~100	局部、全矿
火钻穿孔	醛类、粉尘	12~15、24	局部、全矿
风动凿岩机凿岩	粉尘	25~575	局部
推土机工作	醛类、粉尘	3~5、20	局部
电铲工作	粉尘	5~85	局部、全矿
装载机工作	粉尘	5~15	局部
铁路运输	粉尘	3~5	局部
汽车运输	醛类、粉尘	5~25、1~100	局部、全矿
带式输送机	粉尘	4~25	局部
电耙运输	粉尘	25~100	局部
锯岩机、破碎机等	粉尘	130~160	局部、全矿
机械破大块	粉尘	4~31	局部
热力破大块	粉尘	3~5	局部
炸药破大块	粉尘	10	局部、全矿
采场内火区	CO、SO_2	3~5	局部、全矿
瓦斯从岩石及地下水中析出	H_2S、R_n、C_nH_n	5~7	局部、全矿
岩石风化	粉尘	1~30	局部
氧化过程(煤、硫化矿物等)	CO、粉尘	2~4	局部
上风端废石场、工厂、外部公路 等处有害物送入露天矿	SO_2、瓦斯蒸气	10	局部、全矿

表 1-20　白银露天矿粉尘污染源排放强度

装备名称与型号	粉尘排放强度/(mg·s⁻¹)	备注
潜孔钻机 73-200	290 770	有捕尘器未洒水
电铲 YBГM-4	230	爆堆预湿
自卸汽车 BeЛA3-540	3100 1480	未洒水 洒水

2）源强测算

根据露天矿设备排放污染物的特征，可将污染源分为污染物经一定通道排放者及无固定通道排放者两类。属于前者的有：装有捕尘器罩的钻机、破碎机产尘及自卸汽车、推土机、装卸机的尾气排放。属于后者的有：电铲铲装与自卸汽车运行时扬尘。现将苏联的露天矿主要设备的污染源强度测算公式列举如下：

（1）有捕尘装置的钻机产尘与柴油机尾气排放强度

$$g_{钻} = \frac{\sum_{i=1}^{N} C_i Q_{钻}}{N_{钻}}$$（1-185）

式中：$g_{钻}$ 为产尘强度，mg/s；C_i 为在通道中或排出口处尘毒浓度，取样测定，mg/m³；$Q_{钻}$ 为在通道中或排出口处实测回风量；$N_{钻}$ 为样品数。

（2）挖掘机作业产尘强度

$$g_{挖} = \frac{1}{k_{挖}} \chi^2 \varphi_s v_{挖}(C_X - C_0)$$（1-186）

式中：C_X 为挖掘机作业点下风侧 15~20 m 处采样点的平均粉尘浓度；C_0 为挖掘机作业点上风侧 15~20 m 处采样点的平均粉尘浓度；$k_{挖}$ 为实验常数，与污染源类型和通风方式有关，可由表 1-21 查得；χ 为下风侧采样点距尘源的平均距离；$v_{挖}$ 为采样时电铲作业区的平均风速；φ_s 为无因次系数，$\varphi_s = k'v+b$；k'、b 为无因次实验系数，可按表 1-22 选取。

（3）自卸汽车运行时扬尘强度

$$g_{卸} = \frac{\kappa'' v_p v_{p卸} \chi_1^2 \varphi_s^2 (m_X - m_0)}{N_\alpha Q_{滤}(b_p + 2\chi_1 \varphi_s)}$$（1-187）

式中：$g_{卸}$ 为扬尘强度；κ'' 为与采场通风方式有关的系数（复环流式 $\kappa'' = 0.94$；直流式 $\kappa'' = 1.44$）；v_p 为自卸汽车（空、重车）的加权平均运行速度；$v_{p卸}$ 为取样时，公路周围的平均风速；χ_1 为从公路中心至下风向采样点的距离；N_α 为在取样时间内往返的车辆数，台；b_p 为沿公路行驶的不同类型汽车轴距的加权平均值；φ_s 为无因次系数；m_X、m_0 为在取样时间及采样器过滤流量均相等时，在公路下风侧所测得的平均粉尘质量；$Q_{滤}$ 为采样时空气通气滤膜的流量。

表 1-21 计算挖掘机产尘强度的实验常数 $k_{挖}$

污染源类型及排放点位置		$k_{挖}$	
		复环流式	直流式
点源	在台阶表面附近	5.6	5.6
	在台阶表面上部	3.6	3.0
线源	在台阶表面附近	3.0	2.7
	在台阶表面上部	1.5	1.3

表 1-22 计算挖掘机产尘强度的实验参数 κ'、b

露天矿通风方式	污染物排放点位置	κ'	b
复环流式	在台阶表面附近	0.122	0.22
	在台阶表面上方	0.07	0.05
直流式	在台阶表面上方	0.05	0.05
	在台阶表面附近	0.045	0.22
	露天矿外地面	0.42	0.05

1.11.1.2 露天矿大气污染的影响因素

1）地区气象特征

年降水量与年平均风速均较低的、年冰冻期较长而且又干旱的、蒸发量较大的矿区，大气污染程度一般较重。大气层稳定性高，逆温梯度大，则大气污染的危害程度较大，延续时间较长。

2）矿山地质特征

矿床赋存条件往往会影响露天矿大气污染程度。例如矿床倾角陡、厚度大时，容易形成深凹露天矿，自然通风比较困难，空气污染物浓度将随采深的增加而增大。

矿石的硬度、类型与化学成分等因素都与大气污染程度有关。如坚硬的岩石与热液、变质矿床的开采，必须进行凿岩爆破工作，因此会造成尘毒的严重污染。硫化矿、沥青矿、铀矿以及含有其他有毒成分的矿石，在开采时会形成污染源。矿区的植被与地形也是影响污染程度的重要因素。如植被差，可能形成二次扬尘；矿区周围环山，则自然通风条件差，矿床赋存于山坡上，开采时不会形成封闭圈，即不会形成深凹露天矿，自然通风条件好，大气污染程度相对较轻。

3）采掘工艺与技术

矿石破碎、铲装及运输的方式对大气污染程度有很大影响。如用水力开采代替凿岩爆破，就有可能完全消除尘毒的产生。若用带式输送机代替自卸汽车，污染程度也会大大减轻。在干燥条件下，矿岩卸载高度的增高会使产尘强度呈几何级数增加，湿式作业对减轻污染有很大作用。最不利的工艺过程是爆破作业，尤其在大爆破时，不仅会同时排放大量的尘毒，而且会立即污染全矿以及周围环境，并且会在爆堆中储存有毒气体，在铲装过程中逸出，污染工作面。

4)露天矿几何参数与风速、风向

露天矿采场的形状是由矿体形状与埋藏条件、围岩物理力学性质确定的。从露天矿自然通风条件看，露天矿平面尺寸与深度之比是决定性因素。顺风向的坑口宽度与地表封闭圈以下深度之比愈小，自然通风愈困难，坑内尘毒污染愈严重。因此，当露天矿在平面图上的形状为椭圆形或长条形时，风向的改变会导致污染程度的显著变化。当风速增加到一定程度，粉尘浓度会由下降转变为上升。这是因为风速升高到使地表降尘二次飞扬时，粉尘浓度就不能继续下降而变为上升。粉尘浓度由下降变为上升的转折点是地表风速为 $2\sim4$ m/s。

5)露天矿设备生产能力

试验表明，在一定条件下，露天矿设备周围的粉尘浓度 g_0 与该设备生产能力有关。可按式(1-188)计算：

$$g_0 = g_e\exp(c_1\frac{Q_x - Q_H}{Q_H}) \tag{1-188}$$

式中：g_0 为粉尘浓度；g_e 为已知生产能力或运行速度的矿山设备工作时的粉尘浓度；c_1 为与设备类型、岩矿物理力学性质相关的实验系数；Q_H、Q_x 为已知的和新的设备生产能力(或运行速度)，$m^3/h(km/h, m/s)$。

由式(1-188)可知，随设备生产能力或运行速度的增加，设备周围粉尘浓度增加速度越来越快。

6)矿岩的湿度

随着矿岩自然湿度的增加，或用人工方法增加矿岩湿度，如通过钻孔注水、爆堆洒水等方式，可使采掘机械工作面粉尘浓度急剧下降。因为粉尘浓度与湿度之间存在下列指数关系：

$$g_1 = g_x\exp[-\alpha_x(\varphi_x - \varphi_s)] \tag{1-189}$$

式中：g_x 为开采自然湿度为 φ_s 的矿岩时的粉尘浓度；φ_x 为加湿后的矿岩湿度；α_x 为与矿岩性质有关并能表明粉尘湿润能力的无因次系数。

矿岩湿度越大，粉尘浓度越低。各种矿岩都有其最佳的湿度值，超过该值后，粉尘浓度下降趋势将明显地减缓。此时如继续人工增加湿度，则是不经济的。

1.11.2 露天矿自然通风

1.11.2.1 露天矿小气候与大气层结

露天矿小气候是矿区内气象要素变化规律的总和，是贴地气层与采场裸露岩层相互作用的结果，与矿区地形、采场空间几何参数、岩层物理力学特征等因素有关。露天矿小气候特征主要表现在矿区贴地气层的温度场与风速场的结构和分布形式上。贴地气层温度场的变化，主要取决于露天矿内太阳辐射的分布及岩层的地热状态。露天矿风速场的形成与发展，则受地面风流及坑内局部风流的综合影响。

太阳辐射分布与坡面朝向、倾角、颜色、地理位置及季节和时间有关。露天矿底部与南帮常处于阴影之中，所得太阳辐射热量比北帮少得多，夏季时为北帮的1/4，冬季时为北帮的1/8。露天矿工作面的日照度随采深增加而减少。

岩层与空气接触，产生热量的交换。热交换量与岩层和空气的温差成正比。当温差为正值时，空气从岩层吸热；当温差为负值时，空气向岩层放热。空气吸热后气温增加，有助于在坑内形成上向风流；空气放热后会产生制冷效应，使贴地气层密度增大，可能导致在坑底形成风流停滞区，即所谓的逆温层。由于采场各处热量分布不均，边帮受热随时间变化。露天矿具有各自独特的温度场结构，从而产生各种热力作用的局部风流。例如在深凹露天矿内经常存在由南帮至北帮的局部风流，这就是南帮比北帮阴冷的原因。

露天矿大气层结就是指大气层的温度场结构。可用垂直和水平两个方向的气温梯度的变化来表示。根据大气层结可以确定大气状态。露天矿大气层结的基本类型有下列 4 种：

(1)气温随深度的增值大于绝热梯度，即 $\Delta t > 1$ ℃/100 m，此时的大气状态是活跃的，能使气流作上升运动；

(2)气温随深度的增值小于绝热梯度，即 $\Delta t < 1$ ℃/100 m，但 $\Delta t > 0$，此时的大气状态趋于停滞，不能保证空气作垂向移动；

(3)气温不随深度变化，即 $\Delta t = 0$，温度梯度为 0，大气处于稳定状态。

(4)气温随深度下降，即 $\Delta t < 0$，温度梯度为负值时，形成大气逆温层结状态，这时沿垂直方向的气层极为稳定。

根据现场垂直空间大气探测的实际资料，垂向温度梯度值往往随高度(指地表坑口以上)和深度(指地表坑口以下)不断变化。逆温层结可能在任意高度和深度出现，并具有不同的厚度与强度。

1.11.2.2 露天矿风流结构

露天矿风流结构通常采用沿垂直方向的水平流速的变化来描述。

(1)露天矿地表以上风速变化规律。对于在各种大气状态下风速随高度的变化可用式(1-190)表示：

$$v_z = v_1 \left(\frac{z}{z_1} \right)^{r_0} \tag{1-190}$$

式中：v_z、v_1 为高度为 z 和 z_1 处的风速；r_0 为大气状态系数，$r_0 = 0.3 \sim 0.5$ 为稳定状态；$r_0 = 0.2 \sim 0.3$ 为由稳定到不稳定的过渡状态，$r_0 = 0.1 \sim 0.2$ 为不稳定状态。

(2)浅凹露天矿坑内风速变化规律。坑内自然风流与地表风流方向一致，也就是后面将提到的直流通风方式。风速自上而下按指数规律递减：

$$v_k = \varphi_k v_{k0} \left(\frac{H_k - z_k}{H_k} \right)^m \tag{1-191}$$

式中：v_k 为深度为 z_k 处的风速；v_{k0} 为地表风速；H_k 为露天矿深度；φ_k 为考虑 v_{k0} 变化的系数(一般为 0.6 ~ 0.67)；m 为大气状态系数(0.3 ~ 0.6)。

(3)深凹露天矿坑内风速变化规律。深凹露天矿坑底存在复环流区，因此在坑内整个垂向会出现风速值自上而下逐渐减小到零，而后形成反向气流的情况。在反向气流区，风速按抛物线规律变化，深凹露天矿采场复环流区风速最大值一般在 $0.35 v_{k0}$ 以下。

(4)露天矿坑内"相对风速"的变化规律。采场坑内某点的风速绝对值 v_k 与地表风速 v_{k0} 之比为"相对风速" Δv，即 $\Delta v = \dfrac{v_k}{v_{k0}}$。露天矿采场坑内的相对风速是随时间而变化的，但有一定规律。通常在白天可观察到最大值，而在傍晚、夜间和清晨较小。

这就说明，相对风速与太阳辐射强度有关。实测表明：地表风速在 1.5 m/s 以下时，采场内不同标高处测得的相对风速的变化范围为 0.07 ~ 5.6。随着地表风速的增加，不同高度上的相对风速的最大值将减少。当地表风速大于 5 m/s 时，相对风速值均小于 1。相对风速大于 1 时表明，坑内存在着热力作用的局部风流，形成了比地表风速大的合成气流。

（5）露天矿坑内风流方向的变化规律。露天矿坑内的风流受热力与动力的复合作用。除冬季外，露天矿内存在着以南风为主的总趋势。露天矿的几何形状对气流方向也有一定影响。如平面图为狭长的露天矿采场，可能在坑内出现沿长轴方向的风流，而与地表风向无关。白银露天矿坑底也出现过与开掘堑沟方向一致的引导风流。

1.11.2.3　露天矿自然通风方式

露天矿自然通风的基本方式有对流式、逆增式、直流式、复环流式 4 种（见图 1-71～图 1-74）。另有 3 种相互组合的方式：逆增-对流式、复环流-直流式、直流-复环流式。分类的依据和特征见表 1-23。

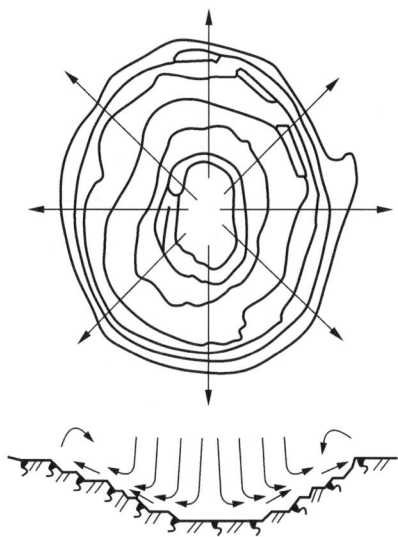

图 1-71　露天矿对流式通风

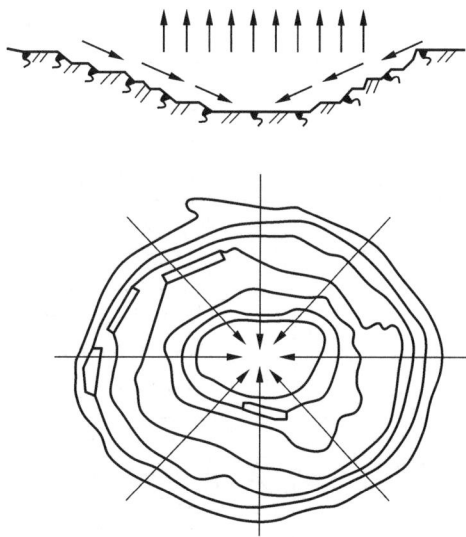

图 1-72　露天矿逆增式通风

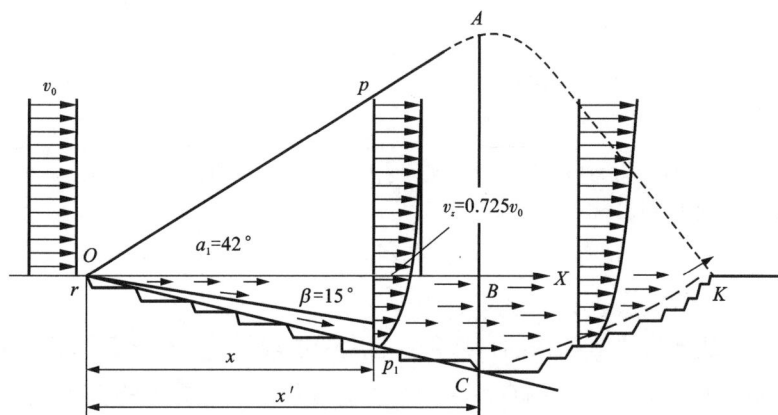

OAKCO—直流通风区的范围；*x*—确定风速的横坐标；*x'*—风流高峰拐点 *A* 的横坐标。

图 1-73　露天矿直流式通风

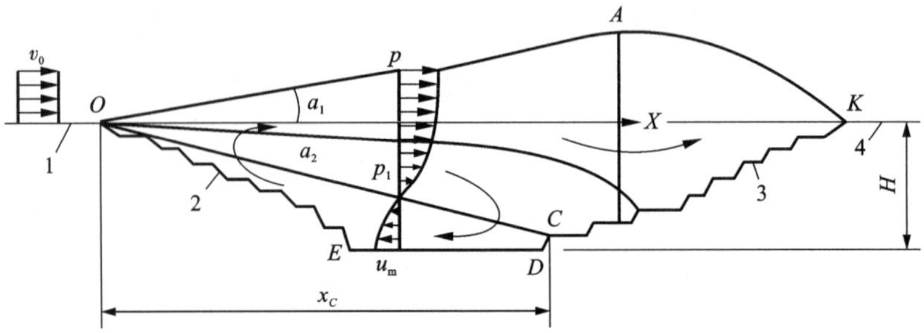

1—采场上风侧；2—背风边帮；3—迎风边帮；4—采场下风侧；H—开采深度；
x_C 为 C 点的横坐标；u_m 为同一横剖面中，第二代气流（复环流）在 x 轴上的速度。

图 1-74　露天矿复环流式通风

表 1-23　露天矿自然通风方式分类

通风方式	大气物理条件	主要动力	决定性参数
对流式	$\Delta t > 1$ ℃/100 m $v_{k0} < 0.8 \sim 1.0$ m/s	热力	与 L_k、H_k、β_k 无关
逆增式	$\Delta t < 0$ $v_{k0} < 0.8 \sim 1.0$ m/s	热力	与 L_k、H_k、β_k 无关
逆增-对流式	一帮 $\Delta t < 0$，另一帮 $\Delta t > 1$ ℃/100 m $v_{k0} < 0.8 \sim 1.0$ m/s	热力	与 L_k、H_k、β_k 无关
直流式	$\Delta t = 1$ ℃/100 m $v_{k0} > 0.8 \sim 1.0$ m/s	风力	L_k、H_k 可为任意值，但 $\beta_k \leqslant 15°$ 背风的台阶均匀开采时
复环流式	$\Delta t = 1$ ℃/100 m $v_{k0} > 0.8 \sim 1.0$ m/s	风力	当 $L_k/H_k < 5 \sim 6$，但 $\beta_k > 15°$
复环流-直流式	$\Delta t = 1$ ℃/100 m $v_{k0} > 0.8 \sim 1.0$ m/s	风力	当 $L_k/H_k > 8 \sim 10$，但 $\beta_k > 15°$
直流-复环流式	$\Delta t = 1$ ℃/100 m $v_{k0} > 0.8 \sim 1.0$ m/s	风力	L_k、H_k 可为任意值， 但 $\beta_k > 15°$、$\beta_{k1} \leqslant 15°$、$\beta_{k2} > 15°$

注：Δt 为温度梯度；β_k 为背风帮边坡角；L_k 为沿风向的平均地表开口宽度；β_{k1} 为背风帮上部各台阶边坡角；β_{k2} 为背风帮下部各台阶边坡角；H_k 为采场深度（封闭圈以下）。

1.11.2.4　露天矿自然通风量及净化能力

深凹露天矿自然通风风流结构的特点是：上风端地表平行平面风流进入采场后，按 $\alpha_2 = 15°$ 角展开，形成与地表风向一致的直流区。在直流区的下部边界上的水平风速为 0。在此边界线以下为回流区，该区内风流与地表风流的方向相反。深凹露天矿自然通风的实质就是靠复环流的紊流扩散作用，将有害物质传递到上部直流区，然后排出露天矿。在平行平面射流边界层理论的基础上，推导出的自然通风量计算公式为：

$$Q_{k} = 0.077 \chi_{c} v_{k0} L_{k} \qquad (1-192)$$

式中：Q_k 为深凹露天矿自然通风量；χ_c 为深凹露天矿顺地表风向若干有代表性垂直剖面上横坐标的平均值；v_{k0} 为地表风速；L_k 为垂直于风向的露天矿地表开口的最大宽度。

由式(1-192)可知，深凹露天矿自然通风量大小只与该矿的几何形状和地表风速有关。

露天矿自净能力是指露天矿采场内部空间，在自然通风条件下按照卫生标准所能容纳的污染物排放强度，是评价和设计露天矿通风的主要参数。为了充分利用自然风能，需要对露天矿本身固有的这种稀释与排除坑内大气污染物的能力进行分析与计算。由于自净能力的计算公式是在复环流通风方式的风流结构理论基础上推导出来的，因此，只适用于深凹露天矿。即背风帮边坡角 $\alpha > 15°$，顺风向坑口宽度与地表封闭圈以下采深之比小于 6，地表风速大于 1 m/s 的凹陷露天矿。假定地表风速相对稳定，污染源排放强度及复环流区污染物平均浓度基本不变的条件下，深凹露天矿自净能力可按式(1-193)计算：

$$G = Q^{\kappa}(C_{k} - C_{k0}) \qquad (1-193)$$

式中：G 为自净能力，mg/s；Q^{κ} 为自然通风量；κ 为大气污染物紊流扩散系数，内部源作用时 $\kappa = 0.382$，外部源作用时 $\kappa = 0.621$，内外部源共同作用时 $\kappa = 0.5$；C_k 为污染物允许浓度；C_{k0} 为自然通风风源的污染物浓度。

利用自净能力选择大气污染防治方案。

在深凹露天矿选择大气污染防治方案时，可采用式(1-194)判别式：

$$\Delta_{i} = \sum g_{ij} N_{j} \kappa_{j} - G_{j} \qquad (1-194)$$

式中：g_{ij} 为 j 类型连续污染源的 i 种污染物的排放强度；N_j 为 j 类型连续污染源的每天平均使用量，如台数等；κ_j 为 j 类型连续污染源的同时工作系数，$0 < \kappa_j < 1$；G_j 为自然通风对 j 类型连续污染源的自净能力。

当 $\Delta_i > 0$ 时，表明污染源的 i 种污染物的排放强度已超过采场的自净能力，应对 i 种污染物采取全矿综合性防治措施；

当 $\Delta_i < 0$ 时，表明污染源的 i 种污染物的排放强度低于采场的自净能力，仅需对 i 种污染物采取局部防治措施。

增加深凹露天矿自净能力的途径有以下几种措施。

(1)强化自然风力通风。尽可能减少矿区出入口的地面通风阻力，避免在风口布置建筑物、废石场、矿石堆，以求增大自然风量。在高山地区的露天矿邻近若有低谷时，可设法使露天坑底与其沟通。尽可能沿主风向布置出入沟或使采场长轴与主风向一致或接近。在深凹露天矿继续延伸而感到自然风量短缺时，可在坑口设置由支架或汽艇悬挂的导风装置。挡风板高度与倾角可调。

(2)利用自然热力通风。充分利用露天坑内南、北面的温差，使之产生较强的局部风流。利用矿山地热资源，可用原有的或新开挖的巷道，将地热输入坑底以防止出现逆温层。

(3)净化入坑风源。对矿区地表及外部污染源进行综合治理。

根据白银深凹露天矿的实测资料，工作面粉尘浓度与采场小气候特征有如下关系。

(1)最佳降尘风速为 2 m/s。

(2)南风时采场粉尘浓度为东北风的 3.7 倍。这是因为南北方向为矿区封闭圈的短轴方向，坑内自然通风困难。此外，矿区南端外部污染源较集中。

（3）冬季采场上部易形成逆温层结，具有类似"锅盖"的稳定层效应，坑内污染物难以扩散出去，粉尘浓度较高。

（4）采场粉尘浓度与坑口附近上、下两点气温差及平均风速与最佳降尘风速的方差有较好的相关性。

根据多年现场观测的资料得知：地表平均风速 $v_{k0}=2.1\ \text{m/s}$，采场几何参数 χ_c、L_k 分别为 592.5 m 及 1150 m，因此自然通风量 $Q_k=0.077\times592.5\times2.1\times1150\approx110\ 178\ \text{m}^3/\text{s}$。表 1-24 为四季采场粉尘大气环境容量的计算值。由表 1-24 可知，由于秋冬两季入风浓度相差较大，导致自净能力相差数倍。

表 1-24　四季采场粉尘大气环境容量的计算值

季节	春	夏	秋	冬	平均
$C_{k0}/(\text{mg}\cdot\text{m}^{-3})$	1.59	1.62	0.72	1.85	1.45
$G/(\text{mg}\cdot\text{s}^{-1})$	21364.8	19891.5	43611.4	4509.1	22344.2

1.11.3　人工强制通风

露天矿人工通风是借助于机械的、热力的或联合的手段与措施，使采场内的空气流动或输入新鲜空气，使污染物得以稀释或排除。

露天矿人工通风，按范围大小，可分为全矿人工通风和局部人工通风；按风流输送方式又可分为利用坑道与风筒的通风和自由紊流射流通风；按通风动力类型分为机械式、热力式和组合式。

1.11.3.1　人工强制通风方法

露天矿曾试验过以下几种通风方法。

（1）利用直升机进行采场通风。20 世纪 60 年代初苏联曾在露天矿现场进行直升机人工通风试验。实践表明，直升机可以对局部风流停滞地区实行强制通风，但无法解决全矿性通风问题，而且在采场坑底飞行有较大的危险性，因此不宜采用。

（2）利用专门开挖的巷道或沿边帮设置的风筒并配备通风机进行抽出式或压入式通风。这种通风方法需构筑专门的通风巷道或设置大直径风筒，投资较大，维护费也高，而且往往需要配置多台大风量通风机，耗电很多。如果露天采场内已有现成井巷，可以充分利用其供风，促使深凹露天采场内空气流动。

（3）利用热力装置产生对流通风。根据苏联经验，这种通风方法燃料消耗大，通风效果差，还增加了一氧化碳的污染。

（4）利用露天矿专用风机产生的自由紊流射流进行通风。因为自由射流具有沿其流动方向动量不变的特点，能将大量空气输送到较远的距离，而使终点风量比初始断面出口风量高几十倍以上。能产生自由紊流射流的通风机类型有涡轮螺旋桨、涡轮喷气式飞机发动机、由电力或内燃机驱动的飞机螺旋桨为主体的通风机。还可以利用矿井通风机或为提高射距专门设计的露天矿通风机。

自由射流通风的效率为管道抽出式的 24 倍，压入式的 16 倍，为热力对流式通风的 13.5

倍。自由射流通风方法用于通风设备的购置及其维护的费用仅为管道式通风的8%~13%;其动力消耗仅为热力通风装置所需功率的2%~5%。

1.11.3.2 人工强制通风设备

苏联近三十年的实践表明,最具有发展前途的露天矿通风用通风机是:以飞机螺旋桨为主体的移动式装置。表1-25列出了3种类型的 уМП 系列通风机和早期研制成功并获推广的 ОВ-3 型通风机。уМП 型通风机本属露天矿局部通风用通风机,但配套使用时可以完成全矿范围的通风任务。如 уМП-14 及 уМП-21 型通风机能产生强大的上向自由射流,从坑底排出大量污染空气,但它们的吸风范围较小。因此,需要在坑内大气污染停滞区布置机动性强、能产生水平向射流的 уМП-1 型通风机,予以配合。

表1-25 露天矿用通风机

风机型号	射流倾角	传动类型	传动功率/kW	初始直径/m	初始流量/(m³·s⁻¹)	初速/(m·s⁻¹)	射距(末速按0.25 m·s⁻¹)/m	备注
УМП-1	水平±45°垂直±15°	ВЕЛАЗ-548 柴油机	380	3.6	220	22	480	4叶片 АВ-2 型航空螺旋桨,适用于1200万 m³ 停滞区通风,水箱为30 m³,水枪射程为70 m,水泵能力为150 m³/h,已推广40台
УМП-14	垂直±30°~60°	电动机	320	14.5	1210	7.5	370	МИ-2 直升机承重螺旋桨,可供200 m 采深通风
УМП-21	垂直 ОВ-3	电动机	1200	21	3000	9.6	750	МИ-2 直升机承重螺旋桨,可供400 m 采深通风
ОВ-3	水平±45°	ВЕЛАЗ-540 柴油机	320	3.6	210	21	310	3叶片 АВ-7Н-161 型航空螺旋桨,水箱为25 m³,水枪喷水量为15 m³/h,喷嘴喷水量为5 m³/h

1.11.3.3 人工强制通风设计

1)必要性的判据

根据式(1-195)和式(1-196)来确定全矿人工通风的必要性:

$$C_{kH} = \frac{J_{min}}{V_a} > C_m \tag{1-195}$$

$$t = \frac{cV_a}{G_{min}} < t_c \tag{1-196}$$

式中:C_{kH} 为全矿处于静风时,全矿污染物积聚后达到的最高平均浓度值;C_m 为污染物最高允许浓度值;t 为全矿平均浓度达到 C_m 的累计时间;t_c 为连续生产时间;J_{min} 为根据一次连续性静风统计或预计时间所估算的同类污染物的排放总量(按采取防治措施后的排放浓度下限计算）；$G_{\min}$ 为全矿采用防治措施后同类污染物总排放强度的下限值；V_a 为全矿容量。

满足以上两个不等式时，就有必要进行全矿人工通风。

2）全矿人工通风计算方法

用设置在坑底的上向自由射流通风机时，则按式（1-197）计算每台通风机的污风排出量：

$$Q_{k1} = 218 q_{k0} \left(\frac{\alpha_k H_{ks}}{R_{k0}} + 0.29 \right) \tag{1-197}$$

式中：Q_{k1} 为每台通风机的污风排出量，m^3/s；q_{k0} 为每台风机射流的初始风量，m^3/s；α_k 为风流结构系数；R_{k0} 为射流的初始半径，m；H_{ks} 为从坑底算起的污染区高度，m。

用设置在采场上部的下向自由射流通风机时，则按式（1-198）计算采场所需总风量：

$$Q_t = \frac{V_a b_q \sqrt{\ln \dfrac{C_{mH}}{C_m}}}{t_q} \tag{1-198}$$

式中：Q_t 为采场所需总风量，m^3/s；b_q 为无量纲系数，为露天矿自由紊流通风指数，其值为 0.087~0.13；t_q 为通风时间，s；V_a 为通风容积，m^3；C_{mH} 为通风开始时的污染物浓度，mg/m^3；C_m 为通风结束时的污染物浓度，mg/m^3。

为了使下向自由射流到达采场坑底处轴线风速不超过 2.5 m/s，以防二次扬尘，需根据给定的射程 L_s、风流结构系数 α_k 以及射流初始半径 R_{s0}，按式（1-199）求算射流初始速度：

$$v_{s0} = 2.6 \left(\frac{\alpha_k L_s}{R_{s0}} + 0.29 \right) \tag{1-199}$$

再按式（1-200）计算每台通风机的生产能力（m^3/s）：

$$q_{s0} = s v_{s0} = \pi R_{s0}^2 v_{s0} \tag{1-200}$$

最后按式（1-201）求算所需的通风机台数：

$$n_s \geqslant \frac{Q_{st}}{q_{s0}} \tag{1-201}$$

3）局部人工通风计算方法

为了确定局部人工通风的必要性，可按式（1-202）进行判别：

$$\frac{C_{kH}}{C_k} \leqslant \frac{V_a}{V_s} \tag{1-202}$$

式中：V_s 为局部污染地区的容积，m^3。

如式（1-202）成立，则只需进行采场内的局部人工通风，对污染物进行稀释和排放，而无须从采场外引入新风。若 $\dfrac{C_{kH}}{C_k} > \dfrac{V_a}{V_s}$，则必须从地表向采场送入新风。

露天矿局部人工通风计算的主要参数是：确定通风机自由射流在给定射程处的平均速度，以及在给定平均风速条件下的风流射程及其作用区直径。

（1）由射流的平均风速按式（1-203）确定：

$$v_{ap} = \frac{0.095 v_{a0}}{\dfrac{\alpha_a x_a}{d_{a0}} + 0.145} \tag{1-203}$$

式中：v_{ap} 为平均风速，m/s；v_{a0} 为通风机出口处，即初始断面的风速，m/s；α_a 为通风机的紊流结构系数；x_a 为从风机出口处到确定平均风速断面的距离，m；d_{a0} 为通风机出风口直径，m。

计算断面中所要求的平均风速一般为 0.6~1 m/s。

(2)给定的平均风速(v_{ap})条件下，射流的射程

$$\chi_a = \frac{d_{a0}\left(0.095\dfrac{v_{a0}}{v_{ap}} - 0.145\right)}{\alpha_a} \qquad (1-204)$$

式中：χ_a 为射流射程，m。

(3)距离为 χ_m 处射流作用区直径按式(1-205)计算：

$$d_{m\chi} = 6.8d_{a0}\left(\frac{\alpha\chi_m}{d_{a0}} + 0.145\right) \qquad (1-205)$$

式中：$d_{m\chi}$ 为射流作用区直径。

由式(1-206)可求出通风机 χ_m 处断面风量

$$Q_{m\chi} = \frac{\pi}{4}d_{m\chi}^2 v_{ap} \qquad (1-206)$$

式中：$Q_{m\chi}$ 为通风机 χ_m 处断面风量。

1.11.4 露天矿空气污染防治

露天矿空气污染源主要包括爆破烟尘、汽车运输作业时的路面扬尘及爆堆、尾矿库等散体物料堆的风力扬尘。

1.11.4.1 爆破烟尘防治

国内外对爆破烟尘的控制措施主要包括两方面，即对已产生的爆破烟尘进行通风、净化和通过改变爆破工艺、改变炮孔充填材料、增加被爆矿岩体的含湿量来减少炮烟的生成。

对于山坡开采或开采深度不大的露天矿，爆破产生的高浓度烟尘主要依靠自然通风稀释和排除炮烟。由于大气扩散条件好，该措施可以有效控制爆破烟尘污染采场问题。

对于深凹露天矿来说，爆破烟尘扩散条件不好，可以采取对爆破烟尘实施喷雾洒水的措施。喷雾洒水一方面可使水滴与粉尘结合，增加粉尘的重量，加速其沉降，利于就地消除粉尘；另一方面，水滴与爆破烟尘中可溶性气体如 NO_2 接触时，使这些气体溶入液滴中，有利于减少爆破烟尘中有毒气体浓度。

改进爆破工艺主要是使用有利于减少爆破尘毒产生的爆破方法或工艺措施，归纳起来有以下几种。

(1)保证炮孔填塞长度和质量

提高炮孔填塞质量可以使爆炸反应更充分，既可减少有毒气体和粉尘的产生量，还可以减少未反应和反应不充分的炸药颗粒从装药表面抛出爆破反应区。

(2)采用孔底起爆装置

孔底起爆有利于炸药爆炸充分，相应减少了爆破时有毒气体和粉尘的产生。

(3)不断完善炸药配方

研究炸药组分时，不光考虑氧平衡状况，同时要考虑炸药最终反应的途径和程度。配置

炸药时,应尽量使其化学活性相同或相近,使反应速度接近。俄罗斯曾研究出一种称之为格拉莫尼特的浆状炸药,爆炸 1 kg 该炸药产生的有毒气体量折合成 CO 只有 $4.2 \times 10^{-3} \text{m}^3$。而常规用的炸药的有毒气体生成量可达 $0.24 \text{ m}^3/\text{kg}$。因此完善炸药配方是减少炮烟生成量的有效措施。

(4)增加爆区矿岩体的含湿量

其主要措施是向被爆矿岩体预先注水,增加含湿量。这种措施各国均做过大量研究并得到应用,我国在煤矿有所应用。具体做法是在被爆岩体中打孔眼,然后向这些孔眼中注入压力水,使其渗入岩体内部以提高含湿量,从而在爆破时减少爆破产尘量。但需打大量钻孔,耗水量也较大。

(5)泡沫等覆盖爆区降低爆破粉尘技术

爆区表面沉积的干燥细粉尘受到爆破冲击波作用很容易随爆破产生的气体进入爆破云团,加大了爆破粉尘产生量。为减少这部分粉尘,可以采取在表面洒水、喷洒覆盖剂固化粉尘或覆盖泡沫层等措施。

在爆破前,对爆区地面洒水,加大表面粉尘含水量,增加粉尘间黏附力,达到减少爆破产尘的效果。但在干燥气候条件下,表面洒水蒸发迅速,影响降尘效果。

泡沫除尘技术控制爆破烟尘的应用研究,只有苏联卡查赫学院在滋里雅诺夫斯克露天矿做过工业试验。在装完药并安装好起爆网后,用 Π10-1 泡沫剂发出 100 倍的空气机械泡沫送到爆区,泡沫层厚度在台阶面上 $0.3 \sim 0.6$ m,爆破 1 m^3 矿岩时泡沫消耗量为 $0.06 \sim 0.16$ m^3。泡沫除尘多用于气候炎热、水源缺乏的地区,用泡沫覆盖爆区降尘效率可达 41.7%,露天矿通风时间可减少 $2/3 \sim 3/4$。但因为泡沫存在消泡问题,要求覆盖泡沫的爆区需在 2 h 内进行爆破。

在表面喷洒黏结性覆盖剂,使粉尘固化,可以减少爆破粉尘的产生。该措施与洒水和覆盖泡沫层相比,不受爆破时间限制。

(6)水封爆破

将盛满水的特制无毒塑料袋(称为水炮泥)代替岩屑填塞炮孔时,在爆破瞬间产生的高温高压使袋中的水转化成过热蒸气或水雾,雾化水与有毒气体发生化学反应,生成无毒或毒性较小的物质。此外,爆破产生的雾化水与粉尘接触后,可以凝结粉尘,有快速降尘的作用。通常由于粉尘的疏水性,水封爆破对于悬浮的微细粉尘润湿能力较低,因此对降微细粉尘的效果较差。

(7)表面活性剂溶液填塞炮孔降低爆破烟尘技术

在苏联北方采选公司露天采矿场,应用表面活性剂溶液进行过 14 次相关工业实验。用 $0.7\% \sim 1.5\%$ 的 ΠAB 溶液填塞炮孔,当每孔装 $90 \sim 200$ L 溶液,可使爆破粉尘的凝聚速度提高 50 倍,大气中的 CO 浓度降低了 27%,NO_x 浓度降低了 47%。实验所用的 ΠAB 为生物试剂,对环境影响很小。但该物质产量有限,原料来源不充足,有待进一步研制开发。

北京科技大学在大冶铁矿露天采场曾进行过表面活性剂溶液填塞炮孔降低爆破烟尘的试验,结果表明,与岩土填塞的本底爆破相比,平均 CO 的降低率为 58.45%,粉尘的降低率为56.15%,降尘毒的综合效率为 57.3%。

(8)富水凝胶炮泥填塞炮孔降低爆破烟尘技术

由水玻璃和胶凝剂等配制成的胶冻炮泥呈半固体状态,剧烈搅拌后会释放大量的游离水,是一种触变凝胶。它之所以能降低爆破烟尘,是由于在爆轰波的作用下,胶冻粉碎释放出50%~60%的游离水，水与粉尘结合，予以润湿凝结，起到降尘的作用，过热蒸汽与有毒气体反应，生成无毒物质，起到降毒作用。

苏联在克里沃罗格矿区曾进行了8次外部水炮泥抑制爆破烟尘的试验，测试数据表明，降尘效率可达33%~55%，除烟效率可达32%~64%。当水炮泥填塞炮孔时，可使排入大气的粉尘量降低44%~55%，有害气体(以CO计)减少83%~89%。还有报道，凝胶炮泥封孔的除尘效率能达到60.2%，对呼吸性粉尘的效果比水高得多，对CO的消除效率为54.1%。

1.11.4.2 路面扬尘防治

路面扬尘控制措施可归结为：在路面周围种植护路林带、修筑防尘路面、洒水车或管路洒水、喷洒化学药剂。

在运输路面两侧种植一定宽度的护路林带具有如下作用：减少路面上的自然风速，抑制粉尘吹扬；防止路面暴晒，保持路面湿度；利用树木的净化作用，阻挡、过滤和吸附一部分粉尘。但树木生长周期长而露天矿采场路面变化却很快，因此，靠在路面周围种植护路林带解决采场路面扬尘存在许多实际问题。

防尘路面包括永久性水泥路面、乳化沥青路面。国内外进行过使用乳化沥青铺洒路面的研究和应用。苏联在寒冷地区普遍应用乳化沥青来进行采场公路防尘。我国在吉林双阳山、首钢大石河铁矿及白云鄂博铁矿均进行过试验。白云鄂博铁矿试验时，只铺洒了一半路面的宽度，总铺洒面积为1000 m²。经4个多月的观察，路面未被大型电动轮汽车压坏或起皮，说明路面具有足够强度。但由于只铺洒了一半宽度，来自另一半路面的粉尘覆盖了铺洒路段，未能达到防尘效果。

尽管永久性水泥路面和乳化沥青路面具有日常维护简单、防尘效果较好的特点，但因为成本较高等原因，只适用于服务期长的路面。即便如此，露天采场作业造成的粉尘飞扬及运矿车行驶过程中有矿岩洒落，永久性路面也难免积尘。为防止这类永久性路面扬尘，应配合定期清扫路面和洒水，清除运矿车洒落的矿岩及从采场带来的岩土，否则防尘效果也不会太理想。

对于采场内的许多临时路面来讲，服务期只有几天，长的也就几十天，这类路面要修筑永久性防尘路面显然从经济性上考虑是不划算的。

在矿山的土路面上定期用洒水车洒水或用铺设的管线进行洒水是我国矿山抑制路面扬尘常用的方法。通过洒水提高路面岩土含湿量，从而达到抑制扬尘的目的。路面粉尘浓度与岩土含湿量的关系如图1-75所示。

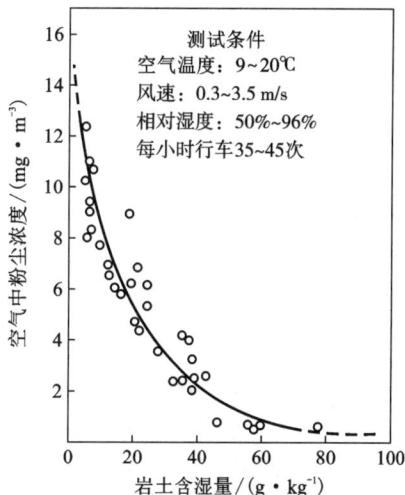

图1-75 路面岩土含湿量与粉尘浓度关系曲线

由图1-75可以看出，当岩土含湿量不大时，路面粉尘浓度随含湿量递增而减少的速度较快；当含湿量增大到一定程度时，粉尘浓度随湿量递增而减少的速度减慢。因此，防治路面扬尘应确保路面岩土具有一定的含湿量。

洒水降尘虽然具有见效快、简便易行的优点，但同时也具有如下缺点：

（1）水分蒸发速度快，有效抑尘时间短；

（2）必须频繁洒水，使降尘成本提高；

（3）频繁洒水会使采场路面泥泞，给行人和行车带来不便，另外，频繁洒水会使路面材料愈加粉化，路况变差，降低行车速度。

（4）北方冬季气温低，洒水会使路面结冰，对行车安全构成威胁。

因此，无论是从经济性还是安全性上考虑，洒水降尘都不是一个理想方法。

化学抑尘剂抑制路面扬尘可分为以下几类。

（1）洒吸湿性盐溶液

德国、苏联等国家都曾使用喷洒吸湿性溶液方法来控制路面扬尘。在苏联的克里沃罗格露天矿，在冬初及冬末不稳定的负温条件下，用氯化盐类水溶液处理路面，浓度及单位耗量与温度有关，浓度变化范围为 0.1%～15.8%，单位耗量为 2～3 L/m²。一次处理的有效作用期为两昼夜。在该水溶液中添加磷酸钙作为防腐剂，添加量为每 100 份重量的盐类需 5～7 份磷酸钙。

我国大孤山铁矿、本钢南芬露天矿分别进行过喷洒盐水的试验。大孤山铁矿进行的试验表明：喷洒含盐浓度为 25% 的盐水溶液后，在温度为 18～28℃、风速为 0.1～3 m/s、相对湿度为 70%～80% 的晴天条件下，保持岩土含湿量在 40 g/kg（含湿量为 40 g/kg 时，路面扬尘浓度不超过 2 mg/m³）的时间为 31 h。南芬矿喷洒盐水的试验表明：盐水浓度为 240 g/kg，单位面积耗盐量为 0.249 kg/m²，喷洒周期为 5～7 d。喷洒后不结冰的最低温度为-27.5℃。

冬季喷洒盐水，防尘又防冻。但是喷洒的盐水对洒水车和运矿车的轮胎有较强的腐蚀作用，而且洒盐水的成本比洒水要高几倍。

此外，也可以将颗粒状氯化钙或氯化镁铺洒在路面上。在路面铺洒氯化钙后，空气中含尘量在 45～90 d 不超过 2～3 mg/m³；用氯化钠和氯化钙混合后处理路面在 30～40 d 不超过 1.8～2.6 mg/m³；用氯化钠处理路面，在 10～15 d 不超过 3.5～4.5 mg/m³。

（2）喷洒乳化油

在苏联，为了负温条件下的路面防尘曾研制过几种乳化油性质的防尘剂。Ниогрин-3 是一种冻结温度低、流动性好的深褐色油剂，取自焦化、催化及热力裂化的煤油柴油馏分，是可以使冻结温度降低、改善湿润性的添加剂。Северин-2 是一种深褐色的冻结温度低、流动性好的油剂，取自在 180～350℃ 温度沸腾的催化裂化的柴油，并添加了能降低冻结温度、改善其湿润性的蒸馏与裂化渣的混合物。在气温为-25～-10℃ 的稳定负温条件下，路面用 Ниогрин-3（99.1%～99.9%）与 M40 号烟道重油（0.1%～0.9%）或 Северин-2（96%～98.6%）与 M40 号烟道重油（1.4%～4.0%）的混合物处理路面，当耗量为 2.0～5.0 L/m² 时，防尘有效作用期为 10 昼夜。在气温为-25～45℃ 时，路面应用 Северин-2（98.6%～99.9%）与 M40 号烟道重油（0.1%～1.4%）的混合物处理路面，其耗量为 2.0～5.0 L/m² 时，防尘有效期为 14 d。

北京有色金属研究院与山东铝厂研制了一种 BS-1 型的乳化油抑尘剂。该抑尘剂由原料油经乳化剂乳化而成。乳液喷洒到路面上后，可以湿润、凝结路面上的自由粉尘，并在喷洒 10～15 min 后在路面形成一层具有一定黏度和强度的油膜，起到抑制粉尘飞扬的目的。现场试验表明，使用该抑尘剂后，运输路面平均粉尘浓度由喷洒前的 18.8 mg/m³ 降到 4.8 mg/m³。喷洒一次可保持在 15 d 内实现低尘作业。该抑尘剂所用原料油有异味儿且装运不方便；该抑尘剂加工过程中需加热乳化，工艺较复杂；不仅如此，加工好的抑尘剂必须尽快喷洒完毕，否则因存在破乳问题会影响其抑尘效果，因此该技术未得到推广应用。

（3）新型化学抑尘剂

随着各国环境标准的日趋严格，可能给环境带来二次污染的抑尘剂逐渐被淘汰，正是在这种背景下，各种低毒性化学抑尘剂逐渐出现。各国研制的化学抑尘剂不仅抑尘效果好、抑尘周期长，而且工艺简单、设备投资小、无污染，因此该类抑尘剂是各国普遍看好的一类抑尘剂。

美国的 Coherex 抑尘剂是 Witco 公司研制的产品，是由石油树脂和润湿剂等组成的稳定的不易挥发的乳胶，可渗透和黏结粉尘，可用于采矿场路面、干尾矿库、选厂废石场、岩堆等处的扬尘治理。该产品无须加热，可用水、盐水按任意比例稀释，稀释浓度取决于预定的用途。Coherex 抑尘剂允许集积的残余物留在道路的面层中，其所含的树脂能把单独的粉尘颗粒黏结在一起，在路面形成一层坚固的覆面层。喷洒该抑尘剂的路面不需养护，车辆就可以在路面行驶。

由 Wesco Technologies Ltd 研制的 Weslig 120 是一种黏性聚合物。以 5%～10% 比例与水混合形成溶液，喷洒在采场路面，可在路面形成坚固的表面。在路面上喷洒该溶液后不久，就能行车。

我国自 20 世纪 80 年代开始，武汉安全环保研究院、北京科技大学等有关单位相继开展了路面抑尘剂的研究，武汉安全环保研究院在"八五"期间，研制出 MPS 型抑尘剂。该抑尘剂在德兴铜矿试验时，能保证有效抑尘时间 10 d 左右。

北京科技大学研制的 YCH 抑尘剂是一种对环境安全的抑尘剂，由吸湿剂、凝并剂及表面活性剂等助剂组成。吸湿剂具有吸湿作用，能够吸收空气中水分，使路面粉尘保持湿润。凝并剂具有黏性，能将路面的细粉尘凝并成大颗粒粉尘，并具有延缓水分蒸发的作用。表面活性剂可以降低抑尘剂溶液表面张力，加强抑尘剂溶液在路面渗透的能力。喷洒抑尘剂后，路面上松散、细小粉尘被湿润，不仅单个粉尘质量增加而且粉尘间作用力也增大，使得粉尘不易扬起。不仅如此，这些被湿润的粉尘由于具有黏结力，还可以使后续沉降到路面的粉尘也被湿润、凝并。因此该抑尘剂源于吸湿、保湿、凝并等多重抑尘作用，有效延长了抑尘时间，抑尘效果也经过多次工业试验验证。喷洒一次，有效抑尘时间可以超过 10 d。

参考文献

[1]《采矿手册》编委会. 采矿手册 6[M]. 北京：冶金工业出版社，1991.

[2] 王运敏. 现代采矿手册：下册[M]. 北京：冶金工业出版社，2012.

[3] 吴超. 矿井通风与空气调节[M]. 长沙：中南大学出版社，2008.

[4] 蒋仲安，陈举师，杜翠凤. 矿井通风与除尘[M]. 北京：机械工业出版社，2017.

[5] 李高祺，程厉生. 多级机站可控式通风系统的研究[J]. 金属矿山，1986(1)：10：16-19.

[6] 陈喜山，梁晓春，李杨. 金属矿山矿井通风技术的新进展[J]. 金属矿山，2002(9)：55-57.

[7] 崔景岳. 矿山监控技术[M]. 北京：煤炭工业出版社，1994.

[8] 孙继平，宋秋爽. 煤矿安全生产综合监控[M]. 徐州：中国矿业大学出版社，2008.

[9] 牛世卫. 煤矿安全生产监控系统的现状与发展[J]. 机械管理开发，2003(72)：43-45.

[10]易志根,桂卫华,阳春华. 节能矿井通风监控系统设计研究[J]. 工业控制计算机, 2010, 23(1): 33-34.

[11]杜翠凤,李怀宇. 深凹露天矿降低爆破尘毒的现场试验[J]. 北京科技大学学报, 2000, 22(4): 296-298.

[12]李春英,陈荣策,吴世跃. 露天矿汽车路面扬尘规律及其预防措施的研究[J]. 工业安全与防尘, 1987, 13(11): 12-15.

[13]任晓华. 乳液抑尘剂在山东铝厂路面防尘中的应用[J]. 环境科学, 1992, 13(4): 87-89.

[14]刘霖,彭兴文,陆国荣. MPS 型抑尘剂在兰尖铁矿道路的应用[J]. 工业安全与防尘, 1998(11): 14-17.

[15]王英敏. 矿井通风与防尘[M]. 北京:冶金工业出版社, 1993.

[16]杜翠凤,王远,卢俊杰,等. 吸湿型路面抑尘剂配方研制及工业试验[J]. 东北大学学报(自然科学版), 2015, 136(6): 876-881.

[17]吴超. 化学抑尘[M]. 长沙:中南大学出版社, 2003.

第 2 章

矿山防灭火

2.1 概述

2.1.1 矿山火灾分类

1) 按火灾发生的地点分类

按火灾发生的地点不同可将矿井火灾分为地面火灾和井下火灾两种。

(1) 地面火灾

发生在矿井工业场地范围内地面上的火灾称为地面火灾。地面火灾可能发生在行政办公楼、厂房、仓库、矿仓、选矿厂以及坑木场、储矿堆等地点。地面火灾外部征兆明显，易于发现，空气供给充分；燃烧完全，有毒有害气体发生量较少；地面空间宽阔，烟雾易于扩散，一旦发现，灭火相对容易。

(2) 井下火灾

发生在井口以下或井口楼，威胁井下安全生产的火灾属于井下火灾。井下火灾可能发生在井筒、井底车场、井下硐室、机电硐室、爆炸材料库、进回风大巷、采区变电硐室、工作面以及采空区、矿柱等地点。

2) 按热源分类

按热源不同可将矿井火灾分为内因火灾和外因火灾两种。

(1) 内因火灾

内因火灾也叫自燃火灾，是指一些易燃物质(主要指含硫矿石)在一定条件下(破碎堆积并有空气供给)因自身发生物理化学变化(指吸氧、氧化、发热)聚积热量导致着火形成的火灾。内因火灾大多数发生在采空区停采线、遗留的矿柱、假顶下及巷道中任何有矿石堆积的地方。

(2) 外因火灾

外因火灾也叫外源火灾，是指由于明火、爆破、摩擦等外来热源造成的火灾。外因火灾多数发生在井口楼、井筒、机电硐室、爆炸材料库、安装机电设备的巷道或采掘工作面等地点。

3) 按燃烧物分类

按燃烧物不同，矿井火灾可分为矿石燃烧火灾、坑木燃烧火灾、炸药燃烧火灾、机电设

113

备(电缆、胶带、变压器、开关、风筒等)火灾及油料火灾等。

矿井火灾的含义:一是发生在矿山井下的火灾,如井筒、车场、大巷、硐室、采掘工作面等地点的火灾;二是发生在地面但威胁到井下安全的火灾,如井口附近、提升机房、主要通风机房的火灾;三是发生在矿山企业地面生产范围之内但不影响井下安全的火灾。这些火灾的共性就是燃烧的非可控制性,会造成人员中毒伤亡、资源损失、环境破坏、设备设施毁坏,或影响生产的正常进行。

矿山常用灭火设施:高位水池、消防管道及消防栓、砂或石子、灭火器(泡沫、干粉、CO_2、N_2)等,同时有条件的矿山可成立矿山救护队。

研究矿井火灾的目的:一方面要了解、掌握矿井火灾发生、发展的规律,以便能及时准确地预测、预报火灾的发生;另一方面就是一旦出现矿井火灾,根据火灾发生的性质、规律、地点等采取有针对性的措施及时扑灭火灾和控制蔓延。

2.1.2　矿山火灾的特点

矿山火灾是指矿山企业内所发生的火灾,发生在矿井地面或井下,威胁矿井安全生产并形成灾害的一切非可控制燃烧。

矿井火灾与地面火灾不同,其特点:①井下空间小,工作场所狭窄,电气设备、坑木等其他易燃物多,有些矿石可以被引燃,一旦发生火灾,不像地面火灾那样容易被扑灭。②火灾类型繁多,井下火灾有电气失火、油料起火,燃烧与爆炸形成的火灾以及矿石自燃等,发生类型不同,扑救方法也各不相同。③井下工作人员作业分散,火灾发生位置不易判断,躲避和疏散方式不当,可能加重火灾造成的损失。

自燃火灾多发生在保护矿柱或采空区中,没有明显火焰,燃烧过程缓慢,不易被人们发现,也不易找到火源的准确位置,一经察觉,已成火灾,只能进行封闭。所以这种火灾延续时间长,可达几个月、几年甚至几十年。根据资料显示,金属矿山的自燃火灾是很难一次性扑灭的,即使扑灭了,也可能复燃。自燃火灾还生成大量的硫化氢、二氧化硫等有毒有害气体,造成人员中毒伤亡。

矿山火灾按照火灾发生机理分内因火灾和外因火灾,其特点不同:

1)内因火灾的主要特点

内因发火矿山一般为高硫矿床和含黄铁矿的炭质页岩矿山。发火矿石类型一般为胶黄铁矿、中细粒黄铁矿、磁黄铁矿。自燃发火矿床层位多在含胶状黄铁矿带或经过漫长地质年代预氧化较严重的松散黄铁矿亚带中。

(1)一般都有预兆。如有烟味,烟雾多呈云丝状,有油味、焦油味;作业现场温度升高,硫化氢或二氧化硫浓度升高,作业人员感觉头痛、恶心、四肢无力等都是内因火灾的预兆,井下如发现上述现象,可能存在内因火灾。

(2)由于内因火灾多发生在人员难以进入的采空区、粉矿或矿柱上,难以判断火灾的发火点。自燃发火的矿堆大多数处于通风不良的大空间采场死角、巷道边角、粉矿较多的堆积区。

(3)持续燃烧的时间较长,有的内因火灾范围较大,难于扑灭,可以持续燃烧数月、数年、数十年甚至上百年。

(4)开采一些易自燃矿石时会经常着火,特别是硫化矿床易于发生自燃,且分散较隐蔽,因此,在这类矿山应特别注意矿石的自燃反应。

（5）从采矿技术方面看，崩落采矿法以及其他大规模落矿的开采方式比较容易发生矿石自燃火灾，由于未放出矿石在采场停留时间过长，在散热不良的条件下，矿石就会聚热升温，从而导致火灾发生。

2）外因火灾的主要特点

（1）发生突然、来势凶猛。外因火灾如发现不及时，处理不当，往往会酿成重大事故。

（2）外因火灾往往在燃烧物的表面进行，因此容易被发现，早期的外因火灾较易扑灭。要求井下作业人员发现外因火灾后，及时采取有效措施，避免火灾蔓延，造成更大事故。同时注意外因火灾内燃烧，即构筑物内燃烧（非明火），可能产生大量有毒有害烟气。

2.1.3　矿山火灾的危害

我国是一个矿井火灾事故多发的国家。仅 2013 年全国金属非金属矿山发生火灾、中毒、爆炸事故就达到 45 起，死亡 91 人，其中较大事故 7 起，死亡 26 人。2013 年全国金属非金属矿山发生重大事故 3 起、死亡 30 人，其中 2 起重大事故均为火灾事故，分别是：2013 年 1 月 15 日，吉林省桦甸市吉林老金厂金矿股份有限公司发生井下火灾事故，造成 10 人死亡，1 人重伤，27 人轻伤；2013 年 7 月 23 日，陕西省渭南市澄城县硫磺矿发生井下火灾事故，造成 10 人死亡。

矿井火灾对矿山工人的人身安全和健康带来威胁，同时对矿山企业生产、设备及矿区生态环境造成不良影响。

国内外几个典型矿山内因火灾事故统计见表 2-1。

火灾对矿山安全生产及职工健康的危害主要有以下几个方面。

（1）产生大量的有毒有害气体

矿井火灾发生后，不同的可燃物会产生不同的有毒有害气体，有些气体毒性较大，是造成人员伤亡的主要原因。

矿石燃烧产生二氧化硫、硫化氢、二氧化碳、一氧化碳等。坑木、橡胶、聚氯乙烯等燃烧产生一氧化碳、醇类、醛类以及其他复杂的有机化合物。这些有毒有害气体中，一氧化碳对矿工的危害最为严重，其主要原因是一氧化碳同人体中血红素的亲和力比氧同人体中血红素的亲和力高 $250 \sim 300$ 倍。当空气中一氧化碳按体积分数计算，达 0.4% 时，人们呼吸这样的空气可立即死亡。根据国内外的统计资料，在矿井火灾中的遇难者有 80% ~ 90% 是死于以一氧化碳为主的烟雾中毒。

《金属非金属矿山井下紧急避险系统建设规范》（AQ2033—2011）规定，入井人员必须随身携带自救器，其主要目的是一旦出现矿井火灾、爆炸等事故，能利用自救器保护自己，降低有毒有害气体的伤害程度。

（2）毁坏设备、烧毁资源

一旦出现矿井火灾，将会严重破坏现场的各种仪器、仪表、设备，毁坏巷道，破坏支护。矿井火灾会使可采矿量大大减少，甚至完全被烧毁。

（3）影响开采接续

矿井火灾发生后，特别是大范围的矿井火灾发生后，直接灭火无效时，必须对火区封闭，而被封闭的火区必须待火势完全熄灭后才能打开，再重新开采，有些火区因裂隙较多或密闭不严，火区内的火很长时间不能熄灭，有时达几个月甚至几年，严重影响安全生产和矿山开采的连续性。不仅如此，被封闭的火区永远是矿山井下的安全隐患。

表2-1 国内外几个典型矿山内因火灾场景和特征等统计表

矿山名称（原名）	生产能力/(t·d⁻¹)	矿体赋存条件	矿石特性			采矿方法	起火情况	备注
			含硫(碳)/%	起火矿石含C,S量/%	矿石性质			
铜官山铜矿	火区 400~500	倾斜中厚矿体，倾角23°~46°。分五个带：铁帽带，次生氧化富集带，次生硫化富集带，原生带。	S: 13.46	胶黄铁矿、磁黄铁矿、S: 13~30	粉状、块状胶黄铁矿；缝石黄铁矿、氧化磁铁黄铁矿	阶段空场充填采矿法	历史多次起火主要集中在半氧化带、次生硫化富集带	
西林铅锌矿	600	急倾斜扁豆矿体	B+C级 S: 16.99	磁黄铁矿 S: 30~45	致密块状硫化矿，破碎磁黄铁矿	胶结充填法、水砂充填法	1978年8月大爆破四个月后起火，灭火失败，溜口矿石温度为262~350℃，耙道气温为21~55℃，浓度为30~40 mg/m³，SO₂浓度为0.1~0.3 mg/m³	
湘潭锰矿	火区 600	缓倾斜薄层状矿床，长2 km，厚1.45~6 m，0~36°海相沉积积碳酸锰矿床			矿石不自燃	一区短壁崩落法，火区分层崩落法，二、三区水砂充填法	顶底盘，叶片状及薄层状黑色页岩f=2~3，贝壳状黑色页岩f=3~5，均能自燃，每次放顶起火，总回收率为95%，因火灾死亡2人。	
大厂长坡细脉带矿体	设计 4000	急倾斜厚矿体	S: 10.43	接触破碎带 S: 7~33 C: 2.6~55	局部地段矿石发热，细脉状浸染状原生矿	无底柱分段崩落法	1976年5月，101N起火 1979年12月，101S起火	
捷克利铅锌矿（苏联）		透镜状急倾斜厚矿体内有厚20 m炭质泥质页岩（C: 16%~17%）	S: 15~16 部分占:16~17	黄铁矿 S>20 C>16	原生致密块状硫化矿，胶黄铁矿	I, II阶段分层崩落，IV~VI阶段溜矿大崩落，VII阶段以下胶结充填法	1956年，大崩落采有火；1960年改为充填采矿法，坑内温度为51℃，放出矿石温度为153℃，漏斗放出熔化矿温度为900~1300℃	

续表2-1

矿山名称（原名）	生产能力/(t·d⁻¹)	矿体赋存条件	矿石特性			采矿方法	起火情况	备注
			含硫（碳）/%	起火矿石含 C、S 量/%	矿石性质			
乌拉尔铁矿（苏联）	铜基地，有几座大型矿山	急倾斜厚矿体	S：40~47	黄铁矿 S>43	原生含铜黄铁矿	分层、分段崩落法，阶段崩落法，阶段矿房法	历史上发生多次火灾，一次粉尘爆炸	
沙利文铅锌矿（加拿大）	高温矿柱回采 9000	巨型倾斜厚层矿体	S：19~36	磁黄铁矿 S>25	硫化矿致密块状	矿柱回采分段崩落法	1950 年发生火灾，矿石温度为 200~312℃，最高为 1082℃，矿石烧结成块，热粉矿流，矿石流，熔金属流	
下川铜矿（日本）	中型矿山	急倾斜中厚矿体褶曲断层发育	S：17~40	富矿发火 S>30	黄铁矿，磁黄铁矿，含铜黄铁矿，块状	人工假顶下向充填法	1997 年后由于充填体下沉，矿柱崩塌，矿石氧化发热，首先木材燃烧（干馏燃点为 100~200℃）继而燃烧残矿，不到两年发生了 5 次火灾	
普雷亚尼斯科镍矿（阿尔巴尼亚）	设计 50 万 t/a 1670	B＋C，2300 t，含 Fe 47.44%，平均厚度为 11.45 m，含 Ni 1.04%，缓倾斜中厚层状矿体			矿石不发火	底盘漏斗崩落法	煤页岩分析：含灰分（质量分数）66.5%，含择发分（质量分数）13.05% 含硫（质量分数）0.3%~17.31% 平均质量分数 8.05% 燃点为 270~295℃，发热量为 5870~15642 J/kg	

（4）严重污染环境

有些矿山的露天矿石火源面积较大、火区温度较高，同时矿石的燃烧所释放的各种有毒有害气体，严重破坏了周围的环境，甚至形成大范围的酸雨和温室效应。此外，火区燃烧生成的酸碱化合物对火区附近的地表水和浅层地下水也会造成严重污染。

2.2　矿山内因火灾及其预防

金属非金属矿山的内因火灾主要发生在开采有自燃倾向硫化矿床的矿山。据粗略统计，我国已开采的硫化铁矿山的 20%～30%，有色金属或多金属硫化矿的 5%～10% 具有发生内因火灾的危险性。矿山内因火灾是在空气供给不足的情况下缓慢发生的，通常无明显的火焰，却产生大量有毒有害气体、高温热害等，并且发火地点多在采空区或矿柱里，给早期发现和扑灭带来许多困难。

2.2.1　硫化矿石自燃机理

硫化矿石自燃的机理主要有物理学机理、电化学机理和化学热力学机理，三者之间又有密切的联系。

（1）物理学机理

物理学机理主要是硫化矿石的氧化自燃过程。硫化矿石氧化自燃过程分为 5 个阶段，即矿石破碎→氧化→聚热→升温→自燃着火。矿石块度、孔隙率及水渗透率等物理性质对氧化过程和速度产生重要影响。

（2）电化学机理

电化学机理主要是硫化矿石氧化反应的过程。硫化矿石的氧化是一种电化学反应过程。由于硫化物晶格间的某些缺陷或不完整性，在潮湿环境中，产生了微电池作用，因而发生了电化学氧化还原反应，某种程度上类似于金属的氧化腐蚀过程。这一机理使很多硫化矿石氧化的宏观现象从电化学的角度得到了微观的解释，如硫化矿物在有黄铁矿参与时会出现氧化加速的现象，常见的硫化矿床中出现明显的地质分带现象等。

（3）化学热力学机理

化学热力学机理描述了硫化矿石的氧化与放热过程。该机理认为，硫化矿石在开采过程中的氧化与其地表的氧化是具有相同性质的化学反应变化过程，矿石的氧化过程也是分阶段进行的：第一阶段是硫化物的金属原子以离子的形式释放到溶液中，是对硫化物晶格内离子键的破坏；第二阶段是硫离子释放到溶液中；第三阶段是硫离子快速氧化生成硫酸根离子；第四阶段是金属离子与硫酸根离子结合生成硫酸盐。同时这一机理也认为，在动态平衡过程中，这些阶段会同时发生，其化学反应模式非常复杂。矿物成分、温度和湿度是影响硫化矿石氧化的主要因素。

对于硫化矿石氧化自燃的机理有多种解释，但大多数学者认可的机理是硫化矿石氧化放热的化学热力学观点。17 世纪英国的 Dr. Plott 就提出黄铁矿导因学说，解释了自燃机理，随后大量学者研究了黄铁矿的自燃现象。

研究表明，同一温度下，矿石在潮湿时的氧化速度比干燥时快得多，水不仅参与反应，而且起催化作用，但如果有过量的水，由于水的吸热、降温、隔氧等物理作用又可缓解、抑制硫化矿石的氧化。矿石自燃之前，加强通风对防止矿石自燃有积极作用，但矿石自燃后，加强通风等于大量供氧，实际上起助燃作用。因此，降低温度、湿度，防止矿石聚热，以及隔绝氧气是防灭火的根本方法。

2.2.2 硫化矿石自燃影响因素

硫化矿石在空气中氧化发热是硫化矿石自燃的主要原因。硫化矿石的氧化发热过程可以划分为两个阶段。首先，硫化矿石以物理作用吸附空气中的氧分子，释放出少量的热，然后，转入化学吸收氧阶段，氧原子侵入硫化物的晶格，形成氧化过程的最初产物硫酸盐矿物，同时释放出大量的热，在通风不良的情况下，热量聚积而温度升高，加速矿石氧化过程。当温度超过200℃时，硫化矿石氧化生成大量二氧化硫气体，放出更多的热量，逐渐由自热发展为自燃。

导致自燃发生的基本要素包括矿石的氧化性或自燃倾向、空气供给条件以及矿岩与周围环境间的散热条件，影响硫化矿石自燃发火的因素可归结为几个方面：

(1)硫化矿石的物理化学性质

硫化矿石中硫的含量是决定其自燃倾向的主要因素。当矿石的含硫量达到12%时，则有可能发生自燃；当含硫量增加到40%，甚至50%以上时，其火灾危险性大大增加。当硫化矿石中含有石英等造岩矿物，或含有其他惰性杂质时，其自燃性减弱。松脆和破碎的矿石因其表面积大，自燃发火的可能性大；潮湿的矿石相比于干燥的矿石更容易自燃。

(2)矿床地质条件

矿体厚度、倾角及围岩的物理力学性质等影响硫化矿石的自燃。例如，矿体厚度越大，倾角越大，自燃发火的危险性越高。根据实际资料，厚度小于 8 m 的硫化矿床很少发生自燃。

(3)采矿技术条件

影响硫化矿石自燃的采矿技术条件包括开采方式、采矿方法以及通风制度等。它们决定残留在采空区的矿石、木材的数量和分布，以及向采空区漏风的情况。

(4)供氧条件

供氧条件是矿岩氧化自燃的决定因素，由于井下工作人员需要供氧，正常的通风需要送入大量的新鲜空气，空气中的氧气能加速矿石的氧化还原反应。但是大量供给空气又能将矿石氧化释放的热量带走，不易积热升温，破坏了聚热条件。

(5)水的影响

水能促进黄铁矿的胶化，加速反应的进行，但是大量的水又是抑制剂，因为水除了能带走一部分热量外，还能汽化，吸收大量的热，降低矿石温度。

2.2.3 内因火灾的早期识别

早期内因火灾，可以通过观测内因火灾的外部预兆、化学分析和物理测定等方法识别，预报的手段主要有人工取样监测分析预测和实时监测预报系统。

1)矿山内因火灾的外部预兆

硫化矿石的自热与自燃过程中，往往在井巷内出现一些外部预兆。根据这些预兆，人们可以判断内因火灾是否已经发生，或判断自热自燃发展的程度。

(1)硫化矿石自热阶段温度上升，同时产生大量水分，使附近的空气呈过饱和状态，在巷道壁和支架上凝结成水珠，俗称"巷道出汗"。在冬季，可以看到从地表的裂缝、钻孔口冒出蒸汽，或者出现局部地段冰雪融化的现象。

（2）在硫化矿石的自燃阶段会产生 SO_2，人们会嗅到刺激性臭味。

（3）火区附近的空气条件使人感觉不适。例如，头疼、闷热，裸露的皮肤有微痛，精神过于兴奋或疲劳等。

这些预兆出现，表明矿石氧化自热已经发展到一定程度，甚至已经开始发火燃烧。及时、确切地判断矿山内因火灾是否发生，还要依赖于更科学的方法。

2）化学分析法

分析可疑地区的空气成分和地下水成分，可以发现早期硫化矿石自燃。

（1）分析可疑地区的空气成分

在有自燃火灾危险的地区定期地采集空气试样进行分析，观测矿井空气成分的变化，可以确定矿石自热的情况。当有木材参与自热过程时，可以利用空气中的 CO_2、CO 和 O_2 含量的变化来判断。由于 SO_2 能溶解于水，在火灾初期的气体分析中很难测出。当空气中的 CO 和 SO_2 含量稳定或者逐渐增加时，认为自热过程已经开始了。

（2）分析可疑地区的地下水成分

硫化矿石氧化时产生硫酸盐及硫酸，且析出的 SO_2 易溶解于水，使矿井水的酸性增加，矿物质含量增加，甚至木材水解产物也增加。为了分析比较，必须预先查明正常条件下该地区地下水的成分，然后系统地观测地下水成分，判断内因火灾的危险程度。

3）物理测定法

通过测定可疑地区的空气温度、湿度和岩石温度，可以最直接、最准确地鉴别内因火灾的发生、发展情况。

系统地测定和记录可疑地区的空气温度和湿度，综合各种测定方法获得的资料，可以作出正确的判断。当被观测地区的气温和水温稳定地上升，湿度增加，巷道壁"出汗"，可认为是内因火灾的初期预兆。

探测自燃着火的测温仪主要有以下两种。

（1）红外线测温仪：美国、俄罗斯、英国、德国等国已成功地利用红外线技术预测预报井下自燃火灾，如利用红外线测温仪和红外热成像仪成功地检测了岩壁、岩柱与矿石堆的自燃，其中美国使用的红外线探测仪是"米开莱-44 型"和"普诺贝艾"型红外热成像仪；英国使用"649"型红外成像仪和改良型"M. E. L1045"型直流热成像仪；俄罗斯采用"卡瓦思替"红外辐射指示仪。试验表明，红外线技术对于测量岩石的自燃十分有效，但是它只能探测矿岩表面的温度，且要求中间无遮挡物，因此，不适用于巷道松散矿石内部或相邻采空区内部的温度检测。

（2）温度传感器：目前常用的温度传感器有热电阻、热电偶、AD590 温度传感器等。热电阻和热电偶的工作原理是热电效应。其预测巷道岩壁可能着火区域和高温点的方法是在产生自燃着火概率较高的区域，预先钻好 4~5 m 深的钻孔，埋设测温热电偶探头、水银留点温度计或温度传感器，孔内灌满水，孔口封闭。远距离连续检测巷道岩壁的温度，研究其温度分布及温度变化的规律。这种方法具有预测可靠、直观的优点，但是由于其为点接触，故具有预测预报范围较小，安装、维护工作量大，特别是探头、引线极易破坏等缺点。

2.2.4 预防内因火灾的措施

防止硫化矿石自热自燃的基本原则是：减少、隔绝矿石与空气的接触以限制氧化过程，防止自热过程中产生的热量蓄积。

2.2.4.1 合理选择开拓方式和采矿方法

合理地选择开拓方式和采矿方法，干净、快速地回采矿石，在时间和空间上减少矿石与空气的接触。主要技术措施如下：

(1)在围岩中布置开拓和采准巷道，减少矿体暴露，减少矿柱，以便采空区易于隔离。

(2)合理设计采区参数，使开采时间少于矿石的自燃发火期，并在采完后立即封闭。

(3)遵循自上而下、自远而近的开采顺序。

(4)选择合理的采矿方法，降低开采损失，减少采空区中残留的矿石和木材等可燃物数量，并避免它们过于集中。选用的采矿方法应该有较高的回采强度和便于严格封闭采空区。通常充填采矿法对防止自燃火灾有利，崩落采矿法、留矿法则不适于有自燃发火倾向的矿床开采。

2.2.4.2 预防内因火灾的矿井通风

预防内因火灾的矿井通风包括建立完善的矿井通风系统、通风构筑物、反风控制系统、通风管理制度。

均压通风防灭火技术是预防内因火灾的常用方法之一，采用通风的方法减少自燃危险区域漏风通道两端的压差，使漏风量趋近于零，从而断绝氧源起到防灭火的作用。常用的风压调节技术主要包括：风门、风窗调节法，风机调节法，风机风窗调节法，风机风门调节法，气室调节法，调整通风系统法等。这些具体措施，从调节后的风压变化情况来看，实质上可分为两种类型，即增加风压的措施和减少风压的措施，或者说分为增压调节法和减压调节法；根据作用原理、使用条件不同，均压技术大体可分为两类：开区均压和闭区均压。我国自20世纪50年代初开始研究和应用均压通风防灭火技术，先后在全国许多矿山进行了实践。

(1)采用机械通风，保证矿井风流稳定，风压适中。主扇应有使矿井风流反风的措施，并定期检查，保证能够在 10 min 内使矿井风流反向。

(2)选择合理的通风系统，降低总风压、减少漏风量。多级机站通风方式和抽压混合通风方式较适合于有自燃发火危险的矿井。

(3)加强对通风构筑物和通风状况的检查和管理，降低有漏风处的巷道风阻，提高密闭、风门的质量，防止向采空区漏风。

(4)正确选择通风构筑物的位置。通风构筑物前后会产生很大的风压差，应该把它们布置在岩石巷道中或地压较小的地方，防止裂隙向采空区漏风。

矿井通风分自然通风和机械通风两种，对可能有火灾危害的矿山应采用机械通风。

矿井机械通风分为主扇通风和多级机站通风，多级机站通风是我国科研人员在引进、消化国外矿井通风技术基础上，结合我国矿山实际提出的。多级机站通风系统是在矿井主通风风路的进风段、需风段和回风段内各设置若干级风机站，接力地将地表新鲜空气经进风井巷有效地送至需风区段或需风点，并将作业产生的污浊空气经回风井巷排出地表所构成的通风系统。其特点：①有效风量率和风机效率高；②合理分配通风系统压力，控制漏风率；③风量调控灵活，实现按需分风；④节省通风电耗。

多级机站通风网络优化与通风系统控制技术见第1章。

2.2.4.3 预防性注浆

在 20 世纪 50 年代，注浆技术成为我国金属非金属矿山防灭火技术的主要手段，并且一直沿用到今天。注浆防灭火技术的原理是通过浆液包裹矿石保水增湿来减缓矿石氧化速度、浆体固化沉淀物充填矿石缝隙隔绝漏风这两种方式来阻止氧化，从而达到防灭火的效果。注浆防灭火的作用原理是灌注浆液填满火区的空间，把空间内氧气排除，使火区缺少氧气供应而熄灭；在灌注浆液的同时降低火区温度，使温度降到着火点以下，起到灭火作用。

所谓的预防性注浆技术就是指将水和注浆材料按适当的比例混合，配制成一定浓度的浆液，经过铺设的输浆管路利用自然压差或泥浆泵送到可能发生自燃的区域，防止自燃火灾的发生。注浆技术是一项传统、简单易行、可靠的防灭火技术。在一些缺少注浆材料的矿区，通常采用注水来代替注浆，增加矿石的水分，也取得了较好的效果。按与采矿工艺关系，注浆方法可分为采前预注、随采随注、采后注浆；按实施方法可分为埋管注浆、钻孔注浆与工作面撒浆。注浆防灭火技术是我国矿山普遍应用和行之有效的方法，传统的注浆材料主要用黄泥，从 20 世纪 80 年代开始，对黄泥注浆的代用材料如页岩、矸石、电厂粉煤灰等材料进行了应用性研究。

2.2.4.4 阻化剂预防法

阻化剂预防法是指利用阻化原理将具有阻化性能的药剂送入拟处理区，利用阻化剂的负催化作用，矿石经阻化处理后，在矿石表面上形成一层能抑制氧与矿石接触的保护膜，阻止了氧气和矿石的反应，使矿石和氧的亲和力降低，阻化剂有一种主动排斥氧和矿石化合的功能，但它并不和矿石、氧等物质化合，从而达到预防火灾发生的目的。目前常用的阻化剂主要是氯化物，阻化剂防灭火技术包括：①喷洒阻化剂防灭火技术，是将含有阻化剂的水溶液均匀喷洒到矿石表面，以达到预防火灾发生的目的；②气雾阻化防灭火技术，是将阻化剂水溶液通过雾化器转化成为阻化剂气雾，气雾发生器喷射出的微小雾粒可以漏风风流为载体飘移到采空区内，从而达到采空区防灭火的目的。阻化剂技术在美国、波兰、苏联等国家得到了较好的应用，近些年来，阻化剂防灭火技术由于其成本低、工艺简单，在全国范围内得到了广泛应用。

2.2.4.5 封闭采空区或局部充填隔离

利用封闭或局部充填措施把可能发生自燃的地段与外界空气隔绝，可以防止硫化矿石氧化。用泥浆堵塞矿柱裂隙可以将其封闭。为了封闭采空区，除了堵塞裂隙外，还要在通往采空区的巷道口建立防火墙。

用防火墙封闭采空区后，要经常检查防火墙的状况，观测漏风量、封闭区内的气温和空气成分。由于任何防火墙都不能绝对严密，所以必须设法降低封闭区进、回风侧之间的风压差。当发现封闭区内有自热预兆时，应该采取注浆等措施。

2.2.4.6 其他预防内因火灾的措施

预防金属矿山内因火灾的措施还包括惰性气体防灭火技术、凝胶技术、泡沫防灭火技术等，可参考煤矿内因火灾的预防。惰性气体防灭火是采空区防灭火的主要技术。

按工作原理，制氮装备分为深冷空分、变压吸附和膜分离 3 种，根据安装与运移方式不同，后 2 种又可设计成井上固定、井上移动和井下移动 3 种。工作面的注氮方式有拉管式、埋管式和钻孔式 3 种，采空区通常采用旁路式注氮方式。我国于 20 世纪 80 年代进行了氮气防灭火技术的研究，从目前看，氮气防灭火系统仍落后于开采技术的发展，应进一步提高制氮装备的稳定性和可靠性，研制采空区氮气浓度自动监控与制氮装置联动系统，并完成信号自动分析与传输，优化注氮工艺，使氮气防灭火系统更加完善。

CO_2 防灭火技术是利用 CO_2 发生器或液态 CO_2 对预处理区进行防灭火的技术，利用 CO_2 相对分子质量比空气大、抑爆性强、吸附阻燃等特点，可在一定区域形成 CO_2 惰化气层，对低位火源具有较好的控制作用，并能压挤出有害气体以控制灾区灾情，该技术特别适用于电气设备和精密、昂贵仪器的火灾，灭火后不会对仪器设备造成污染性的损失。但对于复杂地质条件或不明高位火源点，其应用则受到了限制。

惰性气体防灭火技术还有一些关键问题需要进一步解决，如气体的纯度、温度，装备的稳定性，远距离操作性等。

近年来，凝胶技术在我国得到了较广泛的应用，适用于处理巷道帮、顶、高温区域等的自燃隐患以及火区治理。凝胶防灭火技术应用于防火时起到覆盖、堵漏、隔氧、阻化的作用，应用于灭火时起到降温、覆盖、堵漏、隔氧、防复燃的目的。凝胶主要由基料、促凝剂和水组成，把所选择的基料和促凝剂按一定比例配成水溶液，再按一定比例均匀混合后，使其发生"胶凝作用"，形成无流动性、半固体状的凝胶。凝胶分为无机凝胶和高分子凝胶两大类，主要有普通硅酸凝胶、无氨凝胶、复合凝胶、分子结构型膨胀凝胶、粉煤灰胶体等配方方案。其防灭火机理是凝胶通过钻孔或矿体裂隙进入高温区，其中一部分在高温下水分迅速汽化，快速降低矿石表面温度，残余固体形成隔离层，阻碍矿石与氧接触而进一步阻止氧化自燃；而流动的部分混合液随着矿石温度的升高，在不远处及矿体孔隙里形成胶体，包裹矿石，隔绝氧气，使矿石氧化、放热反应终止；干涸的胶体还可以降低原矿石的孔隙率，使得通过的空气量大大减少，从而抑制复燃。其中普通硅酸凝胶是应用得很广泛的一种凝胶，其成本低，但承压强度低且成胶时会释放出 NH_3；无氨凝胶选用无氨促凝剂作为铵盐的替代品，无毒无害；分子结构型膨胀凝胶以水玻璃为基料，加入膨润土等添加剂，增加了胶体的热稳定性、可塑性和吸湿性，且具有二次成型的特点；复合凝胶是由基料、促凝剂、增强剂和溶剂按一定比例混合后，经一定时间形成的复合凝胶胶体；粉煤灰胶体即在普通凝胶中添加粉煤灰，由于粉煤灰比表面积大，均匀分散在水中形成泥浆，与胶体间形成多种化学键和分子间作用力，增加了胶体强度，并减缓脱水速度。

泡沫防灭火技术是以化学方法产生膨胀惰性泡沫，作为防灭火处理的一种技术手段。由于其可堆积、流动性好，并且有一定的固泡时间，所以更适用于深部高温区域的防灭火工作。常用的泡沫防灭火技术有化学惰气泡沫防灭火技术和三相泡沫防灭火技术。化学惰气泡沫防灭火材料由多种原料组成，其原料皆为固态粉状，井下灭火时一般采用钻孔压注方法将其溶液注入自燃发火的区域。发生化学反应生成的惰气泡沫可迅速向周围空间、漏风通道及壁裂隙扩展，充填火区空间，窒息火区，而且惰气泡沫具有较好的稳定性，可以起隔绝空气的作用。此外，化学惰气泡沫的溶液还具有较高的阻化能力，可以有效地抑制复燃，从而达到防灭火的目的。三相泡沫由液体膜、固体粉末和气体组成，并可添加无机固体干粉以增加其固化性能。无机固体三相泡沫用于防灭火充填封堵作业时，可适当增加固体废弃物用量以降低成本，适当提高流动性，使之能被压入所有漏风通道，从而堵住漏风。而用于高顶垮落空洞防灭火充填作业时，应减少固体废弃物的添加量，提高凝固速度以缩短无机固体三相泡沫的凝胶时间，以利于无机固体三相泡沫的堆积，从而密闭支护空洞，窒息着火点。含惰气的无机固体三相泡沫不仅有普通无机固体三相泡沫的作用，并且在破泡时能释放出惰气，预防火灾的发生。防灭火技术与材料的主要优缺点见表2-2。

表2-2 防灭火技术与材料的主要优缺点

常用防灭火技术	主要材料	优点	缺点	经济成本
预防性注浆	黄泥、粉煤灰，矸石、砂子、水泥砂浆、石膏、高水材料等	1. 包裹矿石，隔绝矿浆与氧气的接触； 2. 吸热降温； 3. 工艺简单； 4. 成本较低	1. 只流向地势低的部位，不能向高处堆积，对中、高及顶板矿石起不到防治作用； 2. 易跑浆和溃浆，造成大量脱水，恶化井下工作环境	成本较低
注水技术	矿井水或自来水	1. 吸热降温速度快，大量的水能迅速降低火源表面的温度； 2. 大量的水蒸气能降低空气中氧气的浓度，有利于惰化防灭火区域； 3. 成本低	1. 流动性强，覆盖面积小，流向地势低的部位，可以在高处停留； 2. 易出现"拉沟"现象而跑水，恶化井下环境； 3. 流过一些空隙，把微小的矿尘冲刷走，增加矿石的空隙率，使漏风通道更加通畅； 4. 一旦水分挥发到一定程度后，易放出润湿热，矿石自燃的可能性增加	成本较低
阻化剂技术	$MgCl_2$、水玻璃、$NaCl$、$Ca(OH)_2$以及有机物质如甲基纤维素、离子型表面活性剂等	1. 惰化矿石表面活性结构，阻止矿石的氧化； 2. 吸热降温，并使矿石长期处于潮湿状态	1. 不容易均匀分散在矿石上，且喷洒工艺难实施； 2. 腐蚀井下设备，影响井下工人的身体健康	成本较低
惰性气体技术	惰性气体	1. 减少区域氧气浓度； 2. 对井下设备无腐蚀，不影响工人身体健康	1. 易随漏风扩散，不易滞留在注入的区域内； 2. 注氮机需要经常维护； 3. 降温灭火效果差	成本较低
堵漏技术	罗克休、马力散、高水速凝材料、堵漏凝胶、聚氨酯泡沫等	1. 聚氨酯泡沫抗压性好、堵漏效果好； 2. 隔绝氧气进入矿石，防止漏风效果较好	1. 工作量大； 2. 成本高； 3. 聚氨酯泡沫在高温下分解放出有害气体； 4. 罗克休等泡沫材料高温下易燃烧	成本较高

续表2-2

常用防灭火技术	主要材料	优点	缺点	经济成本
凝胶技术	铵盐凝胶/高分子凝胶	1. 包裹矿石、封堵裂隙效果较好； 2. 耐高温； 3. 对局部火源效果明显	1. 流量小，流动性差，较难大面积使用； 2. 时间长了胶体会龟裂； 3. 铵盐凝胶会产生有毒有害气体； 4. 成本较高	成本较高
惰性气体泡沫技术	惰性气体泡沫	1. 避免"拉沟"现象； 2. 水能均匀分布； 3. 适于采空区或矿石堆深部的矿石自燃	1. 泡沫很容易破灭； 2. 只有液相水，一旦水分挥发，防灭火性能就消失	成本较低

矿山火灾防治是由一系列措施方案组成的综合技术体系。矿山防灭火技术的实施往往受到复杂的矿井地质条件、多变的人员作业条件、复杂的现场工程条件以及不可确知的火源或发火隐患变化条件等方面的制约，往往采取单一技术方法不能取得理想的防灭火效果。为此，必须因地制宜，采取综合防灭火措施，即将几种防灭火技术手段有机地结合起来，可达到最佳的防灭火效果。目前，在矿山生产实践中，"以防为主"的防灭火原则基本得到了贯彻，并逐渐形成了火灾预测、监测、预防、治理相结合的综合火灾防治技术体系。

2.2.5　矿山内因火灾实例

2.2.5.1　铜坑矿防灭火实例

1）地质开采条件

铜坑矿由三大矿体组成。细脉带属急倾斜矿体，其下部的91#、92#属缓倾斜矿体，三大矿体在垂直方向局部重叠，如图2-1所示。矿体含硫化矿，存在自燃倾向。

2）采矿方法

铜坑矿主要采用了以下四种采矿方法：无底柱分段崩落法、分段空场采矿法、大直径深孔阶段空场法、连续后退式空场采矿法。20世纪80年代初期在91#矿体中进行大直径深孔阶段空场法试验研究，广泛应用于91#矿体、部分细脉带及92#矿体的矿段开采。矿块尺寸分为两种：①长方形结构，矿房宽15 m、间柱14 m、长70~114 m；②方形结构，矿房长×宽为（30~35）m×（30~50）m。

连续后退式空场采矿法是在总结铜坑矿20多年来采矿方法的基础上，结合92#矿体矿岩特性后提出的一种创新的采矿方法。在92#矿体中4个采区进行了试验应用，采区结构尺寸为116 m×80 m，高为矿体厚度。根据采区内矿体产状，连续划分若干矿块，在回采过程中，可灵活采用浅孔法、阶段空场法、分段空场崩落法等采矿方法回采。回采过程中遵循从上至下、同一方向连续回采的顺序，回采结束后，采用诱导顶板崩落来实现采空区管理。

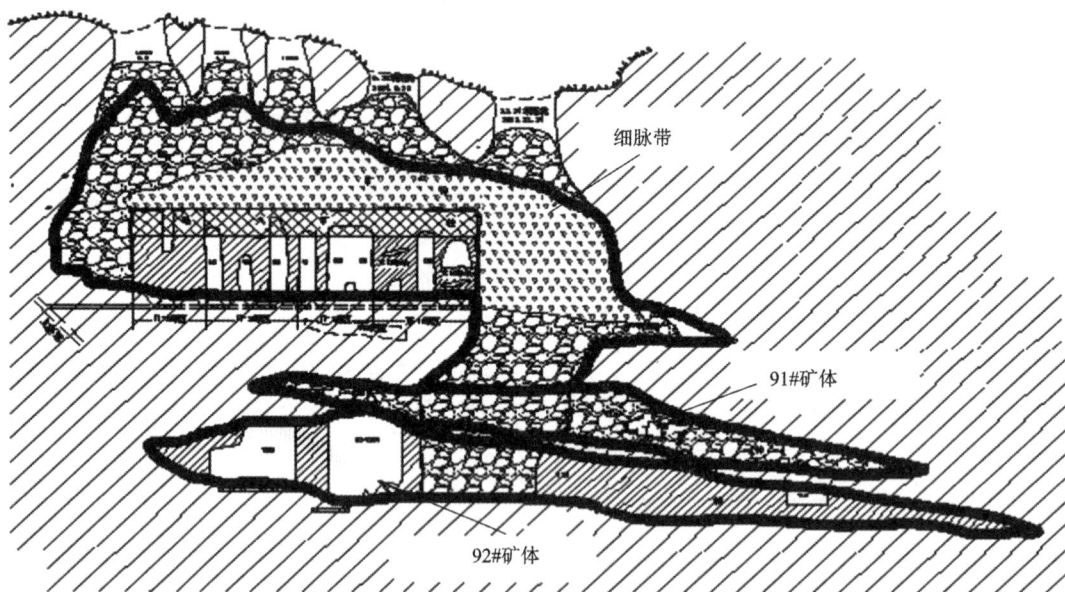

图 2-1　　铜坑矿三大矿体赋存状态示意图

　　3）通风系统防灭火技术

　　从防止矿井自燃发火的角度出发，开采有自燃倾向性含硫矿石所选用的采矿方法要做到：①提高回采率，减少丢矿；②限制或阻止空气进入疏松的矿体，消除自燃的供氧条件；③控制流向可燃物质的漏风。因此，硫铁矿的地下开采多采用充填法、有底柱分段崩落法、无底柱分段崩落法、分层崩落法、全面采矿法、阶段矿房法、分段矿房法等，不宜采用留矿法和阶段崩落法等积压矿石量大和积压时间长的采矿法。

　　目前，铜坑矿井下运行着两个相对独立又相互联系的侧翼对角抽出式通风系统，即 91# 富矿带通风系统和细脉带通风系统。新鲜风流由主斜道、东副井、2#竖井、1#竖井等进风井巷进入井下，冲洗工作面后，污风经各水平回风天井（或集中回风天井）到达 455 m 水平的富矿带通风系统总回风巷或到达 598 m 水平的细脉带通风系统总回风巷，在主扇的作用下排出地表。

　　多巷道平行并联的通风网路结构对自燃性矿床较为合适，这样即使某一采区发生火灾，高温和有害气体也不致窜入其他采区。而且采场贯穿风流的通风方法可以达到散热降温，减少漏风的效果。通风方式各有利弊，要因矿制宜，尽量采取大风量低负压的分区独立通风系统或分区并联通风系统。但不管采用何种通风方式，通风机必须有反风的功能，并有可靠的反风风路及相应的通风构筑物，以便火灾发生时控制火势，进行灭火。

　　风量和风速应根据工作面的温度进行调整，必要时增设局部风机。据经验数据，工作面风速以 0.8 m/s 为宜。

　　4）空区处理防灭火

　　采空区处理方法有下面几种：

　　（1）崩落围岩处理空区。其特点是用崩落围岩充填空区并形成缓冲保护垫层，以防止空区内大量岩石突然冒落而造成气浪伤害。它又分为自然崩落围岩和强制崩落围岩处理空区，由于其简单易行、成本较低，因而在矿山中应用较广。

（2）用充填材料充填空区。利用废石或湿式充填材料将采空区充填密实以消除采空区，分为干式充填和湿式充填采空区两种。

（3）留永久矿柱或构筑人工矿柱处理空区。适用于缓斜薄至中厚矿体，用房柱法、全面法回采，顶板相当稳固、地表允许冒落的矿山。

（4）封闭和隔离空区。其主要措施有封闭空区与外界相通的巷道，设隔离层使上部空区与下部作业区隔开，在密闭隔离的空区上部开通往地表的"天窗"，使空区冒落产生的冲击气浪可以从天窗冲出地表，以保护巷道及作业区的安全。

细脉带空区使用"崩""封""充"联合处理方法。完成隔火矿柱下部的矿块回采后，强制崩落空区两侧或小量顶板围岩让矿房底部形成 10 m 以上的垫层，再对空区做封闭处理，最后强制崩落顶板，用上部碎石和表土充填空区，以控制矿山压力，转移和缓和应力集中。

5）采取预注浆的方式防止自燃

对矿体采取预注浆的方式可以防止自燃。预防性注浆时可采取不同的灌注方式，如采前预注、随采随注、采后注浆等。

阻化剂泥浆防灭火：新研制的 NCZ-1 型阻化剂，水溶液呈碱性。当浆液浓度大于 0.2% 时，pH 大于 12.5，可中和矿堆中的酸，改变原有的酸性环境，从而破坏硫化矿石氧化还原反应的条件。另外阻化剂中的 Ca^{2+} 与硫酸盐反应生成化学性质稳定的硫酸钙，可在矿石四周形成胶结膜，阻止其与空气接触，延缓硫化矿石的氧化速度，防灭火效果较好，阻化泥浆法灭火工艺流程见图 2-2，现场试验区域剖面示意图如图 2-3 所示。

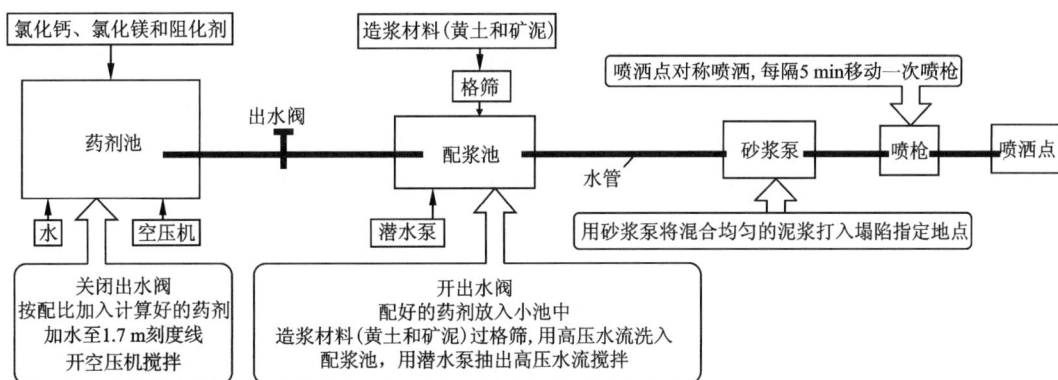

图 2-2 阻化泥浆法灭火工艺流程图

6）封闭、充填

采场出空后，立即封闭、充填，以缩短矿石氧化放出 SO_2 气体的时间。密闭与充填是及时将可能发生自燃的地区封闭，隔绝空气进入，以防止氧化。对于矿柱的裂缝，一般用泥浆堵塞两端入口。而对于采空区，除了堵塞裂缝外，还要在通达采空区的巷道口建立防火墙。用防火墙封闭采空区后，要经常进行检查和观测，若发现封闭区内有自燃征兆，应进行注浆处理。

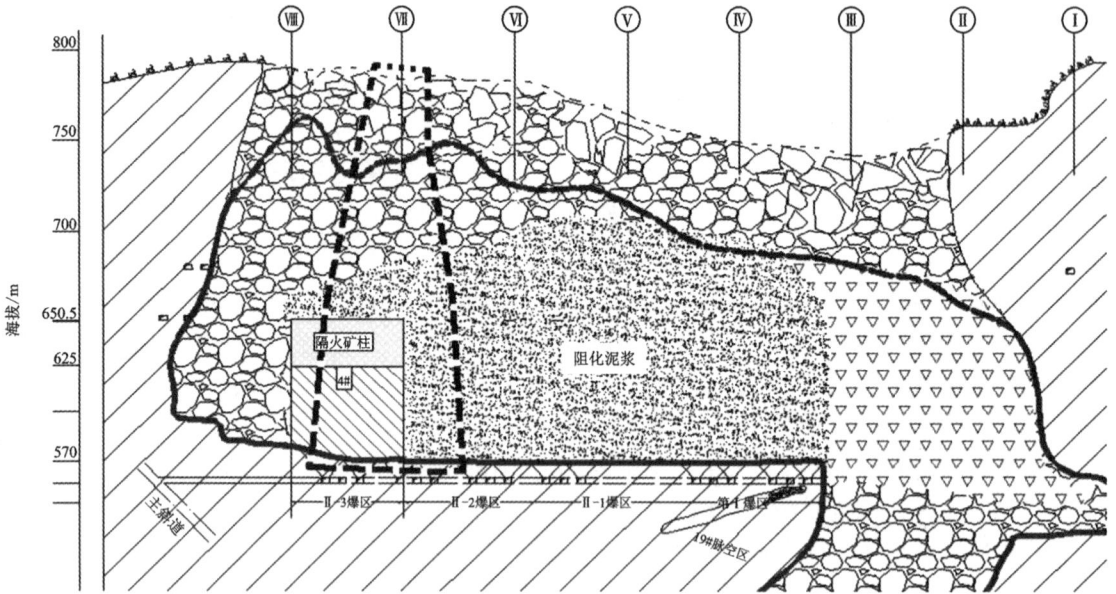

图 2-3 现场试验区域剖面示意图(黑框部分)

2.2.5.2 硫化矿防灭火实例

某硫铁矿是以硫为主的大型多金属矿山,矿石矿物主要为硫铁矿,次为含铜黄铁矿,于1991年建成投产。该矿矿石自燃倾向性的研究结论和1992年以来井下发生多起自燃火灾的事实,证明了该矿属于有自燃火灾的矿井。

1) 自燃火灾

1995 年 5 月 231#采场自燃,231#采场位于 231 中段的三角矿带,采场矿石类型为中细粒黄铁矿;采矿方法为上向水平分层充填采矿法,采场拉底出矿底部结构揭露矿石时间近 2 年,矿石暴露表面经过了预氧化。采场采了一个分层后,第二分层落矿量约有 1000 t,落矿后堆矿约 20 d 未出矿,部分矿石出现升温,并有刺激性 SO_2 气体放出,现场人员立即在采场安装一台局部通风机,试图加强采场通风,达到排出 SO_2 气体的目的,但其结果是烟更浓,自燃未得到控制,人员无法进入采场,因此,便用充填料浆(水泥砂浆)覆盖自燃的矿石,使火灾扑灭,但该部分矿石丢失。同时该采场被充填料充满,至今未能重新开始采矿。

1998 年 6 月 921#、922#采场矿石自燃,921#、922#采场属于有电耙道底部结构采场,用分段空场充填法回采矿石,当爆破 3000~4000 t 矿石存放一个月后出现自燃,当时工人在电耙道闻到 SO_2 的刺激性气味,立即戴呼吸自救器,在进风侧强行出矿,两边漏斗滚下的有红色火种样矿石,利用 2~3 h 快速出矿,控制了火灾蔓延。

1999 年 6 月 821#、822#采场回采结束,采空区进行废石充填时,残矿发生自燃,当时采场充填并有大量 SO_2 浓烟冒出,弥漫整个-180 m 水平回风巷,导致人员无法进入-180 m 中段回风充填平巷,矸石充填工作无法正常进行,后采用充填料浆进行覆盖处理,消除了残矿自燃。

2) 原因分析

从上述几起矿石自燃的情况可以看出,容易自燃的矿石类型为黄铁矿、胶黄铁矿;矿石的自燃地点多发生在长期暴露的三角带和采场的出矿死角处，铁矿从落矿到自燃的时间一般为 20 多天或更长时间。

众所周知，黄铁矿、胶黄铁矿化学成分均为 FeS_2，此类矿石被爆破崩落后，与氧气充分接触，在一定的温度和湿度条件下发生如下化学反应：

$$2FeS_2+7O_2+2H_2O \longrightarrow 2FeSO_4+2H_2SO_4+Q$$

$$12FeSO_4+3O_2+6H_2O \longrightarrow 4Fe_2(SO_4)_3+4Fe(OH)_3+Q$$

$$4FeSO_4+O_2+2H_2SO_4 \longrightarrow 2Fe_2(SO_4)_3+2H_2O+Q$$

反应产生的热量进一步促进硫化亚铁的氧化，释放更多的热量，造成火灾，硫化亚铁在高温下的氧化反应(高温条件)：

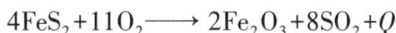

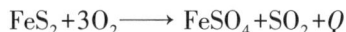

$$4FeS_2+11O_2 \longrightarrow 2Fe_2O_3+8SO_2+Q$$

$$FeS_2+3O_2 \longrightarrow FeSO_4+SO_2+Q$$

发生高温氧化时，由于反应过程热量的集聚，反应速度加快，氧化反应更加复杂，矿石发生自燃，此时产生大量的热和 SO_2 气体，在矿石自燃现场会看到红色火种样的矿石，并有大量刺激性 SO_2 浓烟酸雾。

从上述反应式可以看出，在一定温度条件下，水参与了反应，因此，矿石在常温潮湿时，氧化速度比常温干燥时快得多，这里水不仅参与反应，而且起催化作用；但如果有过量的水，由于水的吸热、降温、隔氧等物理作用又可缓解、抑制硫化矿石的氧化，在现实条件下，井下环境湿度较大，氧气充分，为矿石自燃提供了有利的条件，虽然有时存在井下涌水量大到可以浸泡矿石的情况，但这种情况甚少。矿石自燃之前，加强通风，防止矿堆聚热，对防止矿石自燃有积极作用；但矿石自燃后，加强通风，实际上起助燃作用，因为自燃过程实质上也就是高速氧化过程，大量氧气供给，无疑加速氧化作用，同时在采矿作业过程中，井下作业人员也需要充足氧气，才能保障正常工作，保持矿石密闭断氧也是不可能的。因此，控制井下的温度、湿度条件和防止矿石聚热是防灭火的重要途径。

3）防灭火措施

（1）加强"三强"管理

对于有自燃倾向性矿石，黄铁矿和胶黄铁矿，崩矿时一定要严格控制一次崩矿量和出矿时间，避免存矿时间过长，实行强采、强出、强充(充填)，即"三强"管理。

（2）加强采区通风

在回采矿石之前一定要把回风充填天井掘好，形成贯穿风流，加强采场通风，防止矿石聚热而发生高温氧化，如自燃，可通过充填井采用充填料浆及时覆盖处理。

（3）加强预测预报工作

加强采场矿石堆观测工作，定人、定时、定点观测，做到预防为主。当采场出现局部升温或有 SO_2 气体产生时，应及时采取有效措施，如停止崩矿、强出，加强通风等。

（4）防灭火方法

对已发生矿石自燃的采场，隔绝灭火是比较安全有效的灭火方法，但许多采场、采空区往往不能做到完全密封断氧。因此，利用现有充填料浆覆盖自燃的矿石堆和充填采空区为一种行之有效的灭火方法。需要恢复生产的采场，必须等到火区完全熄灭，而确定火区是否熄灭的标准是矿石堆温度和 SO_2 浓度是否接近正常标准。对于小范围内矿石自燃且人员可以接近的情况下，如电耙道出矿等，人员可以佩戴呼吸自救器，在进风侧强行挖出火源，防止火灾蔓延也是十分有效的方法之一。

2.3 矿山外因火灾及其预防

2.3.1 外因火灾发生原因

我国金属非金属矿山外因火灾绝大部分是支架与明火接触,电气线路、照明和电气设备的使用和管理不善,井下违章焊接作业、使用火焰灯、吸烟,或无意、有意点火等外部原因所引起的。随着矿山机械化、自动化程度的提高,电气原因所引起的火灾比例增加,这就要求在设计和使用机电设备时,严格遵守电气防火条例,防止因短路、过负荷、接触不良等原因引起火灾。矿山地面火灾则主要是由于违章作业、粗心大意。引起火灾的原因有:明火引起的火灾、爆破作业引起的火灾、焊接作业引起的火灾、电气原因引起的火灾以及机械摩擦生热引起的火灾。

2.3.2 明火引起的火灾及预防措施

1)明火引起的火灾

明火引起的火灾,主要是吸烟、电焊、喷灯焊、井下使用电炉等大功率设备取暖等造成的。在井下使用电石灯照明、吸烟或无意点火所引起的火灾占相当大的比例。电石灯火焰与蜡纸、碎木材、油棉纱等可燃物接触,很容易引燃,如果扑灭不及时,便会发生火灾。冬季的北方矿山在井下点燃木材取暖,不仅污染风流,有时还会造成局部火灾。一个木支架燃烧,产生的一氧化碳就能够在一段较长的巷道中引起中毒或死亡事故。

2)明火火灾的预防措施

燃烧的发生和发展必须具备三个必要条件,即可燃物、助燃物(氧化剂)和引火源(温度)。当燃烧发生时,上述三个条件必须同时具备,如果有一个条件不具备,那么燃烧就不会发生。因此控制火灾就从这三个方面入手。

关于矿山井下不得使用明火的有关规定,《金属非金属矿山安全规程》(GB 16423—2020)指出不得使用明火直接加热井下空气或烘烤井口冻结的管道。井下不应使用电炉和灯泡防潮、烘烤和采暖。

具体预防措施包括:

(1)严禁在井下安设炉灶,明火取暖或有意燃烧木材及其他可燃性材料;

(2)井下放置炸药、柴油及其他易燃品的地点严禁抽烟和明火;

(3)井下密集木支点、木结构的竖井、斜井、硐室或其他有易燃品的地点,使用明火或必须进行焊接作业时,必须经主管矿长和安全部门批准后,方可按规定进行作业。作业中要有灭火及防止焊渣火星飞溅的可靠措施,作业结束时要仔细检查现场,严防留下火种;

(4)在一般地点进行焊割作业时,乙炔器具与焊割地点之间的距离不得小于10 m,并设专人看守,防止过往人员的灯火引燃乙炔气;

(5)井下不得使用乙炔发生装置;

(6)井下存放炸药和易燃品的上方及附近严禁悬挂或放置电石灯。

2.3.3　爆破作业引起的火灾及预防措施

（1）爆破作业引起的火灾

爆破作业中发生的炸药燃烧及爆破原因引起的硫化矿尘燃烧、木材燃烧，爆破后因通风不良造成可燃性气体聚集而发生燃烧、爆炸，都属于爆破作业引起的火灾。近年来，这类燃烧事故时有发生，其直接原因可以归纳为：在常规的炮孔爆破时，引燃硫化矿尘；某些采矿方法（如崩落法）采场爆破产生的高温引燃采空区的木材；大爆破时，高温引燃黄铁矿粉末、黄铁矿矿尘及木材等可燃物；爆破产生的碳氢化合物等可燃性气体积聚到一定量，遇摩擦、冲击或明火，便会发生燃烧甚至爆炸。

必须指出，炸药燃烧不同于一般物质的燃烧，它本身含有足够的氧，无须空气助燃，燃烧时没有明显的火焰，而且产生大量有毒有害气体。燃烧初期，生成大量氮氧化物，表面呈棕色，中心呈白色。氮氧化物的毒性比一氧化碳更为剧烈，严重者可引起人发生肺水肿而死亡。所以，在处理炮烟中毒患者时，要分辨清楚是哪种气体中毒。

（2）爆破火灾的预防措施

对于含有硫化矿尘燃烧、爆炸危险的矿山，应限制一次装药量，并填塞好泡泥，以防止矿石过分破碎和爆破时喷出明火，在爆破过程中和爆破后应采取喷雾洒水等降尘措施；对于一般金属矿山，按《爆破安全规程》要求，认真进行炸药库照明和防潮设施的检查，应防止工作面照明线路短路和产生电火花引燃炸药，造成火灾；无论是进行露天台阶爆破还是井下爆破作业，均不得使用在黄铁矿中钻孔时所产生的粉末作为填塞炮孔的材料；大爆破作业时，应认真检查运药路线，以防止电气短路、顶板冒落、明火等原因引燃炸药，造成火灾、中毒、爆炸事故；爆破后要进行有效的通风，防止可燃性气体局部积聚达到燃烧或爆炸极限而引起烧伤或爆炸事故。

2.3.4　焊接作业引起的火灾及预防措施

1）焊接作业引起的火灾

在矿山地面、井口或井下进行气焊、切割及电焊作业时，如果没有采取可靠的防火措施，由焊接、切割产生的火花及金属熔融体遇到木材、棉纱或其他可燃物，便可能造成火灾。特别是在比较干燥的木支架进风井筒进行提升设备的检修作业或其他井巷动火作业时，因切割、焊接产生的火花及熔融体未能全部收集而落入井筒，又没有用水将其熄灭，便很容易引燃木支架或其他可燃物，若扑灭不及时，往往会酿成重大火灾事故。

据测定结果，焊接、切割产生的飞散火花及金属熔融体碎粒的温度高达 2000℃，其水平飞散距离可达 10 m，在井筒中下落的距离则可大于 10 m。由此可见，这是一种十分危险的引火源，如图 2-4 和图 2-5 所示。

2）焊接作业火灾预防措施

焊接作业在矿山也是经常性的作业，井下或地面钢结构支架、支护等在施工和维修期间需要焊接，金属焊接过程中出现焊接处高温以及焊渣明火，若掉落到易燃的物质上，如木支护、电缆等，可能造成火灾。

图 2-4　井下打磨生热

图 2-5　焊接作业

预防电焊火灾，必须以提高从业人员的消防安全素质、控制作业环境、加强监督管理、增强火灾扑救能力等方面为重点。

（1）健全制度，加强管理

在电焊作业中，严格实行"电焊作业持证上岗制度""危险场所动焊审批制度""危险场所动焊监护制度"及"焊前焊后检查制度"等，全面推行定员、定职、定责的责任制度，实施全员、全过程的消防安全管理。

（2）加强培训，提高素质

对于企业中的电焊员工，应定期组织对其进行消防安全知识培训；对于无管理单位的电焊从业人员，行业管理部门应进行归口管理，组织培训。消防监督机构应适时对培训情况进行检查、考核。

（3）遵章作业，确保安全

①电焊作业前，应对作业场地进行充分的消防安全检查，清除一切可能导致火灾、爆炸等事故发生的隐患；

②电焊作业结束后，应进行全面细致的场地清查，防止留下未完全熄灭的火种；

③针对不同的作业场所和作业对象，应配备一定数量和相应型号的灭火器材，一旦发生火灾便能及时扑救。

2.3.5　电气原因引起的火灾及预防措施

（1）电气原因引起的火灾

电气线路、照明灯具、电气设备的短路、过负荷，容易引起火灾。电火花、电弧及高温炽热导体极易引燃电气设备、电缆线的绝缘材料。有的矿山用灯泡烘烤爆破材料或用电炉、大功率灯泡取暖、防潮，引燃了炸药或木材，造成严重的火灾、中毒、爆炸事故。

用电发生过负荷时，导体发热容易使绝缘材料被烤干、烧焦，并失去绝缘性能，使线路发生短路打火，遇可燃物时，极易造成火灾。带电设备元件的切断、通电导体的断开及短路现象发生，都会形成电火花及明火电弧，瞬间达到2000℃甚至更高的温度，从而引燃其他物质。井下电气线路特别是临时线路接触不良,接触电阻过高是造成局部过热引起火灾的常见原因。

随着矿山机械化、自动化程度不断提高,电气设备、照明和电气线路趋于复杂。电气保护装置选择、使用、维护不当,电气线路敷设混乱往往是引起火灾的重要原因。

电气着火现象的直接原因主要包括短路、过负荷、接地故障、接触不良、漏电、静电、电气照明设备引起火灾等,见表 2-3。

表 2-3　电气火灾的直接原因

直接原因	基本说明
短路	导线短路时,因有大量电流流过而使导体快速发热,导体就变得炽热,并且可能烧着与其连接的绝缘材料、木支架、矿尘和邻近的可燃物,造成火灾。在有矿尘爆燃危险的矿井条件下,炽热的导体与含有矿尘与空气的爆炸混合物相接触,达到爆炸条件,就可能引起爆炸
过负荷	当过负荷尚未使线路发生短路打火时,导体的发热通常进行较慢,但是长时间积累,设备将达到使自己失去绝缘性能的危险温度,最后常常引起电气设备中线路的短接而发火
接地故障	中间接地的漏电,特别是矿内电缆线路两相短接时漏电也会产生火花,引起燃烧
接触不良	线路中个别部分接触电阻的增加,主要是接触不良的结果。实践证明,井下电缆与电缆或者电缆与设备的连接部分(接头)做得不好,往往是矿井巷道内因电流产生火灾最常见的原因之一
漏电	漏电是引起电气火灾的主要原因之一,而且更普遍更隐蔽。使用电器介电强度不够或电线绝缘材料性能不好等,都容易发生漏电。另外由于绝缘材料的性能下降是不能逆转的,漏电电流会逐渐加大,造成打火引燃周围的可燃物而形成电气火灾
静电	在井下,静电的产生可能是因为砂砾或其他空气中的混合物与橡胶管、金属管壁相摩擦,压缩胶带与轮子摩擦,橡胶带在带式输送机卷筒上摩擦等,从而产生电弧及火花。静电的电压能达到极高的值(数万甚至数十万伏),极易引起爆炸与火灾
电气照明设备引起火灾	井下如果不及时地处理照明灯罩上覆盖的矿尘,有时也能引起火灾。细小的矿尘由于堆积在电灯的灯脖上或玻璃罩上,阻碍灯泡内部热量的扩散,当温度升高到一定程度就有可能致使矿尘发火

从矿井电气设备安全隐患方面来说,主要有设计选型、安装施工和运行维护 3 个方面的问题,见表 2-4。

表 2-4　矿井电气设备安全隐患及其产生原因

安全隐患	产生原因
设计选型	不严格地按电气装置设计规范、防火设计规范进行设计,设计图纸不合理,甚至仍使用落后淘汰的产品
	低压回路中用电设施的保护元器件选用不当,根本起不到保护作用
	设计图纸对导线、电缆未注明选用阻燃型
	对有些机电设备的电气设计,防爆、防静电设计薄弱

续表2-4

安全隐患	产生原因
安装施工	不严格按有关电气施工规范施工，擅改设计图纸
	不按设计标准选用电气设备及材料，随意变更线路参数或乱接负荷，如以铝质导线代替铜质导线，以小线代大线，以普通线代阻燃线等
	电气线路中小截面铜质导线接头质量不好，引发接触发热，毁坏绝缘发生火灾
	隐蔽工程不良、导线不穿管、导体裸露、保护接地导体虚连等现象都有可能引发井下火灾
运行维护	井下电气设备运行环境恶劣，由于通风不畅造成井下电气设备发热
	井下电气设备由于巷道承压，须搬移而造成导线接头松动，引发接触发热，毁坏绝缘发生火灾

从电气火灾事故类型来说，主要关注电缆火灾、架线火灾、电气设备火灾3个方面，见表2-5。

表 2-5 电气火灾主要事故类型

火灾类型	总体描述	主要原因	情况描述
电缆火灾	井下生产点多面广，供电线路长，沿线开关、接线盒等人为线路接点多，且生产地点使用的机电设备台数多、功率大，低压供电系统大多采用380 V 或 660 V 的电压，使供电线路电流较大；或电气线路使用年限长久、绝缘老化、铜铝导线连接接触不良，缺乏正常维护或及时更新，发生漏电打火，导致线路过热等是造成井下低压橡套电缆火灾事故的主要原因	电缆接点发热	电缆在日常维护管理中经常移动，接头松动，或者电工在制作电缆接头时因工艺不合格、接线不牢固等原因导致接线电阻较大。当大电流通过有较大电阻的接线柱时会产生较大的热量，如果没有及时处理，就有可能引起电缆着火。一般情况下这种火灾隐患不容易被发现，此时工作面设备基本没有投入运行，电缆电流值很小，接线松动的地点不易发热，所以故障不容易被查出，容易留下火灾隐患
		电缆短路	电缆短路的原因有许多种。例如，电缆吊挂不合理被挤压短路；接线不合格使电缆接线头被拉脱引起相间短路；电缆绝缘老化或破坏短路；违章带电检修、搬迁、挪移电气设备，电缆被拉动使接线头松脱导致相间短路；电缆质量差，内部芯线断丝打火而短路；用电设备相间短路等。由于有的用电地点线路较长，线路阻抗较大，短路电流无法达到馈电设备的整定电流，线路上设备发生短路后，短路大电流长期存在，线路上电缆截面较小地方就会过热燃烧
		电缆接地线过电流	电缆接地线过电流现象一般发生在使用直流架线电机车的矿井中。由于架线吊器器绝缘损坏或架线直接接触金属物(如喷雾管、风管等)使架线通过高压电缆铠装层、橡套电缆接地线等形成短路回路，促使电缆过热发生火灾；供电系统中局部接地极与轨道太接近或相接触，同时轨道接头电气连接不合格使回流线电阻太大时，供电系统的接地线就成了架线的回流线，截面较小的接地线可能过负荷发生火灾

续表2-5

火灾类型	总体描述	主要原因	情况描述
架线火灾	当架线掉落或吊线器、绝缘子绝缘损坏，通过其他导电物形成漏电回路产生大电流时，会产生热源点燃其他可燃物的现象。在井下火灾事故中因架线短路故障引起的火灾占有相当比重	吊线器绝缘损坏	吊线器绝缘损坏造成火灾，一般架线通过拉线与铠装电缆接触形成短路回路引燃铠装电缆，或架线通过金属支架、巷道浮尘、轨道等形成短路回路点燃浮尘、杂物等。目前矿山使用的吊线器大都是胶木绝缘或瓷质绝缘的，吊线器受潮、断裂、磨损时绝缘性能降低引发火灾隐患，有的矿山架线两侧的拉线上没有安装绝缘子，降低了绝缘水平，长期存在火灾隐患
		集电弓电弧火灾	集电弓电弧火灾一般发生在木支护的巷道中，集电弓在架线上滑移时跳动而产生电弧，温度高达6000℃，由于电弧在同一个地点持续的时间很短，可燃物有传热和散热性质。因此，一般情况下电弧不易点燃像原木那样体积较大的物体，但背板、竹笆等细小的易燃物可能被电弧点燃，酿成火灾
		架线回流线火灾	电机车钢轨同时作为牵引列车和回流用，当回电轨道电气连接不合格或失效时，回电电阻增大，机车运行中大电流经轨道电气连接处产生火花或轨道夹板与紧固螺栓之间产生高温，若此地有树皮、木屑、废纸、擦机泊布等易燃物就会产生火灾
电气设备火灾	井下电气设备发生火灾的原因很多，如电气设备过载运行或三相电动机缺相运行；电动机、变压器等设备的绕组或铁心发生短路，过(欠)电压引起过电流，线路接触不良引起过电流；绝缘性能降低引起短路，冷却效果(散热条件)不好引起过热，非正常操作断路器、控制器等出现强烈电弧或断路器、电力变压器等设备的绝缘油在高温电弧作用下气化分解，发生燃烧或爆炸等	机电硐室火灾	机电硐室是井下最可能存在火灾隐患的地点之一，可能发生火灾的有：控制柜线路老化短路；接触器衔铁接触不良造成线圈过载；起动电抗器线圈老化短路、接线不合格过热、设备起动时间过长等

（2）电气火灾的预防措施

井下禁止使用电热器和灯泡取暖、防潮和烤物，以防止热量积聚而引燃可燃物，从而造成火灾；正确地选择、装配和使用电气设备及电缆，以防止发生短路和过负荷。注意电路中接触不良后电阻增加的发热现象，正确进行线路连接、插头连接、电缆连接、灯头连接等；井下输电线路和直流回馈线路,通过木质井框、井架和易燃材料的场所时,必须采取有效防止漏电或短路的措施;变压器、控制器等用油,在倒入前必须干燥,清除杂质,并按有关规程与标准采样,进行理化性质试验,以防引起电气火灾;严禁将易燃易爆器材存放在电缆接头、铁道接头、临时照明线灯头接头或接地极附近,以防因电火花引起火灾。以下是防止电气和电热起火的措施:

①井下各作业场所的动力线路开关、电气设备必须依规安设,严禁超负荷。

②电气设备的开关熔断器只允许使用符合安全规定的熔断丝(片),严禁使用其他金属丝(片)。

③井下严禁使用电炉、灯泡取暖。

④为防止仪器设备受空气湿度的影响,个别地点需要用电热干燥空气时,应经矿总工程师批准,按规定适当安设电热设备,并注意安全防火。

⑤各作业场所的照明动力线路必须依规架设,经常保持其绝缘良好,在电线或电缆接头附近禁止存放炸药或其他易燃品。

⑥井下任何地点的工具箱、更衣箱内禁止装置电灯或其他电热设备。

⑦禁止采用灯泡加热器、阻抗器或电炉烘烤爆破器材、衣服及其他易燃材料。

⑧电灯泡和电线接头的裸露部分、电气设备的发热部分,禁止与木材、油毡纸和其他易燃品接触。

⑨井下采用阻燃电缆。

⑩井下采用局部通风,送风风筒采用阻燃风筒。

2.3.6　机械摩擦生热引起的火灾及预防措施

(1)机械摩擦生热引起的火灾

井下的各种机械,如通风机、水泵、电耙绞车等在不正常的运转条件下,摩擦发热,当散热条件不良时,有可能使热量积聚而引燃周围的易燃物,从而造成火灾。顶板冒落、岩石片帮都会引起较强的冲击气浪,使已发火采空区的炽热硫化矿尘及二氧化硫等有毒气体进入邻近的巷道或工作面,造成烧伤及冲击气浪伤人或死亡事故;还可能砸毁电气设备及电气线路,形成短路而引燃木支架或其他可燃物,造成火灾、中毒事故。

(2)预防机械摩擦生火措施

皮带机托辊、换向器、井下机械运转部分要加强保养维护,及时加注润滑油,经常保持良好运行状态,防止静电。

2.3.7　矿山外因实例

2.3.7.1　沙河市××矿主井火灾事故

2004年11月20日凌晨3时许,河北省邢台沙河市××矿主井发生火灾事故,并危及与之相邻的4个铁矿。这次特别重大安全生产事故造成70人死亡,直接经济损失604.65万元。

据初步认定,这次事故是该矿使用电焊引燃木材所致,加之多矿严重越层越界开采,形成矿矿相通、上下重叠的状况,使得该矿与周围4个铁矿的5个巷道相通,因井下烟气太大,致使矿工被困井下,酿成惨剧。

直接原因：

(1)事故发生的直接原因是该矿维修工在盲 1 井的井筒内违章使用电焊，焊割下的高温金属残渣掉落在井壁充填护帮的荆笆上，造成长时间阴燃，最后引燃井筒周围的荆笆及木支护等可燃物，引发井下火灾。

(2)事故扩大的直接原因是火灾事故发生时该矿仅有 10 名工人在井下作业，却造成了事故矿和事故波及矿共 70 位工人死亡，其原因主要是：

①非法越界开采，经现场勘测，5 个矿山都存在越界开采的现象。各矿的越界开采直接造成了矿矿相通和井下巷道错综复杂，风流紊乱，导致一个矿井发生事故、多个矿井严重受灾。事发矿井即该矿在此次事故中死亡 9 人，而因违法越界开采受波及的其他 4 个事故矿死亡 61 人。

②井下没有安全出口，5 个矿山均没有按照规程要求设立安全出口，上述矿井的竖井均没有按规定设置能够行人的设施，发生事故提升机不能使用后，井下遇险人员无法从仅有的一个通道逃生，进一步扩大了受灾范围。

③没有独立完善的矿井通风系统，相邻的 5 个矿山都没有独立的通风系统，由于矿与矿之间井下由废弃老巷道及未经处理的采空区相连接，甚至各矿之间的平巷直接相连，加之所有的矿山均采用自然通风的方式，形成了整个矿区井下风路的大循环，导致相连各矿均受到事故矿井火灾烟气的污染。矿山采用的自然通风方式完全失去了对风流的控制能力。事故发生后，受火灾及高温烟气的影响，风流发生变化，大量一氧化碳等有害气体通过未知的采空区、废弃老巷道向各矿蔓延。由于 5 个矿山都没有最基本的逃生通道，导致 70 名井下被困人员中毒身亡。

(3)事故初期自救措施不当。事故发生后，部分矿山在火灾初期的自救措施失当，客观上也造成了事故灾害的加剧。

①火灾初期，1#矿发现主、副斜井口向下压风，从而使得+75 m 处的烟气被迫下行，烟气被压至-25 m 水平，增加了工人从斜井口逃生的困难。

②在 2#矿一平巷十字交叉口后，用棉被设置了密闭，由于此密闭阻碍了该矿盲 1#井中烟气向竖井口流动的通道，迫使该盲井的烟气下行，进而加大了向其余各矿扩散的烟气量，使灾量进一步加大。

③在 3#矿一平巷交叉口前安装了风机，向内压风，此措施进一步增加了烟气向李生文矿和白塔二矿竖井排烟的困难，使大量的烟气下行、扩散，使各矿的影响进一步加剧。

2.3.7.2　灵宝市××矿井下火灾事故

2009 年 9 月 8 日，河南省灵宝市××矿井下发生火灾事故，死亡 13 人。该矿井为平硐盲斜井开拓的地下开采矿山，年采矿能力为 6 万 t。据初步调查，导致事故发生的主要原因是施工单位在对该矿区 1532 坑口进行支护时，巷道发生坍塌，造成井下电缆短路，引起木支护着火。事故发生后，施工单位当班 12 名井下作业人员中有 6 人安全升井、6 人被困。施工单位随即自行组织 6 人下井施救，该矿副主任接报后又带 1 人下井，以阻止施工单位盲目施救，致使 14 人被困井下。因公司在事故发生后，没有按规定及时上报，错过了最佳救援时机，加之施工单位及矿区盲目组织施救，造成人员伤亡扩大。后经灵宝市消防大队和专业矿山救护队全力抢救，被困 14 人中生还 1 人、死亡 13 人。该事故暴露出企业安全法治意识淡薄，安全生产主体责任不落实，隐患排查治理工作不细致、不彻底，应急管理不力等问题。

为此，原国家安监总局要求：①深化金属非金属地下矿山专项整治工作。在全面整治非煤矿山安全生产重大隐患的基础上，把地下矿山安全专项整治作为重中之重，重点排查企业是否存在以下问题：没有正规设计、系统存在缺陷，矿井没有两个独立、直达地面、能行人的安全出口，顶板不稳固的采场没有采取有效监控手段和处理措施，使用国家明令淘汰的提升设备设施，井下防火、防洪、防透水及排水措施不落实，没有建立机械通风系统或通风系统不完善，风质、风量、风速不符合标准，技术管理、现场管理不规范、不到位，通信系统不完善、不可靠，采空区、火工品管理制度不完善、不落实，没有按规定制订事故应急预案并进行演练等。以上问题一经发现，要责令企业立即停产整改，整改合格后，方可恢复生产。②强化采掘工程施工单位的管理。金属非金属矿山企业采掘工程发包，必须选择具有相应施工资质和安全资格的采掘工程施工单位。要与施工单位签订专门的安全生产管理协议，明确矿山企业与施工单位的安全责任，划清各自的安全生产管理职责，将施工方的安全生产工作纳入企业安全生产工作中统一管理。尤其要强化对施工单位的监督管理，严禁以包代管或包而不管。要对采掘工程施工单位制订的施工方案、安全规章制度、安全作业规程进行严格审核，确保其有效运行。要加强对施工现场的安全检查，及时发现事故隐患并责令施工单位限期整改。③加强应急管理，提高应对事故灾难的能力。金属非金属矿山企业要根据各类灾害事故的特点，制订有针对性的应急预案，明确避灾逃生方案，并加强应急演练，通过演练达到检验预案、完善机制、锻炼队伍的目的。要加强对员工的培训，提高从业人员自救、互救及应急处置的能力。要依法建立应急救援队伍，生产经营规模较小的企业要指定兼职的应急救援人员，并与专业应急救援队伍签订救援协议。要配齐必要的救援和检测监测装备，并定期进行维护、保养、校验，保证正常使用。

2.3.7.3 招远市××金矿井筒电缆起火引发火灾事故

2010年8月6日17时左右，山东省招远市××金矿四矿区盲竖井12 m中段至14 m中段井筒电缆起火引发火灾事故。事故发生时，井下共有作业人员329人，经全力科学施救，313人成功获救升井(其中1人重伤)，事故共造成16人死亡。

该公司是招远市国有独资企业，事故矿井为竖井开拓的地下开采矿山，年采矿能力20万t。该矿井各种证照齐全有效。据初步调查分析，这起火灾事故是由四矿区盲竖井12 m中段至14 m中段井筒电缆起火导致的。由于井下有大量浓烟，遇难者主要死于窒息和一氧化碳中毒。

这起事故暴露出企业安全生产主体责任不落实，安全基础不扎实，隐患排查治理不彻底，执行安全规程不严格，机电设备设施相对落后，且未按规定及时上报事故情况等突出问题。安全生产管理部门要求：①加强企业安全生产基础管理，搞好安全标准化建设。②加强通风和机电管理，严防中毒和火灾事故发生。③建立和完善机械通风系统。保证主要通风机在10 min内实现反风的措施。采用多级机站通风系统的矿山，主通风系统的每台通风机都应满足反风要求。④加强应急管理，提高应对事故灾难的能力。⑤根据各类灾害事故的特点，制订停电、反风、中毒窒息、火灾事故等情况下的应急救援预案，明确避灾逃生方案，并加强应急演练。⑥按要求配备足够数量的应急救援物资和设备，建立健全井下应急救援通信联络系统，井口和采掘工作面必须配备一定数量隔离式自救器，并经常检查维护、及时更新。⑦加强对员工的培训，提高从业人员自救、互救、及应急处置的能力。⑧依法建立应急救援队伍，生产经营规模较小的企业要指定兼职的应急救援人员，并与专业应急救援队伍签订救援协议。

2.3.7.4　繁峙县 ×× 金矿特大爆炸事故

2002 年 6 月 22 日下午，山西省繁峙县 ×× 金矿松洞沟零号脉王全全洞发生特大爆炸事故，造成 37 人死亡。

这是一起火药爆炸事故。事故的直接原因是：井下作业人员违章使用照明白炽灯泡集中取暖时间长达 18 h，使易燃的编织袋等物品局部升温过热，造成灯泡炸裂引起着火，引燃井下大量使用的编织袋及聚乙烯风管、水管，火势迅速蔓延，引起其他巷道存放的炸药和井下炸药库燃烧，导致炸药爆炸。在爆炸冲击波作用下，风流逆转，燃烧、爆炸产生的大量高温、有毒、有害气体，造成井下大量人员中毒窒息死亡。

矿主违反有关规定将大量雷管、炸药存放于井下硐室、巷道，致使发生火灾后引起爆炸，并在着火长达 1 h 的情况下，矿主没有采取快速有效的处理措施，未组织作业人员撤离，井下作业人员无自救工具。事故发生后，矿主没有制止地面矿工在无任何救护设备的条件下入井抢救，使死亡人数增加。

2.3.7.5　甘肃 ×× 矿重大火灾事故

2016 年 8 月 16 日 10 时 50 分，甘肃 ×× 矿发生一起重大火灾事故。造成 12 人死亡、17 人受伤，直接经济损失 1970 万元。

8 月 16 日 7 时许，中金公司安全负责人王 ×× 带领施工人员杨 × 和鲁 ×，进入斜坡道冒落区清理冒落渣石。因冒落区钢拱架上方的钢板受冒落渣石重压变形，部分钢拱架倒塌影响清渣工作。10 时 30 分左右，王 ×× 返回斜坡道硐口与施工队焊工魏 ×× 驾驶三轮车运来氧气瓶、乙炔瓶和切割枪。10 时 40 分左右，魏 ×× 站在冒落渣堆上，使用氧炔焰切割钢板。10 时 50 分左右，氧炔焰将钢板后面的草垫、竹架板、圆木等填充物引燃。王 ×× 组织杨 ×、鲁 × 用铁锹、水泵浇水灭火，因火未及时彻底熄灭，着火产生的一氧化碳等有毒有害气体经斜坡道进入 3 号、4 号破碎硐室及 A1 胶带运输平巷，导致该矿在 3 号、4 号破碎硐室实施维修清扫作业的西沟矿破碎运输作业区现场值守安全员刘 ×、电工班电工员 ×、朱 ××、钳工班钳工郭 ×、皮带二班组长姜 × 及 2 名组员、皮带二班长、巡检班巡检工等 9 名作业人员被困。14 时 19 分，9 名被困人员试图从 3 号破碎硐室向外撤离，因烟雾太大撤离未果，14 时 22 分返回 3 号破碎硐室。最终导致 12 人死亡。其中 9 人为被困人员，3 人为救援人员。造成事故的原因如下：

（1）直接原因

①施工人员在实施斜坡道维修支护项目过程中，采用氧炔焰切割冒落区垮落的钢拱架上部凹陷的钢板时，引燃冒落区支护充填用的草垫、竹架板、圆木等可燃物，从而造成火灾，产生的大量一氧化碳等有毒有害气体，经斜坡道随风流下行进入 3 号、4 号破碎硐室和 A1 胶带运输平巷，造成 9 名当班作业人员一氧化碳中毒死亡。

②矿主在抢险救援过程中，施救不当，造成 3 人一氧化碳中毒死亡、17 人一氧化碳中毒受伤。

（2）间接原因

①外委施工单位违法违规施工作业。一是未组建合规的斜坡道冒落区维修支护工程项目部，未制订相应的安全技术规程和岗位安全操作规程。二是《×× 矿斜坡道支护维修专项施工方案》和《斜坡道内部钢拱架临时支护应急处理方案》未经矿方审批，擅自组织施工作业。三是违反《金属非金属矿山安全规程》相关规定，未经审批擅自在有圆木、竹架板、草垫等可

燃物周围动火作业，未制订并落实安全防范措施。四是施工技术力量不足，临时招录施工人员，上岗前未经安全培训，缺乏处理矿山冒落区支护经验。五是在没有对斜坡道原支护段进行可靠加固的情况下，对斜坡道底板进行拉底开挖，造成斜坡道原支护段多次发生冒落。六是施工管理人员违章指挥、作业人员违规动火，冒险蛮干。七是对火情确认不准确，灭火不彻底，造成复燃。八是违规动火引燃冒落区充填物后，未向矿方报告。

②矿方安全生产主体责任不落实。一是未认真执行安全管理制度，对外包工程项目施工单位和施工现场安全监管不力，未及时制止施工单位违规动火作业。二是安全教育培训不落实，对国家安全生产法律法规、应知应会知识、应急救援预案教育培训不到位，职工安全风险意识淡薄，职工逃生自救能力欠缺。三是应急救援管理不落实，辅助救护队形同虚设，应急救援预案应付差事，配备的应急救援装备及个体防护用品的保养和使用培训不到位，应急演练流于形式。火灾发生后，应急处置无序、随意，导致发生次生事故。四是环境监测系统未开启运行，集控室监控人员未按规定执行操作。五是事故隐患排查治理不扎实，日常安全检查不细致、不认真。六是事故报告不及时，火灾发生后，没有按照生产安全事故报告的有关规定及时逐级上报。

2.3.7.6 ××矿区井下运矿卡车失火事故

2000年7月9日4时40分，××矿区井下发生一起运矿卡车失火事故，死亡17人，重伤2人，直接经济损失188万元。

（1）矿井概况

该矿区始建于1966年，1982年投产，1998年1月与原井巷公司合并成立新的二矿区，是某公司主力矿山，年出矿量220万t。

矿山采用竖井、斜井、斜坡道联合开拓方式，机械化下向分层胶结充填采矿法，多风机并串联微正压通风系统。事发时矿区有两个主要回采中段：1250 m中段和1150 m中段。1250 m中段回采1218 m分段，1150 m中段回采1138 m分段。1250 m中段的1198 m分段和1150 m中段的1118 m分段目前正在开拓之中。此次事故发生地点在1118 m～1138 m分段的斜坡道岔口处。

（2）事故经过

1998年7月9日零点交接班后，赵××因自己驾驶的运矿车未修好，驾驶其他师傅的12号车运矿作业。大约是凌晨2时，当赵拉完第7车矿石后，看到车上温度表已达到170℃，便驾车到1118 m～1138 m分段水平的斜坡道岔口处熄火降温不到10 min，大约凌晨4时40分再次启动后，发现发动机右后脚下面着火，就取下车上的灭火器灭火，没有灭掉，就跑到5号车范××处，两个各拿了一个灭火器灭火（有一个灭火器是空的），但火还是灭不掉。赵又跑到一工区找灭火器，一工区值班员许××说"灭火器是空的"。5时20分，许在帮助灭火过程中，向矿调度室调度员夏××作了电话汇报。赵随后找了两个水桶，与13号车司机刘××、5号车司机范××提水去灭火，因火势很大，用水灭火也不起作用。赵又跑到1118 m维修硐室内找灭火器未找到，赵就叫硐室内的岳××向计量室打电话（但未打通），尔后赵又返回现场，试图让铲运机铲断水管用水灭火，但因铲运机司机不在而未成。这时赵看到巷道内烟很浓，并感到头痛无力，便摸着巷道走到了1150 m中段休息片刻后，乘罐车出井，约7时到地面，再没有向有关部门报告情况。

卡车着火时，1118 m中段作业点共有施工人员59名。9日5时30分，二建六队值班长孔××在 1118 m 中段 5 号溜井焊钢模时，发现有烟从溜井上面下来，就跑到 6 号道，待一会后 6 号道也进来烟，便立即组织人员往 2 号道有通风井的地方跑。当时有人提出硬冲 1118 m ~1138 m 分段斜坡道，他就制止他们不要去，但仍有好多人不听制止，跑往 1118 m~1138 m 分段斜坡道，造成 17 人死亡，2 人重伤。其余 40 人相继撤离到 FV1 通风井处而脱险。

（3）事故原因

经调查确认，这是一起由于 12 号运矿卡车油管接口存在渗漏现象，发动机工作时间长，排气管温度过高，经长时间高温烘烤，渗漏的油在启动机周围形成可燃气体，再启动时，因磁力开关触点或启动机搭线产生火花点燃可燃气体，燃烧中油箱油管内压力增大，形成断裂，油料泄漏，遇明火燃烧后产生大量的有毒有害气体(包括 CO、SO_2、NO_2、NO、CO_2、橡胶微细颗粒等)，致使 17 人中毒窒息死亡、2 人重伤的火灾事故。主要原因是：

①井下运输安全管理不严，车辆检查维修质量达不到安全要求，埋下火灾隐患。9 号车司机赵与 12 号车司机王违反规定私自换车，使 12 号车辆长时间连续工作，造成发动机周围温度过高，而且该车检查、维修质量差，油管接口渗油，因而埋下了火灾隐患。

②司机操作不当引发火灾，不立即报警延误灭火时机。司机赵发现卡车显示达到 170℃ 的警戒温度后，未停车不熄火、用叶轮扇风冷却的规定操作，而是停车熄火，在温度没有降到安全界限的情况下再次启动，因电火花点燃可燃气体，形成火灾。起火后，赵没有立即报告，在数次试图灭火不成的情况下又离开现场出井，也没有向任何部门报告，延误了灭火的时机。

③施工现场安全管理不到位，火灾发生时人员撤离无人指挥。掘一工区主管设备副主任王××，违反拖车时设备主任必须到现场指挥的规定，在家中电话同意上一班值班班长安排当班值班长干拖车的工作，事故发生时值班员不在现场，人员撤离工作无人指挥，致使一部分作业人员盲目进入灾区。

④未按规定制订和实施矿井灾害预防和应急计划，防火安全措施不落实。现已查明，1998 年以后矿井没有依法制订和实施过灾害预防和应急计划，防灭火安全措施达不到要求，井下巷道安全标志设置不符合规定。火灾发生时，矿调度室没有立即向公司调度报告，对火灾的扑救和人员的撤离缺乏有效的指挥和调度，井下通信联络不畅通，多处灭火器材不能使用，事故地点附近无消防栓和其他消防设施，地面消防车因外部尺寸过大进不了井筒，待拆卸了梯子后才入井灭火。

⑤外包工程施工队，未依法对从业人员进行安全培训。在该矿承包工程的四个施工队安全管理松懈，没有严格按照矿山安全法规规定的时间和内容对从业人员进行安全培训，从业人员安全素质低，缺乏应急和安全撤离等应有的知识，部分作业人员因选择了错误的避灾路线而伤亡。

⑥公司领导对贯彻执行党和国家的安全生产方针和矿山安全法规重视不够，对事故隐患的整改和查处力度不强，安全生产管理不严，也是造成这起事故的一个原因。

（4）今后防范措施建议

①加强法治观念，认真贯彻执行国家的安全生产方针和安全生产法律法规，依法抓好企业的安全生产工作。

②进一步落实各级安全生产责任制，特别是各级领导的安全生产责任制，真正把安全生产法规、制度、措施、规程等落实到每个基层和每个作业人员，形成有效预防事故的管理机制。

③采取有效措施，进一步改善企业的安全生产条件，完善包括通风系统、通信系统和防灭火系统的合理性和安全性，配备必要的救护、急救装备和器材，按规定设置矿山安全标志，以增强抗御灾害和事故的能力。

④要依法编制和实施以防止火灾事故为重点的矿山灾害预防和应急计划，及时检查和治理事故隐患，防止火灾事故的再次发生，切实做好各类事故的防范工作。

⑤加强对外包施工队的安全生产管理工作。企业要对外包施工队的安全资质进行审查和从业人员上岗资格的清理整顿，安全资质达不到要求的不准承包工程；承包施工队要严格执行各项安全生产管理制度，依法培训作业人员，对安全管理松懈、存在重大事故隐患的要限期停产整顿，逾期达不到要求的要依法取消其承包资格，对达不到培训规定的作业人员不准上岗作业。

2.4　矿山灭火与救灾

燃烧是一种很普遍的现象，但燃烧是有条件的，它必须是可燃物质、助燃物质和着火源这3个基本要素同时存在，并且相互作用才能发生。

（1）可燃物质

不论固体、液体、气体，凡是能与空气中的氧或其他氧化剂起剧烈化学反应的物质，都叫可燃物质。其中，可燃气体如：煤气、沼气、氢气、甲烷、乙炔等；可燃液体如：汽油、煤油、柴油、乙醇、甲醇、植物油等；可燃固体如：木材、纸张、煤炭、橡胶、塑料、钾、钠、镁、铝、钙、磷、硫黄、松香等。

（2）助燃物质

凡是能帮助和支持燃烧的物质，都叫作助燃物质。如：空气、氧、氟、氯、溴和其他氧化剂，均属助燃物质。氧化剂的种类很多，除氧气外，还有许多化合物如硝酸盐、氯酸盐、重铬酸盐、高锰酸钾以及过氧化物等，都是氧化剂。这些化合物含氧较多，当受到热、光或摩擦、撞击等作用时，都能发生分解，放出氧气，起到助燃作用。

（3）着火源

凡是能引起可燃物质燃烧的热源，都叫着火源。常见的有以下几种：

①明火。如火柴火、蜡烛火、打火机火、烟头火、炉火、焚烧、焊接火等。

②电火。电器线路或设备由于漏电、短路、过负荷、接触电阻过大或绝缘被击穿所造成的高温、电火花、电弧等。

③高温物质。如硫化矿物、烧红的电热丝、高温设备、管道等。

④化学热。物质氧化、分解、聚合反应时发热。

⑤摩擦热。如机械摩擦、压缩、撞击产生的热。

燃烧反应在可燃物质、助燃物质和着火源等方面都存在着极限值。燃烧需要达到以下3个充分条件：

①必须具有一定数量的可燃气体或可燃蒸气浓度。

②必须有足够数量的氧和氧化剂。

③着火源必须具有一定的温度和热量。

灭火的实质就是破坏燃烧三个条件同时存在和消除燃烧三个条件的过程，如把正在燃烧体系内的物质冷却,将其温度降低到燃点之下,使燃烧停止。

灭火就其原理而言,可分为直接灭火、隔绝灭火和综合灭火三大类。

2.4.1　直接灭火

采用水、沙子、黄泥、岩粉、化学灭火器等方法或挖出火源把火直接扑灭,称为直接灭火法。直接灭火一般是在火灾初期,在火区范围不大,其他新发事故危险性不高,具备灭火条件时,可在火源附近直接扑灭火灾或挖出火源。

2.4.1.1　直接灭火方法

直接灭火技术措施一般包括挖出可燃物、水灭火、泡沫灭火、干粉灭火、砂子或岩粉灭火等手段。

1)挖出可燃物

挖出可燃物是将已经发热或者燃烧可燃物挖出、清除、运出井外。这是扑灭金属非金属矿山火灾最彻底的方法之一,但是采用这种方法的条件是:

(1)火灾处于初起阶段,涉及范围不大。

(2)火区无硫化氢等可燃气体超限、聚积,无爆炸危险。

(3)火源位于人员可直接到达的地点。

2)水灭火

(1)水灭火主要原理

水灭火作用是多方面的,冷却是水灭火主要作用。此外,水灭火还具有窒息、稀释、乳化和分离作用。

(2)水灭火注意事项及适用范围

①要有足够的水量,水量不足不仅难以灭火,而且有可能助长火势发展。

②灭火人员要站在进风侧,防止高温烟流伤害或中毒,水射流要由外向里逐渐灭火,以免产生过量水蒸气伤人。

③烟和水蒸气能顺利地排到回风流中去。

④灭火时要注意观察一氧化碳、风量、风向的变化情况,发现异常情况必须采取措施进行处理。

⑤不能用于扑救"遇水燃烧物质"的火灾。钾、钠、钙、镁等轻金属和碳化钙等物质的火灾禁止用水扑救。

⑥易被水破坏而失去其使用价值的物资与设备,不可用直流水扑救。如图书、纸张、档案、精密仪器、设备等。

⑦轻于水且不溶于水的可燃液体火灾,不能用直流水扑救。

⑧在没有良好接地设备或没有切断电源的情况下,不能用直流水扑救高压电气设备、线路的火灾。

⑨不能用直流水扑救有可燃粉尘积聚处的火灾。

3)泡沫灭火剂

灭火泡沫是一种体积较小,表面被液体包围的气泡群,密度为 $0.001 \sim 0.5 \ \text{g/cm}^3$。泡沫的相对密度小,且流动性好,可实现金属非金属矿山井下远距离立体灭火,具有持久性和抗燃烧性,导热性能低,黏着力大。

（1）泡沫灭火剂主要原理

①灭火泡沫覆盖在火源上，形成严密的覆盖层，且能保持一定时间，使燃烧区与空气隔绝，具有窒息作用。

②泡沫覆盖层封闭了燃烧物表面，具有防辐射和热量向外传导作用，阻止燃烧物的蒸发或热解挥发，使可燃气体难以进入燃区。

③泡沫中的水分蒸发可以吸热降温，起到冷却作用。

④泡沫受热蒸发产生的水蒸气有稀释燃烧区氧气浓度的作用。

（2）泡沫灭火剂适用范围

空气泡沫可分为普通蛋白泡沫、氟蛋白泡沫、抗溶性泡沫；低倍泡沫、中倍泡沫和高倍泡沫多种。其中高倍泡沫主要用于火源集中、泡沫易堆积场合的火灾，如金属非金属矿山井下工作面、室内仓库等处火灾。

4）干粉灭火剂

（1）干粉灭火剂主要原理

①在灭火过程中，干粉靠加压气体的压力从喷嘴内喷出，形成一股雾状气流，射向燃烧物，接触火焰和高温后，受热分解，吸热并放出不燃气体[NH_3 和 $H_2O(g)$]，可以稀释火区范围内的氧浓度。

②干粉及其热解产物可抑止碳氢自由基生成，破坏燃烧链反应。

③细粉末在高温作用下熔化、胶结，形成的覆盖层具有良好的"热帐"作用。

④粉末在高温下会放出结晶水或发生分解，生成的不活泼气体可稀释燃烧区域的氧气浓度，从而起到冷却与窒息作用。

（2）干粉灭火剂适用范围

①普通干粉（碳酸氢钠干粉）灭火剂主要用于扑救各种非水溶性及水溶性可燃、易燃液体的火灾，以及可燃气体火灾和一般带电设备的火灾。

在扑救非水溶性可燃、易燃液体火灾时，可与氟蛋白泡沫联用，以取得更好的灭火效果，并可有效地防止复燃。

②多用干粉（磷酸铵盐）灭火剂除与普通干粉灭火剂一样，能有效地扑救易燃、可燃液（气）体和电气设备火灾外，还可用于扑救木材、纸张、纤维等 A 类固体可燃物质的火灾。

5）沙子或岩粉灭火

用沙子或岩粉直接撒盖在燃烧物体上，将空气隔绝把火扑灭。

沙子及岩粉是不导电体，可以用来扑灭电气设备、电缆及油类火灾。对于正在运转的电气设备，最好不用沙子灭火，因为它可能损坏电气设备。在风速较大的地点，不宜使用岩粉灭火，因为岩粉颗粒较细，容易被风流带走。

2.4.1.2　灭火器材

火灾中常用的灭火器有水基型、干粉、惰性气体等类型。灭火器的本体通常为红色，并印有灭火器的名称、型号、灭火类型及能力、灭火剂以及驱动气体的种类和数量，并以文字和图像说明灭火器的使用方法。

1）组成

灭火器是由筒体、器头、喷嘴、压力表、阀门、虹吸管、药剂等部件组成，借助于驱动压力可将充装的灭火剂喷出，达到灭火的目的。

2) 分类

按移动的方式分为手提式灭火器、推车式灭火器、背负式灭火器；按驱动气体的方式分为储气瓶式灭火器、贮压式灭火器；按所充装的灭火剂分为水基型灭火器、干粉灭火器、二氧化碳灭火器、洁净气体灭火器等；按灭火类型分为 A 类、B 类、C 类、D 类、E 类灭火器等。

3) 型号

我国灭火器的型号用两个代号表示。

①类、组、特征代号：代表灭火器的类型，移动方式、开关方式两大部分组成。其中第一个 M 代表灭火剂；第二个字母代表灭火剂类型，如 F—干粉、T—CO₂；第三个字母代表灭火器结构特征。如 S—手提式、T—推车式、Y—鸭嘴式、Z—(手提)贮压式、B—背负式，但二氧化碳灭火器中，鸭嘴式用 I 表示。

②主要参数：包括充装灭火剂的容量或重量。如：MF4 表示 4 kg 干粉灭火器，数字 4 代表内装质量为 4 kg 的灭火剂；MFT35 表示 35 kg 推车式干粉灭火器。

4) 常用灭火器

目前常用灭火器类型主要有水基型灭火器、干粉灭火器、二氧化碳灭火器、洁净气体灭火器等。

表 2-6　　常用灭火器一览表

序号	灭火器类型	适用范围	注意事项
1	水基型灭火器(清水灭火器、水基型泡沫灭火器和水基型水雾灭火器)	适用于扑救固体或非水溶性液体的初起火灾。其中水基型水雾灭火器还可扑救带电设备的火灾	1. 不适用于水溶性可燃、易燃液体、气体，电气和轻金属火灾。 2. 水基型泡沫灭火器不适用于扑救电气火灾，扑救电气火灾需切断电源
2	干粉灭火器(手提式、推车式和背负式)	适用于扑救易燃液体及气体的初起火灾，也可扑救带电设备的火灾，其中 MFZ/ABC 型还可用于扑救易燃固体的火灾；使用温度范围为：−20～+55℃	在扑救容器内可燃液体火灾时，应注意不能将喷嘴直接对准液面喷射，防止喷流的冲击力使可燃液体溅出而扩大火势，造成灭火困难。如果可燃液体在金属容器中燃烧时间过长，容器的壁温已高于扑救可燃液体的自燃点，此时极易造成灭火后再复燃的现象，若与泡沫类灭火器联用，则灭火效果更佳
3	二氧化碳灭火器	二氧化碳的灭火范围：适用于扑救 600 V 以下电气设备、精密仪器等的火灾，以及范围不大的油类、气体和一些不能用水扑救的物质的火灾。	1. 该灭火器主要依靠 CO₂ 将燃烧物与空气隔绝，使燃烧物缺氧而熄灭，不宜在大风环境中使用。 2. 在狭小空间使用时，使用后所有人员快速撤离。 3. 在灭油类火灾时，不能离油面较近，以免吹散油面，扩大火灾。 4. 使用时，不能直接用手抓喇叭筒外壁或金属连接线管，以免烫伤。 5. 如灭电气和 6000 V 及以上的火灾时，应先切断电源

续表2-6

序号	灭火器类型	适用范围	注意事项
4	洁净气体灭火器	洁净气体灭火器适用于扑救可燃液体、可燃气体和可融化的固体物质以及带电设备的初期火灾，可在宾馆、档案室以及各种公共场所使用	惰性气体灭火器不适用于人员密集场所的火灾扑救

注：各种灭火器均有它的使用范围和注意事项，配置和使用时详见其说明书。

(1)水基型灭火器

水基型灭火器指内部充入的灭火剂是以水为基础的灭火器，一般由水、氟碳催渗剂、碳氢催渗剂、阻燃剂、稳定剂等多组分混合而成，以氮气(或者二氧化碳)作为驱动气体，是一种高效的灭火剂。常用的水基型灭火器有清水灭火器、水基型泡沫灭火器和水基型水雾灭火器三种。

(2)干粉灭火器

干粉灭火器种类包括 MFS 型手提式、MFT 型推车式和 MFB 型背负式。

①手提式干粉灭火器。灭火器主要由筒体、瓶头阀、喷射软管(喷嘴)等组成，见图2-6，灭火剂为碳酸氢钠(ABC 型为磷酸铵盐)灭火剂，驱动气体为氮气，常温下其工作压力为 1.5 MPa。

主要性能特点：具有灭火效率高，灭火迅速等特点，内装的干粉灭火剂具有电绝缘性好，不易受潮变质，便于保管等优点；使用的驱动气体无毒、无味，喷射

图 2-6　MFS 型手提式干粉灭火器

后对人体无伤害；灭火器瓶头阀装有压力表，具有显示其内部压力的作用，便于检查维修。

使用范围：适用于扑救易燃液体及气体的初起火灾，也可扑救带电设备的火灾，其中 MFZ/ABC 型还可用于扑救易燃固体的火灾；使用温度范围为：$-20 \sim +55 \, ℃$。

②MFT 型推车式干粉灭火器。MFT 型推车式干粉灭火器，按照 CO_2 钢瓶安装位置不同，可分为内装式和外装式两种。内装式 MFT35 型推车式干粉灭火器示意图如图2-7所示，它主要由 CO_2 钢瓶、干粉储筒、车架、压力表、喷枪、安全阀等部分组成。使用方法为当表压升至 $0.7 \sim 1.1$ MPa 时，放下进气压杆停止进气，两手持喷枪双脚站稳，枪口对准火焰边沿根部，扣动扳机，将干粉喷出。

(3)二氧化碳灭火器

MTZ 型鸭嘴式二氧化碳灭火器的启闭阀采用压把形如"鸭嘴"，故取名为鸭嘴式，如图2-8所示。使用时，应先扳去保险销，一手握喷筒，另一手紧压压把，气体立即自动喷出。

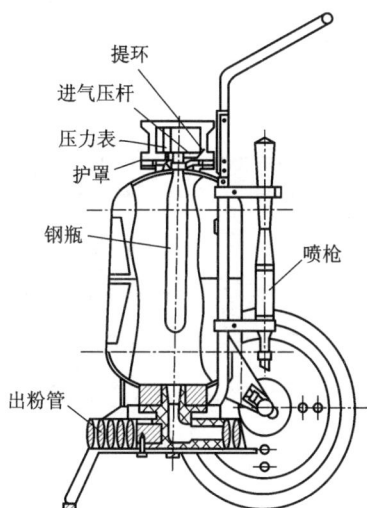

图 2-7　内装式 MFT35 型推车式干粉灭火器

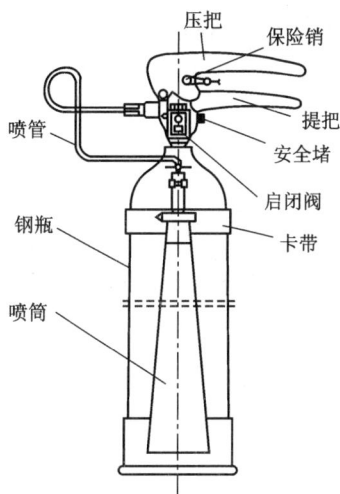

图 2-8　MTZ 型鸭嘴式二氧化碳灭火器

（4）洁净气体灭火器

这类灭火器是将洁净气体（如 IG541、七氟丙烷、三氯甲烷等）灭火剂直接加压充装在容器中，使用时，灭火剂从灭火器中排出形成气雾状射流射向燃烧物，当灭火剂与火焰接触时发生一系列物理化学反应，使燃烧中断，达到灭火的目的。

2.4.2　隔绝灭火

隔绝灭火法是在直接灭火无效或无法接近火源时采用的灭火方法，即在金属非金属矿山矿井下建造密闭墙切断通向火区的空气，使火区中的氧含量逐渐下降，二氧化碳及一氧化碳含量升高，使火自行熄灭的一种方法。

2.4.2.1　密闭墙的类型

金属非金属矿山火区的封闭是靠密闭墙来实现的。按照密闭墙存在的时间长短和作用，可分为临时密闭墙、永久密闭墙和防爆密闭墙三种。

（1）临时密闭墙

其作用是暂时切断风流，控制火势发展，为砌筑永久密闭墙创造条件。对临时密闭墙的主要要求是结构简单，建造速度快，具有一定的密实性，位置上尽量靠近火源。传统的临时密闭墙是木板墙上钉不燃的风筒布，或在木板墙涂上黄泥，如图 2-9 所示；也有采用木立柱夹混凝土块板的，如图 2-10 所示。

（2）永久密闭墙

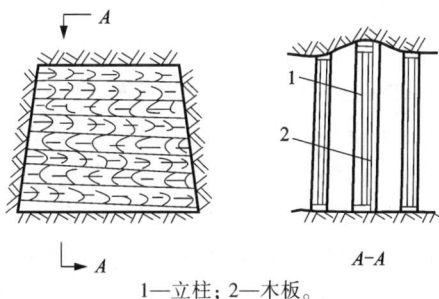

1—立柱；2—木板。

图 2-9　木板密闭墙

永久密闭墙可较长时间地（至火源熄灭为止）阻断风流，使火区因缺氧而熄灭。其要求是具有较高的气密性、坚固性和不燃性，同时又要求便于砌筑和启开。

其材料主要有砖、片(料)石和混凝土,砂浆作为黏结剂,永久密闭墙主要包括红砖密闭墙、料石密闭墙、钢筋混凝土密闭墙和石膏密闭墙,密闭墙的结构如图 2-11 至图 2-13 所示。

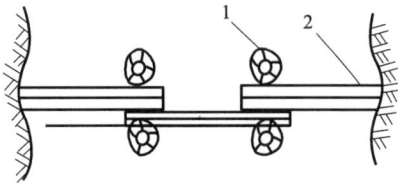

1—混凝土块板;2—木立柱。

图 2-10 混凝土块板密闭墙

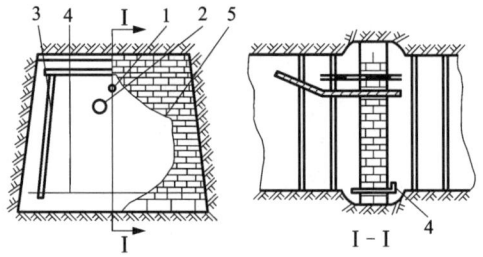

1—观测管;2—措施管;3—架棚;4—返水管;5—红砖。

图 2-11 红砖密闭墙

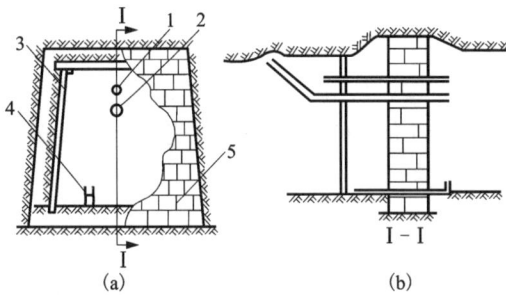

1—观测管;2—措施管;3—架棚;4—返水管;5—料石。

图 2-12 料石密闭墙

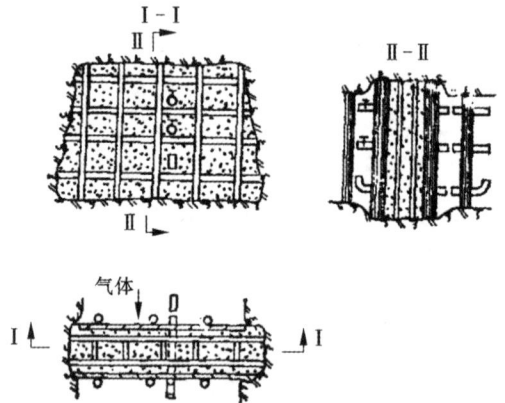

图 2-13 钢筋混凝土密闭墙

2.4.2.2 火区封闭的顺序

火区封闭后必然会引起其内部压力、风量、氧浓度和硫化氢等可燃气体浓度的变化,一旦高浓度的可燃气体流过火源,则可能发生爆炸。就封闭进回风侧密闭墙的顺序而言,目前基本上有三种:

(1)先封闭进风侧,后封闭回风侧

对金属非金属矿井采用先封闭进风侧,后封闭回风侧的封闭方法,可使进入火区的风量大大减少,火势下降,涌出的火烟量经回风巷排走,有利于在回风侧建墙。

(2)先封闭回风侧,后封闭进风侧

为了迅速截断火源蔓延,一般在火势不大、温度不高时,先封闭回风侧,后封闭进风侧。实践表明,先封闭回风侧,能使火区内的绝对压力提高。由于人员在高温烟流的环境中工作,该方法实施非常困难,而且切断了火烟的出路,迫使火烟倒流,热烟流经过火源时往往引起爆炸,所以一般不采用这种封闭顺序。

(3)火区的进、回风侧同时封闭

此种方法封闭时间短,能很快切断火区供风流。为了保证安全,进、回风侧防火墙即将完工时，都留出一定断面的通风孔，约定时间同时将进、回风侧防火墙上的通风口迅速封住。封孔口时，必须动作迅速，封完后人员要立即撤到安全地点。

2.4.3　综合灭火

所谓综合灭火，指在现场灭火过程中，直接灭火无效时采用隔绝灭火，但隔绝封闭火区达不到及时灭火的目的，还应采取如向火区注入泥浆、惰性气体或调节风压等措施，加速灭火。

1）注浆灭火

黄泥注浆是一种对自燃火灾的预防和扑灭自燃火灾的有效方法，下列情况采用注浆灭火：

①用其他方法没有效果或者不能用其他方法灭火；

②隔绝火区仍有裂隙和孔洞与地面相通；

③采空区或人员不能直接进入的发火地点；

④为了隔断生产区与火区。

注浆灭火浆液材料选取、制备、注浆工艺与预防性注浆原理相同。注浆灭火方法根据矿井与火灾具体情况而定。

(1) 地面打孔注浆灭火

当矿井不深，火源距离地面较浅，地面又有黄土来源时，可从地表打钻孔，把泥浆直接送入火区。这种方法的钻孔位置根据火源位置确定，主要根据井下巷道和采区位置以及由钻孔测出温度和裂隙冒烟情况而定。钻孔直径一般为 75 mm（穿过破碎带或第Ⅳ系含水层时，取 100~150 mm，并下套管）。布置位置按下列原则而定：

①钻孔应围绕火源布置，孔距一般为 15~20 m；

②钻孔不应布置在塌陷区；

③钻孔布置在采空区的空顶区或火焰上部；

④钻孔网布置应按火焰蔓延方向，以便形成泥浆围墙，防止火焰蔓延。

(2) 消火巷道注浆灭火

在井下火源四周开凿专用消火巷道，直接接近火源注浆灭火，也可将消火巷道掘进到火区附近(5~10 m)，从消火巷道直接打孔注浆灭火。

2）惰性气体灭火

惰性气体灭火是采用与其他物质难以发生反应的气体充入已经封闭的火区，挤出和置换火区空气，降低火区含氧量，冷却火源，增加密闭区的气压，减少火区的空气进入，同时渗入岩石的缝隙，包裹可燃物体，阻止其燃烧与氧化，达到灭火的目的。

3）均压灭火

均压灭火首先查找漏风巷道，制订灭火方案，采用示踪气体(SF6)查找漏风通道，在某一漏风口释放示踪气体，在一些漏风出口接受示踪气体来判断漏风位置和漏风情况。然后针对漏风通道在通风系统中的位置，根据通道两端压差大小，实施合理的调压方法。

4）胶体灭火

胶体灭火具有速度快，灭火后不易复燃的特点。胶体灭火实施方法：①施工灭火巷道，巷道满足运输和钻孔的要求；②注胶钻孔的布置，从注胶巷平行于工作区走向，向预定采空区打钻孔，钻孔开口位置距离注胶巷道底板高度均为 1.0 m，孔距一般为 1.0 m；③注胶工艺见图 2-14，采用一台搅拌器和两台注浆泵将预先配制好的胶体送往注胶巷道内混合分流器，混合后压入钻孔，流入预定注胶位置。注胶压力一般为 5 MPa，注胶流量为 6 m³/h。

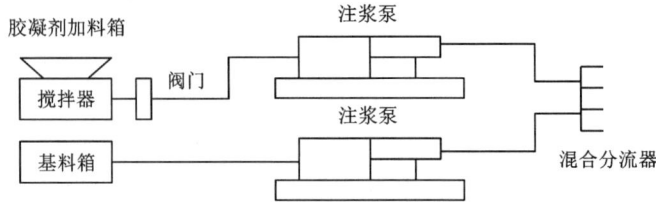

图 2-14　注浆工艺示意图

2.4.3.1　注浆灭火

注浆防灭火，即将不燃性注浆原料细粒化后与水按一定配比制成悬浮液，利用静压或动压，经由钻孔或输浆管路水力输送至矿井防灭火区，以预防和扑灭燃烧或自燃的矿岩。一般当隔绝灭火的火区仍有裂缝和孔洞与地表相通，采空区或人员不能直接进入的地点都可使用注浆灭火。

1）注浆灭火原理

注浆的主要作用为隔氧与降温，即通过浆体材料包裹矿岩，隔绝氧气与矿岩的接触，防止矿岩和木料的氧化；同时对于已自燃的矿岩，也有降温和灭火的作用。常用注浆材料的优缺点如表 2-6 所示。

表 2-6　常用注浆材料的优缺点

材料优缺点	优点	缺点
黏土	黏土颗粒粒度小，黏性良好，易成浆，便于输送；流动性、渗透性好，能填堵岩石中的细小裂隙；密封性能好，不透气体	蓄水性高，常从注浆区带出大量细粒黏土而使水沟、主要巷道和水仓淤塞；费用高，耗费大量农田且难以满足持续注浆的需要
粉煤灰	粉煤灰颗粒表面具有一定的光滑度，易成浆，便于管道输送；流动性、稳定性好，密封性能较好；材料来源广泛，成本投入低，经济效益高；减少环境污染，具有良好的社会效益	粉煤灰亲水性差，粒度大于黏土，黏性差；浆液脱水速度快，易沉降，容易发生堵管现象；堵漏效果差
尾矿	经粉碎研磨的矿石可满足不同粒度要求，易悬浮；材料资源稳定，可满足持续注浆需求；减少尾矿堆放量，利于保护耕地，减轻环境污染	其黏结性和塑性较黄土差；制浆成本高；工艺系统复杂
砂	可实现大流量注浆；脱水性良好；消耗最小的电能和水便能很容易冲走	颗粒粒径较粉煤灰、黄泥大，包裹、覆盖、密封堵漏性能差；砂子的相对密度较大，易沉淀堵管和堵塞钻孔；渗透力差，易在注浆出口处堆积；浆液对管道磨损严重

2) 注浆方式

金属矿山常用的注浆灭火方式如表 2-7 所示。

表 2-7 金属矿山常用的注浆方式

注浆方法		适用条件				
		矿体倾角 /(°)	矿体厚度 /m	采矿方法	注浆区深度 /m	采准方式
通过崩落区的陷坑和裂缝注浆		>45	>10	崩落法	<30	脉外或脉内
通过钻机注浆	地面钻孔	不限	<75	不限	<100	脉外或脉内
	井下钻孔	>45	<75	不限	不限	脉外
通过巷道中的管道注浆	管道位于脉外巷道的密闭墙中	不限	<50	分层或分段崩落法	不限	脉外
	管道位于脉内巷道的密闭墙中	不限	>5	分层崩落法	不限	脉外或脉内
掘进专用灭火巷道通达火区进行注浆		不限	<12	充填法	不限	脉外
混合方式进行注浆		根据混合方式中所采取的方式而定				

在各种注浆灭火方式中，由地表向崩落区裂缝注浆和通过井下钻孔向采空区注浆示意图分别如图 2-15 和图 2-16 所示。

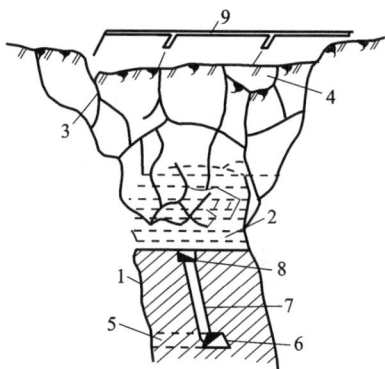

1—矿体；2—采空区；3—裂缝；4—塌陷坑；5—脉外平巷；
6—脉内平巷；7—天井；8—密闭墙；9—泥浆输送管道。

图 2-15 由地表向崩落区注浆

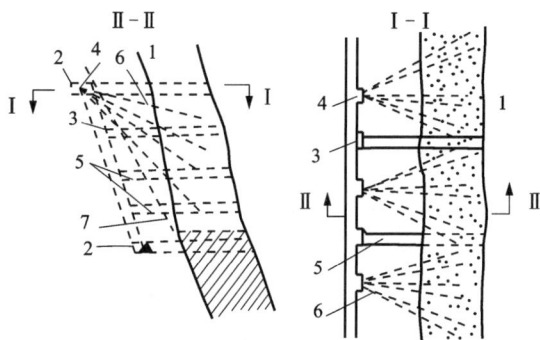

1—采空区；2—脉外平巷；3—脉外天井；4—钻机硐室；
5—分段横巷；6—注浆钻孔；7—下盘崩落区边线。

图 2-16 通过井下钻孔向采空区注浆

3) 注浆防火

预防性防火注浆指的是，将水和浆按适当配比，制成一定浓度的浆液，借助输浆管路送往可能发生自然发火的采空区以防止自燃火灾的发生。

预防性防火注浆具有以下两方面的作用。

（1）隔氧

浆液被输送到采空区后，固体成分沉淀，充填于矿岩缝隙之间，形成隔绝空气的包裹体，防止可燃物进一步氧化。

（2）散热

浆液中的水分能够降低易燃矿岩的温度，对已经氧化生热的矿物冷却散热，抑制其自热氧化过程的发展。

4）黄泥（黏土）注浆

金属非金属矿山内因火灾的预防和灭火，经常使用黄泥（黏土）注浆。黄泥（黏土）制浆方法为水力取土自然成浆和人工或机械取土机械制浆。

（1）水力取土自然成浆

此方法采用高压水枪在地面直接冲刷表土制成泥浆，制好的泥浆按一定坡度流入注浆管道，经注浆管道送入注浆区，水力取土自然成浆见图2-17。

这种工艺适用于以山坡表土层或排土场的积土为浆材，优点是工艺简单，投资省，效率高。缺点是水土比难控制，浆液浓度难保证。

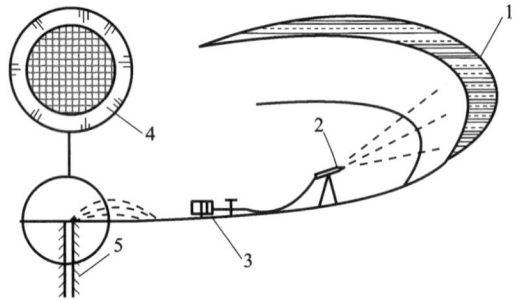

1—地表取土场；2—高压水枪；3—高压水泵；4—孔口筛；5—泥浆孔。

图2-17　水力取土自然成浆地面注浆站示意图

（2）人工或机械取土机械制浆

人工或机械取土把黄土装入翻斗车或胶带运输机运入泥土浸泡池制浆，然后浆液经注浆管道送入注浆区，见图2-18。其特点：可以形成集中制浆系统，规模大，效率高，制浆浓度可调。

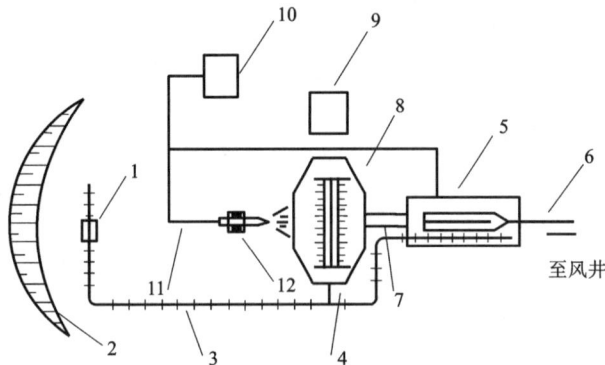

1—矿车；2—取土场；3—道路；4—栈桥；5—搅拌槽；6—注浆管；
7—泥浆沟；8—贮土场；9—绞车房；10—水泵房；11—水管；12—水枪。

图2-18　人工或机械取土机械制浆示意图

（3）注浆工艺系统

注浆系统分集中注浆、分散注浆两大类，注浆工艺分为加压供水、制备泥浆、运输泥浆、灌注浆液、井下脱水和井下排水六个系统。注浆方法有采前预注、随采随注、采后注浆。

（4）注浆工艺参数计算

①注浆量。

注浆量受注浆方式、开采方法及地质条件等因素影响，采空区注浆量根据采空区空间、采矿方法及地质情况确定。

A. 用土量 Q_t：

$$Q_t = KMLHC$$

式中：Q_t 为注浆用土量，m^3；K 为注浆系数，指泥浆的固体材料体积与注浆区空间容积比，一般取 0.03~0.15；M 为开采厚度，m；L 为注浆区长度，m；H 为注浆区倾斜长度，m；C 为矿石采出率，%。

B. 用水量 Q_w

$$Q_w = K_w Q_t \delta$$

式中：Q_w 为注浆用水量，m^3；K_w 为备用系数，一般取 1.10~1.25；δ 为水土比。

②泥浆水土比。

泥浆水土比的确定直接影响着注浆质量，它主要根据矿体倾角、注浆方式、注浆材料、季节及输送倍线等因素确定，一般采空区采用（4：1）~（6：1）或 8：1；对空区洒浆应使泥浆浓度加大，一般为（3：1）~（4：1）。泥浆水土比测定方法为：先测定泥浆的相对密度，然后通过查泥浆相对密度与水土比的曲线来确定。

③泥浆输送管。

泥浆输送管一般采用静压力作为输送动力，制成泥浆由地面站经过注浆主干管到支管送达用浆地点，管道材料根据注浆压力确定，当压力大于 1.6 MPa 时，选用无缝钢管；当压力小于 1.6 MPa 时，采用普通钢管。

管道直径根据管内泥浆流速选择，管道内泥浆实际流速应大于临界流速，临界流速指保证泥浆中的固体颗粒在管道内输送时不至于沉降或堵塞管道时的最小平均流速。其值与固体材料颗粒的形状、粒径、密度、泥浆浓度和颗粒物在静水中沉降速度等因素有关。管道直径计算式：

$$d = \sqrt{\frac{4Q_h}{3600\pi V}} = \frac{1}{30}\sqrt{\frac{Q_h}{\pi V}}$$

式中：Q_h 为小时注浆量，m^3/h；V 为管道内泥浆的实际流速，m/s。

现场注浆主干管直径一般为 100~150 mm，支管直径为 75~100 mm，工作面胶管直径为 40~50 mm，管壁厚度为 4~6 mm。

④泥浆输送倍线。

泥浆输送倍线指从地面注浆站到井下注浆点的管线长度与垂高之比，它表示注浆系统的阻力与静压动力关系参数，一般情况下，泥浆输送倍线控制在 5~6。

$$N = L_1/Z$$

式中：N 为泥浆输送倍线；L_1 为进浆管口至注浆点的距离，m；Z 为进浆管口至注浆点的垂高，m。

2.4.3.2　注惰性气体灭火

向火区内注入惰性气体，可以排挤出火区空气，使氧含量降低，冷却火源，增加密闭区内气压，减少新鲜空气漏入并渗入岩石孔隙，并为可燃物吸附，阻止可燃物氧化与燃烧。

1）二氧化碳灭火

二氧化碳气体属窒息性气体，在常温常压下，纯净的二氧化碳是一种无色无味的气体。

(1)二氧化碳灭火原理

二氧化碳是以液态形式加压充装于灭火器钢瓶中。当它从灭火器中喷出时，突然减压，一部分二氧化碳绝热膨胀，吸收大量热，使另一部分二氧化碳迅速冷却成固体雪花状二氧化碳("干冰")。"干冰"温度为$-78.5℃$，喷向着火处时，立即变为气体，起到稀释氧浓度作用，由于吸热又起冷却作用，而且大量二氧化碳聚集在燃烧区周围，还能起隔离燃烧物与空气的作用。

(2)二氧化碳灭火剂适用范围

由于二氧化碳不导电，不含水分，灭火后很快逸散，不留痕迹，不污损仪器设备，所以它适用于扑救各种易燃液体火灾，特别适用于扑救 600 V 以下的电气设备、精密仪器、贵重生产设备、图书、档案等火灾。

二氧化碳不能扑救锂、钠、钾、镁、铝、锑、钛、镉、铀等金属及其氧化物的火灾，也不能用于扑救如硝化棉、赛璐珞、火药等本身含氧的化学物质的火灾，这是因为二氧化碳可与上述物质发生化学反应，使燃烧加剧。

(3)二氧化碳灭火剂的安全要求

二氧化碳对眼睛黏膜、呼吸道、皮肤等具有刺激性。当空气中有 2%～4%(体积)二氧化碳气体时，人的呼吸会加快；含有 4%～6%二氧化碳气体时，会出现剧烈的心痛、耳鸣、心跳；体积浓度为 6%～10%时，人会失去知觉；含有 20%时，会造成人员死亡。因此，使用时应注意防止对人体的危害。

2)氮气灭火

氮气灭火是金属非金属矿井灭火重要方法之一，既能防火，又能灭火。

(1)氮气灭火原理

通过将氮气注入着火区域，使火区中氮气体积浓度达到 35%～50%时，将火区中氧含量体积浓度降低至 10%～14%，实现火区空气的惰化，达到灭火的目的。具体在于：

①将氮气注入封闭的火区或自燃危险区，降低其氧浓度，阻止氧化，使火源熄灭；

②处理火灾时，注入氮气，能冷却火源，并有抑爆作用；

③氮气能增加密闭区内的压力，减少新鲜空气的漏入，加快灭火速度；

④灭火后的恢复工作比较安全、灭火迅速、经济、设备损坏率小。

(2)氮气灭火的适用范围

由于氮气不导电、无污染等特性，使其成为清洁的灭火气体，它对于扑救 A、B、C 和 D 类火灾都有较好的效果，适宜扑救地下仓库、铁路隧道、控制室、通信设备、变电站等场所的火灾。同时，它主要适用于无人或人员较少且能快速撤出的场所。

(3)注氮方法

①埋管注氮；②拖管注氮；③钻孔注氮；④插管注氮；⑤密闭注氮；⑥旁路式注氮。

2.4.3.3 均压通风灭火

均压通风防灭火的基本原理就是采用风压调节技术使火区或有自燃危险的区域(如采空区)的进、回风侧压差尽量减小，甚至为零，使之少漏风或不漏风，以消除自燃三要素之一的供氧条件，防止硫化矿石等自热、自燃，使火区缺氧而灭火。均压通风在矿井防灭火中可用于以下 4 种情况：

(1)在有自燃发火危险区域中用于抑制硫化矿石等的自热和自燃过程；

（2）在救灾和封闭火区的过程中用于控制火势的发展；

（3）用于已封闭的火区，加速其惰化和熄灭；

（4）在火区锁风启封过程中用以防止火灾的复燃。

实现均压通风有多种方法。在实际工作中，根据火区或有自燃发火危险区域的具体情况，可以相应地采用一种或几种方法。

均压灭火技术的原理是控制火灾区域漏风，通过调节井下通风系统的风压，改变相关巷道的压力分布，均衡火区，或采空区进、回风侧压差，减少或杜绝漏风，隔断氧源，达到窒息火源的目的。

（1）风窗调节法

风窗调节法是在需要改变风压的分支上设置风窗，增加或减少该分支的风压。如果将风窗安设在漏风两侧的其中一侧巷道里，则该巷道原有的压力坡变线 AOC 将改变为 $AKOIC$，如图 2-19 所示，风窗使前面风路中的风压升高，后面风路中的风压降低，

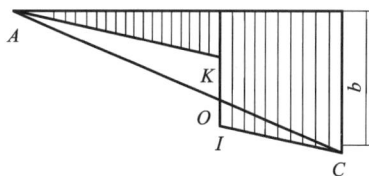

图 2-19　压力坡度线

通过这条巷道使风压升高或降低，减小漏风两侧的风压差，从而控制漏风量，造成火区缺氧，抑制火灾。

（2）风机调节法

风机调节法是在风路上安设局部扇风机的调节方法。一般有如下两种情况，即有风墙的局部通风机和无风墙的局部通风机。当火风压升压很小时，可以采用无风墙的方法，利用局部扇风机出口动能的一部分转化为静压能，控制采空区漏风，这种方法很少采用。绝大多数情况下采用有风墙的方法，根据火灾地点采用不同机站控制方式。

在开采有自燃发火危险的矿体时，为控制采空区漏风，应对采场实行均压控制，如图 2-20 所示。如图 2-20（a）所示在 $ABCD$ 系统中有 2 处外部漏风，需设置三级机站控制，为使进风段与需风段形成正压，机站 I_1 设置于入风端 A 处，机站 I_2 设置于漏风点 B 附近，保持 $B_1 \sim B$、$C_1 \sim C$ 压差为零，$H_B \sim H_{B_1} \geqslant 0$，$H_C \sim H_{C_1} \geqslant 0$。

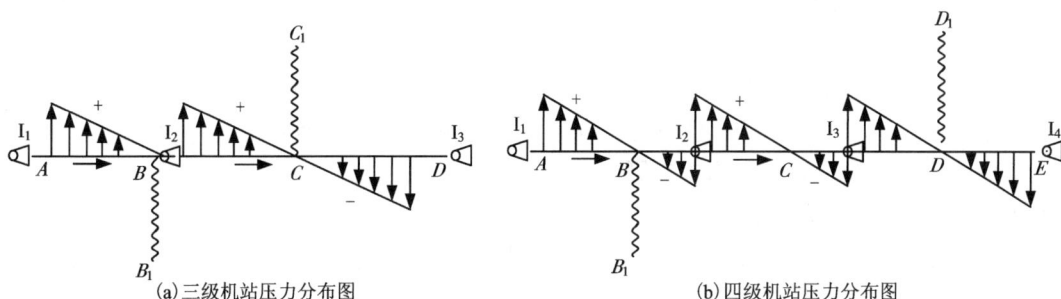

（a）三级机站压力分布图　　　　　（b）四级机站压力分布图

图 2-20　多级机站压力分布示意图

如图 2-20（b）在 $ABCD$ 系统中除了 B、D 点有外部漏风外，采场 C 处为防止自燃火灾也需要实施零压控制，机站由 3 个增加至 4 个。风机位置设置一般当对进风段和需风段进行正压控制时，按压入式通风原则将风机设置在该控制端、进风段的始端。当需要对采场实施零

压控制时,将采场视为一个外部漏风风路,应在原系统中增加一级机站,$H_C \sim H_{C_1} \geqslant 0$。

3)风机、风窗调节法

在矿井防灭火实践中,我国较多地采用了风机与风窗配合的方法来调节风压。其具体做法是在调压的分支中同时安设风机和风窗。风机与风窗之间的风压将发生变化,由风机、风窗的性能可知,将风机设于风窗之前,可以使相对压力提高,将风机设于风窗之后,则使相对压力降低,见图2-21。

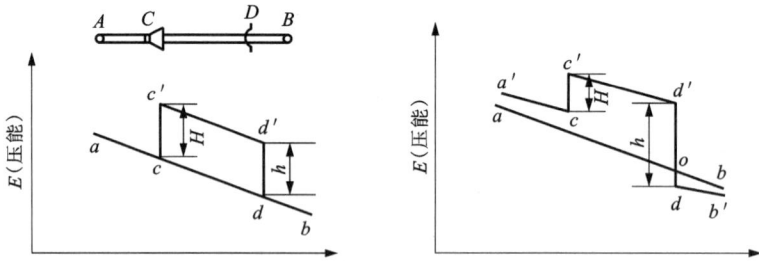

图2-21　风机、风窗联合增压调节

4)风机、风筒调节法

当密闭墙之间相距很近,需要调节其间的风压状态,或巷道一侧有不太长的裂隙漏风带时,为了防止漏风,可以采用较简单的风机、风筒调节法,如图2-22所示。如只需要调节密闭墙T1(进风侧密闭墙)的风压,可把风机设在防火墙T1外部,风机风筒出口穿过密闭墙T2(设在2-3中);如只需调整T2处压力状态,风筒放置在风机后边,可把风机设在防火墙T2外部,风机吸风口设置于分支1-2中不影响防火墙T1的风压状态。

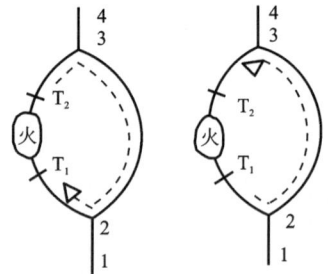

图2-22　风机、风筒调节

5)气室调节法

在井下封闭火区的密闭墙外侧建立一个辅助密闭墙,并在此墙上设置调压装置来调节两道密闭墙间的气体压力,使其降低或升高,从而让此空间的压力和火区的压力趋于平衡,消除火区进、回风侧的压差,防止漏风,使火区逐渐熄灭,这就是气室调节法。为此目的而构筑的硐室,称为调压气室。调压气室建立在火区一侧的,称为单侧调压气室[图2-23(a)],在火区两侧都建立调压室的,称为双侧调压气室[图2-23(b)]。

2.4.3.4　矿井火灾的风流控制

矿内发生火灾时,要正确控制风流,以保证井下人员安全撤出,防止火源引起烟气蔓延扩大,并有利于灭火工作。

火灾时控制风流的方法有:

(1)保持正常通风,稳定风流。

(2)调节风流,改变原有通风状况,其中有:

①维持原有风流方向,减小供风量(减风)。

②停止主扇工作(停风)或局部风流短路。

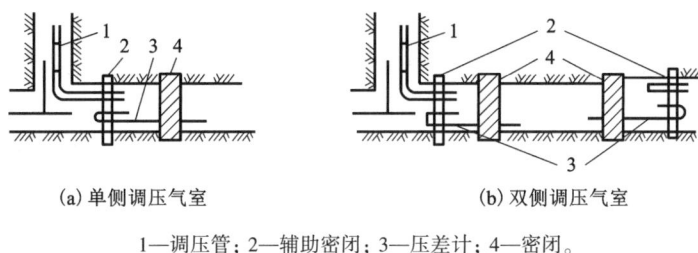

(a) 单侧调压气室　　　　　　　(b) 双侧调压气室

1—调压管；2—辅助密闭；3—压差计；4—密闭。

图 2-23　调压气室

③反转风流(反风)。

火灾刚发生时，烟气沿着原来的风流方向移动，火势逐渐发展后，凡为火灾所波及的巷道内，空气成分将发生变化，而且气温升高，形成与自然通风相仿的火风压，这种火风压的出现可能使矿井原有通风系统遭到破坏。它可以使风量增加或减小，甚至使局部地区风流逆转，从而造成井下人员盲目撤离，导致大量人员伤亡，并会增加灭火的困难。研究火风压的作用与风流逆转的可能性，采取有效的预防措施，是发生火灾时控制风流的重要内容之一。

通常采用下列稳定风流的措施，防止风流逆转：

(1)控制火风压，使之尽可能减小。要采取积极灭火方法，加快扑灭速度；在火源附近的进风侧修筑临时挡风密闭，适当控制火区进风量，减少火烟生成。

(2)火灾发生在分支风流中，应维持矿井扇风机原来的工作状况，特别是在救人、灭火阶段，不能采取减风或停风的措施。如在下行风流中发生火灾时，必要时可增加火区供风量以稳定风流，便于抢救遇难人员。

(3)尽可能利用火源附近的巷道，将烟气直接导入总回风道，并排至地面(短路通风)。发生火灾时的风流调度，必须根据火灾可能发生的地点，自然风压和火风压的大小及其作用方向，特别是井下人员撤离的方向、滞留的位置等具体情况，进行综合分析，做出正确的判断与推论，提出合理的调风救灾方案。一般情况下，火灾发生在总进风风流中，即进风井口、井筒、井底车场或总进风巷道，应进行全矿性反风，阻止烟气进入井下采掘区。中央并列式(进、出风井筒并列在矿体中央)通风的矿井，在条件许可时，也可使进、回风井的风流短路，将烟气直接排出。

火灾发生在总回风风流中，即总回风道、回风井底、回风井筒或井口，只能维持原来风流方向，并加大通风量，才能将火灾烟气迅速排出。如果自然风压与火风压较大，为了减弱火势，有时也可以采取减风措施。

采区内发生火灾，风流调度更应慎重，首先应注意防止风流逆转，一般不可采用停风或减风措施。

机电硐室发生火灾时，通常以关闭防火门或修筑临时密闭门来隔绝风流。

2.4.4　矿山救灾

矿山发生火灾事故，先明确救灾的基本条件如救灾物资、人员和技术方法(包括应急预案)，然后根据火灾发生地点、原因(内因火灾、外因火灾)，研究相应的对策。

2.4.4.1　矿山救灾措施

1）内因火灾救灾

内因火灾发生必须有 3 个条件，即矿物有自燃倾向，有连续供氧的环境，热量易于积聚。矿物的自燃倾向是由矿物的化学性质和物理性质决定的，它决定矿物在常温下氧化的难易程度，是矿物自燃的内因；供氧和聚热条件是矿物自燃的外因，它和矿物的地质条件、采矿方法、通风方式有关。

（1）处理井下火灾的技术要点

①通风方法的正确与否对灭火工作的效果起着决定性的作用。

火灾时常用的通风方法有正常通风、增减风量、反风、风流短路、隔绝风流、停止风机运转等。不论何种通风方法，都必须满足：A.不危及井下人员的安全；B.有效阻止火灾扩大，压制火势，创造接近火源的条件；C.防止再生火源的发生和火烟的逆转；D.控制火风压的形成，防止造成风流逆转。

②应及时排除弥漫井巷的火烟，为接近火源和救人灭火，创造条件。

③扑灭井下火灾的方法有直接灭火法（用水灭火、惰性气体灭火、泡沫灭火等）、隔绝灭火法(封闭火区)、综合灭火法（注泥和注砂、均压、分段启封直接灭火等）。

（2）灭火救灾方法

用水灭火为最方便有效的方法。要求有充足的水量，保证不间断供给；有正常的通风，使火烟和水汽顺利排出；灭火时应由火源边缘逐渐向中心喷射，以防产生大量水蒸气而爆炸。

惰性气体灭火是把不参与燃烧反应的窒息性气体利用一定的动力送入火区，使火区的氧含量降到抑燃值以下，从而抑制可燃物的燃烧和爆炸。最常用的惰性气体是氮气。当不能接近火源或用其他方法直接灭火具有很大危险或不能获得应有效果时可用惰性气体灭火。惰性气体灭火的优点是能使火区气体惰化，又能抑制有害气体涌出，在火区内的抢险和恢复工作也很安全、迅速，其设备损坏率小；惰性气体灭火的缺点是火势强时，灭火时间长且易复燃，其冷却火源的作用比水要小。

二氧化碳是一种窒息性气体，因为它无助燃和自燃性，因而注入火区后，也能起到降低氧含量，抑制燃烧和爆炸的作用。

干粉有冷却、窒息、隔绝、切断燃烧的化学作用和产生冲击波，打乱燃烧物的位置使其熄灭的物理作用。因此也是井下灭火的较好物资。

高倍数泡沫能隔绝火源并覆盖燃烧物，产生水蒸气而大量吸热，阻止火场的热传导、热对流和热辐射的作用，其灭火威力大，速度快，因而也被广泛应用于扑灭井下火灾。

隔绝灭火法是在通向火区的巷道中构筑密闭墙，断绝火区的供氧源，使火区中的氧含量逐渐减少，二氧化碳含量逐渐升高，使火灾自行熄灭的方法。这种方法适用于难以接近火源，不能直接灭火或直接灭火无效时。采用隔绝法灭火的密闭材料，取材广泛，易于就地解决，便于建造也便于启封。

注浆防灭火是一种较简单的综合灭火方法。它是利用地面和井下的高差产生的压力，加上泥浆本身的重力，把事先搅拌好的泥浆注入火区，以达到灭火的目的。注浆防灭火兼有直接灭火和隔绝灭火的优点，且取材方便，经济有效，因而在矿井中被广泛应用。

均压通风防灭火是通过改变通风系统的压力分布，降低漏风风路两端的风压差以减少漏风,通过降低火区供氧量来加速火灾的熄灭。均压通风防灭火适用于火源位置不明确,人员难以接近,采用直接灭火或隔绝灭火都较困难的场合。

分段启封直接灭火是救护队经常采用的灭火方法。当火源范围大,蔓延速度快而被封闭了的火区的火势减弱之后,可采用逐段启封直接灭火的方法。

(3)救灾物资

救灾物资包括救灾时现场必备灭火器材、隔断或密封火区水泥、砖、砂石、水等,如前面章节所述的灭火物资。救援还应有对受灾人员医疗救护物资,包括人员救援必需药品、呼吸器具、担架等。

医疗救护器材:担架、医药箱、止血带、常用药品。

抢救工具:符合安全要求的电工专用工具、救生梯、头盔、防护服、防护鞋、防护手套、安全带、呼吸器具等。

照明器材:手电筒、应急灯、安全线路、灯具等。

通信器材:电话、对讲机、手机、网络传输及生命特征监测等仪器等。

运输工具:指挥车、救援车。

灭火器、消防砂、铁锹等,应放在明显和便于取用的地点,且不影响人员安全疏散。手提式灭火器放在灭火箱内,所有灭火器材均为完好有效状态。

监测仪器:CO 检测仪,O_2、H_2S、SO_2 等气体检测仪、温度检测仪或者复合气体监测仪器等。

2)外因火灾

随着采掘机械化程度的提高,外因火灾的比例有上升的趋势。近年来,机电硐室、电缆、胶带运输机、柴油装运设备和采掘设备多次发生火灾事故,给矿山企业带来巨大的经济损失和不良的社会影响。

外因火灾应急处置措施:

(1)密切监视安全监控系统各个 CO 测点的数值变化,一旦发现浓度超限,立即联系现场核实情况。

(2)确定发生矿井外因火灾时,应视火灾性质、灾区通风和有害气体情况,立即采取一切可能的方法直接灭火,控制火势,并迅速报告矿调度室。

(3)将所有可能受火灾威胁区域中的人员撤离。电气设备着火时,应首先切断其电源;在切断电源前,只准使用不导电的灭火器材进行灭火。

(4)矿调度室统一按照《矿井防灭火安全规程》《灾害预防处理计划》《应急救援预案》的规定进行救灾,在救灾过程中,必须指定专人检查瓦斯、一氧化碳、煤尘、其他有害气体和风向、风量的变化,还必须采取防止瓦斯、煤尘爆炸和人员中毒的安全措施。

防灭火方式及救援物资保障与内因火灾基本相同。

3)矿山救护队

职业性:矿山救护队的职业性在于经常处于战备状态,时刻保持高度警惕,严格管理,严格训练,常备不懈,平时下井熟悉巷道路线,检查消除隐患,并有不少于 6 人的当值小队执行昼夜值班,一经接到事故通知警报后,要在 1 min 内登车出动,专业服装及仪器装备均在车上。行进途中,队员在车内着装佩械,下车后可立即奔赴灾变现场。

技术性:矿山救护队的技术性在于每个矿山救护队指战员必须熟悉矿井采掘、通风、机电各专业知识;熟练掌握急救、抢险、救人灭灾的技术业务知识;了解救护技术装备的性能、构造、维修、保养,并能熟练操作,排除故障;掌握各种救灾工艺技术,能在窒息区抢救时得心应手。

军事化:所谓军事化是指矿山救护队实行军事化管理,开展军事训练,以灾区为战场,以矿灾为消灭之敌,以呼吸器械为武器,严肃队容风纪,提高组织性、纪律性,每个指战员都要坚决服从命令,听从指挥。

辅助矿山救护队由从事井下通风、消火、安装、运输检验测定等工作,有实践经验,身体符合专职矿山救护队员标准的工人,以及工程技术人员组成。

辅助矿山救护队员由矿长或矿总工程师直接领导,设专职队长及专职仪器装备维修工。

抢救长期被困在井下的遇难人员时应注意:

(1)发现遇难人员时,严禁用头灯光束直射其眼睛,以免在强光刺射下使其瞳孔急剧收缩,造成眼目失明。正确的方法是用衣片等罩住头灯,使光线减弱,或蒙住遇难人员眼睛,待瞳孔逐渐收缩直至恢复正常时,才可以见到强光。

(2)发现遇难人员时,不可立即抬运出井,应注意保护体温。应在井下安全地点新鲜风流处,进行初步处置(如包扎、输液、注射等)并待其情绪稳定以后,才送到医院进行特别护理。在治疗初期,避免亲友探视,以防过度兴奋影响遇难人员的健康或造成死亡。

(3)遇难人员长期不进食,消化系统功能极度减弱又急需补充营养,应以少量多餐的方法,以稀软的、高营养、高蛋白的食物为宜。

4)矿山防灭火应急预案

矿井火灾是矿山主要灾害之一。矿井火灾能够烧毁设备、损失资源,产生大量的有毒有害气体,造成大量人员伤亡,为此,应制订预案及处理计划。

各矿山根据自身情况编制应急预案,应包括但不限于:①应急救援基本任务;②火灾事故处理方法,矿井地面及矿井周围发生火灾处理,井下火灾处理;③救援组织机构与领导,运行机制;④救灾步骤与处理程序;⑤应急响应;⑥避灾路线;⑦现场救灾处理措施;⑧信息报告与处理;⑨救灾保障措施;⑩事故调查分析总结;⑪事故处理。

2.4.4.2　救灾案例

1)企业概况

吉林××金矿位于桦甸市夹皮沟镇。2006年,企业转型为私营独资企业。2011年4月,企业改制为金矿股份有限公司,开展地下金矿开采,处理金矿石等业务。公司现有职工700人,有四个矿区。

2)事故矿井情况

事故矿区采用平硐——盲竖井开拓,抽出式对角通风,3班作业。可开采矿种为金矿和铁矿,许可生产规模为11.60万t/a。主体部分在-440 m中段以下,矿山设计开采规模(扩建后)为金矿6.6万t、铁矿5万t。

火灾发生在其中一个区,位于0 m平硐以下-280 m至-760 m的二段盲竖井内,开拓有8个中段。该盲竖井装备有双罐双层提升罐笼,罐笼各有两条罐道木。从马头门面向罐笼方向,竖井由右至左分别为梯子间、1号罐笼间、2号罐笼间。梯子间后侧为管缆间;梯子为金属直梯,缓台为金属板;管缆间有10 kV高压铠装电缆、380 V电缆,还有中段水管、主排水管和压风管三根钢管。梯子间外侧有信号线、电话线、监控视频电缆。因井壁围岩不好,井筒局部使用衬木保护。

当班井下作业人员 66 人，分布在 5 个中段的 17 个作业地点。其中，-280 m 中段 27 人（4 个作业班组 18 人，带班矿长 1 人，安全员 1 人，信号工 4 人，卷扬工 3 人），分别从事南沿主巷道支护和清理巷道、绕道采场维修顺路，小盲竖井维修，车场调运车皮等工作；-360 m 中段 22 人（4 个作业班组 17 人，信号工 4 人，零工 1 人），分别从事北沿采场巷道清理、南沿 10 m 地井采矿、南沿 1 号右手穿巷道清理、停车场调运车皮、南沿主巷道维修等工作；-600 m 中段 8 人、-680 m 中段 3 人、-760 m 中段 6 人（作业班组 4 人，安全员 1 人，卷扬工 1 人），分别进行巷道工程作业。

3）事故发生及抢险救援经过

（1）事故发生经过

2013 年 1 月 14 日 7 时多，公司机修厂接矿区要求，安排焊工到二段盲竖井内进行焊割安装钢支护作业，替换井筒衬木，作业地点为 -483 m 至 -486 m 范围。8 时至 10 时，先由 3 名力工拆除作业范围内的衬木。10 时至 11 时，焊工姜××、学徒焊工朱××、钳工郭×× 3 人，乘罐笼在二段盲竖井内 -483 m 至 -486 m 范围进行焊割安装钢支护作业，中午下到 -520 m 车场吃饭。约 12 时 30 分，力工发现有带火星的物体顺井筒掉下，姜×× 带人检查发现有 2 根衬木端头冒烟，烧了约 5 cm，用水浇灭。

在 13 时至 14 时 20 分、15 时至 15 时 40 分 2 个时段继续作业，姜×× 进行焊割，朱××、郭×× 协助，作业完毕在撤离时未发现有着火冒烟的地方，从罐笼卸下电焊机等设备后升井。18 时 55 分许，二段盲竖井 -440 m 至 -520 m 段发生火灾，起火点位于二段盲竖井内 -486 m 至 -505 m。约 19 时 40 分，二段盲竖井内高压电缆被火烧漏电导致跳闸，矿区全部停电。

火灾发生时，井下主扇未启动，没有形成主导风流，有毒烟气按自然风压在二段盲竖井内向下扩散，曾到达 -760 m 中段。随着火势增强，烟气升力增大到超过自然风压时，烟气扩散方向逆转，沿二段盲竖井迅速向上，并向各中段扩散，导致起火部位上方有人作业的中段发生人员伤亡。-280 m 中段与二段盲竖井顶端直接相通，烟气量最大。

（2）事故报告和抢险救援经过

事故报告情况：1 月 14 日 19 时 30 分许，在 -280 m 中段二段盲竖井车场作业的信号工王××、周×× 发现二段盲竖井向外冒出浓烟，随即通知附近人员向外撤离时，遇到在同一中段一段盲竖井车场的带班矿长周××，即向其报告并一同撤离。在 0 m 井口，周×× 通过电话通知在调度室的副矿长孙×× 赶快报告。20 时左右，副矿长孙××、公司副总经理徐××、总经理周××、矿长李×× 等先后赶到井口；15 日 3 时多，公司董事长接到原办公室主任电话报告后，赶到事故现场。期间，企业负责人没有按规定向有关部门报告。直到 15 日 3 时 40 分许，周×× 感到事态严重，才打电话向夹皮沟镇报告。之后，在 15 日 5 时前经夹皮沟镇、桦甸市、吉林市迅速报告至省委、省政府及相关部门。

事故救援情况：事故发生后，公司及矿区负责人陆续赶到井口，在没有配备必要的救援装备情况下，企业先后组织 50 多人自行施救。周××、孙××、李×× 先后通过与老牛槽区相通的大金牛区大竖井下到 -600 m 中段，并组织该中段的 8 人用水管进行浇水灭火，在 -680 m 和 -760 m 中段作业的矿工发现起火后，自发用水管向二段盲竖井浇水灭火，后李×× 指挥周××、孙×× 回到老牛槽区井口下井救援，并组织 -680 m、-760 m 中段的人员沿梯子间上到 -600 m 中段，与在此中段的人员一同经与该中段连通的大金牛区通道上升到地面。在老牛槽区井口，周××、徐××、机修厂袁××组织 0 m 人员撤到地面，由电工恢复供电，利用一段盲竖井罐笼上下溜罐排烟，并起动空压机压风。21 时许，烟气减小后，留下王××在井口调度人员施救，其他人员乘罐笼下到−280 m 中段，用水管向二段盲竖井内浇水，对−280 m 中段南沿作业人员进行搜救，随后留下徐××指挥，周××等下到−360 m 中段组织人员搜救。省、市、县、乡政府和有关部门接到报告后，立即启动应急预案，有关领导第一时间赶往事故现场，指挥救援工作。15 日 4 时许，桦甸市安监局接到报告后，立即通知桦甸市矿山救援中心、通钢桦甸矿业有限责任公司、建龙桦甸矿业有限公司、中金夹皮沟矿业公司的专(兼)职救护队前往救援，因企业报告严重延误，救援队赶到时井下救援已基本结束。

事故中 28 人通过自救升井，38 人通过互救升井。14 日 22 时左右，救出第一位伤员，于 22 时 30 分送到夹皮沟镇老金厂医院；23 时 30 分第一位死亡人员送到夹皮沟镇老金厂医院。至 15 日 5 时左右，先后有 28 名受伤人员和 9 名死亡人员送到夹皮沟镇老金厂医院。

(3) 人员伤亡和直接经济损失。

在此次事故中，企业未能及时发现并熄灭井筒阴燃的衬木，酿成火灾，产生有毒烟气。在没有统一指挥组织救援、缺少必要的救生器材、通信电缆烧断的情况下，井下人员盲目逃生，造成重大伤亡。10 人因一氧化碳等有毒气体中毒窒息死亡(−280 m 中段 9 人、−360 m 中段 1 人)，28 人受伤(−280 m 中段 11 人、−360 m 中段 17 人)，28 人安全升井(−280 m 中段 7 人、−360 m 中段 4 人、−600 m 中段 8 人、−680 m 中段 3 人、−760 m 中段 6 人)，另有 1 人在救援中受伤。事故造成直接经济损失 929 万元。

2.5　地面典型危险场所防灭火

矿山地面防灭火主要应用于地面建构筑物(井塔、控制室、变配电所、地表风机硐室、空压机站、充填站等)、设备维修厂房、地面爆破器材库等。

2.5.1　矿山地面建构物防灭火

矿山地面建构物包括办公楼、食堂、职工宿舍、生产控制室、风机硐室等，是矿山地面防灭火重点。

2.5.1.1　地面火灾危险性分类

对于矿山采矿地表建构筑物，为了预防火灾和爆炸事故的发生，首先应了解该生产过程中存在物质的火灾爆炸危险性是属于哪一类型，存在哪些可能引发火灾或爆炸的因素，发生火灾爆炸后火势蔓延扩大的条件等。

生产的火灾危险性分类原则是在综合考虑着火情况的基础上确定的，主要根据生产中物料的理化性质及其火灾爆炸危险程度，反应中所用物质的数量，采取的反应温度、压力及使用密闭的还是敞开的设备进行生产操作等条件进行划分。《建筑设计防火规范》(GB 50016—2014)中生产的火灾危险性分类如表 2-8 所示。该标准指出，同一座厂房或厂房的任一防火分区内有不同火灾危险性生产时，该厂防火分区内的生产危险性分类应按火灾危险性较大的部分确定。

表 2-8 生产的火灾危险性分类

生产类别	使用或产生下列物质生产的火灾危险性特征
甲	①闪点小于 28℃的液体; ②爆炸下限小于 10%的气体; ③常温下能自行分解或在空气中氧化能导致迅速自燃或爆炸的物质; ④常温下受到水或空气中水蒸气的作用,能产生可燃气体并引起燃烧或爆炸的物质; ⑤遇酸、受热、撞击、摩擦、催化以及遇有机物或硫黄等易燃的无机物,极易引起燃烧或爆炸的强氧化剂; ⑥受撞击、摩擦或与氧化剂、有机物接触时能引起燃烧或爆炸的物质; ⑦在密闭设备内操作温度大于等于物质本身自燃点的生产
乙	①闪点大于等于 28℃,但小于 60℃的液体; ②爆炸下限大于等于 10%的气体; ③不属于甲类的氧化剂; ④不属于甲类的化学易燃危险固体; ⑤助燃气体; ⑥能与空气形成爆炸性混合物的浮游状态的粉尘、纤维,闪点大于等于 60℃的液体雾滴
丙	①闪点大于等于 60℃的液体; ②可燃固体
丁	①对不燃烧物质进行加工,并在高温或熔化状态下经常产生强辐射热、火花或火焰的生产; ②利用气体、液体、固体作为燃料或将气体、液体进行燃烧作为其他使用的各种生产; ③常温下使用或加工难燃烧物质的生产
戊	常温下使用或加工不燃烧物质的生产

说明:①火灾危险性较大的生产部分占本层或本防火分区面积的比例小于 5%或丁、戊类厂房内的油漆工段小于 10%,且发生火灾事故时不足以蔓延到其他部位或火灾危险性较大的生产部分采取了有效的防火措施。

②丁、戊类厂房内的油漆工段,当采用封闭喷漆工艺,封闭喷漆空间内保持负压,油漆工段设置可燃气体自动报警系统或自动抑爆系统,且油漆工段占其所在防火分区面积的比例小于等于 20%。

当符合上述条件之一时,可按火灾危险性较小的部分确定。

2.5.1.2 建筑材料与阻燃

1)建筑材料的高温性能

建筑材料高温下的性能直接关系到建筑物的火灾危险性,以及发生火灾后火势蔓延扩大的速度。对于结构材料而言,在火灾高温作用下力学强度的降低还直接关系到建筑的安全。

在建筑防火方面,判定建筑材料高温下的性能好坏应综合考虑以下 5 个方面。

(1)燃烧性能:建筑材料的燃烧性能包括着火性、火焰传播性、燃烧速度和发热量等。

(2)力学性能:材料在高温作用下,力学性能(尤其是强度性能)随温度的变化关系。

(3)发烟性能:材料燃烧产生的大量烟气,除了对人身造成危害外,还严重妨碍人员的疏散行动和消防扑救工作。

(4)毒性性能:在烟气生成的同时,材料燃烧或热解过程中还产生一定的毒性气体。

(5)隔热性能:在隔绝高温方面,材料的导热系数和热容量是最为重要的影响因素。

建筑材料的种类繁多,根据其高温性能分类如下:

(1)无机材料包括混凝土、胶凝材料类,砖、天然石材与人造石材类,建筑陶瓷、建筑玻璃类,石膏制品类,无机涂料类,建筑金属、建筑五金类,各种功能性材料类等。

(2)有机材料包括建筑木材类,建筑塑料类,装修及装饰材料类,有机涂料类,各种功能性材料等。

(3)有机-无机复合材料包括各种功能性复合材料等。

从燃烧性能看,无机材料一般都是不燃性材料,有机材料一般为可燃性材料,复合材料含有一定的可燃成分。

2)有机材料的高温性能

有机材料都具有可燃性。由于有机材料通常在300℃会发生碳化、燃烧、熔融等变化,因此在热稳定性方面一般比无机材料差。有机材料的特点是质量轻,隔热性好,耐热应力作用,不易发生裂缝和爆裂等。

有机材料的燃烧一般以分解燃烧的形式进行,即在受热时,它先发生热分解,分解出CO、H_2、C_nH_m等可燃性气体,并与空气中的O_2混合而发生燃烧。

建筑材料中常用的有机材料有木材、塑料、胶合板、纤维板、难燃刨花板等,其高温性能可见表2-9。

表2-9 常用有机材料高温性能

材料类别	高温性能
木材	容易燃烧,在火灾高温下的性能主要表现为燃烧性能和发烟性能; 燃烧过程:分为有焰燃烧和无焰燃烧两个阶段。有焰燃烧是木材所产生的可燃性气体着火燃烧,形成可见的火焰,造成火势蔓延;无焰燃烧是木材热分解完后形成木炭的燃烧(其产物是灰),导致火势持久
塑料	燃烧时火焰温度高、燃烧速度快、发烟量大、毒性大; 燃烧过程:加热软化,熔融变为黏稠状,高温分解,达到燃点,着火燃烧
胶合板	燃烧性能与胶黏剂有关。使用酚醛树脂、三聚氰胺树脂作胶黏剂的,防火性能好,不易燃烧。使用尿素树脂作胶黏剂的,因掺有面粉,其防火性能差,易于燃烧。难燃胶合板是用磷酸铵、硼酸和氰化亚铅等防火剂浸过薄板制造的板材,其防火性能好,难燃烧
纤维板	纤维板的燃烧性能取决于胶黏剂。使用无机胶黏剂,得到难燃的纤维板。使用各种树脂作胶黏剂,则随着树脂的不同,得到易燃或难燃的纤维板
难燃刨花板	是具有一定防火性能的木质人造板材,属于难燃性的建筑材料

3)无机材料的高温性能

无机材料在高温性能方面存在的问题是导热、变形、爆裂、强度降低、组织松懈等,往往由高温时的热膨胀收缩不一致引起。此外,铝材、花岗岩、大理石、钠钙玻璃等建筑材料在高温时还要考虑软化、熔融等现象的出现。

（1）建筑钢材

建筑钢材可分为钢结构用钢材（各种型材、钢板）和钢筋混凝土结构用钢筋两类，具有强度大、塑性和韧性好、品质均匀、可焊可铆、制成的钢结构重量轻等优点。但就防火而言，钢材虽然属于不燃性材料，耐火性能却很差。

①强度

建筑结构中广泛使用的普通低碳钢在高温下强度降低很快，其高温力学性能如图2-24所示。抗拉强度在250～300℃时达到最大值（由蓝脆现象引起）；温度超过350℃，强度开始大幅度下降，在500℃时约为常温时的1/2。此外，钢材的应力-应变曲线形状随温度升高发生很大变化，如图2-25所示。温度升高，屈服平台降低，且原来呈现的锯齿形状逐渐消失。当温度超过400℃后，低碳钢特有的屈服点消失。

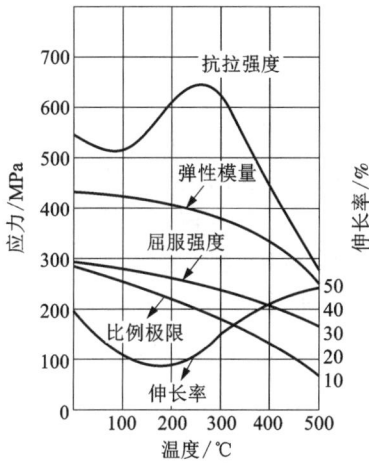

图2-24　普通低碳钢高温力学性能

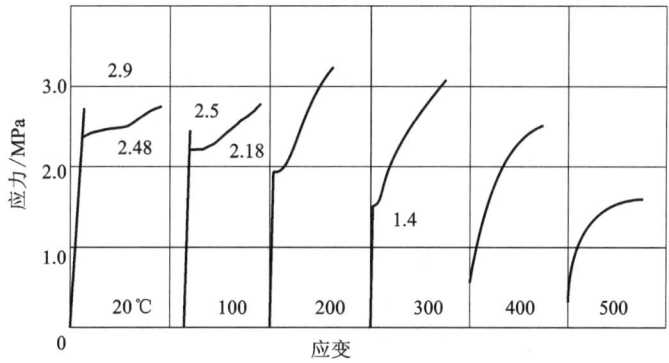

图2-25　普通低碳钢高温下应力-应变曲线

②变形

钢材在一定温度和应力作用下，随时间的推移，会发生缓慢塑性变形，即蠕变。蠕变在较低温度时就会产生，在温度高于一定值时比较明显，对于普通低碳钢这一温度为300～350℃，对于合金钢为400～450℃，温度愈高，蠕变现象愈明显。

普通低碳钢弹性模量、伸长率、截面收缩率随温度的变化情况如图2-24所示，可见高温下钢材塑性增大，易于产生变形。

（2）混凝土

混凝土热容量大，热导率小，火灾高温下升温慢，但受到高温作用时，强度会降低。

①强度

混凝土抗压强度随温度升高而变化的情况如图2-26所示，可见在高于300℃时，混凝土强度随温度升高明显降低。

②弹性模量

混凝土在高温下弹性模量降低明显，其呈现明显的塑性状态，形变增加。主要原因是：水泥石与骨料在高温时产生差异，两者之间出现裂缝，组织松弛以及混凝土发生脱水现象导致内部孔隙率增加。

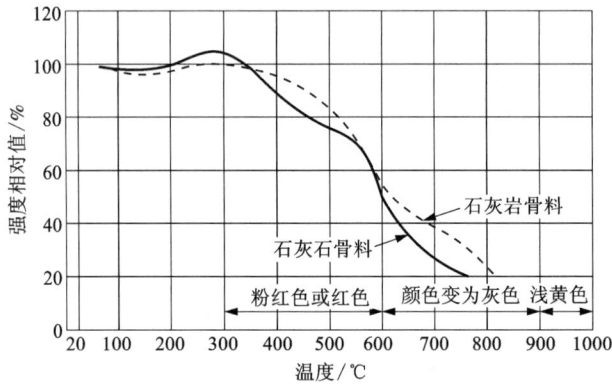

图 2-26　高温下混凝土抗压强度

③混凝土的爆裂

在火灾初期，混凝土构件受热表面层发生的块状爆炸性脱落现象，称为混凝土的爆裂。它在很大程度上决定着钢筋混凝土结构的耐火性能，尤其是预应力钢筋混凝土结构。混凝土的爆裂会导致构件截面减小和钢筋直接暴露于火中，造成构件承载力迅速降低，甚至失去支撑能力，发生倒塌破坏。此外会使薄壁混凝土构件出现穿透性裂缝或孔洞，失去隔火作用。

影响爆裂的因素有混凝土的含水率、密实性、骨料的性质、加热的速度、构件施加预应力的情况以及约束条件等。解释爆裂发生的原因有蒸汽压锅炉效应理论和热应力理论。

（3）玻璃

玻璃是以石英砂、纯碱、长石和石灰石等为原料，在 1550～1600℃ 高温下烧至熔融，再经急冷而得到的一种无定型硅酸盐物质。几种常用玻璃的分类及高温性能如表 2-10 所示。

表 2-10　常用玻璃的高温性能

种类	高温性能
普通平板玻璃	属于不燃材料，但耐火性能很差，在火灾高温作用下因表面的温差会很快破碎
夹丝玻璃	加入了经过预热处理的金属丝网，当受到外力或高温作用时，其同样会炸裂，但在金属丝网的支撑拉结下，裂而不散
复合防火玻璃（又称防火夹层玻璃）	由普通平板玻璃用透明防火黏结剂胶结而成的。发生火灾后，随火灾区域的温度升高，防火夹层不仅能将炸裂的玻璃碎片牢固地黏结在其他玻璃上，而且受热膨胀发泡，厚度增大，形成致密的蜂窝状防火隔热层，阻止了火焰和热量向外穿透，从而起到隔火隔热的作用

（4）其他无机建筑材料的高温性能，可见表 2-11。

表 2-11　常见无机材料的高温性能

种类	高温性能
黏土砖	经高温煅烧制成，不含结晶水等水分，因而再次受到高温作用时性能仍保持平稳，耐火性良好
石材	是一种耐火性较好的材料，在温度超过 500℃ 以后，强度降低较明显，含石英质的石材还会发生爆裂
建筑石膏	凝结硬化后的主要成分是二水石膏（$CaSO_4 \cdot 2H_2O$），其在高温时发生脱水，吸收大量的热，延缓了石膏制品的破坏，因此隔热性能良好。但二水石膏在受热脱水时会产生收缩变形，因而石膏制品容易开裂，失去隔火作用
石棉水泥材料	属于不燃性材料，但在高温下容易发生爆裂现象，在 3 min 左右即破裂失去隔火作用，并且强度在 500~600℃ 时急剧降低，在高温时遇水冷却便立即发生破坏
岩棉板和矿渣面板	新型的轻质绝热防火板材，可长期在 400~600℃ 的温度下使用
膨胀珍珠岩板	以膨胀珍珠岩为主要骨料，掺加不同种类的黏结剂制成的不燃板材，可长期在 900℃ 的条件下使用，多用作钢结构的耐火保护被覆材料

2.5.1.3　防火涂料与阻燃机理

防火涂料是指涂覆于物体表面上，阻隔热量向物体的传播，从而防止物体快速升温，降低物体表面的可燃性，阻滞火势的蔓延，提高物体耐火极限的物质。防火涂料用作建筑的防火保护，对防止初期火灾和减缓火势的蔓延扩大具有重要的意义。

防火涂料主要由基料及防火助剂两部分组成。除了应具有普通涂料的装饰作用和对基材提供的物理保护作用外，还具有隔热、阻燃和耐火的特殊功能，使其在一定温度和一定时间内形成防火隔热层。

1）防火涂料的类型

防火涂料的类型可用不同的方法来定义。

（1）按所用基料的性质分类

根据防火涂料所用的基料性质，可分为：

①有机型防火涂料——以天然的或合成的高分子树脂、高分子乳液为基料；

②无机型防火涂料——以无机黏结剂为基料；

③有机无机复合型防火涂料——由高分子树脂和无机黏结剂复合而成。

（2）按所用的分散介质分类

①溶剂型防火涂料——其分散介质和稀释剂采用有机溶剂，存在易燃、易爆、污染环境等缺点，其应用日益受到限制；

②水性防火涂料——以水为分散介质，其基料为水溶性高分子树脂和聚合物乳液等。生产和使用过程中安全、无毒，不污染环境，是防火涂料发展的方向。

（3）按涂层的燃烧特性和受热后状态变化分类

①非膨胀型防火涂料，又称隔热涂料。这类涂料在遇火时涂层基本上不发生体积变化，而是形成一层釉状保护层，起到隔绝氧气的作用，从而延缓或终止燃烧反应。因其釉状保护层热导率较大，隔热效果差，其涂层厚度一般较大。

②膨胀型防火涂料，膨胀型防火涂料层在遇火时涂层迅速膨胀发泡，形成泡沫层。泡沫层不仅隔绝了氧气，其质地疏松而具有良好的隔热性能，可有效延缓热量向被保护基材传递的速率。同时涂层膨胀发泡过程中因为体积膨胀等各种物理变化和脱水、碳化等各种化学反应也消耗大量的热量，因此有利于降低体系的温度，其防火隔热效果显著。

（4）按使用目标分类

按防火涂料的使用目标来分，可分为饰面型防火涂料、钢结构防火涂料、电缆防火涂料、防火堤防火涂料、隧道防火涂料、船用防火涂料等多种类型。其中钢结构防火涂料根据其适用场合可分为室内用和室外用两类，根据其涂层厚度和耐火极限又可分为厚型、薄型和超薄型三类。

表2-12简要说明了防火涂料的分类和各类防火涂料的基本特征。

表 2-12　防火涂料分类及基本特征

分类依据	类型	基本特征
溶剂	水型	水为介质，无环境污染，生产、施工、运输安全
	溶剂型	有机溶剂为介质，施工条件受限制较少，涂层性能好，但环境污染严重
基料	无机型	磷酸盐、硅酸盐为黏结材料，自身不燃，价格便宜
	有机型	合成树脂为黏结材料，易形成膨胀发泡层，防火性能好
受火后状态	非膨胀型	自身有良好的隔热阻燃性能，遇火不膨胀，密度较小
	膨胀型	遇火迅速膨胀，防火效果好，并有较好的装饰效果
涂层厚度	厚涂型（H）	涂层厚5~25 mm，耐火极限不低于2.0 h
	薄涂型（B）	涂层厚2~5 mm，耐火极限不低于1.0 h
	超薄型（CB）	涂层厚小于2 mm，耐火极限不低于1.0 h
适用对象	钢结构	适用于钢结构的防火，装饰性不强
	木材	适用于木材防火，有良好的装饰性
	电缆	适用于电缆的防火，涂层有良好的柔性，装饰性不强
	混凝土	适用于混凝土的防火，装饰性不强

2）防火涂料的基本作用

燃烧是一种发光发热的化学现象，它必须同时具备三个条件才能发生，即可燃物质、助燃剂和火源。要使燃烧不能进行，必须将三个要素中的任何一个因素隔绝开来。例如用难燃或不燃的物体将可燃物表面封闭起来，避免其与空气接触，就可使可燃物表面转变成难燃或不燃的表面。

另外，由于物质燃烧时会释放出大量的热量，可引起其周围的可燃性物质发生热分解和燃烧，从而使燃烧不断蔓延扩大。热量的传播是燃烧蔓延的主要途径。所以，要阻止燃烧的蔓延扩大，必须隔绝对被保护物体的任何形式热量的传导。如形成膨胀隔热层，利用高导热和高反射性能的涂层排出热能，利用吸热的化学反应抵消外部热源等。

防火涂料就是根据上述原理设计的。

防火涂料之所以能够对物体起防火作用，主要可以归纳为以下几个方面：

(1)防火涂料本身具有难燃或不燃性，使被保护的可燃基材不直接与空气接触而延迟基材着火燃烧；

(2)防火涂料遇火受热可分解出不燃性的惰性气体，冲淡被保护基材受热分解出的易燃气体和空气中的氧，从而抑制燃烧；

(3)防火涂料遇热能生成减缓及终止燃烧连锁反应的自由基，有效防止火焰的扩散蔓延；

(4)防火涂料遇热膨胀，形成隔热、隔氧的膨胀炭层，阻止基材着火燃烧。

2.5.1.4 阻燃材料

1)阻燃机理

阻燃性是指使材料具有减慢、终止或防止火焰传播的特性。降低聚合物的可燃性主要有两种方法，一种是合成耐热性材料，但合成这类聚合物的成本过高，仅用于某些特殊场合；另一种是利用物理或化学的方式，将阻燃性添加剂添加到聚合物的表面或内部。阻燃剂是提高可燃材料难燃性的一类助剂。可燃聚合物的燃烧通常可分为热分解、热自燃、热点燃等针对不同的阶段采取凝聚相(固相或液相)阻燃、气相阻燃或中断热交换阻燃等途径使可燃材料达到难燃或不燃。经过阻燃处理后的材料，在燃烧过程中，阻燃剂在不同的相区内起到抑制燃烧的作用。

(1)凝聚相机理

凝聚相阻燃是指阻止有机聚合物的热分解和释放可燃性气体而采取的措施，主要通过以下方法来实现：

①添加能在固相中阻止聚合物热解或产生自由基的添加剂。

②添加无机填料。无机填料具有较大的热容，能起到蓄热作用；同时由于它为非绝热体，可改善导热作用，于是使聚合物的升温受到限制，从而达不到热分解的温度。

③添加吸热后可分解的阻燃剂，如水合三氧化铝等，这类阻燃剂受热分解，释放出水分，能有效使聚合物处于较低温度。

④在聚合物材料表面形成一种不燃性的保护层，这样可以起到隔热、隔氧的作用，并阻止聚合物分解析出的可燃气体逸出。

(2)气相机理

气相阻燃是指阻止聚合物分解出的可燃气体发生燃烧反应的作用，可通过以下方法实现：

①采用在热作用下能释放出活性气体化合物的阻燃剂。这种化合物能对影响火焰形成的自由基发生作用，从而使燃烧反应中断。工业常用的 Sb_2O_3-卤族化合物即是以此种方式发生作用的。

②采用在聚合物燃烧中能形成微细粒子的添加剂。这种烟粒子能对燃烧中的自由基的结合和终止起催化作用。

③选择分解时能释放出大量惰性气体的添加剂。大量惰性气体的存在，能稀释聚合物分解生成的可燃气体，并降低其温度，使之不能与周围空气发生燃烧。

④加入受热后可释放出重质蒸汽的添加剂。这种蒸汽可覆盖住聚合物分解出的可燃气体，阻止了可燃气体与空气的正常交换，从而使火焰窒息。

（3）中断热交换机理

维持燃烧的一个重要条件是燃烧释放的部分热量反馈到聚合物表面，从而使聚合物不断受热分解。如果加入某种添加剂能把燃烧热带走而不返回到聚合物上，这样便能中断燃烧。

例如膨胀型阻燃剂的阻燃机理：受热时酸源分解产生脱水剂，与成炭剂生成酯类化合物，随后酯脱水交联形成炭。同时，发泡剂释放大量的气体，从而形成膨松多孔的泡沫炭层，如图 2-27 所示。聚合物表面与炭层表面存在一定的温度

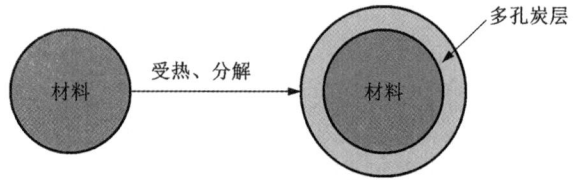

图 2-27　膨胀型阻燃剂作用示意图

梯度，使聚合物表面温度低得多，减少了聚合物进一步降解并释放可燃性气体的可能性，同时隔绝了外界氧的进入，从而在相当长的时间内对聚合物起阻燃作用。

2）阻燃材料

以高聚物为基础制造的塑料、橡胶和纤维三大合成材料及其制品日益广泛地应用于工农业及日常生活的各个方面。它们大多数为可燃或易燃的，燃烧时大都放出浓烟和有毒气体，所以实现高聚物的阻燃化至关重要。

（1）阻燃性塑料

塑料是以高聚物（或称树脂）为主要成分，再加入填料、增塑剂、抗氧化剂及其他一些助剂，经某种方法加工制成的材料。使塑料阻燃化的主要手段是添加各种阻燃剂。为了使高聚物与上述无机阻燃剂具有更好的相容性，有的无机阻燃剂需做表面处理，例如表面经钛酸酯、铝酸酯或有机硅烷处理的水合氧化铝。也有少数阻燃塑料制品直接在分子中导入含溴、氯、磷的原料来制备，如用四溴双酚 A 代替一般的双酚 A 制备的阻燃环氧树脂，用含磷聚醚多元醇制备的阻燃聚氨酯泡沫塑料等。阻燃性塑料的分类及其特征见表 2-13。

表 2-13　阻燃性塑料的分类及其基本特征

分类依据	类型	基本特征
加热和冷却重复条件下的性状	阻燃热固性塑料	在一定温度下加热到一定时间后会硬化，硬化后的质地坚硬，不溶于溶剂，加热不能使其软化，过高温则分解
	阻燃热塑性塑料	遇热软化，冷却后变硬，并且此过程可以反复转变
应用	阻燃通用塑料	应用面广、价格便宜、主要用于人们日常生活和工农业生产（如包装材料、农膜等）
	阻燃工程塑料	指具有较高机械性能和耐热性能、能代替金属或木材等作为结构材料使用的阻燃塑料
	阻燃特种塑料	弥补了一般工程塑料和通用塑料的耐温不高、强度低、综合性能不足等缺点，类似金属与陶瓷，可在特殊条件下使用

（2）阻燃性橡胶

橡胶广泛应用于电线电缆包皮、传送带、电机与电器工业的橡胶制品、矿山导气用管等。

天然橡胶和大多数合成橡胶都是可燃的，应当进行阻燃化处理。

①橡胶的分类

按橡胶大分子的组成和易燃程度，可将橡胶分为 3 类（见表 2-14）。

表 2-14　橡胶的分类与特征

分子构成类型	典型品种	基本特征
主链只含碳、氢	天然橡胶（NR）、丁苯橡胶（SBR）	橡胶中最主要的一类，受热时呈无规降解，其大分子主链发生断裂，相对分子质量迅速下降。并且氧指数较低，热释放速率较高，生烟量较大，成炭量非常低
主链含碳、氢，还含其他元素	硅橡胶、聚硫橡胶	具有使用温度宽、优良的耐候性和热稳定性等优点，可在 200℃ 的条件下长期使用
含卤素	氯丁橡胶（CR）、氟橡胶	自阻燃性能好，其氧指数高于不含卤橡胶，但燃烧时的发烟量很大，产物的毒性和腐蚀性较强

②橡胶的阻燃

由于橡胶对添加剂的相容性比塑料大，因此添加阻燃剂是橡胶阻燃的主要手段。根据橡胶的种类，通常以如下机理来实现阻燃：

A. 在橡胶中加入可捕捉高能自由基 HO 的物质；

B. 加入可阻滞橡胶热分解，并促进形成不易燃的三维空间炭质层的物质；

C. 加入受热分解时可吸收热量或稀释橡胶热分解产生的可燃性气体的物质；

D. 加入使橡胶燃烧后形成熔融胶滴，并迅速脱离橡胶主体，从而使其隔离火源的物质；

E. 加入受热后能产生黏稠液体并覆盖在橡胶表面，使其与空气隔离的物质；

F. 在大分子链上导入卤素、磷等阻燃元素。

（3）阻燃性纤维

纤维材料可分为天然纤维和化学合成纤维。现在合成纤维材料的使用相当广泛。由于其呈纤维状，表面积大，不仅容易点燃，而且火焰容易迅速蔓延。

①阻燃机理

A. 降低材料的可燃性，是纤维阻燃改性的主要方式；

B. 改变燃烧反应的方向，增大不燃产物（如 H_2O、HCl、HBr、CO_2 等）的生成量，降低可燃产物或捕获自由基；

C. 产生不燃气体，稀释基材表面上的氧气；

D. 阻燃剂吸热分解，或阻燃剂降解物可与火焰中各产物或基材产物发生吸热反应，降低燃烧区温度；

E. 在基材表面上生成不挥发炭质或玻璃状薄层以阻断氧气，并降低热传导。

阻燃剂要能在纤维中得到实际应用，必须满足一系列要求，主要有：（a）难燃性能达到使用所需的最低要求；（b）燃烧时要减少烟气生成量；（c）对纤维的强度、弹性或手感等性能不降低或少降低；（d）在生产和使用中没有生理毒性，且燃烧产物毒性不增加；（e）在正常使用中仍长期保持阻燃性；（f）工艺条件和价格的增加为产品所能接受。通常仅靠一种阻燃剂难以完全满足上述要求,因而应使用几种阻燃剂复合以起到协同效果。

纤维阻燃剂的改性方法,见表2-15。

表 2-15　　纤维阻燃剂的改性方法

方法	特征
在纤维合成中应用阻燃共聚单体	优点是阻燃剂成为纤维聚合物的一部分,不易渗出或被浸沥,使用寿命长;缺点是将改变聚合物结构及物理性能和机械性能等。在工业上丙烯酸系纤维、聚酯纤维常用共聚单体作阻燃剂
在聚合物中应用阻燃添加剂	在纺丝前将添加剂加入纺丝溶液中,为此要求添加剂在纺丝过程中稳定,均匀分散,并能在聚合纤维中保持必需的量,在人造丝、醋酸纤维中常用此法
用阻燃电梯对纤维进行接枝共聚	这是一种较理想的方法,现在已有大量的研究报道,但工业化的不多
对纤维和织物用阻燃剂整理	天然纤维(木材、棉和毛)唯一可能的阻燃处理方法。阻燃剂整理可以是非永久的(不耐溶剂和水洗涤)或耐久的(可用溶剂或水洗涤),后者要求阻燃剂在整理中与基质反应,或就地聚合而成为不溶的物质,现已成功地应用于棉纤维
用阻燃剂涂层保护基材	阻燃涂层对老化和耐候性要求高,往往不易达到,且常使织物的手感变差

2.5.2　地面变配电所(站)防灭火

地面变配电站电气设施繁多,用电量大,极易发生电气火灾。一旦发生火灾,容易造成人员伤亡、财产损失,甚至造成大面积停电事故发生。

变电所由变压器、母线、控制设备组成,具有变换电压和交换电能的作用。配电所由受电、开关控制设备组成,起到分配电、开关控制作用。

变配电所(站)防灭火设计见《火力发电厂与变电站设计防火标准》(GB 50229—2019)、《10 kV 及以下变电所设计规范》(GB 50053—2003)、《有色金属工程设计防火规范》(GB 50630—2010)。

变配电所防火重点部位:

(1)电气线路:电气线路主要是由于短路、过载、绝缘层损坏、接触电阻过大等原因产生电火花电弧或者使线路产生高温发热引起火灾。

(2)变压器:过负荷、短路引起火灾。

(3)高低压配电柜:线路或元件接触部位因接触不良引起发热而引发火灾。

(4)开关、母线、互感器:短路引发火灾。

(5)建构筑物火灾。

2.5.2.1　变压器的火灾危险性及预防措施

变压器是利用电磁感应原理,把交流电能转变为不同电压、电流等参数的另一种电能的设备。它内部含绝缘衬垫和有机可燃物质支架,并有大量的绝缘油。因此,它的火灾危险性在于易燃烧,变压器内部一旦发生严重过载、短路,可燃的绝缘材料和绝缘油就会受高温或电弧作用,分解燃烧,并产生大量气体,使变压器内部的压力急剧增加,造成外壳爆裂,大量喷油,燃烧的油流又进一步扩大了火灾危害,并造成大面积停电,影响正常的生产和生活。运行中的变压器发生火灾和爆炸的原因有以下几个方面:

1)绝缘损坏

(1)线圈绝缘老化

当变压器长期过载,会引起线圈发热,使绝缘逐渐老化,造成匝间短路、相间短路或对地短路,引起变压器燃烧爆炸。因此,变压器在安装运行前,应进行绝缘强度的测试,运行过程中不允许过载。

(2)油质不佳,油量过少

变压器绝缘油在储存、运输或运行维护中不慎而使水分、杂质或其他油污等混入油中后,会使绝缘强度大幅度降低。当其绝缘强度降低到一定值时就会发生短路。因此放置时间较长的绝缘油在投入运行前,必须进行化验,如水分、杂质、黏度、击穿强度、介质损失角、介电常数等项。运行中,也应定期化验油质。发现问题,应及时采取相应的措施。

(3)铁芯绝缘老化损坏

硅钢片之间绝缘老化,或者夹紧铁芯的螺栓套管损坏,使铁芯产生很大的涡流,引起发热而使温度升高,也将加速绝缘的老化。

变压器铁芯应定期测试其绝缘强度(测试方法和要求与线圈相同),发现绝缘强度低于标准时,要及时更换螺栓套管或对铁芯进行绝缘处理。

(4)检修不慎,破坏绝缘

在吊芯检修时,常常由于不慎将线圈的绝缘和瓷套管损坏。瓷套管损坏后,如继续运行,轻则闪络,重则短路。因此,检修时应特别谨慎,不要损坏绝缘。检修结束之后,应有专人清点工具(以防遗漏在油箱中造成事故),检查各部件、测试绝缘等,确认完整无损,安全可靠才能投入运行。此外在检修时更要注意引线的安全距离,防止由于距离不够而在运行中发生闪络,造成事故。

2)导线接触不良

线圈内部的接头、线圈之间的连接点和引至高、低压瓷套管的接点及分接开关上各接点,如接触不良会产生局部过热,破坏线圈绝缘,发生短路或断路。此时所产生高温的电弧,同样会使绝缘油迅速分解,产生大量气体,使压力骤增,破坏力极大。

导线接触不良有以下原因:①螺栓松动;②焊接不牢;③分接开关接点损坏。

针对上述原因,应采取如下措施:

(1)在变压器停运检修时,应加以检查,对接触不良的螺栓都必须紧固。对不能停运的变压器,必须进行外部接点检查。

(2)检修时在焊接前必须将焊接面清洗干净,焊接后认真检查焊点质量,以防运行时焊点脱落引起事故。

(3)应将开关转换到位,逐个紧固螺栓,确定一切正确无误时,才可投入运行。

3)负载短路

当变压器负载发生短路时,变压器将承受相当大的短路电流,如保护系统失灵或整定值过大,就有可能烧毁变压器,这样的事故在供电系统中并不罕见。

因此变压器必须安装短路保护。中、小型变压器,一般在高压侧设跌落式熔断器,熔体的选择应能保证在变压器内部或套管处发生短路事故时即被熔断;低压侧用低压熔断器保护,熔体也应能保证在各引出回路发生短路或过载时被熔断。此外,变压器高压侧还可通过过电流继电器来进行短路保护和过载保护。根据变压器运行情况、容量大小、电压等级,还应有气体保护、差动保护、方向保护、温度保护、低电压保护、过电压保护等设施。

4) 接地不良

油浸电力变压器的二次侧(380/220 V)中性点都要接地。当三相负载不平衡时,零线上就会出现电流。如这一电流过大而接地点接触电阻又较大时,接地点就会出现高温,引燃可燃物。为此,应经常检查接地线、点是否连接完整紧固,并应定期测试接地电阻。此外,在运行中还应注意变压器的声音,随时监视温升的变化,检视油位和油色,一旦发现异常,应及时采取措施,确保安全。

5) 雷击过电压

油浸电力变压器的电流,大多由架空线引来,极易遭受雷击产生的过电压的侵袭,从而击穿变压器的绝缘,甚至烧毁变压器,引起火灾。因而,必须采取相应的防雷措施。

2.5.2.2 油断路器的火灾危险性及预防措施

油断路器是用来切断和接通电源,并在短路时能迅速可靠地切断电流的一种高压开关设备。多油断路器都要充油,其作用是灭弧、散热和绝缘。它的危险性不仅是在发生故障时可能引起爆炸,而且爆炸后由于油断路器内的高温油发生喷溅,形成大面积的燃烧,引起相间短路或对地短路,破坏电力系统的正常运行,使事故扩大,甚至造成严重的人身伤亡事故。油断路器的爆炸燃烧原因有以下几个方面:

(1) 油面过低,油断路器触点至油面的油层过薄,油受电弧作用而分解的可燃气体冷却不良,这部分可燃气体进入顶盖下面的空间而与空气混合,形成爆炸性气体,在自身的高温下就有可能爆炸燃烧。

(2) 油箱内的油面过高,析出的气体在油箱内得不到空间缓冲,形成过高的压力,也可能引起油箱爆炸起火。

(3) 油的绝缘强度劣化,杂质或水分过多,引起油断路器内部闪络。

(4) 操作机构调整不当,部件失灵,会使操作时动作缓慢或合闸后接触不良。当电弧不能及时被切断和熄灭时,在油箱内产生过多的可燃气体,便可能引起爆炸和燃烧。

(5) 遮断容量小,油开关的遮断容量对输配电系统来说是一个很重要的参数。当遮断容量小于系统的短路容量时,断路器无能力切断系统强大的短路电流,致使断路器燃烧爆炸,造成输配电系统的重大事故。

(6) 其他油断路器的进、出线都通过绝缘套管,当绝缘套管与油箱盖、油箱盖与油箱体密封不严时,油箱进水受潮,或油箱不洁,绝缘套管有机械损伤都可造成对地短路引起爆炸或火灾事故。

爆炸火灾预防措施:断路器在安装前应严格检查是否符合制造厂的技术要求。断路器的遮断容量必须大于装设该断路器回路的短路容量。检修时,应进行操作试验,保证机件灵活可靠,并且调整好三相动作的同期性。断路器与电气回路的连接要紧密,并可用试温蜡片观察温度,触头损坏应调换。检修完毕应进行绝缘测试,并有专人负责清点工具,以防工具掉入油箱内发生事故。投入运行前,还应检查绝缘套管和油箱盖的密封性能,以防油箱进水受潮,造成断路器爆炸燃烧。断路器切断严重短路故障后,即应检查触点损坏情况和油质情况。

在运行时应经常检查油面高度,油面必须严格控制在油位指示器范围之内。发现异常,如漏油、渗油、有不正常声音等时,应采取措施,必要时须立即降低负载或停电检修。当故障跳闸重复合闸不良,而且电流变化很大,断路器喷油有瓦斯气味时,必须停止运行,严禁强行送电,以免发生爆炸。

2.5.2.3 电气线路的火灾及预防

线路由于架设不正确或安装和使用时违反安全规程,随时有可能形成短路、导线过负荷或局部接触电阻过大,产生电火花、电弧或引起电线、电缆过热,从而造成火灾。

1)线路短路火灾及预防措施

相线之间相接叫相间短路;相线与零线(地线)相接叫直接接地短路;相线与接地导体相接叫间接接地短路。

(1)电气线路发生短路的主要原因

①使用绝缘电线、电缆时,没有按具体环境选用,使绝缘受高温、潮湿或腐蚀等作用,失去了绝缘能力。

②线路年久失修,绝缘层陈旧老化或受损,使线芯裸露。

③电源过电压,使电线绝缘被击穿。

④安装、修理人员接错线路,或带电作业时造成人为碰线短路。

⑤裸电线安装太低,金属物不慎碰在电线上;线路上有金属物件或小动物跌落,发生电线之间的跨接。

⑥架空线路电线间距太小,挡距过大,电线松弛,有可能发生两线相碰;架空电线与建筑物、树木距离太近,使电线与建筑物或树木接触。

⑦电线机械强度不够,导致电线断落接触大地,或断落在另一根电线上。

⑧不按规定要求私拉乱接,管理不善,维护不当造成短路。

⑨高压架空线路的绝缘子耐压程度过低,引起线路的对地短路。

(2)防止短路的措施

①按照环境特点安装导线,应考虑潮湿、化学腐蚀、高温场所和额定电压的要求。

②导线与导线、墙壁、顶棚、金属构件之间,以及固定导线的绝缘子、瓷瓶之间,应有一定的距离。

③距地面 2 m 以及穿过楼板和墙壁的导线,均应有保护绝缘的措施,以防损伤。

④绝缘导线切忌用铁丝捆扎和铁钉搭挂。

⑤定期对绝缘电阻进行测定。

⑥安装线路应为持证电工安装。

⑦安装相应的保险器或自动开关。

2)过载(超负荷)

电气线路中允许连续通过而不至于使电线过热的电流量,称为安全载流量或安全电流。如导线流过的电流超过安全电流值,就叫导线过载。电线过载,一般在不考虑电压降的情况下,以温升为标准。

一般导线的最高允许工作温度为 65℃ 。当过载时,导线的温度超过这个温度值,会使绝缘加速老化,甚至损坏,引起短路火灾事故。

（1）发生过载的主要原因

①导线截面积选择不当，实际负载超过了导线的安全载流量。

②在线路中接入了过多或功率过大的电气设备，超过了配电线路的负载能力。

（2）防止过载的措施

①合理选用导线截面。

②切忌乱拉电线和过多的接入负载。

③定期检查线路负载与设备增减情况。

④安装相应的保险或自动开关。

3）接触电阻过大

导体连接时，在接触面上形成的电阻称为接触电阻。接头处理良好，则接触电阻小；连接不牢或其他原因，使接头接触不良，则会导致局部接触电阻过大，产生高温，使金属变色甚至熔化，引起绝缘材料中可燃物燃烧。

（1）发生接触电阻过大的主要原因

①安装质量差，造成导线与导线、导线与电气设备连接点连接不牢。

②导线的连接处粘有杂质，如氧化层、泥土、油污等。

③连接点由于长期震动或冷热变化，使接头松动。

④铜铝混接时，由于接头处理不当，在电腐蚀作用下接触电阻会很快增大。

线路接通电源之后，电流通过电线、接头和设备就会发热。接头做得好，接触电阻不大，连接点的发热量就小，可以保持正常温度。如果接头接得不好，接触电阻就会增大，同时产生的热量也就多。在一定电流下，电阻越大，发热量就越多。有较大接触电阻的线段就会剧烈发热，使温度急剧升高，引起导线绝缘层的燃烧。

（2）防止接触电阻过大的措施：

①应尽量减少不必要的接头，对于必不可少的接头，必须紧密结合，保证牢固可靠。

②铜芯导线采用铰接时，应尽量进行再锡焊处理，一般应采用焊接和压接。

③铜铝相接应采用铜铝接头，并用压接法连接。

④经常进行检查测试，发现问题，及时处理。

为了防止或减少配电线路事故的发生，必须按照电气安全技术规程进行设计，安装使用时要严格遵守岗位责任制和安全操作规程，加强维护管理，及时消除隐患，保障用电安全。

2.5.2.4　电气火灾的预防控制管理措施

（1）加强安全教育。对岗位员工要定期进行必要的防火安全教育、要严格按照操作规程进行作业，防止误操作引起火灾。

（2）加强消防器材的管理与检查工作。在控制室、高低压室内应配备二氧化碳及干粉灭火器，室外门口应有消防砂池。消防器材要摆放合理、便于取用。消防设备、器材应指定专人管理，定期进行检查、保养和更换并挂牌管理，任何人不准挪作他用，确保完好能用。

（3）对于防火重点部位要加强巡查力度和安全管理，并制订火灾救灾应急预案。

（4）导线和电缆应该布线合理，其安全载流量不应小于线路长期工作电流；供用电设备不可超负荷长期运行，防止线路和设备过热。电气设备运行中的电压、电流、温度等参数不应超过额定允许值，特别要注意线路的接头或电气设备进出线连接处的发热情况。

（5）保持电气设备绝缘良好，导电部分连接可靠，定期清扫积尘。

(6)开关、电缆、母线、电流互感器等设备应满足短路热稳定的要求。

(7)应正确使用开关电器,杜绝误操作事故,严禁使用分断容量不足的断路器。

(8)要定期检查变配电室的防鼠钢丝网有无破损、门是否关严,一定要将防鼠工作列入日程,当作一项重点安全工程来抓。

(9)保持环境通风良好,机械通风装置应运行正常。

(10)要做好防雷措施。装设避雷器、电气设备要接地。

变配电所(站)建筑物防火见2.5.2节,消防器材见2.5.5节。

2.5.3 地面炸药库防灭火

地面炸药库区建造有炸药库、雷管库,消防水池,岗哨和值班室,库区设有砖砌实体围墙,库房建筑结构均为砖墙承重,屋面为钢筋混凝土现浇结构,库区有报警、防雷、消防配套等设施,配备有警卫人员及守卫犬日夜巡守。见《民用爆炸物品工程设计安全标准》(GB 50089—2018)。

2.5.3.1 防爆防火措施

1)爆炸品临界堆存量

爆炸品临界堆存量见表2-16。

表2-16 危险化学品名称及其临界堆存量

序号	类别	危险化学品名称和说明	临界量/t
1	爆炸品	三硝基甲苯	5
2		1.1A项爆炸品	1
3		除1.1A项以外的其他1.1项爆炸品	10
4		除1.1项以外的其他爆炸品	50

根据《危险货物品名表》(GB 12268—2005),工业炸药大部分属于B型爆破炸药(UN0082),为1.1D;个别为B型爆破炸药(B型爆炸剂,UN0331),为1.5D。工业雷管有电引爆雷管,爆破用,为1.1B;非电引爆雷管,爆破用,为1.1B。

2)爆炸与火灾措施

(1)避雷及防静电设施

爆炸物品储存库区炸药库、雷管库均设有避雷针,各库房的金属门窗均接地,雷管库门口有除人体静电设施,地面铺设有导静电胶板,避雷设施及接地需经有资质单位检测合格。

(2)消防设施

爆炸物品储存库区建造有消防水池,配备有消防泵、消防栓带等消防配套设施。另配备干粉灭火器、铁锹、铁桶、砂等消防器具。

(3)报警装置

爆炸物品储存库装有视频监控及远红外报警装置,一旦有问题出现即启动应急救援系统,并通过电话直接与当地公安、消防部门及有关单位联系。

(4)电气

爆炸物品储存库内无任何电气设施,照明采用防爆灯具。

2.5.3.2 火灾报警系统

(1)设置消防雨淋系统的生产工序应设置火灾自动报警系统,并应与消防雨淋系统联动。无控制室时,应在相应危险品厂房防护屏障外设置火灾报警按钮,并连锁启动消防雨淋系统。

(2)生产、销售企业,危险品厂房和科研中试线可设置手动火灾报警按钮或固定电话等火灾人工报警系统。

(3)生产企业危险品总仓库区、地面站以及销售企业危险品仓库区应设置用于火灾报警的外线电话等火灾人工报警系统。火灾人工报警系统应设置在相应的值班室。

(4)火灾报警区域应按照单个危险品厂房划分。火灾探测区域应按照危险工作间划分,且探测区域的面积应覆盖生产工艺要求的保护面积。

(5)采用临时高压给水系统的厂房,其火灾报警信号应与压力开关等信号通过"或"逻辑组合方式启动消防水泵。

(6)火灾自动报警系统应选择点型火焰探测器、图像型火焰探测器等光电快速感应探测器。

(7)各区域火灾报警控制器应设置在有人值班的工作间或消防控制室内。消防控制室应根据生产特点,具有火灾报警、联动以及消防水泵运行状态监视等功能。

(8)可能散发可燃气体、可燃蒸气的场所,应设置可燃气体探测报警系统。可燃气体报警控制器报警信号应接入火灾自动报警系统,并联动控制排风机。

(9)火灾报警系统设计应符合《民用爆炸物品工程设计安全标准》(GB 50089—2018)、《火灾自动报警系统设计规范》(GB 50116—2013)的规定。

2.5.3.3 消防给水

(1)民用爆炸物品工程必须设置消防给水系统。

(2)消防储备水量应根据室内、室外消防设置要求,按一次火灾同时使用室内、室外消防设施用水量之和计算,并应符合下列规定:

①消防雨淋系统用水量按最大一组计算,火灾延续时间为 1 h;

②室内、室外消火栓系统火灾延续时间为 3 h;

③室外硝酸铵水溶液储罐的室外消火栓和消防冷却水用水量、火灾延续时间应按现行国家标准《消防给水及消火栓系统技术规范》(GB 50974—2014)中甲类可燃液体储罐计算;

④工艺设备内部的消防用水量、水压应按技术转让方或制造商提供的参数确定。

(3)当危险性建筑物有防护屏障时,室外消火栓不应设在防护屏障内,且应设在防护屏障的防护作用范围内。

(4)远离城镇消防队的企业,其室外消火栓应配备消防水枪和水带。

(5)消防水池应设消防水位控制和报警设施。消防水池中储水使用后的补水时间不应超过 48 h。

(6)民用爆炸物品工程应按现行国家标准《建筑灭火器配置设计规范》(GB 50140—2005)的规定配备灭火器,涉及危险品的场所应按严重危险级配备灭火器。

2.5.3.4 危险品总仓库区消防给水

(1)危险品总仓库区应根据当地消防供水条件,设置室外消防给水系统。危险品仓库可不设室内消火栓。

（2）室外消防给水系统的设置，应符合下列规定：

①危险品存药量大于 100 t 的总仓库区，宜设室外消火栓给水系统；危险品存药量小于等于 100 t 的总仓库区，可采用消防水池和手抬机动消防泵的给水形式；

②室外消防给水管网宜为环状管网；

③供消防车使用的消防水池，其保护半径不应大于 150 m。

（3）危险品存药量大于 100 t 的总仓库区，消防用水量应按 20 L/s 计算。危险品存药量小于等于 100 t 的总仓库区，消防用水量可按 15 L/s 计算。

（4）固定式消防泵、手抬机动消防泵应设备用泵。柴油机消防泵可作为固定式消防泵的备用泵。手抬机动消防泵应配备水枪、水带。

（5）危险品总仓库区应根据环境情况配备风力灭火机、消防水桶等移动式灭火器材。

2.5.4　井口防灭火

矿山井口主要包括进回风井、主副井，井口维修作业导致的火灾在国内矿山有所发生。

1）安全技术措施

（1）强化培训，加强消防知识宣传，提高自防自救能力，组织员工进行消防安全教育培训，学习《中华人民共和国安全生产法》《中华人民共和国消防法》等国家相关法律法规和基本防灭火常识。做到"三懂、四会"，"三懂"即懂得本部门的火灾危险性、懂得预防火灾的措施、懂得自查整改存在的火灾隐患；"四会"即会报警、会使用灭火器材、会组织人员疏散、会扑救初起之火。

（2）加强消防区域管理，实行消防安全管理分片包干负责制，责任到人，确保实现零消防事故的目标。

（3）按照相关规定配置消防设施和消防器材。在井口配备的消防器材、设备，并定期检验、保养，确保消防设施和器材完好、有效。对灭火器、消防沙消防设施及早进行检查、增补、更换工作。灭火器材、沙箱配备数量充足、与灭火性质相符合。灭火器材按照规定期限送检。对失效的灭火器材及时更换。

按照消防管理规定对消防器材及时进行检测，保证消防器材、设施完好。

（4）加强火源、电源、易燃易爆危险品等的管理，严禁使用明火、乱拉乱建、使用明火、火炉、电炉等。

（5）井口氧气瓶、乙炔瓶、汽油、柴油、油脂、木材等应按要求分类存放，远离火源，标识清楚。

（6）消防器材所放的位置应方便使用，确保消防通道的畅通。机房、硐室所配备的消防器材，要摆放在火灾危险性较大的部位或明显、通风、便于取用的位置，摆放消防器材的地方不得堆放杂物。

（7）加强对井口机电设备、缆线的管理与检查。井口区域建立具体防火制度和责任制。井口信号工、把钩工、推车工以及安全管理人员，必须熟悉灭火器材的使用方法，并熟悉本职工作区域内灭火器材的存放地点。

（8）井口房内不得从事电焊、气焊和喷灯焊接等工作。如果必须进行电焊、气焊和喷灯焊接等作业，必须制订安全措施用于应急预案，预防焊接工艺火灾事故。

2) 井口火灾处理措施

井口一旦发生火源时：

(1) 立即电话报告调度室和有关领导；

(2) 若为电气火灾，则应迅速切断电源，开启喷水装置；

(3) 就近接通消防栓和水带，直接扑灭火源；

(4) 当火势无法控制时，井口人员迅速撤离现场；

(5) 根据已探明的火灾地点和范围，确定井下通风方式，其中在进井口(竖井、平巷)、井筒发生火灾，应采取反风措施；在回风井口、风机房发生火灾，应加大通风量，但需做到：

① 不危及井下人员安全；

② 有助于控制火势，创造接近火源和灭火的条件；

③ 在火灾初期，火区范围不大时，积极组织人力、物力控制火势，直接灭火。如直接灭火无效时，采用隔绝灭火、封闭火区，并确定为隔离火区需建立密闭墙形式及位置，以及建设顺序；

④ 在火灾初期，火势不大，现场人员可采用直接灭火或泡沫干粉灭火器、沙土、岩粉等灭火，但灭火器材应与火的性质相适应；

⑤ 在发生火灾时迅速切断通往火区电源。

2.5.5 消防器材

消防器材是在火灾来临之时必不可少的灭火设备，它是指用于防火、灭火以及处置火灾事故的器材，常常在灭火中起到举足轻重的作用。消防器材涉及的面广、种类多，从火灾自动报警系统、灭火器、固定灭火系统、泵、车及供水器材、个人装备和救生设备，直到灭火剂、阻燃器材。

1) 灭火器，详见第 2.4 节。

2) 消火栓

消火栓是消防供水的重要设备，分为室内消火栓和室外消火栓两种。

(1) 室内消火栓

室内消火栓是建筑物内的一种固定灭火供水设备，包括消火栓及消火栓箱，通常设于楼梯间、前室、走廊和公共区的墙壁上。箱内有水带、水枪与消火栓出口连接，消火栓则与建筑物内消防给水管线连接。发生火灾时，按开启方向转动手轮，水枪即喷射出水流。

① 室内消火栓

室内消火栓由手轮、阀盖、阀杆、本体阀座和接口等组成，分为 SN 型(直角单出口)、SNA型(45°单出口)和 SNS 型(直角双出口)三种型式，11 种规格。其结构简图如图 2-28 所示。

② 消火栓箱

消火栓箱是放置室内消火栓、水枪、水带及电控按钮等器材的箱体，安装于建筑物内，可根据要求嵌墙安装，也可挂在墙上。消火栓箱内，水带安放有两种形式：折叠悬挂在专门挂架上；双层卷绕安放在水带盘上。消火栓箱的实物图及结构简图见图 2-29 和图 2-30。

使用室内消火栓箱时，根据箱门的开启方式，用钥匙开启箱门或击碎门玻璃，扭动锁头

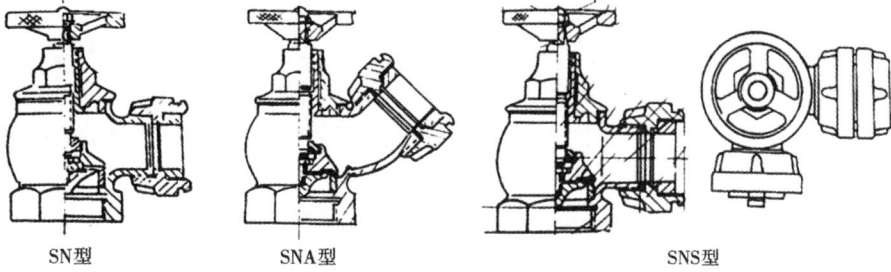

图 2-28 室内消火栓分类结构图

SN型　　SNA型　　SNS型

打开，除箱门安装玻璃或能被击碎的透明材料外，设置门锁的消火栓箱应当设置箱门紧急开启手动机构。如消火栓设有"紧急旋钮"，应将其下方的拉环向外拉出，再按顺时针方向旋动旋钮，打开箱门。然后取下水枪，按动水泵启动按钮，旋转消火栓手轮，即可开启消火栓，铺设水带进行射水。

③消防软管卷盘

消防软管卷盘和室内消火栓一样，是建筑物内的固定水灭火设备。其结构图见图 2-31。

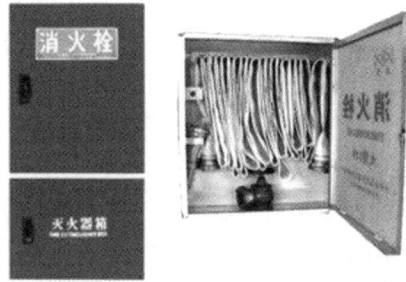

图 2-29　消火栓箱实物图

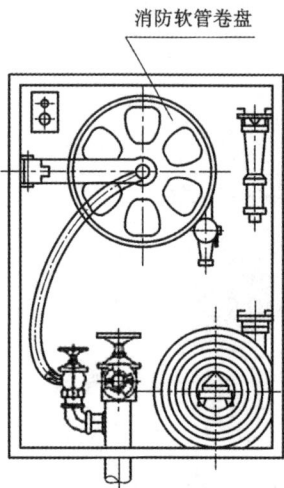

图 2-30　卷置式消火栓箱结构图

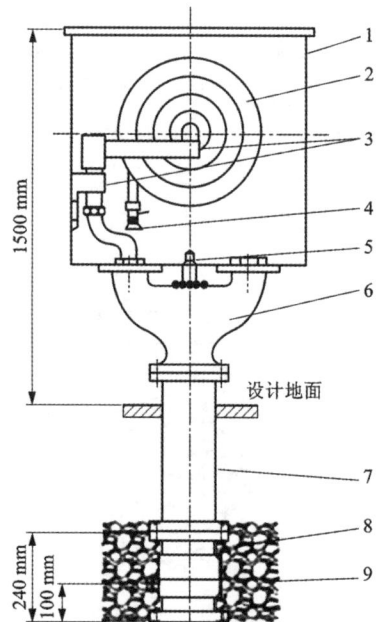

1—卷盘箱体；2—软管卷盘；3—卷盘支架；
4—直流喷雾混合型喷枪；5—开关扳头；6—本体；
7—加级管；8—阀体；9—自动泄水阀。

图 2-31　GX-1 型消防软管卷盘

消防软管卷盘通常装在与室内消火栓供水管相连的供水管上，它主要由转动部分、支撑部分和导流部分组成。转动部分包括转盘、摆臂、轮壳支架，主要作用是将卷盘从墙箱内摆出，并能使输水管展开和收回。支撑部分包括底座和支持架，卷盘安装在上面。导流部分包括出水管、进水管、水密封套和连接件等，除了导流、喷射水的作用，还可以防止渗漏。

（2）室外消火栓

室外消火栓与市政管网相连接，通常采用生活与消防共享系统，既可供消防车取水，又可连接水带、水枪直接出水灭火。室外消火栓分为地上式和地下式。地上消火栓适用于气候温暖地区，而地下消火栓则适用于气候寒冷的地区。

①地上消火栓

地上消火栓主要由弯座（直接安装于管路上时，可不带弯座）、阀座、排水阀、法兰接管、启闭杆、本体和接口等组成，结构图如图 2-32 所示。地上消火栓进水弯座与埋在地底下的供水管用三通管接通，当按逆时针方向转动启闭杆时，阀门即开启，进水口被打开，同时，排水口被关闭，供水管道里的水便进入消火栓，从出水流出。当按顺时针方向转动启闭杆时，阀门则降落，进水口被关闭，同时排水口被打开，积存在消火栓的水由排水口排出。

②地下消火栓

地下消火栓和地上消火栓的作用相同，都是为消防车及水枪提供压力水，不同的是，地下消火栓

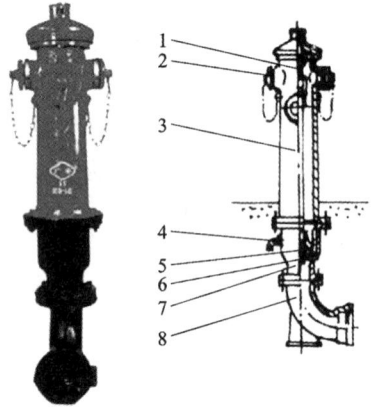

1—阀杆；2—KWS65 接口；3—栓体；4—排水阀；
5—阀瓣；6—阀座；7—阀体；8—弯管。

图 2-32　地上消火栓结构简图

安装在地面下。由于地下消火栓系安装在地面下，所以不易冻结，也不易被损坏。地下消火栓主要由接口、阀杆、栓体、法兰接管、排水阀、阀瓣、阀座和弯管等组成。有单出口和双出口两种类型，如图 2-33 所示。

单出水口地下消火栓　　　　　双出水口地下消火栓

图 2-33　地下消火栓结构图

地下消火栓的使用可参照地上消火栓。但由于地下消火栓目标不明显，特别是雪天、雨天和夜间，故应在地下消火栓附近设立明显的标志（见图 2-34）。

图 2-34　消火栓标志

3) 消防泵

(1) 手抬机动消防泵

手抬机动消防泵是由人力抬运到火场的机动消防泵，整机重量与牵引机动消防泵的整机重量相比要轻得多，体积也小得多。手抬机动消防泵适用于工矿企业、农村和城市道路，道路狭窄、消防车不能通过的地方。手抬机动消防泵有 BJT17、BJ10、BT15、BT20、BT22、BJ25D 六种，由汽油发动机、单级离心泵、手抬式排气引水装置组成，并配备吸水道、水带、水枪等必要的附件，实物图见图 2-35。

使用时携带设备到火场水源附近，将吸水管与水泵进水口连接，并将吸水管另一端放入水中；检查油箱是否漏油；安装吸水管时，其弯曲度不应高于水泵进水口，以免形成空气囊，影响水泵性能。

图 2-35　手抬机动消防泵

(2) 机动牵引泵

主要用来扑救一般物质的火灾。也可附加泡沫管枪及吸液管喷射空气泡沫液。扑救油类、苯类等易燃液体的火灾。常用的有 BQ75 型机动牵引泵。

2.6　火灾监控与预警

2.6.1　火灾自动报警系统

1) 系统作用

火灾自动报警系统的主要作用是负责金属非金属矿山火警监控及消防工作的指挥，迅速有效地组织灭火及安全疏散，将火灾引起的损失降到最低限度。

火灾自动报警系统在功能上可实现自动监测防火现场，自动确认火灾，自动发出声、光警报，自动启动灭火设备灭火，自动排烟，自动封闭火区等；还能实现向城市或地区消防队发出救灾请求，对讲联络等。

2) 系统工作原理

火灾自动报警系统由设置在保护现场的火灾探测器提供反馈信号送到系统给定端，反馈值与系统给定值即现场正常状态(无火灾)时的烟雾浓度、温度(或温度上升速率)及火光照度等参数的规定(标定)值一并送入火灾报警控制器。火灾报警控制器运算、处理这两个信号的差值时有一段延时。火灾报警控制器在这段时间内对信号进行逻辑运算、处理、判断、确认。只有确认是火灾时，火灾报警控制器才发出系统控制信号，于是控制系统输出指令，即发出声光警报、启动减灾设备和灭火设备，实现快速、准确灭火。

3）系统的组成

火灾自动报警系统由触发器件、火灾报警装置、火灾警报装置以及具有其他辅助功能的装置组成。

（1）触发器件

触发器件是在火灾自动报警系统中自动或手动产生火灾报警信号的器件。

触发器件主要包括火灾探测器和手动火灾报警按钮。

①火灾探测器

火灾探测器是能对火灾参数（如烟、温、光、火焰辐射、可燃气体浓度等）响应，并自动产生火灾报警信号的器件。按响应火灾参数的不同，火灾探测器分成感温探测器、感烟探测器、火焰探测器、可燃气体探测器和复合火灾探测器五种基本类型。具体详见 2.6.2 节。

②手动火灾报警按钮

手动火灾报警按钮是用手动方式产生火灾报警信号，启动火灾自动报警系统的器件，是火灾自动报警系统中不可缺少的组成部分之一。

（2）火灾报警装置

在火灾自动报警系统中，用以接收、显示和传递火灾报警信号，并能发出控制信号和具有其他辅助功能的控制指示设备称为火灾报警装置。火灾报警控制器按其用途可分为区域火灾报警控制器、集中火灾报警控制器和通用火灾报警控制器三种基本类型。

在火灾报警装置中，还有一些如中继器、区域显示器、火灾显示盘等功能不完整的报警装置，它们可视为火灾报警控制器的演变和补充。

（3）火灾警报装置

在火灾自动报警系统中，用以发出区别于环境声、光的火灾警报信号的装置称为火灾警报装置。火灾警报器是一种最基本的火灾警报装置，它以声、光等方式向报警区域发出火灾警报信号，以警示人们采取安全疏散、灭火救灾措施。

（4）消防控制设备

在火灾自动报警系统中，当接收到来自触发器件的火灾报警信号时，能自动或手动启动相关消防设备及显示其状态的设备，称为消防控制设备。消防控制设备一般设置在消防控制中心，以便于实行集中统一控制。也有的消防控制设备设置在被控消防设备所在现场，但其动作信号必须返回消防控制室，实行集中与分散相结合的控制方式。

（5）电源

火灾自动报警系统主要电源应当采用矿用消防电源、备用电源，除为火灾报警控制器供电外，还为与系统相关的消防控制设备供电。

2.6.2 火灾探测器

火灾探测器是指用来响应其附近区域由火灾产生的物理和化学现象的探测器件，是火灾自动报警系统的组成部分。当金属非金属矿山有烟雾、高温、火光产生时，火灾探测器就改变平时的正常状态，引起电流、电压或机械部分发生变化或位移，再通过放大、传输等过程，将火灾的特征物理量转换成电信号，并向消防控制设备发送并报警。

1）火灾探测器的组成

火灾探测器通常由敏感元件（传感器）、探测信号处理单元和判断及指示电路等组成。按其传感器结构形式的不同,火灾探测器可以分为两种形式。

(1)点型火灾探测器

这种探测器是指响应一个小型传感器附近火灾产生的物理和化学现象的火灾探测器件。目前,地面建筑物中使用的火灾探测器绝大多数是点型火灾探测器。

(2)线型火灾探测器

这种探测器是指响应某一连续线路附近的火灾产生的物理和化学现象的火灾探测器。

2)火灾探测器的分类

根据处理后信号的不同,火灾探测器可分为开关量探测器、模拟量探测器、智能型探测器等;根据监测的火灾特性的不同,火灾探测器可分为感烟探测器、感温探测器、感光探测器、感可燃气体探测器等;根据操作后是否能复位,火灾探测器可分为可复位火灾探测器和不可复位火灾探测器。可复位火灾探测器在产生火灾报警信号的条件不再存在的情况下,不需要更换组件即能从报警状态恢复到监视状态;不可复位火灾探测器在产生火灾报警信号的条件不再存在的情况下,需要更换组件才能从报警状态恢复到监视状态或动作后不能恢复到监视状态。根据其内部是否有微处理器,火灾探测器可以分为智能型探测器和常规型探测器。

3)火灾探测器的工作原理

火灾探测器种类较多,每种不同的探测器适合不同的场所。下面就几种常用探测器的工作原理逐一介绍。

(1)感烟探测器

在可能产生阴燃火的场所,在火焰出现前有浓烟扩散、发生无焰火灾的场所等应该选用感烟探测器。

①光电感烟探测器

光电感烟探测器是应用烟雾粒子对光线产生散射或遮挡的原理而制成的一种探测器。光电感烟探测器按其工作原理主要有散射光式光电感烟探测器和减光式光电火灾探测器两种。

A.散射光式光电感烟探测器

它由检测暗室、发光元件、受光元件和电子电路所组成,如图2-36所示。散射光式光电感烟探测器,是通过检测被烟粒子散射的光而达到对烟雾进行探测的目的。烟雾一旦产生,随着其浓度的增大,烟粒子数的增多,被烟雾粒子散射的光量就增加。当该被散射的光量达到规定值时,阈值比较型探测器就把该物理量转换成电信号送给报警控制器。

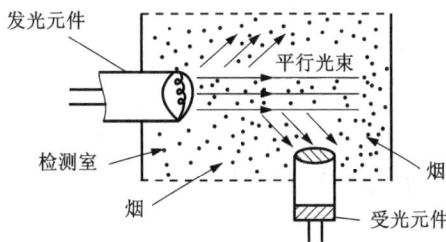

图2-36 散射光式光电感烟探测器示意图

B.减光式光电感烟探测器

它由发光元件、透射镜和受光元件组成,平常光源(发光元件)发出的光,通过透镜射到光敏元件(受光元件)上,电路维持正常,如果有烟雾从中阻隔,到达光敏元件上的光通量就显著减弱,于是光敏元件就把光强的变化转化成电信号的变化。光电流相对于初始标定值的变化量的大小,反映了烟雾的浓度,据此可通过电子电路对火灾信息进行处理,通过放大电

路发出相应的火灾信号，如图 2-37
所示。

②激光感烟探测器

从原理上说，激光感烟探测器是光电
感烟探测器的一种类型。它也是利用光
电感应原理，不同的是光源改用激光束。

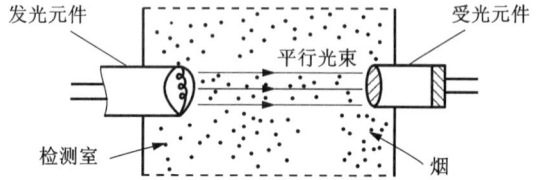

图 2-37 减光式光电感烟探测器示意图

这种探测器采用半导体器件，具有体积小、价格低、耐振动、寿命长等优点。

激光感烟探测器使用亮度极高的激光二极管，结合特殊的透镜和镜面光学技术，以取得
比传统的光电传感器更高的信噪比。另外，高度聚焦的光线和先进的软件算法，使系统可以
区分尘埃和烟雾粒子。有了这种区分能力，调至极高的灵敏度，可排除由空气中诸如灰尘、
棉絮和小昆虫等微粒引起的假信号。

(2)感温探测器

在火灾初始阶段，一方面有大量烟雾产生；另一方面物质在燃烧过程中释放出大量的热
量，周围环境温度急剧上升。感温探测器就是利用适合的传感元件感应出温度的变化，以此
来反映火灾的发生与否。

感温探测器种类较多，根据其感热效果和结构形式可分为定温式、差温式和差定温式三
种。定温探测器在特定的动作温度上给出报警信号。差温探测器只响应于温度的变化率，对
具体的温度不敏感。差定温探测器综合前两种性能，应用最多。除此之外，还有较多测量温
度仪表也在金属非金属矿山火灾中广泛应用。

①定温探测器

当火灾发生后，探测器的温度上升，探测器内的温度传感器感受火灾温度的变化；当温
度达到报警阈值时，温度信号转变成电信号，探测器便发出报警信号，这种形式的探测器即
为定温探测器。定温探测器因温度传感器的不同又可分为多种类型，如热敏电阻型、双金属
片型、易熔合金型等。

定温探测器的主要特点是：可靠性、稳定性高，保养维修较为方便，但是其灵敏度较低。

②差温探测器

差温探测器是一种在规定的时间内，火灾
引起的温度上升速率超过某个规定值时启动报
警的探测器，包括线型和点型两种结构。消防
工程中常用的差温探测器多是点型结构，差温
元件多采用空气膜盒和热敏电阻。图 2-38 为
膜盒式差温探测器的结构。

③差定温感探测器

差定温感温探测器兼有差温和定温的双重
功能，因而提高了探测器的可靠性。电子差定
温感探测器一般采用两只同型号的热敏元件，

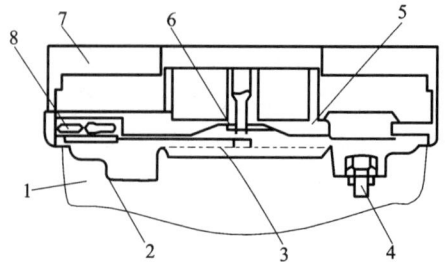

1—壳体；2—感热器；3—波纹膜板；4—气塞螺钉；
5—衬板；6—触电；7—底座；8—确认灯。

图 2-38 膜盒式差温探测器的结构

其中一只热敏元件位于探测区域的空气环境中，使其能直接感受到周围环境气流的温度；另
一只热敏元件密封在探测器内部，以防止与气流直接接触，当外界温度缓慢上升时，两只热
敏元件均有响应，此时探测器表现为定温特性，当外界温度急剧上升时，位于检测区域的热

敏元件迅速变化,而在探测器内部的热敏元件阻值变化缓慢,此时探测器表现为差温特性。

(3)火焰探测器

火焰探测器对快速发生的火灾尤其是可燃液体的火灾能够及时响应。依据火焰探测器响应的电磁辐射(红外、可见和紫外谱带)的不同,火焰探测器可分为红外火焰探测器、紫外火焰探测器两类。

①红外火焰探测器

红外火焰探测器是利用红外光敏元件(硫化铅、硒化铅、硅光敏元件)的光电导或光伏效应来探测低温产生的红外辐射,红外辐射光波波长一般大于 0.76 μm。由于自然界中只要物体高于绝对零度都会产生红外辐射,所以,利用红外辐射探测火灾时,一般还要考虑物质燃烧时火焰的间歇性闪烁现象,以区别于背景红外辐射。物质燃烧时火焰的闪烁频率为 3~30 Hz。

红外火焰探测器具有工作可靠、响应快、误报少、抗干扰能力强、通用性强等特点。

②紫外火焰探测器

当有机化合物燃烧时,其氢氧根在氧化反应中会辐射出强烈的紫外光。紫外火焰探测器就是利用火焰产生的强烈紫外辐射光来探测火灾的。

紫外火焰探测器由紫外光敏管、透紫石英玻璃窗、紫外线试验灯、光学遮护板、反光环、电子电路及防爆外壳等组成,如图 2-39 所示。

它特别适用于火灾初期不产生烟雾的场所,也适用于电力装置火灾监控和探测快速火焰及易爆的场所。

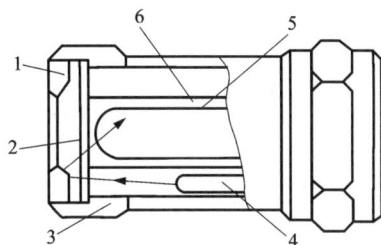

1—反光环;2—石英玻璃窗;3—防爆外壳;
4—紫外线试验灯;5—紫外光敏管;6—光学遮护板。

图 2-39　紫外火焰探测器结构

(4)可燃气体探测器

可燃气体探测器利用可燃气体敏感的元件来探测气体的浓度,当浓度达到或者超过了危险数值时报警。常见可燃气体防爆级别、温度组成见表 2-17 所示。

可燃气体探测器目前只有点型结构形式,点型可燃气体探测器目前主要应用于燃料气贮备间、压气机站等存在可燃气体的场所。

点型可燃气体探测器的探测原理,按照使用气体元件或传感器的不同分为热催化型原理、热导型原理、气敏型原理和三端电化学原理等。热催化型原理是指利用可燃气体在有足够氧气和一定高温条件下,发生在铂丝催化元件表面的无焰燃烧,放出热量并引起铂丝元件电阻的变化,从而达到可燃气体浓度探测的目的。热导型原理是指利用被测气体与纯净空气导热性的差异和在金属氧化物表面燃烧的特性,将被测气体浓度转换成热丝温度或电阻的变化,达到测量气体浓度的目的。气敏型原理是指利用灵敏度较高的气敏半导体元件吸附可燃气体后电阻的变化来达到测定气体浓度的目的。三端电化学原理是指利用恒电位电解法,在电解池内安置 3 个电极并施加一定的极化电压,以透气薄膜同外界隔开,被测气体透过此薄膜达到工作电极,发生氧化还原反应,从而使传感器产生与气体浓度成正比的输出电流,达到可燃气体浓度探测的目的。采用热催化型原理和热导型原理测量可燃气体时,不具有气体选择性。采用气敏型原理和三端电化学原理测量可燃气体时,具有气体选择性,适合于气体成分检测和低浓度测量。

点型可燃气体探测器存在寿命短、探测面积小等缺陷。

表 2-17 常见可燃气体防爆级别、温度组成

温度级别	防爆级别		
	ⅡA	ⅡB	ⅡC
T1	甲烷、己烷、丙烷、苯、甲苯醋酸、一氧化碳、丙酮	焦炉煤气、环丙烷	氢气、水、煤气
T2	丁烷、丙烷、甲醇、乙醇、丙醇、甲胺、醋酸乙酯	乙烯、环氧己烷、1,3-丁二烯、1,2-环氧丙烷	乙炔
T3	戊烷、己烷、环己烷、煤油、汽油	硫化氢、二甲醚	
T4	乙醛、乙醚	二乙醚、四氟乙烯	
T5			二硫化碳
T6	亚硝酸乙酯		硝酸乙酯

2.6.3 气体测量仪表

2.6.3.1 工作原理

工作环境中存在易燃易爆气体时，易因爆炸导致火灾。为了防止爆炸的发生，需对易燃易爆气体的浓度进行检测，以便浓度超标时及时采取措施。在生产过程中，可燃气体泄出可能使工作场所的新鲜空气逐渐被取代，以至全部被可燃气体充满。根据空气和可燃性气体混合，气体中可燃性气体的浓度不同可分成三个区域：低于最低爆炸极限 LEL（lower explosive limit）的欠量区；最低爆炸极限 LEL 与最高爆炸极限 UEL（uper explosive limit）之间的爆炸区；高于最高爆炸极限的富量区，如图 2-40 所示。

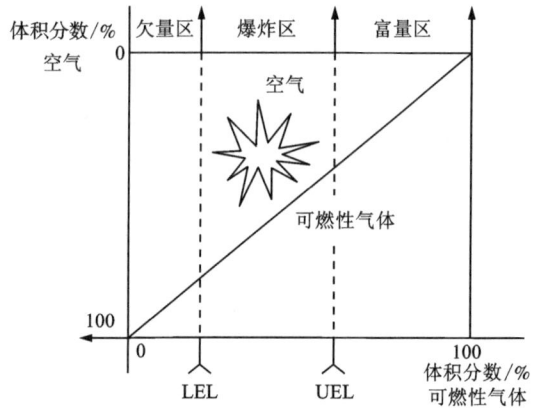

图 2-40 可燃性气体-空气混合气体的三个区域

欠量区：可燃性气体——空气混合气体中可燃性气体的浓度从 0 到 LEL 区域，由于可燃性气体的浓度比较低，此时即使具备足够的点燃能量，也不会产生爆炸。

爆炸区：上述混合气体中可燃性气体的浓度处于 LEL 和 UEL 之间的区域中，只要具备足够的点燃能量，就必然产生爆炸。

富量区：如上述混合气体中可燃性气体的浓度高于 UEL，此时，由于空气含量过低，因此也不具备爆炸条件，但是可能随着外来空气的不断补入，又将返回爆炸区，因此，富量区的混合气体也是十分危险的。

当前气体检测的主要方法如表 2-18 所示，主要介绍接触燃烧式气体传感器、电化学气体传感器和半导体气体传感器等。

表 2-18 主要使用的气体检测方法

气体分析方法			氮氧化物	一氧化碳	硫化物	硫化氢	臭氧	氢气	二硫化碳	卤化物	烷烃	烯烃	氨气	二甲胺	氰化氢
电化学法	1	溶液导电方式		○	○				○	○			○		
	2	恒定位电解方式	○	○	○	○				○			○		
	3	隔膜一次电池方式					○								
	4	电量法			○	○				○			○		
	5	隔膜电极法													
光学法	6	红外吸收法	○	○					○		○	○	○	○	
	7	可见光吸收光度法	○			○	○			○					
	8	光干涉法	○	○	○				○		○				
	9	化学发光法	○				○								
	10	试纸光电光度法													
电力方法	11	氢焰高解法									○	○		○	
	12	导热法		○							○				
	13	接触燃烧法		○							○				
	14	半导体法		○				○	○		○				
其他	15	气体色谱法	○	○	○	○			○	○	○	○	○	○	○
			大气污染气体				工业、家庭等(丙烷)气体									

（1）接触燃烧式气体测量传感器

接触燃烧式气敏传感器一般用于金属非金属矿山及隧道等场合，以检测可燃性气体的存放情况和防止危险事故的发生。

接触燃烧式气敏传感器的优点是对气体选择性好，线性好，受温度、湿度影响小，响应快。缺点是对低浓度可燃性气体灵敏度低，敏感元件受到催化剂侵害后其特性锐减，金属丝易断。

（2）电化学气体测量传感器

电化学传感器可以检测进入密闭空间和在其间工作时遇到的各类有毒污染物。电化学传感器的特点是体积小、耗电小、线性和重复性较好、寿命较长。

市场上不仅可以见到安装特定电化学传感器的单一气体检测仪，还可以见到包含了氧气、易燃易爆气体和一个到三个电化学传感器的复合式密闭空间检测仪。

气体（包括氯气、氢气、硫化氢、二氧化氮、磷化氢和二氧化硫等）电化学传感器是非消耗型设计。电化学传感器的主要缺点是易受干扰。因此在设计上，需尽可能排除或减少其他气体的干扰。

（3）红外可燃性气体测量器

红外探测器是一种可燃气体探测微处理器，是测定金属非金属矿山火灾中一氧化碳较好的一种气体测量仪表。它可对易燃气体及蒸汽在低爆炸限内，进行连续监测及提供报警指示。其工作原理是：当红外线通过气体时会被吸收一定的辐射能量。探测器测定光束的强度，得出被测气体的浓度。

仪器具有探测灵敏度高、响应速度快、不中毒、寿命长、探测最大距离可达 80 m、保护面积大和抗环境干扰性能强等特点，系统长期运行稳定可靠。

综上所述，无论应用何种气体测量仪表进行火区气体浓度测量，均应填写火区气体测定和分析记录表，如表 2-19 所示。

表 2-19　火区气体测定和分析记录表

取样员：　　　　　　　　分析员：

取样时间	取样地点	样品编号	分析时间	取样点		分析仪器	气体浓度/($\times 10^{-6}$)				
				温度/℃	湿度/%		SO_2	CO	H_2S	CO_2	O_2

（4）半导体气体测量传感器

半导体气体传感器是利用半导体气敏元件同气体接触，造成半导体性质发生变化，来测量特定气体成分和浓度的器件。半导体气体测量传感器包括电阻式和非电阻式两种，其中根据物理特性，电阻式有表面控制型和体控制型两种；非电阻式有表面电位、二极管整流特性和晶体管特性三种。

2.6.3.2　设备器材

目前，金属非金属矿山中的气体测量仪表以气体检测报警仪为主。

气体检测报警仪按使用方式可分为便携式和固定式两种；按测量气体种类可分为单一气体检测报警仪和多种气体检测报警仪。本书将以便携式气体检测报警仪进行详细介绍。

金属非金属地下矿山应配置足够的便携式气体检测报警仪，便携式气体检测报警仪是具备气体浓度显示及超限报警功效的便携式仪器。

便携式气体检测报警仪应能测量一氧化碳、氧气、二氧化氮、硫化氢等物质浓度，并具有报警参数设置和声光报警功能。

便携式气体检测报警仪主要包括单一气体检测报警仪和多种气体检测报警仪。便携式多种气体检测报警仪可同时支持多种传感器，对多种气体进行检测，如图 2-41 所示。

(a) 便携式单一气体检测仪　　(b) 便携式多种气体检测仪

图 2-41　便携式气体检测报警仪

2.7 火区封闭与管理

火区封闭是减少火源氧气供给、控制火势发展的一项重要技术手段，是地下矿山有限空间密封，火灾控制的有效方法，火区封闭质量直接决定了防灭火的效果。而火源熄灭后，启封措施是否得当又是后续生产能否安全和顺利进行的关键，稍有不慎，很容易导致火区复燃，甚至引发爆炸事故，从而造成重大的人员伤亡。

2.7.1 火区封闭

当发生火灾后，不能直接灭火时，必须封闭火区。封闭火区就是用防火墙把进风侧和回风侧所有通向火区的巷道以及巷道内易向火源漏风的区域封严。火区封闭后，切断了外界的供氧，使得火区内产热和散热平衡系统破坏，这种情况持续一定时间即能使火源彻底熄灭。按照封闭区域的不同，封闭可分为井下封闭和地表封闭两种类型。井下封闭为局部封闭，地表封闭一般为全矿井封闭，后者在实际救灾中应用不多。

2.7.1.1 火区封闭方法

1) 火区封闭的基本原则

火区密闭的原则是：准备先行，行动果断，密闭墙要"密、少、快、小"，实施过程要加强监控。

（1）准备先行

处理矿井火灾的一个重要原则就是：不管采用何种灭火方法，也不管火灾的范围有多大，都应同时准备火区封闭预案，提前做好封闭火区的思想和物质准备。这是因为矿井的条件极其复杂，火源的发展受多种因素的影响，所以火势随时都有扩大化的可能，万一所用的灭火技术无法有效控制火势的发展，应保证能够及时进行封闭，将事故损失减小到最低。

（2）行动果断

井下直接灭火未能奏效时，应果断采取封闭火区的方法进行灭火，以尽量争取时间上的有利条件。许多救灾的实践表明，封闭火区灭火的成功概率随时间的拖延呈指数形式迅速下降。

（3）封闭"四字诀"

火区封闭的"四字诀"是"密、少、快、小"。"密"是指密闭墙要严密，尽量减少漏风；"少"是指密闭墙的道数要少；"快"是指封闭墙的施工速度要快；"小"是指封闭范围要尽量小。

从原则上讲，火区封闭时，应尽量使火区范围小一点。封闭范围越小，特别当进风侧防火墙与火源距离越小时，渗漏的新鲜风流在火区中的流动距离越小，封闭后的火区氧气浓度下降也越快，从而实现较好的灭火效果。但从另外一个角度来说，封闭火区的范围越小，防火墙与火源的距离越小，则火区的高温烟流对防火墙（特别是回风侧的防火墙）的影响也越大，直接威胁防火墙构筑人员的人身安全。

（4）加强监控

火区封闭时应实时监测大气压力、火区气体以及风流状态的变化。尽量在大气压力较高且上升的时候封闭火区。火区封闭过程中，要指定专人对 CO、CO_2 及其他有害气体浓度和风流状态的变化进行有效的监控，防止因其爆炸和风流状态的紊乱等造成灾害事故的扩大化。

当防治火灾的措施失败或因火势迅猛来不及采取直接灭火措施时，需要及时封闭火区，防止火灾势态扩大。火区封闭的范围越小，维持燃烧的氧气越少，火区熄灭也就越快。因此火区封闭要尽可能地缩小范围，并尽可能地减少防火墙的数量。

2）火区封闭方法

（1）锁风封闭火区

从火区进、回风两侧同时构筑防火墙封闭火区，封闭火区时保持不通风。这种方法适用于火区气体贫氧和失燃界限。这种情况虽然极为少见，但是如果发生火灾时采取调风措施，阻断火区通风，导致空气中的氧因火源及燃烧而大量消耗，也是可能出现的。

（2）通风封闭火区

在保持通风的条件下，同时构筑进、回风两侧的防火墙以封闭火区，这时火区空气氧含量高于失爆界限（O_2 体积分数大于 12%），封闭区内的可燃气体存在着爆炸的危险。爆炸原因可能是火区可燃气体浓度的增加，也可能是可燃气体因循环再次流向火源。封闭火区时保持通风的目的就在于最大限度地稀释和排除火灾过程中的可燃气体，并使火区的风流方向保持不变。

（3）注惰封闭火区

在封闭火区的同时注入大量的惰性气体，使火区中的氧含量达到失爆界限所需要的时间比爆炸气体积聚到爆炸下限所需要的时间要短。此法既是联合灭火法的一种，也是最安全、最有效的灭火方法之一。

3）火区封闭的顺序

进行火区封闭时，应根据火区范围、火势大小、火区内易燃易爆气体浓度等情况来决定火区封闭的顺序。一般是将对火区影响不大的次要巷道首先封闭起来，然后再封闭火区的主要进、回风巷。在多风路的火区建造防火墙时，应根据火区范围、火势大小和采空区等情况来决定封闭顺序。

需要指出的是，采用进、回风巷同时封闭时，由于回风侧高温且存在大量浓烟，工作条件极为恶劣，该处的防火墙构建可能无法与进风侧同时完成。实际操作时，一般先在进风侧初步建成防火墙并留有通风孔，通风孔的大小要既能保证火区进风侧不致发生易燃易爆气体超限聚积，又能在一定程度上控制火势发展，从而给回风侧防火墙的构筑提供一个相对有利的条件。回风侧防火墙建至一定程度时，再约定好时间，同时封闭进、回风侧的防火墙，封闭后工作人员必须立即撤到安全地点。

为了便于操作，应先构筑进风侧密闭，这样就可以减少火区供风，从而减少火灾的燃烧强度，降低火源温度。火区封闭后，在一段时间内（英国统计为 1~24 h，美国统计为 4~6 h，主要与火区情况和防火墙的位置有关）极有可能发生爆炸，因此火区封闭后应立即撤出，24 h 以后才可以靠近封闭区进行探测。

4）防火墙位置的选择

正确选择防火墙的位置和火区封闭顺序是能否成功灭火的关键。防火墙位置的选择必须遵循封闭范围尽可能小、构筑防火墙的数量尽可能少和施工快的原则。具体的位置应满足以下要求：

（1）在保证灭火效果和工作人员安全的条件下，应使被封闭的火区范围尽可能小、防火墙的数量尽可能少。

（2）防火墙的位置不应距新鲜风流过远。防火墙建成以后将形成一个盲井，很容易出现有毒有害气体和易燃易爆气体超限聚积，检查人员无法进入的情况。另外离新鲜风流太远，也不便于建筑防火墙工作的进行。一般防火墙离新鲜风流不应超过 10 m，不要小于 5 m，以便留有建筑第二道防火墙的位置。如果限于其他原因必须建在离新鲜风流较远的地方，不能依靠扩散通风稀释有毒有害气体时，则应建立导风设施。

（3）建立防火墙的地点，特别是进风侧防火墙，应选在围岩稳点，没有裂隙的岩石里。防火墙本身以及它前面一定距离的巷道壁通过喷浆进行严密封闭。此外，为了使火不向防火墙转移，还可以适当地采用控制或调整裂缝内风流的方法。

（4）一般防火墙都要设立在铺设轨道的巷道附近，以便运送材料，保证迅速完成防火墙的建筑工作。有时因运输不便，建立防火墙的时间过长，也容易造成灭火工作失败。

（5）在进风侧防火墙与火源之间切忌存在有连通火源点前后的巷道，这样的巷道易造成火烟的循环，从而造成火灾气体爆炸。

（6）防火墙的位置，特别是进风侧应距火源点尽可能近些，这样火区气体就不容易超限聚积。同时，火区空间小，爆炸性气体的体积小，即使发生爆炸，威力也会减小。

（7）在工作面发生火灾时的防火墙位置应视火源位置而定。在靠近工作面进风巷发生火灾，防火墙应尽量靠近火源，回风巷的防火墙应视烟雾和温度情况来决定其距离。在靠近工作面回风巷道发生的火灾时，进风巷防火墙的位置应尽量使火区缩小，所以要尽可能靠近工作面，回风巷的防火墙应距火源有一定距离；在工作面发生火灾时，根据火势发展、烟雾以及温度情况，可将进、回风巷防火墙建筑在距工作面一定距离上下相对的位置，如条件允许，也可将进风侧的防火墙靠近工作面。

因此，防火墙的位置必须根据封闭火区范围要小，防火墙的数量要少，封闭的时间要快，封闭的密封性要严的原则进行确定。所以火区进风防火墙的位置要求选在距火源近，且支护完整的地段，而且防火墙周围 5 m 以内无杂物、积水、淤泥、片帮和冒顶。为使防火墙避开断层，设在没有裂隙的岩巷内，有时可能造成密闭墙离火源距离较远，从而增加防火墙的数量，给以后打开火区造成一定的困难。所以，防火墙的位置应当根据实际情况进行综合考虑。

在进风防火墙与火源之间不能存在连通火源前后的巷道，如图 2-42 所示。这种巷道易造成火烟的循环，导致火灾气体爆炸。

另外，防火墙的位置距巷道的交叉口也不宜过远，因防火墙建成之后将形成一个盲巷，很容易使有毒有害气体聚积现象，使检查人员无法入内。如图 2-43 所示，火源在 P 点，虽然火源附近 A 点的岩石比较稳固，由于此处离新鲜风流太远，故不宜在此设防火墙，而应建

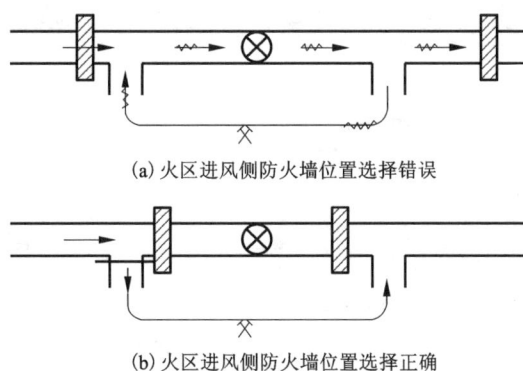

(a) 火区进风侧防火墙位置选择错误

(b) 火区进风侧防火墙位置选择正确

图 2-42　进风侧防火墙位置选择

在 B 处。一般要求防火墙距新鲜贯穿风流 5～10 m。防火墙必须建在距贯穿风流较远处时，应建导风设施，如图 2-44 所示。另外，考虑到运输方便，防火墙都应建在运输巷附近，这样可以缩短建筑密闭的时间，保证封闭工作顺利进行。

由于封闭火区的原则在很多情况下是相互制约的，因此防火墙的布置应根据实际情况，

综合考虑上述原则确定。在防灭火措施计划中，对预计易发生火灾的地点实施封闭措施时，都要预计灭火时建筑防火墙的位置、布置方式和对防火墙质量的要求。

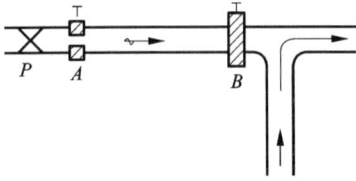

图 2-43　在新鲜风流近处布置密闭墙

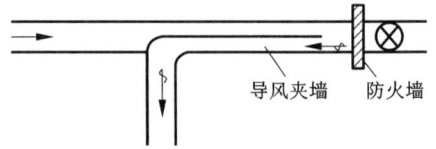

图 2-44　封闭火区形成盲巷通风

2.7.1.2　防火墙的选择

1）防火墙的分类

根据防火墙所起的作用不同，主要分为临时防火墙、永久防火墙和耐爆防火墙三种。现将其作用和布置方法介绍如下。

（1）临时防火墙

临时防火墙的作用是临时阻断火区供风，控制火势发展。在建筑时突出一个"快"字和一个"严"字。常见的临时防火墙主要有以下两种形式：

①风障临时防火墙

临时防火墙的风障主要由帆布制成，单独使用帆布作风障必然会造成一定的漏风，所以经常需附带一些加固装置，如图 2-45 所示，图 2-45 中的（c）、（d）中含弹性胶带和钢丝绳。

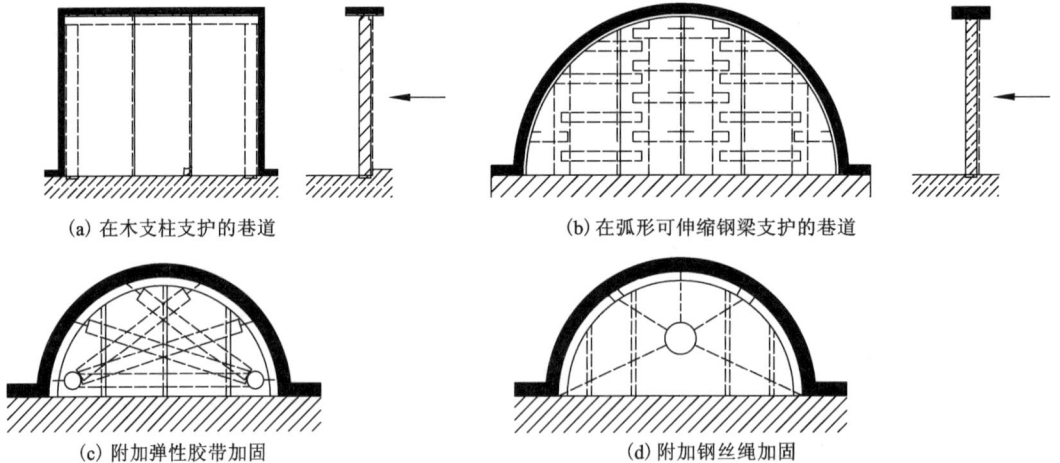

(a) 在木支柱支护的巷道　　　　　　　　(b) 在弧形可伸缩钢梁支护的巷道

(c) 附加弹性胶带加固　　　　　　　　　(d) 附加钢丝绳加固

图 2-45　风障临时防火墙

②木板临时防火墙

木板临时防火墙（如图 2-46 所示）就是通常所说的"板闭"，是我国目前普遍采用的临时防火墙，架设起来也比较容易。木板防火墙对于火灾气体渗透性高，抗空气冲击波能力弱，特别是当抹面黏土干燥脱落后更为明显，所以临时防火墙建成之后，应紧接着建筑永久性防火墙。

除了这两种之外，临时防火墙还有伞形临时防火墙（如图 2-47 所示）、充气式临时防火

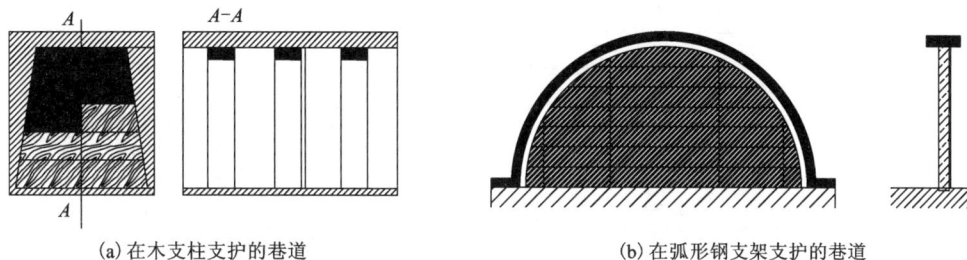

(a) 在木支柱支护的巷道　　　　　　　　(b) 在弧形钢支架支护的巷道

图 2-46　木板临时防火墙

墙 (如图 2-48 所示)。前者架设速度快,但漏风率较大。在此基础上,经完善和改进形成了如组合撑伞式、伞形充气式等稳定性好、漏风率较低的临时防火墙;后者不受巷道断面、几何形状、支架类型的限制,而且漏风率小,但稳定性一般较差。

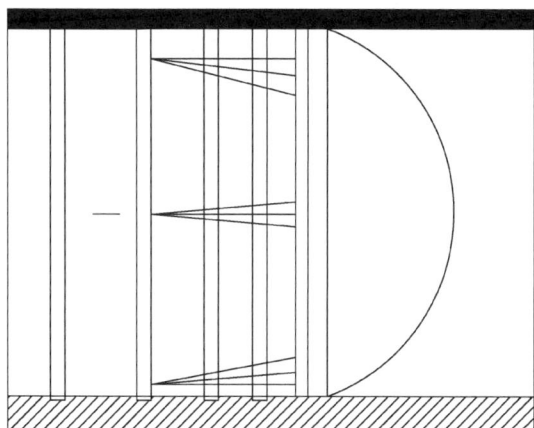

图 2-47　伞形临时防火图

图 2-48　充气式临时防火墙

(2) 永久性防火墙

永久性防火墙用于长期封闭火区,建筑时既要坚固又要密实。根据用料不同,分为木段、料石、砖和混凝土等多种形式。木段与混凝土防火墙适用于地压较大的巷道;料石和砖防火墙适用于顶板稳定、地压不大的巷道。

①木段防火墙

木段防火墙如图 2-49 所示。因木材本身的长短、曲直等问题以及受到巷道断面、支护形式等各方面因素的限制,木段防火墙的应用具有很大的局限性,而且木垛内必须用水泥等堵漏材料充填,再加上巷道边缘处较难处理,造成了该类防火墙的应用并不是很广泛,在客观条件允许而密封等技术又具备的情况下也可以采用,此时木段防火墙的厚度应根据墙的横截面积选取。

②砖防火墙

砖墙永久性防火墙 (如图 2-50 所示) 比木段防火墙更为坚固,而且密闭效果也好,因而被广泛采用。但砖墙防火墙的砌筑也必须达到一定的要求:墙厚不得低于 0.5 m,1 m^3 大约

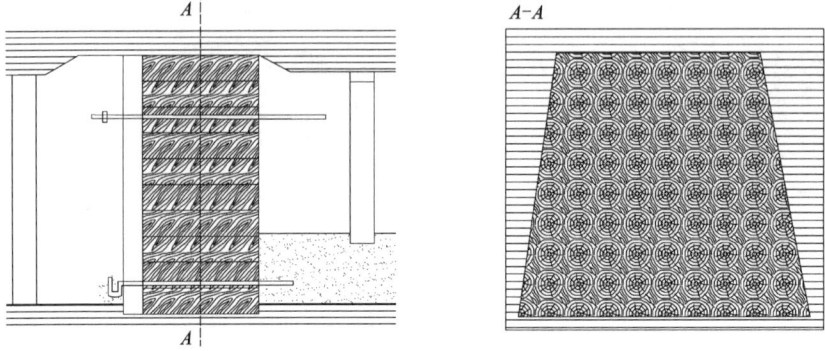

图 2-49　　木段永久性防火墙

需要 400 块砖、0.3 m³ 水泥浆，每个防火墙应设有监测取样管，以监测防火墙内的气体成分和压力，同时在底部应设置排水管路。

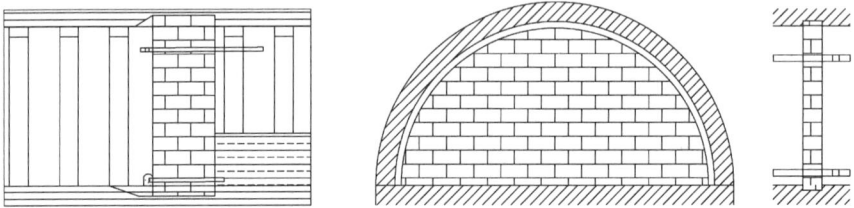

图 2-50　砖墙永久性防火墙

对于地压较大的地点，为保证防火墙能承受一定的压力，在防火墙中加设木板可以使墙体受力均匀（如图 2-51 所示），缓冲受到的压力。

③混凝土防火墙

混凝土防火墙如图 2-52 所示。它最大的特点是具有很强的缓冲性，能够抵抗 1 MPa 冲击波的冲击。为了防止混凝土因凝固收缩产生缝隙、气泡或孔洞，待模板拆除后，要及时进行充填。或用高压泵向其缝隙内进行注浆充填，或采用喷涂混凝土的办法堵塞缝隙和孔洞，以防漏风供氧。

图 2-51　中间加入板材的砖墙永久性防火墙

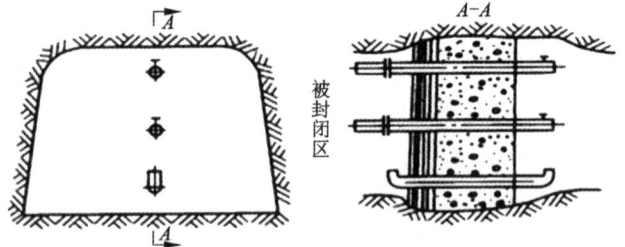

图 2-52　混凝土防火墙

④多层混合式防火墙

也可以将上述一种或几种防火墙结合起来使用,如图 2-53 所示。这种防火墙更为牢固,只是施工起来相对复杂一些。

2)防火墙的构筑

构建防火墙的目的是在整个火区封闭期间隔断流向火源的风流。

为了减少防火墙的漏风,美国矿业局的相关研究人员提出了一些技术措施,现场应用证实这些措施能够有效提高防火墙的构筑质量和减少漏风,现简要介绍如下:

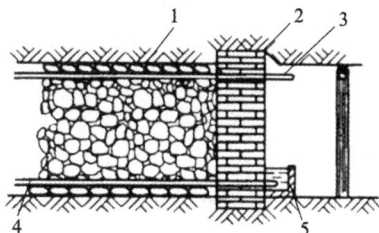

1—装砂或岩粉的麻袋; 2—砖墙; 3—充填管;
4—放水管; 5—返水池。

图 2-53 多层混合式防火墙

(1)在砌筑混凝土防火墙过程中,对竖直的防火墙面进行抹面时,用具有适当强度的塑料硬毛刷代替抹刀刷涂砂浆,可以增加防火墙的严实性和耐久性。特别是防火墙周边与巷道的接触处,相对抹刀来说,使用塑料硬毛刷不仅更为简便,而且效果更好。

(2)在砂浆中掺入玻璃纤维,能够有效增强砂浆的胶结强度和黏性,在现场的涂抹过程中也更加方便。

(3)在防火墙上涂抹石灰,既有利于防止漏风,也有助于查看墙上的裂缝发展情况。

(4)防火墙周边与巷道接触的地方容易出现漏风,因此,应分别在巷底、巷帮和巷顶采取相应措施。

①巷底处理。一种方法是掏槽(一般情况下,槽宽至少要 1.5 倍于防火墙的宽度)。先向地槽内倒入溶有玻璃纤维的砂浆,形成防火墙墙基,然后在尚未固结的墙基上砌筑混凝土砖;另一种方法是不建墙基,这种方法适用于要求迅速构筑防火墙的情况。第一层混凝土砖墙直接砌筑在人工产生裂隙的巷底,把水玻璃(硅酸钠)倒入混凝土砖的中空部分,使水玻璃渗入破裂的底板,水玻璃固结后形成的屏障,能够有效减少防火墙的底部漏风。

②巷帮处理。与巷底的处理方式类似,首先在巷道两帮掏槽,嵌入混凝土砖并用砂浆使之与巷帮紧密胶结起来,然后用砂浆塞满防火墙与巷帮的所有空隙,最后在墙面与巷壁的交角处用砂浆涂抹成弧形封闭带。如果需要加强对墙体的支撑,也可以考虑在自掏槽向周围巷帮打钻孔,向其中充填水泥砂浆,并在孔内加锚杆或钢筋,沟槽内配钢筋或型钢予以连接,巷帮及锚杆再通过沟槽内的砂浆与防火墙胶结成一整体,大大增加了墙体的牢靠程度。

③巷顶处理。首先用木楔打入防火墙面 2.5 cm,然后将砂浆用硬毛刷塞入所形成的空隙中,在防火墙面与巷顶的交角内也用砂浆糊成弧形封闭带。若为了现场灭火的需要,所修建的防火墙由几层混凝土砖构成,则可以分层进行如上处理。

④防火墙内侧周边处理。如果现场条件允许,为进一步减小漏风。可安排一名工人在防火墙内侧完成涂抹墙面和处理防火墙周边缝隙的工作,使防火墙两侧都尽量密实,实现良好的防漏风效果。

一般情况下,至少需要在墙体上安设三个管:注浆管、观测管和排水管,管道直径为 35~100 mm,观测管和注浆管距巷道底板高度不小于 1300 mm,两管之间距离为 400 mm。注浆管用以在封闭时以及封闭后向火区灌注灭火材料,加快火源熄灭速度,其在密闭内侧露出长度应不小于 2000 mm,露在密闭外侧长度为 200 mm,管口有螺纹并带有管帽或用木塞封堵;观测管用以从火区中抽取气样,时刻注意监测火区内的状况,判断火情,观测管在密闭内侧露出长度也应不小于 2000 mm，露在密闭外侧长度应为 150~200 mm，管口应有相应的封堵措施；排水管距巷道底板 150~200 mm，用以及时排除密闭墙后面的积水。管外端装上阀门控制，水应该没过管道或者做成一段 U 形管以作为底部的密封，防止漏风。另外，还可以根据需要，在墙体上预留通行孔，通行孔由钢板卷制而成，直径约为 800 mm。通行孔的作用有两个，一是在封闭火区期间保持送风稀释火区内部有害气体；二是在封闭之后的火灾熄灭过程中，可派救护队员由此进入火区侦察火情。通行孔里端装有从外段操纵的密闭盖，可根据需要进行开启与关闭。

在防火墙构筑之前，应预先在进、回风巷架设局部通风机，将风筒出风口引至防火墙施工处。一旦施工地点的氧气浓度低于 20%，应立即开启局部通风机供风，防止窒息事故的发生。如果不具备安设局部通风机的条件，则应由矿井救护队员佩戴呼吸器来完成。

在有毒气体聚积区域，为保证构筑防火墙人员有足够时间撤退至安全地带，可以采用自动封闭防火墙通风口的装置，用一罐水使自动封闭门扇承重而悬挂在巷顶。在人员撤离时，使罐内水逐渐由孔口漏出，重量减轻至一定程度后，不能承受门扇自重而自动放下门扇以覆盖住通风口。漏水的孔径和数目视人员能撤至安全地带的时间而预先确定。

3）防火区位置的选择

正确地选择防火墙位置和封闭火区顺序是能否成功灭火的关键。防火墙的选择应遵循下列原则：

（1）必须构筑在巷道完整的地带，防止通过裂隙漏风。

（2）进风侧防火墙要尽可能靠近火源，可减小封闭空间，封闭空间越小，发生爆炸时威力也相对小一些。

（3）封闭空间内不能存在有连通火区的巷道，防止火烟循环流动导致气体爆炸。

（4）距贯穿风流要近，太远易形成盲巷，聚积有毒气体或缺氧，不利于检查，易导致事故的发生。

（5）要考虑运输的方便。

4）防火墙应符合下列规定：

（1）严密坚实。

（2）在墙的上、中、下部，各安装一根直径为 35~100 mm 的铁管，以便取样、测温、放水和填充，铁管露头要用带螺纹的塞子封闭。

（3）设人行孔，封闭工作结束，应立即封闭人行孔。

2.7.2 火区管理

封闭火区完成之后，可以认为火势暂时得到了控制。但是由于防火墙变形受损、密闭材料失效、密闭时质量不符合要求等原因，存在漏风，导致火区内的火不能很快被彻底熄灭，始终是一个潜在的威胁，因此，在完成封闭到火源完全熄灭、安全启封的这段时间里，务必要加强火区的管理工作。

2.7.2.1 火区管理

（1）封闭火区时，应当合理确定封闭范围，必须指定专人检查甲烷、氧气、一氧化碳、粉尘以及其他有害气体浓度和风向、风量的变化，采取防止爆炸和人员中毒的安全措施。

（2）永久性密闭墙的管理应当遵守《金属非金属矿山安全规程》（2020）第 6.9.4 条、《煤矿安全规程》（2016）第 278 条的规定。

（3）封闭的火区，必须符合《金属非金属矿山安全规程》（2020）第 6.9.4 条、《煤矿安全规程》(2016)第 279 条的规定。

（4）火区封闭后，24 h 以内禁止人员进入灾区工作或检查，只有在 24 h 后，由救护队沿进风侧至回风侧依次检查确认安全的情况下，方可制订恢复工作的计划。

（5）火区灭火后，检查灭火情况，预防"死灰复燃"，及时撤离相关工作人员，远离火区。

（6）火区封闭后应积极采取措施加速火区熄灭进程。火区灭火方案由矿通风管理部门负责编制，经矿长、总工程师批准后执行。

（7）每周应对防火墙、火区密闭和其他密闭进行检查，分析测定其内外气体成分、内外温度、进回风侧密闭内压差及墙体与围岩支护情况，记入防火专用记录本备查。煤矿通风管理部门或通风队负责人应及时审查和现场检查，发现密闭墙封闭不严，或有发火异常、墙体裂缝等必须采取措施及时处理，报告调度室和煤矿总工程师。

（8）火区启封，必须遵守《金属非金属矿山安全规程》(2020)第 6.9.4 条、《煤矿安全规程》(2016)第 280 条的规定。

2.7.2.2　火区管理资料

火区管理卡片作为火区管理的重要技术资料，对做好矿井防灭火工作意义重大。火区管理卡片由矿通风管理部门负责填写并永久保存，以便给设计人员进行采区设计、生产安排、通风设计和采区防火设计等提供基础依据。火区卡片主要包括以下几个方面。

1) 火区登记表

火区登记表中应详细记录火区名称、火区编号、发火时间、发火原因、发火时的处理方法以及发火造成的损失，另外还应包括采矿方法和采掘情况等，并绘制火区位置图。

（1）绘制火区位置关系图，注明所有火区和曾经发火的地点。每一处火区都要按形成的先后顺序进行编号，建立火区管理卡片。火区位置关系图和火区管理卡片必须永久保存。

（2）火区位置关系图以通风系统图为基础绘制，即在通风系统图的基础上标明所有火区的边界，防火墙位置、火源点位置、漏风路线及注浆、火区编号、发火时间、封闭时间、火区注销时间等内容。

2) 火区灌注灭火材料登记表

该登记表用于详细记录向火区灌注黄泥浆、凝胶、惰性气体以及泡沫等灭火材料的数量和日期，另外还应该包括钻孔的一些参数，如钻孔位置、直径和深度等，如表 2-20 所示。

表 2-20　火区灌注灭火材料记录表

火区名称：＿＿＿＿＿＿＿＿＿＿　　　　　　　　　　火区编号：＿＿＿＿＿＿＿＿＿＿

钻孔编号	钻孔位置	打钻起止日期	钻孔参数					套管		灭火材料			备注
			直径/mm	深度/m	设计终孔位置	钻孔岩性	回水温度/℃	直径/mm	长度/m	名称	配比	用量	

3）防火墙观测记录表

防火墙作为火区封闭的最主要设施，是封闭灭火能否成功的关键，因此加强相关管理工作显得尤为重要。防火墙的管理要填写防火墙观测记录表（表 2-21），该表用于说明防火墙设置地点、封闭日期、材料以及一些基础参数等情况，并用于详细记录按规定日期观测到防火墙内气体组分的浓度、防火墙内温度、防火墙出水温度以及防火墙内外压差等数据。矿井通风区长应按时审阅防火墙观测记录表，发现封闭不严或有其他缺陷以及火区内有异常变化时，必须采取积极的措施予以处理，并及时向上级报告相关情况。

表 2-21　防火墙观测记录表

防火墙编号：_____　　　　　　　　　　　　　　　　火区编号：_____

防火墙基本情况	地点		封闭日期		厚度/m		断面面积/m²	材料		施工负责人
观测日期	防火墙内气体浓度/%							密闭内温度/℃	密闭出水温度/℃	密闭内外压差/Pa	发展情况
	O_2	CO	C_2H_4	C_2H_2	CO_2	CH_4	N_2	H_2				

4）永久性防火墙的管理规定

永久性防火墙应编号，并标记在火区位置关系图和通风系统图上。矿山企业应定期或不定期测定火区内的空气成分、温度、湿度和水的 pH，检测、分析结果应记录存档。若发现封闭不严或有其他缺陷以及火区内有异常变化，应及时处理和报告。

通过监测到的火区气体的变化规律就可以初步判断出火区的状态。

（1）O_2 量剧减，表明火势发展迅猛；缓慢降低则是火区自燃惰化的标志；如果 O_2 含量长时间居高不下，说明漏风严重。

（2）H_2S 是火灾气体组成部分之一，是火灾的重要产物，剧增表示火势发展，缓慢增加表明火区在逐渐惰化；SO_2 等也可以作为火区熄灭与否的重要标志性气体，如果在火区中长时间检测不到这些参数，表明火区基本上已经趋于熄灭。

另外，平时需加强防火墙的严密性检查。应经常给防火墙刷面，靠近巷道边角地方也要涂一层白灰，同时应认真检查，及时发现漏风之处。如果防火墙附近可听见"咝咝"声，则说明防火墙存在漏风现象，这也是渗出可燃气体的征兆，发现这种情况时要立即采取措施，将其抹严，以防止造成更大的事故；若墙体出现较明显的裂缝，则应采取压注水泥浆或石膏等密封物的方法对裂缝进行堵塞。而对于砖砌防火墙和石砌防火墙来说，砖缝是最薄弱的地方，每隔一段时间应进行一次勾缝。此外还可以采取均压等技术手段减少向火区的供风，从而加快火源熄灭速度。

5）火区内火灾状态判定

对火区内的火灾状态进行有效的监测是火区管理的重要内容之一。目前，主要是根据火区内气体成分的变化进行综合定量分析，判定火区内火灾是否继续燃烧、趋于熄灭或已经熄灭，进而制订或修改相应的技术措施。

（1）火区气体的组成

火区气体是一种混合性气体，其主要成分有氮（N_2）、二氧化硫（SO_2）、一氧化碳（CO）、氢气（H_2）、氧气（O_2）和硫化合物等。

大量的研究及现场分析表明：火区气体的含量一般在一定的范围内，其中氧气含量由百分之几到20%；二氧化硫含量由百分之几到20%；一氧化碳含量由微量到10%，一般情况下低于2%；氢气由微量到10%，一般情况下低于2%。

（2）火灾产生的有毒有害气体

火灾生成大量 CO；燃烧过程中 CO_2 大量增多；橡胶、塑料燃烧还生成大量含卤族有毒气体；柴油等燃烧还生成苯等有毒物质。

一架棚子的坑木燃烧，产生 CO 约 97 m^3，足以使 10 m^2 巷道在 1 km 的范围内空气中 CO 含量（$97/10000 \approx 1\% = 10000 \times 10^{-6}$）达到致命的数量。

对金属非金属矿山来说，井下火灾更大的危害是含有毒气体的烟气。

（3）火区气体的分类

按是否会产生爆炸，火区气体分为可爆气体、助爆气体和阻爆气体三种。可爆气体主要有氢气（H_2）、一氧化碳（CO）和 H_2S；助爆气体主要是指氧气（O_2）；阻爆气体主要有二氧化碳（CO_2）和氮气（N_2）。

2.7.3　火区启封

启封火区是一项危险的工作，启封过程中因决策或方法上的失误，可能导致火区复燃和重封闭，甚至造成火区的爆炸而产生重大伤亡事故。所以，在启封前，必须对火区封闭后处理的全过程和观测所得到的各种资料，认真分析研究。

重开火区应预先制订专门措施，经主管矿长审批后，由矿山救护队进行启封。重开时，先将火区的回风引入矿井回风巷道，巷道内不准任何人员停留，测定无一氧化碳出现，如发现一氧化碳，表明火区没有完全熄灭。

2.7.3.1　火区启封的条件

1）启封条件

地下矿山封闭火区的启封和恢复开采应符合《金属非金属矿山安全规程》要求。

（1）封闭火区的启封和恢复开采，应根据测定结果确认封闭火区内的火已熄灭，并制订安全措施，报主管矿长批准，方可进行。火区面积不大时，可采用一次性启封，先打开回风侧，无异常现象再打开进风侧；火区面积较大时，应设多道调节门，分段启封，逐步推进。

（2）启封火区的风流，应直接引入回风流，回风风流经过的巷道中的人员应事先撤出。恢复火区通风时，应监测回风风流中有害气体的浓度，发现有复燃征兆，应立即停止通风，重新封闭。

（3）火区启封后三天内，应由矿山救护队每班进行检查以测定气体成分、温度、湿度和水的 pH，证明一切情况良好，方可转入生产。

（4）在活动性火区附近（下部和同一中段）进行回采时，应留防火矿柱，其设计和安全措施，应经主管矿长批准。

由于火区内外环境影响的复杂性，取样点与火区真实状态之间不可避免地存在着差异，在符合上述条件的情况下启封火区时，仍应谨慎从事。在现场实际启封工作过程中，判定是否满足启封条件时，还应注意以下几点：

（1）封闭火区内氧气浓度低于5%时，火势将逐渐减弱直至熄灭。氧气浓度在2%以下时，火将完全熄灭。但即使在火区中氧气浓度为零的条件下，火区内可燃物的阴燃仍有可能长期持续下去，因矿物所吸附的氧气可支持阴燃的进行，而阴燃在供氧条件发生变化的情况下很有可能转变为明火燃烧，特别是可燃物阴燃温度超过150℃时更容易发生这种情况。

（2）由于矿井情况复杂，部分火区的硫化氢涌出量比较大，可能使燃烧产生的气体浓度下降，但这不意味着火源已熄灭。

（3）对于封闭性较好的盲巷或大型火区或采用均压防灭火措施的火区，CO很难散失，即使火源熄灭不再产生CO，CO也可能长期存在。另外，木材在常温下的缓慢氧化也会产生CO。因此，存在CO并不绝对意味着火区尚未熄灭。

2.7.3.2 启封火区方法

1）通风启封火区法

通风启封火区也就是在保持正常通风情况下启封火区。该方法适用于确认火源已经完全熄灭且火区范围较小的情况。选择通风启封火区法之前要慎重考虑，若选择不当，反而会造成火区复燃、火势扩大甚至引发爆炸事故。

通风启封火区一般按以下步骤进行：

先用局部通风机风筒和风幛等通风设施对密闭墙进行通风，同时确定火区气体的排放路线，并撤出该路线上的人员；然后选择一个出风侧防火墙首先打开，过一定时间（根据现场情况确定），再打开一个进风侧防火墙。开启时应先开一个小孔，然后逐渐扩大，严禁一次将防火墙全部打开；保持足够通风量，使火区气体特别是硫化氢沿着预定的路线，保持在规定允许的浓度（0.75%）以下排出；若无异常现象再相继打开其余防火墙，若发现尚有高温点存在，则应采取直接灭火的方法立即扑灭并撤离不必要的人员。

通风排放火区气体所需要的时间可以用下式进行估算：

$$t = \frac{n \cdot V}{Q} \ln \frac{C_1}{C_2}$$

式中：t 为通风所需时间，min；C_1 为火区环境硫化氢气体浓度，%；C_2 为需要达到的硫化氢浓度，%；V 为封闭区体积，m^3；Q 为通风量，m^3/min；n 为环境参数，随可燃气体释放量和风速的变化而变化，当风速大于1 m/s时，n 取2；风速位于0.3~1 m/s时，n 取3。

由于进风侧防火墙一般位于火区的下部，容易有 SO_2 积存，启封前和启封期间都要注意检查，防止 SO_2 逆风流动造成危害。进、回风侧的防火墙打开之后，救护人员应暂时撤离工作现场，通风1~2 h以后，再派人进入火区进行清理、喷水、降温、挖除发热的矿石等恢复工作。

2）锁风启封火区法

锁风启封火区也称分段启封火区，适用于火区范围较大、难以确认火源是否彻底熄灭或火区内存积有大量的爆炸性气体的情况下。启封时，沿着原封闭区内的巷道，由外向内，向火源逐段移动防火墙的位置，逐渐缩小火区范围，从而最后在封闭状况下进入着火带，实现火区全部启封。

锁风启封火区法一般按以下步骤进行：

（1）以距进风巷原防火墙最近的新鲜风流处为基地，将其作为地面指挥中心和现场救护人员联系的桥梁。

（2）在主要进风巷处构筑锁风防火墙，墙上留设风门，以便于人员进出；锁风防火墙与原防火墙之间留出 5~6 m 的距离，便于材料贮备和人员作业。

（3）启封人员进入锁风防火墙与原防火墙之间的临时密闭后关上风门，在原防火墙上打开一个缺口以满足人员的通行，缺口要悬挂风帘形成锁风室；对临时防火墙和原防火墙之间的空间进行清理，以便人员的通行和紧急情况下的撤退；在确认封闭区内气体不至于对人员构成威胁的前提下，才可从缺口进入封闭区。

（4）救护人员进入原防火墙内，在进一步测定和分析大气成分、温度、压力和巷道环境的基础上，确定下一道锁风防火墙的构建位置和构筑材料，该位置同时还应综合考虑救护人员的作业时间、作业内容、与指挥中心的联络能力和火区状况等各方面因素。

（5）救护人员携带塑胶风障、马蹄钉、射钉枪和其他工具、材料进入选定的位置，构筑新的带风门锁风防火墙。

（6）拆除两道锁风防火墙之间的原封闭防火墙，并及时清理，以免妨碍通行。

（7）打开原锁风防火墙的风门通入新鲜风流。在有多条巷道相连的地区，可以考虑控风，使新鲜风流经过相应区域，同时应注意采取逐段通风的方式，不要过早通入过大风流。

（8）救护人员对新建的锁风防火墙进行修补和加固，若条件允许的话，在锁风防火墙外可再构建一个防火墙以减小漏风。

（9）将原联络地移近新建的锁风防火墙，并重复由（2）至（8）的步骤，逐步向着火带推进。在整个推进过程中，应始终保持火区处于封闭隔离状态。

锁风法启封火区的过程中，由于原防火墙的打开，新鲜风流的进入不可避免地要增加原封闭区内的氧气浓度，从而增大发生火灾的可能性。

无论采用哪一种启封方法，工作过程中都要经常检查火区内的气体，一旦发现火区有复燃的征兆，应及时予以处理或撤退。

3）火区启封的注意事项

（1）启封已熄灭的火区，参照《金属非金属矿山安全规程》第 6.7.4 条火区管理规定，事先制订专门措施，并报请批准。启封措施的内容应包括：

①启封火区的根据。

②启封前进入火区侦察的方法和打开防火墙的顺序。

③启封火区时的各项安全措施：储备建筑防火墙的材料，确定有害气体的排放路线、配备紧急救护工具和直接灭火工具及材料。

（2）封闭火区的启封和恢复开采，应根据测定结果确认封闭火区内的火已熄灭，并制订安全措施，报主管矿长批准，方可进行。火区面积不大时，可采用一次性启封，先打开回风侧，无异常现象再打开进风侧。火区面积较大时，应设多道调节门，分段启封，逐步推进。

（3）启封火区的风流，应直接引入回风风流，回风风流经过巷道中的人员应事先撤出。恢复火区通风时，应监测回风风流中有害气体的浓度，发现有复燃征兆，应立即停止通风，重新封闭。

（4）火区启封后三天内，应由矿山救护队每班进行检查以测定气体成分、温度、湿度和水的 pH，证明一切情况良好，方可转入生产。

（5）活动性火区附近（下部和同一中段）进行回采时，应留防火矿柱，其设计和安全措施，需报主管矿长批准。

参考文献

[1]余明高.矿井火灾防治[M].北京:国防工业出版社,2013.

[2]姚建,田冬梅.矿井火灾防治[M].北京:煤炭工业出版社,2012.

[3]俞启香.矿井灾害防治理论与技术[M].2版.徐州:中国矿业大学出版社,2008.

[4]霍然,杨振宏,柳静献.火灾爆炸预防控制工程学[M].北京:机械工业出版社,2007.

[5]冀和平,崔慧峰.防火防爆技术[M].北京:化学工业出版社,2004.

[6]王丽琼.防火防爆技术基础[M].北京:北京理工大学出版社,2009.

[7]解立峰,余永刚,韦爱勇.防火与防爆工程[M].北京:冶金工业出版社,2010.

[8]杨泗霖.防火防爆技术[M].北京:中国劳动社会保障出版社,2008.

[9]陈雄.矿井灾害防治技术[M].重庆:重庆大学出版社,2009.

[10]白善才.矿井外因火灾的预防与应急处理[J].科技信息,2010(31):372,392.

[11]孙海河,张利海,王玉怀.矿井外因火灾灭火方法选择的探讨[J].华北科技学院学报,2002,4(1):14-15.

[12]隋鹏程.矿井外因火灾如何防治[J].现代职业安全,2008(4):93-94.

[13]陆国荣.采矿手册6[M].北京:冶金工业出版社,1991.

[14]连民杰.矿山灾害治理与应急处置技术[M].北京:气象出版社,2012.

[15]王德明.矿井火灾学[M].徐州:中国矿业大学出版社,2008.

[16]刘景华.矿井火灾防治技术[M].北京:煤炭工业出版社,2007.

[17]刘业娇,田志超.火灾时期矿井通风系统灾变规律及其抗灾能力研究[M].北京:煤炭工业出版社,2015.

[18]庞国强.矿井火灾防治[M].2版.北京:煤炭工业出版社,2017.

[19]王刚,程卫民.矿井火灾防治实用措施[M].北京:煤炭工业出版社,2013.

[20]胡广霞,段晓瑞.防火防爆技术[M].北京:中国石化出版社,2012.

[21]刘合发,刘坤,李云霞.消防安全基础读本[M].北京:中国石化出版社,2009.

[22]徐晓楠.灭火剂与灭火器[M].北京:化学工业出版社,2006.

[23]郭树林,石敬炜.火灾报警、灭火系统设计与审核细节100[M].北京:化学工业出版社,2009.

[24]谭炳华.火灾自动报警及消防联动系统[M].北京:机械工业出版社,2007.

[25]李亚峰,蒋白懿,刘强.建筑消防工程实用手册[M].北京:化学工业出版社,2008.

[26]李长青,孙君顶.矿井监控系统[M].北京:中国水利水电出版社,2012.

[27]赵文甲,司金星,丁莉,等.阻燃技术的研究进展[J].才智,2009(21):268.

[28]崔政斌,石跃武.防火防爆技术[M].2版.北京:化学工业出版社,2010

[29]王学谦.建筑防火安全技术[M].北京:化学工业出版社,2006.

[30]霍然,胡源,李元洲.建筑火灾安全工程导论[M].2版.合肥:中国科学技术大学出版社,2009.

[31]张凤娥.消防应用技术[M].北京:中国石化出版社,2006.

[32]吴法春.新桥硫铁矿矿石自燃的原因及防灭火措施[J].矿业安全与环保,2002,29(3):55-56.

[33]李鹏飞.老厂矿的硫化矿内因火灾及其防治[J].大众科技,2010,12(5):93-95.

[34]刘红威.气液两相流防治矿井采空区火灾实验研究[D].太原:太原理工大学,2016.

[35]阳富强.硫化矿自燃预测预报理论与技术[M].北京:冶金工业出版社,2011.

[36]《采矿设计手册》编委会.采矿设计手册:矿床开采卷(下)[M].北京:中国建筑工业出版社,1991.

[37]陈宝智.矿山安全工程[M].北京:冶金工业出版社,2009.

[38] 中国冶金百科全书总编辑委员会《采矿》卷编辑委员会. 中国冶金百科全书：采矿[M]. 北京：冶金工业出版社，1999.

[39] 王士伟. 矿井火灾的危害与治理[J]. 内蒙古煤炭经济，2017(S2)：67，83.

[40] 陈国山，孙文武. 矿山通风与环保[M]. 北京：冶金工业出版社，2008.

[41] 李孜军. 硫化矿石自燃机理及其预防关键技术研究[D]. 长沙：中南大学，2007.

[42] 秦波涛，王德明. 矿井防灭火技术现状及研究进展[J]. 中国安全科学学报，2007，17(12)：80-85，193.

[43] 陈何，韦方景. 铜坑矿细脉带特大事故隐患区火区治理技术与工程实施[J]. 中国矿业，2009，18(11)：52-55.

[44] 胡汉华. 铜山铜矿采场防灭火试验研究[J]. 金属矿山，2001(5)：48-51.

[45] 邬长福. 高硫金属矿床内因火灾及其灭火措施[J]. 矿业安全与环保，2002，29(2)：21-22.

[46] 那新. 东坪金矿地质灾害防治与采空区处理研究[D]. 沈阳：东北大学，2005.

[47] 王敏，金龙哲，余阳先，等. 阻化注浆在硫化矿床自然发火治理中的应用[J]. 中国安全科学学报，2009，19(4)：145-151.

[48] 梁运涛，罗海珠. 中国煤矿火灾防治技术现状与趋势[J]. 煤炭学报，2008，33(2)：126-130.

[49] 徐严严，雪彦琴，郑晓. 矿井火灾的事故树分析[J]. 内蒙古煤炭经济，2016(16)：5-6.

[50] 周静. 矿井火灾应急救援预案管理系统的开发与实现[D]. 淮南：安徽理工大学，2011.

[51] 黄昊. 煤矿自燃火灾的烟气流动模拟及防治[D]. 太原：中北大学，2014.

[52] 刘志伟，刘澄，祁卫士. 矿山企业安全管理[M]. 北京：冶金工业出版社，2007.

[53] 王海燕. 电焊作业的火灾危险性及预防对策[C]//中国消防协会电气防火专业委员会二次会议暨电气防火学术研讨会，2003.

[54] 时训先，蒋仲安，何理. 矿井电气火灾原因分析及其预防[J]. 矿业安全与环保，2005，32(1)：19-21.

[55] 胡东涛，王玉杰，任开飞，等. 河北邢台"11·20"铁矿特大火灾事故分析[J]. 矿冶，2007，16(3)：8-10，13.

[56] 邓浩夕. 甘肃酒钢集团宏兴钢铁股份有限公司西沟矿"8·16"重大火灾事故[J]. 现代班组，2018(5)：29.

[57] 刘文博. 吉林老金厂金矿股份有限公司"1·14"重大火灾事故[J]. 现代班组，2019(7)：29.

[58] 温军锁，严鹏，唐学义，等. 均压通风防漏技术在金矿残矿回收中的应用[J]. 有色金属(矿山部分)，2015，67(2)：100-103，108.

[59] 丁延龙. 矿井灾害事故避灾系统研究[D]. 阜新：辽宁工程技术大学，2007.

[60] 朱丽晶. 如何防范工业建筑消防风险——访中国建筑科学研究院孙旋研究员[J]. 劳动保护，2018(11)：24-26.

[61] 卢经扬，解恒参. 建筑材料[M]. 西安：西安电子科技大学出版社，2012.

[62] 张庆河. 电气与静电安全[M]. 北京：中国石化出版社，2005.

[63] 郭树林，石敬炜. 火灾报警、灭火系统设计与审核细节100[M]. 北京：化学工业出版社，2009.

[64] 赵英然. 智能建筑火灾自动报警系统设计与实施[M]. 北京：知识产权出版社，2005.

[65] 朱琳. 基于ZigBee技术的嵌入式火灾报警系统的研究与设计[D]. 镇江：江苏大学，2013.

[66] 周永柏. 智能监控技术[M]. 大连：大连理工大学出版社，2012.

[67] 周义德，吴杲. 建筑防火消防工程[M]. 郑州：黄河水利出版社，2004.

[68] 吴龙标，方俊，谢启源. 火灾探测与信息处理[M]. 北京：化学工业出版社，2006.

[69] 蔡永乐. 矿井防灭火技术[M]. 徐州：中国矿业大学出版社，2009.

[70] 周涛. 矿井火区封闭进程中气热演化规律实验研究[D]. 徐州：中国矿业大学，2019.

[71] 李娟，陈涛. 传感器与测试技术[M]. 北京：北京航空航天大学出版社，2007.

[72] 蒋亚东，谢光忠. 敏感材料与传感器[M]. 成都：电子科技大学出版社，2008.

[73] 陆冬冬. 煤矿井下封闭火区状况评价方法研究[D]. 淮南：安徽理工大学，2010.

第 3 章

深井的热环境控制

3.1 矿内热环境问题

热环境是指地下开采矿山井下的热微气候。通常习惯把恶劣的热环境称为热害。

在自然界中，人类受惠于大自然赋予的阳光、空气，进行正常的劳动和生活，环境每时每刻都在影响着人类的生理、心理状态和工作效率。矿井工人每天有八小时在井下作业，矿工的健康、自身感觉及工作效率在很大程度上取决于所处热微气候舒适状况，舒适状况就是在环境综合的作用下，人们所产生的主观感觉。直接影响人们感觉的技术因素有很多，广义上来说，除空气的温度、湿度、风速、热辐射外，还应有噪声、阴暗、杂乱及其心理影响，但在研究矿内热环境问题时，主要针对直接影响人体散热量的环境条件。在散热条件中，对于对流散热，显然与气温、皮肤温度及散热系数有关；对于辐射放热，与巷壁温度、皮肤温度、皮肤的热辐射系数[即黑度，单位为 $W/(m^2 \cdot K)$]和巷壁的热辐射系数有关；对于出汗蒸发散热，与空气绝对湿度及水的蒸发系数(kg/m^2)有关。分析和实验表明，在流体主要物性(比热、导热系数、密度、黏度)和体系几何尺寸不变的条件下，散热系数和水的蒸发系数都是风速的函数，鉴于井巷掘进基建时间较长，岩热与风流有比较充足的时间进行热交换，可以近似地认为巷壁温度接近于风温。皮肤温度又可以认为近似于风温和 36.5℃ 的平均值。综上分析，可以认为在热环境中作业的人体散热量主要与气温、湿度、风速这三个因素有关，所以热环境的主要参数是温度、湿度和风速。

随着采掘工作的延伸，矿内热环境的改善更加困难，这是因为各种热源的放热量增加，由于巷道几何空间的窄小和长度增加，通风阻力增大，通风越发困难；由于采矿作业需风量大，而风道断面受限制，故风速要比地面厂房大得多；井下风流的运动只朝一个方向，从井口到工作面沿途都被加热，以及作业点分散，工作面要不断移动等。因此，对矿内热环境工程的技术要求越来越高。

3.1.1 造成热环境的原因

造成矿内热环境的原因包括地表大气状态的变化、空气的自压缩温介、围岩传热、机电设备放热、氧化放热、内燃机废气排热、爆破放热、人体放热等。

3.1.1.1　地表大气状态的变化

井下的风流是自地表流入矿井的，因而地表大气温度与湿度的日变化与季节变化必然要影响到井下。

地表大气温度在一昼夜内的波动称为气温的日变化，它是由地球每天接受太阳辐射热和散发的热量变化造成的。白天，地球吸收太阳的辐射热，使靠近地表大气的温度升高，下午2 点至 3 点气温达到全天的最高值；到夜晚，地面将吸收到的太阳辐射热向大气散发，黎明前是地表散热的最后阶段，故一般凌晨 4 点至 5 点气温最低。地表气温的日变化是以 24 小时为周期的。各地的气温虽然都是周期性波动，但不全是谐波，因为全日最低温度与最高温度间的间隔小时数，不一定等于下一个最高温度与最低温度间的间隔小时数。

气温的季节性变化也是周期性的，我国最热的时间一般在 7—8 月，最冷的时间一般在 1 月，而且也不全是谐波，但在实际计算中，将它们的周期性变化近似地看作是正弦曲线或是余弦曲线都是可以的。

图 3-1 所示为气温(t)随时间(T)的日变化与年变化之间的关系。

空气的相对湿度取决于空气的干球温度和含湿量，如果空气的含湿量保持不变，则空气的相对湿度就和它的干球温度成反比，干球温度高时相对湿度低，干球温度低时相对湿度高。就地表大气而言，其含湿量一昼夜内的变化基本不大，而其干球温度却是中午高、夜晚低，因而大气的相对湿度是中午低，夜晚高。

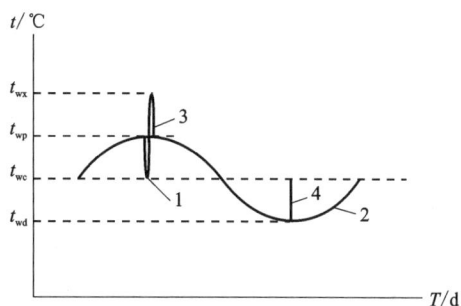

1—温度日波动曲线；2—温度年波动曲线；
3—温度日波幅 θ_2，$\theta_2 = t_{wx} - t_{wp}$；
4—温度年波幅 θ_1，$\theta_1 = (t_{wp} - t_{wd})/2$。

图 3-1　气温的周期变化曲线

虽然地表大气温度的日变化幅度很大，但当它流入井下时，井巷围岩将产生吸热或散热作用，使风温和井壁温度达到平衡，井下空气温度变化的幅度就逐渐地衰减。因此，在采掘工作面上，基本上觉察不到风温的日变化情况。据测定，有一进风井，进风量为 87 m³/s，早晨 7 时，地表进风温度最低，为 -3.1℃，17 时左右为最高，达 12.0℃，而在距地面 1000 m 的井底车场里，其风温仅从 11.9℃ 升到 13.4℃。当风量降为 30 m³/s 并流经一条长度为 1200 m 的运输平巷后，日风温波动的幅度衰减到了 0.2℃ 以下。

当地表大气温度突然发生了持续多天甚至数星期的变化时，还是能在采掘工作面上觉察到的。例如有一矿井，地表大气平均温度在一星期内自 -6℃ 升到了 +8℃，在井底车场的风温也自 8℃ 升到 16℃，距井底车场 1200 m 处测到的风温自 22℃ 升到 23℃，即上升 1℃。图 3-2 所示是某矿井在 12 天内井上下风温变化的情况。

地表大气的温度与湿度的季节性变化对井下气候的影响要比日变化大得多，甚至在回采工作面的出口处也能测量到这种变化。

对于矿井的气候条件来说，风流含湿量的年变化要比温度的年变化重要得多，这是由于水的汽化潜热远比空气的比热大。

研究表明，风流沿井巷流动时，其温度波动幅度的衰减量约与两点间的距离 L 成正比，与巷道的等值半径 r 成反比，与风温的波动周期成反比，波动的周期越短，其衰减量越大。

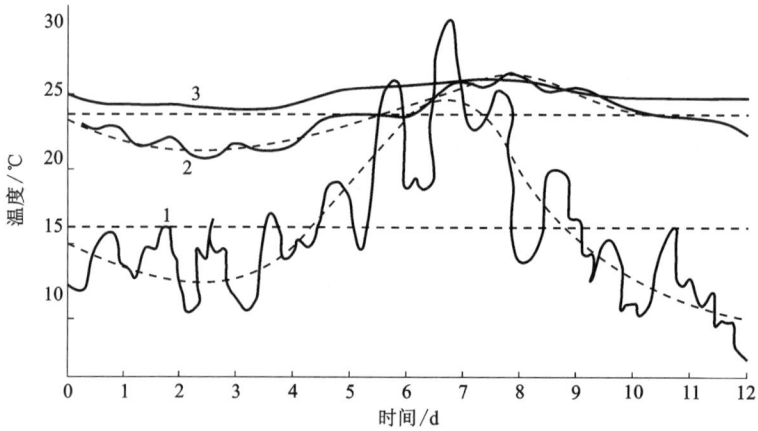

1—地表风温变化曲线；2—井底车场风温变化曲线；3—采区进口处的风温变化曲线。

图 3-2　在 12 天内地表风温的变化曲线及在井下衰减情况

令风温的季节衰减率为 ψ_1，日衰减率为 ψ_2，则它们和 L/r 的关系如图 3-3 所示。

3.1.1.2　空气的自压缩温升

前面已提及空气自压缩并不是热源。因为在重力场作用下，空气绝热地沿井巷向下流动时，其温升是位能转换为焓的结果，而不是由外部热源输入热流造成的。但对深矿井来说，自压缩引起风流的温升在矿井的通风与空调中所占的

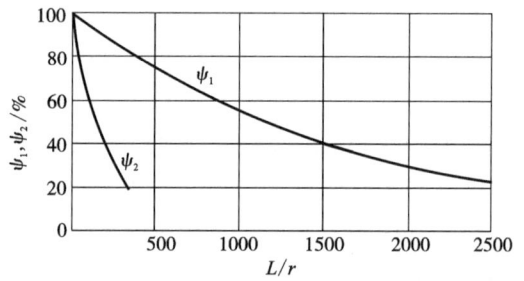

L—距离；r—巷道的等值半径。

图 3-3　ψ_1 及 ψ_2 与 L/r 的关系

比重很大，所以一般将它归在热源中进行讨论。

当可压缩的气体(空气)沿着井巷向下流动时，其压力与温度都要有所上升，这样的过程称为自压缩过程，在自压缩过程中，如果气体同外界不发生换热、换湿，而且气体流速也没有发生变化，此过程称之为纯自压缩或绝热自压缩过程。根据能量守恒定律，风流在纯自压缩过程中的焓增与风流前后状态的高差成正比，即：

$$i_2 - i_1 = g(z_2 - z_1) \tag{3-1}$$

式中：i_1 与 i_2 分别为风流在始点与终点时的焓值，J/kg；z_1 与 z_2 分别为风流在始点与终点状态下的标高，m；g 为重力加速度，m/s²。

对于理想气体来说，在任意压力下：

$$\mathrm{d}i = c_p \mathrm{d}t \tag{3-2}$$

即

$$i_2 - i_1 = c_p(t_2 - t_1) \tag{3-3}$$

式中：c_p 为空气的定压比热容，J/(kg·K)；i 为焓增；t 为温升，℃；t_1 与 t_2 分别表示风流在始点及终点时的干球温度，℃。

从而

$$t_2 - t_1 = g(z_2 - z_1)/c_p \tag{3-4}$$

因为

$$g = 9.81 \text{ m/s}^2$$
$$c_p = 1005 \text{ J/(kg·K)}$$

则当 $z_2 - z_1 = 1000$ m 时

$$t_2 - t_1 = 9.81 \times 1000/1005 \approx 9.76℃$$

也就是说，风流在纯自压缩状态下，当高差为 1000 m 时，其温升可达 9.76℃，这是一个相当大的数值。好在实际上并不存在绝热压缩过程，井巷里总是存在着一些水分，因而风流自压缩的部分焓增要消耗在蒸发水分上，用以增大风流的含湿量，所以风流实际的年平均温升没有理论计算值那么大。此外，由于井巷的吸热和散热作用也抵消了部分风流自压缩温升。例如在夏天，由于围岩吸热，风流的温升要比平均值低。而在冬天，由于围岩放热，风流的温升要比平均值高。一般说来，如果年平均的温升为 10℃ 的话，则冬天可能是 13℃，夏天可能是 7℃。

对采深已超过 3800 m 的南非部分金矿来说，如果井巷围岩干燥，且不与风流换热、换湿，则风流流入井下后，因自压缩引起的温升可达 38℃，即可从 12℃ 增到 50℃。风流温升 38℃ 约相当于焓增 38 kJ/kg，如果进风量为 200 m^3/s，则意味着风流的热量增量可达 9 MW，这是一个相当可观的热负荷。

同其他的热源相比，在进风井筒里，自压缩是一个最主要的热源，由于它所引起的焓增同风量无关，所以往往成为唯一有意义的热源。在其余的倾斜巷道里，特别是在回采工作面上，自压缩只是诸热源之一，而且一般是一个不重要的热源。

同理，风流沿井筒或倾斜巷道向上流动时，风流因减压而膨胀，焓值要减少，风温要下降，其数值同自压缩增温一样，不过是符号相反而已。

实际上，风流沿井筒向下流动时，其湿球温度要比干球温度重要得多，因为湿球温升和井巷的潮湿程度没有多大关系，但它和入风井大气的湿球温度关系却非常密切。

实测表明，在 1000 m 深的井筒里，绝热、无摩擦的风流自压缩引起的湿球温升和地表大气的湿球温度间的关系如图 3-4 所示。

自压缩这个热源是无法消除的，而且随着采深的增加还相应地增大。虽然风流在回风巷里向上流动时，可因膨胀而得到相应的降温效果，但由于受到自然负压的干扰和巷道里水汽的冷凝作用，实际冷却效果甚微。

水在管道中沿井筒向下流动时，其焓增也是每千米 9.81 kJ/kg。若水一直处在水管中，水压将随着井深的增加而增大。如果摩擦阻力不大且可忽略不计的话，水压的增值是 9.81 MPa/km，这时水温的增值取决于进水的温度。如进水温度为 3℃ 以下时，其温升可忽略不计，当进水温度为 30℃ 时，其温升约为 0.22℃/km。

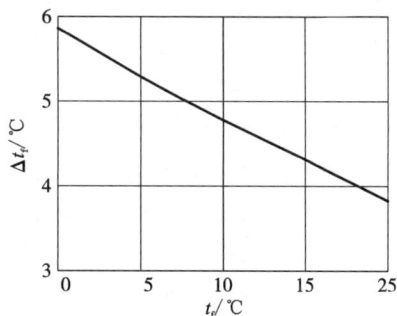

Δt_f 与大气湿球温度 t_f 的关系。

图 3-4　1000 m 井筒中湿球温升

水要是不能持续地维持在高压下，其情况将会有所不同。如果让水自由地从管端外流或经减压阀外泄，其温升则可依下式来进行计算

$$\Delta t = 9.81/4.187 \approx 2.34℃$$

如果让水做些有用功，则这个温升是可以减少的。目前美国、南非以及德国等一些矿内空调量较大、技术较发达的国家，已采用水轮机使输往井下的冷水去扬水或发电，以减少自压缩温升。

3.1.1.3　围岩传热

围岩向井巷传热的途径有二：一是借热传导自岩体深处向井巷传热；二是经裂隙水借对流将热传给井巷。

井下未被扰动岩石的温度(原始岩温)是随着与地表的距离加大而上升的，其温度的变化是由自地心径向向外的热流造成的。在一个不大的地区内，大地的热流是相当稳定的，一般为 $60\sim70\ MW/m^2$，但在某些热流异常地区，其值可能变动很大。原始岩温随着深度上升的速度(地温梯度)主要取决于岩石的热导率与大地热流值，原始岩温的具体数值决定于温度梯度与埋藏深度。地表大气的日变化与季节性变化对岩温影响的幅度是相当大的，但其影响深度并不大，一般距地表 $20\sim40\ m$ 处，岩石温度相当稳定，它反映了地表长时期的平均温度。不同深度的原始岩温主要是借地表钻孔或井下钻孔来测量的。

当围岩的原始岩温与在井巷中流动的空气的温度存在温差时，就要产生换热。根据温差的正负，热流自风流传向岩体或自围岩传给风流。即使是在不太深的矿井里，原始岩温，一般也要超过该处的风温，因而热流一般来自围岩。在深矿井里，热流值将会相当大，甚至会超过其他热源热流量的总和。

在大多数情况下，围岩主要以传导方式将热传给巷壁，当岩体向外渗流、喷水时，则存在着对流传热。如果水量很大且温度很高，其传热量可能相当大，甚至会超过传导传递的热量。

在井下，井巷围岩里的传导传热是一个不稳定的传热过程，即使是在井巷壁面温度保持不变的情况下，由于岩体本身就是热源，所以自围岩深处向外传导的热量值也随时间而变化。随着时间的推移，被冷却的岩体逐渐扩大，因而需要从围岩的更深处将热量传递出来。图 3-5 所示是石英岩顶板温度随时间及与巷壁距离而变化的情况。图 3-6 是石英岩采场通风时间与围岩温度变化情况的示意图。

3.1.1.4　机电设备放热

随着机械化程度的提高，采掘工作面机械的装机容量急剧增大，有些大型机械化回采工作面的装机容量已达 2000 kW，掘进工作面也达 1200 kW。一般说来，机电设备从馈电线路上接受的电能不是做有用功就是转换为热能。就矿井而言，由于动能甚小可以忽略不计，所以机电设备所做的有用功是将物料或液体提升到较高的水平，即增大物料或液体的位能。而转换为热能的那部分电能，几乎全部散发到流经设备的风流中。

1）采掘机械的放热

采掘机械从馈电线路上接受的电能几乎全部转换为热能并传给风流。为了简化计算，先假设采掘机械的放放热量全部传给风流，从而可以得到计算式

$$Q_w = m_w D_i \tag{3-5}$$

式中：Q_w 为风流所获得的热量，W；m_w 为风流的质量流量，kg/s；D_i 为风流的焓增，J/kg。

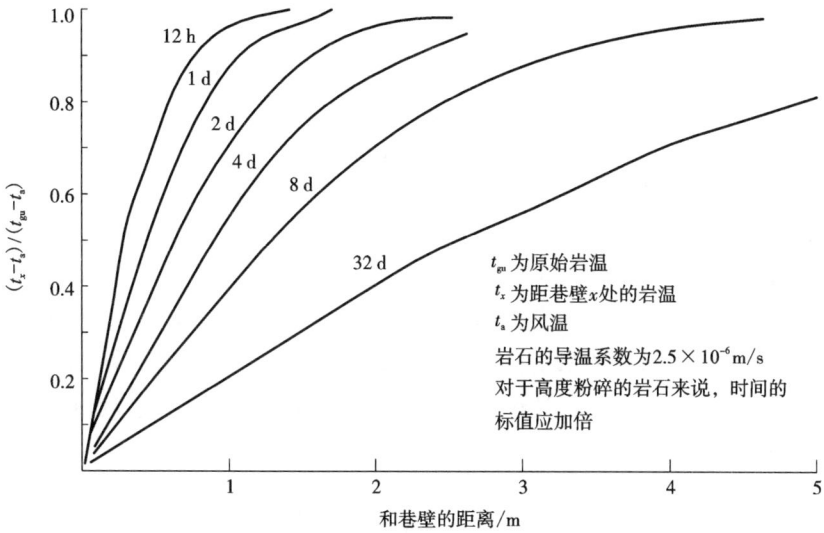

图 3-5　石英岩顶板温度随时间及与巷壁距离的变化图

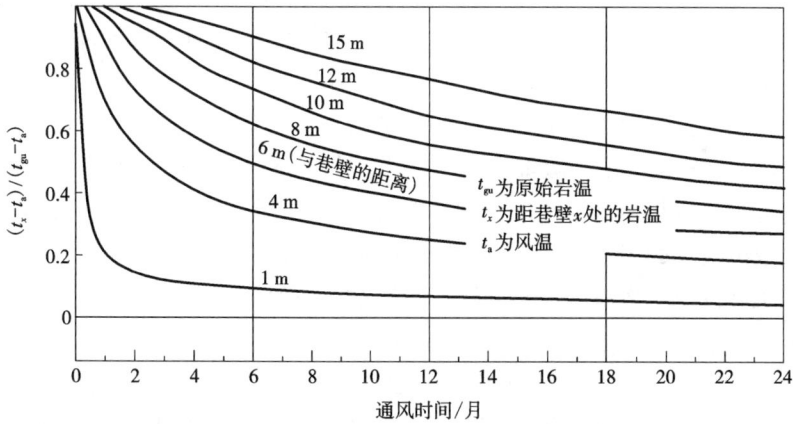

图 3-6　石英岩采场通风时间与围岩温度的变化图

当全部热量用以使风流温升时：

因为

$$D_i = c_p D_t \qquad\qquad (3-6)$$

所以

$$D_t = D_i / c_p$$

式中：D_t 为风流的温升，℃；c_p 为空气的定压比热容，J/(kg·K)。

设采矿工作面上机械设备的装机容量为 1500 kW，日平均出力为 700 kW，如果它们全转换为热能，则可使平均供风量为 20 m³/s 的回采工作面的风温约上升 28℃。这是很高的温升，但矿井里总是潮湿的，存在着水分蒸发的耗热。据测定，用以使风流干球温升的热耗约

211

占总转换量的30%。所以风流的干球温升约为8℃。回采机械的放热仍是使作业面气候条件恶化的主要原因之一，能使风温或同感温度上升6~60℃。

在采用悬臂式掘进机或回转式掘进机的掘进工作面上，其装机容量可达1200 kW，而且都设置在掘进工作面迎头这个比较狭小的空间里，掘进工作面的供风量还要比回采工作面少得多，因而掘进工作面的风流温升要比回采工作面的大。

设一个掘进工作面的掘进机容量为1000 kW，其平均出力为42%，则放热量为420 kW，若供风量为8 m³/s，则风流的干球温升可达40℃。但实际上不会达到这么大，因为有一部分热量要被采下的矿物或岩石吸收带走，机电设备放热引起的风流温升也部分抑制了围岩的放热，水分的蒸发也要消耗一部分热量。所以对它的计算分析是很复杂、很烦琐的，但在一般估算时可以这样认为：在掘进机械周围，传给风流的热量约占总发热量的80%，其中水分蒸发耗热占75%~90%，因而风流的温升为2~3℃。应该指出，风流中水汽量的增大同样也会恶化气候条件。

2）提升运输设备的放热

提升设备主要是运送人员、材料及提升矿物、岩石。在运送人员中，提升设备的净做功为零，与提升的矿物、岩石量相比，下送材料的数量一般可以忽略不计，所以它的放热量也可以略而不计。

在提升机械消耗的电能中有一部分用以对矿物、岩石做有用功（增大它们的位能），余下的则以热的形式散失。在这些热量里，有些是由电动机散发掉的，余下的则由绳索、罐道等以摩擦热形式散失掉。

提升设备的功率同它所释放的热量间的关系取决于提升机械的工作方式。

在有轨运输里，轨道坡度一般都很小，所以运输所做的有用功也很小，因而实际上电机车所消耗的电能都是以热能的形式散发的。电机车的功率与它所散发的热量间的关系，在很大程度上取决于电机车的工作时间、物料装载特征及轨道的布置方式。

胶带输送机和刮板输送机的散热问题比较复杂。因为：

（1）热量比较均匀地散发到周围的大气中去。

（2）在启动初期，虽然其所接受的电能几乎全部转换为热能，但此时输送机框架的温度比较低，所以首先被加热，当输送机停转时，输送机框架所蓄积的热量又逐渐地散发到大气中去。

（3）由于风流的温升，缩小了风流同巷壁间的温差，从而围岩的散热量会有所减少。

（4）输送中的矿物、岩石以及巷道里的水分的蒸发要消耗很大一部分热量。

（5）实测表明，用以提高风流干球温升所需的热量占总热量的10%~20%。

基于上述原因及人们对于胶带输送机的放热还不太重视，所以对它的研究尚未获得令人满意的结果。

3）扇风机的放热

从热力学的概念来说，扇风机并不做有用功，所以其电动机所消耗的电能全部转换为热能并传给风流，因而流经扇风机风流的焓增应等于扇风机输入的功率除以风流的质量流量，并直接表现为风流的温升。根据空气的特性，风流流经扇风机后，其湿球温度的增量要比干球温度的增量大。

由于井下扇风机基本上是连续运转的，所以用不着计算它的停止运转的时间。

4）灯具的放热

输入灯具的电能也是全部转换为热能并传给风流，井下的灯具一般是连续工作的，即使有个别间断，其计算也比较容易。

入井人员所佩戴的矿灯也是热源，因为头灯的容量一般仅为 4 W，所以可略而不计。

5）水泵的放热

在输给水泵的电能中，只有一小部分是消耗在电动机及水泵的轴承等摩擦损失上，并以热的形式传给风流，余下的绝大部分是用以提高水的位能。当水向下流动时，一小部分电能用以提高水温，这个温升取决于进水的温度。当进水温度为 30℃ 时，水压每增 1 MPa，水温约上升 0.022℃，水温低于 3℃ 时，温升可略而不计。

3.1.1.5　其他热源

1）氧化放热

矿石的氧化放热是一个相当复杂的问题，很难将它与其他的热源分离开来进行单独计算。当矿石含硫较高时，其氧化放热可以达到相当可观的程度。当井下发生火灾时，根据火势的强弱及范围的大小，可形成大小不等的热源，但这一般是属于短时的现象。在隐蔽的火区附近，则有可能使局部岩温上升。

2）热水放热

井下热水的放热量主要由水量和水温来决定。当热水大量涌出时，可对附近的气候条件造成很大的影响，所以应尽可能地予以集中，并用管路（或隔热管路）将它排走，切不可让热水在巷道里漫流。

3）人员放热

井下工作人员的放热量主要取决于他们所从事工作的繁重程度和持续时间，一般人员的能量代谢产热量为：

休息	90~115 W
轻度体力劳动	200 W
中等体力劳动	275 W
繁重体力劳动	470 W（短时间内）

虽然可以根据在一个工作地点里人员的总数来计算其放热量，但是其量甚少，一般不会对气候条件造成显著的影响，故可以略而不计。

4）风动工具

压缩空气在膨胀时，除了做有用功外还有些冷却作用，加上压缩空气的含湿量比较低，所以也能对工作地点补充一些较新鲜的空气，但是压缩空气入井时的温度普遍较高，所以也可以略而不计。

此外如炸药的爆炸，岩层的移动等都有可能散发出一定数量的热量，但由于它们的作用时间一般甚短，也不会对矿井下的气候造成多大的影响，所以也可略而不计。

3.1.1.6　深井热贡献率

造成深井热环境的各热源因各矿的气候条件、地质环境和矿山生产情况不同，放热量也各不相同，所占比例也不能一概而论。表 3-1 列出某矿不同季节热源放热量。

表 3-1 某矿不同季节热源放热量

季节	冬季, 风温 10℃，湿度 74%		春秋季, 风温 20℃，湿度 74%		夏季, 风温 30℃，湿度 80%	
	放热量/kW	占比/%	放热量/kW	占比/%	放热量/kW	占比/%
自压缩	3566	28.97	3566	39.80	3566	56.07
入风井围岩	1128	9.17	418	4.67	−334	−5.25
平巷围岩	2603	21.16	1287	14.37	434	6.82
矿石冷却	1837	14.93	919	10.26	230	3.62
工作面围岩	770	6.26	369	4.12	64	1.01
矿石氧化	294	2.39	294	3.28	294	4.62
充填体	1224	9.95	1224	13.66	1224	19.25
机电设备	855	6.95	855	9.54	855	13.44
人员	27	0.22	27	0.30	27	0.42
总放热量	12304	100.00	8959	100.00	6360	100.00

3.1.2 热环境的危害

3.1.2.1 危害人体健康

如前所述，在正常的环境下，人体通过机体调节，维持各种正常的生理参数。但在恶劣的热环境下，人体会出现一系列生理功能反常，当负荷超过了人体的适应性限度，人的机体受到热损伤，就会影响人的健康与安全。这些影响主要表现在体温调节、水盐代谢和肾脏、神经系统及心脏肠胃等方面。

1) 人体的热平衡

人体类似一台热机，人类以新陈代谢来维持人体的能量循环。新陈代谢是有机体生命活动产物的吸收、变化、储存与排泄等过程的总和，人摄取食物在代谢过程中释放出来的总能量中，大部分是用于自身各种生理性功能活动并转变为热能以维持体温，且不断通过体表向外散热，一小部分是以机械能(肌骨活动)的形式做功，最后都以热的形式表现出来。即人体在新陈代谢过程中不断产生热量，又以各种形式消耗及排散热量，人体凭借自身的调节机能使产生的热量等于排散的热量，以保持能量的自然动态平衡——热平衡，使体温保持相对稳定。当人体的能量平衡失控超过限度时，就会出现不正常的生理反应。

人体的产热，人体的新陈代谢机能和强度随人体所处的状态不同而各异，它可分为基础代谢、静态代谢和工作代谢。

(1)基础代谢，是指人体在基础情况下的新陈代谢。所谓基础情况，是指基本排除了能引起新陈代谢大幅度变动的一些影响因素(如神经紧张、骨肉活动、食物及环境温度等)的条件下，人体各种生理活动都维持在较低水平，即新陈代谢只限制在维持心跳、呼吸及其他一些基本生理活动的程度。所以测定基础代谢量要在正常室温、人未进早餐前处于静卧状态下进行。

（2）静态代谢，是工作或运动未开始前，仅依靠肌肉等常性伸缩，来维持身体各部位的平衡及各种姿势所消耗的能量时的新陈代谢。所以测定静态代谢量，一般都在工作前、后，静坐在椅子上进行。

（3）工作代谢，是人体进行工作或运动时的代谢。

单位时间内的代谢量称为代谢率（由于研究代谢量的意义不大，一般人体代谢强度指的都是代谢率，有时也把代谢率混称为代谢量），显然，不同形态的新陈代谢过程，其代谢率不同，产热量也大不相同。如基础代谢过程，是人体维持生命活动的最低代谢，代谢率最低。人体的基础代谢率不与人体的体重成比例，而基本与人体的表面积成正比。我国人体的表面积可用下式推算：

$$F = 0.0061H + 0.0128G - 0.1259, \text{m}^2$$

式中：H 为身高，cm；G 为体重，kg；据调查，我国成年人平均的 F 为 1.57 m^2。

我国正常人的基础代谢率见表 3-2。

表 3-2　我国正常人的基础代谢率　　　　　　　　　　单位：W/m²

年龄/岁	男	女
11~15	54.3	47.9
16~17	53.7	55.1
18~19	46.2	42.8
20~30	43.8	40.7
31~40	44.1	40.8
41~50	42.8	39.5
≥51	41.4	38.5

静态代谢是维持基础生物化学反应和保持身体各部平衡所做的骨骼肌功之和，其产热比例大致如图 3-7 所示。

一般以常温下基础代谢量的 0.2 倍作为安静代谢量。中等发育的青年男性，安静代谢量约为 9.3 W/m^2。

工作代谢是随着劳动强度的增加而增加的，劳动负荷所消耗的能量受人的性别、年龄、体质所影响，为了消除这些影响因素，用能量代谢率 RMR 来表示人的劳动强度。即

$$RMR = \frac{\text{工作代谢量} - \text{安静代谢量}}{\text{基础代谢量}}$$

矿工进行各种作业的 RMR 值见表 3-3。

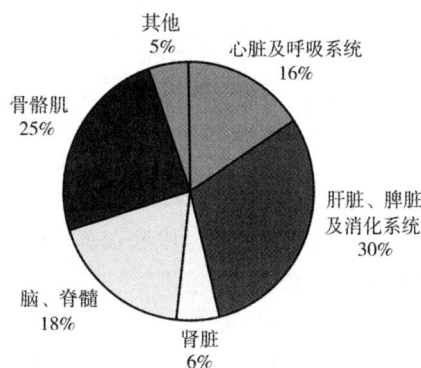

图 3-7　人的安静代谢比例

表 3-3 井下不同作业的 *RMR* 参考值

作业内容	*RMR*
推车	2.30
卸料(2.7 min 内卸坑木 14 根)	2.90
掘进	3.56
装岩(人工)	4.30
运料(人工)	4.80
打眼(煤电钻、孔深 1.4 m, 弯腰, 2.5 min 打 2 眼)	5.20
架接金属顶梁(2 人, 1.6 min 架 2 根)	5.60
锯料(人工)	6.60

工作代谢量的计算, 可根据下式按氧的需要量来确定:

$$M = 5.8\xi \frac{V_{O_2}}{F} \tag{3-7}$$

式中: M 为工作代谢量, W/m^2; ξ 为呼出的二氧化碳与呼入的氧气之比, 在静止状态的 0.83 到重体力劳动的 1 之间变化; V_{O_2} 为在空气温度为 0 ℃和大气压力为 101325 Pa 时的氧气需要量, L/h; 5.8 为在温度为 0℃, 压力为 101325 Pa 和 $\xi = 1$ 时, 1 L 氧的动力学参数, $W \cdot h/L$。

根据式(3-7), 人体在不同状态下的产热量列于表 3-4。

表 3-4 人体不同状态下的产热量

状态	*RMR*	$V_{O_2}/(L \cdot h^{-1})$	$M/(W \cdot m^{-2})$	备注
静止	1	15	40	F 按 1.57 m^2 计算
轻体力劳动	<2	<30	<85	同上
中等体力劳动	2~4	30~60	85~180	同上
重体力劳动	>4	60~120	180~382	同上

(1) 人体散热

人体散热主要是通过皮肤表面, 以对流、辐射、热传导和汗液蒸发的方式散发的。由于人体靠热传导散出的热量不大, 常归入对流散热中一起计算。大部分对流散热量通过皮肤散发给风流后, 风流被加温, 密度变小, 呈离开皮肤周围向外流动的趋势。如果风流不断流动, 风流就不断与人体进行热交换, 并向下风侧带走热量, 可见人体对流散热的快慢与风速成正比关系。如果周围空气的温度高于人体表面温度, 则人体可吸收对流热。计算时常把只占 2%~3% 的呼吸、排泄热量包括在对流散热量内。

人体和其他动物一样, 都是由带电粒子所组成, 当带电粒子振动或激动时, 都能辐射电磁波。人体向空气或空气向人体的辐射波长为 0.4~40 m 时称为热射线的电磁波(包括可见光和红外光的短波部分)的热效应特别显著。热射线的传播过程称为热辐射, 通过热辐射,人体向空气大量散热，和对流散热一样，人体辐射热可以是负的散热，也可以是正的吸热，但大多数情况下是负的。图 3-8 为苏联所做的人体皮肤温度（t_B）的升高与热辐射的关系。实验研究结果表明：在强热辐射作用下皮肤温度迅速升高，所以人站在原始岩温较高的新鲜开掘面就有异常的灼热感。

蒸发可分为不感蒸发和感性出汗。不感蒸发是看不见的蒸发，是组织间液直接透出皮肤角质层和肺泡表面的渗出的水分，一昼夜蒸发的水分为 800~1000 mL，蒸发散热量为 2000~2500 kJ，相当于基础代谢量的 20%~25%。感性出汗是人体通

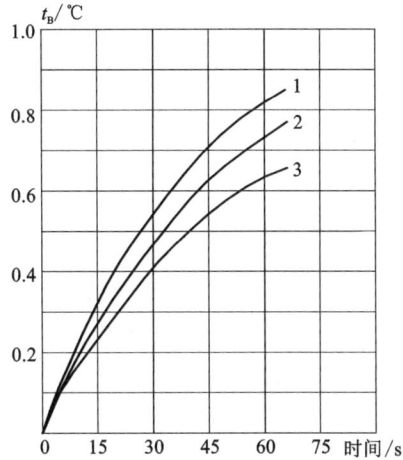

1—红外线范围以外的辐射；2—红外线辐射；3—可见光辐射。

图 3-8　皮肤温度（t_B）的升高与热辐射的关系

过神经调节对外蒸发散热的一种方式，换热量的方向是负的（即只有对外散热）。当环境空气温度为 28~29℃时，开始出汗，当温度超过 34℃时，经出汗蒸发所散发的热量就成为人体唯一的散热方式。影响出汗速度的因素主要是劳动强度、空气相对湿度、风速及人体的热适应性。

一般人体通过各种方式散热量和在总散热量中所占比例见表 3-5。

表 3-5　人体散热参考值

散热方式	散热量/kJ	所占比例/%
辐射	4945	43.74
对流	3488	30.85
蒸发	2336	20.66
消化物排泄	176	1.56
呼吸	147	1.30
其他	214	1.89
合计	11306	100.00

（2）人体热平衡

所谓人体热平衡，就是人体与周围环境之间热交换的调节。人体的特点就是依靠自身的调节机能，使产热与散热保持平衡状态，达到恒温。当然对于整个身体不能说是恒温，因为内部器官的温度（内部温度）与身体表面的温度有明显的差别。通常恒温是指内部温度，在正常条件下人的机体温度保持在（37±0.5）℃的水平上。人体的温度调节机构保证维持恒定体温的办法有：与产热量有关的生物化学调节过程；与散热量有关的生理学调节过程（在热环境中，皮下血管扩张，大量血液在血管中流动，使之有效地冷却下来等）。用来表示人体热平

衡关系的式子称为人体热平衡方程，表示如下：

$$S = M - (W + Q_{zh} \pm Q_F \pm Q_D)$$

式中：S 为人的肌体内蓄存的热量，W；M 为人体新陈代谢的产热量；W 为肌骨做功；Q_{zh} 为蒸发散热量；Q_F 为辐射散热量，一般为负；Q_D 为对流（包括传导）散热量，一般为负。

从生理学可知，人体调节热平衡，是在中枢神经系统协调下的非常复杂的生理过程。

2）对体温调节的影响

人体的热量是靠吸收的糖、脂肪、蛋白质和氧气在体内经过一系列的生物化学反应而产生的，且随着劳动强度的加重而成倍地增加，在产热量升高的情况下，人体通过生理调节把多余热量散发到外界，以保持人体的热平衡。高温高湿的恶劣环境，一方面恶化了外部的散热条件，另一方面使体内温度调节功能紊乱，造成体内积蓄热量增多，破坏了体温的恒定。人体的比热约为 3.48 kJ/(kg·℃)，如果体重 60 kg 的人，蓄存约有 209 kJ 的热量，物理计算体温则升高 1℃，表 3-6 为气温对人体

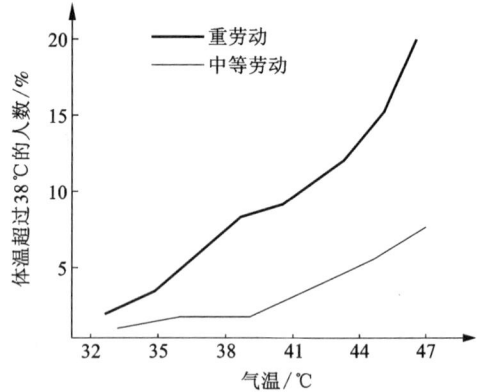

图 3-9　环境气温与体温异常人数的比例关系

温度的影响。当气温超过 35℃，特别是超过 38℃ 时，体温异常人数比例将会明显升高（见图 3-9）；当体温在 39~40℃ 时，血液循环不正常，大量出汗；到 41~42℃ 时，中暑、虚脱；到 43~44℃，人就会死亡。

表 3-6　气温对人体温度的影响

空气湿球温度/℃	体温升高值（测量直肠温度）
<29	0.11~0.66
29.5~31.7	0.33~0.77
32.2~34.5	0.66~1.55
>34.5	1.44~1.90

3）水盐代谢和肾脏的影响

从出汗到汗液蒸发，是人体在高温下散热的主要方式。据测定，井下工作点气温为 28℃ 时，工人每班每人汗量最高达 3.85 kg，平均为 2.15 kg。出汗使大量的氧化钠、水流性维生素及其他矿物盐类随之排出，人体的正常水盐代谢平衡被破坏，不能维持细胞的正常渗透压，致使出现疲乏、头昏、恶心、热痉挛以及由于皮肤大量排汗，使尿量减少、尿液浓缩（在热环境作业时，尿浓度会增加 4~5 倍），使肾脏负担加重、肾功能减退，容易发生肾病变。

4）对神经系统及心脏肠胃的影响

恶劣热环境的影响，造成大脑皮质机能紊乱，使大脑皮质对视丘下部血管摆动中枢机能失调，使紧缩性神经冲动占优势，以致引起周围小动脉痉挛，心率加快，血压升高。据统计，采掘工作面气温为 28~31℃，在作业工人中，患高血压者占 28.5%。同时，长期处在热环境

中的人体，大脑皮层兴奋过程减弱，会出现动作呆板、反应迟钝及嗜睡的反应。

为了适应热环境的改变，使血管高度扩张，血液循环加快(气温大于28℃时，气温升高1℃，心率增加10次)，加重心脏的负担，长期心肌过劳，就会发生心力衰竭。由于血管高度充血，人体消化器官的存血量便相应减少，使消化分泌功能减退，时间一长会引起消化不良、食欲减退及其他肠胃疾病。此外还容易发生各种皮肤病、关节炎及温差变化所引起的感冒等疾病。

关于恶劣热环境对人体的影响，我国曾做过专门的试验统计，试验条件为：采矿工作面气温为35~45℃，相对湿度为95%~100%，人数为100人，年龄为20~48岁，试验时间为15~45 min，感觉有各种不良反应的人数比例见图3-10。

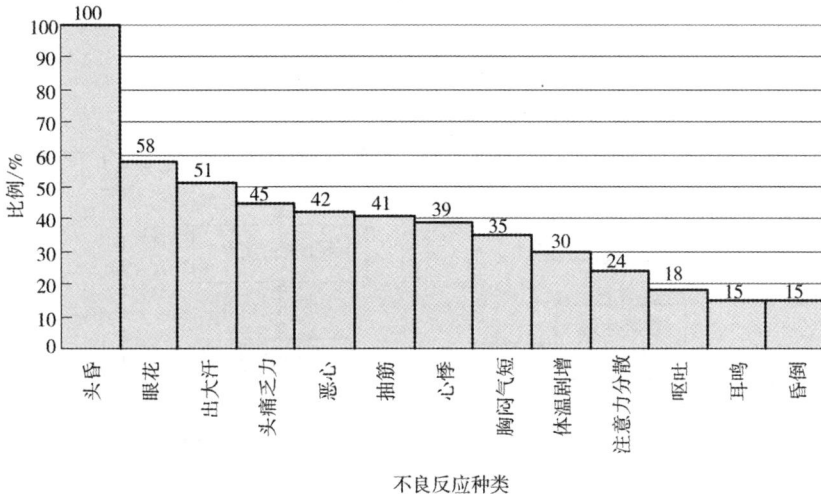

图 3-10　各种不良反应及其占被测定总人数的比例

人体在热环境中的生理-病理变化见图 3-11。

3.1.2.2　降低生产效率

矿内热环境对矿山生产效率的影响分有形的和无形的两种。所谓有形的影响，是指恶劣的热环境直接损害工人身心健康，特别是生产第一线的工人，因为对全矿来说，往往越是在第一线(采矿、掘进工作面等)，环境越恶劣，工人越容易出现各种疾病，从而降低出勤率，影响整个生产效率。无形的影响是指中枢神经受抑制，降低肌肉活动能力，且在热环境中作业，工人感到闷热难受、汗流浃背、心情烦躁，注意力不集中，以及机电设备在高温高湿条件下散热困难，或绝缘受损，或设备温升过高而损坏，造成生产效率的降低，甚至容易出安全和设备事故。据日本调查数据，30~40℃气温的作业点，比气温低于30℃的作业点事故发生率高3.6倍。

如湖南省水口山康家湾矿基建时，由于热水的影响，工作面温度达30~35℃，湿度100%，工人赤膊不作业都不断流汗，作业时热得不时用供水管喷淋身体，昏倒、呕吐现象时有发生，还会引发皮肤病，食欲不振，体重下降等症状(图3-11)。平巷进尺不到正常的三分之一。

热环境会使劳动效率降低，造成工作面采矿费用增加，其增加量用 ΔC 表示，其计算式为：

$$\Delta C = AC\eta \qquad (3-8)$$

式中：A 为工作面年产量，t/a；C 为采矿成本，元$/t$；η 为生产定额高温系数，$\eta = 1/\eta_t - 1$；η_t

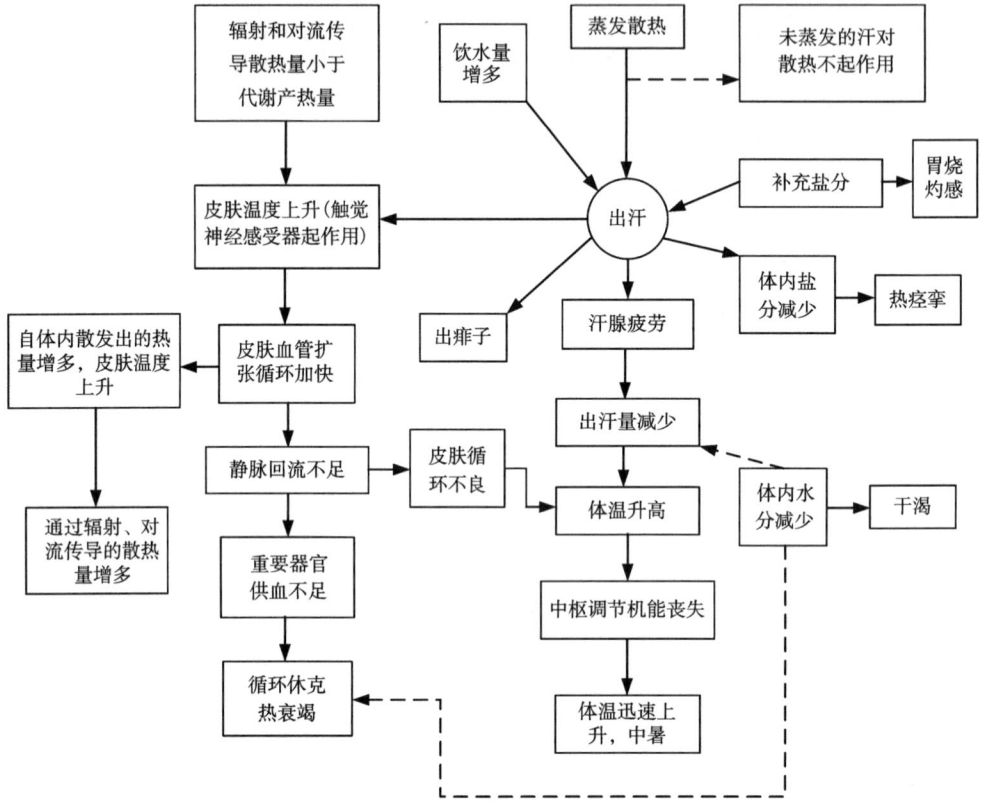

图 3-11 人体在热环境中的生理-病理变化

为生产定额调整系数,其值见表 3-7。

表 3-7 我国 η 和 η_t 的参考值

气温/℃	27.5~33.9	34~39.9	≥40
η_t	0.80	0.70	0.60
η	0.25	0.43	0.67

为确保工人的健康,在国内外矿山,对于热环境中作业的工人都制定减免劳动定额量,如我国铜山铜矿规定:工作面气温为 27.5~33.9℃时,可减免 20%;工作面气温为 34~39.9℃时,可减免 30%;工作面气温为 40℃以上时,可减免 40%。

3.2 矿内热环境的分析与评价

3.2.1 评价热环境的指标

人对热环境的舒适程度是人体热平衡的心理反应。影响人体热平衡的因素不是单一的,所以衡量热环境的指标要取周围环境的各热工参数及其组合,即环境温度、湿度、风速、热辐射。表 3-8 是影响人体热感觉的环境参数。

表 3-8　环境参数对人体热感觉的影响

环境参数	参数项目	影响情况
空气温度	空气的平均温度 水平的温度梯度 垂直的温度梯度	气温低，对流散热快
辐射温度	平均辐射温度 某方向上的辐射温度	辐射温度高于人体表面温度时，人体吸热
含湿量	绝对湿度 相对湿度	绝对湿度小，潜热交换大，感觉凉快 相对湿度大，难于散热
风速	平均流速，脉动流速 主导方向的风速 主导方向的风温	风速大，散热快，感觉凉快

　　热环境的衡量指标，应适用在人的机体生理学参数变化不大的一定范围内，既要客观反映环境对人体的影响因素和程度，又不能过于复杂化，因此如何科学地确立衡量指标，一直是国内外学者探讨的课题。目前国内外常用的矿内热环境衡量指标主要有感觉温度、卡他度、热强指数、空气比冷却力、湿球温度，以及折算温度、当量温度、黑球温度等，下面主要讨论前四种。

3.2.1.1　感觉温度

　　感觉温度又称等效温度，简写为 E. T(effective temperature)，由美国采暖通风工程师协会（缩写为 ASHVE）Yaglou 等研究提出。它以风流静止不动（风速等于零）而相对湿度为 100% 的条件下，使人产生某种热感觉的空气温度，来与不同风速、不同相对湿度条件下，使被测者产生与上述空气温度相同感觉作为一个示标，用统计的方法划分这些示标，就能得出适合表示环境条件的示标温度，这种示标温度就称为感觉温度（t_e）。可以理解：它是综合空气温度、湿度、风速三个主要参数以人的感觉为标准的衡量热环境的指标。在一般范围内（空气干球温度 t_g，湿球温度 t_{sh} 在 15~37 ℃，风速 w 在 1~3.5 m/s），可近似用式（3-9）求出上身裸露时的 t_e。

$$t_e = -19.549967 + 2.124750t_g - 0.023365t_g^2 - $$
$$0.346786t_{sh} + 0.017621t_{sh}^2 - 1.214968w \tag{3-9}$$

式中：t_g 为空气干球温度，℃；t_{sh} 为空气湿球温度，℃；w 为风速，m/s。

　　例如：

　　(1)干球温度为 19.0℃、湿球温度为 19.0℃（即相对湿度 100%）、风速为 0；

　　(2)干球温度为 24.5℃、湿球温度为 22.2℃（即相对湿度 80%）、风速为 1.0 m/s；

　　(3)干球温度为 29.8℃、湿球温度为 19.6℃（即相对湿度 40%）、风速为 3.0 m/s。

　　上面三组参数的 t_e 均为 18.8℃，说明三种状态下的热感觉是相同的。

　　表 3-9 是用感觉温度评价热环境的状况。

表 3-9　感觉温度 t_e 表示的热环境对人的反应

$t_e/℃$	热感觉	生理学作用	肌体反应	备注
40~42	很热	强烈的热应力影响出汗和血液循环	面临极大的热激危险，妨碍心脏血管的血液循环	
35	热	随劳动强度增加出汗量迅速增加	心脏负担加重，水盐代谢加快	
32	稍热	随劳动强度增加出汗量增加	心跳增加，稍有热不适感	国外规定的允许作业的上限
30	暖和	以出汗方式进行正常的体温调节	没有明显的热不适感	
25	舒适	靠肌肉的血液循环来调节	正常	
20	凉快	利用衣服加强显热散热和调节作用	正常	
15	冷	鼻子和手的血管收缩	黏膜、皮肤干燥	
10	很冷		肌肉疼痛，妨碍表皮血液循环	

t_e 是对未从事体力劳动的对象做调查的，所以未考虑劳动强度等因素，实用中还发现对风速的影响考虑不够。尽管如此，t_e 因能在一定程度上反映热环境因素的综合影响，仍是目前世界各国常用的指标。

3.2.1.2　卡他度

这是国外较早采用的衡量热环境条件的综合影响指标。测量卡他度的仪器为卡他计，把卡他计加热到人体的温度附近，然后散热，其构造如图 3-12 所示。它是由玻璃球体和从球体延伸的玻璃棒组成，玻璃棒上、下方刻有 38℃ 和 35℃ 刻度。测量时，先将球体浸入 65~70℃ 的热水中，使上了色的酒精从球体上升稍过上刻度，再从热水中取出卡他计，擦干球体水分后，挂在测定处，用秒表记录酒精从 38℃ 下降到 35℃ 所需的时间 t，用式 (3-10) 求出卡他度：

$$K_g = \frac{F}{t} \qquad (3-10)$$

图 3-12　卡他计

式中：F 为卡他常数，表示从 38℃ 降到 35℃，球体表面 1 cm² 散发的热量，每支卡他计都刻有各自的卡他常数；t 为从 38℃ 降到 35℃ 所需时间，s。

干卡他度由空气温度和风速所决定，气温越低，风速越大，K_g 值越大。把卡他计球体用纱布包裹，同上述一样浸入热水使其温升，甩干多余的水后所测出的则为湿卡他度 K_{sh}。湿卡他度更适合表示矿井热环境条件，因为它包括了气温、风速及湿度因素。卡他度与成年男性的身体散热量大致相当，所以用湿卡他度值可以模拟人体以对流、辐射及水蒸发方式的散热量。表 3-10 列出各种劳动条件下感到比较舒适的湿卡他度值。

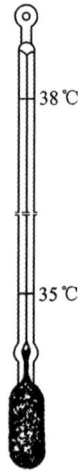

表 3-10　各种劳动强度下合适的湿卡他度

劳动强度	湿卡他度/[mJ/(cm²·s)]	相当井下作业种类
办公室工作	14~15	记录员
轻微劳动	18	水泵、机房开关
一般劳动	25	手风镐打眼、手扶凿岩机打眼
笨重劳动	30	支柱、砍木头、背运支柱、推车、手搬石头、抬钢轨等

湿卡他度受风速影响误差较大。

湿卡他度和感觉温度相比，前者建立在物理学基础上，后者建立在感觉基础上，但衡量趋势是一致的，而测量湿卡他度的仪器简单，操作方便，常与感觉温度对照使用，广泛应用于欧洲。

湿卡他度和感觉温度的近似关系见表 3-11。

表 3-11　湿卡他度和感觉温度的对应值

湿卡他度	感觉温度/℃	测定条件
5	28	
10	20	地表、穿衣、轻劳动、湿度 90%、风速 2 m/s
15	12	
20	4	

3.2.1.3　热强指数 HSI（heat stress index）

热强指数又称热应力指数，以人体为了维持热平衡，需从汗液蒸发的散热量 Q_{zh}（W）与生理限度（皮肤温度不超过 35℃，最大发汗率不超过 1 L/h）的最大汗液蒸发散热量 Q_{max}（W）之比，作为衡量热环境的指标。

$$HSI = \frac{Q_{zh}}{Q_{max}} \times 100\% \tag{3-11}$$

式中：$Q_{zh} = M' + Q_F + Q_D$，W；M' 为人体新陈代谢的产热量，W；$M' = MF = 1.57M$；M 见表 3-4；Q_F 为辐射散热量，一般为负；Q_D 为对流（包括传导）散热量，一般为负；$Q_F = 9.89(t_b - t_p)$，W；t_b、t_p 分别为巷道平均壁温、皮肤温度，℃；$Q_D = 12.56\sqrt{w}(t_k - t_p)$，W；$t_k$ 为空气温度，℃；w 为风流速度，m/s；Q_{max} 一般近似等于 698 W。

HSI 值的生理意义见表 3-12。显然该值越大，说明环境散热条件越恶劣。

表 3-12　热强度值的生理意义

HSI	在各种热强度中进行 8 h 劳动的反应
0	热强度为零，没有出汗，体温能够调节
10~30	中等热强度，高度脑力劳动中效率下降。在不熟练的强体力劳动中效率稍有下降

续表3-12

HSI	在各种热强度中进行 8 h 劳动的反应
40~60	重热强度，对体格不够结实的人将有损健康，对高温不适应的人需要经常休息，效率稍有下降。不适合循环和呼吸器官不良者或慢性皮肤病患者作业。不适合做脑力劳动
70~90	极重热强度，能承受此劳动强度的人只占全员的百分之几，必需体格检查合格、适应高温环境者，需保证供应一定的冷水和盐分，要尽可能改善作业条件、提高工作效率，要尽量防止事故。不适应体弱者
100	对适应高温的健康的青年工人能经受的最大热强度

图 3-13 中的三组直线，相当于人体处于热平衡的极限状态，即 $HSI = 100$ 时的不同环境参数(干、湿球温度；相对湿度；风速)组合的条件，分别代表重劳动、中劳动、轻劳动的极限环境数值。如湿球温度大于 32℃，不管风速大小，因散热条件恶劣，只能做轻劳动；在干球温度 32℃，相对湿度 50%、风速 1.25 m/s 条件下，仍适合于重劳动；其他条件不变，相对湿度处于 90% 时，只宜进行中劳动。

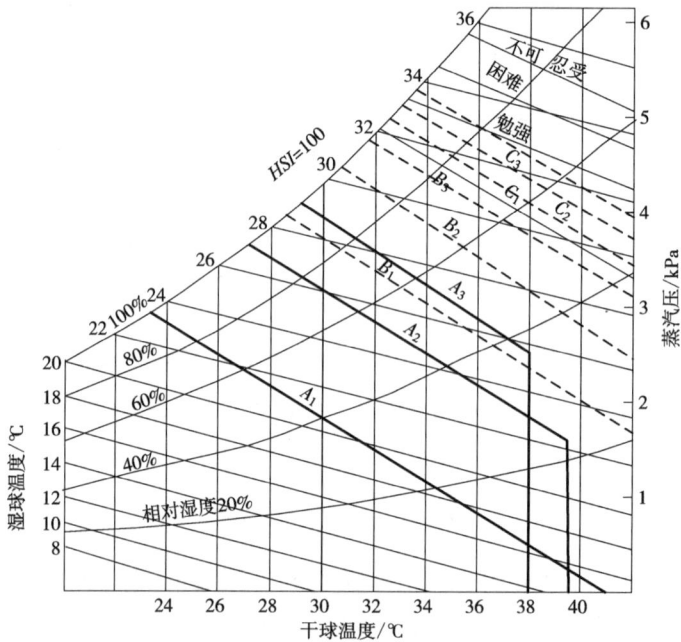

A_1—风速 0.5 m/s，重劳动；A_2—风速 1.25 m/s，重劳动；

A_3—风速 2.5 m/s，重劳动；B_1—风速 0.5 m/s，中劳动；

B_2—风速 1.25 m/s，中劳动；B_3—风速 2.5 m/s，中劳动；

C_1—风速 0.5 m/s，轻劳动；C_2—风速 1.25 m/s，轻劳动；C_3—风速 2.5 m/s，轻劳动。

图 3-13　HSI 曲线图

3.2.1.4　空气比冷却力 SACP (specific air cooling power)

空气比冷却力又称比冷力，是在一定环境条件下，人体皮肤表面最大散热冷却能力(W/m²)，当 $SACP = 90$、190、270 W/m² 时，可分别作为轻、中、重体力劳动的矿内热环境指标。

3.2.2　热环境的安全标准

我国矿井现行热环境标准见表 3-13。

表 3-13　我国矿井现行热环境标准

指标名称	煤矿	金属矿	化学矿	铀矿	规定依据
矿井空气最高容许干球温度/℃					《煤矿安全规程》第 106 条，煤炭工业设计规范第 2-11-1 条，《金属非金属矿山安全规程》
采掘工作面/℃	26	28	26	26	
机电硐室/℃	30				
特殊条件下采取措施时/℃			30	30	
停止作业温度/℃					
采掘工作面/℃	30				
机电硐室/℃	34				
热水型矿井和高硫矿井最高容许湿球温度/℃		27.5			《金属非金属矿山安全规程》
发出规定时间/a	2016	2006	1981	1979	

国外矿内热环境标准相差较大，其标准如表 3-14 所示。

表 3-14　国外矿内热环境标准

国家	最高容许温度/℃	备注
南非	湿球温度 $t_{sh} \leqslant 31.5$	金矿风速大于 1.5 m/s
苏联	干球温度 $t_k \leqslant 26$	煤矿相对湿度 $f < 90\%$
	干球温度 $t_k \leqslant 25$	煤矿相对湿度 $f < 90\%$
	干球温度 $t_k \leqslant 25$	化学矿，金属矿
联邦德国	感觉温度 $t_e \leqslant 25$	—
	$25 < t_e \leqslant 29$	限作业 6 h
	$29 < t_e \leqslant 30$	限作业 5 h，每小时休息 10 min
	$30 < t_e \leqslant 32$	限作业 5 h 时，每小时休息 20 min
	$t_e > 32$	禁止作业
美国	$t_e \leqslant 32$	煤矿
	$t_e > 32$	煤矿，禁止作业
英国	$t_{sh} \leqslant 27.8$, $t_e \leqslant 29.4$	—
民主德国	$t_k \leqslant 28$	—

续表3-14

国家	最高容许温度/℃	备注
波兰	$t_k \leq 26$	煤矿
	$t_k > 26$	劳动定额可减免4%
	$28 < t_k \leq 33$	限作业6 h
日本	$t_e < 31.5$	通产省立地公害局提案
	$t_k < 37$	1905年《日本矿业法》
	$t_k < 30$,干卡他度>0	通产省实际要求
新西兰	$t_{sh} < 23.3$	—
	$t_{sh} = 23.3$	限作业7 h
	$t_{sh} \leq 23.8$	限作业6 h
荷兰	$t_k \leq 30$	—
	$t_k > 30$	限作业6 h
	$t_k > 35$	禁止作业
捷克	$t_k \leq 28$	$f < 90\%$时
	$t_k \leq 30$	$f < 80\%$时
印度	$t_k < 32$	—
	$t_k = 32 \sim 35$	限作业5 h
赞比亚	$t_{sh} \leq 31$	罗卡纳铜矿
比利时	$t_e < 31$	超过标准,禁止作业
法国	$t_e < 31$	超过标准,禁止作业

3.2.3 矿内热环境计算

在高温矿井的设计或生产过程中,为了设计井下通风、排热系统,或分析矿井通风、排热效果,需对井下各作业点进行气候预测计算。在已知地面及井下部分地点的气候条件时,可采用如下计算程序计算通风网络中全部节点的气候参数。

3.2.3.1 分支预测计算

气候预测计算采用逐段近似计算法。每条分支分割成20~50 m长的若干小段,逐段进行计算,前一段终端计算的结果即为下一段始端的已知条件。最后一段终端的气候条件即为该分支终端的气候条件。

对每一条巷道,首先计算其傅立叶准数 F_r 和毕奥数 B_i。

$$F_r = \frac{\lambda \cdot t_1 \cdot 3600}{c_r \cdot \rho_r \cdot r^2} \tag{3-12}$$

$$B_i = \frac{\alpha_h \cdot \rho}{\lambda} \tag{3-13}$$

式中:λ 为岩石的热导率,W/(m·K);t_1 为井巷年龄,h;c_r 为岩石的比热,kJ/(kg·K);ρ_r

为岩石的密度，kg/m^3；r 为井巷当量半径，$r = 2\dfrac{S}{U}$，m；S 为井巷断面积，m^2；U 为井巷断面周长，m；α_h 为井巷壁面换热系数，$\alpha_h = 2.326 \cdot \varepsilon \cdot G^{0.8} \cdot U^{0.2}/S$，$W/(m^2 \cdot K)$；$G$ 为流过井巷的质量风量，kg/s；ε 为井巷壁面粗糙度系数，一般取为 1.65；ρ 是空气质量，kg/m^3；ρ 为空气的密度，kg/m^3。

然后计算经时系数 η_t

$$\eta_t = \frac{10^{\left(\frac{\lg B_i + A - C}{2}\right)}}{B} \tag{3-14}$$

式中：$A = -0.000104X^5 - 0.000997X^4 + 0.001419X^3 + 0.046223X^2 - 0.315553X - 0.006003$；

$B = 0.949 + 0.1 \cdot \exp\{2.69035[Y - (4X^2 - 34X - 5)/120]^2\}$

$$C = \sqrt{(Y-A)^2 + \frac{216 + 5X}{70}\left[0.0725 + 0.01\tan^{-1}\frac{X}{0.7048}\right]}$$

$X = \lg F_r$，$Y = \lg B_i$。

分支中每一小段的计算步骤为：

(1) 根据本段的已知条件，干球温度 t_1 和含湿量 d_1 及假设的终端干球温度 t_2' 和含湿量 d_2'，求出巷道的平均温度 t 和平均含湿量 d。

$$t = \frac{t_1 + t_2'}{2}, \quad d = \frac{d_1 + d_2'}{2} \tag{3-15}$$

(2) 计算干燥巷壁温度 t_{wd}

$$t_{wd} = t + \frac{t_{ro} - t}{1 + B_i/h_t} \tag{3-16}$$

式中：t_{ro} 为原始岩层温度，℃；

(3) 计算潮湿巷壁温度 t_{ww}

湿壁温度由以下各式迭代求得。

$$\frac{c_L}{c_P}d(t_{ww}) + \left(1 + \frac{\eta_t}{B_i}\right)t_{ww} = t + \frac{c_L}{c_P}d + \frac{\eta_t}{B_i}t_{ro} \tag{3-17}$$

$$d(t_{ww}) = 0.622\frac{e_{ww}}{P_2 - e_{ww}} \tag{3-18}$$

式中：c_L 为水的汽化潜热，$c_L = 2501\ kJ/kg$；c_P 为空气的比热，$c_P = 1.005\ kJ/(kg \cdot K)$；$d(t_{ww})$ 为潮湿巷壁的含湿量，kg/kg；P_2 为空气的绝对压力，Pa；e_{ww} 为对应湿壁温度的饱和水蒸气压力，Pa；d 为巷道中空气的含湿量，kg/kg。

(4) 计算终端含湿量

$$d_2 = d_1 + \frac{2\pi r_L a_h \cdot \psi[d(t_{ww}) - d_1]}{G \cdot c_P + \pi r L\alpha_h} \tag{3-19}$$

式中：L 为计算段巷道的长度，m；ψ 为湿壁系数；G 含义同上，kg/h。

(5) 计算壁面平均温度

$$t_w = (1 - y)t_{wd} + yt_{ww} \tag{3-20}$$

(6) 计算终端温度

$$t_2 = t_1 + \frac{2\pi r L\alpha_h(t_w - t_1) + q_m + q_e + Gg(z_1 - z_2)/1000}{Gc_P + \pi r L\alpha_h} \tag{3-21}$$

式中：q_m 为巷道中机械设备的放热量，kW；q_e 为其他热源放热量，kW；g 为重力加速度，m/s^2。

（7）将计算的 t_2 和 d_2 与前面假设的 t_2' 和 d_2' 进行比较，如果 t_2 与 t_2'，d_2 与 d_2' 的差值小于要求的精度，则所得的 t_2 与 d_2 即为要求的温度和含湿量。否则，令 $t_2' = t_2$，$d_2' = d_2$，返回第（1）步进行下一轮迭代计算。

（8）计算湿球温度 t_{s2}。

t_{s2} 由以下两式迭代计算求得。

$$e = \frac{P_2}{(1 + 0.622/d_2)} = e_s - 0.000644 P_2 (t_2 - t_{s2}) \tag{3-22}$$

式中：$e_s = 610.5 \exp\left(\frac{17.27 t_{s2}}{237.3 + t_{s2}}\right)$，Pa。

（9）计算相对湿度

$$f = e/e_{st} \tag{3-23}$$

（10）计算焓

$$i_2 = (1.005 + 1.866 d_2) t_2 + 2501 d_2 \tag{3-24}$$

3.2.3.2 网络预测计算

网络预测计算在通风网络控制分风计算的基础上进行。网络节点的气候参数由风流流入该节点的各分支终点参数计算而得，即

$$i_n = \frac{\sum\limits_{i}^{e} i_{in} \cdot G_{in}}{\sum\limits_{i}^{e} G_{in}} \tag{3-25}$$

$$d_n = \frac{\sum\limits_{i}^{e} d_{in} \cdot G_{in}}{\sum\limits_{i}^{e} G_{in}} \tag{3-26}$$

式中：i_n 为第 n 号节点的焓，kJ/kg；d_n 为第 n 号节点的含湿量，kg/kg；下标 in 代表流入 n 号节点的第 i 号分支，i 代表焓，kJ/kg；d 代表含湿量，kg/kg；G 代表质量流量，kg/s；e 为所有流入 n 号节点的分支集合。由式（3-25）、式（3-26）及该节点的气压值，可利用有关计算公式计算该节点处的所有其他气候参数。按如下步骤计算全网络气候参数：

（1）标记地面气候参数为已知点，其参数由当地气象部门提供。标记可实测气候参数的节点，其参数由实测确定。

（2）假定所有气候参数未知的点气候参数为地面气候参数。

（3）预测全部终点气候参数未知的分支的终点气候参数。

（4）对全部未知节点，用式（3-25）和式（3-26）求出预测点的焓和含湿量，由有关空气状态计算公式计算预测点的各气候参数。

（5）比较全部未知节点预测的气候参数和假定的气候参数，若其误差小到可以接受的程度时（一般采用精度：温度小于 0.01℃，含湿量小于 0.01 g/kg），终止计算，预测值与假定值之平均即为所求的结果。若其误差超限，则令假定气候参数为预测的气候参数，转到第（1）步。

对一些大型通风网络的计算实践表明，上述计算过程一般能在较短时间内收敛，且能实现计算全部节点的气候参数的目的。但其严格的理论证明尚未完成。

3.3 矿井非空调降温

井下或其他地下工程的隧道中高温高湿的气候条件，不仅会使矿工的身体健康受到损害，而且也将降低劳动生产率，甚至使采掘工作无法进行。根据苏联学者 B. H. 安德留申科等人的研究资料，当矿内风温超过标准（26℃）1℃时，矿工的劳动生产率降低 6%～8%。

改善矿内气候条件的措施很多，但归纳起来有两个方面，其一，采用非人工制冷降温措施，其二，采取人工制冷冷却风流措施（即矿井空气调节）。对于开采深度大，或氧化强烈及地处炎热地区的浅矿井（或隧道），只有采取人工冷却风流的措施才是有效的。

3.3.1 通风降温

1）加大风量通风

风量不仅是影响矿内气候条件的一个重要的、起决定性作用的因素，而且是通过适当手段就能奏效的措施之一，适当提高风量时费用也比较低。

理论研究和生产实践都充分地表明，加大采掘工作面风量对于降低风温、改善气候条件，效果是明显的。但当风量加大到一定限度后，风温的降低就不太明显了。但由于风速的增加，人体的散热条件仍可得到改善。

风量的增加，虽然会使围岩的放热量加大，致使风流总的加热量增大，但在其他条件相同的情况下，风流的温升却有所降低，同时，围岩的冷却速度也加快了。因此，增加风量除了能降低风流温升外，还能为进一步降低围岩的放热强度创造条件。但是，增加风量的可能性受许多条件的制约，其一，受矿内最高允许风速（巷道横截面积）的限制；其二，风机的功率与风量呈三次方关系，风量增加到一定程度时，在经济上是不合理的；其三，当风量增加到一定程度时，对风温的影响不大。

2）改变通风方式

将上行风改为下行风，对降低风温是有益的。这是因为风流是从岩温较低的、已被冷却的较高水平流进工作面去的。在一般情况下，采用下行通风可使工作面的风温降低 1～2℃。

3）选择合理的通风系统

从改善气候条件的观点来选择合理的通风系统，要考虑以下几项原则：

（1）缩短进风线路长度

在巷道环境条件和风量不变的情况下，风路越短风流温升越小。

在井田走向长度一定时，因采用的通风系统不同，导致进风线路的长度也不相同。

在一个井田走向长度为 6000 m，风速为 2 m/s、3 m/s、4 m/s、5 m/s 的矿井中，通过计算可知，在不同通风系统和风速时，与中央式通风系统比较运输大巷终端风温，在风速相同时，侧翼式风温低 2.2～6.3℃，混合式低 2.4～9.3℃。

（2）以低岩温巷道为进风道

在高温矿井的通风系统设计时，尽量使新鲜风流由上水平流入回采工作面，而由下水平回风。这是因为上水平的岩温要低于下水平的岩温，而巷道围岩温度越低，则风流通过巷道的温升亦越小。

（3）尽量使新鲜风流避开局部热源的影响

矿内的各种局部热源，如机电设备、运输中的煤和矸石、氧化以及采空区的漏风等都会对风流加热。如果能使新鲜风流避开这些局部热源，可以使风流的温升降低。

（4）减少采空区漏风

由于从采空区漏入回采工作面和回风道中的风流要带进大量的热量，所以它也是一个较大的热源。

3.3.2　控制热源降温

（1）地热开采

对于超深超高温矿井，可以考虑先行开采地下热源，待岩温降到一定程度之后再开采地下的矿物资源。开采地下干热岩热源的方式如图3-14所示。

对于地下干热岩的热源开采，普遍认为热源温度应在150℃以上，目前采用这种方式降温的矿井极少。但随着地热开采技术的不断进步，

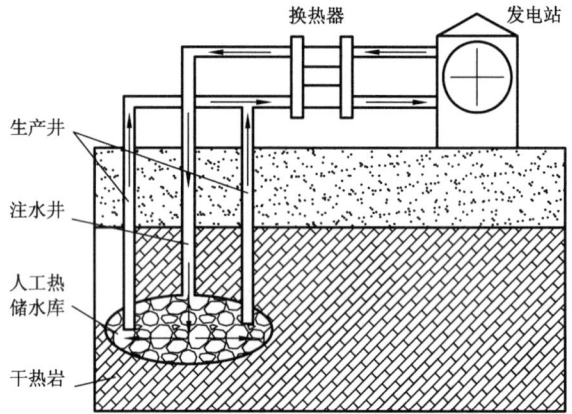

图 3-14　干热岩热源开采示意图

地下可供利用的热源温度将会越来越低，而开采深度的不断加大又会使得矿井中的岩温越来越高。未来利用这种方法降温的矿井必然越来越多。

（2）岩壁隔热

采用某些隔热材料喷涂岩壁，以减少围岩放热。苏联曾采用锅炉渣，有些国家采用聚乙烯泡沫、硬质聚氨基甲酸酯泡沫、膨胀珍珠岩以及其他防水性能较好的隔热材料喷涂岩壁。

一层10 mm厚的聚氨酯泡沫塑料，就能产生较好的隔热效果。岩壁隔热仅用在热害严重的局部地段，它作为一种辅助手段与其他降温措施配合使用。用时还必须注意安全（如防火）问题。岩壁隔热的费用较高，因此限制了这种方法在较大范围内的应用。而且，在散热最为强烈的回采工作面中，实行岩壁隔热是根本做不到的。

（3）热水及管道热的控制

主要方法有：超前疏放热水，并用隔热管道排到地表，或经有隔热盖板的水沟导入水仓；将高温排水管设于回风道；热压风管设于回风道，或将压缩空气冷却后送入井下。

（4）机械热的控制

主要方法有：机电硐室独立通风；注意辅扇安装位置；避免使用低效率机械。

（5）爆破热的控制

井下爆破所产生的热量，一般在爆破后不久即被气流排走。为避免其影响，可将爆破时间与采矿时间分开。

3.3.3　其他方法降温

（1）采用压气动力

采掘机械用压气来代替电力。由于压缩空气排出的膨胀冷却效应，对降低风温无疑是有

利的。但是，由于这种方法效率低，费用高，只有在个别情况下才有意义。

（2）减少巷道中的湿源

研究资料表明，在高温矿井中，空气中的相对湿度降低 1.7%，等于风温降低 0.7℃。

因此，在巷道和采掘工作面中，由于各种原因出现的水，不要让它漫流，而要把水集中起来，用管道（或加盖水沟）排走。

（3）预冷煤层

在煤矿，利用回采工作面附近的平巷或斜巷布置钻孔，将低温水通过钻孔注入煤体中，使回采工作面周围的岩体受到冷却。预冷煤层，在一定的条件下，要比采用制冷设备更为经济有效，并可兼收降尘之利。

3.3.4 个体防护

所谓矿工个体防护，就是在矿内某些气候条件恶劣的地点，由于技术和经济上的原因，不宜采取风流冷却措施时，可让矿工穿上冷却服，以实行个体保护。研究表明，穿着冷却服是保护个体免受恶劣气候环境危害的有效措施。它的作用是，当环境的温度较高时，可以防止其对身体的对流和辐射传热，使人体在体力劳动中所产生的新陈代谢热能较容易地传给冷却服中的冷媒。

供矿工穿着的冷却服，必须满足降温及便于劳动等方面的要求。这主要涉及能源供应、工作方式、冷却能力、持续时间及穿着舒适等方面的问题。由于井下的空间有限，矿工要进行频繁的生产活动，带着"尾巴"（压气管或冷水管）的冷却服很不方便。也就是说，冷却服要自带能源或冷源，而无须外界供给。此外，冷却服工作时，不应产生有毒、有害以及易燃易爆物质。由于冷却服需贴身穿着，要防止皮肤受冻或局部过冷。因而，在冷却服的内层和皮肤之间应设置一个隔层。

冷却服的重量同其制冷能力和有效工作时间是相互制约的。要设计一套制冷能力为 200~250 W，持续时间为 5~6 h，有自动制冷系统的冷却服，其重量与尺寸都比较大，将影响活动的自由，因此，必须减少冷却服工作的持续时间。当一套冷却服用完时，可更换一套新的，从而保证工作所需的时间。

美国宇航局研制的阿波罗冷却背心是自动冷却服的一种。这种背心的冷却能力小，冷却效果差，而且比较重（6.5 kg）。另一主要缺点是，它的冷水循环泵容易出毛病。此外，由于冰块的逐渐熔化，冷却效果经 1~1.5 h 后，就急剧下降。其电源（干电池）也不是安全火花型的，因而在瓦斯煤矿中不便使用。

南非和西德德来格尔公司生产的冰水冷却背心，安全性能和冷却效果都较好，并很少妨碍运动。它利用 5 kg 冰的冷却能力，没有冷媒循环系统和易发生故障的运动部件（如水泵），也不需要动力。因此，可以节省几公斤的重量，相应地可加大冰水的量。在 220 W 冷却功率的条件下，其持续时间最少可达 2.5 h。

干冰冷却服具有很大的优点，由于干冰的自升华作用，在使用过程中冷却服重量逐渐减轻。现将南非的加尔德-莱特公司生产、充以干冰的冷却夹克的资料摘录如下：干冰装在 4 个袋子里，其升华的温度很低，干燥的气态二氧化碳直接流向身体表面来冷却身体，冷却时间可达 6~8 h。干冰的质量为 4 kg。因为二氧化碳干冰的升华热为 573 kJ/kg，则其冷却功率为 80~106 W。

　　1979 年 10 月，西德埃森矿山研究院对上述 4 种冷却服进行了试验。试验方法是，在人工气候室里，对 3 名受试者穿着的冷却服进行考查。考查的条件是：受试者在速度为 4 km/h，坡度为 3°的"滚梯"上进行约 300 W 劳动强度的工作。气候室的气候条件是：干球温度 40℃，相对湿度 20%。3 位受试者均未受过热适应训练。由于受到冷却能力的限制，冰水背心和阿波罗背心每小时更换一次，其试验结果见图 3-15。

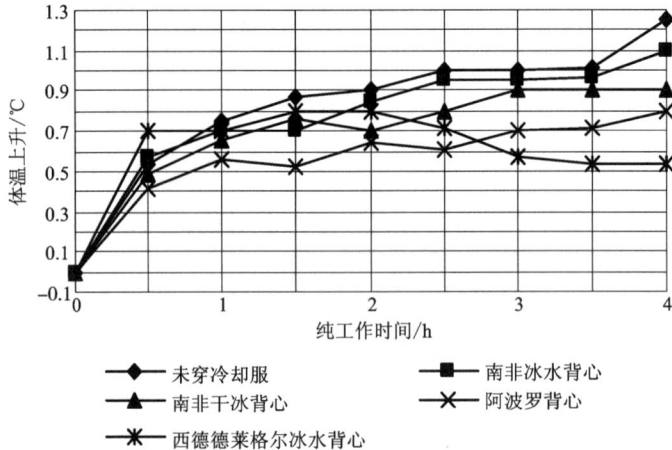

图 3-15　四种冷却服的冷却作用

　　由图 3-15 可以看出，与未穿冷却服相比，穿着这 4 种冷却服的受试者体温有所下降。在试验开始的前 2 h 里，体温变化不大，这是由冷却服的重量所形成的附加机械负荷抵消了部分冷却效果所致。从图中还可以看到，除了南非的干冰背心之外，其他 3 种冷却服随着时间的推移更进一步地降低了体温。如与未穿冷却服者相比，穿德莱格尔的干冰背心者的体温降低了 0.3℃，穿阿波罗冷却服的体温降低 0.4℃，穿德来格尔冰水背心的体温降低 0.7℃。此外，穿着冰水背心的受试者，要比未穿冷却服时，每分钟脉搏减少 40 次，出汗量减少 160 g/h。

3.4　矿井制冷空调降温

3.4.1　矿井空调系统

　　空调设计可分为空调设备的技术设计、空调系统的工艺设计和经济设计。这些专门的设计，需要空调、制冷及采矿等有关专业的人员密切配合。一个大型矿井空调系统的设计，内容是非常复杂的。当前，在我国这样的设计，需要生产矿井、生产厂家以及科研设计部门联合完成。设计中既要应用新技术，又不能忽视实际经验和我国目前的技术经济条件。

　　矿井空调系统是由制冷站、空冷器、载冷剂管道、冷却水的冷却装置、冷却水管道以及高低压换热器等构成，由于这些部分的不同组合，便形成了不同的空调系统。因为空冷器一般都设在采掘工作面附近，所以制冷站的位置是决定矿井空调系统的基本因素。按制冷站的位置，矿井集中式空调系统主要分为以下三种基本类型。

（1）制冷站设在地面的矿井空调系统

如图 3-16 所示，在地面冷却矿井总进风并在地面排放冷凝热。

图 3-17 表示制冷站设在地面，在井下采用高压空冷器。

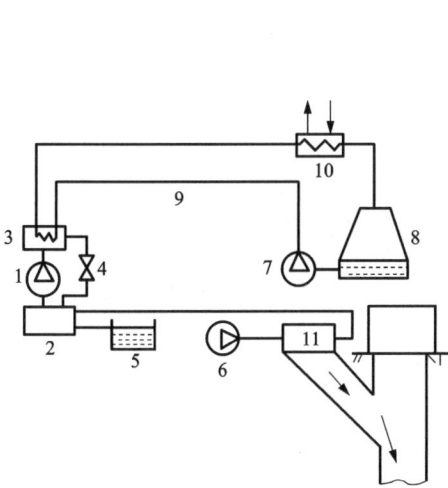

1—压缩机；2—蒸发器；3—冷凝器；4—节流阀；
5—水箱；6、7—水泵；8—冷却塔；
9—冷却水管；10—热交换器；11—空冷器。

图 3-16　制冷站设在地面且在地面冷却总进风

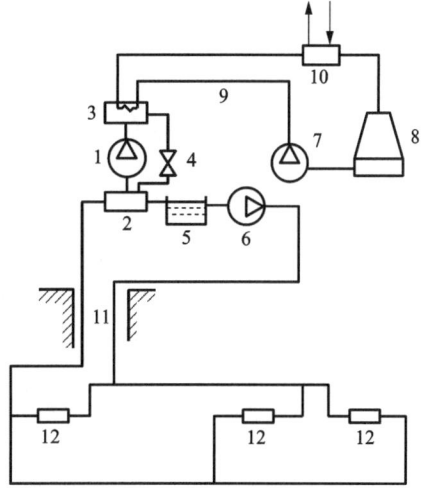

1—压缩机；2—蒸发器；3—冷凝器；4—节流阀；5—水池；
6、7—水泵；8—冷却塔，9—冷却水管；10—热交换器；
11—冷水管；12—空冷器。

图 3-17　制冷站设在地面且在井下设高压空冷器

图 3-18 表示制冷站设在地面，且在井下采用高低压换热器。

图 3-19 表示制冷站设在地面，且在地面冷却部分进风流。

（2）井上下同时设制冷站的联合空调系统

图 3-20 表示地面、井下同时设制冷站的联合空调系统。

（3）制冷站设在井下的矿井空调系统

图 3-21～图 3-23 表示制冷站设在井下的矿井空调系统。

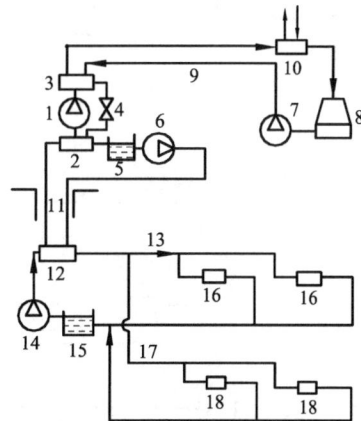

1—压缩机；2—蒸发器；3—冷凝器；4—节流阀；
5、15—水池；6、7、14—水泵；8—冷却塔；
9—冷却水管；10—热交换器；11、13、17—冷水管；
12—高低压换热器；16、18—空冷器。

图 3-18　制冷站设在地面且在井下设高低压换热器

233

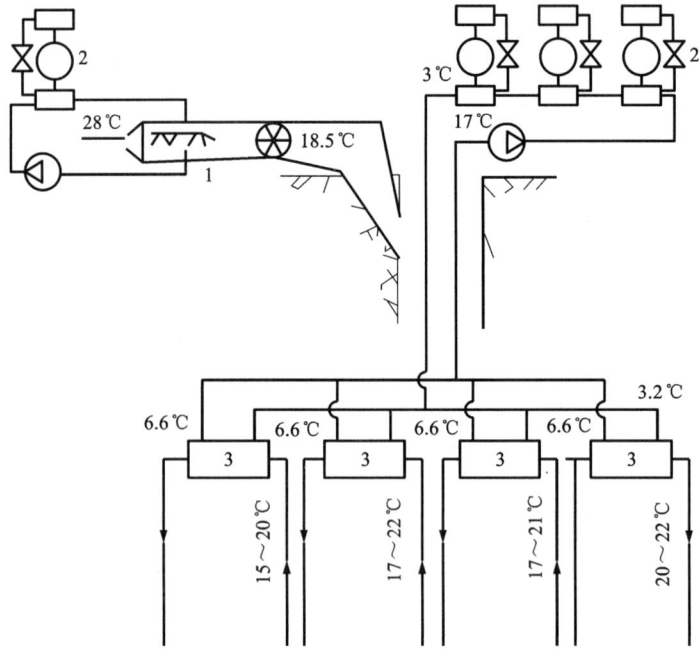

1—喷雾式空冷器；2—制冷机；3—高低压换热器。

图 3-19　制冷站设在地面且在地面冷却部分进风流

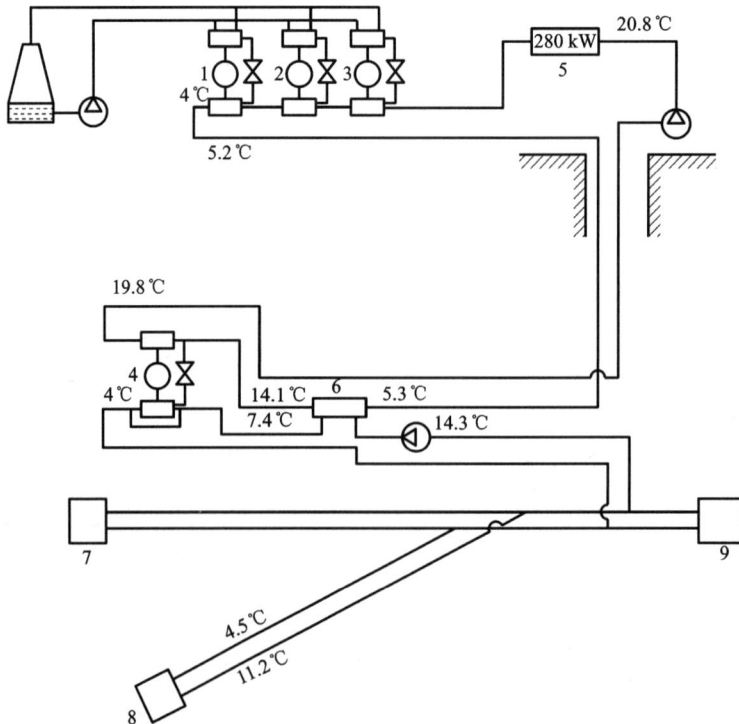

1~4—制冷机；5—空气预冷器；6—高低压换热器；7~9—空冷器。

图 3-20　地面、井下同时设制冷站的联合空调系统

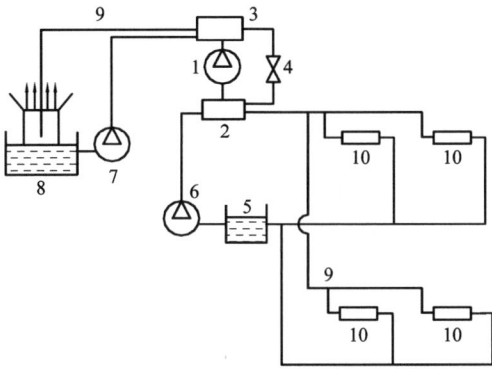

1—压缩机；2—蒸发器；3—冷凝器；4—节流阀；
5—水池；6—冷水泵；7—冷却水泵；
8—水冷器；9—冷水管；10—空冷器。

图 3-21　制冷站设在井下，在井下排除冷凝热

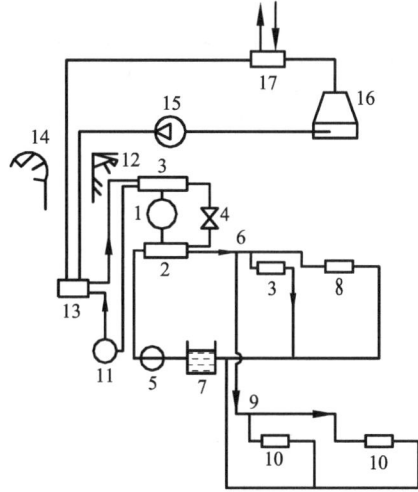

1—压缩机；2—蒸发器；3—冷凝器；4—节流阀；
5、11—冷水泵；6—主水平冷水管；7—冷水池；
8—主水平空冷器；9—下水平冷水管；10—下水平空冷器；
12—冷水管；13—高低压换热器；14—冷却水管；
15—冷却水泵；16—冷却塔；17—换热器。

图 3-22　制冷站设在井下，冷凝热排到地面

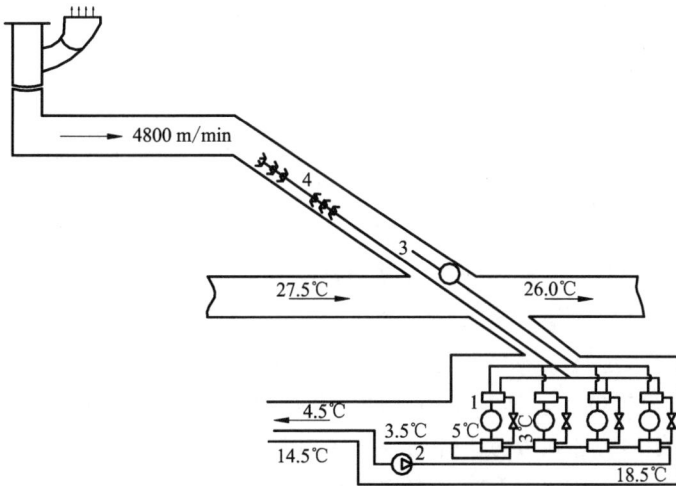

1—制冷站；2—冷水泵；3—冷却水泵；4—喷雾硐室。

图 3-23　制冷站设在井下，利用回风流排热

选择矿井空调系统，要根据矿井的具体条件进行分析比较。上述三种集中式矿井空调系统在技术上的优缺点，详见表 3-15。

表 3–15 三种空调系统的技术比较

制冷站位置	优点	缺点
地面	①厂房施工,设备安装、维护,管理和操作方便; ②可采用一般型制冷设备,安全可靠; ③排热方便; ④冷量便于调节; ⑤无须在井下开凿大断面机电硐室; ⑥冬季可利用地面天然冷源;	①高压冷水处理困难; ②供冷管道长,冷损大; ③需在井筒中安设大直径管道; ④一次载冷剂需用盐水,对管道有腐蚀作用; ⑤空调系统复杂;
井下	①供冷管道短,冷损小; ②无高压冷水系统; ③可利用矿井水或回风流排热; ④供冷系统简单,冷量调节方便;	①井下要开凿大断面机电硐室; ②对制冷设备有特殊要求; ③基建、安装、维护、管理和操作不方便; ④安全性差;
联合	①可提高一次载冷剂的回水温度,减少冷损; ②可利用一次载冷剂排除井下制冷机的冷凝热; ③可减少一次载冷剂的循环量	①系统复杂; ②制冷设备分散,不易管理;

3.4.2 矿用换热器

在矿井降温工程中,对风流进行热、湿处理,使采掘工作面或其他处所达到规定的气候条件,是通过各种换热器来实现的。对空气进行热湿处理的换热器称为空气冷却器。根据其工作特点的不同,可以分为直接接触式和表面式两大类。所谓直接接触式空气冷却器,是指与空气进行热、湿交换时,其冷却介质直接与被冷却的空气接触,即用冷水喷淋降温,冷却水直接和空气接触,这种冷却方式的空气冷却器通常又称喷雾式空气冷却器。所谓表面式空气冷却器,是指与空气进行热湿交换时,其冷却介质不和被冷却的空气接触而是通过冷却器的金属表面来进行交换的,它具有使用方便、不妨碍井下作业和不污染井下作业环境等优点。但在设计与选用时,必须考虑矿井内空气含有粉尘量大、巷道空间狭窄的特点,所以要求空气冷却器的结构表面应不易积垢而易于清洗;其外形尺寸要小,特别是要求其横断面积要尽量小,而且要便于拆卸和搬运。此外还要拥有足够大的换热面积和良好的换热性能,并配有必要的计量指示仪表。

由于经济上的原因,有时要将制冷站设于地面,此时必须向矿井深部输送载冷剂。为克服深部载冷剂回路中的高压,通常采用高低压换热装置,使从地面来的高压回路载冷剂通过它来冷却从工作面空气冷却器来的低压回路中的载冷剂,这样可以有效地避免矿井深部管道存在的高压危险。另外有时即使制冷站设于井下,但仍需要利用地面供水排热,也需要高低压换热装置来对冷凝器进行回水排热。所以高低压换热装置也是矿井降温中的重要设备。此外，对管道进行隔热以减少沿途冷损也是不容忽视的。

3.4.2.1　表面式空气冷却器

（1）表面式空气冷却器的构造

在矿用空气冷却器中有光管和肋管之分。光管表面式空气冷却器构造简单、粉尘不易沉积，但传热性能不好，金属消耗量较多，故采用者少。肋管表面式空气冷却器又有横向肋管和纵向肋管之分，在横向肋管中因制造方法不同，而分有皱绕片、无皱绕片和套片，如图 3-24 所示。在纵向肋管中，也因制造方法不同而有板管式和带管式等。

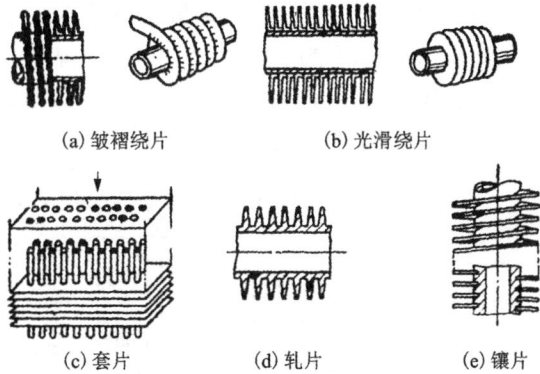

(a) 皱褶绕片　　　(b) 光滑绕片

(c) 套片　　　(d) 轧片　　　(e) 镶片

图 3-24　各种肋片管构造图

由传热学理论得知，空气侧的换热系数较水侧的换热系数低得多。因此，采用在空气侧加肋的方法增加换热面积以增强其传热性能，既可以节约金属消耗量，又可以使空气冷却器的整体尺寸减小。但矿尘容易沉积，造成传热性能不稳定。

（2）表面式空气冷却器的热工计算和阻力计算

在矿井条件下，表面式空气冷却器起到减焓降湿的作用，它使空气的温度和湿度同时发生变化。

表面式空气冷却器有几种计算方法，如"$e_1 - e_2$"法（称热交换效率系数 - 接触系数法；或称干球温度效率法）；"$e_1 - x$"法（称热交换效率 - 析湿系数法），还有"$e_1(s) - x$"法（用干球温度表示的湿工况的热交换效率系数 - 析湿系数法）和"$x(s) - BF$"法（用湿球温度表示的湿工况的热交换效率系数-旁通系数法）等，实际上，它们的计算结果都很接近。各种方法的具体计算过程请参考有关设计手册。

3.4.2.2　喷雾式空气冷却器

喷雾式空气冷却器又称直接接触式空气冷却器。因为它结构简单，制造非常容易，没有表面式空气冷却器那种因粉尘沉积而使热效率不稳定的缺点，阻力很小，有的甚至不需要附加风机就可以工作。所以在矿井降温中，有广泛的应用前途。如果要对需冷量很大的区域降温，采用喷雾式空气冷却器是一种较好的措施。当然它也有缺点，如水回路为开式，容易造成水污染，甚至使管道、喷嘴堵塞和泄漏，影响劳动环境，回水的回收也较困难等。不过有时采用它，却正是由于不需回收水的缘故。

近几年国外采用喷雾式空气冷却器逐渐增多，其中有大型并固定安装的平巷喷雾式空气冷却器，暗井喷雾式空气冷却器和小型可移动的移动式喷雾空气冷却器等。

图 3-25 是一台二级喷雾冷却的喷雾式空气冷却器的示意图。它的技术数据是，换热量为 800 kW，风量为 2000 m^3/min，进风温度为 29℃/24℃（干球/湿球），出风温度为 19.5℃/18.4℃，水量为 69 m^3/h，进水温度为 8.9℃，出水温度为 18.9℃。喷雾室为圆筒形，直径为 4 m，有效工作段长 10 m，集水池在圆筒内的下部，高为 0.4 m，它只能安装在辅助巷道中，因为喷雾断面将占用整个巷道断面。配用风机功率为 40 kW，风量为 2000 m^3/min，每一级的冷水喷水量为 70 m^3/h，每一级为 3 排，每一排有 10 个喷嘴，第一级冷水进水温度为 8.9℃时，冷

却能力可达 800 kW。第二级喷水配 15 kW 水泵，回水泵根据回水的距离、高差配泵，喷水压力为 380 kPa。

当使用的条件为：第一级喷水量为 76 m^3/h，第二级喷水量为 82 m^3/h，主巷道进风干球温度为 25℃，湿球温度为 22℃，第一级进水温度为 11.4℃，第二级进水温度为 15.2℃，主巷道进风量为 1630 m^3/min 时，这台空气冷却器的实际效果是：主巷道出风干球温度为 17.5℃，湿球温度为 17.0℃。

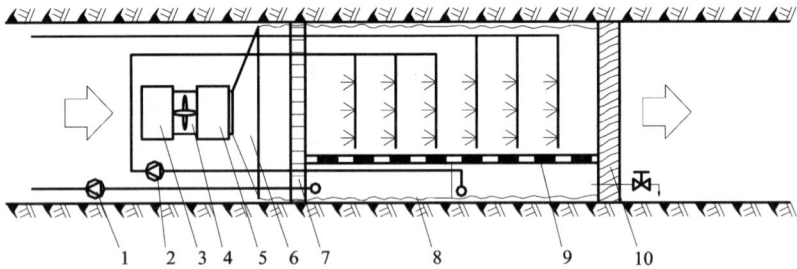

1—回水泵；2—第二级喷水泵；3—消音器；4—风机；5—消音器；
6—接头；7—整流器；8—外壳；9—滤水层；10—挡水板。

图 3-25　平巷喷雾式空气冷却器示意图

图 3-26 是一台暗井喷雾式空气冷却器的示意图。井筒为水泥构筑，直径为 4.5 m，高 20 m。风流从下部向上流动，冷水以逆流方式自上向下喷淋，整个断面布置一排喷嘴，共 76 个，喷水量为 84 m^3/h；进水温度为 7℃时，最大冷却效果可达 1300 kW，最大风阻为 100 Pa，因此不需要附加风机。

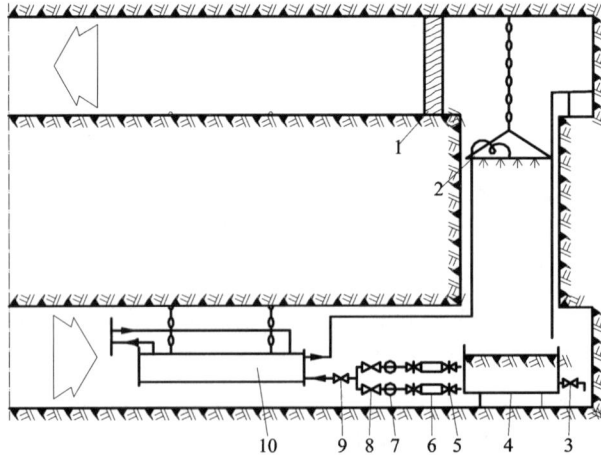

1—挡水板；2—喷头；3—排污阀；4—集水池；5—楔形阀；
6—过滤器；7—冷水泵；8—逆止阀；9—截止阀；10—高低压换热器。

图 3-26　暗井喷雾式空气冷却器示意图

图 3-27 是移动式喷雾空气冷却器，外形尺寸较小。长度为 3050 mm，高度为 1680 mm，宽度为 406 mm。当风量为 141.6 m^3/min，风温为 29.44℃/26.67℃（干球/湿球），水量为

45.6 L/min，水温为 10℃时，冷却能力可达 46 kW。

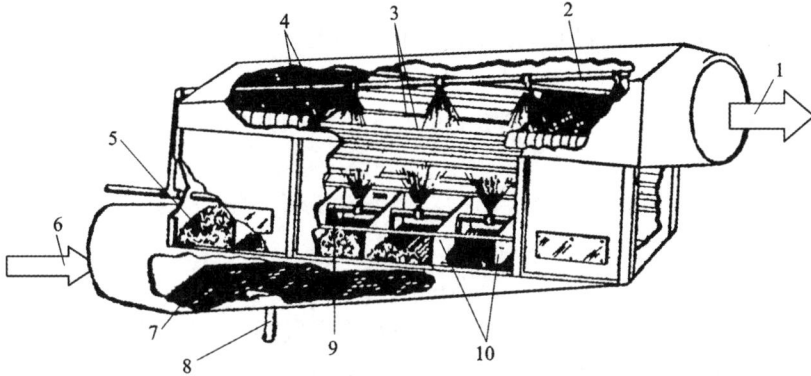

1—冷风出口；2—除尘管；3—水滴肋条；4—水滴分离器(层)；5—塑料网垫；
6—热风进口；7—栅格板；8—排水管(热水)；9—冷水管；10—风导流板。

图 3-27 移动式喷雾空气冷却器

实践表明，喷雾式空气冷却器结构简单，材料消耗极少，尤其是可以不用贵重的钢材，再加上维护简单，因此很适合我国国情，应逐步开展试制研究，生产出适合我国矿井条件的各式喷雾式空气冷却器，以适应生产的需要。

喷雾式空气冷却器的热工计算方法与地面空调的喷水室计算相同，但要根据其结构特性来确定自己的实验系数和指数，不能简单套用地面的数据(表面式空气冷却器也是一样)。应在广泛的实验基础上，结合经验公式才能进行设计计算。此处不做具体介绍。

3.4.2.3 冷媒水的减压与势能回收

随着井下空调需冷量的日益增大，井下制冷机的排热也日趋困难，因此近年来，迫使国外一些大型的空调矿井将制冷机安设在井上，用管道将其制出的冷水送到井下的需冷地点，而且这种空调方式有可能成为今后热害严重矿井的主要空调方式。因而，对于此种空调方式中存在的高压水减压问题，应予以研究分析。

在无摩擦或静止的状态下，水压的上升是由供水地点和用水地点间的高差所决定的，即：

$$\Delta p = \rho \Delta H \cdot g / 1000 \tag{3-27}$$

式中：Δp 为水压的增量，kPa；ρ 为水的密度，$\rho = 1000$ kg/m³；ΔH 为两点间的高差，m；g 为重力加速度，$g = 9.81$ m/s²。

所以高差每变化 10 m，水压便变化 98.1 kPa(约等于 1 个大气压)。

在水流动的情况下，存在摩擦压头损失。设其损失量为 h_f，则水压的改变量为：

$$\Delta p = \rho (\Delta H - h_f) g \tag{3-28}$$

同高差 ΔH 对比而言，摩擦压头的损失量 h_f 一般是不大的，所以在上述两种状态下，水压的改变量都是很可观的。由于高压管路昂贵及安全方面的原因，不希望在井下布设高压管路、使用高压水。因此，在井下空调中就存在着一个高压水的减压问题。

(1)贮水池或减压阀

最简单的减压装置是在井下用水地点附近建造贮水池，即将高压水直接排到贮水池以卸压,然后根据用水地点的具体条件,采用泵排或自流的方式将水输送到用水地点上去。用贮水池的主要缺点是它的开凿量大,而且经常清洗很费工。

还有一个较简单的减压装置是采用减压阀。不管进水量与水压如何变化,减压阀可自动、可靠地将高压进水减压为所需的低压出水,压力的调节可借控制膜片上的压力来实现。当进水压力上升时,其所增大的压力则会将膜片压入到膜片槽里去,从而保持出水压力固定在预定的数值上。

当水流向下流动时,要损失位能,如这部分能量不对外做功,就要全部转换为热能,水温就要上升。温升的幅度可用下式来进行计算

$$g\Delta H = c_p \Delta t \tag{3-29}$$

式中:c_p 为水的比热容,$c_p = 4187\ \text{J}/(\text{kg} \cdot \text{K})$;$\Delta H$ 为高差,m;Δt 为水的温升,℃。

当水位每下降 1000 m 时,水的温升 $\Delta t = 9.81 \times 1000/4187 \approx 2.34\ ℃$。

这是一个相当大的数字,而在采用贮水池或减压阀减压时,都存在着这个温升问题,所以有待解决。

(2)高低压换热器

当水流在水管里处于有压状态下流动时,其温升只和进水温度有关。当进水温度为30℃水位下降为 1000 m 时,温升仅约 0.2℃,如进水温度约在3℃以下,则其温升可忽略不计。据此,设计出了高低压换热器,借它来将高压水和低压水进行热交换,以消除冷水显著的温升。常用的高低压换热器多为圆筒管束型,低压水在管束内流动,高压水在圆筒内,管束外流动。这样的布置使薄管外壁可承受较大的压力,且便于对管内进行清扫。常用的高低压换热器如图 3-28 所示。

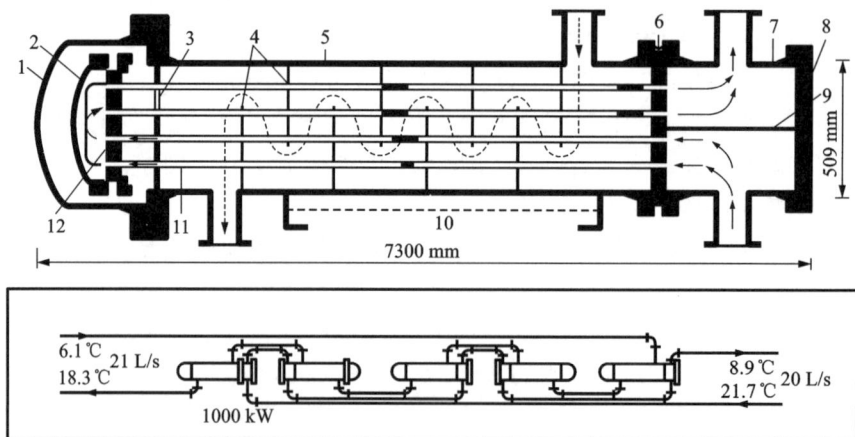

1—筒体顶盖;2—管头板盖;3—支撑板;4—转向隔板;5—筒体;6—固定的管头板;
7—集水箱;8—集水箱盖;9—流程隔板;10—支座;11—换热管束;12—浮动管头板。

图 3-28　高低压换热器图

图 3-28 中高低压换热器的技术特征是:

①壳体为单流程,管内为双流程;

②最大的工作压力为 8600 kPa;

③浮动管头板可抵偿换热管束冷缩热胀的压力,并便于对管束进行清洗;

④集水箱便于观察及清洗管束内侧；

⑤管束的管子数为 201 根。

图 3-28 的下半部为由 5 台高低压换热器组成的换热器组，高压的冷水从图的左侧进出换热器，进水量为 21 L/s，其流程如图 3-28 所示，进水温度为 6.1℃，出水温度为 18.3℃。被冷却的冷水从图的右侧进出换热器组，其流程也如图 3-28 所示，进水量为 20 L/s，进水温度为 21.7℃，回水温度为 8.9℃，总换热量可达 1000 kW。

这种高低压换热器的优点是：

①高压水是有压循环，其温升很小；

②由于低压水一般易受污染，其在管子内流动，便于清洗；

③高压水为闭路循环，所以将它泵回地面所需的动力最小，费用也最低；

④二次低压水的水压可根据需要，借泵输送出去；

⑤蒸发器系统得以保持清洁。

它的缺点是：

①在高压进出水和低压进出水间存在着温度跃迁，在图 3-28 上为 2.8℃ 及 3.4℃，所以未能充分利用制冷站输送出来的冷量，为了缩小温度跃迁，换热器就需要做得很大；

②整套装置非常昂贵，一般可达同容量制冷机组费用的 60%~70%；

③需要开凿相当大的硐室；

④管理与维护的工作量很大；

⑤整套装置很难移动。

因而在进行设计与建造前，需依据具体条件对其优缺点进行详细的分析，以免造成浪费。

为了能及时和有效地清洗低压水管内壁上的积垢，目前设计并采用了一种特制的毛刷，利用水流将毛刷从管子的一端带到另一端，在管子的端部设一栅套，使毛刷不会完全脱离管端。隔一定时间（如 2 h）后改变水流的流向，毛刷便从另一端冲回到原来的一端，这样来回地冲刷，污垢便很难淤积在管子内壁上，管刷的安装如图 3-29 所示。

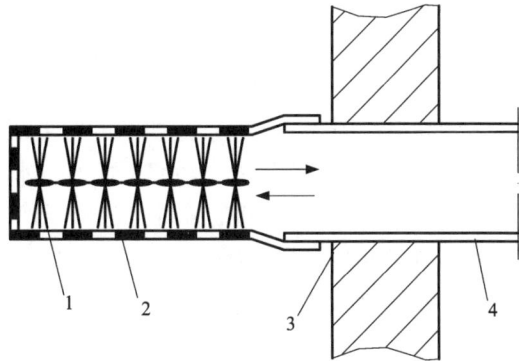

1—尼龙毛刷；2—尼龙栅套；3—管头板；4—换热管子。

图 3-29 管刷安装示意图

（3）水能回收装置

为了充分利用水的位能，减少水流向下流动时的温升及消除在高低压换热器中的温度跃迁，20 世纪 80 年代以来，一些矿井热害严重的国家，先后采用了数量众多的水能回收装置，如果不用这种水能回收装置来缩减将水排回到地面上去的水泵功率及降低温升，则将制冷站建在井上的经济合理性就不存在。由于井下排热困难，这些国家的深井井下气候条件将要比现在困难得多。

水能回收装置一般被用来协助水泵将水排回到地面上去，所采用的机械多为斗轮式水轮机，水轮机可直接与水泵连接，用它带动水泵排水也可将它和发电机连接，其所发出来的电能则输送到馈电电网上。其发电的效率要比水轮机低 15% 左右，但其管理与监控要比前者简易得多，所以采用得较多。它们所能回收的能量可按下式进行计算：

$$W = (\Delta H - h_f)g \cdot Q \cdot \eta_t /1000 \tag{3-30}$$

式中：W 为回收的能量值，kW；Q 为水量，L/s；h_f 为管路的摩擦水头缺失，m；η_t 为水轮机的效率。

例如，当流量 Q 为 100 L/s 的水，经 ϕ250 mm 的管道沿 1500 m 井筒垂直向下流动时，若其摩擦水力损失 $h_f = 22.5$ m，水轮机的效率 $\eta_t = 0.75$，则其回收的能量为：

$$W = (1500 - 22.5) \times 9.81 \times 100 \times 0.75/1000 \approx 1087 \text{ kW}$$

设水泵的效率 $\eta_p = 0.75$，电机效率 $\eta_m = 0.95$，则将水排回到地面上去时水泵所需的功率 N 为：

$$N = (1500 + 22.5) \times 9.81 \times 100/(1000 \times 0.75) \approx 1991 \text{ kW}$$

由于采用了水能回收装置——水轮机，其回收的功率为 1087 kW，则水泵实际上所需的功率为 (1991-1087)/0.95≈952 kW，则水能回收的效率 η 为：

$$\eta = [(1991 - 952)/1991] \times 100\% \approx 52.2\%$$

如前所述，如不采用水能回收装置，水温要上升 1.5×2.34＝3.51℃，如不计水管同外界的换热，则水在井底车场里的总能量增量为 1500×9.81×100/1000＝1471.5 kW，今回收能量为 1087 kW，则实际用于温升的能量为 1471.5-1087≈385 kW，则其温升为 385/(4.19×100)≈0.92℃，所以可减少水温上升的幅度为：3.51-0.92＝2.59℃。

(4) 高低压转换器

最近国外研制出一种新型的水能回收装置——高低压转换器。其长度为 2.6 m，宽为 1.6 m，高为 4.4 m，其温度跃迁一般可降到 0.2℃，所以它是一种很有前途的降压装置。

高低压转换器的工作原理如图 3-30 所示。在一个缸体里，可以自由移动的活塞将冷水和热水隔离开来。图 3-30(a) 所示为从井下低压冷却循环回路中的热水流进缸体的上部，使活塞向下移动，从而将原先处于活塞下部的冷水排到井下的冷水回路中去，当活塞移动到缸体的下端时，转动三通阀，将它和井下的低压冷却循环回路断开，同时将缸体和井上的高压循环回路连通，如图 3-30(b) 所示，这时，处于缸体中的水便处于高压状态。当通向井上高压循环回路的单向阀打开时，自井上来的冷水便进入缸体，推动活塞向上移动，从而将位于缸体上部的热水排到通往井上的高压循环回路中去，即将热水排到井上去。当活塞移动到缸体的上端时，三通阀再一次发生转动，重新进行上述的低压水转换行程。这样便依次地交换着高压水与低压水的转换行程。为了能使水流连续地流动，需要有 3 套这种按预定行程交替工作的转换器。这种高低压转换器结构简单，主要是由 1 个缸体、1 支三通阀和 2 支单向阀组成。在其低压行程中，高压水被暂时地贮存起来，而在高压行程中，低压水被暂时地贮存起来。

另一种带有贮水室的同步行程高低压转换器的工作原理如图 3-31 所示。图 3-31(a) 所示为低压水转换行程，这时高压逆止阀和流向转换器的控制器处于断开位置，高压循环回路和低压循环回路形成附加的贮水室。在低压转换行程里，高压水流向高压贮水室，使活塞和活塞连杆向上移动，低压贮水室里的活塞也向上移动。这样，原来位于高压贮水室上部的热水便被排送到地面上去，从地面来的冷水便被吸入到高压贮水室的下部，而井下低压回路的热水便被吸入到低压转换器的上部，原来位于低压转换器下部的冷水便部分地被输送到井下低压回路中去，另一部分则被吸进低压贮水室的下部，原来位于低压贮水室上部的热水便被排到低压转换器的上部。当活塞移动到其终点时，控制器便转换了位置，低压水转换行程便结束，高压水转换行程宣告开始，如图 3-31(b) 所示。这时高压贮水室和低压贮水室里的活塞便向下移动，将冷水输送到井下低压回路并将热水排送到地面上去，在这种高低压转换器里，转换时间约为 3 s。

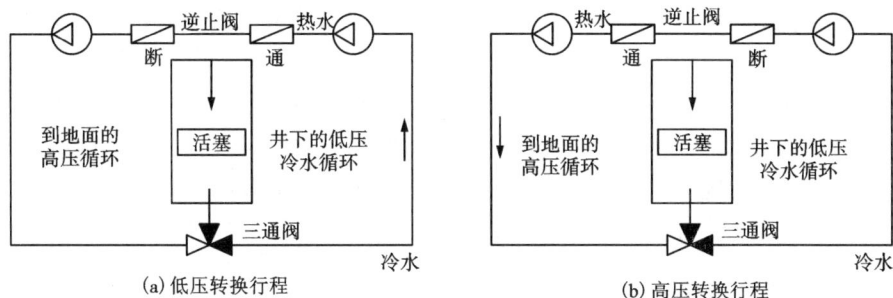

图 3-30　高低压转换器结构示意图

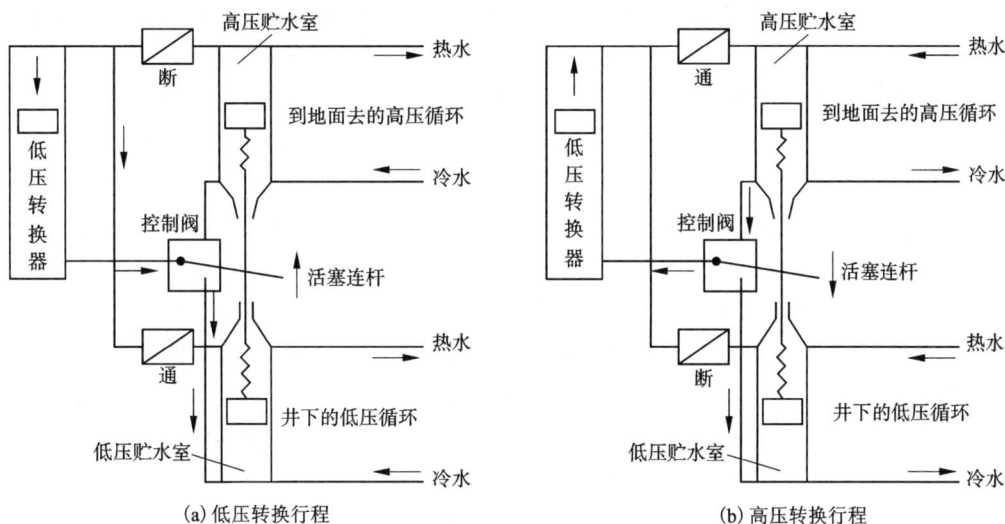

图 3-31　同步行程高低压转换器结构示意图

3.5　深井降温实例

3.5.1　东兰德公司的冰降温技术

满足 25 MW 制冷要求的冰量一般为 5000 t/d，因此，一个实用的冰降温系统必须能向井下热交换池输送大量的冰。为此，南非东兰德公司进行了长管道密集状态的风力输冰工艺实验。该试验装置由一条直径为 100 mm、长为 2770 m 的连续钢管道组成，管道从地面制冰站一直延伸到位于井下 1790 m 处的贮冰池。

建造该试验装置的主要目的在于确定高速流动的冰块是否能经由传统管道系统输送到井下。试验已实现将大量短的管状和片状冰送入井下，结果表明，这一目的完全可以达到。

在地面安装制冷装置的理由是：在地面安装制冷装置比在井下安装制冷装置（在此场合其冷凝温度一般要比井下高 20℃）能取得更高的降温效率；可利用耗费低、能效高的预冷却塔；地面安装维修较容易等。有时安装井下制冷设备还会受风速极限的限制（风流中的废热必须去除）。

但在地面安装制冷设备也存在以下一些缺点：需要较长的、具有绝热性能的冷水管路；将水从井下泵回地面耗资较大，且向井下流动的水因焦耳-汤姆逊效应（即液化效应）的关系每向井下流动 1 km 就会升高 2.3℃（除非由流水产生机械功）。为最大程度克服这一温升和减少将水泵回地面的动力需求，采用培尔登式水轮机回收冷水下流的能量，但冷水在深井中循环的耗资仍然很高。随着计划开采深度距地表达 5000 m 情况的出现，新设计的降温系统必须能以更有效的方式将井下的热排除掉。各种新的降温技术正在研究之中，冰降温系统是其中最有前途的一种。

3.5.1.1　采用冰降温的历史背景

环境工程实验室在 1976 年就已考虑在矿井降温系统中采用冰，但当时这种想法只涉及向流入井下的制冷水中加进一定量的冰，使其刚好能将可能发生的温升抵消掉。研究过程中发现冰在井下融化能吸收大量热量（333.5 kJ/kg），使泵回到地面的水量大为减少。

东兰德公司的特定条件（在地下 3200 m 处制冷），冰降温系统的总费用与其他传统的降温系统（采用地面制冷站或井下制冷站，或上述两种形式相结合）的总费用相比，其总现值耗费差别不大。

但研究表明，采用冰降温系统一般要比冷水降温系统好，这里应注意以下几点：

（1）常常受空间限制，井筒中应使用直径较小的垂直管道和电缆。

（2）尽量减少井下设备安装量，尤其是泵抽设备，以便于维护和降低井下电热负荷量。

（3）从经济角度看，不宜从向井下流动的冰上回收能量，最好是使冰输送系统比带有水轮机的制冷降温系统简单，从而有助于井下操作和维护。

在作出采用冰降温系统的决定之时，对系统方案在技术上的可行性应加以认真考虑。最大的工程性问题在于大规模向井下送冰的方法。需要考虑的其他方面还包括井下利用冰的最佳办法、热交换池的设计、整个降温系统的控制以及大规模制冰的最省钱的办法等。

3.5.1.2　经济可行性的研究

为确定冰在矿井降温中的优点，环境工程实验室单独进行了一项有关经济效益的研究。

通过对矿井降温系统各种设计方案的比较，建立了一个简化的产岩量 120000 t 的矿井采区模型，在采深距地表 3000~4000 m 时选用 4 种不同采深进行比较，这 4 种不同采深各自的制冷要求为 25~50 MW。

在每种矿井深度上，将具有同样制冷量的冰降温系统与带能量回收的水轮机制冰水降温系统做比较，研究了水力和风力两种运冰系统。结果表明，风力运冰是最经济的。冰在几摄氏度的过冷干燥或近似干燥的状态下，会脱离地面。研究中所采用的商用制冰机的最高单位产量仅为 70 t/d，因此，一个矿井冰降温系统制冰装置就需要大量的制冰机器，但只要精心维护，则技术上不成问题。

图 3-32 为向 4000 m 深度提供 50 MW 有用制冷量的最佳冰降温系统，此三段式地面制

冷装置具有足够的附加能力来克服因潜能转换所造成的主管路中热焓升高的问题。假设井下辅助管路的热被作业用水(破碎 1 t 岩石需作业用水 1 t)和两组喷雾空气冷却器所吸收。为简化起见,则假定辅助管路位于单一水平上。

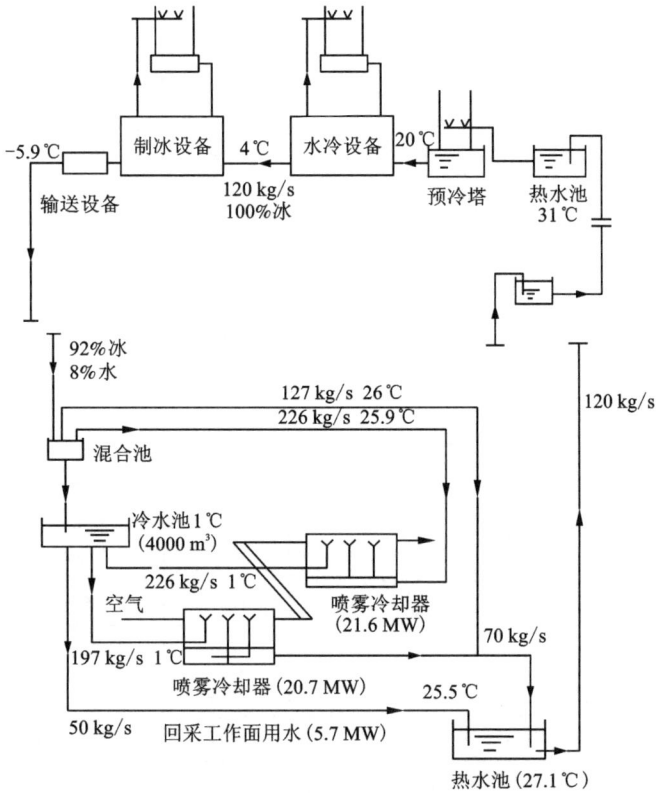

图 3-32　消除距地表 4000 m 深处 50 MW 热量的冰降温系统

每个系统设计的总电耗见表 3-16,总电耗还包括两种管路(主要线路和辅助线路)所有的非一般性制冷和泵作业所需电耗,所有制冷设备计算电耗时均以年度平均环境条件为基础,但也包括夏季环境条件的额外制冷能力的设备电耗。

不同制冷量的冰降温系统投资估算见表 3-16,估算所涉及的项目包括预冷却塔、制冷设备、制冰设备,建筑物、冷凝器冷却塔、冰运送设备,管路、能量回收水轮机组、电气设备、井下泵站和喷洒室等。估算结果表明,冰和水降温系统总维护费用和其他作业费用相近。

表 3-16 表明,假定当前电费为 3000R/(kW·h),对采深不到 3000 m 的矿井来说,采用冰降温系统比制冷水进行降温更省钱。在采深较大的情况下,冰降温系统的经济效益逐渐变得更加明显(但不与采深成比例),这是因为冰降温系统所节约下来的纯电耗费用迅速地超过了制冷设备的附加投资。冰降温系统中的动力节约源于主要管路中泵作业量的大大下降(约降至 1/5)。

表 3-16　120000 t/月矿井降温系统的经济效果比较

比较项目	工作面距地表深度 3000 m		工作面距地表深度 4000 m	
	冰	水	冰	水
排除井下热量/MW	25	25	50	50
地面总制冷能力/MW	27.4	31.1	56.5	66.7
主要管路中冰或水的流速/(kg·s⁻¹)	60	290	120	600
产冰率/(t·d⁻¹)	5100	—	10200	—
泵水量与被提升岩石量之比/(t·t⁻¹)	1.3	6.4	2.6	13.2
脱离地面时之冰或水温/℃	-1.2	3.9	-5.9	3.2
井下冷冻池温度/℃	1	6	1	6
所需电力				
水制冷/MW	0.8	4.3	1.7	9.1
冷冻/MW	6.7	—	14.9	—
泵、运输等/MW	3.3	15.7	8.8	43.1
能量回收/MW	—	-6.0	—	-16.5
纯总电耗/MW	10.8	14.0	25.4	35.7
水降温系统的额外能耗/MW	—	3.2	—	10.3
在 3000 R·(kWh)⁻¹(当前值)的能耗, R×10⁶	32.4	42.0	76.2	107.0
基本费用(不包括共同项目)				
水制冷设备及附件, R×10⁶	1.4	6.1	2.6	12.4
冰冻设备及附件, R×10⁶	13.9	—	29.0	—
泵、水轮机、管道、电气等, R×10⁶	3.5	7.1	7.2	17.4
总基本费, R×10⁶	18.8	13.2	38.8	29.8
水降温系统的额外基本费, R×10⁶	5.6	—	9.0	—
总的当前价值费(基本费+动力), R×10⁶	51.2	55.2	115.0	136.8
总费用的差别, 有利于冰降温系统, R×10⁶	—	4.0	—	21.8

注: R 为兰特, 1R 约等于 0.43 元人民币

　　一般性经济研究所得的结果与东兰德公司对同类型的特定矿井所进行的研究结果完全一致。其结论为冰降温系统在南部一些深矿井(金矿)使用时在经济上是可行的,并且随着采深的增加,今后应对水降温这一形式加以认真对待。必须强调的是,每个打算用冰降温的矿井均应对其经济效果做详细的评定,依其现存的矿井设计、水力系统和制冷系统布置以及今后矿井的开采计划等情况而定。有关其他地区技术上的发展对制冷系统设计的影响也应在将来加以考虑,例如直接采用高压制冷水来传动液压凿岩机以及其他采矿机械设备等。将来某一矿井也可能出现冰与制冷水相结合的降温系统。

3.5.1.3　中试装置的研究

如何将冰送入井下是用冰制冷系统需要解决的问题。用装岩箕斗运送冰因输送量大而显得不实用(参见表 3-16)的问题,因此,研究工作转向采用管道运输。如可行的话,采用连续管道运输还有这样一个重大优点——井下不用设中间处理(运输)系统就能直接将冰经一系列垂直和水平管道输送到井下终端热交换池。

经济研究表明,用水将冰送入垂直管道,即使能部分回收能量,也仍然是不可取的,因此,决定采用风力运送且未考虑能量回收。

在化学及食品工业中,风力运送冰主要是在长度为 300 m 左右的水平管道中应用,一般都是通过铝或塑料管道借助低压风采用稀疏状态运输冰,显然这不一定是向井下输送冰的最好方法,因为它不能提供足够高的风速(一般是 25 m/s)使稀释状的冰块在大直径的管道中流经 3 km 或更长距离,一种可行的代用办法是使冰块靠前面垂直冰柱的压力沿水平管道压出。在稀疏状流动(大量空气)和压缩流动(很少量空气)之间,还有各种其他可能方式,其中包括活塞流。由于矿井运输情况的独特性以及冰块输送中存在大量可变因素(包括冰块大小,冰的形状和温度,管材,冰/空气的质量比等),有必要在真实的矿井中对冰输送系统进行工业试验,从而研制一种实用而可靠的输送冰的方法。

东兰德公司在东南垂直井筒建立了冰降温中试装置,运送冰的管道包括 250 m 长的水平管道段(从制冰机开始延伸到井筒)、1790 m 长的井筒垂直管柱和 730 m 长的井下水平管道段(见图 3-33)。用于考察冰的基本流动现象,装置设计中选用了直径最小为 100 mm 的管道,冰块尺寸大约为 45 mm。为慎重起见,设计中考虑了应对 1790 m 的全部流体的静压不测事故,采用了无缝钢管甚至在垂直管柱中配备 11 个滑接部件,以满足最大 800 mm 热收缩的需要。为减少热吸收,管道大部分做了绝热处理。整个管线上都采用了大半径的弯头(3 m)。管道终端建造了容量为 100 m³ 的贮冰池。

制冰和存放冰的设施建在地面,其生产能力依计划的管道流量而定。为使运送冰的试验能在稳定流动状态下进行 3 h,设

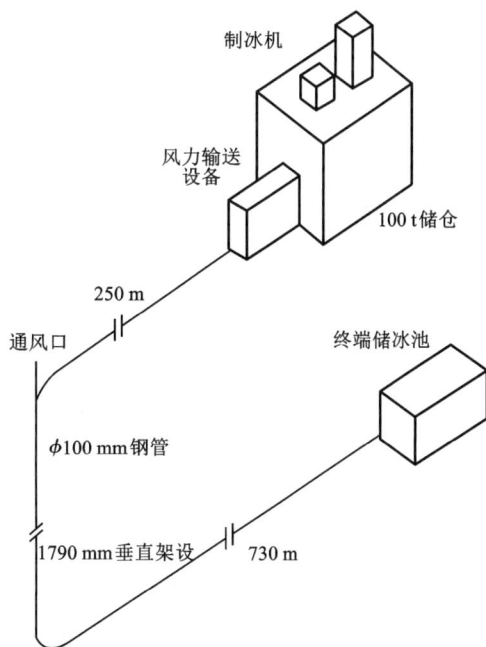

图 3-33　建在东兰德公司的中试装置

置了一台能储藏 100 t 冰的冷冻仓。安装于冰仓顶部的两台不同类型的制冰机,每台制冰能力为 20 t/d,一台生产外径为 32 mm 的管型冰,由一台旋转切割机将其切割成每节 45 mm 长;另一台制冰机连续生产 3 mm 厚的过冷冰片,冰片由机械从凝结表面排出。

为了将冰从(地面)冰仓送到井筒并将其注入垂直管道,考虑了各种风力运输方式[见图 3-34(a)]。风力运输系统中的加料装置如图 3-34(b)所示,初期试验很快发现:因管道中流动冰块的大小以及冰的干、湿程度不同,冰有时可能会成为一种很难用管道运输的物

质。冰的凝聚作用使所试验的鼓风筒未能取得满意的排料效果，其卸料孔上方总会形成鼓风孔，大量的冰存留于鼓风筒内。为克服上述缺点，已研制成一种新型鼓风筒，这种鼓风筒的直径为 350 mm，比一般坐式鼓风筒要小。该管式加料器实现了冰的稳定排放，沿直径 100 mm、长 300 m 的实验管路输送 100 kg 冰塞很轻松，所用的鼓风筒空气压力不到 400 kPa。

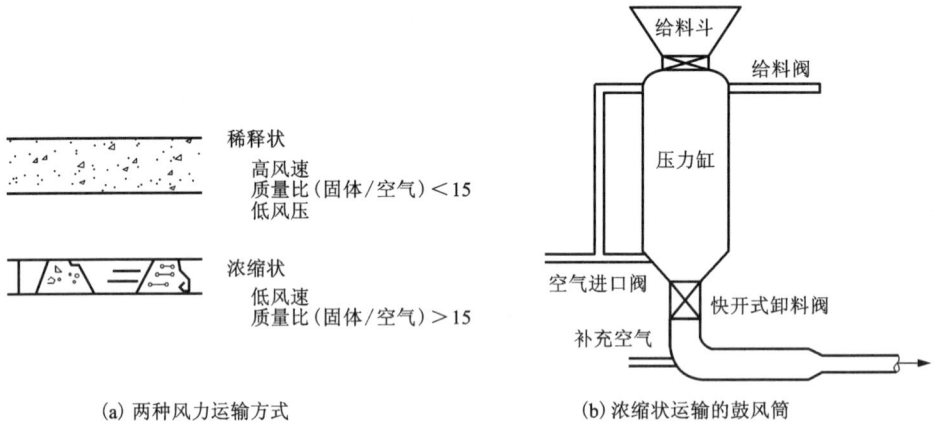

(a) 两种风力运输方式　　　　(b) 浓缩状运输的鼓风筒

图 3-34　风力运输

运冰中试装置中有 3 台为实验室试验而研制的鼓风筒，轮流将冰料排入管道。鼓风筒上的各种阀门由带可调计时器的自动电气系统控制，这样，鼓风筒的工作周期就可按要求进行修改。例如，对于 24 t/h 的冰块流量来说，鼓风筒能以 15 s 的间隔时间排料，每个鼓风筒的循环周期为 45 s。鼓风筒加料系统包含一个将料卸入鼓风筒上方分配加料斗的变速螺旋输送机(位于冰仓底板中线处)，压缩空气来自最大压力为 500 kPa，温度为 15~35℃ 的矿用压缩空气系统。

3.5.1.4　实验过程

中试装置投入试运转后，最初碰到的问题主要在鼓风筒加料和卸料方面，但所有问题均已得到妥善解决，并在此过程中取得了许多宝贵经验。此后，经端部开放的地面管路初步管状冰运送试验进展十分理想。对于 500 kPa 的鼓风筒压力来说，其冰塞能以 25 m/s 的速度沿管道流动。

地面管道与井筒垂直管柱相连后，进行了井下运送冰的试验。开始用的管状冰料在地面管路中发生了突然堵塞现象，受堵的原因是管路端部的反压升高。为使地面管路有足够大的压力梯度来保证运输试验顺利进行，在地面管路与井筒的垂直管柱间安装了精心设计的排风装置。排风孔释放运输空气并使该处管路内的压力始终保持在与大气压十分接近的程度。这样，冰塞就以一定动量而不是以重力而产生的那种推力进入井筒垂直管柱内。进行这一修改后，地面管路就再也未发生过管状冰堵塞问题。

此后以管状冰做了多次井下冰运输试验。试验结果归纳为如下三点。

(1)冰料以 15 t/h 的一恒定流量运送到距井筒底 110 m 水平距离的井下，其间未发生冰流压挤现象；冰塞与流经管柱过程中的气泡相互分隔开来，并以鼓风筒计时在大致相同的间隔时间发送至井下。流经 2150 m 管路全程所花的时间为 210 s，结果见表 3-17。

表 3-17　冰运输试验结果

项目 \ 冰料类型	管状冰	片状冰
最大颗粒尺寸(约)/mm	φ45×32	3×20×20
进入管道的冰温/℃	0	−5
鼓风筒压力/kPa	500	260
耗气(风)量/(kg·s⁻¹)	0.5	1
运输空气入口温度/℃	20	20
地面流动方式(类型)	脉动密集状	脉动稀疏状
冰料流速/(t·h⁻¹)	15	10
井下水平距离/m	110	30

注：这些数字用来表示持续时间至少为 2 h 的试验，不应看成是极限值；试验仍在进行中。

(2)在井下 730 m 长的管道中，冰在发生堵塞之前能以每小时不到 5 t 的流量持续流入终端贮冰池达 1 h 左右。看来不能使冰连续地沿整个水平管道推进的原因在于垂直管柱底部的静压太小(由于有大量空气泡存在)。

(3)有时冰在垂直管柱内发生堵塞。每当运输空气的入口温度达很高(30℃或更高)时，冰块在垂直管柱凝结时就会出现堵塞情况，在冰料中有大量小冰柱粒存在的情况下更是如此。在采取防止入口气温升高的措施后，就再未发生冰被堵于垂直管柱内的现象。

在用片状冰进行一系列运输试验时发现其与管状冰不同，片状冰冰塞流不能沿地面管道流动的原因是沿管道底部融化过程中形成黏结层，导致管道很快堵塞。这一问题通过冷空气或提高运输空气流速的办法[图 3-34(b)]就可以用连续的稀疏状脉动方式将冰可靠地输送到井筒中。提高运输空气的流速并同时降低鼓风筒压力可以克服冰在垂直管柱顶部的堵塞问题(见表 3-17 中的有关数据)。当运冰的空气温度太高时，冰的凝结作用会加剧上述冰堵塞现象(在采用稀疏状流动时不太明显)，在此后多次成功的输送冰试验中，片状冰被成功输送至距垂直管柱底部 30 m 远的地方。

在现阶段，尽管运输特性存在差异，仍不能对哪种冰比较好运输给出明确的答案。

上述两种不同类型的冰都能可靠地输入垂直管道，并在不借用任何助推措施的情况下将其沿井下水平管道输送一段有限的距离。对于主要井筒附近有辅助垂直井筒的矿井来说，采用冰降温系统在技术上已证明是可行的。

3.5.1.5　小结

近年来，许多矿井都趋向于将制冷设备建在地面。这一做法在当前井下制冷水管路中采用能量回收水轮机的情况下经济上是合理的。然而，随着矿井采深的增加，要将大量冷却水泵回到地面所花的巨大费用不断增加，就必须研制更为经济的能排除矿井热量的方法。

继对特定矿井进行有效研究之后，深部矿井的一般性经济研究结果表明，采用向井下输送冰来降温可以相当大地减少泵水量，因而，基本上能取得明显的经济效益并具有较大的实用价值。降温所需的冰可由现有的各类制冰机生产，今后随着更大的、更为经济的制冰机的出现，这一冰降温方法将会更加引人注目。

试验表明，通过管道将大量的冰输送到井下这一做法在技术上是完全可行的。

3.5.2　瓦尔里费斯金矿地面整体制冷站

3.5.2.1　系统组成

把制冷站设在地面在经济上是否可行，必须进行很多调查和分析。英美联合公司在南非瓦尔里费斯金矿 5 号井建造了一座地面制冷站，系统布置如图 3-35 所示。

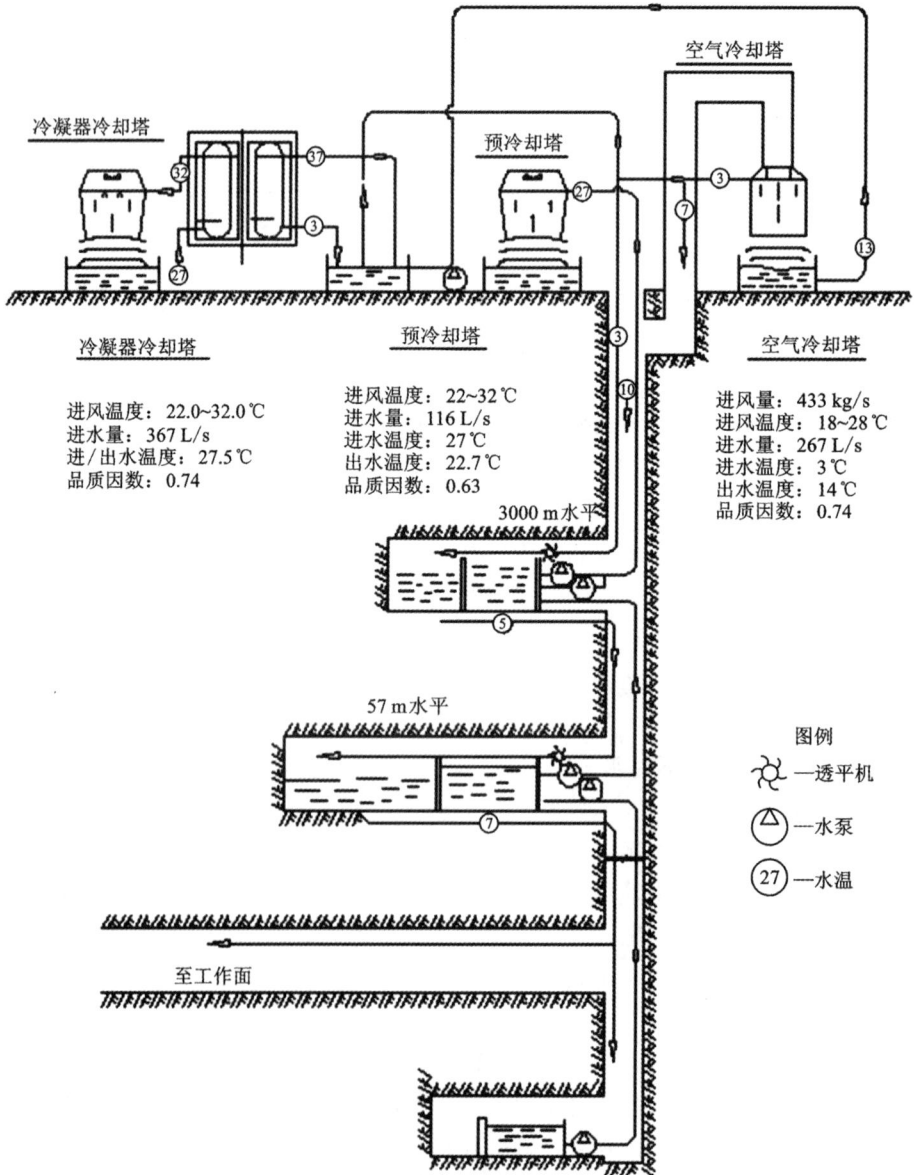

冷凝器冷却塔
进风温度：22.0~32.0℃
进水量：367 L/s
进/出水温度：27.5℃
品质因数：0.74

预冷却塔
进风温度：22~32℃
进水量：116 L/s
进水温度：27℃
出水温度：22.7℃
品质因数：0.63

空气冷却塔
进风量：433 kg/s
进风温度：18~28℃
进水量：267 L/s
进水温度：3℃
出水温度：14℃
品质因数：0.74

图 3-35　5 号井制冷系统图

系统由四个部分组成：

(1)对生产用水进行冷却，而且生产用水和空调用水共用同一套输水网路；

(2)采用回收能量的斗式水轮机；

(3)采用预冷冷却塔；

(4)为了减少井下的需冷量及抵消风流在进风井筒中自压缩的影响，在地面上对进风流进行冷却。制冷站的容量以该矿当时掌握的井下围岩放热量的经验数据为基础计算得出。

研究结果认为：在理论上，地面制冷可以使井下工作地点的湿球温度降到27℃，而使用同样的费用，井下制冷站只能使它降到30℃。

3.5.2.2　矿井生产的统计资料

5号井是瓦尔里费斯金矿月产矿量约100000 t的9个矿井之一。

月矿产量	150000 t(计划产量)
平均开采深度	2000 m
岩石初始温度	43℃(按平均开采水平计算)
工作面深度	距地表1800 m到2200 m
矿体倾角	21°
用隔壁隔开的井筒	
进风部分面积	38.0 m²
回风部分面积	22.0 m²
进风量	520 m³/s(按空气密度为1 kg/m³ 计)

3.5.2.3　制冷与网路系统

按目前标准，该系统属于通用类型，其特点如下：

(1)水流在半封闭的网路中循环，排到地面的水量约20%被排弃掉(供一座冶炼厂使用)，该地区水源能保证补充相当良好水质的水。

(2)制冷站与冷却塔的运输统计数据见表3-18。

表3-18　制冷站与冷却塔的运行统计数据

制冷机组 (设计数据)	蒸发器产冷量	5378 kW(四台)
	水量	1917 L/s
	进水温度	9.7℃
	出水温度	3.0℃
	总产冷量	22000 W
空气冷却塔 (测定值)	进风温度	18.5~25.0℃
	出风温度	7.5~9.0℃
	水量	3068 L/s
	进水温度	36℃
	回水温度	128℃
	品质因数	0.73
	总产冷量	11800 W

续表 3-18

	进风温度	8.5~25.0℃
	出风温度	21.1℃
预冷冷却塔	水量	105.0 L/s
(测定值)	进水温度	26.8℃
	出水温度	19.6℃
	品质因数	0.63
	总产冷量	3165 W

(3)系统总布置图如图 3-36 所示。需要指出的是,热水和冷水都将流入蓄水池,在正常情况下,池里装的是冷水,并可在制冷站停机期限内向井下提供所需的 3℃冷水,等蓄水池里的冷水用尽后,温水才进入井筒中的管网。

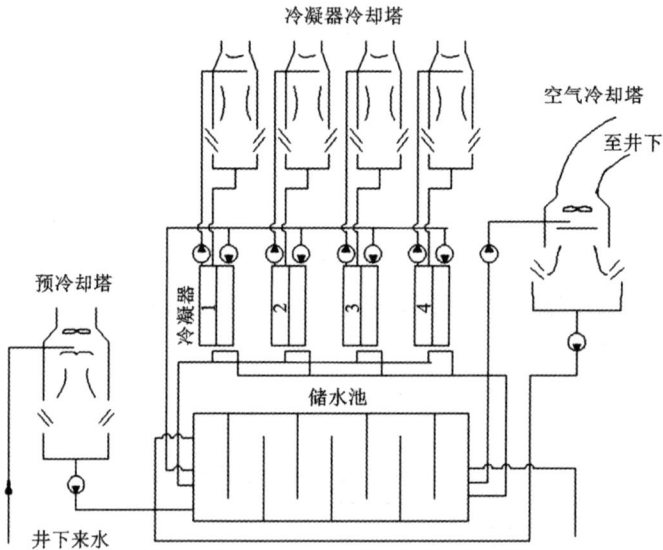

图 3-36 总布置图

(4)设立两座水轮机站,上部站位于 3000 m 水平,其目的是限制井筒中管路的最大水压不超过 900 kPa,设在 57 m 水平的水泵-水轮机如图 3-37 所示。正常运行条件下,在一天24 h 里,水按固定的流量经管网流到 57 m 水平。这个水平的蓄水池能贮备相当数量的冷水,以满足白班用水高峰的需求。

(5)水在工作水平的井底车场里经减压阀降压后输入低压管道(承压 1600~2000 kPa)。

(6)水轮机的效率实测为 82.5%,它略低于设计值,3000 m 水平的水轮机的设计资料为:

净压头   898.5 m

设计流量   122 L/s

输出功率   930 W

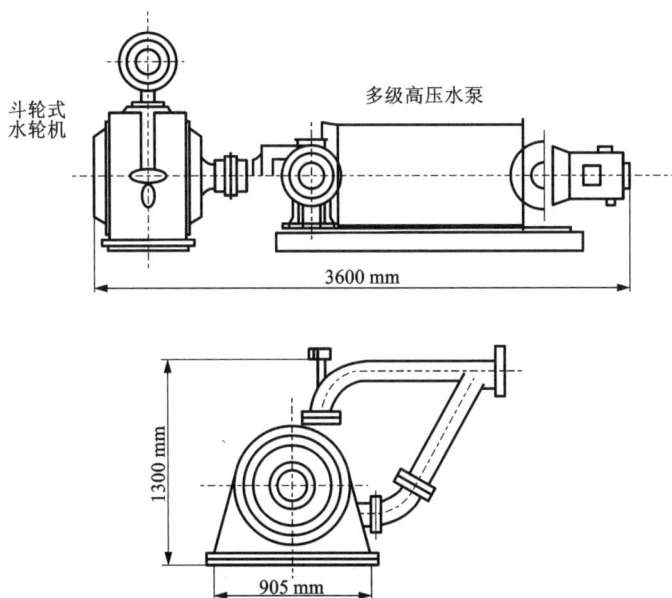

图 3-37　水泵-水轮机组

转速	2760 r/min
100%排量时效率	86.5%
50%排量时效率	85.7%

3.5.2.4　环境条件的改善及其对劳动生产率的影响

启用这套装置的当年夏天，其回采工作面上平均湿球温度为 31.3℃，约较前一年夏天下降 2.5℃。

应当指出，虽然当时工作面距井筒平均距离约为 1500 m，但还是很明显地感觉到了冷风的效果。对于比较远的工作面，采用地面大型空气冷却器后，回采工作面的平均湿球温度仅下降 1~1.5℃。

自启用地面大型空气冷却器后，井底车场风流温度显著下降。由图 3-38 可知，冷却进风流后，距地表 1950 m 处的井底车场入风流冷却前、后的湿球温度变化显著。

比较凉爽的环境条件对 5 号井的劳动生产率的影响非常显著，在采用制冷的前一年夏天，开采面积为 86000 m²，采用制冷站后，夏季开采面积增加到 110000 m²，这个成绩是在工作面的长度基本相同、劳动力的数量明显减少(从 3310 人减到 2950 人)的条件下取得的。当然，劳动生产率的提高还有其他因素的作用，但改善温度条件无疑是一个重要原因。

假设环境条件的改善对提高劳动生产率的作用只占 25%，则收回制冷器系统总投资(共 10000000 美元)的时间不到 4 年。

另外，在采用地面大型空气冷却器后，对井下矿工的精神面貌所产生的积极影响很难从量上评价。

3.5.2.5　冷却用水

向工作面供应冷却水刚好是在夏季到来之前，供冷却水后，工作面的湿球温度平均下降

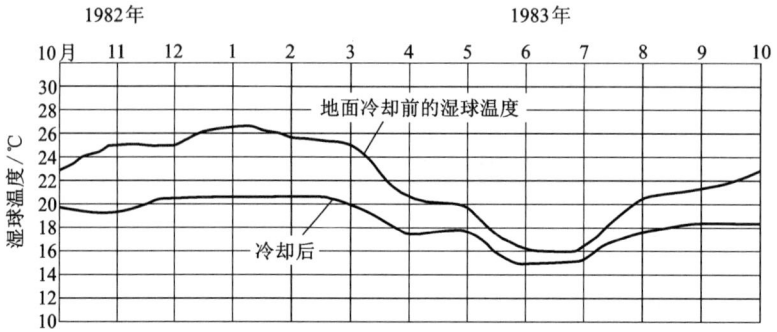

图 3-38　距地面 1950 m 的进风井井底车场的湿球温度

了约 1.7℃（从 29.8℃降到 28.1℃）。

（1）使用冷却水的经验耗水量

冷水的耗量直接影响到工作面的温度，每天 24 h 耗水量的变化情况如图 3-39 所示。喷雾室的耗水量是固定的，总供水量减掉喷水耗量后的水量，可供生产使用。

采矿生产中的用水平均值是 736 L/s，其峰值仅比平均值高 25%。以前也测到过比平均值高 50%的峰值，这种在非生产班（下午和清晨）测得的异常高的耗水量可能是由水管漏水或水阀没有关闭造成的。

在本考察期间，耗水量和矿石量的比值是 1.45。

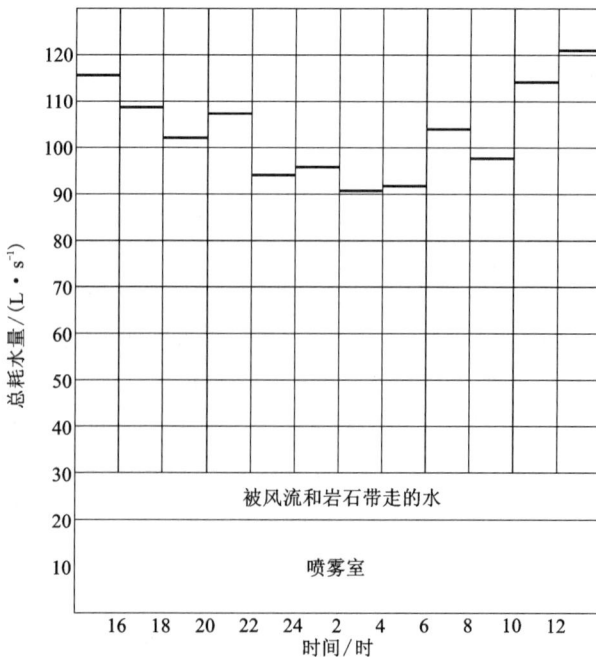

图 3-39　日耗水量分布

（2）冷水网路中水的温升

冷水在网路中流动时的温升如图3-40所示，这个温升图是在生产班中同时在网路系统各点上测得的。

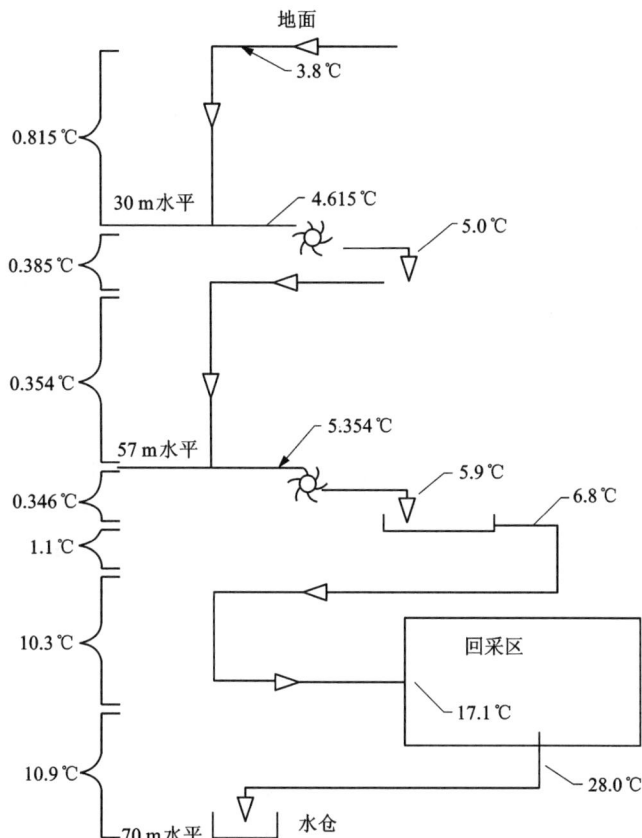

图3-40　进入采场前的沿途水温

（系统的平均供水量为 116 L/s）

设在 57 m 水平的三座蓄水池的总容量是 4.3×10⁶ L，即使井上给水中断，其所蓄存的水量也足以供一个生产班的需要。这个蓄水池是水平开凿的，没有搅拌设备，所以在水池里存在着水温不同的分层。

因为冷水是从底板排出去的，所以比较温和的水明显滞留在水池的表面。因而，蓄水池的出水温度取决于冷水是否流入蓄水池、来水水温、池中的水量以及所使用的水池个数。在只使用一个蓄水池，并且向水池补充冷水时，水池的出水温度为 6.8℃；使用三个水池，但是没有来水补充时，出水温度增加到 15.9℃。根据这些测定值，决定在正常运行情况下，只使用一个蓄水池，而让其余的水池备用。

经 4 h 的测定表明，自 57 m 水平蓄水池出水的平均温度是 6.8℃，在 10 个采场上测得的平均水温是 16.6℃，其最低值是 10.3℃。

必须指出，铺设在井筒中及运输大巷里的钢水管是隔热的，设在石门及采场里的水管则没有隔热。

一般来说，在 57 m 水平蓄水池的出水温度发生显著变化时，需经约 1.5 h 才能在采场里观察到。

如果今后在靠近工作面处采用直接喷雾型空气冷却器并 24 h 连续运转时，到达工作面的水温将会更低，温度波动将会更小。

(3)采场里水温的变化

图 3-41 所示为上午班采场中的水温和回风温度变化的情况，在上午班刚开始时水温最高，这是由于经夜班到白班开始用水时，水在水管里已被加热约 8 h。

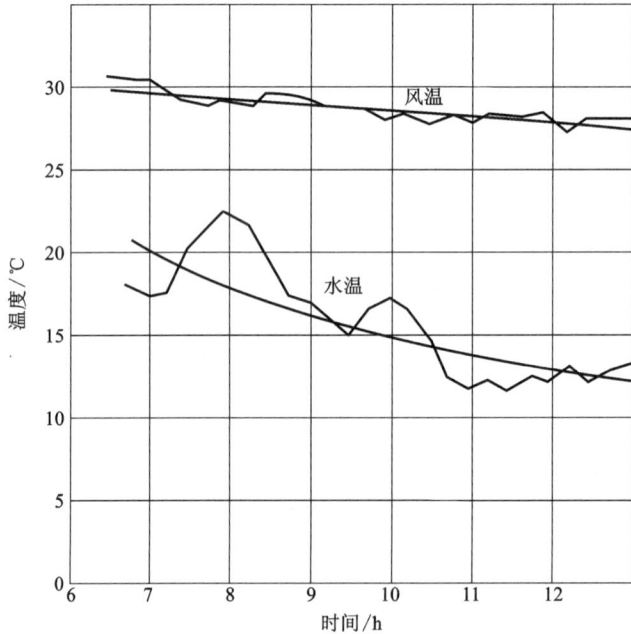

图 3-41　采场中的风-水温度变化

最好以恒定的温度向工作面供水，水网中空气冷却器的使用会减少到达工作面的水温的变化。

在其他矿井的应用表明，水温如低于 12℃，将会遭到凿岩工的反对。

(4)冷却的生产用水对环境条件的影响

在开始应用冷却的生产用水前 10 天及用水后一个月，对 5 号井几乎所有的采场进行过一次特别的温度测量，所有数据是在当日上午班中测定的，结果表明，湿球温度平均下降 1.7℃，即自 10 月份的 29.8℃ 降到 11 月份的 28.1℃。这些数据表明了这个系统的潜在冷却效果。但是，日常测定表明，月平均温度仅能下降 0.8℃。图 3-41 表明，采场最佳的环境条件是打眼班工作完结时，当时冷却的生产用水的水温达到最低值。应该考虑到上述现象是以日常检测的数据为基础的，而它们一般是在上午 8 时到 12 时这段时间里测定的，所以没有包括可能发生在其他班里的最有利的情况。

(5)冷水对围岩总放热量的影响

冬天巷道围岩和风流间的温差增大，导致围岩放热量也增加，同样地，冷水和围岩的接触也导致围岩更多地放热。不了解这些附加的放热量，要做到精确的环境设计与预测是非常困难的。

空气、水的温度和流量的计算表明，附加的放热量要比预期的数值高得多。

下面的资料是由实测的数据和采矿实际吨数计算得到的：

在采用冷却的生产用水之前　　　　　156 W/t

在采用冷却的生产用水之后　　　　　198 W/t

采用冷水后的放热增加率　　　　　　26%

原先预测 5 号井的围岩的放热量是 140 W/t，实际情况却要高很多，这也是工作面温度比预测温度略高的原因之一。

3.5.2.6　对类似系统改进的建议

所采用的冷却水系统是很复杂的，这是将斗式水轮机直接和水泵连接在一起造成的。因而也只能在井下有水待排到地面或排到第二台水轮机水平时，才能从地面通过水轮机向井下供水，这就需要一个良好的同步排水系统。在有一个或几个水轮机站的地方，如能利用水轮机驱动发电机将会大大简化排水系统的运转工作。

3.5.2.7　小结

在比较干燥的矿井条件下，在地面冷却入井风流，对井下降温可取得一定的冷却效果，而且在经济上是合算的，冷却生产用水也改善了工作面的温度条件。

采用这种冷却方案后，虽然矿井的热负荷增加了，但其结果仍是肯定的。

显然，不管采用哪一种冷却系统，都会增加矿井的热流。

简单、可靠及易于维护等问题是至关重要的，虽然这种系统的布置合理性可能要遭到非议，但是在地面采用了大型的空气冷却器及提供冷却的生产用水后，即使系统个别部件发生故障，其工作仍然是可靠的，但其性能要下降一些。

由于实施了上述建议，英美联合公司已把将制冷站设在地面定为标准方案，而尽可能不用井下制冷站。

3.5.3　西部深水平金矿的通风降温

3.5.3.1　矿山概况

西部深水平金矿位于南非德兰士瓦省约翰内斯堡西南约 60 km 处，金颗粒以致密状分布在石英基质的砾岩层中，金品位为 16 g/t。主要开采 V.C.R 及 C.L 两层平行矿脉，矿体倾向南，倾角为 22°，厚度为 0.3~2.5 m。V.C.R 矿脉从 1500 m 标高延伸到 2800 m 标高，目前在 1500~2080 m 采金；C.L 矿脉从 2400 m 标高延伸到 3800 m 标高，目前采金工作面在 2340~3450 m，大部分矿石从该矿脉中采出。

该矿由两组完全相同的竖井开拓，分别称为第二坑、第三坑，每一组有一条分段提升井和一条通风井（见图 3-42）。一段竖井从地表至 66 m 水平，提升高度为 1948 m。二段竖井从 66 m 水平到 100 m 水平，提升高度为 1172 m。三段竖井将从 100 m 水平延深到 120 m 水平，提升高度为 772 m，目前在 100 m 水平暂用斜井开拓，但最终仍将用竖井提升。

采矿方法为普通长壁法。

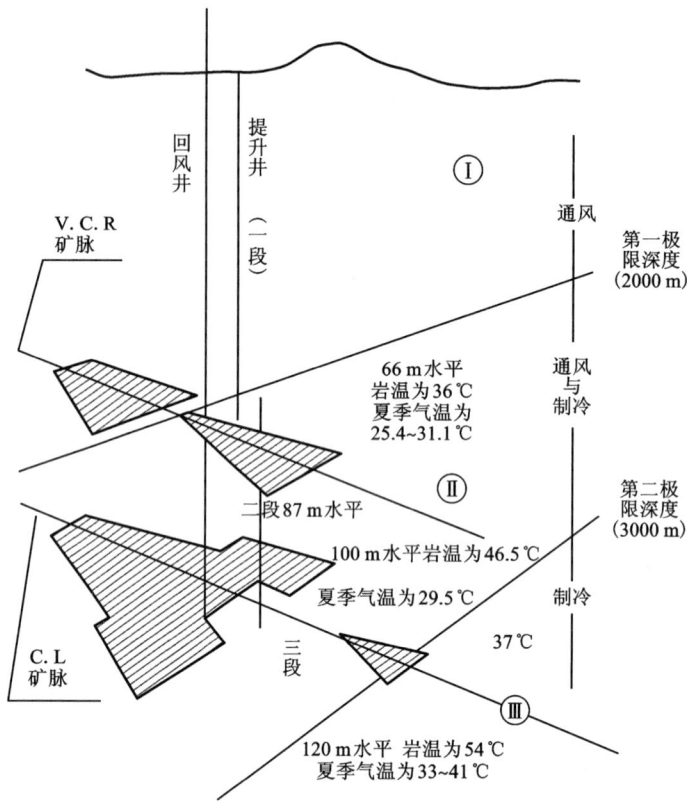

图 3-42 矿山开拓布置

3.5.3.2 通风降温工作

1）两个极限深度

该矿地温梯度为 1.06℃/100 m。根据通风降温的不同要求，按开采深度 2000 m、3000 m 两个极限深度划为三个区域（见图 3-42）。

Ⅰ区：从地表至 2000 m。该区所有工作面都用通风的方法降温。

Ⅱ区：2000~3000 m，由于深度增加，需要加入制冷手段以补偿通风所失去的能力，该区风量较Ⅰ区减少。

Ⅲ区：在 3000 m 以下。入风已不再具有冷却能力，所有热量必须用制冷手段排除。此时循环于工作面的风量达到最小，并被反复调节，反复使用。本书主要介绍Ⅱ区通风降温系统。

2）Ⅱ区通风降温系统

井下散热量计算结果如下：

绝热压缩	38000 kW（占 35%）
岩石散热	60000 kW（占 54%）
人体机械等散热	12000 kW（占 11%）

上述热量的 72% 靠制冷系统排除，28% 靠通风排除。

在二坑和三坑回风井井口,各安装3台叶片后倾离心式风机,每台排风量为260 m³/s,负压为6000 Pa,并联运转,总排风量为700 m³/s,此外还有一台同型号的备用风机。所有风机均用同步电机,转速为750 r/min,功率为2125 kW。各采区还设有局扇。

66 m、75 m、87 m、100 m水平均设有制冷站,设计安装总容量达75250 kW,最终为99750 kW。

3)制冷站配置

制冷站主要包括压缩机、蒸发器、冷凝器等,制冷站布置见图3-43。下面以100 m水平为例,说明制冷站的配置情况及各种主要设备的技术特征:

(1)每对设备的制冷容量:3870~3170 kW(成对安装,串联运转)。

(2)冷媒:氟利昂12。

(3)压缩机:3级离心敞开式压缩机,转速为5600 r/min,首级电机容量为3500 kW,末级电机容量为2986 kW。

④蒸发器:壳管式,水流量为126 L/s。首级蒸发器进口水温为18.9℃,出口水温为11.5℃,末级蒸发器进口水温为11.5℃,出口水温为5.6℃。

⑤冷凝器:壳管式,水流量为267 L/s,首级冷凝器进口水温为52.8℃,出口水温为57.2℃,末级冷凝器进口水温为48.9℃,出口水温为52.8℃。

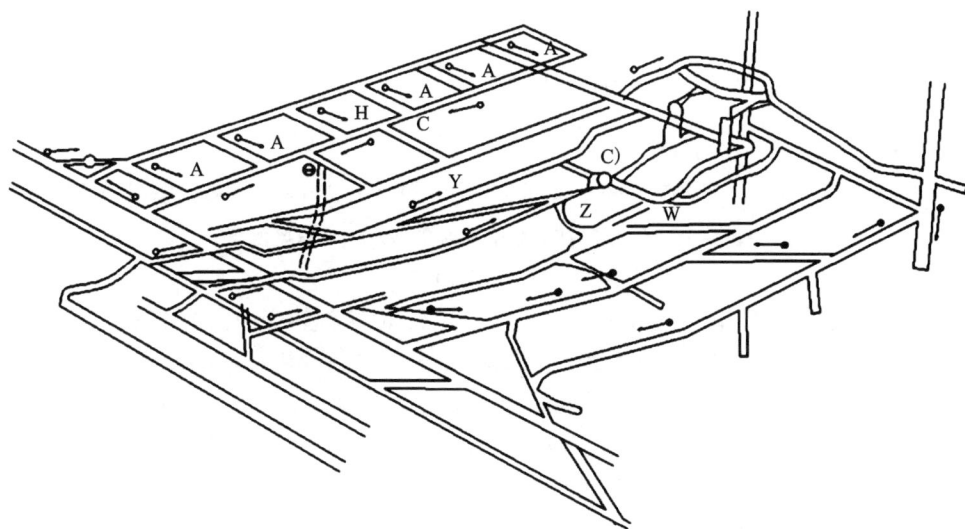

W—2×1007 kW辅助风机;Y—1×1007 kW备用风机;Z—71 kW柴油紧急风机

A—制冷机硐室(3517 kW制冷机2台);H—电气设备硐室;C—冷凝水泵;

C)—混凝土隔墙;o→—进风;·→—回风;Θ—整体冷却器。

图3-43 制冷站布置

4)冷却水循环管网

冷却水通过管网循环于工作面,西矿管网总长达12 km,根据水流量不同,管径变化为100~500 mm,并分为高压管和低压管两种,高压管能承受9.9个大气压力,低压管能承受4个大气压力。管道由密度为30 kg/m³的防火聚氨基甲酸酯制成,壁厚为38 mm,导热系数

为 $0.0231\ W/(m\cdot K)$。管道外部是高密度的聚氨基甲酸酯增强外套,厚度(根据尺寸不同)为 $3\sim4\ mm$。

3 号坑 C.L 矿脉下部地区在 100 m 水平的冷水循环管网配置见图 3-44。

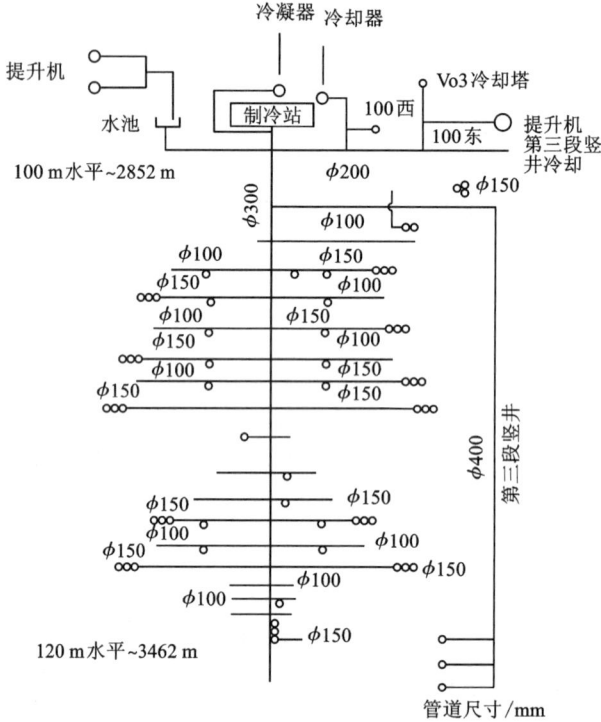

○—永久集中式冷却器;●—移动式冷却器(安装能力为 250 kW);∞—集中式冷却器(安装能力为 750 kW)。

图 3-44 C.L 矿脉 100 m 水平的冷水循环管网配置

原先在 100 m 水平以下工作采用水-水热交换器,但这种热交换器成本高,易生锈,维修困难,因而目前改用敞开式水循环系统。从 100 m 水平主制冷机房来的冷水流入设在 109 m 水平的泄压水仓,垂高为 290 m,再用泵将冷水送到各个水平,回水也流回该水平的回水仓内。然后用两台高扬程泵将水通过第三段提升井的管道泵回主制冷机房。用开式管网系统水压相对较低,因而可用低压管道来输送冷水。

安装了帕尔顿水轮机来驱动其中的一台高扬程泵,可节省电力,另外由于水轮机吸收了水柱下落势能,因而防止了水温升高,增加了冷水的有效利用。

冷凝器生热通过冷却塔排除到回风井,冷却塔位于回风井及制冷站之间,靠近回风井设置。冷却塔的设计要求风速最小。塔内设有不锈钢网用以分散水滴,改善冷却塔性能,约有 90%的回风风流被用来排除热量。

冷却塔性能指标:水流量为 400 L/s;风量为 125 m³/s;入口水温为 57.2℃;出口水温为 48.9℃;入风温度为 32.2~32.3℃;回风温度为 57.2℃;大气压力为 0.18 个大气压。

5)采矿工作面通风降温

(1)工作面热分布及其对温度的要求。当空气流经新暴露的高温工作面和岩堆时,温度明显地形成层状分布,离工作面越近温度越高,温度递增比率也比矿房后部更快,如图 3-44

所示。

西矿规定：工作面湿球温度最大不超过 31℃，因此，通过冷却器排出的空气最大湿球温度不超过 26℃，风速为 2~3.5 m/s。

（2）采矿工作面的通风冷却。该矿曾采用过管道通风冷却系统，但实践表明，必须有足够的冷风吹到离工作面很近的地方，通风效果才比较好。当 7 m³/s 的冷空气在距离 3 m 处吹到工作面时，冷空气只是在工作面附近与热空气轻度混合，而混合空气又被吹回采矿场后部，因此降温效果很差。如果送风管离工作面 14 m，冷风就完全无效了。此外，当采用管道送风时，由于线路较长，密封困难，较易漏风，尤其当顶板塌落时，维修极其困难，甚至无法使用。因此，管道系统已被淘汰，现在采用集中式冷却器冷却矿房。

集中式冷却器由 3 台制冷能力为 270 kW 的冷却器组成，并联运转，安装在一个轮式台车上，每个冷却器带有一个功率为 20 kW 的风扇，送风量为 10 m³/s。冷却车安放在底板运输巷侧专门掘进的硐室内，随着工作面推进，每 60 m 向前移动一次。冷空气通过管道和通风道进入矿房，并顺着矿房中沿走向开挖的地沟进入工作面。为了保证足够的风量风速，借助于一些通风构筑物或在某些地段沿工作面布置的隔板墙达到预定的冷却效果。冷空气经过一个盘区（或若干个长壁工作面）后，进入第二台集中式冷却器，经过第二次冷却，被送入下一个盘区，如此循环。集中式冷却器的安装距离根据岩温、气温的不同而不同，见图 3-45、表 3-19。

集中式冷却器冷却效果很好。从实测结果来看，最大湿球温度不超过 31.7℃，平均在 30℃ 左右。

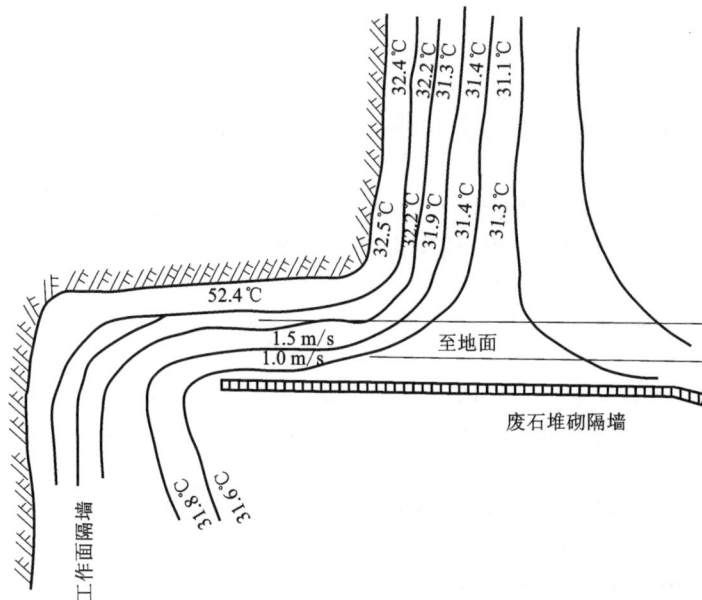

图 3-45　采矿工作面的空气温度分布

表 3-19 集中式冷却器安装距离

工作面位置	原岩温度/℃	距离/m
87~94 m 水平	43.3	210
94~100 m 水平	46.1	180
100~110 m 水平	48.6	150
110~120 m 水平	51.5	120

（3）生产用水的冷却。该矿对冷却生产用水的问题进行了研究，用普通软管将经过冷却的生产用水导入凿岩机等，以降低工作面温度，节省一些中间冷却器。但这只能作为一种辅助手段，不能用它来代替工作面冷却器。使用冷却的生产用水大约能带走 20% 的热量。

6）制冷费用

据统计，该矿制冷费用如下：

最终投资：3120 万美元；

每千瓦安装容量投资：334 美元；

每千瓦制冷量年经营费：105.43 美元。

参考文献

[1] 范天吉. 煤矿通风综合技术手册[M]. 长春：吉林电子出版社，2003.

[2] 张国枢. 通风安全学[M]. 北京：中国矿业大学出版社，2001.

[3] 吴超. 矿井通风与空气调节[M]. 长沙：中南大学出版社，2008.

[4] Hartman H L, Mutmansky J M, Ramani R V, et al. Mine ventilation and air conditioning[M], 3rd. John Wiley and Sons, 1998.

[5] Hartman H L, Environmental health and safety[C]//Hartman H L, SME Mining Engineering Handbook, 2nd Edition, Society for Mining, Metallurgy and Exploration, 1992.

[6] Bandopadhyay S, Computer applications in mine ventilation and the environment[C]//Hartman H L, SME Mining Engineering Handbook, 2nd Edition, Volume 1: 1139-1153, Society for Mining, Metallurgy and Exploration, 1992.

[7] Bandopadhyay, S., WU Hanguang, M. G. Nelson, et al. Ventilation design alternatives for underground placer mines in the Arctic[C]//Ramani R V, Proceedings of the 6th International Mine Ventilation Congress: 57-61, SME/AIME, 1997.

[8] Bandopadhyay S, ZHANG Y W. Parametric analysis of heat and mass transfer process in Arctic mine ventilation [C]//Singhal L, Proceedings of the Seventh International Symposium on Mine Planning and Equipment Selection: 803-810, A. A. Balkema Publishers, 1998.

[9] 黄山果，吴超，邱冠豪，等. 深井采矿热贡献率计算方法研究与实践[J]. 中国安全生产科学技术，2015, 11(1): 91-96.

[10] 何满潮，徐敏. HEMS 深井降温系统研发及热害控制对策[J]. 岩石力学与工程学报，2008, 27(7): 1353-1361.

[11] 张毅，郭东明，何满潮. 深井热害控制工艺系统应用研究[J]. 中国矿业，2009, 01: 85-87.

［12］乔华, 王景刚, 张子平. 深井降温冰冷却系统融冰及技术经济分析研究［J］. 煤炭学报, 2000, 25(S1): 122-125.

［13］张辉, 菅从光, 张博等. 高温矿井冰制冷降温系统经济性［J］. 西安科技大学学报, 2009, 29(2): 149-153.

［14］王景刚, 乔华, 冯如彬, 等. 深井降温的技术经济分析［J］. 河北建筑科技学院学报, 2000, 17(1): 23-26.

［15］傅允准, 林豹, 张旭. 深井水源热泵技术经济分析［J］. 同济大学学报(自然科学版), 2006, 34(10): 1383-1388.

［16］杨昭, 赵义, 李丽新, 等. 五种供热空调系统的技术经济分析及建议［J］. 制冷学报, 2000, 21(4): 43-48.

第 4 章

矿山防排水

4.1 概述

地下水害是影响金属矿山安全生产的五大灾害之一，据不完全统计，全国近70%的金属矿山在基建、采准或在开采过程中均不同程度地受到水害困扰。地下水害不仅严重影响了矿山正常安全生产，导致防排水费用的增加、工期的延长，增加了矿山企业的成本，而且，有些矿山因为强排水，引起区域地下水位大幅度下降，矿区发生地面塌陷、民房开裂等环境地质问题。据不完全统计，每年因为水害的发生，给矿山企业造成的直接经济损失达数亿元。

在矿山生产和建设过程中，预防和治理地下水害伴随着矿山勘探、基建、生产和闭坑整个过程。矿山勘探阶段，在收集已有地质勘探资料的基础上，对矿区水文地质条件进行调查，分析矿山充水条件及矿坑涌水量，进行矿山水害预测与评价，为矿山防排水设计提供依据；矿山基建阶段，主要是在分析研究矿区、矿床水文地质条件的基础上，预防、治理井筒和巷道掘进过程中地下水的问题，制订矿山防治水的整体技术方案和措施，并逐渐形成完备的排水系统；矿山生产阶段，主要是针对基建过程中遇到的地下水害问题，进一步认识、分析与研究矿床水文地质条件，完善与补充矿山整体防治水方案，必要时针对性地布置一些防治水工程，确保矿山正常安全生产；矿山闭坑阶段，着重分析研究地下水向巷道、采空区渗透径流过程中可能造成的矿区塌陷、不均匀沉降等环境地质灾害问题，有针对性地进行综合治理。

在长期的科研和生产实践中，防治水技术人员取得了很多切实可行的防治水经验。如水文地质调查方面，有关探测和预测地下水的方法和仪器越来越多、越来越先进，为查明矿山充水条件起到了至关重要的作用。地下排水设施布置及综合防洪排水措施也不断得到创新与完善。矿山水害防治方法方面，早期矿山广泛采用疏干排水技术方法，为当时大水金属矿山的安全开采起到了保驾护航的作用，但随着矿山开采深度的增加，一些大流量、高水头等水文地质复杂的大水矿山将面临更大的排水负担，加上我国矿山安全法规不断健全和环保力度的不断加强，疏干排水技术方法也逐渐暴露了很多的问题。因此，逐渐发展了以堵水为主、疏干为辅的矿区地面帷幕注浆技术，经过几十年的实践、发展，已在全国近50个大水矿山使用，取得了较好的效果，如湖南水口山铅锌矿、山东张马屯铁矿、湖北铜绿山铜矿和广东凡口铅锌矿等，但其对矿区水文地质边界条件要求苛刻、钻孔较深、偏斜率高、工程成本较高、堵水率不是很高、工期较长等因素，制约该技术在大水矿山的全面推广。针对疏干排水和矿区帷幕注浆防治水方法无法解决的技术难题，近些年创新开发的井下近矿体帷幕注浆技术及控制疏干技术，均已经进入推广应用阶段，为国内外大水矿山防治水工作提供了一种新的思路和方法，前者已在山东莱芜业庄铁矿、莱新铁矿和安徽淮北徐楼铁矿等矿山应用，实际堵水率达到90%以上，取得了显著的经济效益、社会效益和环境效益，后者已在白象山铁矿、马坑铁矿等矿山应用，既保护了环境，又降低了能耗。

矿山中防排水技术思路主要是：根据矿山建设与生产进度，采用必要的勘查技术方法，有针对性地调查矿山水文地质条件，分析矿山地下水的运动规律、充水水源、充水通道及充水强度，比较实测涌水量与预测涌水量的差异，配备合理的排水设施和排水能力，制订技术可行、经济合理、效果可靠的防治水技术方案，主要包括疏干排水、矿区地面帷幕注浆或井下近矿体帷幕注浆等技术方案；在防治水工程实施过程中，充分利用高效探水注浆机具，采用环保廉价的注浆材料及适宜的工艺参数，修改与完善工程设计，提高防治水工程效率和治理效果。

4.2　矿山水文地质勘查

一般矿山在矿井建设前都进行过矿区普查勘探和必要的补充详查，获得了一定水文地质资料。在矿山建设生产过程中，根据前期已有水文地质资料，针对性地对矿山进行水文地质补充勘查，为矿山防排水工作提供更直接的依据。

4.2.1　调查内容

4.2.1.1　地面水文地质调查

（1）气象资料。包括当地气温、降雨量、蒸发量及其历年月平均值和两极值等。

（2）地貌。应与分析研究矿井水文地质条件密切配合，调查由开采和地下水活动而引起的滑坡、塌陷、人工湖等地貌变化及岩溶发育矿区的各种岩溶地貌形态，包括：平原、丘陵、山地、盆地等基本地貌单元的调查；河谷地貌的调查；河流阶地的调查；冲沟的调查；微地貌的调查。

（3）地层。主要调查各地层的地表出露情况及地下水的露头点所处的地貌部位，有无古河床的存在。

（4）地质构造。在矿区勘查过程中，通过钻探等手段基本查清了矿区内的主要断层，但一些小断层往往易被遗漏；某些地段由于工程量控制不足，一些较大的断层或裂隙的特点难以查清。因此，必须对地表出露地层揭露的每一条断层进行详细的观察、记录和分析研究，并作素描图，裂隙发育带应选择有代表性的地段进行裂隙统计；调查断裂构造的形态、产状、规模、性质、断层断距、破碎带的范围、充填或胶结程度，断层带两侧岩性和裂隙发育程度，断层带的充水状态，断层在延展方向是否切割了大的含水体和含水断层等及断层导水性。

（5）地表水体。调查与搜集矿区河流、渠道、水库等水体的历年水位、流量、积水量、最大洪水淹没范围，及其附近的地层岩性、构造部位、地貌条件，地表水体与下伏含水层的关系等。

（6）井（孔）泉。调查井（孔）泉的位置、标高、深度、出水层位、涌水量、水位、水温、有无气体溢出、流出类型及其补给水源。

（7）地面岩溶。主要调查岩溶发育的形态、分布范围。对地下水运动有明显影响的进水口、出水口和通道，应进行详细调查，必要时可进行连通试验和暗河测绘工作。要分析岩溶发育规律、地下水径流方向，圈定补给区，测定补给区的渗漏情况，估算地下径流量。有岩溶塌陷的区域，还应进行岩溶塌陷的测绘工作。

（8）废弃矿井。主要搜集废弃矿井相关井建及水文地质资料，调查井口位置及矿井开采、充水、排水、停采原因等情况，圈出采空区，并估算积水量。

（9）附近生产矿井。调查附近生产矿井的位置、开采范围、采矿方法、地质构造、涌水量、排水能力等，以及与目标矿井之间的水害关系。

4.2.1.2　井下水文地质调查

井下水文地质调查工作，是随矿井建设和采掘工作同时进行的，主要包括矿坑充水性调查和涌水量调查两个方面。

1）矿坑充水性调查

矿坑充水性调查包括含水层、裂隙及岩溶、断裂带和涌水点等的调查。

（1）含水层

当井巷揭露含水层时，应详细描述其产状、厚度、岩性、构造、裂隙或岩溶发育与充填情况，以及揭露点的位置、标高、出水形式、涌水量、水温、水压等。涌水量较大时，应进行水动态长期观测，及时掌握含水层在采掘过程中水量的变化规律。

（2）裂隙及岩溶

对巷道穿透的含水层，选择典型地段进行裂隙调查，测定裂隙的产状、长度、宽度、数量（间距）、形状、尖灭情况，调查充填程度及充填物、地下水活动痕迹等。

在碳酸盐岩层中掘进时，对揭露的溶洞或大型溶隙，应详细记录其标高、长、宽、高、体积和形态、发育方向、有无充填物及充填物成分、充水情况、地下水运动痕迹，岩溶体沿构造面还是岩层面发育，记录岩性和周围地质构造特点，必要时可做岩溶率的统计。

（3）断裂带

巷道、工作面揭露断裂带时，要详细记录断裂带的产状、断裂性质、断距、断裂带宽度、断裂带内充填物成分、胶结程度及断裂带两侧岩性特点，裂隙产状、宽度、发育程度；揭露断裂带时的出水量、出水持续时间、水压、水温并采取水样。

（4）涌水点

对巷道、工作面所揭露的出水点，包括滴水、淋水、涌水，必须观测和记录其出水时间、地点、位置、标高，以及含水层层位、岩性、厚度，围岩破坏情况和地质构造特点，并要观测出水形式，测定水量、水压、水温及水质等。

如果涌水量较大，要求设测站观测其动态变化，绘制出水量变化曲线图和出水点剖面图。

2）涌水量调查

（1）涌水量观测站（点）布设

矿井涌水量观测站（点）分固定站（点）和临时站两种。

在一般情况下，矿井的每一中段水平，每一水平的不同开采区域及不同开采层，疏干石门或水文地质条件复杂的开采区域，长期涌水的突水点、放水孔等重要的水点，都要设立固定站，长期测定井下涌水量。采掘工作面的探放水钻孔、一般出水点、井筒新揭露的含水层等，通常都设置临时站测定涌水量。

（2）涌水量观测站（点）位置

重要涌水点附近、水文地质条件复杂区域、排水井的下游、疏干石门水沟的出口处或各主要含水层水沟的下游等，都是设站（点）的位置。

（3）矿井涌水量观测

①对井下新揭露的突水点、探放水钻孔，在涌水量尚未稳定和尚未掌握其变化规律前，观测时间间隔要短，一般应每天观测一次，对溃入性涌水，在未查明突水原因前，应每隔 1~2 h 观测一次，以后可适当延长观测间隔时间，涌水量稳定后，可按井下正常观测时间观测。观测涌水量的同时，还要测量水压、水温，并观测附近可能有水力联系的其他测站水量（压）的变化，取水样进行水质分析。

②各固定站的观测间隔时间应根据各矿井的水文地质条件确定。一般情况下，高水位期（雨季）1~5 d 观测一次；低水位期（旱季），复杂矿井 10~15 d 观测一次，简单矿井一月观测一次；平水位期，复杂矿井 5~10 d 观测一次，简单矿井半月观测一次。

③矿井涌水量观测一般应分水平设站观测，每月观测 1~3 次，受降水影响的矿井，雨季观测次数应适当增加。

④当采掘工作面上方影响范围内有地表水体、井下富含水层、穿过与富含水层相连通的构造断裂带或接近老窑积水区时，应每天观测充水情况，掌握水量变化。

⑤新凿立井、斜井，垂向上每延深 10 m，观测一次涌水量；掘至新的含水层时，虽不到规定的距离，也应在含水层的顶底板各观测一次涌水量。

⑥矿井涌水量的观测，应注重连续性和精度，要求采用容积法、堰测法、流速仪法或其他先进的测水方法；测量工具要定期校验，以减少人为误差。

⑦井下疏水降压（或疏放老空水）钻孔涌水量、水压调查。在涌水量、水压稳定前，应每小时观测 1~2 次，涌水量、水压基本稳定后，按正常观测要求进行。

4.2.1.3　充水条件调查

1）充水水源

不同地质、水文地质、气候和地形条件下会形成不同类型的矿井水害充水模式，具有不同类型的矿井充水水源。

矿井充水水源分类及调查内容如表 4-1 所示，不同的水源具有不同的特点和影响因素，不同的水源有不同的突水模式，给矿山带来不同强度的灾害。

表 4-1　矿井充水水源分类及调查内容表

主要水源	主要调查内容
大气降水	1. 气象因素的影响； 2. 矿床的埋藏深度； 3. 降水性质、强度、连续时间及入渗条件
地表水	1. 地表水体的性质、规模及其动态； 2. 井巷至地表水体的距离及其地层的渗透性； 3. 采矿方法

续表4-1

主要水源	主要调查内容
地下水	1. 充水层的空隙性质及其富水程度; 2. 充水层的厚度及其分布面积; 3. 充水层的补给条件
老空水	1. 老空水储存的体积大小; 2. 老空水是否与其他水源有水力联系

矿井涌水一般是由多种水源补给的,其中以某一种水源为主,进行调查时,应对矿床的充水水源进行全面且具体的分析,区别主要水源和次要水源,并注意研究充水水源在开采前后的变化情况,为矿山防治水提供可靠的资料。

2)充水通道调查

(1)构造断裂带充水通道

调查断裂两盘的岩性特征、断裂形成时的力学性质、充填胶结情况、后期破坏程度以及人为作用等因素,其中以岩性特征的影响最大。调查断裂带的导水性能时,既要调查构造断裂带在水平与垂直方向的变化,又要调查其在开采前后的变化。

(2)采空区覆岩冒裂带通道

调查矿床开采过程中采空区上方冒落带、导水裂隙带及整体移动带,调查实测控制冒落带及导水裂隙带的高度,及其与强含水层(段)、间接含水层、地表水体及风化带的接触关系,以避免冒裂带成为导水通道,造成井下突水或淹井事故。

(3)底板破坏通道

调查在井巷下方或矿床底板强含水层水压及矿山压力的作用下,底板隔水层被破坏而导致井巷突水的可能性。底板能否发生突水以及突水量的大小主要取决于底板承受压力的大小、底板隔水层的厚度及其稳定性等因素。

(4)地面岩溶、采空区塌陷

调查岩溶、采空区塌陷的影响因素,岩溶发育程度、含水层的透水性、地下水位下降幅度、地表水与地下水间的联系程度、松散层的岩性及厚度等。还需调查:

①浅部岩溶发育地段及岩溶水活动强烈地段;

②塌陷区第四系覆盖较薄处;

③采矿中遇到的陷落柱。

(5)矿床顶板"天窗"

调查有松散覆盖层的矿区,当松散岩层与矿床之间的隔水层因相变尖灭时便在某一部位形成"天窗",致使孔隙含水层与下伏充水层直接连通。在天然状态下,下伏充水层的水位较高,"天窗"可成为这部分地下水的排泄通道;开采状态下,当因疏干地下水而使含水层水位降至"天窗"以下时,"天窗"就成为矿山突水的通道,造成井下突水,河水断流或倒流。

"天窗"地段调查内容包括岩石透水性的强弱及其渗透断面的大小。

(6)含水层露头区

调查充水含水层的出露面积及其透水性。充水含水层出露面积愈大,导致大气降水进入矿坑的量就愈多。尤其对于岩溶充水含水层,具有很强的导水性,当其裸露地表时,大气降水通过露头区直接渗入补给含水层或直接灌入井巷，使矿坑涌水量迅速增加或造成矿井突水。

(7) 封闭不良或未封闭钻孔

勘探阶段施工的各种不良钻孔可沟通各种水源。勘探结束后，钻孔未按要求进行封闭或封闭质量不高，井巷一旦揭露或接近这些钻孔时，便有可能发生突水事故。对封闭不良或未封闭钻孔，主要调查钻孔的孔径、揭露含水层的标高及其规模等。

以上介绍了几种充水通道及其主要影响因素。充水通道同充水水源一样，一般是多种通道共同作用的，但有主有次。实践中，应根据具体条件，分清矿床的充水是一种通道还是多种通道共同作用的。

4.2.2 勘查方法

4.2.2.1 水文地质补充勘探

矿山水文地质补充勘探主要包括地面水文地质补充勘探和井下水文地质补充勘探，其必要性主要依据下列内容判断：

(1) 原勘探工程量不足，水文地质条件尚未查清；

(2) 经采掘揭露，水文地质条件比原勘探报告复杂；

(3) 矿井开拓延深、开采新矿床，或扩大矿区范围设计需要；

(4) 专门防治水工程提出特殊要求；

(5) 各种井巷工程穿越富含水层时，施工需要；

(6) 补充供水需寻找新水源。

矿山水文地质补充勘探主要方法有地面水文地质补充勘探方法和井下水文地质补充勘探方法。

1) 地面水文地质补充勘探方法

(1) 水文地质勘探钻孔按照勘探设计要求进行单孔设计，包括：钻孔结构、止水要求、终孔直径、终孔层位、孔斜、岩芯采取率、封孔质量、简易水文观测及地球物理测井等，设计、技术指标书和施工技术符合标准要求。

(2) 水文地质钻孔要做好简易水文地质观测。

(3) 水文地质观测孔要安装孔口管，便于观测。

2) 井下水文地质补充勘探方法

(1) 复杂型或极复杂型矿，采用地面水文地质勘探难以查清问题时，需进行放水试验或连通试验等井下水文地质补充勘探。

(2) 矿床顶、底板有含水(流)砂层或岩溶含水层时，进行疏干试验等井下水文地质补充勘探。

(3) 受地表水体和地形限制、受开采塌陷影响，地面无法进行水文地质试验，需进行井下水文地质补充勘探。

(4) 孔深过大或地下水位过深，地面无法进行水文地质试验，进行井下水文地质补充勘探。

(5) 井下专门防治水工程需要，进行井下水文地质补充勘探。

(6) 需要在井下寻找供水水源，进行井下水文地质补充勘探。

4.2.2.2 水文地质动态观测

水文地质动态观测是指根据矿区水文地质条件、地下水动态分析需求，建立地下水长期观测站网，定期观测地下水运动要素。

复杂型和极复杂型矿区(矿井)，需建立地下水动态观测网，采用自动观测仪连续记录数据，记录间隔根据生产阶段具体确定，观测网布孔设点需专门设计。

常用观测方法有人工观测、在线自动化观测、遥测等。

矿山水文地质动态观测对象包括地面变形、地表水、地下水等；观测内容包括水质、水位、水温、径流量、泉流量、应力、应变等。

4.2.2.3 水文地质试验

1)抽水试验

(1)确定抽水井(孔)的特性曲线和实际涌水量，评价含水层的富水性，推断和计算井(孔)最大涌水量与单位涌水量。

(2)确定含水层水文地质参数，为评价地下水资源、预测矿坑涌水量、确定矿坑疏干排水方案等提供依据。

(3)确定影响半径、合理井距、降落漏斗的形态及其扩展情况。

(4)了解地下水、地表水(或岩溶地区地下水系)及不同含水层(组)之间的水力联系。

2)井下放水试验

(1)在试放水的基础上，编制放水试验设计，规定试验方法、各次降深值和放水量。

(2)做好放水试验前的准备工作，固定人员，检验校正观测仪器和工具，检查排水设备能力和放水路线。

(3)放水前，在同一时间对井上下观测孔和出水点进行一次水位、水压、涌水量、水温、水质的观测(测定)。

(4)放水试验延续时间，可根据具体情况确定。当涌水量、水位难以稳定时，试验延续时间一般不少于10 d。选取观测时间间隔应考虑到非稳定流计算的需要。中心水位或水压必须与涌水量同步观测。

(5)观测数据应及时登入台账，并绘制涌水量-水位历时曲线。

(6)受大水威胁的矿井，可根据条件采用穿层石门或专门凿井进行相似疏干开采试验。

3)压水试验

压水试验是在钻孔内进行的一种岩体原位渗透试验，是测定岩石渗透性最常用的一种试验方法。它是借用水柱自重压力或使用机械(泵)压力，将水压入到钻孔内岩壁四周的裂隙中，然后在一定条件下测定单位时间内压入量的多少来判断岩石的渗透性。

(1)通过压水试验，定性地了解地下不同深度坚硬与半坚硬岩层的相对透水性和裂隙发育的相对程度，评价岩层的透水性。

(2)为确定防渗与基础处理措施等提供所需要的基本资料。

(3)为注浆提供如孔距、排距、深度施工工艺等参数。

4)其他水文地质试验

(1)钻孔注水试验

钻孔注水试验是野外测定岩土层渗透性的一种比较简单的方法。其原理同抽水试验相同，以注水代替抽水，通过钻孔向测试段注水，保持固定水头高度量测岩土层的注入水量或量测水头高度与试验随时间的变化率，以确定岩土层的渗透系数。钻孔注水试验可分为钻孔常水头注水试验和钻孔降水头注水试验。

（2）渗水试验

渗水试验主要通过保持固定水头高度向试坑注水，测量渗入土层的水量，在野外现场测定包气带非饱和岩层渗透系数。一般渗水试验常采用的是试坑法、单环法和双环法。

（3）地下水流速测定试验

测定地下水的实际流速，主要是为了确定地下水的补给方向和强弱径流带的位置，计算通过某一断面的流量，判断水流是层流还是紊流，研究化学物质在水中的弥散，以及作为注浆中制订某些技术措施的依据。测定实际流速的方法有两种：一种是示踪试验；另一种是物探。

（4）连通试验

①水位传递法：通过抽水、注水、放水或堵水，改变地下水位，在可能连通的点上观测水位、流量的变化，以判断两者之间水流的连通与否及其具体途径。

②示踪试验法：也称指示剂法，在地下水通道的某一个或某几个预定投放点投放选择好的示踪剂或示踪物，在下游预定的接收点观测、取样或就地检测。常用的示踪剂有浮游物示踪剂、染料类示踪剂、食盐示踪剂、放射性同位素示踪剂、离子示踪剂。

4.2.2.4　勘查新方法

（1）遥感

遥感是利用各种航天与航空遥感图像解译与地面调绘编制一些矿区的遥感水文地质图，得到矿区浅层地下水的分布范围及其中的较富水地段，划分补给区、径流区与排泄区。这种方法是结合展片和航片，并与野外的水文地质进行相互补充验证的方法，具体可以细分为四种：热红外监测法、水文地质遥感信息法、环境遥感信息分析法以及遥感模型法。这项技术的优点就是探测的范围和信息量都较大，而且技术较为先进，同时能够进行动态的监测。

（2）水文地球物理勘查

水文地球物理勘查是为查明一个地区的水文地质条件及其有关的地质情况所进行的地球物理勘探工作，简称水文物探。它是根据地下岩层在物理性质上的差异，借助于专门的地球物理仪器，通过测量、分析其物理场的分布、变化规律来进行水文地质调查的一种勘探手段。因其成本低、速度快、用途广，是当前水文地质调查中不可缺少的勘查手段。

水文地球物理勘查有多种分类方法，可按探测时仪器所处的空间位置分类，也可按探测方法的原理分类，一般按仪器所处的空间位置分为地面探测、井巷探测以及孔中探测三类。近些年来，许多地球物理新方法在水文地质勘查中得到广泛应用，主要新方法有地面电法、瞬变电磁法、可控源音频大地电磁法、地震法等地面物探方法，以及地质雷达、矿井地震勘探、矿井瞬变电磁法等井巷物探方法。

（3）水文地球化学勘查

水文地球化学勘查是利用微量元素分析、气体成分分析、溶解氧分析和放射性元素、环境同位素等对矿井含水层的地下水化学特征进行研究，用数学地质方法分析整理地下水化学资料，用以查清地下水分布规律、各含水层水力联系等水文地质特征。

（4）地温测量

利用钻孔测温曲线的梯度变化，确定含水层的含水段；利用不同钻孔水温梯度的变化，划分地下水的补给、径流和排泄区；利用不同含水层的水温差别，判断含水层的补给关系；

利用断层两盘钻孔中同水平点的温差相同断层一侧不同钻孔的测温曲线梯度变化的深度不同,判断断层的导水性。

4.2.3　水文地质分析

4.2.3.1　充水条件分析

矿井充水条件是指矿井充水水源、充水通道和充水强度。充水条件分析就是在矿区已知的自然地理、地质、水文地质和采矿资料的基础上,总结充水条件各种因素对矿井充水影响的一般规律,分析、排查每一个因素对矿井充水的影响,以确定矿井(采取或工作面)的充水水源及不同水源进入矿井(采场或工作面)的通道,并结合水源和通道的特征对矿井充水方式及充水强度加以分析判断,为合理制订防治水措施提供依据。

1)充水水源

矿井充水水源主要包括大气降水、地表水、地下水和老空水。因此,充水水源分析主要是总结上述几种可能的充水水源对矿井充水的影响规律。

(1)大气降水对矿井充水的影响

除了露天矿大气降水与矿坑充水有直接联系外,井下开采时,大气降水多为矿井充水的间接水源,通过井巷上部表层、采空区对应地表的裂隙或入渗补给充水含水层进入矿井。大气降水对矿井充水的影响规律主要有:

①涌水量有明显的季节变化。

②涌水量峰值滞后于降水量峰值,滞后的时间长短取决于井巷深度和地表与井巷间岩层的渗透能力,一般在其他条件相同时井巷越深,滞后时间越长。

③高寒地区受大气降水影响出现两个峰值,一个是在雨季,另一个是在融雪季节。

(2)地表水对矿井充水的影响

地表水是指江、河、湖、海、池塘、水库中的水,主要充水途径有:地表水体下松散岩层、基岩含水层露头或地表塌陷裂缝渗入,采后顶板冒落带贯通,构造破碎带、老窑直接溃入或洪水冲毁井口围堤直接灌入。地表水对矿井充水的影响规律主要有:

①充水程度决定于井巷距离地表水体的远近以及地表水体下岩层岩性、厚度和构造情况。

②地表水作为充水水源经常构成定水头的供水边界,因此动水量稳定,不易疏干。

③贯通岩溶断裂带时,往往造成严重的淹井事故。

(3)地下水对矿井充水影响

不同类型的含水层作为矿井充水水源引发的矿井水害与其含水空间的发育特征和补给条件有关,又与不同类型含水层和开采矿床的空间相对位置有关,即矿床与含水层的赋存条件。各类含水层受采掘破坏时对矿井充水的影响,取决于含水层的富水性及其与其他水源的水力联系,对矿井水害的影响规律主要有以下3点:

①孔隙含水层。一般在井筒揭露后对矿井直接充水,少数情况下因水位下降还会引起井壁破裂,第四系底部为富水性强的含水层时,对浅部矿体安全开采也有较大威胁。

②裂隙含水层。通常在井巷掘进揭露或矿房回采冒落后对矿井直接充水,在裂隙发育一般且无其他水源补给时,水量一般不大,且衰减快,可疏干;含水较丰富的裂隙含水层多数是通过采动后的导水裂隙带和集中导水通道进入矿井。

③岩溶含水层。除井巷直接揭露外，采动裂隙、断层等集中导水通道都可能将岩溶水导入矿井，掘进和回采时均受到其威胁，充水时往往来势凶猛，并伴有突泥突砂现象，有时涌水通道与地表岩溶塌陷相通，使河水倒灌，有时通过地下暗河的落水洞进入矿井，水量受季节降水量大小影响。

（4）老空水对矿井充水的影响

老空水包括古代老窑积水、近代地方小窑积水和大型矿山的采空区积水。当采掘工作面揭露或接近这些采空积水区后就会造成矿井充水，甚至会引发不同程度的水害。老空水对矿井充水的影响特点主要有：

①多为突然发生，发生时瞬时水量大，具强大破坏力，在水量大、水压高、工作面位置低时常造成伤亡事故，是矿山水害中造成伤亡事故最多的水害。

②引发的水害因其以静水为主，一般水害发生后，水量衰减快，水压亦随之快速下降，不会造成特大淹井事故，但伤亡事故居高不下，是矿山防治水的重中之重。

③老空水呈酸性，对排水设备和矿山机械具有腐蚀性。

④水害发生的同时常伴有 H_2S 和 CH_4 溢出。

2）充水通道

矿井充水通道和充水含水层一样可分为直接充水通道和间接充水通道，由于井巷的进水方式不同，同样性质的充水通道所起的作用也不一样。不同形式的充水通道对矿井充水的影响有所差异。

（1）巷道掘进形成的充水通道

除巷道揭露断裂、岩溶裂隙相对发育的岩层外，一般水量较小不致发生灾害性充水。而断裂、岩溶裂隙发育的岩层被揭露，只要与强含水层或地表水没有水力联系，也不致发生重大水害；如有联系，则可能发生重大水害。

（2）集中导水通道

集中导水通道主要包括陷落柱、断层、裂隙带与封闭不良的钻孔等。集中导水通道充水既决定于通道本身的导水性强弱，更决定于是否导通了强含水层或其他水体，采掘工作面揭露的集中导水通道一旦沟通强含水层或水体，将造成重大水害；否则，也不致发生严重的水害。

（3）采场顶板冒落或底板破坏

回采工作面充水与矿床顶、底板岩层的性质（主要是富水性）及其组合关系很大，如顶、底板岩层为较完整基岩时，冒落后一般水量不大，且随时间衰减；若为富水性较弱岩层时，涌水量可能会较大，但不致构成较大水害；回采工作面是否出大水的关键是顶板冒落带（导水裂隙带）或底板破坏带是否会破坏强含水层，或是否通过集中导水通道与强含水层或地表水体发生水力联系。

3）充水强度

矿井充水水源和矿井涌水通道是矿井充水条件的两个重要方面，是受自然条件和人为条件所决定的，也可以说是矿井充水之因，而矿井充水强度才是矿井充水之果。充水水源和涌水通道这两个因素只有通过有机结合才能够形成矿井充水，充水水源贫乏和涌水通道不畅，只能形成不大的充水，不致引发矿井水害；充水水源丰富、涌水通道顺畅会形成严重的矿井突水，引发重大甚至特大的矿井水害。

由于水文地质条件具有时空变化的特点，所以矿井充水条件亦有特定的空间和时间含义。就同一矿井而言，不同开采水平、不同采场乃至不同工作面，其充水条件都存在一定的差异；对于同一矿井的同一个开采水平、采区或工作面的充水条件不同，时期也不同，有的雨季和旱季不一样，有的采前和采后不一样。因此，分析研究矿井的充水条件，必须坚持具体问题具体分析，并充分考虑其时空变化，既要评价其一般性特点，更要充分认识不同时间、不同空间的特殊性。

由于地质工作是分阶段进行的，所以矿区水文地质工作也相应于采矿阶段而不断发展和深入。在整个采矿过程中，人们对矿井充水条件的认识是一个由表及里、由浅入深的过程。从某种意义上来说，充水条件分析既贯穿于矿区水文地质工作的始终，又是各阶段水文地质工作的先导。例如，在矿床勘探的各个阶段，需要分析矿床充水条件，指导水文地质勘探方案的设计，勘探手段的选择、勘探工程量的确定和勘探工程的布置，预测和评价矿床开采时水文地质条件的复杂程度，为矿区规划、总体设计或矿井设计提供依据；在矿山生产过程中，需要分析矿井充水条件，确定是否需要进行矿井补充水文地质勘探和如何进行勘探，查明矿井水的来龙去脉，为矿井安全生产和制订防治水规划，指导防治水工程设计、施工提供水文地质依据。

4.2.3.2　矿坑涌水量计算与分析

1）矿坑涌水量计算

矿坑涌水量是指矿山开拓与开采过程中，单位时间内涌入矿坑（包括井、巷和开采系统）的水量，通常单位为 m^3/h。它是确定矿床水文地质条件复杂程度的重要指标之一，关系到矿山的生产条件与成本，对矿床的经济技术评价有很大的影响，也是设计与开采部门选择开采方案、开采方法，制订防治水措施，设计水仓、排水系统与设备的主要依据。其计算方法主要有以下几种。

（1）$Q - S$ 曲线方程外推法

$Q - S$ 曲线方程外推法是指用稳定井流条件下抽水试验的 $Q = f(s)$ 方程（图 4-1），外推未来疏干水位降的涌水量。实质上也是一种相似条件下的比拟法。应用时的前提条件是：抽水试验建立 $Q = f(s)$，应符合稳定井流条件；抽水试验的各种条件应与预测对象的疏干条件接近。因此，必须重视试验的技术条件，包括：

①应将抽水试验孔布置在预测对象的分布地段，保证水文地质条件的一致性；

②采用大口径（或孔组）试验，计算时为消除井径对涌水量的影响，需做井径换算；

③抽水降深应大于疏干水位水柱高度的 1/2，计算时的外推疏干降深不应超过 1.75 倍的抽水降深，主要考虑疏干状态下的补给条件；

④用枯季抽水试验预测正常涌水量，根据雨季试验预测季节性最大涌水量；

⑤要排除抽水过程中一切自然和人为随机影响因素的干扰。

$Q - S$ 曲线方程外推法的优点是：回避各种水文地质参数求参过程中的失真，计算简单易行。适用于预测建井初期的井筒涌水量，上水平

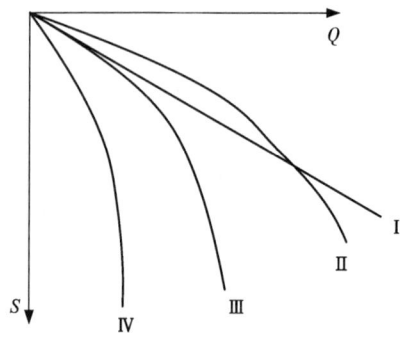

Ⅰ—直线型；Ⅱ—抛物线型；
Ⅲ—幂函数型；Ⅳ—对数曲线型。

图 4-1　抽水试验的 $Q - S$ 曲线

疏干资料外推下水平的涌水量,以及矿床规模小、矿体分布集中、边界条件和含水结构复杂的涌水量。

（2）相关分析法

相关分析法是根据涌水量与主要影响因素之间相关关系的密切程度建立回归方程,利用抽水试验或开采初期的疏干资料,预测矿坑涌水量或外推开采后期下水平的涌水量。根据实际资料的统计,多元复相关预测远比单相关效果好,其回归方程表达的内容丰富,可反映除降深外的各种影响因素。它的应用条件与 $Q-S$ 曲线方程外推法类同,但对原始数据的采集有严格要求:

①代表性:（规范）要求不少于一个水文年（包括丰、平、枯季节）的动态观测数据,同时数据（样本）量不少于 30 个;

②一致性:指应与预测对象条件相一致;

③独立性与相关性:即多自变量有独立的变化规律,相互间关系不大;而与涌水量之间均存在密切的相关关系,（规范）要求相关系数不低于 0.7。

（3）解析法

解析法是根据解析解的建模要求,通过对实际问题的合理概化,构造理想化模式的解析公式,用于矿坑涌水量预测。具有对井巷类型适应能力强、快速、简便、经济等优点,是最常用的基本方法。解析法预测矿坑涌水量时,以井流理论和等效原则构造的"大井"为主,后者指将各种形态的井巷与坑道系统,以具有等效性的"大井"表示,称"大井"法。

稳定井流解析法主要应用于矿坑疏干流场处于相对稳定状态的流量预测。包括在已知某开采水平最大水位降条件下的矿坑总涌水量;在给定某开采水平疏干排水能力的前提下,计算地下水位降深（或压力疏降）值。

非稳定解析法主要用于矿床疏干过程中地下水位不断下降,疏干漏斗持续不断扩展,非稳定状态下的涌水量预测。包括:

①已知开采水平水位降 (s)、疏干时间 (t),求涌水量 (Q);

②已知 Q、s,求疏干某水平或漏斗扩展到某处的时间 (t);

③已知 Q、t,求 s,以确定漏斗发展的速度和漏斗范围内各点水头函数随时间的变化规律,用于规划各项开采措施。

（4）数值法

数值法用近似分割原理摆脱解析法处理实际问题时的严格理想化要求,使其更接近实际,因此主要用于水文地质条件复杂的大水矿床,并依据大流量抽放水试验对其水文地质条件整体暴露,并提供建模、模型识别、大降深疏干预测的各种信息资料。

矿坑涌水量数值计算原理方法虽与供水水资源评价完全一致,但由于矿床所处自然环境复杂,开采条件变化大,不确定因素多,又要求作大降深下推预测。因此,矿坑涌水量数值计算的最大特点是:模型识别的条件差、任务重、难度大。不仅要为原始状态下水文地质模型的各项未知条件与不确定因素,通过定量化过程进行识别与校正;同时,还要为大降深数值预测建立内边界的互动机别,即随内边界（面积、降深）变化外边界的下推规律及其水均衡条件。

（5）水均衡法

水均衡法是根据开采地段内,地下水动力平衡的基本原理,来预计其总的"可能涌水量"

的一种方法。对于一个均衡区,在一定的均衡期内直接测定大部分水均衡要素(个别要素也可采用经验数据,或利用类似地区的数据比拟估算),进行水均衡计算和评价的方法,适用于大的区域。其优点是方法简单,缺点是实测均衡要素野外工作量大,部分均衡要素难以测得。往往用于初步评估一个区域的水资源。对于矿山而言,它主要适用于地下水运动为非渗流型且水均衡条件简单的充水矿床,如:

①位于分水岭地段地下水位以上的矿床。

其主要特征为:地下水位一般停留在下伏弱含水层的顶端,故水层薄,水位埋藏深,变幅大、升降迅速,具有巨大的透水能力却无蓄水能力。抽水试验困难,也无效果。地下水动态与降雨直接相关。依照降雨方式的不同,形成各种尖峰状动态曲线形态,矿坑涌水量也常不随降深的增加而加大,故水位降深在一定程度上失去意义。补给区主要在矿区范围及其附近,补给路径短,以垂向补给为主。矿区地下水与区域地下水不发生水力联系,即无侧向补给。

②河管道充水矿床。

A.含水介质为孤立的暗河管道系统,通常各管道系统自成补给、径流、排泄系统,互相不发生直接水力联系,有些地区的管流与分散虽有一些联系,但管流是当地地下水排泄量的60%~80%。

B.含水层极不均一,无统一地下水水位,因此不形成统一的含水层(体)。

C.管流发育地区,地表溶蚀洼地、漏斗、落水洞发育、三水转化强烈,地面难以形成长期性表流;地下水动态受降水控制,暴涨暴落;其流量与降水补给面积成正比,变化大,具集中排泄特点。

2)矿坑涌水量分析

矿坑涌水量分析是一项复杂而艰巨的工作,是矿山排水和防治水的重要依据。在前期矿床水文地质勘探过程中,矿坑涌水量作为确定矿坑水文地质类型、矿坑水文地质条件复杂程度和评价矿坑开发经济技术条件的重要指标之一,已通过多种计算方法进行预测。但是,由于矿山水文地质条件差异性较大,边界条件概化或计算参数选取受人为因素影响较大,因此,按普遍方法预测的结果或多或少会有误差,有的甚至相差几个数量级。在矿山建设与生产过程中,应该根据矿山实测涌水量,比较矿坑涌水量的预测值,甚至根据矿山最新揭露的水文地质条件,重新计算矿坑涌水量。此外,还需结合已调查的矿井充水条件,分析产生误差的原因。

4.2.3.3 水害预测与评价

1)水害预测

(1)发生的基本条件

矿山水害发生必须具备的两个基本条件:一是必须有充水水源;二是必须有充水通道。

①充水水源。造成矿山水害的水源主要有大气降水、地表水、地下水及老空区积水等。

②充水通道。主要包括巷道掘进揭露的断裂或岩溶裂隙,陷落柱、断层、裂隙带与封闭不良的钻孔等集中导水通道,以及采场顶板冒落带或底板破坏带等。

(2)影响因素

①自然因素

A.地形。盆形洼地,降水不易流走,大多渗入井下,补给地下水。

B. 围岩性质。围岩由松散的砂、砾层及裂隙、溶洞发育的硬质砂岩、灰岩等组成时，可赋存大量水，这种岩层属强含水层或强透水层，对矿井威胁大；围岩为孔隙小、裂隙不发育的黏土层、页岩、致密坚硬的砂岩等，则是弱含水层或称隔水层，对矿井威胁小。当黏土厚度达 5 m 以上时，大气降水和地表水几乎不能透过。

C. 地质构造。地质构造主要是褶曲、断层和陷落柱。褶曲可影响地下水的储存和补给条件，若地形和构造一致，一般是背斜构造处水小，向斜构造处水大；断层破碎带本身可以含水，而更重要的是断层作为透水通路往往可以沟通多个含水层或地表水，它是导致透水事故的主要原因之一。陷落柱通常是导水通道，尤其导通奥灰岩含水层时易发生突水事故。

D. 充水岩层的出露条件和接受补给条件。充水岩层的出露条件，直接影响矿区水量补给的大小。充水岩层的出露条件包括它的出露面积和出露的地形条件。

②人为因素

A. 顶板塌陷及裂隙。矿床开采后形成的塌陷裂缝是地表水及含水层水进入矿井的良好通道。

B. 老空积水。废弃的古井和采空区常有大量积水。

C. 未封闭或封闭不良的勘探钻孔。地质勘探工作完毕后，若钻孔不加封闭或封闭不好，这些钻孔便可能沟通含水层，造成水灾。

（3）主要原因

①地面防洪、防水措施不当或管理不善，地表水大量灌入井下，造成水灾。

②水文地质情况不清，井巷接近老空积水区、充水断层、陷落柱、强含水层以及打开隔离矿柱，未执行探放水制度，盲目施工，或者虽然进行了探水，但措施不当。

③井巷位置设计不当。如将井巷置于不良地质条件中或过分接近强含水层等水源，导致施工后因地压和水压共同作用而发生顶、底板透水。

④施工质量低劣，致使矿井井巷严重塌落、冒顶、溃砂，导致透水。

⑤乱采乱掘，破坏防水矿、岩柱造成突水。

⑥测量错误，导致巷道穿透积水区。

⑦无防水闸门或虽有而管理、组织不当，造成透水时无作用而淹井。

⑧排水设备能力不足或机电事故造成。

⑨排水设施平时维护不当。如水仓不按时清挖，突水时岩块堵塞水井，致使排水设备失去效用而淹井等。

（4）突水征兆

①与承压水有关断层突水征兆

A. 工作面顶板来压、掉渣、冒顶、支架倾倒或断柱现象。

B. 底板软膨胀、底板鼓裂缝。

C. 先出小水后出大水。

D. 采场或巷道内瓦斯量显著增大，这是因裂隙沟通增多所致。

②冲积层水突水征兆

A. 突水部位岩层发潮、滴水、且逐渐增大，仔细观察可发现水中有少量细砂。

B. 发生局部冒顶，水量突增并出现流砂，流砂常呈间歇性，水色时清时混，总的趋势是水量砂量增加，直到流砂大量涌出。

C. 发生大量溃水、溃砂，这种现象可能影响至地表，导致地表出现塌陷坑。

③老空区水突水征兆

A. 岩层发潮、色暗无光。

B. 岩层"挂汗"。

C. 采掘面、围岩和岩层内温度低，出现"发凉"现象。

D. 在采掘面内若在围岩帮壁、岩层内听到"吱吱"的水呼声时，表明因水压大，水在裂隙中流动发出响声，有突水危险。

2) 水害危险性评价方法

矿山水害危险性评价方法大体可分为两种：一种是条件分析法，即根据工作面的水文地质条件，预测工作面有无突水发生的可能性，这种方法通常是分采区或采面进行的，侧重于定性分析；另一种是模型拟合法，包括统计模型、GIS 模型、模糊综合评判模型等，这些方法在不同程度上具有定量的特点，尤其以 GIS 为工作平台，利用其强大的空间分析等功能，建立多因素突水评价模型，对水害进行危险性评价，取得了显著进展。

(1) 层次分析法

层次分析法是指将一个复杂的多目标决策问题作为一个系统，将目标分解为多个目标或准则，进而分解为多指标(或准则、约束)的若干层次，通过定性指标模糊量化方法算出层次单排序(权数)和总排序，以作为目标(多指标)、多方案优化决策的系统方法。基本步骤如下：

①建立层次结构模型。

②构造判断矩阵和标度。

③求解判断矩阵最大特征根及其相对应的特征向量。

④层次单排序及其一致性检验。

⑤层次总排序。

⑥层次总排序的一致性检验。

层次分析法具有系统、灵活、简便以及定性定量相结合等特点，但又存在指标过多时，数据统计量大且权重难以确定，以及特征值和特征向量的精确求法比较复杂的缺点。

(2) 多源信息复合技术

多源信息复合技术是以地理坐标确定的空间二维平面为基础，来实现同一区域、不同信息地理坐标的统一，也就是所谓的空间配准。多源信息复合技术就是利用多源地学信息(如地理信息、地质信息、遥感信息等)进行综合处理的一种新方法。其评价步骤如下：

①资料收集与整理。

②数据信息预处理。

③建立突水模式：

$$I = FM_c / [m(1 + v)] \tag{4-1}$$

式中：I 为突水指数；F 为断裂因素值；M_c 为矿层采厚，m；m 为顶板隔水层厚，m；v 为火成岩作用因素。

④进行预测分区。

(3)底板突水的"脆弱性指数法"

脆弱性指数法采用的基本模型就是将 GIS 与可确定底板突水的多种主控因素权重系数的信息耦合于一体的评价模型,即

$$VI = \sum_{i=1}^{N} S_i \times I_i \tag{4-2}$$

式中:VI 为矿床底板突水的脆弱性指数;S_i 为第 i 个主控因素对底板突水的"贡献"或相对权重;I_i 为第 i 个主控因素归一化后的无量纲值。

脆弱性指数法考虑了影响底板突水的多种主控因素之间复杂的作用关系和对突水控制因素的相对"权重"比例,能够真实反映受控于多因素影响且具有非常复杂机理和演变过程的底板突水。因此,其主要应用于解决底板突水预测预报问题。

(4)"三图双预测法"

"三图双预测法"是一种解决矿床顶板充水水源、通道和强度三大问题的顶板水害评价方法。"三图"是指矿床顶板充水含水层富水性分区图、顶板垮裂安全性分区图和顶板涌(突)水条件综合分区图。"双预测"是指顶板充水含水层预处理前、后回采工作面分段和整体工程涌水量预测。

"三图双预测法"主要用于顶板涌(突)水危险性评价预测。

(5)模糊综合评价法

模糊综合评价法是一种基于模糊数学的综合评标方法。该综合评价法根据模糊数学的隶属度理论把定性评价转化为定量评价,即用模糊数学对受到多种因素制约的事物或对象做出一个总体的评价。其一般的评价步骤如下:

①模糊综合评价指标的构建。模糊综合评价指标是进行综合评价的基础,评价指标的选取是否适宜,将直接影响综合评价的准确性。进行评价指标的构建应广泛参考与该评价指标系统行业资料或者相关的法律法规。

②采用构建好的权重向量。通过专家经验法或者 AHP 层次分析法构建好权重向量。

③构建评价矩阵。建立适合的隶属函数从而构建好评价矩阵。

④评价矩阵和权重的合成。采用适合的合成因子对其进行合成,并对结果向量进行解释。

模糊综合评价法具有结果清晰、系统性强的特点,能较好地解决模糊的、难以量化的问题,适合各种非确定性问题的解决。

(6)灰色理论模型法

通过对灰数进行灰运算、灰生成,以建立起灰色模型,通过模型再对客观事物进行预测、控制、优化等,这一套方法体系,即为灰色理论。其一般的评价步骤如下:

①数据的检验与处理。

②建立模型 GM(1,1)

$$x^{(0)}(k) + az^{(1)}(k) = b \tag{4-3}$$

式中:$x^{(0)}(k)$ 为灰导数;a 为发展系数;$z^{(1)}(k)$ 为白化背景值;b 为灰作用量。

③检验预测值。

④预测预报。

灰色理论模型具有所需样本量少、无需知道样本的分布规律、运算量小且运算时间短以及预测精度高等优点，可以在矿井基建与生产的不同阶段，对矿井涌水量的变化趋势进行动态预测评价，为矿井防排水系统的设计和矿井防治水措施的制订提供依据。

(7) 神经网络模型法

神经网络模型作为一种非线性模型被用来研究预测问题，它具有较强的自适应、自组织、学习和容错等功能，属于一种数据驱动的方法。其预测过程如下：

①采集训练样本。

②神经网络模型选择。

③神经网络学习。

④神经网络拟合。

⑤预测模型校验。

⑥预测预报。

神经网络模型预测可考虑大量影响因素，既可以是定量的，也可以是定性的，具有一定的普适性和客观性。此外，由于其具有容错与记忆的能力，因此，可以在突水预测中进行数据联想补缺及错误校正，并能从大量数据中提取有用信息，使预测结果更加可靠。

4.3　矿山排水

4.3.1　矿山排水方式及系统

1) 排水方式

矿山排水方式有两种：自流排水和机械排水。自流排水主要利用采场与地形的自然高差，不用水泵等动力设备，仅依靠排水沟、排水平硐等简单工程将积水自流排出。机械排水主要是利用水仓汇水，通过水泵的动力设备，将积水排出地表。矿山排水，在有条件的地方应尽可能采用自流排水。自流排水具有投资少、经营费少、管理简单和生产可靠等明显优点，因此，在地形条件允许的情况下，即使在自流排水的投资明显高于机械排水时，考虑到常年经营费的节省和生产的方便可靠，也应优先采用自流排水。故有的生产矿山在已有机械排水的情况下仍不惜投资开掘专门的放水长平硐。

2) 排水系统

(1) 直接排水和接力排水

直接排水系统见图 4-2[(a)、(b)、(e)]，接力排水系统见图 4-2[(c)、(d)]。

在涌水量不大及各阶段水量较均衡的情况下，在开采初期因同时工作阶段数不多，通常设计采用下部单水平直接排水的方案，而将上部阶段的涌水引入该水平。当开采阶段向下延深，排水水平下降时，才考虑分段接力排水与一般直接排水的方案比较。

直接排水和接力排水系统的优缺点及适用条件见表 4-2。

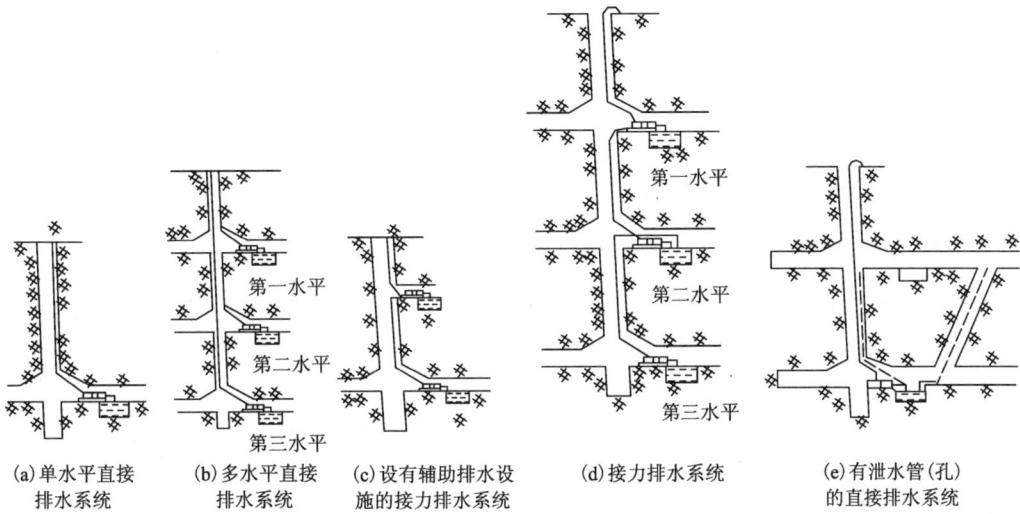

图 4-2 直接排水和接力排水系统示意图

表 4-2 直接排水及接力排水系统比较

排水系统	优点	缺点	适用条件
直接排水	不受其他泵站影响，运行管理简单；基建投资少	上部水量流入下部阶段排出，增加了排水电耗	涌水量不大，尤其适用于上部涌水量小、下部涌水量大的矿山；矿井深度不太大，开采水平不多
接力排水	排水设施布置灵活性大；排水电耗少	基建投资大；增加了排水系统环节；泵站间有制约干扰	矿井深度大；涌水量大，尤其是上部涌水量大，或各阶段开采时间短的矿山

（2）集中排水和分区排水

集中排水是将矿井（区）内的各个分区的涌水集中于一个排水系统排出。分区排水是在矿井（区）内的各个分区由几个排水系统分别排出涌水。集中排水和分区排水系统比较见表4-3。

表 4-3 集中排水和分区排水系统比较

排水系统	优点	缺点	适用条件
集中排水	基建投资少；经营费用较低；管理较简单	对水量大，矿床规模大的矿山要预先开掘较大的巷道及水沟	涌水量不大，矿区范围小的矿井
分区排水	排水独立性强；疏干排水效果好	分散，管理不便；工程量有时较大	矿床规模大，水量大，走向长，井筒个数小，或矿井内水文地质、水质变化大的矿山

个别情况下，如涌水量小的浅部矿体，距井底车场较远，可以采用小井或大钻孔作排水通道将水直接排至地表。

分区排水或集中排水方案应根据矿山水文地质条件、开拓和开采顺序等，通过多方案比较后确定。

一般情况都采用集中排水，矿井较深、水量较大时，采用分区排水。矿井水文地质复杂、涌水量大时，初期的主排水泵站不宜设在最低水平。

4.3.2 泵房型式和布置

按水泵的类型不同，泵房型式可分吸入式和压入式两种。另外，还有潜水泵排水方式。

1）吸入式排水泵房

（1）一般规定和要求

吸入式排水泵房一般由水泵房、吸水井、配水巷和泵房通道等组成（图4-3）。

①为便于集中管理，维护和检修，且尽量缩短供电及管路长度，排水泵房与主变电所应联合布置，并尽量靠近铺设排水管道的井筒。

②井下最低中段的主水泵房出口不少于两个；一个通往中段巷道并装设防水门；另一个在水泵房地面7 m以上与安全出口连通，或者直接通达上一水平。

③在泵房与车场连接通道中，除铺设轨道外，还应设置向外开的密闭门，达到既能防水又能防火的要求。门内加设不妨碍密闭门关闭的铁栅栏门。

④泵房内应筑混凝土地面，并高出通道与车场连接处巷道底板0.5 m，地面通向吸水井须有3‰以上的斜坡。通道内也应向车场有3‰的坡度，以便泄水。

（2）泵房与相邻巷道的连接方式

泵房与相邻巷道的连接方式应根据井筒位置、井底车场布置、围岩条件等具体确定。一种是与井底车场用通道连接；另一种是与井底车场的联络巷道连接。

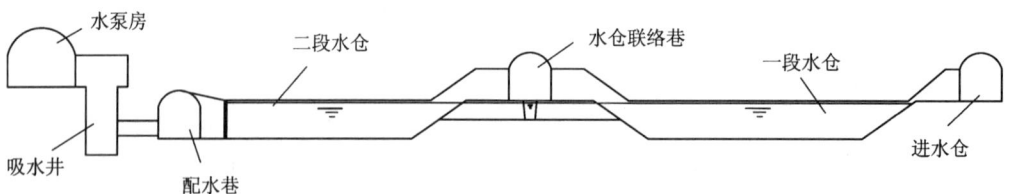

图4-3 吸入式排水泵房布置形式

2）压入式排水泵房

（1）泵房布置特点

压入（潜没）式排水泵房的特点是，泵房低于水仓和大巷，水泵房利用水仓自然水头进水，不需要灌水启动，并可避免泵壳内充气，因此便于自动控制和有利于延长水泵寿命，由于水泵低于水仓水位，无底阀，故水泵效率较高，电耗较少（图4-4）。

由于泵房低于水仓和大巷，故泵房通风条件稍差，积水不便排除，设备运输不便，同时泵房通道（斜巷）、管子道、控制分水阀的通道等辅助巷道工程量较吸入式泵房大。

这种布置方式目前采用不多，当矿井排水选用高转速（3000 r/min）、高扬程、大流量的水泵时，由于这种泵的吸入性能不能满足吸入式要求，可采用压入式布置方式。当矿井排水泵吸程较低、不能适应水仓布置时，也可采用压入式泵房。

（2）一般规定和要求

泵房位置、尺寸、温度、出口通道数量、断面等有关规定和要求，均与吸入式排水泵房相同。

（3）泵房设计的防水措施

①为防止车场积水流入泵房，泵房与车场连接的斜通道上口底板，应高于连接处车场底板 0.5 m。

②泵房与车场或大巷相通的所有通道，均应设防水密闭门。

③为便于突然涌水时关闭通道密闭门的情况下可以控制分水阀，泵房内应有连通分水阀门操作巷的通道。

④泵房中应设有安全水仓或水窝，并应配备 2 台小水泵（一台工作，一台备用）以防水仓、水泵、管道漏水和排除积水，积水可排到吸水井内。

⑤为便于突然涌水时增加排水设备，密闭门上应预留出水管，并加闸阀，紧急时可用。

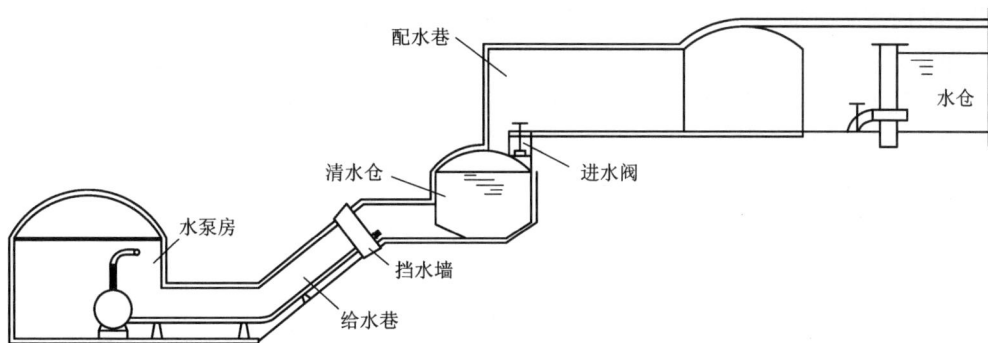

图 4-4　压入式排水泵房布置形式

3）潜水泵泵井

井下采用潜水泵排水的主要优点是：

①在矿井一般淹没的情况下，潜水泵仍能保持设计排水能力，对有突然涌水淹没危险的矿山特别适用。

②水泵效率高，节约电能。

③由于水泵电机潜入水中，运转产生的热量被水带走，不存在大型泵房的通风散热问题，且运转中的噪声亦小。

缺点是潜水泵价格贵，对水质要求较严，泵井的开掘量大、难度高。

4.3.3　矿山排水设备

4.3.3.1　矿用水泵的分类及构造

1）矿用水泵的分类

矿用水泵可以用来输送清水、污水、水煤浆和泥浆等，其扬程一般都在 1000 m 以下，也有一些扬程在 1000 m 以上的。矿用水泵的类型较多，分类方式也多，一般有如下几种分类方式：

（1）按水泵叶轮数目分类

按水泵叶轮的数目分类，有单级泵和多级泵。

①单级泵。它只有 1 个叶轮，扬程较低，一般为 8~100 m。

②多级泵。它由多个叶轮组成，泵的总扬程为所有叶轮产生的扬程之和，扬程较高，一般为 70~1000 m，高扬程泵的扬程可达到 1800 m 或更高。

（2）按水泵传动轴的安装位置分类

按水泵传动轴的安装位置方式分类，可分为卧式水泵和立式水泵。卧式水泵的传动轴均为水平安装。立式水泵的传动轴为垂直安装，立式水泵又分为吊泵、深井泵和潜水泵。吊泵多为多级式立式离心式水泵，常用于立井(竖井)井筒掘进时的排水。潜水泵有可靠的密封结构，可以防止水进入电动机。把泵和电动机装配在一起，做成可移动式的潜水泵，可以潜入水中进行排水，恢复淹没的矿井时就可以用潜水泵。

（3）按叶轮的进水方式分类

按叶轮的进水方式分类，可分为单侧进水式水泵和双侧进水式水泵。

①单侧进水式水泵，简称单吸泵。单吸泵的叶轮上只有一侧进水口，因此叶轮两侧产生压力差，进而产生轴向力，需要采取平衡装置进行调节。由于它的过流部分结构简单，因此可用于泥浆泵、砂泵、立式轴流泵和小型标准泵。

②双侧进水式水泵，简称双吸泵。双吸泵的叶轮两侧都有进水口，不产生轴向力，不需要平衡装置，且流量比单吸泵大一倍。一般大口径泵、卧式泵采用双吸。

（4）按排水的介质分类

矿用水泵可以用来输送清水、渣浆和泥浆等，具体分类详见表4-4。

表4-4 矿山常用水泵

型号	类型	流量/($m^3 \cdot h^{-1}$)	扬程/m	功率/kW	转速/($r \cdot min^{-1}$)
BQW25-10-2.2/X	潜污水泵	25	10	2.2	3000
BQS50-60-15	潜水排沙泵	50	60	15	2860
BQS50-100-37/N	潜水排沙泵	50	100	37	3000
IS150-125-400	单级泵	200	50	45	1450
DDM360-75×4	多级泵	360	300	560	
DDM280-70×5	多级泵	280	350	630	
DDM280-70×10	多级泵	280	700	1000	
MD500-57×7	多级泵	550	378	850	
MDS420-95×7	多级排沙泵	420	665	1250	1448

2）矿用水泵的构造

矿用水泵种类繁多。结构各异，但不论何种泵，都由泵体、泵轴、叶轮、轴承、泵盖及密封装置等几大部分组成。

4.3.3.2 排水管路及元件

1）排水管路

排水管路就是由许多节钢管或铸铁管材采用各种连接方式连接起来的水流通道。可以将积水从积水池(水仓)输送到指定位置。由于排水管路要承受较高的压力，一般为 1~9 MPa，因此，常选用钢管作为主排水管路。钢管的种类较多，有无缝钢管、有缝钢管。而无缝钢管又分为冷轧(冷拔)和热轧无缝钢管。在排水压力不高的条件下，有时也用一些铸铁管作为排水管。

排水管路常用的连接方式主要有四种：法兰盘连接、焊接、快速接头连接和螺纹连接。

2）管件及附件

(1)管件

排水管路在敷设过程中，因受到环境限制或配管要求，需要使用弯头、三通、四通、异径管等管件。

(2)附件

管路附件常用的有阀门、管卡、固定管座、伸缩管、伸缩器等。

①阀门是排水系统中不可缺少的主要附件。排水系统中常用的阀门有闸板阀(简称闸阀)、逆止阀和底阀。

②管卡的作用是用来固定管道的，防止管路弯曲变形和大的位移，但管路可以在管卡之间微量窜动。管卡应牢固地固定在所处位置。

③固定管座用于承载管道的重量，其结构和强度必须满足实际要求，否则将使管道受到损坏。

④伸缩管外体与管路用法兰盘相连，它的内管接在固定管座上，当伸缩管外体侧的管路膨胀或收缩时，外体可以沿内管移动，从而起到防止热胀冷缩而引起管路变形的作用。

⑤其他附件：灌水漏斗、旁通管、放气阀门、滤网等。

4.3.4 水仓

水仓是矿井涌水的贮仓，起着存水和沉淀作用。

4.3.4.1 一般规定的要求

(1)井下主要水仓的布置方式一般与井底车场设计同时确定。水仓入口一般应设在车场或大巷的最低点。

(2)主要水仓应由两个或两组独立的巷道系统组成。最低中段水仓总容积应能容纳 4 h 的正常涌水量；正常涌水量超过 2000 m^3/h 时，应能容纳 2 h 的正常涌水量，且不小于 8000 m^3。应及时清理水仓中的淤泥，水仓有效容积不小于总容积的 70%。

当岩层条件好及施工方便时，水仓可设计成一条大巷中间隔以钢筋混凝土墙，使分成两个独立水仓的形式。

(3)水仓断面大小，应根据容量、围岩、布置条件和清仓设备的需要确定，并应使水仓顶板标高不高于水仓入口水沟底板。水仓高度一般不应小于 2 m，容量大的水仓，应适当加大断面，以缩短水仓长度。

(4)泥砂量大的矿井，其水仓应采用机械清理。诸如清理设备硐室、水仓坡度、宽度、弯道半径等。必要时应设沉淀池，沉淀池应设两个(组)，以便交替使用。

（5）设沉淀池的水仓，根据沉淀、清理和备用的需要，一般分多组进行布置，每组水仓分沉淀仓和清水仓两部分。

（6）当为侵蚀性水时，应考虑分区处理或水质处理。

4.3.4.2　水仓布置型式与车场连接方式

1）水仓布置型式

（1）单侧布置

水仓均布置在水泵房一侧，两条独立的水仓相互平行，一般相距 10～20 m。这种型式在清仓时，对运输作业影响小，一般用于尽头车场，或矿井水从泵房一侧流入水仓时采用。

（2）双侧布置

双侧布置是水仓设在水泵房的两侧。这种布置型式在一条水仓清仓时，车场易有积水，卫生条件较差。为防止清仓时水淹车场，可采取开平水沟或开进水小巷处理。一般用于从两侧流入水仓和水仓可能扩建时。

2）水仓与车场巷道连接方式

（1）直接相连

水仓入口通道直接与车场巷道相连，清仓用的小绞车硐室设在通道对面的联络道一侧，或设在入口通道内。

（2）通过联络道相连

水仓入口通道与车场巷道之间用联络道相连，清仓用的小绞车硐室设在通道对面的联络道一侧。

前一种连接方式巷道开凿工程量小，但清理水仓时影响车场运输，提升矿车易掉道；后一种连接方式优点是清理水仓时不影响运输。

4.3.4.3　大水矿山水仓容积确定

大水矿山，且最大涌水量与正常涌水量相差 5 倍以上时，水仓容积可参考下式计算取其大值。

（1）水力充填法开采的矿山，按下式计算

$$\begin{cases} V = 6(Q_2 + Q_3 + Q_4)/K \\ V \geqslant 2Q_1/K \end{cases} \tag{4-4}$$

（2）大水矿山或露天转地下开采且有较厚垫层的矿山，按下式计算

$$\begin{cases} V = 4Q_2/K \\ V \geqslant 2Q_1/K \end{cases} \tag{4-5}$$

（3）露天转入地下开采，且大气降水与井下直接联通的矿山，可参考下式计算

$$V = Q_m - nqt_m$$
$$n = \frac{C_2 Q_m}{C_1 + C_2 qt_m} \tag{4-6}$$

式中：V 为水仓容积，m^3；Q_1 为最大涌水量，m^3/h；Q_2 为正常涌水量，m^3/h；Q_3 为平均通风防尘用水及其他井下用水量，m^3/h；Q_4 为井下最大填充水量，m^3/h；K 为水仓容积利用系数，按泥高 0.6 m，$K = 0.75 \sim 0.85$；Q_m 为出现最大涌水量时间内的总水量，m^3；n 为正常工作水泵台数，台；q 为每台水泵排水能力，m^3/min；t_m 为出现最大涌水量时间，min；C_1 为每

台水泵综合投资(包括水泵、机械、电器、管件、泵房变电所及硐室费用等),元;C_2 为施工每 1 m^3 水仓的投资费用,元。

大气降水与井下直接联通的矿山,采用上述计算公式确定井下水仓容积,有时误差较大。因此,条件合适时,应通过贮排平衡方法计算贮水容积和排水设备,并配合相应的措施。

4.3.4.4　提高水仓利用率

在铺设轨道的水仓中,因水仓坡度、水阀布置、泥砂沉积等因素的影响,水仓容积不能完全利用,为了提高水仓利用率,可采取以下措施:

(1)减少水仓坡度所形成的无效容积。图 4-5 中,水仓坡度形成的无效容积计算公式为

$$V_4 = 0.5Lh_4B \tag{4-7}$$

或

$$V_4 = 0.5L^2iB \tag{4-8}$$

式中:V_4 为水仓坡度所形成的无效容积,m^3;L 为水仓长度,m;h_4 为水仓坡面垂高,m;B 为水仓断面净宽度,m;i 为水仓坡比。

可见 V_4 与 L^2 成正比,所以,水仓除适当选取坡度外,还应采用缩短水仓长度的措施,即在可能的条件下加大水仓断面,或采取分组布置的方式。分组布置的方式见图 4-6 中副水仓,对于容量较大的水仓,分组布置不但可减少坡度所形成的无效容积,也可加快水仓施工。

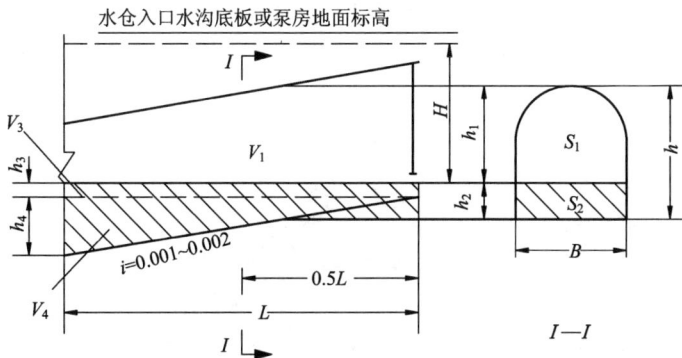

图 4-5　水仓纵剖面图

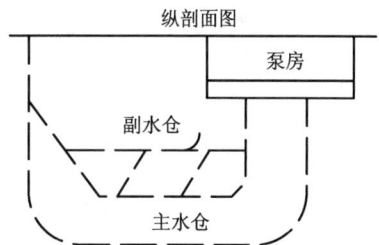

图 4-6　水仓分组布置图

(2)改进水阀布置,将水阀布置于水仓底板标高时,$h_3 = 0$,则无效容积 $V_3 = 0$。

(3)为保证水仓有效容积,对泥砂沉淀量应进行控制并定期进行清理。对沉淀量较大的水仓污水入仓前,应设有沉淀池,以减少水仓中泥砂沉积。

(4)预埋泄压管和改变水仓的立面布置。设计中,水仓标高升至入口顶板标高,水仓顶部便形成封闭容积。

封闭容积在与外部大气完全隔绝时,因其中充满空气,只能被压缩,不能排除。可在水仓顶部预埋一泄压铁管通到泵房,使封闭容积中的空气压力与外部相等,水仓顶部空间即可充分利用。

(5)改变水仓立面布置,将水仓顶板按水平布置,这样可加大水仓有效断面。

这种布置方式因水仓墙高将随底板上坡面逐渐减小,对施工要求高一些。

4.3.5 沉淀池

含泥砂量大的矿山，尤其是水力充填法的矿山，污水入水仓之前应用一些沉淀池进行预先沉淀，以避免影响正常生产运输，并减少水仓的清泥量，满足清仓设备对泥砂粒度的要求。

1）沉淀池的分类

（1）沉淀池按结构形式可分为：

①巷道平流式沉淀池；

②硐室竖流式沉淀池。

（2）按沉淀固体粒度大小可分为：

①沉砂池(沉 0.1 mm 以上颗粒为主)；

②沉泥池(沉 0.1 mm 以下颗粒为主)。

（3）按设置地点可分为：

①采区(或工作面)沉淀池；

②水仓(或中央)沉淀池。

2）采区沉淀池设置

图 4-7 为某机械化点柱充填法矿山的沉淀系统示意图。充填水从设于间柱中的采场沉淀池滤出，经由阶段联络道 1 流入阶段采区沉淀池 4，自采场倾斜联络道流出之水则经分段平巷 2 再通过钻孔 3 汇入沉淀池 4，沉淀池溢出之水由钻孔引到主排水阶段水仓内。

采区沉淀池可利用穿脉或探矿旧巷加以改造或专设，见图 4-8 和图 4-9。

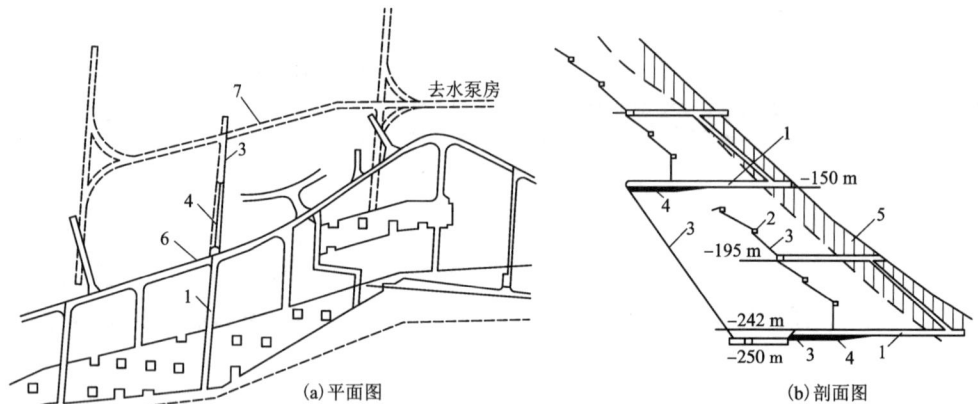

1—阶段联络道；2—分段平巷；3—排水钻孔；4—采区沉淀池；5—矿体；6—240 m 水沟；7—250 m 水沟。

图 4-7　沉淀系统示意图

图 4-8 是可自流汇集本阶段泥砂的沉淀池，图 4-9 是汇集上阶段泥砂的沉淀池，如果用压气罐等泥浆提升方式，也可将本水平及以下水平的泥浆排入此池沉淀。

这种沉淀池是在大断面坑道沿中心线加一钢筋混凝土隔墙而成，两个独立沉淀池互相轮换使用。沉淀池端部设插板式挡墙。泥砂水自池的尾部放入，泥砂下沉，水自插板闸门流出，然后流入本阶段水仓或由钻孔下放。沉淀池一般可沉淀大于 0.1 mm 的颗粒，水面流速应小于 100 mm/s。

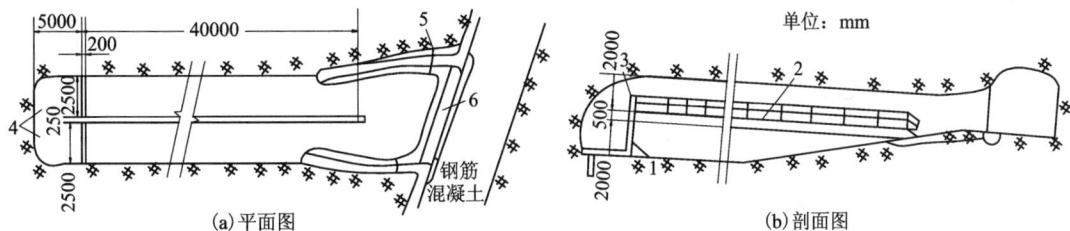

1—挡墙；2—人行平台；3—梯子；4—上覆筛网的 $\phi75$ 钻孔；5—可控板；6—盖板。

图 4-8 可自流汇集本阶段泥砂的沉淀池

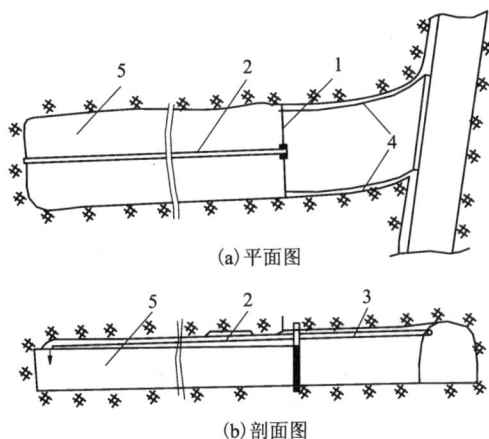

1—插板闸门；2—钢筋混凝土隔墙；3—砂浆管；4—水沟；5—沉淀池。

图 4-9 汇集上阶段泥砂的沉淀池

根据需要与可能，在充填法采场滤水井下部坑道修筑临时性沉淀池，也可收到良好效果。

沉淀池的清理，由于砂质含水少，直立性好，一般可用人工或装岩机、铲运机等清理，后者效率高，劳动强度低。

3）水仓沉淀池的布置

与水仓联合的沉淀池布置型式有一段式水仓和两段式水仓两种。

既起沉淀作用又起贮水作用的水仓称为一段式水仓，结构简单，开凿工程量少，管理方便。对于泥砂量不大的矿山是一种较好的型式。

对于矿井涌水含泥量大的矿山，若采用一段式水仓，沉淀效果差，因此，有的矿山把水仓施工成两段，前一段为沉淀段，后一段为清水段，称为两段式水仓。采用两段式水仓时，大量泥砂在沉淀段沉淀，泥砂在沉底段可单独进行处理，便于实现清仓机械化。清水段和配水巷沉泥砂少，可以长时间不清仓，水泵连续开动时间长，使用方便，但井巷工程量较大。

两段式水仓在含泥量大、服务时间较长的矿山采用。梅山铁矿水仓沉淀池布置示意图见图 4-10，两个沉淀池互相倒换清理和使用，每个沉淀池有效容积是 97 m^3；进入巷道之前设置水篦子，沉淀池和水仓进水口设水闸板，以备清理时截水。

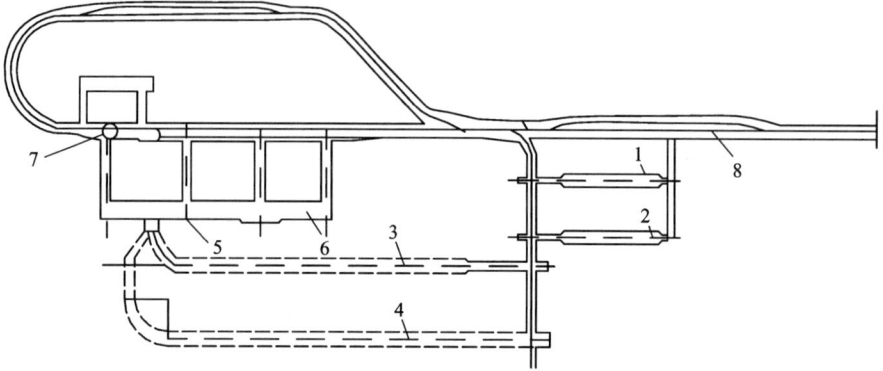

1—1 号沉淀池；2—2 号沉淀池；3—1 号水仓；4—2 号水仓；5—水泵房；6—变电所；7—井筒；8—车场。

图 4-10　梅山铁矿-200 m 井底车场水仓沉淀池布置示意图

4）沉淀池尺寸计算

（1）静止沉淀和流动沉淀

静止沉淀又叫间断沉淀。如果水中泥砂不易沉淀，加之污水流动，需要较长的沉淀时间，有的泥砂未沉淀下来污水已到出口，采用静止沉淀可以获得较好的沉淀效果。

流动沉淀又叫连续沉淀，污水在水仓中边流动边沉淀，要求水仓有足够的断面和较低的水流速度，才能达到静止沉淀相同的效果。因此，比静止沉淀要求较长的时间和水仓长度。一般矿井沉淀池多采用流动沉淀的方式，又称溢流沉淀，能够沉淀大于或等于 0.1 mm 的固体颗粒。流动沉淀池见图 4-11。

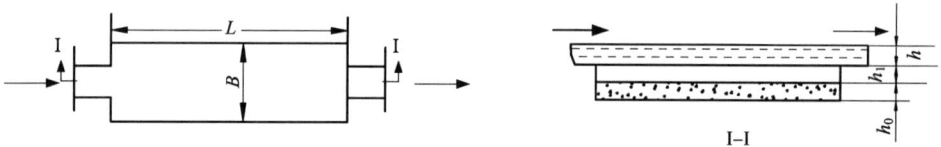

B—沉淀池宽度；L—沉淀池长度；h—流水层深度；h_0—泥层高度；h_1—缓冲层高度，取 0.5 m。

图 4-11　流动沉淀池

（2）流动沉淀池的计算

①沉淀池的平均水流速度须小于 100 mm/s，以使 0.1 mm 以上颗粒沉淀。

②沉淀池宽度按下式计算

$$B = 0.278 \frac{Q_{max}}{vh} \tag{4-9}$$

式中：B 为沉淀池宽度，或是几个同时使用的沉淀池总宽度，m；Q_{max} 为最大涌水量，m³/h；v 为沉淀池的平均水流速度，mm/s；h 为流动层深度，m，可取它等于进水沟的水流深度。

③沉淀池长度

$$L = a \frac{v}{v_0 - w} h \tag{4-10}$$

$$a = \frac{1.5v_0}{0.75 + v_0} \tag{4-11}$$

式中：L 为沉淀池长度，m；v_0 为固体颗粒在静水中的平均沉降速度，mm/s，当固体颗粒粒度在 0.2~0.1 mm 时，可取 $v_0 = 9.6$ mm/s；a 为系数，考虑有各种不同粒度的水力混合物的存在；w 为 v 的垂直分速度，当速度 $v<90$ mm/s，$w=0.1v_0$；当 $v=90~130$ mm/s 时，$w=(0.03~0.05)v_0$。

4.3.6 工程实例

某镍矿地下采用崩落法开采，露天坑及崩落范围内的降水量将渗入地下。露天坑面积为11.0 万 m²，渗入率为1；崩落范围面积为 1.50 万 m²（不包括露天坑），渗入率为 0.3。折合渗入率为 1 的总汇水面积为 15.5 万 m²。

矿山服务年限为 30 年，考虑其他因素，设计采用的暴雨频率为：$P=2\%$。

短历时暴雨量及坑内涌水量按下式计算

$$H_{sh} = H_{\overline{sh}}K_P \tag{4-12}$$

式中：H_{sh} 为以小时计的短历时暴雨量，mm；$H_{\overline{sh}}$ 为短历时暴雨量均值，查图表资料，$H_1 = 27.2$，$H_2=33.3$，$H_3=37.2$，$H_6=47.2$，$H_{12}=62.05$，$H_{24}=77.35$，mm；K_P 为模比系数，随暴雨频率不同而不同，查表求得：$P=2\%$ 时，$K_P=2.48$；$P=5\%$ 时，$K_P=2.03$；$P=10\%$ 时，$K_P=1.69$；$P=20\%$ 时，$K_P=1.33$。

列表计算各种频率的短历时暴雨量及坑内涌水量，见表 4-5。

表 4-5　各种频率短历时暴雨量及坑内涌水量

历时/h		1	2	3	6	12	24	备注
$H_{\overline{sh}}$		27.2	33.3	37.2	47.2	62.05	77.35	查水文图集得出
暴雨频率 2%	K_P			2.48				查水文图集得出
	$H_{sh}=H_{\overline{sh}}K_P$	67.46	82.6	92.3	117.1	153.9	191.8	
	降水面积/m²			155.000				
	坑内涌水量/m³	10456	12803	14307	18151	23855	29729	
	折合小时涌水量	10456	6402	4769	3025	1988	1239	
5%~20%	K_P			2.03				查水文图集得出
	$H_{sh}=H_{\overline{sh}}K_P$							以下计算略

根据计算坑内正常涌水量为 2940 m³/d（123 m³/h）。

根据暴雨频率 2% 的短历时暴雨量及坑内涌水量，在暴雨后第一个小时，坑内涌水量就已达到 10456 m³，而水仓仅能容纳 1000 m³，如用水泵全部排除，需要水泵 53 台，电机总容量为 1.5 万 kW，而正常排水时仅需 1 台水泵即够，其电机容量仅为 290 kW，可见单用水泵在短时间内排水是不合理的，因此，还须采用坑内巷道临时贮水的办法。如果在 24 h 内将水排干，需要水泵 10 台，仍不合理。因此，必须将贮水时间增加，为此，应进行长历时暴雨量的计算。

设计选取长历时暴雨为 3 d，暴雨按下式计算

$$H_3 = H_{\bar{3}}K_P \tag{4-13}$$

式中：H_3 为各种频率的历时 3 d 的暴雨量，mm；$H_{\bar{3}}$ 为历时 3 d 的年最大降雨量均值，查气象站资料为 100.9 mm；K_P 为各种频率的模比系数，查表求出。

列表计算各种频率的历时 3 d 降雨量及坑内涌水量(略)。

按三天排除坑内积水所需水泵工作能力及扬程，以及正常涌水量计算水泵及管线设施。

绘制各种暴雨频率的坑内涌水量历时曲线及设计选用的水泵工作线，见图 4-12。

按贮排平衡设计选用水泵的工作能力为 775 m³/h，4 台水泵即够。在 $P = 2\%$ 时，坑内淹没最大容积为 14650 m³，将井下开拓和生产两个阶段全部淹没；在 $P = 5\%$ 时，坑内淹没最大容积为 11300 m³，也将井下开拓和生产两个阶段全部淹没；在 $P = 10\%$ 时，坑内仅淹没开拓阶段，不淹没生产阶段。

据当地气象站资料，该地区历年最多全年日降水 ≥50 mm 的日数为 2 d，历年最多全年日降水 ≥25 mm 的日数为 9 d。在日降水量 ≤50 mm 时，仅开动全部水泵就可排净水而不需利用巷道贮水。

地下矿井采用贮排平衡方法，采用巷道临时作贮水仓时，必须采取相应的安全措施。如在必要部位设置防水门，若矿井有被淹可能而采用井巷贮水时，通过关闭防水闸门可以保证排水设施工作。雨季前检修好防排水有关安全设施设备，暴雨期间配置专门值班人员，搞好观测和组织等工作。

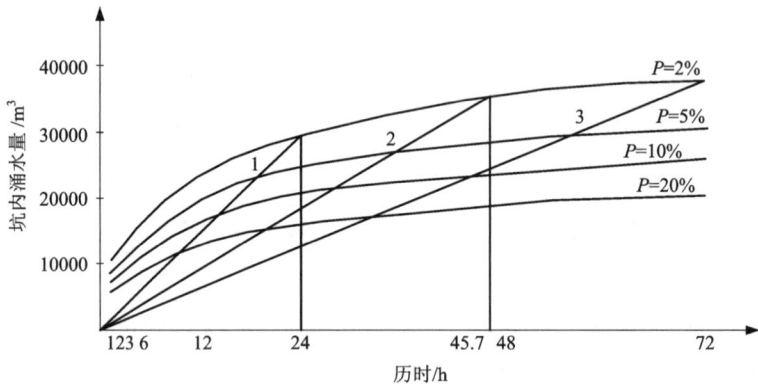

1—24 h 排除的水泵工作线(1250 m³/h)；2—设计选用的水泵工作线(775 m³/h)；

3—3 d 排除的水泵工作线(526 m³/h)。

图 4-12 坑内涌水量历时曲线

4.4 矿山水害防治

矿山防治水按充水来源与充水途径等因素，可分为地表水防治和地下水防治。地表水防治主要有截水沟、河流改道、防水堤坝、河床渗漏防治、塌陷区防治、废石场的地表水防治、地面综合防治等；地下水防治主要有井下防水、超前探(放)水、突水预报、井筒强排水、疏

干排水等,地下水治理主要有井巷工作面注浆、超前预注浆、矿区地面帷幕注浆堵水、井下近矿体帷幕注浆堵水以及局部注浆堵水与控制疏干相结合等方法。具体采用哪种防治水方法,必须根据矿床赋存条件、采矿方法,以及矿床的充水水源、充水通道、充水强度等水文工程地质条件综合进行考虑。

4.4.1 矿区地表水的防治

矿区地表水防治工程是保证采掘工作安全的一种技术措施。借以防止降雨汇水和地表水直接流入或间接渗入露天采矿场、地下采矿崩落区和岩溶塌陷区,减少矿坑排水量,提高采掘效率。

矿区地表水防治工程的研究对象多为汇水面积小的坡面径流、季节性河流、小溪、冲沟等。其水流特征是旱季水流很小,甚至干枯无水,而雨季水量骤增,特别在暴雨时常常泛滥成灾。这些小面积汇水径流,一般均缺乏实测水文资料,进行洪水计算时,主要采用洪水调查、地区性经验公式或根据暴雨资料进行计算的推理方法。因为流域小、集流快,所以一般不推求暴雨点面关系,而以总雨量为全流域雨量,按全面积均匀降雨计算。

地面防水设施主要由截水沟(包括水沟的衔接和交叉工程)、人工河槽(河流改道或河道防渗)、防洪堤坝、排泄隧洞和调洪水库等工程组成。对于大型地表水体(大、中型河流、湖泊等)的防水工程,由于技术复杂、涉及范围广,当矿山设计中遇到此种情况时,应专题解决或委托专业部门进行设计。

4.4.1.1 截水沟

截水沟的作用是截断从山坡流向露天采场、地下开采崩落区、岩溶塌陷区等低凹处的地表水。当地表水流沿充水岩层露头区、构造破碎带甚至井口渗(灌)入井下时,也应该在矿区上方、垂直来水方向修筑截水沟进行拦截。当矿区降水量大,周边地形又较陡时,截水沟还起到拦截、疏引暴雨山洪的作用。截水沟通常沿地形等高线布置,并按一定的坡度将水排出矿区范围之外。

1)工程布置原则

(1)截水沟设计应与矿坑排水设计统筹考虑,要最大限度地拦截可能流入矿区(露天采矿场,地下开采崩落区和岩溶塌陷区)的汇水,以尽可能减少矿坑排水量。

(2)制订截水沟布置方案时,应以自流排水为原则,以采掘进度计划为依据,配合采矿工程的发展,确定建一层沟或多层沟,建永久沟或临时沟。

(3)当截水沟需要改变沟壑自然水流方向时,应注意防止对其下游村庄、农田水利等方面产生不良影响。

(4)截水沟出口与河沟汇流处的交角一般应小于60°并以弧形连接,沟出口底部标高,最好在河沟相应频率的洪水位标高以上,一般应在常水位标高以上。

(5)截水沟通过坡度较大地段,水流流速很大,且对下游建筑物或其他地面设施有不利影响时,应根据具体地形、地质条件,设置跌水、陡坡等消能设施,跌水和陡坡不得设在沟的转弯处。

(6)为避免水沟淤塞和冲刷,水沟弯段应以圆弧与直线段平顺连接,其最小允许半径一般不应小于设计水位的水面宽度的5倍;对岩石沟或有加固措施者,也不应小于水面宽度的2.5倍。

2）工程位置确定

截水沟的具体位置，主要根据安全条件、地形、工程地质和水文地质条件确定。

（1）设计中应充分利用各种自然有利条件，因地制宜地布置截水沟；

（2）截水沟距露天采场最终境界线的最小距离，一般情况下不应小于30 m；对地下开采的矿床，截洪沟距开采最终错动线的最小距离不应小于20 m；

（3）截水沟应选择在工程地质条件比较好的地段，尽量避开流砂或有滑坡危险的地段；

（4）截水沟应尽量避免布置在与矿坑充水有关的含水层露头、断层破碎带上，对必须穿越的部位要采取相应的防渗措施。

4.4.1.2　防水堤坝

当有小溪或小河流经露天采区范围之内或者露采境界边缘，才适用堤坝拦水。设坝时，如地形有利，落差大，可采用多级筑坝。用堤坝拦亦必须附设溢洪道。在有多处流量不大或有时干涸的小溪流经露采坑内时，也可分别筑小型简易堤坝拦水。为提供筑坝依据，必须进行以下工作：

1）洪水流量计算

（1）历史洪水调查

调查近百年内的地方志、碑志等，详细了解洪水发生的日期、强度、洪痕的具体标志、洪水重现期，选择并测量河槽断面、水面比降，计算流速，推求洪峰流量。

（2）洪痕调查

根据河槽两岸遗留的条状痕迹，或河槽附近居民住房墙上所留下的洪水浸湿线，以及两岸大树干上黏附的淤泥痕迹与漂浮物来判断洪水位，有时也可根据易受冲刷的陡岸上转折点或河弯地段平均洪水位高度来判断洪水位。

（3）洪水位频率的确定

一般按经验公式计算：

$$p = \frac{m'}{n' + 1} \times 100\% \tag{4-14}$$

式中：m'为按大小排列的递减序号；n'为系列的总项数。

（4）形态断面的选择和测量

为了确定洪水时的过水断面，需要选择适当的地点作为形态断面进行测量。

形态断面一般只选择一个。不论是按水力学方法还是按沉积物粒径决定流速，断面均宜选择在河段较顺直，河床较稳定，河床比降没有急剧变化及河槽平面上无大的收缩或扩张的地段。若使用水力学法，断面还应选在无大量树枝、柴草等漂浮物堵塞和无大块石的地段；不受下游河流影响或影响甚微的地段；无支流汇入的地段等。形态断面测量应在断面选定后进行。测点标高一般是在洪水痕迹线以上1~2 m。当选定断面处无洪水痕迹线时，可将其断面附近上下游的同一次洪水痕迹点相连，从中得出形态断面处的洪水位。水面比降亦同时测定，对比降大的矿山区域，其施测长度应在形态断面上游50~100 m、下游25~50 m范围内。

（5）流速的确定

①按水力学公式计算流速

$$V_s = c \sqrt{Ri} \tag{4-15}$$

式中：V_s为流速，m/s；R为水力半径，m；i为水面比降，‰；c为流速系数。

其中,

$$c = 50/(aRr) \tag{4-16}$$

式中: a 为悬砂系数,对于常温清水 $a = 1$。

$$R = W/P \tag{4-17}$$

式中: W 为过水断面面积,m^2; P 为湿润周长,m。

②按沉积物估算流速。

在形态断面处的浅滩上找 3~5 个最大石块,按其平均直径和比重,确定夹带石块的洪水平均流速。但必须肯定该石块是洪水冲下,而不是因河岸冲崩或从山坡上滑落。一般沉积的石块直径从上游向下游逐渐减小,而崩落的石块则无此规律。

③设计洪峰流量计算。

由洪水痕迹及相应过水断面面积 W 和平均流速 V_a,计算洪峰流量。

$$Q_h = WV_a \tag{4-18}$$

式中: Q_h 为洪峰流量。

2)堤坝设计

(1)坝址选择原则

①坝址应选在工程地质、水文地质条件均好,有利于坝址稳固的地段。

②尽可能地将周围汇水面积内的地表水引入坝区内。

③选择在工程量最小的咽喉断面。

④应避开河槽可能的塌方地段。

(2)坝基和堤坝参数计算

根据最大洪峰流量和水电筑坝资料计算,并应尽可能地考虑水源的综合利用,如有泥石流发生的地段,更要审慎周密研究。坝体结构材料要选择抗渗性能好、经固结后具有较高的抗压强度和抗腐蚀的性能,能承受洪峰压头的水平推力和浪涛冲刷力,价廉又能就地取材为最理想。

①坝高计算。

$$H = h + h_1 + h_2 \tag{4-19}$$

式中: H 为坝高,m; h 为设计水深,m; h_1 为波浪高度,m; h_2 为安全超高,m。

②波浪高度计算。

$$h = 0.028v^{5/4}L^{1/3} \tag{4-20}$$

式中: v 为计算风速,m/s,取多年最大风速平均值的 1.5 倍; L 为洪水期沿计算风速方向波浪扩展至对岸的距离,km。

4.4.1.3 河床渗漏的防治

当河床通过露天采矿场和地下开采崩落区附近,或流经岩溶塌陷区时,河床渗漏会使矿坑涌水量增加,降低露天边坡的稳定性,恶化开采技术条件,甚至河水直接灌入矿坑,造成突然涌水,严重影响矿山正常、安全生产,须进行渗漏防治,其最彻底的方法是河流改道。当河床渗漏对矿床开采构成严重威胁时,自然条件允许并有利于河流改道,且技术可靠、经济合理时,设计应优先考虑河流改道。对于地形地质条件不利于改道或者改道在经济上不合理时,通常采用人工防渗河槽防治河水大量渗透。人工防渗河槽是在河床渗漏地段修筑一条用防渗材料衬砌的河槽。依衬砌防渗材料不同,防渗河床常用的有土料压实河槽、浆砌石河槽、混凝土河槽和沥青材料防渗河槽等。

1) 河流渗漏量的估算

(1) 实测法

一般采用动水测定法实测矿床渗流量。它是在河床渗漏段的上游进口地段及下游出口地段较规则的断面上进行测流，两断面的流量之差，即为河床渗漏段的渗漏量。

$$Q_s = Q_1 - Q_2 \qquad (4-21)$$

式中：Q_s 为河床渗漏地段的渗漏量；Q_1 为流入河床渗漏段上游进口断面的水量；Q_2 为流出河床渗漏段下游出口断面的水量。

(2) 公式法

当地下水埋藏很深时，自由渗流形成恒定状态的渗漏量可利用式(4-22)和式(4-23)计算：

$$Q_s = KL(b + 2vh\sqrt{1 + m^2}) \qquad (4-22)$$

式中：K 为渗漏段的平均渗透系数，m/d；L 为河床渗漏段长度，m；b 为渗漏段河床的平均宽度，m；v 为河床侧渗修正系数，一般取 $v = 1.1 \sim 1.4$，构造裂隙发育、渗透系数较大时，选用较大值；h 为渗漏段内水流的平均深度，m；m 为渗漏段内河床平均边坡系数。

$$Q_s = KL(B + Ah) \qquad (4-23)$$

式中：B 为渗漏段河床水面的平均宽度，m；A 为与 m 和 B/h 有关的系数，其余符号同前。

2) 土料压实防渗河槽

土料压实防渗是在渗漏段利用黏土、砂黏土、黄土、壤土、黏土混凝土以及灰土和三合土等，建立压实的防渗层，减少河水的渗漏。

(1) 土料压实防渗河槽的适用条件

土料压实防渗有就地取材、技术简单、造价低、投资少等优点。但压实后的防渗层抗冲刷能力低，一般允许流速仅 0.5~0.7 m/s。且土料压实防渗层耐冻性差，往往由于冻融等作用而疏松、剥蚀，降低防渗效果。此法适用于气候温暖、流速不大的地区。若在流速较大或寒冷地区，应增设保护层，其厚度依当地冻土深度和河流的冲刷流速而定。保护层材料有砂砾石、碎石和卵石等。

(2) 渗透系数的确定

选好土料后，应通过试验求出其干容重与渗透系数的关系，并进行比较，最后确定设计干容重及其相应的渗透系数。通过对黄土和灰土试验研究，得出干容重与渗透系数的关系式如下：

$$黄土夯实\ K = 0.2023 \times 10^{-2.09r} \qquad (4-24)$$

$$1:3\ 灰土夯实\ K = 9.554 \times 10^{10-11.9r} \qquad (4-25)$$

式中：K 为防渗层的渗透系数，cm/min；r 为防渗层干容重，g/cm³。

(3) 压实防渗层厚度计算

$$\delta = \left(4.1 \times \frac{Q_0}{Q_1} \times \frac{K_1}{K_0}\right)^{1.162} \times \frac{H_k}{3} \qquad (4-26)$$

式中：δ 为压实防渗层厚度，m；Q_0 为原状土河槽的渗漏量，m³/d；Q_1 为土料压实防渗河槽的渗漏量，m³/d；K_1 为压实土料的渗透系数，m/d；K_0 为原状土渗透系数，m/d；H_k 为基础土壤毛细管水最大上升高度。

(4)防渗土料最优含水量的确定

土料含水量对压实影响很大,含水量过小或过大都会给压实带来困难,影响压实效果,因此必须认真掌握防渗土料的最优含水量。天然沉积土壤的含水量大多数都接近于最优含水量。一般采用的土料含水量与最优含水量之差不应大于 2%。

(5)土料防渗层的压实方法

土料防渗层的压实应依据施工场地的条件,所用土料以及对压实厚度的要求等来确定其压实方法。以其使用的工具不同,可分为碾压法和夯实法。

①碾压法是利用沿土面滚动的具有自重的静荷载对土壤压实。碾压工具一般有石碾、平碾、羊足碾、气胎碾等,压实土层厚度一般为 25~30 cm。施工场地需较大的工作面,其长度一般不应小于 100 m,宽度应便于压实机械的回转。

②夯实法是利用工具落下时动能形成的冲击荷载对土壤进行压实。施工工具有木夯、石硪、机械夯板、机械夯锤、蛙式打夯机、爆破夯等。夯实深度,人工夯实较浅,重型机械夯锤夯实深度可达 0.5~1.0 m。

3)浆砌石防渗河槽

浆砌石河槽是一种很好的防渗方法,它的防渗效果好,抗冲、耐磨。依衬砌所用石料不同,可分为浆砌卵石、块石和片石等。

(1)断面设计

浆砌石渠槽多采用梯形和挡土墙式断面。

断面设计一般是根据既定底坡求出水力最优断面,然后考虑施工条件采用实用经济断面。在初步设计中,可先依下式算出水深,再依选定的边坡系数,算出沟底宽和水面宽。

$$h = A\sqrt[3]{Q} \tag{4-27}$$

式中:h 为设计河槽水深;Q 为设计洪峰流量;A 为系数,$A = 0.3~0.5$。

(2)边坡系数

梯形断面的边坡系数依河槽工程地质条件确定,一般采用 1~1.5;挡土墙式断面内坡边坡系数多用 0.15~0.3。

(3)沟渠的衬砌厚度

梯形断面的厚度一般为 20~50 cm,挡土墙式断面的河槽坡顶部多采用 20~30 cm。

(4)沟渠伸缩缝及填料

浆砌石沟渠一般每隔 20~50 m 设计一条伸缩缝,缝宽一般为 2~3 cm,缝内浇注装料。伸缩缝填料性能的好坏,是决定河槽防渗效果和寿命的关键因素。故对伸缩缝的填料一般有如下要求:

①具有一定的耐热性,当气温最高时,填料不流淌,其耐热度应比最高气温大 25℃。

②具有良好的抗冻性,当气温最低时,填料不冻裂或不剥落。

③具有良好的伸缩性,在缝口张大时,填料不裂缝,缝口缩小时,填料不被挤出。

④与河槽面具有良好的黏结力,在负温下黏结面不脱开。

⑤耐久性能好。

4)混凝土防渗河槽

(1)河槽断面及边坡系数

混凝土河槽多采用梯形断面,边坡系数的确定与河槽基础土质、混凝土浇筑方法及工程的重要性有关。

固定模板浇注混凝土沟槽边坡应缓些,活动模板浇注混凝土的边坡可陡些。

沟中水深小于 3 m,不同土质的边坡系数列于表 4-6 中。

表 4-6 混凝土渠槽边坡系数表

土质	边坡系数
砂、砾石、中等黏土壤、黄土	1.00~1.25
砂、密实砂土壤、轻土壤	1.25~1.50
松散砂土、砂壤土和冲积层	1.50~2.00

（2）混凝土标号及原材料选择

混凝土标号应根据衬砌目的、气候及地质条件等因素选择。混凝土 R28（标准试件在 28 天龄期时的抗压强度）不应小于 C10,一般采用 C11~C14。抗渗标号多采用 B4（标准试件在 28 天龄期时,在 0.39 MPa 压力下不透水）,在东北、内蒙古和新疆等严寒地区可采用抗冻标号 M50~M150（M50 为标准试件在 28 天龄期,经过冻融 50 次,其抗压强度减少值不大于 25%）,一般寒冷地区可采用 M25~M50,温暖地区可不做防冻要求。

为改善混凝土的和易性和抗冻胀性,可在混凝土中添加适量的气剂、塑化剂和减水剂等塑性外加剂。防渗河槽最好用硅酸盐水泥,其次为矿渣水泥和火山灰水泥。采用的水泥标号与混凝土标号有关,一般按 $4R_h > R_s > 2R_h$ 选取。R_h 为混凝土标号,R_s 为水泥标号。

（3）混凝土的衬砌厚度

按照部分地区的经验,混凝土和钢筋混凝土河槽的衬砌厚度一般为 0.3 m。当河槽中水流含推移质泥砂较多,颗粒较粗时,表中的数值应适当增加磨损厚度。

（4）伸缩缝及填料

为防止由于温度的变化,使混凝土胀缩引起裂缝,破坏渠槽,需布设适当间距的纵横伸缩缝。纵向缝一般设在边坡与渠底的连接处,当渠宽大于 8 m 时,一般应在渠底设计纵向缝,渠槽边坡一般不设纵向缝。在遇到下列情况时,才考虑设计纵向缝:

①河槽较深。

②填挖方的交界线附近。

③沉陷性差别较大的两种地层的交界处。

④折线渠槽的折角处。

5）沥青材料防渗河槽

主要有沥青薄膜、沥青席、沥青砂浆和沥青混凝土防渗河槽。

（1）沥青薄膜防渗

在需防渗的河槽中平整土层后,喷洒一层热沥青,形成一层隔水薄膜,然后覆盖保护层。

①沥青薄膜厚度的确定。

喷洒厚度应依防渗要求确定,一般厚度为 4~8 mm。沥青用量为 4.5~7 kg/m²。

②保护层厚度的确定。

保护层厚度视河槽大小、流速和风浪作用等情况确定,一般为 10~50 cm。

（2）沥青席防渗

沥青席是用玻璃纤维布、石棉毡、苇席、油毡、麻布等材料涂沥青制成的一种防渗卷材。铺设河槽时，一般要从下游往上游铺，接头互相搭接，搭接宽度为 5 cm 左右，接缝用热沥青黏结。防渗层之上回填保护层，其厚度依冲刷深度和冻结深度确定。

（3）沥青混凝土防渗

①河槽设计。

沥青混凝土衬砌河槽的断面形式多用梯形，其次为弧形。衬砌厚度一般为 5~15 cm，防渗层下设反滤层，在反滤层上面涂一层沥青玛蹄脂或沥青乳剂。在不设反滤层的地方，可设一层松散的沥青混凝土结合层，厚度一般为 3~4 cm。防渗层上部一般设覆盖层，其厚度和材料视覆盖目的确定。

②沥青混凝土配合比。

配合比是依据要求的沥青混凝土的物理力学性质，通过计算和试验来确定组成材料之间的合理比例。防渗河槽所用沥青混凝土的组成一般为：沥青 7%~9%，碎石 35%~50%，砂 30%~45%，矿粉 10%~15%。

6）湖、海渗漏防治

我国存在不少靠近湖泊、海域开采的矿床，但大部分矿床与湖泊或海域之间的水力联系较弱，或接受湖水或海水缓慢渗透补给。当湖泊或海域与矿床之间存在渗漏通道，且威胁矿山安全生产时，应当进行渗漏防治。主要的防治方法有留设防水矿柱、帷幕注浆截留、近矿体帷幕注浆等。在进行渗漏防治时，应查明矿床水文地质条件，确定湖水或海水对矿坑的补给方向及强度，结合矿山开采技术条件，选取合适的方法。

4.4.1.4　塌陷区防治

塌陷区是指因采矿活动导致的地面塌陷区域。其水害防治的主要措施有下列几条，可根据不同情况选用：

（1）从地表挖明沟截流地表水，并引导至塌陷区以外。

（2）采用黏土、废石及其他固体废料充填。充填方法有水力、风力、机械、爆破、人工等。要求充填后能防止地表水由塌陷区流入采矿地段。

（3）根据具体条件，采取适当疏干措施。

（4）岩溶塌陷防范的重点地段可采取局部注浆加固的措施。

（5）为从根本上防止岩溶塌陷发生，也可采取帷幕注浆措施。

4.4.1.5　排土场和尾矿库的地表水防治

矿床开采过程中必然挖掘出大量的废石和表土，选矿又要排出大量的废弃尾矿，这些废弃物一般多利用山谷和洼地堆放，其结果是改变了大气降水的天然流动条件，造成地表水在堆场中滞流，加上岩土毛细管浸润作用，使堆场蓄水量增大，有时可达饱和状态，导致堆场的不稳定。若堆场中泥土含量达到造浆条件，一旦山洪暴发，还可能诱发泥石流，因此，有必要对废石场的地表水加以防治。

不论是内部还是外部排弃废石场，均须环绕其周围挖掘明沟截流地表水。若排弃场上游方向坡度大，汇水面积宽，降水量下泄汹涌，要考虑局部筑坝与明沟系统联合防治。如果山坡水土流失严重，尚需考虑植被或其他保持水土措施。若采用内部废石场，必要时还须考虑废石场地底板上预设滤水明沟引水集流工程，将积水引流至废石场区之外。对于尾矿库可以采用明沟截流地表水，溢流泄水井或溢洪道宣泄地表水，必要时，可在尾矿库底部或尾矿中加设渗滤管网或渗流导水明沟工程。

4.4.1.6　工程实例

广东凡口铅锌矿在岩溶水和地表水体流量大的情况下，在采用钻孔疏干的同时，对地表水进行了以下综合防治：

①分洪改道：凡口河是流经矿床地段的主要地表水体，是矿井充水的主要地表水源，为减少流入矿区的水量，在其进入矿区的上游建人工河，把凡口河水引入斯溪河，改道工程全长 2.1 km，人工河断面为梯形（底宽 5.8 m，高 2.8 m），河床纵坡度 3‰~43‰。

②开挖北部排洪沟：在金星岭北至墩子背开挖全长 1.8 km 的排洪沟，将来自北部山坡地表径流拦截引入凡口河下游排出矿区。

③加固凡口河河床：对矿区内河床进行浆砌块石三面光加固，同时对河床弯曲及渗漏严重地段截直改道，减少河水渗漏补给量。

④塌陷回填、围堵及改田：对矿区范围内引起地表水断流及渗漏严重的塌陷、开裂地段及时回填。对矿区外围不具备回填条件的塌陷进行围堵，在塌陷周围筑土堤使地表水不能进入塌陷地段。将渗漏严重的水田改成旱土。

该矿采用上述防治地表水措施，从 1984 年至 1986 年累计投资 700605.93 元，可节约排水费用 1174109.04 元，减去投资后尚节约 473503.11 元。更重要的是保证了矿区地下开采的生产安全。由此可见，积极防治地表水创造了很好的经济效益和社会效益。

4.4.2　矿床排水疏干

矿床疏干按其与开拓（剥离），生产顺序先后，通常分为预先疏干和平行疏干两类；按其工程布置和组合形式，又可分为地表疏干、地下疏干和联合疏干三种形式，矿床疏干分类见表 4-7。疏干方案多根据矿山具体水文地质条件及经济技术条件而选定。

表 4-7　矿床疏干分类

分类原则	分类名称	简要说明	适用条件	优缺点
按与生产、开拓的先后顺序	预先疏干	在露天剥离和井巷工程全面开展前或基建过程中，将地下水位或水压降到预定的安全范围以内，以保证基建和生产的安全	适用于各种充水类型矿山，特别是大水矿山。多在基建时期采用，以保证井巷开拓或露天剥离的顺利进行	灵活性大，既可以一次性地达到矿山最终开采要求，也可以根据采掘工作面的下移而分段进行，但以后者居多，能保证基建和生产安全，投资大
	平行疏干	在开拓或开采过程中，根据需要逐步布置疏干工程和排水设施，以降低地下水位	适用于水量、水压不大的矿山，多在生产过程中随着采掘工作面的推进而采用各种疏干方法排除地下水，或继续降低预先疏干残余水头	容易实现开采工程与疏干工程结合，节省投资，工程利用率较高，但安全条件较差，易发生突水事故

续表4-7

分类原则	分类名称	简要说明	适用条件	优缺点
按工程布置和组合形式	地表疏干	在地表布置疏干工程排出进入采区的地下水和地表水，形成保护开采安全的降落漏斗	常用于露天开采矿山和地下矿山的预先疏干	施工条件好、安全、建设速度快，一般投资较省，排出地下水不受或少受污染，有利于供排结合。但其疏干尝试和使用条件往往受技术条件和装备水平所限
	地下疏干	利用巷道或钻孔揭露含水层将地下水导出，再通过排水系统排除地下水，以达到疏干要求	任何埋深的含水层，特别是用平硐开采的矿山；地形有利时可开掘低于开采底界的排水平硐的矿山；矿体底板或顶板有隔水层或弱含水层，可供预先安全地构筑防排水设施的地下矿山	疏干强度大，适用范围广，特别是疏干深度不受限制。在透水性较弱的地下矿山或采用平硐开采矿山可利用开拓或采准工程集水而不用专门疏干工程。但大多数情况下需在地下构筑复杂的防水排水和放水工程，投资大，工期长，能耗高，尤其在地下水未疏干前施工的井巷工程中，措施不当或不力都可能有造成淹井的危险
	联合疏干	在一个疏干区兼用地表和地下两种方式且成一个统一的疏干系统，达到统一的疏干要求	水文地质条件特别复杂的矿山，特别是单一的疏干法不能满足要求或是随着深度的增加而经济成本过高时	可发挥地表疏干和地下疏干的优点和克服单一疏干方法的不足

4.4.2.1　地表疏干

地表疏干主要有降水孔疏干、吸水孔疏干、明沟疏干、水平孔疏干等几种形式，而一些弱渗透性含水层的矿山的地表疏干则需要采取相应的特殊疏干方法，总之各个矿山应根据自己的实际水文地质条件，单一或联合选用相应科学、经济、高效的地表疏干方案。

1)降水孔疏干

降水孔疏干具有安全、灵活和建设速度快等特点。其适用于深井排水设备扬程所能达到的疏干深度的露天和地下开采矿山，其中在透水性良好、含水丰富的岩溶含水层和裂隙含水层效果最好，在砂砾石含水层效果也不错，但对透水性较弱的富含黏土、亚黏土、粉砂的含水层效果较差。由于深井工程造价高，井位必须在深入掌握水文地质条件和通过疏干设计和水文地质计算的基础上加以布置，并精心设计降水孔结构，选择适宜的过滤器，如石碌铜矿采用降水孔进行预先疏干，取得了很好的效果。

(1)深井降水孔井径设计应根据选择的深井泵或潜水泵的泵体直径及选用的过滤器规格而定，并应考虑留有间隙，以保证泵体和过滤器能顺畅地下入和拔起(图4-13)。

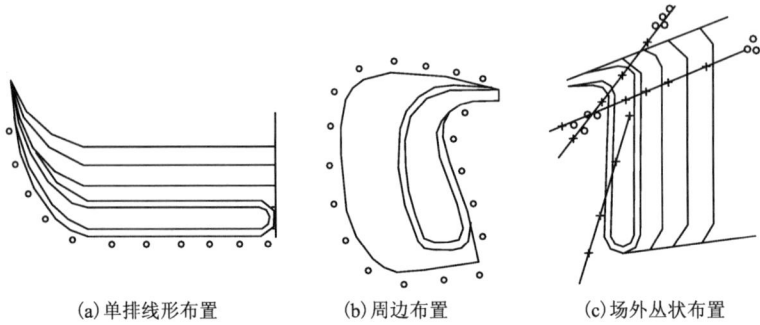

(a)单排线形布置　　　　(b)周边布置　　　　(c)场外丛状布置

图4-13 露天矿地表深井降水孔布置示意图
(均为一次成形的固定降水孔)

(2)由于深井工程造价高,因而井位选择应非常慎重。为了不造成工程浪费,保证每个深井的疏干效果,所以必须在深入掌握水文地质条件和经过疏干设计和水文地质计算的基础上布置井位,而且,应先施工小口径的检查钻孔,通过对小孔的水文地质编录、简易抽水和物探测井等,肯定流量符合设计要求后,才钻凿大直径深井(见图4-14)。

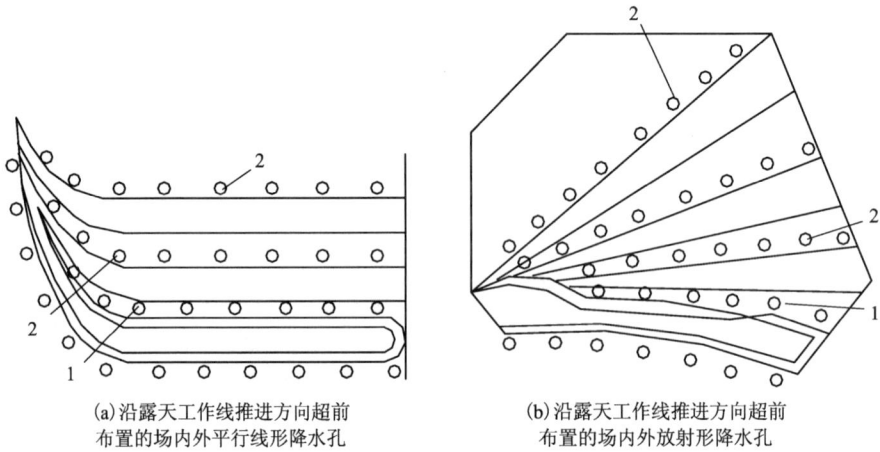

(a)沿露天工作线推进方向超前　　　　　(b)沿露天工作线推进方向超前
布置的场内外平行线形降水孔　　　　　布置的场内外放射形降水孔

1—已完成的降水孔,2—随露天工作线推进而作的降水孔。

图4-14 露天矿地表疏干工程滑动型布置示意图

(3)过滤器选择。为了保持水量稳定,防止孔壁坍塌,降低排水的含砂量以减少泥砂对水泵的磨损,所以当钻孔穿过松散砂砾含水层、能涌出泥砂的基岩含水层及裂隙发育的不稳固含水层时,都应安设过滤器。常用的过滤器按其结构不同可分为筛管过滤器、缠丝或包网过滤器、填砂过滤器三种。按其制造的材料不同,可分为无砂混凝土管、混凝土管、钢筋混凝土管、金属管、塑料管及玻璃钢管,构成过滤器的滤水管和与之相连接的井壁管又存在多种类型。过滤器的选择首先决定于含水层的性质。应以能较完全地将地下水夹带的岩屑、砂砾及泥砂拦截在过滤器外,以保证排水设备不受磨损和钻孔免于过早淤塞作为首要条件,同时还要考虑进入滤水管内的水流阻力尽可能小,滤水管机械强度好,抗腐蚀性能好,制作简单,施工安装方便,价格低廉,经济合理等等。

(4)施工设备和排水设备。深井施工设备的选择,应考虑设计的井径、井深和岩层条件。

在松散层中凿井，可使用冲击式钻机；在基岩中凿井，多用回转式钻机。

深井降水孔的排水设备有深井泵和潜水泵两类。深井泵在大流量时扬程较小，故仅能用于疏干比较浅的含水层，而且由于电机置于井口，靠传动轴带动，故对孔斜要求较严。潜水泵的驱动电机位于泵体下面，直接置于水中，通过电缆供电，故对孔斜要求不严，特别是与深井泵相比，有较大的扬程，可满足较深含水层疏干的要求。目前，潜水泵技术发展很快，不断向大流量、高扬程、高效率方向发展。在国内外，最大流量达 1800 m^3/h，最大扬程为 1160 m，最大功率达 2000 kW 的各种技术性能的潜水泵已形成标准系列，可满足埋深 1000 m 以内的含水层的疏干需要。

2) 吸水孔疏干

吸水孔疏干是在特定水文地质条件下采用的疏干方法，吸水孔疏干适用于需要疏干的含水层，下伏有不含水的吸收层，或虽然充水，但水位低于要求疏干水平；以及吸收层的吸水能力应大于疏干流量，且吸水后吸收层的动水位应低于要求疏干水平。

苏联苏沃洛夫耐火黏土露天矿，黏土层上覆细砂含水层，层厚约 20 m，渗透系数平均为 2.5 m/d。开采耐火黏土就必须预先疏干涌水量很大的细砂含水层。考虑到黏土层下伏有石炭纪碳酸盐岩，岩溶裂隙发育，其静水位位于黏土层底板以下，因此采用吸水孔疏干法，将砂层地下水泄入黏土层下部的碳酸盐岩中。

初期吸水孔是采用套管支护井壁，在砂层中则采用填砾筛管过滤器。这种结构虽能满足砂层地下水泄流的要求，并能通过清洗钻孔，保持其畅通，但是在露天开采过程中，报废孔内的套管难以回收，给剥离、采矿时的电铲作业造成困难。

后期改用"砾石柱"型吸水孔（如图 4-15 所示），钻成孔后自砂层地下水位以上 2～3 m 处起，以下全填充砾石，形成"砾石柱"。既防止了坍孔，又起过滤器作用；既节省了管材，又不会对以后生产过程中的机械作业产生不利影响。该矿共施工了100 多个"砾石柱"型吸水孔，把砂层地下水泄入下部灰岩中，使露天矿开采范围内砂层得以疏干。

该法由于不要排水动力和设备，故经营费用低廉，但使用条件严格，只有少数矿山可能应用。如钟山铁矿、姑山铁矿把吸水孔疏干作为一种辅助的疏干方法，配合地表降水孔疏干第四系流砂层。

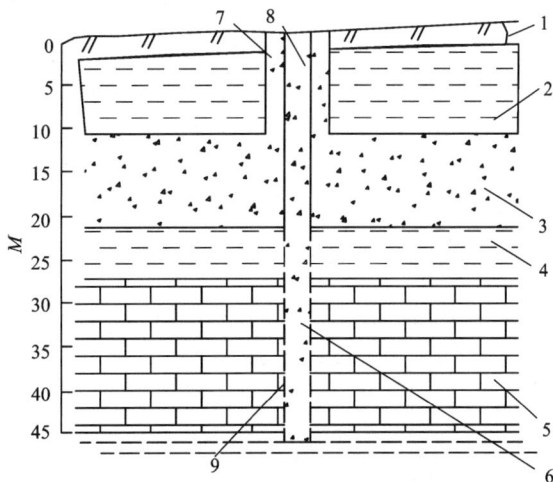

1—表土；2—亚黏土；3—砂层；4—黏土；
5—石灰岩；6—砾石；7—套管，直径 219 mm；
8—填满黏土的钻孔段；9—不设套管的钻孔段。

图 4-15　"砾石柱"型吸水孔结构示意图

3) 明沟疏干

明沟疏干是在露天采场外或采场边坡上开挖切透含水层并坐落在底板隔水层上的明沟，将汇集的地下水集中排出。适用于疏干埋深浅、厚度不大，透水性较强且底板为稳定隔水层的松散孔隙含水层。如灵泉露天煤矿，采用明沟疏干厚度为 9.5～18.6 m，渗透系数为 5.65 m/d

的砂砾、粉细砂夹黏土的潜水含水层，取得了良好效果。

明沟疏干是一种简单有效的疏干方法，在地形条件有利时，明沟可实现全部或部分自流排水；在没有自流排水条件时，则要建立泵站，进行机械排水。

明沟按其布置方式可分为采场外明沟和采场内明沟。前者可作为独立的疏干系统，用于预先疏干；后者通常属辅助性疏干手段。

明沟断面应考虑地下水流量和地表降水量并通过水文地质计算确定。为防止地下水流出时泥砂涌出，影响边坡稳定和堵塞明沟，应在松散含水层下部地下水溢出段设置反滤层。

4）水平孔疏干

水平孔疏干主要用于露天矿边坡的疏干，可以作为独立的疏干方法用于露天矿边坡的疏干。同时也可以作为辅助的疏干手段配合地表降水孔使用，用以降低残余水头，保护出水边坡的稳定性。水平孔疏干适应性强，灵活性大，投资少，容易施工，安装和维修费用低，疏干效果和经济效果显著。如抚顺西露天煤矿采用该法，取得了良好效果，姑山铁矿则用水平孔疏干边坡，亦维护了边坡的稳定。

5）弱渗透性含水层的地表疏干方法

（1）针状过滤器疏干法

针状过滤器疏干系统实际上是一个由若干针状过滤器及与之连接的吸水器、水泵、真空泵组成的一个集排水系统装置。其工作原理是真空泵将插入含水层中的针状过滤器和吸水器中的空气排出，形成真空，致使地下水在负压作用下经针状过滤器流入吸水器，最后集中到吸水室，由水泵集中排出，从而达到疏干含水层的目的。

针状过滤器疏干法适用于渗透系数很小的含水层，通常是指粉砂及黏土质含水层，在常用的疏干方法不能实现露天采场彻底疏干时考虑作为独立或辅助设施使用。

针状过滤器安装方便，但作用范围小，降低水位深度很小，维修费用高，较少采用。

图 4-16 是应用在渗透系数 $K = 1 \sim 50$ m/d 的砂质黏土中可降低土壤水位 $3.5 \sim 4.5$ m 的轻型针状过滤器装置，它潜入黏土中 $0.75 \sim 1.5$ m。

图 4-17 是为了有效地疏干渗透系数为 $0.01 \sim 1.0$ m/d 的砂岩和砂质黏土采用的负压作业法，在黏土中建立真空可采用、能降低水位达 $6 \sim 7$ m 的轻型针式过滤器装置。

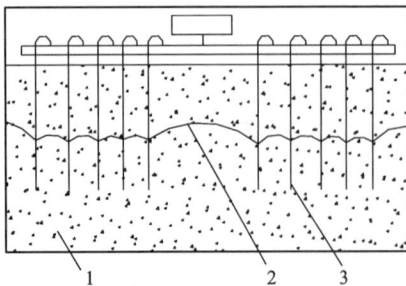

1—砂质黏土等含水层；2—负压水位线；
3—轻型针状过滤器。

图 4-16　针状过滤器疏干示意图

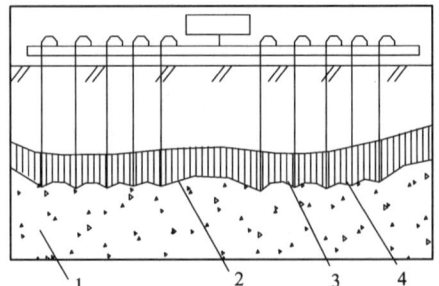

1—含水层；2—负压水位线；
3—负压带；4—轻型针状过滤器。

图 4-17　负压疏干法示意图

（2）负压和压气疏干法

731矿在含水疏松粉砂岩层中，曾对采矿场采用负压疏干和压气疏干两种办法强化疏干过程，消除了残余水头，保证了回采工作安全。

除上述两种疏干法外，尚有高真空排水法、电渗排水法和流动型电渗降水法等，但由于费用高而极少使用。

4.4.2.2 地下疏干

大水矿山地下常用的疏干方法有巷道疏干、丛状放水孔疏干、直道式放水孔疏干、降压孔疏干等。地下疏干方式主要适用于地下开采矿床，对于某些露天开采的矿床也可以采用。由于受地面排水设备的扬程、流量和凿井设备等因素的限制，地下疏干方式至目前为止，一直是我国地下开采矿床疏干中的重要方式。

1）地下疏干工程布置的原则

地下疏干工程的布置，原则上不宜直接布置在含水层，特别是强含水层中，而应在隔水层或弱含水层中布置巷道和硐室，然后采用丛状放水孔或直通式放水孔揭露含水层进行放水疏干。布置疏干放水巷道应与开采巷道紧密结合，统一规划，只有开采巷道不能满足疏干要求时才布置专用疏干巷道。露天矿的疏干巷道布置应考虑以后露天转地下开采时利用。专用截水巷道应在垂直地下水补给方向或垂直地下水径流带方向布置，并尽量利用有利的地质条件，布置在最终疏干降落漏斗边界外和矿山开采崩落边界或露天最终境界以外，以保证其使用年限。当地形有利时，应布置疏干平巷或排水平巷，使含水层全部或某一标段以上的地下水能自流排出地表。

2）疏干系统的构成及施工顺序

整个地下疏干系统一般包括泵房、水仓、疏干放水巷道、硐室及各种形式的放水钻孔。

（1）疏干巷道的断面一般无特殊要求，与采矿巷道结合使用的疏干巷道，除考虑采矿通风、运输的要求外，应考虑涌水量、含泥砂量大小等因素开挖水沟，保证流水畅通。专门疏干放水巷道可以不掘水沟，也可提高坡度，但要保证巷道的正常施工。长期为疏干服务且预计涌水量很大的专门疏干放水巷道，最好不与采矿运输巷道结合或交会，而直接与水仓贯通，以免影响生产。

（2）在含水层掘进疏干巷道或在隔水层掘进巷道，接近含水层时，要用超前物探和探水钻孔指导掘进。超前物探是判断巷道前方含水层和地质异常体的大致位置。超前探水钻孔是为探明疏干巷道掘进前方的水文地质体的准确界线位置，确定巷道前方是否有溶洞、透水断裂、裂隙带、老巷等突水威胁。超前探水钻孔遇水后，应根据涌水量、水压确定巷道是继续掘进、停止掘进或是就地放水改进掘进；或根据遇水深度提供掘进的距离。超前探水孔的超前距离视水压和岩层稳固性而定，一般不少于5 m，在较完整围岩中可缩短，也可用下式计算：

$$a = 0.5AL\sqrt{3P/K_p} \qquad (4-28)$$

式中：a 为超前距；L 为巷道跨度（宽或取最大值）；A 为安全系数，一般取 2~5；P 为水力压头；K_p 为围岩的抗张强度。

（3）为了钻凿探水放水钻孔，又要避免巷道掘进、运输等工作互相干扰，一般都开凿专门的放水硐室。

疏干工程施工顺序一般是先建立泵房，水仓排水设施及构成筑防水闸门、防水墙等防水设施，然后掘进疏干放水巷道、硐室，最后施工各种放水钻孔。

3）巷道疏干法

巷道疏干方法的一般适用范围与条件包括需疏干的含水层底板不受深度的限制及不受疏干含水层的渗透性和富水性的限制，其中在下列条件下应优先考虑采用巷道疏干法。

（1）可用平硐自流疏干的矿山。

（2）疏干深度超过 200 m，而采用深井疏干又不合适的矿山。

（3）需疏干的含水层渗透性较差，而采用深井疏干不合适的矿山。

（4）矿区存在渗透性较好的松散孔隙含水层，且附近有地表水强烈补给，为了保证露天边坡的稳定要求对其进行较彻底的截流。

4）丛状放水孔疏干

丛状放水孔是指在放水硐室或直接在巷道内施工，在水平或垂直方向上呈一定角度的放水钻孔。它是地下疏干方式中应用最广泛的疏干方法，在矿床的一侧为隔水层或弱含水层，另一侧为强含水层（特别是矿床顶板含水层）时最为适用。由于坍孔和泥砂流出问题难以解决，因此不适用于松散孔隙含水层。丛状放水孔普遍用于地下开采矿山的疏干，同时也适用于露天开采矿山的疏干，这种放水孔及其附属的放水硐室、放水巷道等工程一般都在隔水层或弱含水层中施工。

丛状放水孔布置灵活，施工技术最简单，疏干效果较好，可用孔口闸阀调节放水量，实现有计划地疏干，在向高压含水层钻凿放水钻孔时，需采取可靠的安全措施。

我国部分大水矿山丛状放水孔施工情况见表4-8。

表4-8 部分矿山丛状放水孔施工情况

矿山名称	每硐室孔数 /个	钻孔口径 /mm	钻孔长度 /m	钻孔垂向角度	钻孔施工最大水压/Pa
凡口铅锌矿	3~5	开孔 130~150 终孔 75~110	一般 50~80 最长 102 平均 54	倾角一般小于 10°	$(12~15) \times 10^5$
水口山铅锌矿	3~4	开孔 150 平均 75~91	最长 150 平均 95	仰角一般 10°~30°	36×10^5
金岭铁山铁矿	3~7	775	一般为 40~70 最长 90 平均长 60	仰角 1°~25°	9×10^5
叶花香铜矿	4~5	开孔 150 终孔 91~110	18~66	仰角 20°~22°	18×10^5
莱芜铁矿业庄矿	3~5	开孔 130 终孔 75			20×10^5

5）直通式放水孔

直通式放水孔既适用于岩溶、裂隙基岩含水层的疏干，又适用于松散孔隙含水层的疏干，但在含水层的下部一般应有稳固的隔水层或弱含水层，这样才能在这种隔水层或弱含水层中, 开凿与直道式放水孔贯通的放水巷道或放水硐室。

直通式放水孔在地表施工条件好, 并可先钻小径钻孔, 证实有作为疏干放水孔价值后才扩孔, 并能安装过滤器, 减少泥砂含量, 提高疏干效果。但钻孔要贯通巷道或硐室, 技术要求较高, 投资大, 因而很少大量使用或单独使用, 如新桥硫铁矿、凡口铅锌矿使用该法取得了良好的效果。

6) 降压孔疏干

降压孔疏干适用于矿区地层水平或缓倾斜, 在矿体下方存在间接底板承压含水层, 其承压水头值较大, 对采掘具有威胁的矿山, 这种疏干方法在煤炭等沉积矿床中使用较多, 金属、化工矿山因水文地质条件的限制很少采用。

4.4.2.3 联合疏干

联合疏干兼有上述两种疏干方式的优点, 能保证在不利的水文地质条件下经济而有效地疏干含水层。一般在矿区水文地质、工程地质比较复杂, 使用单一疏干方式不能满足采掘对疏干的技术要求或不经济时, 才采用联合疏干方式。联合疏干方式可以是对同一含水层同时采用两种疏干方式的联合, 也可以是对不同的含水层分别采用不同的疏干方式。

联合疏干一般是在基建阶段采用地表疏干, 在生产阶段采用地下疏干。第一阶段, 首先在地表用降水孔预先降低地下水位, 把大部分储存量排除, 以保证矿井安全开拓, 同时建立井下疏干和排水系统; 第二阶段, 则用地下疏干设施接替降水孔的疏干工作, 并进一步消除含水层的剩余水头, 原有的降水孔则被用作直道式放水孔。除此以外, 尚有另一种联合方式, 即初期采用地下疏干, 后期再增加地表疏干的措施。

4.4.2.4 控制疏干

控制疏干是利用矿床内地层含水的不均一性, 在保证井巷开拓及采矿工程安全进行的前提下, 尽量不排、少排或晚排地下水, 达到预防突水淹井、减少排水费用、保护地下水资源及控制地面岩溶塌陷等目的, 这种方法相较传统疏干法可减少排水量, 相较帷幕注浆法可显著降低投资。

白象山铁矿即采用控制疏干法, 仅疏干含矿层, 不主动疏干上部杂色粉砂岩强含水层, 而达到了降低涌水量、又能安全开采的目的。山东侯庄铁矿、召口铁矿在坑内用放水孔疏干法疏干奥灰水时, 采用了局部疏干法。因奥陶系含水结构并不是一层水, 可能是两层或多层, 只要控制疏干采矿影响范围内的含水层, 用胶结充填保住上部含水层或局部隔水层不破坏, 上层水可不疏干。这既可保护环境, 保护资源, 又能降低耗电, 节省能源, 是一种很好的方法, 值得类似条件的矿山借鉴。

4.4.2.5 工程实例

我国金属、化工矿山很少单独采用某种疏干方法, 而经常多种地下疏干方式配合使用, 如泗顶铅锌矿以平硐自流疏干为主, 但辅以丛状放水孔; 凡口铅锌矿采用截水巷道疏干, 而采用放水钻孔和直通式放水孔放水。

1) 泗顶铅锌矿平硐自流疏干

向北形成南矿体的环形巷道, 自硐口至终点全长 2717 m, 施工放水硐室 13 个, 放水钻孔总深度 2542 m (如图 4-18 和图 4-19 所示)。

1975 年平硐掘成后, 地下水通过含水断裂、溶洞裂隙涌入疏干平硐, 一般流量为 $0.3 \sim 1 \text{ m}^3/\text{s}$, 最大流量为 $21.74 \text{ m}^3/\text{s}$。

北部矿区地下水位由 308 m 标高降至 279 m 标高，北部矿体已处于地下水位以上，保证了开采安全。南部矿区 282 m 标高以上已疏干，为开拓南矿体创造了有利条件。

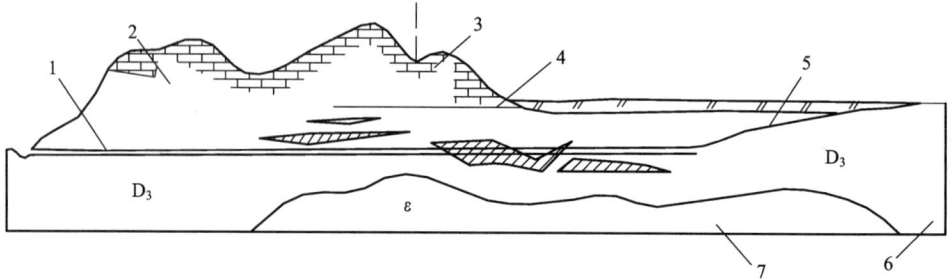

1—疏干平硐；2—北矿；3—南矿；4—疏干前静水位；5—平硐疏干后水位；6—上泥盆系桂林灰岩；7—寒武系砂页岩。

图 4-18　泗顶铅锌矿疏干平硐南北向剖面图

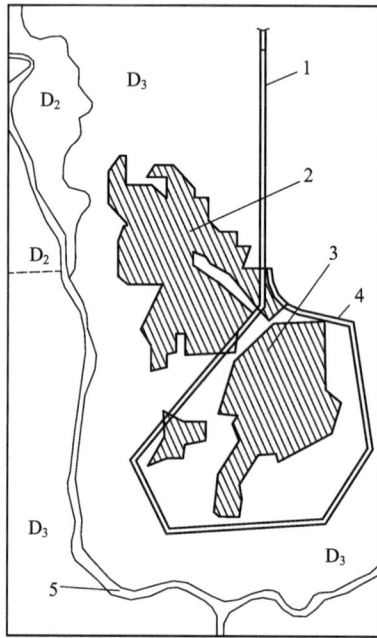

1—疏干平硐；2—北矿；3—南矿；4—环形疏干巷道；5—泗顶河。

图 4-19　泗顶铅锌矿区疏干平硐布置图

2）凡口铅锌矿专用截水巷道与中段超前疏干

凡口铅锌矿含矿层顶板为石炭系中上统壶天群裂隙溶洞含水层，矿体埋藏于当地侵蚀基准面以下，矿区北部和西部隔水层和西部相对隔水层形成"厂"形隔水边界。分隔金星岭区和狮岭区的 F_4 断层为高角度逆断层，由于断层东盘地层上冲，使金星岭南部在 ±0 m 标高以下竖起一条走向近南北的"隔水墙"。含水层岩溶发育且有垂直分带现象，上部为强岩溶发育带，岩溶率为 4.5%，渗透系数为 3.7 m/d，发育深度从金星岭北部到 ±0 m 标高，金星岭南部到 -40 m 标高，下部为弱岩溶发育带，岩溶率为 0.39%、渗透系数为 0.38 m/d。

根据矿区水文地质条件及矿山疏干放水试验所取得的经验，矿山决定采用截水巷道与分中段超前疏干的地下疏干方法(见图4-20)。

首先利用金星岭背斜存在的隔水层和弱含水层开拓井巷工程,建筑泵房、水仓及防水门等防水排水工程,然后开凿放水硐室、施工扇状布置的水平放水孔,降低地下水位,为截水巷道施工创造条件。最后根据岩溶垂直分布规律及经专门水文地质勘查选择,在金星岭北部±0 m中段的弱含水层带掘进了北部截水巷道,拦截东部补给的地下水,在金星岭南部-40 m中段则在 F_4 断层上盘"隔水墙"中布置拦截由东部和南部补给矿区的地下水的南部截水巷道,全长563 m,用放水钻孔和直通式放水孔放水。

由于掘进巷道时工作面探水孔遇较大涌水而未全部按设计掘完。北部截水巷道仅施工放水钻孔,也由于在接近设计终点处巷道遇水而未按设计长度掘完。上述两条专用截水巷道及其周围利用各中段接近含水层的采准、开拓巷道施工的放水钻孔,构成了一个专用截水巷道与中段超前疏干相结合的疏干系统。

该矿从1969年完成疏干系统工程后,全矿涌水量一般为30000~50000 m^3/d,最大为69000 m^3/d。逐步形成降深达120 m,影响半径为2600 m,疏干体积达15000万 m^3 的降落漏斗。矿山开采安全已基本得到保证。

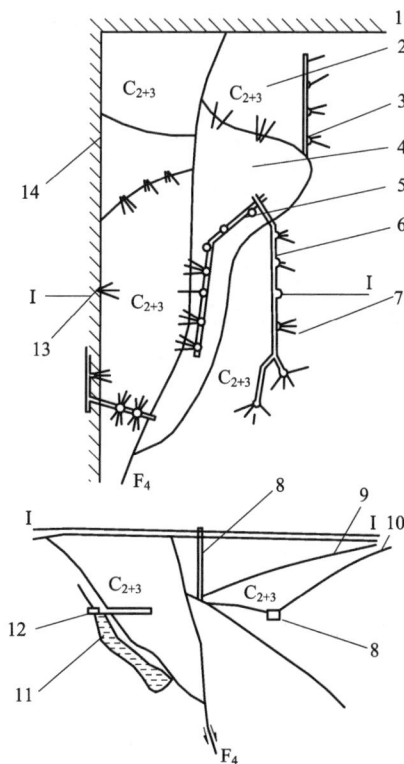

1—北部隔水边界;2— C_{2+3} 壶天群含水层;3—北部截水巷道;4—金星岭;
5—南部截水巷道;6—新截水巷道;7—放水孔;8—南通式放水孔;9—原疏干漏斗线;
10—新截水巷道建成后疏干漏斗线;11—矿体;12—疏干巷道;13—狮岭;14—相对隔水边界。

图 4-20　凡口铅锌矿专用截水巷道与中段超前疏干工程示意图

经过十多年生产过程中的水文地质观测，该矿发现狮岭与 F_4 断层之间的槽形含水层分布地段的水位在雨季上升幅度较大，分析其原因是南部截水巷所处的"隔水墙"在某些部位标高较低，或因其顶部岩石破碎，隔水性能较差，故在雨季地下水位上升时，从东南部汇入截水巷道的地下水部分浸过"隔水墙"顶脊，进入狮岭东侧的槽形含水层地段。为了保证狮岭矿体开采更加安全，该矿于 1982 年又在南截水巷东侧含水层中掘进新疏干巷道总长 881 m，用水平钻孔放水，结果老南截水巷基本干涸，从矿区东部、南部补给的动流量基本被截入新截水巷道，降落漏斗中心向东扩大，雨季时槽形地段水位、涌水量大幅度上升的现象基本消失，矿山开采安全更有保障。

4.4.3　矿区地面帷幕注浆

地面帷幕注浆是在矿区的主要进水通道上，通过钻孔采用注浆设备将浆液注入导水地层，改变导水地层的局部渗透性，使其形成类似帷幕状的人工阻水体，以堵截地下水流向矿坑，达到安全开采的一种防治水技术措施。注浆防渗帷幕的成功应用，为矿山防治水开辟了一个新的途径，结束了多年来依靠单一的矿床疏干方法解决水害问题的局面。

4.4.3.1　矿山帷幕的分类

矿山帷幕按照研究对象、防治目的、施工条件和经济性等要求的不同，其布置形式也不同，具体分为如下几种形式：

1）平面布置形式

（1）全封闭帷幕：帷幕在平面上形成一个首尾相连的堵水帷幕或者帷幕的两端进入隔水层（相对隔水层），形成阻截地下水的封闭系统［见图 4-21（a）］。比较适合于矿体比较集中、地下水进水通道多而广的矿床，其优点施工后采矿作业条件相对较好。缺点是帷幕线一般比较长，投资比较大。

（2）局部帷幕：帷幕线布置在地下水主要径流带上，适用于矿床地下水补给通道较集中，进水断面较狭窄［见图 4-21（b）］。其优点在于防治对象明确，帷幕的利用效率比较高，投资相对较少。缺点是对水文地质条件要求详细查明，设计帷幕线的端点必须经过严格论证，才能保证堵水效果。

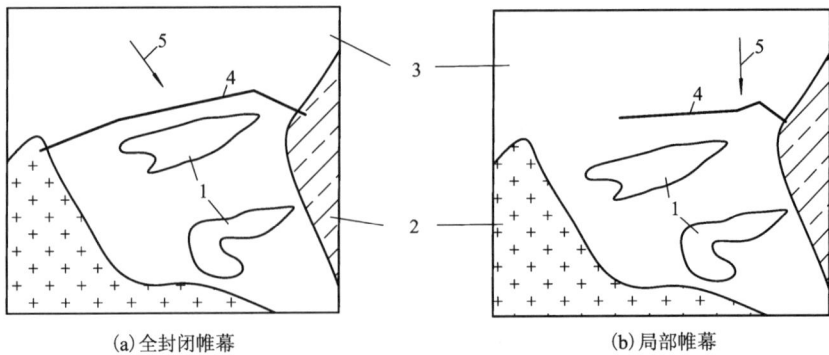

(a) 全封闭帷幕　　　　　　　　　　　　　　　(b) 局部帷幕

1—矿体；2—隔水层；3—含水层；4—帷幕轴线；5—地下水流方向。

图 4-21　帷幕平面布置示意图

2）垂向布置形式

（1）封底式帷幕：帷幕底部进入隔水层（相对隔水层）［见图 4-22（a）］，适用于底部有稳定、可靠和连续分布的隔水层（相对隔水层）。其优点是对帷幕体与下部隔水层（相对隔水层）形成一个稳定的隔水体，能很好地控制底部渗流、绕流现象，帷幕堵水率比较高。缺点是当帷幕设计深度比较深时，对钻孔的孔斜要求比较高，施工难度大，投资会随孔深的增加而明显增加。

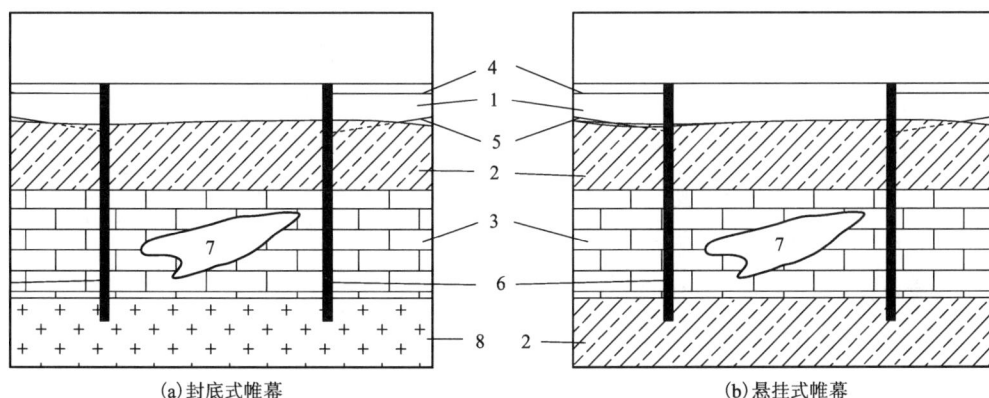

（a）封底式帷幕　　　　　（b）悬挂式帷幕

1—潜水含水层；2—弱透水层；3—承压含水层；4—潜水位；
5—承压水位；6—帷幕体；7—矿体；8—隔水层。

图 4-22　帷幕垂向布置示意图

（2）悬挂式帷幕：帷幕底部进入弱含水层［见图 4-22（b）］，其优点是可减少帷幕的深度，减少施工难度，节约投资。缺点是对帷幕底部弱含水层的厚度、稳定性必须详细勘查，论证帷幕建成后底部弱含水层的渗流量，确保帷幕的堵水效率，防止因底部弱含水层的大量渗流而导致帷幕的失效。

4.4.3.2　注浆材料

注浆材料是注浆技术中不可缺少的一个组成部分。选用注浆材料应根据矿山的具体水文地质条件和注浆方式的要求，同时还应考虑注浆设备特别是注浆泵的吸浆能力及造浆材料是否就近、经济、合理。其基本要求如下：

（1）浆液应具有黏度低，流动性好，可注性好，稳定性好，易于用注浆泵经过管道及注浆孔压入围岩裂隙，因而一般要求材料细度大、分散性较高并能较稳定地维持悬浮状态，不致在压注过程中沉析而堵塞，但又能在浸入围岩裂隙一定距离后，发生沉析充塞岩土围岩所有空洞和裂隙；

（2）浆液注入围岩裂隙后所形成的结石，应是结石率高、强度高、透水性低，并具有抗蚀性和耐久性，浆液的凝胶时间可以在几秒至几小时内随意调节并能准确地控制；

（3）浆液在高压下有良好的脱水性，固化后无收缩现象，并与岩石、砼和砂土有较好的黏结性。对注浆设备、管道、砼结构物无腐蚀性并容易清洗，材料来源丰富，价格便宜并尽可能就地取材，避免毒性并防止对环境产生污染；

（4）浆液配制方便，操作简便。

注浆材料品种繁多，由材料配成的浆液则更多，归结起来可分为三类（惰性材料、无机化学材料和有机化学材料），如表4-9所示。

表4-9 注浆材料分类

材料名称		浆液名称	应用范围
惰性 材料	黏土类	黏土水泥浆	裂隙性岩土围岩、地面帷幕注浆
	粉煤灰	水泥粉煤灰浆	裂隙性岩土围岩
	砂子类	水、砂、水泥浆	裂隙、溶洞、陷落柱、断层
	石子类	水、石子充填水泥浆	溶洞、陷落柱、断层，巷道内料充填
无机 化学 材料	水泥类	单一水泥浆及复合水泥浆	应用范围极广
	水玻璃类	水泥水玻璃双液浆	应用范围极广
	氯化钙类	水泥浆的外加剂	应用范围极广
	氯化钠类	水泥浆的外加剂	应用范围极广
	铝酸钠	化学溶液	适用于砂土围岩
	五矾类	水泥-五矾类	适用于糊缝、防水
有机 化学 材料	聚氨酯类	油溶性聚氨酯浆液、水溶性聚氨酯浆液	适用于水泥难注的细裂隙
	丙烯酰胺		适用于水泥难注的细裂隙
	铬木素类	纸浆废液-重铬酚钠浆液-过硫酸铵浆液	适用于水泥难注的细裂隙
	环氧树脂		适用于水泥难注的细裂隙
	脲醛树脂	脲醛树脂硫酸浆液、尿素-甲醛-三氯化铁浆液	适用于水泥难注的细裂隙

矿山防治水注浆工程中常用的有水泥、黏土、尾砂、水玻璃及部分外加剂等。

4.4.3.3 注浆帷幕方案

1）注浆帷幕方案论证

帷幕工程是一项投资大、施工周期长的大型项目，而且与矿山安全开采密切相关，所以项目在设计前必须对矿山帷幕注浆堵水的必要性、可行性及经济性等方面进行论证。

帷幕工程属于隐蔽性工程，所以在建设前应充分对设计帷幕的生态环境影响、自身稳定性及耐久性等方面进行安全论证确保其在服务期能安全运行。

2）注浆帷幕方案依据的资料

任何矿区都处于某一特定的水文地质单元，矿区地下水都具有一定的补给、径流、排泄条件和运动规律，而矿床所在区段，往往仅是这个单元的某一部分，它受整个水文地质单元的影响，所以区域水文地质测量范围，必须包括矿区范围在内，具有补给、径流、排泄区的完整水文地质单元。帷幕注浆设计需要完整水文地质单元的以下几方面资料。

（1）经批准的矿区地质（含水文地质）勘查报告和采矿设计报告。

（2）水文地质勘探和试验应有一定数量的勘探工程控制重要水文地质边界并了解矿区外

围岩溶含水层的富水情况；必须加强区域地质和水文地质条件的研究，了解地下水的补排条件，矿坑充水因素和充水强度，区域和矿区含水层的岩性、厚度、产状、分布、埋藏特征、静止水位、渗透性及含水性，各含水层间的水力联系及动态变化，岩溶及裂隙含水层岩溶、裂隙发育程度和分布规律。

(3)在区域水文地质条件的研究中，必须建立观测孔较多的地下水动态观测网，应加强区域地下水动态的观测，绘制多年的地下水等水位线图，每年包括雨、旱季两张。

(4)各含水层地下水的物理及化学特征。

(5)区域主要断裂及构造破碎带的规模、产状、分布、充填和胶结情况，充水及导水程度以及对矿床开采的影响。

(6)老窿分布的范围、深度及相互连通情况，老窿积水状态及老窿水补给来源、补给量及对矿床开采的影响。

(7)区域和矿区附近地表水体的基本特征及其与各含水层地下水的水力联系程度和对矿床开采的影响。

(8)矿区主要水文地质及工程地质问题的结论性意见及对开采的防水、治水、排供结合、综合利用、防止污染等方面的建议。

(9)矿区主要的防排水工程设计及布设图。

(10)主要注浆材料的物理、化学分析报告，注浆材料的可行性研究报告。

3)帷幕注浆勘查

在开展注浆防渗帷幕初步设计之前，必须进行帷幕的工程地质勘查，以保证设计方案立于可靠的基础之上。帷幕工程地质勘查应查明以下主要问题。

(1)如果矿区的地质勘探报告不能满足帷幕设计时，矿区必须进行专门水文地质勘探或进行补充水文地质勘探。

(2)防渗帷幕必须建在地下开采错动界或露天矿最终境界以外的矿区进水通道上。由于该地段靠近外围区域，勘探程度比较低，所以必须进行工程地质勘查，为帷幕设计提供可靠资料。

(3)对于有可靠隔水边界的封闭帷幕应查明拟建帷幕地段主要进水通道及两端隔水边界；拟建帷幕地段含水层及隔水层的空间形态和展布，确定含水层和隔水层在平面上分布的连续性和在垂向上厚度变化的稳定性。

(4)拟建帷幕地段主要构造破碎带的分布及规模，岩石的破碎程度及含水性。

(5)注浆层中岩溶、裂隙的大小，在空间上的分布范围，岩溶率；注浆层内岩溶的分布、发育程度，充填物的成分及抗冲刷的能力；注浆层的单位吸水率、渗透性。

(6)含水层的地下水位、流向、流速、水温及水质等。

(7)应查清帷幕线地层层序、地质构造、边界条件，帷幕端点及底板是否具备隔水层及其隔水性能。

4.4.3.4　工程设计

1)一般要求

在矿区水文地质条件基本查明、矿山防治水方案经充分论证已确定为帷幕注浆的基础上，可进入矿山帷幕注浆设计阶段。帷幕注浆工程设计可分为初步设计、帷幕注浆试验及施工图设计三个阶段。大、中型矿山帷幕注浆工程、水文地质条件复杂地区或有特殊要求的矿山帷幕注浆工程，应进行帷幕注浆试验。帷幕注浆应根据矿区渗流场的变化进行动态设计，及时调整帷幕端点、孔深、段长、注浆材料和注浆参数。帷幕注浆设计，应遵循下列原则：

（1）减小矿坑大量排水，保护地下水资源；

（2）对于岩溶充水矿床，为保护生态环境，应避免严重的地面塌陷、水土大量流失以及大量工业设施和村庄搬迁。

2）初步设计

帷幕注浆工程具有工程量大、施工周期长、投资大的特点，所以在选择帷幕线时必须考虑矿山的矿床储量、矿山的采矿方式等，防渗帷幕必须建在地下开采错动界线或露天矿最终境界以外。

（1）帷幕线位置选择

①帷幕线位置应该选择在矿区的进水通道上，要求帷幕建成后最大限度地减少矿坑涌水量，达到预期的堵水效果，以节省排水费用。如果矿区已经有疏干排水系统，应与疏干排水系统保持一定的距离，一是保证疏干系统的安全运行，确保矿山的安全生产；二是减少施工难度，避免跑浆对材料的浪费，节约成本。

②帷幕线位置的选择，要求在矿山地质勘探报告的基础上，对多条帷幕线进行经济和技术可行性比较，将尽可能多的矿体包括在帷幕线以内，使得更多的资源可以开采。

③帷幕建成后应可以解决矿床疏干排水而引起的对矿山环境的破坏问题，保护矿山附近的地质环境，防止或减轻某些岩溶充水矿床因疏干排水引起的地面塌陷与开裂。

④帷幕线位置的选择必须研究以下水文地质因素的影响，制订多条帷幕线进行技术经济和可靠性分析、对比，选择最优方案：

A.必须充分研究矿床的水文地质条件、矿坑充水因素、主要充水通道及含水层水文地质参数和矿坑涌水量；

B.帷幕两段隔水边界和底板隔水层的控制程度及可靠程度；

C.帷幕地段的含水层赋存状态及地下水径流带、地下水位、流向、流速及水质等测试资料的代表性和可靠性；

D.预测防渗帷幕建成后，由于天然水文地质条件改变所带来的影响，必须分析帷幕建成后对区域及矿区水文地质条件的影响及产生的后果，预测帷幕上游区段水位的上升以及帷幕下游区段水位的下降可能产生的影响，并提出解决办法。

⑤拟建帷幕线对施工的影响：

A.由于构筑防渗帷幕具有工程量较大、施工期限长的特点，因此，帷幕线位置的选择应满足帷幕施工保证矿床开拓和开采进度计划的要求；

B.注浆层可灌性，注意浆液能否与围岩固结为一个整体；

C.帷幕线位置的选择，要充分考虑帷幕的平面布置及结构形式，进行技术经济分析对比；

D.帷幕线位置必须选择在工程地质条件满足帷幕施工的地段，保证施工期间，施工人员和设备的安全，同时必须满足施工对场地的要求。

（2）注浆防渗帷幕的结构设计

①帷幕两端首尾相连或帷幕两端与隔水层（或相对隔水层）密切相连，形成平面全封闭帷幕。

②矿区含水层在平面存在强透水层（带），可建局部帷幕。

③根据矿区地层透水性，深入至相对隔水层内至少 5 m，形成封底式帷幕。

④深入至弱含水层内至少 5 m，形成悬挂式帷幕。

（3）帷幕参数设计

①帷幕工程堵水率：是在相应标高上，通过注浆帷幕进入矿坑的实际涌水量与勘探报告预计涌水量相比所减少量的百分数，或帷幕建成后抽（放）水试验矿坑实际涌水量同帷幕建成前水量的比值，而后者更接近真实情况。鉴于注浆帷幕结构的复杂性和矿山服务年限、经济效益多种因素的制约，随着注浆帷幕堵水率的增加，工程投资增加的幅度会逐渐加大，所以应根据矿区水文地质条件、帷幕注浆工程的主要目的及经济合理性等综合因素，提出合理的堵水率指标，目前矿山注浆帷幕堵水率一般为 50%～80%。

②帷幕幕体防渗标准：应根据堵水率要求，利用矿山水文地质数值模型计算确定，不具备计算条件时，帷幕体防渗标准可参考表 4-10。

表 4-10　矿山帷幕幕体防渗标准

地层特性	帷幕幕体防渗标准/Lu
非可溶岩	3～6
可溶岩	4～7

③注浆浆液：注浆材料的选择主要是根据注浆堵水地段的水文地质条件，注浆材料的可灌注性、凝胶时间、黏度、强度、稳定性及耐久性等能否满足注浆工程的要求决定的，同时还要考虑经济因素、环境保护以及材料来源等因素综合研究确定。

在初步设计中注浆各阶段对浆液的浓度要求不同，需对浓度进行分级并给予一定的表示和变换方法，规定一些变换原则，使注浆材料能按要求迅速配制，以满足注浆的需要。

④帷幕顶板：根据设计帷幕的堵水率计算帷幕建成后幕外水位标高，应使帷幕建成后地下水不漫顶流入矿坑。

⑤帷幕厚度：由于裂隙中注浆充填、压密、固化后产生的结石处在不规则的岩石表面的挟持之中，且鉴于裂隙分布的不均一性，必须有一个相当厚度，即沿地下水流向的浆液充填饱满的范围，根据我国多年矿山注浆工程实践，一般在以岩溶为主的注浆层中建造帷幕，帷幕厚度不宜小于 10 m；在以裂隙为主的注浆层中建造帷幕，帷幕厚度不宜小于 5 m。

⑥注浆孔距：帷幕一般宜采用单排孔，注浆孔距可按式（4-29）近似计算，在构造等非均质地段另行设计，一般孔距宜为 6～12 m。岩溶发育带、断层破碎带可采用双排孔加密注浆，一般排距宜为 2～3 m，孔距宜为 4～8 m。

$$a = \sqrt{4R^2 - L^2} \tag{4-29}$$

式中：a 为注浆孔间距，m；L 为帷幕厚度，m；R 为浆液有效扩散半径，m。

牛顿流体浆液扩散半径 R 按式（4-30）、式（4-31）近似计算：

$$R = 2.21\sqrt{\frac{0.093(P-P_0)Tb^2 r_0^{0.21}}{\eta}} + r_0 \tag{4-30}$$

$$T = \frac{1.02 \times 10^{-7}\eta(R^2 - r^2)\ln\left(\frac{R}{r_0}\right)}{(P-P_0)b^2} \tag{4-31}$$

式中：R 为浆液扩散半径，m；P 为注浆孔内压力，Pa；P_0 为裂隙内静水压力，Pa；T 为注浆时间，h；b 为裂隙宽度，m；r_0 为注浆孔半径，m；η 为浆液初始黏度。

宾汉流体浆液扩散半径 R 按式(4-32)近似计算：

$$R = P\delta/2\tau \tag{4-32}$$

式中：P 为注浆压力，MPa；δ 为缝隙宽度，m；τ 为浆液屈服强度，Pa。

⑦注浆压力：克服浆液流动阻力进行渗透扩散的压强称为注浆压力，在整个注浆过程中，注浆压力随着注浆孔周围浆液的扩散、沉析、充填压裂等情况变化而随时变化，一般分为三个压力阶段：初期压力、过程压力和终值压力。帷幕注浆设计压力(孔口压力)即注浆施工的终值压力应大于地下水压力 2.0 倍以上。

⑧孔段注浆结束标准：各注浆段注浆结束条件应根据地质条件、注浆压力、吸浆量、段长等确定。一般情况下，当注浆段在最大设计压力下，吸浆量不大于 10 L/min 后，继续灌注30 min，即可结束注浆。岩溶发育地层在注浆压力达设计压力，吸浆量小于 20 L/min 时，继续灌注 30 min，即可结束注浆。

⑨浆液注入量：可根据矿区水文地质条件，结合国内矿山帷幕工程经验参照表 4-11估算。

帷幕总体注入量也可依据下式(4-33)进行近似计算：

$$Q = \lambda \frac{V\eta\beta}{m} \tag{4-33}$$

式中：Q 为帷幕注浆量，m³；λ 为浆液超注系数，一般取 1.1~1.5，岩溶发育或动水条件取大值；V 为设计帷幕体积，m³；η 为岩层裂隙率或岩溶率；β 为浆液充填系数，取 0.8~0.9；m为浆液结石率，%。

表 4-11　矿山帷幕钻孔单位注浆量参考值

含水层裂隙发育程度	矿坑疏排水状况/($m^3 \cdot m^{-1}$)	
	未受矿坑排水影响	受矿坑排水影响
细裂隙(0.3~3 mm)	0.5~1	0.5~1
中裂隙(3~6 mm)	1~2	1~3
大裂隙(6~13 mm)	1.5~3	3~5
破碎带(>13 mm)或溶洞发育区	4~6	6~8

(4)初步设计报告应针对矿山水文地质特征提出帷幕补勘要求。

3)现场注浆试验

帷幕注浆试验是在注浆施工前，结合帷幕注浆工程设计进行的一种工业性试验。试验前应有专门的帷幕注浆试验大纲。一般在帷幕地段的水文地质、工程地质条件复杂或设计中拟采用的注浆方法、注浆工艺及技术手段比较复杂并缺乏经验时，开展帷幕注浆试验工作。

(1)帷幕注浆试验应达到的目的

①验证实施帷幕注浆的可行性。

②检验注浆方法、注浆工艺及技术的有效性。

③检验注浆技术参数，如：注浆孔排距、注浆压力、段长等的合理性，为帷幕施工图设计和施工提供依据。

④确定合适的制浆材料和设备、浆液配比，分析单位注入量，为注浆防渗的经济性提供依据。

⑤确定注浆施工方法，为注浆施工组织设计提出建议。

（2）试验段选择

试验段应有一定的长度，每段应不小于 30 m；注浆孔数量应不少于 5 个，检查孔数量不少于 2 个，试验段深度应涵盖初步设计帷幕下限。

①注浆试验段应在帷幕线上。选取水文地质条件、施工条件等具有代表性的地段；帷幕线比较长、水文地质及工程地质复杂多变时，宜分段选取 2~3 个有针对性的地段进行注浆试验。

②注浆试验应与注浆防渗帷幕设计中确定的注浆方法和注浆工艺及采用的技术手段相一致。

③注浆试验工程应尽可能为以后的帷幕注浆工程所利用，以求减少注浆工程量，节约投资费用。

（3）试验段布孔原则及施工顺序

①应按三序孔布置，按序号施工。

②两个以上试验段的，每段内注浆孔距应一致。

（4）帷幕注浆试验应包括（但不限于）的内容

①注浆技术参数包括：注浆孔排距、孔距、注浆方式、注浆压力、水固比、浆液扩散半径、单位注入量、段长、结束标准等，并在试验过程中不断调整。

②注浆孔应全孔取芯，取芯率应大于 70%，并对试验段含水层进行分段压水试验，进一步查清水位、透水率及底板位置。

③对初步设计选择的注浆浆液和水灰比进行注浆试验，确定浆液的可注性，对注浆浆液配比进行优化，并初步确定每种浆液配比的调整方法及原则。

④应对钻探设备、压水设备、制浆输浆设备、注浆泵、止浆机具、注浆管路等的能力及组合进行验证。

（5）帷幕注浆试验段效果检查

①检查孔布置：一般应设在帷幕轴线上的两孔中间部位，如需检查浆液的扩散距离，也可布置在帷幕轴线的旁侧。

②检查孔数量：至少布置两个。

③检查方法：钻孔取芯、压（注）水试验、物探（孔间透视或地面物探）等。

④检查内容：钻孔偏斜、浆液扩散有效半径、溶洞裂隙充填情况、地层透水性、结石体渗透性能及抗压强度等。

（6）帷幕注浆试验报告应包括（但不限于）的内容

①注浆试验的平面布置及结构形式，帷幕的深度、厚度及渗透性及检查标准的可靠性。

②注浆试验段的工程地质、水文地质条件及可注性研究。

③注浆材料、浆液配比室内试验和现场试验成果，建议注浆材料和水固比及其变换。

④分析特殊水文地质条件下的注浆、控浆方法。

⑤注浆孔距、段长、压力、结束标准、单位注入率、有效扩散半径。

⑥钻探工艺及防止钻孔偏斜的措施。

⑦制浆、输浆和止浆的工艺流程、浆液调配及造浆站生产能力的验证等。

⑧钻探注浆资料的综合分析成果。

⑨安全与劳动保护措施。

⑩注浆质量检查成果。

⑪注浆帷幕线选择的技术经济评价。

⑫有关附图、附表。

4）施工图设计

（1）帷幕线的优化

①根据帷幕注浆试验结果，比较帷幕施工的可行性、安全性、经济性，调整帷幕线。

②根据帷幕注浆试验结果，针对注浆层的水文地质特性、可灌性条件，对帷幕线进行局部调整。

③根据帷幕注浆试验确定的造浆方式、能力及注浆工艺，对帷幕线进行局部调整。

（2）钻孔种类及数量

根据不同作用，矿山帷幕注浆工程设计应包含以下钻孔：

①注浆孔：根据钻孔间距及帷幕线长度确定注浆孔数量。

②检查孔：用于检查验证注浆效果钻孔，其数量宜为注浆孔数量的10%左右。

③动态孔：用于注浆效果隐患部位补强的钻孔，其数量应结合现场情况综合确定，设计数量宜为注浆孔数量的10%~20%。

④监测孔：用于帷幕形成后对帷幕效果和运行状态的监测。宜帷幕内外对称布置，其数量以形成完善的监测系统为宜，设计数量可为注浆孔的10%。

（3）钻孔参数设计

①注浆孔结构：注浆孔直径的选择，应考虑尽量扩大注浆孔揭露含水层的裂隙、溶洞等过水断面，但同时也应兼顾钻进施工方便。一般要求注浆孔注浆段的直径不小于110 mm；特殊地质条件下或当帷幕深度很大时，终孔为91 mm，最小不得小于75 mm。

当注浆孔采用孔口封闭注浆时，要求在套管上端焊有法兰盘，以便连接注浆管路及安装孔口设备。

②钻孔偏斜度：注浆孔钻进应尽量保持垂直，防止偏斜，但在实际钻进操作中，由于钻探设备和施工技术水平的限制，往往在钻进到一定深度时都会产生钻孔偏斜，而且偏斜度随孔深增大而逐渐增大，为保证帷幕的连续性和完整性，注浆孔孔底偏差应满足帷幕的整体性要求，设计值可参考表4-12。目前注浆孔施工时，当钻孔进入基岩每50 m测量一次方位和偏斜度，及时检测、调整钻孔的垂直度，确保帷幕的施工质量。

表4-12　孔底允许偏斜率

钻孔深度/m	允许偏斜率/%
0~199	1.5~1.2
200~400	1.2~0.8
>400	<0.8

③孔距和孔深：在含水层透水性较均一时宜采用等距布孔，含水层透水性极不均一时，应采用不等距布孔，断层带和岩溶发育区宜加密布孔；根据现场注浆试验成果，充分考虑岩溶、断层、裂隙发育带注浆有效扩散半径及帷幕厚度等因素，可对初步设计确定的注浆孔距进行适当调整；孔深应不小于设计帷幕下限。

④岩芯采取率：沿帷幕线方向地层变化较大时，帷幕注浆一序孔应作为补充勘探孔，应全孔取芯，二序孔及三序孔宜进行取芯钻进；沿帷幕线方向地层较稳定时，帷幕注浆一序孔的 20%应作为补充勘探孔，应全孔取芯，二序孔及三序孔可不进行取芯钻进。一般岩层中不宜小于 70%，在破碎带、软弱夹层和溶洞充填物中不宜小于 60%。

（4）注浆参数设计

①根据不同的地质条件和工程条件，注浆可选用以下控压方式。

A. 纯压式（含止浆塞式）：浆液由注浆泵以一定的压力压出，通过输浆管路压入注浆孔的岩溶、裂隙中，浆液在泵压的作用下由近到远逐渐充满岩溶、裂隙，经过胶凝、固结之后，与围岩结成一体，起到阻水的作用，主要用在注浆段起压阶段，是注浆的主要阶段。适用于孔壁地层较完整地段。

B. 孔内循环式：浆液由注浆泵压出，通过输浆管路压入注浆孔的岩溶裂隙中，与压入式注浆相比最大的区别是可以利用输浆管路中的回浆装置，可以保持恒压注浆，使多余的浆液流回。适用于孔深小于 200 m 的孔壁地层欠完整地段。

C. 自流式：这种注浆方式主要用于大溶洞或大的裂隙的充填注浆，在这种情况下，为了节省注浆材料，在浆液中须添加惰性材料作为骨料。适用于具有较大溶洞或裂隙的注浆层中。

②注浆方式：矿山帷幕注浆按浆液在注浆孔中的灌注顺序，分为上行式注浆和下行式注浆两种方式，在注浆工程中，采用分段下行式注浆的较多。

注浆一般都是分段进行的，一个注浆孔通常都要分为几个注浆段进行分段注浆。下行式注浆须使注浆孔钻进一段，注一段，前段注完后，经透孔后再注，反复交替进行。

分段上行式注浆，即注浆孔一次钻进到注浆孔最终深度，使用止浆塞自下而上逐段注浆，直至注浆孔注浆结束。

注浆方式的设计必须结合帷幕注浆试验段针对该地层的特点所得出的注浆方式为参考，一般建议采用分段下行式注浆，该注浆方式可有效地加固前期注浆的薄弱地段。当注浆段裂隙不发育时，可采用分段上行式。

③浆液应根据帷幕试验成果和矿山的实际情况选择。

④在注浆帷幕的工程实践中，主要根据含水层的岩溶、裂隙发育程度，注浆孔孔壁的稳定性及含水层的富水性等因素确定注浆段长度，在施工图设计中注浆段长应参考帷幕注浆试验成果，结合注浆区岩层地质条件确定，常用的注浆段长度划分原则参考表 4-13。

表 4-13　注浆段长度划分原则

岩溶裂隙发育情况	控制段长/m
溶洞发育区	3~10(5~10)
断层破碎带	5~10(10~20)
（岩溶）裂隙发育区	(10~20)20~30
（岩溶）裂隙不发育区	(20~30)30~40

⑤浆液浓度变换：浆液浓度及单、双液浆的使用界限，通常根据注浆孔的单位吸水率确定，使用浆液时，一般是先稀后浓逐级调节，水灰比可采用2：1、1：1、0.8：1、0.6：1等四个比级，岩溶裂隙发育地段可直接注入浓浆。

⑥注浆终压：在各类注浆工程中，影响注浆终值压力确定的因素较多，在注浆工程设计中，一般注浆终压应大于静水压力的2.0倍，三序孔的注浆压力宜高于一、二序孔。

⑦注浆结束标准可根据帷幕注浆试验成果，进行适当调整。

(6)施工图设计文件应包含的内容

施工图设计文件应包含帷幕注浆目的、设计依据、帷幕线位置、注浆施工参数、注浆材料、注浆工艺、质量标准、质量检查、工程量、工期、施工质量保证措施、有关附图、附表等内容。

4.4.3.5　帷幕注浆施工

1)一般规定

(1)设计单位应将注浆工程设计内容向施工单位交底，明确设计目的、技术参数、施工技术要求等。在开工前，施工单位应根据场地地形地貌、水文地质条件、注浆工程规模和特点编写施工组织设计，并报建设、监理、设计等部门。项目负责人、技术负责人及特种作业人员应持证上岗，并将施工组织设计内容向现场施工人员和管理人员交底，具备开工条件时施工单位应提交开工报告和开孔申请，签证备案。

(2)施工用电宜专线专供，无法满足要求时应配备应急发电机。

2)钻孔

(1)钻探设备

钻进注浆孔主要使用地质钻机，钻机的选择应根据建幕地段的地质条件、注浆深度及施工地点而定，钻机的钻探深度要大于注浆孔的深度，一般选用回转式钻机，也可采用冲击式钻机，当采用冲击钻进时应加强钻孔和裂隙的冲洗。钻探设备必须按相应说明书或有关技术资料使用和维护保养，保证钻探设备处于良好技术状态。

(2)钻机安装

施工前应由具有测量资格的人员进行钻孔测放。孔位测放误差不得大于1 cm。钻机安装前应进行地盘平整，钻机安装与孔位误差不宜大于50 cm。如由于地表障碍确实无法避让，超过50 cm时应及时通知设计、监理人员。

(3)钻孔施工

注浆钻孔应按设计要求分序施工。相邻次序钻孔同时施工时，注浆段高差宜大于100 m。钻孔开孔孔径应根据地层实际情况确定，终孔孔径应不小于设计口径。当覆盖层不进行注浆时，宜采用跟管钻进。套管宜进入基岩1~3 m。土层与基岩接触部位宜安设1~2 m的花管，以便土层与基岩面间注浆和封固套管。

注浆段应采用清水钻进。每注浆段钻探完成后，应洗孔10~20 min，孔底沉渣厚度应不超过20 cm。钻进过程应采取控斜措施。宜每50 m测斜一次。当出现偏差时应及时纠正，钻孔偏斜率应达到设计要求。

(4)其他要求

①钻孔孔深不得小于帷幕下限，终孔后应有孔深验证记录，孔深验证误差不应大于0.1%。

②补充勘探孔应全孔取芯钻进。二序孔及三序孔可根据需要取芯，岩芯采取率应达到设计要求。

③钻孔过程中，应做好各种记录，应填报班报表、岩芯登记表、测斜结果表、孔深验证结果表、水位观测表等。

④每个注浆孔应及时、准确地进行水文地质编录，严格划分地层，描述断层构造位置。岩芯要摆放整齐，岩芯牌、岩芯箱编号、岩芯回次编号清楚，并拍照存档。根据钻探编录及时绘制钻孔柱状图。

⑤一序注浆孔各段均应进行压水试验，二、三序注浆孔宜进行简易压水试验。

⑥钻孔过程中发生孔内事故时，应及时进行处理，并记录处理方法和结果。当孔内事故处理不了，无法延续钻进需要移孔时，必须向设计和监理提出申请，批准确认。

3）制浆

（1）制浆设备

搅拌机是注浆工程中的造浆设备，它的作用是使注浆材料和溶剂及其附加剂能迅速拌和而制成均匀的浆液，其性能应满足以下两方面。

①应根据制浆种类选择合适的制浆设备。所选择的制浆设备的技术性能应与注浆量、浆液类型、浆液密度和注浆方式相适应，保证能均匀、连续地搅拌制浆。

②制浆材料应按规定的浆液配比计量，计量误差应小于 5%。水泥等固相材料宜采用重量称量法计量（配料计量可安装电脑自动计量仪）。各种计量检验设备须经质检部门检验合格。

搅拌机能力应与注浆泵的最大排量相适应，在要求的时间内能把注浆材料拌和成为均匀的浆液。目前在注浆量大，耗水泥多的注浆地点，为减轻工人上料的体力劳动强度，应选用散装水泥，采用压缩空气作动力输送水泥，结合造浆设备，形成全天时自动造浆系统。

（2）集中制浆站

注浆量较大的工程应建立集中制浆站，集中制浆站应尽可能地利用自动控制系统，提高制浆配比的精度同时提高造浆能力，集中制浆站的制浆能力应满足注浆高峰期所有机组的用浆需要，且应配备防尘、除尘设施。

（3）制浆要求

①纯水泥浆液的拌制时间，使用高速制浆机时应大于 30 s；使用普通搅拌机时应大于 3 min。搅拌水泥黏土浆，黏性土加入制浆前宜进行浸泡、润胀，充分分散颗粒，黏土原浆宜采用转速在 1200 r/min 以上的高速搅拌机，搅拌时间应大于 3 min。浆液在使用前应过筛，浆液自制备至用完的时间不宜大于 4 h。

②搅拌水泥黏土浆混合浆液宜采用 340~1200 r/min 的高速搅拌机，加黏土浆液后的拌制时间不宜少于 2 min。

③其他水泥基浆制浆过程可参照水泥黏土浆制浆过程。

④浆液中需要添加外加剂时，外加剂应以水溶液状态加入搅拌好的浆液中，搅拌时间不应小于 2 min。

（4）浆液性能检查

注浆前、浆液浓度变换后及注浆超过 2 h 时，应对浆液密度、流动性等性能检查或抽查，及时调配，使浆液性能满足工程要求。

（5）其他要求

①寒冷季节施工应做好机房和注浆管路的防寒保暖工作，浆液温度不宜低于 5℃。炎热季节施工应采取防晒和降温措施，浆液温度不宜超过 40℃。

②应定期保养搅拌和计量设备，及时清除搅拌桶、搅拌池、贮浆池中的残留物和杂物，保持搅拌系统的清洁。

4）注浆

（1）注浆设备

主要的注浆设备有：注浆泵、流量计、止浆塞、混合器以及输浆管路等。

①注浆泵及其性能。

注浆泵是注浆帷幕及其他注浆工程中的重要设备，根据注浆的特点，要求注浆泵具有足够的压力和排量。复杂的注浆工程要求注浆泵设有调压、调量装置，以便在不同的注浆深度、不同的注浆情况下，对压力和浆量加以控制和调整。在选型上可选用专用注浆泵、泥浆泵、代用泵等。一般应满足流量和压力可调、耐磨和抗腐蚀、轻便等要求，同时注浆泵额定工作压力应大于最大注浆压力的1.5倍，压力波动范围宜小于注浆压力的20%，排浆量能满足注浆最大注入率的要求。

②其他设备。

止浆塞要求结构简单、操作方便、止浆可靠，地面预注浆常用三爪止浆塞，工作面预注浆常用孔口装高压转芯阀的方法，注浆后常在管外缠麻，并装设阀门止浆。

混合器能使甲、乙两液混合效果好，当甲、乙两液的注浆压力不同时，能防止窜浆。

输浆管路的耐压力应大于注浆终压，过流断面应保证浆液流动畅通，不变径或少变径，防止增加流阻和造成堵塞。管路配套阀门应采用耐蚀、耐磨、耐高压的高强度材质阀门。接头应便于拆卸并严密不漏。

阀门和接头在注浆过程中都会产生阻力，为避免堵塞事故和减少压头损失，阀门和接头处的断面形状不可突然缩小，并应定期检查和清洗。

（2）注浆参数记录

注浆参数的记录是在注浆施工时的动态记录，主要是掌握实时注浆情况，分析注浆方案的可行性，指导后续注浆施工，所以在注浆参数的记录上建议采用自动注浆记录仪，自动注浆记录仪应能自动测量记录注浆压力、注入率、浆液密度，其技术性能和安装使用的基本要求应符合工程需要，并满足 DL/T 5237 的规定。

（3）帷幕注浆工艺

注浆方式应严格遵循设计文件，当遇特殊情况需改变注浆方式时，需要经过设计、监理认可。注浆前应进行简易压水试验，结合钻孔地质资料判断地层透水性，地层透水率大于矿区地层平均透水率2倍时，可采用浓一级作为起始浆液浓度。采用分段注浆时，应分段计算注浆段压力，分段长度宜结合注浆段划分，压力计算点应取段中位置。

止浆塞注浆时，应与注浆方法、注浆压力、注浆孔孔径及地质条件相适应，止浆塞应有良好的膨胀和耐压性能，并易于安装和卸除，止浆塞阻塞在注浆段段顶以上2.0~3.0 m井壁完整处，防止绕塞返浆。止浆塞压力应大于设计注浆总压力1.0 MPa；孔口封闭注浆方式时，注浆前应检查封闭器密封性，并有防爆措施。

4.4.3.6 效果检查

1）帷幕注浆质量检查

（1）注浆资料的综合分析

注浆全过程资料的收集、整理与分析是鉴别注浆质量的基础，主要资料及其相互关系如

图 4-23 所示。

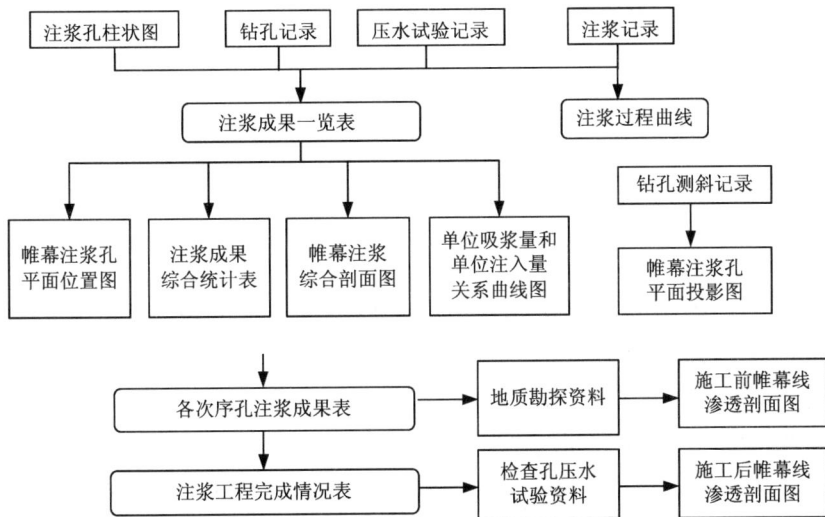

图 4-23 注浆孔帷幕资料整理程序

（2）检查孔分析

在注浆孔施工完成后，结合注浆孔施工及揭露地层情况，在帷幕中心线上的末序孔注入量大的孔段附近、断层、岩体破碎、裂隙发育、强岩溶等地质条件复杂部位和注浆过程中不正常、分序递减不合理、对防渗能力有影响的部位分别布置检查孔。

检查孔的数量宜为注浆孔总数的 10%，每个区段工程至少应布置一个检查孔。检查孔压水试验应在该部位注浆结束 14 d 后施工，岩芯采取率应大于等于 75%。第一，通过检查孔的分段压水试验，计算单位吸水率，试段的合格率不小于 90%，不合格试段的透水率不超过设计规定的 150%，且分布不集中，注浆质量可评为合格；第二，通过检查孔的钻探取芯，直观检查岩芯岩溶或裂隙被浆液充填程度，以及对结石体进行抗压、抗渗检测，以此对帷幕注浆质量进行分析鉴定。

（3）物探检查

①钻孔无线电波透视法。

在钻孔中利用无线电波透视方法探测孔间岩石注浆前后对电磁波吸收和散射的变化情况，以检查注浆质量和堵水效果，目前无线电波透视经常采用同步法和定点法。

②钻孔摄影法。

利用钻孔摄影仪拍摄钻孔孔壁岩石裂隙的大小、方向和发育程度，对照注浆孔注浆前后的图像，即可判断注浆质量。

③声波测试法。

利用声波在不同介质中传播速度不同的特性，对注浆质量进行测定，一般已注浆地段其声波传播速度要比未注浆地段高。既可以利用单孔声波，也可以利用双孔声波透视。

④地震测试法。

地震测试法是根据注浆前后岩石动弹性模量的变化，对注浆质量进行分析和鉴定。

⑤超声波测试法。

利用超声波法测试注浆前后岩体动弹性模量的变化，也可以对注浆质量进行分析和鉴定。

2) 堵水效果检查

矿山帷幕注浆堵水帷幕防渗能力评价应以矿坑疏干放水后矿坑涌水量变化为直接手段，如矿山不具备疏干放水条件时，可利用矿区内已有井巷和钻孔进行抽水试验验证，必要时，可专门布置抽水孔。矿山基建达到一定程度时也可采用矿坑放水试验，并结合注浆后地下水流场的变化，进行综合评价。

3) 监测

矿山帷幕注浆监测设计应结合矿山开采整体监测设计进行，利用地面构筑物和地层的变形、水源点的水质水量监测等设施。

矿山帷幕工程作为隐蔽工程，施工难度大，质量要求高，所以应分别在注浆施工期和运行期，通过设置在井下的放水孔和覆盖矿区地面的水文观测孔，尤其是分布在帷幕周边和地质结构和工程水文地质条件复杂部位的水文观测孔对矿区的地下水进行动态监测。

(1) 注浆监测

注浆监测设计应包括注浆开始、注浆过程，注浆后的监测参数和控制标准、控制方法。注浆过程的监测应依据设计文件制订监管细则。依据监管细则对注浆过程连续监测，将监测结果与设计参数比较，及时检查偏差原因，适时调整设计参数和施工参数。

注浆工程开工前应对环境状况进行评估，关注地下水化学成分流速、流向、使用现状、井点距离；根据气体、液体、固体状态，分析注浆对环境的影响，并采取相应的监测措施。

①注浆影响区域内(帷幕线附近 100 m 以内)的监测项目应包括以下项目(但不限于)：

A. 地表沉陷或抬动、构筑物及设施的变形监测，可采用视准线和三角网、水准点等方法。地表裂缝可采用砂浆条带、测缝计、多点位移计等；

B. 水源点(如水井、水库、河道、岩溶泉水点等)水质水量变化监测，可设置水尺、量水堰等。

②注浆施工监测应包括以下内容(但不限于)：

A. 注浆过程中地层抬动与变形情况、地表沉陷、构筑物及设施的变形情况；

B. 水源点及地下水的水化学成分及水量变化情况，宜在 1~7 d 监测一次。如发现重大变化应及时报告有关部门。

(2) 运行期监测

运行期监测应结合矿山的水文地质特点确定监测项目、方法、参数。主要监测矿区地下水流场变化情况和井下涌水量变化情况，对有可能产生透水事故的矿山工程，应确定渗漏水量安全警戒等级和监测预警标准。

在帷幕前后应布置水位监测孔，通过地下水位的变化，分析防渗帷幕的有效性。

①水位监测孔的沿帷幕线走向间距宜为 200 m 左右，对地质条件复杂地段可增加。

②水位监测孔宜沿帷幕轴线对称布置，距离帷幕轴线距离应大于 20 m。

③水位监测孔的深度宜深入枯水期地下水位线以下 10 m。孔径宜为 89 mm。

④水位监测宜采用自动化监测设备，采用测绳监测时，丰水期频率宜 5 d 一次，枯水期频率宜 10 d 一次。监测应包括水位、水温、水化学成分(可根据情况 3 个月或 6 个月测一次)。

4.4.3.7 工程实例

岩溶大水矿床水文地质条件一般比较复杂，单纯采用疏干降压方法，不仅排水费用高，而且易引发地面塌陷、地下水资源枯竭等严重环境问题，如水口山铅锌矿、凡口铅锌矿、张马屯铁矿等，为此，我国矿山防治水工作者借鉴水电大坝注浆经验开发出矿区注浆帷幕堵水技术。经过近 40 多年实践、发展，我国矿区帷幕注浆堵水技术已步入实用阶段，日臻成熟。

至今为止，我国完成了近 50 条矿区地面截流帷幕 (代表性工程实例见表 4-14)，形成了独具特色的矿区注浆帷幕截流技术，如利用孔间声波 CT 透视、计算机数值模拟等技术优化帷幕线位置、孔位、孔距、动态指导施工设计和分析截流堵水效果，物探技术指导布孔、检查效果，大量使用黏土、尾矿粉、粉煤灰、砂石等灌注材料，高速高效输料粉碎搅拌制浆工艺系统和集中造浆系统的机械化水平，以及帷幕注浆参数的合理选择等，积累了丰富的经验，形成了一整套成熟、实用的技术方法，有效地解决了部分岩溶大水矿山的水患问题，取得了良好的效果。

表 4-14 矿区地面帷幕注浆工程实例

矿区名称	帷幕长度/m	帷幕深(厚)度/m	水文地质条件	施工起止时间	工程总投资/万元	主要注浆材料	截流(堵水)效果	备注
水口山铅锌矿	560	200~652	岩溶管道水	1970.2—1986.6	635.7	水泥	堵水率为 55%，每年节约排水电费 73 万元	在厚层灰岩中建造的第一个注浆截流帷幕，获有色科技一等奖
张马屯铁矿	480	305~566	岩溶裂隙水	1975.12—1996.12	557.19	水泥	堵水率为 82%，每年节约排水电费 213.5 万元	矿区深部截流帷幕
铜绿山铜矿	450	73~302	岩溶管道水	1988.5—1992.11	546	水泥	综合效果 61%，幕内外水位差为 25~41 m	深部厚层灰岩
新桥硫铁矿	690	281	岩溶管道水	2003.8—2007.8	1200	黏土、粉煤灰、水泥等	堵水率为 77.97%，每年节约排水电费 943 万元。	强岩溶厚层灰岩；动水注浆，获有色科技一等奖
湖北大红山矿	520	360	岩溶水	2004.7—2006.6	2300	水泥、尾砂	堵水率为 82% 以上	
赵家湾铜矿	600	200~360	溶洞、裂隙水	2008.3—2009.6	1091	水泥、尾砂、黏土	堵水率为 92%	
河北中关铁矿	3397	500~800	溶洞、裂隙水	2008.6—2010.12	28000	水泥、砂石	设计堵水率为 80%	多边形全封闭矿区帷幕

续表4-14

矿区名称	帷幕长度/m	帷幕深(厚)度/m	水文地质条件	施工起止时间	工程总投资/万元	主要注浆材料	截流(堵水)效果	备注
江西新庄铜铅锌矿	330	300(10)	岩溶水	2009.7—2011.4	1000	水泥黏土浆	堵水率为89.5%	
大志山铜矿	1600	150~650	溶洞、裂隙水	2011.5—2014.11	8000	水泥、尾砂、黏土	堵水率为75%	
广东凡口铅锌	1698	42~306	岩溶水	2007.6—2014.12	5500	水泥黏土浆、尾砂	堵水率为75%	历时8年,获有色科技二等奖

安徽新桥矿业有限公司是一个坑露联合开采的大型多金属硫化矿床,矿区被分为东西两翼,西翼采用地下开采,东翼前期是露天开采。矿区东翼水文地质条件复杂,预计开采到 -150 m 水平时,矿坑涌水量为50000 m³/d,东翼矿体的顶板为栖霞灰岩含水层,灰岩岩溶发育(图4-24)。从1972年到1992年的基建和开采过程中,多次发生大的突水事故,突水的同时伴随着地表发生地面塌陷和开裂,致使河流断流、河水倒灌矿坑,矿区公路、铁路、农舍、地质环境被毁。矿农矛盾日益加剧,矿山安全生产受到严重威胁。为解决东翼地下水害问题,1992年新桥矿业有限公司与长沙矿山研究院合作开展了帷幕注浆的可行性试验研究,之后设计院推荐矿区东翼采用以矿区注浆帷幕截流为主的防治水方案。

新桥矿注浆截流帷幕长达 690 m、最大幕深 281 m,主径流通道岩溶率达10%以上,最大洞高达 15 m,属复杂水文地质条件下的矿区大型帷幕注浆截流工程,主要存在动水注浆、材料消耗量大等诸多难点,本项矿区帷幕工程于2007年8月建成。通过采用数值模拟与解析法相结合的方法,动态分析预测了东翼地下水渗流场深部矿坑涌水量,预计建幕后露天坑水位降至 -144 m 时,矿坑涌水量约14108 m³/d,帷幕截流堵水率达75.15%(在 -100 m 的堵水率已高达77.96%,幕内外的最高水位差达40.6 m),截流效果显著(见图4-25)。

4.4.4 井下近矿体帷幕注浆

对有些岩溶大水金属矿山,如采取疏干排水方法易引起地面塌陷、地下水资源枯竭等环保问题,甚至使矿山因排水负担过重而难以为继;如采用地面帷幕注浆,由于过水通道较多,且不集中,帷幕线太长,工程投入高,堵水效果也难以保证。针对这种现状,长沙矿山研究院有限责任公司从事矿山防治水技术的研究人员,通过长时间的全国大水金属矿山的调研和工程实践,逐渐发展形成一套金属大水矿山防治水新的技术,即是井下近矿体帷幕注浆技术,它不仅解决了疏干排水技术方法引起矿区地面塌陷、雨季突水淹井的隐患以及高昂的排水费用等问题,而且也解决了地面矿区帷幕注浆技术方法堵水率相对较低、工程造价较高以及对矿区水文地质条件要求较苛刻等方面的问题。

井下近矿体帷幕注浆技术,即在接近主要矿体的井下富水围岩中,施工一系列多个钻孔,利用高压注浆泵将充填材料注入钻孔,并通过钻孔扩散到富水围岩裂隙或岩溶中去,岩

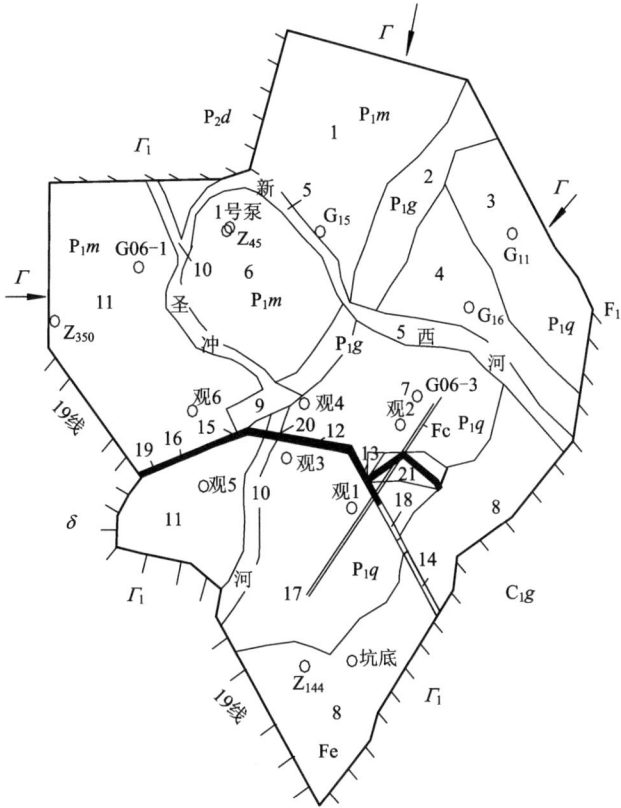

图 4-24　新桥硫铁矿帷幕前矿区富水性分区图

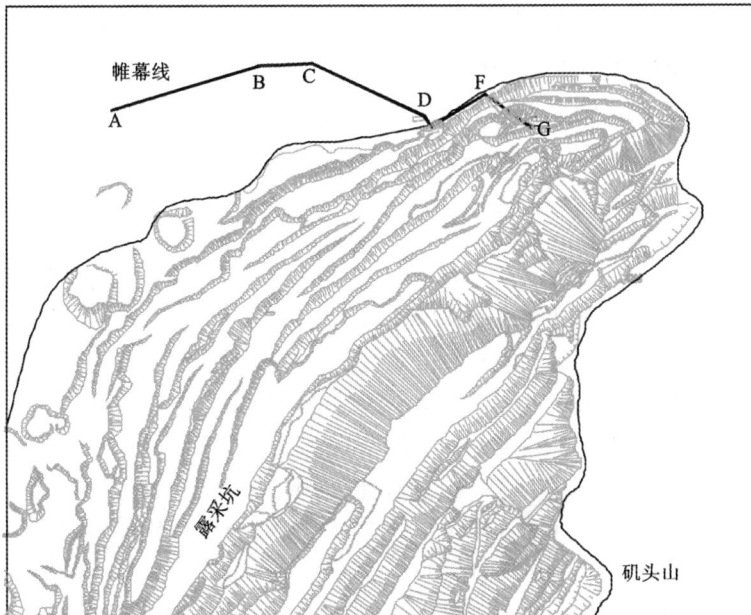

图 4-25　新桥硫铁矿东翼帷幕线布置平面图

溶裂隙被浆液充填加固，与隔水围岩形成一个整体，堵塞进水通道，从而在矿体周围形成隔水帷幕，极大限度地减少矿坑涌水量的防治水技术。

4.4.4.1 工程设计

1)帷幕厚度计算

近矿体注浆堵水帷幕既可以作为隔水岩层又可以同时作为采场的顶板，所以具有隔水和保持矿房围岩稳定的双重功效。注浆帷幕体一方面需要承受采矿时的爆破震动以及平衡采场顶板应力的集中，同时另一方面要抵抗帷幕体外的承压水压力，所以注浆帷幕体的厚度是近矿体帷幕注浆参数中最重要的一个参数，如果帷幕厚度太小，则在采掘作业过程中可能会有突水的隐患，如若幕体厚度过大则大大增加施工成本，延长施工周期。一种方法是根据岩体力学、弹性力学理论，将近矿体注浆堵水帷幕体分为无效和有效两部分分别计算，通过确定注浆体堵水帷幕体的允许抗压强度，计算确定注浆堵水帷幕厚度。另一种方法是依据注浆材料所容许的渗透比降和帷幕所承受的最大水头来确定堵水帷幕厚度的原则和方法。这两种方法分述如下：

(1)根据防渗标准来确定

在帷幕注浆设计中，厚度计算是一个十分重要的环节，所设计的帷幕厚度值要求能够在长期高水头作用下保持良好的阻水效果。一般是依据注浆材料所容许的渗透比降 J_0 和帷幕所承受的最大水头 H 来确定：

$$T = H/J_0 \tag{4-34}$$

式中：H 为注浆帷幕可能承受的最大水头差；J_0 为注浆材料容许的渗透比降；T 为注浆帷幕厚度。

浆液扩散半径 R 可通过下列公式进行计算：

$$R = \sqrt{\left[2kt\left(\frac{u_1}{u_2}\right)\sqrt{H_r}\right]/n} \tag{4-35}$$

式中：k 为注浆前岩层渗透系数；t 为注浆的延续时间；r 为输浆管半径；u_1、u_2 为水与浆液的黏滞系数；H_r 为注浆压力，以水头高度计；n 为岩层的孔隙率。

注浆孔距 D 按公式 $D \approx 2R\cos 30°$ 计算。

(2)根据幕体抗压强度来确定

根据近矿体注浆隔水帷幕的作用机理，可以将近矿体帷幕体厚度划分为有效厚度 h_1 和无效厚度 h_2 两部分。帷幕体的无效厚度是由于采矿过程中的爆破作用及采区应力的重分布作用而在注浆帷幕体范围内产生的松动圈(或称裂隙带)的厚度，相对于幕体的有效厚度而言，无效厚度范围内幕体防渗和自稳能力稍差。帷幕体有效厚度是指未受采矿作业破坏的那部分帷幕厚度，主要承受承压水水压和平衡采区的应力集中，是防渗和自稳的主体。

无效厚度的大小与顶板围岩的岩性、岩溶裂隙发育及分布规律、注浆充填材料的性质、矿体的形态、采矿方法及一次性暴露采矿临空面大小诸多因素有关。

注浆帷幕有效厚度，基本不受采矿作业扰动的影响，所以可以看成是连续介质，假设有效幕体是均质各向同性，符合弹塑性力学的假设条件，其主要承受来自矿体上盘含水层的水压作用，变形近似于薄板的弯曲变形。有效帷幕体作为四边固支的矩形薄板，其上受均布荷载 P(水压)的作用，通过弹性力学薄板理论进行计算，当注浆帷幕隔水体产生屈服时，其承受的水压为对应的隔水体厚度。

2）钻孔设计

为达到堵水率高且安全可靠的目的，首先应分析前期勘探钻孔的水文工程地质资料及巷道钻孔揭露的情况，并进行必要的探水注浆钻孔工作，从宏观上掌握矿体围岩的水文地质特征，然后分析对比确定适宜的近矿体帷幕注浆方案。近矿体注浆帷幕的阻水能力介于地面注浆帷幕与大坝注浆帷幕之间，应采用双排孔布置或缩小孔距的加密注浆方式，根据矿山的具体情况，可采用缩小孔距、纵横交错布孔的加密注浆方式，以满足帷幕堵水率要求。因此为了在矿体周围形成由纵横交错钻孔控制的加密注浆网络，近矿体帷幕注浆一般分阶段实施，即前期工程、后期工程。

（1）前期工程：逐渐完善矿区地下水动态观测网，制订安全技术措施和相关的技术规程，确保井下有足够的排水能力，保证井下应急疏散系统的正常使用。结合矿山的现状，对开拓工程采用超前探水注浆方法，查明矿岩的边界、围岩岩溶裂隙发育及富水性等情况，并确保巷道掘进过程中的安全。同时实施矿体内的近水平法向探水注浆孔，开展井下近矿体富水围岩群孔关（放）水试验及注浆工作，有条件时进行井下群孔注浆，充分查清近矿体围岩水文、工程地质特征，达到基本封堵地下水主径流通道的目的，为后期工程打好基础。

（2）后期工程：前期工程完成后，根据水平探水注浆钻孔揭露的资料和研究分析，在岩溶较发育的地段、地下水相对丰富的区段、地下水进入矿坑的主径流带以及一些可能存在的含水盲区进行加密探水注浆工程，其钻孔方向与前期的水平探水注浆钻孔的方向在空间上大致垂直，主要是封堵平行于穿脉水平探水钻孔方向的导水裂隙，最终在矿体周围形成有一定厚度的人工注浆盖层（井下近矿体帷幕）。帷幕形成后，对其堵水效果进行检测，如达到安全采矿要求，即可对矿房进行开采，在采准及崩矿过程中，如出现涌水，仍应采用直接堵漏法进行封堵，以确保帷幕长期安全使用。

4.4.4.2 钻孔施工

1）钻探设备

钻进注浆孔主要使用潜孔钻机，特殊地层或需要取芯地段则采用地质钻机，这样可以加快钻进速度，提高效率。

2）帷幕注浆孔施工的技术要求

①钻孔统一编号，并注明施工次序；②钻孔的孔径和深度应符合设计要求，每段结束后孔内残留岩粉不应超过 20 cm；③钻进时应以清水为主，成孔后用清水冲洗孔壁、裂隙和孔底岩粉，冲洗时间不得少于 30 min；④钻进过程中随时注意水压或水量变化，有突水征兆或钻孔涌水量达 50 m³/h 时，立即退出钻杆，关闭孔口阀门，待注浆处理后再继续钻进；⑤钻孔的偏斜率不得大于 1°；⑥对岩芯进行详细编录，并对出水量、出水位置和回水颜色以及松散、掉钻的位置与距离进行记录；⑦对每段钻进出现的一切反常现象均应详细记录，交接班时必须仔细交代，并填写值班日记；⑧单孔竣工三天内必须提交竣工资料。

3）孔口防突水装置

孔口防突水装置由孔口管和孔口安全装置组成，孔口管采取如下方法固定：钻孔超过孔口管长度 1 m 后，采用砂浆锚杆注浆器，注入水灰比为 0.5：1 的速凝水泥砂浆，然后将外壁带有环状筋的孔口管推入孔内，待砂浆终凝后再继续钻进。注浆孔口管顶部主要装置有高压阀门、缓冲管压盖、缓冲管、高压表及输浆管等。

孔口管安全装置：在注浆前，孔口管上须安装注浆高压阀门，其上安装好三通管及压盖，并与输浆管相连接,注浆时关闭泄浆阀,打开孔口管阀门,最后打开输浆管阀,启动注浆泵就可进行注浆;当停止注浆时,则先关闭输浆阀门和孔口管阀门,打开泄浆阀门。

4)钻孔护壁工艺

一般情况下钻孔可采用清水作为冲洗液,在破碎岩体中,钻孔出现局部垮落,造成卡钻,特别是钻下向倾斜孔时,成孔较为困难,根据钻孔时所穿岩层的破碎程度和冲洗液的漏失量大小,护壁工艺可采用注浆护壁。

注浆护壁工艺:对于岩层较破碎,岩溶裂隙发育,钻孔时出现不同程度的涌水,遇此情况,采用注浆护壁,钻孔一段,注浆一段,直到终孔,注浆材料可采用纯水泥浆,若钻孔涌水量很大,按注浆设计参数注浆,浆液终凝后继续钻进。

4.4.4.3　注浆工艺

1)注浆材料

帷幕注浆工程所需注浆材料用量极大,能否正确地选配注浆材料不但直接影响工程质量,而且也直接影响工程的施工成本,根据注浆工程的特点,注浆材料应满足以下要求:

浆液黏度低,可注性好,能满足浆液扩散半径要求;浆液结石率高,抗渗性好,稳定性好,结石长期在水中浸泡不发生态变;矿区地下水是居民生活水水源,因而要求浆液无毒、无臭,对环境不污染,对人体无害;制浆及灌注工艺简单,便于操作,且价格低廉。

根据上述要求,可选用纯水泥浆、黏土水泥浆和尾砂水泥浆。井下帷幕注浆工程,主要是封堵、加固导水岩溶裂隙及破碎带,注浆材料选用单液水泥浆或黏土水泥浆为主,水泥水玻璃双液浆为辅,浆液采用室内试验与现场施工相结合(现场取样抽检配浆浓度)的方法确定。

2)注浆参数

(1)压(注)水试验

钻孔成孔后,利用钻机的泥浆泵输送清水,把孔内残留的岩粉排出孔外,然后进行压(注)水试验。其主要目的是通过计算钻孔的吸水率来了解注浆孔中各段注浆层的富水性和透水性,为确定注浆配比、计算浆液消耗量和材料用量及预测注浆时间等提供依据;另外通过压(注)水试验还可以检查孔口管的密封效果及把裂隙中的充填物推到注浆范围以外,起到保证浆液充填密实,提高胶结强度的目的。根据《注浆技术规程》规定,压(注)水试验孔宜均匀布置,数量不少于总孔数的20%,因此设计采用每隔4孔做一次简易压(注)水试验,稳定的时间为30 min左右,然后绘制压力与吸水量的关系曲线,并计算出单位吸水率。

(2)注浆方式和注浆段高

根据目前国内矿山注浆的实践经验,考虑到近矿体帷幕注浆工程的具体特点,设计采用下行压入式注浆法;如果钻孔涌水量较小时(Q小于10 L/min),采用全孔不分段注浆;当钻孔涌水量较大时,就立即停钻进行注浆,封堵后,再钻进到设计孔深进行注浆;注浆段长度一般情况下可取50 m。

(3)浆液扩散半径

浆液在裂隙中的扩散实际上很不规则,一般随渗透系数、裂隙开度、注浆压力、浆液浓度和注入时间等因素变化而变化。目前,准确确定裂隙介质中浆液扩散半径尚未无实用的理论公式,根据《注浆技术规程》规定,灰岩裂隙含水层中,浆液有效扩散半径一般取6~15 m,另外根据国内矿山的实际经验,扩散半径为10 m左右。

（4）注浆压力

注浆压力是浆液克服流动阻力进行渗透扩散的动力，是决定注浆效果的主要因素。在整个注浆过程中，注浆压力随着注浆孔周围浆液的扩散、沉析等情况的变化而随时变化，一般分为初始压力、过程压力和终值压力三个阶段。①初始压力：此时由于注浆刚刚开始，宜采用稀浆低压注浆，使浆液慢慢扩散、充填，因此设计初始压力为静水压力的 1.0 倍。②过程压力：出现在注浆过程的中期，此时浆液在裂隙内流动扩散、沉析、充填，大裂隙逐渐缩小、小裂隙开始进浆充填。过程压力控制为 1.5~2.0 倍静水压力。③终值压力：出现在注浆末期，是注浆结束时的压力，此时出现注浆量随压力升高而减小的现象，仍需保持注浆压力并稳定一段时间，其目的是使已经充填饱满的空隙在高压下进一步压实，这个阶段的持续时间较短，由于压力曲线明显上升，标志注浆已临近结束，应按注浆结束标准结束注浆工作，设计注浆终压为 2.5~3.0 倍静水压力。在实际注浆工作中，应综合考虑，灵活运用，当岩石裂隙不发育或岩溶裂隙中有较多充填物时，尤其是矿床顶板矿体与大理岩接触破碎带，宜采用高压注浆对其进行压密挤实、充填细微裂隙或加固处理；若岩溶裂隙发育，则应采用低压、浓浆、定量间歇注浆方法，以免浆液扩散过远，造成浪费。

（5）浆液浓度

注浆浆液的浓度直接影响浆液的可注性和结石强度，由于注浆段中含有不同宽度的裂隙，因此每次注浆中都应采用几种浓度的浆液，原则是先稀后浓，用不同浓度的浆液分别去适应各种不同宽度的裂隙。单液水泥浆的起始浓度由每个钻孔注浆段的岩层吸水率决定。单液水泥浆起始浓度按水灰比 1.5∶1、1∶1、0.8∶1 和 0.6∶1 四个级别进行配比，供注浆时选择；水泥水玻璃双液浆一般采用水灰比为 1∶1 的水泥浆，与水玻璃的体积配比，体积比为 1∶1。

（6）浆液注入量

为了达到设计的注浆效果，必须注入足够的浆液量，以保证浆液有一定的扩散范围，形成足够的注浆厚度。浆液注入量与注浆段厚度、岩石裂隙率、岩溶率、浆液凝胶时间等有关，但由于岩石的裂隙率很难准确提供，因此每孔的浆液注入量计算值，只能供准备材料时参考。

（7）注浆结束标准

注浆孔单液注浆时，在设计的终值压力下，注浆段吸浆量小于 35 L/min，持续 30 min 后，即可结束注浆。

3）群孔注浆技术

在国内注浆工程中，尚未有采用井下群孔注浆技术的先例，针对矿区岩溶裂隙发育不均，且要求注浆帷幕稳妥可靠的特点，在有条件的局部地段采用群孔关（放）水试验及群孔注浆技术，进一步摸清近矿体围岩岩溶裂隙发育规律，了解浆液在矿体围岩裂隙中的渗透范围以及可能存在的注浆盲区，从而合理地调整注浆参数，并指导检查孔的布置。

4）注浆工艺流程

地面仓库袋装水泥—运输至井下需要注浆的分段水平—工作面临时搅拌站—二级贮浆池—注浆泵—注浆管—孔口高压装置—注浆。

4.4.4.4　效果检查

通过对实施井下近矿体帷幕注浆后矿山涌水量与实施期前矿山涌水量进行对比即可简单得出井下注浆帷幕的实际堵水率，这是最直接、最有效的帷幕堵水效果评价值。一般情况下，井下近矿体注浆帷幕主要从数据分析、检查孔检查、水位观测等三方面对近矿体帷幕效果进行检测（见表4-15）。

（1）数据分析。根据帷幕注浆施工过程中钻孔揭露顶板水文、工程地质特征以及钻孔浆液消耗量变化情况，尤其是掌握后序钻孔与前序钻孔的涌水量、单位吸水率、浆液注入量和注浆压力等参数是否按规律变化，从而在注浆施工过程中判断帷幕堵水的效果。

（2）检查孔检查。一是在注浆后期，采用检查孔取芯检测并进行压水试验对注浆区域的注浆质量进行检查，检查孔数量为注浆孔总数的10%。检查孔在钻进过程中应详细记录钻孔岩芯裂隙的产状、开度、数量及浆液充填情况，并对所得的资料进行系统编录，综合分析，以便了解浆液的扩散距离和评价注浆堵水效果；检查孔应尽量布置在岩溶裂隙发育地带或钻孔相对稀少的地带（盲区），成孔清洗后，进行压水试验并计算出该孔的吸水率，直至达到注浆结束标准方可。二是在矿体的采准阶段，利用短爆孔针对上盘岩层布置1~2个钻孔进行探查，直至达到要求。

（3）水位观测。在帷幕注浆施工过程中，通过大量钻孔注浆，必然会封堵大量的导水裂隙通道，并减少矿坑涌水量，势必影响水位观测孔的水位变化，通过多个观测孔水位变化情况分析，可以了解浆液运移的规律，从而从整体上了解注浆帷幕堵水的效果。

此外，可采用物探手段查探帷幕体薄弱环节，还可采用埋设突水监测仪或微震探测仪等手段监测帷幕体在采矿期的运行状况，防范突水事故的发生。

4.4.4.5　工程实例

井下近矿体帷幕注浆技术是长沙矿山研究院有限责任公司防治水科研人员在这十几年试验研究与开发出来的新技术，矿山采掘工程实施时，帷幕注浆工程基本可以平行作业，它具有钻孔注浆针对性强、堵水率高、工程投资相对较低、对矿区水文地质条件要求较低、保护矿区地下水资源以及避免地面出现塌陷等方面的优势特点，是大水金属矿山防治水技术的完善与创新。目前该技术在山东莱芜业庄铁矿、莱新铁矿、安徽徐楼铁矿和内蒙古黄岗矿业Ⅰ矿区等矿山推广应用，实际的堵水率几乎都在90%以上，解决了这些矿山水患问题，并取得了良好的经济和社会效益。

表4-15　井下近矿体帷幕注浆工程实例

矿区名称	施工起止时间	概况	帷幕效果	备注
莱芜业庄铁矿	2002—2006	岩溶管道流大水矿山，矿坑涌水时达12.5万 m^3/d	堵水率高达100%，每年节约排水电费1095万元	
莱芜莱新铁矿	2006年至今	岩溶裂隙大水矿山，矿坑涌水量达5万~6万 m^3/d	堵水率高达90%，节约排水电费用达1200万元以上	获省部级科技进步一等奖

续表4-15

矿区名称	施工起止时间	概况	帷幕效果	备注
淮北徐楼铁矿	2008 年至今	岩溶大水矿山，矿坑最大涌水量达 4.4 万 m^3/d	堵水率94%，每年节约排水费 2292 万元，解放开采矿量价值 37 亿元以上	
芜湖龙塘沿铁矿	2009 年至今	长江边岩溶裂隙大水矿山，矿坑涌水量达 3.2 万 m^3/d	首采矿段已成功采矿，堵水率85%以上	

山东莱新铁矿为岩溶裂隙大水矿山，地下水压达 3.5~4.5 MPa，矿坑涌水量达 5 万~6 万 m^3/d，前期采用疏干排水的防治水方法，导致多个矿房顶板冒落，不仅损失了大量的矿石，而且井下到处涌水，几乎到了无矿可采的程度。从 2006 年 7 月开始对西矿区实施井下近矿体帷幕注浆工程，于 2009 年 8 月，帷幕注浆工程完成，矿坑实际最大涌水量从 50000 m^3/d 降至 4000 m^3/d 左右，堵水率高达 92%，每年节约排水费用 3358 万元，采矿能力从 2006 年年产 22 万 t，到 2008 年年产达到 51 万 t，释放了 700 多万 t 矿量，矿石价值达 20 亿元以上，而井下近矿体帷幕注浆工程的成本只有 2500 万元左右，取得了巨大的经济效益。同时，矿区地下水已基本回升至矿山开采前的水平，不仅保护矿区地下水资源，避免了地面塌陷等地质灾害的发生，而且不会因此发生矿农矛盾，从而带来显著的社会效益和环境效益。2016 年 10 月西矿区的矿量已采完，通过 7 年多的声发射和应力的监测，以及采矿工程的实施情况，证实了注浆帷幕的堵水效果、整体的稳固性等方面良好(见图 4-26)。

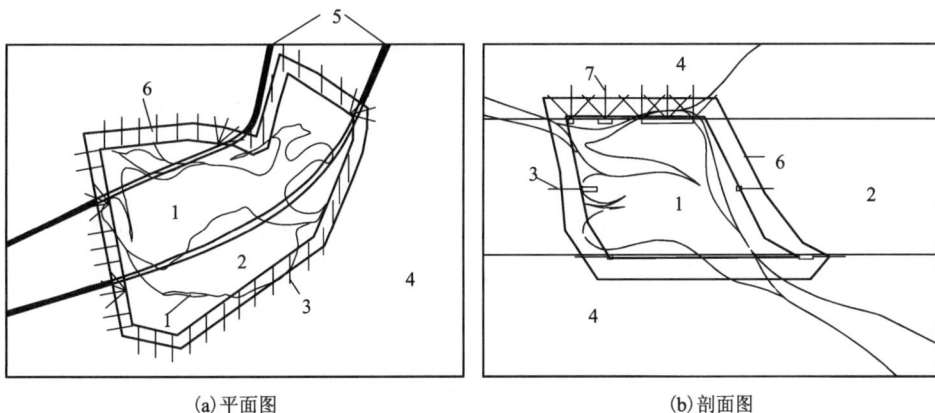

(a)平面图　　　　　　　　　　　(b)剖面图

1—矿体；2—闪长岩；3—水平钻孔；4—大理岩；5—导水通道；6—帷幕体；7—顶板钻孔。

图 4-26　莱新铁矿近矿体帷幕注浆工程示意图

4.4.5　井巷防治水

矿山采掘活动中直接或间接破坏含水层，引起地下水涌入矿坑。为了保证矿井正常安全生产，防止矿坑突水，尽量减少矿坑涌水量，采取的井下防水技术措施是必需的。根据矿床水文地质条件和采掘工作要求不同，井下防水措施也不同。井巷防水主要有超前探水、留设防水矿柱、构筑防水闸门以及注浆堵水等几种方法。

4.4.5.1　井巷水对生产的影响

井巷水对生产的影响主要表现在以下几方面：

（1）由于采掘工作面出现淋水，使空气湿度明显增加，顶板破碎，对劳动条件及生产效率影响很大；

（2）由于涌水的存在，在生产中必须进行排水，水量越大，排水费用越高，势必增加矿山生产成本；

（3）井巷水对各种金属设备、钢轨和金属支架等，均有腐蚀作用，缩短了生产设备的使用寿命；

（4）当井下突然涌水或其水量超过矿井排水能力时，则会给生产带来严重影响，甚至造成突发淹井事故。

4.4.5.2　超前探水

超前探水是指在水文地质条件复杂地段施工井巷时，在坑内钻探或地球物理（简称物探）方法以查明工作面前方水情，为消除隐患、保障安全而采取的井下防水措施。在有突水预兆地段以及遇到下列情况时都必须进行超前探水。

（1）掘进工作面临近老窑、老采空区、暗河、流砂层、淹没井等部位时。

（2）巷道接近含水断层时。

（3）巷道接近或需要穿过强含水层（带）时。

（4）巷道接近孤立或悬挂的地下水体预测区时。

（5）掘进工作面上出现发雾、冒"汗"、滴水、淋水、喷水、水响等明显出水征兆时。

（6）巷道接近尚未固结的尾砂充填采空区、未封或封闭不良的导水钻孔时。

物探超前探水主要是以适用于井下作业的物探方法进行探测，主要方法包括：矿井瞬变电磁法、直流电法、地质雷达和无线电波透视技术等。实际采掘过程中，在有条件的情况下，一般先采用物探方法对矿区或井巷工作面进行预测预报，在多种物探方法综合分析后，再有针对性地采用钻探方法进行超前探水。

1）超前探水的原则

坚持"预测预报，有疑必探，先探后掘，先治后采"的原则，实践证明，该原则是防止井下水害事故的基本保证。在有水害威胁的地区进行采掘时，都应遵循这一原则，绝不可疏忽大意。

2）超前探水钻孔主要参数

（1）超前距

探水时从探水线开始向前方钻孔，一次打透积水情况少见，常是探水—掘进—再探水—再掘进，循环进行。而探水钻孔位置应始终超过掘进工作面一段距离，该距离称超前距。可参考式（4-28）进行计算。

（2）允许掘进距离

经探水证实无水害威胁，可以安全掘进的长度称为允许掘进距离。

（3）帮距

帮距是指巷道两帮与可能存在的富含水层之间保持一定的安全距离，即呈扇形布置的最外探水钻孔所控制的范围与巷道帮的距离，其值应与超前距相同。

（4）钻孔密度（孔间距）

指允许掘进距离终点横剖面上探水钻孔之间的距离，如探查老采空区水，不应超过 3 m，避免存在探水盲区。

　　3）超前探水钻孔分类

　　在岩层富水性中等至强，岩溶、裂隙发育等水文工程地质条件相对复杂的地段，一般采用专业钻机进行施工，目前根据钻进效率及井下注浆效果，超前探水深孔一般控制在 50～70 m，在这个范围内，钻进高效，注浆堵水质量也有保证。

　　超前探水钻孔按取芯与否可分为地质取芯超前探水和潜孔无芯钻进，在地质条件不明朗，围岩复杂及水文、工程地质条件复杂等情况下，采用地质取芯超前探水，便于揭露掌子面前方水文、工程地质情况。潜孔无芯钻进效率高，施工速度快，适用于地质情况基本掌握的含水层探水。

　　4）超前探水钻孔布置形式

　　超前探水钻孔的布置方式和井巷类型、围岩水文、工程地质等条件有关，情况不同时，布置方式也不同。巷道内探水钻孔的布置从平面上看，主要有扇形和半扇形两种。

　　（1）扇形布置

　　巷道处于三面受水威胁的地区，进行搜索性探水，其钻孔多按扇形布置，如图 4-27 所示，探水钻孔之间的夹角，一般在 7°～15°，使巷道前进方向及左右两侧需要保护的岩层空间均有钻孔控制。

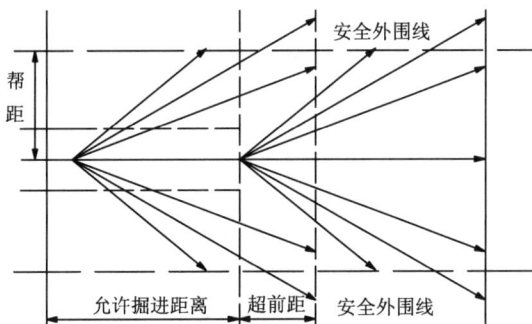

图 4-27　扇形探水钻孔示意图

　　（2）半扇形布置

　　对于含水区域肯定在巷道一侧的探水地区，探水钻孔可呈半扇形布置，如图 4-28 所示，半扇形的钻孔向一侧撒开，使巷道一侧需要保护范围内的岩层空间有钻孔控制。

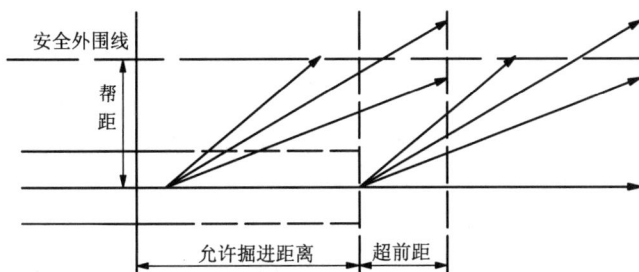

图 4-28　半扇形探水钻孔示意图

5）超前探水安全装置

（1）孔口管装置

中深孔超前探水开孔后，应根据开孔孔径、施工处水头压力及地质条件等，选择一定长度及孔径的无缝钢管作为孔口管。为保证孔口管的抗拔力，在管的外径上焊接螺旋状的 $\phi6\ mm$ 钢筋，或者焊接钢筋倒刺，孔口管的上端焊接法兰，与高压闸板阀相接。对于岩层相对稳固段，采用注浓水泥浆（水灰比为 0.8∶1 以下）进行高压注浆（注浆压力为 4～10 MPa）固结埋设；对于作业面破碎岩层，除采用注浓浆固结外，尚需视情况增设锚杆加固。

（2）高压阀门

在进行中深孔探水时，需要将高压阀门安装在孔口管的法兰盘上，确保探水孔出大水时，可以及时有效地将水关闭，避免过大涌水增加临时水仓的排水负担，威胁井下巷道安全。

6）超前探水钻进设备

选用钻机或凿岩机时，主要应考虑：岩层硬度、钻孔直径、深度及角度；是否要取岩芯；动力源（电能或压风）；机具搬运及移动条件；机具重量、外形尺寸等因素。

7）超前探水施工安全措施

（1）施工人员必须熟知钻机的特点，掌握有关机具性能和操作方法，并经过施工操作规程培训后方可上岗。

（2）钻机使用前，修理工必须详细检查钻机的完好性及各处连接头的紧固情况。

（3）操作钻机前首先要严格进行敲帮问顶，并在可靠、稳定的临时支护或永久支护下作业，确认安全后，方可进行施工。施工过程中，钻机前后严禁站人。

（4）必须严格按照操作程序要求操作钻机，严禁违章蛮干。作业中发现不正常现象，应及时排除，严禁带病作业，严禁超负荷运转。

（5）在正常钻进中，应经常检查钻机稳定性，准确丈量孔内钻具及机上余尺，及时填写记录并妥善保管。

（6）下钻时应认真检查钻具，有弯曲，磨损严重不得使用，接液压球阀时要缠麻匹。如需更换钻头必须在钻孔开孔前进行更换。

（7）钻进过程中，如遇涌水时应准确记录起止深度，测量涌水量，涌水量超过 15 m^3/h 时则停止钻进，提出钻杆，安装孔口阀门，封闭涌水，准备注浆。

（8）钻进结束后，应及时冲洗钻孔，当孔口冒清水无岩粉时即可拔钻杆。测静水压力注清水试压，并详细记录注入量、压力等数据，为注浆提供依据。

（9）探水钻孔的孔位偏差不大于 20 cm；探水孔的偏斜率小于 1%。

（10）钻进时，操作人员要做到"三紧"，即衣襟、袖口、裤脚要束紧，不准穿长襟大袖衣服；"三看""二听""一及时"，"三看"即看进尺速度、看压力表和孔口上水情况、看水接头情况。"二听"即听机器运转声和孔内振动声。"一及时"即发现异常及时处理。

（11）打钻过程中，如发现孔内阻力增大且孔内排粉能力明显减弱时，必须停止钻进，进行检查，弄清情况后再做处理。严禁强行钻进，强行拔杆。在水压正常情况下，可采用进进退退，用水来回掏孔，严禁蛮干。

（12）任何参与探水孔钻进人员必须熟知与探水钻进相关的作业规程及操作规程要求，熟悉避灾路线并保证在实际工作中严格遵守。

4.4.5.3　留设防水矿(岩)柱

在矿体与含水层(带)接触地段,为防止井巷或采空空间突水危害,留设一定宽度(或高度)的矿(岩)体不采,以堵截水源流入矿井,这部分矿岩体称作防水矿(岩)柱(以下简称矿柱)。

1)防水矿(岩)柱的种类

防水矿(岩)柱的种类主要有矿床边界防水隔离矿柱以及预防断层、废弃井巷、充水含水层、岩溶陷落柱的防水矿柱等。需要留设防水矿(岩)柱情况主要有:

(1)矿体埋藏于地表水体、松散孔隙含水层之下,采用其他防治水措施不经济时,应留设防水矿柱,以保障矿体采动裂隙不波及地表水体或上覆含水层;

(2)矿体上覆强含水层时,应留设防水矿柱,以免因采矿破坏引起突水;

(3)因断层作用,使矿体直接与强含水层接触时,应留设防水矿柱,防止地下水渗入井巷;

(4)矿体与导水断层接触时,应留设防水矿柱,阻止地下水沿断层涌入井巷;

(5)井巷遇有底板高水头承压含水层、且有底板突破危险时,应留设防水矿柱,防止井巷突水;

(6)采掘工作面邻近积水老窑、淹没井、陷落柱、导水钻孔时,应留设防水矿柱,以阻隔水源突入井巷。

2)防水矿(岩)柱的留设原则

(1)在有突水威胁但又不宜疏放或注浆堵水(疏放或注浆很不经济时)的地区采掘时,必须留设防水矿(岩)柱。

(2)防水矿柱一般不能再利用,故要在安全可靠的基础上把矿柱的宽度或高度降低到最低限度,以提高资源利用率。

(3)留设防水矿(岩)柱必须与矿山的地质构造、水文地质条件、矿体赋存条件、围岩的物理力学特性等自然因素密切结合,还要与采矿方法、开采强度、支护方式等人为因素相适应。

(4)一个矿床或一个水文地质单元的防水矿(岩)柱应该在它的总体开采设计中确定。即开采方式和井巷布局必须与各种矿柱的留设相适应,否则会给以后矿柱的留设造成极大的困难,甚至无法留设。

(5)在同一地点有两种或两种以上留设矿(岩)柱的条件时,所留设的矿(岩)柱必须满足各留设矿(岩)柱的条件。

(6)对防水矿(岩)柱的维护要特别严格,因为矿(岩)柱任何一处被破坏,必将造成整个矿(岩)柱无效。防水矿(岩)柱一经留设即不得破坏,巷道必须穿过矿柱时,必须采取加固巷道、修建防水闸门和其他防水措施,保护矿(岩)柱的完整性。

(7)留设防水矿(岩)柱需要的数据必须在本地区取得。邻区或外地的数据只能参考,如果需要采用,应适当加大安全系数。

(8)防水矿(岩)柱中必须是隔水层或裂隙不发育、含水层极弱的岩层,否则防水矿(岩)柱将无隔水作用。

3)防水矿(岩)柱的留设

防水矿(岩)柱的留设主要是确定防水矿(岩)柱的尺寸。目前,在矿山生产中确定防水矿(岩)柱尺寸，主要采用经验比拟法，选用水文地质条件相似的经验数据，作为留设设计防水矿(岩)柱的尺寸。

(1)当矿体露头直接被疏松含水层掩盖时，如图4-29(a)所示。

(2)矿体受断层切割直接与充水强含水层接触时，安全防水矿柱宽度应不小于20 m，如图4-29(b)所示。

(3)当矿体因受逆断层切割而被强含水层掩盖时，留设矿柱应考虑矿体开采后的塌陷裂隙，最好不要波及上部的强含水层，如掩盖宽度为 L，其断层下盘防水矿柱的宽度要大于 L，如图4-29(c)所示。

(4)当巷道接近导水断层时，应留设30~40 m防水矿柱，如图4-29(d)所示。

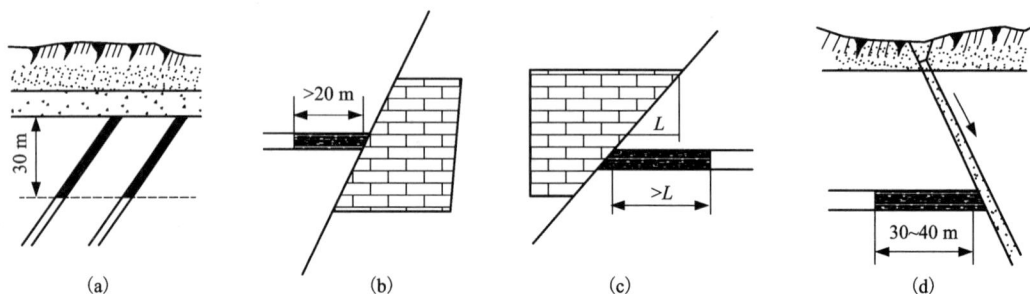

图4-29 留设防水矿柱的经验尺寸

此外，还可以根据矿区(坑)的地质构造、水文地质条件、矿体赋存条件、围岩物理力学性质、开采方法及岩层移动规律等因素进行计算：

$$L = 0.5MK\sqrt{\frac{3P}{K_p}} \qquad (4-36)$$

式中：L 为留设的隔水矿(岩)柱宽度，m；M 为矿体厚度或采高(取大值)，m；K 为安全系数(一般取2~5)；P 为岩层承受的静水压力，MPa；K_p 为矿(岩)体的抗拉强度，MPa。

4.4.5.4 构筑防水闸门(墙)

防水闸门(墙)是大水矿山为预防突水淹井、将水害控制在一定范围内而构筑的特殊闸门(墙)，是一种重要的井下堵截水措施。防水闸门(墙)分为临时性的和永久性的，以下统称防水闸门。防水闸门的构造如图4-30所示。

在水压很大时，则采用多段防水闸门，如图4-31所示。

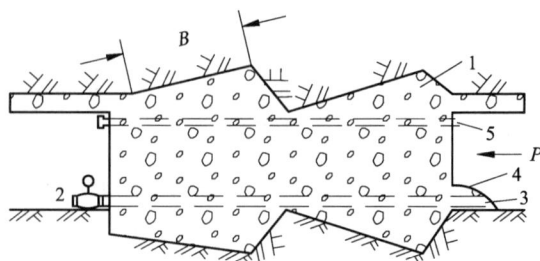

1—截槽；2—水压表；3—放水管；4—保护栅栏；5—细管。

图4-30 防水闸门示意图

1)防水闸门位置的选择

为了确保防水闸门起到堵截涌水的作用，其构筑位置的选择应注意以下几点：

(1)防水闸门应构筑在井下重要设施的出入口处，以及对水害具有控制作用的部位。目

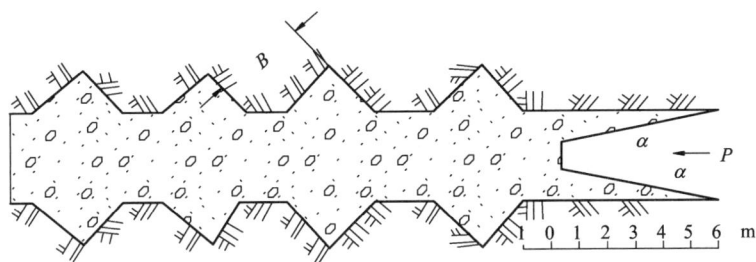

图 4-31 多段防水闸门示意图

的在于尽量限制水害范围,使其他无水害区段能保持正常生产,或者有复井生产和绕过水害地段开拓新区的可能。

(2)防水闸门应设置在致密坚硬、完整稳定的岩石中。如果无法避开松软、裂隙岩石,则应采取工程措施,使闸体与围岩构成坚实的整体,以免漏水甚至变形移位。

(3)防水闸门所在位置不受邻近部位和下部阶段采掘作业的影响,以确保其稳定性和隔水性。

(4)防水闸门应尽量构筑在单轨巷道内,以减少其基础掘进工程量,并缩小水闸门的尺寸。

(5)确定防水闸门位置时,还需考虑到以后开、关、维修的便利和安全。

2)建筑防水闸门时注意事项

(1)筑墙地点的岩石应坚固,没有裂缝,必要时必须将风化松软或有裂隙的岩石除去,然后筑墙。

(2)要有足够的强度,能承受涌水压力。为此,应有足够的厚度,选用耐腐蚀的材料。

(3)不透水、不变形、无位移。为此,墙基与围岩要紧密结合。

(4)平面形水闸墙在水压的反面可能产生拉力,而料石墙是不可能承拉的,故料石平面水闸墙的厚度一般不得小于巷道宽度的 1/2。

3)防水闸门的分类

从闸门的结构分有平板形、圆弧拱形和球面拱形等。其中,球面拱形水闸门是根据模型扁壳理论设计的,具有门扇重量轻、抗压能力大、结构合理、技术先进等优点。

水闸门或水闸墙是矿山预防淹井的重要设施,应将它们纳入矿山主要设备的维护保养范围,建立档案卡片,由专人管理,使其保持良好状态。在水闸门和水闸墙使用期限内,不允许任何工程施工破坏其防水功能。在它们完成防水使命后予以废弃时,应报送主管部门备案。

水闸门使用期间,应纳入矿区水文地质长期观测工作对象,对其渗漏、水压以及变形等情况定期观测,正确记录。所获资料参与矿区开采条件下水文地质条件变化特征的评价分析。

4.4.5.5 井巷注浆堵水

注浆堵水是指将注浆材料(水泥、水玻璃、化学材料以及黏土、砂、砾石等)制成浆液,压入地下预定位置,使其扩张固结、硬化,起到堵水截流,加固岩层和消除水患的作用。

注浆堵水是防治矿井水害的有效手段之一,当前国内外已广泛应用于井筒开凿及成井后的注浆；截源堵水，减少矿坑涌水量；封堵充水通道恢复被淹矿井或采区；巷道注浆，保障井巷穿越含水层(带)等。

1)立井预注浆堵水

当立井通过的含水层厚度不大、埋藏较浅，或含水层之间相距较远、中间有良好隔水层时，适于采用工作面预注浆，根据裂隙发育情况可分层处理、布孔灵活，有利于提高堵水效果。

(1)注浆工程设计

①注浆施工方案的选择

根据井筒工程、水文孔提供的工程地质和水文地质资料以及施工设备的可能条件等因素，通过综合分析来选择工作面预注浆的施工方案，见表4-16。

②注浆深度的确定

立井工作面预注浆的深度界限，应保证有效地封隔含水层，一般应根据含水层埋藏条件考虑。

③布孔方式与注浆段高

由于工作面预注浆的注浆孔布置圈径比井筒的净径小，为了在井筒荒径轮廓线之外形成一定厚度的注浆壁，应根据含水岩层的裂隙产状，采用不同的布孔方式。在注浆深度范围内，如含水层特厚，则需根据布孔方式和选用钻机的能力能达到的有效钻孔深度，将含水层划分为若干个注浆段。常用的布孔方式与注浆段高可参照表4-17。

表4-16　工作面预注浆施工方案选择

施工方案		适用条件		主要优缺点
类型	图示	施工设备	裂隙产状及埋藏条件	
由单一水平工作面打钻孔、注浆	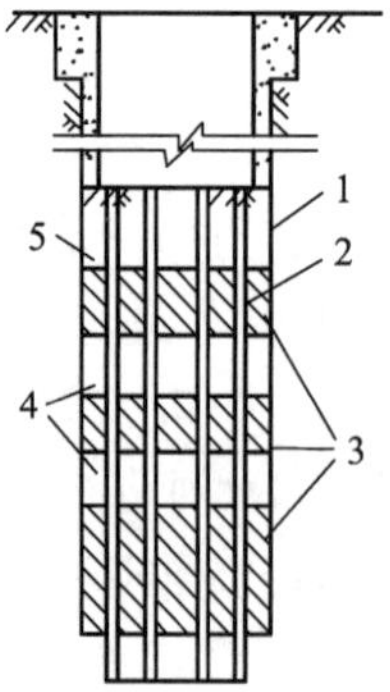 1—井筒荒径轮廓线； 2—注浆孔； 3—含水层； 4—隔水层； 5—预留止浆岩帽或混凝土止浆垫	需要较大能力钻机	含水层埋藏较深，层数虽多，但层间距较小或无良好隔水层	优点： 1.可用较大型高效钻机，提高钻孔速度，降低孔斜； 2.可减少止浆垫(或岩帽)及钻机的重复设置； 3.对隔水层的处理灵活。 缺点： 1.如果含水层埋藏较深，若采用大型钻机，设置移动不便； 2.分段注浆时，增加了复钻工程量

续表4-16

施工方案		适用条件		主要优缺点
类型	图示	施工设备	裂隙产状及埋藏条件	
由不同水平工作面打钻孔、注浆	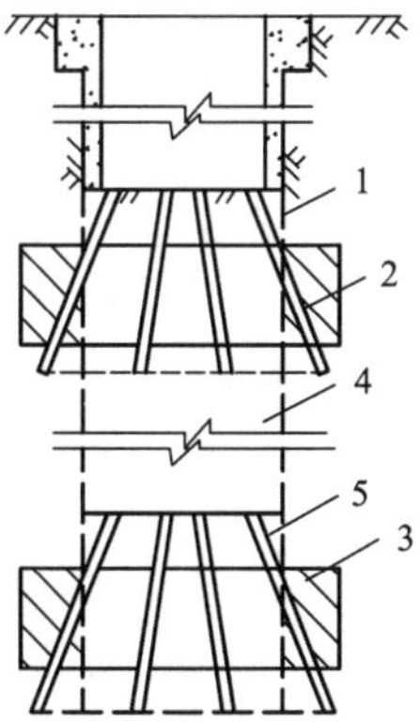 1—井筒荒径轮廓线； 2—注浆孔； 3—含水层； 4—隔水层； 5—预留止浆岩帽或混凝土止浆垫	可用一般轻便小型钻机	含水层埋藏较深，含水层之间层间距大，有良好的隔水层	优点： 1. 小型钻机容易解决，设置移动方便； 2. 分次施工减少了隔水层的钻孔量和复钻工程量； 3. 每个注浆段高小，孔斜易控制。 缺点： 1. 需重复设置止浆垫及钻机，辅助时间长； 2. 对隔水层处理无灵活性
	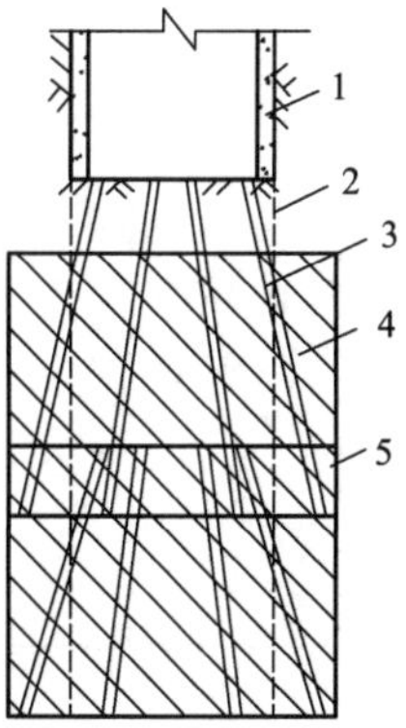 1—永久井壁； 2—井筒荒径轮廓线； 3—注浆孔； 4—含水层； 5—止浆垫用预留的注浆带	可用一般轻便小型钻机	含水层埋藏较深，层较厚，或层间距接近，无良好隔水层	优点： 1. 轻便钻机移动方便； 2. 可节省构筑人工止浆垫。 缺点： 1. 需重复设置钻机； 2. 预留止浆带增加了钻孔工程量

表 4-17　布孔方式与注浆段高

布孔方式				注浆段高
类型	布孔简图	适用条件	优缺点	
直孔	 1—井筒； 2—止浆岩帽； 3—注浆孔	1. 裂隙发育，连通性好； 2. 水平或缓倾斜裂隙； 3. 孔壁稳定性较差时； 4. 可用较大型钻机，加大孔径	1. 布孔与钻孔均方便； 2. 可减少钻孔工作量； 3. 有利于孔壁维护； 4. 裂隙陡直时注浆孔穿过裂隙的机会较少	1. 可按选用的钻机能力所能达到的有效钻进深度确定； 2. 当注浆段高大于 70 m 时，钻具应变径一次，以提高钻进效率；并应根据裂隙尺寸及钻孔涌水量变化，适当划分为若干分段钻孔、注浆
径向斜孔		1. 裂隙发育及连通性一般； 2. 径向垂直裂隙发育较差； 3. 可以用轻型钻机打斜孔	1. 注浆孔穿过裂隙多，有利于提高注浆效果； 2. 钻孔工作量增大； 3. 孔口管与钻机安设均较复杂； 4. 对孔壁维护不利	当采用斜孔时，一般注浆段高为 30~50 m
径向、切向斜孔		1. 裂隙发育不均，连通性差，有径向垂直裂隙； 2. 孔壁稳定，有适合打斜孔的钻机	1. 可减少注浆孔漏掉的过水裂隙，能有效提高注浆质量； 2. 钻孔工作量最大； 3. 工艺复杂	同上

④注浆参数

含水岩层工作面预注浆的注浆参数确定可参照下列公式。

A. 注浆终压：

$$P_0 = P_H + \frac{H\gamma_c}{10} \qquad (4-37)$$

式中：P_0 为结束注浆时孔口的最大压力，Pa；P_H 为结束注浆时注浆泵上的表压力，Pa；H 为计压点以上的浆液柱高度，m；γ_c 为注浆液相对密度。

B. 注浆孔数:

$$N = \frac{\pi(D - 2A)}{L} \qquad (4-38)$$

式中: N 为注浆孔数, 个; D 为井筒净直径, m; A 为注浆孔与井壁距离, m, 应根据选用的钻机类型确定, 钻机应尽量靠近井壁; L 为注浆孔间距, m, 注浆孔间距主要根据浆液有效扩散半径和保证在浆液段终孔位置能形成一定厚度的注浆壁的要求而定, 必要时可综合调整注浆段高。

C. 斜孔径向倾角:

$$\alpha = \arctan \frac{S + A}{H} \qquad (4-39)$$

式中: α 为斜孔在径向上与竖直轴线的夹角, °; S 为终孔位置在径向上超出净径的距离, m, $S = E + m$; E 为永久井壁厚度, m; m 为终孔位置超出荒径的距离, m, 一般取 $m = 2 \sim 4$ m; H 为注浆段高, m。

D. 切向布孔的切线角:

$$\beta = 100° \sim 130° \qquad (4-40)$$

式中: β 为带径、切向布孔的切线角, (°)。

⑤止浆岩帽

工作面预注浆时, 为保证浆液在压力下沿裂隙有效扩散, 并防止从工作面跑浆, 可采用工作面预留止浆岩帽的方法。

A. 止浆岩帽的厚度计算。

当含水层上部有致密的不透水层时, 井筒掘进到注浆段以上一定距离即可停止施工, 为含水层注浆预留一段止浆岩帽, 其形式与厚度计算方法见表4-18。

表 4-18 预留岩帽的形式和厚度

工作面止浆形式	图示	岩帽厚度计算	符号意义	适用条件
预留止浆岩帽	 1—致密的不透水层; 2—含水层	按岩帽允许抗剪条件 $$B = \frac{P_0 D}{4[\tau]}$$	B—预留岩帽厚度, m D—井筒净径, m P_0—注浆终压, Pa $[\tau]$—岩石的允许抗剪强度, Pa	1. 含水层顶板有足够厚度的致密不透水层; 2. 准确掌握预留位置; 3. 有中硬或坚硬的预注浆带

B. 止浆岩帽的预留方法。

a. 要求准确掌握不透水岩层的埋藏深度、层厚及地质构造情况。

b. 按设计要求，井筒掘进到预定深度时停止掘进，对预留岩帽进行钻孔和耐压试验。当钻进至距离含水层 2~3 m 时，用清水进行试压，如注水达到设计终压而岩帽无跑水现象，则证明合格；如遇少量跑水时，可以进行注浆加固。

c. 为了防止在工作面出现跑浆现象，可采取在止浆岩帽上部浇注 0.5~1 m 厚混凝土垫层，但须保证在施工质量或者将孔口管埋设深度增加到 5~6 m。

d. 为扩大岩帽的使用范围，条件允许时可采取注浆加固岩帽的方法，加固范围可超出岩帽 5~8 m。

e. 当利用止浆带(已注浆的岩层)充当止浆岩帽时，必须进行耐压试验。

f. 预留止浆岩帽时，孔口管(导向管)的安装，采用先钻孔后埋管的方式。

⑥止浆垫

当不具备预留止浆岩帽条件时，则需砌筑人工止浆垫以代替止浆岩帽。止浆垫应采用强度高、封水止浆效果好并便于快速施工的材料，从技术和经济效果看，应尽量采用 250 号以上高标号快凝混凝土。

A. 止浆垫的结构形式及厚度。

止浆垫的结构形式及厚度计算相关见建井手册。

B. 滤水层厚度计算。

当工作面岩石较破碎、裂隙发育、有涌水，砌筑止浆垫需铺设碎石滤水层，以便在维持排水条件下，保证止浆垫的施工质量。

C. 井壁强度的验算。

当止浆垫与井壁砌筑在一起，靠井壁支撑时，用下式对井壁的强度进行验算。

$$[\sigma'] = \frac{P_0[(D + 2E)^2 + 4h^2]}{4(D + E)} \leqslant [\sigma] \qquad (4\text{-}41)$$

式中：$[\sigma']$ 为井壁材料的实际压应力，Pa；D 为井筒的净直径，m；E 为井壁设计厚度，m；P_0 为注浆终压(采用滤水层或加固段注浆时，用滤水层注浆的压力)，Pa；h 为球面的矢高，m。

当井壁实际承受的压力超过井壁材料允许抗压强度时，可以提高与止浆垫连接处井壁材料的设计强度，或者增加井壁的厚度，并可按下式计算：

$$E' = \frac{\sqrt{[D(\sigma_c - P_0)]^2 + P_0(\sigma_c - P_0)(D^2 + 4h^2)} - D(\sigma_c - P_0)}{2(\sigma_c - P_0)} \qquad (4\text{-}42)$$

式中：E' 为按注浆要求与止浆垫连接段的井壁厚度，m；σ_c 为按注浆要求选用的井壁材料允许抗压强度，Pa；h 为设计的球面矢高，m。

各种计算条件下的井壁厚度可参考表 4-19 选取。

表 4-19 与止浆垫连接段井壁厚度选择

计算条件	注浆压力(滤水层或加固段)/MPa					
	20	30	40		50	60
	井壁混凝土标号					
井筒净径/m	250		300	400	300	400
5.0	40	65	75		100	70	90
6.0	45	80	90	65		80	100

注:1. 混凝土的计算强度按国家规范取用;安全系数按特殊荷载选用,取安全系数 $K = 2$;

　　2. 封堵高压水或高压注浆时,可加长孔口管,或将连接止浆垫的 8~10 m 一段井壁进行壁后预注浆加固。

⑦注浆分段高度及注浆顺序

A. 注浆分段的划分方法。

在一个注浆段高内,对每一个注浆孔,需根据岩石裂隙发育程度、孔壁的稳定性和注浆孔的出水情况等,适当划分为若干个注浆分段,进行分次打钻和分次注浆。注浆分段的划分方法见表 4-20。

表 4-20 注浆分段的划分方法

岩石裂隙产状	含水层厚度	注浆分段划分	常用注浆分段高度/m	
裂隙发育均匀	较薄的单一含水层;含水层厚度<钻机能力达到的钻孔深度	可采取全段高一次打钻注浆	分段高小于或等于钻机能力达到的钻孔深度	
裂隙发育较均匀	含水层厚度大于钻机的有效钻孔深度	注浆分段高可按钻机有效钻进能力确定	细裂隙 中裂隙 大裂隙	40~50 30~40 20~30
裂隙发育不够均匀	含水层厚度较大	按裂隙发育程度划分。尽量将裂隙性相近的岩层划在同一个注浆分段内	极破碎岩层 破碎岩层 裂隙岩层 重复注浆	5~10 10~15 15~30 30~50
裂隙发育不均,有突水危险,孔壁易坍塌	各种厚度	注浆分段高度取决于注浆孔钻进情况,一般当注浆孔大量吸水,水压顶钻或出现塌孔喷渣无法钻进时,即可停钻,注浆		

注:在各种条件下所确定的注浆分段高,应使注浆孔的吸浆量不超过注浆泵的排浆能力。

B. 注浆施工顺序。

工作面预注浆,通常采用自上而下的分段下行式注浆方式,钻孔与注浆施工顺序参见表 4-21。

表 4-21　注浆施工顺序

施工顺序	作业方式	优缺点
单孔段交替钻注	一台钻机工作，按分段高在同一孔段钻孔与注浆交替进行	设备少，施工组织简单；但注浆与钻孔交替进行时间长，效率较低
双孔对称顺时针不同孔段内交替钻注	两台钻机在对称位置上工作，在不同孔段内钻孔与注浆交替进行。终孔后按顺时针移钻	钻孔设备较多；可缩短时间，效率比前者可提高 1.7 倍
双孔对称顺时针双孔同段同时钻注	两台钻机在对称位置上工作，在同一分段的两个孔内同时钻注。按顺时针移钻	为双孔同时注浆，效率较高；注浆泵需有足够的供浆能力

⑧施工组织及管理

工作面预注浆的施工组织与工程技术管理措施可参照 4.4.4 小节中的注浆施工相关措施拟订。部分立井工作面预注浆实例见表 4-22。

表 4-22　立井工作面预注浆实例

井筒名称	净径/m	注浆深度/m		井筒涌水量/(m³·h⁻¹)		堵水效果/%	注浆材料用量/t	
		起-止	注浆段	注浆前	注浆后		水泥	水玻璃
郝家河铜矿副井	4.5	254.6~735.6	481	160	7	95	5917.98	563.93
毛坪铅锌矿盲井	5.7	254~780	526	314.8	4.83	98.5	589	4.5
铜山口铜矿主井	4.5	217.2~274.2	57	81	3	96.3	913	0.48
思山岭铁矿副井	10	778.2~827.75	49.55					
龙塘沿铁矿南风井	3	110.3~140.5	30.2	160	0	100	63.9	1.35
谦比希铜矿主井	6.5	128~165	37	150	10	93.3		

(2)注浆孔的钻进

①钻机选型

工作面预注浆宜采用效率高、体积小的轻便钻机。钻机的选型通常是根据含水层厚度和注浆段高来确定。根据工作面大小、注浆孔数和工期要求等，应尽量采用多台钻机同时作业，以增加施工速度。

②钻机作业及实施

A. 钻机工作台。

为便于钻机的安设、定位和移动，保证注浆孔的钻进质量并创造良好的作业条件，通常在止浆垫以上 1.8~2.2 m 的位置搭设钻机工作台，图 4-32 为某立井曾用的钻机工作台可作为参考。工作台要稳固、梁与立柱要避开钻孔位置。

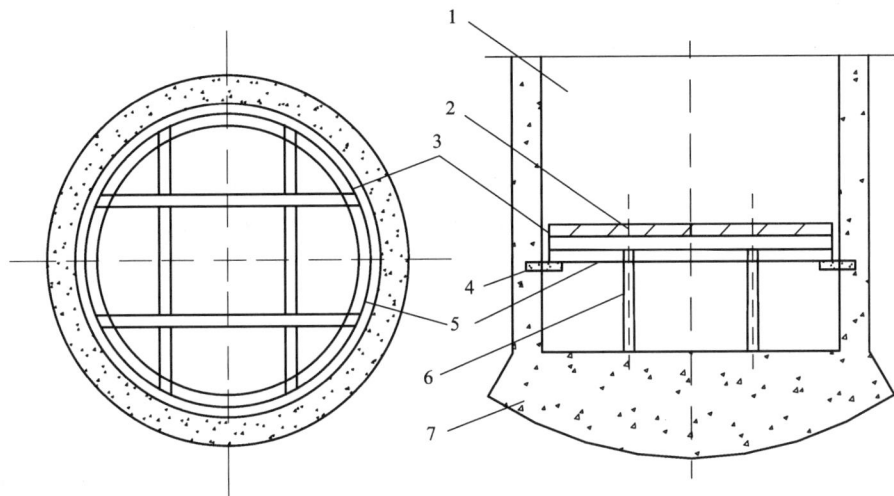

1—井筒；2—厚 50~70 mm 木板；3—井字梁，用 20~30 号工字钢或槽钢制成；4—φ40 mm 均布 16 根涨楔式锚杆；
5—20 号槽钢圈；6—φ146 mm 钢管；7—混凝土止浆垫。

图 4-32　某立井钻机工作台

B. 钻具提升滑轮的设置。

钻孔时，提升钻具一般利用砌井吊盘悬挂滑轮；或在工作台以上适当高度的井壁上，安设吊挂滑轮的平台。

C. 孔口密封装置。

在高压、大水条件下，为防止钻孔时含水层突水造成淹井事故，在孔口管上必须安设高压阀门。转芯阀和柱塞阀均可作孔口密封装置，它操作简便，防水效果好。钻孔时，钻具可通过阀体钻进，遇有突水预兆时，应停止钻进、提出钻具，迅速关闭阀门并准备注浆。

（3）注浆工艺

立井含水岩层工作面预注浆常用的浆液材料与注浆工艺设备基本与地面预注浆相同，但由于井下工作面空间小，钻注浆孔多用轻便钻机；由于注浆段高一般不超过 70 m，故通常采用孔口封闭的方法止浆；工作面预注浆采用双液浆时，混合器设在井下工作面，井内需敷设或吊挂输浆管路。为保证打钻与注浆施工安全，孔口管应安设防突水的闸门、备有防突水顶钻时固定钻杆的轴把钳子，井下工作面与地面注浆站应有畅通无阻的信号及通信联系。

①注浆前的准备工作。

注浆前，要提前编制好井筒工作面注浆施工组织设计。按规范要求，井筒掘进到距预定注浆的含水层约超前距时，应停止掘进，并钻超前钻孔，测定含水层的准确位置和水量、水压等。按设计要求预留好止浆岩帽或浇注混凝土止浆垫。

②孔口管的埋设。

③混凝土止浆垫的施工。

④搭设钻机工作台。

工作台要平稳牢固，梁与立柱要避开钻孔位置，立柱应生根在混凝土内。在水窝的位置上、工作台木板可留有直径为 600 mm 的空洞，以便下吸水管和注浆时连接孔口装置。

⑤注浆站建设与输浆管路。

注浆施工前要建筑并安好地面注浆站和输浆管路系统，并做好设备试运转和管路系统耐压试验。管路耐压用清水试验，试验压力取注浆终压的 1.2 倍，稳定 10~15 min 不漏，即为合格。

工作面预注浆需在井筒内敷设一条(单液注浆)或两条(双液或双孔注浆)输浆管路，其常用规格为直径 1~2 英寸(1 英寸 = 2.54 cm)钢管，可固定或用钢丝绳悬吊在井内，管间用法兰连接、管路上端连于注浆站输浆管、下端用高压胶管与孔口连接。

(4)注浆作业

注浆工艺流程与操作参见 4.4.4 节中的相关内容。

(5)注浆效果的检查

①放水法。

由于是静水位以下注浆，注浆效果检查多采用放水和压水的方法。采用放水法通常以最后一个钻孔的涌水量计算井筒开挖时的最大涌水量，超过规定即 10 m³/h 时，应补打注浆孔，继续注浆。通过压水成果检查注浆效果时，规定单位吸水率不超过 1 L/dm。

②岩芯裂隙浆液充填统计法。

通过注浆前后的岩芯对比和注浆原始记录的分析评价，对注浆不正常或裂隙浆液充填质量较差的注浆孔重新钻注。

2)巷道预注浆堵水

巷道预注浆是指水平和倾斜巷道穿过裂隙含水层、破碎带或冒落区时，为了堵水或加固所进行的工作面注浆。

(1)巷道注浆的分类及适用条件

根据工程地质与水文地质条件和注浆的目的，巷道注浆一般分为三类，其适用条件及主要特点见表 4-23。

表 4-23　巷道注浆的分类及适用条件

类别	适用条件	主要特点
堵水注浆	巷道穿过裂隙含水岩层，影响施工或使用时，或水压高，涌水量大，并有突水危险时，可采用堵水注浆	应用工作面预注浆，在巷道周围造成帷幕；应用单液水泥浆或水泥-水玻璃双液浆堵水；为保证安全钻进注浆孔，通常采用下孔口管并安装阀门的方法，必要时，采取孔口设置密封器或钻杆止退措施；与固结注浆相比，注浆压力较高，流量较小
固结注浆	巷道穿过无水，或少量涌水地段，或风化破碎带，有岩石冒落危险时，可采用固结注浆	经过工作面预注浆，巷道周围破碎岩石被固结；注浆孔冲洗液漏失量小于 80 L/min，可应用单液水泥将；大于 80 L/min 时，可应用水泥-水玻璃双液浆；可采用孔口管安全阀门的方法注浆；注浆压力较低，流量较大
回填注浆	巷道超挖，形成过水通道，帮壁漏水，并存在冲击地压破碎的可能；或工作面附近发生冒顶片帮，可采用回填注浆	可采用单液水泥浆或水泥砂浆进行后注浆，加固堵水；在冒落区用矸石、炉渣、砂等作为骨料，与注浆相结合进行充填加固；注浆压力无，流量大

（2）止浆墙

为防止受压浆液和裂隙水从工作面涌出，并保证浆液在最大注浆压力作用下沿裂隙有效地扩散，注浆前，应在工作面设置止浆墙。

①止浆墙的选择。

止浆墙一般有人工砌筑的混凝土止浆墙和预留的止浆岩柱两种，可根据地质条件与施工条件选择，参见表4-24。

表4-24 止浆墙的选择

止浆垫类别	适用条件	技术要求	主要优缺点
预留止浆岩柱	巷道的裂隙含水层或破碎带的后部，有符合设计厚度的隔水层；分段注浆时，有符合设计的注浆带	应打钻探明裂隙含水层或破碎带和隔水层的准确厚度和位置；查明注浆带作为预留止浆岩柱的强度及堵水效果	与混凝土止浆墙相比，工序少、工期短、成本低；凡具备条件时，应采用预留的止浆岩柱
混凝土止浆墙	裂隙含水层后部无良好的隔水层作为止浆岩柱；由于钻探资料不确切，裂隙含水层已被揭露；工作面附近的冒落区	混凝土止浆墙应尽量选择在无水位置，如有水应预处理；含水层已被揭露时，应设置滤水层，如有集中出水点时，可设导水管，以保证浇筑混凝土的质量；采用不低于250号的混凝土	工序多、工期长、成本高，如为柱面或球面型止浆墙施工更为复杂；由于单级平面型止浆墙结构简单、施工方便，故目前使用得较多
预留止浆岩柱与混凝土墙相结合	含水层后部的隔水层作为止浆岩柱，其厚度不够；注浆带作为止浆岩柱的部分，堵水效果差	打钻探明含水岩层及隔水层的准确厚度和位置；巷道工作面有涌水时，应设滤水层，有集中出水点时，可安设导水管，为浇筑混凝土创造良好的施工条件；预留止浆岩柱与混凝土止浆墙的总厚度应符合设计要求	工序多、工期较长、成本较高

注：对各种止浆墙，在使用前应钻孔进行压水试验，当达到注浆终压稳定10 min不漏水时，即为合格。

②止浆墙形式及其厚度的确定。

止浆墙厚度主要根据最大注浆压力、巷道断面大小和止浆材料强度确定。由于预留岩柱最简单，有条件时应优先选用。如采用混凝土止浆墙时，因单级平面型止浆墙结构简单，施工方便，可优先选用。但是，如经计算其厚度较大时，可另选用柱面形或球面型止浆墙。

③止浆墙的施工。

混凝土止浆墙的浇筑方法随工作的涌水量而定。涌水量小时，基本与一般混凝土工程相同，涌水量大时，应设置滤水层，为浇筑混凝土止浆墙创造良好条件。

（3）注浆方式及注浆孔布置

①注浆方式及段长的选择。

含水层厚度大于60 m时，应分段注浆，每一个注浆段长一般为30~50 m。

注浆方式是指分段注浆的顺序，一般有前进式和后退式两种。注浆小分段长度和注浆方式，可根据岩石裂隙发育程度和注浆涌水量确定。

②注浆孔数目的选择。

注浆孔数与裂隙发育程度、浆液有效扩散半径及巷道断面大小有关。

③注浆孔的布置。

应根据注浆目的和裂隙发育程度及分布情况进行补孔，力争使注浆孔与更多的裂隙交切。

（4）注浆孔钻进

①钻机安装。

A. 在大断面巷道内钻进注浆孔，可设置钻机工作平台，采用多台钻机、布置在台上和台下同时作业。为避免或减少钻注作业相互影响，要合理安排钻注作业程序。

B. 注浆孔开孔直径一般为 110 mm，下外径 108 mm 孔口管，注浆孔直径为 91 mm 或 75 mm。若为破碎岩层，宜用小直径钻头钻进。

②防止注浆孔突水及安全钻进措施。

钻进注浆孔遇有水压高和突水的可能，应采取有效措施，确保安全钻进。

③在破碎岩层中钻进注浆孔的注意事项。

A. 一般用清水钻进，不用泥浆护壁。

B. 为防止塌孔和卡钻，要合理控制流量，冲洗液流量以 50~100 L/min 较宜。

C. 尽量选用长岩芯管和铰刀式螺栓头，岩芯管长度不得小于 5 m。

D. 钻进注浆孔要轻压、慢速，给进均匀，少串动钻具，防止塌孔。

E. 严禁使用弯曲钻具，并经常检验处理。

F. 随时注意孔内坍塌和冲洗液循环情况，当发现有 2/3 的冲洗液漏失或孔内有坍塌时，可停钻注浆。

（5）扫孔与复注

①扫孔。

在裂隙含水岩层中，采用分段前进式注浆时，为检查上一段的注浆效果和为下一段注浆提供资料，要沿着原来注浆孔位扫孔，并严防偏斜。

②复注。

每一注浆孔结束注浆后，可扫孔进行压水试验，当耗水量小于 20 L/min 时可不注浆，大于此数应复注。复注时，比原来的浆液浓度略低，凝固时间略长，注浆压力略高、流量略小。

（6）注浆效果的检查与评价

裂隙含水岩层中，注浆堵水效果的检查方法和评价与立井地面预注浆的相关内容相同。根据巷道注浆的特点，补充以下几点：

①注浆后巷道剩余涌水量，可采用打检查孔做放水试验的方法来估计。如果注浆堵水有明显效果时，也可以利用后期注浆孔做放水试验，预计巷道剩余涌水量。

②注浆后巷道剩余涌水量不大于 10 m³/h 为合格；也可根据施工要求和巷道用途自行确定。

破碎岩层中，注浆加固效果除分析比较钻探、注浆、扫孔、压水及复注资料外，还有钻凿一定数量的检查孔。

3）后注浆堵水

井巷工程永久支护后，遇有井壁或衬砌出现渗、漏水，漏水带砂，壁后空洞或为提高围岩稳定性等,均须用后注浆法进行堵水或加固。

4.4.6 大水矿山防治水

大水矿山一般是指矿区水文地质条件复杂,矿坑正常涌水量达到每日一万立方米以上的矿山。大水矿床主要分布在灰岩(大理岩)岩溶相对发育的地区,例如广西、湖南、安徽、山东、河北、湖北、广东、江西等地。在我国开采大水矿床时,常常会遇到一般矿床难以想象的许多问题,如基建投资大、基建时间长,采矿难度大、成本高,突水淹井,地面塌陷,矿产资源严重损失,地下水资源枯竭及环境工程地质等。大水矿山防治水工作应在查明矿区和矿床水文地质条件的基础上,遵循先简单、后复杂,先地面、后井下,层层设防的原则开展。此外,合理的开采布局和采矿方法的科学选择,对大水矿山水患治理能起到重要的作用。

4.4.6.1 研究内容

(1)对于大水矿山,矿床水文地质调查非常重要,只有准确地掌握其矿体围岩水文地质特征,才能对围岩富水性进行分区,从而制订更合理的防治水方案。它主要包括矿体围岩地下水分布规律,岩溶裂隙、溶洞、岩溶管道分布发育规律,断裂、破碎带等导水构造的产状、性质、分布、规模,含水层富(透)水性能的水平与垂直分布规律、水力联系等水文地质特征;矿体、岩体及矿体围岩工程地质特征,特别是接触带的稳固性。

(2)开采布局对于大水矿山防治水工作也很重要,因此,设计时应考虑防治水因素。合理进行开采布局及井巷布置就是利用自然条件,防止或减少地下水进入矿坑的积极措施。如凡口铅锌矿为避免矿床疏干条件恶化,将计划应最先用露天开采的金星岭南矿体改为留至矿山后期开采,避免因露天坑在雨季降水大量汇集给坑下排水造成威胁;城门山铜硫矿在开采顺序方面提出的"先南后北"分阶段的露采方案,其中一重要目的就是使防治水方案先易后难,由浅入深,逐步深化。

(3)采矿方法的选择对于大水矿山的防治水开展也有积极的作用。在强含水层或地表水体下采矿时,为减少顶板的破坏,应尽量采用房柱法或充填法,避免采用大跨度的崩落法;当矿岩比较稳固,而地下水较大,作业困难时,可采用分段空场法中深孔作业;对于矿岩极不稳固的大水矿床,可考虑使用下向胶结充填采矿法;考虑地下水的影响,在采矿时可采用合理的回采顺序(前进式或后退式),采用合理的采准方式引导地下水的排泄,中段与中段之间设置人工假底隔层或留设矿柱隔水,以防止上中段地下水对下中段的影响。如凡口铅锌矿地下采矿全部采用充填法开采,避免地表塌落,造成崩落带内降雨径流和地表水的大量渗灌;谷家台铁矿采用不破坏顶板的充填法或胶结充填法,保护了第三系隔水层,则地表水、第四系水、雨水不能直接成为矿床充水的水源。

4.4.6.2 防治水方法

和其他一般矿山一样,大水矿山在局部位置也需要采取如地面防水、井下防水及超前探水和局部注浆堵水等措施。而对于整个矿山而言,则需要制订一套有效、经济、合理的防治水方案。

大水矿山防治水由原采用单一的疏干为主,堵水为辅的防治水方法,即疏干排水的防治水方法(凡口铅锌矿、广西泗顶铅锌矿),和井下局部注浆堵水为辅,疏干为主的防治水措施(安庆铜矿、三山岛金矿、高峰锡矿);逐渐发展为以堵水为主,疏干为辅的地面矿区帷幕注浆截流技术(水口山铅锌矿、张马屯铁矿、铜绿山铜铁矿、新桥硫铁矿等)。而现在随着矿山开采难度、地质环境保护力度加大和生产成本的加大，井下近矿体帷幕注浆堵水技术逐渐得到使用和推广（山东莱芜业庄铁矿、莱新铁矿、安徽徐楼铁矿和内蒙古黄岗矿业Ⅰ矿区等），已取得很好的效果。

4.4.6.3 被淹矿井的恢复方法

矿井淹没不仅给矿山带来财产甚至生命的损失，而且会直接打乱企业计划。一旦矿井遭遇水害淹没，加快封堵突水点和快速排水恢复生产是紧要的。为了最大限度地降低淹井造成的损失，近30年来，我国许多矿山用强排疏干、钻孔泄水、构筑隔水墙及井下注浆堵水等多种方法及时恢复了大多数被淹没的矿井。

1）强排疏干

强排疏干法，即利用大流量水泵（水泵排水量要大于矿井突水后的总水量）强行排水，排水至井底，然后采取相应措施恢复生产。它适用于突水点（口）动水量和含水层净储量均小，矿井排水设备及电力供应条件皆好，排水后对工农业和居民用水无影响等条件。在原有井巷中安装排水设备，或利用未淹的排水设备，进行排水恢复。竖井强排中可使用掘进吊泵、潜水泵、卧泵、气压泵以及各种泵之间直接串联、间接串联和并列直排的组合方式。使用大容积箕斗排水，也有相当大的能力。斜井强排时可使用卧泵、潜水泵、深井泵、矿用潜水泵及各种泵之间的并列直排，直接串联、开式接力等组合方式。

2）钻孔泄水

邻未淹巷道或另建与被淹井巷有一定隔水岩柱的排水井巷，建立排水系统及安全设施后，打钻放水、疏干，或从地面施工与透水巷道连通的大直径钻孔，安装潜水泵或深井泵抽水降低水位。

3）构筑隔水墙

矿山发生水灾时，在时间、空间和设备保障的基础上，可在适当地点构筑隔水墙封堵涌水，以保证其他井巷的生产，并赢得处理透水、恢复井巷的时间。

（1）竖井掘进中被淹时构筑水下止水垫可用水下浇灌混凝土法和抛石注浆法。

水下浇灌混凝土法如图4-33所示，其施工方法如下：

①将直径100~250 mm的移动式导管一根或固定式导管数根下至井筒底板，导管上端带料斗，设有悬吊装置和夹具，以保证导管能上下移动；

②将混凝土随球塞装满导管后，导管提起50 cm左右，球塞翻出，混凝土卸入，自下而上连续进行浇灌；

③边浇灌边提升导管，料中不得放空，导管应始终埋在已浇灌的混凝土中300 mm左右，插入太多易堵塞，不插入则易离析；

④定时测量混凝土表面高度，待达到浇注厚度时将设计体积的混凝土外加20%备用量浇灌完毕后即可停止；

⑤混凝土凝固后进行排水；

⑥混凝土标号不低于200号，砾石最大粒径不大于管径的1/4。

抛石注浆法如图4-34所示，其施工方法如下：

①将注浆管下到距井筒底板0.5 m处；

②通过溜灰管或其他渠道向井底投入碎石，定时测量碎石表面高度，待填满所需厚度或投入计算好的碎石体积即可；

③在碎石表面层再投入 1 m 厚的砂层，作挡浆层；

④通过注浆管向碎石层注入浓水泥浆或水泥砂浆；

⑤浆液凝固并有一定强度后方可进行排水。

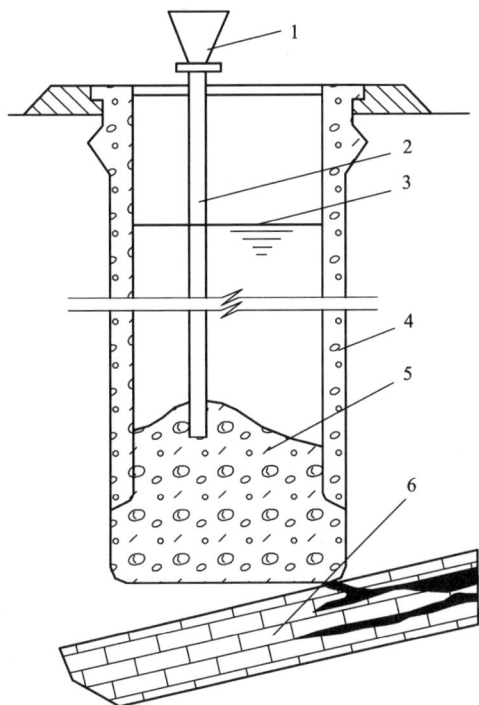

1—料斗；2—导管；3—水面；4—井壁；5—混凝土；6—含水层。

图 4-33　竖井水下浇灌混凝土法示意图

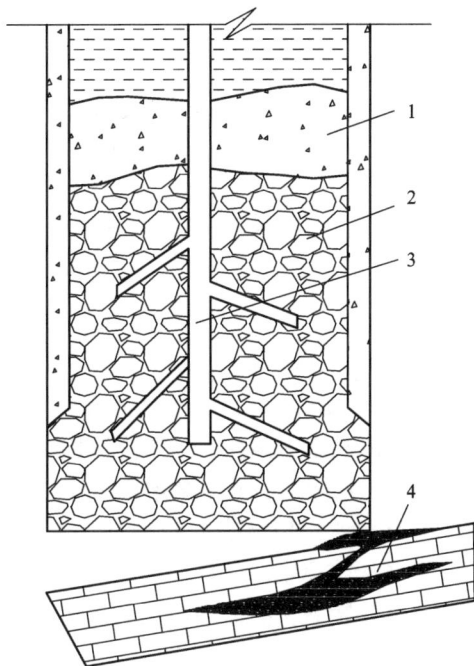

1—砂石挡浆墙；2—碎石层；3—注浆管；4—含水岩层。

图 4-34　竖井水下抛石注浆法示意图

（2）在被淹平巷中构筑水下隔水墙

在被淹巷道相应的地面位置，打钻孔穿透巷道，通过钻孔构筑水下隔水墙隔绝涌水，再进行排水恢复矿井。隔水墙的厚度应满足稳定性和防水性的要求，可通过计算确定。

水下浇灌混凝土法，如图 4-35 所示，其要点如下：

①从地面沿巷道走向向被淹巷道打垂直钻孔与巷道相交。孔距决定于隔水墙厚度和混凝土的塌落半径，一般为 3~7 m。孔数决定于隔水墙厚度和孔距，一般为 3~5 个；

②通过在钻孔中下入旋扫器配合高压水的方式冲刷巷道底板的泥砂等沉积物；

③用导管向巷道浇灌混凝土。

4）注浆堵水

此法适用于突水点动水量大、突水点距地面深，井巷断面有限、不能安装大型排水设备，突水点水源与工农业和居民供水属同一水源，排水后会引起水源地枯竭或产生环境水文地质问题时。突水点（口）注浆堵水，按注浆孔的位置可分为先堵后排法和先排后堵法，我国淹没矿井恢复注浆堵水常用的是地面注浆先堵后排法。

注浆堵水的方案适用范围广，作业条件好，方法简单，技术成熟，见效快，所以用得较多。钻孔位置应直接与透水点含水岩层相交或位于其附近，孔数 1~4 个，终孔直径不小于

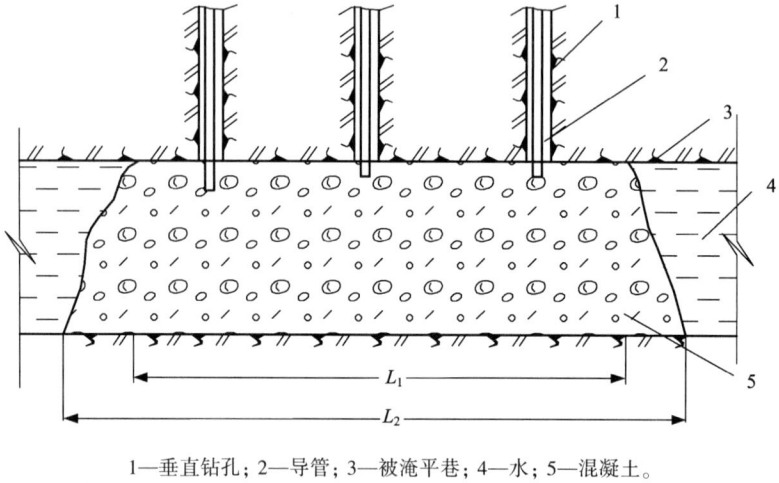

1—垂直钻孔;2—导管;3—被淹平巷;4—水;5—混凝土。

图 4-35 被淹平巷水下浇灌混凝土法示意图

90 mm(考虑下骨料),钻进中应测斜。若钻孔未沟通含水层,可进行钻孔爆破;若含水空间体积大,或动水流速快,可先注骨料。

(1)注浆堵水前的水文地质工作

注浆堵水时应解决的问题是:井下突水点的具体位置在哪里,在什么部位注浆效果最好,根据什么原则布置勘探注浆孔,突水点堵水效果如何判断等问题。为了正确选择堵水方案,确保注浆钻孔能命中堵水的关键地点或部位和正确评价堵水效果,一般需进行下列水文地质工作。

①通过现有水文地质资料的整理分析、野外地质调查以及必要的突水点(口)注浆堵水补充勘探工作,查清突水点的位置,确定或判断突水水源、突水点附近断裂构造的确切位置和含水层间的对接关系、突水点地段内含水层的分布及它们之间的水力联系、各含水层岩溶裂隙发育程度及岩溶裂隙发育的主要方向。

②因地制宜地进行连通试验,测定地下水的流速、流向和地下水的水质与水温。

③布设地下水动态观测网,进行堵水前、堵水后和堵水过程中的动态观测,并编制注浆观测孔历时曲线和等水位(压)线图,以指导注浆工程和注浆效果评价。

④用钻孔和被淹矿井进行抽(放)水试验,了解各含水层与突水点(口)的水力联系情况;与注浆工程前后放水资料对比,评价堵水效果。

⑤注浆前每孔都要进行冲洗钻孔及压水试验,目的是冲洗岩层中空隙通道,利于浆液扩散并与围岩胶结提高堵水效果;通过压水试验计算岩层单位吸水量,了解岩层的渗透性,以选择浆液材料及其浓度与压力。

(2)突水点注浆堵水方案的制订

制订方案时应反复分析研究,在弄清水文地质条件等情况的基础上,对堵水工程作出正确布置,对堵水方法提出明确要求。

方案设计应包括如下内容:

①确定堵水范围、注浆层位和部位,注浆孔、观测孔检查孔数及其布置方式;

②确定注浆材料、注浆深度,划分注浆段、选择注浆方式和止浆方法;

③确定注浆参数及质量检查和评价方法；

④选择钻探设备，确定钻孔结构与施工方法，确定主要安全技术措施（包括注浆操作规程）。

（3）施工注浆孔

①应布置在井下突水点附近，围绕着突水点由内往外和由稀至密分批布置。其目的是根据勘探资料及时修改补充原设计，以达到提高堵水和加固底板的效果。

②根据地下水的流速、流量和流向，注浆孔应布置在来水方向上，在突水点或断层带附近应适当加密堵水钻孔，以便切断突水点补给来源，减少注浆堵水孔数。

③布置钻孔尽可能一孔多用，使之既是地质、水文地质勘探孔，又是试验孔、观测孔，同时还可作为注浆堵水孔；注浆间距应按当地的具体地质、水文地质条件与实际扩散半径（R）等因素确定。

（4）注浆过程中的若干问题

①注浆层或段裂隙细小，钻孔单位吸水量小到中等的钻孔，一般耗浆量不大时，可采用连续注浆法，即自始至终连续不断地注浆，直到达到注浆设计结束标准。

②岩溶通道大、钻孔单位耗浆量大时，可采取投放骨料的措施，或采用间歇注浆法，间歇时间长短，主要依浆液达到初凝所需时间而定。间歇的次数以孔口压力上升快慢而定。当注浆孔口压力上升较快时，可改为连续注浆。每次停注后需冲入一定量清水，以保持通道口不致被堵塞。

③若发现邻孔有窜浆现象，应串联两孔同时注浆；若设备不足，依钻孔水位高低，可通过在下游注浆孔压入清水保持通道流畅、上游注浆孔注浆的办法处理。

④注浆时，若通道中地下水流量小、流速大时，只要浆液性能（水灰比）适宜，吸浆量大于通道中地下水流量的 1.5 倍，注浆也可以成功；若通道流量大、流速小时，可用不易被水稀释的浆液，使用间歇注浆法注浆；若通道中流量和流速皆大，则可在注浆前设置比重较大固料，先将通道充填，然后注入速凝浆液。

（5）注浆堵水效果的判断

当注入突水点及其周围的堵水材料固结封住突水通道后，则淹没矿床的水位将发生显著变化，地下水流的流动方向和水化学成分也相应发生变化，这些均可看成判断堵水效果的定性指标；定量指标是通过注浆前后的排水试验取得水量与降深关系的数据后，即可识别。

（6）井下注浆堵水

井下注浆封堵突水点，主要是处理某些生产过程中发生和规模小的突水或恢复某个采区、工作面的生产工作。它的注浆堵水工作在井下进行，而且主要是对断层突水处理，主要方法是：

①用水闸墙挡水。当水突入巷道后，若水量较大，应采取紧急措施，在所掘巷道突水点以外地段，将水堵在巷道内；若水量不大时，可用水管将水导出，然后先选择岩层比较完整处修筑水闸墙，待水闸墙修好后将管子的水门关闭，造成静水条件。

②待封堵于巷道内的水停止流动后，在接近水闸墙的正常巷道内向断层出水点和与其接近的含水层打注浆孔，然后用高压注浆泵往钻孔里注浆，以封堵和加固突水点及其周围地层，同时切断补给水源。

（7）注浆法恢复被淹矿井工程实例

工程实例见表 4-25。

表4-25 注浆法恢复被淹矿井实例简况

矿井名称	透水情况	最大涌水量/(m³·h⁻¹)	注浆后涌水量/(m³·h⁻¹)	堵水率/%	涌水压力/MPa	注浆简况							备注
						终压/MPa	孔深/m	孔数		材料消耗			
								注浆	检查	水泥/t	水玻璃/m³	砂石/m³	
安徽铜陵铜矿冬瓜山铜矿千米竖井	在井筒千米处揭露导水断层淹井,治理三年多,井筒掘进到位	1285	30	97.7	9	15		11	2	350		150	采用抛石注浆构筑井底封水层,封堵了引起淹井的突水裂隙,井筒积水排干后,转入井底干作面注浆
安徽徐楼铁矿副井淹井	在井筒掘进到-300m时,进行工作面钻孔预注浆出水,无法关闭闸门导致淹井	230	25	89.1	2.9	15		6		120			采用安设钻杆到井底进行注浆封堵
张家洼小官庄矿南风井	竖井掘进至424m时遇裂隙导水淹井	259.8	41.5	84	0.8	7.0~8.5	52	7	1	319			首创水下碎石注浆后构筑止水垫,经工作面预注浆后掘进
七一一矿主井	竖井掘进至213.5m时钻孔遇灰岩透水淹井三年多	120	12	90		3.5~4.0	89.6	6	11	184	20		用水下混凝土浇灌法构筑止水垫
八台铁矿运行出风井	竖井掘进时遇含水砂层导致淹井	168	0.6	99.6		1.1~1.5	30	36	6		340		用化学注浆法堵水固砂
苏联库尔斯克占布尔全1号井	145水平南平巷石英岩裂隙与上覆含水砂层贯通涌水,涌砂,造成淹井	400			12	2.0~5.0	145	2		76.5			钻孔半透巷道,用7kg药包爆破后连通巷道

参考文献

[1]《采矿手册》编写委员会. 采矿手册 6[M]. 北京：冶金工业出版社，1988.

[2]蓝俊康，郭纯青. 水文地质勘察[M]. 2 版. 北京：中国水利水电出版社，2017.

[3]《采矿设计手册》编委会. 采矿设计手册[M]. 北京：中国建筑工业出版社，1989.

[4]黄德发，王宗敏，杨彬. 地层注浆堵水与加固施工技术[M]. 徐州：中国矿业大学出版社，2003.

[5]中国地质调查局. 水文地质手册[M]. 2 版. 北京：地质出版社，2012.

[6]李庚阳，崔秀凌. 国外水文物探技术的新进展[J]. 西部探矿工程，2005，17(9)：77-79.

[7]张道清，胡守智，闫寻. 水文物探方法与技术现状[J]. 河南水利，2000(5)：31.

[8]郑世书，陈江中，刘汉湖等. 专门水文地质学[M]. 徐州：中国矿业大学出版社，1999.

[9]桂祥友，郁钟铭. 矿井水灾害预测的安全评价研究[J]. 中国矿业，2006，15(5)：35-37+44.

[10]史晓明. 基于模糊层次分析法的煤矿水害事故危险源辨识[J]. 中国矿业，2010，(19)(S1)：202-204+214.

[11]武强，刘守强，贾国凯. 脆弱性指数法在煤层底板突水评价中的应用[J]. 中国煤炭，2010，36(6)：15-19.

[12]武强，黄晓玲，董东林，等. 评价煤层顶板涌(突)水条件的"三图-双预测法"[J]. 煤炭学报，2000，25(1)：60-65.

[13]王皓. 基于灰色模型的煤矿涌水量预测研究[J]. 中国煤炭地质，2014，26(3)：35-38.

[14]王军. 矿山防治水技术现状及发展趋势[J]. 采矿技术，2001，1(2)：20-22.

[15]王军. 岩溶矿床帷幕注浆截流新技术[J]. 矿业研究与开发，2006，26(S1)：151-153.

[16]DZ/T 0285—2015. 矿山帷幕注浆规范[S].

[17]杨米加，陈明雄，贺永年. 注浆理论的研究现状及发展方向[J]. 岩石力学与工程学报，2001，20(6)：839-841.

[18]杨晓东. 锚固与注浆技术手册[M]. 北京：中国电力出版社，2010.

[19]周兴旺. 注浆施工手册[M]. 北京：煤炭工业出版社，2014.

[20]辛小毛，王亮. 大水金属矿山防治水综合技术方法的研究[J]. 矿业研究与开发，2009，29(2)：78-81.

[21]黄炳仁. 大水矿床注浆防水帷幕厚度的确定[J]. 中国矿业，2004，13(3)：60-62.

[22]史宗保. 煤矿事故调查技术与案例分析[M]. 北京：煤炭工业出版社，2009.

[23]郭冬岩，张嘉勇. 矿井水灾事故原因分析及防治措施[J]. 河北理工大学学报(自然科学版)，2008，30(4)：1-2+26.

[24]AQ 2061—2018. 金属非金属地下矿山防治水安全技术规范[S].

[25]虎维岳. 矿山水害防治理论与方法[M]. 北京：煤炭工业出版社，2005.

第 5 章

排土场

排土场又称废石场，是集中堆放剥离废岩(土)的场所，其自身的稳定性及可能产生的滑坡、泥石流等灾害的防治，既是关系到矿山安全生产的科学技术课题，又是关系到人民生命财产安全和环保的社会问题。随着采矿业的迅速发展，矿山排土技术强调运距短、占地少以及在露天开采境界外就近排土，从而导致露天矿排土场所容纳的剥离废岩(土)量越来越大且集中，一些高阶段堆置的排土场容量少则几百万立方米，多则几千万立方米甚至上亿立方米。排土场堆置高度也由原来的 50~60 m 上升到 200~300 m，个别达到 400~500 m。从而造成了排土场滑坡、泥石流等灾害事故时有发生。

国内许多露天矿山发生过大规模排土场滑坡、泥石流灾害，如海南铁矿、潘洛铁矿、云浮硫铁矿、永平铜矿、昆阳磷矿、四川石棉矿、德兴铜矿、攀枝花兰尖铁矿和太钢尖山铁矿等。江西永平铜矿西北部排土场两年内在 0.3 km² 的面积上堆置的土石方达 160 km³，由于山坡陡(30°~40°)且废石边坡高达 160 m，1978 年 6 月份连续降雨 23 h 后，爆发了泥石流，导致干砌块石坝溃决，危害下游农田 11.13 hm²，污染面积达 53.33 hm²。2008 年 8 月 1 日，山西省太原市娄烦县境内发生了特别重大排土场垮塌事故，造成 45 人死亡、1 人受伤，直接经济损失达 3080 万元。另有，2015 年 12 月 20 日，广东省深圳市光明新区的红坳渣土受纳场发生特别重大滑坡事故，造成 73 人死亡、4 人失踪，直接经济损失达 8.8 亿元。

近年来，我国矿山安全、环保意识不断增强，对排土场的水土保持与生态复垦方面提出了更新、更高的要求。随着大型深凹露天矿逐渐增多，排土新工艺、新技术和许多大型高效率的排土设备得到了广泛使用，排土场的技术管理、排土场的安全与环境工程也得到了改进与完善。

5.1 排土场分类与等级划分

排土场系统工程包括排土场选址、排土工艺技术、排土场稳定性及其病害治理和排土场占用土地、环境污染及其复垦等主要内容。

露天矿的剥离物一般包括表土、风化岩土、坚硬岩石、软岩与混合岩土，有时也包括暂不利用的表外矿、贫矿等。剥离物的堆置是露天矿生产工序的重要组成部分，剥离物堆置工作不落实或设计不合理，会直接影响矿山安全生产与设计能力的完成。因此，必须做好排土场设计和生产管理维护。

5.1.1 排土场分类

排土场可根据其多项特征分类，详见表 5-1。

表 5-1 排土场分类

排土场分类		特征	适用条件
按设置地点划分	内部排土场	剥离物堆放在开采境界内，剥离物运距较近	一个采场内有两个不同标高底平面的矿山；露天矿群或分区开采的矿山，合理安排开采顺序，可实现部分内部排弃
	外部排土场	剥离物堆放在采场境界外	无采用内部排土场条件的矿山
按地形划分	山坡排土场	初始沿山坡堆放，逐步向外扩大堆放	地形起伏较大的山区和丘陵区
	山沟排土场	剥离物在山沟堆放	沟底平缓的沟谷
	平地排土场	在平缓的地面修筑较低的初始路堤，然后交替排弃	地形平缓的地区
按台阶划分	单台阶排土场	在同一场地单层排弃，有利于尽早复垦	剥离量少、采场出口仅一个、运距短的矿山
	多台阶排土场	在同一场地有两层以上同时排弃，能充分利用空间	多台阶同时剥离的山坡露天矿；需充分利用排弃空间的矿山
按时间划分	临时性排土场	剥离物需要二次搬运	有综合利用的岩土，剥离物堆置在采场周边或以后开采矿体上；可复垦的表土层
	永久性排土场	剥离物长期堆存	排弃不再回收的岩土
按排土堆置方式划分	单台阶排土场	单台阶由近向远一次性堆置，排土高度较大	剥离物性质及基底条件好
	多台阶压坡脚排土场	由高台阶向低台阶倾斜，逐层降低标高反压上一台阶坡脚	具有广泛的适用性
	多台阶覆盖式排土场	由低台阶向高台阶水平分层覆盖，台阶间留有安全平台	原地面平缓，基底强度不高
按运输与排土方式	铁路-装载机排土场	准轨或窄轨铁路运输，一般采用挖掘机、排土犁、推土机转排；岩土力学性质差和高阶段排土场，采用装载机或铲运机转排	用于铁路开拓的矿山或经铁路转运剥离物的矿山
	汽车-推土机排土场	汽车运输（又称公路运输）、推土机排弃，排土工艺较简单	用于汽车开拓或汽车辅助开拓的矿山
	胶带-排土机排土场	胶带机运输，排土机转排	用于连续或半连续运输开拓的矿山或提高排土场的排弃标高的矿山

5.1.2　排土场等级划分

排土场的等级划分是确定排土场安全标准、防排洪及安全距离等的重要依据。排土场的等级划分,除考虑排土场容积和排土场堆排高度以外,还要把排土场地地基、地形条件、剥离物性质等纳入参考因素。

在现行国家标准《冶金矿山排土场设计规范》(GB 51119—2015)与《有色金属矿山排土场设计标准》(GB 50421—2018)中,各自对适用范围内的排土场等级划分标准不同。

据统计,冶金矿山中露天开采矿山占比约七成,而有色金属矿山比冶金矿山规模小、品类多且地下开采矿山比例占七成以上,产能约占一半。但近年来,国家对有色金属矿山开发的行业规模准入条件有所提高。随着矿山开发规模增大,排土规模自然加大。西藏驱龙铜矿开采期内总废石量估计约 15.4×10^8 t,占地约 9.28 km^2,单个排土场容量超出 5.17×10^8 m^3;德兴铜矿开采期内总废石量估计约 11×10^8 t,占地约 5 km^2,现每年排弃废石为 3000×10^4 t。除铜、钼露天矿外,其余有色金属露采规模不大,地下开采矿山的排土量更小,剥离物分散,故排土场的等级区分范围拉大。

冶金矿山与有色金属矿山排土场等级分级表见表5-2、表5-3。

表5-2　《冶金矿山排土场设计规范》(GB 51119—2015)排土场等级分级表

等级	场地条件	堆置高度 H/m	排土容积 V/10^4m^3
一	不良	$H>180$	$V>20000$
二	复杂	$120<H\leqslant180$	$5000<V\leqslant20000$
三	一般	$60<H\leqslant120$	$1000<V\leqslant5000$
四	良好	$H\leqslant60$	$V\leqslant1000$

注:1)排土场分级应按场地条件进行分级,然后按照排土场堆置高度和排土容积进行等级调整。2)当排土场场地条件为不良时,排土场等级为一级;当排土场场地条件为复杂、一般和良好时,应按照排土场堆置高度和容积进行等级调整。3)当按照场地条件划分,排土场等级低于排土场堆置高度和容积划分的排土场等级时,应按照排土场的堆置高度与容积进行划分。排土场堆置高度和容积划分等级两者的等差为一级时,采用高标准;两者的等差大于一级时,采用高标准降低一级使用。4)场地条件可分为下列四类:①不良场地:地形坡度≥24°、场地内存在大范围软弱地基土或湿陷性黄土、易发生泥石流灾害;②复杂场地:12°≤地形坡度<24°、场地内部存在软弱地基土或湿陷性黄土、低易发生泥石流灾害;③一般场地:6°≤地形坡度<12°、场地内部不存在软弱地基土或湿陷性黄土、非易发生泥石流灾害;④良好场地:地形坡度<6°、场地地基良好。

表5-3　《有色金属矿山排土场设计规范》(GB 50421—2018)排土场等级分级表

等级	单个排土场总容积 V/10^4m^3	堆置高度 H/m
一	$V\geqslant10000$	$H\geqslant150$
二	$2000\leqslant V<10000$	$100\leqslant H<150$
三	$500\leqslant V<2000$	$50\leqslant H<100$
四	$V<500$	$H<50$

注:1)排土场容积和堆置高度两者的等级差为一级时,采用高标准;两者的等级差大于一级时,采用高标准降低一级使用。2)当排土场场地条件有下列情况之一时,排土场的等级应提高一级:①排土场地基原地面坡度大于24°;②排土场基底存在大面积工程地质、水文地质不良地段。3)剥离物有下列情况之一者,排土场的等级应确定为一级:①剥离物遇水软化或剥离物含泥率大,排水不良,稳定性较差且具备形成泥石流条件;②剥离物的溶出物具有危险、有害特性。

5.2 排土场设计

5.2.1 设计与选址原则

5.2.1.1 设计原则

（1）排土场设计应符合矿山开采设计总体要求，包括选址、排土工艺设计、防排洪系统设计、安全稳定性分析、安全对策措施、安全防护距离、复垦规划、环境保护等。

（2）排土工艺设计应包括容积、服务年限、堆置方式、堆置要素、运输方式、运输系统、设备选型、排土计划。

（3）排土场设计应在选址与排土方式、堆置要素确定的前提下，结合排土场所在地地形、工程地质、水文地质条件进行安全稳定性计算分析。

（4）可靠的地形、地质资料是排土场设计的前提条件，排土场位置选定后，应进行排土场区的专项工程地质与水文地质勘查工作。

（5）准确评价排土场稳定状态直接关系到工程建设的安全，排土场边坡稳定性计算分析的前提条件首先是场址与排土方式选定，然后根据剥离物的特性、场址地形、地质条件确定其堆置要素，并以此为基础进行排土场安全稳定性分析，如计算结果不符合边坡稳定性的要求，则需调整台阶堆置参数直至满足排土场安全稳定。

（6）排土场的设计应落实环境影响和水土保持责任范围，并应根据主要安全影响因素、周边不同保护对象所需安全储备、环境影响程度等提出防范措施，包括地基处理、防排洪措施、拦挡坝等。

5.2.1.2 设计内容

可行性研究阶段应包括下列内容：

（1）场址选择、剥离物的性质、排土场等级、排土场容积估算、服务年限、排土工艺、堆置要素、防排洪等级及方式、环境影响、复垦规划、排土场用地。

（2）排土场灾害可能性分析及稳定性初步评估。

（3）安全防护措施、安全防护距离。

（4）工程量估算。

（5）含排土场的矿山总体布置图。

初步设计阶段应包括下列内容：

（1）排土场等级、剥离物的性质、排土场容积计算、服务年限、台阶高度及坡比、平台宽度、堆置高度、总体边坡角、排土场用地。

（2）排土工艺、排土计划、设备及劳动定员。

（3）防排洪等级及计算，防洪、排水设施。

（4）原地面坡度、周边环境状况及相互影响、安全隐患及对策、排土场整体稳定性分析、安全防护措施、安全防护距离。

（5）排土场监测方案。

（6）主要工程量表。

（7）含排土场的矿山总体布置图、排土场平面图、纵剖面图、运输线路平面图、防排洪平面图。

施工图设计阶段应包括下列内容：

（1）设计说明，应包括排土场概况（排土场等级、剥离物的物理力学性质、排土场容积、服务年限、排土工艺、排土计划、台阶高度及坡比、平台宽度、堆置高度、总体边坡角、运输线路等级及主要指标、防排洪等级、防排洪设施主要参数、防护设施主要参数）设计依据、施工要求、注意事项。

（2）排土场分期平面图及纵剖面图、排土场终了平面图及纵剖面图、运输线路设计图、防排洪平面图、防排洪设施详图、防护设施详图、总用地图。

（3）工程量表。

（4）其他应说明内容及附图。

5.2.2　设计内容与资料

排土场设计应取得下列资料：

（1）（1∶2000）～（1∶1000）或与采矿场相同比例的现状地形图，（1∶10000）～（1∶5000）的区域地形图。

（2）采矿工艺，开拓运输方式，剥离物的类型、数量、物理力学性质、化学性质。

（3）地形地貌特征、气象条件、水文条件、地震烈度、环境现状。

（4）改、扩建矿山现有排土场堆置要素、设施设备资料。

排土场设计应按不同设计阶段进行相应的工程地质、水文地质勘查工作，并应符合下列规定：

（1）可行性研究阶段应调查场址的地形地貌及地质特征，应提出潜在的地质灾害类型和分布范围，应对场地适宜性进行评价。

（2）初步设计阶段勘察应包括排土场场区自然地理特征、气象特征、水文地质特征、地形地貌特征、自然灾害特征；排土场场区地基土特征、软弱地基土分布范围及特征；排土场场区地下水、地表水系特征，补给、径流特征。

初步设计阶段对于排土场的设计需要进行方案比较，排土场的勘察工作应针对确定的排土场区进行，勘察深度应满足排土场稳定性计算分析的要求。大型和特大型矿山排土场，由于服务年限较长，前后期的勘察深度可略有不同，前期勘察深度要高于后期。排土场场区工程地质条件简单的区域可简化勘察要求，地形条件复杂、勘察工作难以实施的地区可针对性进行相关勘察工作。勘察的深度和精度应满足排土场稳定性分析的要求。目前相关规范没有明确标准，具体勘察深度要求可由设计单位提出勘察建议和基本要求，由具备排土场稳定性计算分析能力的设计或科研部门根据排土场勘察成果进行相应的计算分析，成果应纳入排土场设计中。

（3）施工图设计阶段应对防排洪设施及坝脚挡墙等安全防护设施等进行工程勘察，勘察深度应符合现行国家标准《岩土工程勘察规范》（GB 50021—2009）的有关规定。

5.2.3　选址的安全原则

合理选择排土场位置、改进排土工艺和提高排土工作效率，不仅关系运输和排土的技术经济效果，而且还涉及占用农田和环境保护问题。

矿山排土场建设需要占用大量土地。俄罗斯、美国的矿山，排土场的占地面积分别为矿山总占地面积的 50% 和 56%。根据对我国冶金露天矿山的调查，排土场的占地面积为矿山总占地面积的 30%~50%，矿业的发展导致排土场占用大量土地的问题日趋突出。

排土场选址应遵循以下安全原则：

(1)排土场宜靠近采场，尽可能利用荒山、沟谷及贫瘠荒地，不占或少占农田。就近排土，减少运输距离，但要避免在远期开采境界内将来进行二次倒运废石，有必要在二期境界内设置临时排土场的，一定要经多方案技术经济比较后确定。

(2)排土场场址宜设置在工程地质和水文地质条件相对简单、沟底自然地形坡度较平缓(沟谷纵坡度小于 12°)的沟谷。选择排土场应充分勘察其基底岩层的工程地质和水文地质条件，原则上不应将排土场建在地基不良地段，如遇不良地段应治理、清除软弱土层后才可作为排土场场址。

多年来，由于排土区工程地质、水文地质等自然条件勘察工作不足，加之排土作业管理和相应的防范措施不到位而导致的排土场失稳情况时有发生，个别矿山产生较大的灾害事故，而排土场产生的滑坡失稳以及泥石流等灾害必将给矿山安全生产和环境保护带来严重的影响。

不良工程地质和水文地质条件是影响排土场稳定的因素之一，排土场基底土体或岩层的承载力亦是决定排土场高度和稳定的外在条件，所以不良工程地质、水文地质条件，如软弱土地基、基底淤泥层、不稳定山体、地下水系发育、地表水汇水面积大等，均会对排土场稳定及安全构成威胁，也会增大地基处理、坡脚防护设施工程量。

太钢集团有限公司尖山铁矿地处吕梁山区，大部分为湿陷性黄土覆盖，该矿吸取了以往排土场滑坡失稳的教训，为保证排土过程及终了排土场的稳定性，在南部排土场建设中，委托具有工程勘察甲级资质的勘察部门进行了排土场岩土工程勘察，勘察报告对排土场进行了场地稳定性分析评价，对不良地质作用、自然边坡稳定性及形成泥石流可能性等进行了详尽分析，认为该区域适宜进行与地质环境相适应的排土场建设。对设计不断优化(降低排土阶段高度、加大安全平台宽度、减缓边坡终了坡度等)，为保证排土场的稳定，设计采用了自下而上、由外向里、分阶段后退式覆盖排土工艺；并根据工程地质和水文地质的实际情况，在排土场的主要沟谷内设置排水盲沟，形成地下渗流通道，在沟谷征地线内侧建设拦截坝等措施，并制订了可行的排土场管理制度，建立监控预警体系。所有这些都是在特定的地质条件下为排土场的长期安全稳定所做的安全储备，也说明了工程地质和水文地质条件对排土场选址和建设的重要性。

(3)排土场不宜设在汇水面积大、沟谷纵坡陡、出口又不易拦截的山谷中，也不宜设在工业厂房和其他构筑物及交通干线的临近处，以避免发生泥石流和滑坡，危害生命财产，以及污染环境。当无法避开时，应采取截排水及安全防护措施。排土场场址与采矿场、居住区、村镇、工业场地、铁路、公路、输电及通信干线等设施的安全防护距离应满足相关规范要求。特别是矿山排土剥离物遇水软化或剥离物含泥率大，排水不良的排土场不宜布置在工业场地、村镇、居民区及交通干线的上游。

（4）有采空区或塌陷区的矿山，在条件允许时，应将其采空区或塌陷区开辟为内部排土场；一个采场内有两个不同标高底平面的矿山，应考虑采用内部排土场；露天矿群或分区开采的矿山，合理安排开采顺序，可实现部分内部排弃。

（5）排土场选址要符合相应的环保要求，排土场场址不应设在居民区或工业建筑主导风向的上风侧和生活水源的上游，应远离要求空气清洁的场所，以防止粉尘污染居民区和工业厂区，避免排土场产生的废水、粉尘等污染生活水源。排土场场址应符合现行国家标准《一般工业固体废物贮存和填埋污染控制标准》（GB 18599—2020）、《危险废物贮存污染控制标准》（GB 18597—2001）、《危险废物填埋污染控制标准》（GB 18598—2001）的有关规定。凡堆置含汞、镉、砷、铬、氰化物、黄磷等可溶性剧毒废渣的排土场，必须设置专门的有防水、防渗措施的存放场所及防护工程。不得将排土场选在水源保护区、江河、湖泊、水库上，排土场不得侵占名胜古迹保护区和自然保护区。

5.2.4 堆置工艺

5.2.4.1 堆置方式

按排土场的堆置方式可分为单台阶排土、压坡脚式组合台阶排土、覆盖式多台阶排土。它们均适合于汽车运输-推土机排土、铁路运输-装载机排土、胶带机运输-排土机排土等方式。但要经过技术经济比较后，结合矿山具体条件来选择某种排土场堆置方式。

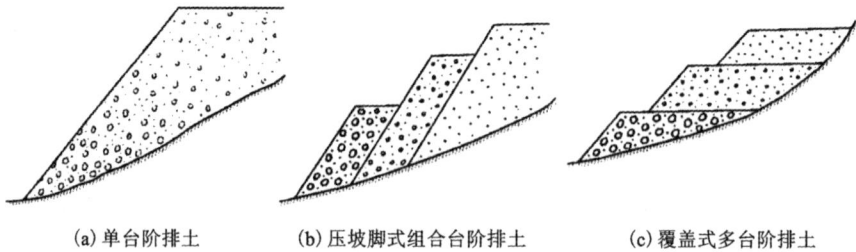

(a) 单台阶排土　　(b) 压坡脚式组合台阶排土　　(c) 覆盖式多台阶排土

图 5-1　排土场堆置方式

单台阶排土［图 5-1(a)］：一般随着地形的变化，排土高度变化大。在地下开采和凹陷露天开采的矿山，附近又有比采场运输出口标高低的地形，其容量又能满足矿山排土堆置需要，或是人工排土条件下，一般采用单台阶排土场。单台阶排土高度大，其沉降变形也大，所以它适合于堆置坚硬岩石，要求排土场地基不含软弱岩土，以防止滑坡、泥石流。工程实际中，排土场单台阶自然安息角受废石物料的自身结构控制，难以人为调整。

采用覆盖式多台阶排土和压坡脚式组合台阶排土对于有软岩地基，或含大量表土软岩的排土场稳定性具有积极的作用。

压坡脚式组合台阶排土［图 5-1(b)］：适用于山坡露天矿，在采场外围有比较宽阔、随着坡降延伸较长的山坡、沟谷地形，既能就近排土，又能满足"上土上排、下土下排"的要求。这种排土堆置的顺序是上一台阶在时间和空间上超前于下一台阶，排土过程中先上后下循序渐进，在上一台阶结束后，下一台阶逐渐覆盖过上一终了的边坡面，最后形成组合台阶。压坡脚式组合台阶排土场，可将先期剥离的大量表土和风化层堆置在上水平的排土台阶，而在下部和深部剥离的坚硬岩石，则堆置在后期的排土台阶，压住上部台阶的坡脚，起到抗滑和稳定坡脚的作用。

覆盖式多台阶排土[图5-1(c)]:目前最常采用的排土方式,其适用于平缓地形或坡度不大且开阔的山坡地形条件。其特点是按一定台阶高度的水平分层由下而上,逐层堆置,也可几个台阶同时进行覆盖式排土,保持下一台阶超前一段安全距离。第一台阶(即与基底接触的台阶)的稳定性,对于整个排土场的稳定和安全生产起着重要作用。原则上要控制第一台阶的高度,作为第二、第三……后续各台阶的基础,要求初始台阶的变形小、稳定性好,所以一般它的高度应适当小于后续台阶的高度。同时要优先堆置较坚硬岩石,其他松软和风化表土可暂堆存到靠排土场较近的地方,作为以后复垦用。

多台阶排土场堆置高度要根据排土参数和基底承载能力分析计算,尤其以控制第一排土台阶高度为重点,因为第一台阶高度过大可能导致较大的自身排土固结变形和地基承载力不足,引起整个排土场的破坏,一般以10~25 m为宜。

5.2.4.2 排土工艺优化

1)合理控制排土顺序

合理控制排土顺序需要在进行矿山排土规划时,合理安排表土、岩石分别排弃。硬岩、软岩、大块和破碎岩石分别堆置到排土场不同的空间位置,避免形成软弱夹层(即潜在滑动面)的排土边坡。将坚硬大块岩石堆置在底层以稳固基底,或大块岩石堆置在最低一个台阶反压坡脚。对于覆盖式多台阶排土场,底层高度不宜太大,以有利于基底的压实和固结,也有助于上部后续台阶的稳定。根据剥离岩石的性质不同,应设计不同的排土顺序,尤其是剥离表土和风化岩石,需要合理堆排,有利于排土场稳定性的提高。

含黏土较多的废石,对排土台阶的安全堆置高度影响较大,所以在排土过程中应该因地制宜地将它们集中进行分排和堆置;也可以采用降低台阶高度的方法,或者实行旱季排土,雨季排岩石的办法,这些都是属于提高排土场安全性的技术管理工作。另外将岩土按一定的比例进行混合堆排,也有助于提高边坡的稳定。如大冶铁矿曾按2:1的比例实行坚硬岩石与风化表土混合排弃,目的是增加排弃物料的力学性质,避免单独排弃软弱岩土时形成软弱带,造成排土场边坡不稳定事故,实施的效果良好。同时,排弃表土和强风化岩石时应控制排土场推进速度,以免工作面一次推进距离过大,沉降变形大,给生产设备的安全带来危害,也易产生滑坡。为此要有备用排土线,轮换作业,留出一定时间使新排土线达到充分沉降与压实。另外,控制排土速度也利于软弱地基得到充分的压实和固结,以提高地基承载能力。

2)采用逆排工艺形成稳定的底部台阶

在露天矿排土工艺上一般都选择顺排的方式,即由内向外,由近向远排土方式。而逆排工艺排土顺序则相反:由外向内,由远及近,先用坚硬大块物料堆筑在排土坡面的坝前,再向内堆排表土或风化物料的排土方式,其有利于排土场的安全稳定。在排土时,可以选择在排土场的出口处,先构筑坡脚坝(宜用大块,硬岩石形成透水坝),然后由外向内分层排土,排土顺序是由低到高,最终形成安全稳定的排土边坡。这种采用小段高、多台阶、由外向内分层排土的排土方式,即逆排工艺(图5-2)。该排土方法工艺较为简便,利于排土场底部排水,对于稳固排土场坡脚和软岩地基有积极作用,在铜陵化工集团新桥矿业有限公司新四房排土场等矿山排土场软岩地基治理中取得了非常好的应用效果。

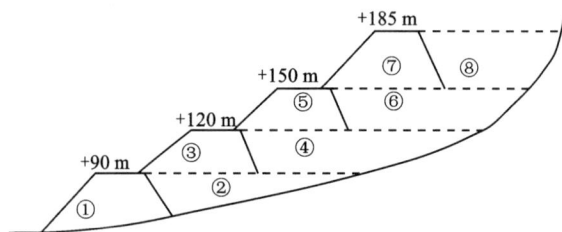

图 5-2　排土场逆排工艺示意图

5.2.5　排土场堆置参数与安全防护

5.2.5.1　排土场堆置参数

排土场的主要堆置参数应包括堆置总高度、台阶高度、平台宽度、排土场边坡角度、容积、占地面积等。

(1) 软弱地基排土场应控制底部台阶高度，对地基堆载预压，提高地基承载力。第一台阶最大堆高可按式(5-1)计算；

$$H = \frac{10^{-4} c \cot \varphi}{\gamma} \left[\tan^2 \left(45° + \frac{\varphi}{2} \right) e^{\pi \tan \varphi} - 1 \right] \tag{5-1}$$

式中：H 为第一台阶最大堆高，m；c 为地基土黏聚力，kPa；φ 为地基土内摩擦角，(°)；γ 为剥离物重度，kN/m^3。

堆置要素应根据剥离物的物理力学性质、排土工艺、地形、工程地质、气象及水文等条件，并通过稳定计算分析确定。当无工程地质资料时，堆置的台阶高度可按表 5-4 确定。

表 5-4　剥离物堆置台阶高度　　　　　　　　　　　　　　　　　　单位：m

排土方式 岩土类别	铁路运输			汽车运输	斜坡卷扬
	推土机排土	电铲排土	装载机排土	推土机排土	废石山
坚硬块石	40~50 (20~30)	40~50 (20~30)	≤200	≤200	<150
混合土石	30~40 (20~30)	30~40 (20~30)	≤100	≤100	<150
松散硬质黏土	15~20 (10~15)	15~20 (10~15)	15~30 (15~20)	15~30 (15~20)	70~80
松散软质黏土	12~15 (10~12)	12~15 (10~12)	12~15 (10~12)	12~15 (10~12)	50~60
砂质土	—	10~15	—	—	—

注：1) 括号内数值系工程地质及气象条件差时台阶高度值。2) 当采用窄轨铁路运输时，表列数值可略为提高。3) 排土场地基(原地面)坡度平缓，剥离物为坚硬岩石或利用狭窄山沟、谷地堆置的排土场，可不受此表限制。4) 剥离物土石类别明显的，排土时的台阶高度可根据其不同的土石类别，分别采用不同的台阶高度。当基底稳定，台阶高度可做如下估算：堆置坚硬岩石时宜为 30~60 m；堆置砂石时宜为 15~20 m；堆置松软岩石时宜为 10~20 m。5) 多台阶排土的总高度可经过验算确定，在相邻台阶之间应留安全平台。基底第一台阶的高度宜为 10~25 m。

（2）排土场的排土工艺决定了排土台阶坡面为自上而下的自然排土坡面，排土台阶坡面角为剥离物的自然安息角，这一点与露天矿山设计的台阶坡面角有很大区别。剥离物堆置的自然安息角与物料的物理力学性质和含水量有关，可按表 5-5 参考选取。

多台阶排土场剥离物堆置的总边坡角应小于剥离物堆置自然安息角（表 5-5）。

表 5-5 剥离物堆置自然安息角

类别	自然安息角/(°)	平均安息角/(°)
砂质片岩(角砾、碎石)与砂黏土	25~42	35
砂岩(块石、碎石、角砾)	26~40	32
砂岩(砾石、碎石)	27~39	33
片岩(角砾、碎石)与砂黏土	36~43	38
页岩(片岩)	29~43	38
石灰岩(碎石)与砂黏土	27~45	34
花岗岩	35~40	37
钙质砂岩	—	34.5
致密石灰岩	32~36	35
片麻岩	—	34
云母片岩	—	30
各种块度的坚硬岩石	30~48	32~45

第四系表土和砂的堆置自然安息角可参考表 5-6。

表 5-6 第四系表土和砂的堆置自然安息角

土壤和砂的类型	自然安息角/(°)	
	干	湿
种植土	40	35
松软的黏土及砂质黏土	40	27
致密黏土及砂质黏土	45	30
细砂夹泥	40	25
砾石土	37	33
亚黏土	40~50	35~40
肥黏土	40~45	35

（3）排土场工作平台最小宽度应根据剥离物的物理力学性质、台阶高度、地基土强度条件、大块石滚动距离、运排设备的工作宽度、平台上最外运输线至眉线间的安全距离等确定，

并应满足上、下两相邻台阶互不影响的要求。

公路运输平台宽度(图5-3),可按表5-7和式(5-2)计算确定。

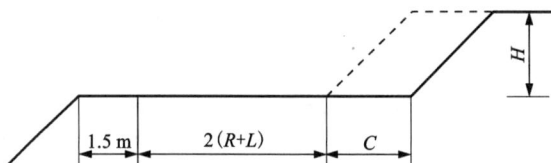

图5-3　公路运输平台宽度

$$A = 1.5 + 2(R + L) + C \tag{5-2}$$

式中:A为公路运输工作平台宽度,m;R为汽车转弯半径,m;L为汽车长度,m;C为超前堆置宽度,m,可按表5-7选取。

表5-7　超前堆置宽度取值

堆排方式	超前堆置宽度 C/m
推土机	视作业条件而定
装载机	不小于装载半径和卸载半径之和
电铲	不小于一次移道步距,一般取18~24

铁路运输平台宽度示意图如图5-4所示,可按表5-8和式(5-3)计算确定。

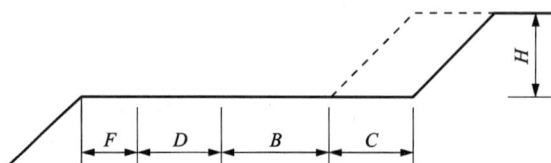

图5-4　铁路运输平台宽度示意图

表5-8　工作平台宽度参考值

运排方式	段高/m		
	15	15~25	30~40
汽车推土机	40~55	45~60	50~65
窄轨推土机	20~25	25~30	30~40
准轨装载机	30~40	40~50	50~60
准轨电铲	40~50	45~55	50~60
准轨推土犁	30~35	35~40	40~45

$$A = F + D + B + C \tag{5-3}$$

式中: A 为铁路运输工作平台宽度, m; F 为外侧线路中心至台阶边坡顶的最小距离, m, 准轨 1.6~1.7 m, 窄轨 1.0~1.2 m; D 为线间距离, m; B 为上台阶坡脚线至线路中心的安全距离, m, 一般大于大块石滚落距离加轨道架线式电杆至线路中心距离; C 为大块石滚落距离, m; 一般按表 5-9 选取。

表 5-9　大块石滚落距离

台阶高度/m	10	12	16	20	25	30	40
大块石滚落距离/m	15	16	18	20	22	24	27

在排土场高阶段设计时, 其工作平台宽度可按表 5-8 选取, 但在运输设备已经确定的情况下应以计算宽度为准。

排土场多台阶排土的最终平台宽度不应小于 5 m, 一般为 20 m 以上。

(4) 排土场的容积应根据岩土剥离总量、重度、松散系数和沉降系数确定。

① 排土场有效容积计算应按式(5-4)计算, 其中剥离岩土的松散系数(K_s)的取值应符合表 5-10 的规定, 剥离岩土的沉降系数(K_c)的取值应符合表 5-11 的规定。

$$V_y = V_s \times K_s / (1 + K_c) \tag{5-4}$$

式中: V_y 为排土场设计的有效容积, m³; V_s 为剥离岩土的实方数, m³; K_s 为剥离岩土的松散系数; K_c 为剥离岩土的沉降系数。

② 排土场的设计总容积应按式(5-5)计算:

$$V = K_1 \times V_y \tag{5-5}$$

式中: V 为排土场设计总容积, m³; K_1 为容积富余系数, 取 1.02~1.05; V_y 为排土场设计的有效容积, m³。

表 5-10　剥离岩土的松散系数

种类	砂	砂质黏土	黏土	带夹石的黏土岩	块度不大的岩石	大块岩石
岩土类别	I	II	III	IV	V	VI
初始松散系数	1.10~1.20	1.20~1.30	1.24~1.30	1.35~1.45	1.40~1.60	1.45~1.80
终止松散系数	1.01~1.03	1.03~1.04	1.04~1.07	1.10~1.20	1.20~1.30	1.25~1.35

表 5-11　剥离岩土的沉降系数参考值

岩土种类	沉降系数/%	岩土种类	沉降系数/%
砂质岩土	7~9	硬黏土	24~28
砂质黏土	11~15	泥夹石	21~25
黏土质	13~15	粉质黏土	18~21

续表5-11

岩土种类	沉降系数/%	岩土种类	沉降系数/%
黏土夹石	16~19	砂和砾石	9~13
小块度岩石	17~18	软岩	10~12
大块度岩石	10~20	硬岩	5~7

注：服务年限短的排土场可不考虑下沉率。

5.2.5.2 排土场安全防护

排土场运行的安全至关重要，新堆置剥离物岩土松散，场地的沉降变形频繁，容易造成安全事故。安全防护距离是保证排弃岩土时不致因滚石、滑坡等危害到采矿场、工业场地、村镇居民点、交通干线、输电网络、通信干线等永久性建筑物的安全所规定的防护距离。防护距离的计算是由排土场的最终坡底线算起；航道由设计水位岸边线算起；铁路、公路、道路由其设施边缘算起，建筑物、构筑物由其边缘算起，工业场地由其边缘或围墙算起。

排土场的安全防护距离包含两方面的内容：一是为满足不危及人民生命财产安全对被保护对象所采取的防护距离；二是为避开意外的质量隐患而采取的防护距离。排土场的安全防护距离与排土场的原始地形地貌、工程地质条件、剥离物的物理力学性质、排土方式、堆置高度、边坡坡度、被保护对象的性质、被保护对象与排土场之间的地形地貌、气候和地理等因素都有关系。

剥离物堆置整体稳定、排水良好、基底原地面坡度小于24°、工程地质及水文地质条件良好，最终坡底线与保护对象间的最小安全防护距离按下列要求确定。

(1)当采取防护工程措施时，应根据所采取工程措施的不同设计确定。

(2)当未采取防护工程措施时，应按表5-12的规定确定。

表 5-12　排土场最终坡底线与保护对象间的最小安全防护距离

序号	保护对象名称	排土场等级			
		一	二	三	四
1	国家铁(公)路干线、航道、高压输电线路铁塔等重要设施	$1.5H$	$1.5H$	$1.25H$	$1.0H$
2	矿山铁(道)路干线(不包括露天采矿场内部生产线路)	$1.0H$	$1.0H$	$0.75H$	$0.75H$
3	居住区、村镇、工业场地等	$2.0H$	$2.0H$	$2.0H$	$2.0H$
4	露天采矿场开采终了境界线	应根据露天采矿场边坡和排土边坡的稳定状况以及排土场坡底线外的地面坡度确定，当地面坡度为逆坡时，最小安全距离30 m；当地面坡度为顺坡时，最小安全距离$1.0H$			

注：1)安全防护距离：航道由设计水位岸边线算起，铁路、公路由其设施边缘算起，建筑物、构筑物由其边缘算起；工业场地由其边缘或围墙算起。2)表中H值为排土场设计最终堆置高度。

安全防护距离除应满足以上要求外，还应满足被保护对象的行业要求。另外沟谷型排土场沟底原地面坡度大于 24°，宜设置多级透水型拦挡坝。

排土场最终坡底线与保护对象间的最小安全防护距离是指无防护工程时的安全防护距离。其不设置安全防护工程措施的一重要前提条件是基底原地面坡度小于 24°。国内外大量研究资料表明：排土场高度 30~200 m，排土场基底原地面坡度小于 24° 时，其基底均为非软土地基，且稳定性良好；当原地面坡度大于 24° 时，需在坡脚处采取防护工程措施；当原地面坡度大于 45° 时，除坡脚处具有天然的逆向地形，形成天然稳定基础外，将难以保证排土场的整体稳定。

5.2.6　排土场防排洪

排土场内的大气降水，一方面会对松散体形成地表水浸泡、对坡面进行冲刷，另一方面地表水入渗、软化了坡体，降低了土体抗剪能力，增大边坡变形，入渗水汇集到沟底易形成相对软弱带导致滑坡。水是排土场边坡变形或滑坡的诱因，排水是保证排土场安全必不可少的因素，所以排土场应设置防排水设施。

5.2.6.1　防洪设计标准

排土场防洪设施的设计洪水标准应综合排土场的汇水面积、地形条件、堆积量以及排土场下方有无直接受威胁的居民区或其他设施等因素确定。

《有色金属矿山排土场设计标准》(GB 50421—2018) 中排土场防洪设施设计洪水频率为：一、二级排土场洪水重现期不应小于 50 年，三、四级排土场洪水重现期不应小于 20 年。《冶金矿山排土场设计规范》(GB 51119—2015) 中排土场防洪设施设计洪水频率为：一、二级排土场洪水重现期不应小于 50 年，三、四级排土场洪水重现期不应小于 20 年，临时性排洪工程可降低标准，但洪水重现期不应小于 10 年。

截、排洪沟洪峰流量应根据当地水文站的实测资料计算，缺乏当地水文站的实测资料时，可采用下列方法之一进行计算：

(1) 形态调查法。

(2) 公路科学研究所简化公式法。

(3) 当地经验公式法。

其中公路科学研究所简化公式，如式 (5-6)：

$$Q_p = 0.278 \times \Psi \times S_p \times F \tag{5-6}$$

式中：Q_p 为设计频率为 p 的洪峰流量，m^3/s；Ψ 为地表径流系数，见表 5-13；S_p 为设计频率 p 的雨力，mm/h；F 为地表截、排洪沟的汇水面积，km^2。

表 5-13　地表径流系数 Ψ

地表种类	地表径流系数 Ψ	地表种类	地表径流系数 Ψ
粗粒土坡面	0.1~0.3	表土、黄土	0.5~0.6
细粒土坡面	0.4~0.65	粉砂	0.2~0.5
硬质岩石坡面	0.7~0.85	细砂、中砂	0~0.4
软质岩石坡面	0.5~0.75	粗砂、砾石	0~0.2

续表5-13

地表种类	地表径流系数 Ψ	地表种类	地表径流系数 Ψ
陡峻的山地	0.75~0.9	砂岩、泥岩、石灰岩、大理岩	0.6~0.7
起伏的山地	0.6~0.8	以土壤为主的排土场	0.2~0.4
轻黏土、亚黏土、砂质黏土、腐殖土	0.3~0.6	以岩石为主的排土场	0~0.2

5.2.6.2 防洪系统工程类型

在排土场设计中强调"完整的防、排洪系统",就是指不论采用何种(包括两种以上排水方式的组合)排水方式,场地所有部位的雨水(包括排土场地表降雨与排土场底部山谷的渗出水)均有去向,场区各排水(沟、涵、渗孔等)构筑物的综合能力与场地接受雨水量相匹配,且能处于随时工作状态。完整的排水系统包括靠山侧的截洪沟、场外的排洪隧道、场内排洪设施、场地底处的渗水层、排洪涵管、最终坡底线与保护对象间的拦洪坝等。

(1)修筑和完善排土场上方的截洪沟。为了减少排土场汇水面积,对大气降水和地表水进行拦截是必要的。因此应在排土场周边及上方的山坡上选择适宜的位置修建截洪沟,一般在场外5~10 m外修建绕山截洪沟引导洪水排流至场外。并定期对原有的截洪沟进行修缮,以便雨水和地表水集中排至排土场外围的低洼处,不让地表汇水进入排土场。

截洪沟结构形式见图5-5。

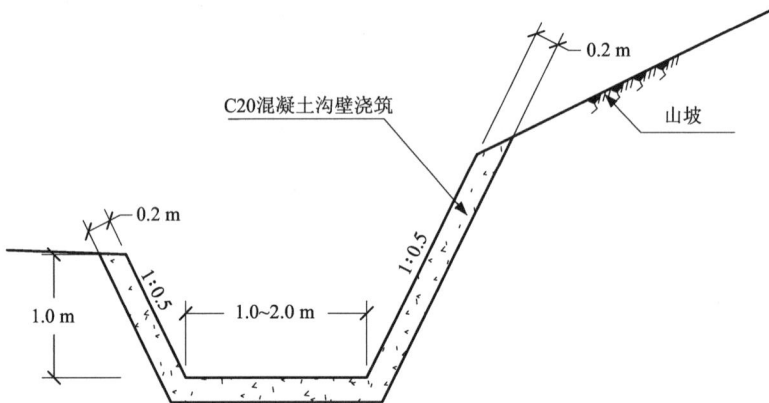

图5-5 排土场山坡截洪沟结构形式

(2)排土场内排土平台的反坡作业。除了排土场四周的山坡汇水冲刷排土场外,也要考虑排土场自身平台的汇水导致侵蚀和冲刷排土场边坡。可在平台上铺设黏土,经过排土车辆的反复压实,不让地表水下渗入台阶内部;将排土平台修成2%~5%的反坡;保持排土场平台的平整、不出现低洼积水,使平台汇水自然流向排土场坡脚处,通过排水沟将水引出界外,因而减少泥沙流失量、减轻坡面侵蚀。由于水动能力减小,其坡面上泥沙搬运能力大大降低,从而抑制了泥石流的发生,见图5-6。

(3)采用底部泄流技术预防泥石流。即在排土场坡脚处采用大块石填筑高5~10 m的泄流体。排土场底部泄流体不仅要求场区排泄无雨期日常流水、雨汛期洪水,还要求防洪水重

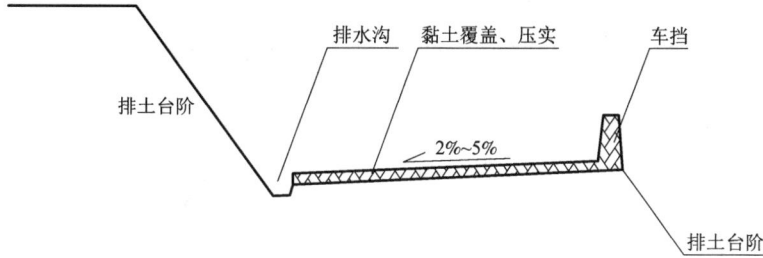

图 5-6　排土平台修筑排水沟

现期的洪水。要针对排土场地区常年流量、汛期流量、百年一遇流量等，通过泄流体渗流形式、空隙尺度、渗流速度、黏滞系数、雷诺数、水力坡度、出入口处泄水面积、逸出点流速等方面资料，经分析计算，确定底部大块废石泄流体的泄流能力，见图 5-7。

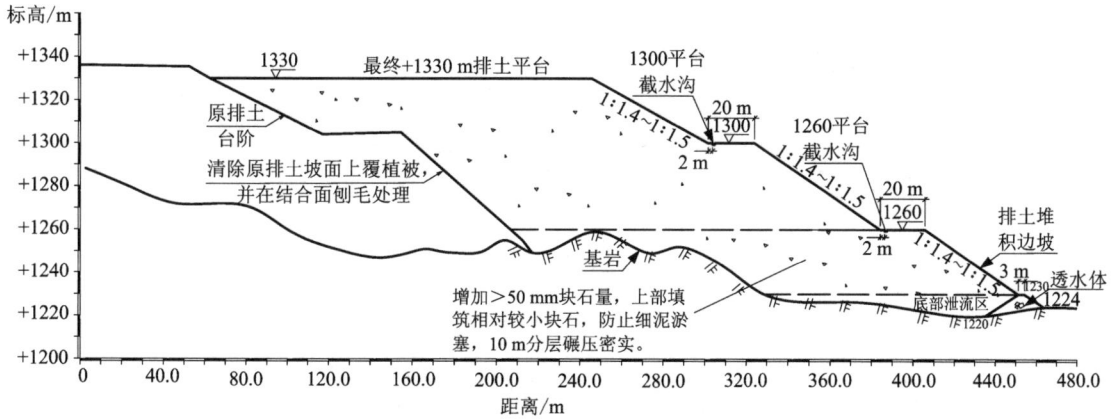

图 5-7　金堆城钼业北沟排土场底部大块排水泄流设计

（4）地基处理及疏干排水。除了遇有软弱地基要采取相应的工程处理措施之外，对于地基含水层和排土场渗流水要采取降低水位和疏干排水的措施，如开挖排渗盲沟（图 5-8），可以防止在排土场压力下地基变形，或地基层中的水分在压力作用下上升，浸润排土场的软弱岩石。在排土场软岩地基内开挖排渗盲沟可以疏干软岩地基的地下水，同时将改善排土场内部的排渗疏干。

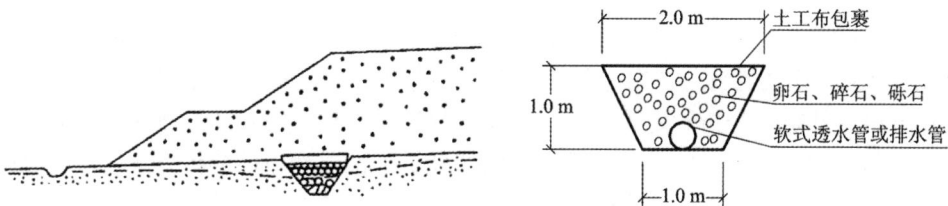

图 5-8　排土场底部开挖排渗盲沟

山坡或沟谷与排土场发生交叉时，应设置防洪设施，当排土场上游洪水量较小时，可采用截洪沟；当排土场上游洪水量较大时，应在上游设置导流堤，并应根据地形条件，沿山坡设置防洪渠或在排土场底部设置暗沟，见图 5-9。

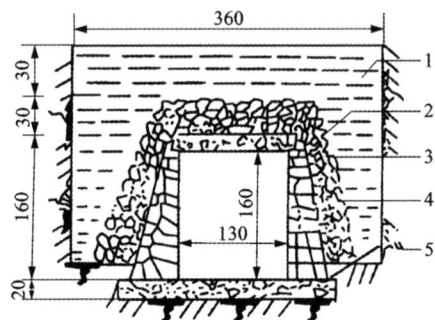

1—回填土；2—卵石渗水层；3—带孔混凝土盖板；
4—料石沟帮；5—混凝土底板。

（单位：cm）

**图 5-9 云南可保露天矿皂角文昌宫
排土场总暗沟断面**

5.3 排土场稳定性分析

5.3.1 稳定性标准

安全稳定性标准应根据排土场等级和计算工况确定。自然工况条件下，排土场整体安全稳定性标准应符合表 5-14 规定。计算安全系数不应小于表 5-14 中的标准。

表 5-14 排土场整体安全稳定性标准

排土场等级	最小安全系数
一	1.25~1.30
二	1.20~1.25
三	1.15~1.20
四	<1.15

注：1) 自然工况条件指重力、稳定地下水位、正常施工荷载的组合。2) 排土场下游存在村庄、居民区、工业场地等设施时，相应区域排土场最小安全系数应取上限值。

排土场整体安全稳定性应校核降雨工况。降雨工况下，排土场整体安全稳定性标准可在表 5-14 规定的基础上降低 0.05，最低安全系数不得低于 1.10。地震基本烈度为 7 度及 7 度以上地区的排土场，排土场整体安全稳定性应校核地震工况。地震工况下，排土场整体安全稳定性标准可在表 5-14 规定的基础上降低 0.05~0.10，但最低安全系数不得低于 1.10。

5.3.2 分析评价方法

5.3.2.1 计算分析方法

排土场边坡属非均质的松散介质体，其稳定性评价方法与通常的岩土边坡的稳定性分析方法比较，具有一定的特殊性，它主要受排土场的物料性质和块度分布规律控制，其稳定性分析计算方法包括定性分析和定量计算。采用工程地质类比法时应结合排土场破坏机理、主要影响因素判别破坏模式。定量计算方法应包括极限平衡法和数值分析方法。采用极限平衡法计算时，应根据破坏模式选择计算方法；采用数值分析方法计算时，可采取线性或非线性破坏准则分析。

排土场边坡稳定性分析中应用较广的还是极限平衡法，根据各种边坡条件和力系的作用原理，提出了不同的计算公式，如：瑞典条分法、Bishop 法、Janbu 法、传递系数法及 Morgenstern-price 法等，极限平衡法因其计算简便而广为采用，其计算所得到的安全系数得到业界的认同。传统的极限平衡分析将各种参数作为定值，没有考虑各个参数具有随机变量的特点。可靠性分析法是将安全系数与边坡可靠性相联系，使边坡分析既安全又可靠，该方法近年发展较快，并在边坡、排土场稳定性分析中得到迅速应用。排土场稳定性评价研究不仅用于评价排土场稳定性状况，而且用于研究在保证排土场稳定的条件下提出合理的工程措施，比如提高排土效率，提高土地利用率，而且可根据试验参数确定出合理的排土高度等工艺参数及不同条件下的排土场临界高度，为矿山排土场生产运营提供设计依据，确保安全。

排土场稳定性分析计算方法应根据排土场破坏模式和滑动面特征选用，见表 5-15。

表 5-15　排土场稳定性分析计算方法选用表

破坏模式	滑面特征	适用稳定性分析计算方法
排土场内部滑坡及排土场基础滑坡	圆弧状	Morgenstern-price 法、Bishop 法、Spencer 法或强度折减法
	沿表土-基岩界面或排土体-地基界面折线破坏	传递系数法、Janbu 法或强度折减法
沿地基接触面滑坡	沿地基接触界面折线破坏时	传递系数法、Janbu 法或强度折减法
	沿表土-基岩界面或排土体-地基界面的单一平面破坏时	Bishop 法、强度折减法或瑞典条分法
软弱地基底鼓引起滑坡	单一平面破坏	传递系数法、强度折减法
	圆弧破坏时	Morgenstern-price 法、Bishop 法、Spencer 法或强度折减法

5.3.2.2　三维极限平衡分析

在已往的二维边坡或排土场稳定性分析方法中，所有的稳定性问题都压缩到一个有限的二维模型框架中，因此，边坡的端部效应、滑面的侧向弯曲、边坡的平面弯曲以及侧向的非均质性等因素常常被忽略了。这种简化对稳定性系数的影响很多情况下可以不做考虑，当定量评价不能忽略滑面的三维特征所产生的影响时，简单的二维简化可能带来很大的误差；例如：①狭窄的破坏面；②承载边坡或开挖边坡；③边坡的几何尺寸、性质或水文条件沿坡肩方向变化等情况。

三维极限平衡分析方法是对二维 Bishop 法和 Janbu 法的扩展，三维 Bishop 法同样是基于 Bishop 所提出的两个基本假设：

（1）不计条柱间铅垂方向的剪力作用（图 5-10）。

（2）按每个条柱的铅垂向力平衡和整个滑体的力矩平衡求解其他未知数，不考虑纵向（Y）和横向（X）的水平力平衡条件。

如图 5-10 所示，根据铅垂方向力的平衡条件，求出每个条柱底面上的总的法向力如下：

$$N = \frac{W - cA\sin\alpha_y/F + \mu A\tan\varphi\sin\alpha_y/F}{m_a} \tag{5-7}$$

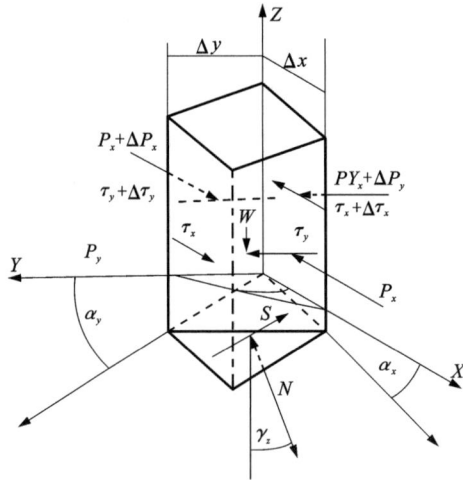

图5-10　单一条柱上的受力分析图(不计条柱侧面上的铅垂剪力)

式中：W为条柱的总重力；μ为条柱底面中心处的孔隙水压力；A为底面面积；c为黏聚力；φ为摩擦角；F为安全系数。其中：

$$m_a = \cos r_z\left(1 + \frac{\sin \alpha_y \tan \varphi}{F\cos \gamma_z}\right) \tag{5-8}$$

条柱的底面积A和倾角γ_z是滑面倾向的函数，α_y是滑面在Y向的倾角，α_x是滑面在X向的倾角。

条柱底面的实际面积：

$$A = \Delta x \Delta y \frac{(1 - \sin^2\alpha_x \sin^2\alpha_y)^{\frac{1}{2}}}{\cos \alpha_x \cos \alpha_y} \tag{5-9}$$

倾角也可由下式求出：

$$\cos \gamma_z = \left(\frac{1}{\tan^2\alpha_x \tan^2\alpha_y + 1}\right)^{\frac{1}{2}} \tag{5-10}$$

滑体在平面上被划分为统一宽度的几排条块，如图5-11所示。

对于平行x向一水平轴，求整个滑体的力矩平衡，得出安全系数的计算式如下：

$$F = \frac{\sum\left[cAR + (N - \mu A)R\tan \varphi\right]}{\sum WX - \sum Nf\cos \gamma_z/\cos \alpha_y + \sum KWe + Ed} \tag{5-11}$$

式中：R、X和f分别是抗滑力、条柱重力和条柱底面法向力的力臂；K为地震加速度与重力加速度g的比值，所产生的水平地震力作用在每个条柱的中点上，其力臂为e；E是所有外载荷的水平分量之和，其力臂为d(铅垂分量计入条柱二重力之中)。

对于旋转滑面来说，参考轴也是旋转轴，在每个条柱上f均为零。对于非旋转轴而言，上式的计算结果将取决于参考轴的位置。

在滑体的运动方向(Y向)上取力的水平向平衡，得到安全系数的计算式：

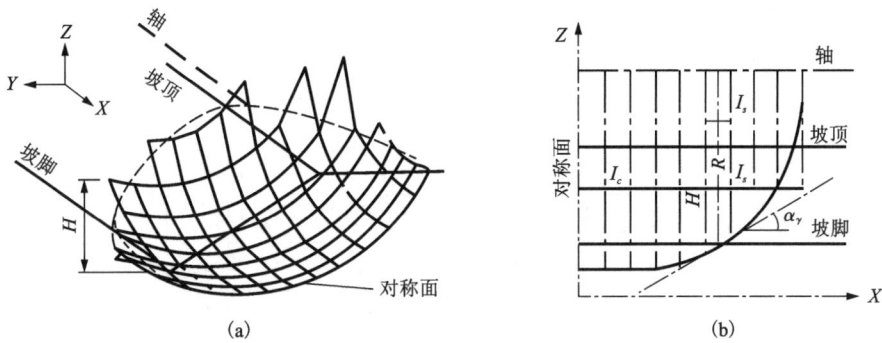

图 5-11　单元条柱的划分

$$F = \frac{\sum \left[cA\cos \alpha_y + (N - \mu A)\tan \varphi \cos \alpha_\gamma \right]}{\sum N\cos \gamma_z \tan \alpha_y + \sum KW + E} \tag{5-12}$$

上式为简化 Janbu 法的三维算式，在此没有修正系数。

对于圆柱滑面而言，α_x 等于零，方程(5-11)、方程(5-12)均退化为二维方法。

以歪头山铁矿下盘排土场为例，对排土场稳定性进行了三维极限平衡分析。根据各剖面的几何条件选择了 6 个剖面进行三维稳定性分析(表 5-16、表 5-17)，同时与二维分析方法进行比较，分析结果可以得出：

(1)由于三维稳定性分析考虑滑体端部的影响，由三维稳定性分析方法求得的安全系数大于二维计算值。

(2)对排土场内部滑坡，三维安全系数略大于二维安全系数，两者差值平均为 2.42%，最大为 3.75%。但对通过软地基滑坡的滑动面，三维安全系数与二维安全系数相差较大，两者差值为 3.5%~7.42%，平均为 5.08%，这是由于三维滑体端部并未穿过地基表土层(图 5-12)。

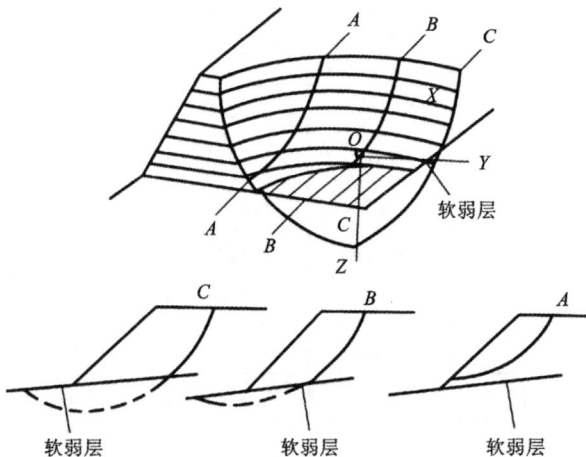

图 5-12　沿软地基三维稳定性分析模型及不同剖面比较

表 5-16 排土场内部滑坡稳定性计算结果

边坡类型	剖面号	地下水	地震系数	F_{3D}	F_{2D}	$\dfrac{F_{3D}-F_{2D}}{F_{2D}}\times100\%$
土质坡	3	有	0	1.2269	1.1959	2.59
		有	0.05	1.1265	1.1096	1.52
	4	有	0	1.1720	1.1442	2.43
		有	0.05	1.0717	1.0484	2.22
混合坡	1	有	0	1.2868	1.2551	2.67
		有	0.05	1.1873	1.1547	2.82
	5	有	0	1.3827	1.3560	1.97
		有	0.05	1.2726	1.2486	1.92
块石坡	2	有	0	1.4003	1.3632	2.76
		有	0.05	1.2871	1.2581	2.30
	9	有	0	1.3315	1.3038	2.12
		有	0.05	1.2463	1.2012	3.72

注：F_{3D} 为三维极限平衡分析安全系数；F_{2D} 为二维极限平衡分析安全系数。

表 5-17 沿地基滑坡极限平衡分析结果

边坡类型	剖面号	地下水	地震系数	F_{3D}	F_{2D}	$\dfrac{F_{3D}-F_{2D}}{F_{2D}}\times100\%$
土质坡	3	有	0	1.1900	1.1079	7.41
		有	0.05	1.0679	1.0082	5.92
	4	有	0	1.1506	1.0776	6.77
		有	0.05	1.0249	0.9817	4.40
混合坡	1	有	0	1.1866	1.1465	3.50
		有	0.05	1.0885	1.0450	4.16
	5	有	0	1.2365	1.1871	4.16
		有	0.05	1.1241	1.0806	4.03
块石坡	2	有	0	1.2717	1.2244	3.86
		有	0.05	1.1707	1.1148	5.01
	9	有	0	1.3182	1.2406	6.10
		有	0.05	1.2000	1.1359	5.64

5.3.3 排土场稳定性计算

5.3.3.1 排土场稳定性影响因素

影响排土场边坡稳定性的因素主要有排弃岩石的性质、排土场基底工程地质条件、水文地质条件、气象条件、堆置高度及排土工艺等,其中以堆置岩石的性质和排土场基底条件影响较大。

1)排弃岩石的性质

含黏土矿物的软岩、土砂吸水后呈塑性状态,力学强度低,这种堆置物形成的排土场稳定性差。中硬或中硬以上岩石堆置物构成的排土场比较稳定。对于堆置物主要是软岩或土砂的矿山,为了解决堆置物稳定性差的问题,可以采取软岩和中硬以上岩石按一定比例混排的措施。

2)排土场基底的工程地质条件

基底倾斜或缓倾斜且为含水的土砂或软岩时,在其上排土后易发生滑坡。基底虽平缓但土层强度低,排土场也可能发生滑坡。由干燥的中硬、硬质岩石及其风化碎块构成的平缓基底上的排土场不易发生滑坡。基底及堆置物下部排水条件好时,摩擦系数较大,其上部排土段不易发生滑坡。因此,排土场选址必须考虑基底的工程地质条件。

3)水文地质、气象条件

由于地表水拦截不好渗入排土场或堆置物堵塞地表水的通道,可使排土场基底沼泽化或地下水位升高。水可使排弃物吸水软化、产生静水和渗流水压力,引起滑坡。大气降雨和冰雪融化也是排土场稳定性的不利因素。

4)排土工艺和堆置高度

目前矿山排土台阶高度一般为 10~60 m,当基底水文工程地质条件较差时,初期第一个排土台阶高可为 10 m 以下,台阶坡面角为排土物料的自然安息角,该自然安息角度与排土物料的块度分布有很大关系,一般为 30°~38°,其后随平台下沉和降雨对坡面的冲刷,台阶边坡最终坡面角有所减缓。

沿倾斜或缓倾斜基底堆置、当基底土质强度低、堆置高度又较大时,可能产生整个排土场边坡沿排土场地基界面的整体滑动。

5.3.3.2 排土物料室内试验

排土场岩土物料的力学性质是评价排土场稳定性的重要指标。从理论上讲(在地基坚硬的情况下)堆置坚硬的岩石,块度又比较均匀,排土场的理论安全堆置高度可以很大(其边坡角等于自然安息角条件下)。如果排土场是由土岩混合组成,则情况就不大相同了。一般情况下,排土场稳定性取决于物料的力学性质(黏聚力和内摩擦角),而力学性质又与物料的块度组成、分布状况、岩石岩性、含土量和湿度等条件有关系,松散介质体的力学性质还与岩块的形状和表面粗糙度以及岩石遇水风化、水解等因素有关。排土场物料属于松散介质堆积体,它的稳定性状态要根据具体条件来分析决定。

1)排土场岩石块度分布规律试验

排土场岩石块度分布规律是排土场稳定性研究的一项基础内容。它不仅为排土场岩石的直剪、三轴剪、压缩及渗透等物理力学试验提供粒度组成级配数据,而且可依据块度分布规律分析排土场岩石强度参数的变化,并为研究其破坏模式提供依据。

　　排土场岩石块度分布规律取决于原岩岩性、生产爆破、排土设备及排土方式等。块度分布的形成是松散岩石自排土场坡顶堆置后经排土场坡面运动、自然分级的结果。

　　(1) 排土场岩石块度的测量方法

　　测量岩石块度的常用方法有：筛分法、块度直接量测法、摄影–图像分析法三种。一般采用三种方法，起到相互补充和验证的作用。

　　筛分法：筛分法是用一套孔径不同的筛子进行过筛分析，称量每一级的筛余量，计算出各级筛余量或各粒级组的百分含量。筛子的规格是标准化的，筛孔的国际标准是以 100 mm 为基数，以 $\sqrt[10]{10}=1.259$ 为极差。在实际使用中所选用的筛网孔径往往视岩石粒度组成的大小而选取。每个筛分样坑的尺寸视排土场取样部位最大岩块尺寸而定，一般取最大岩块的 5 倍左右。筛分法测得的岩石块度比较准确，故将筛分法测得的岩石块度作为"真值"，用于摄影法中修正图像"小化"现象。

　　岩石块度的直接量测法：岩石块度的直接量测是筛分法的一种配套手段，即当岩块的颗粒尺寸较大(大于 200 mm)时，大块岩石已不便于用筛子进行筛分，而直接对岩块尺寸进行量测。岩块量测是量取岩块三个互相垂直方向的最大线性尺寸 a、b、c，然后计算粒径 d 及体积 V：

$$d = \sqrt[3]{abc} \tag{5-13}$$

$$V = \frac{abc}{\lambda_{\mathrm{L}}} \tag{5-14}$$

式中：λ_{L} 为岩块线性尺寸换算系数。它等于岩块某个方向的最大线性尺寸与该方向上的平均线性尺寸之比。

　　摄影–图像分析法：摄影–图像分析法的基本原理就是对排土场边坡表面进行摄影，然后统计分析照片或底片上的岩块投影，从而求得排土场岩石的粒度组成，摄影照片的统计分析是从照片上岩块图像几何特征的平面分布求得岩块的体积分布，这一类方法在数学原理上属于积分几何学，在处理方法上采用的是蒙特卡洛法。

　　(2) 岩石块度分布函数表达式

　　排土场岩石块度组成沿排土场高度的变化可归结为岩石块度组成分布函数参数随排土场高度的变化。为了块度分布规律的通用性，排土场高度因素用取样点距台阶坡顶高度与排土场台阶高度之比(h/H)表示。建立排土场岩石块度分布函数的目的是要将排土场各部位岩石的块度组成及其变化用一个函数来表示，由该函数可求得排土场任一部位任一粒径的筛余量或任一粒径区间含量。

　　常用的分布函数有 Rosin-Rammuler 函数(简称 R-R 函数)、Gandin-Schuhmann 函数(简称 G-S 函数)和 Gibrat 函数三种。实际分析表明 Rosin-Rammuler 函数表示排土场岩石块度组成较为符合实际，如下式(5-15)：

$$y = 1 - \exp\left\{\left[\frac{x}{d(h/H)}\right]^{n(h/H)}\right\} \tag{5-15}$$

式中：$d(h/H)$、$n(h/H)$ 为分布参数；y 为参筛余量或小于粒径 x 的累积含量；x 为粒径。

　　上式不仅能求得排土场任一部位、任一粒径岩石的筛下累积含量，而且可求得与散体岩石物理力学特性有关的各参数，如求小于 5 mm 的细颗粒岩石沿排土场高度的分布，将 $x=5$ 代入式(5-16)即可求得：

$$y_{<5\,mm} = 1 - \exp\left\{ \left[\frac{5}{d(h/H)} \right]^{n(h/H)} \right\} \tag{5-16}$$

图 5-13、图 5-14 分别为德兴铜矿排土场岩石块度及平均粒径 d 随排土场高度的分布曲线图。图 5-15 为苏联某矿山实测的平均粒径沿排土场高度的分布。

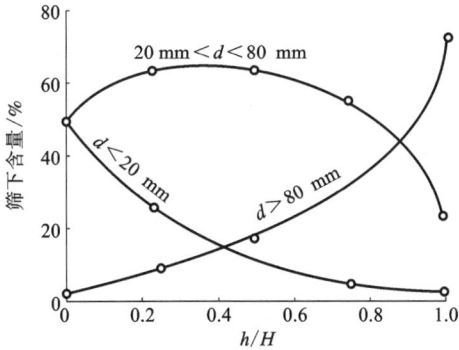

图 5-13　岩石块度随排土场高度的分布

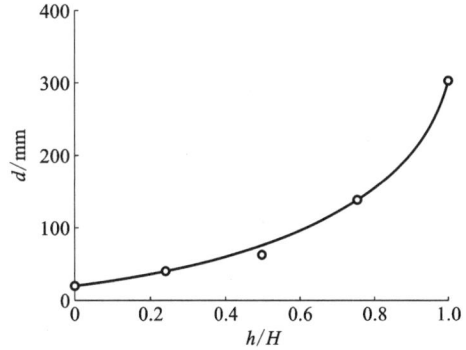

图 5-14　平均粒径 d 随排土场高度的分布

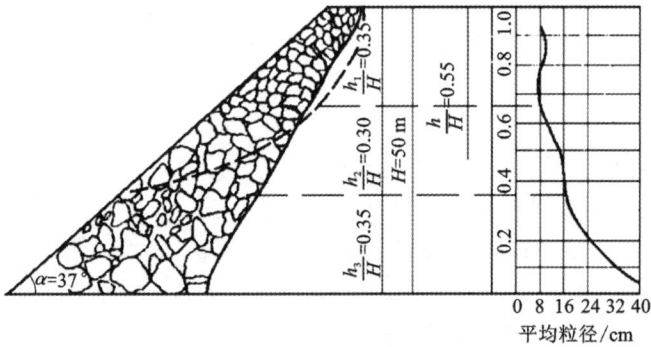

图 5-15　排土场平均粒径沿排土场高度的分布(苏联某矿山实测结果)

2)排土场岩土物理力学性质试验

排土场地基软弱岩层及排土场散体的物理力学性质试验是排土场稳定性研究的基础,通过试验可以研究地基覆盖层和散体物料的物理、力学特性的变化规律及其对排土场稳定性的影响。

(1)排土场散体物料的物理力学性质试验

①散体的物理性质测定。为了得到符合实际的散体物理性质指标,并为室内散体力学性质实验提供基础资料,一般在实验室条件下直接测定取自排土场试样的含水量,采用试坑灌沙法进行散体容重测定,采用试坑注水法进行排土场渗透实验。

②散体物料的试样制备。排土场岩石块度分布规律研究了堆置不同岩性岩石的块度分布,岩石物理力学性质试验级配必须从中分类选取。

试验原始级配选取必须满足两条原则:考虑不利的情况,即必须选取细颗粒含量较多,含有表土、强风化岩石最多的剖面;考虑排土场岩石块度分布的变化趋势,以便找出力学特性随排土场高度的变化规律。

散体物理力学性质试验结果很大程度上取决于代表性试样的制备。制备试样首先要正确选择试料级配和超粒径的处理，室内试验仪器所允许的最大粒径。试样粒级的划分采用规程规定的 6 级。对超粒径的处理目前国内外有以下三种方法。

①舍弃法：将原状散体物料筛除超粒径即可。但这改变了原来级配，使细粒含量相对增加。所以，一般不采用。

②相似法：采用几何尺寸按比例缩小的相似法，虽然不均匀系数保持不变，但引起了粗细粒级配的变化，不能全面模拟排土场物料的性质。

③替代法：该方法保持细粒料含量不变，超粒径部分等重量代替，其试验结果比较符合实际。

替代法分作两种：①以仪器允许最大粒径的一级或二级按比例等量代替；②以 P_5 以上至限制粒径等量代替，试验规程推荐后一种：

$$P_i = \frac{P_5 P_{oi}}{(P_5 - P_{d_{max}})} \tag{5-17}$$

式中：P_i 为替代后某粒径组质量分数，%；P_5 为大于 5 mm 粗粒径质量分数，%；$P_{d_{max}}$ 为超粒径质量分数，%；P_{oi} 为原级配某粒径级组质量分数，%。

在试验前，将试料烘干，按替代后的级配物料，制备试样。散体物料试验粒级组成曲线见图 5-16。

（2）排土场散体物料大型压缩试验

排土场散体物料大型压缩试验，试验容器直径 505 mm，高 252 mm；试验级配和干容重与大型三轴试验相同。试验时根据试样级配与干容重要求称重并拌和均匀，分 3 层装入压缩容器并击实。试样为饱和试样，加荷分 8 级施加，最大级荷载 1.6 MPa，每级加载 1 h，最后一级加载直至沉降稳定。

（3）渗透试验

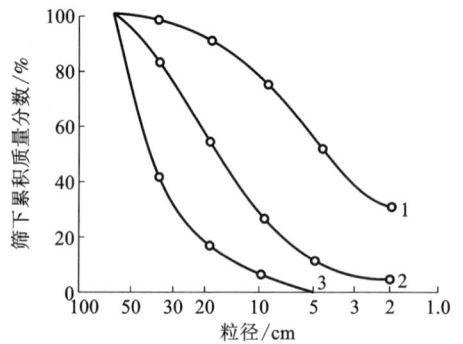

1—体边坡上部粒级组成；2—坡边坡中部粒级组成；
3—坡边坡下部粒级组成。

图 5-16　散体物料三轴试验粒级组成曲线

渗透试验在试样直径 $D = 30$ cm，高 H 为 15 cm 的渗透仪上进行。土工试验规程推荐渗透试验仪器尺寸与试料最大粒径之间的径比 D/d_{max} 为 5~6，高径比 H/d_{max} 为 2.5~5。根据试验室经验，对于 30 cm 的试样尺寸，试样最大粒径不宜太大，否则极易出现试样中粗细颗粒分布的不均匀，而当出现粗大颗粒相叠加在一起时，极易产生贯穿试样上下的集中渗流通道，引起试验结果的严重失真。因此，为尽量保证试验结果的合理性，渗透试验的试料最大粒径定为 40 mm，将试验级配曲线按等重替代法（按权分级替代，保持<5 mm 细粒含量不变）进行缩制。试验时为防止沿筒壁的集中渗漏，每次制样时均先在下透水板与筒壁下端之间的接缝处填塞橡皮泥，在筒壁四周涂抹一层泥土。试验水流方向自下而上。

某排土场散体物料渗透系数试验结果见表 5-18。

表 5-18　不同级配渗透系数

组号	粒级含量/%						渗透系数 /(cm·s⁻¹)
	<2 mm	2~5 mm	5~10 mm	10~20 mm	20~40 mm	40~60 mm	
1	20.7	7.5	18.1	21.4	20.8	11.5	$3.36×10^{-3}$
2	10.2	6.2	17.2	28.8	22.4	15.2	$4.41×10^{-3}$
3	1.0	1.1	10.8	18.2	31.0	37.9	$1.49×10^{-2}$
4	0	0	11.9	29.4	24.2	34.5	$1.45×10^{-2}$
5	22.8	7.3	18.1	19.5	21.0	11.2	$3.73×10^{-3}$

（4）散体物料大型三轴剪切试验

处于复杂应力状态下的排土场松散体，按其本身的特性可视作非线性弹性体，三轴试验的试样是在一定围压下，逐渐受轴向压力作用而破坏的，它与排土场散体物料受力情况相似，是研究排土场稳定性的一种主要手段。可根据排土场物料构成的渗透性、受力状态等，分别进行不固结不排水剪（UU）、固结不排水剪（CU）和固结排水剪（CD）三种试验。散体三轴试验的 UU、CU 剪切强度主要适用于在暴雨作用下，含黏土量较多的正在排土的台阶上部的浅层滑坡和坍塌；CD 剪所获得的总应力强度和有效应力强度分别适用于"近期生产台阶"和"早期结束的台阶"边坡的稳定性分析。

5.3.3.3　排土场散体物料力学参数

排土场堆置体的力学属性受岩土性质、块度组成、容重、湿度及垂直荷载等影响。理想的松散介质没有黏聚力，但排土场散体物料经过压实或胶结而具有一定的黏聚力，它主要决定于细颗粒（3 mm 以下）含量的大小，细颗粒岩土充填到岩块之间的孔隙中经过压实后便改变了原来松散体的性质。内摩擦角与岩土性质及块度组成有关，根据排土场岩石块度分布规律，不同层位的块度组成不同，细颗粒多分布于上部和中部，粗颗粒分布于中、下部。粗颗粒含量高，组成骨架的刚性提高，颗粒间摩擦力占主导地位，φ 值增大；反之，细颗粒含量增大，φ 值便减小，但黏聚力增大。在排土场下部堆集的大块岩石不含细颗粒和其他黏结性材料，故黏聚力为零，但内摩擦角较大，接近或等于排土场的安息角。

排土场散体物料的力学参数一般经验值见表 5-19。

表 5-19　排土场散体物料的力学参数一般经验值

岩石	容重/(t·m⁻³)	湿度/%	黏聚力/kPa	内摩擦角/(°)	备注
黏土	1.38~1.75	13~37	10	0~10	干容重
岩石（含 10%黏土）	1.44~1.91	5~15	29~48	27~32	干容重
岩石黏土混合	1.31~2.07	9~19	19~48	4~30	干容重
含铁石英岩（风化）	2.4	7	51	32	
页岩	2.3	4		32	

续表5-19

岩石	容重/(t·m⁻³)	湿度/%	黏聚力/kPa	内摩擦角/(°)	备注
风化页岩	2.25	10	14	26	新排弃的块度为0.01~0.03 m
细干沙	1.6			30~35	堆置容重
砂岩	1.81~1.93	7.9~14.5	2~8	33~35	堆置容重
粉砂岩	1.83~1.95	9.5~13.2	4~13	30~32	堆置容重
泥质岩	1.87~1.93	7.8~12.4	11~23	26~27	堆置容重
亚黏土	1.73	26.3	41	10	堆置容重
混合岩土	1.8~1.98	9.1~14.8	7~15.5	32~34	
软黏土	1.84		24	5~7	

排土场散体物料的力学参数取决于构成散体的岩性组成情况,岩块的块度组成、容重等参数;根据排土场岩石块度分布规律研究成果,而确定的排土场上、中、下部不同粒度组成,不同岩性散体岩石试样所进行的物理力学试验,代表了排土场自然分布的不同粒度、不同岩性的力学强度变化。

以某排土场散体物料三轴试验的级配取值和力学强度试验成果为例,试验数据见表5-20。

表5-20　散体物料三轴试验级配及力学强度

项目		第一组	第二组	第三组
粒级含量/%	<2 mm	16	6	1
	2~5 mm	19	6	2
	5~10 mm	16	16	5
	10~20 mm	23	30	16
	20~40 mm	24	21	38
	40~60 mm	2	21	38
c/kPa		21	30	50
φ/(°)		29.0	33.5	34.0

由散体物料三轴试验结果可见,随着散体岩石块度的增大,其 c、φ 值均呈增长趋势。由此可以假设强度参数 c、φ 值与粗、中、细粒级岩石含量具有如下关系:

$$c_i = n_{1i} \times f_1 + n_{2i} \times f_2 + n_{3i} \times f_3 \quad (i = 1, 2, 3) \tag{5-18}$$

式中: c_i 为散体物料的抗剪强度(f_c/kPa、$f_{\tan \varphi}$); n 为各粒级岩石的含量,%; f 为各粒组岩石对强度值 c、φ 的综合影响系数。

根据该排土场散体室内三轴试验结果，求得散体岩石 $d<5$ mm，d 为 5~20 mm，d 为 20~60 mm 三组粒度对 c、φ 值的综合影响系数（见表 5-21）。计算结果表明：散体岩石中的大块岩石的咬合力较大，其次为细粒岩石的黏聚力，各粒组含量与摩擦系数的综合影响系数基本与各粒组的强度成正比。

表 5-21　室内三轴试验粒度对 c、φ 值综合影响系数 f

参数	粒度		
	<5 mm	5~20 mm	20~60 mm
f_c	0.0697	0.0479	0.6419
$f_{\tan\varphi}$	0.002298	0.007715	0.006653

为针对该排土场物料粒度、原岩性质等确定的经验公式，以上排土场散体物料的抗剪强度参数公式和与之相对的综合影响系数 f，可作为一般排土场设计与稳定性分析之经验数据。

散体岩石三轴试验成果仅代表着排土场局部部位（上、中、下部 3 个部位）的岩石粒度组成的力学参数。为了模拟排土场各部位不同粒度组成时的强度值，可以根据所建立的散体岩石粒度-力学强度相关关系进行计算和统计分析。由于三轴试验所选用的粒度组成比排土场上、中部的实际粒度偏小，因而统计分析的散体岩土的强度值略大于三轴试验结果，这样也符合实际情况；而排土场下部大块岩石的统计分析强度则与三轴试验结果接近。

排土场物料的力学性质与湿度和含水量有着显著关系，当物料的湿度较小时，随着湿度增加，黏聚力和内摩擦角逐渐上升，湿度继续增加则力学参数将下降，直到饱和状态时，便对排土场有破坏性的影响。据统计，我国露天矿排土场由于雨水或地表水作用而引起滑坡的事故占所有露天矿排土场事故的 50% 左右。

据美国 24 个露天矿排土场的观测资料，排土场中黏土和易水解风化岩石的含量与内摩擦角具有线性关系，软弱岩层对于排土场的力学指标和其高度有显著的降低。当黏土和易水解风化岩石含量超过 40%，台阶高度超过 18 m 时，排土场会出现频繁或严重的滑坡。若黏土含量在 20%~40%，则滑坡不严重。

根据排土场粒度分布的实测资料和实验室剪切试验结果（c 及 φ），计算出内摩擦角和黏聚力随排土场不同高度的变化，即已知细颗粒岩土的剪切实验结果（c 及 φ）和细粒级在不同层位上的分布规律图（图 5-17），按颗粒组成与 c 和 φ 的相关曲线分析，计算不同级配物料（细粒级和大块各占的比例）的 c 和 φ。根据细粒级岩石的抗剪试验的黏聚力 c，计算某高度的混合粒级的黏聚力 c_{h_i}：

$$c_{h_i} = c \times a_{Mh_i} \tag{5-19}$$

式中：c_{h_i} 为自坡顶至 h_i 处混合粒级岩石的黏聚力；c 为细粒级岩石的黏聚力；a_{Mh_i} 为 h_i 处细粒级占的比例。

同理，已知细粒级的内摩擦角 φ 可以计算混合粒级岩石的内摩擦角 φ_{h_i}：

$$\tan\varphi_{h_i} = \tan\varphi_k - (\tan\varphi_k - \tan\varphi)a_{Mh_i}$$

式中：φ_k 为大块岩石的内摩擦角，等于其自然安息角；φ 为细粒级岩石内摩擦角。

5.3.3.4 排土场降雨与地震工况下稳定性分析

排土场整体安全稳定性应校核降雨工况;地震基本烈度为 7°及 7°以上地区的排土场,排土场整体安全稳定性应校核地震工况。

1)排土场降雨工况的模拟计算分析

降雨对排土边坡的稳定性有重要的影响,经以往经验教训证明,排土场的滑坡破坏多与降雨有着直接的关系。排土场本身是大气降雨的滞水蓄水体,降雨入渗将改变排土场边坡内地下水渗流场,从而引起边坡内水压力的增大,这是雨季排土场边坡失稳的重要原因。雨季排土场地下水变化表现为降雨过程中地下水位的升高与雨后一段时间内地下水逐步降低消散的过程,也是饱和-非饱和降雨入渗运动过程。

大量的研究认为,边坡安全系数随时间的变化过程基本上和降水补给强度、地下水位变化过程是同步的(见图 5-17)。

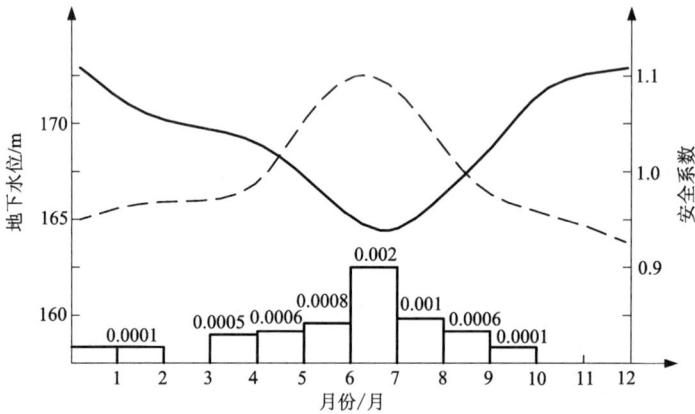

图 5-17 边坡安全系数与地下水位和降水强度的关系

因此,分析降雨条件下排土场的饱和-非饱和渗流运动对排土场稳定性分析具有理论和现实意义。

图 5-18 所示典型排土场剖面水文地质边界条件示意图,在一定的降雨条件下,在排土场台阶底部可出现暂时的饱和地下水。图 5-18 中,$BCDB$ 围成的区域为排土场散体物料,$ABDEFA$ 围成的区域为排土场地基的第四系岩土层。DE、EF、FA 为流量边界,AB、BC、CD 为降雨入渗边界,其中 AB、BC 也是可能的饱和逸出面边界,虚线 GHI 为初始地下水位,虚线 $BJKL$ 为降雨后形成的饱和地下水面,其上为非饱和区,其下为饱和区。

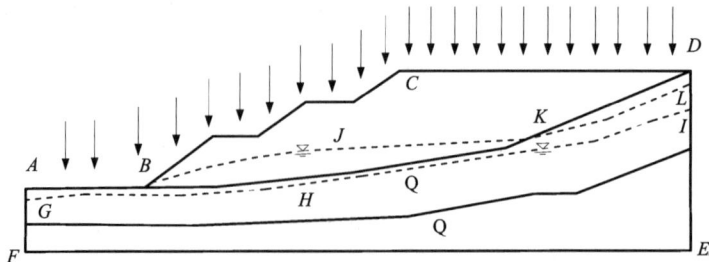

图 5-18 排土场剖面水文地质边界条件示意图

对于非饱和渗流问题，非饱和区的孔隙水压力、体积含水量以及渗透系数函数和容水度都是随时间变化的函数。在进行有限元数值计算时，一般都是根据当前时步计算的孔隙水压场对渗透系数函数和容水度进行相应的调整。一般来说，渗透系数函数和体积含水量都是基质吸力的函数，可以通过试验得出一些离散点，也可采用 GeoSlope 等软件中提供的 Van-Genuchten 模型对土水特征曲线进行拟合。不同地层介质含水量函数和渗透系数函数，拟合的关系曲线如图 5-19~图 5-22 所示。

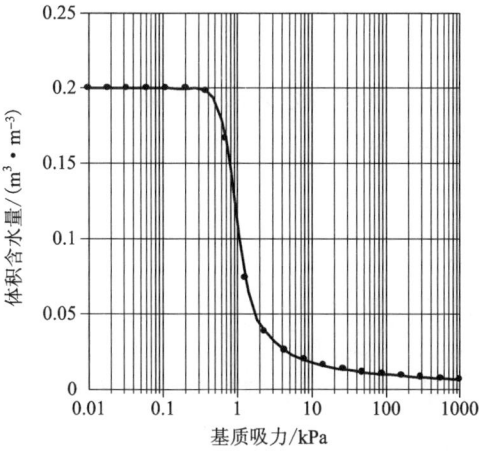

图 5-19　排土体积含水量与基质吸力关系

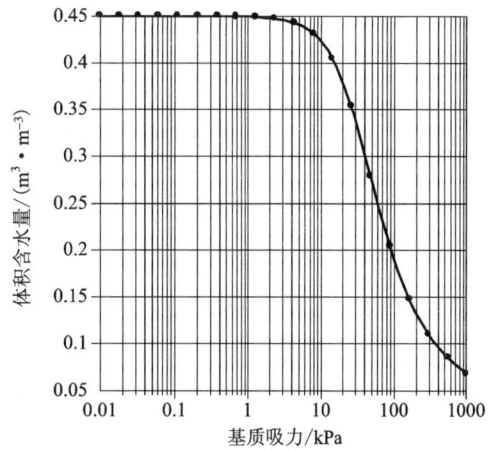

图 5-20　粉质黏土体积含水量与基质吸力关系

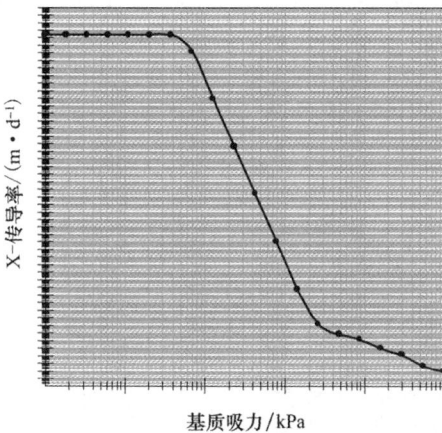

图 5-21　排土体 X-传导率与基质吸力关系

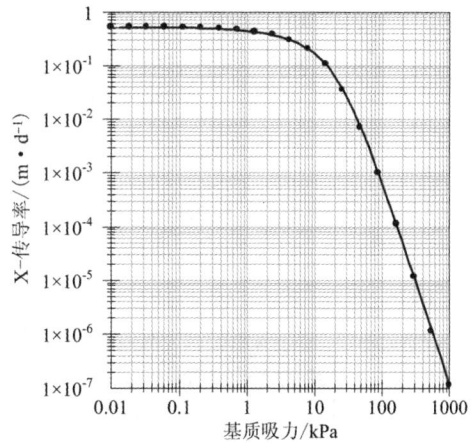

图 5-22　粉质黏土 X-传导率与基质吸力关系

在排土场渗流分析中，需要确定正确的边界条件，然后通过计算和分析，才能获得较为切合实际的结果。

排土场上部边界是大气降水入渗补给的流量边界，大气降水直接或间接地渗入排土场内，但补给排土场内地下水的水量仅是其中的一部分，另一部分则渗入基岩裂隙中成为地下裂隙水，还有小部分降水被地面蒸发。某时间段内降雨入渗补给地下水的水量 q_x 和相应的

降雨量 p 之比为降雨入渗补给系数 α,即 $\alpha = q_x/p$。直接测定降雨入渗补给系数比较困难,可根据排土场坡脚的径流量和大气降雨量观测来近似计算降雨入渗补给系数。

根据水量平衡原理,一个水文地质单元在 Δt 时段内有:

$$Q_{补} = Q_{泄} + \Delta Q_{贮} + Q_{蒸} \tag{5-20}$$

式中:$Q_{补}$ 为地下水得到的补给量;$Q_{泄}$ 为地下水排泄量;$\Delta Q_{贮}$ 为地下水贮量的增量;$Q_{蒸}$ 为地下水蒸发量。

在某一时刻,当经过 Δt 时水位便恢复到原位,由于排土场渗透性良好,即使降雨量大,潜水位亦降低,$\Delta Q_{贮}$ 变化较小,可忽略。对于有一定埋深的地下水 $Q_{蒸}$ 也可忽略不计,即可认为 $Q_{补} = Q_{泄}$。

对于排土场地下水,从坡脚观测的渗出流量并非全是大气降水入渗后的径流量,还有小部分来源于地表水的汇入,则降雨入渗补给系数的计算公式为:

$$\alpha = \frac{Q_{入}}{P \cdot F_{排}} \tag{5-21}$$

式中:$Q_{入}$ 为大气降水在时段 Δt 内对地下水的补给量;$Q_{入} = Q_{泄} - Q_{外}$,$Q_{外}$ 为地表水源的地下水补给;P 为同一时段的降水量;$F_{排}$ 为排土场本身的汇水面积。

排土场计算模型左侧边界和底部均采用不透水边界,右侧为已知边界水头,排土场边坡采用流量边界条件,根据现场实际情况施加降雨。按排土场地区设计降雨入渗边界条件为:

$$R = \Psi \times K_p \times \overline{H}_{24} \tag{5-22}$$

式中:Ψ 为地表径流系数,见表 5-13;K_p 为模比系数;$\overline{H}_{24}$ 为排土场地区 24 h 多年平均降雨量,可查当地降雨水文资料。

以马钢高村排土场为例,计算降雨过程中及降雨后 1 天、3 天、5 天排土场边坡浸润线变化情况。有限元饱和-非饱和数值模拟结果见图 5-23 ~ 图 5-26。

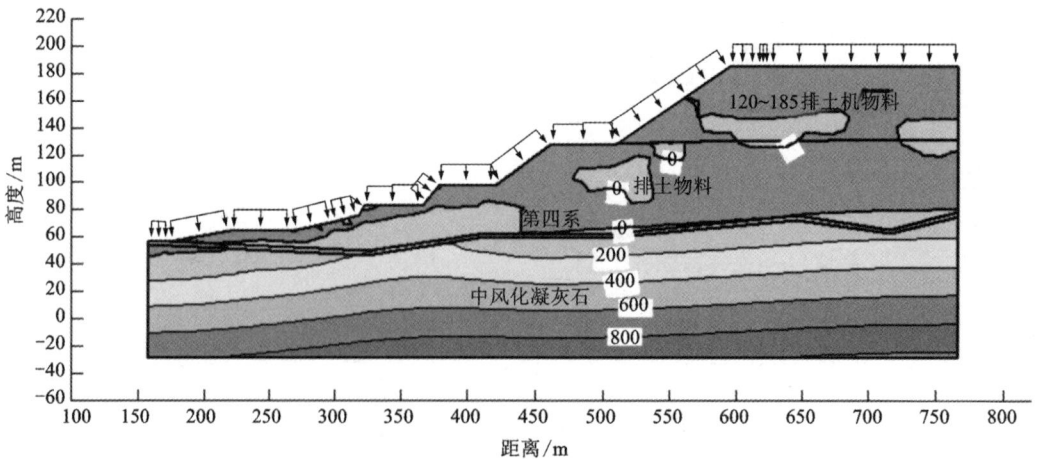

图 5-23 降雨入渗过程中排土体浸润线变化情况

从分析可得,降雨刚结束时,降水未能完全入渗,部分通过坡面径流,部分渗入坡内,在坡内形成一个较大范围的暂态饱和区;随着时间推移,雨水继续入渗,部分通过蒸发效应进

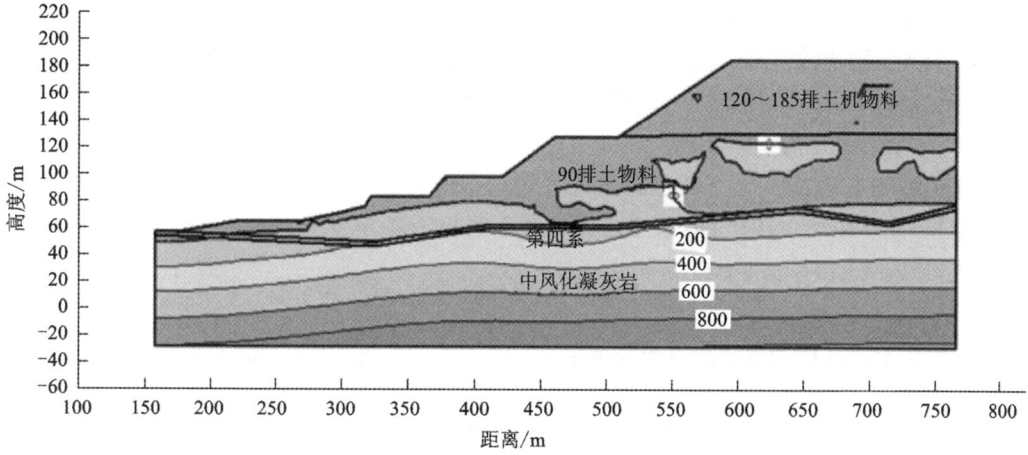

图 5-24 降雨后 1 天排土体浸润线变化情况

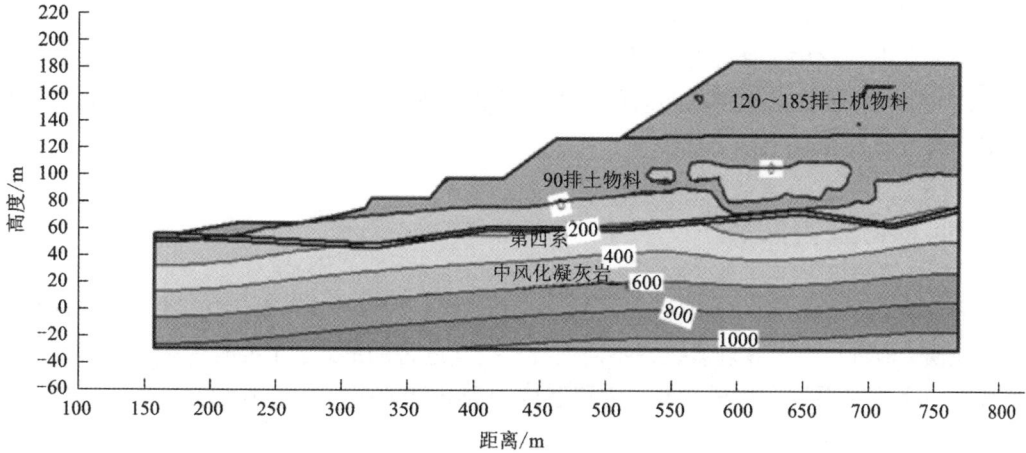

图 5-25 降雨后 3 天排土体浸润线变化情况

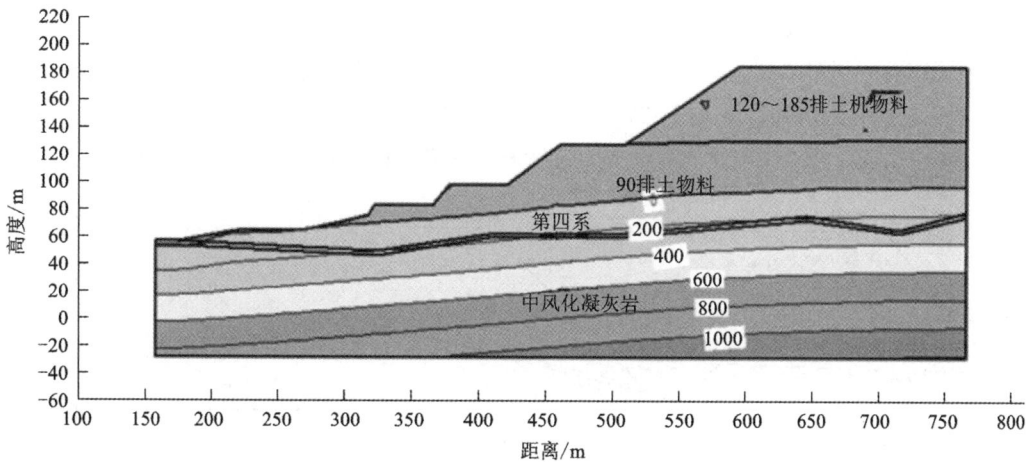

图 5-26 降雨后 5 天排土体浸润线变化情况

入大气,暂态饱和区范围不断缩小。排土场边坡在降雨结束后,经过 3~5 天,坡内的暂态饱和区基本消失,地下水位线下游区域有所抬高。排土场地下水饱和-非饱和渗流场分析结果,可作为排土场降雨工况下的地下水条件代入排土边坡稳定性分析计算。

2)排土场地震工况计算分析

目前边坡考虑地震工况下的地震荷载多采用拟静力法计算。参照《非煤露天矿边坡工程技术规范》(GB 51016—2014)附录 D.2.1,排土场抗震稳定性计算时,各条块的地震惯性力影响系数可按下式计算:

$$K_c = \alpha\xi\beta_i \tag{5-23}$$

式中:α 为设计地震加速度;ξ 为折减系数,取 0.25;β_i 为第 i 条块的动态分布系数,可取 1.0。

以上分别在正常、降雨、地震工况下计算得到排土场各剖面的安全系数均大于规范要求的最小安全标准时,说明排土场边坡抗滑稳定性满足要求,具备安全生产条件。

但排土场的工艺特点决定其是一动态的变化过程:排土台阶随着矿山生产在逐步加高,排土体的物料性质也随着露采剥离不同围岩地质区而不同,所以排土场边坡的稳定性也是自始至终处于动态变化中。所以排土场科学的安全生产管理也应该是动态的,实时监控排土场位移变化,合理地规划排土空间与时间,并定期进行排土场安全稳定性分析,以保证排土场运营中一直处于安全稳定状态。

5.4 排土场灾害防治

排土场物料是由松散岩土堆积而成的三相介质体(固体颗粒、水、空气),排土场灾害的类型因地质、地理、气候等自然条件不同而异,按其危害的形式,主要有为两种类型:一是排土场滑坡,因松散固体大规模错动、滑移造成的破坏性危害;二是排土场泥石流,液固相流体流动形成的破坏性危害。

5.4.1 滑坡灾害防治

5.4.1.1 排土场滑坡类型

按照滑动面的形状和位置及其产生滑动的原因,可以将排土场滑坡破坏类型分为三类:沿排土场内部滑动面的滑坡[图 5-27(a)]、沿废石堆和地基接触面的滑坡[图 5-27(b)]、沿地基软岩层的滑坡[图 5-27(c)]。后两种类型滑坡与地基的岩性和地形坡度有关。

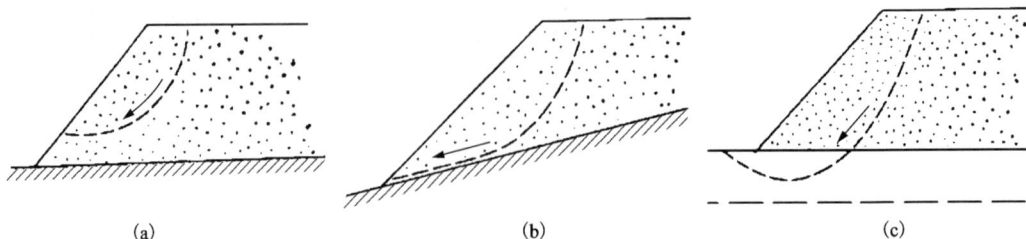

(a)   (b)   (c)

图 5-27 排土场滑坡破坏类型

1）排土场内部滑坡

排土场在自重力作用下逐渐产生压密和沉降，其变形特征主要表现为下沉和裂缝。如果排土场的岩石为坚硬岩石，地基稳固，当排土场边坡角等于岩石自然安息角时（一般在34°～37°的范围），则排土场是稳定的。但如果地基为松软岩层或有地下水作用，或者地基稳固，而排弃的岩土为松软岩石或含表土的软弱层，那么排土场则可能出现滑坡。

排土场内部滑坡（图5-28）是指地基岩层稳固，由于物料的岩石力学性质，排土工艺及其他外界条件（如：外载荷和雨水等）所导致的排土场失稳现象，其滑动面出露在边坡的不同高度。

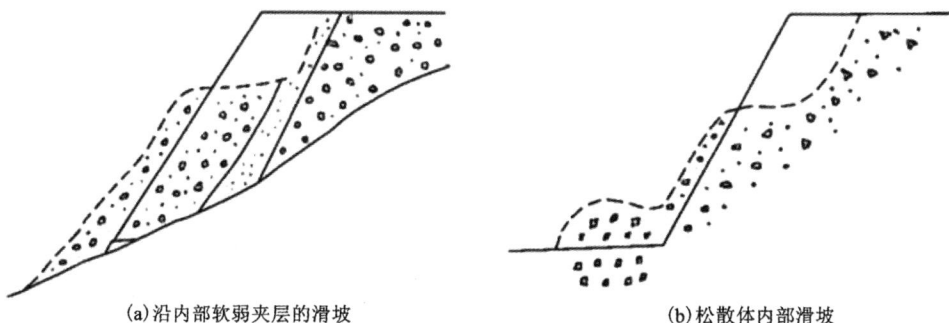

（a）沿内部软弱夹层的滑坡　　　　　　　　（b）松散体内部滑坡

图5-28　排土场内部滑坡

排土场岩石坚硬、块度较大时，其压缩变形较小。当新排弃的岩石较破碎或含土量较多，且湿度较高时，初期的边坡角较陡（38°～42°），随着排土场高度增加，继续压实和沉降，于是排土场内部出现孔隙压力的不平衡和应力集中区。孔隙压力降低了潜在滑动面上的摩擦阻力，并导致滑坡。在边坡下部的应力集中区产生位移变形或边坡鼓出，便牵动上部边坡下沉、开裂和滑移。最后形成弧形的边坡面，即上部陡、中部缓，下部更平缓的稳定边坡，其边坡角（直线量度）通常等于25°～32°。

排土场内部的滑坡多数与物料的力学性质有关，如排弃软弱岩石，或表土较多时，在排土场受到大气降雨和地表水的浸润条件下，会严重恶化排土场的稳定状态。很多矿山排土场滑坡的例子都是因雨水而诱发滑坡破坏。

兰尖铁矿尖山排土场1510 m台阶于1979年12月产生排土场内部的大滑坡，其原因是地基地形较陡（40°以上），实行岩土分层排弃，中间形成的软弱层成为滑动面。滑坡量达2×10^6 m^3，从200 m高的陡边坡上滑落下来的岩石和表土冲垮了运输主平硐50 m，开裂104 m，造成停产半年。

弓长岭铁矿黄泥岗排土场，段高为50～70 m，1979年一场雨后，山坡汇水渗流到排土场底部早期堆置的风化岩土内，因形成软弱面引起滑坡。当时一列矿车刚开到准备卸车，随即发现铁轨一侧出现裂缝，于是列车马上开走，电铲未来得及开走，就随着滑体下滑了40 m，由于滑体是整体滑动的，所以，电铲仍旧立在平台上不倒。坡脚处的岩石也滑出几十米远。

永平铜矿南部排土场堆置的岩土多半是基建剥离的表土和风化岩石（占60%～80%），加上雨水的作用，大大降低了岩土的力学性质，出现了多次滑坡。1980年6月雨后的第三天，排土场334 m平台突然下滑，速度很快，含泥水的岩石最大冲出209 m远，一直冲到对面的山坡上，覆盖了公路 30 多 m，影响交通一个多月。1982 年 6 月，310 m 平台又相继发生过三次小型滑坡（大多发生在雨后），滑坡区长 100~200 m，下沉达 5~10 m。

2）沿地基接触面滑坡

滑坡沿着地基上的软弱接触带（即滑动面）产生（图 5-29），虽然水平地基也会出现这类滑坡，但多数是在倾斜地基条件下发生的，特别是堆置在倾角较陡的山坡上的排土场（山坡型排土场）很容易产生该类滑坡。因为，当排土场与地基接触面之间的抗剪强度小于排土场本身的抗剪强度时便会产生这类滑坡。这是在地基与排土场物料接触面之间形成了软弱的潜在滑动面，如在矿山基建初期，大量的表土和风化岩土都排弃在排土场的下部形成了软弱层。若原地基上生长有树木和植被，腐殖土层较厚，被排土场覆盖后，植物腐烂，它和腐殖土一样都形成了潜在的滑动面。如遇到雨水和地基倾角大时，则会加剧排土场沿地基接触带的滑坡。

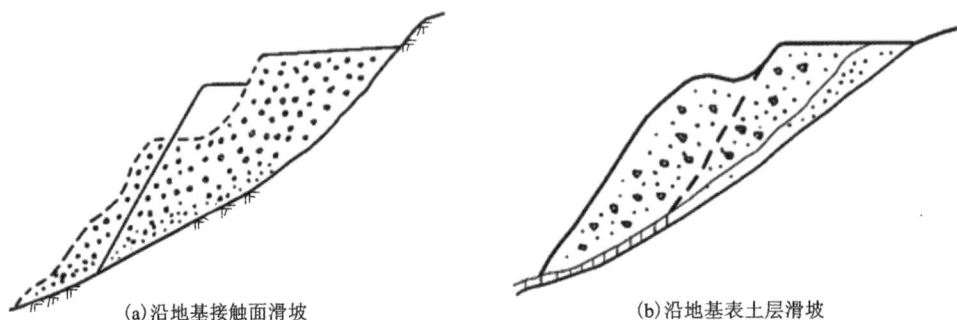

(a)沿地基接触面滑坡 (b)沿地基表土层滑坡

图 5-29 沿地基接触面滑坡

很多矿山排土场的滑坡事例都属于这种类型的滑坡。例如：海南铁矿排土场自然地形陡峭，一般坡度为 28°~43°，地表有 3~4 m 厚的坡积土，地处沟谷多含水，地表树木杂草丛生，这些地形被压在排土场之下，再经过雨季，树木腐烂形成软弱夹层。由于排弃的岩土多为强风化的透辉角闪石灰岩，绢云母片岩和白云质结晶灰岩等，而这些岩石和风化土占总剥离量的 75% 以上，其粒度分布中，小于 100 mm 粒径的占 60%；这些强风化岩石的特点是吸水性强，黏聚力弱，遇水松软，失水干燥后则呈粉末状。因此排土场历年来滑坡频繁。据 1969 年至 1976 年统计，大小滑坡共发生 39 次。1973 年 8 月 25 日，在连续两天大雨之后有四条排土线同时出现滑坡，其中以第六土场东边的滑坡较严重，引起了三条铁路路基破坏，滑坡范围长 158 m、宽 48 m、下沉 15 m，滑坡量几十万立方米，造成停产 80 多天；又如 1978 年 9 月 8 日，在第 8 土场发生一次大滑坡，滑体长约 200 m，宽 40~50 m，错动高度 25 m，造成电铲、电机车和矿车随滑体下滑，停产 20 多天。

歪头山铁矿下盘排土场首次滑坡发生于 1991 年 6 月 13 日，滑体长 13 m，厚 10 m 多，台阶高 45 m 左右，滑坡总量 6 万多 m³，滑坡发生时，滑体滑动速度很快，滑体表面呈波浪形，严重影响了矿山排土正常生产；其中 8 月 8 日晚的滑坡造成数十米长铁轨及枕木被拉弯折断，沉降 2~3 m，停产 2 天，排土车间用推土机等设备重新平整路面铺道后才恢复进车排土。歪头山铁矿下盘排土场 190 土线目前距国家主要铁路干线沈丹线仅 20~70 m，滑体前缘已从原台阶坡脚部位向前推进了 60 多 m。滑坡原因是黏土层地基和地表植被的影响，以及局部地基沟谷地下水的渗入作用,造成沿地基接触面的滑坡,现场调查可看到滑体剪出面上腐烂的植被草皮。

3）软弱地基底鼓引起滑坡

排土场稳定性首先要分析基底岩层构造、地形坡度及其承载能力。当基底坡度较陡,接近或大于排土场物料的内摩擦角时,易产生沿基底接触面的滑坡。如果基底为软弱岩层而且力学性质低于排土场物料的力学性质时,则软岩基底在排土场荷载作用下势必产生底鼓或滑动,然后导致排土场滑坡,如图 5-30 所示。

图 5-30　沿厚层软弱地基内的滑坡

在排土初期,基底岩土开始被压实。当堆置到一定高度时,基底进一步压实达到最大的承载能力,但尚未到极限状态,但当排土场继续加载时,尤其是坐落在倾斜软弱地层上的排土场,由于地基受土场压力而产生滑动和底鼓,然后牵动排土场滑坡。这类牵引式滑坡是排土场破坏事例中经常遇到的。在调查的冶金矿山排土场重大滑坡事故统计中共计 40 多例,其中因软弱地基引起的滑坡约占 1/3；因此在选择场址时对于软弱地基应采取相应的工程技术措施处理,不能盲目排土。

地基为软弱层引起滑坡和底鼓可分下列两种情况:一种是第四系表土层和风化带,在山坡坡底和沟谷含冲积层及腐殖层较厚,受地表水的浸润作用,其承载能力降低,极易产生滑动；另一种是因人为活动而形成的软弱地层,如很多矿山的排土场坐落在尾矿池上或排土场的地基原来为小型水库、水塘淤积层及稻田耕地等。

齐大山铁矿二道排土线的沟筒子地段,排土场堆置高度为 52 m,地基为山坡沉积物,厚度为 3.4~4 m。由于沟底渗水,地表土含水饱和后,在排土场压力作用下产生底鼓和滑动,坡脚滑移了 200 多 m 远,沟底翻出了黑色的泥浆,原沟底上的小树向下飘移。从 1983 年 5 月 16 日到 22 日,先后滑动了 10 次,牵动了上部排土场的滑坡,滑体长 100 多 m,总量为 3.5 万 m³。

歪头山铁矿下盘排土场 224 m 土线延伸到铁路路基时,由于地基为松软的淤泥和沉积物,在路基压力作用下,产生底鼓 3.5 m 高,路基水平位移达 40 m,造成 10 m 宽、70~80 m 长的一段路基的下沉,地基下沉量达到 3 m,而且几次填方堆置路基,连续出现了几次滑移,使得路基长期未能形成。

国内部分排土场滑坡事故统计分析见表 5-22。

表 5-22　国内部分排土场滑坡事故统计

矿山名称	滑坡位置	滑坡时间或过程	滑坡量	原因	危害
大石河铁矿	西排土场	1983 年春，废石含泥量大，不透水，使地基小河床的水和雨水不能顺畅排泄	滑坡量较大	坡脚地基土层底鼓 2~3 m	
	东排土场	1983 年雨季，段高 70 m 岩土顺山坡向下滑出		地基坡陡 18°，边坡角 37°~39°，地基不厚的土层鼓起	
齐大山铁矿	120 m 会让站路基，段高 52 m	1982 年，路基下沉开裂，边坡腰折滑落		段高 52 m，太高	影响土线生产
	二道沟筒子，段高 52 m	1983 年 5 月，坡底线向外滑移 10 次，滑 200 多 m 远	长 100 m，3.5 万 m³	地基沉积物 3.5~4 m 厚，沟底渗水，地基土饱水后底鼓滑动	
大孤山铁矿		1969 年，三天内排土场两次滑坡，电铲倾倒，轨道悬空；在尾矿池上，废石坝路基不稳		地基为 2 m 厚黏土，产生底鼓，地基尾砂受压底鼓	电铲不敢作业
东鞍山铁矿	93 m 土线，段高 38 m	排土时边坡下滑，坡底线移动 30 多 m，有大的响声	长 400 m，宽 20 m，深 17 m	尾矿池渗水管在土线下通过，淤泥尾砂 3~5 m 厚，产生底鼓	影响生产
	山南 85 m 线，段高 30 m	1976 年 10 月，电铲在作业时听到响声，边坡滑动，电铲倾倒	长 110 m，宽 20 m，深 15 m	软弱地基滑动，原是小水库，淤泥尾砂 10 m 深，为尾砂底鼓	
	尾矿坝土场，段高 35 m	1977 年 5 月，台阶下滑，电铲倾倒 3 台	长 80 m，宽 20 m，深 17 m		
	山南 85 m 线，段高 30 m	1981 年 2 月滑坡	约 1.3 万 m³		
	尾矿坝土场，段高 30 m	1982 年 1 月滑坡	约 1.5 万 m³	地基为 1958 年修的小水库，为尾砂和泥浆	
弓长岭铁矿	永久土场，段高 60 m	1979 年，列车刚开到，发现裂隙后列车开走，电铲来不及离开，随滑体下落 40 m，电铲未倒，坡底滑出几十米远	6.25 万 m³，长 50 m，宽 20 m，落差 40 m	雨后山坡汇水渗到土场下部，下部岩土松软、风化	

续表5-22

矿山名称	滑坡位置	滑坡时间或过程	滑坡量	原因	危害
歪头山铁矿	下盘 224 m 土线，段高 34 m	1984 年，作初始路堤时几次滑坡，水平位移大于下沉量	长 70~80 m，宽 10 m，下沉 3 m，水平位移 40 m	地基为淤泥和土线堆积物，鼓起了 3 m 高	随建随滑移，路基难以形成
南山铁矿		雨季排土线路基局部塌方	沉陷、局部滑坡	雨水冲刷，地基坡度大于 30°，地基软弱（有水塘等）	
南芬露天矿	4 号排土场 526 m	1978 年雨季，出现泥石流形式的滑坡	约 7 万 m³	雨水影响土场下部滑动，上部土场未受影响	生产正常
南芬露天矿	5 号排土场 542 m	1978 年雨季，出现泥石流形式的滑坡	约 3.2 万 m³	雨水影响土场下部滑动，上部土场未受影响	生产正常
兰尖铁矿	尖山土场 1510 台阶	土场内部滑坡，冲垮平硐 50 m，开裂 104 m（1979 年 12 月）	约 200 万 m³	岩石混排，造成软弱面，地形较陡（40°以上）	停产半年，损失 222.7 万元
兰尖铁矿	肖家湾土场 1615 台阶	1982 年 7 月土场滑坡	约 15 万 m³	排弃的风化土形成软弱层，雨水渗透	停产半年，损失 222.7 万元
潘洛铁矿	大格排土场	1971 年 6 月雨季，南部边坡一段滑坡	长 20 m，宽 10 m，下沉 15 m	排土场内部滑动	
潘洛铁矿	大格排土场	1972 年雨季，南边坡下滑	沉陷 15 m	一台 10 t 汽车进入边坡眉线引起的	
潘洛铁矿	大格排土场	1979 年 4 月，土场东南角滑坡（955 m 平台）	7.68 万 m³	地表水渗入排土场	
潘洛铁矿	大格排土场	1983 年 11 月雨后不久，平台出现裂缝，到 11 点下滑，比较缓慢	3 万 m³	坡脚地基鼓起	
海南铁矿	6 号土场	1973 年 8 月，滑坡几十万立方米	长 158 m，宽 48 m，下沉 15 m	连续大雨之后	
海南铁矿	8 号土场	1978 年 9 月大滑坡，造成电铲机车和车辆随滑体下沉	长 200 m，宽 40~50 m，下沉 25 m		停产 80 多天
海南铁矿	8 号土场	1984 年 4 月一次滑坡	长 40~50 m，宽 7~8 m，高 10~15 m		停产 80 多天
海南铁矿	7 号土场	1974 年 6 月，受台风影响，持续降雨，两处滑坡，铁轨悬空数十米	30 万 m³	受雨水影响	

续表5-22

矿山名称	滑坡位置	滑坡时间或过程	滑坡量	原因	危害
峨口铁矿	1900 排土场	1974 年 7 月雨季时，产生圆弧滑面滑坡，下滑部分形成台阶式错动	(7~8)万 m³	地基为绿泥石片岩遇水变软，产生受压滑动	
云浮硫铁矿	大台排土场 420 m	1975 年 10 月发生一次规模最大的滑坡	20 万 m³长 146 m，宽 15 m	高台阶排土（100 m）	掩埋一台推土机及其司机
	三水围土场乌石岗土场乱石岗土场	滑坡			
永平铜矿	南部排土场 334 m	1980 年 6 月雨后第三天，排土场突然下滑，速度很快，泥石流冲出 150~200 m，一直冲到对面山上		基建剥离的表土和风化岩石占 60%~80%，加上雨水作用	堵塞灌溉水渠，淹没农田
	南部排土场 310 m	1981 年 5 月，土场下沉 10 m，边坡角变缓	长 100~200 m，宽 100 m，下沉 10 m		
	南部排土场 310 m	1981 年 8 月，暴雨后滑坡，下沉 5 m	长 100 m，宽 20 m	1983 年雨季也产生过类似塌方	
	南部土场 310 m	1982 年 6 月，雨后推土机下陷；1983 年 5 月，下了几天雨后，32 t 汽车后轮下陷（距边沿 3 m）	宽 4 m，深 15~16 m	1983 年雨季也产生过类似塌方	
	西北土场 394 m	1978 年出现泥石流，滑坡量 16 万 m³	16 万 m³	从 394 m 到 200 m，一坡到底，岩土中表土占 80%	
石录铜矿	3 号土场东部	1981 年 3 月雨季		堆置段高过大，坡脚被浸泡。	
	2 号土场东北部	1983 年 11 月，一个边坡滑动两次	约 25 万 m³	段高过大，一坡到底，含土量高，地基为黄土层并有沉淀泥浆挤出。	
	2 号土场东北部	1984 年 2 月			
金堆城钼矿	公路路基填方	1979 年 3 月，在 1216 m 公路路基滑坡 4.8 万 m³	4.8 万 m³	路基下方是淤泥质亚黏土软弱夹层，加之地表水渗入	损失 12.8 万元

续表5-22

矿山名称	滑坡位置	滑坡时间或过程	滑坡量	原因	危害
朱家包包铁矿	I 土场	1978 年 4 月，接近地表的最低一层土场内部滑坡	14.2 万 m^3	基建剥离期大量砂质黏土和黏土、砂土排弃在土场下部，后期又盖上块石，地基为第四纪和第三纪黏性砂土及砂质黏土(昔格达层)，遇水产生地鼓	电铲滑下去，未翻，损失 4 万元以上。四次滑坡因有人工监测预报，故未产生大的损失
		1978 年 10 月，接近地表的最低一层土场内部滑坡	30 万 m^3		
		1981 年 7 月，机车在卸土时发现裂缝和断轨，待电铲退出险区后，四节车厢随滑体下滑。	15 万 m^3		
		1983 年 1 月，在同一地段滑坡	2.2 万 m^3		
		1983 年 3 月 13 日	23.5 万 m^3		
		1983 年 3 月 19 日	23.8 万 m^3		
		1983 年 10 月 7 日	2.52 万 m^3		
太钢矿业尖山铁矿	尖山铁矿南排土场 1632 m 平台	2008 年 8 月 1 日		排土场强度低，周边不利的地形条件和排土场地基承载力低，在降水渗入边坡底层导致滑坡	造成 93 间房屋被埋，45 人死亡、1 人受伤，直接经济损失 3080 万元
攀枝花鼎星钛业有限公司*	1 号渣场	2015 年 10 月 27 日，渣场西北侧主沟中后部区域首先产生滑动，滑动体推移掉其前缘渣体后，牵引渣场西南侧支沟内的渣体滑动。	滑坡总量约 9.5 万 m^3，其中，渣场内散落约 7.5 万 m^3，倾泻越出渣场约 2 万 m^3	超进度超高堆排；地下水侵蚀	造成 5 人死亡、1 人受伤和部分设备设施损毁
广东深圳光明新区渣土受纳场*		2015 年 12 月 20 日		没有建设有效的导排水系统；严重超量超高填加载	造成 73 人死亡，4 人下落不明，17 人受伤，33 栋建筑物被损毁、掩埋，90 家企业生产受影响。直接经济损失为 8.81 亿元

注：*以上提及的渣场与渣土受纳场，一般参照排土场设计经验与标准进行堆置设计。

5.4.2 排土场滑坡防治工程措施

排土场滑坡防治工程措施主要有以下几点：

(1)排土场地基处理。对稳定性较差的土质山坡，宜将原山坡修成台阶状，以增加稳定性。对松软潮湿土宜在堆排土之前挖渗沟疏干基底，倾填碎块石作垫层，或预埋岩石挡墙

(将坚硬岩石预先堆置在排土场内部的地基上,然后排土场形成后便成了预先埋设的抗滑挡墙,其堆置的位置和挡墙的几何尺寸要通过排土场稳定性分析计算,使之处在最可能的潜在滑面位置上,见图5-31,比较普通的护坡挡墙,采用预埋挡墙所需要的坚硬岩石量要少很多,是前者的1/6~

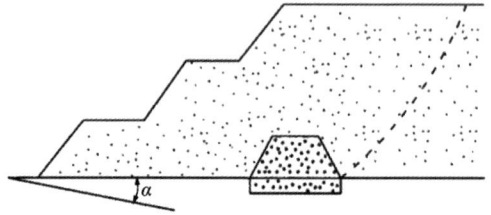

图5-31　预置岩石抗滑挡墙加固排土场

1/10,这点在矿山基建剥离初期表土多、坚硬岩石少的情况下,其技术经济效益特别显著。

(2)调整排土顺序,将大块石堆置在底部以增加基底稳定性或把大块石堆在最低一个台阶。

(3)清除软弱层,底部堆置大块坚硬岩石,有条件时,在排土场坡脚处宜采用大块石填筑高5~10 m的渗水层。

(4)采用适宜的坡脚防护,包括沿排土场外侧堆置路堤或干砌(或浆砌)拦石堤。

(5)有大量松散物质排放的陡坡场地,或具有丰富水源的排土场,必须采取坡脚防护或拦渣工程,防止水土流失。

坡脚防护及拦渣工程可采取以下措施:

①当坡面砂石对山沟下方可能造成危害时,应设置一级或多级挡砂堤(或坝),即谷坊群坝,用地紧张时可采用坡脚挡渣墙。

②当小规模泥石流对山沟下方可能造成危害时,应在沟谷的收口部位设置拦渣坝等拦蓄、排导、防治构筑物。

③当滚石对山沟下方可能造成危害时,应设置拦石堤或沟渠,并应留有足够的安全距离。拦石堤可使用当地土(或干砌片石)筑成,可采用铁丝笼坝或竹笼坝形式,宜采用梯形,亦可采用较缓的内侧边坡,堤顶高出计算撞点的安全高度为1 m。

④当小规模滑坡对山沟下方可能造成危害时,应设置如重力式抗滑挡土墙、抗滑片石垛或抗滑桩等抗滑支挡构筑物。

有关防护或拦渣措施见图5-32~图5-33。

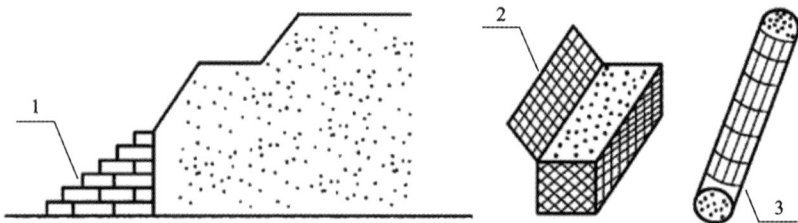

1—同护挡墙;2—挡铁丝笼;3—丝竹笼。

图5-32　不同形式的护坝挡墙

(6)水是造成排土场水土流失和滑坡、泥石流的动力条件,消除水害首要条件是要阻止并排除来自排土场外围的水体。在场内修建排水系统汇集场内雨水,以减少雨水下渗机会,为疏干排土场的地下水和滞留水,在排弃物透水性弱且对稳定性不利情况下,应根据潜水量的大小,采用盲沟、透水管或涵洞形式将水引出场外(图5-34)。

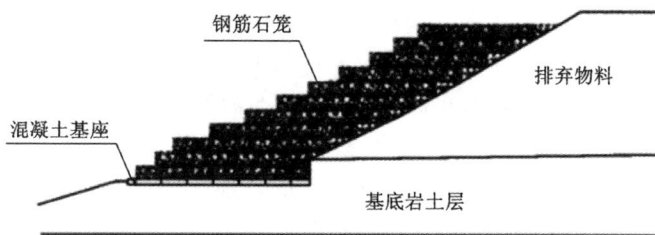

图 5-33　排土场边坡坡脚钢筋石笼加固

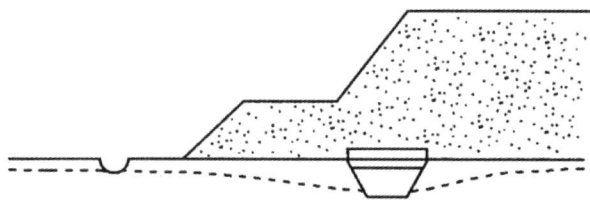

图 5-34　排土场底部开挖排渗盲沟

5.4.3　排土场泥石流灾害防治

5.4.2.1　排土场泥石流灾害的成因条件

排土场泥石流是在岩土排弃的沟谷或场地上发生的一种排土场整体失稳现象。一种饱含泥沙、石块和巨砾的固液两相流体,它介于山崩、滑坡等块体重力运动与流水等液体运动之间,呈黏性层流或稀性紊流状态,是各种自然营力(地质、地貌、水文、气候等)和人为因素综合作用的结果。泥石流是一种快速运动的两相流体,可在很短时间内排泄几十万到几百万立方米的物料,它给自然环境和人类生产活动,道路、桥梁、房屋、农田等造成严重的破坏和灾害。

形成排土场泥石流必须具备三个基本条件:第一,泥石流区有丰富的松散岩土;第二,山坡地形陡峻和较大的沟床纵坡;第三,泥石流区的上中游有较大的汇水面积和充足的水源。排土场泥石流多数以滑坡和坡面冲刷的形式出现,即滑坡和泥石流相伴而生,迅速转化难以截然区分,所以又可分为滑坡型泥石流(黏性)和冲刷型泥石流(稀性)。

据美国 Pata. M. 道格拉斯对美国 24 个露天矿排土场稳定性研究所得观测资料表明:排土场中小于 5 mm 细颗粒超过 40%时,易失稳;当小于 0.05 mm 的黏粒含量达 15%~20%时,降水作用下排土场滑坡会转化为泥石流。因为黏粒粒径小,范德华力和黏附力作用明显,使黏粒有较强的亲水性,同时因表面积大,遇水很快形成水膜,并保持一部分束缚水和封闭自由水,即使排土场内部多含孔隙水并具有较强的持水性,当雨水入渗排土场后再缓慢地渗流出坡脚,若孔隙水增加到饱和状态时松散体便出现破坏和流动,而形成泥石流。

较陡的地形是泥石流发生的外在因素。据调查,我国泥石流分布总面积有 100 万~110 万 km^2,约占国土面积的 11%,其中发生在 21°~50°坡度地形的泥石流占 71%;苏联的 T. M. 布思季朴克洛夫(1977)用 M-1800 热力轴线预测不同坡面上泥石流发生的概率;A. Baido(1971)以坡度和固体物质储备量为依据,认为坡度为 20°~30°,有地下水出露及堆积物存在的地区是危险的泥石流地区。

泥石流的发生有一个最低的激发雨量,这个雨量称为泥石流形成的临界雨量。泥石流的临界雨量是对降雨泥石流进行发生可能性预报的重要依据,正确研究和认识不同排土场的临界雨量具有重要的意义。根据国内部分重点矿山排土场调查:降雨量大(年平均降雨量在800~1000 mm)、雨量集中(小时降雨量为50~70 mm)地区,排土场上游有一定范围的汇水面积,排水条件不良的排土场,又处于地形陡峻沟谷之中,沟床纵坡很大,遇水崩解的软弱岩土形成大量泥沙流失,导致排土场整体失去稳定,形成矿山泥石流。

5.4.2.2 泥石流防治措施

当场址选择无法避开不利的地形、地质条件时,设置切实可行的防护措施是必需的,包括排土场上部设置截、排洪沟、主要沟谷中设置排水盲沟或渗水层、堆置高度大于120 m的沟谷型排土场应在底部设置透水性拦挡坝(图5-35)、停淤场等拦截设施,在沟谷纵坡较陡的排土场应设置多级拦挡坝;清理基底软弱土层、基底修筑台阶、合理设计排土高度和安全平台等。

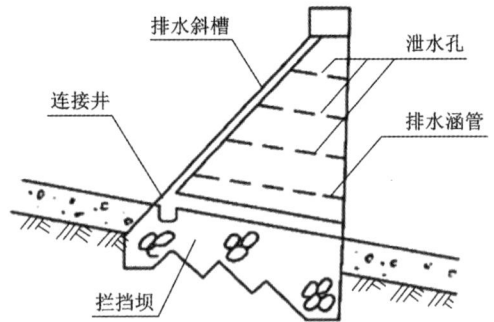

图5-35　泥石流消能拦挡坝

(1)增设排土场截、排洪沟。沿山谷和山坡堆置的排土场,在场外5~10 m修置绕山截洪沟,引导洪水排流至场外,具体汇流面积内洪峰流量计算方法见5.2.6节。

(2)拦挡坝。坝体结构形式一般选用透水性的碾压土石坝、钢筋石笼坝、格宾坝、干砌石坝等。碾压土石坝设计应符合《碾压式土石坝施工技术规范》的规定。拦挡坝通常是一沟一坝,将松疏泥石全部拦入坝内,只许水流过坝。对于携带大量泥砂危害的沟谷,一般采用多级低矮拦挡坝(也称谷坊坝)予以拦截。拦挡坝作用有三:一是拦蓄泥沙、石块;二是防止沟床下切和谷坡坍塌;三是平缓纵坡,减缓泥石流流速。

排土场最终坡脚线与拦挡坝间一般预留一定容积的防滚石与水土流失泥沙沉积安全带,泥沙沉积安全带一般选择在沟谷较平坦段,让泥沙有一定淤积高度,安全带的长度应根据排土场等级、原地形坡度、排弃物料含泥率、排水设施保障系数、服务年限内泥土流失量确定,最小长度一般不小于50 m。

拦挡坝高、坝间距离根据泥石流沉积物多少和沟床地形条件而定,阶梯形拦挡坝高一般为3~5 m。坝间距离按式(5-24)计算:

$$L = \frac{H}{I_0 - I} \tag{5-24}$$

式中:L为坝与坝间距,m;H为坝高,m;I_0为原河床坡度;I为回淤坡度。

多级拦挡坝主要功能并不是用坝拦截所有固体流涌物,而是形成具有一定坡度的台阶,为有效沉积创造可靠条件,将水土流失减小到最低限度。在沉积量不多、人烟稀少的泥石流沟,亦可以考虑分批设坝,分期加高措施,见图5-36、图5-37。

透水性拦挡坝包括透水性的土石坝、钢筋石笼坝、格宾坝、格栅拦渣坝等,见图5-38~图5-39。

(1)钢筋石笼坝一般由直径为12 mm的钢筋焊接编制成2 m×2 m的钢筋网片,再将网片

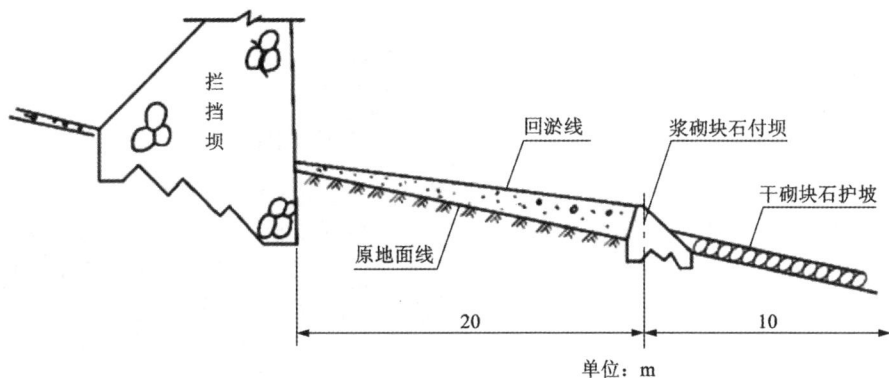

图 5-36 多级拦挡坝拦挡泥石流

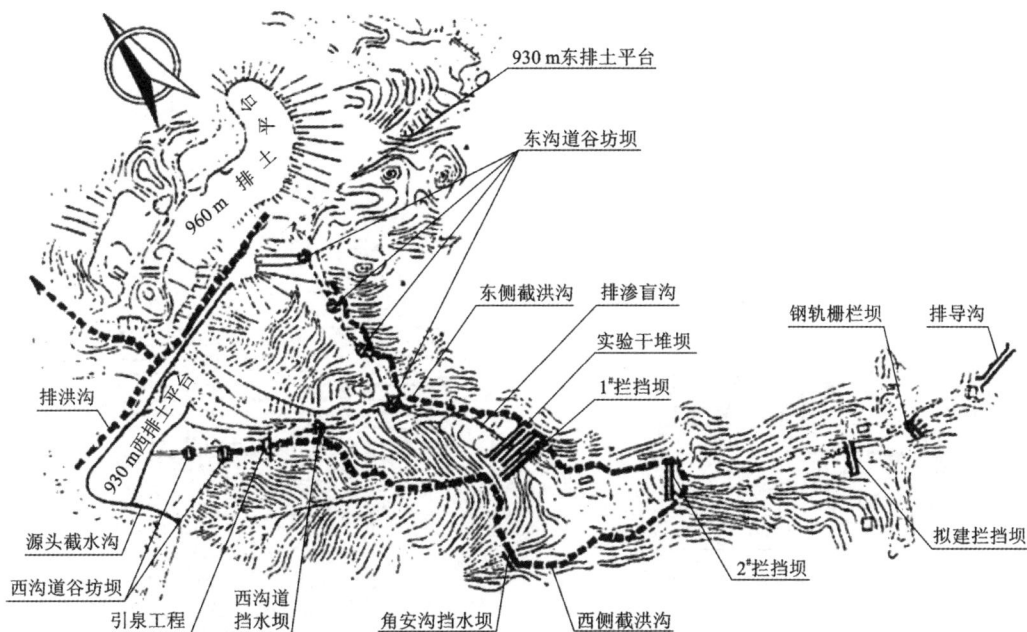

图 5-37 潘洛铁矿大格排土场泥石流防治工程

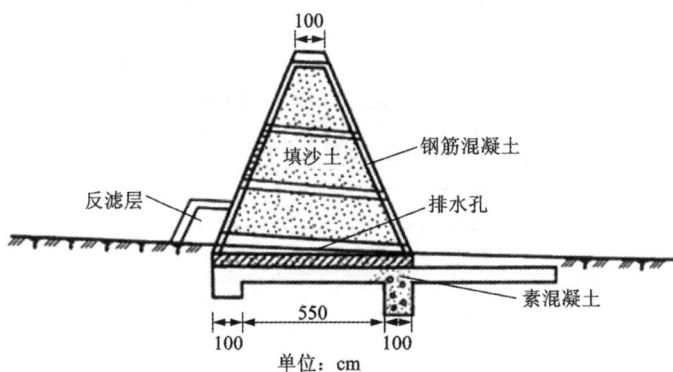

图 5-38 某泥石流混凝土面板式拦挡坝

相互焊接编制成框架，内装石块，同层石笼与上、下层石笼间的钢筋焊接成整体，石笼坝高度一般为 8~12 m，石笼所用钢筋需做防锈处理，底部现浇混凝土基座，单独设坝或用作排土场边坡压脚。

（2）格宾坝作为一种新型拦挡结构，由工厂事先按防锈防腐预处理要求生产，是一种由钢绞线与钢丝网面编制的穿透式构件，格宾坝由格宾单元结构在现场组合成水平、竖向装石体，结构简单，施工方便，与实体坝有相同的拦挡功能以及更好的透水性。

图 5-39 钢筋石笼坝

（3）以混凝土、钢筋混凝土、浆砌石、型钢等为材料，将坝体做成横向或竖向格栅，或做成平面、立体网格，或做成整体格架结构的透水型拦沙坝，称为格栅拦沙坝，见图 5-40~图 5-41。格栅拦沙坝不仅能拦蓄大量的泥沙、石块，而且能起到调节泥沙的作用，因此，亦称泥沙调节坝。

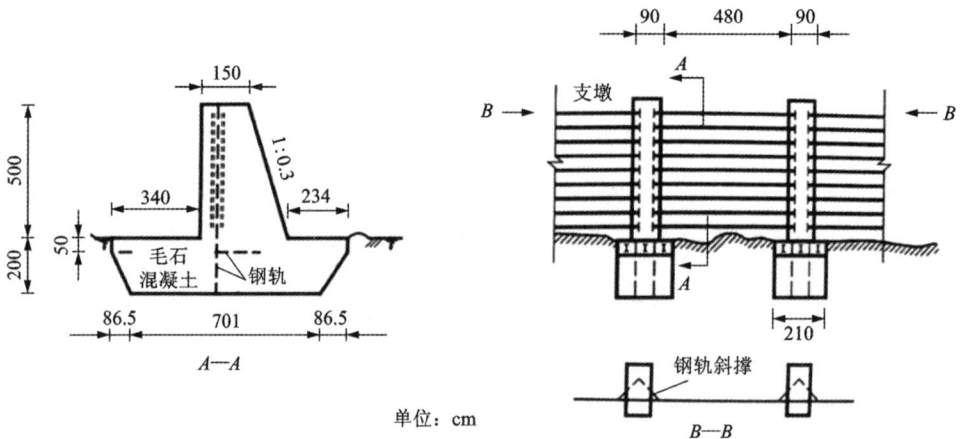

单位：cm

图 5-40 钢轨梁式格栅拦沙坝

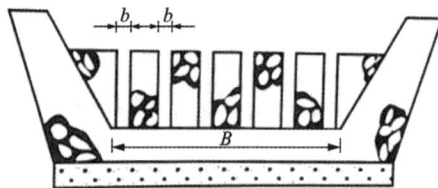

图 5-41 泥石流切口坝

5.5 排土场安全管理

5.5.1 排土场安全生产管理

排土场日常安全管理应遵守以下条款。

(1)排土场位置选定后,应进行排土场区的专项工程地质与水文地质勘查工作。

(2)内部排土场不应影响矿山正常开采和边坡稳定,排土场坡脚与开采作业点之间应有一定的安全距离。必要时应设置滚石或泥石流拦挡设施。

(3)排土场进行排弃作业时,应圈定危险范围,并设立警戒标志,无关人员不应进入危险范围内。任何人均不应在排土场作业区或排土场危险区内从事捡矿石、捡石材和其他活动。未经设计或技术论证,任何单位不应在排土场内回采低品位矿石和石材。

(4)高台阶排土场,应有专人负责观测和管理;发现排土台阶加速沉降变形、坡面原本稳固土石发生滚动、坡脚有鼓包、挤出等现象时,应采取有效措施,及时处理。

(5)在矿山建设过程中,修建道路和工业场地的废石,应选择适当地点集中排放,不应排弃在道路边和工业场地边,以避免形成泥石流。

(6)铁路移动线路的卸车地段,应遵守下列规定:①路基面向排土场内侧形成反坡;②线路一般为直线,困难条件下,其最小曲线半径不小于表5-23的规定,并根据翻卸作业的安全要求设置外轨超高;③线路尽头前的一个列车长度内,有不小于2.5‰的上升坡度;④卸车线钢轨轨顶外侧至台阶坡顶线的距离,应不小于表5-24的规定;⑤牵引网路符合 GB 50070 的规定;网路始端,设电源开关,以便先停电后移动网路;⑥在独头卸载线端部,设置车挡;车挡有完好的栏挡指示和红色夜光示警牌;独头线的起点和终点设置铁路障碍指示器。

表 5-23 线路曲线半径规定

卸车方向	准轨铁路	窄轨铁路		
		机车车辆固定轴距不大于 2.0 m		机车车辆固定轨距 2.0~3.0 m,轨距 762 mm,900 mm
		轨距 600 mm	轨距 762 mm,900 mm	
向曲线外侧/m	150	30	60	80
向曲线内侧/m	250	50	80	100

表 5-24 轨顶外侧至台阶坡顶线的距离 单位:mm

准轨	窄轨		
路基稳固	轨距 900	轨距 762	轨距 600
750	450	430	370

(7)道路运输的卸排作业,应遵守下列规定:

①汽车排土作业时,有专人指挥;非作业人员不应进入排土作业区,进入作业区内的工

作人员、车辆、工程机械，应服从指挥人员的指挥。

②排土场平台平整；排土线整体均衡推进，坡顶线呈直线形或弧形，排土工作面向坡顶线方向有2%~5%的反坡。

③排土卸载平台边缘，有固定的挡车设施，其高度不小于轮胎直径的1/2，车挡顶宽和底宽分别不小于轮胎直径的1/4和3/4；设置移动车挡设施的，对不同类型移动车挡制订相应的安全作业要求，并按要求作业。

④按规定顺序排弃土岩；在同一地段进行卸车和推土作业时，设备之间保持足够的安全距离。

⑤卸土时，汽车垂直于排土工作线；汽车倒车速度小于5 km/h，不应高速倒车，以免冲撞安全车挡。

⑥在排土场边缘，推土机不应沿平行坡顶线方向推土。

⑦排土安全车挡或反坡不符合规定、坡顶线内侧30 m范围内有大面积裂缝(缝宽0.1~0.25 m)或不正常下沉(0.1~0.2 m)时，汽车不应进入该危险区作业，应查明原因及时处理，方可恢复排土作业。

⑧排土场作业区内烟雾、粉尘、照明等因素导致驾驶员视距小于30 m，或遇暴雨、大雪、大风等恶劣天气时，停止排土作业。

⑨汽车进入排土场内应限速行驶，距排土工作面50~200 m时速度低于16 km/h，50 m范围内低于8 km/h；排土作业区设置一定数量的限速牌等安全标志牌。

⑩有夜间排土作业的排土场必须设照明系统。排土作业区照明系统完好，照明角度符合要求，夜间无照明不应排土；灯塔与排土车挡距离d应满足：$d \geqslant$ 车辆视觉盲区距离+10 m；排土作业区配备质量合格、适合相应载重汽车突发事故救援使用的钢丝绳(多于4根)、大卸扣(多于4个)等应急工具。

⑪排土作业区，应配备指挥工作间和通信工具。

(8)列车在卸车线上运行和卸载时，应遵守下列规定：

①列车进入排土线后，由排土人员指挥列车运行。

②机械排土线的列车运行速度，准轨不超过10 km/h；窄轨不超过8 km/h；接近路端时不超过5 km/h。

③运行中不应卸载(曲轨侧卸式和底卸式除外)。

④卸车顺序从尾部向机车方向依次进行；必要时，机车以推送方式进入。

⑤列车推送时，有调车员在前引导指挥。

⑥列车在新移设的线路上首次运行时，不应牵引进入。

⑦翻车时由两人操作，且操作人员不应位于卸载侧。

⑧清扫自卸车宜采用机械化作业；人工清扫时应有安全措施。

⑨卸车完毕，排土人员发出出车信号后，列车方可驶出排土线。

(9)采用排土机排土，建议在设计中进行不均匀沉降计算，并提出反坡坡度。排土机排土时，排土机距眉线应留安全距离，安全距离应在设计中明确规定。

(10)单斗挖掘机排土时，受土坑的坡面角不应大于60°，不应超挖卸车线路基。

(11)排土机卸排作业，应遵守下列规定：

①排土机在稳定的平盘上作业，外侧履带与台阶坡顶线之间保持一定的安全距离。

②工作场地和行走道路的坡度，应符合排土机的技术要求。

③排土机长距离行走时，受料臂、排料臂应与行走方向成一直线，并将其吊起、固定；配重小车靠近回转中心的前端，到位后用销子固定；上坡不应转弯。

（12）排土场防洪，应遵守下列规定：

①山坡排土场周围，修筑可靠的截洪和排水设施拦截山坡汇水。

②排土场内平台设置 2%~5% 的反坡，并在排土场平台上修筑排水沟，以拦截平台表面及坡面汇水。

③当排土场范围内有出水点时，应在排土之前采取措施将水疏出；排土场底层排弃大块岩石，以便形成渗流通道。

④汛期前，疏浚排土场内外截洪沟，详细检查排洪系统的安全情况，备足抗洪抢险所需物资，落实应急救援措施。

⑤汛期及时了解和掌握水情和气象预报情况，并对排土场，下游泥石流拦挡坝，通信、供电及照明线路进行巡视，发现问题应及时修复。

⑥洪水过后，对坝体和排洪构筑物进行全面认真的检查与清理。

（13）排土场防震，应遵守下列规定：

①处于地震烈度高于 6 度地区的排土场，应制订相应的防震和抗震的应急预案。

②排土场泥石流拦挡坝，按现行抗震标准进行校核，低于现行标准时，进行加固处理。

③地震后，对排土场及下游泥石流拦挡坝进行巡查和检测，及时修复和加固破坏部分，确保排土场及其设施的运行安全。

（14）排土场关闭，应遵守下列规定：

①在排土场按照设计要求临近堆排结束时，应编制排土场关闭报告。

②排土场资料包括：排土场设计资料、排土场最终平面图、排土场工程地质与水文地质资料、排土场安全稳定性评价资料及排土场复垦规划资料等。

③排土场关闭报告包括：结束时的排土场平面图、结束时的排土场安全稳定性评价报告、结束时的排土场周围状况及排土场复垦规划等。

④排土场关闭前，由中介服务机构进行安全稳定性评价；同时提出治理措施；企业应按措施要求进行治理，并报主管部门审查。

⑤排土场关闭后，安全管理工作由原企业负责；破产企业关闭后的排土场，由当地政府落实负责管理的单位或企业。

⑥关闭后的排土场重新启用或改作他用时，应经过可行性设计论证，并报主管部门审查批准。

（15）排土场复垦，应遵守下列规定：

①制订切实可行的复垦规划，达到最终境界的台阶先行复垦。

②复垦规划包括场地的整平、表土的采集与铺垫、覆土厚度、适宜生长植物的选择等。

③关闭后的排土场未完全复垦或未复垦的，矿山企业应留有足够的复垦资金。

（16）矿山企业应建立排土场监测系统，定期进行排土场监测。排土场发生滑坡时，应加强监测工作。

发生泥石流的矿山，应建立泥石流观测站和专门的气象站。泥石流沟谷应定期进行剖面测量，统计泥沙淤积量，为排土场泥石流防治提供资料。

（17）排土参数检查，应遵守下列规定：

①测量排土场台阶高度、排土线长度。

②测量排土场的反坡坡度，每100 m不少于2条剖面。

③测量道路运输排土场安全车挡的底宽、顶宽和高度。

④测量铁路运输排土场线路坡度和曲率半径。

⑤测量排土机排土外侧履带与台阶坡顶线之间的距离，测量误差不大于10 mm。

⑥排土场出现不均匀沉降、裂缝时，应查明沉降量和裂缝的长度、宽度、走向等，并判断危害程度。

⑦排土场地面出现隆起、裂缝时，应查明范围和隆起高度等，判断危害程度。

（18）排土场应由具有相应资质条件的中介机构，每3~5年进行一次检测和稳定性分析。

5.5.2　排土场安全监测

为了监测排土场稳定性和研究排土场的沉降压缩变形过程，并采用相应的维护及治理措施，需要进行长期细致的排土场监测工作，其监测内容一般可包括：

（1）排土场地表点位在三维坐标上的变形与位移量。

（2）排土场散体物料和软岩地基的沉降压缩变形及其与时间的相关性。

（3）排土场内部不同深度的变形特征和位移。

（4）对基底和排土场内部孔隙水压力和降雨量、地表径流量等进行观测。

（5）宏观监测排土线及排土台阶上的沉降、张裂隙、边坡出水点的分布；以及铁路排土线铁轨的悬空高度和铁路道砟高度等。

5.5.2.1　排土场的变形监测

排土场变形监测内容指裂缝、位移、滑坡体的监测，主要监测手段有传统的观测网监测系统和动态位移观测系统。传统的监测方法通常是在排土场变形监控区内布置地面观测网，观测网由若干条纵、横交叉的监测线构成，线间距、桩间距一般为20~30 m，根据排土场规模大小适当调整监测网密度。每一观测线的两端在变形区外稳定体上设置镜桩、找准桩，监测变形区各桩的位移及沉降值，观测线有一条应选择在发生位移量最大的主滑方向（或滑坡主轴）。随着技术的发展，近年有采用GPS定位监测位移，三维激光扫描、边坡雷达监测位移、无人机倾斜摄影建模等。

排土场有两种原因产生的位移：一是由散体物料（岩土）在自重载荷和外载荷作用下而产生的压缩沉降（以垂直位移为主），这个沉降位移一般随着时间由大到小逐渐稳定下来，对于排土场稳定性不会有大的影响；二是因为排土场内的固体物料受外载荷和内载荷作用下而产生应变及位移的动能，根据能量平衡定律，滑体得到的动能等于滑体损失的位能与克服滑体移动摩擦阻力所做的功之差。

足够大的摩擦系数是保障排土场稳定的前提条件。摩擦系数f是个变量，由于大气降水下渗，加之地下水的作用，在排土场内部形成渗水流，增加了排土场土岩中的静水压力和动水压力，从而使排放的固体排弃物与土岩接触面的f值逐渐减少，降低了土岩的抗剪强度；另外，有的排土场地基原始山坡植被发育，残积土层厚，在排弃物料中又含有大量的地表土，因而增强了排弃物的亲水性，在渗流水的作用下很容易软化，而形成滑体的软弱层，从而进一步加剧f值的下降速度。当摩擦系数f下降到其临界点（即$f = \tan \alpha$）时，将产生滑坡体突发性崩塌，并形成连锁反应，即排土场泥石流灾害。

岩土摩擦系数 f 的变化不是瞬间完成的，它的变化有一个过程，由此而引发的滑体位移亦有一个从"渐变"到"突发"的过程。在排土场的滑坡灾变过程中，人们完全可以通过对排土场动态位移的准确监控达到对排土场变形、滑坡风险预报的目的，进行科学的风险评价，从不确定的风险场中确定出高风险段，在其滑坡"渐变"的过渡过程中争取足够的时间进行应急处置，及时有效地防范和控制排土场出现的险情，将移动、滑坡灾害消灭在事故萌芽状态。

5.5.2.2　地质雷达监测技术

目前边坡变形雷达监测技术已经在全世界范围内获得广泛的应用，这项新的技术与传统边坡变形监测方法（例如安装测量棱镜或传感器的常规边坡监测方法）相比有以下优点：

（1）监测精度高，雷达能以毫米级精度获取边坡变形数据。

（2）测量可覆盖整个边坡。

（3）系统可自动获得或读取已有的 DTM（数字地形图）数据，兼容多种 GIS 数据，在三维环境下显示监测结果。

（4）空间分辨率高，能监测到被测区域表面很小的区域变形，采样间隔短，方便确定目标监测区内最大位移发生的位置，便于风险管理，可避免常规监测中常发生的采样周期间隔较长和数据不连续或丢失等问题。

（5）监测位置选择灵活，能够在较远的距离对存在隐患的边坡进行监测。

（6）无须在被测边坡上布设固定监测设备，即使发生边坡失稳事故，也不会造成监测设备的损失。

（7）可以对排土场边坡进行全过程的连续监测，并能在后期对事故区域继续监测、评估。

目前国际上使用的边坡变形监测雷达按工作原理划分主要有两种，一种是合成孔径雷达，另一种是真实孔径雷达。这两种雷达在技术原理、工作范围、参数校正、预测预警等方面有一定的差别。

合成孔径雷达技术衍生于航空航天地球测绘技术，合成孔径雷达（SAR）是一种高分辨率成像雷达，可以在能见度极低的气象条件下得到类似光学照相的高分辨雷达图像。利用雷达与目标的相对运动把尺寸较小的真实天线孔径用数据处理的方法合成一较大的等效天线孔径的雷达，也称综合孔径雷达。合成孔径雷达的特点是分辨率高，能全天候工作，能有效地识别伪装和穿透掩盖物。所得到的高方位分辨力相当于一个大孔径天线所能提供的方位分辨力。其具有扫描距离远，范围大的特点，但是其扫描所得图像为二维图像，在边坡监测领域应用时需有相关 DTM 数据的支持才能转换为三维图像，进而对边坡位移进行监测。

目前国内应用较多的是边坡合成孔径雷达监测预警系统（简称"边坡雷达"，S-SAR），我国自主研发的基于地基合成孔径雷达差分干涉测量技术的边坡位移遥感监测系统，能够对露天矿边坡、排土场边坡、尾矿库坝坡、水电库岸和坝体边坡、山体滑坡、大型建构筑物的变形、沉降等实施大范围连续监测，可广泛用于重要工程安全保障、健康评估和应急抢险，对各种坍塌灾害进行预警预报。

以南非 Reutech 公司的 MSR 系列产品为代表的真实孔径雷达技术，是针对露天采矿等人工高边坡稳定监测要求而开发的新一代变形监测雷达技术，其更加适应现代岩土工程施工过程中产生的人工边坡监测，无须 DTM 模型辅助，可直接获得三维边坡的变形数据，监测精度较高。合成孔径雷达设备与真实孔径雷达设备照片见图 5-42、图 5-43。

图 5-42　国产 S-SAR 系统在某露天矿山排土场边坡监测中应用

图 5-43　南非 Reutech 公司的 MSR 系列边坡监测雷达

5.5.2.3　三维激光扫描技术

三维激光扫描技术是一门新兴的测绘技术,是测绘领域继 GPS 技术之后的又一次技术革命,三维激光扫描技术又称"实景复制技术"。三维激光扫描仪采用非接触式高速激光的测量方式,在复杂的现场和空间对被测物体进行快速扫描测量,获得点云数据。海量点云数据经过三维重构可以实时再现边坡状态,并输出位移对比成果,从而实现边坡位移的实时监测(图 5-44)。

三维激光测量采用非接触式激光测量,无须反射棱镜,对扫描目标物体不需进行任何表面处理,直接采集物体表面的三维数据,所采集的数据完全真实可靠。可以用于解决危险目标、环境(或柔性目标)及人员难以企及的情况,具有传统测量方式难以完成的技术优势。

目前,采用脉冲式激光测量采样点速率可达到近万点/秒,而采用相位激光方法测量的三维激光扫描仪甚至可以达到百万点/秒。可见采样速率是传统测量方式难以比拟的。

三维激光扫描技术采用主动发射扫描光源(激光),通过探测自身发射的激光回波信号来获取目标物体的数据信息，在扫描过程中，可以实现不受扫描环境的时间和空间的约束(图 5-45)。

三维激光扫描技术可以快速、高精度获取海量点云数据，可以对扫描目标进行高密度的三维数据采集，从而达到高分辨率的目的。

三维激光扫描技术所采集的数据是直接获取的数字信号，具有全数字特征，易于后期处理及输出。

图 5-44　三维激光扫描作业照片

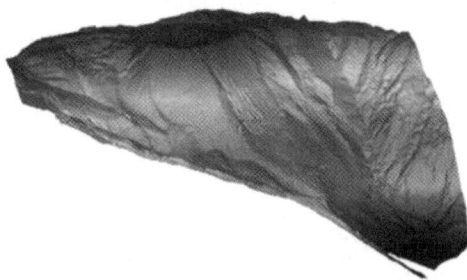

图 5-45　三维激光扫描边坡点云数据

5.5.2.4　排土场泥石流监测系统

为了观测研究排土场的沉降位移、滑坡、降雨量、地表渗流量及泥石流淤积量等实测数据，需要在排土场及泥石流沟的代表性剖面布设几条观测线和监测桩。排土场泥石流的监测内容一般包括：

(1)排土场沉降观测。利用排土场平台上和边坡上的观测点(桩)进行排土场位移和沉降的定期监测。监测方法如经纬仪导线、水准仪高程测量，以及位移伸长计等。

(2)排土场坡面散体颗粒分布情况的实测和调查研究。最直接的监测方法就是在观测剖面线上，自坡顶到坡底采样进行现场统计(筛分法、网格统计法、照相法等)；另外根据排土生产图表和排土、排岩分排顺序，调查了解硬岩、软岩、表土的排弃位置和堆置量；以便及时掌握排土场上岩土及其块度的分布(特别是细颗粒的分布情况)。

(3)降雨(雪)量观测。在排土场地区建立简易的天气观测站，重点监测降雨(雪)量和雨强。因为降雨(雪)量是形成泥石流的主要外界条件和原因。

(4)边坡面冲刷量和泥石流沟淤积量观测。在排土场坡面和泥石流淤积主沟道埋没观测点若干个，在泥石流发生前后都定期观测边坡面岩土冲刷量，以及泥石流固体物质在排土场下方的淤积量，并根据历年气候和排土场观测资料分析计算排土场多年的滑坡及泥石流淤积量。这些实际观测资料对于研究分析排土场泥石流的形成和评价十分重要，在宏观上也可以作为设计参考数据和泥石流预报的基础。

排土场坡面上泥沙在高强度降水的作用下，对泥沙的侵蚀、携带、淤积和密实的过程，这是排土场一个自然现象，雨水使排土场坡面上的土石分离、移动，大颗粒被搬运作为推移质淤积在下淤积区内，细小颗粒被输送作为悬移质随水流作用被携带至下游河道中。泥沙流失量参数的合理确定是排土场泥石流泥沙流失设计和泥石流治理中的重要参数。如在潘洛铁矿大格排土场,通过泥沙流失量的观测研究,按固定的测量断面,测出泥沙搬运淤积在沟道中的推移质,又通过测试手段在测量断面上测量流量和流速,取样测出悬移质的含沙量。经过近6年的观测综合分析,得出大格排土场年泥沙流失量占年排土量的9.2%。又如海南铁矿第6土场、大宝山矿排土场、云浮硫铁矿排土场等,也得出排土场年泥沙流失量占年排土量的5%左右。

地下水和地表径流量观测:径流量观测是为了研究大气降雨、地表水、地下水在排土场内渗流运动规律及其对排土场稳定性的影响,并为排土场的渗流场、泥石流等分析提供可靠的依据。排土场降雨与径流量观测由于排土场为松散体岩土结构,饱含孔隙水和滞留水,故排土场内部的含水量对于径流的影响时间很长(达3~4个月),称为排土场的持水含水作用,使得地表径流量有明显的滞后影响。而尚未排土的沟谷的径流观测表明,地表径流量与降雨量基本同步,地表径流系数也较大。

分别在排土场下游各个汇水沟道处设立地表径流(水文)观测站,定期观测降雨量,地表径流量和排土场渗流量。排土场内部的渗流速度及渗流量取决于地基地形与入渗率、排土场物料构成,孔隙率及其渗透性。根据径流量大小和地形条件分别采用流速仪、浮标法、三角堰和矩形堰法进行径流观测。当雨季地表通流量大无法采用堰测法,则使用流速仪法和浮标法。

(1)矩形堰法(图5-46)。在观测站位置用混凝土砌一大一小两个矩形堰,堰高为37 cm,宽分别为119 cm和51 cm,观测时,视水流大小,堵住其中一个口堰测量出水流在堰口中的高度,然后根据式(5-25)求得径流量:

$$Q = 0.01838(b - 0.2\,h)^{\frac{3}{2}} \tag{5-25}$$

式中:b 为堰口宽度,cm;h 为水流在堰口中的高度,cm。

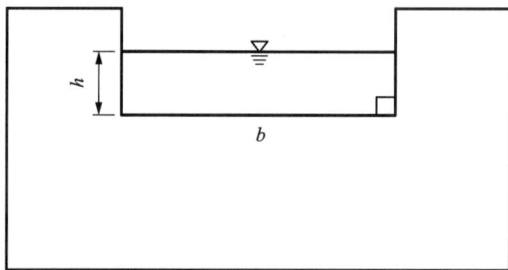

图5-46 矩形堰法观测地表径流示意图

(2)地表径流观测的浮标法。在石砌护堤选取较顺直地段20 m,隔10 m实测3个流水剖面,分别计算出不同水位时的流水截面积,每次观测时取3个流水截面积的平均值,观测时投入浮标,用秒表读出浮标流经3个剖面(20 m长)时所需的时间,不少于3次读数,以求得平均流速,浮标法观测通流量按下式计算:

$$Q = K \times A \times V \tag{5-26}$$

$$V = \frac{L}{t} \tag{5-27}$$

式中:K 为浮标系数,雨季渠道水深时 $K = 0.85$,水较浅时,$K = 0.6$;A 为水流断面的平均面积,m^2;V 为水面流速,m/s;L 为上、下断面的距离;t 为浮标流经上、下断面的历时。

(3)流速仪法。当旱季流量很小时，采用浮标法误差较大，此时应改用流速仪法观测。在该测水点上段，用水泥砌一矩形水槽(水槽尺寸为 1 m×0.2 m×0.2 m)，使水流流经此槽，观测时量得水位高度，用流速仪测量断面上各点的流速(图 5-47)，计算地表径流量按下式：

$$Q = \sum_{i=1}^{n} f_i V_i \tag{5-28}$$

式中：f_i 为测绘断面上各条块的面积；V_i 为相应条块上的平均流速。

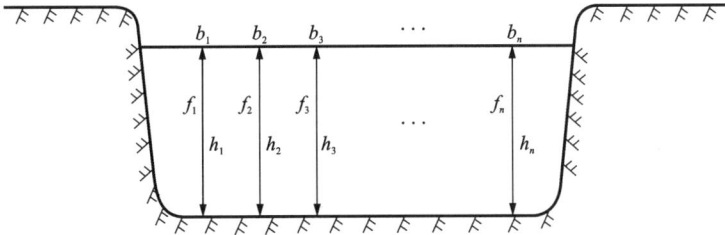

图 5-47 流速仪法测地表径流示意图

5.6 排土场关闭

矿山企业在排土场服务年限结束时，应整理排土场资料、编制排土场关闭设计报告，以保证排土场永久存在的安全，并提出相应的安全管理要求。

5.6.1 关闭资料

排土场关闭设计需要收集大量排土场原设计及评价资料，具体内容如下：

(1)收集排土场原初步设计或施工图设计文件；排土场不同年份的状态图和关闭前现状地形图；排土场周边关系资料，矿山周边设施的等级与类型资料，主要用于安全距离论证和环境影响分析等。包括排土场周边，特别是下游区域的铁路、公路、村庄、工业设施、水源、湖泊、农田和其他设施等。

(2)收集有关排土场历年安全检查对排土场安全度评价文档，包括防、排洪设施能力是否满足汛期需要，安全防护设施是否满足设计要求，排土场的整体稳定性是否满足设计要求，排土场有无重大危险源及处理措施等。关闭前，要委托有资质的单位对排土场安全现状进行评价。

(3)排土场区的原始状态下的工程地质、水文地质勘查资料，包括定期检查时的勘察资料。

(4)矿山已经实施的排土场安全措施设计及施工资料，了解排土场安全对策措施的可靠性和效果，为关闭设计的安全措施提出依据，主要包括拦挡坝资料、截排洪工程资料、底部防渗及软弱地基土清除资料等。

(5)排土场关闭的复垦方案制订应与矿山建设之初的土地复垦规划和已经实施的复垦工程相协调，充分考虑原有复垦方案，特别是实施方案，考虑连续性和有效性。

(6)排土场排弃物的特征及物理力学性质、化学性质试验报告。

(7)排土场关闭设计前，由具备资质的单位进行排土场稳定性分析论证，分析论证主要针对排土场堆排现状进行。

5.6.2 关闭设计

排土场关闭设计应提出排土场关闭后的安全稳定性措施及管理方案，排土场关闭设计最重要的原则是保证排土场永久存在的安全可靠性。

排土场关闭设计包含下列内容：

(1)对排土场现状进行完整的描述，其内容不仅包括排土场自身，还包括周边的环境现状及排土场对周边的影响。关闭报告应提供结束时的排土场平面图、包括周围状况的总体布置图、排土场复垦规划图。

(2)排土场稳定性分析应依据有资质的单位进行的排土场稳定性分析论证报告进行。具体包括排土场地基土特征分析、排土场堆排物料特征及物理力学性质分析、排土场台阶与整体稳定性计算分析、排土场是否存在病害及等级。

(3)排土场周边设施的类型与等级，安全距离，安全保证措施，环境保护要求等，根据排土场稳定性分析结论和周边设施特征提出并设计满足排土场永久安全存在的措施工程，保证不对下游和周边设施造成环境与安全影响。综合治理措施应体现出技术合理性、安全可靠性和经济实用性，便于管理，同时为排土场的未来利用创造条件。

(4)安全管理设计内容应结合现行国家标准《金属非金属矿山安全规程》(GB 16423)、现行行业标准《金属非金属矿山排土场安全生产规则》(AQ2005)及相关法律、法规等提出。

(5)由于矿山排土场关闭后，原矿山企业仍对排土场的安全管理负责，但考虑在安全监测方面的可操作性，在关闭设计中主要是加强安全措施，监测方案应选择简单、可行的方案，重要的是提出针对极端天气条件下的安全监测要求。

对关闭后的排土场进行开挖、综合利用应进行设计与安全论证。关闭后排土场重新启用或改作他用时，应进行可行性论证。

综上所述，排土场关闭工作流程如图 5-48 所示。

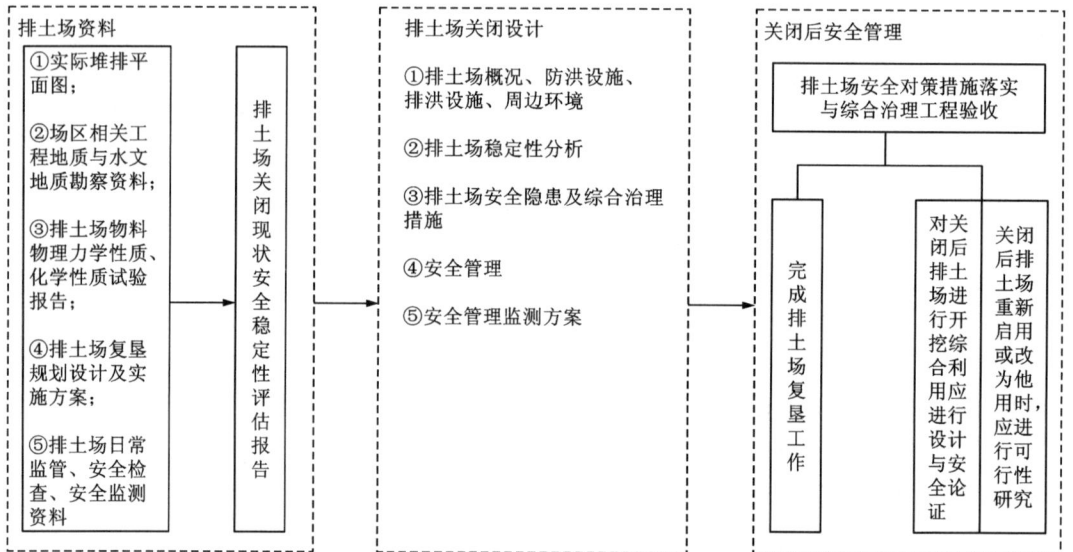

图 5-48 排土场关闭工作组织流程

参考文献

［1］GB 51119—2015.冶金矿山排土场设计规范［S］.

［2］GB 50421—2018.有色金属矿山排土场设计标准［S］.

［3］王运敏.现代采矿手册(中册)［M］.北京：冶金工业出版社，2012.

［4］王运敏.排土场稳定性及灾害防治［M］.北京：冶金工业出版社，2011.

［5］GB 16423—2020.金属非金属矿山安全规程［S］.

［6］AQ2005—2005.金属非金属矿山排土场安全生产规则［S］.

［7］GB 51016—2014.非煤露天矿边坡工程技术规范［S］.

［8］高建峰.逆排工艺在矿山排土场滑坡灾害治理中的应用［J］.现代矿业，2014，30(7)：140-141，181.

［9］李洪文，代永新.排土工艺对排土场的稳定性影响分析［J］.现代矿业，2013，29(6)：112-114.

［10］DZ/T 0220—2006.泥石流灾害防治工程勘查规范［S］.

［11］DZ/T 0286—2015.地质灾害危险性评估规范［S］.

［12］GB 50021—2001.岩土工程勘察规范［S］.

［13］DZ/T 0219—2006.滑坡防治工程设计与施工技术规范［S］.

［14］代永新，张春.酸化土体坡脚的排土场边坡稳定性研究［J］.现代矿业，2015，31(10)：189-190.

［15］李香梅，赵艳，蔡桂香，等.冶金矿山排土场土壤改良及植被恢复技术［J］.现代矿业，2011，(7)：124-126.

［16］朱君星，刘蕊.排土场滑坡与泥石流成因机理分析及临界雨量的确定［J］.有色金属(矿山部分)，2017，(9)：75-79.

［17］毛权生，乐陶.多台阶覆盖式排土场边坡结构参数的确定［J］.金属矿山，2013(5)：56-58.

［18］邱宇，徐文彬，周玉新.我国冶金矿山排土场研究现状及展望［J］.金属矿山，2016(9)：15-22.

［19］张春，吴超.排土场散体物料强度对边坡潜在滑动面的影响［J］.金属矿山，2015(1)：133-137.

［20］张永乐，周玉新.永平铜矿西部排土场排土方案及其稳定性分析［J］.金属矿山，2008(4)：126-128.

［21］张默，汪斌，周玉新，等.排土场散体物料抗剪强度的安全系数反演分析［J］.金属矿山，2015(5)：171-174.

第 6 章

矿山尾矿库

金属非金属矿山开采出来的矿石，经选矿厂选出有价值的精矿后产生砂一样的"废渣"，称作尾矿。尾矿通常是以浆体形态呈现，是在矿物加工过程中产生和处置的破碎、磨细的岩石颗粒，视为矿物加工的最终产物，即选矿或有用矿物提取之后剩余的废弃物。这些尾矿不仅数量大，有些还含有暂时不能回收的有用成分，如果随意排放就会造成资源的流失，更主要的是会大面积覆没农田、淤塞河道，造成严重的环境污染，因此必须妥善处理。

尾矿库是指筑坝拦截谷口或围地构成的用以贮存金属非金属矿山进行矿石选别后排出尾矿的场所，是维持矿山正常生产的必要设施。为保护资源、保护生态环境、节约用水、维持矿山安全生产，尾矿库作为污染源和危险源，同时又是环保设施和安全设施，必须与主体工程同时设计、同时施工和同时投入使用。

经过多年来的发展，我国已成为世界矿业大国，截至 2019 年底，全国尾矿库共有 7000 余座，基本满足了矿业发展的需要。我国尾矿库数量多、库容大、坝体高，在尾矿库建设和管理方面都积累了丰富的经验，尤其在地震区采用上游法建设高尾矿坝、上游法尾矿高速率堆坝技术、尾矿坝排渗降水技术、岩溶地区尾矿库建设等方面处于领先水平。但是我国还是发展中国家，经济比较落后，尾矿库还存在以下不利的特点：

（1）上游法坝多。在尾矿坝筑坝方法中上游法较下游法和中线法筑坝坝体稳定性差，但基于上游法筑坝工艺简单、建设与运行费用低、便于管理、实用性强的特点，我国 95% 以上的尾矿库采用上游法筑坝。

（2）尾矿库安全与环保设计标准较低。我国是发展中国家，尾矿库防洪、坝体稳定、抗震和环保等建设标准与发达国家相比相对偏低。

（3）小型库多。根据统计数据，四等及四等以下的小型尾矿库占 80% 以上。

（4）受地震威胁大。我国是地震多发性国家，尾矿库防震与抗震是重要问题。

（5）失事后果严重。我国人口众多，尾矿库建设难以避开居民区和重要的工业、交通设施，一旦失事，损失巨大。

6.1　尾矿排放方式与设施

6.1.1　尾矿排放方式与选址

6.1.1.1　尾矿库选址

尾矿库选址应经多方案技术经济比较综合考虑确定,并应遵守下列原则:

(1)不宜位于大型工矿企业、大型水源地、重要铁路和公路、水产基地和大型居民区上游。

(2)不宜位于居民集中区主导风向的上风侧。

(3)应不占或少占农田,且不迁或少迁居民。

(4)不宜位于有开采价值的矿床上面。

(5)汇水面积小,有足够的库容。

(6)上游式湿排尾矿库应有足够的初、终期库长。

(7)筑坝工程量小,生产管理方便。

(8)应避开地质构造复杂、不良地质现象严重区域。

(9)尾矿输送距离短,能自流或扬程小。

根据有关规定,尾矿库不应设在下列地区:

(1)风景名胜区、自然保护区、饮用水源保护区。

(2)国家法律禁止的矿产开采区域。

6.1.1.2　湿法排放

开采出来的矿石经过破碎、球磨,在选矿工艺流程中需要加水,经过选别精矿后的尾矿通常以矿浆状态排出,这种以某一浓度水夹砂的排放方式是湿法排放,因此要采用某种类型的堤坝形成拦挡、容纳尾矿和选矿废水的尾矿库,使尾矿从悬浮状态沉淀下来形成稳定的沉积层,选矿废水循环回选厂使用。

6.1.1.3　高浓度排放

高浓度排放方法是近年来开始采用的一种方式,在尾矿库周边设围堤然后在四周移动或中央固定点排放,使尾矿呈锥形堆积,形成较陡的堆积边坡。

首先使选厂全尾矿浆或旋流后细微矿浆的质量浓度达到 60% ~ 70%,呈高黏性流态的膏体,经输送管路泵送到尾矿堆中央或周边的排放点,沉积后自然形成坡度为 5% ~ 6% 的锥形尾矿堆。随着尾矿堆的升高,定期地抬高中央排放点或移动周边的排放点。

高浓度排放方法的主要优点是:初期建坝工程投资较低,同时降低了运行期间尾矿坝体的维护费用;与同样坝高的湿法排放尾矿库相比,库容利用系数大;尾矿沉积层较稳定,在静荷载作用下发生破坏的风险较低;在尾矿排放过程中尾矿膏体的蠕动可周期性地湿润尾矿堆,减少粉尘污染;并且尾矿堆坡度较平缓均匀,便于尾矿库闭库时的土地恢复;显著减少尾矿回水量;因基本取消了尾矿库的库内澄清水域,可减少尾矿水向周边的渗漏。

虽然高浓度排放方法可以节省筑坝费用,但是同时需要增加浓密机的建设和运行费用;由于能源需求较大,同时管路磨损较大,高浓度浆体泵送成本较高,技术复杂,需要靠近尾矿库布置浓密机;所占用土地面积比一般尾矿库大,需要更大面积的土地复垦;由于浓密机没有贮存能力，一旦浓密机检修或故障停工，只能排放未浓密的尾矿或者其排放浓度降低，致使尾矿在库内漫流或需要另外建设湿法排放的应急尾矿库。

6.1.1.4　干法排放

对于水资源缺乏、尾矿库纵深不能满足湿法堆存要求或有其他特殊要求，并经技术经济比较合理时，可采用尾矿干法堆存。

选厂出来的尾矿通过压滤机或过滤机等设备脱水处理，形成含水量 10%~30% 的"干饼状"物体满足运输、堆积及碾压要求后，在尾矿库内进行堆存。

干法尾矿排放方式包括库尾、库前、库中及周边排矿方式，在库下游应设回水澄清池。各种干式尾矿排放方式应满足下列要求：

（1）库尾排矿应采用由库区尾部（上游）向库区前部（下游）排放的方式。排矿时应自下而上分层碾压并设置台阶，台阶高度与堆积坝最终设置的台阶高度一致，分层碾压顶面应保持 1%~2% 的坡度，坡向为拦挡坝方向。

（2）库前排矿应自拦挡坝前向库尾推进，应边堆放边碾压并修整边坡。

（3）库中排矿应自库区中部向库尾和库前推进，应边堆放边碾压，并应在达到设计最终堆高时一次修整堆积坝外坡。

（4）周边排矿应自库周向库中间推进，并应始终保持库周高、库中低，边堆放边碾压并修整边坡。

（5）堆积坝最终外坡面每隔 5~10 m 高度应设一平台，并应在平台上修建永久性纵、横向排水沟。

由于尾矿基本上呈固体形式处置，所以土地恢复与尾矿处置可同时进行，与普通浆体排放的尾矿库相比，渗漏量的减少在很大程度上取决于基础材料的渗透性，在没有垫层或低渗透性的基础材料情况下，饱和尾矿的渗漏也会较大。

6.1.1.5　其他排放

（1）井下充填

目前建设尾矿库是应用最广泛的尾矿排放方法，但由于土地资源的紧缺和环境保护的要求越来越严格，同时地下采矿形成的采空区越来越多，国家开始努力推行尾矿充填采空区以支护岩层，同时减少尾矿的地表处理量。特别是尾矿属惰性、无潜在危险时，尾矿井下充填排放更有突出优点。

尾矿井下充填的作用主要有：提供工作平台；提供围岩支护；最大化回采矿石；减少尾矿的地表处理量。

地下矿山开采完毕后，在一定范围内产生相当大而无用的地下空间，利用这些空间排放尾矿可以显著减少地表尾矿处理量，即减少尾矿库占地和对地貌的扰动等。在某些需要防渗或复垦的尾矿库，地下排放尾矿可以减少巨大的工程投资；对于高含硫化物的尾矿，堆置在地下水位以下，永久性地保持饱和状态，从而减少氧化可能引起的强酸性条件和重金属污染问题。

（2）露天矿坑排放

在露天矿坑排放尾矿，作业简单，如果露天矿坑边坡岩体透水性较弱，或者所排放尾矿无潜在污染危险，可以围绕采场边界周边排放，或者单点排放。如果需要铺设垫层以防渗漏,则可以在全深或回填到一定深度后,再铺设垫层。

露天矿坑排放尾矿的基本特点是:

①由于堆积松散,矿坑最多只能回填剥离量的 75%。

②在高边坡情况下,可能发生采场边坡稳定性差和垫层不完整等问题。

③覆盖层设计及其材料选择宜易于抵抗侵蚀和良好排水。

④陡边坡深矿坑回填尾矿需覆盖和种植植被的面积小,易于实现美化环境。

⑤空气污染小。

⑥难以掌握有关污染物迁移和渗流的水文地质参数。

⑦矿坑内尾矿回填可能妨碍将来开采边界上有价值的矿石,而且矿坑一旦填满,也不可能再加深开采坑底的矿石。

(3)专门掘坑排放

一般在土地平坦或荒漠地区,为排放尾矿专门掘坑,挖出材料在四周筑成拦挡坝防止地表径流,中间形成尾矿堆积区,尾矿废水在库内沉淀后回用,待尾矿与拦挡坝顶基本齐平时覆土复垦。

6.1.2　尾矿库型式

6.1.2.1　山谷型

山谷型尾矿库是一种典型的尾矿库类型,国内大量尾矿库属于此类。

(1)基本型式

在山谷谷口处筑坝形成尾矿库,如图 6-1 所示。

(2)特点

山谷型尾矿库初期坝轴线较短,工程量较小,基建投资较低。尾矿堆坝工作量小,尾矿坝通常可堆得较高,尾矿水的澄清条件一般较好,运行维护简单。

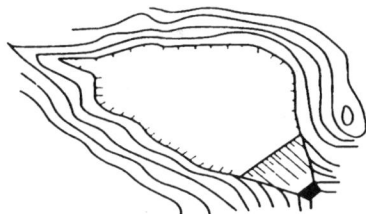

图 6-1　山谷型尾矿库

汇水面积通常不大,排水系统一般比较简单。当汇水面积较大时,如地形合适,可在上游谷口设置拦洪坝及排水设施,使洪水不进入库内。

6.1.2.2　山坡型

(1)基本型式

在山坡脚下利用山坡阶地两面或三面筑坝形成的尾矿库,如图 6-2 所示。

(2)特点

山坡型尾矿库初期坝轴线较长,基建投资较大,尾矿堆坝工程量大,堆坝高度一般不会太高。

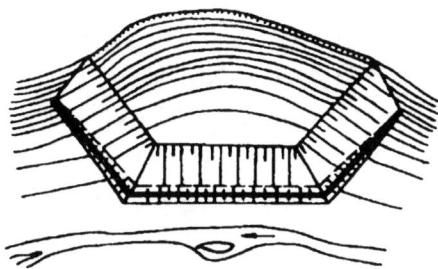

图 6-2　山坡型尾矿库

汇水面积通常较小,一般可将山坡汇流截走,排水系统设施较为简单。库内水面面积一般不大,尾矿澄清条件差,管理维护复杂。

6.1.2.3 平地型

（1）基本型式

在平地上或坡度极小的坡地上四面筑坝围成尾矿库，如图6-3所示。

（2）特点

平地型尾矿库汇水面积小，没有山坡汇流，只有库内面积的降水，排水构筑物简单。尾矿坝的轴线长，筑坝工程量和尾矿堆坝工程量大，堆坝高度一般不大。

尾矿从四周往中间堆高，一般要求同步上升，管理维护复杂，尾矿水的澄清条件较差。

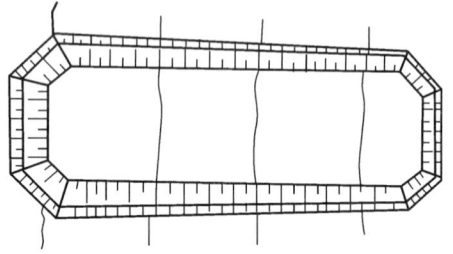

图6-3 平地型尾矿库

6.1.2.4 河谷型

（1）基本型式

截断河谷在上下游分别筑坝形成的尾矿库。上游设拦洪坝，将上游来水通过排水系统引向尾矿库下游，如图6-4所示。

（2）特点

河谷型尾矿库上游拦洪坝顶高出尾矿最终堆积标高，即尾矿从下游初期坝起向上游堆坝；若拦洪坝顶标高低于最终堆积标高，即尾矿堆坝是从上、下游两个方向往中间进行，一般要求同步上升，同时堆坝高度受到限制。

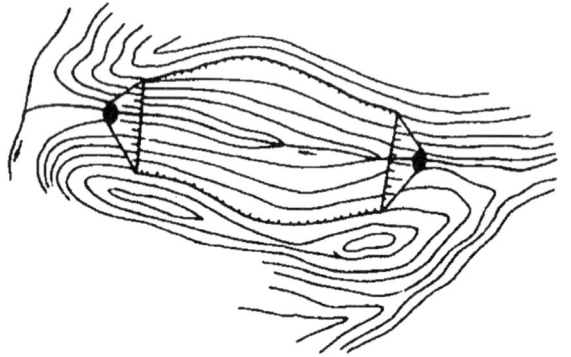

图6-4 河谷型尾矿库

尾矿库库内汇水面积一般不大，但库外的汇水面积通常较大，需要分别设置库内、库外排水系统，还要考虑上游坝的坝型问题，配置较复杂，管理维护也比较复杂。

6.1.2.5 其他型式

尾矿坝不同于水库坝之处在于贮存介质和功能的不同。对于尾矿坝，主要侧重于在尾矿浆体浓度、状态和排放方式上区别尾矿库功能和确定坝型。如环形坝是适用于高浓度和半干状态尾矿排放的一种坝型，不同于堆积坝和水库坝。

（1）高浓度中央排放

高浓度中央排放方法是通过尾矿区周边设围堤和中央固定点排放，使尾矿呈锥形堆积，借以消除堆积坝的陡坝坡和坝上蓄水区。

在尾矿库系统中需要考虑的有关水管理和环境控制的要求包括：

①在上坡的周边设置排水沟，并在库区周围形成导流，以拦截地表径流水。

②在周边坝与尾矿堆坡脚之间保持足够的空间用作澄清池，为降解和水澄清提供充足的时间。

③在溢出口设置普通的二次水处理池，使池内水在排放到环境或再循环之前有足够的澄清时间，同时监测池水pH、流量和杂质，以满足排放标准。

④设置应急排洪系统，以安全地控制池水位。

⑤为了降低管路投资和泵送成本，应尽可能使浓密机靠近尾矿库。

高浓度排放需要慎重考虑径流疏导,如果不能从尾矿堆周围引走全部洪水径流,则可能造成坡脚尾矿的侵蚀和流失。如果尾矿含水量较高且尾矿堆较低部分饱和,即便是平缓到1%的坡度也可能发生液化流动滑坡,特别是黏土颗粒含量高的情况下更易受地震触发液化。

高浓度排放方法适合于地形平坦、不发生集中径流、地震风险低的地区。

(2)半干性喷洒排放

半干性喷洒排放是使用环形坝、从周边向里形成沉积滩。通过在整个库区连续的沉积层上控制性排放尾矿,使尾矿沉积层在排出水的同时得以干燥,呈半干状。

这种排放方法在尾矿库下面埋设集水系统,汇集的渗漏水和径流水导至蓄水池,在外排之前进行处理。开始积水少时可通过底部砂滤层排水,当排放和沉积新尾矿时,下部干燥层立即吸收其水分,并可能通过之后的蒸发作用消耗掉这部分水。尾矿排放方法是通过喷洒栏条使尾矿浆在整个沉积滩上平缓流动,形成约 100 mm 厚的沉积层。在覆盖一个区段后移动排放点,让这个区段干燥,在干燥过程中便会产生负孔隙压力,从而引起密度和抗剪强度的增加以及渗透系数的相应降低。细颗粒往往在上部表面集中,干燥后形成有黏结力的外壳,抵抗风蚀。

主要优点:尾矿体可以达到较高的密度,充分利用库容;由于尾矿的排水以及消除了坝体附近的积水,增大了抗液化能力,可以采用上游法筑坝;闭库后尾矿可以完全排水和固结,立即在其上构筑密封层和覆盖层。

主要缺点:尾矿沉积层需要保持湿润,否则易发生粉尘污染;不适用于非常寒冷的冰冻期;初期建设费用较高,需要单独的蓄水沉淀池,便于选矿废水和径流水的再循环或外排。

6.1.3　库容及性能曲线

6.1.3.1　库容组成与计算

尾矿库堆存尾矿时,随着尾矿的不断排入,尾矿坝也逐渐加高。尾矿库的库容有全库容、总库容和有效库容之分。

(1)所需库容计算

为满足选厂一定服务年限所需,尾矿库有效库容应按式(6-1)确定。尾矿库内的尾矿平均堆积干密度应根据试验或类似尾矿库的实测资料确定;当缺少资料时,尾矿颗粒密度 ρ_g 为 2.7 t/m³ 的水力冲积尾矿可按表6-1选定;其他密度的尾矿应将表中的数值乘以校正系数 β,β 值可按式(6-2)确定。

$$V = \frac{W}{\rho_d} \tag{6-1}$$

$$\beta = \frac{\rho_g}{2.7} \tag{6-2}$$

式中:V 为所需尾矿库的有效库容,m³;W 为尾矿库设计年限内需贮存的尾矿量,t;ρ_d 为尾矿库内的尾矿平均堆积干密度,t/m³。

表 6-1　尾矿平均堆积干密度　　　　　　　　　　　　　　　单位：t/m³

原尾矿名称	尾粗砂	尾中砂	尾细砂	尾粉砂	尾粉土	尾粉质黏土	尾黏土
平均堆积干密度	1.45~1.55	1.40~1.50	1.35~1.45	1.30~1.40	1.20~1.30	1.10~1.20	1.05~1.10

注：原尾矿系指选矿厂排出未经自然或机械分级的尾矿。

所需尾矿库的总库容由计算的所需尾矿库的有效库容除以尾矿库的终期库容利用系数 η_y，η_y 与尾矿库的形状、尾矿粒度、放矿方法等有关，粗略计算时可参照表 6-2 选取。

表 6-2　尾矿库库容利用系数 η_y

尾矿库形状及放矿方法	初期	终期
狭长曲折的山谷，坝上放矿	0.30	0.60~0.70
较宽阔的山谷，单面或两面放矿	0.40	0.70~0.80
平地型或山坡型尾矿库，三面或四面放矿	0.50	0.80~0.90

（2）实有库容计算

尾矿库库容计算参照图 6-5 所示：

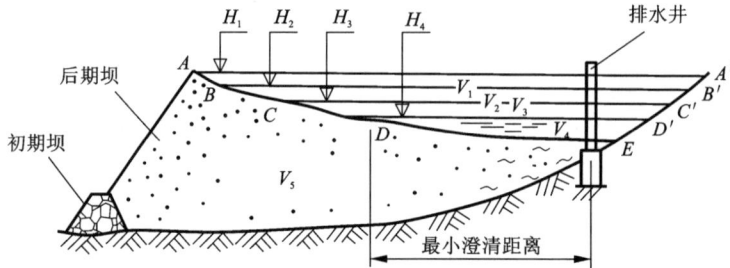

图 6-5　尾矿库库容组成图

图中：

H_1——某一坝顶标高，对应的水平面为 AA'；

H_2——设计洪水水位，对应的水平面 BB'；

H_3——蓄水水位，对应的水平面为 CC'；

H_4——正常生产时的最低水位，通常也称死水位，对应的水平面为 DD'，由最小澄清距离确定；

DE——细颗粒尾矿沉积滩面及矿泥悬浮层面；

V_1——安全库容：指水平面 AA' 与 BB' 之间的库容，是为确保设计洪水位时坝体安全超高和安全滩长的空间容积，是不允许占用的，又称空余库容；

V_2——调洪库容：指水平面 BB' 和 CC' 之间的库容，是在暴雨期间用以调节洪水的库容，是设计确保最高洪水位不致超过 BB' 水平面所需的库容。因此该部分库容在非雨季可以占用，雨季绝对不能占用；

V_3—蓄水库容：指水平面 CC' 和 DD' 之间的库容，一般供选厂枯水季生产水源紧张时使用，当尾矿库不具备蓄水条件时，CC' 和 DD' 重合，此值为 0；

V_4—澄清库容：指水平面 DD' 和滩面 DE 之间的库容，是保证正常生产时水量平衡和溢流水水质得以澄清的最低水位所占用的库容，俗称死库容；

V_5—有效库容：指滩面 $ABCDE$ 以下沉积尾矿以及悬浮状矿泥所占用的容积，是尾矿库实际可容纳尾矿的库容。

尾矿库的全库容 V 是指某坝顶标高顶面、下游坡面及库底面所围空间的容积，包括有效库容、澄清库容、蓄水库容、调洪库容和安全库容 5 部分，用公式表示为：

$$V = V_1 + V_2 + V_3 + V_4 + V_5 \tag{6-3}$$

尾矿库的总库容是指尾矿堆积至设计最终坝顶标高时的全库容。

6.1.3.2　尾矿库的性能曲线

尾矿库的库面面积、全库容、有效库容和汇水面积都随着坝体堆积高度的变化而变化。绘制尾矿库的性能曲线可以表示出不同堆坝高度时的具体数值，如图 6-6 所示。

(1) H-V 曲线（高程-全库容曲线），可以确定尾矿库各使用期的等别。

(2) H-V_η 曲线（高程-有效库容曲线），可以推算逐年坝顶所达标高，制订尾矿筑坝生产计划和运行图。

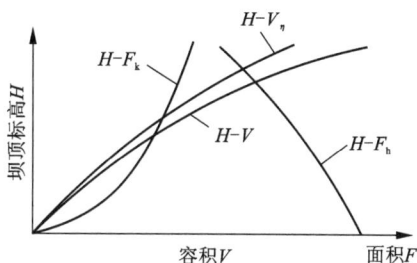

图 6-6　尾矿库性能曲线图

(3) H-F_h 曲线（高程-汇水面积曲线），可以进行各使用期尾矿库排洪演算（对于上游式尾矿库，随坝顶的增高汇水面积不断减小）。

(4) H-F_k 曲线（高程-库面面积曲线），可以确定不同高程间的库容。

6.1.4　尾矿库等别

6.1.4.1　等别划分原则

尾矿库的等别决定了防洪标准和库内构筑物的级别，而构筑物的级别决定结构的安全度。尾矿库等别应根据尾矿库的最终全库容和最终坝高以及重要性等因素确定。

6.1.4.2　等别确定

尾矿库各使用期的设计等别应根据该期的全库容和坝高分别按表 6-3 确定。当两者的等差为一等时，应以高者为准；当等差大于一等时，应按高者降一等确定。

露天废弃采坑及凹地储存尾矿，且周边未建尾矿坝时，可不定等别；建尾矿坝时，应根据坝高及其对应的库容确定尾矿库的等别。

除一等库外，对于尾矿库失事将使下游重要城镇、工矿企业、铁路干线或高速公路等遭受严重灾害者，经充分论证后，其设计等别可提高一等。

尾矿库构筑物的级别应根据尾矿库的等别及其重要性按表 6-4 确定。

表 6-3 尾矿库各使用期的设计等别

等别	全库容 $V/(10000 \text{ m}^3)$	坝高 H/m
一	$V \geqslant 50000$	$H \geqslant 200$
二	$10000 \leqslant V < 50000$	$100 \leqslant H < 200$
三	$1000 \leqslant V < 10000$	$60 \leqslant H < 100$
四	$100 \leqslant V < 1000$	$30 \leqslant H < 60$
五	$V < 100$	$H < 30$

表 6-4 尾矿库构筑物的级别

尾矿库等别	构筑物的级别		
	主要构筑物	次要构筑物	临时构筑物
一	1	3	4
二	2	3	4
三	3	5	5
四	4	5	5
五	5	5	5

注：1. 主要构筑物系指尾矿坝、排水构筑物等失事后将造成下游灾害的构筑物；2. 次要构筑物系指除主要构筑物外的永久性构筑物；3. 临时构筑物系指施工期临时使用的构筑物。

6.2 尾矿坝结构与坝基处理

6.2.1 尾矿坝的坝型

尾矿坝是尾矿库用来挡尾矿和水的围护构筑物，坝高一般较高，有些达 100~200 m 甚至更高。通常尾矿坝的坝型可分为两大类：

一类是一次建坝，即整个坝体全部用当地土、石或其他材料一次或分期筑成，不用尾矿堆坝。此类坝型多用于尾矿颗粒很细不能筑坝的情况，或采场有大量废石可用于尾矿库坝体兼做废石堆场的情况。

另一类则应用较广泛，因为用土、石或其他材料修筑高坝工程费用巨大，且选矿厂排出的尾矿本身就可以作为尾矿坝的筑坝材料使用，因此考虑初期坝用当地土、石等材料筑成，后期坝用尾矿筑成。

初期坝是在基建期修筑，用以容纳选矿厂不少于半年排出的尾矿量并作为堆积坝的排渗及支撑体，一般做成透水坝（有利于排水固结），也有做成不透水坝的（国内早期采用较多）。后期坝通常是由生产单位在整个生产运行过程中随着尾矿的不断排入，逐年用尾矿来沉积加高修筑，一般采用上游法筑坝，也有采用下游法和中线法筑坝的（表 6-5）。

表 6-5　我国典型尾矿库(坝)表

序号	坝型		工程实例
1	一次性筑坝		西藏玉龙铜矿玉龙沟尾矿库 巴彦淖尔西部铜业 4#尾矿库
2	上游法	山谷型	洛钼集团炉场沟尾矿库 湖南柿竹园公司柴山尾矿库
		山坡型	西部矿业集团有限公司锡铁山分公司新、老尾矿库 四川鑫源矿业呷村矿尾矿库
		平地型	山东黄金焦家金矿四库整合工程
		河谷型	陕西四方金矿荒草沟尾矿库
3	中线法		德兴铜矿 4#、5#尾矿库 巨龙铜业甲玛沟尾矿库
4	干法堆存		内蒙古国森矿业尾矿库

注：国内目前没有下游法尾矿堆坝的工程。

6.2.2　坝基处理

坝基处理的范围包括河床及岸坡。经过处理的坝基应满足渗流控制(包括渗透稳定和渗流量控制)、静力和动力稳定、容许沉降量和不均匀沉降等方面的要求,保证坝的经济合理和安全使用。

天然地基比较复杂,一般可分为岩石地基、砂砾石地基和土基(壤土、黏土)三类。就一个坝基而言,可能三类地基都有,或者河床是砂卵石地基、两岸是土基或较陡的岩石。对于不同的地基类型采用不同的处理方法,易液化土、软黏土和湿陷性黄土是特别需要加以研究处理的地基。

6.2.2.1　坝基防渗

坝基防渗包括河床及两岸,防止任何部位发生渗透破坏,并应尽量减少渗透流量。坝的防渗体应与岸边地基紧密连接,设置齿槽伸入不透水地基;对于黏土斜墙坝应扩大防渗体断面,使岸边连接部位的防渗厚度不小于 2 倍坝高以延长绕流接触渗径;为防止坝头不均匀沉降而发生横向裂缝,要求岸边坡度不大于 1:1.55;如果坝基采用黏土防渗铺盖,则铺盖应延伸到两岸坝顶高程,使整个铺盖形成簸箕状的防渗体,位于岸边铺盖应保持自身稳定,坡度不大于 1:3,底部厚度与河床段相同且不小于 1.0 m;当两岸为完整岩石或密实的不透水层时,可以将铺盖结束在岸边坡脚处,但必须与岸边连接紧密,且搭接长度比小于 1/4 坝高。

尾矿沉积体一般渗透系数在 $1×10^{-4}$ cm/s 以下,由于库内沉积尾矿,对坝基渗流控制很有作用,采用周边放矿是尾矿库防渗的成功经验。采用尾矿防渗的作用相当于做铺盖,要求沉积的尾矿不产生渗透破坏,也就是排放的尾矿不会通过透水的坝基流失。因此,铺盖施工时要注意:

(1)认真清基,拟做铺盖范围之内的弃渣、弃土、乱石、稀泥以及表层腐殖土层等均应清除干净。

(2)将基础整平,防止高差的突然变化和局部鼓包的存在。基础下面的沟、洞、坡、井等要认真处理，清理之后，分层回填夯实。

（3）在无砂或少砂的砂卵石地基上或透水性很强的岩基要在清理整平之后，做好反滤层，保证尾矿不流失。反滤层应连续而封闭，即在防渗的范围保持反滤层的闭合。

此外还有一种方法是在透水地基的前缘做连续的反滤层截断透水带，该反滤层应和初期坝的坝体反滤层连接形成整体反滤层，以达到防渗的目的。

采用尾矿防渗时，要做好坝址排水和水平褥垫等防渗透变形措施。

6.2.2.2 岩石地基处理

一般完整岩石透水性很弱，视为不透水地基。但岩石表层风化裂隙发育，具有不同程度的透水性，由于地质构造作用，岩石地基往往存在断层破碎带以及节理裂隙带，将构成地基的局部强透水层或透水层。因此岩石地基主要是考虑表面和深部强透水层、强透水带以及集中漏水通道的处理。

1）防渗措施

对于一般岩石地基加设防渗设施，主要目的是加强坝的防渗体与地基的连接，土坝防渗体一般是用黏土碾压成密实的土体，本身透水性小，放在岩石地基上，二者的接触面将是一个薄弱面，比坝的防渗体和岩石地基易于透水。为了防止产生集中渗流，针对岩石的不同情况，采取不同的措施。

（1）完整岩基

完整岩基的处理方法是沿坝的防渗体中心线或稍偏上游开挖一条截水槽，有的加设齿墙。截水槽底宽不小于1/6坝高，伸入岩基0.3~0.5 m。如岩基表面风化破碎，裂隙充填又不密实，则应继续挖深至没有明显的漏水裂隙为止。

（2）风化、软弱基岩

对于风化、软弱岩基齿槽开挖时，应穿透其透水性较强及岩层软弱部分，并在齿槽底面浇筑混凝土底板，底板两端加设短墙呈 U 形混凝土护底，用以连接坝的防渗体和岩石地基，同时对二者起保护作用。混凝土板的宽度，视岩石透水性和软弱情况而定，一般不小于1/4坝高。

（3）强透水岩石地基

强透水岩石地基最有效的处理方法是帷幕注浆，但投资较大，对于中小型工程可能有些困难。在这种地基上筑坝，可采用黏土铺盖或用尾矿防渗，以削减渗流。

（4）岸边连接

建在岩石地基上的土坝，由于岸边岩石边坡一般较陡，在坝头范围内由于高度不同，坝体将产生不均匀沉降。岸坡接触部位是坝的薄弱环节，容易沿接触面及坝体内部发生集中渗流。因此在施工中严格控制施工质量，尽量将坡面岩石做到平整，避免出现台阶及高差的突然变化。对于黏土斜墙坝，在与岸坡接触部位防渗体断面应适当放大，以加长接触渗径，减小防渗体的渗透水力梯度。两岸防渗体放大断面，与河床部分的防渗体连接要做成渐变形式。

2）基岩表面处理

基岩表面常存在岩石溶洞、岩溶裂隙、节理裂隙密集带等，可能影响防渗体与弱透水岩层紧密连接，并可能形成漏水通道，需查明后做好处理。

（1）岩石溶洞

溶洞有较大的漏水通道，也有较小的孔洞或岩溶裂隙。对于较大的漏水通道，可采用大块石卡堵后再用混凝土或钢筋混凝土封堵其进口。对位于截水槽范围之内的较小岩溶孔洞或裂隙的处理，应深挖到没有明显漏水通道和孔隙之后，铺设一层水泥砂浆抹面或水泥浆，再做垫层和土工膜防渗层，最后回填黏土夯实。

位于两岸的溶洞，为防止产生绕坝渗流，可在清理之后，以水泥砂浆勾缝或铺设黏土铺盖封堵。位于岸边的溶洞往往有泉水出露，做铺盖前应先处理泉水。处理方法是先清理出涌水口，在涌水口处埋设导水管，必要时还要设通气管，然后铺设碎石及砂砾料做反滤，再填筑黏土或防渗膜铺盖，最后用钢筋混凝土封盖。

（2）断层破碎带或节理裂隙密集带

位于截水槽底部且回填不密实的，可开挖一定深度、回填黏土夯实或混凝土回填。位于两岸且走向为顺水流方向或与坝轴线斜交的，可将其表面和附近岩石清理之后，加设黏土铺盖封堵。

6.2.2.3　土基及透水地基处理

不透水的土基（黏土、壤土）或透水地基在填筑坝体前都必须清除筑坝范围内（包括铺盖及下游盖重）的表面腐殖土、植物根茎、弃土、弃渣、乱石等。对于坝基范围内的天然冲沟、人工洞穴等要进行回填夯实处理；地表建构筑物予以拆除；要防止高程的突然变化，突变陡坡予以削缓，使坝基形成一个基本平滑、没有突然起伏变化的坚实表面。

1）不透水土基

处理好坝的防渗体与地基的连接，使之成为整体。可沿防渗体范围将地基开挖 $0.3 \sim 0.5$ m，再沿防渗体中心线稍偏上游开挖齿槽 $1 \sim 2$ m，宽度小于或等于 $1/4$ 坝高，且不小于 3 m，然后用与防渗体相同的黏性土料回填夯实。

2）单层透水地基

（1）不深的单层透水地基，最有效的措施是开挖截水槽至基岩或不透水土层。为防止截水槽土体产生管涌，应在截水槽下游面沿透水地基开挖边坡设置一层 $0.5 \sim 1.0$ m 厚的反滤过渡层，可用中粗砂或粒径不大、级配良好的砂砾料。

（2）深的单层透水地基开挖截水槽到不透水层难以实现时，可采用尾矿防渗、黏土铺盖或混凝土防渗墙等措施。

黏土铺盖和尾矿防渗的要求一致，对基础处理的要求相同。采用黏土防渗铺盖时，铺盖长度按坝基内不产生管涌的原则，将坝基渗压平均比降控制在 $1/10$，所以铺盖的长度一般为 $10H-B$（H 为上下游水头差，B 为坝基长），铺盖最大厚度约为 $1/4H$。

垂直混凝土防渗墙一般是先用冲击钻分段凿成槽型孔，然后浇筑水下混凝土，厚度一般为 $0.6 \sim 1.2$ m，底部伸入基岩 $0.5 \sim 1.0$ m，顶部伸入坝体的深度为土坝上下游水位差的 $1/8 \sim 1/6$，且不小于 2.0 m。

3）成层透水地基

成层透水地基不深时可采用截水槽到基岩，下游做水平褥垫及坝址排水。

如果成层透水地基很深，透水层和不透水层有规律地交互成层，中间不透水层在坝基和坝前相当宽广的范围内是连续的，可以将截水槽设置在这层中间不透水层上。这样中间不透水层相当于天然防渗铺盖，应具有适当的厚度以满足渗流稳定。

6.2.2.4 可"液化"土层的处理

地震时地基发生"液化"破坏，是地基中的饱和土层在地震动力作用下，由于颗粒骨架结构趋于振密而引起孔隙水压力暂时显著增大，使建筑物地基失稳或产生较大变形（包括流动）的现象，通常发生在饱和无黏性土和少黏性土中。"液化"破坏与土层的天然结构、颗粒组成、松密程度、地震前和地震时的受力状态、边界条件和排水条件以及地震历时等有关。

增强土抗"液化"稳定性的措施主要有：

（1）改变场地：对场地进行"液化"判别和危害性分析，能够避开的尽量避开。

（2）换土：当"液化"土层在距地表 3~5 m 的范围内时，全部挖除换上非"液化"土。

（3）土性改良：采用振冲法、强夯法、挤密桩法、振密法（有插管法、十字杆插管法和爆炸振密法）、旋喷桩法等改良土性。

（4）排水：设置碎石排水桩以降低孔隙水压力，也可用井点或轻型井点降低地下水位。

（5）围封：采用板桩、地下连续墙、碎石桩等把尾矿库的建构筑物基础围起来以免基础的外层"液化"向基础内扩展。

（6）桩基：设置桩基穿透"液化"层。

（7）筏基础：采用一些整体基础，提高基础的强度和刚度。

（8）填土和地面压重：填土提高地面覆盖压力，使地下水位相对变深。另外就是在基础外侧设置一定宽度的地面压重，改善地基土的初始变化条件，抑制地震孔隙水压力增长。

6.2.2.5 湿陷性黄土处理

湿陷性黄土在天然湿度下一般强度高、压缩性低，但在长期浸水后土中含盐溶解，结构破坏，会发生剧烈变形。这种因浸水引起附加沉降的性质称为湿陷性。

湿陷性黄土地基应尽量采用挖除、翻压、强夯等方法消除其湿陷性。

为使湿陷量大部分在建坝前或施工期完成，工程实践中常采用预先浸水处理法。

6.2.2.6 软土地基处理

软土主要指内陆湖塘盆地、江河海洋沿岸和山间洼地沉积的软弱饱和黏性土层，具有压缩性高、强度低和透水性差的特点。

在软土地基上筑坝一般易产生坍滑和沉陷，如果必须在软土地层上筑坝，应对地层情况进行详细勘探，并采取必要的处理措施。下面简单介绍几种常用软土地基的处理措施。

（1）换土法

换土法是指全部挖除软土，换填以强度较高的土料。它可以从根本上改善地基，不留任何后患，是最彻底的处理方法。但只适用于软土层位于地表，厚度较薄且便于施工等情况。

（2）反压法

反压法就是在坝体两侧填筑重力平台，如图 6-7 所示，在此附加荷载作用下，坝侧地基被挤出和隆起之势得到平衡，从而增强地基的稳定性。此法施工简便，但土方量大，适用于坝高较低的初期坝。

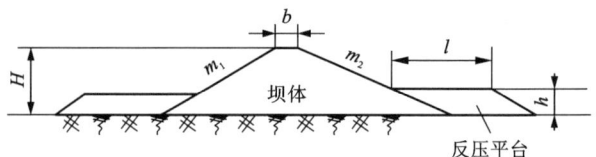

图 6-7 反压法加固示意图

（3）强夯法

强夯法是一般通过 10~40 t 的重锤和 10~40 m 的落距，对地基土施加很大的冲击能，在地基土中出现的冲击波和动应力可提高地基土的强度、降低土的压缩性、改善砂土的抗液化条件、消除湿陷性黄土的湿陷性等。同时冲击能还可提高土层的均匀程度，减少将来可能出现的差异沉降。

强夯法适用于处理碎石土、砂土、低饱和度的粉土与黏性土、湿陷性黄土、杂填土和素填土等地基。对高饱和度的粉土与黏性土等地基，当采用在夯坑内回填块石、碎石或其他粗颗粒材料进行强夯置换时，应通过现场试验确定其适用性。

(4)砂井法

砂井是在坝基中钻孔或打下封底的钢管，然后在孔、管中填入砂砾，拔出钢管，在地基中形成砂桩。砂井法就是在软土地基中设置一系列的砂井，其作用是缩短排水距离，使孔隙水压力能较快地消散，从而加速地基抗剪强度的增长，同时也缩短了地基最终沉陷时间，适用于软基较厚的情况。

(5)真空预压法

在软土地基设置好的竖向排水通道(砂井、塑料排水板)的表面铺设一层砂，然后铺一层不透气橡胶膜形成密封层，使地面与大气隔开，然后用真空泵抽气，排水通道保持较高的真空度，在土的孔隙水中产生负的孔隙水压力，孔隙水逐渐被排出，从而使土体达到固结。

真空预压法处理软土地基适用于渗透系数为 $1\times10^{-4}\sim1\times10^{-2}$ cm/s 的土层，分为排水系统、抽真空系统和密封系统三个部分。

(6)填土挤淤法

填土挤淤法有抛石挤淤法、自重挤淤法和爆破挤淤法等方式，其中应用较多的是抛石挤淤法。

抛石挤淤法一般适用于不超过 4 m 的软土层或常年积水且不易抽干的湖塘、河流等积水洼地，以及表层无硬壳、软土的液性指数大、层厚较薄、片石也能达下卧层的情况。通过在软黏土中抛入块度较大的片石、块石，使片石、块石强行挤入软黏土成为骨架，同时在外力作用下软黏土的孔隙水部分被排出，土体强度得到提高，从而增加基础承载力、减小沉降量。

6.2.3 初期坝

初期坝是用土、石材料等筑成的、作为尾矿堆积坝的排渗或支撑体的坝。一般应有较好的透水性，以便尾矿堆积坝能迅速排水、加快固结，提高尾矿堆积体的强度，有利于坝体稳定。坝型选择时应考虑就近取材、施工方便、节省投资。

6.2.3.1 初期坝基本要素

1)坝址选择原则

(1)坝轴线短，筑坝工程量小，后期尾矿堆坝工作量小。

(2)坝基处理简单，两岸山坡稳定，避免不良的工程、水文地质条件。

(3)形成的库容大。

(4)综合考虑筑坝材料来源、施工条件、尾矿澄清距离及排水构筑物的布置等因素。

2)坝高的确定

(1)至少可贮存选矿厂投产后半年的尾矿量。对于上游式堆坝，用尾矿堆坝的基础是要形成沉积滩，因此必须要有一定的坡度和容积，才能满足尾矿分选和储存沉积尾矿分离出的清水的要求；对于下游式和中线式堆坝，初期坝的储存容积主要是平衡堆坝材料数量的要求，即把分级的粗颗粒用来堆坝，细颗粒排放至初期坝形成的库容内。因此初期坝要有一定的初期储存容积。

（2）应使尾矿水得以澄清。根据生产运行的要求，一般排水进口处要有 0.5~1.0 m 的澄清水深，因此排水进口处与坝顶的距离应为干滩长度和形成 0.5~1.0 m 澄清水深的距离之和，而澄清水深的距离决定于水下沉积滩的坡度。

（3）当尾矿堆积坝沉积滩顶与初期坝顶齐平时，应满足相应等别尾矿库防洪标准要求。此时尾矿在库内的沉积坡所形成的库容必须满足一定频率洪水的调洪库容以及安全超高、最小滩长的能力，如不能满足则应增加坝高或加大排水能力。

（4）投产初期需利用尾矿库调蓄生产供水时，应贮存所需的调蓄水量。初期需要蓄存生产用水时，要考虑需要贮存水量这部分库容所对应的坝高的要求。

（5）在冰冻地区应满足冰下排矿的要求。冬季在冰冻地区冰下排矿，需要考虑根据冰冻时间和冻土深度等确定该部分不能占用的库容所对应的坝高。

（6）新建上游式尾矿坝初期坝高与总坝高之比宜为 1/8~1/4。初期坝的坝高对后期坝的稳定有很大的作用，它是后期坝坡脚的支撑体。如果采用透水堆石坝则对降低后期坝的浸润线有一定的作用。一般初期坝所用材料的抗剪强度比尾矿高，当初期坝高增大时，其尾矿坝体安全系数也随之增大，因此根据经验新建上游式尾矿坝初期坝高与总坝高采用一定的比值。

3）坝体构造

（1）坝顶宽度

为满足敷设尾矿放矿主管和支管以及向尾矿库内排放尾矿的操作要求，初期坝坝顶应具有一定的宽度。当无行车要求时，初期坝坝顶最小宽度宜符合表 6-6 规定的数值；当有行车要求时，坝顶宽度及路面构造应符合现行国家标准的规定。生产中应确保坝顶宽度不被侵占。

表 6-6　初期坝坝顶最小宽度　　　　单位：m

坝高	<10	10~20	20~30	>30
坝顶最小宽度	2.5	3.0	3.5	4.0

（2）坝坡

坝坡取决于坝高、坝的等级、坝体及坝基材料的性质、承受的荷载、施工和适用条件等因素。一般可按已建坝的经验或用近似方法初步拟订，然后进行稳定计算，确定合理的坝体断面。

透水堆石坝上游坡坡比不宜大于 1：1.6；土坝上游坡坡比可略大于下游坡。初期坝下游坡坡比在初定时可按表 6-7 确定。

表 6-7　初期坝下游坡坡比

坝高/m	土坝下游坡坡比	透水堆石坝下游坡坡比	
		岩基	非岩基（软基除外）
5~10	1：1.75~1：2.0		
10~20	1：2.0~1：2.5	1：1.6~1：1.75	1：1.75~1：2.0
20~30	1：2.5~1：3.0		

（3）反滤层

为防止渗透水将尾矿或土等细颗粒物料通过堆石体等粗颗粒物料带出坝外，在土坝与排水棱体接触面处以及堆石坝的上游坡面处或与非岩基的接触面处应设有反滤层。

早期的反滤层采用砂、砾料铺筑，由符合颗粒级配要求的砂、砾、碎石或卵石等层组成，由细到粗顺水流方向布置，反滤层上再用块石护面。因对各层物料的颗粒级配、层厚和施工要求严格，实际施工的反滤层质量往往难以保证，常造成在使用中失效。随着技术发展现在普遍采用土工合成材料。

透水初期坝上游坡面采用土工布组合反滤层时，宜设置嵌固平台，高差宜为 10~15 m，宽度不宜小于 1.5 m。土工布嵌入坝基及坝肩的深度不应小于 0.5 m，并应填塞密实。

为了防止放矿初期出现"跑浑"现象，通常在上游坡排渗层下部一定高度做成防渗层结构。

（4）马道

初期坝下游坡面应根据坝面排水、检修、观测、道路、增加护坡和坝基稳定等因素设置马道，一般沿标高每隔 10~15 m 设一条马道，宽度不宜小于 1.5 m。

（5）排水棱体

一般在土坝外坡脚处设有用毛石堆筑成的排水棱体。其作用有：有序改善坝体渗流运动情况，降低浸润线高度，使下游坡干燥，增加坝的稳定性，防止在下游坝坡上发生管涌、流土液化和坝坡坍滑等现象；改善坝基渗流运动情况，降低坝基地下水的水头，避免坝址下游发生管涌和流土；截取和引走降雨的渗水，以及由于坝体自重从坝体和坝基孔隙中挤出来的水，以降低坝体孔隙压力，增加坝的稳定。

排水棱体的高度为初期坝高的 1/5~1/3，顶宽 1.5~2.0 m，边坡坡比 1∶1.5~1∶1。

（6）排水沟

为防止雨水冲刷坝坡，在下游坡与两岸山坡结合处的山坡上应设置坝肩截水沟。对于初期坝为土坝的，还应在马道内侧及下游坡面上设置坝坡排水沟、坡向两侧坝肩排水沟。

（7）坝的护坡

初期坝上游坡为一临时边坡，服务年限短，但考虑初期坝的沉积滩未形成前有可能直接挡水，坡面受到进库洪水的淘刷以及采用坝前放矿时，矿浆有可能直接冲刷坝面，因此应有防止初期放矿直接冲刷初期坝的措施。一般采用干砌石护坡，护坡砌石的底脚应设置在坝基或戗道上，并伸入戗道内缘的沟内，以增加护坡的稳定性。

堆石坝的下游坡一般采用干砌石护坡。

土坝的下游坡常用块石、碎石或草皮护坡，其目的在于防止坝体黏性土发生冻结、膨胀和收缩，防止坝被雨水冲刷，防止无黏性土料被风吹散，防止蛇、鼠、土白蚁等动物活动对坝坡造成破坏，防止根部发达的植物在坝坡中生长，另外用块石护坡对防止渗流破坏是有利的。

（8）踏步

为便于检查和行走，在初期坝需设置踏步，踏步宽度不宜小于 1.0 m。

4）工程量估算

首先将河谷断面形状简化为抛物线形或梯形，如图 6-8 所示，然后按式（6-4）或式（6-5）分别计算：

对于抛物线形河谷：

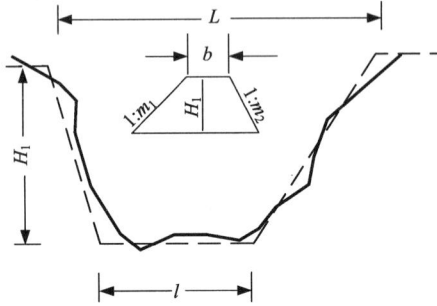

图 6-8　河谷横断面概图

$$V = \frac{2}{3}LH_1(b + 0.8mH_1) \tag{6-4}$$

对于梯形河谷：

$$V = 1/2(l + L)H_1(b + mKH_1) \tag{6-5}$$

式中：V 为坝体工程量，m^3；L、l 分别为河谷横断面上、下底宽，m；H_1 为坝高，m；b 为坝顶宽度，m；m 为内外坝坡系数的平均值，$m = 1/2(m_1 + m_2)$，m_1 和 m_2 分别为内外坝坡比；K 为系数，查表 6-8 可知。

表 6-8　系数 K 值表

l/L	0	0.1	0.2	0.3	0.4	0.5	0.6	0.7	0.8	0.9	1.0
K	0.67	0.73	0.78	0.82	0.86	0.89	0.92	0.94	0.96	0.98	1.0

6.2.3.2　初期坝坝型

初期坝坝型分为不透水坝和透水坝两大类。

不透水坝：用透水性较小的坝料筑成的初期坝。因其透水性较库内尾矿的透水性差，不利于坝内沉积尾矿的排水固结；当尾矿堆高后，浸润线往往从初期坝坝顶以上的堆积坝坝坡逸出，造成坝面沼泽化，不利于坝的稳定性。这种坝型适用于不用尾矿堆坝或用尾矿堆坝不经济以及环保要求不能向库外排放尾矿水的尾矿库。不透水初期坝的主要坝型有均质土坝、浆砌石坝、土石混合坝、混凝土坝以及用防渗材料作防渗层的堆石坝等。

透水初期坝：用透水性较好的坝料筑成的初期坝。因其透水性较库内尾矿的透水性强，有利于坝内沉积尾矿的排水固结和降低坝体浸润线，因而有利于提高坝的稳定性。这种坝型是初期坝最基本也是比较理想的坝型，主要有堆石坝或在不透水土坝内加设排渗通道的坝。

1）坝型选择时的一般要求

（1）初期坝宜采用当地材料构筑。

（2）上游式尾矿库的初期坝宜采用透水坝型；中线式、下游式尾矿库的初期坝坝型可根据需要确定。

（3）一次建坝的尾矿坝可分期建设，第一期坝应符合初期坝的有关规定，后期筑坝高度应始终大于尾矿堆积高度的要求。

（4）对于有特殊要求的尾矿库可采用不透水坝型。

2）基本型式

（1）均质土坝

采用粉质黏土等土料筑成的均质坝，属不透水坝型。在坝后渗漏少，没有透水坝初期漏浑水的问题，一般在坝的外坡脚设有用毛石堆成的排水棱体，以排出坝体渗水。该坝型对坝基工程地质条件要求较低，筑坝材料丰富，可以就地取用，是缺少砂石料地区常用的坝型，在 20 世纪 50—60 年代应用较多。筑坝材料可由渗透系数不大于 1×10^{-4} cm/s 的黏土、壤土或砾质土堆筑，其施工方法主要是碾压法，也可用水力冲填法或水中倒土法筑成。主要缺点是均质土坝的渗透系数一般比堆积坝小，起阻水作用，因而控制不了堆积坝的浸润线，堆积坝的浸润线往往从初期坝顶逸出，是尾矿库的主要病害之一。

近年来出现了适应于尾矿堆积坝排渗要求的土坝新坝型，即在土坝内通过内坡和坝底设置排渗层，尾矿堆积坝内的渗水可通过该排渗层排到坝外，这样的土坝便成了透水土坝。

（2）堆石坝

用开采的毛石或废石场废石堆筑成的坝，属于透水坝型。在坝的上游坡面设有用砂砾料或土工布做成的反滤层和保护层，以防止库内尾矿砂透过坝体漏出，因其透水性能好，可以降低尾矿坝的浸润线，加快尾矿固结，有利于尾矿坝的稳定，如图 6-9 所示。

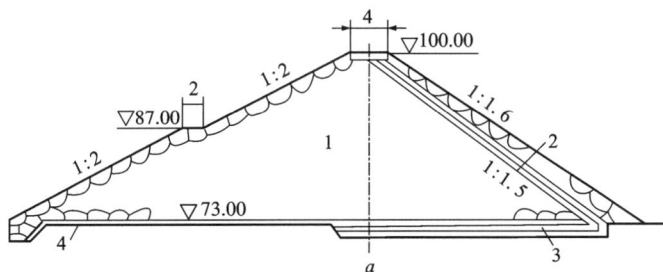

1—灰岩块石和废石；2—反滤层：粒径 0.25~1 mm 天然砂厚 1.0 m，粒径 1~20 mm 天然砾石厚 1.0 m；
3—反滤层，共 3 层：第一层 d_1<10 mm 厚 0.2 m，第二层 d_2<20 mm 厚 0.15 m，第三层 d_3<1 mm 厚 0.15 m；
4—碎石加固地基，厚 0.2 m；▽ 100.00 等为标高，m。

图 6-9　凤凰山林冲初期坝剖面图

堆石坝对石料有一定的要求。

①堆石坝必须有足够的抗剪强度以维持坝的稳定，尽量使断面较小，以节省坝体工程量。

②堆石必须有较小的变形，以免造成土或混凝土等防渗结构的开裂和破坏。

③堆石有足够坚固性，也就是有足够大的力学强度。在施工中能抵抗填筑时石块相互的撞击力而不致破坏，在运行期能承受住自重和水压力而不至于过分压碎，不至于使碎块过分增多而降低抗剪强度和增加变形。堆石坝所用的岩石的坚固性，在水中不应过分减弱（即过分软化），一般要求水上部分的堆石软化系数（即饱水抗压强度与干燥抗压强度的比值）不宜小于 0.80，水下部分的堆石软化系数不宜小于 0.85。

④具有抵抗物理风化和化学风化的能力，也就是具有抵抗气候和环境水的能力。

⑤对堆石材料的级配要求与填筑石料的填筑方法有关，通常堆石材料的填筑有抛填、堆砌和碾压等施工方法。

堆石坝对坝基工程地质条件要求也较低，是20世纪60年代后广泛采用的坝型。当单一石料的数量满足不了要求时，可以采用几种石料来筑坝：将质量较好的石料放在坝体的底部及上游坡一侧(浸水饱和部位)，将质量较差的石料放在坝体的次要部位(不过水部位)，如图6-10所示。

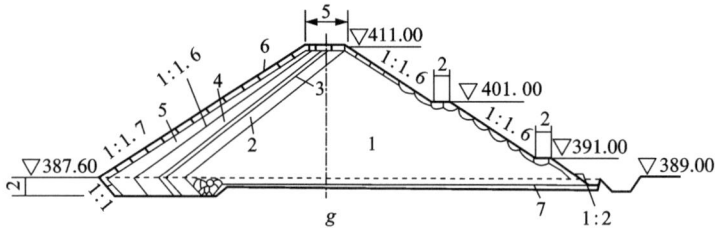

1—堆石；2—石渣废石厚1.1 m；3—粒径 $d=3\sim6$ mm细砾厚0.5 m；4—粒径 $d=0.3\sim0.5$ mm中砂；
5—砂石混和料保护层；6—干砌块石护坡，厚0.5 m；7—碎石垫层，厚0.2 m；▽391.00等为标高，m。

图6-10 大厂灰岭初期坝剖面图

(3)混合料坝

用土料、毛石或废石组合筑成的坝，称为混合料坝。当坝体工程量较大，而当地又缺乏足够的单一坝料或采用单一坝料不经济时，常采用这种坝。这种坝型对坝基要求同均质土坝、堆石坝，根据需要可做成透水坝或不透水坝。在土料或石料接触面处设有用砂砾料或土工布做成的反滤层，以防止坝体土颗粒透过堆石而流失，如图6-11所示。

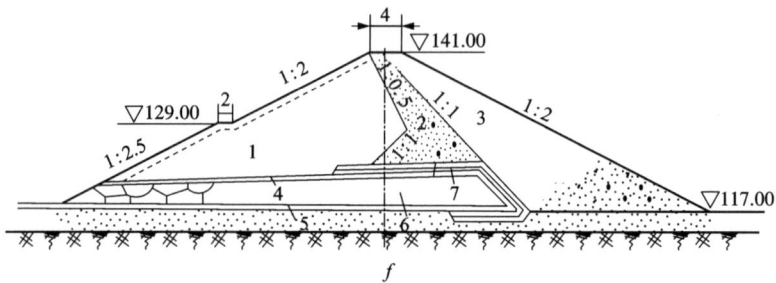

1—风化料；2—平均粒径 $d=10$ mm粗砂卵石；3—平均粒径 $d=10$ mm细砂卵石；4—碎石垫层，厚0.2 m；
5—碎石或砂卵石垫层，厚0.2 m；6—人工级配块石平均粒径 $d=400$ mm；7—平均粒径 $d=0.4$ mm砂厚0.4 m，
平均粒径 $d=4$ mm砾石厚0.4 m；平均粒径 $d=40$ mm碎石厚0.4 m；▽141.00等为标高，m。

图6-11 果子园(西沟)初期坝剖面图

(4)砌石坝

用开采的块石或条石砌成的坝，这种坝型的坝体强度较高，坝坡可做得较陡，能节省筑坝石料用量，可用于高度不大的尾矿坝或副坝，但对坝基工程地质条件要求较高，最好是岩石地基，以免坝基不均匀沉陷导致坝体产生裂缝。干砌石坝属于透水坝坝型，浆砌石坝属于不透水坝坝型，如图6-12所示。

(5)混凝土坝

用埋石混凝土或混凝土浇筑成的坝，坝体整体性好，强度高，坝坡可以做得较陡，筑坝

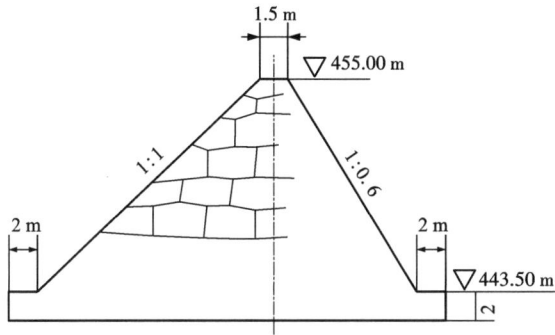

图 6-12　天宝山初期坝剖面图

工程量比其他坝型小，但投资较大，对地基条件要求高，仅用于特殊条件下的尾矿库。

6.2.4　后期堆积坝

后期堆积坝是在整个服务期间分期修筑的坝体，在初期坝坝顶以上按照预定的尾矿上升高程、库内允许蓄水量同步上升。通常采用的筑坝材料有天然土、露天或地下开采的废石、水力沉积或旋流尾矿砂等，从库容利用和经济等方面尽可能考虑尾矿堆存。

6.2.4.1　尾矿的物理力学性质

1）尾矿的分类

表 6-9~表 6-11 为选矿学常用的分类法；图 6-13 和表 6-12 为土力学常用的分类法。

表 6-9　按平均粒径 D_p 分类

分类	粗		中		细	
	极粗	粗	中粗	中细	细	极细
D_p/mm	>0.25	>0.074	0.037~0.074	0.03~0.037	0.019~0.03	<0.019

表 6-10　按某粒级所占百分数分类

分类粒级/mm	粗		中		细	
	+0.074	−0.019	+0.074	−0.019	+0.074	−0.019
占比/%	>40	<20	20~40	20~50	<20	>50

表 6-11　按岩石生成方式分类

分类	脉矿（原生矿）	砂矿（次生矿）
特点	含泥量小，泥粒（即<0.005 mm）一般少于 10%，例如南芬铁矿尾矿	含泥量大，一般大于 30%~50%，例如云锡大部分尾矿

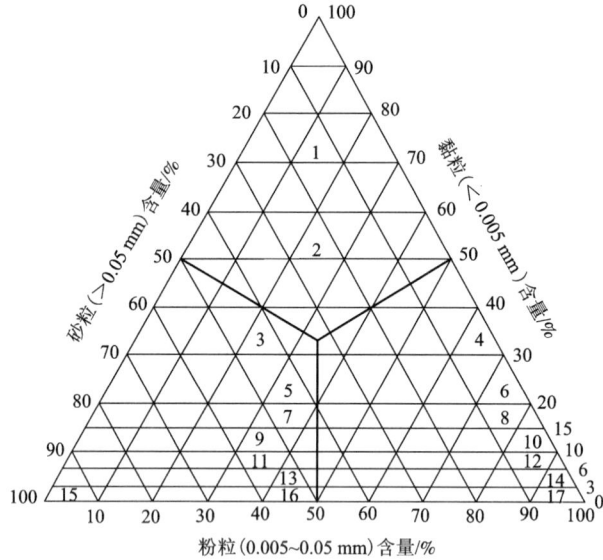

1—重黏土；2—黏土；3—砂质黏土；4—粉质黏土；5—重壤土；6—重粉质壤土；7—中壤土；
8—中粉质壤土；9—轻壤土；10—轻粉质壤土；11—重砂壤土；12—重粉质砂壤土；
13—轻砂壤土；14—轻粉质砂壤土；15—砂土；16—粉砂；17—粉土。

图 6-13　按粒度含量三角形图分类

表 6-12　按塑性指数 I_p 分类

I_p	<1	1~7	7~17			>17
土壤名称	砂土	砂壤土	7~10	10~13	13~17	黏土
			轻壤土	中壤土	重壤土	
			壤土			

2）尾矿特性

由于尾矿的特定加工过程和排放方法，经受水力分级和沉淀作用，形成了各向异性的尾矿沉积层，其渗流状态、强度特性、压缩变形和振动响应特性等因尾矿类型、沉积方式、时间和空间等而变化，就总体性质来说，既相似于又有别于天然土壤，既符合又不完全适用于传统土力学理论。

3）尾矿在库内的分布

（1）影响尾矿沉积特性的因素

①粒度

粒径大于 0.037 mm 者称沉砂质，在动水中沉积较快，是形成冲积滩的主要部分；

粒径为 0.037~0.019 mm 者为推移质，在动水中沉积较慢，是形成冲积滩的次要部分，是水下沉积坡的主要部分；

粒径为 0.019~0.005 mm 者可认为是流动质，在静水中沉积很慢，为矿泥沉积区的主要部分；

粒径<0.005 mm 者则为悬浮质，在静水中亦很不容易沉积，形成水中悬浮物。

图 6-14 为库内尾矿沉积示意图。

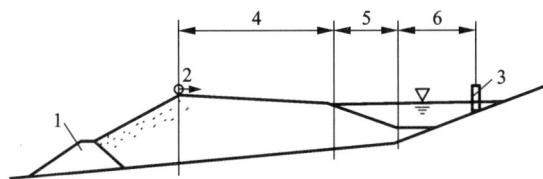

1—初期坝；2—原尾矿；3—排水井；4—沉积滩；5—沉积坡；6—矿泥区。

图 6-14 库内尾矿沉积示意图

②流速

当粒度、浓度等条件不变时，流速小易沉积，流速大则不易沉积。

③浓度

当尾矿粒度不变时，浓度越大沉积越快。

④流量

当浓度、粒度等因素不变时，流量越小沉积越快。

⑤药剂

某些选矿药剂和尾矿水的 pH 会对尾矿沉积有影响，如水玻璃使尾矿不易沉积。为了加速细颗粒的沉积，可加入某些化学药剂，如 $CaCl_2$、HCl 等。

（2）尾矿沉积坡

尾矿在动水中自然沉积形成的坡度称为沉积坡。其主要影响因素为粒度、浓度、流量和放矿方法等。靠近放矿点处坡度较大，越接近水边越小，一般多用平均冲积坡度表示，可通过在尾矿沉积滩上实测取得或参照经验式（6-6）计算。

$$i_p = C^{1/3}(d_{50}v_b B/Q_k)^{1/6} \tag{6-6}$$

式中：i_p 为平均沉积坡；C 为矿浆稠度（固体与水的质量比）；d_{50} 为尾矿的中值粒径，mm；v_b 为尾矿允许不冲流速，由实验确定，一般为 0.15～0.3 m/s；B 为冲积宽度（可取放矿宽度），m；Q_k 为矿浆流量，m^3/s。

一般情况下，尾矿沉积坡曲线可参考式（6-7）确定：

$$y = i_p L(1 - x_0)^{4/3} \tag{6-7}$$

式中：y 为冲积曲线纵坐标，m；L 为冲积滩长度（干滩长度），m；x_0 为相对横坐标，$x_0 = \dfrac{x}{L}$，x 为计算点至坝顶内边缘的横坐标，m。

（3）尾矿水下沉积坡

尾矿颗粒在静水中的沉积与尾矿粒度、库底形状和水深有关。由于静水阻力作用，同样粒度的水下沉积坡较干滩沉积坡陡。水下沉积坡如图 6-15 所示，由于国内实测资料较少，一般可参照式（6-8）估算：

$$L_p = H_0/L_k < \tan\varphi \tag{6-8}$$

式中：L_p 为尾矿水下沉积坡度，%；H_0 为沉积区末端水深，m，见图 6-15；L_k 为粒子扩散长度，m，$L_k = 0.3h\left(\dfrac{v_t}{\mu_c}\right)^2$；$h$ 为滩上水流厚度，m，$h = \dfrac{q_0}{v_t}$；v_t 为滩上水流流速，m/s（实测或计

算）；μ_c 为沉积颗粒平均粒径的沉降速度，m/s；q_0 为水的单宽流量，L/(s·m)；φ 为水下沉积尾矿平均内摩擦角，(°)。

4) 沉积坝体的物理力学性质

(1) 尾矿物理性质沿沉积滩面的变化

① 颗粒在沉积滩上自放矿口向库内由粗变细，由细粉砂渐变为亚黏土。

② 尾矿比重主要取决于尾矿中的化学成分，与颗粒粒径无明显关系。

③ 由于孔隙比的变化，干密度由大渐变到小。

④ 含水量由低渐变到高。

(2) 尾矿物理性质沿深度的变化

① 尾矿粒度分布因充填方法而异。上游法筑坝粒度随深度增加而减小，由细砂、粉砂渐变成黏土。图 6-16 为德兴铜矿 1 号库尾矿冲积坝剖面图。

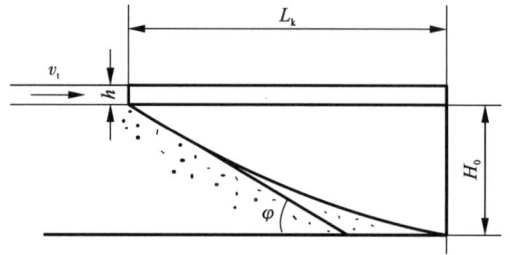

图 6-15 水下沉积坡示意图

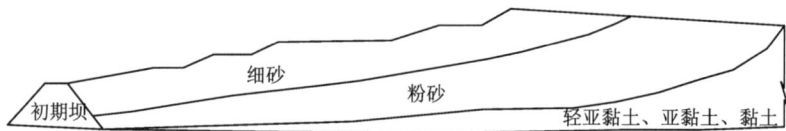

图 6-16 德兴铜矿 1 号库尾矿冲积坝剖面图

② 中细粉砂类尾矿的含水量在滩面为 8%～10%，3～5 m 深处趋于饱和，20～40 m 深处为 26%～28%；黏土类尾矿深部饱和含水量为 40%～50%。

③ 细粉砂类尾矿的孔隙比在滩面一般为 0.5 左右；20～40 m 深部可达 0.4～0.45，而深部的黏土类尾矿为 0.55～0.6。

④ 细粉砂类尾矿的干密度在滩面一般为 1.4～1.5 t/m³，在深度 20～40 m 处可至 1.5～1.6 t/m³，而黏土类尾矿在滩面为 1.0～1.2 t/m³，在深部可达 1.4～1.5 t/m³。

5) 沉积坝体尾矿的力学性质

(1) 尾矿的抗剪强度

① 沉积滩面原状尾矿的抗剪强度。

尾矿的抗剪强度主要取决于粒度，其次取决于干密度和孔隙比。对于沉积滩面的尾矿，如属细粉砂类，则较松散无凝聚力(实验中由于土中毛细水表面张力作用表现出有凝聚力，但随含水量增加而消失，称假凝聚力，计算中常不考虑)；而黏性尾矿的抗剪强度应包括凝聚力。一般情况下粒度、干密度、孔隙比相同时，饱和尾矿内摩擦角比干尾矿低 2°～3°。

② 深部尾矿的抗剪强度。

对滩面尾矿进行高压剪切试验的结果，垂直压力达 1.0 MPa 以上时，抗剪强度有所减小。用直剪仪进行饱和快剪和饱和固结快剪试验时，细粉砂类尾矿因在剪切过程中已固结，因此两者结果无甚差别，而黏性土类尾矿的饱和快剪值一般低于固结快剪值。此外还采用三轴仪进行剪切试验，以及在现场进行大面积剪切和十字板剪切试验，以与直剪做比较。

（2）渗透性

尾矿渗透性的变化是粒度、可塑性、沉积方式和沉积层内深度的函数，平均渗透系数可以跨越5个以上数量级，表6-13列出了尾矿的典型渗透系数范围。

表6-13 尾矿的典型渗透系数范围

尾矿类型	平均渗透系数/$(cm \cdot s^{-1})$
干净、粗粒或旋流尾矿砂，细粒含量小于15%	$1 \times 10^{-3} \sim 1 \times 10^{-2}$
周边排放的沉积滩尾矿砂，细粒含量达到30%	$5 \times 10^{-4} \sim 1 \times 10^{-3}$
无塑性或低塑性尾矿	$5 \times 10^{-7} \sim 1 \times 10^{-5}$
高塑性尾矿泥	$1 \times 10^{-8} \sim 1 \times 10^{-7}$

尾矿平均渗透系数随着-200目（-0.074 mm）的细粒含量增加而降低，对于沉积均匀的尾矿的渗透系数一般可用式（6-9）估算：

$$k = c_1 d_{10}^2 \tag{6-9}$$

式中：k 为渗透系数，cm/s；c_1 为系数，一般为1.0~1.5；d_{10} 为等效粒径，mm。

由于尾矿中都不同程度地含有矿泥而在沉积过程中形成尾砂与矿泥的互层，使得沉积层水平方向与垂直方向的渗透性呈现出显著差异，对于比较均匀的尾矿砂层和水下沉积的尾矿泥带，水平渗透系数 k_h 与垂直渗透系数 k_v 之比一般变化在2~10范围。在排放方法不能得到充分控制的区域，尾矿沉积形成广泛的尾矿砂和尾矿泥互层，其 k_h/k_v 值可能高达100以上。

（3）变形特性

①压缩性。

尾矿是三相体，在荷载作用下的压缩包括尾矿颗粒的压缩、孔隙中水的压缩和孔隙的减小。在常见的工程压力100~600 kPa范围内，尾矿颗粒和水本身的压缩是可以忽略不计的，因此尾矿沉积层的压缩变形主要是水和空气从孔隙中排出引起的。而尾矿的压缩与孔隙中水的排出是同时发生的。粒度越大，孔隙越大，透水性就越大，因而尾矿中水的排出和尾矿沉积层的压缩越快，而颗粒很细的尾矿则需要很长的时间，这个过程叫作渗透固结过程。

②固结。

尾矿沉积层在荷载作用下孔隙中自由水逐渐排出，孔隙体积逐渐减小，孔隙压力逐渐转移到尾矿骨架承担，该过程称为尾矿固结作用。固结使尾矿沉积层产生压缩变形，同时也使尾矿的强度逐渐增长，因此固结既引起坝体的沉降，又控制坝体的稳定性。

6.2.4.2 筑坝方式

根据坝体上升过程中坝轴线相对于初期坝位置的移动方向，分为上游式、中线式和下游式三类。

（1）上游式

图6-17所示为上游式尾矿堆坝示意图。

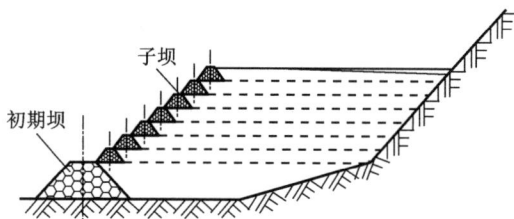

图6-17 上游式尾矿堆坝

在初期坝上游方向堆积尾矿的筑坝方式，表现特征是堆积坝坝顶轴线逐级向初期坝上游方向推移。

首先沿初期坝轴线向库内排放尾矿，形成沉积滩，以前一期的沉积滩为基础修筑子坝，逐次排放尾矿，坝体随之升高，堆积子坝的坝顶轴线逐级向初期坝上游方向推移，直至达到最终设计标高。

上游式适用的关键是尾矿形成一定承载力的沉积滩，一般要求排放的全尾矿中砂粒级含量不少于40%，软岩尾矿、细粒尾矿或为地下采矿充填旋流出尾矿砂的尾矿难以采用上游式筑坝。

尾矿堆积体内的地下水位是决定坝体稳定性的关键因素。其受到尾矿库基础相对于尾矿沉积层的渗透性、尾矿颗粒分级程度、尾矿沉积层渗透性的侧向变化以及库内水域相对于坝顶的位置等的影响。

在库内水域浸入沉积滩时，靠近坝面则产生很高的地下水位，危及坝体稳定性。在极端情况下可能造成漫坝和随之而来的溃坝，许多上游式尾矿坝破坏的实例表明，坝体损坏大都是库内水域与坝顶之间的距离不适宜造成的。正常运行过程中采用适当的尾矿排放方法和排水方法可以把水面线从坝顶往后推移；提高排水速率，从而降低库内水位高程，增加水面线与坝顶之间的相对距离；在库内水域浸入沉积滩的关键地段增加尾矿排放量，形成较高和较宽的沉积滩也可往后推移水面线等。

上游式尾矿坝的上升速度是由产生的尾矿量和地形条件等决定的。快速上升可能在沉积层中产生超孔隙压力，特别是在固结系数低的尾矿泥层内。一般当坝体上升速度超过5~10 m/a时，在尾矿泥中可引起超孔隙压力，上升速度超过15 m/a，易遭受超孔隙压力引起的破坏。

上游式尾矿坝对地震液化敏感，尾矿沉积层相对密度低、饱和度高，易使尾矿液化流动，造成灾难性后果，因此强震区不宜采用上游式筑坝。

（2）中线式

图6-18所示为中线式尾矿坝示意图。

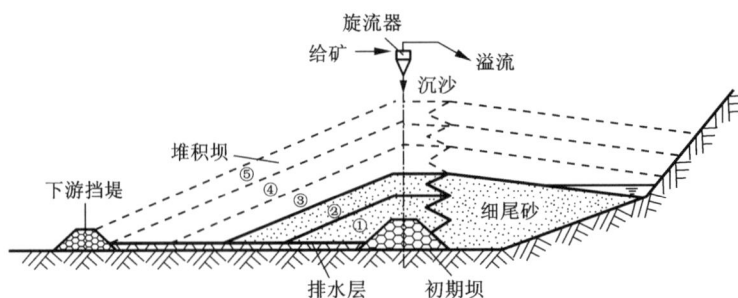

图6-18　中线式尾矿坝

在初期坝轴线处用旋流器分离粗尾砂筑坝的方式，表现特征是堆积坝坝顶轴线始终不变。

尾矿库投入运行后，在初期坝顶上用水力旋流器将选矿厂来的尾矿分级，分级后的含粗颗粒的底流矿浆沿坝轴线方向均匀地向初期坝上、下两个方向排放，进行自然沉积并辅以机械修整和压实，形成新坝体。当坝体达到一定的高度后，再将分级设备和放矿管移到新坝顶上，继续分级、放矿、筑坝。新坝顶逐渐升高，直至最终堆积高程。含细颗粒的溢流矿浆排至库内进行沉积储存。

中线式坝轴线不向上、下游移位，坝体有明确的轮廓线。下游侧坝体的筑坝质量与下游式筑坝相同，而上游侧坝体与尾矿沉积滩多成锯齿形接触面。抗地震液化的性能较上游式强，用以筑坝的粗颗粒尾矿含量可比下游式略少一些，坝址占用的地形长度也可短一些。在筑坝过程中，需要控制坝顶与库内沉积滩面的高差，保持均衡上升，以满足防洪要求。

（3）下游式

图 6-19 所示为下游式尾矿坝示意图。

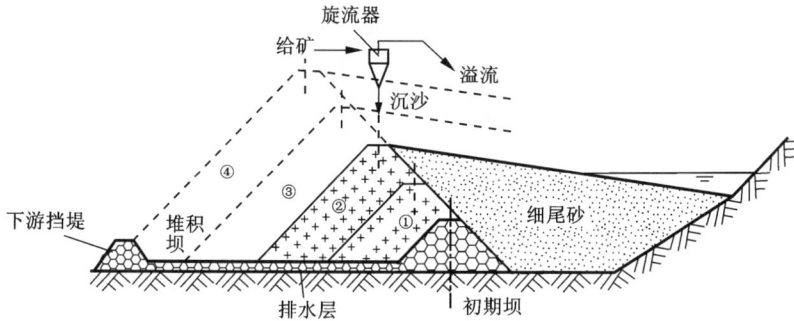

图 6-19　下游式尾矿坝

在初期坝下游方向用旋流器分离粗尾砂筑坝的方式，表现特征是堆积坝坝顶轴线逐级向初期坝下游方向推移。

尾矿库投入运行后，在初期坝顶上用水力旋流器将选矿厂来的尾矿分级，分级后的含粗颗粒的底流矿浆排至初期坝下游方向进行自然沉积并辅以机械修整和压实，形成下游坝体。当下游坝体达到一定高度后，再将分级设备和放矿管移到新坝顶上，继续分级、放矿、筑坝。新坝顶逐渐升高并向下游推移，直至最终堆积高程。含细颗粒的溢流矿浆排至库内进行沉积储存。

下游式筑坝过程中坝轴线不断向下游移位，坝体有明确的轮廓线。坝体由粗粒尾矿沉积而成，很少有细泥夹层，渗透性良好，抗剪强度高。因此坝体稳定性好，抗地震液化能力较强，适用于高地震烈度地区的筑坝。

采用下游式需要一定的条件，除了尾矿可以分离出足够数量的粗颗粒用以筑坝，还需要坝址地形足够长，可以布置下坝体。在筑坝过程中，需要控制坝顶与库内沉积滩面的高差，保持均衡上升，以满足防洪要求。

6.2.4.3　筑坝方法

尾矿库应尽量利用尾矿冲积筑坝。如果尾矿库距采矿场较近，利用采矿废石筑坝并兼作废石堆场也是可行的。当尾矿不能堆坝而用废石筑坝又不经济时，也可采用当地其他材料加高后期坝。

1）尾矿水力冲积筑坝

（1）基本要求

为使尾矿堆积坝（尤其是边棱体）有较高的抗剪强度，要求各放矿口冲积粒度一致，并使冲积滩上无矿泥夹层。为此应做到：

①筑坝期间一般采用分散放矿：矿浆管沿坝轴线敷设，放矿支管沿坝坡敷设，随筑坝增高而加长。在库内设集中放矿口，以便在不筑坝期间、冰冻期和汛期向库内排放尾矿。

②在冰冻期一般采用库内冰下集中放矿，以避免在尾矿冲积坝内(特别是边棱体)有冰夹层或尾矿冰冻层存在而影响坝体强度。

③每年筑坝高度要适应库容的要求，充分利用筑坝季节，严格控制干滩长度，以保证边棱体强度。

④尾矿堆积坝的高程，除满足调洪、回水和冰下放矿要求外，还应有必要的安全超高，上游式尾矿堆积坝的最小安全超高要求见表6-14。

表6-14　上游式尾矿堆积坝的最小安全超高

运用条件	尾矿坝的级别				
	1	2	3	4	5
最小安全超高/m	1.5	1.0	0.7	0.5	0.4

(2)筑坝方法

①冲积法。

一般用斜管分散放矿(小矿可用轮流集中放矿)，用人工或机械筑子坝向坝内充填，如图6-20所示。冲积法筑坝一般可分为冲积段、准备段、干燥段交替进行。

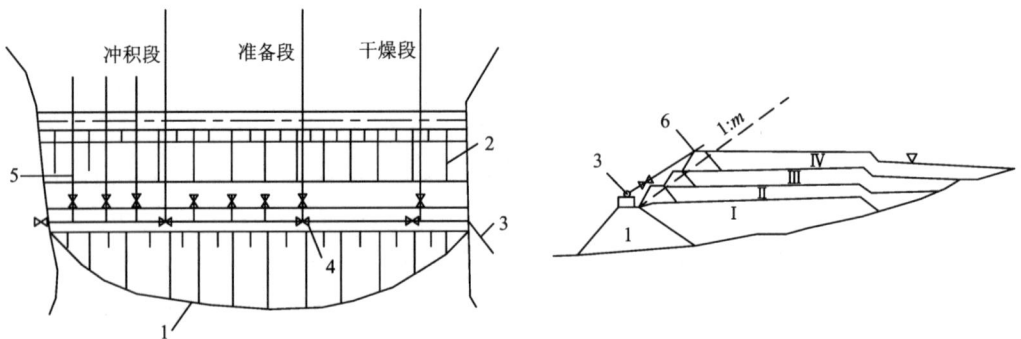

1—初期坝；2—子坝；3—矿浆管；4—闸阀；5—放矿支管；6—集中放矿管；Ⅰ~Ⅳ—冲积顺序。

图6-20　冲积法筑坝示意图

②池填法。

由尾矿量决定一次筑坝长度，根据上升速度和调洪要求确定子坝高度，内外坡应根据稳定及渗流稳定计算确定，如图6-21~图6-22所示。

筑子坝步骤如下：

A.在一次筑坝区段上分几个小池，近方形，池边长30~50 m；

B.用人工或机械筑围埂，埂高0.5~1.0 m，顶宽0.5~0.8 m，边坡坡比为1∶1左右(亦可用挡板代替筑围埂)；

C.安设溢流管，溢流管一般用陶土管(不回收)或钢管(回收)等，溢流口可设在子坝中心(双向冲填时)或靠近里侧围埝2~3 m处(单向冲填时),钢管多设在坝外2~3 m,便于回收,溢流管顶口低于埝顶0.1~0.2 m;

D.采用分散放矿向池内充填,粗粒于池内沉积,细粒随水一起由溢流管排往库内。当充填至埝顶时,停止放矿,干燥一段时间,再筑围埝,重复上述作业直至达到要求的子坝高度。

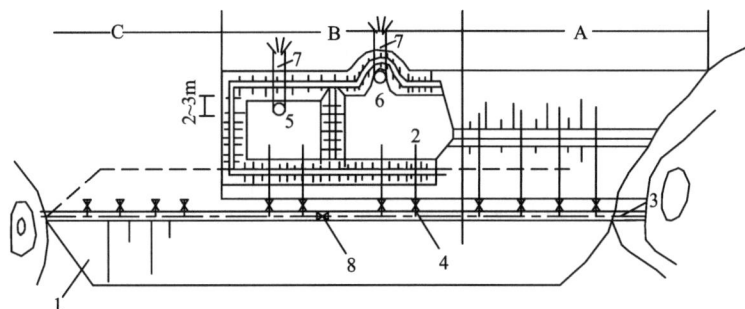

A—干燥段;B—筑坝段;C—准备段
1—初期坝;2—围埝;3—矿浆管;4—放矿口阀门;
5—放矿支管;6、7—溢流口及溢流管(可采用其中一种);8—闸阀。

图6-21　池填法筑坝平面图

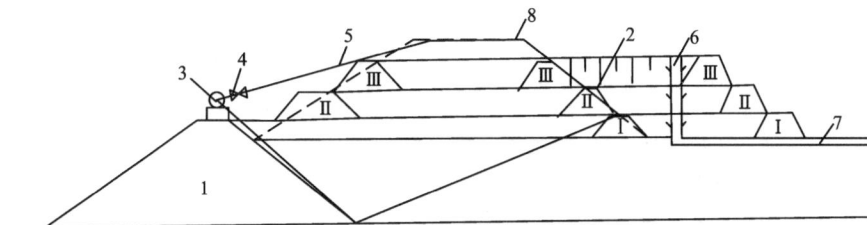

1—初期坝;2—围埝;3—矿浆管;4—放矿口阀门;5—放矿支管;
6、7—溢流口及溢流管(钢制、回收);8—子坝轮廓;Ⅰ~Ⅲ—围埝顺序。

图6-22　池填法筑坝断面图

③渠槽法。

渠槽法是在尾矿冲积坝体上,平行坝轴线用尾矿堆筑两道高0.5~1.0 m的小堤形成渠槽,根据矿浆量、放矿方法和子坝的断面尺寸可选择单渠槽、双渠槽、多渠槽等。由一端分散放矿(尾矿量小也可集中放矿),粗砂沉积于槽内,细泥由渠槽另一端随水排入尾矿库内。当冲积至小堤顶时,停止放矿,使其干燥一段时间,再重新筑两边小堤,放矿、冲积直至达到要求的断面,如图6-23所示。

(3)筑坝方法选择

尾矿堆积坝筑坝方法的选择,主要应根据尾矿排出量大小、尾矿粒度组成、矿浆浓度、坝长、坝高、年上升速度以及当地气候条件(冰冻期及汛期)等因素决定。水力冲积各类筑坝方法的适用范围见表6-15。

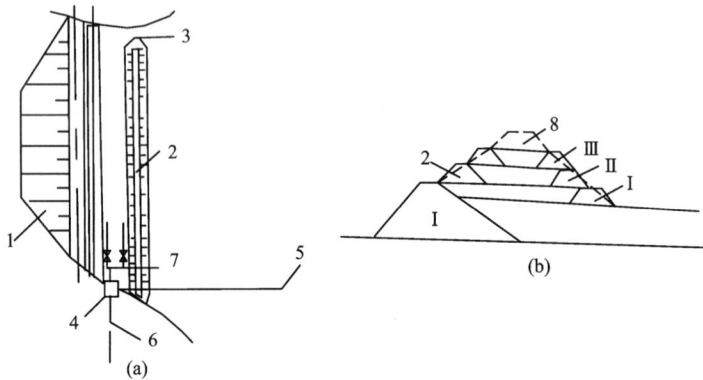

1—初期坝；2—小堤；3—溢流口；4—分级设备；5—放矿管；6—矿浆管；7—粗砂放矿管；8—子坝筑成轮廓。
Ⅰ、Ⅱ、Ⅲ—围埝顺序。

图 6-23　单渠槽法筑子坝示意图

表 6-15　水力冲积各类筑坝方法的适用范围

筑坝方法	特点	适用范围
冲积法	操作较简便，便于用机械筑子坝，管理方便，尾矿冲积较均匀	适用于中、粗颗粒的尾矿堆坝
池填法	人工筑围埝的工作量大，上升速度快	适用于尾矿粒度细、坝较长，上升速度快且要求有较大调洪库容的情况
渠槽法	人工筑小堤工作量大，渠槽末端易沉积细粒，影响边棱体强度	适用于坝轴线短、尾矿粒度细的情况

2）土石料筑坝

主要是利用当地的土石料和采矿废石等，较多的是利用采矿废石，还可以解决该部分废石的堆存问题。

（1）废石的物理力学性质

废石是由各种岩石成分组成的，且块度极不均匀。废石的堆积密度与岩性、级配有关，一般平均为 $2.0 \ \text{t/m}^3$ 左右。

废石的自然堆积角，与岩性、颗粒组成等因素有关，一般由实地测量取得。

（2）废石筑坝的优点

①稳定性好，特别是抗震稳定性比尾矿堆坝好；

②排渗条件好，使尾矿沉积体加快固结；

③便于机械化施工，可大量减少劳动力；

④废石筑坝可兼作废石堆场，并可增加尾矿库利用系数。

（3）废石筑坝易出现的问题及处理

①塌陷：因废石松散，块度不均，内边压在尾矿沉积体上而造成。可采取边陷边填边压实的方法处理。

②坍坡：因废石松散，由机械车辆荷重和雨水等因素造成。局部坍坡无碍整体稳定，坍后趋于稳定。台阶高度不宜过大，在 15 m 以内较好。机械车辆不要太靠近边坡。坍滑处注意修补，雨季注意巡视。

③渗漏：由于尾矿与废石间无过渡层，易流失尾矿，集中放矿也易发生渗漏。防止办法是利用较细废石(砂砾料)做过渡层，堆在内侧。如大孤山尾矿坝(如图 6-24 所示)沉积在坝前的尾矿 $d_p = 0.08 \sim 0.1$ mm，细废石(砂砾料) $d_p = 1 \sim 5$ mm，废石 $d_p = 50 \sim 200$ mm。这三层间的层间系数为 $10 \sim 25$，过渡层厚度为 $1 \sim 2$ m，不致发生渗漏。现在多利用土工材料作为反滤过渡层。另外采用分散放矿，使坝前沉积成粒度均匀的沉积滩，对防止渗漏也有利。

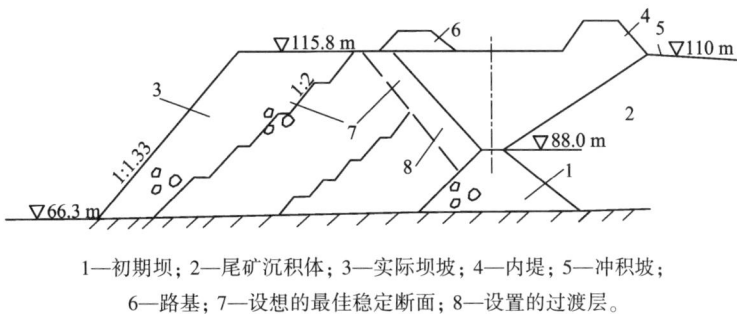

1—初期坝；2—尾矿沉积体；3—实际坝坡；4—内堤；5—冲积坡；
6—路基；7—设想的最佳稳定断面；8—设置的过渡层。

图 6-24　大孤山废石筑坝断面图

3)分级尾砂筑坝

采用分级设备对尾矿进行分级可得到浓度大、颗粒粗的底流用于筑坝，其坝体较均匀，含泥量少，质量较好。常用水力旋流器分级尾矿，对分级效率要求不高的还可以采用管式自然分级、分级箱、旋流池和分级锥、分级斗等。

水力旋流器利用矿浆在其中高速旋转产生的离心力使固体颗粒分级。与其他分级设备相比，水力旋流器体积小、重量轻、不需动力，分级效率较高的特点。

(1)水力旋流器的应用与选择

①水力旋流器适用分级粒度的一般范围为 $0.01 \sim 0.3$ mm；

②旋流器要求恒压给矿，进口压力一般为 $50 \sim 250$ kPa，恒压箱液面要稳定，保证其正常工作；

③旋流器选用规格及数量应根据筑坝尾矿粒度、尾矿量和旋流器的生产能力经计算确定。当需要生产能力大且溢流粒度较粗时，可选大规格，反之选小规格；当需要生产能力大，且要求溢流粒度较细时，可选用小规格的旋流器组；

④若要求溢流粒度粗，可采用较低的进口压力和较高的给矿浓度；要求较细的溢流粒度时，应采用较高的进口压力和较低的给矿浓度；

⑤要留有备用台数，对分级粒度细的尾矿备用率要高；

⑥当采用一台旋流器满足不了处理矿浆量的要求时，可以多台并联使用；当采用一级旋流器满足不了分级粒度的要求时，可以采用多级串联使用，但应满足给矿压力的要求。

(2)分级尾砂上游法筑坝

为提高细颗粒尾矿堆积坝的坝壳粒度常采用此法，我国五龙金矿已采用。

五龙金矿尾矿粒度细，$d_p = 0.032$ mm，-0.074 mm 占 91.6%，采用水力旋流器用上游法筑坝,每年上升0.6~0.7 m。图6-25 为筑坝示意图,表6-16 为尾矿分级情况,表6-17 为采用水力旋流器前后对比。

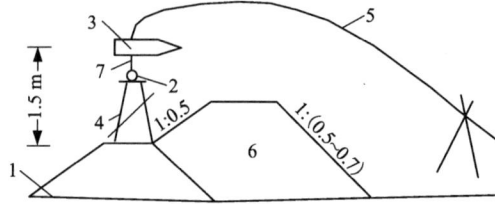

1—前期子坝;2—DN150 输送管;3—φ200 水力旋流器;4—木支架;5—胶溢流管;6—新筑子坝;7—DN50 支管。

图6-25　五龙金矿筑坝示意图

表6-16　尾矿分级情况

产品	粒度组成/mm					质量浓度 P/%
	0.077	0.05	0.037	0.019	-0.019	
给矿/%	8.2	14.7	12.0	20.9	44.2	20
排矿/%	50.0	20.6	10	11	9	55~60
溢流/%	5	14	16	24	41	

表6-17　采用水力旋流器前后尾矿上坝率对比表

筑坝方法	+0.05 mm 占比/%	d_p/mm
采用前	37~56	0.045~0.057
采用后	70	

(3)分级尾砂中线法筑坝

德兴铜矿4号尾矿库位于大山选矿厂以北的西源大沟内,于1991年2月投产。初期坝为黏土斜墙堆石坝,坝顶标高110.0 m,坝基地面标高72.0 m。采用中线法筑坝工艺,最终堆积坝标高280 m,堆积坝高170 m,最大坝高208 m,坝外坡比1∶3。4号尾矿库中线法筑坝工艺示意图及坝体剖面示意图分别如图6-26 和图6-27 所示:

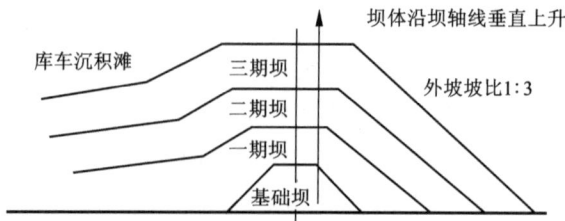

图6-26　德兴铜矿4号尾矿库中线法筑坝工艺示意图

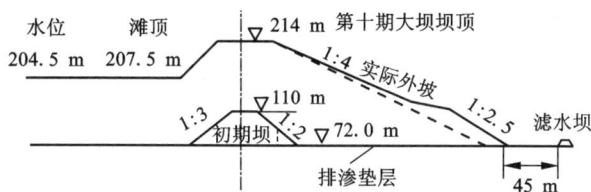

图 6-27 德兴铜矿 4 号尾矿库坝体剖面示意图

（4）分级尾砂下游法筑坝

用旋流器或其他分级设备将尾矿分级，高浓度粗砂用于下游筑坝，溢流部分可形成冲积滩和充填尾矿库。例如加拿大的勃伦达坝，如图 6-28 所示。

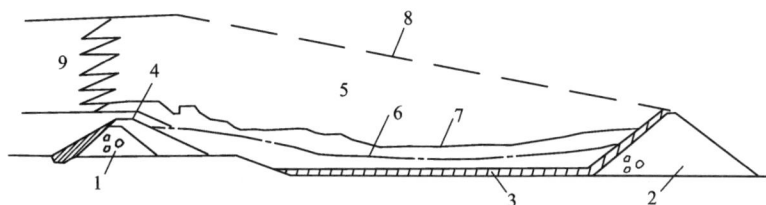

1—上游主坝；2—下游主坝；3—排渗层；4—子坝（1970—1971 年）；5—旋流尾砂；
6—1970 年 10 月砂面；7—1972 年 8 月砂面；8—终期坝面线；9—矿泥。

图 6-28 加拿大勃伦达坝筑坝示意图

4）模袋法筑坝

1960 年美国建筑技术公司研制出土工模袋，1974 年我国在江苏省长江嘶马弯道护岸首次应用土工模袋，但在尾矿堆坝方面还处于起步应用阶段，目前取得了一定的经验。

模袋法筑坝是采用高强度的透水性土工材料制作大面积连续模袋，通过向模袋内冲灌尾砂并经压力排水形成固结充填体，利用充填体连续交错堆筑子坝。

模袋法筑坝的作用：

①模袋布是高强度的透水性材料，其孔径宜根据现场尾矿粒径确定。在尾矿浆冲入模袋后通过模袋材料的有效孔径将水析出而把固体物质留在袋内，达到固砂排水的效果。

②挤压排水固结

尾矿固结的方式由原来的自由排水固结变为挤压排水固结。尾矿进入模袋后在模袋外部荷载及注浆压力的作用下及时将水排出，从而加快尾矿固结，缩短排水固结时间。

③增加坝体稳定性

在模袋外部荷载及注浆压力作用下模袋内颗粒与颗粒之间咬合更加密实，袋内尾矿孔隙比减小，密实度增加，尾矿固结度增加，强度得到提高。同时筑坝过程中模袋与模袋错缝搭接，并且可根据需要增设加筋材料，使得模袋坝体的稳定性增强。

模袋法筑坝具有施工工艺简单、筑坝效率高、坝体稳定性较好等特点，在偏细粒尾矿堆坝中能较好解决排渗和稳定性问题，具有良好的应用前景。

6.2.4.4 坝体构造

1）坝顶宽度

根据施工（人工或筑坝机械）、管道设备铺设、是否行车等要求确定，一般不小于 2.0 m，坝顶宜铺一层土或碎石以防雨水冲刷。

2）坝坡

坝坡平均坡比应严格按照设计要求实施，不能过缓或过陡。应防止出现下陡上缓的凸面。上一级子坝的外坝脚应自下一级子坝的坝顶内缘起始，即保留每级子坝的轮廓，以便于操作管理。

3）马道

上游式尾矿堆积坝有行车要求时，下游坡面应沿标高每隔 10~15 m 设一条马道，宽度不宜小于 5 m。中线式或下游式尾矿库最终下游坝坡设置的维护平台的宽度不宜小于 3 m。

4）护坡

为防止雨水、渗流冲蚀以及粉尘飞扬，可在坝坡上覆盖废石或山坡土，厚度不小于 0.3 m，也可种植草或灌木（当尾矿较粗时，应先铺 0.2~0.3 m 厚的腐殖土层）。

5）排水沟

沿山坡与坝坡的交界处设坝肩排水沟，以防止山坡汇流雨水冲刷坝肩和后期坝坝脚，此排水沟与初期坝的坝肩排水沟相连接。为防止对坝面的冲刷，在每个马道的内侧设坝坡排水沟将水引到坝肩排水沟或坝坡脚以外，对于坝轴线较长的每隔 30~50 m 还应设横向排水沟。排水沟一般采用浆砌石或混凝土结构。

6）排渗设施

（1）底部排渗设施

当尾矿坝位于不透水地基上或初期坝为不透水坝时，常采用底部排渗设施，以降低浸润线，加快底部细粒尾矿的固结，提高其物理力学指标。底部排渗的型式有褥垫式、渗水管沟、渗水盲沟及混合式多种，一般均与初期坝同时施工。排渗设施与尾矿砂之间需设反滤层。

（2）堆积坝体的排渗设施

为了改善尾矿堆积坝体的排渗条件，通常采用下述几种排渗型式，一般均在生产运行过程中施工。

①贴坡排渗

贴坡排渗适用于浸润线不高，且不需降低下游坝体中浸润线高度的坝坡。排渗体设置时要考虑顶部高程应高于坝体浸润线出逸点，超过的高度应使坝体浸润线在该地区的冻结深度以下；排渗体的厚度应大于该地区的冻结厚度；排渗体底脚应设置排水沟或排水体。

②自流排渗

自流排渗层有自流排渗管和水平排渗层。

自流式排渗管又可分为直线式（水平）和非直线式（弧形）自流式排渗管两种形式。自流式排渗管的设置应低于浸润线最小埋深值 3~5 m，并满足坝体渗流稳定性要求。

直线式排渗管（或排渗盲沟）适用于场地条件比较简单的尾矿堆积坝中的排渗加固，排渗管（或排渗盲沟）与坝轴线平行布置，坡向两侧或中间的集水管，坡度由不淤流速确定，一般为 1% 左右。

排渗管也可在坝坡渗水区的下方垂直坝轴线布置，埋设时应向下游方向倾斜，其坡度应为 2%~4%，间距宜为 10~15 m；排渗管应插入坝体浸润线较深位置，其长度宜为某标高时计算浸润线至坝坡距离的 1.5 倍。

排渗管一般用钢管、塑料管、铸铁管或钢筋混凝土、混凝土等做成孔管，管径、壁厚、开孔数目以及周围填料经计算确定。排渗盲沟一般用块石做成，周围填以砾石、砂做反滤层。此外还可使用无砂混凝土管做渗管，因其强度较低，适于浅层敷设。

弧形排渗管适用于场地复杂条件中等或复杂的尾矿堆积坝的排渗加固。排渗管应穿过透水性较好的尾矿层，在剖面上呈弧形，其弧线上的每个点位的标高应高于出口处，铺设长度和深度应满足浸润线降低高度的要求，导水管的长度应深入控制浸润线以下 1~2 m。弧形排渗管一般选用 PE 异型槽孔式塑料滤水管。槽孔排渗管的直径一般内径宜选 ϕ51 mm，外径 ϕ75 mm，槽宽 10 mm，滤孔 ϕ8 mm，滤孔间距 150~200 mm。槽孔排渗管的结构如图 6-29 所示：

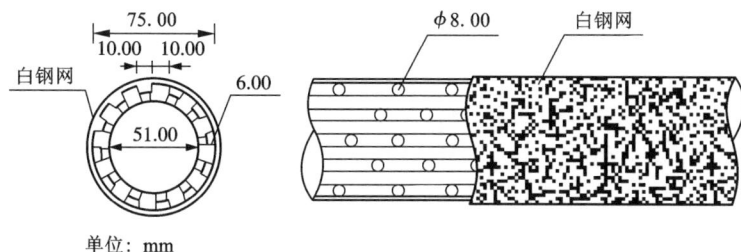

图 6-29 槽孔排渗管结构

水平排渗层通常是在离滩顶一定距离的位置平行坝轴线布置，由集渗层和导水管组成，其中集渗层为土工布包裹一定宽度的土工席垫以及其下的软式透水管或开孔塑料管，导水管采用钢管或塑料管，与透水管以三通或四通连接，埋设时应向下游方向倾斜，其坡度应为 2%~4%，间距一般不超过 50 m。

③管井排渗

管井排渗适用于尾矿渗透性好，浸润线降低幅度大、渗流量大的尾矿坝排渗加固，对防止坝坡地震液化和坝体稳定有利。

管井由井口段、井壁管段、滤水管段、沉砂管段组成。井管可用带孔的钢管、铸铁管、钢筋混凝土管或混凝土管，外包缠丝层和棕皮层，亦可采用无砂混凝土管。管井外填以粗砂砾。自流渗井应在底部接导水管，根据需要也可与底部排渗连接。不能自流的渗井应在井口设泵抽水。

管井宜平行于坝轴线方向成直线排列布置或交错排列，一般井径宜采用 400~800 mm，可根据尾矿性质和钻孔设备等因素确定，对渗透系数较小的黏性尾矿宜选用较大的直径。间距和井数应根据抽水试验按经验公式确定。深度应根据降水深度、浸润线的埋深、地下水的类型、降水井的设备条件以及降水期间浸润线的动态等因素确定。

④竖向-水平联合自流排渗

竖向-水平联合自流排渗适用于场地复杂条件中等或复杂的尾矿堆积坝和有厚层且浸润线高、水平排渗效果有限的尾矿堆积坝的排渗加固。包括水平和竖向两部分，其夹角呈锐角、直角和钝角三种，分别如图6-30(a)、(b)、(c)所示，可分别按棱体、管式和贴坡排渗的公式计算，工程实际应用中主要是垂直形式。

竖向和水平排渗体可采用直接连接或间接连接。

竖向排渗体的深度必须伸入到该处浸润线埋深的1.5倍处且在浸润线设计埋深值以下3~5 m，并置于透水性相对较好的尾矿层；结构可为管井、大直径砂砾井(袋装砂砾井)、袋装砂井、滤水塑料插板渗水帷幕、无砂混凝土井和碎石盲井等；竖直渗井的平面形状可按图6-31选择。

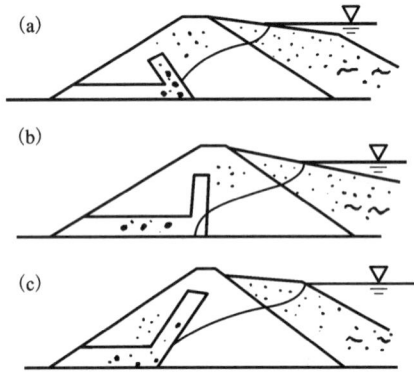

图6-30　立式排渗示意图

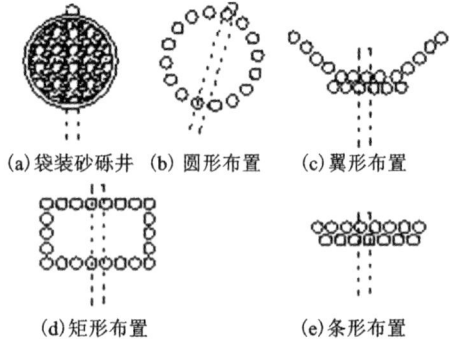

(a)袋装砂砾井　(b)圆形布置　(c)翼形布置

(d)矩形布置　(e)条形布置

图6-31　竖直渗井平面图

- - - 水平排渗管；○ 袋装砂井或滤水塑料插板、塑料滤管

⑤辐射井排渗

辐射井由集水井、水平排渗管和导水管构成。辐射井排渗适用于场地复杂条件中等或复杂的尾矿堆积坝的排渗加固。

集水井宜采用圆形沉井，井内应设爬梯、井顶宜设井盖；井位应结合浸润线的高低沿坝轴线方向布置在坝体渗透破坏范围及破坏较严重的地段；井数、井距、井深应根据堆积坝轴线长度、排渗降水范围、水平排渗管的贯入长度等因素，通过渗流场分析确定。井深应低于要求浸润线降深2~4 m，井距不应超过水平辐射排渗管长度的2倍，宜选择80~120 m；井直径应满足井内水平管施工工艺要求，且宜大于3 m，井壁厚度考虑水平排渗管施工时作用在井壁上的顶力。

水平排渗管在含水尾矿层内以集水井为中心向四周呈辐射状布置；排渗管远离井端应高于井壁开口端呈顺坡布设，坡度宜为1%~5%；当尾矿含水层较薄时，宜呈单层均匀设置辐射水平排渗管；当含水尾矿层较厚或多层时，宜设多层辐射水平排渗管或倾斜辐射水平排渗管；每层宜采用6~8根辐射管；可根据排渗需要设置竖向排渗措施(砂砾井、袋装砂井、塑料排渗板等)加强排渗效果；最底层水平排渗管应高于竖向集水井底板面0.7 m；水平排渗管直径宜为50~150 mm，长度可根据尾矿含水层的厚度、渗透特性、降深要求等条件确定，宜为50~120 m。

导水管的底与集水井底板面的距离不应小于1000 mm；导水管进水口高程应高于滤水管出水口高程，其排水能力应大于全部滤水管的滤水能力，管径根据出水量计算确定，一般为75~200 mm，单根导水管排水能力不足时，可增加导水管数量；导水管一般采用自流排渗，坡度宜为1%~5%，其长度应根据坝体条件结合施工设备能力确定，长度宜为50~160 m，当导水管穿透坝体受到限制时，可在堆积坝中设接力井，接力井设置方式参照辐射井；导水管管材应符合抗老化和耐腐蚀性的要求。

⑥虹吸排渗。

虹吸排渗适用于尾矿堆积坝高不大于100 m，浸润线控制埋深4~8 m范围内且渗流量稳定的尾矿库。

虹吸排渗系统一般由虹吸井(即水源井，可为大口井、管井和辐射井)、虹吸管、水封井组成，当排渗水需回收时还应设置集水池；虹吸管宜成排平行于尾矿堆积坝轴线布设，排数、根数和间距应根据工程地质勘查资料，经渗流计算确定；寒冷地区，虹吸管系统应采取防冻措施。

6.3 尾矿坝渗流与稳定性分析

6.3.1 渗流计算

尾矿坝渗流计算的目的是确定坝体浸润线的位置、坝体和坝基的渗流量以及坝体出逸段的水力坡降，作为坝体稳定计算和设置排渗设施的依据。

尾矿冲积坝作为均质坝是近似的，实际上沿冲积坡向内渗透性逐渐减小，且因尾矿冲积过程中有水平矿泥夹层存在，垂直渗透性较水平方向渗透性小，故目前采用的平面渗流计算公式只能得出近似结果，更精确的结果需要通过三向渗流模拟试验解决。

6.3.1.1 渗流计算方法

(1) 初期坝为土坝，地基不透水时，尾矿渗透系数 k 远大于土坝渗透系数 k_2（如 $k \geqslant 100k_2$），可视初期坝顶标高以下为不透水坝进行渗透计算，如图6-32所示。

简化为不透水地基上无排渗设施的均质坝，其渗流计算如图6-33所示。

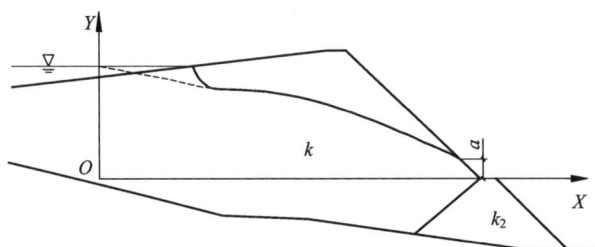

图6-32 初期不透水坝渗流计算图

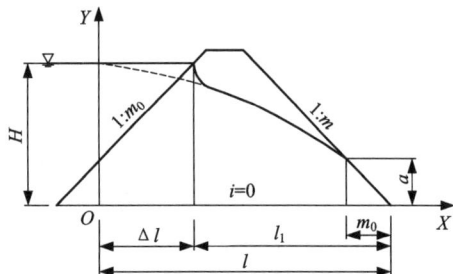

图6-33 无排渗设施的渗流计算简图

单宽渗流量：

$$q = k \frac{H^2 - a^2}{2(l - ma)} \tag{6-10}$$

式中：q 为单宽渗流量，$m^3/(s \cdot m)$；k 为尾矿或土的渗透系数，m/s；H 为上游水深，m；a 为下游坡处逸出高度，m；l 为化引渗透长度，m，$l = l_1 + \Delta l$，$\Delta l = \dfrac{m_0 H}{2m_0 + 1}$；$m$ 为下游坡边坡系数；m_0 为上游坡边坡系数。

浸润线方程式:

$$y = \sqrt{H^2 - \frac{H^2 - a^2}{l - ma}x}$$ (6-11)

式中: x 为浸润线某点的横坐标; y 为浸润线某点的纵坐标。

下游坡逸出高度:

$$a = \frac{l}{m} - \sqrt{\left(\frac{l}{m}\right)^2 - H^2}$$ (6-12)

坝坡逸出段最大坡降:

$$I_{max} = \frac{l}{m}$$ (6-13)

(2)初期坝为土坝,其渗透系数与尾矿渗透系数相近时,即 $k \approx k_2$,可假定土与尾矿为均质体,按贴坡排渗进行渗流计算。

当坝基的渗透系数 $k_1 \geq k$(坝身渗透系数)时,属于透水坝基。其贴坡排渗计算如图 6-34 所示。

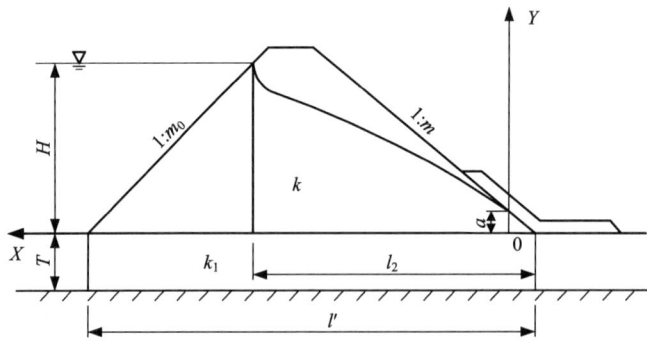

图 6-34 透水坝基贴坡排渗计算图

总单宽渗流量:

$$\sum q = q + k_1 H'_q$$ (6-14)

式中: $\sum q$ 为通过坝身和坝基的总单宽渗流量,$m^3/(s \cdot m)$; q 为按不透水地基计算的坝身单宽渗流量,m^3/s; q' 为通过坝基的单位化引渗流量(即当渗透系数及水头均等于1时的单宽渗流量),可从图 6-35 查得 q'; k_1 为坝基渗透系数,m/s; l' 为坝基渗透长度(即坝底宽),m; T 为透水层深度,m。

浸润线方程式:

$$y = \sqrt{\left(a + \frac{k_1}{k}T\right)^2 + 2\frac{q}{k}x - \frac{k_1}{k}T}$$

(6-15)

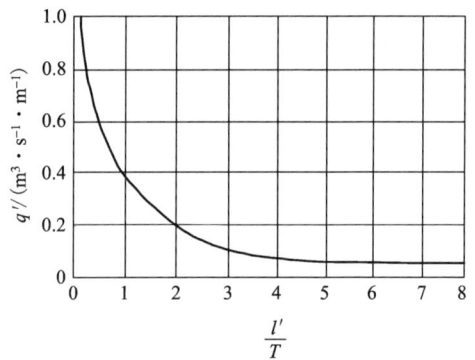

图 6-35 q' 与 $\dfrac{l'}{T}$ 关系图

当 $\dfrac{l_1 + m_0 H}{T} > 1$ 时, 总单宽流量 $\sum q$、下游坡逸中高度 a、地基出逸坡降 I_d 由式(6-16)~式(6-18)确定。

$$\sum q = q + \frac{k_1 HT}{l_1 + m_0 H + 0.88T} \tag{6-16}$$

$$\left.\begin{array}{l} a = \sqrt{\left(\dfrac{B}{2}\right)^2 + 0.44T\dfrac{q}{k}} - \dfrac{B}{2} - \dfrac{B}{2} \\[3mm] B = \left(\dfrac{k_1}{k} + \dfrac{0.44}{m}\right)T - m\dfrac{q}{k} \end{array}\right\} \tag{6-17}$$

$$I_d = \frac{H}{l_1 + m_0 H + 0.88T} \cdot \frac{1}{\sqrt{l'\dfrac{\pi x}{T} - 1}} \tag{6-18}$$

(3) 当初期坝为堆石坝或其他透水坝 $(k_2 > 100k)$ 时, 可按棱体排渗进行渗流计算(图6-36)。

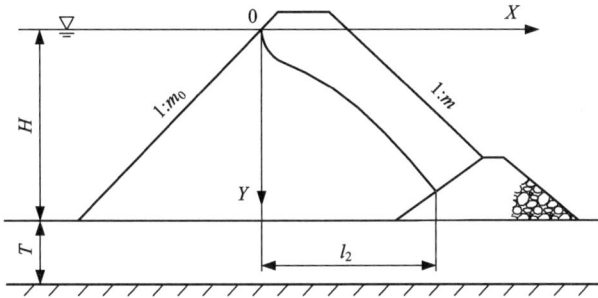

图 6-36　透水坝基棱体排渗计算简图

一般情况下, 渗流量、浸润线及逸出高度均可按不透水坝基近似计算。当坝基渗透系数远大于坝身渗透系数时(如 $k_1 > 100\ k$), 可近似按式(6-19)计算浸润线。

$$\frac{y}{H} = f\left(\frac{x}{l_1}\right) = \frac{1}{\pi}\arccos\left(1 - \frac{2x}{l_1}\right) \tag{6-19}$$

式中: l_1 为浸润线水平投影长度, m;

$\dfrac{y}{H}$ 可根据 $\dfrac{x}{l_1}$ 由图6-37查得。

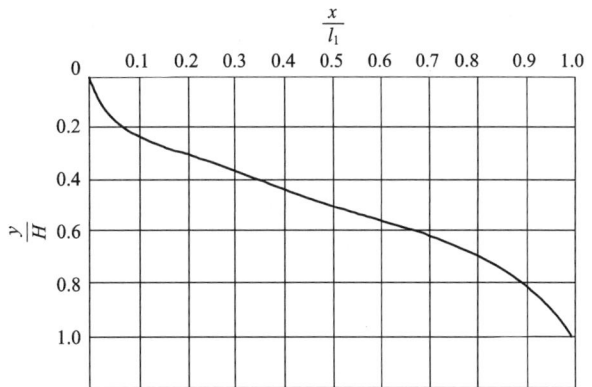

图 6-37　浸润线坐标计算曲线

地基的出逸坡降可参照公式(6-18)计算。

(4) 当初期坝为土坝或透水坝, 且堆积坝底部设置水平排渗时, 可选用水平排渗公式计算。

总单宽渗流量可用透水地基无排渗设施公式计算,式中 q 按不透水地基水平排渗坝身渗流量公式计算。

一般情况下浸润线仍按不透水地基水平排渗浸润线公式计算,当坝基渗透系数远大于坝身渗透系数,并满足 $\dfrac{l_1 + m_0 H}{T} \geq 1$ 的条件时,坝轴线下游浸润线可近似地按式(6-20)计算,坝轴线上游浸润线可按流线勾图。

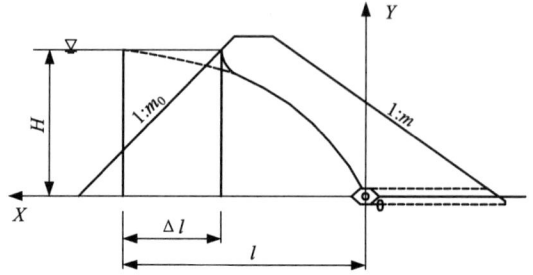

图 6-38 管式排渗计算简图

$$y = \sqrt{\left(\frac{k_1}{k} T\right)^2 + 2\frac{q}{k}(x + 0.44T)} - \frac{k_1}{k} T \qquad (6-20)$$

⑤当初期坝为土坝且在内坡脚设置有效的排渗管时,可按管式排渗进行计算(图6-38)。

单宽渗流量:

$$q = \frac{kH^2}{2l} \qquad (6-21)$$

浸润线方程:

$$y = H\sqrt{1 - \frac{x}{l}} \qquad (6-22)$$

6.3.1.2 渗透稳定性分析

1)渗透破坏形式

管涌(机械管涌):一般容易在不均匀系数 $\eta > 10$ 的非黏性土中发生。

流土:一般易在不均匀系数 $\eta < 10$ 的砂性土或黏性土中发生。

接触冲刷:渗流沿两层不同颗粒交界面流动,使两种颗粒移动并混合起来的现象,一般易在设计不合理的反滤层间发生。

接触流土:地基局部土壤流入反滤层的空隙中。

2)土的临界渗流坡降及允许渗流坡降

土开始发生渗透破坏时的渗流坡降称为该土的临界渗流坡降,一般与土的性质(密度、孔隙比、粒度和不均匀系数等)有关。

在上升渗流作用下,$\eta \leq 10$ 的砂性土及黏性土根据极限平衡可求得临界坡降:

$$I_1 - \frac{\gamma_g}{\gamma_0} - (1 - n) = \frac{\Delta - 1}{1 + \varepsilon} \qquad (6-23)$$

考虑黏聚力时:

$$I_1 = \frac{\gamma_g}{\gamma_0} - (1 - n) + \frac{c}{\gamma_0} \qquad (6-24)$$

考虑土的结构性和摩擦力时:

$$I_1 = \frac{\gamma_g}{\gamma_0} - (1 - n) + 0.5n \qquad (6-25)$$

式中：I_1 为土的临界渗流坡降；γ_g 为土的干容重，$\gamma_g = \Delta(1-n)$，kN/m^3；γ_0 为水的重度，一般为 10 kN/m^3；n 为孔隙率；ε 为孔隙比，$\varepsilon = \dfrac{n}{1-n}$；$\Delta$ 为土的比重；c 为土的黏聚力，kPa。

设计的渗流坡降应小于允许渗流坡降 I_y，I_y 按下式计算：

$$I_y = \frac{I_1}{K_s} \tag{6-26}$$

式中：K_s 为渗透安全系数，见表 6-18。

表 6-18　渗透安全系数 K_s 表

土类	黏性土	非黏性土	
		1、2 级工程	3 级及 3 级以下工程
K_s	1.5	2.5	2

3）临界渗透流速

尾矿堆积坝的渗流逸出处及尾矿与反滤层间的渗透流速应小于临界渗透流速，以保证其渗透稳定性。

常用的临界渗透流速公式：

（1）公式一

$$v_1 = 0.26d_{60}^2\left(1 + 1000\frac{d_{60}}{D_{60}^2}\right) \tag{6-27}$$

式中：v_1 为临界渗透流速，cm/s；d_{60} 为尾矿或基土的控制粒径，mm；D_{60} 为第一层反滤料的控制粒径，mm。

（2）公式二

$$v_1 = 60\sqrt[3]{k} \tag{6-28}$$

式中：v_1 为临界渗透流速，m/d；k 为渗透系数，m/d。

当公式（6-28）中临界渗透流速和渗透系数单位采用 m/s 时，则公式为：

$$v_1 = 0.0307\sqrt[3]{k} \tag{6-29}$$

（3）公式三

$$v_1 = \frac{\sqrt{k}}{15} \tag{6-30}$$

式中：v_1 为临界渗透流速，m/s；k 为渗透系数，m/s。

4）渗流条件下的边坡稳定

①不透水地基上饱和尾矿堆积坝坡，如图 6-39（a）所示。

此时流线可视为平行于地基，渗流坡降 $I \approx \tan\alpha$，设坡面有一土微体处于平衡条件，其体积为 1，土微体浮重为 $W_f = \gamma_f$，所受渗透压力 $W_s = r_0\tan\alpha$，则滑动力 $N_h = W_f\sin\alpha + W_s\cos\alpha$，抗滑力 $N_k = (W_f\cos\alpha - W_s\cos\alpha)\tan\varphi$。

安全系数：

$$K = \frac{N_k}{N_h} = \frac{\gamma_f \cos \alpha - \tan \alpha \sin \alpha}{\gamma_b \sin \alpha} \tan \varphi \tag{6-31}$$

设计坝坡应满足下式要求：

$$\tan \alpha \leqslant \frac{-K\gamma_b \pm \sqrt{K^2 + 4\tan^2 \varphi}}{2\tan \varphi} \tag{6-32}$$

式中：α 为稳定的边坡角，(°)；K 为安全系数；γ_b、γ_f 为尾矿的饱和容重、浮容重，kN/m^3；φ 为尾矿内摩擦角，(°)。

②透水地基上饱和尾矿堆积坝坡，如图 6-39(b) 所示。

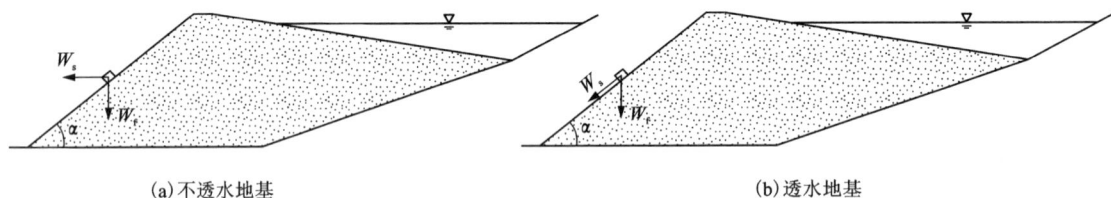

(a)不透水地基 　　　　　　　　　　　　　　(b)透水地基

图 6-39　饱和尾矿的坝坡

此时流线可视为平行于坝坡，渗流坡降 $I \approx \sin \alpha$，土浮重 $W_f = \gamma_f$，渗透压力 $W_s = \gamma_0 \sin \alpha$，则滑动力 $N_h = W_f \sin \alpha + W_s$，抗滑力 $N_k = W \cos \alpha \tan \alpha$。

安全系数：

$$K = \frac{W \cos \alpha \tan \varphi}{W \sin \alpha + W_s} = \frac{\gamma_f \tan \varphi}{\gamma_b \tan \alpha} \tag{6-33}$$

设计坝坡应满足下式要求：

$$\tan \alpha \leqslant \frac{\gamma_f}{K\gamma_b} \tan \varphi \tag{6-34}$$

5）缺乏中间粒径的天然砂砾料的渗流稳定性

当天然砂砾料的颗粒组成微分曲线呈双峰时称为缺乏中间粒径的砂砾料。天然砂砾料在尾矿初期坝、反滤层以及后期坝(包括废石筑坝)的设计中广泛采用，因此必须对其渗透稳定性做出判断。

(1)天然砂砾料管涌性的鉴定

天然级配的砂砾料(包括废石)可用下述方法判断其管涌性：当 $D_0 > d_{70}$ 时发生危险性管涌。

$$D_0 = \zeta_0 d_{50} \tag{6-35}$$

式中：D_0 为孔隙的平均直径，mm；d_{50} 为中值粒径，mm；ζ_0 为与不均匀系数有关的系数，由表 6-19 查得；d_{70} 为细料部分(砂砾料以双峰之间含量最少的粒径分界)中质量分数占 70% 的颗粒小于该直径的粒径，mm。

表 6-19　ζ_0 值表

η	2	5	10	15	20	25	30	35	40
ζ_0	0.335	0.220	0.151	0.127	0.110	0.095	0.085	0.076	0.066

（2）砂砾料临界渗流坡降

①当砂砾料的渗透系数 k 大于其中细料（粒径小于 1 mm）的渗透系数 k' 时，则有可能发生管涌，故要求渗流坡降应小于按下式计算的管涌临界坡降：

$$I_g = \frac{0.3}{R\sqrt{kn^3}}\left(\frac{n}{n'}v\right)^2 \tag{6-36}$$

式中：I_g 为发生管涌的临界坡降；R 为细料的临界雷诺数，可用下式计算：

$$R = \frac{73(\Delta_1 - 1)}{\zeta^2\mu^2}d_{50}^3 \tag{6-37}$$

式中：v 为临界悬浮速度，cm/s，一般用下式计算：

$$v = \frac{6(1 - n')}{d_{50}}\mu R \tag{6-38}$$

式中：n 为砂砾料的孔隙率；n' 为细料的孔隙率；k 为砂砾料的平均渗透系数，cm/s；Δ_1 为细料的土粒质量比；μ 为水的运动黏滞系数；ζ 为与细料孔隙率有关的系数，见表6-20。

表 6-20　ζ 值表

n'	0.2	0.3	0.4	0.5	0.6	0.7	0.8	0.9	1.0
ζ	43	33	25	15	9.5	5.5	3	1	0

②当砂砾料的渗透系数 k 小于其中细料（粒径 1 mm 以下）的渗透系数 k' 时，则有可能发生流土，故要求渗流坡降应小于按下式计算的流土临界坡降：

$$I_1 = \frac{19.6\mu(1 - n)^2}{n^3 d_{50}^2}\left(\frac{n}{n'}v\right) \tag{6-39}$$

式中：I_1 为砂砾料发生流土的临界坡降。

6）坝基的渗透稳定性

当坝基为第四纪土层时，可用表6-21中的允许渗流坡降验算坝基的渗透稳定性。

表 6-21　坝基土层的允许渗流坡降

坝基土的种类	允许的 I 值
大块石	1/4~1/3
粗砾砂、砾石、黏土	1/5~1/4
砂黏土	1/10~1/5
砂	1/12~1/10

对双层结构的坝基，如图6-40所示，当表层土的渗透性小于下层土的渗透性时，应验算表土浮动（流土）的可能性，如符合下式时，应设置排水盖重或排水减压井等措施。

$$I \geqslant \frac{I_1}{K_s} = I_y \tag{6-40}$$

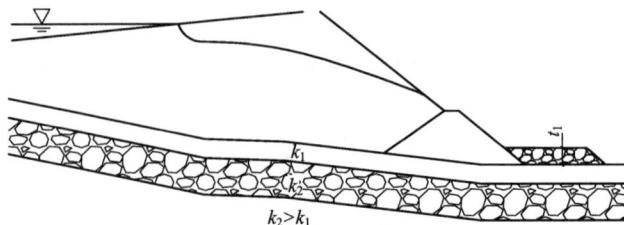

图 6-40　坝基渗透稳定图

6.3.2　稳定性分析

6.3.2.1　基本荷载

尾矿坝基本荷载主要分为静力荷载、动力荷载以及随着坝体堆筑时逐级加载、库水位动态变化、水压力变化等引起的荷载。

尾砂坝多为水力冲填坝(干堆法除外),如上游式尾矿坝的堆筑过程,由于初期坝的拦挡作用,尾砂和水将流向库尾,采用排洪、排渗措施后,尾砂排水固结,尾砂、尾砂里存水、库尾澄清水等为主要静力荷载,动力荷载主要为地震力施加的荷载。

尾矿坝稳定计算时的上述荷载分为 5 类:

(1)荷载类别 1 系指运行期正常库水位时的稳定渗透压力;

(2)荷载类别 2 系指坝体自重;

(3)荷载类别 3 系指坝体及坝基中的孔隙水压力;

(4)荷载类别 4 系指设计洪水位时有可能形成的稳定渗透压力;

(5)荷载类别 5 系指地震荷载。

6.3.2.2　力的组合及要求的安全系数

安全系数是指为使破坏面之上滑体处于静平衡状态,可获得的抗剪强度应当除以(缩小)的系数(倍数)。其中隐含两个简化的假定:一是破坏面之上的滑体是一个"刚性自由体",忽略滑体内部的强度与变形的影响;二是沿整个破坏面的安全系数是一个常数,忽略了沿潜在破坏面应力分布不均匀的客观特征。

尾矿坝稳定计算的荷载可根据不同运行条件按表 6-22 进行组合。坝坡抗滑稳定的安全系数根据坝的级别和不同的计算方法要求不一样,不应小于表 6-23 规定的数值。

表 6-22　尾矿坝稳定计算的荷载组合

运行条件	计算方法	荷载类别				
		1	2	3	4	5
正常运行	总应力法	有	有	—	—	—
	有效应力法	有	有	有	—	—
洪水运行	总应力法	—	有	—	有	—
	有效应力法	—	有	有	有	—
特殊运行	总应力法	有	有	—	—	有
	有效应力法	有	有	有	—	有

表 6-23　坝坡抗滑稳定的最小安全系数 K_f

计算方法	运行条件	坝的级别			
		1	2	3	4、5
简化毕肖普法	正常运行	1.50	1.35	1.30	1.25
	洪水运行	1.30	1.25	1.20	1.15
	特殊运行	1.20	1.15	1.15	1.10
瑞典圆弧法	正常运行	1.30	1.25	1.20	1.15
	洪水运行	1.20	1.15	1.10	1.05
	特殊运行	1.10	1.05	1.05	1.05

6.3.2.3　基本分析方法

稳定计算是根据尾矿库坝体材料及坝基的物理力学性质、尾矿坝的几何形态和结构设计、地下水条件和孔隙压力等分析初期坝与堆积坝的抗滑稳定性。

尾矿的性态极为复杂，分析条件很少是常规的，至今未形成自身的独立分析体系，由于尾矿坝材料构成主要为土石结构和尾砂，按类别属于土石坝分支，目前均沿用土力学的传统分析方法。其稳定分析方法主要有三类：①刚体极限平衡法：包括瑞典圆弧法、毕肖普法、简布法等；②数值分析法：包括有限元法、有限差分法、边界元法等；③不确定性分析方法：包括可靠度方法、模糊数学、人工智能法等。通常是采用极限平衡方法，基本思想是假定一个可能的简单形状的破坏面，求出沿这个面滑动起来的应力状态和可能获得的强度，把此强度与沿该面引起破坏所必需的应力相比较，求出极限平衡状态下的安全系数。目前应用广泛的有瑞典圆弧法、毕肖普法等。

在某种稳定安全系数计算方法实际应用中，还必须进一步对总应力分析和有效应力分析方法进行选择。总应力法分析比较简单，通常是基于这样的假定，即水位降低后破坏面上的有效法向应力与水位降低前的有效法向应力相同，从而不考虑孔隙压力变化（由于荷载降低）对强度的影响。总应力分析使用不排水试验测定的抗剪强度参数，因为试验条件必须符合现场固结条件（各向异性或各向同性），不排水强度远比排水强度对试样扰动敏感，故必须仔细地测定和选择抗剪强度参数。有效应力法分析更为合理，因为实际上是有效应力控制强度。有效应力分析使用排水试验（或有孔隙应力测定的不排水试验）的有效抗剪强度参数。

6.3.3　地震液化及动力分析

6.3.3.1　地震液化分析

土体液化现象是指地震引起的振动使饱和砂土或粉土趋于密实，导致孔隙水压力急剧增加。在地震作用的短暂时间内，这种急剧上升的孔隙水压力来不及消散，使有效应力减小，当有效应力完全消失时，砂土颗粒局部或全部处于悬浮状态。此时，土体抗剪强度等于零，形成"液体"现象。

尾矿坝由初期坝和后期尾砂堆积坝组成，初期坝一般经过碾压修筑，后期尾砂堆积坝大多数采用水力充填而成，初期整个尾矿堆积坝体处于较松的饱和状态，经过排洪、排渗设施的作用，尾砂由于自重作用排水固结，但尾砂由于颗粒粗细不等，往往形成不同粒径区域的层，如尾细砂层、尾粉砂层、尾粉土层、尾粉质黏土层等。各尾砂层之间也是交互搭界，由于放矿的影响和尾砂颗粒分配因素等，尾砂沉积过程中，常形成透镜体层，即软弱夹层，此夹层对于地震作用极为敏感，有些坝体在地震作用下，由于该类别的坝料液化而丧失稳定性，另外颗粒很细的尾砂层也易发生液化现象，对坝体稳定产生不利影响。

1）饱和砂土地震液化的研究方法

饱和砂土地震液化研究的常规方法有总应力法、有效应力法、有限单元法等，另外有限差分法、边界元法、振型叠加法等也是分析砂土地震液化的常用手段。

2）影响砂土液化的因素

砂土液化的影响因素问题的研究，近几十年都没间断过，包括研究不同液化机理产生的液化影响因素。研究表明砂土类别、砂土密度、砂土渗透性、砂土起始应力条件、地震荷载因素等为影响砂土液化的主要因素。

（1）砂土类别

砂土类别是一个重要条件，不同的黏聚力 c 值将影响砂土的抗剪强度，也将影响液化的形成。

（2）砂土密度

研究表明砂土具有剪缩性，砂土密度与其剪缩性成反比关系，砂土密度增大，其剪缩性会减弱。地震荷载作用时，由于往复剪切作用，松砂体积易于缩小，孔隙水压力上升快，故松砂比较容易液化。

（3）砂土渗透性

尾砂土根据粒径大小分为尾粗砂、尾细砂、尾粉砂、尾粉土等。粗颗粒砂土由于透水性好，孔隙水压力易消散，故也不易产生液化。试验及实测资料都表明：粒径 $d_{50}=0.015\sim0.5$ mm 的砂土和塑性指数小于7的砂质黏土，在一定条件下都可能发生液化，其中以细、粉砂（$d_{50}=0.05\sim0.09$ mm）最容易液化；滚圆的颗粒较有棱角的颗粒易液化，即粉、细砂土和粉土比中、粗砂土容易液化；级配均匀的砂土比级配良好的砂土容易发生液化。含黏粒大于20%的土不易液化。

（4）砂土起始应力条件

在地震作用下，砂土中孔隙水压力等于固结压力是初始液化的必要条件。如果固结压力越大，则在其他条件相同时越不易发生液化。因此砂土的埋藏深度和地下水位深度，即土的有效覆盖压力大小就成了影响土体液化的直接因素。

（5）地震荷载

地震烈度及地震持续时间也是影响液化的因素之一。室内试验表明，对于同一类和相近密度的土，在一定固结压力时，动应力较高则振动次数不多就会发生液化；而动应力较低时，需要较多振次才发生液化。

3）砂土及砂质黏土液化可能性的判断

砂土及砂质黏土液化的可能性一般通过现场试验、室内实验、经验对比、动力分析等手段进行判断。

实验室动力试验多采用两种方法模拟地震，一种是模拟地震加速度，另一种是用等幅值的剪应力及循环次数模拟地震剪切波。

工程上对于砂土及砂质黏土液化可能性的判断主要依赖于地震现场调查。液化调查应取得以下几个方面的定量资料：场地受到的地震作用，即地震震级、震中距或烈度、持续时间等；场地土层剖面，主要是各埋藏土层的类别、埋深、厚度、重度和地下水位；影响土体抗液化能力的主要物理力学参数。

结合尾矿库工程的特性，通常采取如下三种判别方法：

（1）颗分曲线法

尾矿的全粒径颗分资料为非常重要的尾矿基础资料之一，根据建筑场地地震经验给出的判别液化土层的界限及尾矿颗粒分配组成，可以判定某粒径范围内的尾矿层为液化土层。

（2）相对密度法

根据实测的尾矿相对密度与液化临界相对密度进行比较，将研究结果进行加工和归纳统计，即可判定某尾砂层的液化可能性。

（3）标贯试验法

通过现场对尾砂的标准贯入锤击试验，比对计算值临界标贯击数，可以对尾砂各层液化可能性进行判别。由于标准贯入试验锤击数值的离散性往往较大，故在解决工程实际问题时，应结合现场采用多孔标贯试验资料进行判断。

4）防止地震液化的措施

由于对地震引起尾矿坝液化问题还处在不断研究过程中，在实际工程中通常采取一些技术措施，减少和防止地震液化的可能性。

①选择地震烈度低、基岩稳定、覆盖层薄且土层条件好的坝址，避开活动断层；

②采用尾矿分级措施，选择颗粒较粗、尾矿级配良好的尾砂堆坝，可增加尾矿透水性，加速坝体固结。如果在充填过程中再辅以逐层碾压，可提高尾矿密实度，增加抗液化能力和坝坡稳定性；

③对尾矿堆积坝设置有效的排渗设施，最大可能降低浸润线，加速尾矿固结，增加密实度，减少液化可能区域；

④在尾矿堆积坝坡上加压废石增加覆盖压力或采取加筋措施，可提高抗液化能力；

⑤保持库区沉积滩有较长干滩，这样浸润线位置较低，坝体中非饱和区域较大，增加尾矿坝的地震稳定性。把液化所引起的破坏局限在库尾干湿滩分界处，使坝体减轻或免受破坏，起到一定的缓冲作用；

⑥坝型选择时，从稳定性考虑大型尾矿坝，地震烈度高的地段，具备条件时尽量采用下游法或中线法堆筑。

6.3.3.2　动力稳定分析

对于1~2级尾矿坝的抗滑稳定性，除应按拟静力法计算外，尚应进行专门的动力抗震计算，动力计算包括地震液化分析、地震稳定性分析和地震永久变形分析。静力法将尾矿坝对地震的反应假定为刚性的，方法简单，但对地震荷载估计有些偏大，得出的结果偏保守。实际上尾矿坝体是个变形体，具有弹性-黏滞阻尼性能，研究表明，在方向和幅值都随时间不断发生改变的地震惯性力作用下，坝坡的瞬时安全系数和临界破坏面的位置与形状都随时间不断变化。

尾矿坝工程的动力抗震计算，一般利用动力有限元时程法对坝坡进行稳定分析，模拟地震作用下坝坡稳定的时间效应。

6.4 洪水计算和调洪演算

6.4.1 防洪标准

尾矿库各使用期的防洪标准应根据使用期库的等别、库容、坝高、使用年限及对下游可能造成的危害程度等因素,按表6-24确定。

表6-24 尾矿库防洪标准

尾矿库各使用期等别	一	二	三	四	五
洪水重现期/a	1000~5000 或 PMF	500~1000	200~500	100~200	100

注:PMF为可能最大洪水。

当确定的尾矿库等别的库容或坝高偏于该等别下限,尾矿库使用年限较短或失事后对下游不会造成严重危害时,防洪标准可取下限;反之应取上限。当高堆坝或下游有重要居民点时,防洪标准可提高一等。尾矿库失事后对下游环境造成极其严重危害的尾矿库,防洪标准应提高,必要时可按可能的最大洪水进行设计。

采用露天废弃采坑及凹地储存尾矿的尾矿库,周边未建尾矿坝时,防洪标准应采用100年一遇的洪水;建尾矿坝时,应根据坝高及其对应的库容确定库的等别及防洪标准。

6.4.2 洪水计算

尾矿库水文分析的目的是确定洪峰流量、洪水总量和洪水过程线。

尾矿库水文分析的特点和难点是其汇水面积一般很小,缺少实测的洪水系列和径流系列,因而给分析带来困难。通常是充分利用当地的水文研究成果和经验,采用多种分析方法进行综合分析,以合理选择参数和合理选用方案为原则。

6.4.2.1 一般常用计算方法

小流域由于面积小、集流时间短,一般只有数十分钟到几小时,因此形成洪水的只是短历时暴雨。一场暴雨就其形成径流而论可以分为三部分,即暴雨头部、暴雨核心和暴雨尾部。对于小流域,形成最大流量的部分通常是暴雨核心中历时较短、强度最大的一部分。

1)小流域洪水公式

推求小流域暴雨洪水的方法很多,原则上大流域计算洪水的方法均可适用于小流域。但由于小流域暴雨洪水具有:①暴雨或流量资料都比较缺乏,甚至完全没有;②汇水面积小,汇流时间短,洪水陡涨陡落,暴雨的研究时段一般只需数十分钟到几个小时;③洪峰流量受到各种自然地理因素的影响等这些特点,要求计算方法概念明确,结构简单,计算方便。目前实践中应用的方法有下列两类:

(1)经验公式法

根据地区内实测暴雨洪水资料,直接建立洪水要素(主要是洪峰流量)与有关影响因素(主要是降雨和流域特征)之间的经验关系。各地的《水文手册》和《水文图集》多采用这种方法。

（2）推理公式

主要以洪峰流量与主要影响因素之间的关系为基础，建立半理论半经验性质的公式来推算洪峰流量。

此外还有综合单位线法、瞬时单位线法和降雨径流流域模型等方法。

2）用经验公式估算设计洪峰流量

（1）经验公式的形式

计算洪峰流量的经验公式形式很多，最常见的是

$$Q_m = C \cdot F^{n_z} \qquad (6-41)$$

式中：Q_m 为设计洪峰流量，m^3/s；C 为经验参数；F 为流域面积，km^2；n_z 为经验指数。

（2）经验公式参数的确定

建立经验公式通常采用图解法和最小二乘法。使用公式时，资料基础都要充分，还要重视调查研究，结合当地实际情况选用参数，以保证计算结果达到一定的精度。

3）用推理公式计算设计洪峰流量

（1）推理公式的概化条件

推理公式是小流域暴雨洪水计算常用的方法。当设计暴雨确定后，通过产流和汇流两部分计算，可给出流域的设计洪峰流量。

一般小流域采用比较简单的概化，如流域的汇流面积增长率概化为一直线关系（即假定在径流过程中汇流面积随时间均匀增长），计算时间内的汇流速度、降雨和产流都假定为不变的过程。

（2）基本公式

基本公式将设计暴雨强度过程线概化为长方形，其历时为 t，强度为 i，如图 6-41 所示，降雨损失以平均下渗强度 μ 表示，则净雨强度为 $i_t - \mu$。若令 ϕ 为成峰径流系数，则净雨强度也可以用 ϕ_i 表示，即

$$\phi_i = i_t - \mu \qquad (6-42)$$

$$\phi = \frac{i_t - \mu}{i_t} = 1 - \frac{\mu}{i_t} \qquad (6-43)$$

图 6-42 表示一个小流域，L 代表流域上的最小汇流长度，即自出口断面沿主河道至分水岭的最长距离。设净雨沿 L 从最远点流至流域出口断面的时间为 τ（以小时计），则 τ 称为流域的汇流历时。

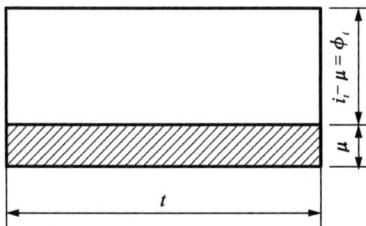

图 6-41　概化设计暴雨损失和净雨示意图

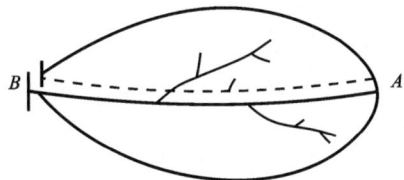

图 6-42　流域汇流示意图

当降雨历时 $t = \tau$ 时,流域出口处出现的最大流量由最早出现在 A 点的净雨和最晚出现在 B 点的净雨同时到达 B 点所形成,也就是全流域内均有净雨到达 B 点形成最大流量,这种情况称为全面汇流。

如果 $t < \tau$,则 A 点最早出现的净雨未到达 B 点处而 B 点的净雨已全部流完,在这种情况下流域出口处的最大流量只是部分面积汇流所产生,称为部分汇流。

如果 $t > \tau$,属于全面汇流的持续情况,即全面汇流所产生的最大流量将持续一个时期。

为了进一步说明上述汇流情况,将小流域面积概化为长方形,其长度为 L,宽度为 B。当流域上产生净雨强度为 ϕ_i 时,将因为 $t > \tau$ 和 $t = \tau$ 而产生不同的流量过程,如图 6-43 所示。

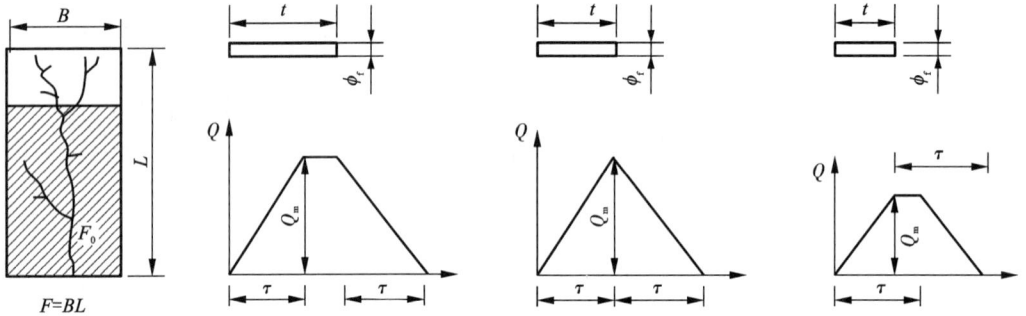

图 6-43 长方形流域净雨和洪水过程线

$t > \tau$ 和 $t = \tau$ 均属于全面汇流情况,即全面汇流产生最大流量。当 $t < \tau$ 时属于部分汇流情况,即部分面积汇流产生最大流量。若净雨强度 i 相同,则上述全面汇流的最大流量必然大于部分面积汇流的最大流量。

按上述假定推导出来的洪峰流量计算的基本公式为

$$Q_{\mathrm{m}} = 0.278 \psi i F = 0.278 \psi \frac{S}{\tau^n} F \tag{6-44}$$

式中:Q_{m} 为最大洪峰流量,$\mathrm{m^3/s}$;ψ 为洪峰径流系数,汇流时间 τ 内最大降雨 H 与其所产生的径流深 h 之比值;i 为最大平均降雨强度,$\mathrm{mm/h}$;S 为雨力,$\mathrm{mm/h}$;τ 为汇流时间,h;n 为暴雨度随历时增长而递减的衰减指数;0.278 为单位换算系数。

利用式(6-44)推求设计洪峰的流量,首先必须确定参数 F、S、n、ψ 和 τ。其中流域面积 F 可以从地形图上直接量得;S、n 为暴雨参数,可由实测暴雨资料分析求得或查询当地水文手册中暴雨参数等值线图;ψ 和 τ 的影响因素复杂,必须在一定概化条件下建立 ψ 和 τ 与有关影响因素之间的关系,间接求得。

4)洪水总量及洪水过程线推求

(1)洪水总量

洪水总量按式(6-45)计算

$$W_{tP} = 1000 \alpha_t H_{tP} F \tag{6-45}$$

式中:W_{tP} 为历时为 t,频率为 P 的洪水总量,$\mathrm{m^3}$;α_t 为与历时 t 相关的洪水径流系数;H_{tP} 为历时为 t、频率为 P 的降雨量,mm。

（2）洪水过程线

应用推理公式求出设计洪峰流量后，尚需选配洪水过程线，目前常用的有以下几种方法：

①三角形过程线法。

将净雨过程分成几段，分别求出各段净雨产生的三角形过程线，按时序相加即得流域出口处的设计地面径流过程线。具体做法如下：

A. 根据已定的洪峰流量 Q_m、汇流时间 τ 和相应的最大净雨深 h_τ，由设计净雨过程确定 h_τ 出现的位置，如图 6-44 中的第Ⅲ区所示。然后再将其他的净雨过程分为 h_τ 前和 h_τ 后两部分，若净雨过程为双峰性，次峰再分一段，如图 6-44 中的第Ⅰ、Ⅱ、Ⅲ区所示。各区的净雨深分别为 h_1、h_2、h_τ 和 h_4，与其相应的净雨历时分别为 t_{c1}、t_{c2}、τ 和 t_{c4}。

B. 先绘制形成最大流量的第Ⅲ区三角形过程线。该三角形为底宽等于 2τ，峰高为 Q_m 的等腰三角形。时段净

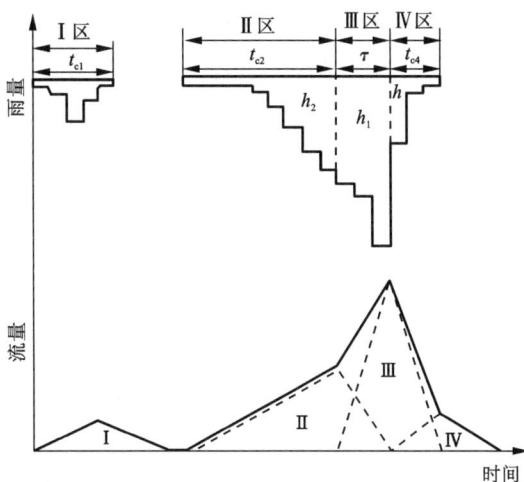

图 6-44 设计洪水过程线

雨开始点作为洪水起涨点，洪峰出现在起涨历时等于 τ 处，如图 6-44 中的Ⅲ区三角形所示。

C. 其他各区的净雨深是已知的，三角形的底宽一般取 $t_{c1} + \tau$。如第Ⅰ、Ⅱ、Ⅳ区三角形的底宽分别为 $t_{c1} + \tau$、$t_{c2} + \tau$ 和 $t_{c4} + \tau$。如果 $t_{c1} + \tau < 2\tau$ 时，则三角形底宽改用 2τ。各段净雨所形成的三角形的洪峰流量按下式计算：

$$Q_m = 0.556 \frac{h_1 F}{t_{c1} + \tau} \tag{6-46}$$

D. 从调洪结果偏于安全的角度出发，在主峰前的三角形的峰高一般可放在主峰（即Ⅲ区三角形）的起涨点。主峰后的三角形的峰高放在主峰的退水终止点。三角形的起点都与时段净雨的开始点相同。三角形的底宽应等于 $t_{c1} + \tau$，如图 6-44 中的第Ⅱ、Ⅳ区三角形所示。

E. 各时段净雨产生的三角形重叠部分同时间相加即得流域出口处的地面径流过程线。要注意叠加后的洪峰必须等于计算的 Q_m 值。

②五点概化过程线法。

五点概化过程线法的计算原则和叠加方法与三角形法相同，只是主峰段的等腰三角形改为五点概化三角形，如图 6-45 所示。基本要求是涨水段的面积 $\triangle ADC$ 应等于退水段增加的 $\triangle B'EB$ 的面积。

折腰点 Q_a、Q_b 和三角形的总底宽 T 可应用实测的单峰洪水过程线统计确定。

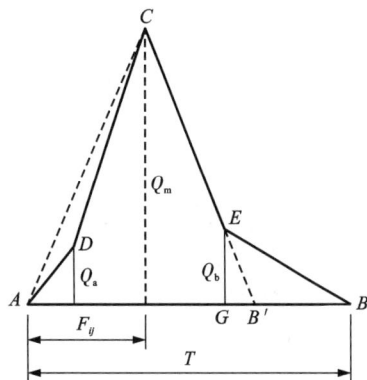

图 6-45 五点概化过程线

③概化过程线法。

主峰 τ 时段三角形用概化过程线是实测资料综合分析所得的洪水过程线模型，一般采用相对坐标。例如横坐标用 t_1/T 或 t_1/t_x，纵坐标用 Q_1/Q_m 来表示。其中 t_1 和 Q_1 分别为各点的时间和流量坐标，T 和 t_x 为洪水过程线的总历时和上涨时间。但要注意这种方法计算出的主峰段流量不一定等于相应的净雨深 h_τ，需要进行修正，使其完全相等。

不论采用经验公式法还是推理公式法计算的设计洪峰流量，都需要用各地区已经发生的特大暴雨洪水资料来复核，运用当地特大洪水记录或附近具有实测的水文站推算的设计洪水进行对比分析，检验结果的合理性。

(3)库水面积对洪水的影响

当库水面积占流域面积10%以上时，要考虑其对洪水的影响。实质上是将原来对初期坝轴线断面的洪水过程线，变为几个洪水过程线的叠加，叠加的部分包括：

①库回水末端的洪水过程线；

②库两侧若干支沟的洪水过程线；

③直接入库的坡面汇流；

④库水面的集雨过程。

这四部分中，前两部分按计算洪水的方法确定，第三部分按设计雨力减去损失和设计净雨直接换算，其公式为：

$$Q = 0.278(S - I_s)F \tag{6-47}$$

式中：S 为雨力，mm/h；I_s 为损失，mm/h；F 为流域面积，km^2。

第四部分直接按雨力折算：

$$Q = 0.278SF \tag{6-48}$$

实际上由于洪水计算的误差、调洪库容计算的误差、不同运行时期库水面的变化和库容调蓄等因素的影响，上述考虑的必要性被大大降低了。但由于考虑了库水面影响后，洪峰流量增大了，洪水过程线形状变得更尖瘦了。

6.4.2.2 水量平衡法

水量平衡法是非线性汇流计算法，用水动力学方法分别解决坡面、地下和河槽的汇流计算问题，从而求出坝趾断面处的洪水过程线及洪峰流量。故本法尤适用于解决流域内分部计算的问题。

1)基本计算方法

水量平衡方程式为：

$$\bar{I} - Q_{i-1} + M_{i-1} = M_i \tag{6-49}$$

式中：$\bar{I}$ 为时段平均入流；Q_{i-1} 为按时段初值的出流；M_{i-1} 为时段初 M 值；M_i 为时段末 M 值。

按此方程列表计算，其步骤如下：

①确定设计暴雨 H_{24P} 的时程分配。

②进行坡面汇流计算。

A. 计算与绘制辅助曲线。按坡面汇流公式，假设一系列 Q 值求出相应的 M 值，绘出坡面汇流 Q-M 辅助曲线。

B. 根据坡面糙率和平均坡长等因素初步估定计算时段长 Δt，通常可先取 $\Delta t = 1$ h 进行计算。

　　C. 根据各时段的降雨量，按公式(6-49)进行坡面汇流计算。

　　D. 验算 Δt 取值是否适当

　　由坡面汇流出流过程中查出最大出流量 Q_{im}，再换算成单位面积的出流量 Q'_{im}，然后计算出 t_0。

　　当计算出的 t_0 与原取的 Δt 大致相等 $\left(\dfrac{t}{\Delta t}\approx 1\right)$ 时，则说明原取的 Δt 是合适的，否则应改变 Δt 重新计算。

　　③进行地下汇流计算。

　　A. 计算与绘制地下汇流辅助曲线

　　按地下汇流公式，假设一系列 Q 值求出相应的 M 值，绘出地下汇流 $Q - M$ 辅助曲线。

　　B. 根据坡面汇流计算结果进行地下汇流计算，计算方法与坡面汇流计算完全相同。

　　④进行河槽汇流计算。

　　A. 计算与绘制河槽汇流辅助曲线。

　　按河槽汇流公式，假设一系列 Q 值求出相应的 M 值，绘出河槽汇流 $Q - M$ 辅助曲线。

　　B. 确定等流时面积分块数 n_i。

　　n_i 的取值按单位时段的集流长度 Δl 划分流域的干流或最长支流的分段数加以确定。

　　C. 划分等流时块面积。

　　根据试取的 n_i 值划分主河槽或最长的支流为 n_i 段，过分段点划等流时线，将流域面积划分为 n_i 块等流时块。

　　D. 将坡面和地下汇流计算所得的出流过程 R 值(mm)分配到各等流时块面积上去，并将单位由 mm 化为 m³/s，得 $I=K_iR$，其中 I 为坡面及地下出流过程线；K_i 为来水量系数；R 为来水量。

　　E. 河槽汇流计算。

　　计算顺序由河源(上游)向河口(下游)进行。离出口断面最远的一段河槽的入流 I 等于 K_iR；下一河段的入流 I 等于上一河段的出流 Q_i 与本段等流时块面积的 K_iR 值之和。

　　各时段的水量平衡计算与坡面汇流计算方法完全相同。如此计算到流域出口断面，即可求得一次降雨过程所产生的洪水过程。

　　⑤验算 n_i 取值是否适当。

　　n_i 值取值是否适当应以 $0.75\leqslant\dfrac{\tau}{\Delta t}\leqslant 1.25$ 的条件加以校核。由流域洪水过程查得洪峰流量 Q_m，由河槽汇流公式可得：

$$\frac{\tau}{\Delta t}=\frac{0.278L}{mJ^{1/3}Q_m^{1/4}\Delta t} \tag{6-50}$$

　　当 $\dfrac{\tau}{\Delta t}\leqslant 1.25$ 时，说明等流时块数取多了，应予以减少重新计算，反之，如 $\dfrac{\tau}{\Delta t}>1.25$，应予以增加。

　　2)考虑库内水面影响的洪水计算

　　当库内水面面积超过汇水面积的 10% 时，应考虑水面对尾矿库汇流条件的影响，可用水量平衡法计算洪水。如水面以外的陆面为沟谷地形时(如图6-46所示)应按坡面汇流和河槽汇流计算；如无明显的沟谷时，坡面水流直接汇入水体(如图 6-47 所示)，此时只应计算坡面汇流。将陆面汇流过程与水面降水过程同时程相加，即得设计洪水过程。

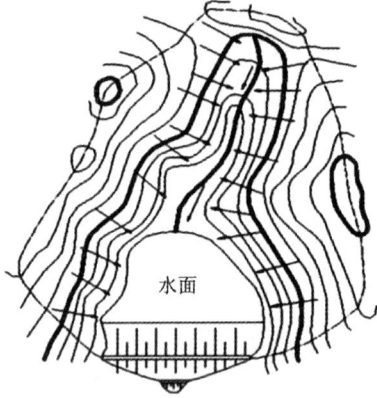

图 6-46　坡面水流汇入沟谷的尾矿库

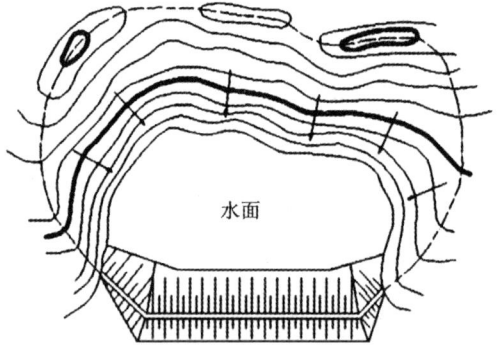

图 6-47　坡面水流直接汇入水体的尾矿库

洪水总量可按公式(6-51)计算。

$$W_{24P} = 1000(a_{24}H_{24P}F_1 + H_{24P}F_s) \tag{6-51}$$

式中：F_1 为陆面面积，km^2；F_s 为水面面积，km^2；a_{24} 为径流系数；H_{24P} 为设计频率 P 的 24 h 降雨量，mm；W_{24P} 为频率为 P 的 24 h 洪水总量，m^3。

6.4.2.3　截洪沟的排洪流量计算

截洪沟一般通过多个沟谷，各沟谷的洪水分别于不同的里程汇入截洪沟，如图 6-48 所示。

各汇入点的洪峰流量可按推理公式求解。对于 $F<0.1\ km^2$ 的流域(特小排水块)，直接用推理公式计算有较大误差，可用坡面汇流方法计算，或用下述简化公式近似计算。

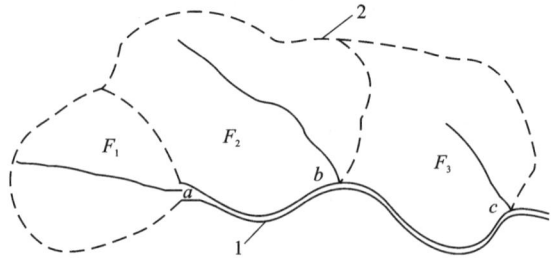

1—截洪沟；2—分水岭。

图 6-48　截洪沟平面示意图

$$Q_P = 0.278(S_P - 1)F \tag{6-52}$$

式中：S_P 为设计频率的雨力，mm/h；F 为流域面积，km^2。

6.4.3　调洪演算

尾矿库调洪演算的任务，主要是确定各种设计标准下的排水构筑物的泄流流量、调洪库容、调洪高度及洪水位。当尾矿库需要调节水量时，则需进行径流调节，以确定在保证干滩长度的前提下所需的调节库容和水量。

1) 数解法

①对于洪水过程线可概化为三角形，且排水过程线可近似为直线的简单情况，其调洪库容和泄洪流量之间的关系可按式(6-53)确定。

$$q = Q_P\left(1 - \frac{V_t}{W_P}\right) \tag{6-53}$$

式中：q 为所需排水构筑物的泄流量，$\mathrm{m^3/s}$；Q_P 为设计频率 P 的洪峰流量，$\mathrm{m^3/s}$；V_t 为某坝高时的调洪库容，$\mathrm{m^3}$；W_P 为频率为 P 的一次洪水总量，$\mathrm{m^3}$。

②对于一般情况的调洪演算，可根据来水过程线和排水构筑物的泄流量与尾矿库的蓄水量关系曲线，通过水量平衡计算求出泄洪过程线，从而定出泄流量和调洪库容。

尾矿库内任一时段 Δt 的水量平衡方程如式（6-54）所示。

$$\frac{1}{2}(Q_\mathrm{S}+Q_\mathrm{Z})\Delta t - \frac{1}{2}(q_\mathrm{S}+q_\mathrm{Z})\Delta t = V_\mathrm{Z}-V_\mathrm{S} \tag{6-54}$$

式中：Q_S、Q_Z 为时段始、终尾矿库的来洪流量，$\mathrm{m^3/s}$；q_S、q_Z 为时段始、终尾矿库的泄洪流量，$\mathrm{m^3/s}$；V_S、V_Z 为时段始、终尾矿库的蓄洪量，$\mathrm{m^3}$。

令 $\overline{Q}=\dfrac{1}{2}(Q_\mathrm{S}+Q_\mathrm{Z})$，将其代入式（6-54），整理后得：

$$V_\mathrm{Z}+\frac{1}{2}q_\mathrm{Z}\Delta t = \overline{Q}\Delta t + \left(V_\mathrm{S}-\frac{1}{2}q_\mathrm{S}\Delta t\right) \tag{6-55}$$

求解式（6-55）可列表计算，但需预先根据泄流量（q）-库水位（H）-调洪库容（V_t）之间的关系绘出 $q-\left(V+\dfrac{1}{2}q\Delta t\right)$ 和 $q-\left(V-\dfrac{1}{2}q\Delta t\right)$ 辅助曲线备查。

2）图解法

①对于来水过程线可概化为三角形，而排水过程线不能近似为直线的情况，图解方法如下：

A. 将三角形洪水过程线绘于第一象限，尾矿库的调洪库容与泄流量关系曲线绘于第二象限，如图 6-49 所示。

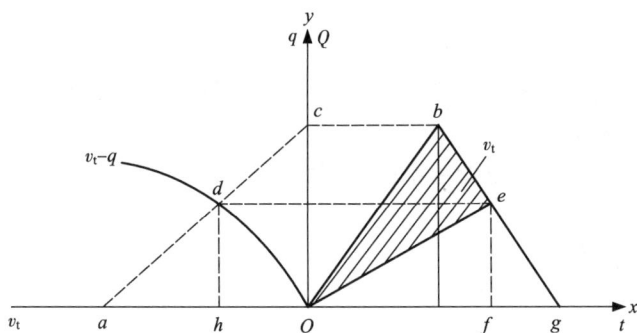

图 6-49　调洪演算图解图

B. 从原点 O 向左取 $Oa=$ 洪水总量 $W=\dfrac{1}{2}Q_P t$（t 为洪水过程总历时）。

C. 自三角形顶点 b 向左作水平线，与 y 轴相交于 c，连接 ac 与 v_t-q 曲线相交于 d。

D. 自 d 点向右作水平线，与退水过程线相交于 e，则 e 的纵坐标即为所求的 q_m。

E. 自 d 点向下作垂线，与 x 轴相交于 h，则 Oh 即为所需的调洪库容。

②对于一般情况的调洪演算，可先根据泄洪量 q 与调洪库容 v_t 之间的关系求出各个 q 值时的 $\phi=\dfrac{v_t}{\Delta t}+\dfrac{1}{2}$ 值。将洪水过程线绘于第一象限，$q-\phi$ 曲线绘于第二象限（见图 6-50）。然

后按下述进行图解。

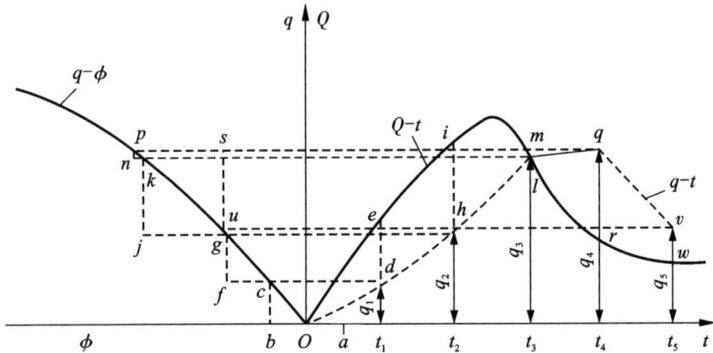

图 6-50 调洪演算图

A. 自 O 点向左取 $Ob = Oa$（a 为时段中点），再从 b 点向上作垂线与 q-ϕ 线相交于 c，自 c 向右作水平线与过第一时段终点 t_1 的垂线相交于 d，则 d 的纵坐标即为所求的第一时段终点的泄流量 q_1。

B. 自 c 向左作水平线，取 $cf = de$，自 f 向上作垂线与 q-ϕ 线相交于 g，再自 g 向右作水平线与过第二时段终点 t_2 的垂线相交于 h，则 h 的纵坐标即为所求的第二时段终点的泄流量 q_2。

C. 重复上述步骤，即可求出各时段终点的泄流量 q_i，直至 $q_i = 0$ 为止。当过点 p 向右作水平线与过相应时段终点 t_4 的垂线相交之点 q 已超出于洪水过程线之上时，则须改由 p 点向右取 $ps = qr$，并由 s 向下作垂线与 q-ϕ 曲线交于 u 点，再向右作水平线与过 t_5 的垂线相交于 v 点。

D. 过 O、d、h、l、q 与 v 各点连线，则曲线 $Odhlqv$ 即为所求的泄洪过程线 q-t，q-t 与 Q-t 曲线交点的纵坐标即为最大泄流量 q_m。

E. 根据 q_m，从库水位与泄流量关系曲线即可确定最高洪水位。

6.5 尾矿库排洪系统

6.5.1 排洪系统选择与布置

1）排洪构筑物型式

尾矿库排洪系统一般由进水构筑物和排水构筑物组成。常用的进水构筑物型式有斜槽、排水井，排水构筑物型式有排水管、隧洞等，此外还有截洪沟和溢洪道等型式。

（1）排水斜槽

排水斜槽一般由流槽及预制盖板组成。当槽宽较大时，为减轻盖板重量，可将斜槽分成双格或多格，如图 6-51 所示。

当荷载较大时，多采用拱形盖板，当荷载较小时，宜采用平盖板。盖板式斜槽随着水位的升高加盖盖板，最终被很厚的尾矿覆盖；在坡度较缓时，也有做成封闭式的排水斜槽，在

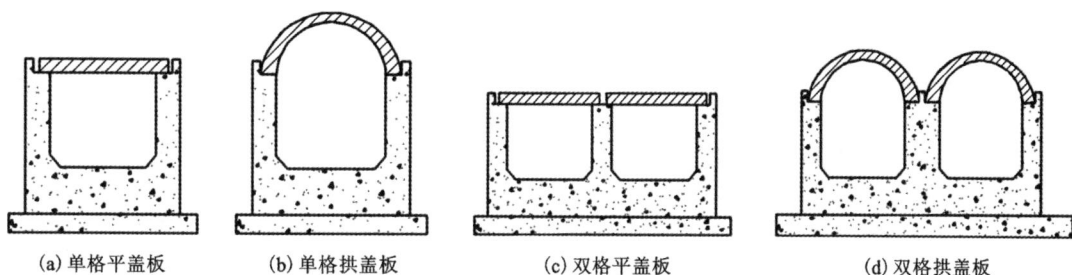

| (a) 单格平盖板 | (b) 单格拱盖板 | (c) 双格平盖板 | (d) 双格拱盖板 |

图 6-51　排水斜槽

其上间隔设置孔口。排水斜槽槽身常采用钢筋混凝土结构，也可采用混凝土或浆砌石。

（2）排水井

排水井的型式有窗口式、框架挡板式、砌块式和井圈叠装式（叠圈式）等，如图 6-52 所示。

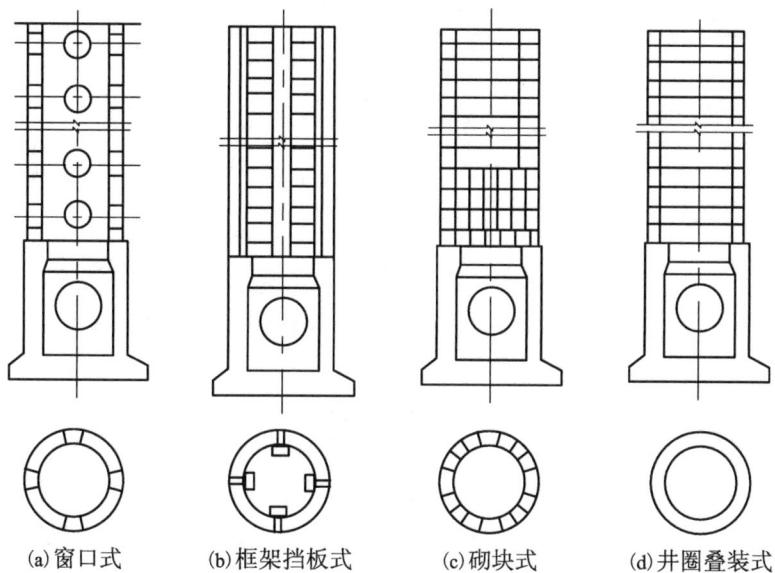

| (a) 窗口式 | (b) 框架挡板式 | (c) 砌块式 | (d) 井圈叠装式 |

图 6-52　排水井型式示意图

窗口式排水井系一次建成，具有结构整体性好、操作维护简便的优点，但泄水量较小。

框架挡板式排水井的操作维护比窗口式麻烦些，但泄水量显著增大，应用比较广泛。

井圈叠装式排水井是随库水位升高用整体井圈逐层叠加而成。为便于安装起见，井圈直径不宜太大。

砌块式排水井过去多为一次建成，预留窗口，特点与窗口式井相同；后来发展为随库水位升高而逐渐加高，呈井顶溢流进水，由于没有立柱，故进水量比框架式更大。

（3）排水管

排水管的型式根据泄洪量、荷载、地形地质情况、施工条件及当地的建筑材料等因素综合考虑，按铺设方法、结构及断面形状、水力条件等分别进行分类，详见表6-25和图6-53。

表 6-25 排水管型式

分类方法	型式	图号	特点及适用条件
按敷设 方法分	上埋式 平埋式 沟埋式	图 6-53(a) 图 6-53(b) 图 6-53(c)	垂直土压较大，适用于尾矿堆积高度不大的尾矿库 垂直土压较小，较常采用 垂直土压最小，但开挖量较大，一般较少采用
按结构 及断面 形状分	刚性垫座圆管 整体式圆管 拼合式圆管 长圆管 整体式圆拱直墙管 拼合式低拱直墙	图 6-53(d) 图 6-53(e) 图 6-53(f) 图 6-53(g) 图 6-53(h) 图 6-53(i)	中小管径可预制，土基时垫座较大，较常采用 施工较方便，较刚性垫座圆管节省材料，较常采用 施工较方便，当基座在岩层中开挖时，最节省材料 侧压力较小情况下，内力较合理 水力条件较差，施工较方便 水力条件较差，拱脚水平推力较大，故边墙较厚，适用 于斜槽排水
按水力 性质分	有压 无压	图 6-53(j) 图 6-53(k)	管内承受均匀内水压力 管内承受明流水压力

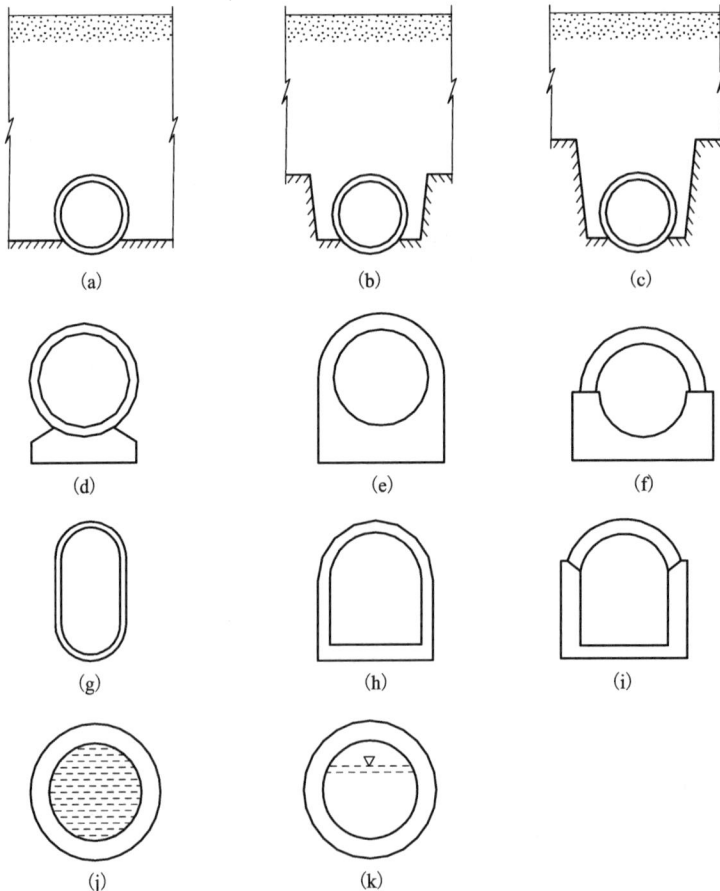

(a)   (b)   (c)

(d)   (e)   (f)

(g)   (h)   (i)

(j)   (k)

图 6-53 排水管型式

（4）隧洞

隧洞的常用断面形状如表 6-26 所示。

表 6-26 隧洞的常用断面形状表

断面形状	圆形	圆拱直墙式	马蹄形（$R = 2r$）	马蹄形（$R = 3r$）
示意图				
特点	从水力学和结构力学的观点看最有利，但施工困难	施工较方便，水力学条件较圆形差	水力学条件较圆拱直墙好，施工较复杂	水力学条件较圆拱直墙好，施工较复杂，有利于机械化施工
适用条件	有压隧洞	无侧向山岩压力的坚硬岩层；无压和低压隧洞	顶部、两侧和底部具有较大山岩压力作用（即岩石较软弱）时；无压和低压隧洞	顶部、两侧和底部具有较大山岩压力作用（即岩石较软弱）时；无压和低压隧洞

隧洞断面的最小尺寸主要根据施工条件决定。一般圆形断面净空内径不小于 2 m，非圆形断面净高不小于 1.8 m，净宽不小于 1.5 m，最小设计坡度为 0.3%。

2）排洪方式选择

尾矿库排洪方式及布置应综合考虑尾矿库地形、地质条件、洪水总量、调洪能力、尾矿性质、回水方式及水质要求、操作条件与使用年限等因素，经技术经济比较确定。

排水管和隧洞的进水头部可采用排水斜槽或排水井。排水斜槽适用于中、小流量的排水；排水井中的井圈叠装式（叠圈式）和窗口式适用于小流量的排水，而框架挡板式和砌块式等适用于大、中流量的排水。

一般对于小流量的排水，多采用排水管，中等流量的排水可采用排水管或隧洞，大流量的排水则宜采用隧洞或溢洪道。对于大、中型工程，隧洞排洪常比排水管经济可靠，如地形地质条件允许，应优先选用。

对于洪水流量很大的尾矿库，利用当地适当的地形开挖岸坡溢洪道常比其他型式的排水更经济，但其维护管理复杂，要求严格，安全不易得到保证。溢洪道根据地形条件可以做成侧槽式或正堰式。

当上游汇水面积较大，库内调洪难以满足要求时，可采用上游设拦洪坝截洪和库内另设排洪系统的联合排洪方式。拦洪坝以上的库外排洪系统不宜与库内排洪系统合并；当与库内排洪系统合并时应进行论证，合并后的排水管（或隧洞）宜采用无压流控制。

当尾矿库周边地形、地质条件适合时，四等及五等尾矿库经论证可设截洪沟截洪分流。

有些尾矿库在使用后期，尾矿堆高接近周围山脊或鞍部地段，此时利用鞍部地形开挖溢洪道很有利，故可考虑采用正堰式溢洪道作为尾矿库后期的排水和尾矿库使用期满闭库后的永久性排水。

3) 排洪系统布置

(1) 基本原则

①排洪系统应靠尾矿库一侧山坡进行布置。选线应力求短直、地基均一，无断层、破碎带及软弱地基。当管线平行于陡坡布置时，应无产生横向滑坡的可能。

②排洪构筑物的基础应避免设置在工程地质条件不良或需要填方的地段。无法避免时应进行地基处理。排洪构筑物不得坐落在尾矿沉积滩上。

③尾矿库应采取防止泥石流、滑坡、树木杂物等影响泄洪能力的工程措施。

④进水构筑物的布置，应满足排洪系统在运行过程中任何时候均能澄清尾矿水的要求。

(2) 尾矿澄清距离

当进水构筑物为排水斜槽时，其最低进水沿的位置和高程选定要求既能满足初期使用时的澄清距离，又可满足初期尽早地排出澄清水供选矿厂回用。

当进水构筑物为排水井时，通常设多个井，使第一个井的位置和高程既能满足初期使用时澄清距离，又可满足初期尽早地排出澄清水供选矿厂回用，其余各井位置逐步抬高，并使各井井筒有一定高度的重叠(一般为 0.5~1.0 m)。有些尾矿库的初期坝较高，有时在第一个井以下增设一座小井或采取其他措施，先期排水使库内尾矿尽快自然分级，形成干滩，利于后期尾矿的堆存。

尾矿水的澄清距离可按排水的允许悬浮物含量及最大粒径根据计算或参考尾矿性质类似的尾矿库经验数据确定。

尾矿于坝前均匀排放时所需的澄清距离可按以下公式计算：

$$l = hv/u = hQ/(h'nau) \tag{6-56}$$

式中：l 为所需的澄清距离，m；h 为颗粒在静水中下沉深度(即澄清水层的深度)，一般取 0.5~1.0 m；v 为颗粒在水中的流动速度，m/s；u 为颗粒在静水中的沉降速度，m/s；Q 为矿浆流量，m^3/s；h' 为矿浆流动平均深度，一般取 0.5~1.0 m；n 为同时工作的放矿口个数；a 为放矿口的间距，m。

(3) 隧洞线路及布置原则

在满足总体布置要求的条件下，隧洞线路应选在线路短、沿线地质构造简单、岩体完整稳定、上覆岩层厚度适中、水文地质条件有利的地区。

一般应考虑下述原则：

①隧洞进、出口布置应根据总体布置要求、地形地质条件，使水流顺畅，进流均匀，出流平稳，满足使用功能和运行安全的要求，同时应考虑拦污清淤设施的设置。

②洞线在平面上宜布置为直线，如需设置弯段时，转弯半径不宜小于 5 倍洞径(或洞宽)，转角不宜大于 60°。

③隧洞垂向和侧向最小覆盖厚度应根据地质条件、隧洞断面形状及尺寸、施工成洞条件、内水压力、衬砌型式、围岩渗透特性等因素综合分析决定。为了充分利用围岩的承受能力，衬砌顶部的埋置深度最好要大于 3 倍洞宽。

④洞轴线应尽可能与地形等高线正交，以免承受偏压；沿河傍山地段的土洞，洞线应向山里侧内移，避免产生偏压，防止水流冲刷山体影响洞身稳定。

⑤洞线与岩层层面、构造断裂面及主要软弱带走向宜有较大的交角。对整体块状结构岩体及厚层并胶结紧密、岩石坚硬完整的岩体，夹角不宜小于30°；对于薄层岩体，特别是层间结合疏松的陡倾角薄岩层，其夹角不宜小于45°。

⑥隧洞沿线遇有断裂构造、不利构造面、软弱带、蚀变带、膨胀岩时，应充分考虑地下水活动的影响，注意围岩的稳定条件。洞线宜避开可能造成地表水强补给的冲沟。

⑦洞线布置宜避开强岩溶地区。

⑧在高应力区，隧洞的轴线方向宜与最大水平地应力方向有较小夹角。

⑨相邻两隧洞间的岩体厚度应根据布置需要、地质条件、围岩承受的内水压力、围岩的应力与变形、隧洞横断面尺寸和形状、施工方法和运行情况等因素综合分析决定。岩体厚度不宜小于2倍开挖洞径(或洞宽)。

⑩洞线遇有沟谷时，应根据地形、地质、水文及施工条件进行绕沟或跨沟方案的比较。当采用跨沟方案时，应合理选择跨沟位置，对跨沟建筑物基础、隧洞的连接部位及洞脸边坡加强工程措施。

⑪必须穿过坝基、坝肩或其他建筑物基础的隧洞必须经过充分论证，与建筑物基础之间的围岩应有足够的厚度，满足建筑物基础和隧洞对应力、应变、稳定和渗透的要求。不能满足要求时，应采取必要的工程措施，保证施工运行安全。

6.5.2 排洪系统水力计算概述

排洪构筑物型式和尺寸应根据水力计算和调洪计算确定，并满足设计流态和防洪安全，对特别复杂的排洪系统应进行水工模型试验验证。

1)斜槽(或井)-管(或隧洞)

(1)斜槽-管(或隧洞)式的工作状态

当斜槽上水头较低时，为自由泄流，由水位以下的斜槽侧壁和斜槽盖板上缘泄流；当水位升高，斜槽入口被淹没时，泄流量受斜槽断面控制，成为半压力流；当水位继续升高，排水斜槽与排水管均呈满管流时，即为压力流。

(2)井-管(或隧洞)式的工作状态

井-管(或隧洞)式排水系统的工作状态，随泄流水头的大小而异。当水头较低时，流量较小，排水井内水位低于最低工作窗口的下缘，此时为自由泄流；当水头增大时，井被水充满，但排水管(或隧洞)尚未呈满管流，泄流量受排水管(或隧洞)的入口控制，此为半压力流；当水头继续增大，排水管(或隧洞)呈满管流时，即为压力流。

(3)工作状态选定

进行排洪系统的水力计算时，应分别求出各流态在不同库水位时的泄流量(库水位的取值对各流态间应有一定幅度的交叉)，并将计算结果点绘于同一坐标格纸上，即可得几条陡度不同的线段(每一流态对应一条线段)，每两条线段的交点即可视为两种流态的过渡点，其水位即为两种流态的过渡水位。过坐标原点及各过渡点的曲线即为所求的尾矿库泄流量与库水位关系曲线。

尾矿库排洪系统(排水管或隧洞)采用何种流态工作，应通过技术经济比较确定。一般可设计为在设计频率的洪水时为压力流，而在常水位时为无压流的工作状态。但应研究其过渡流态对构筑物可能产生的不良影响，并应避免构筑物长期在明、压流交替状态下工作。

在低流速无压流的排水管(或隧洞)中,若通气条件良好,在恒定流情况下管(洞)内水面线以上的空间不宜小于排水管(或隧洞)断面面积的85%,且空间高度不小于0.4 m;在非恒定流条件下,若计算中已考虑了涌波时上述数值可以减小。对于较长的隧洞和不衬砌的隧洞,要求应比上述数值适当增加。

高流速无压流排水管(或隧洞)的横断面尺寸宜通过试验确定,并宜考虑掺气的影响,在掺气水面以上应留有足够的空间,一般为断面面积的15%~25%。当采用圆拱直墙断面时,水面线不宜超过直墙范围,当水流有冲击波时,应将冲击波波峰限制在直墙范围以内。

2)溢洪道

溢洪道泄流按堰流计算

$$Q = bM\sqrt{2}H_0^{3/2} \qquad (6-57)$$

式中:b为溢流宽度,m;M为流量系数;g为重力加速度,9.8 m/s^2;H_0为堰上水头,即行近流速水头,m。

尾矿库的溢洪道堰型主要有两种:一种是折线型的实用断面堰,$M = 0.32~0.46$;另一种是无底坎宽顶堰,$M = 0.32~0.385$。

3)明口隧洞

隧洞的进口不设其他进水构筑物,由洞口直接进水的称为明口隧洞。隧洞流态可参照表6-27判定。

表6-27　隧洞流态的判别

压力流	半压力流	无压流
$0<i<i_k$	$0<i<i_k$	$0<i<i_k$
$\dfrac{H_0}{h}>1.5$ 时出现压力流	①进口为喇叭口式的矩形断面,$1.15<\dfrac{H_0}{h}<1.5$ 时出现半压力流;②进口为喇叭口式的圆形断面,$1.1<\dfrac{H_0}{h}<1.5$ 时出现半压力流	①进口为喇叭口式的矩形断面,$\dfrac{H_0}{h}<1.15$ 时出现无压流;②进口为喇叭口式的圆形断面,$\dfrac{H_0}{h}<1.1$ 时出现无压流

4)截洪沟

截洪沟在尾矿库中的排洪系统中较少采用,除库尾排矿的干式尾矿库外,湿式尾矿库在周边地形、地质条件适合时,四等及五等尾矿库经论证可设截洪沟截洪分流。

截洪沟断面根据工程要求和修筑材料等可做成各种形状,常见的有梯形和矩形。截洪沟中的水流表面压强为大气压强,这种水流称为明渠水流,是无压流。明渠水流运动是在重力作用下形成的,在流动过程中,水流要克服阻力而消耗能量,因此多属于粗糙区的紊流。而形成明渠均匀流的条件有四个:必须是底坡不变的正坡明渠;必须是棱柱形明渠;明渠表面的粗糙程度沿程不变；明渠中没有任何阻碍水流运动的建筑物。但在工程实践中，完全满足四个条件很困难，对于一般的截洪沟基本上满足上述条件时，可以近似按明渠均匀流来分析和计算。

明渠均匀流水力计算的主要任务是计算流量，其计算公式为：

$$Q = WC\sqrt{Ri} \tag{6-58}$$

式中：Q 为流量，m^3/s；W 为过水断面面积，m^2；C 为系数，$C = \dfrac{1}{n}R^{1/2}$，n 为材料糙率；R 为水力半径，m；i 为渠道底坡度。

当渠道流速大于渠床土壤所能承受的最大不冲流速 $v_{\text{不冲}}$ 时，渠道将遭受水流的冲刷而破坏；反之当渠道流速太小时，水流所挟带的泥沙就会沿途下沉，使渠底淤高，减小渠道的过水能力；流速过小，渠道还会滋生水草，加大渠道的糙率而减小过水能力，使渠道不能正常工作，渠道流速应小于渠道的最大不冲流速和大于最小不淤流速，即 $v_{\text{不冲}} > v > v_{\text{不淤}}$，否则应采取适当措施，如改变底坡和对渠床加以保护等。

6.5.3　构筑物结构要求

1）基本要求

（1）尾矿库地下排洪构筑物应采用钢筋混凝土结构，其基础应置于有足够承载力的基岩上。对于非岩基的地下排洪构筑物，应采取符合基础承载力要求的工程措施；

（2）排洪构筑物的设计最大流速不应大于构筑物材料的容许流速；

（3）排洪设施在终止使用时应进行封堵，封堵后应同时保证封堵段下游的永久性结构安全和封堵段上游尾矿堆积坝渗流稳定安全以及相邻排洪构筑物的安全。

2）排水斜槽和排水管

（1）排水斜槽或排水管的净高不得小于 1.2 m；

（2）排水斜槽或排水管应根据气温和地基条件确定伸缩缝和沉降缝的分缝长度，建在岩基上的宜每隔 10~20 m 设一条伸缩缝，在岩性变化或断层处应设沉降缝；建在非岩基上的宜每隔 4~8 m 设一条沉降缝。接缝处应采用密闭型橡胶（或塑料）止水带，止水带厚度应满足内、外工作水压的要求。此外接缝处均应设套管；

（3）排水管外壁宜涂刷沥青；

（4）初期坝为土坝的过坝段排水管，为了防止沿光滑的管道表面发生集中渗流，应设置截水环，并仔细回填不透水土料，分层夯实，截水环用 C10 混凝土筑成，间距一般为 8~10 m，高度一般为 60~100 cm，截水环应尽量靠近每节管道的中央，不得设在两节管道的接合处；

（5）建在季节性冻土区的排水管管基应设在冻土层深度以下；

（6）排水管基础之下应设垫层：在尾矿库内的管段，可设碎石垫层，其厚度为 0.1~0.2 m；通过坝身的管段，应设碎石垫层或混凝土垫层，混凝土可为 C10~C15，厚度为 0.1~0.15 m；

（7）为了减小管顶垂直土压，可在排水管两侧填筑压缩性小的土料或提高两侧填土的碾压质量，对于沟埋式和平埋式排水管，两侧回填土应夯实，顶部应松填，其厚度不应小于 0.5 m；

（8）在排水管变坡、转弯和出口处，应根据具体情况采取消能防冲措施。

3）排水井

（1）排水井的位置及窗口的封堵

排水井的位置根据尾矿水的澄清距离而定。一般相邻的两座排水井至少有一层溢水口重合，如图 6-54 所示。溢水窗口的封堵，一般采用木塞、钢板、混凝土或其他材料。

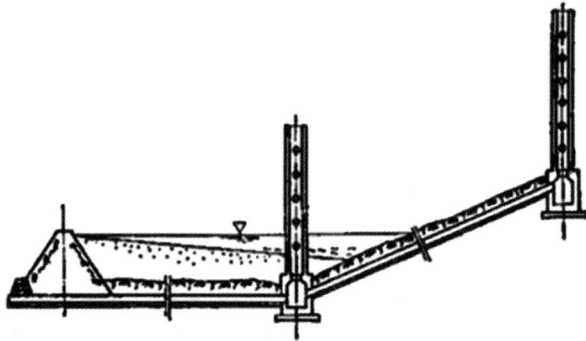

图 6-54　排水井布置示意图

（2）排水井的消能

排水井的底部须设消力池，如图 6-55 所示。池深应按泄流量和水头落差大小而定，一般可取为 1~2 m，且不应小于 600 mm。

（3）排水井封堵

排水井在终止使用时，应在井座上部、井座、支洞井口或支洞内采取封堵措施，封堵体宜采用刚性结构，严禁在井顶封堵。

4）隧洞

隧洞岩体条件较好且隧洞中的水流流速在该岩体或喷锚支护衬砌的允许流速范围内，可不衬砌或喷锚支护，其他则需要进行衬砌。

（1）衬砌的作用

①承受山岩压力、内外水压力和其他载荷，保证围岩稳定；

②减少隧洞表面糙率，满足运行所要求的水力学条件；

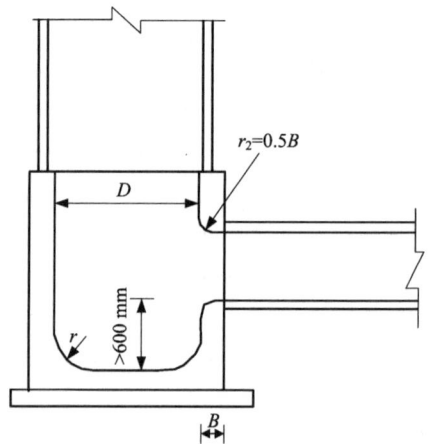

图 6-55　排水井底部消力池示意图

③防止水流冲刷以及温度、湿度、泥沙、大气等因素对围岩的破坏作用；

④封闭岩石裂缝，满足防渗要求。

（2）衬砌的型式

隧洞的衬砌型式需综合考虑断面形状和尺寸、运行条件及内水压力、围岩条件（覆盖厚度、围岩分类、承担内水压力能力、地下水分布及连通情况、地质构造及影响程度）、防渗要求、衬砌效果、施工方法等因素经过技术经济比较确定。

①按材料分有浆砌块石（或料石）、锚喷、混凝土、钢筋混凝土和预应力混凝土等。

根据隧洞衬砌结构的不同设计原则，考虑隧洞的压力状态、围岩最小覆盖厚度、围岩分类、围岩承担内水压力的能力等因素，进行岩洞衬砌型式选择时，可按表 6-28 并通过工程类比研究确定。

表 6-28　　岩洞衬砌型式选择

压力状态	设计原则	最小覆盖厚度要求	承担内水压能力	围岩分类			备注
				Ⅰ、Ⅱ	Ⅲ	Ⅳ、Ⅴ	
无压	抗裂	—	—	钢筋混凝土并加防渗措施			研究是否采用预应力混凝土
	限裂	—	—	锚喷、钢筋混凝土		钢筋混凝土	—
	非限裂	—	—	不衬砌、混凝土、锚喷		锚喷、钢筋混凝土	—
有压	抗裂	满足	具备	预应力混凝土、钢筋混凝土并加防渗措施		预应力混凝土、钢板	钢筋混凝土并加防渗措施宜在低压洞使用
			不具备	预应力混凝土、钢板			
		局部不满足	—	预应力混凝土、钢板			
	限裂	满足	具备	锚喷、钢筋混凝土		钢筋混凝土	锚喷宜在低压洞使用
			不具备	钢筋混凝土			
		局部不满足	—	钢筋混凝土、预应力混凝土			
	非限裂	满足	具备	不衬砌、混凝土、锚喷、钢筋混凝土		锚喷、钢筋混凝土	不衬砌隧洞宜在Ⅰ、Ⅱ类围岩使用
			不具备	钢筋混凝土			
		局部不满足	—	钢筋混凝土			

②按作用分有无衬砌隧洞、平整衬砌隧洞、顶拱加固衬砌和整体式衬砌等。

无衬砌隧洞：当岩石坚硬稳定、裂隙少，而水头和流量较小时，可以不做衬砌。对宣泄大流量的隧洞，不衬砌糙率较大，是否比有衬砌的隧洞经济，要通过技术经济比较决定。

平整衬砌隧洞：适用于围岩坚硬、裂隙少、洞顶岩石能自行稳定，而隧洞的水头、流速和流量又比较小的情况，如图 6-56 所示。

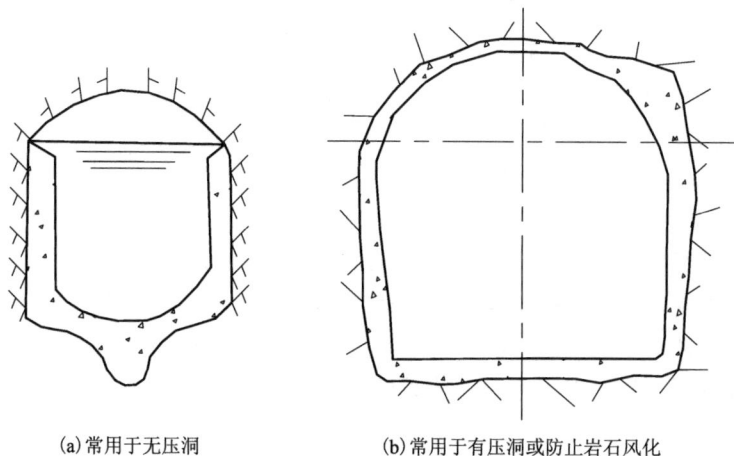

(a)常用于无压洞　　　　　　　　(b)常用于有压洞或防止岩石风化

图 6-56　平整衬砌隧洞

顶拱加固衬砌隧洞：适用于中等坚硬岩石中的无压隧洞或小水头的有压洞，如图6-57所示。

整体式衬砌隧洞：适用于地质条件和水文地质条件较差，或隧洞断面比较大、水头比较高、流速比较大的隧洞，如图6-58所示。

图 6-57　顶拱加固衬砌隧洞　　　　　图 6-58　整体式衬砌隧洞

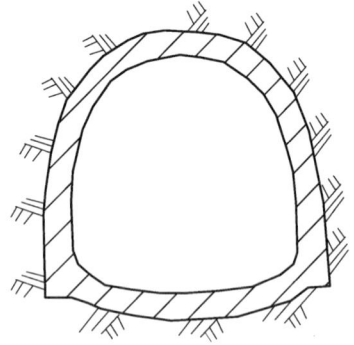

6.6　尾矿设施隐患及处理

6.6.1　重大生产安全事故隐患种类

造成尾矿设施隐患有建设程序、勘察、设计、施工、管理等方面的因素，根据《金属非金属矿山重大生产安全事故隐患判定标准(试行)》，尾矿库重大生产安全事故隐患包括：

(1)库区和尾矿坝上存在未按批准的设计方案进行开采、挖掘、爆破等活动；

(2)坝体出现贯穿性横向裂缝，且出现较大范围管涌、流土变形，坝体出现深层滑动迹象；

(3)坝外坡坡比高于设计坡比；

(4)坝体超过设计坝高，或超设计库容储存尾矿；

(5)尾矿堆积坝上升速率大于设计堆积上升速率；

(6)未按法规、国家标准或行业标准对坝体稳定性进行评估；

(7)浸润线埋深小于控制浸润线埋深；

(8)安全超高和干滩长度小于设计规定；

(9)排洪系统构筑物严重堵塞或坍塌，导致排水能力急剧下降；

(10)设计以外的尾矿、废料或者废水进库；

(11)多种矿石性质不同的尾砂混合排放时，未按设计要求进行排放；

(12)冬季未按照设计要求采用冰下放矿作业。

6.6.2 常见隐患识别与处理

6.6.2.1 裂缝

裂缝是尾矿坝上一种较为常见的隐患，某些细小的横向裂缝可能发展成为坝体的集中渗漏通道，有的纵向裂缝也可能是坝体发生滑塌的前兆，需要引起足够的重视。

1）裂缝的种类与成因

土坝裂缝是较为常见的现象，有的裂缝在坝体表面就可以看到，有的隐藏在坝体内部，要开挖检查才能发现（见表 6-29）。

表 6-29 裂缝种类及特征

分类	裂缝名称	裂缝特征
按裂缝部位	表面裂缝	裂缝暴露在坝体表面，缝口较宽，一般随深度变窄而逐渐消失
	内部裂缝	裂缝隐藏在坝体内部，水平裂缝常为透镜状，垂直裂缝多为下宽上窄的形状
按裂缝走向	横向裂缝	裂缝走向与坝轴线垂直或斜交，一般出现在坝顶，严重的发展到坝坡，近似铅垂或稍有倾斜
	纵向裂缝	裂缝走向与坝轴线平行或接近平行，多出现在浸润线逸出点的上下
	水平裂缝	裂缝平行或接近水平面，常发生在坝体内部，多呈中间裂缝较宽，四周裂缝较窄的透镜状
	龟纹裂缝	裂缝呈龟纹状，没有固定的方向，纹理分布均匀，一般与坝体表面垂直，缝口较窄，深度为 10~20 cm，很少超过 1 m
按裂缝成因	沉陷裂缝	多发生在坝体与岸坡接合段、河床与台地接合面、土坝合拢段、坝体分区分期填土交界处、坝下埋管的部位
	滑坡裂缝	裂缝中段接近平行坝轴线，缝两端逐渐向坝脚延伸，在平面上略呈弧形，缝较长。多出现在坝顶、坝肩、背水坡坝坡及排水不畅的坝坡下部。在地震情况下，迎水坡也可能出现。形成过程短促，缝口有明显错动，下部土体移动，有离开坝体倾向
	干缩裂缝	多出现在坝体表面，密集交错，没有固定方向，分布均匀，有的呈龟纹裂缝形状，降雨后裂缝变窄或消失。有的也出现在防渗体内部，其形状呈薄透镜状
	冷冻裂缝	发生在冰冻影响深度以内，表层呈破碎、脱空现象，缝宽及缝深随气温而异
	振动裂缝	在经受强烈振动或烈度较大的地震以后发生纵横向裂缝，横向裂缝的缝口随时间延长逐渐变小或弥合，纵向裂缝缝口没有变化

裂缝的成因主要是由于坝基承载力不均衡、坝体碾压施工质量差、坝身结构及断面尺寸设计不当或由其他因素等引起的。有的裂缝是由单一因素造成，有些是由多种因素造成。

2）检查与判断

（1）裂缝的检查

①为及时发现裂缝，需加强检查下列情况：

A. 坝的沉陷、位移量有剧烈变化时；

B. 坝面有隆起、坍陷时；

C. 坝体浸润线不正常、坝基渗漏量显著增大或出现渗透变形时；

D. 坝基为湿陷性黄土，当库内开始放矿后；

E. 长期干燥或冰冻时期；

F. 发生地震或其他强烈振动后。

②需要特别注意的部位：

A. 坝体与两岸山坡接合处及附近部位；

B. 坝基地质条件有变化及地基条件不好的坝段；

C. 坝体高差变化较大处；

D. 坝体分期分段施工接合处及合拢部位；

E. 不同材料组成坝体的接合处；

F. 坝体施工质量较差的坝段；

G. 坝体与其他刚性建筑物接合的部位。

（2）裂缝的判断

裂缝的种类很多，要了解裂缝的性质才能进行正确的处理，特别是滑坡裂缝和沉陷裂缝一定要认真予以判别。应根据各种裂缝的特征进行判断，滑坡裂缝与沉陷裂缝的发展过程不同，滑坡裂缝初期发展较慢而后期突然加快，沉陷裂缝的发展过程则是缓慢的，并到一定程度而停止。需要通过系统的检查观测和分析研究才能正确判断裂缝的性质。

内部裂缝的判断一般可结合坝基坝体情况从以下几个方面进行分析判断，如有其中之一者，即可能产生内部裂缝：

①当库水位升到某一高程时，在无外界影响的情况下，渗漏量突然增加；

②沉陷、位移量比较大的坝段；

③填土碾压不够，沉陷量比设计值大，而且没有其他客观因素的影响；

④个别测压管水位比同断面的其他测压管水位低很多，浸润线呈反常情况；或注水试验时，其渗透系数大大超过坝体其他部位；或当库水位升到某一高程时，测压管水位突然升高；

⑤钻探时孔口无回水或钻杆突然掉落的；

⑥沉陷率（单位坝高的沉陷量）悬殊的相邻坝段。

3）处理措施

裂缝的处理根据性质不同而异，但无论哪种裂缝，发现后都应采取临时防护措施，防止雨水冰冻影响。

非滑动性裂缝一般的处理方法有开挖回填、注浆、开挖回填与注浆相结合等三种。

（1）开挖回填

开挖回填是比较彻底处理裂缝的方法，适用于不太深的表层裂缝及防渗部位的裂缝。

开挖回填的方式有梯形楔入法（适用于裂缝不太深的非防渗部位）、梯形加盖法（适用于裂缝不深的防渗斜墙及均质土坝迎水坡的裂缝）和梯形十字法（适用于处理坝体或坝端的横向裂缝）。

①裂缝开挖的具体要求：

A. 开挖长度应超过裂缝两端 1 m；

B. 开挖深度应超过裂缝尽头 0.5 m；

C. 开挖坑槽的底部宽度至少 0.5 m，边坡应满足稳定及新旧填土结合的要求，一般根据土质、碾压机具及开挖深度等具体条件确定；

D. 较深坑槽也可挖成阶梯形，便于出土和安全施工；

E. 开挖前向裂缝内灌入白灰水，以利掌握开挖边界；

F. 挖出的土料不要大量堆积在坑边，不同土质应分区堆存；

G. 开挖后应保护坑口，避免日晒、雨淋或冰冻，以防干裂、进水或冻裂。

②回填土料的具体要求：

A. 根据坝体土料和裂缝性质选用，对回填土料应进行物理力学性质试验。对沉陷裂缝应选用塑性较大的土料，控制含水量大于最优含水量 1%，对滑坡、干缩和冰冻裂缝的回填土料，控制含水量等于或低于最优含水量 2%。

B. 坝体挖出的土料要鉴定合格才能使用。对于浅小裂缝可用原坝的土料回填。

C. 回填前应检查坑槽周围土体的含水量，如偏干则应将表面湿润，如土体过湿或冰冻，应清除后再进行回填。

D. 回填土应分层夯实，填土层厚度以 10~15 cm 为宜。压实工具视工作面大小可采用人工夯实或机械碾压。一般要求压实厚度为填土厚度的 2/3，回填土料的干容重应稍大于原坝体干容重。

E. 回填时应将开挖坑槽的阶梯逐层削成斜坡，并进行刨毛，要特别注意坑槽边角处的夯实质量。

（2）注浆

对于坝内裂缝、非滑动性很深的表面裂缝，由于开挖回填处理工程量过大，可采取注浆处理。一般采用重力注浆或压力注浆方法。浆液通常为黏土泥浆，在浸润线以下的部位可掺入一部分水泥制成黏土水泥浆，以促其硬化。

①对于表面裂缝注浆孔的布置原则：

A. 对每条裂缝都应布孔；

B. 在长裂缝的两端及转弯处、缝宽突变处以及裂缝密集和错综复杂部位布孔；

C. 注浆孔距导渗设施和观测设备应有足够的距离，一般不应少于 3 m，以防止因串浆而影响其工作。

②对于内部裂缝采用注浆帷幕式布孔，根据内部裂缝的分布范围、注浆压力和坝体结构等综合考虑。一般宜在坝顶上游侧布置 1~2 排，必要时可增加排数，孔距可根据注浆压力和裂缝大小而定，一般为 3~6 m。

③注浆压力的大小直接影响到注浆质量，要在保证坝体安全的前提下选用注浆压力，一般通过实验确定。注浆时压力应由小到大，逐步增加，不得突然增大；在孔口附近注浆压力不宜过大，并应随钻孔深度而逐渐加大压力；对土体密度较差的坝，注浆压力应严格控制；在裂缝不深及坝体单薄的情况下，应首先使用重力注浆，采用的压力大小应经过试验确定。

④注浆注意事项：

A. 对于长而深的非滑动性纵向裂缝，注浆时应特别慎重，一般宜用重力或低压注浆，以免影响坝体稳定；

B. 对于尚未做出判断的纵向裂缝，不宜采用压力注浆；

C.注浆后,浆液中的水分向裂缝两侧土体渗入,土体含水量增高,坝体本身的强度降低,因此采用注浆处理时要密切注意坝坡稳定,如发现突然变化,要立即停止注浆;

D.要防止浆液堵塞过滤层,也要防止浆液进入测压管等观测设备中,影响观测工作,一般可采取调整孔位的先后顺序、压力大小及浆液稠度等办法解决;

E.在雨季及库水位较高时,由于浆液不易固结,一般不宜进行注浆;

F.在注浆过程中,要加强土坝沉陷、位移和测压管的观测工作,发现问题,及时处理。

（3）开挖回填与注浆相结合

适用于中等深度的裂缝,当库水位较高时,不宜采用全部开挖回填处理的部位及开挖有困难的部位。

施工方法是对裂缝的上部采用开挖回填法处理,下部采用注浆法处理。先沿裂缝开挖至一定深度(一般2 m左右)即进行回填,在回填时按布孔原则预埋注浆管,然后采用重力或压力注浆,对下部裂缝进行处理。

6.6.2.2　渗漏

尾矿坝坝体及坝基都有渗漏现象,通常有正常渗漏和异常渗漏之分。正常渗漏有利于尾矿坝坝体及坝前干滩的固结,有利于提高坝体的整体稳定性。异常渗漏是由于设计考虑不周、施工不当以及后期运行管理不善等原因而产生的非正常渗漏,导致渗漏出口处产生流土、冲刷以及管涌等多种形式的破坏,严重的可导致垮坝事故。

1)渗漏的种类与成因

（1）渗漏的种类及特征

尾矿库的渗漏种类及特征见表6-30。

表6-30　渗漏的种类及特征表

分类	渗漏类别	特征
按渗漏部位	坝体渗漏	渗漏的出水点在背水坡面或坝脚,其渗水现象有散浸(也称坝坡湿润)和集中渗漏两种
	坝基渗漏	渗水通过坝基的透水层,从坝脚或坝脚以外覆盖层的薄弱部位渗出,如坝后沼泽化、流土和管涌等
	接触渗漏	渗水从坝体、坝基、岸坡的接触面或坝体与刚性建筑物的接触面通过,在下游相应部位渗出
	绕坝渗漏	渗水通过坝段山包未挖除的坡积层、岩石裂缝、溶洞和生物洞穴等,从下游岸坡渗出
按渗漏现象	散浸	坝体渗漏部位呈湿润状态,随时间延长可使土体饱和软化,甚至在坝下游坡面形成细小而分布广泛的水流
	集中渗漏	渗水可从坝体、坝基或两岸山包的一个或几个孔穴集中流出。分无压流或射流两种;有清水也有浊水

（2）渗漏的成因

①坝体渗漏

A.坝体渗漏的设计原因

a.土坝坝体单薄，边坡太陡，渗水从滤水体以上渗漏；

b.复式断面土坝的黏土防渗体设计断面不足，或与下游坝体缺乏良好的过渡层，使防渗体破坏而漏水；

c.埋于坝下的压力管道强度不够，或当管道埋置于不同性质的地基未做妥善处理，在地基产生不均匀沉陷后管身断裂，有压水通过裂缝沿管壁或坝体薄弱部位流出，若管身未做截水环或截水环尺寸不足，而管道周围填土质量又较差时，也有可能成为坝体渗水的通道；

d.坝后滤水体排水效果不良，对下游可能出现的洪水倒灌没有采取防护措施，在泄洪时滤水体堵塞失效，迫使坝体浸润线升高，渗水从坡面渗漏。

B.施工方面的原因

a.土坝分层填筑时，土层太厚，致使每层填土上部密实，下部疏松，库内放矿后形成水平渗水带；

b.土料含砂砾太多，渗透系数大；

c.没有严格按要求控制或及时调整填筑土料的含水量，致使碾压达不到设计要求的密实度；

d.在分段进行填筑时，由于土层厚薄不同，上升速度不一致，相邻两端的结合部位可能出现少压或漏压的松土带；

e.料场土料的采取与坝体填筑的部位分布不合理，如把料场表层透水性较小的土料填在坝体下部，料场深层透水性较大的土料填在坝体上部，致使浸润线与设计不符，渗水从坝坡逸出；

f.在冬季施工中，对碾压后的冻土层没有彻底处理，或把大量冻土块填在坝内，都将形成软弱层，成为坝体渗漏的通道；

g.坝后滤水体施工时，由于砂石料质量不好，级配不合理，或滤层材料铺设混乱，甚至被削坡的弃土堵塞，滤水体失效，致使坝体浸润线升高。

C.其他原因

由于白蚁、獾、蛇、鼠等动物在坝身打洞营巢，地震等引起坝体或防渗体发生贯穿性的横向裂缝而产生渗漏。

②坝基渗漏

A.坝基渗漏的设计原因：

a.对坝址的地质勘察工作做得不够，设计时未能采取有效的防渗措施；

b.采用的坝基防渗措施不能满足要求，如坝前水平铺盖长度或厚度不足，垂直防渗墙深度不够等；

c.黏土铺盖与透水砂砾石之间未设有效的滤层，铺盖在渗水压力作用下破坏漏水；

d.对天然铺盖了解不够，薄弱部位未做补强处理。

B.施工方面的原因

a.水平铺盖或垂直防渗施工质量差；

b.由于施工管理不善，在库内任意挖坑取土，天然铺盖被破坏；

c. 岩基的强风化层及破碎带未处理，或混凝土截水墙未按设计要求坐落到新鲜基岩上；

d. 岩基上部的冲积层未按设计要求彻底清理。

C. 管理运行的原因：

a. 坝前干滩裸露暴晒而开裂，尾矿放矿水等从裂缝渗透；

b. 对防渗设施养护维修不善，出现问题后也未及时进行处理，下游逐渐出现沼泽化，甚至可能形成管涌；

c. 在坝后任意取土，影响地基的渗透稳定。

③接触渗漏

接触渗漏的原因有如下几种：

A. 基础处理不好，未做接合槽或做得不彻底；

B. 土坝两端与山坡接合部分的坡面过陡，而且清基不彻底，或未做防渗刺墙；

C. 涵管等混凝土或圬工构筑物与坝体接触处因施工条件不好，回填夯实质量差，或未做截水环(槽)及其他止水措施，造成渗水沿此薄弱面流向下游。

④绕坝渗流

绕坝渗流的原因有如下几种：

A. 与土坝两端连接的岸坡属条形山或覆盖层单薄的山坡而且有砂砾石透水层；

B. 山坡的岩石破碎，节理发育或有断层通过；

C. 因施工取土或库内存水后由于风浪的淘刷，岸坡的天然铺盖被破坏；

D. 溶洞以及生物洞穴或植物根茎腐烂后形成的孔洞等。

2)渗漏的研判

(1)渗透破坏的形式

土坝坝基在渗透水流作用下发生的渗透破坏可分为流土和管涌两种。管涌是细颗粒在粗颗粒孔隙中被渗水推动和带出；流土是土体表层所有颗粒同时被渗水顶托而移动。渗透破坏的发生和发展与地基情况、颗粒级配以及水力条件等因素有关，参照以下情况进行分析判断：

①不均匀系数 $\eta<10$ ($\eta=d_{60}/d_{10}$ ，其中 d_{60} 为筛下量等于60%的颗粒直径， d_{10} 为筛下量等于10%的颗粒直径)的均匀砂土，其渗透破坏的形式为流土；

②对正常级配的砂砾石，当细粒含量小于35%时，不均匀系数 $\eta<10$ ，产生流土；$10<\eta<20$ 时，可能产生流土，也可能产生管涌；$\eta>20$ 时将产生管涌。当细粒含量大于35%时，其渗透破坏形式为流土。

③缺乏中间粒径的砂砾料，其细粒含量小于30%的为管涌，大于30%的为流土；对于坝基不同土料的允许渗透坡降，可参考下列数值：

黏性土   0.5

非黏性土 $\eta<10$ 0.4

非黏性土 $10<\eta<20$ 0.3

非黏性土 $\eta>20$ 0.2

缺乏中间粒径且细粒含量小于30%的砂砾或砂卵石   0.1

④对渗水进行化学分析，判断地基岩石及土层化学溶蚀的可能性，是否已发生化学管涌以及对工程可能产生的危害。

（2）渗漏的识别

正常渗漏和异常渗漏一般可由表面观察和对渗漏观测资料的整理分析后识别。

①表面观察

观察原设计的排渗设施或坝后地基中渗出的水，如果是清澈见底，不含土颗粒，一般属于正常渗漏。而异常渗漏的表现形式一般有：

A.若渗水由清变浑，或明显地看到水中含有土颗粒；

B.坝脚出现集中渗漏，如渗漏量急剧增加，或渗水突然变浑，是坝体发生渗漏破坏的征兆；如渗漏量突然减少或中断，很可能是渗漏通道顶壁坍塌暂时堵塞的结果，是坝体内部渗漏破坏进一步恶化的危险信号；

C.在滤水体以上坝坡出现的渗水；

D.对于均质砂土地基或表层具有深厚的弱透水覆盖层的非均匀地基(上层为砂层，下部为透水性大的砂砾石层)，往往有翻砂冒水现象，开始时水流带出的砂砾沉积在涌水口附近，堆成砂环，砂环随时间延长而增大，但发展到一定程度因渗量增大而砂被带走，砂环虽不再增大，但有可能出现塌坑；

E.对于表层有较薄的弱透水覆盖层的非均匀地基(表层大都为较薄的中细砂或黏性土层，下部为透水性较大的砂砾石层)，往往发生地基表层被渗流穿洞、涌水翻砂、渗流量随水头升高而不断增加的情况；

F.有些土坝的渗水中含有化学物质，这种物质有黄色、红色或黑色等，但都是松软物质，外表很像黏土，其中常见的是红色俗称"铁锈水"，它的形成主要是因为在渗漏水中含有酸盐类等化学成分，把砌体灰浆及坝体土料中所含有的矿物质溶解在水中，渗出后遇空气还原成高价铁等沉淀物，凝结成胶体絮状，对工程的危害主要是改变坝体填料的物理力学性质，可能造成坝体渗透破坏或者胶体絮状物质堵塞坝基砂石孔隙或滤水体，甚至使胶层胶结后脱水形成硬块，影响导渗能力。

②资料分析

渗漏观测资料分析是根据库水位、测压管水位、渗流量等过程线及库水位与测压管水位关系曲线、库水位与渗流量关系曲线来判断渗水情况。一般来说在同样库水位情况下，渗漏量没有变或逐年减少，坝后渗水即属正常渗漏；若渗漏量随时间的增长而增大，甚至发生突然变化，则属异常渗漏。

3）渗漏的处理措施

渗漏处理的原则是"内截、外排"。"内截"就是在坝上游封堵渗漏入口，截断渗漏途径，防止渗入。"外排"就是在坝下游采用导渗和滤水措施，使渗水在不带走土颗粒的前提下，迅速安全地排出，以达到渗透稳定。

"内截"除少数水库式(坝前是水域)尾矿库可考虑在渗漏坝段的上游抛土做铺盖或设水平防渗层等方式外，一般的尾矿库主要是采用坝前放矿，在坝前迅速形成一定长度的干滩，起到防渗作用。若某坝段无干滩或干滩薄弱，则在此处加强放矿迅速形成干滩，可以在一定程度上起到内截的效果。

"外排"常用的方法有反滤、导渗、压渗等。从实际出发改善坝体的整体渗流条件，有针对性地进行综合治理。

6.6.2.3　滑坡

滑坡是尾矿坝发生事故前的一大隐患，规模较大的滑坡往往是垮坝事故的先兆，因此即使较小的滑坡也不能掉以轻心。有些滑坡是突然发生的，有的先由裂缝开始，如不加以注意，使其逐步扩大和蔓延，则可能造成垮坝的重大事故。

1）滑坡的种类与成因

（1）滑坡的种类

滑坡的种类按滑坡的性质分为剪切性滑坡、塑流性滑坡和液化性滑坡；按滑面的形状可分为圆弧滑坡、折线滑坡和混合滑坡。

（2）滑坡的成因

①勘察设计方面的因素：勘察时没有查明基础有淤泥层或其他高压缩性软土层，设计时未能采取相应的措施；选择坝址时，没有避开位于坝脚附近的渊潭或水塘，筑坝后由于坝脚处沉陷过大而引起滑坡；坝端岩石破碎、节理发育，设计时未采取适当的防渗措施，产生绕坝渗流，使局部坝体饱和引起滑坡；设计中坝坡稳定分析所选择的计算指标偏高，或对地震因素注意不够以及排水设施设计不当等。

②施工方面的因素：在碾压土坝施工中，由于铺土太厚碾压不实，或含水量不合要求，干容重没有达到设计标准等；抢筑临时拦洪断面和合拢段断面，边坡过陡，填筑质量差；冬季施工时没有采取适当措施，以致形成冻土层，在解冻后或蓄水后，库水入渗形成软弱夹层；采用风化程度不同的残积土筑坝时，将黏性较大、透水性较小的土料填在土坝下部，而上部又填了黏性较小、透水性较大的土料，排放尾矿后，背水坡上部湿润饱和；尾矿堆积坝与初期坝或各期堆积坝之间没有结合好，在渗水饱和后，造成背水坡滑坡。

③其他因素：强烈地震引起土坝滑坡是土坝受震害的损坏形式之一；持续的特大暴雨，使坝坡土体饱和或风浪淘刷，使护坡遭破坏致坝坡形成陡坡；在土坝附近爆破或者在坝体上部堆放物料等人为因素。

2）检查与判断

滑坡检查应在高水位时期、发生强烈地震后、持续特大暴雨和台风袭击时以及回春解冻之际进行。

滑坡的判断是从裂缝的形状、裂缝的发展规律、位移观测资料、浸润线观测分析和孔隙水压力观测成果等方面进行。

3）预防与处理

防止滑坡的发生应尽可能消除促成滑坡的因素，注意做好经常性的维护工作，防止或减轻外界因素对坝坡稳定的影响。

当有滑动征兆或有滑动趋势但尚未坍塌时，应及时采取有效措施进行抢护，防止险情恶化；一旦发生滑坡，则应采取可靠的处理措施，恢复并补强坝坡，提高抗滑能力。

滑坡抢护中应特别注意安全问题。抢护的基本原则是上部减载、下部压重，即在主裂缝部位进行削坡，而在坝脚部位进行压坡。尽可能降低库水位，沿着滑动体和附近的坡面上开沟导渗，使渗透水能尽快排出。若滑动裂缝达到坝脚，应该首先采取压重固脚的措施。因土坝渗漏而引起的背水坡滑坡，应及时在迎水坡进行抛土或采取其他防渗措施。

因坝身填土碾压不实，浸润线过高而造成的背水坡滑坡，一般应以上游防渗为主，辅以下游压坡、导渗和放缓滑坡，以稳定坝坡。在压坡体的底部一般可设双向水平滤层，并与原坝脚滤水体连接,其厚度一般为80~150 cm。滤层上部的压坡体一般用砂、石料填筑,当缺少砂、石料时,也可用土料分层回填压实。

对于滑坡体上部已经松动的土体,应彻底挖除,然后按坝坡线分层回填夯实,并做好护坡。坝体有软弱夹层或抗剪强度较低且背水坡较陡而造成的滑坡,首先应降低库水位,如清除夹层有困难时,以放缓坝坡为主,辅以在坝脚排水压重的方法处理。地基存在淤泥层、湿陷性黄土层或液化等不良地质条件,施工时又没有清除或清除不彻底而引起的滑坡,处理的重点是清除不良的地质条件,并进行固脚防滑。因排水设施堵塞而引起的滑坡,主要是恢复排水设施的功效,筑压重台固脚。

处理滑坡时应注意开挖与回填应符合上部减载、下部压重的原则。开挖回填工作应分段进行,并保持允许的开挖边坡。开挖中对于松土与稀泥都必须彻底清除。填土应严格掌握施工质量、土料的含水量和干密度必须符合设计要求,新旧土体的结合面应刨毛,以利接合。

对于水中填土坝,在处理滑坡阶段进行填土时,最好不要采用碾压施工,以免因原坝体固结沉陷而开裂。

滑坡主裂缝一般不宜采取注浆方法处理。

滑坡处理前应严格防止雨水渗入裂缝内,可用塑料薄膜、沥青油毡、油布或土工膜等加以覆盖,同时还应在裂缝上方修建截水沟,拦截和引走坝面的积水。

6.6.2.4 管涌

1)管涌的成因

管涌是尾矿坝坝基在较大渗透压力作用下而产生的险情,其细颗粒通过粗颗粒孔隙被推动和带出,可采取降低内外水头差、减少渗透压力或用滤料导渗等措施进行处理。

2)处理措施

(1)滤水围井

在地基好、管涌影响范围不大的情况下可抢筑滤水围井。在管涌口沙环的外围用土袋围一个不太高的围井,然后用滤料分层铺压,其顺序是自下而上分别填0.2~0.3 m厚的粗砂、砾石、碎石、块石,一般情况可用三级级配。滤料最好要清洗,不含杂质,级配应符合要求,或用土工织物代替砂石滤层,上部直接堆放块石或砾石。围井内的涌水在上部用管引出。

如险处水势太猛,第一层粗砂被喷出,可先以碎石或小块石消杀水势,然后再按级配填筑;或铺设土工织物,如遇填料下沉,可以继续填砂石料直至稳定。如发现井壁渗水,应在原井壁外侧再包以土袋,中间填土夯实。

(2)蓄水减渗

险情面积较大,地形适合且附近又有土料时,可在其周围填筑土埝或用土工织物包裹,以形成水池蓄存渗水,利用池内水位升高,减少内外水头差,控制险情发展。

(3)塘内压渗

若坝后渊塘、积水坑、渠道、河床内积水水位较低,且发现水中游不断翻花或间断翻花等管涌现象时,不要任意降低水位,可用芦苇秆或竹子做成竹帘、竹箔、苇箔(或荆笆)围在险处周围,然后在围圈内填放滤料,以控制险情的发展。如需要处理的管涌范围较大,而砂、石、土料又可解决时,可先向水内抛铺粗砂或砾石一层,厚15~30 cm,然后再铺压卵石或块石,做成透水压渗台。或用柳枝秸料等做成15~30 cm厚的柴排(尺寸可根据材料的情况而定),柴排上铺草垫厚5~10 cm,然后再在上面压砂袋或块石,使柴排潜埋在水内(或用土工布直接铺放),也可控制险情的发展。

(4)降低库水位

如修建堤坝后严重渗水,利用一些临时保护措施尚不能改善险情时,宜降低库内的水位以减少渗透压力,使险情不致迅速恶化,但应控制水位下降速度。

6.6.3 尾矿库抢险

尾矿库的险情常在汛期发生,而重大险情又多在暴雨时发生。汛期尾矿库处于高水位工作状态,调洪库容有所减少,遇特大暴雨极易造成洪水漫顶;同时,浸润线的位置处于高位,坝体饱和度扩大,使坝的稳定性降低;此外风浪冲击也易造成坝顶决口溃坝。因此做好汛期尾矿坝抢险工作对于确保尾矿库的安全运行至关重要。

首先,应根据气象预报和库情,制订出各种抢险措施及下游居民安全转移措施等计划和预案,从组织、物资、交通、通信、报警信号等各个方面做好抢险准备工作。其次,加强汛期巡检,及早发现险情,及时采取抢护措施。

1)防漫顶措施

尾矿坝多为散粒结构,如果洪水漫顶就会迅速冲出决口,造成溃坝事故。当排水设施已全部使用但库水位仍继续上升,根据水情预报可能出现险情时,应抢筑子堤,增加挡水高度。

在堤顶不宽、土质较差的情况下,可用土袋抢筑子堤。在铺第一层土袋前,要清理堤坝顶的杂物并把松表土。用草袋、编织袋、麻袋、土工布袋或蒲包等装土七成左右,将袋口缝紧,铺于子堤的迎水面。铺砌时袋口应向背水侧互相搭接,用脚踩实,要求上下层袋缝必须错开。待铺叠至预计水位以上时,再在土袋背水面填土夯实,填土的背水坡度不得陡于1:1。

在缺土、浪大、堤顶较窄的场合下,可采用单层木板或埽捆。其具体做法是先在堤顶距上游边缘0.5~1.0 m处打小木桩一排(木桩长1.5~2.0 m,入土0.5~1.0 m,桩距1.0 m),再在木桩的背水侧用钉子、铅丝将单层木板或预制埽捆(长2~3 m,直径0.3 m)钉牢,然后在后面填土加戗。

当出现超过设计标准的特大洪水时,应在抢筑子堤的同时,报请上级批准,采取非常措施加强排洪,降低库水位。如选定单薄山脊或基岩较好的副坝炸出缺口排洪,开放上游河道预先选定的分洪口分洪或打开正常水位以下已封堵的进水构筑物部分,加大排水能力(可能会排出库内部分悬浮矿泥),以确保主坝坝体的安全。未经论证,严禁任意在主坝坝顶上开沟泄洪。

2)防风浪冲击

对尾矿坝坝顶受风浪冲击而缺口的抢护,除可采用前面的方法外,还可采取防浪措施处理。用土工布袋、草袋或麻袋装土(或砂)约70%,放置在波浪上下错动的部位,袋口用绳缝合,并互相叠压成鱼鳞状。当风浪较小时,还可采用柴排防浪,用柳枝、芦苇或其他秸秆扎成直径为0.5~0.8 m的柴枕,长10~30 m,枕的中心卷入两根5~7 m的竹缆做芯子,枕的纵向每0.6~1.0 m用铅丝捆扎。在堤顶或背水坡签钉木桩,用麻绳或竹缆把柴枕连在桩上,然后推放到迎水坡波浪拍击的地段。可根据水位的涨落,松紧绳缆,使柴排浮在水面上。

挂树防浪是砍下枝叶繁茂的灌木,使树梢向下放入水中,并用块石或砂袋压住;其树干用铅丝、麻绳或竹缆连接于堤坝顶的桩上。木桩直径0.1~0.15 m,长1.0~1.5 m,布置形式可为单桩、双桩或梅花桩。

6.6.4 尾矿库事故案例

1)某金矿尾矿库溃坝

某金矿尾矿坝示意图如图6-59所示。

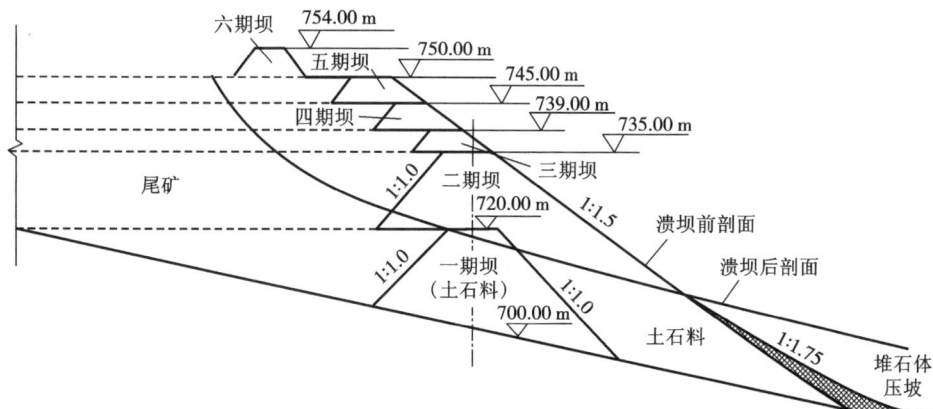

图6-59 某金矿尾矿坝示意图

(1)事故概况

某金矿尾矿库为山谷型,原设计初期坝高20 m,后期坝采用上游法尾矿筑坝,尾矿较细,粒径小于0.074 mm的占90%以上。堆积坝坡比1:5,并设有排渗设施,堆积高度为16.0 m,总坝高36.0 m,总库容28×10⁴ m³。1993年投入运行,在生产中改为土石料堆筑后期子坝,堆至735.0 m标高时,已接近设计最终堆积标高736.0 m,下游坡比约为1:1.5。此后,未经论证、设计,擅自进行加高扩容,采用土石料按1:1.5坡比继续向上游推进实施了三次加高增容工程,总坝高50.0 m,总库容105×10⁴ m³。2006年4月又开始第四次(六期坝)加高扩容,向库内推进10.0 m后采用土石料加筑一道4.0 m高子坝(见图6-59),施工时采用从左侧往右一次填筑4.0 m高,至2006年4月30日18时24分子坝施工至中部最大坝高处突发坝体失稳溃决,流失尾矿浆约15×10⁴ m³,造成17人失踪,5人受伤,摧毁民房76间,同时流失的尾矿浆还含有超标的氰化物,污染了环境,经采取应急措施后得到控制。

(2)事故原因

①未经论证、设计,擅自进行加高扩容;

②尾矿较细,粒径小于0.074 mm的占90%以上,采用上游法堆高,原设计堆积边坡坡比为1:5,实际堆积边坡较陡;

③后期子坝加高采用土石料在尾矿滩面加高,本次加高高度不小于4 m,施工时4 m高的坝体断面同时从库左侧往右侧填筑,运输车辆和碾压设备在填筑的子坝上作业,造成正在填筑子坝下部和周边的尾矿承受荷载增大和受到扰动导致坝体失稳溃决。

2)某铁矿尾矿库溃坝

某铁矿尾矿库溃坝前坝体示意图如图6-60所示。

(1)事故概况

某铁矿尾矿库于1977年由业主自主建设,初期坝高8.0 m,尾矿堆高28.4 m,库容量约

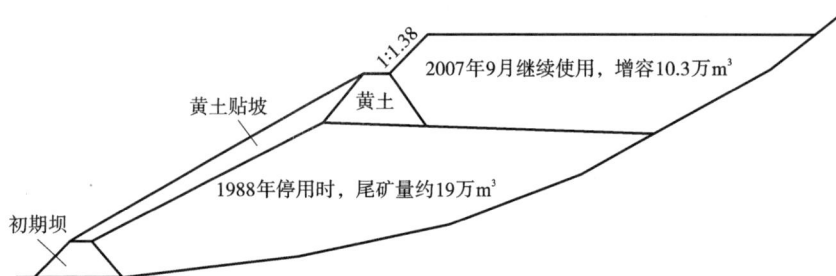

图 6-60　某铁矿尾矿库溃坝前坝体示意图

$19.0 \times 10^4 \text{ m}^3$，坝体上游设截洪沟排洪。1988 年该尾矿库停用，业主方采用碎石覆盖滩面，黄土覆盖坝顶，植树绿化坝面进行简单的闭库措施。

2000 年在坝顶修筑高 7 m 的黄土子坝，拟重新启用该尾矿库，但未真正投入使用。2007 年 9 月选矿厂生产后，向该库继续排放尾矿约 $10.3 \times 10^4 \text{ m}^3$，尾矿堆高增加 16.0 m。溃坝事件发生前，该尾矿库初期坝高 8 m，尾矿总堆高 44.4 m，总坝高 52.4 m，总库容约 $36.8 \times 10^4 \text{ m}^3$。

事故发生后尾矿坝的下游已经全部被泥石流淹没，一座 3 层办公楼和一片集贸市场、部分农村房屋被冲毁。集贸市场里原有 24 个固定摊点，办公楼被泥石流向下游推了十多米，已全部冲毁。事故造成 277 人死亡、4 人失踪、直接经济损失达 9619.2 万元，是中华人民共和国成立以来尾矿库溃坝造成死亡人数最多的事故。

（2）事故原因

① 2007 年启用后，尾矿堆积坝坡比为 1 : 1.38，坝体抗滑稳定性不满足。加之该库处于坡度较大的山沟内，与下游形成较大落差，势能较大，整个坝体稳定性较差。

②因选矿回水原因，企业在库尾铺膜蓄水。

③坝面出现渗水后，企业自主用黄土贴坡，提高坝体浸润线，促使坝体成为饱和势能体。

6.7　尾矿库监测系统

6.7.1　监测原则与要求

6.7.1.1　监测原则

（1）安全监测应科学可靠、布置合理、全面系统、经济适用；

（2）监测仪器、设备、设施的选择，应先进和便于实现在线监测；

（3）监测设施的布置应根据尾矿库的实际情况，突出重点、兼顾全面、统筹安排、合理可靠；

（4）监测仪器、设备、设施的安装、埋设和运行管理，应确保施工质量和运行可靠；

（5）监测周期应满足尾矿库日常管理的要求，相关的监测项目应在同一时段进行；

（6）实施监测的尾矿库等别根据尾矿库设计等别确定，监测系统的总体设计应根据总坝高进行一次性设计，分步实施。

6.7.1.2　监测要求

（1）尾矿库的安全监测，必须根据尾矿库设计等别、筑坝方式、地形和地质条件、地理环境等因素，设置必要的监测项目及其相应设施，定期进行监测。

（2）尾矿库监测应与人工巡查和安全检查相结合。

（3）监测数据应及时整理，如有异常，应及时响应，当影响尾矿库运行安全时，应及时分析原因和采取对策措施。

（4）尾矿库监测设施不全、损坏、失效的，应予以补设或更新改造。当尾矿库进行除险加固、改建、扩建影响原有监测系统时，应做出相应的监测系统更新，并保持监测资料的连续性。

（5）当发生地震、洪水以及尾矿库工作状态出现异常等特殊情况时，对重点部位的有关项目应加强监测。

6.7.2　在线监测

尾矿库在线监测系统应包括数据自动采集、传输、存储、处理分析及综合预警等部分，并具备在各种气候条件下实现适时监测的能力。同时应将在线安全监测成果、现场巡查与人工安全监测成果进行综合分析管理和信息发布。

6.7.2.1　基本要求

（1）巡测采样时间小于 30 min，单点采样时间小于 3 min；

（2）监测频率为：尾矿库正常状态下 1 次/10 min～1 次/24 h；非正常状态时 1 次/5 min～1 次/30 min；

（3）监控中心环境温度保持在 20～30℃，湿度保持不大于 85%；

（4）系统工作电压为 220(1±10%) V；

（5）系统故障率不大于 5%；

（6）防雷电感应不小于 1000 V；

（7）采集装置测量范围满足被测对象有效工作范围。

6.7.2.2　系统设计

（1）数据采集装置能适应应答式和自报式两种方式，按设定的方式自动进行定时测量，接受命令进行选点、巡回检测及定时检测；

（2）计算机系统，与数据采集装置连接在一起的监控主机和监测中心的管理计算机配置应满足在线监测系统的要求，并应配置必要的外部设备；

（3）数据通信，数据采集装置和监控主机之间可采用有线和(或)无线网络通信，尾矿库安全监测站或网络工作组应根据要求提供网络通信接口；

（4）在线监测系统软件应包括在线采集和安全监测管理分析两个模块，安全监测管理分析模块应具备基础资料管理、各项监测内容适时显示发布、图形报表制作、数据分析、综合预警等功能，其中数据分析部分应包括各项监测内容趋势分析、综合过程线分析等内容；

（5）接入在线监测系统的传感器应结构简单、传动部件少、容易维修、可靠性高、稳定性好。

6.7.2.3　运行与管理

（1）对在线监测系统每年进行至少一次系统检查，做好记录，存档备查；

（2）应采用专用电源供电，不应直接用现场照明电源，系统电源应有稳压及过电保护措施，以避免受当地电源波动过大的影响；

（3）应有可靠的防雷电感应措施，系统的接地应可靠，接地电阻应满足电气设备接地要求；

（4）电缆应加以保护，特别是室外电缆应布设在电缆沟或电缆保护管内，电缆沟宜封闭，并应采取排水措施；

（5）应加以保护易受周围环境影响的传感器；安装在坝体外部的设备应考虑日照、温度、风沙等恶劣天气对监测设备的影响，必要时采取特殊保护的措施。

6.7.3　监测等级和项目

6.7.3.1　监测等级

尾矿库安全监测包含尾矿库及库区地质滑坡体安全监测，其等级根据尾矿库设计等别和地质滑坡体规模按表 6-31 确定。

表 6-31　安全监测等级

监测等级	监测对象	
	尾矿库	库区地质滑坡体
Ⅰ级	一等、二等尾矿库	—
Ⅱ级	三等、四等、五等尾矿库	大中型滑坡
Ⅲ级	—	小型滑坡

注：1. 一次建坝尾矿库的混凝土坝、浆砌石坝表面位移监测等级为Ⅰ级；2. 大中型滑坡指大于 $10 \times 10^4 \ m^3$ 的滑坡，小型滑坡指不大于 $10 \times 10^4 \ m^3$ 的滑坡。

6.7.3.2　监测项目

尾矿库安全监测项目包括巡视检查、坝体位移监测、堆积坝外坡比监测、渗流监测、库水位监测、干滩监测、降水量监测、排洪设施监测、视频监控、库区地质滑坡体位移监测等。根据设计等别、尾矿坝筑坝方式按表 6-32 和表 6-33 确定。

表 6-32　湿排尾矿库安全监测项目

监测对象	监测项目	筑坝工艺、尾矿库等别及主要构筑物级别			
		尾矿堆积坝		初期坝、一次筑坝的土石坝	
		一等至三等	四等、五等	一等至三等	四等、五等
		1 级~3 级	4 级、5 级	1 级~3 级	4 级、5 级
尾矿坝	巡视检查	应测	应测	应测	应测
	表面位移	应测	应测	应测	应测
	内部位移	应测	可测	应测	应测
	外坡比	应测	宜测	—	—

续表6-32

监测对象	监测项目	筑坝工艺、尾矿库等别及主要构筑物级别			
		尾矿堆积坝		初期坝、一次筑坝的土石坝	
		一等至三等	四等、五等	一等至三等	四等、五等
		1 级~3 级	4 级、5 级	1 级~3 级	4 级、5 级
尾矿坝	浸润线	应测	应测	应测	应测
	渗流压力	可测	—	宜测	可测
	渗流量	宜测	可测	宜测	可测
	渗流水浑浊度	宜测	可测	宜测	可测
	干滩长度及坡度	应测	应测	宜测	可测
	视频	应测	应测	宜测	可测
库区	巡视检查	应测	应测	应测	应测
	库水位	应测	应测	应测	应测
	降水量	应测	宜测	应测	宜测
	视频	应测	应测	宜测	可测
	库区地质滑坡体表面位移	应测	应测	应测	应测
	库区地质滑坡体内部位移	宜测	宜测	宜测	宜测
排洪设施	巡视检查	应测	应测	应测	应测
	视频	宜测	可测	宜测	可测
	管、涵排水量	宜测	可测	宜测	可测
	表面位移	宜测	宜测	宜测	宜测

注：尾矿坝下游坡为废石堆场的，其内部位移、浸润线监测项目为"可测"。

表 6-33　干式堆存尾矿库安全监测项目

监测对象	监测项目	筑坝工艺、尾矿库等别及主要构筑物级别			
		尾矿堆积坝		初期坝、一次筑坝的土石坝	
		一等至三等	四等、五等	一等至三等	四等、五等
		1 级~3 级	4 级、5 级	1 级~3 级	4 级、5 级
尾矿坝、尾矿堆体外坡	巡视检查	应测	应测	应测	应测
	表面位移	应测	应测	应测	应测
	内部位移	宜测	可测	宜测	可测
	外坡比	应测	宜测	—	—
	浸润线	宜测	可测	宜测	可测
	视频	宜测	可测	宜测	可测

续表6-33

监测对象	监测项目	筑坝工艺、尾矿库等别及主要构筑物级别			
		尾矿堆积坝		初期坝、一次筑坝的土石坝	
		一等至三等	四等、五等	一等至三等	四等、五等
		1级~3级	4级、5级	1级~3级	4级、5级
尾矿堆场	巡视检查	应测	应测	应测	应测
	降水量	应测	宜测	应测	宜测
	视频	宜测	可测	宜测	可测
排洪设施	巡视检查	应测	应测	应测	应测
	视频	宜测	可测	宜测	可测
	管、涵排水量	宜测	可测	宜测	可测
	表面位移	宜测	宜测	宜测	宜测

6.7.4　监测方法

6.7.4.1　位移监测

1）表面位移

坝体表面位移包括水平位移和竖向位移。

（1）监测断面选择有代表性且能控制主要变形情况的断面，如最大坝高断面、合拢段、有排水管通过的断面、地基工程地质变化较大的地段及运行有异常反应处。

（2）初期坝顶和后期坝顶各布设一排，每30~60 m高差布设一排，一般不少于3排。

（3）测点的间距一般在坝长小于300 m时宜取20~100 m；坝长大于300 m且小于1000 m时宜取50~200 m；坝长大于1000 m时宜取100~300 m。

（4）基点均应布设在两岸岩石或坚实地基上。

（5）采用接触式监测方法的测点和土基上基点的底座埋入土层的深度不小于1.0 m，冰冻区应深入冰冻层以下0.5 m。

2）内部位移

内部位移包括内部水平位移和内部竖向位移。

（1）监测断面的布置根据尾矿库的等别、坝的结构形式和施工方法以及地形地质情况而定，宜布置在最大坝高断面及其他特征断面（原河床、地形及地质复杂段、结构及施工薄弱段等）上，可设1~3个断面。

（2）每个监测断面上可布设1~3个监测垂线，其中一条宜布设在坝轴线附近，监测垂线的布置应尽量形成纵向监测断面。

（3）监测垂线上测点的间距，应根据坝高、结构形式、坝料特性及施工方法与质量等确定，一般2~10 m。每条监测垂线上宜布置3~15个测点。最下方一个测点应置于坝基表面，以兼测坝基的沉降量。

6.7.4.2　渗流监测

渗流监测包括坝体渗流压力、绕坝渗流和渗流量等的监测。

1）坝体渗流压力

（1）坝体渗流压力监测包括监测断面上的压力分布和浸润线位置的测定。

（2）监测断面宜选择在有代表性且能控制主要渗流情况的坝体横断面以及预计有可能出现异常渗流的横断面，一般不少于3个，并尽量与位移监测断面结合。

（3）监测横断面上的测点布置，应根据坝型结构、断面大小和渗流场特征确定。宜在堆积坝坝顶、初期坝上游坡底、下游排水体前缘各布置一条铅直线，其间部位每20~40 m布设1条铅直线，埋深参考实际浸润线深度确定。

（4）在渗流进、出口段，渗流各向异性明显的土层中，以及浸润线变幅较大处，应根据预计浸润线的最大变幅沿不同高程布设测点，每条铅直线上的测点数一般不少于2个。

2）绕坝渗流

尾矿库投入运行后，渗流绕过两岸坝头从下游坝坡流出称为绕坝渗流。土坝与混凝土或砌石等建筑物连接的接触面也有绕流发生。一般情况下绕流是一种正常现象，但如果土坝与岸坡连接不好，或岸坡过短产生裂缝，或岸坡中有强透水间层，就有可能发生集中渗流造成渗流变形，影响坝体安全。因此需要进行绕坝渗流观测，以了解坝头与岸坡以及混凝土或砌石建筑物接触处的渗流变化情况，判定这些部位的防渗与排水效果。

绕坝渗流一般也是埋设测水管进行观测，测水管的布置以能使观测成果绘出绕流等水位线为原则。一般应根据土坝与岸坡和混凝土建筑物的轮廓线以及两岸地质情况、防渗和排水设施的形式等确定。

（1）两岸绕渗测水管可沿绕流线布置，一般至少埋设两排，每排至少3根；

（2）沿着渗流有可能比较集中的透水层布置1~2排测水管；

（3）对于观测自由水面的绕渗测水管，其深度应视地下水情况而定，至少深入到筑坝前的地下水位以下。对于观测不同透水层水压的测水管，其进水管段应深入到透水层中。

绕渗测水管的构造与浸润线测水管基本相同，观测仪器、方法以及测次等规定也一样。但对于观测透水层的测水管，进水管段可较短，与坝基渗压测压管一样为0.5 m左右。如坝端两岸为岩石层而需观测绕渗，则只需在岩石上钻孔，在孔内测量地下水位。

3）渗流量

渗流量是反映渗流场动态的重要水力要素之一，渗流场处于稳定状态时，其渗流量将与水头的大小保持稳定的相应变化。渗流量在同样水头情况下的显著增加或减少，都意味着渗流稳定的破坏：渗流量显著增加，有可能在坝体或坝基发生管涌或集中渗流通道；渗流量显著减小则可能是排水体堵塞的反映。

在正常情况下，随着尾矿堆积坝的逐渐升高，渗流量也将逐渐缓增，因此进行渗流量观测，对于判断渗流是否稳定，掌握防渗和排水设施是否正常具有重要意义。

渗流量观测根据坝型及尾矿库具体条件不同，其方法也不一样。对于土坝通常是将坝体排渗设施的渗水集中引出，测量其单位时间的水量。对有坝基排渗设施，如排水沟等的尾矿库，也应对坝基排水设施的排水量进行观测。有些尾矿库的土坝坝体和坝基渗流量很难分清，可在坝下游设集水沟，观测总的渗流量变化，以判断渗流稳定是否遭受破坏。对混凝土坝或砌石坝，可以在坝下游设集水沟观测总渗流量，也可在坝体或坝基设集水井观测排水量。

渗流量观测必须与上下游水位以及其他渗流观测项目配合进行。坝体渗流量观测要与浸润线、坝基渗水压力观测同时进行。混凝土坝或砌石坝观测则应与扬压力观测同时进行。此外还应定期对渗流水进行透明度观测和化学分析。

观测渗流量的方法根据渗流量的大小和汇集条件一般可选用容积法、量水堰法和测流速法，根据不同情况的观测要求和精度来选择。

6.7.4.3　干滩监测

1）滩顶高程

(1)尾矿库滩顶高程的测点应沿坝(滩)顶方向布置，当滩顶一端高一端低时，应在低标高段选较低处检测1~3个点；当滩顶高低相同时，应在较低处选不少于3个点；其他情况下每100 m坝长选较低处检测1~2个点，但总数不少于3个；

(2)滩顶高程测量误差应小于20 mm，各测点中最低点的标高作为尾矿库滩顶标高；

(3)滩顶高程根据滩顶上升情况，定时做好检测，随时掌握滩顶高程，汛期前必须检测一次。

2）干滩长度

(1)根据坝长和水边线弯曲情况，选干滩长较短处布置1~3个断面，测量断面应垂直于坝轴线布置，在几个测量结果中，选较小者作为该尾矿库的沉积干滩长；

(2)宜在干滩设立干滩长度标尺，一般以50 m为间隔，滩长较小时以10 m为间隔；

(3)在干滩长度发生较大变化时及时检测，随时掌握干滩长度，汛期前必须检测一次。

3）干滩坡度

(1)检测尾矿库沉积干滩的平均坡度时，应根据沉积干滩的平整情况，每100 m坝长布置不少于2个断面。监测断面应垂直于坝轴线布置，测点应尽量在各变坡点进行布置，且测点间距不大于20 m，测点高程测量误差应小于5 mm；

(2)沉积干滩平均坡度应按各测量断面的尾矿沉积干滩平均坡度加权平均计算；

(3)干滩坡度根据坡度的变化情况，一季度检测一次，随时掌握干滩坡度，汛期前必须检测一次。

6.7.4.4　水文气象监测

尾矿库的水文气象观测包括降雨量、水面蒸发、水位等。观测时必须注意原流量和渗流、变形等反应量在观测时间上的同步性和协调性，客观反映尾矿库的运行动态。

1）降水量观测

降雨、降雪和降雹等统称为降水。降水量是指降落在地面的雨水(或其他形式降水)深度，以毫米计算，降水是流域地表水和地下水的根本来源。

(1)观测场地的布设。雨量站观测场地应尽可能选四周空阔、平坦，避开局部地形、地物影响的地方，场地周围宜设栅栏保护仪器设备。

(2)雨量计和自记雨量计：观测降水量常用的仪器是20 cm口径的雨量计和自记雨量计。自记雨量计是自动连续记录液体降水的仪器，式样有多种。

(3)观测和记录：

定时观测：以8时为日分界，从本日8时至次日8时的降水量为本日的日降水量。

分段观测：从8时开始，每隔一定时段(如12 h、6 h、4 h、3 h、2 h或1 h)观测一次。

在有特殊需求时，要观测降水的起止时间，并要测得每次降水的一次降水量。在有条件或有必要时，除设置雨量器外还应设置自记雨量计，以便记录完整的暴雨变化过程。

降水量记至 0.1 mm，不足 0.05 mm 的降水不做记录。历时记至分钟。

2）水面蒸发观测

尾矿库水面的蒸发一般使用 80 cm 蒸发皿进行观测，记录每天的蒸发量，或用当地气象站提供的蒸发量和尾矿库实际水域面积，计算尾矿库实际蒸发量。

6.7.4.5　库水位监测

库水位监测点应设置在能代表库内平稳水位的位置，宜布置在库内排水构筑物（如排水井、排水斜槽）附近。

（1）水位观测的高程系统要求与尾矿坝的高程系统统一。

（2）水位观测设备：目前使用的观测设备有水尺和各种自记式水位计。

水尺是最简便的水位观测设备，常用的水尺有直立式、矮桩式和倾斜式等，要求各种水尺的安设能测得最高洪水位以上 0.5 m 和最低水位以下 0.5 m 的全部水位变幅。

自记水位计能将水位变化的连续过程自动记录下来，并以数字或图像的形式远传至室内。

（3）水位观测要求：

观测时段：枯水期每日 8 时观测一次；汛期为三段制（每日 7 时、15 时、23 时），洪水或特殊情况适当增加测次。

水尺水位观测的精度至厘米；受风和水面起伏影响的水尺需要读取水面起伏的平均值，且同时记录风力和水面起伏的情况；自记水位计需按时更换记录，摘录时段水位，定时进行水位校测和设备检测，当自记水位计与校核水尺之间的水位差超过 2 cm 或时间误差每日超过 10 min 时，应对自记记录进行订正。

6.8　闭库

6.8.1　闭库程序

尾矿库闭库程序：

（1）尾矿库运行到设计最终标高且不再继续加高扩容，或者由于各种原因未达到设计最终堆积标高而提前停止使用的尾矿库，应当在一年内完成闭库，特殊情况不能按期完成闭库的，应当报经相应的管理部门同意后方可延期，但延长期不得超过 6 个月；

（2）尾矿库闭库工作包括闭库前的安全评价、闭库设计与施工、闭库安全验收，安全现状评价和闭库设计应当在尾矿库运行到设计最终标高前的 12 个月；

（3）尾矿库闭库后重新启用或改作他用时，应当经过可行性论证，并报审批闭库工作的管理部门审查批准。

6.8.2　闭库方案编制要求

闭库方案编制应在充分掌握停用尾矿库存在的不符合国家有关安全、环保要求的各种隐患和风险基础上进行，其内容应包括：

(1)根据现行设计规范规定的洪水标准,对洪水重新核定,并尽可能减少暴雨洪水的入库流量,可采取分流、截流等措施将洪水排至库外;

(2)对现存的排洪系统及其构筑物的泄流能力和结构强度进行复核;

(3)对现存坝体的稳定性(静力、动力及渗流)做出分析;

(4)对库区及其周围的环境情况进行本底调查并记录(主要是水及粉尘污染);

(5)安全现状评价报告提出的治理措施;

(6)确保闭库后安全的治理方案(闭库治理根据每个库本身存在的隐患分别处理,如修建坝肩溢洪道、修整外坝边坡、植草护坡、修缮排水设施、完善监测设施等);

(7)闭库后的管理要求。

6.8.3　闭库实施

1)尾矿坝整治

(1)坝体稳定性不足的,采取加固坝体、降低浸润线等措施;

(2)整治坝体的塌陷、裂缝、冲沟;

(3)完善坝面排水沟和土石覆盖或植被绿化、坝肩排水沟、监测设施等。

2)排洪系统整治

(1)闭库后排洪系统的防洪能力若不足时,应采取增大调洪库容或增建排洪系统等措施,必要时可增设永久溢洪道;

(2)当原排洪设施结构强度不能满足要求或受损严重时,进行加固处理;必要时新建永久性排洪设施,同时将原有排洪设施进行封堵。

3)其他整治

(1)尾矿库干涸的沉积滩上应按闭库要求逐步实施土地复垦工作,恢复良好的生态环境和自然景观;尾矿坝外坡面应做好排水设施及坝面防尘的维护工作;

(2)闭库后的尾矿库在库区范围内应逐步进行植树造林工作,以利于防风及水土保持,并严禁滥伐、滥垦、乱牧;

(3)尾矿坝应设置警戒线,采取隔离措施,并设立警示牌,以防止对坝体及坡面的人为破坏。

6.8.4　闭库后的维护管理

1)排水系统安全管理

(1)库内平时不宜有积水,汛期前应检查排水系统是否畅通,以便及时排走上游洪水;

(2)排洪构筑物和排水沟在任何时间和任何情况下均不允许树枝、泥沙等淤堵或堵塞,库内进口段和下游河道须保证畅通;

(3)排洪构筑物应注意有无异常变形、位移、冲刷、损毁等影响构筑物安全的情况,钢筋混凝土结构最大允许裂缝开展宽度为 0.2 mm;

(4)洪水过后应对坝体和排洪构筑物进行全面检查,发现问题及时修复,准备应对连续暴雨的袭击;

(5)加强值班和巡视,密切关注库内水情变化和坝体两侧沟谷地表径流和山体稳定、泥石流动态等,发现险情及时报告,采取紧急措施,严防事态恶化;

(6)制订应急救援预案，准备好必要的抢险物资、工具、运载机械、维护整修上坝道路、通信设备、电力照明设备。

2)坝体安全管理

(1)必须执行巡坝和护坝制度。遇到坝体出现裂缝、坍塌、滑坡、沉陷等现象时，要查明原因、范围、形态、深度、性质，判定危害程度，妥善处理并做好记录；定期检查坝体位移，当位移量变化出现突变或者有增大趋势时应及时上报，妥善处理；

(2)要经常观测坝体浸润线及逸出点的位置以及渗水量与水质，一旦发现渗漏必须及时查明逸出点的位置、形态、流量及含沙量等情况，及时上报，以便采取相应的工程措施，消除隐患；

(3)监测浸润线埋深是否满足坝体控制浸润线要求，如不满足应及时通知设计部门，以便增设坝体排渗设施；当出现浸润线骤升或渗漏浑水等异常现象时，要查明原因，妥善处理并做好记录；

(4)坝体滩面和外坡应保持平整美观，防止滩面和外坡面受雨水冲刷拉沟，破坏边坡稳定和尾矿粉尘飞扬污染环境。

3)库区安全管理

(1)检查周边山体稳定性，当发现有山体滑坡、塌方、泥石流等情况时，应详细观察周边山体有无异常和急变，并根据工程地质勘察报告分析周边山体发生滑坡的可能性和危害性，采取应急方案妥善处理；

(2)尾矿库内严禁违章爆破、采石和建筑；

(3)尾矿库内严禁违章尾矿回采和开垦等；

(4)尾矿库内禁止违章排入外来尾矿、废石、废水和废弃物等。

6.8.5　工程实例

某尾矿库于 1984 年设计、建设并投入使用，属山谷型尾矿库。尾矿库使用过程中进行了两次扩容，设计最终堆积标高 1480 m，总坝高为 201 m，总库容为 $1180.7 \times 10^4 m^3$，属二等库，已经堆至设计标高。

初期坝为碾压式堆石坝，坝顶标高为 1297 m，坝底标高为 1279 m，坝高 18 m，坝顶宽为 4 m，内外边坡比为 1:2，坝轴线长 70 m。

后期堆积坝采用上游式冲积法尾矿直接充填筑坝，共 25 级子坝，干滩坡度为 2.88%。为防止雨水、渗流冲蚀以及大风扬尘，在坝面上铺设了 0.3~0.5 m 厚的碎石黏性土层，并种植了植被。

尾矿库至最终设计标高时汇水面积为 0.13 km²，排洪系统采用排水井-隧洞型式。前期采用的排水斜槽因拱顶开裂已经封堵。现有排水系统由 $1^\#~4^\#$ 排水井、主隧洞及各排水井支隧洞组成，其中 $1^\#~3^\#$ 排水井及其支隧洞均已按设计要求封堵，正在使用的是 $4^\#$ 排水井。排水井为框架式，钢筋混凝土结构，井架内径为 2.5 m。隧洞为圆拱直墙式，宽为 1.6 m，直墙高 1.0 m，拱高 0.8 m，排水隧洞出口设在库区右侧邻近贺家沟内，隧洞出口标高为 1335 m。

尾矿库排渗有大口辐射井和土工席垫两种排渗形式。其中大口辐射井 6 座，外径 3.5 m，内径 3.0 m，深 28 m，分别布设在 1360 m、1380 m、1400 m(2 座)、1425 m 和 1450 m 标高处；此外在堆积坝体 1380 m、1420 m、1440 m、1460 m、1475 m 设置了土工席垫排渗层。

　　闭库时初期坝体未见有开裂、滑移等现象，坝体完好；堆积坝坡面较为平整，大部分坡面采用覆土保护，部分坡面植草；坝体未发现裂缝、坍塌、滑坡现象，未发现坝体变形，也未见有积水、沼泽现象；堆积坝坡面设置的"人"字和水平排水沟以及左右坝肩设置的截水沟完好；排渗设施效果良好，渗水量较大，渗水清澈，浸润线埋深绝大部分在 20~30 m，部分在 10~30 m。

　　闭库设计结合工勘报告和安全现状评价等资料，复核排洪系统的泄流能力和结构强度都能满足要求，坝体的静力、动力及渗流稳定性均能符合规定，因此主要工程措施有：

　　(1)在堆积坝体上补充相关的观测设施，在 1465 m、1480 m 标高设置位移观测设施和 1460 m、1470 m、1480 m 标高设置浸润线观测孔。

　　(2)放空库内存水，随着库尾沉积滩下降逐渐拆除库尾 4# 排水井拱板，并在稳定后的排水井进水口外围一定范围内设置 2 m 高的拦污栅。

　　(3)在堆积坝右坝肩靠近山体侧修建非常溢洪道，进口底板标高为 1475.5 m，长 98 m，出口标高为 1473.6 m。溢洪道采用混凝土结构，靠山体一侧喷混凝土支护、另一侧采用混凝土面板，进口采用喇叭口形，进口断面为梯形的规格为 $B \times H = 2$ m × 1.8 m，溢流断面为梯形的规格为 $B \times H = 1.2$ m × 1.8 m，靠近山体侧坡比为 1∶0.3，靠近尾砂侧坡比为 1∶1.0，底板和边坡厚度均为 0.25 m，坡度 2%，安全超高 0.3 m。

　　(4)在尾矿库库滩面干涸后，利用就近剥离的山皮土进行滩面覆土，采用自卸汽车运输至坝顶，铺设夯实平整，滩面场地平整后坡度坡向库内，并保持总体坡度不小于 2%，同时在滩面上设 $B \times H = 0.4$ m × 0.3 m，间距不大于 40 m 的网格状排水沟疏导雨水至排水井。然后覆盖不小于 30 cm 的耕植土，再在滩面上种植适宜当地生长的草进行绿化。

　　(5)完善坝体外坡面覆土和坡面植草，疏通和修缮坝肩坝坡排水沟。

　　某尾矿库工程闭库后平面布置图如图 6-61 所示。

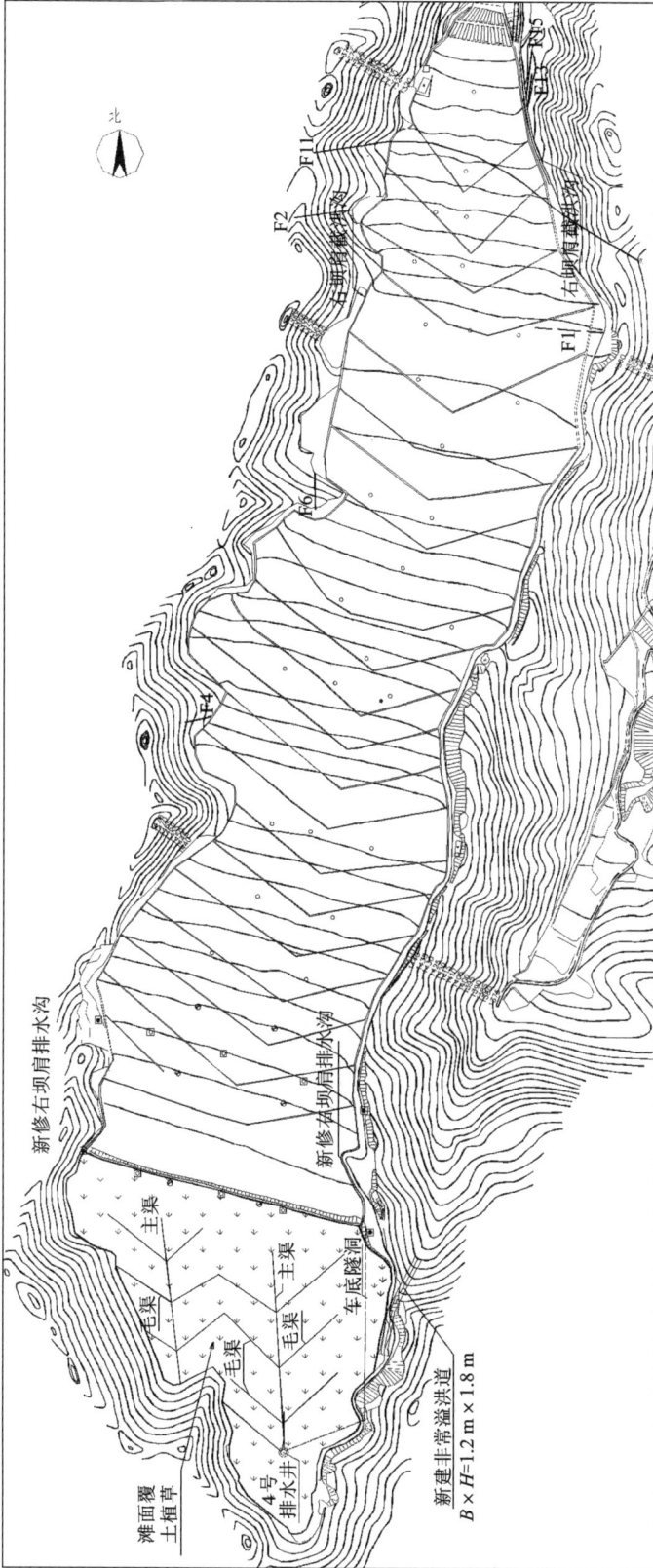

图 6-61 某尾矿库闭库工程平面布置图

参考文献

[1]金有生. 尾矿库建设、生产运行、闭库与再利用、安全检查与评价、病案治理及安全监督管理实务全书[M]. 北京：中国煤炭出版社，2005.

[2]田文旗，薛剑光. 尾矿库安全技术与管理[M]. 北京：煤炭工业出版社，2006.

[3]《尾矿坝设计手册》编委会. 尾矿坝设计手册[M]. 北京：冶金工业出版社，2008.

[4]沃廷枢. 尾矿库手册[M]. 北京：冶金工业出版社，2013.

[5]白俊光. 水工设计手册[M]. 2版. 北京：中国水利水电出版社，2013.

[6]杨晓东，夏可风. 地基基础工程与锚固注浆技术[M]. 北京：中国水利水电出版社，2009.

[7]李炜. 水利计算手册[M]. 第2版. 北京：中国水利水电出版社，2006.

[8]王国安. 可能最大暴雨和洪水计算原理与方法[M]. 黄河水利出版社，2008.

[9]朱祖熹，陆明，柳献. 隧道工程防水设计与施工[M]. 北京：中国建筑工业出版社，2012.

[10]郭庆国，蔡长治. 土石坝建设实用技术研究及应用[M]. 郑州：黄河水利出版社，2004.

[11]彭晓兰，郑荣伟. 土石坝[M]. 北京：中国水利水电出版社，2018.

[12]尹光志，鲜学福，代高飞. 岩石非线性动力学理论及其应用[M]. 重庆：重庆大学出版社，2004.

[13]孔宪京. 混凝土面板堆石坝抗震性能[M]. 北京：科学出版社，2015.

[14]李红军，严祖文，杨正权. 基于变形安全防控的高土石坝抗震安全评价[M]. 北京：科学出版社，2015.

[15]尹光志，魏作安，许江. 细粒尾矿及其堆坝稳定性分析[M]. 重庆：重庆大学出版社，2004.

[16]王萍，龚壁卫，董建军，等. 模袋法[M]. 北京：中国水利水电出版社，2006.

[17]周汉民. 模袋法尾矿堆坝技术[M]. 北京：冶金工业出版社，2015.

[18]印万忠，李丽匣. 尾矿库因渗流破坏而发生的事故分析[M]. 北京：冶金工业出版社，2009.

[19]柴建设，王姝，门永生. 尾矿库事故案例分析与事故预测[M]. 北京：化学工业出版社，2011.

[20]周彬. 金属非金属矿山建设项目安全管理实用手册[M]. 北京：煤炭工业出版社，2017.

[21]金钟集，石明. 现代尾矿设施设计与管理维护技术及尾矿资源综合利用实用手册[M]. 北京：当代中国音像出版社，2010.

[22]印万忠，李丽匣. 尾矿的综合利用与尾矿库的管理[M]. 北京：冶金工业出版社，2009.

[23]杨小聪. 尾矿和废石综合利用技术[M]. 北京：化学工业出版社，2018.

第 7 章

井下安全避险

2010 年 7 月，国家印发了《国务院关于进一步加强企业安全生产工作的通知》（国发〔2010〕23 号），要求"煤矿、非煤矿山要制订和实施生产技术装备标准，安装监测监控系统、井下人员定位系统、紧急避险系统、压风自救系统、供水施救系统和通信联络系统等技术装备"。随后国务院安委会办公室印发的《国务院安委会办公室关于贯彻落实〈国务院关于进一步加强企业安全生产工作的通知〉精神进一步加强非煤矿山安全生产工作的实施意见》（安委办〔2010〕17 号），重申了金属非金属地下矿山建设安全避险"六大系统"的要求。

为进一步规范和推进金属非金属地下矿山安全避险"六大系统"建设，切实提高地下矿山抵御各种风险和灾害的能力，原国家安全生产监督管理总局组织制订了《金属非金属地下矿山监测监控系统建设规范》（AQ 2031—2011）、《金属非金属地下矿山人员定位系统建设规范》（AQ 2032—2011）、《金属非金属地下矿山紧急避险系统建设规范》（AQ 2033—2011）、《金属非金属地下矿山压风自救系统建设规范》（AQ 2034—2011）、《金属非金属地下矿山供水施救系统建设规范》（AQ 2035—2011）及《金属非金属地下矿山通信联络系统建设规范》（AQ 2036—2011）6 个行业标准，在规范中对金属非金属地下矿山安全避险"六大系统"的建设做出了具体的规定；2016 年，又制订了《金属非金属地下矿山监测监控系统通用技术要求》（AQ/T 2051—2016）、《金属非金属地下矿山人员定位系统通用技术要求》（AQ/T 2052—2016）及《金属非金属地下矿山通信联络系统通用技术要求》（AQ/T 2053—2016）3 个行业推荐标准。

建设金属非金属地下矿山安全避险"六大系统"是依靠科技进步和先进适用技术装备，从源头上控制安全风险，从根本上提升地下矿山安全保障能力的有效措施。随着科技的进步和先进技术装备的出现，金属非金属地下矿山安全避险"六大系统"相关技术和设备将会更加成熟、先进、可靠、稳定。

7.1 监测监控系统

监测监控系统主要监测金属非金属地下矿山有毒有害气体浓度，以及风速、风压、温度、烟雾、通风机开停状态、地压等。监测监控系统是指由主机、传输接口、传输线缆、分站、传感器等设备及管理软件组成的系统，具有信息采集、传输、存储、处理、显示、打印和声光报警功能。主机是用于接收监测信号，并具有校正、报警判别、数据统计、磁盘存储、显示、声光报警、人机对话、输出控制、控制打印输出等功能的计算机装置;分站是用于接收来自传感器的信号,并按预先约定的复用方式远距离传送给传输接口,同时接收来自传输接口多路复用信号的装置。

7.1.1 建设要求

监测监控系统在设计、建设过程中应满足以下要求。

(1)大中型地下矿山应建立监测监控系统,监控网络应当通过网络安全设备与其他网络互通互联;宜将监测监控系统与人员定位系统、通信联络系统进行总体设计、建设。

(2)监测监控系统应能实现以下管理功能:①实时显示各个监测点的监测数据,并可以图表等形式显示历史监测数据;②设置预警参数,并能实现声光预警;③视频监控应支持按摄像机编号、时间、事件等信息对监控图像进行备份、查询和回放。

(3)监测监控中心设备应有可靠的防雷和接地保护装置。

(4)监测监控系统主机及联网主机应当双机热备份,连续运行;主机应安装在地面,且应在矿山生产调度室设置显示终端。

(5)井下分站应安装在便于人员观察、调试、检验,且围岩稳固、支护良好、无滴水、无杂物的进风巷道或硐室中,安装时应垫支架或吊挂在巷道中,使其距巷道底板不小于0.3 m。

(6)应配备分站、传感器等监测监控设备备件,备用数量应能满足日常监测监控需要。

(7)监测监控设备的电源应取自被控开关的电源侧或者专用电源,严禁接在被控开关的负荷侧。

(8)电网停电后,备用电源应能支持系统连续工作2 h以上。

(9)传感器的数据或状态应传输到主机。

(10)监测监控系统安装完毕和大修后,应按产品使用说明书的要求进行测试、调校,经验收合格后方能使用。

(11)存储设备应有足够的容量。监测监控系统应能实时上传和保存监控数据并可随时调用,每3个月应对监测监控数据进行备份,备份的数据保存时间应不少于2年,视频监控的图像资料保存时间应不少于1个月。

7.1.2 有毒有害气体监测

1)便携式检测

地下矿山应配置足够的便携式气体检测报警仪,保证每个班组至少配备一台便携式气体检测报警仪。便携式气体检测报警仪应能测量一氧化碳(CO)、氧气(O_2)、二氧化氮(NO_2)浓度,并具有报警参数设置和声光报警功能。人员进入独头掘进工作面和通风不良的采场之前,应开动局部通风设备通风,确保空气质量满足作业要求;人员进入采掘工作面时,应携带便携式气体检测报警仪从进风侧进入,一旦报警应立即撤离。

开采有自然发火危险矿床的地下矿山,还应定期采用便携式温度检测仪进行检测。

2)在线监测

(1)监测内容及要求

在线监测内容、限值及安装要求见表7-1。

表 7-1 监测内容、限值及安装要求

序号	矿山类型	监测内容	限值	安装要求
1	地下矿山	对炮烟中的一氧化碳或二氧化氮进行监测	一氧化碳报警体积浓度 $\leqslant 24 \times 10^{-6}$，二氧化氮报警体积浓度 $\leqslant 2.5 \times 10^{-6}$	①每个生产中段和分段的进、回风巷靠近采场位置设置一氧化碳或二氧化氮传感器；②压入式通风的独头掘进巷道，应在距离回风出口 5~10 m 回风流中设置一氧化碳或二氧化氮传感器；抽出式和混合式通风的独头掘进巷道，应在风筒出风口后 10~15 m 处设置一氧化碳或二氧化氮传感器；③带式输送机滚筒下风侧 10~15 m 处设置一氧化碳和烟雾传感器；④传感器应垂直悬挂，距巷道壁不小于 0.2 m。一氧化碳传感器和烟雾传感器距巷道顶板不大于 0.3 m，二氧化氮传感器距巷道底板不高于 1.6 m
2	高含硫矿床的地下矿山	硫化氢和二氧化硫浓度、温度和烟雾浓度	硫化氢报警体积浓度 $\leqslant 6.6 \times 10^{-6}$，二氧化硫报警体积浓度 $\leqslant 5.3 \times 10^{-6}$	每个生产中段和分段的进、回风巷靠近采场位置设置硫化氢和二氧化硫传感器，安装位置距巷道底板不高于 1.6 m，温度和烟雾传感器距巷道顶板不大于 0.3 m

注：①开采含铀(钍)等放射性元素的地下矿山，应监测井下空气中氡(钍射气)及其子体浓度。②传感器应具备声光报警功能。

（2）炮烟中的有毒有害气体监测传感器选择条件

炸药爆破后生成的有毒有害气体的主要成分是一氧化碳和二氧化氮，其中以 NO_x 毒性最大。首先，炸药的成分是产生有毒气体的主要因素。据研究，一般硝化甘油炸药与包含其他感度较高的炸药爆炸比较完全，产生的一氧化碳含量较高，而二氧化氮则较低，因此，作为炸药中的氧化剂 KNO_3、$NaNO_3$，比 NH_4NO_3 更有助于促进爆炸完全而减少二氧化氮的产生量。其次，影响有毒气体生产的因素是炸药的氧平衡。负氧平衡的炸药在爆炸时，会生成大量的一氧化碳气体；正氧平衡的炸药在爆炸时，会生成有毒的氮氧化物气体（主要是二氧化氮）；零氧平衡的炸药在爆炸时，碳被氧化成二氧化碳，氢被氧化成水，放出的热量最大，生产的有毒气体也最少（从理论上讲不生成有毒气体）。因此，一切工业炸药必须为零氧平衡或接近零氧平衡。虽然金属矿山使用的工业炸药大都是零氧或接近零氧平衡，但是由于包装材料参与反应、岩石间的热交换、反应本身的不完全等因素，炸药爆炸系统不能实现零氧平衡。此外，一氧化碳和氮氧化物两种有毒气体存在一定的联系；当一氧化碳的浓度较大时，则氮氧化物的浓度较小；反之当一氧化碳的浓度较小时，则氮氧化物的浓度较大。在选择采用哪种传感器对炮烟中的有毒有害气体进行在线监测时，可参考单位质量炸药（矿山爆破使用的炸药）爆破后生成一氧化碳及二氧化氮的含量占比、含量与限值比值大小来确定传感器的类型。若一氧化碳含量占比大、含量与限值比值大，则采用一氧化碳传感器对炮烟中的一氧化碳进行监测；反之若二氧化氮含量占比大、含量与限值比值大，则采用二氧化氮传感器对炮烟中的二氧化氮进行监测。

7.1.3 通风系统监测

1）风速监测

井下总回风巷、各个生产中段和分段的回风巷应设置风速传感器，测点应选在巷道断面规整、支护良好、前后 10 m 范围内无障碍和拐弯、能准确计算风量的地点。风速传感器最高风速报警值按照表 7-2 规定设置。

表 7-2　井巷断面平均最高风速规定

序号	井巷名称	平均风速限值/(m·s⁻¹)
1	专用风井、专用总进风道、专用总回风道	20
2	用于回风的物料提升井	12
3	提升人员和物料的井筒、用于进风的物料提升井、中段的主要进风道和回风道、修理中的井筒、主要斜坡道	8
4	运输巷道、输送机斜井、采区进风道	6
5	采场	4

人工测量法多用于通风系统的检查管理中，不适用于井下风速、风量的长期在线监测。人工测量的风速可以与在线监测测得的数据进行校核。

2）风压监测

主要通风机应设置风压传感器，测点应布置在风机入风口和风机（或扩散器）出风口截面处。轴流式通风机的扩散器是由圆锥形内筒和外筒组成环形扩散器，离心式通风机的扩散器为锥形扩散器。

主要通风机风压测定：①压入式时测定风硐中的全压，即为主要通风机全压；②抽出式时测定风硐中的全压和风机或扩散器出口动压，前者的绝对值和后者相加即为风机全压。

风压传感器应能输出信号，为监测分站提供监测数据。

3）开停监测

主要通风机、辅助通风机、局部通风机均应安装开停传感器，用于监测设备的运行（开停）状态，同时输出信号，为监控分站提供监测数据。

在国内一些自动化程度较高的地下矿山，通风机已实现现场和远程控制启停、调速等。基于 PLC 控制技术的通风机监测监控系统具有启停通风机、实时显示通风机的运行参数及数据（如风量、静压、全压、温度等）、变频调速、出现异常或故障进行声光报警等功能。该系统由各种传感器、信号转换模块、变频器、PLC 控制器及监控控制软件等组成。

7.1.4 视频监控

提升人员的井口信号房、提升机房、井口、马头门（调车场）等人员进出场所、紧急避险设施、井下爆破器材库、油库及中央变电所等主要硐室，应设视频监控。其中，安装在井下爆破器材库和油库的视频设备应具备防爆功能。井口提升机房应设有视频监控显示终端，用于显示井口信号房、井口、马头门（调车场）等场所的视频监控图像。视频监控的功能与性能设计、设备选型与设置、传输方式及供电等应符合相关标准的规定。

目前，在各矿山实际应用中，主要采用的方案有传统的闭路电视监控系统和基于网络摄像机的数字监控系统两种。随着通信、图像信息处理技术的发展,基于网络摄像机的数字监控系统技术更先进且具有明显的优势,已频繁应用在矿山视频监控中,传统的闭路电视监控系统将逐步被淘汰。

传统的闭路电视监控系统使用的是模拟摄像机。模拟摄像机是将前端设备采集的视频图像模拟信号,在特定的视频采集卡下进行压缩,然后存储到相关存储设备中。模拟摄像头的分辨率一般维持在 752×582,像素约 40 万。

网络摄像机又叫 IP CAMERA(简称 IPC),由网络编码模块和模拟摄像机组合而成。网络编码模块将模拟摄像机采集到的模拟视频信号编码压缩成数字信号,从而可以直接接入网络交换及路由设备,然后存储到相关存储设备。网络摄像机的分辨率一般也比模拟摄像机的分辨率高。局域网内的用户可以通过登录 IPC 的 IP 地址来观看监控视频并进行控制管理和录像。远程用户则可以通过登录 IPC 的域名对 IPC 进行观看、控制、管理和录像。不管是局域网用户还是远程用户,都可通过网页浏览器(IE)和相应的视频集中管理软件来登录 IPC。相对于模拟摄像机,IPC 具有以下优点:①更简朴地实现监控,特别是远程监控;②更简单地施工和维护;③更好地支持音频;④更好地支持报警联动;⑤更灵活地存储录像;⑥更宽泛地选择产品;⑦更高清的视频效果;⑧更完美地监控管理。

正是由于网络摄像机具有上述优点,相比于传统的闭路电视监控系统,基于网络摄像机的数字监控系统也具有明显的优势:①无须同轴电缆和庞大的视频服务器,仅依靠软件实现多画面显示;②安装所需设备少,工程成本大幅降低(整个安装过程就是架设摄像机和在计算机上安装系统管理软件),大幅减少线材;③充分利用网络资源,走宽带网络图像传输非常廉价,增强了监控范围的灵活性,可直接实现远端监控;④直接利用网络进行软件更新,以保持系统的先进性、安全性和稳定性;⑤性价比远高于传统的闭路电视监控系统。

7.1.5 地压监测

在需要保护的建筑物、构筑物、铁路、水体下面开采的地下矿山,应进行地压或变形监测,并应对地表沉降进行监测。

存在大面积采空区、工程地质复杂、有严重地压活动的地下矿山,应进行地压监测。

7.1.5.1 地表沉降监测

目前,地表沉降监测主要采用 GNSS 技术和智能全站仪监测两种监测技术。

1)GNSS 技术

GNSS 的全称是全球导航卫星系统(global navigation satellite system),泛指所有的卫星导航系统,是对我国的北斗系统、美国的 GPS、俄罗斯的 GLONASS、欧盟的 Galileo 等这些单个卫星导航定位系统的统一称谓,也可指代它们的增强型系统,又指代所有这些卫星导航定位系统及其增强型系统的相加混合体。GNSS 可为全球用户提供全天候、高精度的定位等信息,已广泛应用于大地测量、地壳运动、资源勘查等领域。

由于 GPS 监测系统在矿山生产中已应用普遍且技术成熟,本次以 GPS 监测系统为例介绍 GNSS 技术的应用情况。

GPS 监测系统由 GPS 监测单元(也称传感器系统)、数据通信单元、数据处理与控制单元三部分组成。它们的具体作用为:①GPS 监测单元:通过天线及接收机收集数据信息,以数字信号反馈给数据采集系统;②数据通信单元:通过有线或者无线方式将数据传输到控制中心；③数据处理与控制单元：实时接收并处理传输回来的数据，并对原始数据和处理后的数据进行显示和预测预警。

监测网由基准点和监测点组成。基准点应布设在监测区域外围的稳定地表，附近没有遮挡、视野开阔，以保证 GPS 信号的良好接收，同时应尽量避免将基准点选在附近有高反射面的地点以减少多路径效应的影响，避免将基准点选在大功率无线发射台附近。为便于进行基准点的稳定性校核，基准点最好选择 2 个。基准点应尽量埋设在基岩上。监测点根据实际监测需要，设置数个监测断面，每个监测断面设置数个监测点，监测点应合理分布于监测区域内，并能够充分反映监测区域的沉降信息。

2) 智能全站仪技术

智能全站仪，就是所谓的测量机器人（measurement robot，或称测地机器人 Geo-robot），是一种能进行自动搜索、跟踪、辨识和精确找准目标并获取角度、距离、三维坐标以及影像等信息的智能型电子全站仪。利用智能全站仪进行地表的自动化变形监测，采取的监测形式是：一台智能全站仪与监测点目标（照准棱镜）及上位控制计算机形成的变形监测系统，可实现全天候的无人值守监测，其实质为自动极坐标测量系统。系统无须人工干预，全自动采集、传输与处理变形点的三维数据。利用因特网或其他局域网，还可实现远程监控管理。该方式的监测点的布设成本低，管理维护简便，监测精度高。

智能全站仪技术具有测点多、费用低、精度高（较 GNSS 精度高）等优点，若当系统进行后期扩展时，为保证监测准确性，可以大量布置测点（棱镜）但费用却很低，这样可以大大减少后期系统扩展的资金投入；而 GNSS 监测技术增加测点所产生的费用则非常高。智能全站仪较 GNSS 的不足在于智能全站仪要求现场必须能通视，而 GNSS 则无通视限制，但 GNSS 信号在山区会受高山、树木遮蔽。

7.1.5.2　地压监测

地压监测可以分为点监测、区域监测两种监测类型，变形监测、应力监测属于点监测，声发射和微震监测属于区域监测。每种监测方式都存在一定的局限性，在实际应用中，可根据监测的目的和工程情况，选择合理的监测方式，也可以几种监测方式联合使用。

1) 变形监测

(1) 多点位移计监测

多点位移计是一种监测岩体内部位移的有效手段，它利用在岩体中钻孔后，在孔内不同深度埋设测点固定锚头，以及与锚头连接的测杆，测杆外用护管与注浆水泥砂浆隔开，上部设位移读数装置，用来量测沿钻孔轴线上的不同深度的测点位移变化。大量的工程实践表明，地下工程在开挖后的短时间内，围岩内部会发生大部分的弹塑性变形，如果在开挖后沿掌子面埋设多点位移计，可以监测围岩内部不同部位的位移变化情况，在空区附近和巷道周围埋设多点位移计，通过各测点的监测位移，不但可以推测出测点位移随开挖面推移的变化情况，而且更重要的是，多点位移计径向各点累计变形随时间增长的变化幅度不一致，即围岩内部不同的深度受开挖的影响不同，变形情况也不一样，因此可以把围岩内部的变形分成几个不同的区域，并根据多点位移计各埋设点的径向距来确定松动圈的范围，以判断围岩的稳定性。

例如，某公司生产的振弦式多点位移计可以直接安装在钻孔里，注浆锚固非常容易。在孔径 76 mm 的孔中，最多可在不同深度安装 6 个锚头，监测不同深度多个滑动面和区域的变形或沉降位移。某型号多点位移计如图 7-1 所示。

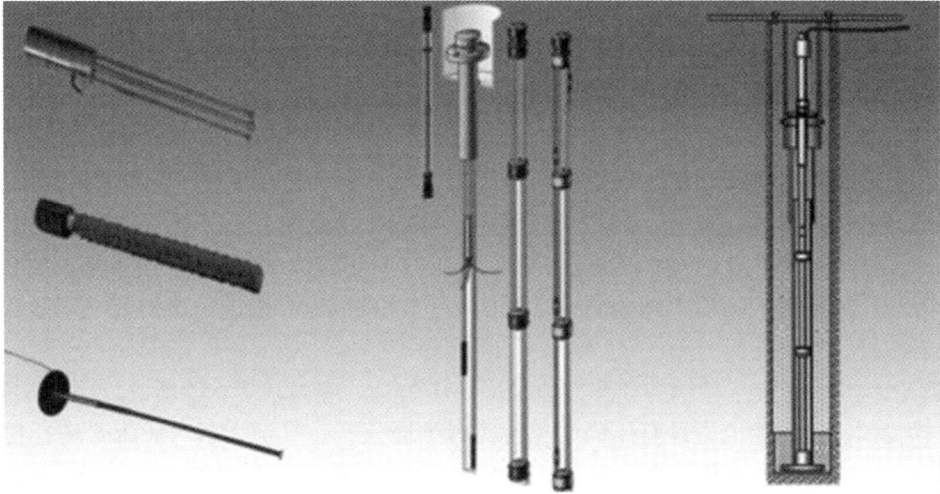

图 7-1　某型号多点位移计

（2）巷道收敛量测

巷道收敛量测采用内空变位的量测方法，是判断围岩动态的重要手段之一。巷道周边收敛是指巷道周边相对方向上两固定点连线上的相对位移值，它是巷道开挖所引起围岩位移、变形最直观的表现，采用洞室净空变化测定计（也称收敛计）进行量测。目的是量测巷道周边位移、了解收敛状况、断面变形状态，判断巷道的稳定性。在巷道内选择若干个横断面，在每个断面的巷道围岩中埋设一对或多对测点，用收敛计或杆式伸长计量测每对测点的相对位移，用位移反分析法求取围岩应力分布状态及弹模，从而识别工程岩体的稳定程度。观测周期为每月一次，视现场实际情况和工作量大小，可适当增加观测次数。测量巷道变形还可用最简易的木滑尺，也可采用拉线位移计。用拉线位移计监测巷道或采空区岩体表面位移变化时，需要在巷道或采空区顶板、底板、两帮岩体表面布置拉线位移计，监测数据采集后，传至地表计算机服务器，进行位移的实时在线分析。常规的围岩表面收敛观测测线的布置方式如图 7-2 所示，其所测得的数据就是相对两个壁面上两点间的相对位移，反映了两点间的收敛变形规律。

（3）激光测距监测

激光测距的常用方法有相位法、脉冲法。

相位法激光测距的工作原理：激光测距仪采用相位比较原理进行测量，激光传感器发射不同频率的可见激光束，接收从被测物返回的散射激光，将接收到的激光信号与参考信号进行比较，最后，用微处理器计算出相应相位偏移所对应的物体间距离。此方法测量精度较高，可达到毫米级别，但作用距离较短。

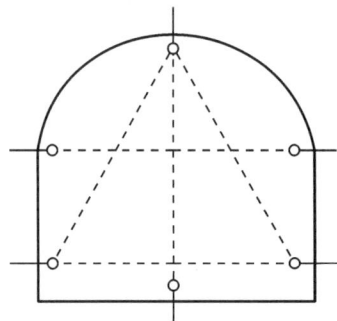

图 7-2　常规的围岩表面收敛
观测测线布置图

脉冲法激光测距的工作原理：通过计算发射脉冲与接受脉冲的时间差来计算目标距离。光波在空气中的传播速度为恒定值，因此，只要得知光波从发出到接收的时间即可算出待测目标的距离。

使用方法：选取巷道中正交的两个剖面和两剖面的交线，监测围岩位移的收敛情况，在各剖面下边帮围岩钻孔、埋设固定支架，按照设计要求安装激光测距传感器，实时监测巷道顶底板和边帮的位移变化情况。

2）应力监测

应力监测是在矿山应用较为广泛的一种监测手段，测量结果可以直接与理论分析计算结果相互验证。围岩（含矿柱）应力的变化反映了岩体的稳定状况，通过围岩应力监测得到应力变化规律，对监测结果进行模糊聚类分析，可以比较不同岩体的稳定性，进而确定围岩岩体稳定性等级。通过对应力的连续监测，绘制应力-时间曲线，可以进一步研究地压显现规律，判断围岩的稳定性。

在矿山应力监测中，传统的监测方法是采用压力盒、应力计等，较新的监测方法有光纤光栅传感技术。使用的应力计有压磁电感应力计、振弦式钻孔应力计、液压式钻孔应力计、钢环应力计、电容应力计和光弹性应力计等多种，其中，振弦式钻孔应力计和光弹性应力计应用较广泛。将应力传感器安设在需要监测的相关区域，传感器采集数据后，通过铜绞线或光纤传至地表服务器，可进行地压的实时在线分析。

振弦式钻孔应力计的工作原理：岩体应力变化引起钻孔变形，此变形传递至测量元件，引起元件中钢弦张力的变化，钢弦的共振频率和振动产生的电流随之发生变化。因此，测量仪表通过测量电流，并由电流-振弦振动频率-振弦张力-钻孔变形-岩体应力变化之间的关系即可获得围岩压力的变化。利用此类应力计，可计算出垂直于钻孔轴线平面上的 3 个主应力的大小和方向。

光弹性应力计是一个具有双折射特性的带有轴向圆孔的弹性玻璃圆柱体，将其埋设到岩体钻孔内，可视为无限大岩石平板中嵌入一个同心圆环的平面应力问题。应用弹性力学公式和光测弹性力学的应力光学定律，可以导出岩体的应力值。

3）声发射与微震监测

声发射和微震伴随着岩体失稳的整个过程，跟踪监测声发射和微震，掌握该区域岩体的监测参数变化可有效分析和预警地质灾害的发生。目前，各国已经把这种技术作为一种监测预警手段，用于地下开挖工程和矿山井巷、采空区围岩稳定性的监测及预报预警中。

声发射技术属于检测超声技术领域，是一种动态无损伤检测技术，涉及声发射源、波的传播、声电转换、信号处理、数据显示与记录、解释与评定等方面。监测原理为通过接收岩体破坏时所产生的弹性波，反演得出破裂源时空参数。声发射可监测小范围的岩体微破裂过程，但由于监测事件频率较高，在岩体中传播时衰减快，导致监测范围小，监测到的事件能量小。

声发射和微震监测技术比较：岩体稳定性监测方面，微震监测主要用于监测大范围的岩体移动，而声发射监测系统主要监测局部或小范围的岩体破裂的现象。在应用上，它们的区别主要体现在被监测的事件源的发生频率和监测区域的体积或范围。相对于微震监测，声发射监测到的事件源频率比微震要高，范围要小，监测到的事件能量小。因此，很多新研发的产品主要基于微震监测技术，已逐渐淘汰声发射监测技术。

根据监测的需要，在监测区域，布置一定数量的微震监测点。当监测体内出现微震事件时，传感器即可拾取这种震动，并将其传输给采集分站，然后通过光缆传输至地表数据处理与分析主机，地表数据处理与分析主机对采集到的数据信息进行处理和分析，确定微震事件并进行预报预警。微震监测技术的岩体稳定性分析和预测预警结果的准确性与否，很大程度上依赖于对微震监测数据的处理与分析。微震监测数据处理与分析的主要内容有波形处理、空间定位、统计分析、震级分析、震源机制分析、预测预警等。微震监测用来评价岩体破裂的强度与程度的参数主要有微震事件率和能量释放率。

根据微震数据研究及案例分析，对岩爆和大尺度岩体破裂等地压灾害进行预测预警的判断原则：①岩体失稳之前微震事件数量的突变（突增、突降），微震事件发生的位置集中；②岩体失稳之前微震能量释放持续维持高位并有突然降低的趋势，且微震累积视体积突然增大。采用累积视体积和能量指数作为岩爆预测指标，研究发现岩爆发生和大尺度岩体破裂前存在孕育期和预警期，能量指数突然下降，同时累积视体积快速增长，可以看作岩爆和大尺度岩体破裂发生的前兆。

目前国内外微震监测产品较多，澳大利亚、加拿大的微震监测系统应用较为广泛，国内微震监测系统研发起步较晚，但一些科研院所也逐步研发了拥有自主产权的微震监测系统。微震监测系统主要包括微震服务器、数据采集分站及传感器等。

7.1.6　监测监控系统架构

在地下矿山相应中段安装的有毒有害气体、通风系统和地压监测的传感器，按照就近原则划分片区，片区内的传感器连接于同一台数据采集分站上，利用数据采集分站将传感器拾取的模拟信号转换成数字信号，并通过井下工业光纤环网，实现数据的远距离传输，最终通过地面服务器对数据进行处理、分析及显示。地下矿山监测监控系统架构图如图 7-3 所示。

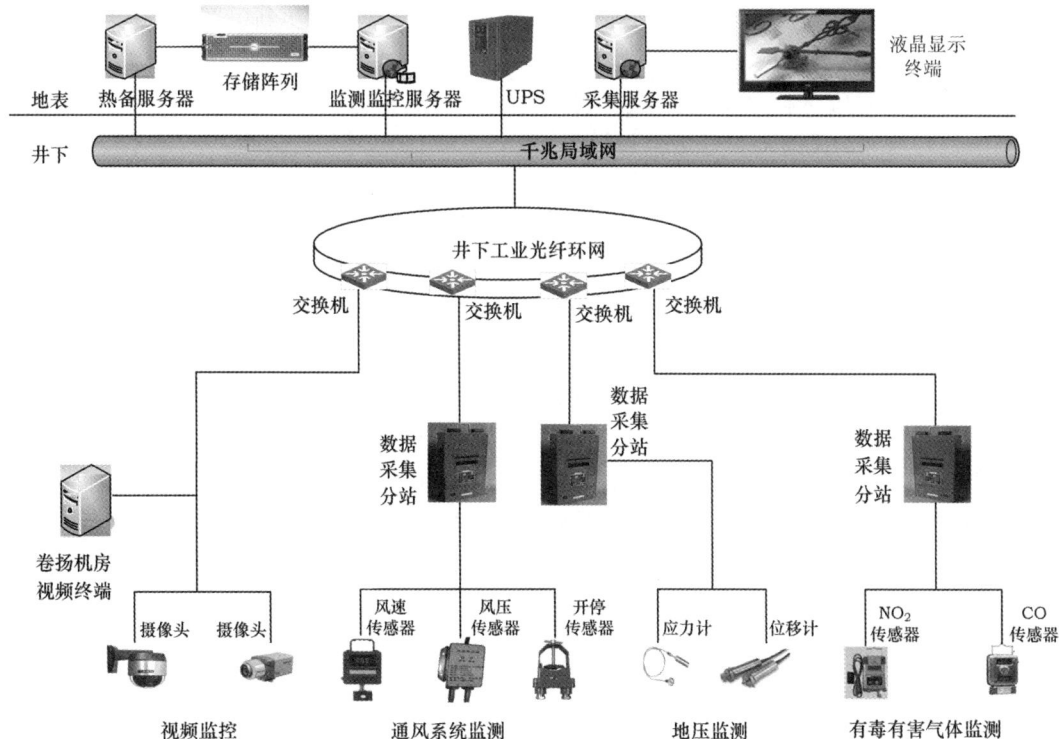

图 7-3　地下矿山监测监控系统架构图示例

7.1.7　维护与管理

监测监控系统日常维护与管理的要求：

(1)应制订监测监控系统运行维护管理制度及监测监控人员岗位责任制、操作规程、值班制度等规章制度；

(2)应指定人员负责监测监控系统的日常检查与维护工作；

(3)检修与监测监控设备关联的电气设备，需要监控设备停止运行时，应制订安全措施，并报矿山企业主要负责人审批；

(4)监测监控设备发生故障应及时处理，在故障处理期间应采取人工监测等安全措施，并填写故障记录；

(5)监测监控设备应定期进行调校，传感器经过调校检测误差仍超过规定值时，应立即更换；

(6)矿山调度室值班人员应当监视监控信息、填写运行日志；系统发出报警、断电、馈电异常等信息时，值班人员应采取措施及时处理；处理过程和结果应当记录备案；

(7)应建立的台账及报表：监测监控设备台账、监测监控设备故障登记表、监测监控检修记录表、监测监控巡检记录表、传感器调校记录表、报警记录月报表；

(8)报警记录月报表应包括打印日期和时间、传感器设置地点、所测物理量名称、报警次数、对应时间、解除时间、累计时间、每次报警的最大值、对应时刻及平均值、每次采取措施时间及采取措施内容等；

(9)应绘制监测监控系统布置图，并根据实际情况的变化及时更新。图纸应标明传感器、分站等设备的位置，以及信号线缆和供电电缆走向等；

(10)每3个月应对监测监控数据进行备份，备份的数据保存时间应不少于2年，视频监控的图像资料保存时间应不少于1个月；

(11)相关图纸、技术资料应归档保存。

7.1.8　工程实例

以某矿山的监测监控系统建设为例，供矿山相关技术人员参考。

1)有毒有害气体监测

目前，该矿山井下正常生产的作业面约15个，按每个班组配备1台便携式气体($CO/NO_2/O_2$)检测仪计算，并考虑一定备用数量，共配备20台便携式气体检测仪。

该矿山采用平硐-盲竖井开拓方式，主要生产中段为-17 m中段及-417 m中段，-17 m中段至-417 m中段之间的其他中段尚未开拓。结合该矿山的基本条件，有毒有害气体在线监测主要对CO浓度进行监测。CO传感器布置在生产中段和分段的进、回风巷靠近采场位置：在-17 m中段19线进风巷和35线回风巷布点，-417 m中段19线进风巷和35线回风巷布点，共4个点，见表7-3。

表 7-3　CO 传感器布置

序号	中段/m	位置描述	数量/个
1	-17	19 线进风巷和 35 线回风巷	2
2	-417	19 线进风巷和 35 线回风巷	2
3	合计	—	4

2）通风系统监测

通风系统监测的主要内容：主扇风压监测；总回风巷、各主要生产中段风速监测；主扇、辅扇及局扇的开停监测等。对井下 2 台主扇进行风压和开停监测；在总回风巷、各个主要生产中段的回风巷合理位置分别设置风速传感器。

该矿山采用中央并列式通风方式，根据井下通风系统情况，共布置风速传感器 6 个（包括主要生产中段回风巷及总回风巷）、风压传感器 2 个（用于主扇）、开停传感器 8 个（用于主扇、辅扇及局扇），这些设备布置见表 7-4。

表 7-4　风速、风压、开停传感器布置

序号	中段/m	传感器数量/个		
		风速	风压	开停状态
1	306	0	0	1
2	223	0	0	1
3	63	1	1	1
4	23	1	1	2
5	-17	1	0	0
6	-57	0	0	1
7	-97	1	0	1
8	-337	1	0	1
9	-417	1	0	0
10	合计	6	2	8

3）地压监测

该矿山主要采用浅孔留矿法进行开采，随着开采强度的加大，大大增加了由于开采形成的采空区。虽然绝大多数采空区与地表连通，并被岩石充填，不太容易造成大的岩爆危害，但是有些地段的主运巷道有较明显的局部地压活动。

设计利用多点位移计进行监测，对各中段井口及车场岩体稳定性进行实时在线监测。具体布置为：306 m 中段车场、223 m 中段车场、143 m 中段副井附近、23 m 中段 19 线井口附近，每个位置设一个 φ110 mm 钻孔，每个钻孔安装 2 个位移传感器。地压监测点布置见表 7-5。

表 7-5 地压监测点布置

序号	中段/m	位移计传感器数量		位置描述	备注
		钻孔数/个	传感器数量/个		
1	306	1	2	中段车场	每个钻孔两个传感器
2	223	1	2	中段车场	
3	143	1	2	副井附近	
4	23	1	2	19线井口附近	
5	合计	4	8	—	

4）视频监控

（1）视频监控点布置

目前，该矿山井下的视频监控系统已经部分覆盖了规范要求的场所，但是，仍然有部分重点区域尚未安装视频监控。针对这一问题，方案充分考虑矿山的实际监测需求及成本，仅对现有视频监控系统进行了改造，增加必要的监控点，以满足矿山安全生产过程中对视频监控的要求，未建设基于网络摄像机的数字监控系统。此外，在避灾硐室内安装一部摄像头，用于避灾硐室内紧急情况远程查看。当发生井下灾害时，地面调度室等地可以远程获取避灾硐室内的图像数据，为井下抢险救灾提供有效手段。

主井、副井、深部竖井原来各个中段都布有井口监控设施，且在卷扬机房都有显示终端。需要布设的监控点包括：306 m 中段车场、321 m 中段卷扬机房、306 m 中段电梯井口、306 m 中段电梯井机房、223 m 中段平硐井下炸药库、223 m 中段车场、223 m 中段卷扬机房、223 m 中段主变电所、223 m 中段副井井口、183 m 中段井口（2 个）、143 m 中段井口（2 个）、103 m 中段井口（2 个）、63 m 中段井口（2 个）、63 m 中段深部竖井卷扬机房、23 m 中段车场、23 m 中段副井井口、-17 m 中段深部竖井车场、-17 m 中段副井车场、-17 m 中段水泵房、-17 m 中段箕斗井装料场、-57 m 中段车场、-97 m 中段车场、-137 m 中段车场、-257 m 中段车场、-337 m 中段车场、-417 m 中段车场、-417 m 中段水泵房、-417 m 中段避灾硐室，共计 32 个，视频监控点布置见表 7-6。

表 7-6 视频监控点布置

序号	中段/m	位置描述	数量	备注
1	306	车场、321 m 中段卷扬机房、电梯井口、电梯井机房	4	
2	223	平硐炸药库、车场、卷扬机房、主变电所、副井井口	5	平硐炸药库设置防爆枪式监控摄像机
3	183	主、副井井口	2	
4	143	主、副井井口	2	
5	103	主、副井井口	2	
6	63	主、副井井口、深部竖井卷扬机房	3	
7	23	车场、副井井口	2	
8	-17	深部竖井车场、副井车场、水泵房、箕斗井装料场	4	

续表7-6

序号	中段/m	位置描述	数量	备注
9	-57	车场	1	
10	-97	车场	1	
11	-137	车场	1	
12	-257	车场	1	
13	-337	车场	1	
14	-417	车场、水泵房、避灾硐室	3	避灾硐室内设置红外高速球机
15	合计		32	

具体要求如下：对于井下炸药库，考虑到防爆要求，选配1台防爆枪式监控摄像机；对于-417 m中段避灾硐室，考虑到人员的舒适性和监控的无盲区因素，采用1台自带红外照明灯的红外高速球机，用于避灾硐室内紧急情况远程查看，当发生井下灾害时，地面调度室等地点可以远程获取避灾硐室内的图像数据，为井下抢险救灾提供有效手段；其他地方则采用普通枪式监控摄像机。依据上述配置要求，共需配置红外高速球机1台，防爆枪式监控摄像机1台，枪式监控摄像机30台。

（2）视频监测系统架构

视频监测系统主体装备包括：防爆摄像机、枪式高清监控摄像机、高速球机、照明光源、流媒体服务器、视频管理服务器、磁盘存储阵列。系统可以实现井下32个监测点的视频浏览、配置、录像、录音、重播、视频流发布、报警设置、云台控制、存储管理、编解码管理等。井下视频监控系统网络拓扑结构图如图7-4所示。

（3）视频数据传输及浏览

井下各重要区域的视频监控摄像头可以将监测区域的实时情况传输至地表调度室，从而快速、直观地获取井下状态。

井下数据传输过程为：高清摄像头获取监测区域图像，经过光端机调制为光信号，经过光纤传输至最近的视频采集基站。在基站内，通过光端机将光信号重新转化为模拟视频信号，输入至视频服务器，数字化并编码为H.264格式，经井下交换机接入井下工业光纤环网，并传输至地面的井口调度室。

井口调度室流媒体服务器将视频信号进行流媒体转发，防止视频服务器在访问用户过多时瘫痪。视频管理服务器通过C/S视频管理终端将视频信号进行解码、管理、命令流转发、存储、回放。

办公楼调度室以及远程用户通过网络发布系统，可以通过浏览器连接视频源，并进行本地软解码，实现远程视频查看、远程摄像机云台镜头操作、录音录像等操作。

同时，视频监测支持智能化分析功能，可以提供越界报警、遗留报警、丢失报警、无视频信号报警等，用户可以通过设定，灵活方便地实现井下重要区域的全面自动化安全防护。

5）监测监控系统所需设备及材料

监测监控系统建设所需要的设备及材料见表7-7。

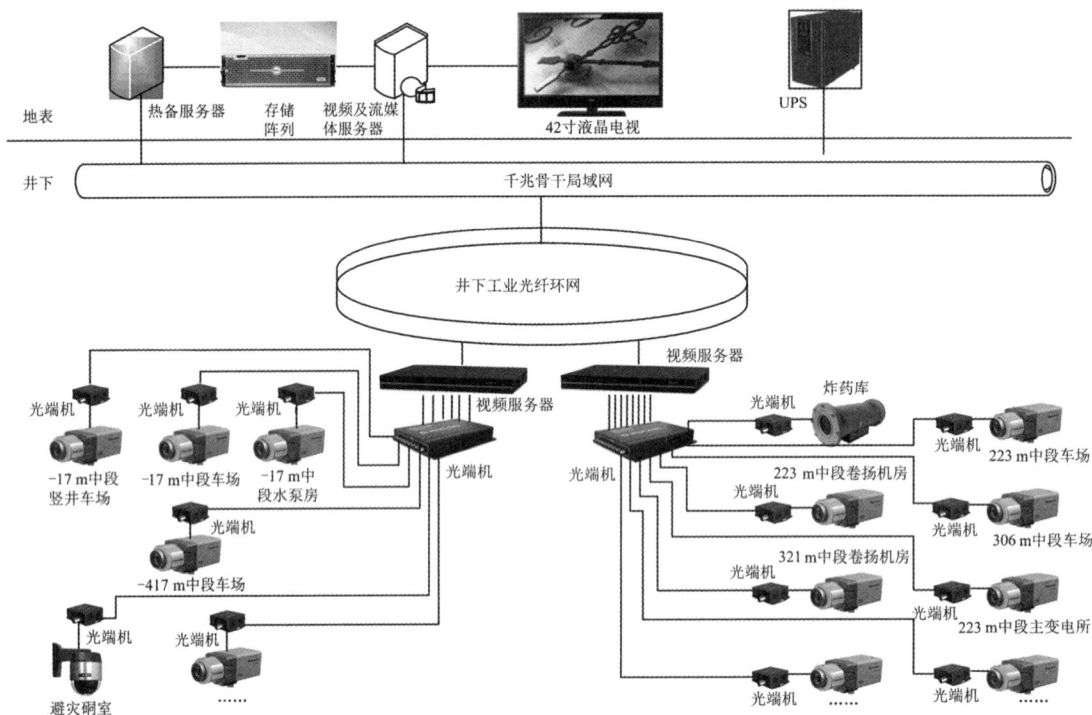

图 7-4 井下视频监控系统网络拓扑结构图

表 7-7 监测监控系统设备及材料表

序号	名称	型号	单位	数量	备注
1	CO 传感器	—	个	4	
2	风速传感器	—	个	6	
3	风压传感器	—	个	2	
4	风机开停传感器	—	个	8	
5	位移传感器(含安装基座)	—	个	8	
6	数据采集仪	—	台	7	
7	监测监控软件	—	套	1	
8	矿用监测电缆	—	m	26000	阻燃
9	视频服务器	—	台	2	
10	防爆高清摄像机	—	个	1	
11	红外枪式摄像机	—	个	30	
12	室内高速球机	—	个	1	
13	光端机	8 路	台	4	
14	光端机	1 路	台	32	

续表7-7

序号	名称	型号	单位	数量	备注
15	防护罩、支架及照明灯	—	套	32	
16	视频监控软件	—	套	1	
17	矿用电缆	$3 \times 6 \text{ mm}^2 + 1$	m	1000	阻燃
18	矿用电缆	$3 \times 4 \text{ mm}^2 + 1$	m	1800	阻燃
19	钢丝绳	$\phi 4 \text{ mm} \times 6 \text{ mm}$	m	10000	
20	监测监控设备配线箱	—	个	60	
21	便携式气体检测报警仪	—	台	20	
22	辅助材料		批	1	

7.2　人员定位系统

人员定位系统是指由主机、传输接口、分站(读卡器)、标识卡、传输线缆等设备及管理软件组成的系统,具有对携卡人员出/入井时刻、重点区域出/入时刻、工作时间、井下和重点区域人员数量、井下人员活动路线等信息进行监测、显示、打印、储存、查询、报警、管理等功能。其中,主机是具有监测信号接收、数据显示查询及统计、人机对话、磁盘存储、声光报警、控制打印输出、与管理网络连接等功能的计算机装置;分站(读卡器)是指通过无线方式读取标识卡内用于人员识别的信息,并发送至传输接口的装置。

7.2.1　建设要求

人员定位系统在设计、建设过程中应遵循以下12个要求。

(1)井下最多同时作业人数超过30人的金属非金属地下矿山应建立完善人员定位系统;井下最多同时作业人数少于30人的金属非金属地下矿山应建立完善人员出入井信息管理制度,准确掌握井下各个区域作业人员的数量。

(2)宜将人员定位系统与监测监控系统、通信联络系统进行总体设计、建设。

(3)人员定位系统应具有以下监测功能:①监测携卡人员出/入井时刻、出/入重点区域时刻等;②识别多个人员同时进入识别区域。

(4)人员定位系统应具有以下管理功能:①携卡人员个人基本信息,主要包括卡号、姓名、身份证号、出生年月、职务或工种、所在部门或区队班组;②携卡人员出入井总数、个人下井工作时间及出入井时刻信息;③重点区域携卡人员基本信息及分布;④携卡工作异常人员基本信息及分布,并报警;⑤携卡人员下井活动路线信息;⑥携卡人员统计信息,主要包括工作地点、月下井次数、时间等;⑦按部门、区域、时间、分站(读卡器)、人员等分类信息查询功能;⑧各种信息存储、显示、统计、声光报警、打印等功能。

(5)人员定位系统应满足以下主要技术指标:①最大位移识别速度不小于5 m/s;②并发识别数量不小于80;③漏读率不大于10^{-4};④巡检周期不大于30 s;⑤标识卡与分站(读卡器)之间的无线传输距离不小于10 m。

（6）人员定位系统主机应安装在地面，并双机备份，且应在矿山生产调度室设置显示终端。

（7）有人员出入的井口、重点区域出入口、限制区域等应设置读卡分站。

（8）分站（读卡器）应安装在便于读卡、观察、调试、检验，且围岩稳固、支护良好、无淋水、无杂物、不容易受到损害的位置。

（9）人员定位系统主机及联网主机应当双机热备份，连续运行。电网停电后，备用电源应能支持系统连续工作 2 h 以上。

（10）标识卡应专人专卡，并配备不少于经常下井人员总数 10% 的备用卡。

（11）下井人员应随身携带标识卡，工作时不得与标识卡分离。

（12）人员定位系统应具备检测标识卡是否正常、是否唯一的功能，配备检测标识卡工作是否正常的装置，工作不正常的标识卡严禁使用。

7.2.2　常用定位技术

1）RFID 定位技术

RFID（radio frequency identification 的缩写）技术即射频识别技术，是一种非接触式的自动识别技术，它利用射频方式进行非接触双向通信，它通过射频信号自动识别目标对象并获取相关数据，识别工作无须人工干预，可工作于各种恶劣环境。RFID 技术可识别高速运动物体并可同时识别多个标签，操作快捷方便。

RFID 按照能源的供给方式分为无源 RFID、有源 RFID 以及半有源 RFID。无源 RFID 读写距离近，价格低；有源 RFID 可以提供更远的读写距离，但是需要电池供电，成本要更高一些，适用于远距离读写的场合。半有源 RFID 技术，也可以称为低频激活触发技术，利用低频近距离精确定位，微波远距离识别和上传数据，在门禁管理、人员精确定位、区域定位管理等领域有着很大的优势。

RFID 技术的基本工作原理是：对于无源标签来说，由阅读器通过发射天线发送特定频率的射频信号，当标签进入到阅读器的磁场后，自动接收读卡器发出的射频信号，凭借感应电流所获得的能量发送出存储在芯片中的标签信息；而对于有源标签而言，则会主动发送某一频率的信号，阅读器接收从标签发送来的调制信号，读取信息并进行解码，然后将标签信息发送到中心的软件信息系统进行有关信息处理；中心软件系统根据逻辑运算识别所读取的标签身份，针对不同的设定做出相应的处理和控制，并发出指令信号控制阅读器完成不同的读写操作。

根据不同的应用目的和应用环境，RFID 系统的组成也会有所不同，但是从其工作原理来看，一套完整的 RFID 系统，主要是由阅读器（reader）、电子标签（tag）也就是所谓的应答器（transponder）、中间件及应用软件系统四个部分所组成。

阅读器根据使用的结构和技术不同可以是读或读/写装置，是 RFID 系统信息控制和处理中心。阅读器通常由耦合模块、收发模块、控制模块和接口单元组成。阅读器和应答器之间一般采用半双工通信方式进行信息交换，同时阅读器通过耦合给无源应答器提供能量和时序。在实际应用中，可进一步通过 Ethernet 或 WLAN 等实现对物体识别信息的采集、处理及远程传送等管理功能。应答器是 RFID 系统的信息载体，目前应答器大多是由耦合元件（线圈、微带天线等）和微芯片组成无源单元。中间件是一种独立的系统软件和服务程序，它是衔接标签、阅读器等硬件设备与实际应用程序的桥梁。应用软件系统是整个系统中的终端软件应用程序，负责整个识别系统的控制和管理，根据应用环境和实际需要的不同而有所差异。

2）ZigBee 定位技术

ZigBee 技术是一种近距离、低复杂度、低功耗、低速率、低成本的双向无线通信技术，是基于 IEEE 802.15.4 的无线通信协议，主要适用于承载数据流量较小的业务，可嵌进各种设备中，同时支持地理定位功能。

ZigBee 定位网络中包含了四种主要设备：协调器、路由参考节点、普通参考节点、待测点，具体如下：

（1）协调器，是网络的协调者，负责发起、组织、管理 ZigBee 网络，协调器与上位机相连，将参考点和移动节点的数据上传到上位机。

（2）路由参考点，在 ZigBee 网络中承担路由功能，通过路由节点可以拓展 ZigBee 网络的通信范围。路由参考点可以管理与之相连接的参考节点，在定位上，路由参考节点和普通参考节点具有同样的功能。

（3）普通参考点，主要用于为待测节点实现定位。待测节点发起定位请求，普通参考点会将自身的信息传送给待测节点。

（4）待测点，是 ZigBee 定位网络中数量最多的一类节点，这类节点一般为卡片或标签，在使用之初就固定地分配给要管理的对象。这类节点在定位网络中负责发起定位请求，通过接收定位区域内响应的参考节点的 RSSI 值后，经过定位算法计算其坐标位置并向协调者返回自身位置；也可以采用 TOA 或者 TDOA 等方式。

根据现场具体情况，可在井下重要区域和巷道中（如井下主要巷道、交叉道口、必经之路等重要位置）设置一定数量的矿用基站。一般情况下每隔 300~400 m 设置一台基站，可保证网络覆盖指定的范围。在条件十分恶劣的区域，可适当缩短基站之间的距离，使两台基站的通信距离与通信状况处于最佳状态。

下井人员必须佩戴一个矿用定位卡，当作业人员进入井下以后，只要在井下网络覆盖范围内，在任何时刻任意一点，基站都可以感应到信号，并上传到信息工作站，经过软件处理，得出各具体信息（如：是谁，在哪个位置，具体时间），同时可把信息动态显示（实时）在监控中心的大屏幕或电脑上，并做好备份。井上人员可随时了解井下人员的状态。管理者也可以根据大屏幕上或电脑上的分布示意图查看某一区域，计算机即会把这一区域的人员情况统计并显示出来。管理者能实时地观察到井下工作人员的即时位置，实现井下人员定位。另外，一旦井下发生事故，可根据电脑中的人员定位分布信息马上查出事故地点的人员情况，以便帮助营救人员准确快速地营救出被困人员。一旦井下发生突发情况，井下人员只要按定位仪（标识卡）上的报警按钮即可发出报警信号，在井上监控室的动态显示界面上会立即弹出红色报警信号。

3）WiFi 定位技术

WiFi（wireless fidelity）是当前流行的一种无线局域网技术，又称 802.11 标准，是 IEEE 定义的一个无线网络通信的工业标准，具有覆盖范围广、可靠性高、传输速度快、有效距离长等特点。IEEE 802.11 是 IEEE 最初制订的一个无线局域网标准，主要包括 802.11a/b/g 三类标准，其中 802.11a 工作在 5 GHz 频段上，传输速率可达 54 Mbps，但是不能兼容 802.11 b 标准。802.11 b 标准是无线局域网领域应用最为广泛的标准，该标准是所有无线局域网标准中最著名、普及最广的一种无线标准。这个标准工作在全球免费的 2.4 GHz 频段上，最高数据传输率可达 11 Mbps，也可依据实际环境自动降低到 5.5 Mbps、2 Mbps 或 1 Mbps。802.11 g 标准是 802.11 b 的后继标准，与 802.11 b 标准一样均工作在 2.4 GHz 的开放频段，但传输速率可达 802.11 a 标准的传输速度：原始传输速度可达 54 Mbps，净传输速度约为 24.7 Mbps。

WiFi 定位系统主要包括：WiFi 基站和带有 WiFi 模块的手机或者 PDA 等其他终端。在定位测量方法上，按照所取参数的不同可分为基于接收信号强度的测量法（RSSI, received signal strength indication）、基于达到角度的测量法（AOA, angle of arrival）、基于到达时间的测量法（TOA, time of arrival）及基于到达时间差的测量法（TDOA, time difference of arrival）。

WiFi 定位系统利用井下以太网，根据实际覆盖要求和现场测试结果布置若干台无线接入点，建立井下 WiFi 无线网络实现井巷覆盖。此外，在该定位系统中还需要采用 WiFi 模块的手机、PDA 等移动通信终端或 WiFi 标识卡。

4）UWB 定位技术

UWB 超宽带无线通信技术，是一种不用载波，而采用时间间隔极短（>1ns）的脉冲进行通信的方式，也称作脉冲无线电（impulse radio）、时域（time domain）或无载波（carrier free）通信。由于功耗低、抗多径效果好、安全性高、系统复杂度低，尤其是能提供非常高的定位精度等优点，将成为未来无线定位技术的首选。这种技术最初被作为军用雷达技术开发，早期主要用于雷达技术领域。与蓝牙（bluetooth）和无线局域网（wlan）等带宽相对较窄的无线系统不同，超宽带通信技术不采用正弦载波，而通过发送纳秒级的非正弦窄脉冲传输数据，而且信号传输时的功耗只有几十微瓦。UWB 在保证高数据速率传输的同时解决了移动终端的功耗问题，被认为是 WiFi 技术的最具竞争性的技术。

UWB 超宽带定位技术是一种新兴的无线定位技术。多数的 UWB 定位系统都是基于距离公式，采用 TDOA 算法实现精确定位。基于 UWB 技术的定位系统包含三个组成部分：无线传感器（sensor）、有源定位标签（tag）和定位软件平台。在该系统中，定位标签利用 UWB 脉冲信号发射位置信息给传感器，传感器内置有天线阵列和位置分析模块，当其接收到标签发来的脉冲信号后，将采用 TDOA 和 AOA 定位算法对标签位置进行分析，最终通过有线以太网传输到定位软件。在该定位系统中，定位单元可以实现无缝蜂窝连接，将定位网络无线拓展，定位标签可以在各个单元内自由行走。通过定位软件平台分析，结合电子地图，将定位目标以虚拟动态二维或三维效果直观地展示给用户。

5）四种定位技术的技术参数比较及优缺点

RFID 定位技术、ZigBee 定位技术、WiFi 定位技术及 UWB 定位技术四种定位技术的技术参数见表 7-8。

表 7-8　四种定位技术的技术参数比较

序号	类别	RFID 定位技术	ZigBee 定位技术	WiFi 定位技术	UWB 定位技术
1	成本	最低	较低	较高	最高
2	电池寿命	几年	几年	几天	几小时
3	有效距离	100 m	100~150 m	100 m	30 m

续表7-8

序号	类别	RFID 定位技术	ZigBee 定位技术	WiFi 定位技术	UWB 定位技术
4	定位结果	区域定位	区域定位	区域定位	精确定位
5	定位效果	2D	2D	2D	3D
6	传输速率	2.4~2.5 GHz 的扩频通信方式 2 Mbps	20/40/250 kbps	5.5/11 Mbps	40~600 Mbps
7	定位精度	高频下无源标签 10~30 m 低频下无源标签 3~10 m	10~30 m	10 m 左右	15~30 cm
8	采用协议	标准 RS232、TTL 电平 RS232、LD 自定义格式通信协议	802.15.4	802.11b	暂无
9	通信频道	低频 125 kHz；高频 13.54 MHz；超高频 850~910 MHz；微波 2.54 GHz	868 MHz/915 MHz/2.4 GHz	2.4 GHz	3.1~10.6 GHz

从目前几种定位技术在井下的实际应用和研究情况来看:

(1)以 RFID 为核心的人员定位系统是现在地下矿山人员定位系统的发展主流。该技术已经过实际验证,达到了预期目的,极大地满足了实时掌握井下人员的动态情况、安全管理调度指挥的需要,可实现考勤管理及快速指导矿井突发性事故的救援工作。

(2)ZigBee 是一种新兴的短距离、低速率无线网络技术,它介于射频识别和蓝牙之间。以其低功耗、低成本、抗干扰强、协议完善、通信可靠等特点,已成功地在国内外一些矿山井下定位中得到应用。但是在精确定位上,RFID 技术和 ZigBee 技术仍存在许多不足之处。

(3)WiFi 定位系统大多采用经验测试和信号传播模型相结合的方式,通过利用井下以太网,根据实际覆盖要求布置若干台无线接入点,建立井下 WiFi 无线网络。能采用相同的底层无线网络结构,系统总精度高。但是在定位结果上看,以上三种定位技术实质上都属于区域定位。

(4)UWB 定位技术,可以满足未来无线定位的需求,在众多无线定位技术中有相当大的优势。目前的研究表明超宽带定位的精度在实验室环境已经可以达到十几厘米。随着超宽带技术的不断成熟和发展,精确的超宽带无线定位系统势必将会在地下矿山井下作业环境中得到广泛应用,从而更有效地满足矿山井下实时调度和安全生产的需求。

7.2.3 人员定位系统架构

人员定位系统主要设备包括:定位基站(读卡器)、定位卡、服务器、网络传输设备、定位管理软件等组成。定位基站安装在巷道或工作面,用来接收定位卡的无线信息,并将接收到的信息传送至上一个分站或传输接口。以 ZigBee 定位技术作为实例,其人员定位系统拓扑图如图 7-5 所示。

为了对出入井人员进行管理,在人员定位系统设计及建设过程中,往往将门禁系统融入人员定位系统中。门禁系统采用感应式门禁(如:感应卡、智能卡等)和生物识别门禁(如:

人脸识别、虹膜等)等技术。

门禁系统通过读卡器或生物识别仪辨识,只有经过授权的人员才能进入井下。读卡器能读出卡上的数据或生物识别仪读取信息并传送到门禁控制器,如果允许出入,门禁控制器中的继电器操作电子锁开门。

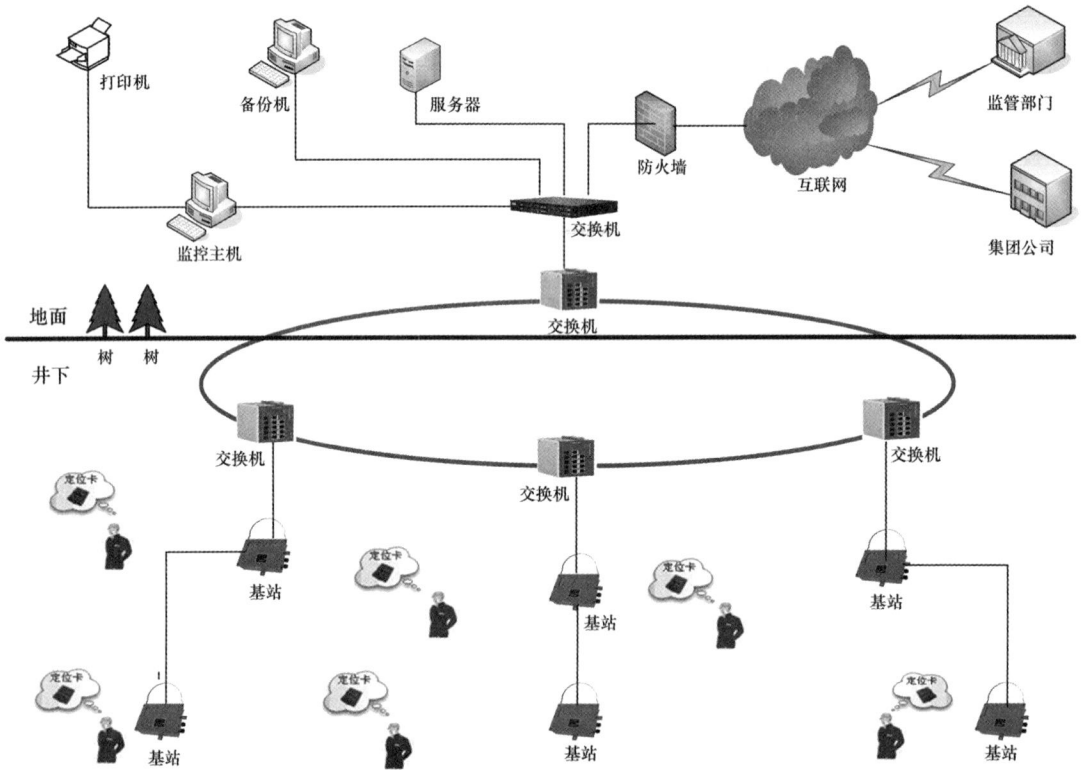

图 7-5　人员定位系统拓扑图

7.2.4　维护与管理

人员定位系统日常维护与管理的要求:

(1)应指定人员负责人员定位系统的日常检查与维护工作;

(2)标识卡发放及信息变更应由专人负责管理;

(3)应定期对人员定位系统进行巡视和检查,发现故障及时处理。在故障期间,若影响到对井下人员情况的监控,应采用人工监测,并做好记录;

(4)应建立的台账及报表包括设备、仪表台账、设备故障登记表、检修记录、巡检记录;

(5)应绘制人员定位系统布置图,并根据实际情况的变化及时更新,图纸应标明分站(读卡器)等设备的位置、信号线缆和供电电缆走向等;

(6)应每 3 个月对人员定位系统信息资料、数据进行备份,备份数据应保存 6 个月以上;

(7)相关图纸、技术资料应归档保存。

7.2.5　工程实例

以某矿山的人员定位系统建设为例，供矿山相关技术人员参考。该系统采用 ZigBee 定位技术。

1）基站布置

该矿山采用竖井开拓方式，根据规范标准的要求及矿山的实际情况，主要在各中段进出口、巷道交叉口及重点区域进出口安装定位基站，实现人员定位，共布置 23 个定位基站（含避灾硐室内的一个基站）。具体定位基站布置见表 7-9。

表 7-9　人员定位基站布置

序号	安装位置	数量/个	备注
1	竖井井口	1	
2	风井井口	1	
3	1110 m 中段	5	竖井马头门 1 个、运输大巷 1 个、风井马头门附近 1 个、2 个穿脉口 2 个
4	1050 m 中段	5	竖井马头门 1 个、运输大巷 1 个、风井马头门附近 1 个、2 个穿脉口 2 个
5	990 m 中段	5	竖井马头门 1 个、运输大巷 1 个、风井马头门附近 1 个、2 个穿脉口 2 个
6	930 m 中段	6	竖井马头门 1 个、运输大巷 1 个、风井马头门附近 1 个、2 个穿脉口 2 个、避灾硐室 1 个
	合计	23	

2）标识卡

按照"统一发卡，统一装备，统一管理"，将标识卡视为"上岗证"，实行"一人一卡"制。根据矿山实际情况，井下工作人员约 300 人，考虑 10% 的备用，共需配备标识卡 350 张。

3）人员定位系统所需设备及材料

人员定位系统运行所需的服务器等设备在调度中心设备配置中统一考虑。系统设备及材料见表 7-10。

表 7-10　人员定位系统设备及材料表

序号	名称	型号	单位	数量	备注
1	定位基站	—	台	23	
2	供电模块	—	台	23	
3	人员定位标识卡	—	张	350	
4	人员定位系统软件	配套	套	1	

续表7-10

序号	名称	型号	单位	数量	备注
5	矿用电源线	—	m	3000	阻燃
6	矿用通信线	—	m	3000	阻燃
7	门禁系统	—	套	1	
8	辅助材料	—	批	1	

7.3　通信联络系统

通信联络系统是指在生产、调度、管理、救援等各环节中，通过发送和接收通信信号实现通信及联络的系统，包括有线通信联络系统和无线通信联络系统。

7.3.1　建设要求

通信联络系统在设计、建设过程中应遵循相关要求。

(1)地下矿山应建立有线通信联络系统。宜建设无线通信联络系统，作为有线通信联络系统的补充。

(2)宜将通信联络系统与监测监控系统、人员定位系统进行总体设计、建设。

(3)有线通信联络系统应具有的功能：①终端设备与控制中心之间的双向语音且无阻塞通信功能；②由控制中心发起的组呼、全呼、选呼、强拆、强插、紧呼及监听功能；③由终端设备向控制中心发起的紧急呼叫功能；④能够显示发起通信的终端设备的位置；⑤能够储存备份通信历史记录并可进行查询；⑥自动或手动启动的录音功能；⑦终端设备之间通信联络的功能。

(4)以下地点应设直通矿调度室的有线调度电话：①地面变电所、通风机房、提升机房、空压机房、充填制备站等；②马头门、中段车场、井底车场、装矿点、卸矿点、转载点、粉矿回收水平等；③采矿作业中段或分段的适当位置，掘进工程的适当位置；井下主要水泵房、中央变电所、采区变电所、调度硐室、破碎站、通风机控制硐室、带式输送机控制硐室、设备维修硐室等主要机电设备硐室；④爆破时撤离人员集中地点、避灾硐室、油库、加油站、爆破器材库等重要位置。

(5)井下有线通信系统应设两路通信电缆，分别从不同的井筒进入井下；其中任何一路通信电缆都应能满足井下与地表通信需要。

(6)有线通信系统应采用专用通信电缆；调度电话至调度交换机和安全栅应采用矿用通信电缆直接连接，不得利用大地作回路。井下调度电话不应由井下就地供电，或者经有源中继器接调度交换机。

(7)井下通信设备应满足电磁兼容要求，在巷道内安装时应满足防水、防腐、防尘要求，设置在便于使用且围岩稳固、支护良好、无淋水的位置，防护等级应不低于 IP54。

(8)通信系统应连续运行，电网停电后，备用电源应能保证系统连续工作2 h以上。

(9)通信联络系统应有防雷电保护措施。

(10)通信联络系统的配套设备应符合相关标准规定。

7.3.2　有线通信联络系统

7.3.2.1　数字程控调度系统

数字程控调度系统分井上和井下两大部分,由调度交换主机、调度台、配线箱、矿用电缆、接线盒及电话等组成。

(1)井上设备

地面调度室主要设备包括:数字程控调度交换机、调度台、数字电话录音系统、备用电源、机房防雷配线箱、通信切换设备、入井处通信线路熔断器和防雷装置等部件。

地面调度室的核心控制设备是数字程控调度交换机与调度台,其功能指标应达到通信联络系统技术要求。

调度台一般采用硬件冗余、软件容错、分散控制等技术,来保障调度台设备的可靠运行。调度台除应具有求救信号声光报警、井下呼叫者位置显示、终端编号、求救时间及控制中心断电告警等矿山通信联络系统中常规功能外,还应具有组呼、全呼、选呼、强拆、强插、紧呼、监听及录音等功能。

矿井通信线路须在入井处装设熔断器和防雷电装置,应具有过流-熔断、过压-钳位、雷击浪涌信号入地泄放等多重保护功能,能满足矿井通信联络系统防雷要求。

(2)井下设备

井下设备包括矿用阻燃通信电缆、矿用防水通信接线盒及矿用井下通信终端等部件。

矿井井筒通信线路一般分设两条通信电缆,从不同的井筒进入井下配线设备,其中任何一条通信电缆发生故障,另一条通信电缆的容量应能担负井下各通信终端的通信能力。井下通信终端设备,应具有防水、防腐、防尘功能。

7.3.2.2　基于 VoIP 的矿山通信联络系统

基于 VoIP 的矿山通信联络系统主要由通信调度系统、以太环网、电话交换机(或者语音网关)及终端通信设备组成。基于 VoIP 的矿山通信联络系统可以与监测监控系统、人员定位系统实现真正意义上的"三网合一",系统架构如图 7-6 所示。具体包括:

(1)在调度中心部署一套通信调度系统,主系统作为整个调度系统的核心部分,主要实现号码的分配、呼叫的路由建立、调度业务功能。系统具有呼叫限制、缩位拨号、热线服务、免打扰业务、呼叫等待、呼叫转移、呼叫保持、通话录音、分机转接、代接、会议等基本语音功能;还具有组呼、全呼、选呼、强拆、强插、紧呼、监听、录音、会议及扩声广播等功能。

(2)在调度中心配置双手柄触摸屏调度台一套,配合主系统使用。通过图形化的操作界面,方便调度员日常的操作。同时配备了双手柄调度电话,两部电话可以同时对外响应。此外,还预留了 2 个调度员账号,关键时候可以再扩展两名调度员,配合主调度员协同工作。

(3)在调度中心采用 O 口中继网关,将传统的 PSTN 电话线接入本系统,作为出局路由。

(4)在井下相关区域配置电话交换机,将井下电话接入调度系统,实现全局的指挥调度。

7.3.3　无线通信联络系统

7.3.3.1　对讲机系统

当前,对讲机在一些地下矿山还有使用,但是在井下恶劣的无线通信环境下,通过无线

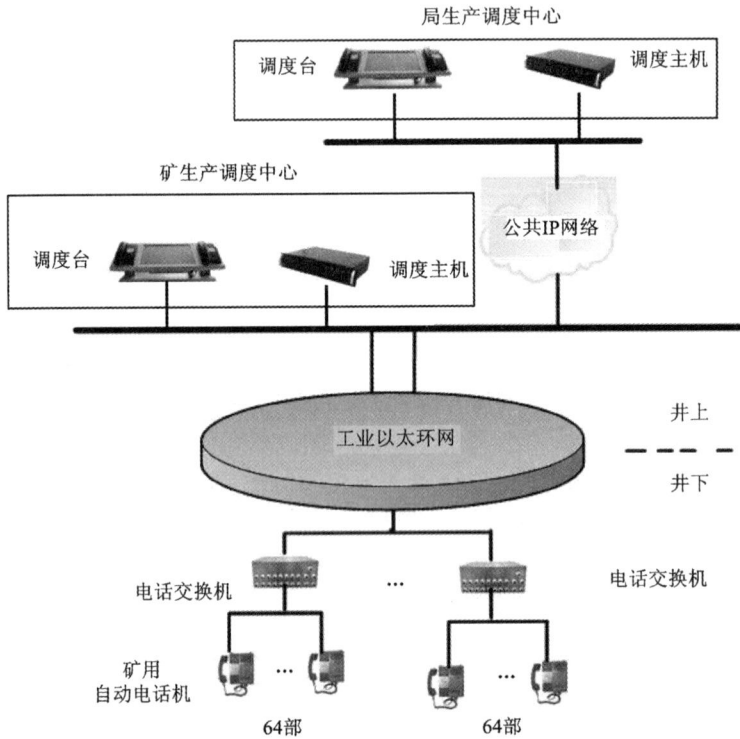

图 7-6　基于 VoIP 的矿山通信联络系统架构图

对讲直接在井下进行集群式通信不能达到良好的通信效果，无线对讲机在地面没有中继的条件下可在 3~4 km 的范围之内通信，但在井下环境中的通信范围不足 1 km，甚至范围更小。

为了克服井下恶劣的无线对讲通信环境，主要采用在井下各个通道内安装无线中继站和将无线信号转换为电信号或光信号通过同轴电缆（泄漏电缆）或光纤的方式进行传输。

7.3.3.2　基于 ZigBee、WiFi 等技术的无线通信联络系统

（1）无线通信联络系统架构

无线通信联络系统应能实现井下人员通信及井下人员与井上人员的内部通信。手机之间可互相通话、收发短信，也可井上、井下的固定电话通话。调度中心可与多部手机同时进行通话，可向手机发送短信。系统还支持手机与外线电话的通话。无线通信联络系统架构如图 7-7 所示。

采用 ZigBee、WiFi 等技术的人员定位系统，其基站往往附带无线通信的功能，入井人员只需配备相应模块的手机，就可以实现无线通话。这样既提高了设备复用性，又降低了成本。WiFi 技术也被认为是井下未来无线通信联络的发展趋势。

（2）主要设备

无线通信系统主要设备包括语音网关、传输分站、通信分站、手机及通信管理软件等，其中：①语音网关实现应急通信系统与企业内网/公众网之间的互通；②传输分站实现井下应急通信系统内部的语音传输及交换功能；③通信分站实现井下应急通信系统的无线覆盖，保证井下良好的无线通信信号；④手机终端作为通信终端用以实现井下人员之间、井上井下

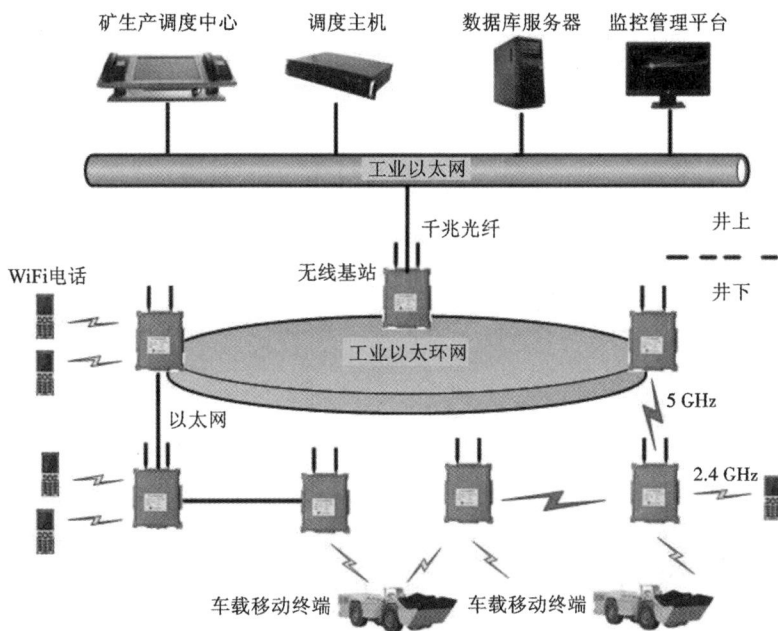

图 7-7 无线通信联络系统架构图

语音及短信通信；⑤在手机与手机之间可以进行通话。

（3）无线通信系统功能

无线通信联络系统功能主要有：①手机与井上、井下固定电话之间可以进行通话；②通信基站应具备基本交换功能，以保证在外部交换中断的特殊情况下不影响井下人员之间的通信；③手机与手机之间可以相互发送、接收短信；④经授权的手机可以拨打外线电话；⑤手机可在多个基站之间漫游通信；⑥手机可向地面监控中心发送短信，有预置的短信模板。

（4）信号覆盖区域

井下无线通信信号主要覆盖各采区的井口、运输巷道、生产巷道和主要采掘工作面以及地面生产、办公区域，实现井上、井下的无线通信与固话互通。

7.3.4 井下语音广播系统

井下语音广播系统与通信联络系统有机结合，将调度电话与井下广播的点对点与点对面的联动应用，实现调度电话与语音广播的互联互通效果，可定点、分组、分区、全区广播扩音，可以与电话通信，还可以进行背景音乐播放、安全教育和灾害事故紧急广播等。在发生突发事件、需要紧急撤离时，地面调度指挥人员可利用井下广播系统以扩音喊话的方式向现场发送指令、提示撤离路线，指挥现场人员迅速、有序、安全地撤离危险区域；现场人员也可通过井下任意终端就地喊话、对讲，汇报现场情况，从而减少灾害的影响和受灾后救援过程中的次生影响。

井下语音广播系统主要由语音广播系统主机、IP 寻呼话筒、智能路由网关、配线箱、矿用通信电缆、矿用接线盒、广播终端等组成。广播终端和电话可以共用井下语音设备（语音网关等)、工业环网和通信电缆,将调度通信和广播扩音结合起来,系统的安装更为简便。

井下语音广播系统具有(多方)双向对讲通话、自动录音、多种广播方式、报警联动、区域(全区)语音报警、语音监听、定点打铃等功能,具有良好的开放性与可扩展性、较高的稳定性与可靠性等优点。

7.3.5 维护与管理

通信联络系统日常维护与管理的要求:

(1)应指定人员负责通信联络系统的日常检查和维护工作;

(2)应绘制通信联络系统布置图,并根据井下实际情况的变化及时更新。布置图应标明终端设备的位置、通信线缆走向等;

(3)系统维护人员经培训合格后方可上岗;

(4)应定期对通信联络系统进行巡视和检查,发现故障及时处理;

(5)系统控制中心应有人值班,值班人员应认真填写设备运行和使用记录;

(6)控制中心备用电源应能保证设备连续工作 2 h 以上;

(7)应建立的台账及报表:设备、仪器台账、设备故障登记、检修表、巡检记录;报警、求救信息报表;

(8)相关图纸、技术资料应归档保存。

7.3.6 工程实例

1)有线通信联络系统

以某矿山的矿山调度通信系统为例,介绍有线通信联络系统设计及建设。该系统利用井下工业以太环网,实现真正意义上的"三网合一"。在地表监控中心设置一台工业服务器,用于安装矿山调度系统软件;触摸屏调度台通过图形化的操作界面,方便调度员日常的操作,同时配备了双手柄调度电话,两部电话可以同时对外响应;矿用一般型以太网电话交换机部署于井下机柜内,可以通过以太网电口/光口与交换机相连,同时连接井下电话。有线通信联络系统设备及材料见表7-11。

表 7-11 有线通信联络系统设备及材料表

序号	设备名称	型号	单位	数量	备注
1	矿山调度系统	—	套	1	门数根据矿山电话数量确定
2	工业服务器	—	台	1	
3	触摸屏调度台	—	台	1	
4	矿用一般型以太网电话交换机	—	台	5	连接井下电话
5	矿用本安型自动电话机	—	部	35	
6	矿用通信电缆	—	km	6	阻燃
7	矿用接线盒	—	个	10	

2）无线通信联络系统

本实例中选用某矿山的无线通信联络系统，该系统能够实现井下人员之间通信及井下人员与井上人员的内部通信。手机之间可互相通话、收发短信，也可井上、井下的固定电话通话。调度中心可与多部手机同时进行通话，可向手机发送短信。系统还支持手机与外线电话的通话。一个基站下可同时容纳 16 部手机通话，单个基站接上电后即可实现单站内的无线通话。

选用的基站为具有通信功能和人员定位功能的矿用一般型无线基站，这样的基站可以复用，从而降低成本和安装工程量。井下无线通信覆盖区域与人员定位系统覆盖区域相近，信号主要覆盖各采区的马头门、运输巷道、生产巷道和主要采掘工作面以及井上地表区域（公司办公区域和生产办公区域），实现井上下的无线通信与固定电话互通。无线通信系统设备及材料见表 7-12。

表 7-12 无线通信系统设备及材料表

序号	设备名称	型号规格	单位	数量
1	本安手机	—	台	20
2	无线通信联络系统软件	—	套	1

3）井下语音广播系统

本实例中选用某矿山的井下语音广播系统，该系统能够实现双向对讲通话、自动录音、多紧急广播、分区广播、区域语音报警、定点打铃等功能。

井下语音广播系统覆盖区域与无线通信联络系统覆盖区域相近，信号主要覆盖各中段的马头门、运输巷道、生产巷道和主要采掘工作面以及井上地表区域（公司办公区域和生产办公区域）。井下广播系统设备及材料见表 7-13。

表 7-13 井下广播系统设备及材料表

序号	设备名称	规格型号	单位	数量	备注
1	广播服务器	—	台	1	
1	地面广播对讲话筒	—	台	1	
2	音箱	—	台	15	
3	电源箱	—	台	15	
4	矿用通信线缆	—	km	3	阻燃
5	矿用电源线	—	km	2	阻燃
6	矿用网线	—	km	0.5	阻燃
7	安装辅材	挂钩、接线盒等	批	1	

7.4　压风自救系统

压风自救系统是指在矿山发生灾变时,为井下提供新鲜风流的系统,包括空气压缩机、送气管路、三通及阀门、油水分离器、压风自救装置等。油水分离器是指分离压缩空气中油滴和水分的装置。压风自救装置是指安装在压风管道上,通过防护袋或面罩向使用人员提供新鲜空气的装置,具有减压、节流、消噪声、过滤、开关等功能。

7.4.1　建设要求

压风自救系统在设计、建设过程中应遵循以下要求。

(1)金属非金属地下矿山应根据安全避险的实际需要,建设完善压风自救系统。

(2)压风自救系统可以与生产压风系统共用。

(3)压风自救系统应进行设计,并按照设计要求进行建设。

(4)压风自救系统的空气压缩机应安装在地面,并能在 10 min 内启动。空气压缩机安装在地面难以保证对井下作业地点有效供风时,可以安装在风源质量不受生产作业区域影响且围岩稳固、支护良好的井下地点。

(5)压风管道应采用钢质材料或其他具有同等强度的阻燃材料。

(6)压风管道敷设应牢固平直,并延伸到井下采掘作业场所、紧急避险设施、爆破时撤离人员集中地点等主要地点。

(7)各主要生产中段和分段进风巷道的压风管道上每隔 200~300 m 应安设一组三通及阀门。

(8)独头掘进巷道距掘进工作面不大于 100 m 处的压风管道上应安设一组三通及阀门,向外每隔 200~300 m 应安设一组三通及阀门。有毒有害气体涌出的独头掘进巷道距掘进工作面不大于 100 m 处的压风管道上应安设压风自救装置。

(9)爆破时撤离人员集中地点的压风管道上应安设一组三通及阀门。

(10)压风管道应接入紧急避险设施内,并设置供气阀门,接入的矿井压风管路应设减压、消音、过滤装置和控制阀,压风出口压力应为 0.1~0.3 MPa,供风量每人不低于 0.3 m³/min,连续噪声不大于 70 dB(A)。

(11)压风自救装置、三通及阀门安装地点应宽敞、稳固,安装位置应便于避灾人员使用;阀门应开关灵活。

(12)主压风管道中应安装油水分离器。

(13)压风自救系统的配套设备应符合相关标准的规定。

7.4.2　压风自救系统计算

1)需风量计算

考虑到压风自救系统的主要服务对象为避灾硐室内的避险人员,因此井下紧急状态下最大需风量及最大中段人数需风量($Q_{\max}$)按式(7-1)进行计算:

$$Q_{\max} = K(N_1 - N_2)Q_1 + KN_2Q_2 \qquad (7-1)$$

式中:$Q_{\max}$ 为井下需风量,m³/min;K 为漏风系数,管网总长度小于 1 km 时取 1.1,总长度为 1~2 km 时取 1.15,总长度大于 2 km 时取 1.2;N_1 为井下单班最多工作人数,人;Q_1 为井下紧急状态下避灾硐室外的人员每人需要的新鲜风量,取 0.1 m³/min;N_2 为井下避灾硐室内人数,人;Q_2 为井下紧急状态下避灾硐室内的人员每人需要的新鲜风量,取 0.3 m³/min。

2)管径计算

参考流体力学的基本知识,主压风管管径和最大人数中段压风管管径(内径,下同)可按式(7-2)计算:

$$d = 146\sqrt{\frac{q_1}{v_0}} \tag{7-2}$$

式中:d 为压风管内径,mm;v_0 为压风管内压缩空气流速,一般为 5~10 m/s;q_1 为平均压力 P_1 状态下的压缩空气流量,m³/min,其中 $q_1 = q_0 P_0 / P_1$。

式(7-2)可简化为:

$$d = 146\sqrt{\frac{q_0 P_0}{v_0 P_1}} \tag{7-3}$$

式中:q_0 为常温(20 ℃)、常压(0.1 MPa)状态下管道计算流量,m³/min;P_0 为吸气状态的大气压,MPa;P_1 为压气管道内空气的平均压力,一般为 0.3~0.9 MPa;v_0 为压气管内压缩空气流速,一般为 5~10 m/s。

7.4.3 维护与管理

压风自救系统日常维护与管理的要求:

(1)应指定人员负责压风自救系统的日常检查与维护工作;

(2)应绘制压风自救系统布置图,并根据井下实际情况的变化及时更新,布置图应标明压风自救装置、三通及阀门的位置,以及压风管道的走向等;

(3)应定期对压风自救系统进行巡视和检查,发现故障及时处理;

(4)应配备足够的备件,确保压风自救系统正常使用;

(5)应根据各类事故灾害特点,将压风自救系统的使用纳入相应事故应急预案中,并对入井人员进行压风自救系统使用的培训,确保每位入井人员都能正确使用;

(6)相关图纸、技术资料应归档保存。

7.4.4 工程实例

以某矿山的压风自救系统为例,对井下需风量及管径进行了计算,并对已有的压风管网进行了完善,以满足压风自救的要求。

1)压风系统现状

目前,该矿山竖井旁建有空压机房,现有 2 台功率为 75 kW、供风量为 13 m³/min 和 1 台功率为 40 kW、供风量为 7 m³/min 的空压机,出口压力为 0.8 MPa。

目前,在竖井安装有 DN100 钢管,870 m 中段、830 m 中段主巷均已经安装 DN80 钢管用作生产压风管道,东、西沿的压风管道为 PN50 塑料管。虽然井下已经建设有覆盖范围广、较为完善的压风系统,但目前的压风系统主要供给生产使用,而建设压风自救系统的主要目的是为灾害情况下井下作业人员提供新鲜的呼吸空气,对压风管路在原有基础上进行设计,使压风系统能够覆盖主要工作区域、避灾路线及避灾硐室。

2）需风量计算

（1）井下最大需风量

该矿山井下白班作业人数最多，同时考虑到监管部门、集团等外来人员下井，白班井下最多人数按 40 人计算，有 1 个规格为 20 人的避灾硐室，主要用于 830 m 中段人员避险，根据式（7-1），计算出整个井下的最大需风量为：

$$Q_{max} = 1.1 \times (40 - 20) \times 0.1 + 1.1 \times 20 \times 0.3 = 8.8 \text{ m}^3/\text{min}$$

现有的空压机的供风量大于井下紧急情况下的最大需风量，无须增加空压机。

（2）最大人数中段需风量

该矿山单个中段最大作业人数为 15 人，而 830 m 中段避灾硐室的最大容纳人数为 20 人，本次计算，人数按 20 人进行考虑。按照式（7-1），830 m 中段的最大需风量为：

$$Q_{max} = 1.1 \times 20 \times 0.3 = 6.6 \text{ m}^3/\text{min}$$

3）压风管管径计算

（1）主压风管管径

根据式（7-3），取 $v_0 = 9$ m/s，$P_1 = 0.8$ MPa，则主风管管径为：

$$d = 146 \sqrt{\frac{8.8 \times 0.1}{9 \times 0.8}} = 51.04 \text{ mm}$$

该矿山竖井采用 DN100 无缝钢管，现有的主风管管径能满足压风自救的风量要求。

（2）最大人数中段压风管管径

根据式（7-3），取 $v_0 = 7$ m/s，$P_1 = 0.7$ MPa，则井下最大人数中段压风管管径为：

$$d = 146 \sqrt{\frac{6.6 \times 0.1}{7 \times 0.7}} = 53.58 \text{ mm}$$

该矿山主巷采用 DN80 无缝钢管，现有的风管管径能够满足 830 m 中段压风自救的风量要求。由于其他中段人数少于该中段，故使用相同大小管径的风管也能够满足要求。

4）压风自救系统设置

经过上述分析与计算，压风自救系统需进行以下改造：

①在 830 m 中段，新增压风支管，使之延伸到 830 m 中段的避灾硐室内，并在避灾硐室内设置阀门；

②在 870 m、830 m 中段，将东、西沿巷道内的塑料管替换为 DN50 的钢管，敷设至采掘作业场所及爆破时撤离人员集中地点等主要地点；

③盲竖井内的主压风管路在抵达 870 m、830 m 中段时分别设置一组三通、阀门及油水分离器；

④在 870 m、830 m 中段东西沿交叉口处各设置一组三通、减压阀及阀门。

压风自救系统设备及材料可参考表 7-14 选取。

表 7-14　压风自救系统设备及材料表

序号	名称	规格	单位	数量	备注
1	钢管	DN50	m	500	
2	闸阀	DN50	个	8	考虑一定数量备件

续表7-14

序号	名称	规格	单位	数量	备注
3	闸阀	DN80	个	6	考虑一定数量备件
4	三通	DN80	个	6	考虑一定数量备件
5	减压阀	DN80	个	4	考虑一定数量备件
5	焊条	$\phi4$ mm	kg	100	
7	管壁标示	刷漆	km	3	
8	油水分离器	2 m³	台	2	

7.5　供水施救系统

供水施救系统是指在矿山发生灾变时,为井下提供生活饮用水的系统,包括水源、过滤装置、供水管路、三通及阀门等。

7.5.1　建设要求

供水施救系统在设计、建设过程中应遵循以下要求。

(1)金属非金属地下矿山应根据安全避险的实际需要,建设完善供水施救系统。

(2)供水施救系统应进行设计,并按照设计要求进行建设。

(3)供水施救系统应优先采用静压供水;当不具备条件时,采用动压供水。

(4)供水施救系统可以与生产供水系统共用,施救时水源应满足生活饮用水水质卫生要求。

(5)供水管道应采用钢质材料或其他具有同等强度的阻燃材料。

(6)供水管道敷设应牢固平直,并延伸到井下采掘作业场所、紧急避险设施、爆破时撤离人员集中地点等主要地点。

(7)各主要生产中段和分段进风巷道的供水管道上每隔200~300 m应安设一组三通及阀门。

(8)独头掘进巷道距掘进工作面不大于100 m处的供水管道上应安设一组三通及阀门,向外每隔200~300 m应安设一组三通及阀门。

(9)爆破时撤离人员集中地点的供水管道上应安设一组三通及阀门。

(10)供水管道应接入紧急避险设施内,并安设阀门及过滤装置,水量和水压应满足额定数量人员避灾时的需要。

(11)三通及阀门安装地点应宽敞、稳固,安装位置应便于避灾人员使用;阀门应开关灵活。

(12)供水施救系统的配套设备应符合相关标准的规定。

7.5.2　供水施救系统计算

(1)供水量计算

考虑到供水施救系统需要满足井下最多作业人数的生存用水,井下紧急状态下供水量及最大人数中段供水量(Q_{max})按式(7-4)进行计算：

$$Q_{max} = KNq \qquad (7-4)$$

式中：Q_{max} 为井下供水量，m^3/d；K 为安全系数，管网总长度小于 1 km 时取 1.1，总长度为 1~2 km 时取 1.15，总长度大于 2 km 时取 1.2；N 为井下最多作业人数，人；q 为井下紧急状态下每人每天需要的水量，取 2000 mL/d。

(2)管径计算

参考流体力学的基本知识，主供水管、最大人数中段干管管径(内径，下同)按式(7-5)计算：

$$d = 1000 \sqrt{\frac{4Q}{\pi v}} \qquad (7-5)$$

式中：d 为供水管内径，mm；v 为供水管内水流流速，m/s；Q 为供水管内流量，m^3/s。

井下一般采用地表水池的自然压头的自流供水，因而流速并不按经济流速计算，但最大不宜超过 3 m/s，一般对于井筒中的主管取 1~2 m/s，对于中段干管及支管取 0.5~1.2 m/s。

7.5.3　维护与管理

供水施救系统日常维护与管理的要求：

(1)应指定人员负责供水施救系统的日常检查与维护工作；

(2)应绘制供水施救系统布置图，并根据井下实际情况的变化及时更新。布置图应标明三通及阀门的位置，以及供水管道的走向等；

(3)应定期对供水施救系统进行巡视和检查，发现故障及时处理；

(4)应配备足够的备件，确保供水施救系统正常使用；

(5)应根据各类事故灾害特点，将供水施救系统的使用纳入相应事故应急预案中，并对入井人员进行供水施救系统使用的培训，确保每位入井人员都能正确使用；

(6)相关图纸、技术资料应归档保存。

7.5.4　工程实例

以某矿山的供水施救系统为例，对井下供水量及管径进行了计算，并对已有的供水管网进行了完善，以满足供水施救的要求。

1)供水系统现状

目前，该矿山地表有高位生活水池。井下的生产用水利用井下现有的地下涌水。井下供水管网盲竖井、主巷采用 DN50 钢管，东、西沿巷道采用 PN25 塑料管。

现有的供水系统主要供给生产使用，而为灾害情况下井下作业人员提供生存饮水的供水施救系统尚未建成。对供水管路在现有的基础上进行设计，使供水系统能够覆盖主要工作区域、避灾路线及避灾硐室。

2)供水量计算

(1)应急供水量

根据式(7-4)可计算紧急状态下井下的供水量为：

$$Q_{max} = 1.15 \times 40 \times 2000 \times 10^{-6} = 0.092 \ m^3/d$$

(2)最大人数中段供水量

该矿山单个中段最大作业人数为 15 人，而 830 m 中段避灾硐室的最大容纳人数为 20

人，本次计算，人数按 20 人进行考虑。按照式(7-4)，本中段的最大供水量为：

$$Q_{max} = 1.15 \times 20 \times 2000 \times 10^{-6} = 0.046 \text{ m}^3/\text{d}$$

3）供水管管径计算

（1）主供水管管径

按照式(7-5)，取 $v = 1.2$ m/s，则主供水管管径为：

$$d = 1000 \times \sqrt{\frac{4 \times 0.092}{3.14 \times 1.2 \times 24 \times 3600}} = 1.06 \text{ mm}$$

该矿山竖井现有的主供水管为 DN50 钢管，能够满足供水施救时供水量的要求，无须扩充或改造。

（2）最大人数中段供水管管径

按照式(7-5)，可计算出干管内径，取 $v = 0.9$ m/s，则井下最大人数中段供水管管径为：

$$d = 1000 \times \sqrt{\frac{4 \times 0.046}{3.14 \times 0.9 \times 24 \times 3600}} = 0.87 \text{ mm}$$

该矿山各中段主巷现有的供水管路为 DN50 钢管，能够满足要求，无须扩充或改造。但东、西沿巷道内的管路材质不符合要求，需进行改造，将其更换为 DN25 的钢管。

4）供水施救系统设置

（1）水源

利用井口旁边高位生活水水池，在出水口设置一台脏物过滤器，通过供水管路引至各中段。

（2）管路敷设

①采掘作业场所、紧急避险设施、爆破时撤离人员集中地点均需敷设供水管道。盲竖井供水管路利用现有的 DN50 钢管；主要运输巷道利用现有的 DN50 钢管；东西沿巷道需进行改造，敷设 DN25 的钢管至采掘作业场所，替代现有的 PN25 塑料管。

②在 830 m 中段，新增供水支管，使之延伸到 830 m 中段的避灾硐室内，并在避灾硐室内设置阀门。

（3）减压阀、三通及阀门

①在井下的现有供水管网和新建的供水管网中(竖井中的供水管网除外)，每隔 300 m 设置一组三通及阀门，三通及阀门的直径由管网的大小来确定。井下各中段巷道较短，在各中段东西沿交叉口处设置一组三通及阀门即可满足要求。

②通向独头掘进巷道的管道上每隔 100 m 布置一组三通及阀门。

③在各中段供水管路的入口，设置一个减压阀。

供水施救系统设备及材料可参照表 7-15 选择。

表 7-15　供水施救系统设备及材料表

序号	名称	规格型号	单位	数量	备注
1	钢管	DN50	m	100	
2	钢管	DN25	m	500	
3	闸阀	DN25	个	8	考虑一定数量备件

续表7-15

序号	名称	规格型号	单位	数量	备注
4	三通	DN25	个	8	考虑一定数量备件
3	闸阀	DN50	个	4	考虑一定数量备件
4	三通	DN50	个	5	考虑一定数量备件
5	减压阀	DN50	个	3	考虑一定数量备件
6	脏物过滤器	DN50	套	1	
7	钢筋	$\phi16$ mm	kg	100	
8	焊条	$\phi4$ mm	kg	80	
9	管壁标示	刷漆	km	3	

7.6 紧急避险系统

紧急避险系统是指在矿山井下发生灾变时，为避灾人员安全避险提供生命保障的由避灾路线，紧急避险设施、设备和措施组成的有机整体。其中，紧急避险设施是指在矿山井下发生灾变时，为避灾人员安全避险提供生命保障的密闭空间，具有安全防护、氧气供给、有毒有害气体处理、通信、照明等基本功能，主要包括避灾硐室和救生舱。金属非金属地下矿山应建设完善紧急避险系统，并随井下生产系统的变化及时调整。紧急避险系统建设的内容包括为入井人员提供自救器、建设紧急避险设施、合理设置避灾路线、科学制订应急预案等。

7.6.1 建设要求

紧急避险系统在设计、建设过程中应遵循以下要求。

(1)紧急避险应遵循"撤离优先，避险就近"的原则。

(2)紧急避险系统应进行设计，并按照设计要求进行建设。

(3)应为入井人员配备额定防护时间不少于30 min的自救器，并按入井总人数的10%配备备用自救器。

(4)所有入井人员必须随身携带自救器。

(5)在自救器额定防护时间内不能到达安全地点或及时升井时，避灾人员应就近撤到紧急避险设施内。

(6)紧急避险设施的额定防护时间应不低于96 h。

(7)紧急避险系统的配套设备应符合相关标准的规定。

(8)每个矿井至少应有两个相互独立的直达地面的安全出口，安全出口间距不小于30 m；矿体一翼走向长度超过1000 m时，此翼应有安全出口；每个生产中段应有至少两个便于行人的安全出口，并和通往地面的安全出口相通；每个采区应有两个便于行人的安全出口，并经上、下巷道与通往地面的安全出口相通。

(9)矿山企业应建立和完善井下安全撤离通道，并随井下生产系统的变化及时调整；井下应设置声光报警系统。

(10)应编制事故应急预案,制订各种灾害的避灾路线,绘制井下避灾线路图,并按照相关规定,做好井下避灾路线的标识。井下所有工作地点 100 m 范围内、巷道分岔口应设置避灾路线指示牌,巷道内每 200 m 至少设置一个。避灾路线指示牌应标明避灾路线和方向、人员所在位置等信息,避灾路线指示牌应设在受到保护的显著位置,避灾信息在矿灯照明下应清晰。

(11)紧急避险系统建设完成,经验收合格后方可投入使用。

7.6.2 紧急避险设施设置

1)紧急避险设施设置要求

紧急避险设施设置应遵守以下要求:

(1)设置紧急避险设施的条件:①水文地质条件中等及复杂或有透水风险的地下矿山,应至少在最低生产中段设置紧急避险设施;②生产中段在地面最低安全出口以下垂直距离超过 300 m 的矿山,应在最低生产中段设置紧急避险设施;③距中段安全出口实际距离超过 2000 m 的生产中段,应设置紧急避险设施;④应优先选择避灾硐室。

(2)紧急避险设施的设置应满足本中段最多同时作业人员避灾需要,单个避灾硐室的额定人数不大于 100 人。

(3)紧急避险设施应设置在围岩稳固、支护良好、靠近人员相对集中的地方,高于巷道底板 0.5 m 以上,前后 20 m 范围内应采用非可燃性材料支护。

(4)矿山井下压风自救系统、供水施救系统、通信联络系统、供电系统的管道、线缆以及监测监控系统的视频监控设备应接入避灾硐室内。各种管线在接入避灾硐室时应采取密封等防护措施。

2)紧急避险设施位置的选择

紧急避险设施应布置在稳定的岩层中,远离各种地质构造区域、应力异常区或其他易受扰动影响的地方;也不宜设置在变电所、火药库或燃油存贮设施等存在火灾隐患的地方,同时还要考虑不能设置在井下容易积水的地点,否则在有水患的时候可能会对紧急避险设施内的人员构成威胁。紧急避险设施要位于井下避灾路线上;紧急避险设施的位置应尽量在工作面附近,便于工作面作业人员就近避险。

7.6.3 避灾硐室设计与建设

1)规格及形式

避灾硐室由过渡室和生存室等构成,一般设置 1 个进出口,进出口采用两道隔离门,外侧为防水门,内侧为防火门,两道门均应向外开启。两道门之间为过渡室,过渡室的净面积 5~6 m² 为宜。第 2 道隔离门以内为生存室。根据避灾硐室的设计及建设经验,避灾硐室净高应不低于 2 m,长度、深度根据同时避灾最多人数以及避灾硐室内配置的各种装备来确定,保证每人应有不低于 1.0 m² 的有效使用面积。

避灾硐室的形状采用半圆拱形,内部采用混凝土砌碹或钢筋混凝土支护,硐室应采取防水措施,不得有渗水现象。内部顶板和墙壁的颜色选用浅色,以减轻受困人员的心理压力。水泥铺底厚 0.1 m,并考虑 1%的排水坡度。硐室底板高出巷道底板 0.5 m 以上,硐室前后 20 m 范围内应采用非可燃性材料支护。

2)密闭性设计

由于避灾硐室本身需要具有良好的密闭性,因此,在避灾硐室进出口设计有两道隔离门,隔离门向外开启,能够方便人员通过。第一道隔离门采用有一定强度、能抵挡一定水压的防水密闭门,第二道隔离门采用能阻挡有毒有害气体的密闭门。隔离门周边墙体采用混凝土浇筑,并与岩体结实,保证避灾硐室的气密性。过渡室设置空气幕喷淋装置,与密闭门相联动,使得在密闭门打开后,在门口处形成空气幕,能够阻隔避险人员进入避灾硐室时有毒有害气体的进入。

避灾硐室的设防水头高度应在矿山设计中总体考虑。目前,避灾硐室对防水密闭门的强度的要求并没有统一的规定,但即使水文地质条件简单的矿井,防水密闭门的设防高度最少也不得小于1个中段的高度。

3)内部设备配置

为了保证避灾硐室设备的正常运行,满足硐室内部人员的生存要求,避灾硐室应具有安全性、密闭性和自给功能,配备人员生存所必需的相关设备。压风自救系统、供水施救系统、监测监控系统、通信联络系统、人员定位系统等相关设备需接入避灾硐室内,管线在接入避灾硐室时应采取密封等防护措施。

避灾硐室内的降温方式有空调降温、蓄冰降温及液态 CO_2 降温。

正常情况下,避灾硐室内依靠压风管路提供氧气;当井下灾害导致外部压风管路损坏时,由避灾硐室内的制氧或供氧装置提供氧气。氧气制备方式有高压氧气瓶供氧、液态氧供氧及氧烛供氧方式。

在正常情况下,硐室内设备的运行主要依靠外部供电,但是在紧急情况及发生事故情况下,为了保证避灾硐室本身具有的较强自给性,在失去外部电源的情况下仍能够维持硐室内的环境参数要求和照明要求,需在避灾硐室内布置 EPS 电源,其功率与有效供电量根据用电设备数量计算确定。

为去除避险人员代谢产生的 CO、CO_2 等有毒有害气体,以及避险人员进入避灾硐室时从外部带入的 CO、CH_4 等有毒有害气体,避灾硐室应配备有毒有害气体净化设施。CO_2 吸收主要利用 $Ca(OH)_2$ 或 LiOH 作为吸收剂,LiOH 吸收效率高,应用广泛;也可采用 CO_2 洗涤装置进行处理。CO 吸收可利用贵金属催化剂作为吸收剂,或者利用氧化铜及二氧化锰为主原料制作的吸收剂;对于甲烷和硫化物,主要依靠吸附剂自身的吸附性能以及催化分解作用(化学稳定性)对这些有机类有害气体进行强效的去除。

7.6.4 救生舱基本要求

救生舱应具备以下基本要求:

(1)救生舱应具备过渡舱结构,过渡舱的净容积应不小于 $1.2 m^3$,内设压缩空气幕、压气喷淋装置及单向排气阀,生存舱提供的有效生存空间应不小于每人 $0.8 m^3$,应设观察窗和不少于 2 个单向排气阀;

(2)救生舱应具有足够的强度和气密性,并有生存参数检测报警装置;

(3)救生舱应选用抗高温老化、无腐蚀性的环保材料,救生舱外体颜色在井下照明条件下应醒目,宜采用黄色或红色;

（4）救生舱应配备在额定防护时间内额定人数生存所需要的氧气、食品、饮用水、急救箱、人体排泄物收集处理装置等，并具备空气净化功能，其环境参数应满足人员生存要求。

7.6.5 维护与管理

紧急避险系统日常维护与管理应遵循以下要求。

（1）避灾硐室及救生舱内应有使用操作说明。

（2）应指定人员负责紧急避险系统的日常检查与维护。

（3）避灾硐室及救生舱外应有清晰、醒目的标识牌，标识牌中应明确标注避灾硐室或救生舱的位置和规格。在井下通往避灾硐室及救生舱的入口处，应设有"紧急避险设施"的反光显示标志。

（4）应定期对紧急避险系统进行巡视和检查，发现问题及时处理。按期更换产品说明书规定的需要定期更换的部件及设备。①储存的食品、水、急救药品应保证在保存期或有效期内，外包装应明确标示保质日期和下次更换时间；②每3个月对配备的气瓶进行1次余量检查及系统调试，气瓶内压力不足时，应及时补气；③每10天对设备电源（包括备用电源）进行1次检查和测试；④每年对避险设施进行1次系统性的功能测试，包括气密性、电源、供氧、有害气体处理等。

（5）矿山应对所有入井人员进行安全培训，告知井下安全须知、紧急情况下的撤离路线和自救器的使用方法。井下作业人员应熟悉应急救援预案和避灾路线，具有自救、互救和安全避灾知识，熟练掌握自救器和紧急避灾系统的使用方法。班组长应具备兼职救护队员的知识和能力，能够在发生险情后第一时间组织作业人员自救互救和安全避灾。

（6）图纸、技术资料应归档保存。建立紧急避险设施的技术档案，准确记录紧急避险设施安装、使用、维护、配件配品更换等相关信息。

7.6.6 避灾路线与应急预案编制

每个矿井至少应有两个相互独立、间距不小于30 m、直达地面的安全出口；矿体一翼走向长度超过1000 m时，此翼应有安全出口；每个生产水平或中段至少应有两个便于行人的安全出口，并应同通往地面的安全出口相通；每个采区或者盘区、矿块均应有两个便于行人的安全出口，并与通往地面的安全出口相通。安全出口应定期检查，保证其处于良好状态。

制订水灾、火灾、中毒窒息等灾害的避灾路线，绘制井下避灾线路图，并按照《矿山安全标志》（GB 14161）的规定，做好井下避灾路线的标识。井下所有工作地点100 m范围内、巷道分岔口应设置避灾路线指示牌，巷道内每200 m至少设置一个。避灾路线指示牌应标明避灾路线和方向、人员所在位置等信息，避灾路线指示牌应设在受到保护的显著位置，避灾信息在矿灯照明下应清晰，并定期检查维护避灾路线，保持其通畅。

应编制事故应急预案，结合各地下矿山实际情况，在事故的预防及应急救援处置方面作出详细的规定和阐释，增加安全避险"六大系统"在事故监测与预警、应急救援处置等方面的作用和处置措施。

7.6.7　工程实例

以某矿山的紧急避险系统建设为例，供矿山相关技术人员参考。

（1）避灾硐室位置及规模

该矿山水文地质条件属于简单类型；地面最低安全出口标高为223 m，最低生产中段标高为-417 m，生产中段距地面最低安全出口以下垂直距离为640 m；各生产中段作业点到本中段就近安全出口的距离均不超过1200 m；因此，应在-417 m中段设置一个避灾硐室。

经过现场踏勘，避灾硐室设置在19线以南约20 m处。根据最大工作人员人数情况和矿山后期生产情况，并考虑一定的富余系数，避灾硐室的规格按30人的标准进行设计和相关设施、设备的配置。

（2）避灾硐室形式及尺寸

避灾硐室由过渡室和生存室构成。避灾硐室尺寸设计为20 m×4 m×3 m，设置1个进出口，安装2道隔离门，外侧为防水门，内侧为防火门，两道门均向外开启。两道门之间为过渡室，过渡室的净面积5~6 m²。第2道隔离门以内为生存室。

避灾硐室的形状采用半圆拱形，内部采用混凝土砌碹或钢筋混凝土支护，硐室已采取防水措施，无渗水现象。内部顶板和墙壁的颜色选用浅色，以减轻受困人员的心理压力。水泥铺底厚0.1 m，考虑1%的排水坡度。硐室底板高出-417 m中段运输巷道底板0.7 m，硐室前后20 m范围内采用非可燃性材料支护。避灾硐室平面图如图7-8所示。

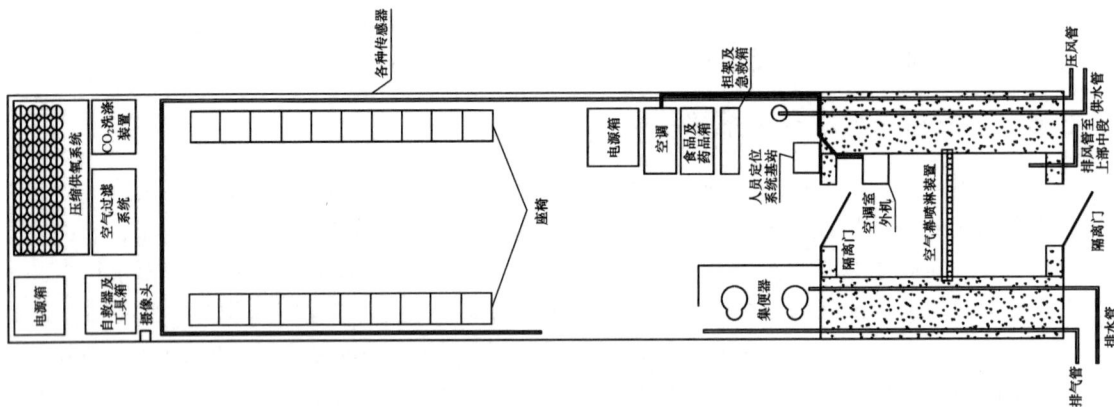

图7-8　避灾硐室平面图

（3）密闭性设计

由于避灾硐室本身需要具有良好的密闭性，在避灾硐室进出口设计有两道隔离门，两道隔离门的尺寸为800 mm×1800 mm，能够方便人员通过。由于避灾硐室设置在-417 m中段，-417 m至-137 m之间除-337 m外，其他中段均未开拓，故为保证淹井水位上升至-137 m中段时，避灾硐室仍能正常发挥功效，因此，第一道隔离门的抗压强度等级设计为2.5 MPa，第二道隔离门采用能阻挡有毒有害气体的密闭门。隔离门周边墙体采用混凝土浇筑，并与岩体结实，保证避灾硐室的密闭性。过渡室设置空气幕喷淋装置，与密闭门相联动，使得在密闭门打开后，在门口处形成空气幕，能够阻隔避险人员进入避灾硐室时有毒有害气体的进入。

(4)内部设备配置

为了保证避灾硐室设备的正常运行，满足硐室内部人员的生存要求，避灾硐室内配备有：自救器、CO、CO_2、O_2、温度、湿度和大气压的检测报警装置、额定使用时间不少于96 h的备用电源、生存不低于96 h所需要的食品和饮用水、逃生用矿灯、空气净化及制氧或供氧装置、急救箱、工具箱、人体排泄物收集处理装置等设施设备。

压风自救系统、供水施救系统管路需引入避灾硐室内；监测监控系统引入避灾硐室内，各种传感器用于对避灾硐室内的空气质量进行监测，摄像头监控避灾硐室内的人员和设备情况；通信联络系统也需接入避灾硐室内，在避灾硐室内安装一部矿用电话，方便与地表调度室沟通；同时，在避灾硐室内安装一台人员定位基站，对出入避灾硐室的人员进行定位。

避灾硐室内的用电设备有：矿用荧光灯、空调、空气过滤装置、CO_2洗涤器、摄像头、基站、各类传感器，其总功率约2850 W，满足96 h生存需要的总耗电量为273.6 kW·h。考虑到EPS的效率约为90%、其他因素引起的漏电损耗按10%计算，则实际耗电量约为337.778 kW·h，取350 kW·h。因此，避灾硐室内的EPS按额定功率3 kW、有效供电量350 kW·h进行配置。

表7-16　避灾硐室设备配置表

序号	名称	规格或型号	单位	数量	备注
1	便携式多参数监测仪(CO、CO_2、O_2)	—	台	1	
2	CO传感器	—	个	1	
3	O_2传感器	—	个	1	
4	CO_2传感器	—	个	1	
5	温度传感器	—	个	1	
6	高速球机	—	个	1	
7	矿用电话	—	个	1	
8	人员定位基站	—	个	1	
9	大气压力传感器	—	个	1	
10	隔离门(包含防水门、防火门)	0.8 m×1.8 m(宽×高)	套	1	
11	自动苏生器	—	套	1	
12	氧气瓶	40 L/25 MPa	个	10	
13	集便器	—	套	1	
14	灭火器	—	个	6	
15	长排座椅	0.4 m×0.4 m	套	8	
16	矿用日光灯	—	个	4	
17	急救箱、担架	—	套	1	

续表7-16

序号	名称	规格或型号	单位	数量	备注
18	空气净化装置	—	套	1	
19	空气幕与喷淋装置	—	套	1	
20	CO_2 洗涤器	—	台	1	
21	防爆空调	—	台	1	
22	压风自救装置	—	套	6	
23	EPS 应急电源	3 kW/350 kW·h	套	1	
24	矿用双电源投切动力配电箱	—	台	1	
25	矿灯	—	台	30	
26	干式变压器 50 kVA 0.4/0.22 kV	—	台	1	
27	工具箱	铜锤、铜锹、铜镐、拐棍、扳子、钳子、螺丝钉等	套	1	
28	压缩饼干	发热量不少于 5000 kJ/(d·人)	kg	60	
29	饮用水	—	瓶	160	
30	单向阀门	手动	个	4	
31	储藏柜	—	台	1	
32	急救柜	—	个	1	
33	隔绝式压缩氧自救器	—	个	30	

（5）自救器配备

目前该矿山入井总人数为780人，按每人配备1台自救器并考虑10%的备用，共需858台额定防护时间不少于30 min 的自救器。

7.7　井下工业环网与地表监控中心建设

建立井下工业环网，将监测监控系统、人员定位系统、通信联络系统进行融合，实现真正意义上的"三网合一"，可以保证各个系统通信一致性、复用性和可靠性，将各项应用统一到一个传输平台上，统一传输至地表监控中心。在地表监控中心设置服务器和显示终端，能同时监测到井下人员的信息和设备的状态，便于管理人员管理、调度和决策。

7.7.1　网络架构

井下安全监控综合业务平台采用多层网络结构，通过信息采集层、数据管理层和网络服务层，将井下监测监控系统、井下人员定位系统、通信联络系统等信息进行有效整合，使之互相融合, 互为补充, 从全矿安全生产保障的层面上, 形成一个多角度、分布式、智能化的安全监控一体化的解决方案。网络逻辑结构图如图 7-9 所示。

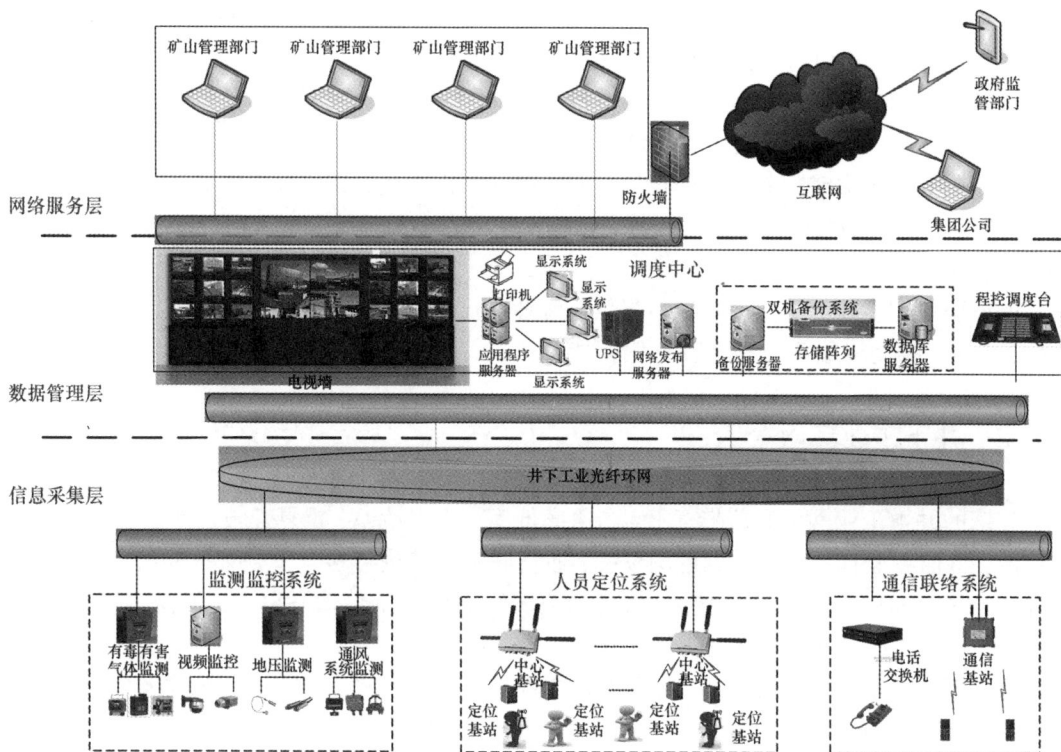

图 7-9　网络逻辑结构图

（1）信息采集层

信息采集层主要落脚在矿山井下各数据采集基站, 为矿山提供井下监测监控传感器、人员定位系统的数据采集功能等基础性业务。通过信息采集层, 可以将井下各个系统不同厂家、不同品牌的传感器进行可靠的数据采集, 并按照统一的数据协议格式通过工业以太环网传至地表数据管理系统。信息采集层提供有毒有害气体监测、通风系统监测、地压监测等方面的数据采集功能, 并为全矿井下人员定位系统的中心站主机、中心基站、定位基站等提供数据接入支撑。

（2）数据管理层

数据管理层主要设置在矿山地面调度中心和井口调度室, 是整个井下安全监控综合业务平台的核心, 在服务上主要提供数据库存储、网络服务发布、系统层面的管理、打印、报表、日志服务、智能分析应用等功能, 为保证系统的运行可靠性, 提供双机热备功能。同时, 数据管理层负责提供整个综合业务平台的数据调度、数据展示功能。另外, 数据管理层还负责机房管理、网络安全管理等基础保障工作。

数据库存储服务器是井下安全监控综合业务平台的数据中心, 为监测监控系统、人员定位系统的数据存储、信息管理提供支持, 同时为网络发布系统提供数据源。数据库服务器具有热备份。一旦服务器出现故障，可以快速切换到另一台服务器工作，保障井下监测监控及人员定位系统的可靠稳定运行。

网络服务发布服务器为井下安全监控综合业务平台的互联网发布提供支持。通过基于JAVA 的互联网发布工程，矿山相关人员可以通过浏览器在远程实时访问本系统，获取井下安全状态、生产状态以及人员分布情况等重要信息。

管理和打印服务器为系统提供管理、报表、打印、日志等服务，确保整个安全监控业务平台的稳定运行，提升系统的可维护性和人性化程度。

应用服务器根据矿山具体工作设置，由多台计算机组成，具体提供监测监控系统数据采集、人员定位系统服务等应用业务支撑，是整个井下安全监控综合业务平台的关键环节。

(3) 网络服务层

网络服务层主要为矿山管理人员提供远程业务应用支持。用户可以通过计算机、笔记本电脑、手机、移动终端等方式灵活地登录网络发布系统，从而实现远程查看，远程管理。

7.7.2 井下工业环网

传统的井下工业网络通信带宽不足、速率低下、兼容性差、重复建设严重。建立高速以太环网，将监测监控系统、人员定位系统、通信联络系统进行融合，实现"三网合一"，可以保证各个系统通信一致性和复用性，将各项应用统一到一个传输平台上，为监测监控系统、人员定位系统、通信联络系统提供网络基础。

为了确保井下网络的可靠性，环网交换机提供冗余电源输入，防止电源故障导致系统瘫痪。环网交换机应具有 2~3 个千兆光口及数个 10~100MRJ45 以太网口，2 个千兆光口组成菊花链式的工业环网，第三个光口用于与上级网络或者下级网络进行连接，甚至构建第二套环网结构。

当工业以太环网上的某一个节点(交换机)或某一条链路发生故障时，网络能够快速切换至自愈环网部分，从而实现网络故障快速恢复。

7.7.3 地表监控中心建设

1) 主体服务双机热备

为保证井下安全避险，特别是监测监控系统、人员定位系统的健壮性，对于主体服务进行双机热备，一旦一台服务器发生故障，另一台服务器能够快速切换至工作状态。同时，系统将产生相关报警信息，通过界面报警、声光报警、语音报警、短信报警等方式提示相关人员进行处理。

双机热备技术是一种软硬件结合的较高容错应用方案，是利用故障点转移来保障业务连续性的技术，主要包括主-备方式、双主机方式两种：主-备方式指一台服务器处于业务激活状态，另一台服务器处于该业务的备用状态。双主机方式指两种不同业务分别在两台服务器上互为主备状态。主-备方式因其结构简单可靠，切换快，稳定性好，是业内采用最多的热备方式。针对矿山井下安全避险建设的要求，考虑了监测监控系统、人员定位系统、网络发布系统、视频监测系统对于服务器的需求，采用主-备方式双机备份。

2) 可靠的后备供电系统

矿山调度中心、井口调度室配备完善的 UPS 电源，用于断电时，为系统持续供电；对于系统中需要供电的硬件装置，如人员定位基站、采集分站、光端机等装置，采用 EPS 或内置供电模块等方式，配置满足规范要求的后备电源，从而建立起完善的后备供电系统。

3) 一体化的综合软件平台

软件平台采用模块化设计，体系结构上支持多种接口。可以通过 HTTP、WEB SERIVCE、OPC、SOCKET 等多种常用标准方式进行接口开放，提供与集团公司甚至国家相关部门对接的能力。

在矿山调度中心以及集团公司相关部门，采用 B/S 架构的软件展示平台，灵活性好，不需要安装客户端，随时通过 IE 浏览器实现矿山井下安全性监测。

为配合全集团公司的集成综合查询系统，开发专用的数据管理接口软件。

C/S 软件与 B/S 软件将数据库服务器作为共享池，实现同步处理。

软件平台主体功能包括以下 6 个方面。

(1) 视频监控：主要完成井下监测点的视频浏览、配置、录像、重播、视频流发布、报警设置、云台控制、存储管理、编解码管理、电视墙管理等。

(2) 有毒有害气体、通风、地压监测：在前端实现传感器参数校准、传感器数据采集、数据存储、数据有效性验证及伪数据剔除、数据展示、数据查询、安全性分析、故障检测及定位、报表及打印等功能。

(3) 人员定位：实现井下入口的人员统计以及人员定位。软件部分还能够实现基于井下地图的人员位置显示、轨迹查询、区域报警、报表等。

(4) 通信联络：在软件平台上实现程控电话系统配置、拨号管理、故障诊断等功能。

(5) 报警联动：当环境监测、通风监测、地压监测、视频监测、人员定位等系统监测到险情或者故障时，系统将产生报警信息，报警信息存储于数据库，并发送通知信息到服务器，在用户界面上以显著方式进行报警信息通知，并将报警信息存储于报警信息列表。同时，软件平台启动相关应急处理预案，提示相关人员进行应急处理。

(6) 用户及权限管理：系统支持多种基于角色的用户及用户权限管理，实现分级用户管理，根据用户权限及角色，能够看到、操作的内容均有所不同。

4) 防雷与接地

地表监控中心设备应有可靠的防雷和接地保护装置。防雷与接地系统主要包括直击雷防护、电源线路防雷保护、通信线路防雷保护、接地系统。

(1) 直击雷防护

直击雷防护主要指外部建筑物的直击雷防护设施，包括避雷针、接地线、接地装置的建设和电力线路、通信线路的防雷保护。

光缆通信线路防雷及接地装置施工应满足相关通信施工规范的要求。

(2) 电源线路防雷保护

经实际运行经验验证，由电源系统耦合进入的感应雷击造成设备的损坏占雷击灾害损失的 60% 以上。因此，对电源系统的避雷保护措施是整个监控系统防雷工程中必不可少的一个环节。电源线路防雷保护主要是控制中心电源线路的防雷保护，系统供电系统配置浪涌保护器和防雷插线板，电源接入位置(UPS 前)配置二级电源浪涌保护器，用电设备电源接入位置

（UPS 后）配置三级浪涌保护器，浪涌保护器（SPD）性能参数满足浪涌保护的要求，保证用电设备不被击穿。

（3）通信线路防雷保护

若监测数据通过通信电缆连接到数据处理设备，由于通信电缆内部结构为同轴电缆，当遭遇到瞬间的雷击时，会在其内部铜圈产生与外部电流相反的感应电流，而且会沿着通信电缆直接传输到设备，对于此类雷电，主要通过装防雷器消除或降低危害。

（4）接地系统

①监控中心应为监控调度平台提供等电位连接端子，接地电阻小于 4 Ω。系统电子设备外壳、电缆屏蔽、金属管线等做等电位连接，保护接地汇流排采用铜板（25 mm×4 mm）制作，调度中心地面安装防静电地板。

②井下所有电气设备的金属外壳及电缆的配件、金属外皮等，均应通过接地干线接地；没有接地干线，要求制作局部接地极接地。

③所有电气设备单独接地，不能串连接地。

④局部接地极可设于积水坑、排水沟或其他适当地点，其要求应满足相关规定。

7.7.4　维护与管理

井下工业环网与地表监控中心日常维护与管理的要求：

（1）应指定人员负责井下工业环网与地表监控中心设备、设施的日常检查与维护工作；

（2）应定期对人员定位系统进行巡视和检查，发现故障及时处理；

（3）应建立的台账及报表：设备、仪表台账、设备故障登记表、检修记录、巡检记录；

（4）相关图纸、技术资料应归档保存。

7.7.5　工程实例

以某矿山井下工业环网与地表监控中心的建设为例，供矿山相关技术人员参考。

7.7.5.1　网络拓扑架构

该矿山共设置三级平台：第一级平台为井下数据采集基站，主要负责井下人员定位信息采集、视频数据采集及数字化、井下监测监控传感器采集工作；第二级为井口调度室，主要负责采集数据的存储、管理、展示、分析、发布、指挥、控制；第三级为公司调度中心，主要进行管理和决策。

另外，系统设有程序接口，可以与集团公司相关部门，或与国家相关部门相连接，实现矿山安全生产状态的远程在线监管。系统总体结构图如图 7-10 所示。

1）信息系统软件平台设计

为了提高井下安全避险的接入灵活性和便捷性，该项目中的信息系统软件部分总体采用 B/S 结构与 C/S 结构混合架构。

（1）在各级监管部门，均可通过 B/S 浏览器实现监测监控系统、人员定位系统和通信联络系统访问与控制。

（2）视频监控系统的电视墙部分，采用 C/S 结构客户端进行控制与展示，稳定可靠，效

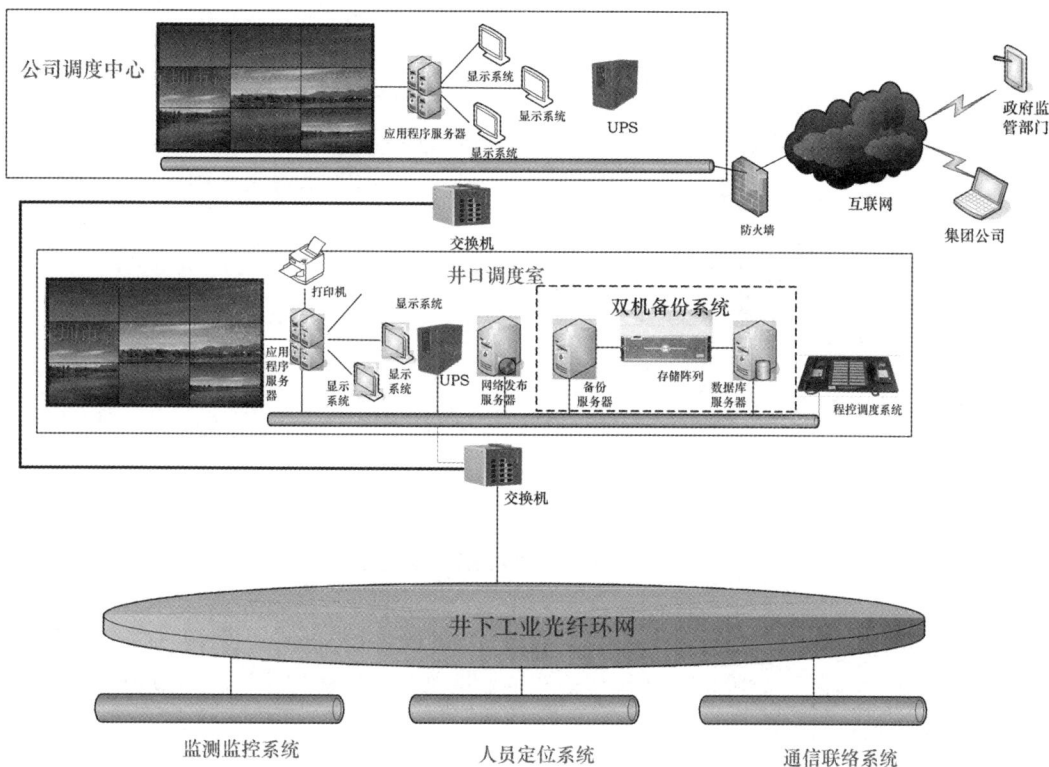

图 7-10　系统总体结构图

率高。

（3）网络管理及配置，采用 C/S 结构的客户端进行各项配置，确保系统参数设置的安全性。

2）存储管理

（1）监测数据存储：监测系统存储以 SQL Server 数据库为核心，数据库服务器进行双机热备，确保数据的可靠性。

（2）视频数据存储：视频存储采用磁盘存储阵列的方式实施。视频数据通过视频管理服务器进行软解，并存储至磁盘存储阵列。

7.7.5.2　井下工业以太环网

设计在井下布置 223 m 中段卷扬硐室、143 m 中段管缆井口、23 m 中段管缆井口、-57 m 中段井口、-417 m 中段避灾硐室各设置 1 台千兆工业环网交换机，利用光纤将井下 5 台交换机与井口调度室交换机相连，构建井下工业以太环网。

光纤环网线路走向为：井口调度室（交换机）—223 m 中段平硐—223 m 中段卷扬硐室（交换机）—143 m 中段管缆井井口（交换机）—23 m 中段管缆井口（交换机）—17 m 中段—17 m 中段回风井井口—417 m 中段中段避灾硐室（交换机）—57 m 中段井口（交换机）—23 m 中段深部竖井口—23 m 中段小竖井口—306 m 中段小竖井口—306 m 中段平硐口—井口调度室（交换机）。千兆工业以太环网图如图 7-11 所示。

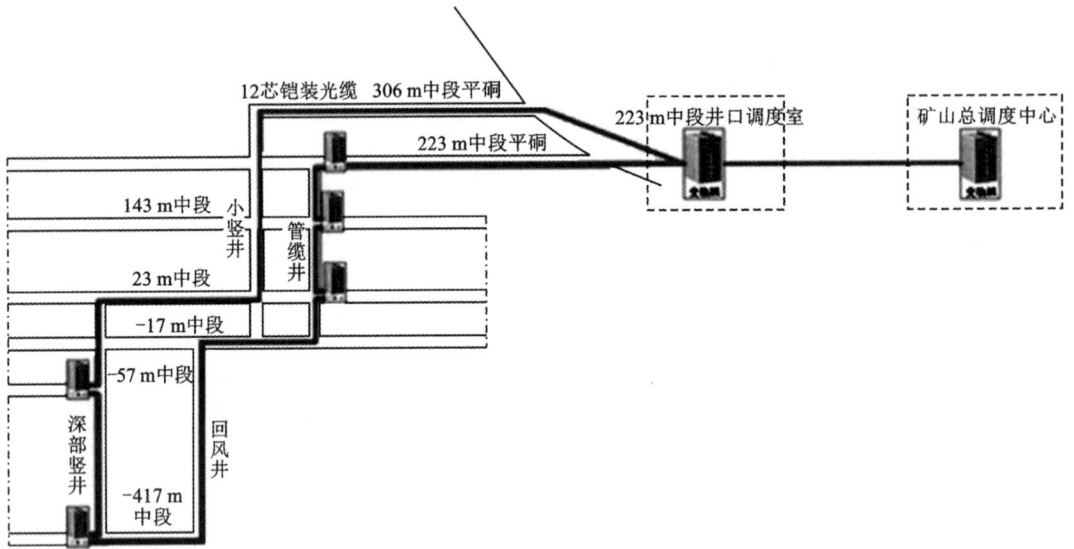

图 7-11 千兆工业以太环网示意图

若井下环网中的某一个节点或链路发生故障，则环网将在 500 ms 之内实现自愈，保证通信系统可靠性和健壮性。故障信息将被传输至地面网络管理服务器，并启动报警联动处理流程，提示维护人员进行网络维护。

另架设一根专用光缆将总调度中心与井口调度室的两个千兆交换机互连。

7.7.5.3 地表监控中心建设

地表监控中心有两个：总调度中心和井口调度室。其中，井口调度室是整个系统的核心，负责井下安全避险整个业务平台的监控调度、数据存储、综合管理等功能，在服务上主要提供数据库存储、网络服务发布、声光报警、系统管理、打印、报表、日志服务、智能分析应用等功能，同时，为保证系统的运行可靠性，提供双机热备功能。总调度中心主要负责监视井下各系统的运行情况，能够显示井下各系统的实时状态，一旦出现异常，能够进行声光报警。

调度室(中心)的主要设备有数据库服务器、网络服务发布服务器、应用服务器、大屏幕显示器及普通尺寸显示器、打印机、声光报警系统等。

数据库服务器采用双机热备份，一旦服务器出现故障，可以快速切换到另一台服务器工作，保障系统可靠稳定运行。

网络服务发布服务器为应急信息管理系统的互联网发布提供支持。通过基于 JAVA 的互联网发布工程，矿山相关人员可以通过浏览器远程实时访问本系统，获取井下生产状态以及人员分布情况等重要信息。

应用服务器用于视频监控软件、人员定位系统、监测监控系统的运行，是整个应急信息管理系统的关键环节，同时提供管理、报表、打印、日志等服务，确保整个安全监控业务平台的稳定运行，提升系统的可维护性和人性化程度。

（1）井口调度室

主要配备 1 套 LCD 拼接屏（含 6 台 26 英寸监控专用监视器，1 英寸 ≈2.54 cm）、2 台数据库服务器、1 套磁盘阵列、1 台网络服务发布服务器、3 台应用程序服务器、1 套 UPS 电源、1 套声光报警系统、1 台打印机。井口调度室通过光纤与井下各系统连接，应用程序服务器的数据采集软件将对井下各系统进行实时信息采集，并将采集数据存储到数据库服务器，同时可实现本地显示。其中：①4 块（2×2）46 英寸 LCD 拼接屏一套，负责显示井下马头门、机房、车场、避灾硐室、炸药库等处的实时视频监控画面；②3 台 21 英寸显示器中，其中 1 台用于显示井下人员定位系统，2 台用于井下监测监控实时数据；③2 台数据库服务器与 1 套磁盘阵列主要用于搭建双机热备份系统，用于井下安全避险所有数据（包含视频数据在内）的存储；④1 台网络服务发布服务器，主要用于人员定位系统、监测监控系统的在线发布；⑤3 台应用程序服务器，主要用于视频监控软件及其他管理软件的运行；⑥UPS 电源用于当外部电源发生断电时，为系统提供 2 h 供电；⑦声光报警系统用于当系统产生报警信息时进行声光警示；⑧打印机满足日常的打印事务；⑨系统历史数据及采集软件的实时正常运行对整个系统意义重大，为此，在双机备份的数据库服务器上安装数据采集软件，当安装采集软件的主机出现故障时，启动数据库服务器软件系统，确保系统的安全运行。监控中心建设设备及材料见表 7-17。

表 7-17　工业环网与监控中心建设设备及材料

序号	名称	型号及规格	单位	数量	备注
1	光纤	—	km	17	井下部分阻燃
2	工业环网交换机	—	台	7	
3	光纤收发器	—	对	6	
4	工业机架服务器	含 2 块 2 T 容量硬盘	台	2	
5	网络硬盘录像机	含 8 块 2 T 容量硬盘	套	2	
6	打印机	—	台	2	
7	研华工控机	—	台	9	
8	服务器机柜	—	套	1	
9	工控机机柜	—	套	2	
10	短信报警 Modem	—	套	1	
11	声光报警系统	—	台	1	
12	大屏幕液晶显示器	—	台	2	
13	小尺寸显示器	—	台	9	
14	UPS 电源	—	套	2	
15	综合采集与监控软件	—	套	1	
16	EPS 电源	—	套	5	

续表7-17

序号	名称	型号及规格	单位	数量	备注
17	集团公司集成与查询软件	—	套	1	
18	46英寸LCD拼接单元(拼缝6.7 mm)	—	块	4	
19	LCD拼接屏VGA矩阵	—	套	1	
20	26英寸监视器	与2×2 LCD拼接屏配套	台	6	
21	LCD拼接系统机柜	—	套	1	
22	LCD拼接系统连线及其他辅材	—	套	1	
23	LED条屏	与2×2 LCD拼接屏配套	块	1	
24	DLP60英寸拼接屏单元(2×4)	—	块	8	
25	DLP拼接屏控制器	—	套	1	
26	VGA矩阵	16进16出	套	1	
27	DLP拼接屏底座(含机柜)	—	套	4	
28	DLP拼接屏连线	—	套	8	
29	LED条屏	与2×4DLP拼接屏配套	块	1	
30	26英寸监视器	与2×4DLP拼接屏配套	块	12	
31	拼接系统机柜	—	套	1	
32	操作台	—	套	3	
33	机房空调	—	个	2	
34	防雷接地网工程	接地电阻小于4 Ω,屋顶设避雷网	套	2	
35	其他辅助材料	—	批	1	

(2)总调度中心(距井口900 m)

主要配备1套DLP拼接屏(含12英寸监控专用监视器)、3台21英寸显示器、3台应用程序服务器、1套UPS电源、1台打印机。总调度中心通过光纤和配套设备与井口调度室相连,井口调度室的各种信息能够传输到总调度中心进行展示。其中:①8块(2×4)60英寸DLP拼接屏系统1套,负责显示井下实时视频监控画面;②3台21英寸显示器中,1台用于显示井下人员定位系统信息,2台用于井下监测监控实时数据;③应用程序服务器3台,主要用于视频监控、数据采集等软件系统的运行;④UPS电源用于当外部电源发生断电时,为系统提供2 h供电。

(3)其他显示终端

在223大井卷扬硐室、321卷扬硐室、63深部竖井卷扬硐室各设1台工控机,用来显示相关井口的视频图像,这3台工控机直接连接至井下工业环网交换机。

参考文献

[1]AQ2031—2011.金属非金属地下矿山监测监控系统建设规范[S].

[2]黄伟,孙世岭,于鹏.CO 传感器对煤矿炮后有毒气体监测研究[J].煤矿机械,2018,39(8):52-53.

[3]胡国斌,袁世伦,杨承祥.地下金属矿山爆破毒气及其预防[J].采矿技术,2004,4(4):29-30.

[4]郑建军,王卫忠,任仲罕,等.某金矿有毒有害气体的来源、组成及影响因素分析[J].金属矿山,2013(6):148-150.

[5]刘宁武,朱慧武,梅国栋,等.炮烟中毒窒息事故机理和预防措施研究[J].有色金属(矿山部分),2012,64(3):1-6.

[6]王新建.炸药氧平衡理论在铵油炸药管理中的应用研究[J].中国人民公安大学学报(自然科学版),2014,20(3):76-79.

[7]GB16423—2020.金属非金属矿山安全规程[S].

[8]AQ2013.3—2008.金属非金属地下矿山通风技术规范 通风系统检测[S].

[9]华满香.矿用通风机监控系统中 PLC 控制和组态技术的应用[J].煤炭技术,2013,32(11):62-63.

[10]权洁,熊书敏,孙晓东,等.基于 PLC 的金属非金属矿山局部通风机自动控制系统[J].机电工程技术,2015,44(10):104-106.

[11]张健.PLC 控制技术通风机在线监控系统应用探讨[J].能源与节能,2018(3):21-22,86.

[12]马天辉,唐春安,唐烈先,等.基于微震监测技术的岩爆预测机制研究[J].岩石力学与工程学报,2016,35(3):470-483.

[13]AQ2032—2011.金属非金属地下矿山人员定位系统建设规范[S].

[14]王雪莉.基于 WiFi 通信技术的地下矿山.生产调度系统研究[D].西安:西安建筑科技大学,2010.

[15]YU K G, MONTILLET J P, RABBACHIN A, et al. UWB location and tracking for wireless embedded networks[J]. Signal Processing. 2006, 86(9):2153-2171.

[16]BOUKERCHE A, OLIVEIRA H, F. NAKAMURA E, et al. Vehicular ad hoc networks:a new challenge for localization-based system[J]. Computer Communications. 2008, (31)12:2838-2849.

[17]MAO G Q, FIDAN B, AnDERSON B. Wireless sensor network location techniques[J]. Computer Networks. 2007, (51)10:2529-2553.

[18]LIAO I E, KAO K F. Enhancing the accuracy of WLAN-based location determination systems using predicted orientation information[J]. Information Sciences, 2008, (178)4:1049-1068.

[19]AQ2036—2011.金属非金属地下矿山通信联络系统建设规范[S].

[20]胡艳军,许耀华,陈全.基于光纤传输井下无线对讲通信系统的设计[J].安徽大学学报(自然科学版),2013,37(1):55-60

[21]AQ2034—2011.金属非金属地下矿山压风自救系统建设规范[S].

[22]李玉柱,苑明顺.流体力学[M].北京:高等教育出版社,2008.

[23]AQ2035—2011.金属非金属地下矿山供水施救系统建设规范[S].

[24]AQ2033—2011.金属非金属地下矿山紧急避险系统建设规范[S].

[25]史庆武,李廷泽.青林子矿避难硐室研究与设计[J].能源与节能,2012(3):10-12.

[26]张恩强,王丽,刘名阳,等.探讨井下避难硐室在矿井中的应用[J].煤矿安全,2009,40(7):90-92.

[27]杜振斐,马壮.某金矿避灾硐室设计[J].有色金属(矿山部分),2013,65(5):67-70.

[28]谢旭阳,宁智华,梅国栋,等.地下矿山避灾硐室压风系统设计研究[J].湖南科技大学学报(自然科学版),2014,29(3):6-9.

[29]刘建东,王平.金属矿山避灾硐室关键技术与应用[J].现代矿业,2013,29(11):76-79.

第 8 章

矿山安全评价

安全评价也称为风险评价，起源于 20 世纪 30 年代的保险业。20 世纪 60 年代，由于制造业向规模化、集约化方向发展，系统安全理论应运而生，逐渐形成了安全系统工程的理论和方法，并陆续推广到航空、航天、核工业、石油、化工等领域，并不断地发展、完善。随着安全评价逐步被企业所认知和接受，安全评价也得到了迅速发展，从最初的衡量风险程度发展为降低事故风险的技术手段，成为风险管理的重要手段之一。

20 世纪 80 年代初期，安全系统工程引入我国，受到许多大中型生产经营单位和行业管理部门的高度重视。通过吸收、消化国外安全检查表和安全评价方法，机械、冶金、化工、航空、航天等行业开始应用安全评价方法，许多生产经营单位将安全检查表和故障树分析法应用到生产班组和操作岗位。一些石油、化工等易燃、易爆危险性较大的生产经营单位，应用道化学公司火灾、爆炸危险指数评价方法进行安全评价，许多行业部门也制订了安全检查表和安全评价标准。

随着我国安全生产管理体制和结构的变化，以及科学技术的进步、国内外交流的不断增多，传统形式上的劳动保护，劳动安全卫生监察工作的内容、性质、技术手段均发生了重大的变化，安全评价等保障系统安全的技术手段逐步被采用，并随着建设项目安全设施"三同时"工作的发展而不断发展。1988 年 5 月 27 日，劳动部颁发了《关于生产性建设工程项目职业安全卫生监督的暂行规定》(劳字〔1988〕48 号)，明确规定了各级经济管理部门、行业管理部门、建设单位、设计单位、施工单位和各级劳动部门在建设项目职业安全卫生方面所应履行的职责、遵循的工程程序和应达到的效果，并首次规定了建设单位在初步设计会审前必须向劳动部门报送拟建项目职业安全卫生报告(即预评价报告)，这是我国安全生产监管部门首次在政策上确定了安全评价的地位。2002 年 6 月 29 日《中华人民共和国安全生产法》颁布，2021 年 6 月 10 日其修订本审议通过，明确规定了生产经营单位建设项目必须实施安全设施"三同时"，还规定了"矿山、金属冶炼建设项目和用于生产、储存、装卸危险物品的建设项目，应当按照国家有关规定进行安全评价"，安全评价工作也进入了法治化的轨道，进一步推动了安全评价工作向更广、更深的方向发展。《关于加强安全评价机构管理的意见》(安监管技装字〔2002〕45 号)对安全评价的主要内容、管理等进行了规定，为安全评价的全面发展奠定了基础。随后，《安全评价通则》《安全预评价导则》《安全验收评价导则》等相继出台，进一步规范了安全评价的内容和程序，《安全评价机构管理规定》以及随后出台的一系列实施配套措施等，对安全评价实施了全面规范化的管理，加强了对安全评价机构和安全评价从业人员的监管,安全评价工作也由此进入了规范化的发展阶段。

我国安全评价工作从无到有、从小到大,经历了曲曲折折,在其发展过程中,吸取了环境影响评价、管理体系认证等其他类似工作的经验、教训,为我国安全生产工作发挥了很大的作用。

在我国非煤矿山领域,安全评价工作虽然起步相对较晚,但在探索中不断前进与发展,特别是随着安全生产许可制度的实施,进一步促进了安全评价工作的迅速发展,多年的发展历程表明,安全评价工作从研究探索阶段(1999 年前)、推广试行阶段(1999—2002 年)到粗放式发展阶段(2002—2009 年)再向规范阶段(2010 年以来)不断在完善与发展。

随着安全生产监督管理工作关口的前移和安全生产许可证制度的全面实施,安全评价工作成为安全生产监管部门和企业安全生产的基础工作,安全评价报告已成为生产企业安全生产和安全生产管理工作的重要组成部分。实践证明,安全评价不仅有效提高了非煤矿山企业安全管理水平和现场作业本质安全,而且为各级安全生产监管部门决策和监督检查提供了有力的技术支撑。

8.1　安全评价工作

1)安全评价的定义

以实现系统安全为目的,经现场勘验和信息采集,应用安全系统工程的原理和方法,识别、分析、预测系统生命周期内不同阶段存在的安全风险,提出安全风险控制对策措施和建议,有效管控安全风险,做出安全风险可控程度的结果综述的活动。

2)安全评价的目的

查找、分析和预测工程、系统中存在的危险、有害因素及可能导致的事故后果和严重程度,提出合理可行的安全对策,指导危险源监控和事故预防,以达到最低事故率、最少损失和最优的安全投资效益。

3)安全评价的作用

安全评价的作用主要有:

(1)实现全过程安全控制。安全评价可以帮助企业对生产设施系统地从计划、设计、制造、运行、维修等全过程进行安全控制。在系统设计前进行安全评价,可以避免选用不安全的工艺流程和危险材料,以及不合适的设备、设施,避免安全设施不符合要求或存在缺陷,并提出降低或消除危险的有效方法。系统设计后进行安全评价,可查出设计中存在的缺陷和不足,及早采取改进和预防措施。系统建成后进行安全评价,可了解系统运行中的危险性,为进一步采取降低危险性的措施提供依据。

(2)提高系统的本质安全化程度。通过安全评价,对工程或系统的设计、建设、运行等过程中存在的事故和事故隐患进行系统的分析,针对事故发生的可能原因、事件和条件,提出消除危险的最佳技术措施方案,特别是从设计上采取相应措施,设置多重安全屏障,实现生产过程的本质安全化。

(3)提出系统安全的最优方案,为决策提供依据。通过安全评价,可确定系统存在的危险源及其分布部位、数量,预测系统发生事故的概率及其严重程度,进而提出应采取的安全对策措施等。决策者可根据评价结果选择系统安全最优方案和管理决策。

（4）为实现安全管理的标准化和科学化创造条件。通过对设备、设施或系统等在生产过程中的安全性是否符合有关技术标准、规范相关规定的评价，对照技术标准、规范找出存在的问题和不足，实现安全管理的标准化和科学化。

（5）有助于政府各级安全生产监管部门对企业安全生产的监督管理，提高安全生产管理水平。通过安全评价，可以确认生产经营单位是否具备必要的安全生产条件，了解建设项目的工程设计质量和系统的安全可靠程度、设备设施或系统与国家有关标准、规范的符合性、设计的符合性以及企业安全生产的现状等，为安全监管提供依据和决策。

（6）提高安全管理水平。通过安全评价，可以预先辨识系统的危险性，分析企业的安全状况，全面地评价系统及各部分的危险程度和安全管理状况，使企业安全管理由传统的事后处理转为事先预防、纵向单一管理转为全面系统管理、经验管理转为目标管理，全面提高企业的安全管理水平。

4）安全评价的内容

安全评价是利用系统安全工程的原理和方法，识别系统、工程中存在的危险、有害因素及其导致事故的危险性，并制订安全对策措施的过程，该过程一般包括四个方面，即危险、有害因素识别与分析，危险性评价，确定可接受风险和制订安全对策措施，如图 8-1 所示。

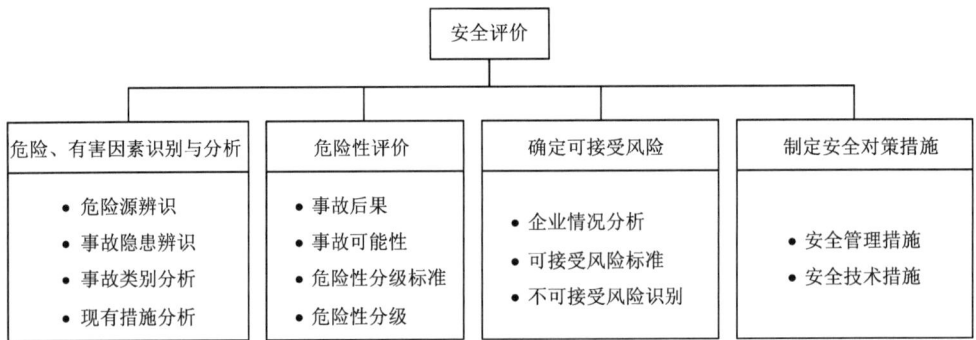

图 8-1　安全评价基本内容

危险、有害因素识别与分析是通过危险、有害因素的辨识与分析，找出可能存在的危险源，分析它们可能导致的事故类型，以及所采取的安全对策措施的有效性和实用性。

危险性评价是采用定量或定性的安全评价方法，预测危险源导致事故的可能性和严重程度，进行危险性的分级。

确定可接受的风险是根据识别出的危险、有害因素和可能导致事故的危险性以及企业自身的条件，建立可接受的风险指标，并确定哪些是可接受的风险，哪些是不可接受的风险。

根据风险的分级和确定的不可接受风险以及企业的经济条件，制订安全对策措施，有效地控制各类风险。

在实际安全评价过程中，上述四方面的工作不能截然分开、孤立地进行，应相互交叉、相互重叠于整个安全评价过程。

5）安全评价的原则

安全评价是一项关系到被评价项目是否符合国家规定的安全标准，能否保障劳动者安全的关键性工作，不仅技术性强，而且具有很强的政策性。因此，必须以评价项目的具体情况为基础,以国家的安全法律、法规及有关技术标准为依据,遵循科学性、公正性、合法性、针对性的评价原则。

在开展安全评价的过程中,必须依据科学的方法、程序,以严谨的科学态度,全面、准确、客观地进行评价,提出科学的对策措施,得出科学的评价结论。

安全评价的结论是评价项目的决策、设计、能否安全运行的依据,也是各级安全生产监管部门进行监督管理的依据,因此,安全评价的每项工作都要做到客观公正,不应受评价人员主观因素的影响,也不要受一些集团、部门、个人等的影响,应依据国家有关法律、法规、技术标准、规范,提出明确的要求和建议。

进行安全评价时,应根据被评价项目的实际情况和特征,收集相关资料进行全面的分析,针对主要危险、有害因素及重要单元进行重点评价,各类评价方法都有特定的适用范围和使用条件,因此,应有针对性地选用评价方法,并提出有针对性的、可操作性强的安全对策措施,对被评价项目做出客观、公正的评价结论。

6)安全评价分类

目前,根据工程性质、系统生命周期、评价目的与要求,安全评价一般可分为安全预评价、安全验收评价、安全现状评价三类。

(1)安全预评价

在系统生命周期内的可行性研究或设计阶段,通过对建设项目的选址、总图布置、工艺与设备设施、安全管理体系构建等方面的分析,运用安全系统工程的方法,进行安全风险的识别及其风险大小的判定,提出合理可行的安全风险控制对策、措施及建议,使系统安全风险控制在可接受范围内,并做出预测性评价结果综述的活动。

(2)安全验收评价

在系统生命周期的试运行阶段,经现场勘验和信息采集,核查系统安全设施与主体工程同时设计、同时施工、同时投入生产和使用的落实情况,考察安全管理体系的运行效果,评价整体系统的安全运行状况和安全风险控制效果,提出合理、可行的安全风险控制对策措施建议,并做出评价结果综述的活动。

(3)安全现状评价

安全现状评价是在系统生命周期内的生产运行、维护阶段,通过对系统实际运行状况及管理状况的调查、分析,运用安全系统工程的方法,进行安全风险的识别及其风险大小的判定,查找该系统生产运行、维护过程中存在的风险因子并判定其权重,提出合理可行的安全风险控制对策、措施及建议,使系统在运行、维护期内的安全风险控制在可接受的范围内,并做出评价结果综述的活动。

安全现状评价既适用于对一个生产经营单位的评价,也适用于某一特定的生产方式、生产工艺、生产装置或作业场所的评价。

在安全评价过程中,还有一类安全评价称为专项安全评价,可以归属于安全现状评价中,它是针对某一特定系统(如单一重大风险,某项技术、某种材料、某项工艺、某台设备等)或某种特殊要求,识别和分析评价对象存在的安全风险,确定其风险等级,提出合理可行的安全风险控制对策、措施及建议,并做出评价结果综述的活动。

8.2 危险、有害因素辨识

危险、有害因素是指系统中客观存在的物质或能量超过临界值的设备、设施和场所等，能对人造成伤亡或对物造成突发性损害，或影响人的身体健康、导致疾病，或对物造成慢性损害的因素，即对人、财产或环境具有伤害的潜能。

危险、有害因素的辨识与分析是安全评价的基础。危险、有害因素的辨识就是找出可能引发事故、导致不良后果的特征，它包括辨识可能发生的事故后果，识别可能引发突发事故的特征，通过找出可能存在的危险、危害，对所存在的危险、危害采取相应的措施，提高生产过程和系统的安全性，保证系统的安全。

危险因素辨识的目的是对系统中潜在危险进行辨识，并根据其危险等级确定防止这些潜在危险发展成事故的对策措施。

有害因素辨识的目的是找出生产活动中对作业人员可能产生的各种有害因素，并评估其等级，从而提出改善劳动条件和防护措施的要求，通过对这些措施的实施，以控制和减少职业危害，保证作业人员的职业健康。

主要危险、有害因素的辨识，就是找出生产系统中最有可能引发重大事故，导致不良后果的材料、物质、工艺过程、设施和环境特征等，识别可能发生的事故、后果和条件，以便采取预防和控制措施。

安全评价就是找出在生产工艺、设备及公用工程等方面存在的危险、有害因素及可能导致的后果，制订出消除和控制危险、有害因素的措施，防止或减轻灾害对人与财产造成的损失。因此，全面地、正确地辨识危险、有害因素是安全评价的关键。

进行危险、有害因素辨识时，必须结合工程项目的生产工艺、设备、区域、部位的具体情况，认真分析存在哪些危险、有害因素，什么条件下会导致何种危险，其后果及影响如何，采取怎样的措施防止、控制或降低相应的危险。这一系列的综合分析，实质上就是对危险状态或危险源的定性评价。

8.2.1 危险、有害因素分类

危险、有害因素分类有多种，一般可按导致事故原因和《企业职工伤亡事故分类标准》（GB 6441—1986）等进行分类。

1）按导致事故原因分类

按照《生产过程危险和有害因素分类与代码》（GB/T 13861—2022）的规定，生产过程中的危险、有害因素分为人的因素、物的因素、环境因素、管理因素等4类。

（1）人的因素。指在生产活动中，来自人员自身或人为性质的危险、有害因素，包括心理、生理性危险和有害因素，行为性危险和有害因素。

心理、生理性危险和有害因素包括：负荷超限（包括劳动强度、劳动时间延长引起疲劳、劳损、伤害等的负荷超限，如体力、听力、视力等负荷超限）、健康状况异常、从事禁忌作业、心理异常（如情绪异常、冒险心理、过度紧张等）、辨识功能缺陷（如感知延迟、辨识错误等）等。

行为性危险、有害因素包括：指挥错误（如指挥失误、违章指挥等）、操作错误（如误操作、违章作业等）、监护失误、其他等。

(2)物的因素。指机械、设备、设施、材料等方面存在的危险、有害因素，包括物理性危险和有害因素、化学性危险和有害因素、生物性危险和有害因素等。

物理性危险和有害因素包括：设备、设施、工具、附件缺陷(如强度不够、刚度不够、稳定性差、密封不良、耐腐蚀性差、应力集中、外形缺陷、外露运动件、操纵器缺陷、制动器缺陷、控制器缺陷、设计缺陷、传感器缺陷等)、防护缺陷(如无防护、防护装置和设施缺陷、防护不当、支撑(支护)不当、防护距离不够等)、电伤害(如带电部位裸露、漏电、静电和杂散电流、电火花、电弧、短路等)、噪声(如机械性噪声、电磁性噪声、液体动力性噪声等)、振动危害(如机械性振动、电磁性振动、液体动力性振动等)、电离辐射(包括 X 射线、γ 射线、α 粒子、β 粒子、中子、质子、高能电子束等)、非电离辐射(如紫外辐射、激光辐射、微波辐射、超高频辐射、高频电磁场、工频电场等)、运动物危害(如抛射物、飞溅物、坠落物、反弹物、土岩体滑动(包括排土场滑坡、尾矿库滑坡、露天采场滑坡)、料堆(垛)滑动、气流卷动、撞击等)、明火、高温物质(如高温气体、高温液体、高温固体等)、低温物质(如低温气体、低温液体、低温固体等)、信号缺陷(如无信号设施、信号选用不当、信号位置不当、信号不清、信号显示不准等)、标志标识缺陷(如无标志标识、标志标识不清晰、标志标识不规范、标志标识选用不当、标志标识位置缺陷、标志标识设置顺序不规范等)、有害光照、信息系统缺陷(如数据传输缺陷、自供电装置电能寿命过短、防爆等级缺陷、等级保护缺陷、通信中断或延迟、数据采集缺陷、网络环境保护过低导致系统被破坏、数据丢失、被盗用等)。

化学性危险和有害因素包括：理化危险(如爆炸物、易燃气体、易燃气溶液、氧化性气体、压力下气体、易燃液体、易燃固体、自反应物质或混合物、自燃液体、自燃固体、自燃物质和混合物、遇水放出易燃气体的物质或混合物、氧化性液体、氧化性固体、有抗过氧化物、金属腐蚀物等)、健康危险(如急性毒性、皮肤腐蚀/刺激、严重眼损伤/眼刺激、呼吸或皮肤过敏、生殖细胞致突变性、致癌性、生殖毒性、吸入危险等)。

生物性危险和有害因素包括：致病微生物(如细菌、病毒、真菌等)、传染病媒介物、致害动物、致害植物等。

(3)环境因素。指生产作业环境中的危险、有害因素，包括室内作业场所环境不良、室外作业场所环境不良、地下(含水下)作业环境不良等。

室内作业场所环境不良包括：室内地面滑，室内作业场所狭窄，室内作业场所杂乱，室内地面不平，室内梯架缺陷，地面、墙和天花板上的开口缺陷，房屋基础下沉，室内安全通道缺陷，房屋安全出口缺陷，采光照明不良，作业场所空气不良，室内温度、湿度、气压不适，室内给排水不良、室内涌水等。

室外作业场所环境不良包括：恶劣气候与环境，作业场地和交通设施湿滑，作业场地狭窄，作业场地杂乱，作业场地不平，交通环境不良，脚手架、阶梯和活动梯架缺陷，地面及地窗开口缺陷，建(构)筑物和其他结构缺陷，门和周界设施缺陷，作业场地基础下沉，作业场地安全通道缺陷，作业场地安全出口缺陷，作业场地光照不良，作业场地空气不良，作业场地温度、湿度、气压不适，作业场地涌水，排水系统故障等。

地下(含水下)作业环境不良包括：隧道/矿井顶板或巷帮缺陷，隧道/矿井作业面缺陷，隧道/矿井底板缺陷，地下作业环境空气不良，地下火，冲击地压(岩爆)，地下水，水下作业供氧不当等。

(4)管理因素。是指管理和管理责任缺失所导致的危险、有害因素，包括职业安全卫生管理机构设置和人员配备不健全、职业安全卫生责任制不完善或未落实、职业安全卫生管理制度不完善或未落实(如建设项目"三同时"制度、安全风险分级管控、事故隐患排查治理、培训教育制度、操作规程、职业卫生管理制度等)、职业安全卫生投入不足、应急管理缺陷(如应急资源调查不充分、应急能力、风险评估不全面、事故应急预案缺陷、应急预案培训不到位、应急预案演练不规范、应急演练评估不到位等)。

2)按《企业职工伤亡事故分类标准》分类

按照《企业职工伤亡事故分类标准》(GB 6441—1986),综合考虑起因物、引起事故的诱导性原因、致害物、伤害方式等,将事故分为:物体打击、车辆伤害、机械伤害、起重伤害、触电、淹溺、灼烫、火灾、高处坠落、坍塌、冒顶片帮、透水、放炮、火药爆炸、瓦斯爆炸、锅炉爆炸、容器爆炸、其他爆炸、中毒和窒息、其他伤害共20类。

(1)物体打击。指物体在重力或其他外力的作用下产生运动,打击人体造成人身伤亡事故,如落物、滚石、锤击、碎裂、崩块等造成的伤害,但不包括因机械设备、车辆、起重机械、坍塌等引发的物体打击。

(2)车辆伤害。指企业机动车辆在行驶中引起的人体坠落和物体倒塌、下落、挤压伤亡事故,如机动车辆在行驶中的挤、压、撞车或倾覆等事故,在行驶中的上下车、搭乘矿车或放飞车所引起的事故,以及车辆运输挂钩、跑车事故等,不包括起重设备提升、牵引车辆和车辆停驶时发生的事故。

(3)机械伤害。指机械设备运动(静止)部件、工具、加工件直接与人体接触引起的夹击、碰撞、剪切、卷入、绞、碾、割、刺等伤害,不包括车辆、起重机械引起的机械伤害。

(4)起重伤害。指各种起重作业(包括起重机安装、检修、试验)中发生的挤压、坠落(吊具、吊重)物体打击。

(5)触电。指电流经过人体造成生理伤害的事故,包括雷击伤亡事故。

(6)淹溺。包括高处坠落淹溺,但不包括矿山井下透水淹溺。

(7)灼烫。指火焰烧伤、高温物体烫伤、化学灼伤(酸、碱、盐、有机物引起的体内外灼伤)、物理灼伤(光、放射性物质引起的体内外灼伤),不包括电灼伤和火灾引起的烧伤。

(8)火灾。指造成人身伤亡的火灾事故。

(9)高处坠落。指在高处作业中发生坠落造成的伤亡事故,适用于脚手架、平台、陡壁施工等高于地面的坠落,也适用于踏空失足坠入洞、坑、沟、漏斗口等情况,但不包括触电坠落事故。

(10)坍塌。指物体在外力或重力作用下,超过自身的强度极限或因结构稳定性破坏而造成的事故,如挖沟时的土石塌方、脚手架坍塌、堆置物倒塌等,不适用于矿山冒顶片帮和车辆、起重机械、爆破引起的坍塌。

(11)冒顶片帮。冒顶是指顶板发生垮落,片帮是指矿井工作面、巷道侧壁等由于支护不当、压力过大所造成的坍塌。适用于矿山、地下开采、掘进及其他坑道作业发生的坍塌事故。

(12)透水。指矿山地下开采或其他坑道作业时,意外水源带来的伤亡事故。适用于井巷含水层、地下含水层、溶洞或与被淹巷道、地面水域相通时,涌水造成的事故。不适用于地面水害事故。

(13)放炮。指爆破作业中发生的伤亡事故。

(14)火药爆炸。指火药、炸药及其制品在生产、加工、运输、贮存中发生的爆炸事故。

适用于火药与炸药生产在配料、加工、运输、储存过程中,由于明火、振动、摩擦、静电作用,或因炸药的热分解作用,贮存时间过长等发生的爆炸事故。

(15)瓦斯爆炸。是指可燃性气体瓦斯、煤尘与空气混合形成了达到燃烧极限的混合物,接触火源时,引起的爆炸事故,主要适用于煤矿,也适用于空气不流通、瓦斯、煤尘积聚的场所。

(16)锅炉爆炸。指锅炉发生的物理性爆炸事故。

(17)容器爆炸。压力容器一般简称为容器,是指比较容易发生事故,且事故危害性较大的承受压力载荷的密闭装置。容器爆炸是压力容器破裂引起的气体爆炸,即物理性爆炸,包括容器内盛装的可燃性液化气在容器破裂后,立即蒸发,与周围的空气混合形成爆炸性气体混合物,遇到火源时产生的化学爆炸,也称容器的二次爆炸。

(18)其他爆炸。凡不属于上述爆炸事故均可列为其他爆炸事故,如:

可燃性气体如煤气、乙炔等与空气混合形成的爆炸;

可燃蒸气与空气混合形成的爆炸性气体混合物(如汽油挥发等)引起的爆炸;

可燃性粉尘以及可燃性纤维与空气混合形成的爆炸性气体混合物引起的爆炸。

(19)中毒和窒息。中毒是指人接触有毒物质,或误食有毒食物或呼吸有毒气体引起的人体急性中毒事故,窒息是指在废弃的坑道、暗井、地下管道等不通风的地方工作,因为氧气缺乏,发生突然晕倒,甚至死亡的事故。

(20)其他伤害。

8.2.2 危险、有害因素辨识方法

危险、有害因素的辨识方法一般有直接经验法和系统安全分析法两种。

(1)直接经验法。包括经验法和类比法。

经验法是一种对照有关法律、法规、标准、检查表或依靠分析人员的观察分析能力,借助于经验和判断能力直观地评价对象的危险性和危害性的方法。

类比法是一种利用相同、相似系统、作业条件经验的统计资料等来类推,分析评价对象的危险、有害因素,多用于危险因素和作业条件危险因素的辨识过程。

(2)系统安全分析法。应用安全工程系统安全分析的方法进行危险辨识,常用于复杂系统、没有事故经验的新开发系统的危险、有害因素辨识与分析。

8.2.3 矿山主要危险、有害因素的辨识

与其他行业相比,矿山企业生产条件差,作业环境复杂,在进行危险、有害因素辨识与分析时,一般以生产工艺流程为主线,并根据具体的条件、作业方式、使用的设备设施、周边环境、工程地质和水文地质条件等情况综合分析。

危险、有害因素产生危险、危害的后果,需要一定的条件和触发因素,应根据内在的客观规律,分析危险、有害因素的种类、程度、产生的原因和出现的条件及其后果,才能为安全评价提供可靠的依据。

地下矿山、露天矿山、尾矿库主要危险有害因素的辨识有共性的部分,也有不同点,应根据实际情况进行辨识与分析。

8.2.3.1 地下矿山主要危险、有害因素辨识

地下矿山由于生产条件和作业环境相对较差,存在的主要危险、有害因素一般有:冒顶

片帮、透水、放炮、火药爆炸、中毒和窒息、机械伤害、触电、高处坠落、物体打击、车辆伤害、火灾、容器爆炸、锅炉爆炸、淹溺、其他伤害等。

1) 冒顶片帮

冒顶片帮是地下矿山开采过程中的一个主要危险、有害因素，如果预防不当，管理措施不到位，可能会造成大的安全事故。

引发冒顶片帮的原因主要有：地质条件不好、地压活动、采矿方法不合理、采场结构参数或开采顺序不合理、矿柱失稳、顶板管理不善、支护不当或缺乏有效的支护、检查不周和疏忽大意、浮石处理操作不当等。

2) 透水

地下矿山透水危害的主要表现形式有透水、涌水、突水、突泥。其来源主要有地表水系和地下水系。

产生透水危害的主要导水通道有：地表未封堵或封堵质量差的勘探钻孔、断层破碎带、采掘工作面与水体沟通时的通道。

造成透水的主要原因有：

(1) 矿区水文地质资料不准确；

(2) 矿区水文地质勘探程度不够，采掘过程中没有进行超前探水或探水技术、工艺不合理；

(3) 采掘作业过程中破坏了隔水层；

(4) 采掘过程中突然遇到含水的地质构造；

(5) 钻孔、爆破、地压活动等揭露了水体；

(6) 排水设备设施设计、选型不合理；

(7) 地表水大量渗漏、降雨量突然加大造成井下涌水量突然增大；

(8) 采掘过程中没有采取合理的疏水、导水措施，造成采空区、巷道等积水；

(9) 没有及时发现突水征兆或发现突水征兆后没有及时采取探水、防水措施或发现突水征兆后采用了不合适的探水、防水措施；

(10) 违章作业。

3) 放炮

矿山井下开采过程使用大量的炸药，炸药在装药和放炮过程中都有发生爆炸的可能性。炸药爆炸可直接造成人员伤害和设备损坏。

井下爆破作业主要包括掘进爆破和采场爆破两种。

(1) 掘进爆破作业。掘进爆破作业包括平巷、天井、斜井和硐室等主要井巷工程的开挖爆破作业。其特点是作业面小、炮孔布置密集、爆破次数频繁。可能出现的潜在危害是出现盲炮或发生早爆等故障，如盲炮处理不当，便会酿成事故。

(2) 采场爆破作业。采场爆破特点是爆破时一次使用的炸药量相对较大，爆破器材用量较多，由此可能出现的主要危害是装药和点火的失误，发生早爆、迟爆或拒爆等现象。

可能发生炸药爆炸的场所主要有掘进工作面和采场。

放炮危害的主要表现形式有：爆破震动危害，爆破冲击波危害，爆破飞石危害，拒爆、早爆、迟爆、自爆、殉爆危害，有毒有害气体危害。

引发放炮危害的主要原因有：

(1)爆破设计不合理；

(2)因爆破器材质量问题而造成的早爆、迟爆、自爆、拒爆、殉爆；

(3)爆破作业不当，如起爆方式不正确或炸药装填方法不正确；

(4)盲炮处理方法不正确；

(5)爆破器材受潮引起拒爆；

(6)非爆破资质专业人员作业或违章作业等；

(7)人员过失及环境干扰；

(8)防护措施不到位，组织管理不健全、措施不力；警戒不到位、信号不完善、安全距离不够等。

放炮危害的后果主要有：

(1)爆破产生的冲击波，造成设备设施损坏、人员伤亡及岩体失稳；

(2)爆破飞石造成设备设施及人员损坏和伤害；

(3)盲炮处理方法不正确造成的爆炸伤亡；

(4)拒爆、早爆、自爆、迟爆、殉爆等造成设备设施及人员损坏和伤害。

4)火药爆炸

矿山企业一般设有爆破材料库，包括炸药库、起爆器材库等，主要储存炸药、雷管、导爆索等爆破器材。炸药、雷管等爆破器材不仅具有火灾危险，而且具有燃烧、爆炸等特性，产生爆炸危害。

5)中毒和窒息

在井下作业过程中，经常会有各种有毒有害气体的产生，如矿体氧化形成的硫化物与空气的混合物、开采过程中遇到的溶洞、采空区、硐室中积聚的有毒有害气体、爆破后形成的炮烟、火灾产生的有毒有害气体、柴油铲运机以及机动车辆排放的废气、电缆及胶皮类燃烧等。其中，爆破后形成的炮烟是造成井下人员中毒和窒息的主要因素。

引起中毒和窒息伤害的主要原因有五个。

(1)通风设计不合理。如通风设施不足、通风路线不畅、通风能力不够、通风时间短。

(2)违章作业。如人员未按要求撤离到安全地带或在没有排除炮烟时过早进入工作面。

(3)没有设置警戒标志或标志设置不合理，人员进入不安全区域。

(4)遇到含有大量有毒气体、窒息气体、粉尘的地质构造等，大量有毒气体、窒息气体、粉尘突然涌入到工作面或人员作业场所，人员没有必备的防护措施。

(5)其他情况：如风流短路，人员进入有毒气体、窒息气体、粉尘区域并长时间停留，停风等。

中毒和窒息存在的主要场所有：

(1)爆破作业点；

(2)炮烟经过的巷道；

(3)通风不良的巷道；

(4)盲巷、盲井；

(5)炮烟进入的硐室；

(6)采空区等。

6)机械伤害

机械伤害是地下开采矿山生产中最常见的伤害之一，提升运输、掘进、装载、凿岩、钻探、通风、排水、电机等井下各种机械设备都可能会造成机械伤害。

造成机械伤害的主要原因有：

(1)设备设施设计、选型不合理或安装存在缺陷；

(2)设备设施没有必备的安全防护装置；

(3)设备设施没有按规定进行维护保养或检测检验；

(4)没有制订相应的操作规程；

(5)作业人员违章操作；

(6)作业人员无必要的防护器具及防护措施；

(7)运输巷道宽度、高度不够；

(8)没有按规范要求设置躲避硐室。

存在机械伤害的主要场所、设施一般有：

(1)采掘工作面；

(2)提升机房、风压机房、水泵房；

(3)运矿设施；

(4)井下溜破系统；

(5)主通风机、辅助通风机、局扇等。

7)触电

井下生产场所有大量的电气设备、电器线路，可能存在触电伤害。如井下充油型互感器、电容器长时间运行，将产生大量的热量，导致电气设备内部绝缘体破坏，保护监测装置失效；配电线路、开关、熔断器、插销座、电热设备、照明电器、电动机等均有可能引起触电伤害。

造成触电伤害的主要原因有：

(1)电气设备选型、电气线路设计不合理，安装存在缺陷或运行时绝缘老化、绝缘损坏、绝缘击穿、接触不良等；

(2)电器具和照明灯具等形成引燃源；

(3)电弧触电、跨步电压触电、电气接地失效；

(4)没有设置必要的安全防护与技术措施，或者安全防护与技术措施失效。如漏电保护、接地保护或安全防护等技术措施失效；

(5)电气设备运行管理不当，安全管理制度不完善，没有必要的安全组织措施；

(6)井下总接地网以及电气设备接地存在缺陷，接地电阻达不到要求，接地电阻值高；

(7)井下工作面没有采用不高于 36 V 的安全电压；

(8)工人违章作业或操作失误；

(9)没有设置警戒和警示标志。

8)高处坠落

井下作业人员在竖井、天井、溜井、回风井等高处作业或在人行梯子(如回风井、人行天井)上行走，或在安装、检修设备时，可能发生滑跌或坠落事故，这类事故一般发生在光线、脚踏地点条件差，环境复杂的区域，其伤害程度和跌落高度有直接关系。

造成高处坠落的原因主要有：

(1)高处作业时无安全防护设施或安全防护设施损坏；

(2)使用安全保护装置不完善或缺乏的设备、设施进行作业；

(3)安全带、工作服、工作鞋等劳动防护用品穿戴不符合要求；

(4)提升机钢丝绳安全系数不够，未及时检验或更换，钢丝绳发生断裂，提升装置安全设施失灵；

(5)斜井未按规范要求设置人行踏步和扶手；

(6)在竖井、天井、溜井周围未设置必要的防护措施与警示标志，如防护隔栏、照明等；

(7)作业人员疏忽大意，疲劳过度；

(8)作业人员工作责任心不强，主观判断失误；

(9)无相应的安全设施；

(10)作业人员安全意识淡薄或违章作业，高处作业安全管理不到位。

竖井提升是矿山生产中的重要组成部分，竖井提升中的坠罐也属于高处坠落，造成竖井提升坠罐的主要原因有以下三个方面。

(1)设备的不安全状态，包括钢丝绳强度不够，竖井防过卷装置和绞车制动失灵等因素造成的断绳、过卷、蹲罐毁物伤人。提升钢丝绳强度不够，造成断绳主要有以下七个原因。

①锈蚀。钢丝绳受淋水、潮湿和酸性气体、杂散电流等作用，会出现应力集中，产生疲劳，金属变脆，钢丝绳抗拉强度和抗冲击强度降低；

②磨损。缠绕式绞车在多层缠绕时，在变层跨圈处产生对钢丝绳的挤压，称为"跨圈现象"，这种现象使钢丝绳既有横向滑动，又有纵向滑动，造成钢丝绳滑动段的剧烈磨损；

③疲劳。长时间的反复弯曲，使钢丝绳疲劳，强度降低。实践证明，反复弯曲对钢丝寿命影响较大，提升钢丝绳弯曲次数越多，越容易产生疲劳破坏，这是钢丝绳寿命低的重要原因；

④冲击和振动。提升钢丝绳在使用中经常承受各种冲击和振动，主要有松绳引起的冲击、过卷造成的冲击和钢丝绳运动产生的振动三种；

⑤保护装置不全或不起作用；

⑥操作不当。司机责任心不强，业务素质差，操作不当，对事故前的许多征兆没有引起注意，也未采取正确的处理措施，或因缺乏经验反应过慢；

⑦提升钢丝绳超期服役或带隐患运行，检修不及时、不到位。

(2)人员挤罐或信号工、提升工操作失误造成人员坠落。包括操作人员缺乏安全知识，绞车司机工作失职，违章操作等。

(3)安全管理缺陷。如设备使用管理不善，检查、检修制度不健全等。

9)物体打击

在开采过程中，物件、工具、设备等存放不当，天井(切割上山)、溜矿井井筒内滚石等，采场、巷道松石未及时处理或处理不当，掘进、采矿、开凿过程中支护不当等，都有可能发生物体打击，造成人员伤亡，设备、设施损毁。

10)车辆伤害

井下运矿设备、设施及地面运输设备在行驶过程中均可能引起人和物体倒塌、下落、挤压、碰撞等，造成车辆伤害的原因一般有：车辆制动装置失灵、道路泥泞打滑、超速行驶、超载、违章驾驶、扒车、环境条件差、行人在巷道行走安全意识差等。

存在车辆伤害的主要场所有：

(1)掘进工作面、采场装矿点；

（2）运输平巷；

（3）斜坡道；

（4）斜井；

（5）运矿设备维修点（库）；

（6）地表运输道路等。

斜井提升系统是矿山生产中的重要组成部分，斜井提升系统主要可能发生矿车脱轨跑车事故，也属于车辆伤害。脱轨跑车事故除了撞坏井筒和沿巷电缆、风管、水管等设施外，还可能撞伤或撞死作业人员，造成人员伤亡事故。造成跑车事故的主要原因有以下三个方面。

（1）设备的不安全状态。设备存在严重缺陷，包括钢丝绳强度不够，矿车或箕斗与轨道配合缺陷或质量不好，防跑车装置和绞车制动缺失或失灵等；其中钢丝绳断裂或连接装置不牢是发生跑车事故的主要原因，应对其定期检查，加强安全管理。

（2）人的不安全行为。包括操作人员缺乏安全知识，绞车司机工作失职，违章操作，违章坐车等。

（3）安全管理缺陷。如对设备使用、管理不善，检查、监督制度不健全等。

斜井架空乘人装置在运行过程的主要危险有害因素一般有：

（1）人员乘坐动作不熟练，在上下车时摔伤；或不按规定要求乘坐，乘坐人员不将脚放置在蹬座上、摇晃座位等造成擦伤或碰伤；

（2）乘坐过程中钢丝绳脱槽造成人员摔伤；

（3）运行过程中遇紧急停车，乘坐人员未坐稳而摔伤；

（4）乘坐人员身体较高时没有弯曲身体，头部触碰托轮或托梁，造成擦伤或碰伤；

（5）减速器润滑油过少或过多、型号和牌号不对、齿轮啮合不良导致发生飞车事故；

（6）钢丝绳张紧度不够，托绳轮和压绳轮安装未达到要求，轮衬磨损严重造成飞车或打滑而吊绳；

（7）钢丝绳未按规定进行日常检查，或未按要求移动安装位置，造成钢丝绳断绳；

（8）抱索器损坏或抱索力不够，抱索器打滑造成人员伤亡；

（9）保护装置失灵，制动器不能有效制动，造成飞车或打滑引发人员伤亡。

11）火灾

火灾可分为内因火灾和外因火灾。内因火灾也称自燃火灾，指自然物在一定外部（适量通风供氧）条件下，自身发生物理化学变化，产生并积聚热量，使其温度升高，达到自燃点而形成的火灾。外因火灾也称外源火灾，是由外部各种原因引起的火灾。

存在硫化矿石等自燃倾向性的地下矿山应对内因火灾进行辨识。

外因火灾可分为地面火灾和井下火灾两类。

地面火灾是指在矿山工业场地内的厂房、仓库等处所发生的火灾。井下火灾除发生在井下的火灾外，还包括发生在地面井口附近，但其火焰和烟雾能蔓延到井下的火灾。

井下火灾与地面火灾不同，空间有限，供氧量不足。假如火源不靠近通风风流，则火灾只是在有限的空气流中缓慢地燃烧，没有地面火灾那么大的火焰，但生成大量有毒有害气体，这是井下火灾易于造成重大事故的一个重要原因。

在井下各种油类（如燃油、润滑油等）、废弃的油、棉纱、布头、纸和油毡等易燃品，输电线路和直流回馈线路，易燃易爆器材，各类电气设备，进行焊接作业等都可能引起火灾。可燃物质可以由外来的高温热源带来，也可以由可燃物本身的化学或物理变化产生。

引起火灾的原因有：

（1）明火（包括电焊、气焊、明火灯等）所引燃的火灾；

（2）油料（包括润滑油、变压器油、液压设备用油、柴油设备用油、维修设备用油等）在运输、保管和使用时所引起的火灾；

（3）炸药在运输、加工和使用过程中因爆炸所引起的火灾；

（4）电气设备（包括动力线、照明线、变压器、电动设备等）的绝缘损坏和性能不良所引起的火灾；电气设备工作或操作过程中产生的电火花、电气设备或电气线路出现故障时产生的事故电火花、雷电放电产生的电弧、静电火花等；

（5）采用木支护的巷道，电气线路固定在木支架上，因电气线路短路产生火花，极易引燃坑木燃烧。

12）容器爆炸

容器爆炸是指储存或输送高压气体的压力容器及管道，因压力急剧释放，引起伴随爆声的膨胀等情况。在地下矿山生产过程中，容器爆炸主要有：

（1）压风设备、储气罐及输送高压风的管道；

（2）使用压力容器如气割等用的氧气、乙炔瓶。

13）锅炉爆炸

在矿山企业锅炉因使用不当会发生锅炉爆炸，产生锅炉爆炸的原因有：

（1）超压，运行压力超过最高允许压力，锅炉发生破裂；

（2）过热，由于严重缺水或受热面水垢太厚，温度超过极限值；

（3）腐蚀，钢板（管）内外表面腐蚀减薄，强度显著降低；

（4）裂纹或起槽，因操作不当使锅炉产生裂纹或起槽而开裂；

（5）锅炉自身存在的缺陷。

14）淹溺

高位水池、井下水仓等场所，如果没有设置护栏、警示标志，或者因照明不足，人员不慎跌入，会造成淹溺事故。

15）其他伤害。如雷击、地质灾害、照明不良等。

8.2.3.2　露天矿山主要危险、有害因素辨识

露天矿山在开采过程中，存在的主要危险、有害因素一般有坍塌、放炮、火灾、车辆伤害、机械伤害、物体打击、高处坠落、触电、火药爆炸、容器爆炸、锅炉爆炸、淹溺、其他伤害等。

火药爆炸、锅炉爆炸、容器爆炸等危险、有害因素与地下矿山基本相同，前面已做介绍，在此不再论述。

1）坍塌

露天矿山开采时大气降水是地表水的主要来源，降水和裂隙水一般均可沿自然地形自流排出，如无防排水措施，雨水直接冲刷边坡面，破坏边坡的稳定性，可能造成边坡坍塌。

在露天矿山开采过程中，如果遇到地质条件复杂、节理裂隙和断层发育，采场边坡与岩层倾向相同时，很容易发生楔形滑落，甚至造成大范围的坍塌。

开采工艺设计不合理，或不严格按设计要求作业，导致边坡高度、边坡角等参数与设计不符，甚至在边坡底部实施掏采等违章作业，容易造成边坡坍塌。

露天与地下联合开采或存在地下采空区时的露天开采,如果安全隔离矿柱厚度不够或设计存在缺陷,或安全管理措施不到位,生产过程中可能发生塌陷危险,对人员、设备造成危害。

排土场排土方式不当,排土工艺不合理,没有实施分层排放,导致排土场边坡超高、边坡角过陡,在雨水等外界因素的作用下,排土场边坡失稳,造成排土场坍塌。

2)放炮

爆破作业是露天矿山的主要生产工序之一,也是露天矿山存在的主要危险因素。爆破作业所面临的对象是炸药、雷管等易燃易爆品,由于炸药本身易爆,能量巨大,爆炸时产生巨大的震动、冲击波,在生产过程中,使用不当或处理不当,均会产生放炮危害,对作业人员、建(构)筑物及设备等造成很大的危害。

(1)放炮危害的种类

常见的放炮危害有爆破震动、冲击波、飞石、拒爆、早爆、迟爆、有毒有害气体等。

①震动危害

爆破时,在距离爆源一定范围内,岩土体中产生一定的弹性波,即爆破地震。露天采场爆破时,因一次性炸药使用量一般较大,爆破地震也相对较为强烈,对一定范围内的建(构)筑物、工业场地内的设施设备、人员等会有一定的影响,容易产生爆破震动危害。

②冲击波危害

爆破时,部分爆炸气体产物随崩落的岩土冲出,在空气中形成冲击波,对附近人员、建(构)筑物等设施造成危害。

③飞石危害

爆破时,个别散石会飞散较远,对附近人员造成伤害或损坏建(构)筑物等设施。产生飞石危害的主要因素一般有:岩石特性的影响,由于岩体的不均匀性,从软弱处冲出岩块形成飞石;地质因素及地形因素的影响;爆破设计与施工不当,如药量过大、填塞长度不够或填塞质量不好、最小抵抗线过小、多段微差爆破中起爆顺序不当或延迟时间过短等等。

目前,我国采用安全距离作为爆破飞石危害的判定指标,人员在小于安全距离以内均有可能受到爆破飞石的危害。

④拒爆危害

爆破作业中,由于各种原因造成起爆药包、雷管或导爆索瞎火,炸药的部分或全部未爆的现象称为拒爆。在爆破作业中产生拒爆,不仅影响爆破效果,而且在处理时会带来很大的危险。如果未能及时发现或处理不当,将可能造成安全事故。

⑤早爆危害

早爆是在实施爆破前发生的意外爆炸,即在爆破作业中未按规定的时间提前引爆的现象。早爆将对人员、设备设施造成极大的危害,酿成重大安全事故。

⑥迟爆危害

迟爆是指起爆器材在规定的最大引爆时间内未发生起爆的现象,迟爆同样将对作业人员、设备设施等造成很大的伤害。

⑦有毒有害气体危害

炸药爆炸时产生的有毒有害气体一般有:一氧化碳和氮氧化物等。在深凹露天矿爆破作业过程中,如未能加强爆破后的通风,人员违章作业,容易发生有毒有害气体中毒窒息事故。

(2)引发放炮危害的主要原因

①爆破设计不合理、施工不当。

②炸药及爆破器材受潮、遇水或存在质量问题。

③爆破作业不当，如起爆方式、炸药装填方法不正确，爆破网络连接错误等。

④盲炮处理方法不正确。

⑤在雷雨等不良天气条件下进行爆破作业，如雷电、温度过高等引起自爆。

⑥非爆破资质专业人员作业或违章作业等。

⑦炸药运输过程中强烈的振动或摩擦。

⑧人员过失及环境干扰。

⑨防护措施不到位、组织管理不健全、措施不力、警戒不到位、信号不完善、安全距离不够等。

⑩放炮后人员过早进入工作面，造成炮烟中毒。

（3）放炮危害的后果

①爆破产生的冲击波，造成附近人员伤亡、设备设施损坏、岩体失稳等。

②爆破飞石造成设备设施损坏、人员伤害。

③盲炮处理方法不正确造成人员伤亡。

④早爆、迟爆、自爆、拒爆等设备设施损坏、人员伤害。

⑤爆破产生的有毒有害气体对作业人员的身体造成极大的伤害，甚至中毒死亡。

3）火灾

露天矿山在工业场地内一般设有爆破器材库、原料库、油料库等。在生产中使用大量的大型液压采掘设备和无轨运输设备，而轮胎、胶带、各种电气设备的绝缘物等大多属于易燃物质，在运行过程中，采掘运输设备因电流过大发热起火，开关合上或断开时产生的电弧，以及断路、接地或设备损坏等均可能产生火花，引发火灾，甚至导致爆炸。引起火灾的主要原因有：

（1）设备原因，如不符合防火要求，电气设备安装、使用、维护不当等；

（2）物料原因，如可燃物质自燃，机械摩擦、碰撞或撞击发热、在运输装卸时受到剧烈振动等；

（3）环境原因，如高温、通风不良、雷击、静电、地震等自然因素；

（4）管理原因等，如组织管理机构不健全，安全生产责任制未落实，操作规程不规范，培训制度不完善等等。

4）车辆伤害

露天矿山在生产中大量使用运输车辆，容易发生车辆伤害。引起车辆伤害的原因主要有：

（1）车辆种类、数量较多，如运矿汽车、电机车、材料车、翻斗车、压路机、装载车、工程指挥车等，如管理不善，信号失灵，容易发生碰撞、追尾等事故；

（2）运输距离较大，路况较差，车辆驾驶员疲劳驾驶；

（3）车辆超载；

（4）自然条件不利的影响，如雾天、冰雪、雨水等天气，容易造成驾驶员视线不良、路面变滑等；

（5）采场运输车辆、装载车辆一般为大型车辆，驾驶人员视线容易被遮挡，在作业过程

中无关人员进入采场运输道路,可能发生车辆伤害事故;

(6)安全管理不到位,如车辆驾驶员未经过培训、未取得驾驶执照、或者驾驶员对安全驾驶的重要性认识不足,思想麻痹、违章驾驶、路面缺乏维护保养、车辆没有按相关规定维修保养、或带病运行,均可能造成车辆伤害事故的发生。

5)机械伤害

在穿孔、铲装、运输、排土、破碎等生产作业过程中,均使用了大量的机械设备,如潜孔钻机、牙轮钻机、液压挖掘机、铲装机、推土机、破碎机、液压破碎锤、空压机、皮带输送机等,这些设备运行时,其传动机构的外露部分,如齿轮、传动轴、链条、胶带等均可能对人体造成机械伤害。

造成机械伤害的主要原因有:设备设施设计、选型不合理或安装存在缺陷,人员违章作业,设备防护设施不全,设备安全性能不良,没有按规定进行维护,没有制订相应的操作规程等等。

6)物体打击

露天矿山在生产过程中,特别是进行铲装、排土作业时,由于作业环境、管理等原因,导致矿(岩)堆过高,或形成伞檐,或边坡上浮石及上台阶工作平台碎石清扫不及时等,受到爆破、铲装、运输等影响,很可能发生滚石滑落,对下部平台作业人员或设备设施造成危害。造成滚石危害的主要原因有:

(1)浮石、伞檐等处理不及时;

(2)浮石、伞檐处理操作方法不当;

(3)作业时边坡受到爆破震动影响,引起浮石突然下滑;

(4)安全平台宽度不够,不能充分缓冲、阻截滑落的岩石;

(5)处理浮石时操作人员技术不熟练,站立位置不当,当浮石下落时无法躲避等等。

7)高处坠落

(1)由于露天采场作业场所高差一般均较大,可能出现人员、设备等从台阶坡面坠落。

(2)排土作业时,由于没有人员指挥、没有设置安全堤挡和反向坡、夜间照明不良等,汽车卸载时可能从排土场边高处坠落。

(3)露天矿山台阶、行人坡道、采掘工作面等均可能发生高处坠落伤害事故。

(4)地下开采转露天开采过程中,采空区塌陷可能造成人员伤亡,车辆、设备的损害。

8)触电

在生产过程中采用的采掘设备、运输设备、空压机、水泵等各种用电设备、电气装置及配电线路,如果供电电缆绝缘性能较差,或与金属管(线)和导电材料接触或横穿公路时未设置防护措施,电力驱动的钻机、挖掘机、机车内,没有配备完好的绝缘手套、绝缘靴、绝缘工具和器材等,在停、送电和移动电缆时,操作人员没有穿戴和使用防护工具,触及电气设备裸露部分,无保护罩或遮栏、警示标志等,均有可能引起触电危害。

9)淹溺

进入凹陷露天开采后,如果没有采取防排水措施或防排水设施配置不满足要求,在暴雨季节可能会大面积积水,产生淹溺事故,并引发水灾危害。

在开采过程中,如未及时发现岩溶或老采空区(老隆),可能发生突水等事故。

10)其他伤害

在露天开采过程中,还存在滑坡和泥石流、雷击、雪融、不良地质条件等其他危害。

（1）滑坡和泥石流

滑坡是露天矿山边坡岩（土）体沿其内部软弱结构面做整体滑动，在较大范围内沿某一特定剪切面滑动而丧失稳定性的结果。在滑动前，滑体的后沿会出现张裂隙，而后缓慢滑动，成周期性快慢更迭，最后骤然滑落。滑坡不仅造成人员伤害，而且对露天矿山采场、排土场会造成严重的破坏。

泥石流是指因暴雨或其他自然灾害条件引发的山体滑坡，并携带有大量泥沙以及石块的特殊洪流。在露天矿山采场、排土场均有可能产生滑坡、泥石流危害。

引起滑坡、泥石流危害的主要原因有：

①不良地质条件，如断层接触带、矿岩破碎带、节理裂隙发育、软弱岩层穿插、地下水影响等等；

②地压，露天采场开采后，影响了岩体的整体性，破坏了岩体的应力分布，可能造成岩体的失稳；

③爆破参数设计不合理，露天采场爆破时，如果爆破参数设计不合理，会破坏边坡的稳定性。如炮孔深度、炮孔间距、炮孔排距、最小抵抗线等不当，装药量过大，炮孔填塞长度不够、填塞质量不当、坡底超挖等等；

④雨水影响，矿岩中有含水层或降雨量大时，露天坑顶部的截水沟、边坡排水沟等不畅通时，雨水汇流后直接冲刷边坡面，诱发滑坡危害；

⑤冰冻影响，露天边坡由于受冰冻的影响，破坏了边坡的稳定性，可能发生崩塌和滑坡事故；

⑥维护加固不当，当出现滑坡征兆时，因加固措施不当，施工水平、施工工艺存在问题时，也会引起滑坡；

⑦排土场排土工艺设计不当、边坡较高、较陡、基底存在软弱岩层、排弃物料中含有大量泥土和风化岩石，在地表汇水和雨水的作用下，排土场边坡可能会发生垮塌或泥石流危害；

⑧边坡参数设计不合理。

（2）雷击

雷雨云对地放电形成雷击。雷击发生时，强大的冲击电压和雷电流会毁坏各种电气设备，强烈的空气扰动会使建筑物和设备损坏，其热效应会引起火灾，还可能击中人员造成伤亡事故。除直击雷外，还有雷电感应、球型雷和雷电侵入波等都可造成危害。雷电还可能通过静电感应或电磁感应产生破坏作用。

工业广场、爆破器材库、油库等地表建筑及设施，存在遭受雷击的危害。若防雷设施设计不合理、施工不规范、接地电阻值不符合规范要求，则雷电过压在雷电波及范围内会严重破坏建筑物的设备设施，一旦遭受雷击，就可能引起火灾、爆炸、人员伤亡等事故的发生。

（3）雪融

在高寒、高海拔地区，冰雪冻融可能使裂隙岩体中的水量短时间内剧增，不仅裂隙中的孔隙水压力急剧上升，同时会使岩体中软弱夹层中的软岩强度弱化，从而加剧岩体变形，可能造成露天矿山边坡失稳。

（4）不良地质条件

溶洞、塌陷坑、地下不明空区等不良地质条件直接影响边坡、平台、道路、设备设施的正常运行，严重时可能造成设备设施损失、人员伤亡。

8.2.3.3　尾矿库主要危险、有害因素辨识

尾矿库是贮存金属非金属矿山矿石选别后排放尾矿的场所，是矿山重要的生产设施和组成部分。

矿山选矿厂排出的尾矿属于工业废料，若未经妥善处理，将严重危害环境。尾矿库一旦垮塌，必将对下游居民、设施等造成重大的损失。

尾矿库在建设与运行过程中，主要危险、有害因素一般有：坍塌、车辆伤害、高处坠落、物体打击、机械伤害、淹溺、其他伤害等。

1）坍塌

在尾矿库运行过程中，溃坝、洪水漫顶、渗流破坏、结构破坏、坝坡失稳、地震液化、山体滑坡与泥石流等均属于坍塌危害。

（1）溃坝

坝体的稳定性直接关系到尾矿库的安全，坝体失稳会引起坝体滑坡甚至溃坝。有些滑坡是突然发生的，有些是先由裂缝开始的，如不及时采取措施，任其逐步扩大和漫延就可能造成重大的溃坝事故。

尾矿库溃坝因其突发性强，其危害严重，产生的破坏巨大。引起溃坝的因素主要有自然条件、工程地质勘察、设计、施工、管理、社会因素及其他原因等。

①自然条件

库区或坝址存在如地形、地质及地震等影响尾矿库构筑物稳定的不良自然条件，暴雨时可能形成冲击力、破坏力很强的山洪冲击库区周边山体，山体植被遭到破坏，可能引发山体滑坡和泥石流。大量的山洪、泥石流可能摧毁坝体、库区交通及房屋等生产、生活设施，造成人员、财产的巨大损失。

②工程地质勘察、设计

对不良地质情况工程地质勘察不明，坝址选择不当，位于工程地质不良地段或基岩体内存在与坝体边坡同向的破碎带、软弱夹层等不连续面时，可能构成滑坡的滑动面，造成坝体滑坡、溃坝。

尾矿坝坝型、坝体结构参数设计不当，坝体外坡过陡，初期坝坝顶宽度过窄，坝体抗滑稳定最小安全系数达不到安全技术规范要求，可能发生尾矿坝局部或整体的滑动；排洪系统型式、断面尺寸等设计不当，造成排洪能力达不到要求；排渗设施设置不合理，导致尾矿不能及时固结，致使坝体稳定性降低，可能造成坝体滑坡、溃坝危害。

③施工

因施工原因造成的坝体质量缺陷，在外力作用下或在渗水饱和后，可能导致坝体沿坝体和岩体结合部或弱面滑坡。由于坝基基础清理不彻底或处理不当，坝体堆筑材料达不到规范、设计的要求或碾压不密实等施工缺陷，都有可能造成坝体滑坡、溃坝。

④管理

矿山企业未设置尾矿库专职安全管理人员，缺少必要的资金投入，未建立健全的尾矿库管理及检查制度，未按要求编制应急预案，未建立健全的操作规程，对潜在的滑坡危险地段不能及时发现和采取有效的加固措施。

⑤社会原因

周边居民破坏尾矿库相关安全设施，如堵塞排洪道，或非法在库区从事采石、爆破等危

害尾矿库安全的作业活动，或在坝体上耕作、施工违章建筑等，在库区周边堆置物料或向库内排放其他废液料等人为因素。

⑥其他原因

强烈地震引起坝体滑坡、溃坝；持续的特大暴雨，使坝坡土体饱和或溪流河水浸泡坝体，风浪冲刷等。

（2）洪水漫顶

洪水漫顶也是造成溃坝的主要原因之一。降雨时，库内洪水排泄不及，库内水位升高，水位漫过坝顶，冲刷坝顶、坝坡面，可能导致坝体溃决，造成库内洪水挟带尾矿下泄，给下游造成巨大的人员伤亡和财产损失。

造成洪水漫顶的主要因素有：

①上游拦洪坝失效，或主隧洞泄流能力不足，上游洪水涌入尾矿库内，库内排洪系统无法及时排走洪水，水位升高，导致漫顶事故发生；

②设计洪水标准偏低，排洪设施排洪能力偏小，不能满足排洪需求；

③降水量短时间内骤增，超尾矿库防洪标准；

④排洪系统施工单位不具备相应资质，无相关施工经验，施工质量达不到设计、规范的要求；施工时随意改变设计的排水方式和排水设施参数；

⑤排水构筑物设计强度不符合要求或未按设计施工；

⑥库区山体滑坡堵塞或破坏了排洪设施；

⑦排洪系统遭受人为堵塞或破坏，不能正常排水；

⑧尾矿库库内堆置其他物料，或在库中放矿，侵占调洪库容；

⑨设计以外的尾矿、废料、废水进入尾矿库内；

⑩对库区、坝体、排洪设施等出现的隐患未能采取及时的处理措施；缺乏抗洪准备和防汛应急措施，对洪水可能造成的破坏没有编制应急预案。

（3）渗流破坏

渗流破坏也是导致尾矿库坝体失稳、溃坝的主要原因之一。尾矿坝坝体及坝基的渗流有正常渗流和异常渗漏之分。正常渗流有利于尾矿坝坝体及坝前干滩的固结，从而有利于提高坝体的整体稳定性，异常渗漏则是有害的。由于设计考虑不全、施工不当以及后期管理不善等原因而产生的非正常渗流，坝外坡沼泽化，可能导致渗流出口处坝体产生流土、冲刷及管涌多种形式的破坏，降低坝体稳定性，严重时可导致垮坝事故。

（4）结构破坏

结构破坏主要表现形式有坝体结构产生裂缝和排洪构筑物结构破坏。

坝体裂缝按其方向可分为龟裂缝、横向裂缝（垂直或斜交于坝轴线）、纵向裂缝（平行坝轴线）；按其产生的部位可分为表面裂缝和内部裂缝；按其产生的原因可分为干缩裂缝、沉陷裂缝和滑坡裂缝。

①干缩裂缝

由于坝体受天气影响，土料中水分大量蒸发，在土体干缩过程中产生干缩裂缝，多表现为密集交错、无特定方向、裂缝间距较均匀、无上下错动、与坝体表面垂直等特点。

②横向裂缝

横向裂缝一般接近铅直或稍为倾斜地伸入坝体内，它对坝体具有极大的危害性，是由于沿坝轴线纵剖面方向相邻坝段及坝基产生的不均匀沉陷所造成。

③纵向裂缝

纵向裂缝多发生在坝顶，并位于坝轴线或内外坝肩附近，但有时也在坝坡上发生。

纵向裂缝主要是坝体横断面上不同的土料固结速度不同、坝坡过陡、风浪淘刷等原因产生的不均匀沉陷。

排洪构筑物结构破坏的主要原因一般有：

①设计、施工不符合规范要求，在尾矿库运行过程中排洪构筑物结构遭到破坏；

②疏忽了排水构筑物的日常检查、维修维护工作，导致漏砂、漂浮杂物沉积并堵塞进、出水管道；

③未及时处理废弃的排水构筑物；

④负重、锈蚀等因素导致排水井、排水隧洞破损、断裂、垮塌；

⑤地形、地质条件导致构筑物沉降、变形，排水构筑物功能失效；

⑥坝坡失稳。

尾矿坝坝坡一旦被破坏，就会使坝体处于失稳状态，可能引起垮坝危险。

尾矿坝坝坡的稳定性主要与坝型、尾矿组成及成分、筑坝材料特性、渗透性、坝坡坡度及坝体高度以及是否存在软弱基础、坝体内是否存在软弱夹层等因素有关。发生坝坡失稳的原因主要有自身原因、外部原因和人为原因等。

①自身原因。排渗设施失效，导致浸润线过高，降低了坝体的稳定性，造成坝体局部失稳；或因存在软弱基础造成坝体局部过度沉陷，产生裂缝，破坏坝体的稳定。

②外部原因。主要有地震、暴雨和泥石流等。

③人为原因。主要有：

A.在尾矿库的管理过程中忽视库内存水的破坏性，造成坝坡失稳破坏；

B.在坝体的施工和运行过程中，若不能满足设计要求，引起坝体失稳、破坏甚至造成重大事故发生；

C.在库区范围内进行爆破、采石、挖土、滥挖尾砂等作业；

D.尾矿排放不规范，长期独头排放尾矿，致使尾矿顺坝流淌，冲刷子坝坝脚，造成细粒级尾矿在坝前大量聚集，影响坝体的稳定；

E.异常渗流造成浸润线抬升，逸出点由渗流水砂变为流土，长时间作用易造成坝坡产生蠕动、失稳、变形及滑坡等；

F.尾砂排放方式、子坝堆筑方法、堆筑坡度等影响后期堆积坝的稳定性，也是造成坝坡失稳甚至造成事故危害性的一个重要因素。

（5）地震液化

尾矿坝与一般的碾压堆石坝相比，筑坝材料相对疏松，更容易发生液化破坏。当饱和砂土或尾矿泥受到水平方向地震运动的反复剪切或竖直方向地震运动的反复振动，土体发生反复变形，因而颗粒重新排列，孔隙率减小，土体被压实，土颗粒的接触应力一部分转移给孔隙水承担，孔隙水压力超过原有静水压力，动力抗剪强度完全丧失，变成黏滞液体，这种现象称为砂土振动液化。影响砂土液化最主要的因素为土颗粒粒径、砂土密度、上覆土层厚度、地震强度和持续时间、与震源之间的距离及地下水位等。

各地区发生地震的概率不一致，但考虑到一旦发生较大地震，引起溃坝事故造成的危害巨大,因此,仍然需要注意地震液化的可能性。

(6)山体滑坡与泥石流

在大雨或暴雨季节,容易产生山体滑坡产生泥石流。泥石流从高陡山坡一泻而下,可能直接冲刷坝体、毁坏、堵塞排洪系统,同时侵占调洪库容,库内积水不能正常排出,造成洪水漫顶、坝体垮塌等严重后果。

2)车辆伤害

在尾矿库建设、运行、尾矿回采和闭库过程中,均存在车辆伤害。发生车辆伤害的主要原因一般有:

①车辆在库区行驶,行车道路不符合要求,路况不佳等,可能引发交通事故;

②转弯半径小,或车辆在坝上行驶,边缘不牢固,容易发生车辆从坝上掉落、翻车等事故;

③车辆没有进行定期检验、维修、保养,带病运行;

④驾驶员未按行车规定行驶。

3)高处坠落

在库区从事筑坝、巡视检查、架设与拆卸管道等作业时,存在高处坠落的危险。发生高处坠落的原因主要有:

①没有按要求配备、使用个人安全防护设施;

②梯子使用不当;

③安全防护设施损坏;

④工作人员责任心不强,主观判断失误;

⑤安全保护装置不完善或缺乏必要的设备、设施;

⑥作业人员疏忽大意、疲劳作业;

⑦缺少照明设施或照明不良;

⑧上下坡度太陡,梯子架设不牢或者没有扶手;

⑨未设置安全警示标识,或安全警示标识设置不当;

⑩安全管理不到位。

4)物体打击

尾矿库在日常的运行过程中,存在滚石、崩块等物体打击伤害,主要包括:

①在库区巡坝等工作过程中,山体掉落的岩石等对作业人员的打击;

②在斜槽、溢流水塔等设施封堵过程中,封堵槽滚落或坠落对作业人员的打击;

③设备、工具、零配件等坠落物的砸伤。

5)机械伤害

尾矿库在筑坝和尾矿回采等作业过程中存在机械伤害的危险。发生机械伤害的原因主要有:

①违章操作或穿戴不符合安全规定的服装进行设备操作;

②机械设备安全防护装置缺乏或损坏、被拆除等;

③操作人员疏忽大意,身体进入机械危险部位;

④检修和正常工作时,机器突然被人随意启动;

⑤人员在不安全的机械设备上停留、休息;

⑥安全管理存在缺陷。

6）触电

尾矿库使用的电气设备，如电动机、配电线路、电热设备、插销座、照明灯具等，在运行、操作和检修过程中，由于设备设施产品质量差，绝缘性能不良或因运行不当、机械损伤、维修不善等导致绝缘老化破损或设计安装不规范，安全距离不足，或违章操作，均可能引发触电。

7）淹溺

在尾矿库运行期间，在库尾会形成较大面积的水域，作业人员在库区从事巡视、检查、管道维护及排水井加盖井圈等作业时，均存在发生淹溺的危险。造成淹溺的主要原因有：

①无防护措施冒险进入水面区域作业；

②乘船作业时，攀坐在船上不安全的位置；

③地面湿滑；

④巡视库区山体时，从高处坠落库中；

⑤作业场所狭小；

⑥照明条件不良。

8）其他伤害

尾矿库可能出现的其他伤害有雷击、生物危害等。

8.2.4　重大危险源辨识

重大危险源是指长期或临时地生产、使用或储存危险化学品，且危险化学品的数量等于或超过临界量的单元。重大危险源如控制不当，则可能导致重大事故的发生，产生严重的社会影响。

重大危险源一般分为生产场所重大危险源和储存区重大危险源。

重大危险源的辨识一般应从是否存在一旦发生泄漏可能导致的火灾、爆炸、中毒等重大危险物质出发进行辨识与分析。

矿山企业是否存在危险化学品重大危险源，一般可根据《危险化学品重大危险源辨识》（GB 18218—2018）进行辨识。危险化学品重大危险源辨识的依据是危险化学品的危险特性及其数量，在《危险化学品重大危险源辨识》（GB 18218—2018）中，详细列出了危险化学品名称及其临界量。

8.3　安全评价方法

8.3.1　安全评价方法分类

开展安全评价时，应根据评价对象选择适用的评价方法。目前，安全评价方法的分类方式较多，一般的分类方法有：按评价结果的量化程度、评价的逻辑推理过程、评价所针对的对象、评价所需达到的目的等，其中按评价结果的量化程度最常用。

按评价结果的量化程度可分为定性和定量两种评价方法。

定性评价方法主要是根据经验和直观判断能力，对生产系统的工艺、设备、设施、环境、人员、管理等方面的状况进行定性分析，评价的结果是一些定性的指标。属于定性评价方法的有：安全检查表法、预先危险性分析法、专家现场询问观察法、因果图分析法、故障类型和影响分析法等。

定量评价方法是运用基于大量的实验结果和广泛的事故统计分析获得的指标或规律（数学模型），对生产系统的工艺、设备、设施、环境、人员、管理等方面的状况进行定量分析，评价的结果为定量的指标。如事故发生的概率、事故的伤害（或破坏）范围、定量的危险性、事故致因因素的事故关联度或重要度等。属于定量评价方法的有：故障树分析法、事件树分析法、概率评价法、风险矩阵分析法等。

在安全评价过程中，可以借助有限元法（FEM）、不连续变形分析法（DDA）、离散单元法（DEM）、有限差分法（FDM）、边界元法（BEM）、相似材料模拟法等方法或手段进行计算分析。

8.3.2 常用评价方法

安全评价方法比较多，适用于矿山安全评价的方法一般有安全检查表法、危险指数法、预先危险性分析法、故障假设分析法、故障假设/检查表分析法、因果图分析法（鱼刺图法）、故障类型及影响分析法、故障树分析法、事件树分析法、人员可靠性分析法、作业条件危险性评价法、危险和可操作性研究法、专家评议法、工程类比法、经验分析法、模糊评价数学模型分析法、层次分析法、灰色关联度分析法、神经网络分析法等。

矿山生产系统是一个复杂的系统，存在的各种危险、有害因素也不尽相同，其评价方法的选择也多种多样，由于我国矿山安全评价工作起步相对较晚，目前所采用的评价方法有一定的局限性，需要从事矿山安全评价工作者的不断研究、开发，形成一套完整的适用于矿山安全评价的方法或体系。

在开展矿山安全评价时，比较常用的评价方法有安全检查表法、预先危险性分析法、因果分析法（鱼刺图法）、故障类型及影响分析法、故障树分析法、事件树分析法、人员可靠性分析法、作业条件危险性评价法、专家评议法、模糊评价分析法等。此外，可根据评价项目的实际情况及特点，选择适合的其他评价方法。在对同一评价单元进行评价时亦可采用多种评价方法进行评价。

1）安全检查表法

安全检查表法（safety check list，SCL）是一种常用的评价方法，也是安全系统工程中最基础、使用最广泛的一种定性分析方法。安全检查表法是对工程、系统的设计、装置条件、维修等进行详细的检查，以识别所存在的危险性，督促各项安全法律法规、制度、标准实施的一个较为有效的工具。

安全检查表法是将被评价系统进行剖析，分成若干个单元或层次，列出各单元或各层次的危险因素，然后确定检查项目，把检查项目按单元或层次的组成顺序编制成表格，以提问或现场观察等方式确定各检查项目的状况，并填写到表格对应的项目上，从而对系统的安全状态进行评价。

（1）基本内容

安全检查既要系统全面，又要简单明了、切实可行。安全检查表涉及人、机、物、法、环、管等方面，包括以下6个方面的基本内容。

①总体要求。包括建设条件、平面布置、建筑标准、交通、道路等。

②生产工艺。包括原材料、燃料、生产过程、工艺流程、物料输送及储存等。

③机械设备。包括机械设备的安全状态、可靠性、防护装置、保安设备、检控仪表等。

④安全管理。包括管理体制、规章制度、安全教育及培训、人的行为等。

⑤人机工程。包括工作环境、工业卫生、人机配合等。

⑥防灾措施。包括急救、消防、安全出口、事故处理计划等。

安全评价中安全检查的内容重点应放在调查分析或识别出来的危险有害因素所对应的安全设施上，从预防、控制、减灾的角度出发，判别安全设施是否符合要求。

（2）安全检查表制作

安全检查表是安全管理和安全检查一种有效的手段，按照其应用范围，可分为设计用安全检查表、企业安全检查表、车间安全检查表、管理及岗位安全检查表等，矿山企业安全检查表基本格式一般如表8-1所示。

表8-1　×××安全检查表

序号	检查项目	检查内容	检查依据	检查情况	结论	改进意见或措施

检查人员（签字）：　　　　　　　　　　　　　　　　检查日期：　　　年　月　日

在表8-1中，应直接陈述检查情况，结论可采用"是""否""符合"；检查人员应签字并注明检查的日期，便于分清责任。

在制作安全检查表时，可根据实际情况进一步细化安全检查表内容，增添相应的栏目，也可根据检查内容的重要性加入"权重值"或"否决项"，便于不同检查内容之间的比较。

（3）优缺点

①优点

A.能够事先编制检查表，有充分的时间组织有经验的人员来编写，并且可以不断完善，不至于漏掉能导致危险的关键因素。

B.可以根据标准、规范和法规等进行检查，做出准确、客观的评价。

C.检查表的应用方式有回答方式和现场观察方式，给人的印象深刻，能起到安全教育的作用，表内还可注明改进措施的要求，隔一段时间后重新检查改进情况。

D.简明易懂，容易掌握。

E.安全检查表的编制过程是一个系统安全分析的过程，检查人员可以通过编制过程，更加深刻地认识系统，发现潜在的危险因素。

②缺点

A.只能做定性的评价，不能给出定量的评价结果。

B.识别的危害种类完全依赖于安全检查表的设计。

C.只能对已经存在的对象进行评价，如果要对处于规划或设计阶段的对象进行评价，必须找到相似或类似的对象。

D. 针对不同的需求,需要事先编制大量的检查表,工作量大,且安全检查表的质量受编制人员的知识水平和经验影响较大。

(4)适用范围

安全检查表可以对安全生产管理、熟知的工艺设计、物料、设备或操作过程等进行评价。它常用于专门设计的评价,也能用于新开发工艺过程的早期阶段评价,判定或估测危险,还可以对运行多年的在役装置的危险进行检查。一般适用于项目建设、运行过程的各个阶段,常用于安全验收评价、安全现状评价等。

(5)编制时应注意的问题

①安全检查表内容包括法律、法规、标准、规范和规定。在编制安全检查表时,应随时关注并采用新颁布的有关法律、法规、标准、规范和规定,执行现行、有效的版本。正确使用安全检查表,不仅可以保证每个设备符合法律法规和标准的要求,而且可以识别出需进一步分析的内容。

②安全检查表分析是基于经验的一种评价方法,编制安全检查表的评价人员应当熟悉装置的操作、标准和规程,并从有关渠道(如内部标准、规范、行业指南等)选择合适的安全检查的内容。安全评价人员在进行评价时必须首先获得一份安全检查表,如果无法获得前人已经编制的安全检查表,评价人员必须运用自己的经验和可靠的参考资料编制合适的安全检查表;所拟订的安全检查表应当通过评价能够回答安全检查表所列的问题,能够发现系统的设计和操作等各方面与有关法律法规、标准不符的内容,应特别注意防止漏项或给出无法回答的问题。

③应用安全检查表实施检查时,必须按编制的内容,逐项、逐内容、逐点检查,有问必答、有点必检,按规定的要求填写清楚,为系统分析及安全评价提供可靠、准确的依据。

④应用安全检查表进行检查时,注意信息的反馈及整改。

⑤各类安全检查表均有适用对象,不宜通用。

2)预先危险性分析法

预先危险性分析法(preliminary hazard analysis, PHA)又称为初步危险分析法,主要用于对危险物质和装置的主要工艺区域等进行分析。通过预先危险性分析,可以解决以下 5 个方面的问题:

(1)大体识别与系统有关的主要危险、有害因素;

(2)分析、判断危险、有害因素导致事故发生的原因;

(3)评价事故发生时对人员及系统产生的影响,事故可能造成的人员伤害和系统破坏、物质损失情况;

(4)确定已识别危险、有害因素的危险性等级;

(5)提出消除或控制危险、有害因素的对策措施。

通过对评价项目、装置等开发初期阶段的物料、装置、工艺过程以及能量失控时可能出现的危险性类别、条件及可能造成的后果,进行宏观的概略分析,辨识系统中潜在的危险、有害因素,确定其危险性等级,防止这些危险、有害因素失控,导致事故的发生。

(1)分析步骤

采用预先危险性分析方法进行分析评价的步骤一般如下:

①通过经验判断、技术诊断或其他方法，调查确定危险源及其存在地点，即识别出系统存在的危险、有害因素并确定其存在于系统的哪些子系统（部位），对所需分析系统的生产目的、物料、装置及设备、工艺过程、操作条件以及周围环境等进行充分详细的调查了解；

②根据经验教训及同行业生产中发生事故（或灾害）的情况，类比判断所要分析的系统中可能出现的情况，查找能够造成系统故障、物质损失和人员伤害的危险性，分析事故（或灾害）可能的类型；

③对确定的危险源分类，并制作预先危险性分析表；

④识别转化条件，即研究危险、有害因素转变为危险状态的触发条件和危险状态转变为事故（或灾害）的必要条件，进一步寻求对策措施，检验对策措施的有效性；

⑤进行危险性分级，排列出轻重缓急次序，以便处理；

⑥制订事故（或灾害）的预防性对策措施。

（2）危险性等级划分

在分析系统的危险性时，为了衡量危险性的大小及对系统破坏性的影响程度，一般将危险划分为四个等级，见表8-2。

表8-2　危险性等级划分表

级别	危险危害程度	可能导致的后果
Ⅰ	安全的	不会造成人员伤害及系统破坏
Ⅱ	临界的	处于事故的边缘状态，暂时还不会造成人员伤亡、系统损坏或降低系统性能，但应予以排除或采取控制措施
Ⅲ	危险的	会造成人员伤亡和系统损坏，应立即采取防范对策措施
Ⅳ	灾难性的	造成人员重大伤亡及系统严重破坏的灾难性事故，必须予以果断排除并进行重点防范

（3）分析要点

①应考虑工艺特点，列出其危险性和危险状态。如原料、中间产品和最终产品，以及它们的反应活性、操作环境、装置、设备、设备布置、操作活动（测试、维修等）、系统之间的连接、各单元之间的联系、防火及安全设备等。

②划分危险等级，在分析系统的危险性时，为了衡量危险性的大小及其对系统的破坏程度，将各类危险划分为四个等级，根据危险程度的不同，排出轻重缓急的次序，以便处理。

③在预先危险性分析（PHA）的过程中，应考虑以下因素：

A.危险设备和物料，如燃料、爆炸、有毒物质、其他储运系统等；

B.设备与物料之间与安全有关的隔离装置或安全距离，如物料的相互作用、火灾、爆炸的产生和发展，控制、停车系统等；

C.影响设备和物料的环境因素，如地震、振动、洪水、极端环境温度、静电、放电、湿度等；

D.操作、测试、维修及紧急处置规程，如人为失误的可能性、操作人员的作用、设备布置、可接近性、人员的安全保护等；

E.辅助设施,如测试设备、培训、公用工程等;

F.与安全有关的设备,如调节系统、防水、灭火及人员保护设备等。

④采用预先危险性分析方法需要分析人员获得装置设计标准、设备说明、材料说明及其他资料。预先危险性分析应尽可能从不同渠道汲取相关经验,包括相似设备的危险性分析、操作经验等。由于预先危险性分析主要是在项目发展的初期识别危险,因此装置的资料是有限的。然而,为了让预先危险性分析达到预期的目的,分析人员必须至少获取可行性研究报告,必须知道生产过程所包含的主要方法、工艺参数以及主要设备的类型等。

(4)优缺点

优点:预先危险性分析法是进一步进行危险分析的先导,是宏观的概略分析,是一种定性方法。在项目发展的初期使用预先危险性分析具有如下优点:

①能识别可能的危险,用较少的费用或时间就能进行改正;

②能帮助项目开发分析和(或)设计操作指南;

③简单易行、经济、有效。

缺点:预先危险性分析法只能对系统进行定性分析,评价人员的主观意识对评价结果的影响比较大。

(5)适用范围

预先危险性分析一般在系统设计或设备研制的初期进行。随着设计研究工作的不断进展,这种分析应不断进行,分析结果用于改进设计和制造。对固有系统中采取新的操作方法,接触新的危险性物质、工具和设备时,采用预先危险性分析比较适用。

3)因果分析法(鱼刺图法)

事故是在一定条件下可能发生,也可能不发生的随机事件,引起事故发生的一系列条件之间呈相互依存与制约的关系,这就是因果关系。

把系统中产生事故的原因及造成的结果所构成错综复杂的因果关系,采用简明的文字和线条加以全面表示的方法称为因果分析法。用于表述事故发生的原因与结果关系的图形为因果分析图。因果分析图的形状像鱼刺,故也叫鱼刺图。该图是由日本武城工业大学校长石川馨先生所发明,故又名石川图。

(1)绘制步骤和方法

鱼刺图是由原因和结果两部分组成的。一般情况下,可从人的不安全行为(安全管理、设计者、操作者等)和物的不安全状态(设备缺陷、环境不良等)两大因素中从大到小,从粗到细,由表及里深入分析,则可得出鱼刺图,如图8-2所示。

绘制鱼刺图的步骤可归纳为:针对结果,分析原因,先主后次,层层深入。在绘制图形时,一般可按下列步骤进行。

①确定要分析的某个特定问题或事故,写在图的右边。画出主干,即箭头指向右端的射线(也称为脊)。

②确定造成事故的因素分类项目,如安全管理、操作者、材料、方法、环境等,画大枝。既在该射线的两旁画上与该射线成60°夹角的直线(称为大枝),又在其端点标上造成事故的因素(称为大因)。

③将上述项目深入发展,确定对应的项目造成事故的原因(称为中因),画中枝。在上述射线上画若干条水平线(称为中枝),一个中因画出一个中枝,中因记在中枝线的上下。

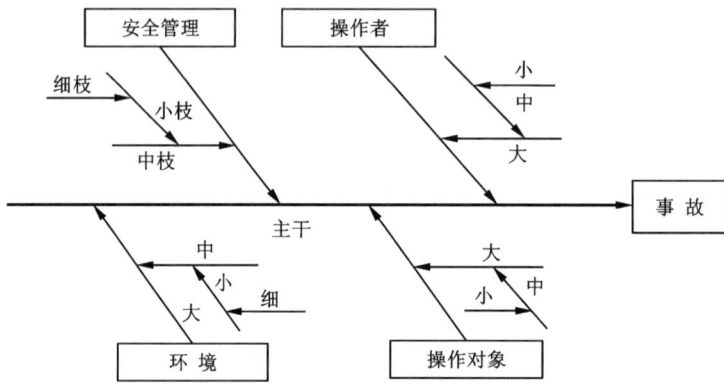

图 8-2　鱼刺图示意图

④可以对这些中枝上的原因进一步分析，提出小原因，如此层层展开，直至不能再分为止。

⑤确定鱼刺图中的主要原因，并标上符号，作为重点控制对象。

⑥注明鱼刺图的名称。

（2）特点及适用范围

因果分析法（鱼刺图）有 3 个显著的基本特点：

①直观表示对所观察的效应或考察的现象有影响的原因；

②这些可能的原因的内在关系被清晰地显示出来；

③内在关系一般是定性的、假定的。因果分析法用图形的形式来表示事故因果关系，能帮助集中注意力搜寻产生事故的根源，并为收集数据指出方向。

因果分析法原来主要用于全面质量管理，由于该方法简便实用，近来已被广泛地使用于安全工程领域的分析中，成为一种重要的事故分析方法。

在应用该方法时，注意在用其寻找原因时，应系统化、条理化，图中的因果关系层次分明，防止只停留在罗列表面现象，而不深入分析因果关系，在原因表达时要简练明确。

4）故障类型及影响分析

故障类型及影响分析方法（failure mode effects analysis，FMEA）是安全系统工程用于识别危险的分析方法之一，根据系统可以划分为子系统、设备和元件的特点，按实际需要将系统进行分割，然后分析各自可能发生的故障类型及其产生的影响，以便采取相应的对策，提高系统的安全可靠性。

在设计阶段对系统的各个组成部分进行归纳、定性的分析，找出可能产生的故障及其类型，判明故障严重程度，为采取相应的安全措施和安全评价提供依据。

该方法起源于可靠性技术，其基本内容是找出系统的各个子系统或元件可能发生的故障状态（即故障类型），搞清每个故障类型对系统安全的影响，以采取相应的措施予以防止或消除。

该方法的原理是采取系统分割的概念，根据实际需要分析的水平，把系统分割成子系统或进一步分割成元件，找出它们可能产生的故障和故障类型，然后进一步分析各种故障类型对子系统及整个系统产生的影响，以便采取措施加以解决的方法。

（1）优缺点

故障类型和影响分析是从系统的末一级向上一级分析，从小的、局部的至整个系统进行分析。

优点：书写格式简单，可用较少的人力，且无须经过特别的训练就可以进行分析。

缺点：缺乏逻辑性，难以分析各个元素之间的影响，若两个以上元素同时发生故障，分析比较困难。通常情况下，FMEA 方法中的元素局限于"物"的因素，这就难以查出人的原因。当然，对某一元素而言，也可以包括人的误操作。

（2）适用范围

该方法适用于对机械设备较多或工艺过程较复杂的系统进行安全评价。

该方法能查明元件发生各种故障时带来的危险性，是一种较为完善的分析方法，它既可用于定性分析，也可用于定量分析。

5）故障树分析

故障树分析法（fault tree analysis，FTA）是安全系统工程中重要的分析方法之一，它能对系统的危险性进行识别与评价，既适用于定性分析，又适用于定量分析，是一种安全分析评价和事故预测的先进方法。

故障树分析法是对既定的生产系统或作业中可能出现的事故条件及可能导致的灾害后果，按工艺流程、先后次序和因果关系绘成的程序方框图，表示导致灾害、伤害事故的各种因素之间的逻辑关系。它由输入符号或关系符号组成，用以分析系统的安全问题或系统的运行功能问题，并为判明灾害、伤害的发生途径及与灾害、伤害之间的关系，提供一种最形象、简洁的表达形式。

故障树分析是一种可以从结果到原因找出与本事故有关的各种因素间因果关系和逻辑关系的分析方法。这种方法从分析的特定事故或故障开始，逐层分析其发生原因，将特定的事故和各层原因（危险因素）事件之间用逻辑门符号连接起来，得到形象、简洁表达其逻辑关系（因果关系）的逻辑图形。图中各因果关系用不同的逻辑门连接起来后，应用布尔代数逻辑运算法则进行简化运算和分析，确定各因素对事故影响的大小，从而掌握和制订事故控制的要点，通过定量分析，能计算出顶上事件发生的概率。故障树分析法能较详细地检查出系统中固有的、潜在的（包括人为的）危险因素，为制订安全技术对策措施、管理措施和事故分析提供依据。

（1）故障树的数学基础

①基本概念。

集。具有某种共同可识别特点的项（事件）的集合。这些共同特点使之能够区别于其他类事物。

并集。把集合 A 的元素和集合 B 的元素合并在一起，这些元素的全体构成的集合叫作 A 与 B 的并集，记为 $A \cup B$ 或 $A+B$。若 A 与 B 有公共元素，则公共元素在并集内只出现一次。

交集。两个集合 A 与 B 的交集是两个集合的公共元素所构成的集合，记为 $A \cap B$ 或 $A \cdot B$。

补集。在整个集合（Ω）中集合 A 的补集为一个不属于 A 集的所有元素的集。补集又称余，记为 $\bar{A}$ 或者 A'。

②布尔代数规则。

在故障树分析中,常用逻辑运算符号($\cdot$)、($+$)将各个事件连接起来,这种连接式称为布尔代数表达式。布尔代数运算符号"$+$"称为布尔加,"$\cdot$"称为布尔积,"$^-$"称为布尔补,A、B、C 为某集合的任意三个元素,0、1 分别表示空集和全集。布尔代数主要运算法则有:

交换律　　　$A \cdot B = B \cdot A, A + B = B + A$

结合律　　　$A + (B + C) = (A + B) + C, A \cdot (B \cdot C) = (A \cdot B) \cdot C$

分配律　　　$A \cdot (B + C) = (A \cdot B) + (A \cdot C), A + (B \cdot C) = (A + B) \cdot (A + C)$

吸收律　　　$A + (A \cdot B) = A, A \cdot (A + B) = A$

互补律　　　$A + A' = l, A \cdot A' = 0$

对合律　　　$(A')' = A$

幂等律　　　$A + A = A, A \cdot A = A$

德摩根律　　$(A + B)' = A' \cdot B', (A \cdot B)' = A' + B'$

(2)故障树的编制与运算

故障树是由各种事件符号和逻辑门组成的,事件之间的逻辑关系用逻辑门表示。这些符号分为事件符号、逻辑符号等。

①事件符号。

事件符号如图 8-3 所示。

(a)矩形符号　　(b)圆形符号　　(c)屋形符号　　(d)菱形符号　　(e)椭圆形符号

图 8-3　事件符号

矩形符号[图 8-3(a)]代表顶上事件或中间事件,需要往下分析的事件。

圆形符号[图 8-3(b)]代表基本事件,不能再往下分析的事件。

屋形符号[图 8-3(c)]代表正常事件,正常情况下存在的事件。

菱形符号[图 8-3(d)]代表省略事件,不能或不需要向下分析的事件。

椭圆形符号[图 8-3(e)]代表条件事件,表示施加于任何逻辑门的条件或限制。

②逻辑符号。

故障树中表示事件之间逻辑关系的符号称为门,矿山安全评价中常用的有以下几种。

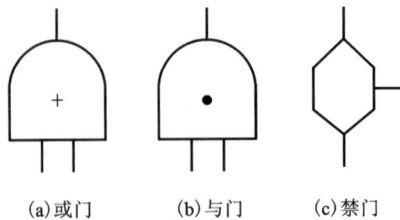

(a)或门　　　(b)与门　　　(c)禁门

图 8-4　逻辑符号

A. 或门，符号如图 8-4(a)所示。表示至少一个输入事件发生时，输出事件就发生。

B. 与门，符号如图 8-4(b)所示。表示仅当所有输入事件发生时，输出事件才发生。

C. 禁门，符号如图 8-4(c)所示。是与门的特殊关系。表示仅当条件发生时，输入事件的发生方导致输出事件的发生。

③故障树的数学表达式。

为了进行故障树的定性、定量分析，需要建立数学模型，写出它的数学表达式。把顶上事件用布尔代数表现，自上而下展开，就可以得到布尔表达式。例如，图 8-5 为未经简化的故障树。

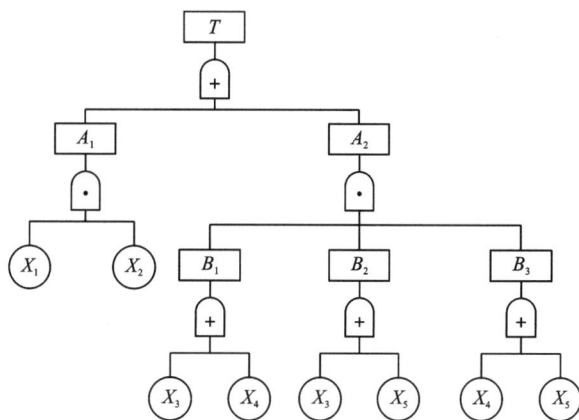

图 8-5　未经简化的故障树

未经简化的故障树，其结构函数表达式为：

$$T = A_1 + A_2 = A_1 + B_1 B_2 B_3 = X_1 X_2 + (X_3 + X_4)(X_3 + X_5)(X_4 + X_5)$$

④最小割集与求法。

把满足某些条件或具有某种共同性质的事件的全体称为集合，属于这个集合的每一个事物叫元素。能够引起顶上事件发生的最低限度的基本事件的集合称为最小割集。换言之，如果割集中任一基本事件不发生，顶上事件绝不会发生。一般割集不具备这一性质，例如本故障树中 $\{X_1, X_2\}$ 是最小割集，$\{X_3, X_4, X_5\}$ 是割集，但不是最小割集。

利用布尔代数化简法，将上式归并、化简：

$$T = X_1 X_2 + X_3 X_3 X_4 + X_3 X_4 X_4 + X_3 X_4 X_5 + X_4 X_4 X_5 + X_4 X_5 X_5 + X_3 X_3 X_5 + X_3 X_5 X_5 + X_3 X_4 X_5$$
$$= X_1 X_2 + X_3 X_4 + X_3 X_4 X_5 + X_4 X_5 + X_3 X_5$$
$$= X_1 X_2 + X_3 X_4 + X_4 X_5 + X_3 X_5$$

得到 4 个最小割集，即：$\{X_1, X_2\}$、$\{X_3, X_4\}$、$\{X_4, X_5\}$、$\{X_3, X_5\}$。

最小割集表示系统的危险性，每个最小割集都是顶上事件发生的一种可能渠道，最小割集的数目越多，越危险。

最小割集表示顶上事件发生的原因，事故发生必然是某个最小割集中几个事件同时存在的结果，求出故障树全部的最小割集，就可掌握事故发生的各种可能，对了解事故的规律，查明事故原因有很大的帮助。

一个最小割集代表一种事故的模式，根据最小割集，可以发现系统中最薄弱的环节，可直观判断哪种模式最危险，哪些次之，以及应采取的预防措施。

最小割集可用于判断基本事件的结构重要度，计算顶上事件的概率。

⑤最小径集与求法。

如果故障树中某些事件不发生，则顶上事件就不发生，这些基本事件的集合称为径集。顶上事件不发生所需的最低限度的径集即为最小径集。

最小径集的求法就是利用它与最小割集的对偶性，首先做出与故障树对偶的成功树，把故障树的与门换为或门，而或门换为与门，各类事件发生换为不发生，利用上述方法求出成功树的最小割集，再转化为故障树的最小径集。

最小径集表示系统的安全性，故障树中最小径集越多，系统就越安全，其次，求出最小径集可以了解到顶上事件不发生的几种可能方案，从而为控制事故提供依据。同时，只要控制一个最小径集不发生，顶上事件就不发生，因此，可以选择控制事故的最佳方案，对少事件最小径集加以控制较为有利。

⑥结构重要度分析。

结构重要度分析是分析基本事件对顶上事件的影响程度，为改进系统安全性提供信息的重要手段。

故障树中各基本事件对顶上事件影响程度是不同的。从故障树结构上来分析，各基本事件的重要度(不考虑各基本事件的发生概率)或假定各基本事件发生的概率相等，分析各基本事件的发生对顶上事件发生的影响程度，叫结构重要度。

结构重要度的判断方法如下：

A. 改变基本事件状态值，求结构重要度系数。

B. 利用最小割集分析判断方法，判断结构重要度的几个原则：

a. 一阶(单事件)最小割集中的基本事件结构重要度大于所有高阶最小割集中基本事件的结构重要度系数。如在 $\{X_1\}$、$\{X_2, X_3\}$、$\{X_4, X_5, X_6\}$ 中，$I_\varphi(1)$ 最大。

b. 仅在同一最小割集中出现的所有基本事件，结构重要度系数相等(在其他割集中不再出现)。如在 $\{X_1, X_2\}$、$\{X_3, X_4, X_5\}$、$\{X_6, X_7, X_8, X_9\}$ 中，$I_\varphi(1) = I_\varphi(2)$；$I_\varphi(3) = I_\varphi(4) = I_\varphi(5)$；$I_\varphi(6) = I_\varphi(7) = I_\varphi(8) = I_\varphi(9)$。

c. 几个最小割集均不含共同元素，则低阶最小割集中基本事件重要系数大于高阶割集中基本事件重要系数，阶数相同，重要系数相等。如上例中，$\{X_1, X_2\}$、$\{X_3, X_4, X_5\}$、$\{X_6, X_7, X_8, X_9\}$ 中，$I_\varphi(1) > I_\varphi(3) > I_\varphi(6)$；在 $\{X_3, X_4, X_5\}$、$\{X_4, X_5, X_6\}$ 中，$I_\varphi(4) = I_\varphi(5)$。

d. 比较两基本事件，若与之相关的割集阶数相同，则两事件结构重要系数大小由其出现的次数决定，出现次数大的系数大。

e. 相比较的两事件出现在基本事件个数不等的若干最小割集中。若它们重复在各最小割集中出现次数相等，则在少事件最小割集中出现的基本事件结构重要系数大。如在 $\{X_1, X_3\}$、$\{X_2, X_3, X_5\}$、$\{X_1, X_4\}$、$\{X_2, X_4, X_5\}$ 中，X_1 出现2次，X_2 也出现2次，但 X_1 在少事件割集中，所以 $I_\varphi(1) > I_\varphi(2)$。

在少事件割集中，出现次数少，多事件割集中，出现次数多，以及它的复杂情况，可以用近似判别式。

$$I_{\varphi}(i) = \sum_{x_i \in k_j} \frac{1}{2^{n_j-1}}$$

式中：k_j 为第 j 个最小割集；n_j-1 为第 i 个基本事件所在 k_j 中各基本事件总数减 1；$I_{\varphi}(i)$ 为第 i 个基本事件的结构重要度系数。

在用割集判断基本事件结构重要系数时，必须按上述原则进行，先判断近似判别式是迫不得已而为之，不能完全用它。

C. 用最小割集判别基本事件结构重要顺序与用最小径集判别结果一样。

D. 凡对最小割集适用的原则，对最小径集同样适用。

（3）分析步骤

①熟悉系统。要详细了解系统状态及各种参数，绘出工艺流程图或布置图。

②调查事故。收集事故案例，进行事故统计，设想给定系统可能要发生的事故。

③确定顶上事件。要分析的对象事件即为顶上事件。对所调查的事故进行全面分析，从中找出后果严重且较易发生的事故作为顶上事件。

④确定目标值。根据经验教训和事故案例，经统计分析后，求解事故发生的概率（频率），作为要控制的事故目标值。

⑤调查原因事件。调查与事故有关的所有原因事件和各种因素。

⑥画出故障树。从顶上事件起，一级一级地找出直接原因事件，到所要分析的深度，按其逻辑关系，画出故障树。

⑦定性分析。按故障树结构进行简化，求最小割集（或最小径集），并确定各基本事件的结构重要度。定性分析是故障树分析的核心内容之一，其目的是分析该类事故的发生规律及特点，通过求取最小割集（或最小径集），找出控制事故的可行方案，并从故障树结构上、发生概率上分析各基本事件的重要程度，以便按轻重缓急分别采取措施。结构重要度分析，是从故障树结构上分析各基本事件的重要程度，即在不考虑各基本事件的发生概率，或者说假定各基本事件的发生概率都相等的情况下，分析基本事件的发生对顶上事件所产生的影响程度。

⑧定量分析。主要包括：确定各基本事件的故障或失误率；求取顶上事件发生的概率，将计算结果与通过统计分析得出的事故发生概率进行比较。

⑨安全性评价。根据损失率的大小评价该类事故的危险性，从定量和定性分析的结果中寻找能够降低顶上事故发生概率的最佳方案。方案的提出还要根据目前所掌握的情况，考虑安全生产管理的实际状况及实施的难易程度。

（4）建树原则

故障树的编制过程是一个严密的逻辑推理过程，应遵循以下规则。

①确定顶上事件应优先考虑风险大的事件。能否正确选择顶上事件，直接关系到分析的结果，是故障树分析的关键。在系统危险分析的结果中，不希望发生的事件不止一个，每一个不希望发生的事件都可以作为顶上事件。但是，应当把易于发生且后果严重的事件优先作为分析的对象，即顶上事件。当然，也可把发生频率不高但后果严重以及后果虽不太严重但发生非常频繁的事故作为顶上事件。

②确定边界条件的规则。在确定了顶上事件之后，为了不致使故障树过于烦琐、庞大，应明确规定被分析的系统与其他系统的界面，以及一些必要的、合理的假设条件。

③循序渐进的规则。故障树分析是一种演绎的方法，在确定了顶上事件后，要逐级展

开。首先，分析顶上事件发生的直接原因，在这一级的逻辑门的全部输入事件已无遗漏地列出之后，再继续对这些输入事件的发生原因进行分析，直至列出引起顶上事件发生的全部基本原因事件为止。

④不允许门与门直接相连的规则。在编制故障树时，任何一个逻辑门的输出都必须有一个结果事件，不允许不经过结果事件而将门与门直接相连。只有这样做，才能保证逻辑关系的准确性。

⑤给事件下定义的规则。只有明确地给出事件的定义及其发生条件，才能正确地确定事件发生的原因。给事件下定义，就是要用简单明了的语句描述事件的内涵，即它是什么。

（5）技术路线

矿山企业故障树分析是把系统最有可能发生而且带来惨重损失的事故，作为顶上事件，对导致事故的可能原因，逐一进行分析，并确定基本事件的结构重要度。故障树分析法的技术路线为：确定顶上事件——确定基本事件——确定逻辑关系——求出最小割集——确定基本事件的结构重要度——针对重要基本事件采取的安全防范措施。

（6）优缺点

故障树分析法是一种描述事故因果关系的有方向的"树"，是系统安全工程中重要的分析方法之一，其主要优点是：

①能够识别导致事故的基本事件与人为失误的组合，可为人们提供设法避免或减少导致事故基本原因的线索，从而降低事故发生的可能性；

②对导致灾害事故的各种因素及逻辑关系能做出全面、简洁和形象的描述；

③便于查明系统内固有的或潜在的各种危险因素，为设计、施工和管理提供科学依据；

④使有关管理人员、作业人员全面了解和掌握防灾要点；

⑤便于进行逻辑计算，可进行定性、定量分析和系统评价。

主要缺点是：

①步骤较多，计算较复杂，目前国内数据较少，进行定量分析还需做大量工作；

②受评价人员的经验局限。

（7）适用范围

故障树分析法应用比较广泛，非常适用于高度重复性的系统的分析评价。

6）事件树分析

事件树分析（event tree analysis，ETA）也是安全系统工程的重要分析方法之一。事件树分析最初用于可靠性分析，现在已有许多国家将事件树分析作为标准化的分析方法。我国将事件树分析作为对已发生事故进行技术分析的方法，列入国家标准《企业职工伤亡事故调查分析规则》之中。

事件树分析的理论基础是决策论。它与故障树分析正好相反，是一种从原因到结果的自下而上的分析方法。从一个初因事件开始，交替考虑成功与失败的两种可能性，然后再以这两种可能性为新的初因事件，如此继续分析下去，直至找到最后的结果为止。因此，它是一种归纳逻辑树图，能够看到事故发生的动态发展过程。

任何事故都是一个多环节事件发展变化过程的结果，因此，事件树分析也称为事故过程分析。瞬间造成的事故后果，往往是多环节事件失败而酿成的，所以，这种宏观分析事故的发展过程，对掌握事故规律、控制事故发生是非常有益的。事件树分析的实质，是利用逻辑思维的初步规律和逻辑思维的形式，分析事故形成过程。

（1）分析步骤和建树原则

①确定初始事件。

初始事件一般指系统故障、设备失效、工艺异常、人为失误等，这主要取决于安全系统或操作人员对初始事件的反应。如果所选定的初始事件能直接导致一个具体事故，事件树就能较好地确定事故的原因。在事件树分析的绝大多数应用中，初始事件都是由事先设想或估计的。

②初始事件的安全功能。

初始事件做出响应的安全功能可被作为防止初始事件造成后果的预防措施。安全功能措施通常包括：

A. 系统自动对初始事件做出的响应；

B. 当初始事件发生时，报警器向操作者发出警报；

C. 操作工按设计要求或操作规程对报警做出响应；

D. 启动冷却系统、压力释放系统和破坏系统，以减轻事故的严重程度；

E. 设计对初始事件的影响起限制作用的围堤或封闭方法。

这些安全功能（措施）主要是减轻初始事件造成的后果，分析人员应该确定事件的顺序（全面），确认在事件树中安全功能是否成功。

③编制事件树。

事件树展开的是事故序列，由初始事件开始，再对控制系统和安全系统如何响应进行处理，其结果是明确确定由初始事件引起的事故。分析人员按事件顺序列出安全功能（措施）的动作，有时事件可能同时发生。在估计安全系统对异常状况的响应时，分析人员应仔细考虑正常工艺控制对异常状况的响应。

编制事件树的第一步，是写出初始事件和用于分析的安全功能（措施），初始事件列在左边，安全功能（措施）写在顶端横栏内。

第二步是评价安全功能（措施）。通常情况下只考虑两种可能：安全措施成功还是失败。

假设初始事件已经发生，分析人员须确定所采用的安全措施成功或失败的判定标准；接着判断如果安全措施成功或失败了，对事故的发生有什么影响。如果对事故有影响，则事件树要分成两支，分别代表安全措施成功和安全措施失败，一般把成功一支放在上面，失败一支放在下面。如果该安全措施对事故的发生没有什么影响，则不需分叉（分支），可进行下一项安全措施。用字母标明成功的安全措施（如 A，B，C，D），用字母上面加一横代表失败的安全措施（如 $\bar{A}$、$\bar{B}$、$\bar{C}$、$\bar{D}$）。展开事件树的每一个分叉（节点），将各种设定的安全措施按先后顺序写在顶端横栏内，并对每一项安全功能（措施）依次进行评价，直到得出由初始事件导出的各种事故结果。

④描述导致事故的顺序，阐明事故结果。

对各事故序列结果进行解释（说明），应说明由初始事件引起的一系列结果，其中某一序列或多个序列有可能表示安全恢复到正常状态或有序地停车。从安全角度看，其重要意义在于得到事故的后果。

⑤确定事故序列的最小割集。

用故障树分析方法对事件树事故序列加以分析，以便确定其最小割集。每一事故序列都可以被看作是由"事故序列（结果）"作为顶上事件的故障树，并用"与门"将初始事件和一系列安全系统失败(故障)与"事故序列(结果)"(顶上事件)相连接。

⑥定量计算、分级。

如已知各个事件的发生概率,即可进行定量计算(设各节点的失败概率为 P,则成功概率为 $1-P$)。根据定量计算的结果,做出事故严重程度的分级。

⑦编制分析结果。

事件树的最后一步是将分析研究的结果汇总,分析人员应对初始事件、一系列的假设和事件树模式等进行分析,并列出事故序列的最小割集。列出讨论的不同事故后果和从事件树分析得到的建议措施。

(2)事件树分析的作用

①能够指出如何不发生事故,以便对职工进行直观的安全教育。

②能够指出消除事故的根本措施,改进系统的安全状况。

③从宏观角度分析系统可能发生的事故,掌握系统中事故发生的规律。

④可以找出最严重的事故后果,为确定顶上事件提供依据。

(3)特点及适用范围

事件树分析法可以定性、定量地辨识初始事件发展为事故的各种过程及后果,并分析其严重程度。根据树图可在各发展阶段的每一步采取有效措施,使之向成功方向发展。

事件树分析是一种图解形式,层次清楚,阶段明显,可以进行多阶段、多因素复杂事件动态发展过程的分析,预测系统中事故发展的趋势。

事件树分析既可看作故障树分析法(FTA)的补充,可以将严重事故的动态发展过程全部揭示出来,也可以看作故障类型和影响分析(FMEA)的延伸,在 FMEA 分析了故障类型对子系统以及系统产生的影响的基础上,结合故障发生概率,对影响较大的故障进行定量分析。

事件树分析对任何系统均可适用,可以用来分析系统故障、设备失效、工艺异常、人为失误等,应用比较广泛,尤其适用于多环节事件和多重保护系统的事态分析。

7)人员可靠性分析

人的失误是指超越系统设计功能可接受限度的人的活动。

人员可靠性行为是人机系统成功的必要条件,人的行为受很多因素的影响,这些"行为成因要素"可以是人的内在属性,如紧张、情绪、教养和经验,也可以是人的外在因素,如工作间、环境、监督者的举动、工艺规程和硬件界面等,影响人的"行为成因要素"很多,有些是不能控制的,但许多却是可以控制的,可以对一个过程、一项操作的成功或失败产生明显的影响。

人员可靠性分析(human reliability analysis,HRA)是以分析、预测、减少与防止人的失误为研究核心,从统计学的角度对人的可靠性进行定性与定量的分析和评价,也可以作为一种设计或改进系统的工具,以便将重要的人的失误概率减少到系统可以接受的最小限度。

人员可靠性分析方法的模型是建立在认知心理学、行为科学、可靠性工程相互结合的多种学科基础上,着重研究产生人的行为/绩效的情景环境以及它们是如何影响人的行为/动作的,并与工业系统的运行经验和现场或模拟机获得的信息紧密结合。

人员可靠性分析步骤包括:人员特点、作业环境和所执行任务的描述;通过 HRA 估测人机界面;进行与操作人员职责相关的任务分析;与操作人员职责相关的人为失误分析;编制评价结果。

一项具体的 HRA 有可能不需要进行所有这些步骤。事实上，应该明确分析的目标和范围，包括以能满足分析目的为度的详细程度。例如，若研究的目的是如何提高控制室操作人员的效率，那么只进行到完成任务分析这一步就行了。

（1）优缺点

以不安全行为的人的可靠性评估方法为基础，通过测量人的可靠度能比较直观地发现不安全行为的发生频率，从而得知系统中人的可靠性水平；通过人的可靠性分析系统，可以有效地对人的可靠性进行分析和评估。

它的缺点是缺乏可信的、规范化的大量数据支持，分析方法与手段有限。人的可靠性研究基于人的认知行为模型，因而不能全面地反映人的行为，导致分析结果出现较大偏差；分析的结果难以得到验证，也很难得到有效的再利用或再验证；人的可靠性分析过多地依赖于专家判断或分析人员的个人观点，使人的可靠性分析结果的标准化程度很低，分析结果的一致性不佳，作为一项实用工程技术来说是难以接受的。

（2）适用范围

人员可靠性分析（HRA）方法可用来识别人的行为成因要素，从而减少人为失误机会，由于该方法分析的是系统、工艺过程和操作人员的特性，识别失误的源头，不与整个系统的分析相组合而单独使用，就会突出人的行为而忽视设备特性的影响，所以在大多数的情况下，建议将人员可靠性分析（HRA）方法与其他安全评价方法结合使用。一般来说，人员可靠性分析（HRA）方法应该在其他评价方法如危险和可操作性分析（HAZOP）、故障类型与影响分析（FMEA）、故障树分析（FTA）之后使用，识别出具体的、有严重后果的人为失误。

8）作业条件危险性评价法

作业条件危险性评价法是一种简单易行的半定量安全评价方法，它主要评价人员在具有潜在危险性的环境中作业时的危险性。

美国 K. J. 格雷厄姆（Keneth. J. Graham）和 G. F. 金尼（Gilbert F. Kinney）研究了人们在具有潜在危险的环境中作业的危险性，提出了以所评价的环境与某些作为参考环境的对比为基础的作业条件危险性评价法。

该方法将作业条件的危险性（D）做因变量，事故或危险事件发生的可能性（L）、暴露于危险环境的频率（E）及危险严重程度（C）为自变量，建立自变量与因变量的函数关系，按照作业环境的情况，给出自变量的数值，通过函数关系计算因变量，从而完成作业环境的危险性评价。

对于一个具有潜在危险性的作业条件，K. J. 格雷厄姆和 G. F. 金尼认为，影响作业条件的危险性可以用如下公式计算，即：

$$D = L \times E \times C \tag{8-1}$$

D 值越大，作业条件的危险性也越大。

（1）分析步骤

针对某种特定、实际的作业条件，采用作业条件危险性评价方法进行评价时，具体的分析步骤如下：

①对所评价的对象根据情况进行"打分"，恰当选取 L、E、C 的值；

②根据式（8-1）计算出其危险性分数值；

③在按经验将危险性分数值划分的危险程度等级表或图上，查出其危险程度，以便采取

相应的控制措施。事故或危险事件发生可能性分值 L 见表 8-3，暴露于潜在危险环境的分值 E 见表 8-4，发生事故或危险事件可能结果的分值 C 见表 8-5，危险性分值 D 见表 8-6。

表 8-3　事故或危险事件发生可能性分值(L)

分数值	事故或危险发生的可能性	分数值	事故或危险发生的可能性
10	完全会被预料到	0.5	可以设想，但高度不可能
6	相当可能	0.2	极不可能
3	不经常，但可能	0.1	实际上不可能
1	完全意外，极少可能		

表 8-4　暴露于潜在危险环境的分值(E)

分数值	暴露于危险环境的频繁程度	分数值	暴露于危险环境的频繁程度
10	连续暴露于潜在危险环境	2	每月暴露 1 次
6	逐日在工作时间内暴露	1	每年几次出现在潜在危险环境
3	每周 1 次或偶尔暴露	0.5	非常罕见地暴露

表 8-5　发生事故或危险事件可能结果的分值(C)

分数值	事故造成的可能结果	分数值	事故造成的可能结果
100	大灾难，许多人死亡	7	严重，严重伤害
40	灾难，数人死亡	3	重大，伤残
15	非常严重，1 人死亡	1	引人注目，需要救护

表 8-6　危险性分值(D)

分数值	风险级别	危险程度
$D>320$	一	极其危险，不能继续作业
$160<D\leqslant320$	二	高度危险，要立即整改
$70<D\leqslant160$	三	显著危险，需要整改
$20<D\leqslant70$	四	可能危险，需要注意
$D\leqslant20$	五	稍有危险，或许可以接受

（2）特点与适用范围

作业条件危险性评价法适用于评价人们在某种具有潜在危险的作业环境中进行作业的危险程度。该法简单易行，危险程度的级别划分比较清楚、明了，但由于其主要是根据经验来确定 3 个影响因素的分数值及划分危险程度等级，因此具有一定的局限性；其次，它是一种作业的局部评价，故不能普遍适用。在具体应用时，还可以根据评价人员的经验和具体情况适当加以修正。

9）专家评议法

专家评议法是一种组织专家参加，根据事物的过去、现在及发展趋势，进行积极的创造性思维活动，对事物的未来进行分析、预测的一种评价方法。

安全评价一般邀请尽可能包括各个相关领域的专家如安全专家、评价专家、逻辑专家等，并且这些专家大多专业理论造诣较深或实际经验丰富，通过运用逻辑推理的方法综合、归纳专家意见后形成的安全评价结论往往比较全面、客观。

专家评议法一般可采用专家评议和专家质疑两种形式。

专家评议法是根据一定规则，组织相关专家进行积极的创造性思维，对具体问题通过共同讨论，集思广益的一种评价方法。

专家质疑法需要先后进行两次会议，第一次会议由专家对具体问题进行直接讨论，第二次会议则是专家对第一次会议提出的设想进行质疑，研究讨论设想实现时的问题和阻碍，论证实现提出设想的可能性，讨论设想的限制因素及排除限制因素的对策措施，在质疑过程中，可能会有新的、建设性的、可行的设想提出。最后，由分析小组将专家直接讨论及质疑结果进行分析，编写评价意见一览表，并再对质疑过程中提出的评价意见进行评价，形成可行的最终设想一览表。

（1）分析过程

采用专家评议法进行分析、预测，一般按以下 4 个步骤进行：

①确定分析预测的问题；

②组成专家小组，小组成员一般由各个相关领域的专家组成；

③举行专家会议，对所提出的问题进行分析、预测；

④分析、归纳专家会议的结果。

（2）特点与适用范围

专家评议法适合于对类比工程、系统、装置的安全评价，它可以充分发挥专家丰富的实践经验和理论知识，可以将问题研究讨论得更深入、更详细、更透彻，得出具体的执行意见和结论，便于进行科学决策。

专家评议法由于简单易行且较为客观，故其应用比较广泛。

10）模糊评价数学模型分析法

矿山安全系统是一个复杂的非线性系统，矿山灾害涉及许多不确定的因素，而且各个因素之间的相互关系错综复杂。矿山灾害的随机性、模糊性和不确定性决定了矿山安全状态的变化不会按照某一特殊的规律或函数变化。

进行模糊评价的首要条件是确立评价因素集，并对各因素赋予相应的权重值，从而得出评价矩阵，再由相应的权重值与评价矩阵构成系统评价矩阵，由此求出系统的总得分，再对照安全等级得出评价结论。

通常模糊评价所采用的数学模型如式（8-2）所示：

$$F = C \times ST \tag{8-2}$$

式中：F 为系统的总得分；C 为系统评价矩阵；ST 为相应评价因素的级分。

系统评价矩阵 C 由各个评价因素的权重分配集 A（它由各评价因素的影响大小所决定）和总评价矩阵 B 来确定，如式（8-3）所示：

$$C = A \times B \qquad (8-3)$$

评价矩阵 B_i 由各个评价因素对应的子因素的权重分配集 A_i（它由各评价因素的影响大小所决定）和各子因素对应的评价矩阵 R_i 所确定（R_i 值由经验或由安全评价专家库中的数值选取），如式(8-4)所示：

$$B_i = A_i \times R_i \qquad (8-4)$$

根据上述 3 个公式，采用隶属度的概念将模糊信息定量化，利用传统数学方法对多种因素进行定量评价，可较为科学地对企业的安全现状给出客观、公正的分析。

矿山工程灾害的最大特点是动态性、随机性和模糊性，各参数之间相互制约，许多问题都表现出极为明显的非线性关系，变量之间的关系十分复杂，目标难以用确切的数学方程来描述。表现出如下主要特点：

(1)灾害系统内部设计相当多的状态变量，很多状态变量很难精确确定或者根本无法确定；

(2)灾害系统内部状态变量之间的关系也相当复杂，往往保持一种动态关系，利用微分方程很难求解或者根本无法求解；

(3)灾害系统内部各子系统之间的关系也相当复杂，很难定量描述。

该方法应用存在如下三方面的问题。

(1)定量分析矿山事故系统运动规律和状态时，通常将非线性关系简化为线性关系。由于非线性系统与对应的线性化系统的动力拓扑结构不一定一致，这种简化可能会对矿山灾害规律产生不利影响。

(2)矿山事故系统的动力学拓扑关系结构可能具有多态性，在系统控制参量的变化作用下，系统的运动可能从一种动力学结构向另一种动力学结构转化。这样的研究分析得到的结果仅仅是系统的局部性质。

(3)矿山事故系统是一个具有确定性和非确定性的矛盾统一体，从传统的矿山灾害现场的认识方法出发，不容易揭示矿山灾害系统之间的非确定性性质，采用传统的数值模拟方法所得到的结果与真实事故系统的运动状态相距甚远，而且可能完全相反。

11)层次分析法

(1)基本概念

层次分析法是由美国运筹学家 A. L. Saaty 教授于 20 世纪 70 年代提出的一种实用的多方案或多目标的决策方法，是一种定性分析与定量分析相结合的系统分析方法，是将人的主观判断用数量形式表达和处理的方法，简称 AHP(analytic hierarchy process)法。

人们在进行社会、经济、科学管理等领域问题的系统分析中，常常面临由相互关联、相互制约的众多因素构成的复杂而往往缺少定量数据的系统问题，而在这些系统中，人们感兴趣的问题之一是就 n 个不同事物所共有的某一性质而言，应该怎样对任一事物的所给性质表现出来的程度(排序权重)赋值，使得这些数值能客观地反映不同事物在该性质上的差异。层次分析法为这类问题的决策和排序提供了一种新的、简洁而实用的建模方法，它把复杂问题分解成组成因素，并按支配关系形成层次结构，然后用两两比较的方法确定决策方案的相对重要性。其原理是将复杂系统中的各种因素，依据相互关联及隶属关系划分为一个有序的金字塔式的树状结构，或称为递阶层次结构；依赖专家经验及直觉评判同一层次内各因素的相对重要性，并用一致性准则检验评判的准确性；然后在递阶层次结构内进行合成，得到决策因素相对于目标的重要性的总排序。

（2）分析步骤

层次分析法的基本过程是将复杂问题分解成递阶层次结构，然后将下一层次的各因素相对于上一层次的各因素进行两两比较判断，构造判断矩阵，通过对判断矩阵的计算，进行层次单排列和一致性检验，最后进行层次总排序，得到各因素的组合权重，并通过排序结果分析和解决问题。

①明确问题

在分析问题时，首先要对问题有明确的认识，弄清问题的范围，了解问题所包含的因素，确定因素之间的关联关系和隶属关系。

②建立系统的递阶层次结构

将问题包含的因素分层，分为最高层（解决问题的目的也可称目标层）、中间层（实现总目标而采取的各种措施、必须考虑的准则等，也可称策略层、约束层、准则层等）、最低层（用于解决问题的各种措施和方案等，也可称评价指标层）。把各种所要考虑的因素放在适当的层次内，用层次结构图清晰地表达这些因素的关系。层次分析法的常用模型结构如图 8-6 所示。

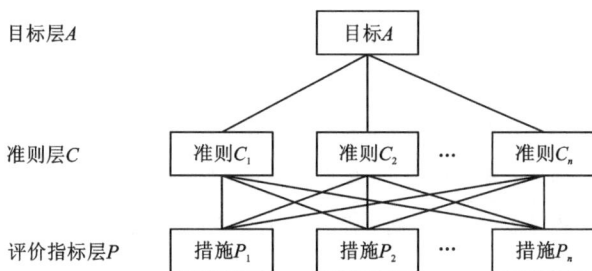

图 8-6　层次分析法常用模型结构

一个递阶层次结构应具有以下特点：

A. 从上到下顺序地存在支配关系，并用直线段表示，除第一层外，每个元素至少受上一层一个元素支配；除最后一层外，每个元素至少支配下一层一个元素，上、下层元素的联系比同一层次中元素的联系要强得多，故认为同一层次及不相邻元素之间不存在支配关系；

B. 整个结构中层次数不受限制；

C. 最高层只有一个元素，每个元素所支配的元素一般不超过 9 个，元素多时可进一步分组；

D. 对某些具有子层次的结构可引入虚元素，使之成为递阶层次结构。

③构造两两比较判断矩阵

在建立递阶层次结构以后，上下层次之间元素的隶属关系就被确定了。假定上一层次的元素 C_k 作为准则，对下一层次的元素 P_1、P_2、$\cdots$、P_n 有支配关系，目的是在准则 C_k 之下按它们相对重要性赋予 P_1、P_2、$\cdots$、P_n 相应的权重。

判断矩阵表示针对上一层次某单元（元素），本层次与其有关单元之间相对重要性的比较。一般取如下形式：

C_k	P_1	P_2	...	...	P_n
P_1	a_{11}	a_{12}	...	...	a_{1n}
P_2	a_{21}	a_{22}	...	...	a_{2n}
...	...	...	...	...	...
...	...	...	...	...	...
P_n	a_{n1}	a_{n2}	...	...	a_{nn}

第一,在两两比较的过程中,决策者要反复回答问题:针对 C_k,两个元素 P_i 和 P_j 哪一个更重要些,重要多少。需要对重要程度赋予一定的数值,这里使用 1~9 的比例标度,它们的意义见表 8-7。

表 8-7　比例标度与意义

标度	定义与说明
1	两个元素对某个属性具有同样重要性
3	两个元素比较,一元素比另一元素稍微重要
5	两个元素比较,一元素比另一元素明显重要
7	两个元素比较,一元素比另一元素重要得多
9	两个元素比较,一元素比另一元素极度重要
2、4、6、8	表示需要在上述两个标准之间折中时的标度
$1/a_{ij}$	两个元素的反比较

第二,对于 n 个元素 P_1、P_2、$\cdots$、P_n 来说,通过两两比较,得到两两比较判断矩阵 A。

$$A = (a_{ij})_{n \times n}$$

判断矩阵具有如下性质:

$a_{ij} > 0$;

$a_{ij} = 1/a_{ji}$;

$a_{ij} = 1$。

称 A 为正互反矩阵。

事实上,对于 n 阶判断矩阵仅需对其上(下)三角元素共 $n(n-l)/2$ 个给出判断层即可。

④计算单一准则下元素的相对权重

这一步是要解决在准则 C_k 下,n 个元素 P_1,P_2,$\cdots$,P_n 排序权重的计算问题。

对于 n 个元素 P_1、P_2、$\cdots$、P_n,通过两两比较得到判断矩阵 A,求解特征根问题 $A\omega = \lambda_{max}\omega$,所得到的 ω 经归一化后作为元素 P_1、P_2、$\cdots$、P_n 在准则 C_k 下的排序权重,这种方法称为计算排序向量的特征根法。

⑤矩阵一致性检验

判断矩阵 A 具有如下特征：

$a_{ii}=1$，$(i=1, 2, \cdots, n)$；

$a_{ji}=1/a_{ij}$，$(i, j=1, 2, \cdots, n)$；

$a_{ij}=a_{ik}/a_{jk}$，$(i, j, k=1, 2, \cdots, n)$。

该矩阵具有唯一非零的最大特征值 $\lambda_{\max}$，且 $\lambda_{\max}=n$，则该矩阵具有完全一致性。然而，判断矩阵中的 a_{ij} 是根据资料数据、专家意见和系统分析人员的经验经过反复研究后确定的，不可能做到判断的完全一致性，因而存在估计误差。因此，引入判断矩阵一致性指标 CI，检验判断矩阵的一致性。

判断矩阵一致性指标 CI(consistency index) 为：

$$CI = \frac{\lambda_{\max} - n}{n - 1}$$

一致性指标 CI 的值越大，表明判断矩阵偏离完全一致性的程度越大；CI 的值越小，表明判断矩阵越接近于完全一致性。一般判断矩阵的阶数 n 越大，人为造成的偏离完全一致性指标 CI 的值便越大；n 越小，人为造成的偏离完全一致性指标 CI 的值便越小。

对于多阶判断矩阵，判断矩阵的维数 n 越大，判断的一致性将越差，故应放宽对高维判断矩阵的一致性要求，引入修正值平均随机一致性指标 RI(random index)，表 8-8 给出了 1~15 阶正互反矩阵计算 1000 次得到的平均随机一致性指标。

表 8-8　1~15 阶正互反矩阵平均随机一致性指标

阶数	1	2	3	4	5	6	7	8
RI	0	0	0.52	0.89	1.12	1.26	1.36	1.41

阶数	9	10	11	12	13	14	15
RI	1.46	1.49	1.52	1.54	1.56	1.58	1.59

当 $n < 3$ 时，判断矩阵永远具有完全一致性。判断矩阵一致性指标 CI 与同阶平均随机一致性指标 RI 之比称为随机一致性比率 CR (consistency ratio)。

$$CR = \frac{CI}{RI}$$

当 $CR < 0.10$ 时，便认为判断矩阵具有可以接受的一致性；当 $CR \geqslant 0.10$ 时，就需要调整和修正判断矩阵，使其满足 $CR < 0.10$，从而具有满意的一致性。

⑥层次单排序及一致性检验

层次单排序就是把本层所有元素相对上一层，排出评比顺序，这就需要计算判断矩阵的最大特征向量，最常用的方法是和积法和方根法。

A. 和积法具体计算步骤。

将判断矩阵的每一列元素作归一化处理，其元素的一般项为：

$$\underline{a_{ij}} = \frac{a_{ij}}{\sum\limits_{i, j=1}^{n} a_{ij}}(i, j=1, 2, \cdots, n)$$

将每一列经归一化处理后的判断矩阵按行相加为：

$$\underline{W}_i = \sum_{j=1}^{n} \underline{a}_{ij} \, (i = 1, 2, \cdots, n)$$

对向量 $\boldsymbol{W} = (W_1, W_2, \cdots, W_n)^{\mathrm{T}}$ 作归一化处理，有：

$$W_i = \frac{\underline{W}_i}{\sum\limits_{i=1}^{n} \underline{W}_i} \, (i = 1, 2, \cdots, n)$$

$\boldsymbol{W} = (W_1, W_2, \cdots, W_n)^{\mathrm{T}}$，即为所求的特征向量的近似解。

计算判断矩阵最大特征根 $\lambda_{\max}$，有：

$$\lambda_{\max} = \sum_{i=1}^{n} \frac{(A\boldsymbol{W})_i}{n W_i}$$

B. 方根法具体计算步骤。

计算判断矩阵每行所有元素的几何平均值，有：

$$\underline{W}_i = \sqrt[n]{\prod_{j=1}^{n} a_{ij}} \, (i = 1, 2, \cdots, n)$$

得到向量 $\underline{\boldsymbol{W}} = (\underline{W}_1, \underline{W}_2, \cdots, \underline{W}_n)^{\mathrm{T}}$ 作归一化处理，有：

$$W_i = \frac{\underline{W}_i}{\sum\limits_{i=1}^{n} \underline{W}_i} \, (i = 1, 2, \cdots, n)$$

$\boldsymbol{W} = (W_1, W_2, \cdots, W_n)^{\mathrm{T}}$，即为所求的特征向量的近似解。

计算判断矩阵最大特征根 $\lambda_{\max}$，有：

$$\lambda_{\max} = \sum_{i=1}^{n} \frac{(A\boldsymbol{W})_i}{n W_i}$$

⑦层次总排序及一致性检验。

利用层次单排序的计算结果，进一步综合得出对更上一层次的优劣顺序，就是层次总序的任务。

合成权重的计算要自上而下，将各单一准则下的权重进行合成，假定已求出第 $k-1$ 层上 n 个元素相对于总目标的权重向量为：

$$\boldsymbol{W}^{(k-1)} = [W_1^{(k-1)}, W_2^{(k-1)}, \cdots, W_n^{(k-1)}]^{\mathrm{T}}$$

第 k 层上 1 个元素对第 $k-1$ 层上各元素的相对权重向量为：

$$\boldsymbol{p}^{(k)} = [p_1^{(k)}, p_2^{(k)}, \cdots, p_n^{(k)}]^{\mathrm{T}}$$

上式即是一个 $1 \times n$ 的矩阵。

则第 k 层上元素对总目标的合成权重向量 $\boldsymbol{W}^{(k)}$ 为：

$$\boldsymbol{W}^{(k)} = [W_1^{(k)}, W_2^{(k)}, \cdots, W_n^{(k)}]^{\mathrm{T}} = p^{(k)} \boldsymbol{W}^{(k-1)}$$

或

$$W_i^{(k)} = \sum_{i=1}^{n} p_{ij}^{k} \boldsymbol{W}_j^{(k-1)} \quad (i = 1, 2, \cdots, n)$$

由此可得递推合成权重表达式为：

$$W^{(k)} = p^{(k)} W^{(k-1)} \cdots p^3 W^{(k-1)}$$

（3）优缺点

①优点

层次分析法是一种系统的分析方法，定性评价与定量评价结合，从而扩展了应用范围，易被了解和掌握。层次分析法分析思路清楚，可将系统分析人员的思维过程系统化、数学化和模型化。这种方法具有需求的信息量很少，决策过程花费的时间短等特点，具有简洁、系统、可靠等优点。

②缺点

从建立层次结构模型到给出成对比较矩阵，人的主观因素对整个过程的影响很大，另外计算过程是粗糙的。

（4）适用范围

这种方法适用于多准则、多目标的复杂问题的决策分析，广泛用于经济发展方案比较、资源规划和分析以及企业人员素质测评等。近年来，层次分析法在矿山生产系统的分析、设计与决策中日益受到重视。

12）神经网络分析法

神经网络是人工神经网络（artificial neural network，ANN）的简称，是一类模拟生物神经系统结构、由大量处理单元组成的非线性自适应动态系统，它具有学习能力、记忆能力、计算能力及智能处理功能，可在不同程度和层次上模仿大脑的信息处理机制。它具有非线性、非局域性、非定常性、非凸性等特点。神经网络把结构和算法统一为一体，可以看作是硬件与软件的结合体，对神经网络的研究在国际上已经形成一种热潮，其研究成果已在模式识别、自动控制、图像处理、语言识别等许多方面得到广泛的应用。

（1）BP 神经网络模型

目前比较典型的神经网络模型有 BP（back error propagation，误差反向传递）神经网络和 H（HoPfield，霍普菲尔德）动态神经网络模型。

BP 神经网络不仅具有输入和输出单元，而且还有一层或多层隐单元，当信号输入时，首先是到隐节点，经过作用函数后，再把隐层单元输出信息传到输出层单元，经过处理后给出输出结果。目前，在安全评价中应用较多的是具有多输入单元和单输出单元的 3 层 BP 神经网络。输入信号从输入层经隐层单元逐层处理，并传向输出层，每一层神经元的状态只影响下一层神经元的状态。如果输出层不能得到期望的输出，则转入反向传播，将输出信号的误差沿原来的连接通路返回，通过修改各层神经元的权值，使误差最小（收敛）。

①BP 算法分成两个阶段

第一阶段：正向传播。在正向传播过程中，输入信息从输入层经隐层逐层处理，并传向输出层，获得各个单元的实际输出，每一层神经元的状态只影响下一层神经元的状态。

第二阶段：反向传播。如果在输出层未能得到期望的输出，则转入反向传播，计算出输出层各单元的一般化误差，然后将这些误差信号沿原来的连接通路返回，以获得调整各连接权重所需的各单元参考误差，通过修改各层神经元的权值，使得误差信号最小。

②BP 网络拓扑结构

多层前向网络如图 8-7 所示。

③BP 算法的优点

A. BP 算法是一个很有效的算法，许多问题都可由它来解决。BP 模型把一组样本的 I/O 问题变为一个非线性优化问题，使用了优化中最普通的梯度下降法，用迭代运算求解权重，加入隐节点使优化问题的可调参数增加，从而可得到更精确的解。

B. 对平稳系统，从理论上说通过监督学习可以学到环境的统计特征，这些统计特征可被学习系统作为经验记住。如果环境是非平稳的，通常的监督学习没有能力跟踪这种变化，此时网络需要一定自适应能力。

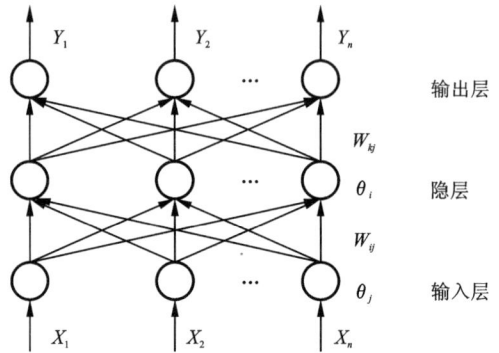

图 8-7 多层前向网络

④BP 算法的缺点

从数学上看，它是一个非线性优化问题，这不可避免地存在有局部极小问题；学习算法的收敛速度很慢，通常要几千步迭代甚至更多；网络运行还是单向传播，没有反馈；新加入的样本要影响到已经学完的样本，刻画每个输入样本的特征数目也要求必须相同。

（2）神经网络安全评价模型

现有的系统安全评价方法有很多，但这些方法在缺少评价参数、多因素、多指标的评价系统中，难以实施或得不到较为科学、准确的评价结果，因而有必要开发新的系统安全评价方法和技术。

模糊系统以其较强的不确定性知识表达和逻辑推理能力在诸多领域都取得了巨大的成功，但其缺乏自学习、并行计算、全局寻优和复杂数据处理的能力；而神经网络具有极强的非线性逼近能力，具有自学习、自适应和并行分布处理能力，但其对不确定性知识的表达能力较差，因此，神经网络与模糊系统相结合可优势互补、各取所长。近年来，这方面出现了大量的研究成果，在安全评价方面也有应用。

神经网络模拟人的大脑活动，具有极强的非线性逼近、大规模并行处理、自学习、自组织、内部有大量可调参数而使系统灵活性更强等优点。将神经网络理论应用于安全评价之中，可克服传统评价方法的一些缺陷，能快速、准确地得到评价结果。这将为企业安全管理提供科学的决策信息，从而避免事故的发生。

该方法是借助于人工神经网络技术研究开发的安全评价方法。人工神经网络技术是由人工建立的以有向图为拓扑结构的动态系统，它通过对连续或断续的信息输入作动态响应而实现信息处理。人工神经网络安全评价主要采用了多层结构的 BP 人工神经网络技术。基于优化 BP 神经网络的系统安全评价模型如图 8-8 所示。

人工神经网络预测的基本思想是：首先收集数据去训练网络，然后用人工神经网络的算法建立数学模型，进行预测。目前，已有多种不同形式的神经网络被用于工业、经济等领域的预测中。

人工神经网络建模方法：利用神经网络的自学习能力和泛化能力，简化时间序列预测的建模过程，并能取得较好的预测效果。这对于难以建立显示数学模型的系统，具有很大的优越性。人工神经网络不仅具有自适应、自学习、容错和并行处理等能力，而且还具有强大的

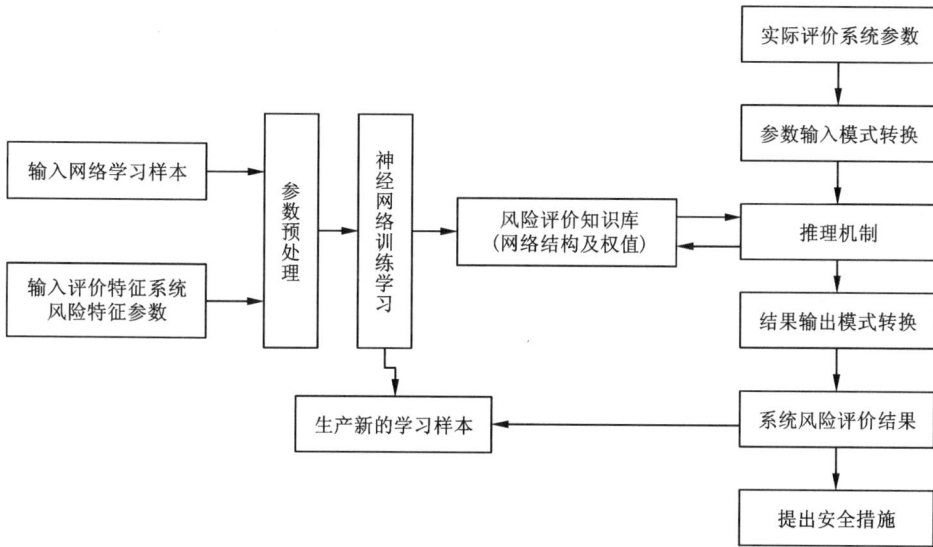

图 8-8　基于优化 BP 神经网络的系统安全评价模型

非线性映射能力。研究结果表明,神经网络用于非线性时间序列预测效果比传统的时间序列预测方法要好,同时,它也为具有高度复杂的非线性时间序列预测提供了一条有效途径。

（3）评价步骤

①确定网络的拓扑结构。

包括中间隐层的层数,输入层、输出层和隐层的节点数。

②确定被评价系统的指标体系（包括特征参数和状态参数）。

运用神经网络进行安全评价时,首先必须确定评价系统的内部构成和外部环境,确定能够正确反映被评价对象安全状态的主要特征参数（如输入节点数、各节点实际含义及其表达形式等）以及这些参数下系统的状态（如输出节点数、各节点实际含义及其表达方式等）。

③选择学习样本供神经网络学习。

选取多组对应系统不同状态参数值的特征参数值作为学习样本,供网络系统学习。这些样本应尽可能地反映各种安全状态。其中对系统特征参数进行 $(-\infty, +\infty)$ 区间的预处理,对系统参数应进行 $(0, 1)$ 区间的预处理。神经网络的学习过程就是根据样本确定网络的连接权值和误差反复修正的过程。

④确定作用函数。

通常选择非线性 S 型函数。

⑤建立系统安全评价知识库。

通过网络学习确认的网络结构包括输入、输出和隐节点数以及反映其间关联度的网络权值的组合,具有推理机制的被评价系统的安全评价知识库。

⑥进行实际系统的安全评价。

经过训练的神经网络将实际评价系统的特征值转换后输入到已具有推理功能的神经网络中,运用系统安全评价知识库处理后得到实际评价系统安全状态的评价结果。实际评价系统的评价结果又作为新的学习样本输入神经网络，使系统安全评价知识库进一步充实。

BP 人工神经网络安全评价过程如图 8-9 所示。

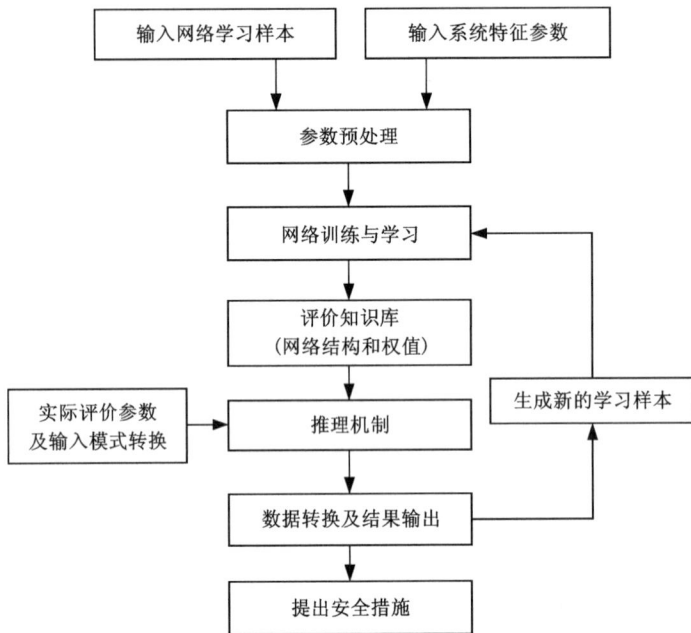

图 8-9　BP 人工神经网络安全评价过程

（4）优缺点

①优点。

A. 利用其并行结构和并行处理的特点，可以全面地评价系统的安全状况和多因素共同作用下的安全状况。

B. 利用其知识分布于整个系统的存储方式和自适应性的特点，可以补充学习样本，将过去的经验和新的知识结合，动态地评价系统的安全状况。

C. 利用其可容错的特点，通过适当的传递函数和数据结构，可以处理非数值性指标，对系统安全状态进行模糊评价。

②缺点。

A. 该学习算法的收敛速度慢。

B. 网络中隐节点个数的选取尚无理论上的指导。

C. 从数学角度看，BP 算法是一种梯度最优下降法，这就可能出现局部极小的问题。当出现局部极小时，从表面上看，误差符合要求，但这时所得到的解并不一定是问题的真正解。所以 BP 算法是不完备的。

（5）适用范围

神经网络分析法适用于矿井通风系统安全指标体系的建立与评价。

8.4 安全评价报告编制

8.4.1 安全评价报告编制的依据

安全评价是一项政策性很强的工作,必须依据我国现行的法律、法规和技术标准,保障劳动者在劳动过程中的安全与健康。

安全评价报告的编制一般应以国家颁布的法律、法规、规章、标准、规程、规范、规范性文件以及企业提供的设计文件、地质勘探报告、相关图纸、技术报告等为依据。

1)法律法规

我国法律法规体系包括法律、行政法规、规章和地方性法规、规范性文件等。行政法规的制订权属国务院,由总理签署,以国务院令颁布;规章的制订权是国务院各部委、具有行政管理职能的直属机构或省、自治区、直辖市和较大的市的人民政府;地方性法规的制订权是省、自治区、直辖市人大及其常委会或较大的市的人大及其常委会;规范性文件一般是指法律范畴以外的其他具有约束力的非立法性文件。

与矿山安全生产相关的法律法规有 5 种。

①法律。如《中华人民共和国安全生产法》《中华人民共和国矿山安全法》等。

②行政法规。如:《安全生产许可证条例》《危险化学品安全管理条例》《民用爆炸物品安全管理条例》《特种设备安全监察条例》《生产安全事故报告和调查处理条例》《生产安全事故应急条例》等。

③规章。如:《非煤矿山企业安全生产许可证实施办法》《安全生产事故隐患排查治理暂行规定》《生产安全事故应急预案管理办法》《建设项目安全设施"三同时"监督管理办法》《金属非金属矿山建设项目安全设施目录(试行)》,等等。

④地方性法规。如:《湖南省安全生产条例》等。

⑤规范性文件。如:《国务院关于进一步加强企业安全生产工作的通知》(国发〔2010〕23号),《国家安全监管总局关于规范金属非金属矿山建设项目安全设施竣工验收工作的通知》(安监总管一〔2016〕14 号),《国家安全监管总局关于印发金属非金属矿山建设项目安全设施设计重大变更范围的通知》(安监总管一〔2016〕18 号),等等。

2)标准、规程、规范

安全生产标准、规程、规范是开展安全评价的重要依据之一,安全生产标准分为国家标准、行业标准、地方标准和企业标准。

开展矿山安全评价时,常用的标准、规程、规范有:《金属非金属矿山安全规程》(GB 16423)、《爆破安全规程》(GB 6722)、《有色金属采矿设计规范》(GB 50771)、《有色金属矿山排土场设计规范》(GB 50421)、《冶金矿山采矿设计规范》(GB 50830)、《尾矿设施设计规范》(GB 50863)、《供配电系统设计规范》(GB 50052)、《工业企业总平面设计规范》(GB 50187)、《安全评价通则》(AQ 8001)、《安全预评价导则》(AQ 8002)、《安全验收评价导则》(AQ 8003)、《尾矿库安全技术规程》(AQ 2006)、《金属非金属地下矿山通风技术规范》(AQ 2013)等。

法律、法规、标准规范等信息是动态变化的,随着时代的变迁、社会的进步、经济实力的增强、技术水平的提高，法律、法规、标准规范等将不断修订。为此，安全评价应随着法律、法规、标准规范等的不断变化而及时进行更新。

3)其他

(1)企业提供的设计文件(如可行性研究报告、初步设计、安全设施设计、施工设计等)。

(2)矿床地质勘探报告或地质报告。

(3)工程地质、水文地质勘探报告。

(4)建设项目立项文件等合法性文件。

(5)研究报告、试验报告等其他技术报告。

(6)图纸及文字等相关技术资料。

8.4.2　评价单元的划分

在危险、有害因素辨识与分析的基础上，根据评价目的和评价方法的需要，将系统分成有限的、范围确定的单元，这些单元称为评价单元。

评价单元的划分是安全评价过程中一个十分重要的阶段，以整个系统作为评价对象实施评价时，一般可按一定的原则将评价对象分成若干个评价单元分别进行评价，再综合为整个系统的评价。

1)评价单元划分的一般原则

评价单元一般以生产工艺、工艺装置、物料的特点特征与危险、有害因素的类别、分布进行划分，也可以根据评价的需要，将一个评价单元划分为若干个子评价单元。常见的评价单元的划分原则和方法有：

(1)以危险、有害因素的类别为主划分评价单元

对工艺方案、总体布置及自然条件、社会环境对系统影响等综合方面的分析和评价，宜将整个系统作为一个评价单元；将具有共性危险、有害因素的场所和装置可划分为一个评价单元。

(2)以装置和物理特征划分评价单元

可按装置工艺功能、布置的相对独立性、工艺条件等划分评价单元，也可将危险性特别大的区域、装置划分为一个评价单元。

2)矿山安全评价单元的划分

对于矿山而言，一般可根据矿山生产系统和工艺划分评价单元，也可根据矿山自身特点和评价工作的需要对评价单元进行调整。

(1)地下矿山安全评价单元的划分

地下矿山安全预评价一般可划分为总平面布置、自然灾害、开拓、提升和运输、采掘、通风、充填、供配电、防排水与防灭火、排土场(废石场)、安全避险六大系统、重大危险源辨识等单元，改扩建工程一般还应增加安全管理评价单元。

地下矿山安全验收评价一般可划分为安全设施"三同时"建设程序、开拓、提升和运输、防排水、通风、充填、供配电、供水和消防、安全避险六大系统、总平面布置、人员安全防护、安全标志、安全管理等单元。

地下矿山安全现状评价一般可划分为总平面布置、开拓、提升运输、采掘、通风、充填、供配电、防排水与防灭火、排土场(废石场)、安全避险六大系统、安全管理等单元。

(2)露天矿山安全评价单元的划分

露天矿山安全预评价一般可划分为总平面布置、自然灾害、开拓、运输、采剥、通风防尘、供配电、防排水、排土场、通信、重大危险源辨识等单元，改扩建工程一般还应增加安全管理评价单元。

露天矿山安全验收评价一般可划分为安全设施"三同时"建设程序、露天采场、防排水、运输、通风防尘、供配电、通信、总平面布置、人员安全防护、安全标志、安全管理等单元。

露天矿山安全现状评价一般可划分为总平面布置、开拓、运输、采剥（剥离、穿孔、爆破、铲装等）、防尘、排土场、供配电、防排水和防灭火、安全管理等单元。

（3）尾矿库安全评价单元的划分

尾矿库安全预评价一般可划分为库址选择、尾矿坝、防排洪、干式尾矿运输、安全监测、辅助设施、安全标志、重大危险源辨识等单元，改扩建工程一般还应增加安全管理评价单元。

尾矿库安全验收评价一般可划分为安全设施"三同时"建设程序、尾矿坝、防排洪、安全监测、排渗、干式尾矿运输、辅助设施、人员安全防护、安全标志和安全管理等单元。

尾矿库安全现状评价一般可划分为尾矿库库区、排洪系统、坝体、干式尾矿运输、监测设施、安全管理等单元。

8.4.3　评价方法的选择

1）评价方法选择的原则

任何一种安全评价方法都有其适用的条件和范围，在安全评价过程中，如果使用了不合适的评价方法，可能会导致评价结果的严重失真。

进行安全评价时，应该在认真分析并熟悉被评价对象的前提下选择评价方法。选择评价方法时，一般应遵循如下原则。

①充分性原则。在选择评价方法之前，应该充分分析评价对象，掌握足够多的评价方法，充分了解各种评价方法的优缺点、适用条件和范围，为安全评价工作准备充分的资料。

②适应性原则。所选择的评价方法应适应被评价的对象，被评价的对象可能由多个系统、子系统构成，评价的重点可能有所不同，各种评价方法都有其适应的条件和范围，应根据系统、子系统的工艺和状态，选择适应的评价方法。

③系统性原则。选择的评价方法与评价对象所能提供的安全评价初值和边值条件应形成一个和谐的整体，即安全评价方法获得的可信的安全评价结果，必须建立在真实、合理和系统的基础数据之上，评价对象应该能提供所需的系统化数据和资料。

④针对性原则。由于评价目的不同，需要安全评价提供的结果可能是危险、有害因素的识别，事故发生的原因，事故发生的概率，事故的后果，系统的危险性等，安全评价方法能够给出所要求的结果才能被选用。

⑤合理性原则。在满足安全评价的目的、能够提供所需的安全评价结果的前提条件下，应该选择计算过程最简单、所需基础数据最少和最容易获取的安全评价方法，使安全评价工作量和所要获得的评价结果都是合理的，不要使安全评价出现无用的工作和不必要的麻烦。

2）评价方法的选择

安全评价是对系统存在的危险性进行定性或定量分析，得出系统存在的危险点与发生危险的可能性及其程度，预测被评价系统的安全状况。

安全评价方法以安全理论、系统科学理论、现代数学和控制理论等作为理论基础，依据国家法律法规与技术标准等分析、评价系统的危险、有害因素。根据评价目的或采用的基本理论的不同，评价方法也不相同，各有优缺点。

在选择评价方法时，首先详细分析被评价的对象，以及评价对象能提供的基础数据、工艺和相关资料，明确安全评价要达到的目标，然后，收集安全评价方法并进行分类整理，最后选择适用的安全评价方法。

开展矿山安全评价时，一般应根据项目的特点、评价的目的以及评价方法选择的原则来确定评价方法，并对所选用的评价方法进行介绍。

8.4.4　安全评价基本程序

安全评价的基本程序主要包括：准备阶段，危险、有害因素辨识与分析，评价单元划分，评价方法选择，定性定量评价，安全对策措施与建议，安全评价结论，编制安全评价报告。安全评价基本程序见图 8-10。

（1）准备阶段

明确被评价对象和范围，收集国内外相关法律法规、规章、标准、规程、规范以及工程、系统的技术资料，准备评价所需的设备和工具。

（2）危险、有害因素辨识与分析

根据评价对象的具体情况，辨识与分析可能存在的危险、有害因素，确定其存在的部位、方式，以及发生作用的途径及其变化规律。

（3）评价单元划分和评价方法选择

根据项目特点和评价工作的需要，合理划分评价单元，选择科学、合理、适用的评价方法。

（4）定性定量评价

在危险、有害因素辨识和分析的基础上，根据评价单元的特性，选择合理的评价方法，对评价对象发生事故的可能性及其严重程度进行定性、定量的评价。

（5）安全对策措施与建议

依据危险、有害因素辨识的结果以及定性、定量评价的结果，遵循针对性、技术可行性、经济合理性的原则，提出消除或减弱危险、有害因素的技术和管理措施及建议。

按照针对性和重要性的不同，安全对策措施和建议可分为应采纳和宜采纳两种类型，提出的安全对策措施与建议应翔实并具有可操作性。

（6）安全评价结论

安全评价报告作为第三方出具的技术性咨询性文件，可为政府安全生产监管部门、行业主管部门等相关单位对评价对象的安全行为进行法律法规、规章、标准、规范的符合性判断所用。因此，应高度概括安全评价的结论，指出评价对象应重点防范的重大危险因素，明确企业应采取的重要安全措施，从风险管理的角度给出评价对象在评价时与国家有关安全生产的法律法规、规章、标准、规范的符合性结论，得出事故发生的可能性和严重程度的预测性结论，以及采取安全对策措施后的安全状态等。

（7）编制安全评价报告

安全评价报告应全面、概括地反映安全评价过程的全部工作，文字应简洁、准确，提出的资料清楚可靠，论点明确，利于阅读和审查。

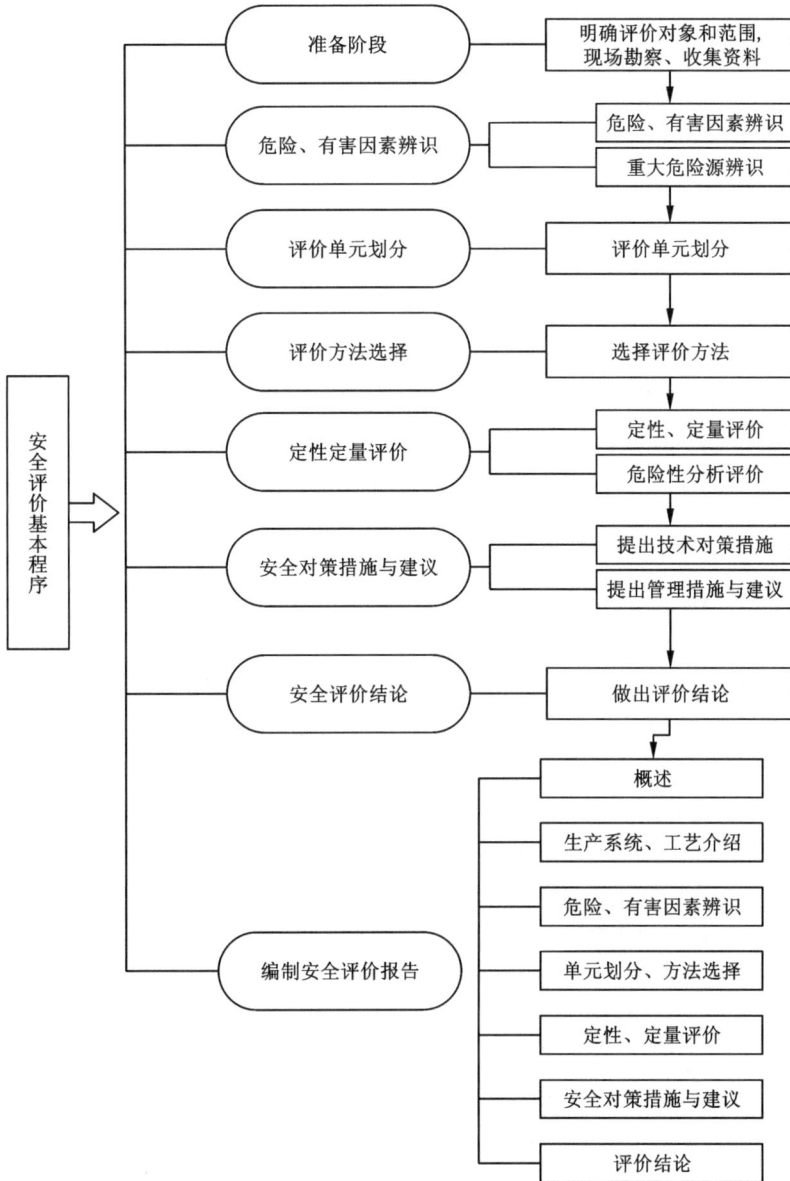

图8-10　安全评价基本程序框图

8.4.5　安全评价报告编制的基本格式

根据《安全评价通则》（AQ 8001）的规定，安全评价报告的通用格式与相关要求一般包括：基本格式要求、规格、封面格式等。

1）评价报告的基本格式

评价报告的基本格式如下：

（1）封面；

（2）安全评价资质证书影印件；

（3）著录项；

（4）前言；

（5）目录；

（6）正文；

（7）附件；

（8）附录。

2）规格

安全评价报告应采用 A4 纸幅面，左侧装订。

3）封面格式

（1）安全评价报告的封面应包括被评价单位名称、评价项目名称、标题、安全评价机构名称、安全评价机构资质证书编号、安全评价报告完成时间、版次等内容。

（2）标题统一为"安全××评价报告"，其中，"××"应根据评价报告的类别填写为：预、验收或现状。

8.5　安全评价过程控制

安全评价过程控制是保证安全评价工作质量和安全评价健康发展的重要管理手段之一。

安全评价过程控制体系是基于"预防为主、领导承诺、持续改进、过程控制"的管理思想，以戴明原则、目标原理和现场改善原理为基础，遵循戴明原则——PDCA 管理模式。

安全评价过程控制按其内容主要是指安全评价机构建设的管理和运行中的管理，包括安全评价机构内部机构的设置，各职能部门职责的划定、相互间分工协作的关系、安全评价人员及专家的配备、合同的签署、安全评价资料的收集、安全评价报告的编写、安全评价报告内部评审、安全评价技术档案的管理、安全评价信息的反馈、安全评价人员的培训等一系列管理活动。

8.5.1　过程控制体系的主要内容

安全评价过程控制体系的主要内容一般包括安全评价过程控制方针和目标、机构与职责、风险分析、合同评审、计划编制、实施评价、报告审核、技术支撑、作业文件、内部管理、档案管理和检查改进等。

1）安全评价过程控制方针和目标

安全评价过程控制方针是评价机构安全评价工作的核心，表明了评价机构从事安全评价工作的发展方向和行动纲领，应由最高管理者批准。安全评价过程控制方针应定期进行评审，以适应评价机构不断变化的内外部条件和要求，确保体系的持续适宜性。

评价机构应针对其内部相关职能和层次，建立并保持文件化的安全评价机构过程控制目标。评价机构在确立和评审其过程控制目标时，应考虑法律法规及其他要求，可选安全评价技术方案，财务、运行和经营要求。目标应符合安全评价过程控制方针，并遵循过程控制体系对持续改进的承诺。

2）机构与职责

安全评价机构必须具有独立的法人资格，对相关部门与人员的作用、职责和权限应加以界定，使之文件化并予以传达。同时，评价机构还应明确与评价资质业务范围相适应的技术负责人和安全评价过程控制负责人。

明确安全评价机构内部的组织机构及职责是安全评价过程控制体系运行的关键环节。评价机构中只有每一个人按照规定做好自己的本职工作，共同参与安全评价过程控制体系的建设与维护，过程控制体系才能真正实现持续改进和保证安全评价的工作质量。体系的建立、实施和维护均是以评价机构为单位，按职能和层次展开，在体系运行过程中明确各职能部门与层次间的相互关系，规定其作用、职责与权限是体系建立的必要条件，也是体系运行的有力保障。

3）风险分析

风险分析应在安全评价项目合同签订之前进行，其重点应包含如下内容：

（1）被评价单位：基本概况、评价范围、评价类别（预评价、验收评价、现状评价、专项评价）、评价项目的合法性、项目投资规模、地理位置、周边环境、行业风险特性、评价对象的安全管理现状等；

（2）评价机构：项目是否在资质业务范围之内，现有评价人员专业构成是否满足评价项目需要，是否聘请相关专业的技术专家，承担项目风险的能力；

（3）项目的经济性；

（4）项目的可行性内容包括但不限于：项目的前置条件是否具备、是否能够满足委托方对完成时间的要求及对评价工作的其他要求；

（5）工作计划。

实施风险分析时，应明确风险分析的负责部门和参与部门、风险分析的具体内容，确定判断准则，记录、保存风险分析结果，合同签订后应制订详细的工作计划，记录并保存计划实施的过程。

4）合同评审

合同评审是安全评价工作非常重要的一部分，要求市场开发人员、安全评价人员、管理人员等共同参与完成。

合同评审应包括以下内容：客户的各项要求是否明确；合同要求与委托书内容是否一致，所有与委托书不一致的要求是否得到解决；安全评价机构能否满足全部要求。

5）安全评价计划编制

在安全评价合同签订之后，首先要制订安全评价的计划，以保证评价项目有效地实施，确保评价项目根据合同规定的进度和质量要求如期完成。

6）实施评价

应根据过程控制的方针和目标实施安全评价。在接受评价项目以后应组建评价项目组并任命项目组长，项目组应由与评价项目相关的专业人员组成，且评价人员专业配备能够满足项目要求，个别专业人员不足时，应邀请相应专业的技术专家参加。

项目组应按照有关法律、法规、技术标准及过程控制的要求开展安全评价工作。一般可按以下程序开展工作：

（1）收集被评价单位的有关资料（含影像资料），进行现场考察、勘察、观测；

（2）获取检测检验数据；

（3）划分评价单元；

（4）辨识危险、有害因素；

（5）选择评价方法；

（6）取得评价结果；

（7）提出安全对策措施和建议；

（8）做出评价结论；

（9）编制评价报告。

组建项目评价组时，应明确项目组组成的原则、原始评价资料收集和检测检验数据采用等的相关要求，同时也应明确评价报告签字、批准、盖章等程序的相关要求。

7）报告审核

安全评价报告审核是保证安全评价报告质量的一个重要环节，报告审核的重点是评价依据资料的完整性、危险有害因素辨识的充分性、评价单元划分的合理性、评价方法的适用性、对策措施的针对性和评价结论的正确性等。

报告审核的内容一般包括报告校核、项目组审核、技术负责人审核、过程控制负责人审核。

（1）报告校核

报告校核是在安全评价报告初稿完成后进行，由项目组组长确定报告校核人员，检查报告编写格式是否规范、正确，并校核报告的文字是否规范、正确。

（2）项目组审核

项目组审核可以采取会议审核或专人审核的形式，会议审核应由项目组主要人员参加，也可以邀请项目组以外的人员或专家参加。主要内容包括：评价依据是否充分、有效，项目概况介绍是否清晰，评价范围是否与合同一致，危险、有害因素辨识是否全面，评价单元划分是否合理，评价方法选择是否适当，对策措施建议是否可行，评价结论是否正确，报告编写格式是否符合要求，文字、数据等信息是否准确等。

（3）技术负责人审核

技术负责人审核是在评价报告项目组审核完成后，由技术负责人重点对现场收集的有关资料是否齐全、有效，评价方法的应用、评价范围是否准确，报告是否有重大疏漏，项目组审核结果是否准确，是否按照审核意见进行了修改或纠正，对策措施建议是否具有针对性和合理性，评价结果综述是否准确等内容进行审核。

（4）过程控制负责人审核

过程控制负责人审核是在项目组审核和技术负责人审核完成后，由过程控制负责人重点对评价项目整个过程是否符合过程控制文件要求而进行的审核。主要包括：是否进行了合同风险分析，是否签订了评价合同，是否有明确项目组组长和成员的评价项目任务书，是否制订了评价工作计划，是否进行了现场勘验，现场勘验人员是否符合要求，现场勘验书面和影像记录是否完整、有效，是否提交了书面或电子版整改建议，报告审核记录是否齐全，是否保留了审核修改痕迹，与委托方的意见交换记录是否完整，存档资料是否完整等内容。

在进行安全评价报告审核时，应明确报告内部审核部门和审核人员的职责，重点明确技术负责人和过程控制负责人的职责以及审核的要求。对内部审核、技术负责人和过程控制负责人审核的记录应完整并保存。

8）技术支撑

安全评价机构必备的技术支撑条件一般包括基础数据库、技术及软件、检测检验及科研开发能力、协作支撑能力等。

（1）基础数据库。一般应建立法律法规、技术标准数据库；有关物质特性数据库；事故案例数据库；其他数据库。

（2）技术及软件。技术及软件主要包括购买及自主开发的技术及应用软件、内部管理信息系统软件、图书和资料管理系统软件等。

（3）检测检验及科研开发能力。检测检验主要包括检测检验资质类别、业务范围、项目及检测检验人员资格等。科研开发能力是指机构安全评价技术研究的基础条件（包括设备和科研人员状况）、科研开发项目、科研经费与资金投入等。

（4）协作支撑。安全评价机构如果自身不具备检测检验及科研开发能力，应与有关的安全技术研究单位和具有相关检测检验资质的机构签订技术协作协议，建立协作支撑渠道。

9）作业文件

作业文件是程序文件的支持性文件。按照相关规定和技术标准，结合业务范围及领域，编制相应的安全评价作业文件，并通过加强内部培训，保证作业文件的贯彻执行。

10）内部管理

评价机构一般应制订如下8个基本的管理制度。

（1）安全评价师和技术专家管理制度。安全评价师的管理主要包括劳动关系（劳动合同）、从业资格、业绩、培训、保密及从业行为等；技术专家管理主要包括聘用协议和业绩、培训、保密及从业行为等。

（2）业绩考核管理制度。建立机构、安全评价师和技术专家业绩档案，及时统计和报送业绩情况。

（3）业务培训制度。应根据职责明确安全评价师的能力要求，制订安全评价师业务培训计划并保存培训记录，定期审查和不断改进业务培训计划，保证其适宜性和有效性。

业务培训内容一般应包括法律法规、技术标准；安全专业知识；安全评价过程控制文件；其他。

（4）信息公开通报制度。安全评价机构情况（尤其是资质条件）发生变化或发生重大事件，应及时向资质管理部门报告。

（5）跟踪服务制度。明确跟踪服务的基本要求，对跟踪服务各环节实施有效控制，积极、妥善解决被评价单位提出的问题，及时处理被评价单位或来自其他方面的投诉、申诉。项目完成后，应对评价报告中提出的对策措施的实施情况进行跟踪，确认其适用性及有效性，并适时进行调整。

（6）保密制度。明确保密范围，确定保密等级，对被评价单位的技术和商业机密保守秘密。

（7）资质和印章管理制度。严格资质和印章管理，认真履行相关手续，严禁转借或出租资质和印章。

（8）内部审查制度和纠正、预防制度。对管理体系每年进行评审，确保体系运行的持续适用性、充分性和有效性；监督过程控制的运行，对于发生偏离的过程控制及时加以纠正，预防同类问题的再次发生，评价报告质量得以持续改进。

11）档案管理

编制适用的法律法规和技术标准目录，并定期更新。明确获取法律法规和技术标准的内容、途径、方法、频次，并对其有效性进行识别，保持有关法律法规、技术标准和政策信息的及时、有效。

文件和资料主要包括法律法规及技术标准、过程控制手册、程序文件、作业文件、管理制度、基础数据库、评价项目档案、过程控制记录和外部文件等。应规定文件和资料的编号、受控状态、修改、审核、批准、借阅、档案的保存期限和密级、记录的格式和要求等。

过程控制记录应便于查询,避免损坏、变质或遗失,明确记录保存期限。明确工作过程中记录的编目、归档、保存及处理实施控制要求,保证记录的完整、有效。记录应字迹清楚、标识明确。

对记录的一般要求如下:

(1)建立并保持程序以规范安全评价机构记录;

(2)记录应便于查询,避免损坏、变质或遗失,并规定记录保存期限;

(3)记录应字迹清楚、标识明确,并能追溯安全评价机构的相关活动和能证明体系对机构运作的符合性。

安全评价过程控制体系记录的主要内容一般有:

(1)实施安全评价过程控制体系所产生的记录;

(2)有关安全评价过程的记录。

12)检查改进

检查改进是安全评价机构过程控制实现自我约束、自我发展、自我完善的重要环节。

(1)内部审查

安全评价机构应定期组织内部审查,通过观察、交谈,查阅文件和记录,获取客观证据,及时发现不合格项。内部审查的内容一般有审查范围、审查依据、审查方案、明确实施审查和报告审查结果的职责和要求。

制订内部审查控制要求时,明确内部审查的时机、方式,保证内部审查有效实施。内部审查由评价机构内部专业人员进行,审查人员与被审查活动无直接关系。

(2)及时采取纠正和预防措施

纠正和预防措施是对过程控制运行的监督。对于发生偏离过程控制方针和目标的情况应及时加以纠正,预防同类问题的再次发生。

8.5.2　质量控制体系文件的构成

安全评价过程控制体系是安全评价机构为保障安全评价工作的质量而形成的文件化的体系,是安全评价机构实现其质量管理方针、目标和进行科学管理的依据。安全评价过程控制体系文件一般分为三个层次:管理手册(一级)、程序文件(二级)、作业文件(三级),其文件层次关系和内容如图 8-11 和图 8-12 所示。

过程控制管理手册是评价机构根据安全评价过程控制的方针、目标

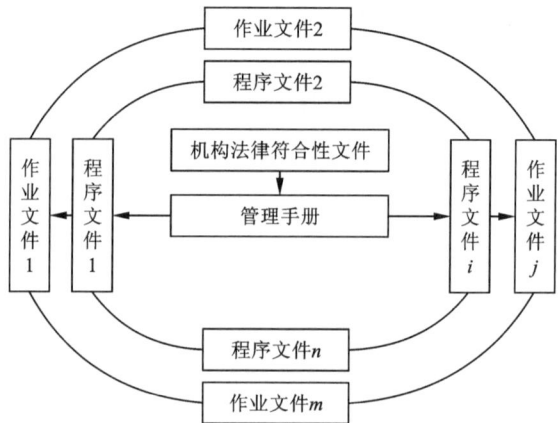

图 8-11　安全评价过程控制体系文件层次关系

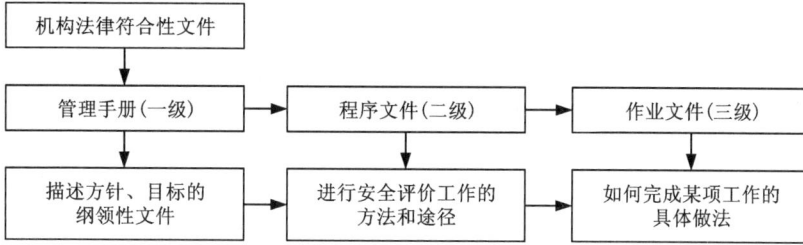

图 8-12 安全评价过程控制体系文件内容

全面地描述安全评价过程控制体系的文件，主要供机构中、高层管理人员和客户以及第三方审核机构使用。管理手册应表述本机构的安全评价质量保证能力，涉及以下内容：方针目标、职责权限、人员培训和安全评价过程控制的有关要求；关于程序文件的说明和查询途径；关于手册的评审、修改和控制规定。

程序文件是机构根据安全评价过程控制体系的要求，为达到既定的安全评价过程控制方针、目标所需要的程序和对策，描述实施安全评价涉及的各个职能部门活动的文件，供各职能部门使用。程序文件处于安全评价过程控制体系文件的第二层，因此，程序文件起到一种承上启下的作用，是管理手册的展开和具体化，使得管理手册中原则性和纲领性的要求得到展开和落实；同时它应引出相应的支持性文件，包括作业指导书和记录表格等。

作业文件是围绕管理手册和程序文件的要求，描述具体的工作岗位和工作现场如何完成某项工作任务的具体做法，是一个详细的操作性工作文件。作业文件是第三层文件，包括作业指导书、记录表格等。

(1)作业指导书通常包括三方面的内容：干什么、如何干和出了问题怎么办。根据安全评价机构申请的资质类型和业务范围的不同，需要编制的作业指导书种类也有所不同。按安全评价类型的不同，作业指导书分为安全预评价作业指导书、安全验收评价作业指导书、安全现状评价作业指导书等。

(2)记录是体系文件的组成部分，是安全评价职能活动的反映和载体，是验证安全评价过程控制体系的运行结果是否达到预期目标的主要证据，是过程控制有效性的证明文件，具有可追溯性，为采取预防和纠正措施提供依据。在编写程序文件和作业文件的同时，应分别制订与各程序相适应的记录表格，附在程序文件和作业文件的后面。

安全评价过程控制体系文件应相互协调一致，评价机构可以根据自身规模的大小和实际情况来划分体系文件的层次等级。

8.5.3 质量控制体系文件的编制

1)安全评价过程控制管理手册的编写

安全评价过程控制管理手册的编写要有系统性，避免面面俱到、冗长重复，只对重要环节和控制要求概括性地做出原则规定。在编写时，要求文字准确、语言精练、结构严谨，还要通俗易懂，以便评价机构全体员工能理解和掌握。编写管理手册时一般应遵循8个原则。

(1)指令性原则

管理手册应由机构最高管理者批准签发。手册的各项规定是机构全体员工(包括最高管理者)都必须遵守的内部规定，它能够保证安全评价过程控制体系管理的连续性和有效性。

因此,手册各项规定具有指令性。

(2)目的性原则

管理手册应围绕质量方针、目标,对为实现安全评价质量方针、目标所要开展的各项活动做出规定。

(3)符合性原则

管理手册应符合国家有关法律、法规、标准,同时还要与外部环境条件相适应。

(4)系统性原则

管理手册所阐述的安全评价质量保障体系,应当具有整体性和层次性。应就安全评价全过程中影响安全评价的技术、管理和人员的各环节进行控制。管理手册所阐述的安全评价过程控制体系,应当结构合理、接口明确、层次清楚,各项活动有序而且连续,要从整体出发,对安全评价机构运行的重要环节进行阐述,做出明确规定。

(5)协调性原则

管理手册中各项规定之间,手册与机构其他安全评价文件之间,必须协调一致,无论是在手册编写阶段,还是在体系运行阶段,都应该及时记录、处理手册中的规定与目前管理制度中不一致的部分。

(6)可行性原则

管理手册中的规定,应从机构运行的实际情况出发,能够做到或经过努力可以达到。有些规定,虽然内容先进,但不具备组织实施条件,可暂不列入手册中。

(7)先进性原则

管理手册的各项规定,应当在总结机构安全评价管理实践经验的基础上,尽可能采用国内外的先进标准、技术和方法,加以科学化、规范化。

(8)可检查性原则

管理手册的各项规定不但要明确,而且要有定量的考核要求,便于实施监督和审核。

管理手册应当按照评价机构安全评价工作分析的结果,对体系的构成,涉及的内容及其相互之间的联系做出系统、明确和原则的规定。管理手册编写流程如图8-13所示。

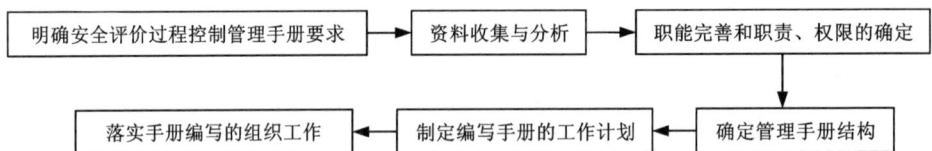

图8-13　过程控制管理手册编写流程图

安全评价过程控制管理手册一般应包括安全评价过程控制方针目标;组织结构及安全评价管理工作的职责和权限;描述安全评价机构运行中涉及的重要环节;安全评价过程控制管理手册的审批、管理和修改的规定等内容。

2)程序文件的编写

安全评价过程控制体系程序文件是指为进行某项活动所规定的途径。由于程序文件是管理手册的支持性文件,是手册中原则性要求的进一步展开和落实,因此,编制程序文件必须以安全评价管理手册为依据,符合安全评价管理手册的有关规定和要求,并从评价机构的实际情况出发，进行系统编制。

程序文件的编写要求如下：

(1)程序文件至少应包括体系重要控制环节的程序；

(2)每一个程序文件在逻辑上都应是独立的，程序文件的数量、内容和格式由机构自行确定。程序文件一般不涉及纯技术的细节，细节通常在工作指令或指导书中规定；

(3)程序文件应结合评价机构的业务范围和实际情况具体阐述；

(4)程序文件应具有可操作性和可检查性。

评价机构程序文件的数量，每个程序的详略、篇幅和内容，在满足安全评价过程控制的前提下，应做到越少越好。每个程序之间应有必要的衔接，但要避免相同的内容在不同的程序之间重复。

在编写程序文件时，应明确每个环节包括的内容，规定由谁干，干什么，干到什么程度，达到什么要求，如何控制，形成什么样的记录和报告等；同时，应针对可能出现的问题，采取相应的预防措施，以及一旦发生问题应采取的纠正措施。

程序文件的结构和格式由机构自行确定，文件编排应与安全评价过程控制管理手册和作业指导书以及机构的其他文件形成一个完整的整体。程序文件编写流量如图8-14所示。

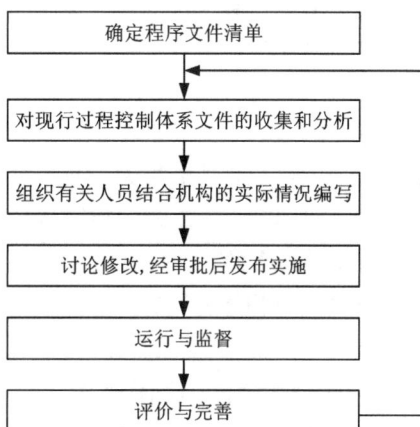

图8-14　程序文件编写流程图

3)作业文件的编写

作业文件是程序文件的支持性文件。为了使各项活动具有可操作性，一个程序文件可能涉及几个作业文件。能在程序文件中交代清楚的活动，不用再编制作业文件。作业文件应与程序文件相对应，是对程序文件的补充和细化。

评价机构在建立评价过程控制体系过程中，应将国家已颁发了安全评价通则、导则等的要求与评价工作密切结合，编制具有指导意义的安全评价作业指导书。

4)记录的编写

记录是为已完成的活动或达到的结果提供客观证据的文件，是重要的信息资料，为证实可追溯性以及采取预防措施和纠正措施提供依据。安全评价机构所产生的记录应覆盖过程控制的各个环节。记录具有如下功能：

(1)是安全评价过程控制体系文件的组成部分，是安全评价职能活动的反映和载体。

(2)是验证评价过程控制体系运行结果是否达到预期目标的主要证据，具有可追溯性。记录可以是书面形式，也可以是其他形式，如电子格式等。

(3)安全评价质量管理记录为采取预防和纠正措施提供了依据。

记录文件的设计应与编制程序文件和作业文件同步进行，应使记录与程序文件和作业文件协调一致、接口清楚。

根据管理手册和程序文件的要求，应对安全评价过程控制所需记录进行统一规划，对表格的标记、编目、表式、表名、审批程序等做统一规定。记录可附在程序文件和作业文件的后面，将所有的记录表格统一编号，汇编成册发布执行。必要时，对某些较复杂的记录表格要规定填写说明。记录编制要求如下：

（1）应建立并保持有关评价过程控制记录的标识、收集、编目、查阅、归档、贮存、保管、收集和处理的文件化程序；

（2）记录应在适宜的环境中贮存，以减少编制或损坏并防止丢失，且便于查询；

（3）应明确记录所采用的方式；

（4）按规定表格填写或输入记录，做到记录内容准确、真实；

（5）应根据需要规定记录的保存期限，需要永久保存的记录应整理成档案，长期保管；

（6）应规定对过期或作废记录的处理方法。

记录的内容一般有：

（1）记录名称：简短反映记录的对象；

（2）记录编码：编码是每种记录的识别标记，每种记录只有一个编码；

（3）记录顺序号：顺序号是某种记录中每张记录的识别标记，如记录为成册票据，印有流水序号，可视为记录顺序号；

（4）记录内容：按记录对象要求，确定编写内容；

（5）记录人员：记录填写人、审批人等；

（6）记录时间：按活动时间填写，一般应写年、月、日；

（7）记录单位名称；

（8）保存期限和保存部门。

8.6　安全评价报告编制实例

实例：××矿业公司铁矿一期工程安全验收评价报告

注：原评价报告中部分内容进行了省略、删减。

××矿业公司铁矿一期工程为新建矿山项目，批复建设规模为一期工程采选铁矿石300万 t/a，采用地下开采方式、竖井开拓方案，采矿方法为充填采矿法。该矿总体分为二期建设，一期开采-620 m以上矿体，二期开采-620 m以下矿体。

8.6.1　工程建设概况

8.6.1.1　总图运输

1）总平面布置

主要由地下采区、主井、副井、井口车场、井口工业场地、进风井、回风井、充填站、变电所、行政和福利区组成。主井布置在矿体北端+43 m标高处，副井布置在主井南侧90 m处同一标高位置，总降压变电站紧邻井口工业场地东北侧布置，综合办公楼布置在副井南侧。空压机站、空压机站变电所布置在副井东侧60 m处，进风井布置在矿体南侧。1、2号回风井位于矿体东侧。地表充填站、充填站变电所布置在1、2号回风井工业场地东侧。废石场布置在主、副井南侧360 m处，容积191万 m³，占地9万 m²。

2）矿山运输

内部运输：井下开采所需设备、材料等，选择900 mm窄轨铁路运输，废石采用汽车运输，矿石由主井原矿仓采用胶带运输机运往选矿厂。

外部运输：铁精矿从矿山用汽车运到邻近码头，再装船运输。

8.6.1.2 开拓运输系统

1）开拓工程

主井井口标高为+43 m，井底标高为−782 m，直径为 φ5.5 m，采用 C25 钢筋混凝土支护，厚度为 500~800 mm。基岩段采用 C25 素混凝土或钢筋混凝土支护。

副井担负人员、材料、废石提升和井下辅助通风入风井的任务。井筒内设置梯子间，为矿山井下第一安全出口，直径为 φ6.5 m，井口标高为+43 m，井底标高为−657.4 m，采用 C25 钢筋混凝土支护，厚度为 500~800 mm。基岩段采用 C25 素混凝土或钢筋混凝土支护，厚度为 400 mm。

进风井承担进风和井下大件设备的提升任务，井筒内设置梯子间，作为井下第二安全出口，直径为 φ6 m，井口标高为+53.8 m，井底标高为−565 m。

1 号回风井井口标高为+40 m，井底标高为−455 m，直径为 φ5.5 m。2 号回风井井口标高为+40 m，井底标高为−560 m，直径为 φ5.5 m，与采区斜坡道连接，作为井下第三安全出口。

在东区矿体中部无矿带设采区斜坡道（−560~−455 m），坡度不大于 14.2%，转弯半径为 20 m，巷道规格 4800 mm×4400 mm，全断面 C25 素喷混凝土或锚网喷混凝土支护，厚度为 120 mm。

2）中段高度、中段平巷、硐室布置

一期工程分−560 m 和−620 m 两个阶段水平开拓，阶段高度分别为 120 m 和 60 m。−560 m 水平为首采阶段，−545 m 水平为专用进风水平，−455 m 水平为总回风水平。

在−560 m 水平设有中央变电硐室、水泵房硐室、安全值班调度室、等候室、牵引变电硐室、采区变电硐室（2 座）、通风变电硐室（2 座）、10 t 炸药库硐室、有轨设备修理硐室、大件组装及无轨设备修理硐室、卸矿硐室、防水闸门硐室（2 座）及井底车场等。在−545 m 水平设有避难硐室、通风变电硐室（1 座）、防水闸门硐室（1 座）。在−455 m 水平设有通风变电硐室（1 座）、高位水池（1 座）。在−676 m 水平设有矿石破碎机硐室及破碎变电硐室。在−782 m 水平设有粉矿清理硐室、溜破系统水泵硐室及水仓。

3）安全出口

设有副井、进风井、2 号回风井 3 个安全出口，溜破系统设有 2 个安全出口与−560 m 水平相通，粉矿清理电梯井作为破碎系统的主要安全出口，破碎回风井作为破碎系统的第二安全出口。各采区均设有 2 个安全出口。

4）井下运输

矿石运输：采场矿石从溜井底部采用振动放矿，10 m³ 底卸式矿车装矿，20 t 电机车直流（550 V）牵引至矿石主溜井卸矿站卸矿，破碎后的矿石由主井提升至地表，再由胶带运至选矿厂。

岩石运输：采矿场岩石通过溜井下放到−560 m 运输水平，采用 1.2 m³ 侧（底）卸式矿车装岩，7 t 电机车直流（550 V）牵引至副井，由副井提升至地表卸载站。

5）井下溜破系统

溜破系统主要由粉矿清理电梯井、矿石主溜井、溜破系统回风井以及矿石上部矿仓、−676 m 水平破碎硐室、矿石下部矿仓、−730 m 水平皮带道硐室、−782 m 粉矿清理硐室以及连通粉矿清理电梯井与各水平硐室，各水平硐室与溜破系统回风井之间的联络道等组成。

8.6.1.3 采矿工艺

1）采矿方法

目前矿山采用的采矿方法有：−540 m 水平以上 II 纵勘探线以北矿体采用垂直深孔阶段

空场嗣后充填采矿法；Ⅱ纵勘探线以南矿体大部分采用中深孔分段空场嗣后充填采矿方法；Ⅱ纵勘探线以南矿体的边角部分采用点柱式上向分层充填法。

2）主要采掘设备

下向深孔凿岩采用国产 T150 型潜孔凿岩台车，上向中深孔凿岩采用国产 QZCT90Y 型高压凿岩台车。支护设备采用锚杆机、喷浆机。装药设备为 BQ-100 型装药器、NORMET 公司 CHARMEC MC605 DAC 装药台车、JWL-DXRH-Ⅱ混装车。采准出渣采用 Sandvik LH514 柴油铲运机、LH410 柴油铲运机。矿房出矿采用 Sandvik LH514E 电动铲运机。

3）回采工艺及爆破参数

垂直深孔阶段空场嗣后充填法炮孔直径为 ϕ165 mm，间距为 2.8~3.5 m，排距为 3~3.5 m，凿岩深度最大为 60 m，采场高度为 85 m 的采场拉底高度为 25 m。

采场底部拉底堑沟凿岩和中深孔分段空场嗣后充填法凿岩采用凿岩台车钻凿中深孔，孔径为 ϕ76 mm，排距为 1.5~2 m，孔底距为 3~4 m。

点柱式上向分层充填法采用凿岩台车打水平孔，孔径为 45 mm，排距为 1.3 m，孔底距为 1.5 m。

爆破采用普通乳化油炸药，非电起爆系统。

4）矿柱回采

盘区间柱采矿方法与盘区采场采矿方法一致，采用垂直深孔阶段空场嗣后充填采矿法或中深孔分段空场嗣后充填法，减少间柱采场长度，两侧保留护壁矿柱。根据盘区间柱稳固性情况，可在间柱中留部分矿柱不回采。

在-560 m 阶段与-620 m 阶段之间保留 20~30 m 的保安矿柱，即-560 m 阶段生产时的底部结构作为矿柱保留，待-620 m 阶段回采结束后，再采用上向分层法回采水平矿柱。

5）充填系统

设计采用高浓度全尾砂胶结充填，设置两个充填系列，每个系列包括两座 1500 m³ 的砂仓、两座胶结材料存储仓、两套搅拌设备和两条下料管，每个充填系列的料浆制备能力为 150 m³/h，另外每个系列设置有独立的辅助设施。一期工程充填系统建设工程主要包括充填站工程、砂仓溢流水处理工程、尾砂输送工程、料浆输送管网和配电等辅助设施。

8.6.1.4　通风除尘

1）矿井通风系统

矿山新风由副井、进风井进入，污风由 1 号、2 号回风井排出。在-545 m 水平设置进风水平，-455 m 水平设置回风水平，在采场的东侧设置采区回风天井，通过回风联络巷把 1 号、2 号回风井与采区回风天井连通。

通风采用多级机站通风方式，共设置了三级机站。Ⅰ级机站设置 3 个，分别在进风井-545 m 和-560 m 石门，以及副井-545 m 水平石门；Ⅱ级机站设置在-540 m 水平采区进风天井下口及-455 m 水平回风井、溜井上口，根据需要进行开停；Ⅲ级机站设置在-455 m 水平 1、2、3、4 号回风井石门及-560 m 水平 2 号回风井石门。在-560 m 水平矿石、岩石破碎系统回风天井及运输水平天井联络巷设置辅扇。

2）局部通风和除尘

在需要局部加强通风工作面和独头工作面采用 JK40-1No、K-40-4-10 等局扇进行局部通风，风筒采用阻燃型，其中 JK40-1No.7 局扇 30 台(其中 20 台工作，10 台备用)，K-40-4-10

局扇 3 台。

采用喷雾洒水和机械两种方式进行除尘，凿岩采用湿式作业，卸矿站采用喷雾洒水以净化风流。在 -676 m 破碎硐室设置 1 套 DZF4-2.0 新型高效微孔膜干式除尘器，每套机组系统抽风量 $L = 20000$ m^3/h，充填站水泥仓除尘采用仓顶袋式除尘器。

8.6.1.5 矿山电气

主排水泵、副井提升机、主通风系统Ⅰ、Ⅲ级通风基站、六大系统等属一级负荷；井下采掘、运输、主井提升、其他通风、压气等及铁路信号、通信设施、计算机控制系统、地面消防泵站用照明属二级用电负荷；其他为三级负荷。

全矿用电设备总安装容量为 43570 kW，用电设备总工作容量为 34203 kW。目前正常用电负荷为 18000 kW，最大用电负荷为 19800 kW，其中一级负荷为 3000 kW，二级负荷为 5000 kW。

一期工程地表建有 110 kV 总降压变电所，采用双电源供电，一路 110 kV 电源引自 ×× 县变电所，另一路 110 kV 电源引自 ×× 变电所。

井下各牵引变电所、采区变电所、通风变电所以及破碎变电所均以 2 路阻燃型电缆线路直接引自井下中央变电所，电缆挂钩间距为 3 m，悬挂高度均大于 1.7 m。

在井下采用 10 kV、1000 V 以及 380 V 配电电压，10 kV 采用中性点不接地系统，1000 V 和 380 V 采用中性点不接地系统即 IT 系统；井下电力机车牵引网路采用直流 550 V；井下主要运输巷道及硐室电气照明采用 127 V 或 220 V 中性点绝缘系统。采场工作面电气照明采用 36 V。

地面采用 220 V/380 V 中性点直接接地系统。地表照明采用 380 V/220 V 中性点接地系统，照明电压一般为 220 V、检修灯采用 36 V。

8.6.1.6 防排水与防灭火

1）排水系统

（1）排水方式

东区采用集中排水方式，排水系统分两阶段进行建设，先期建设 -560 m 阶段排水系统，后期建设 -620 m 排水系统，均采用一段直排方式。

-560 m 阶段水平坑内涌水通过 -560 m 阶段运输水平巷道的水沟流入 -560 m 水平水仓。-560 m 水平以上阶段的坑内涌水经采场内联络巷通过采区风井汇聚到 -545 m 水平，经 -545 m 水平巷道的水沟流至副井附近的泄水井中，通过泄水井排至 -560 m 水平的水仓中，汇至水仓中的水沉淀后经水泵通过副井排出地表。

目前 -560 m 阶段水仓共施工两条，水仓的总容积为 6716 m^3，其中 1# 水仓 2920 m^3、2# 水仓 3796 m^3。水仓清理均采用人工清理方式。

（2）排水设备及管路

在 -560 m 水泵房共设置了 7 台 MD360-94×8 型水泵，流量为 360 m^3/h，扬程 $H = 752$ m。在副井井筒内敷设 3 条 $\phi426×16$ mm 无缝钢管，正常水量时 1 条工作，2 条备用，最大水量时 2 条工作，1 条备用。

（3）防水闸门设置

在 -560 m 水泵房、中央变电所通往井底车场出口处设置了 3 道 0.1 MPa 防水闸门，在 -560 m 水平主副井车场进、出车道方向各设置了一道 1.5 MPa 防水闸门，在 -545 m 水平副井进风石门处设置了一道 1.35 MPa 防水闸门。

（4）硐室地坪防水设置

中央变电所硐室地坪比副井进车道底板高 0.5 m，中央变电所硐室地坪比水泵房硐室地坪高 0.3 m，水泵房硐室地坪比副井出车道底板高 0.5 m。

2）防灭火措施

地面建筑如变电所、仓库、其他工业建筑均配备了足量的消防器材，并制订相应的防火制度。

在井下变电硐室、炸药库硐室、临时存油点、修理硐室等场所设置了一定数量的手提式灭火器、砂箱等消防工具。同时设有井下消防水管（与防尘水管共用），并在井下各水平主运输巷道、各水平井底车场和各硐室内敷设，且每隔 200~300 m 装设支管和供水管接头。−455 m 高位储水池的总容积为 1170 m³，可以满足生产、消防用水量的要求。

8.6.1.7 安全避险六大系统

1）监测监控系统

监测监控系统由地表监控中心、信号传输网络、现场监测设备三部分组成。

在采矿办公楼设调度指挥中心（监控中心），井下已建立了一套完整的监测监控网络，所有需监测监控数据就近接入该网络中，采用环网将信号送至调度中心。

在采区进风天井各分段入口、−540 m 采区回风天井机站，−455 m 水平 1、2 号回风井回风石门、−560 m 破碎回风机站、回风井机站、运输大巷南环回风机站处设置了一氧化碳、二氧化氮传感器进行在线监测。同时井下配置了 34 台便携式三合一气体检测报警仪，用于人员进入采掘工作面前的有毒有害气体检测。在井下各开采水平的通风巷道、分机机站处设置了风速传感器、风压传感器及主、辅风机开停传感器。

采用微震监测法进行井下开采的地压监测手段，在−455 m 中段布置了微震监测点 12 个，−560 m 中段布置了微震监测点 24 个，共计 36 个。

在主、副井井口、井底、斜坡道口、中段马头门、井下矿石及废石卸载站、井下装矿硐室、井底车场、井下避灾硐室、井下变电所、水泵房、井下炸药库等处设置视频监控点。

2）井下人员定位系统

井下人员定位系统由监控主机、服务器、定位基站以及人员定位卡组成。目前−455 m、−545 m/−540 m、−500 m、−560 m 作为人员定位的重点覆盖区域，并根据情况部分覆盖大巷，系统共设计安装读卡器 108 台。

3）紧急避险系统

在−545 m 水平采区斜坡道联络巷附近设置了避灾硐室，由缓冲区和避灾区组成，按照 100 人的标准配备医疗急救设备、照明设备、灭火器、水、干粮、卫生设备等必需设备。

4）压风自救系统

在地表设空压机站 1 座，安装了 3 台固定式单螺杆空压机，型号为 0.8 MPa/43.8 m³/min。根据井下最大班作业人员 249 人，灾变时井下总耗气量为 83.7 m³/min，2 台空压机工作的供气量可满足井下灾变时人员用气需要。

5）供水施救系统

供水施救系统采用 φ108 × 6 mm 无缝钢管接自生活用水，施救时在井上通过三通切换成符合生活饮用水水质卫生要求的生活用水。

在−455 m、−545 m、−560 m 水平的供水管道上每隔 200~300 m 安设一组三通及阀门。在独头掘进巷道距掘进工作面不大于100 m处的供水管道上安设一组三通及阀门，向外每隔200～300 m安设一组三通及阀门。在爆破时撤离人员集中地点的供水管道上安设一组三通及阀门。

6）通信联络系统

通信联络系统包括有线通信、无线通信以及语音广播三个系统。有线通信联络系统主要由多媒体调度系统调度主机，多媒体调度系统调度台、语音网关、配线箱、矿用通信电缆、接线盒、矿用电话等组成。无线通信是由矿山与当地通信商移动公司联合建设的井下无线移动信号覆盖，井下主要工作面信号覆盖率达85%以上，效果良好。

8.6.1.8　企业安全管理

1）安全机构设置

该矿一期工程在筹备期阶段即成立了安全环保部门，目前配备了专职安全管理人员39人。

2）人员教育培训及取证情况

该矿每年制订年度职工安全教育培训计划，坚持定期和不定期地对员工进行安全教育再培训，抓好对新进员工的"三级"安全培训教育，特别是对特种作业人员的岗前培训把关，切实做到持证上岗率达100%。

公司主要负责人及安全管理人员均经过专项培训取得了安全管理资格证书，特种作业人员均经过专项培训取得了特种作业人员资格证书。

3）安全管理制度体系

公司建立、健全了主要负责人、分管负责人、安全生产管理人员、各职能部门、各岗位安全生产责任制；健全了安全目标管理、矿领导下井带班、安全例会、安全检查、安全教育培训、生产技术管理、设备管理、劳动管理、安全费用提取与使用、重大危险源监控、安全生产隐患排查治理、安全技术措施审批、劳动防护用品管理、职业危害预防、生产安全事故报告和应急管理、安全生产奖惩、安全生产档案管理等制度，以及各类安全技术规程和各工种操作规程。

4）应急预案

在对矿山生产过程中的危险、有害因素分析辨识的基础上，编制了生产安全事故应急预案，进行了应急救援培训及演练，储备了应急救援物资。

8.6.1.9　设计变更

一期工程建设5年后，由于受征地动迁工作的影响和国家对环境保护要求的提高，将采矿方法由原设计的崩落法变更为充填法，并编制了《安全设施设计（设计变更）》，2013年9月5日，原国家安全生产监督管理总局对《安全设施设计（设计变更）》（以下简称《安全设施设计》）进行了批复。主要变更内容有：

（1）开拓工程中废石井列入二期工程；

（2）采矿方法由崩落法改为充填法；

（3）重新核实井下的需风量，调整了采场通风系统，通风设备重新选型；

（4）井下排水系统改为分期建设，水仓、水泵房、中央变电所改建在-560 m阶段水平；

（5）第三安全出口由1号回风井改为2号回风井，主水泵安装台数由5台改为7台，主、副井井塔内消防系统采用自动悬挂式干粉灭火装置等。

8.6.1.10 施工及监理概况

一期工程由具有矿山、建筑工程甲级设计资质的××公司设计,工程监理任务由具有矿山工程、房屋建筑工程监理甲级资质的××工程建设监理公司承担,施工由××公司等7家单位承担,均具有矿山工程施工总承包一级及以上资质和机电设备安装工程专业承包三级资质。

一期工程至2014年8月底竣工,监理公司按照监理程序对隐蔽工程、各施工工序、分项、分部工程的质量进行了验收,各项工程的质量均达到了合同规定的要求,工程合格率达100%。

8.6.1.11 试运行概况

该矿业公司组织采矿、机电、运输、选矿、尾矿库等相关人员组成了一期工程300万t/a试生产运行工作小组,按照《关于规范金属非金属矿山建设项目安全设施竣工验收的通知》(安监总管一〔2016〕14号)等相关法规、规定、标准和通知的要求,对照《安全设施设计》的内容,历时6个月,对试生产运行情况、矿山安全条件及设备设施等进行了逐项检查,并对试生产运行中存在的问题,提出了整改措施和建议。

在试生产期间,公司对各生产系统暴露出的问题及时与有关施工单位和设备制造与安装方进行联系,积极予以解决,各项工作进展顺利,未发生重伤以上安全生产事故。

8.6.2 主要评价单元定性、定量评价

根据《安全设施设计》《金属非金属矿山安全规程》(GB 16423)等相关法律法规的要求,结合《金属非金属地下矿山建设项目安全设施竣工验收表》(以下简称《验收表》),采用安全检查表法评价安全设施和安全管理的符合性。

8.6.2.1 安全设施"三同时"程序

通过现场检查及查阅建设项目的相关文件,认真核对文件内容,对一期项目竣工验收的必备条件进行安全检查和评价,见表8-9。

表8-9 项目竣工验收必备条件安全检查表

检查项目	检查内容	检查情况	结论
项目完工情况及试运转	1.建设项目竣工验收前,必须按照批准的《安全设施设计》内容完成全部的安全设施、工程、装备、生产系统和防灾系统的施工,单项工程验收合格,按规定进行试运转,具备安全生产条件,并提交安全设施竣工验收申请	按照批准的《安全设施设计》完成了全部的安全设施、工程、装备、生产系统和防灾系统,单项工程验收合格,按规定进行试运转,具备安全生产条件,并提交安全设施竣工验收申请。检查中抽取了部分单项工程质量验收证明书	符合要求
相关证照	2.企业应具有工商营业执照,矿山取得采矿许可证、爆破作业单位许可证、民用爆炸物品购买许可证及其他相关证照	公司法人营业号为:×××× 采矿许可证号为:×××× 爆破作业单位许可证为:×××× 民用爆炸物品购买许可证为:××××	符合要求

续表8-9

检查项目	检查内容	检查情况	结论
人员资格	3. 矿山主要负责人、安全管理人员经依法培训合格，取得安全合格证书	检查了企业主要负责人和安全管理人员的安全合格证书，企业主要负责人和安全管理人员持证情况均在登记表进行了登记	符合要求
	4. 特种作业人员按照国家有关规定，经专门的安全作业培训，取得特种作业操作资格证书	各类特种作业人员均进行了培训，上岗前均取得了特种作业操作资格证书，并制订了特种作业人员名册，检查了部分特种作业人员资格证	符合要求
设备检测检验	5. 提升、通风、排水等危险性较大的设备设施及特种设备经法定检测机构检测检验合格	提升机、主通风机、主要水泵等危险性较大的设备设施及特种设备经××检测机构检测合格	符合要求
施工单位资质	6. 安全设施应由具有相应资质的施工单位施工，并提交施工总结报告	参与工程建设的主要施工单位有：××有限责任公司……上述施工单位均具备相应的资质证书。按设计要求进行施工，并提交了施工总结报告	符合要求
监理单位资质	7. 施工过程应由具有相应资质的监理单位进行监理，并提交监理总结报告	由××工程建设监理公司承担工程施工监理，监理公司具有矿山工程甲级监理资质	符合要求
安全验收评价	8. 项目竣工后，应由具有资质的安全评价机构进行安全验收评价，且评价结论为合格。应出具验收评价报告及其存在问题的整改确认材料	由具有甲级资质的××公司进行安全验收评价，评价结论为合格。评价报告中提供了整改确认材料	符合要求
设计变更	9. 提交所有设计变更文件，内容应完整，程序符合要求。安全设施设计作重大变更的，应经原设计单位同意，并报原审查部门审查同意	该项目在建设过程中的重大设计变更已报原审查部门进行了审查，出具了国家安监总局关于××铁矿一期工程安全设施设计（设计变更）的安全许可意见书	符合要求
安全管理机构	10. 建立健全企业安全管理机构。矿山企业应设立专门安全管理机构，配备专职安全管理人员。地下矿山专职安全管理人员不少于3人，每班必须确保有专（兼）职安全员在岗	对《关于公司管理人员任命文件》《关于成立安全生产委员会的通知》《关于成立安环部的通知》等材料进行了检查，该公司设立有专门的安全管理机构，安全环保部专职安全管理人员×人	符合要求
安全预评价	11. 项目应进行预评价，评价单位应具有相应资质，评价报告应通过评审，备案	××公司于2004年编制了该项目安全预评价报告。评价单位具有相应的资质，评价报告通过了有关部门组织的评审，2005年经国家安全生产监督管理总局安监管一司备案，备案号：××	符合要求

续表8-9

检查项目	检查内容	检查情况	结论
安全设施设计	12.设计单位应具有资质,《安全设施设计》应经过评审、批复	××工程技术有限公司编制了该项目安全设施设计,设计单位具有冶金行业甲级设计资质(证书编号:××××),国家安全生产监督管理总局组织了对该《安全设施设计》的审查,并批复了该项目的《安全设施设计》	符合要求

评价结果:共检查12项,均符合要求。该矿业公司××铁矿一期工程安全设施"三同时"监督管理、建设项目审批、施工建设、安全生产基本条件符合国家规定,具备了竣工验收必备条件。

8.6.2.2　总平面布置单元

采用安全检查表法对该矿业公司铁矿一期工程地面工业场地总平面布置进行安全检查和评价,见表8-10。

表8-10　总平面布置安全检查表

检查项目	检查内容	检查依据	检查情况	结论
地表设施	1. 地表建筑包括主井、副井,井口车场,井口工业场地、进风井、回风井、充填站等	《安全设施设计》	主井(一期)布置在矿体北端43.0 m标高处,副井布置在主井南侧90.0 m同一标高位置。副井井口车场、主井(一期)、材料仓库(堆场)和辅助生活设施共同形成井口工业场地。进风井布置在矿体南侧。1、2号回风井位于矿体东侧。进风井及1、2号回风井井口均设检修作业场地。总降压变电站紧邻井口工业场地东北侧布置。井口综合办公楼布置在副井南侧。空压机站、空压机站变电所布置在副井东侧58.6 m处,离地表移动监测线97 m。地表充填站、溢流回水泵站、充填站变电所布置在1、2号回风井工业场地东侧	符合要求
	2. 地表设施及建(构)筑物应布置在开采错动界线之外,与错动界线的安全距离应符合批准的《安全设施设计》要求	《安全设施设计》	地表各井口与移动界限距离为:主井220 m,副井121 m,进风井155 m,1号回风井28 m,2号回风井40 m,措施井位于移动界限内。地面工业场地及建筑物与岩石移动线距离为:主井及箕斗仓220 m,高压配电室、空压机站97 m,副井井口房121 m,采矿办公楼61 m,生产、消防蓄水池422 m,综合仓库230 m,尾矿分砂和总砂泵站355 m,充填站主体1.5 m,充填站深锥浓密机位于界内16 m	符合要求
	3. 矿井井口标高应高于当地历史最高洪水位1 m以上,工业场地地面标高应高于当地历史最高洪水位	《安全设施设计》	主、副井工业场地标高+42.8 m,措施井工业场地标高+39.5 m,进风井工业场地标高+53.6 m,回风井工业场地标高+39.8 m,充填站标高+40.5 m。当地洪水位+20 m,各井筒井口标高均高于最高洪水位1 m以上	符合要求

续表8-10

检查项目	检查内容	检查依据	检查情况	结论
矿山消防	4. 地表建筑应经消防部门验收合格	《验收表》	抽查了地面建筑消防验收资料，地表建筑经消防部门验收合格	符合要求
安全防护与安全标志	5. 作业场所有坠入危险的钻孔、井巷、溶洞、陷坑、泥浆池和水仓等，均应加盖或设栅栏，并设置明显的标志和照明。行人和车辆通行的沟、坑、池的盖板，应固定可靠，并满足承载要求。设备的裸露转动部分，应设防护罩或栅栏	《安全设施设计》	现场检查时，作业场所有坠入危险的钻孔、井巷、陷坑和水仓等，加盖或设置了栅栏，并设置了明显的标志和照明。行人和车辆通行的沟、坑、池的盖板固定可靠，设备裸露转动部分均设防护罩或栅栏	符合要求
	6. 矿山企业在要害岗位、重要设备和设施及危险区域，应根据其可能出现的事故模式，设置相应的安全警示标志，未经主管部门许可，不应任意拆除或移动安全警示标志	《安全设施设计》《验收表》	井口、变电所、风机硐室、井下水泵房、巷道等处均已设置安全警示标志	符合要求
其他	7. 各工业场地内采用明沟排雨水方式	《安全设施设计》	在主干道两侧设置排水沟，次干道一侧布置排水沟，雨水汇集后就近排入天然沟渠	符合要求
…	…		…	

评价结果：该矿业公司铁矿一期工程铁矿由崩落法改为充填法开采，采选工业场地和开拓工程距离充填法地表移动监测线距离更远，更安全。除措施井为临时措施工程在岩石移动范围内，其他各井筒及地表建构筑均在岩石移动界线28 m以外，充填站1#系列距岩石移动界限安全距离较小，处理溢流的深锥浓密机组位于移动带边缘以内，采取适当的措施可以保证安全生产。

当地最高洪水位为+20 m，各井筒井口及工业场地标高均高于当地最高洪水位1 m以上。

为保证矿山生产的安全，采取了在地表及地下建立岩体位移和应力监测系统的措施，目前地表设立了GPS移动观测网，井下布置了微震监测系统。随着矿体回采的进行，矿山将对应力集中或岩体破坏明显的重点区域进行应力监测，作为微震监测的补充，以上措施可以保证地表设施的安全。

8.6.2.3 开拓单元

采用安全检查表法对该矿业公司铁矿一期工程开拓工程的位置、形式和装备，中段高度和标高，安全出口，危险作业点安全防护设施、设备等方面的符合性进行检查，分析与评价其安全有效性，见表 8-11。

表 8-11　开拓系统安全设施安全检查表

检查项目	检查内容	检查依据	检查情况	结论
开采范围	1. 开采范围应符合项目批准文件规定的开采范围	《安全设施设计》	主体工程一期开采 -620 m 以上矿体，首采 -560 m 中段。开采范围在采矿许可证上圈定的范围之内	符合要求
开拓	2. 开拓方式应符合批准的《安全设施设计》要求	《安全设施设计》	一期东区主要开拓工程设计有主井、副井、进风井各 1 条，专用回风井 2 条，采区斜坡道 1 条，进风大巷 1 条，进风石门 3 条，回风石门 4 条；为加快基建速度，在矿体中部设措施井 1 条。所有开拓工程均按设计要求完成了建设任务，单体试车、重负荷联动试车正常	符合要求
	3. 主要开拓工程的位置	《安全设施设计》	查竣工验收图纸资料，各井筒中心坐标为：…… 井筒位置均与设计相符	符合要求
	4. 中段设置	《安全设施设计》	一期工程设 -560 m 和 -620 m 两个中段，中段高度为 120 m 和 60 m。-560 m 水平为首采阶段，-545 m 水平为专用进风水平，-455 m 水平为总回风水平	符合要求
	5. 各种保安矿柱的留设应符合批准的《安全设施设计》要求	《安全设施设计》	在 -560 m 阶段与 -620 m 阶段之间保留 20~30 m 的保安矿柱，即 -560 m 阶段生产时的底部结构作为矿柱保留，待 -620 m 阶段回采结束后，采用上向分层法回采水平矿柱	符合要求
安全出口	6. 设有 3 个安全出口：副井为第一安全出口，设有罐笼和梯子间，与 -545 m、-560 m、-620 m 水平相通；进风井为第二安全出口，设梯子间，与 -545 m、-560 m 水平相通；1 号回风井兼作第三安全出口，设有梯子间，与 -455 m 水平相通，-455 m 水平以下设采区斜坡道与采场、阶段运输水平相同	《安全设施设计》	第三安全出口进行了设计变更，即第三安全出口由 1 号回风井改为了 2 号回风井，2 号风井标高 +40 m，设有梯子间，与 -455 m 水平、-560 m 水平均相通，其他安全出口的设置均符合安全设施设计的要求	符合要求

续表8-11

检查项目	检查内容	检查依据	检查情况	结论
溜破系统	7.溜破系统通风除尘措施及安全出口符合批准的《安全设施设计》要求	《安全设施设计》	在-676 m破碎硐室设置了1套DZF4-2.0新型高效微孔膜干式除尘器,破碎机上料口采用固定罩、下料口密闭采用固定罩及柔性连接密封,除尘效率≥99%。设置了粉矿清理电梯井、破碎回风井梯子间作为安全出口	符合要求
主要井巷工程	8.井筒、井底车场、硐室、主要运输巷、主要进、回风井的断面及其支护等应符合批准的《安全设施设计》要求	《安全设施设计》	经对照竣工图纸,井筒、井底车场、硐室、主要运输巷,主要进、回风井的断面及其支护等与设计相符	符合要求
	9.爆破器材库采用防水混凝土支护	《安全设施设计》	采用防水的混凝土对爆破器材库进行支护	符合设计
…	…	…	…	

评价结果:对该矿业公司铁矿一期工程开拓系统符合性检查设置了××项检查,符合设计和安全规程的规定。对井巷建设工程的竣工验收资料进行查阅,井巷建设工程均为合格工程,验收的签章手续较齐全,符合有关标准、规程的规定。

8.6.2.4 提升和运输单元

通过现场实地检查,主要从提升运输系统的安全设施、防护装置、检测检验及合格证书、电机车运输、无轨运输的设备、设施及运输线路等方面进行安全符合性检查,见表8-12。

评价结果:通过现场检查、核实提升系统有关资料,以及试生产运行的情况表明,该矿业公司铁矿一期工程矿山提升运输系统安全设施、设备均满足符合性、可行性和有效性的要求。

表8-12 提升运输设施安全符合性安全检查表

检查项目	检查内容	检查依据	检查情况	结论
提升装置	1.主要提升设备型号、规格和数量符合批准的《安全设施设计》要求	《安全设施设计》《验收表》	主井用于提升矿石,采用双箕斗提升方式,箕斗自重25 t,有效载重24 t,安装一台JKM4×6型塔式提升机;副井主要用于提升人员、部分材料及设备等,采用双层双车单罐笼,罐笼底板尺寸4500 mm×1950 mm,采用JKM2.8×6型塔式提升机	符合要求
	2.主要提升装置保护齐全、可靠,应装设防止过卷、防止过速、过负荷和欠电压、限速、深度指示器失效、闸间隙、松绳、满仓、减速功能等保护装置	《安全设施设计》《验收表》	主井、副井的提升机装设了防止过卷、过速、过负荷和欠电压、限速、深度指示器失效、闸间隙、松绳、满仓、减速功能等保护装置	符合要求

续表8-12

检查项目	检查内容	检查依据	检查情况	结论
提升装置	3. 提升装置的最大载重量和最大载人数量, 应在井口公布, 严禁超载运行	GB 16423—2006 第6.3.3.6条	在副井井口及-560 m电梯井井口处均悬挂有"提升装置的最大载重量和最大载人数量"公告牌	符合要求
	4. 安全制动性能应符合: 提升设备应有能独立操纵的工作制动和安全制动的两套制动系统, 其操纵系统应设在司机操纵台。安全制动装置, 除可由司机操纵外, 还应能自动制动。制动时, 应能使提升机的电动机自动断电	GB 16423—2006 第6.3.5.13条	各井口提升机有能独立操纵的工作制动和安全制动的两套制动系统, 操纵系统设在司机操纵台。安全制动装置, 除可由司机操纵外, 还能自动制动。制动时, 能使提升机的电动机自动断电	符合要求
	5. 罐笼提升系统, 应设有能从各中段发给井口总信号工转达提升机司机的信号装置。井口信号与提升机的启动, 应有闭锁关系, 并应在井口与提升机司机之间设辅助信号装置及电话或话筒。箕斗提升系统, 应设有能从各装矿点发给提升机司机的信号装置及电话或话筒。装矿点信号与提升机的启动, 应有闭锁关系	GB 16423—2006 第6.3.3.26条	副井设有能从各中段发送给井口总信号工传达提升机司机的信号装置。井口信号与提升机的启动有闭锁关系, 在井口与提升机司机之间设置了信号工传递信号。主井箕斗提升系统设有能从各装矿点发送给提升机司机的信号装置及电话, 装矿点信号与提升机的启动有闭锁关系	符合要求
	6. 提升机紧急制动和工作制动时所产生的力矩, 与实际提升最大静荷载产生的旋转力矩之比 K 应不小于3	GB 16423—2006 第6.3.5.18条	副井的制动力矩与最大静荷载产生的旋转力矩之比为8.92; 主井为3.01	符合要求
竖井井筒装备	7. 井口安全设施应符合: 井口和井下各中段马头门车场, 均应设信号装置。各中段发出的信号应有区别。乘罐人员应在距井筒5 m以外候罐	GB 16423—2006 第6.3.3.20条	提升系统井口和井下-560 m水平马头门车场, 均设有信号装置。乘罐人员应在距井筒5 m以外候罐	符合要求
钢丝绳及连接装置	8. 竖井提升钢丝绳和平衡钢丝绳, 使用前均应进行检验。经过检验的钢丝绳, 贮存期应不超过六个月	GB 16423—2006 第6.3.4条、《安全设施设计》	提升钢丝绳使用前均进行了检验, 抽查钢丝绳检验报告, 钢丝绳的贮存、更换符合规范要求	符合要求
	9. 新钢丝绳和使用中的钢丝绳应按 GB 16423—2006 中 6.3.4.5 条要求进行拉断、弯曲和扭转试验	《验收表》	新钢丝绳和使用中的钢丝绳按要求进行了拉断、弯曲和扭转试验	符合要求
	10. 应按 GB 16423—2006 中 6.3.4.6~6.3.4.9条规定对钢丝绳进行定期检查和更换, 检查结果应记录存档	GB 16423—2006 《验收表》	抽查钢丝绳检查记录表, 对钢丝绳进行了定期检查和更换, 并记录存档	符合要求

续表8-12

检查项目	检查内容	检查依据	检查情况	结论
水平运输	11. 有轨运输设备型号、线路参数、信号设施及调度系统应符合批准的《安全设施设计》要求	《安全设施设计》	设计采用 20 t 电机车牵引 10 m³ 底(侧)卸式矿车运送矿石,井下运输设备实际为 CJY20/9GP 电机车牵引 10 m³ 底(侧)卸式矿车运送矿石。架线高度为 2.4~2.6 m	符合要求
	12. 采用电机车运输的矿井,由井底车场或平硐口到作业地点所经平巷长度超过 1500 m 时,应设专用人车运送人员	《安全设施设计》《验收表》	PRC18-900 mm 有轨人行车 4 辆,均已投入井下使用	符合要求
斜坡道运输	13. 斜坡道的位置、断面及其支护形式、支护厚度、结构及加固方案、装备等应符合批准的《安全设施设计》要求	《安全设施设计》	采区斜坡道从 -455 m 水平施工至 -560 m 水平。采区斜坡道最大纵坡 15%,最小转弯半径 20 m	符合要求
	14. 斜坡道长度每隔 300~400 m,应设坡度不大于 3%、长度不小于 20 m 并能满足错车要求的缓坡段;主要斜坡道应有良好的混凝土、沥青或级配均匀的碎石路面	GB 16423—2006 第 6.3.1.17 条	斜坡道内设有照明,每隔 300~400 m 设有缓坡段。目前,斜坡道部分路段采用碎石路面,混凝土路面还未铺设完毕	有待完善
	15. 每台运输设备应配备灭火装置	《验收表》	每台设备均配备了灭火装置	符合要求
	…		…	

8.6.2.5　采掘单元

根据《安全设施设计》和《金属非金属矿山安全规程》(GB 16423—2006),采用现场检查的方式,对安全设施设计中采掘单元安全对策措施的落实情况进行了检查,从采矿方法、采矿设备、凿岩爆破等方面进行安全检查和评价,见表8-13。

评价结果:对该矿业公司铁矿一期工程采掘系统设置了 ×× 项检查,检查结果为符合,该矿业公司铁矿一期工程采掘系统符合安全规定和设计要求。

表8-13　开采方法符合性安全检查表

检查项目	检查内容	检查依据	检查情况	结论
采矿方法	1. 选用的采矿方法应符合批准的《安全设施设计》要求	《安全设施设计》	采用垂直深孔阶段空场嗣后充填采矿方法	符合要求

续表8-13

检查项目	检查内容	检查依据	检查情况	结论
采矿方法	2. 开采顺序、结构参数、回采工艺、顶板管理及空区处理应符合批准的《安全设施设计》要求	《安全设施设计》	采用分期开采，以8勘探线为界划分为东、西两个区，一期开采东区，设-560 m和-620 m两个阶段，先期开采-560 m阶段，采矿方法参数为：盘区尺寸为126 m×90 m（沿走向126 m、垂直走向90 m）。沿矿体走向方向布置盘区间矿柱，矿柱宽18 m，盘区联络巷布置在矿柱中，盘区内沿东西走向方向划分采场，一个盘区由7个采场组成，采场宽18 m，长72 m，高为矿体厚度，盘区内按回采顺序划分一步采场和二步采场	符合要求
井下爆破	3. 井下爆破器材分库和爆破器材发放站设置及内部形式应符合批准的《安全设施设计》要求，井下爆破器材库应有独立的回风道	《安全设施设计》	在井下-560 m中段设10 t井下炸药库一座，并进行了单项（炸药库）验收，备有验收记录资料。井下炸药库有独立的回风道通往主回风巷	符合要求
	4. 井下爆破作业应符合批准的《安全设施设计》要求和 GB 6722—2003 相关规定	《安全设施设计》	井下爆破作业，现场装药、填塞、联网、起爆等由专职爆破员进行，遇有装药故障，在技术人员指导下进行处理，有爆破作业设计书和各项爆破作业记录。对采场爆破设计、爆破作业记录、中深孔爆破作业计划书、采场爆破通知单、采场爆破试验井下作业人员避炮规定等进行了抽查	符合要求
	5. 爆破作业人员应经培训考核取得爆破作业安全资格证	《安全设施设计》	爆破作业人员均具有爆破作业安全资格证，持证上岗	符合要求
	6. 爆破器材的发放领用应做好记录	《安全设施设计》	对民爆物品入库登记簿、导爆管（雷管）编码登记表等进行了抽查，爆破器材发放领用记录完整	符合要求
…	…		…	

8.6.2.6　通风单元

根据生产日常检测和实际现场的检测结果，依照相关法律法规，对照《安全设施设计》等对通风系统进行安全检查，见表8-14。

评价结果：对该矿业公司铁矿一期工程井下通风系统设置了××项检查，除××项有待完善外，其他××项均符合要求。

表 8–14　通风系统安全检查评价表

检查项目	检查内容	检查依据	检查情况	结论
通风系统	1. 矿井应建立机械通风系统	《安全设施设计》	矿山采用两翼对角式通风系统，多级机站通风方式。新风由副井、进风井进入，污风由 1、2 号回风井排出	符合要求
	2. 验收时应提交通风系统检测报告，并提供检测仪器清单	《安全设施设计》	有 ×× 单位提供的《矿井通风系统检查与测试报告》，通风检测仪器清单见附件	符合要求
主要通风井巷	3. 主要进、回风井筒和平硐的数量、功能、位置分布、支护以及通过的风量等应符合批准的《安全设施设计》要求；主要进、回风巷道在服务期间应能保持安全稳定畅通，禁止堆放材料和停放设备。主要回风井巷不得用作运输通道和人员通行通道	《安全设施设计》	主要进风井筒有副井和进风井；主要回风井筒有 1、2 号回风井。通风井筒及巷道与设计相符。主要进、回风巷道均未堆放材料和停放设备。主要回风井巷不作运输通道和人员通行通道	符合要求
通风控制设施	4. 通风构筑物（风门、风桥、风窗和挡风墙等）的建筑应牢固、密闭性好，应由专人负责检查维护、保持严密完好状态	AQ2013.1—2008 第 6.4 条、《安全设施设计》	经现场检查通风构筑物（风门等）的建筑牢固、密闭性好，由专人负责检查维护、保持严密完好的状态	符合要求
多级机站通风系统	5. 多级机站通风系统及风机型号、数量及地面控制系统应符合批准的《安全设施设计》要求	《安全设施设计》	井下设 I 级、II 级、III 级多级机站，其中−545 m 副井石门安装的风机为 DK45-6-№18 对旋风机，设计风量 102 m^3，设计风压 1166 Pa，DK45-6-№18 风机风量 Q = 36.1~93.5 m^3/s，风压 H = 1570~3093 Pa。−540 m 1# 和 2# 采区回风井联巷 II 级机站风机位置调整到 1# 采区−455 m 水平上口联巷及 2# 采区−455 m 水平 103 溜井上口安装。位置调整后，不影响整个系统的通风效果。目前矿山通风系统通过了 ×× 单位的检测，检测结果符合要求	符合要求
	6. 主通风系统的每一台通风机都应满足反风要求，竣工验收时应提交反风试验报告	AQ2013.1—2008 第 6.4.3.3 条	进行了井下通风系统的反风试验，井下通风系统能在 10 min 内达到反转条件，主要巷道反风量能达到正常运转时风量的 60% 以上	符合要求
	7. 主要机站内应设有测量风压、风量、电流、电压和轴承温度等的仪表，应有直通矿调度室的电话	《安全设施设计》	主要机站风机附近设置了测量风压、风速等设施。主扇风机房的风压、风速在地面调度室集中显示。附近设置有线电话	符合要求

续表8-14

检查项目	检查内容	检查依据	检查情况	结论
局部通风	8.局部通风的风筒口与工作面的距离：压入式通风应不超过10 m；抽出式通风应不超过5 m；混合式通风，压入风筒的出口应不超过10 m，抽出风筒的入口应滞后压入风筒的出口5 m以上。人员进入独头工作面之前，应开动局部通风设备通风，确保空气质量满足作业要求。独头工作面有人作业时，局扇应连续运转	GB 16423—2006 第6.4.4条、《安全设施设计》	通过检测，井下各作业面及相关硐室风速（风量）满足规范要求。井下局扇的布置符合规范要求	符合要求
…	…		…	

8.6.2.7 矿山电气单元

井下供电系统安全评价：主要从供配电系统、电气设备及保护、电气线路、变配电硐室（所）、保护接地、矿山通信和信号联络等方面的符合性进行检查，分析评价其安全有效性，见表8-15。

表8-15 井下供电系统安全检查评价表

检查项目	检查内容	检查依据	检查情况	结论
供配电系统	1.矿山电源线路由两路电源供电	《安全设施设计》	110 kV总降压变电所设计采用双电源供电：一路110 kV电源引自庐江县变电所；另一路110 kV电源引自秀溪变电所	符合要求
	2.地面供配电系统应符合批准的《安全设施设计》要求	《安全设施设计》	110 kV总降压变电所位于选厂与副井井口之间。变电所采用户外布置方式，即主变和110 kV配电装置布置在户外，10 kV配电装置室、主控室合并为主控制楼，10 kV电容器布置在户内。110 kV屋外配电装置采用管母线型式、普通中型、单列布置。110 kV线路采用架空出线方式	符合要求
	3.井下供配电系统应符合批准的《安全设施设计》要求	《安全设施设计》	在井下毗邻-560 m水泵房设井下中央变电所1座，井下中央变电所与水泵房相邻，井下变电所的电源进线以双回路10 kV电缆线路直接引自110 kV总降压变电所。电缆采用交联聚乙烯绝缘粗钢丝铠装聚氯乙烯护套电力电缆，每回路电缆根数及规格按满足本变电所最大排水时负荷设计，可以保证当任一回路停止供电时，其余回路能承担本变电所的全部负荷	符合要求

续表8-15

检查项目	检查内容	检查依据	检查情况	结论
供配电系统	4. 有一级负荷的井下主变(配)电所、主排水泵房变(配)电所和其他变(配)电所,应由双电源供电	《安全设施设计》	为井下-560 m主水泵房供电的井下中央变电所的两路进线直接引自110 kV总降压变电站10 kV Ⅰ、Ⅱ段母线	符合要求
防雷及应急照明	5. 地面建(构)筑物防雷应符合GB 50057—2010的规定	GB 50057—2010	矿山提供了地面建筑防雷设施检测报告	符合要求
	6. 应急照明应符合GB 50414—2007第10.5条规定	GB 50414—2007	井下中央变电设置事故应急照明	符合要求
井下电缆	7. 井下电缆的选用应符合:在立井井筒或倾角45°及以上的井巷内,固定敷设的高压电缆应采用交联聚乙烯绝缘粗钢丝铠装聚氯乙烯护套电力电缆或聚氯乙烯绝缘粗钢丝铠装聚氯乙烯护套电力电缆。在水平巷道或倾角小于45°的井巷内,固定敷设的高压电缆应采用交联聚乙烯绝缘钢带或细钢丝铠装聚氯乙烯护套电力电缆、聚氯乙烯绝缘钢带或细钢丝铠装聚氯乙烯护套电力电缆	GB 50070—2009第4.3.1条、第4.3.2条	高压电缆采用阻燃交联聚乙烯绝缘钢带铠装聚氯乙烯护套电力电缆,低压动力电缆采用阻燃铜导体PVC绝缘PVC护套阻燃(部分高压也采用此型号)。电力电缆均采用阻燃型	符合要求
井下电气设备	8. 井下电气设备选择应符合规定,并应取得"产品合格证"。无爆炸危险环境矿井,宜采用矿用一般型电气设备。电力设备的绝缘不应采用油质材料	GB 50070—2009第4.2.1条	井下电气设备均取得了"产品合格证"。采用矿用一般型电气设备,电力设备的绝缘没有采用油质材料	符合要求
	9. 长度超过6 m的变配电硐室,应在两端各设一个出口;当硐室长度大于30 m时,应在中间增设一个出口;各出口均应装有向外开的铁栅栏门。有淹没、火灾、爆炸危险的矿井,机电硐室都应设置防火门或防水门	《安全设施设计》	-560 m井下中央变电所在两端各设一个出口,各出口均装有向外开的防火门。-560 m井下中央变电所设置了防水闸门	符合要求
	10. 硐室内各电气设备之间应留有宽度不小于0.8 m的通道,设备与墙壁之间的距离应不小于0.5 m	GB 16423—2006第6.5.4.3条	井下变电硐室内电气设备之间留设有1.2~2 m长的通道,设备与墙壁之间的距离为0.6~1 m	符合要求
电气保护	11. 应符合GB 50070—2009规定:井下主变(配)电所和直接从地面受电的其他变(配)电所的电源进线、母线分段及馈出线应装设断路器	《安全设施设计》	井下中央变电所的高压进线、分段线及馈出线装设了断路器	符合要求

续表8-15

检查项目	检查内容	检查依据	检查情况	结论
井下电气保护接地	12. 基本要求：36 V 以上及由于绝缘损坏而带有危险电压的电气装置、设备的外露可导电部分和构架等应接地	《安全设施设计》	井下所有电气设备的金属外壳及电缆的配件、金属外皮等均接地，符合规定，并提供了井下接地装置测试记录资料	符合要求
	13. 接地电阻：当任一组主接地极断开时井下总接地网上任一接地点测得的接地电阻值，不应大于 2 Ω	《安全设施设计》	井下电力设备的接地网上接地电阻值均小于 2 Ω，并抽查了井下接地装置测试报告	符合要求
牵引网路	14. 严禁利用有爆炸危险场所的轨道作回流导体。凡不准用作回流的钢轨和用作回流钢轨的连接处，必须装设两处可靠的轨道绝缘。第一绝缘点应设在分界处；第二绝缘点应设在爆炸危险场所以外，且与第一绝缘点的距离应大于一列车的长度	《安全设施设计》	井下-560 m 水平炸药库没有连通钢轨	符合要求
井下照明	15. 井下爆破器材库应采用室外透光照明或室内装设防爆灯，且应符合 GB 50089—98 第 12.2 条和第 12.3 条规定	GB 50070—2009 第 4.5 条	井下照明电压为 220 V、127 V、36 V，井下所有作业场所和主要通道均有良好的照明。井下炸药库等爆炸危险场所采用防爆型灯具	符合要求
电气信号	16. 矿井中的电气信号，除信号集中闭塞外应能同时发声和发光。重要信号装置附近，应标明信号种类和用途	《安全设施设计》	矿井中副井提升电气信号，能同时发声和发光，并标明信号种类和用途	符合要求
	17. 升降人员和主要井口绞车的信号装置的直接供电线路上，严禁分接其他负荷	《安全设施设计》	副井提升电气信号装置直接接在供电线路上，未分接其他负荷	符合要求
通信	18. 井下主要水泵房、井下中央变电所、爆破器材库、矿井地面变电所和地面通风机房的电话，应能与矿调度室直接联系	《安全设施设计》	井下主要水泵房、井下中央变电所、矿井地面变电所的电话与矿调度室直接联系	符合要求
…	…	…	…	

地面供电系统：根据矿山 110 kV 总降压变电所实际情况，生产初期负荷较小（负荷小于12500 kW），目前变电所安装了 2 台 12500 kW 变压器，可以满足初期生产需求。但随着生产阶段的逐步推进，当负荷大于 12500 kW，或最终达产时，应逐步更换为两台 20000 kW 变压器，以满足全部采矿、选矿及其他负荷的用电需求。采用现场检查的方式对该矿业公司铁矿

一期工程的 110 kV 变电所进行安全检查，见表 8-16。

表 8-16 变电所安全检查表

序号	检查内容	检查依据	事实记录	检查结果
1	变压器保护配置电流速断保护、过电流保护、单相接地保护、温度保护等	《安全设施设计》	变压器配置电流速断保护、过电流保护、单相接地保护、温度保护等。有 110 kV 变电站电气设备试验报告	符合要求
2	变电所应有独立的避雷系统和防火、防潮及防止小动物窜入带电部位的措施	GB 18152—2000 第 10.2.2 条	变电所有独立的避雷系统和防火、防潮措施	符合要求
4	变压器室的门应上锁，并在室外悬挂"高压危险"的标识牌。室外变压器四周应有不低于高 1.7 m 的围墙或栅栏，并与变压器保持一定距离	GB 18152—2000 第 10.2.5 条	变压器室的门上锁，并在室外悬挂"高压危险"的标识牌。室外变压器四周有不低于 1.7 m 高的围墙，并与变压器保持一定距离	符合要求
…	…	…	…	

评价结果：井下供电系统设置了 ×× 项检查，地面变电站设置了 ×× 项检查，均符合要求。

通过现场检查、核对电气设备制造、安装技术资料，以及试生产期间的运行记录，矿山供电、电气、通信系统完备、设备安装、调试均是由有资质的单位按照设计施工，供电系统、电气设备、通信设施、设备的各种资料齐全，归档保存良好。

所有配电设备均采用了相关的保护，各种电气设备、设施符合设计和规范要求；井下电缆敷设符合规定；井下设总接地网，所有各种电压的电缆金属外皮和电缆接地芯线构成完整的电气通路，并与设在水仓的主接地极和局部接地极连接；地面防雷接地装置经过验收合格；矿山供电系统符合设计和规程规定，能够满足安全生产要求。

8.6.2.8 防排水单元

从地面防治水、井下排水系统、井下防透水等方面对防排水系统进行符合性检查，分析与评价防排水系统的安全有效性，见表 8-17。

表 8-17 矿山防排水系统安全检查表

检查项目	检查内容	检查依据	检查情况	结论
基本要求	1. 矿山企业应健全防治水、探放水制度	《安全设施设计》	企业建立了矿井防治水工作制度，制定了防治水、探放水制度	符合要求
	2. 按规定配备探放水设备	《安全设施设计》	配备了探放水设备	符合要求

续表8-17

检查项目	检查内容	检查依据	检查情况	结论
防水闸门	3. 防水闸门要按批准的设计组织施工，并验收合格	《安全设施设计》	-560 m 水平水泵房通往井底车场的出口安装有防水压力为 0.1 MPa 的密闭防水闸门，-560 m 水平在副井出车道方向设置 1 道防水压力为 1.5 MPa 的防水闸门，-545 m 水平设置了防水压力为 1.35 MPa 的防水闸门。同时抽取了防水密闭门竣工验收资料进行检查	符合要求
地表水防治	4. 工业场地防洪设施符合批准的《安全设施设计》要求	《安全设施设计》	工业场地雨水排水采用明沟排水，汇入现有排水系统	符合要求
排水系统	5. 井下主要排水设备，至少应由同类型的三台泵组成。工作水泵应能在 20 h 内排出一昼夜的正常涌水量；除检修泵外，其他水泵应能在 20 h 内排出一昼夜的最大涌水量	GB 16423—2006 第 6.6.4 条	-560 m 水泵房内实际设有 7 台 MD360-94×8 型水泵。设计变更之后的《安全设施设计》中要求 5 台水泵即可，由于水泵均为设计变更前已购买到位，矿方已将 7 台水泵全部安装，水泵数量的增加相应提高了水泵房排水的安全系数，水泵的配置可以满足安全排水的要求	符合要求
	6. 排水管路等排水设施应符合《安全设施设计》和 GB 16423—2006 要求。井筒内应装设两条相同的排水管，其中一条工作，一条备用	《安全设施设计》	井筒内排水管道安装了 3 条 φ426×16 mm 无缝钢管，正常水量时 1 条工作，2 条备用；最大水量时 2 条工作，1 条备用	符合要求
	7. 井底主要泵房的出口应不少于两个，其中一个通往井底车场，其出口应装设防水门；另一个用斜巷与井筒连通，斜巷上口应高出泵房地面标高 7 m 以上	GB 16423—2006 第 6.6.4.2 条	现场检查时，-560 m 水泵房有两个出口，其中一个通往井底车场，其出口装设了防水闸门，另一个用斜巷与井筒连通，斜巷上口高出泵房地面标高 7 m 以上	符合要求
	8. 水仓应由两个独立的巷道系统组成	《安全设施设计》 GB 16423—2006 第 6.6.4.3 条	-560 m 中段井底车场附近，布置了两组相互独立的水仓，施工的水仓总容积为 6716 m³，其中 1 号水仓容积为 2920 m³，2 号水仓容积为 3796 m³。设计中要求水仓容积为 4000 m³，水仓容积满足要求	符合要求
	9. 水沟、沉淀池、水仓等的清理及排泥设备设施符合批准的《安全设施设计》要求	《安全设施设计》	水仓和沉淀池采用人工清理方式	符合要求
…	…		…	

评价结果：井下防排水设置了××项检查，××项符合要求，××项为无关项，××项有待完善。

8.6.2.9　安全避险六大系统单元

主要从紧急避险系统、矿山监测监控系统、供水施救系统、压风自救系统、人员定位系统和通信联络系统的建设方案、设备、设施和日常维护等方面检查井下避险系统的安全性，见表 8-18。

表 8-18　井下避险系统安全检查表

检查项目	检查内容	检查依据	检查情况	结论
监测监控系统	1.有毒有害气体监（检）测、通风系统监测、视频监控、地压监测系统的设置应符合设计方案要求及 AQ 2031—2011 规定，设备具有矿用产品安全标志	AQ 2031—2011、《安全设施设计》	有毒有害气体监（检）测：设置了 34 台带声光报警功能的便携式三合一气体检测报警仪。在井下生产中段和分段的进、回风巷靠近采场等位置设置了 17 台带声音报警功能的硫化氢和二氧化硫传感器。通风系统监测：在井下各开采水平的通风巷道、分机机站处设置了风速传感器、风压传感器及主、辅风机开停传感器。视频监控：主副井井口、中段斜坡道口、井下各中段马头门、井下矿石及废石卸载站、井下装矿硐室、井底车场、井下避灾硐室、井下变电所、水泵房、井下炸药库等处设置高清、红外网络摄像机。地表沉降监测：在地表设置了 32 个沉降观测点，通过全球 GPRS 定位系统进行监测，未设置观测站。地压监测：采用微震监测系统进行地压监测，在 -455 m 中段设监测点 12 个，-560 m 中段设监测点 24 个	符合要求
	2.系统安装后经测试、调校正常，单项工程验收合格，运行良好	《验收表》	监测监控系统单项工程验收合格，运行良好	符合要求
	3.专人负责检查维护，建立台账、记录、报表，按规定要求保存数据备份	《验收表》	由专人负责检查维护，建立了台账、记录、报表，按规定要求保存数据备份	符合要求
	…		…	
人员定位系统	4.人员定位系统设置符合设计方案要求，功能和主要技术指标满足 AQ 2032—2011 的规定，具有矿用产品安全标志	AQ 2032—2011	在井下共设置了 108 个定位基站，下井人员携带人员定位卡，配置了 1140 张人员定位卡，包含备用卡	符合要求
	…	…	…	

续表8-18

检查项目	检查内容	检查依据	检查情况	结论
紧急避险系统	5. 紧急避险系统设置符合设计和 AQ 2033—2011 的规定，单项工程经验收合格	AQ 2033—2011、《安全设施设计》	避灾硐室已按设计要求施工完毕	符合要求
	6. 避灾硐室、救生舱内配备的应急救生设备、设施、食品、药品符合设计和 AQ 2033—2011 的规定要求	《安全设施设计》	避灾硐室设置在围岩稳固、支护良好、人员相对集中的地方，井下压风自救系统、供水施救系统、通信联络系统、供电系统的管道、线缆以及监测监控系统的视频监控设备均已接入避灾硐室内	符合要求
	7. 所有入井人员必须随身携带自救器，并按入井人数 10% 配备备用自救器	《安全设施设计》	为每名下井人员均配备了自救器，最大班人数为 230 人，第二大班人数为 190 人，两班交接班时人数为 420 人，自救器数量不少于 470 个	符合要求
	…		…	
压风自救系统	8. 压风自救系统设置符合设计和 AQ 2034—2011 的要求，经单项工程验收合格，配套设备取得矿用产品安全标志	AQ 2034—2011	井下生产压气系统与压风自救系统共用。压风自救用气量 83.7 m³/min，生产压风系统用气量 187 m³/min。设计采用地表固定空压机站与井下移动空压机站相结合的联合供气方式。在副井西北附近建了空压机站 1 座，安装固定式 0.8 MPa/42 m³/min 单螺杆空压机 3 台，在井下采区用气点布置了 0.8 MPa/20~30 m³/min 移动式单螺杆空压机 6 台，均有矿用产品安全标志证书	符合要求
	…		…	
供水施救系统	9. 供水施救系统设置符合设计和 AQ 2035—2011 的要求，经单项工程验收合格，配套设备取得矿用产品安全标志	AQ 2035—2011	井下供水施救系统水源为厂区现有生活给水管网。从地表将生活水管与生产水管连接、装上阀门	符合要求
	…		…	
通信联络系统	10. 通信联络系统设置符合设计和 AQ 2036—2011 要求，纳入安全标志管理的设备应取得矿用产品安全标志	AQ 2036—2011、《安全设施设计》	井下有线通信系统利用地面调度中心调度主机及电话配线设备。井下有线通信终端设置地点为井下各中段马头门信号室、斜坡道入口、采区变电所、风机硐室、无轨设备检修硐室、水泵房、中央变电所、井下各中段采区、井下值班室、井下避灾硐室等地。井下通信终端设备均采用防水、防腐、防尘功能设备，井下炸药库内设有防爆型通信终端。井下无线通信系统利用公司与移动共建的井下移动手机信号覆盖通信	符合要求
	…		…	

评价结果：井下安全避险系统单元共设置了××项评价内容，通过现场检查，××项合格，该矿业公司铁矿一期工程井下安全避险系统符合设计，各项指标符合安全要求。

8.6.2.10　安全管理单元

通过对该矿业公司铁矿一期工程安全管理现状的相关文件进行了现场核查，对企业安全管理的状况进行评价，见表 8-19。

表 8-19　安全管理状况安全检查表

检查项目	检查内容	检查依据	检查情况	结论
规章制度与操作规程	1. 矿山企业要建立健全以法定代表人负责制为核心的各级安全生产责任制	国家安全监管总局令第 20 号第六条	检查公司安全生产管理制度，相关的制度已基本建立	符合要求
	2. 矿山企业要健全完善安全目标管理、矿领导下井带班、安全例会、安全检查、安全教育培训、生产技术管理、机电设备管理、劳动管理、安全费用提取与使用、重大危险源监控、安全生产隐患排查治理、安全技术措施审批、劳动防护用品管理、职业危害预防、生产安全事故报告和应急管理、安全生产奖惩、安全生产档案管理等制度等	国家安全监管总局令第 34 号第一条，安委办〔2010〕17 号第二条	有安委办〔2010〕17 号文第二条规定的绝大部分安全制度，但有些制度名称不统一，需定期修订	符合要求
	3. 矿山企业要健全完善各类安全技术规程、操作规程等	安委办〔2010〕17 号第二条	企业建立了较为完善的安全技术操作规程，并以文件的方式发布	符合要求
安全管理机构及人员	4. 非煤矿山企业要设立专门安全管理机构，配备专职安全管理人员。地下矿山专职安全管理人员不少于 3 人	安委办〔2010〕17 号	设立了安全环保部，具体负责安全生产管理工作。安全环保部专职安全管理人员 10 人，其中井下专职安全管理人员 5 人	符合要求
	5. 每班必须确保有专（兼）职安全员在岗。大中型企业要配备安全总监和副总监，主要负责人带班下井	安委办〔2010〕17 号	每班有专职安全员在岗，配有主管安全的矿领导，主要负责人带班下井	符合要求
	6. 矿山企业必须确保每个班次至少有 1 名领导在井下现场带班，并与工人同时下井、同时升井	国家安全监管总局令第 34 号令第四条	每班有至少 1 名领导在井下现场带班，有下井带班计划表和记录	符合要求

续表

检查项目	检查内容	检查依据	检查情况	结论
安全生产档案	7. 矿山必须具备下列图纸，并根据实际情况的变化及时更新：矿区地形地质和水文地质图，井上、井下对照图，中段平面图，通风系统图，提升运输系统图，风、水管网系统图，充填系统图，井下通信系统图，井上、井下配电系统图和井下电气设备布置图、井下避灾路线图	GB 16423—2006 第4.16条	各类图纸齐全、规范	符合要求
	8. 安全生产档案应齐全，内容包括：设计资料、竣工资料以及其他与安全生产有关的文件、资料和记录	《验收表》	工程相关资料文件和记录齐全。抽查了单项工程竣工资料以及其他与安全生产有关的文件、资料和记录	符合要求
教育培训	9. 矿山企业应对职工进行安全生产教育和培训，未经安全生产教育和培训合格的不应上岗作业	《验收表》	公司在年初制订《安全教育工作计划》并认真组织实施，对新入厂的职工全部进行了三级安全教育，对调换岗位的职工进行了转岗教育，建立了员工个人培训档案。现场检查时抽查了采矿场员工三级安全教育培训登记表、公司2013年安全教育培训计划、2014年培训安排表等	符合要求
	…		…	
个体防护	10. 矿山企业必须为从业人员提供符合国家标准或者行业标准的劳动防护用品，并监督、教育从业人员按照使用规则佩戴、使用	《安全设施设计》	抽取了公司员工劳保用品卡片，企业为员工提供了合格的防护用品，并建立了相关制度	符合要求
工伤保险	11. 矿山企业应为从业人员办理工伤保险，因特殊情况不能办理工伤保险的，可以办理安全生产责任保险或者雇主责任保险	《验收表》	抽查了工伤保险缴费证明材料，公司每月为所有的从业人员足额缴纳工伤保险费	符合要求
安全投入	12. 依照国家有关规定足额提取安全生产专项费用、缴纳并专户存储安全生产风险抵押金。安全生产专项费用应全部用于改善矿山安全生产条件，不应挪作他用	《验收表》	查缴费凭证，公司缴纳了安全生产责任险	符合要求

续表

检查项目	检查内容	检查依据	检查情况	结论
应急预案	13. 矿山企业应根据存在风险的种类、事故类型和重大危险源的情况制订综合应急预案和相应的专项应急预案，风险性较大的重点岗位应制订现场处置方案。应急预案应经过评审，并按照隶属关系向当地县级以上安全生产监督管理部门备案	《安全设施设计》	公司根据重大危险源和主要危险因素，制订了《矿山生产安全事故应急预案》，并在有关部门进行了备案登记	符合要求
	14. 矿山企业应建立由专职或兼职人员组成的事故应急救援组织，配备必要的应急救援器材和设备。生产规模较小不必建立事故应急救援组织的，应指定兼职的应急救援人员，并与邻近的事故救援组织签订救援协议	《验收表》	公司与庐江县矿山救援队签订了救护协议，配备了应急救援器材与设备	符合要求
	…		…	
矿山外包工程管理	15. 非煤矿山外包工程的安全生产，由发包单位负主体责任，承包单位对其施工现场的安全生产负责	国家安全监管总局第 62 号令	明确了外包工程的安全生产由发包单位负主体责任，承包单位对其施工现场的安全生产负责	符合要求
	16. 承包单位应当依法取得非煤矿山安全生产许可证和相应等级的施工资质，并在其资质范围内承包工程。总承包大型地下矿山工程和深凹露天、高陡边坡及地质条件复杂的大型露天矿山工程的，具备矿山工程施工总承包二级以上(含本级，下同)施工资质；(二)总承包中型、小型地下矿山工程的，具备矿山工程施工总承包三级以上施工资质		3 家承包单位均具有矿山工程施工总承包贰级以上资质	符合要求
	…		…	
其他	17. 严格落实职业健康监护工作。用人单位应当依法组织所有接触职业危害的劳动者进行上岗前、在岗期间和离岗时的职业健康检查，建立劳动者职业健康监护档案	《验收表》	公司组织了接触职业危害的劳动者进行上岗前、在岗期间和离岗时的职业健康检查，建立了劳动者职业健康监护档案，并抽取了公司员工健康体检报告	符合要求
	…		…	

　　评价结果：安全管理状况检查 ×× 项，均符合相关规定的要求，该矿业公司铁矿一期工程安全管理状况可以满足安全生产的要求。

8.6.3　评价结论

　　（1）该矿业公司铁矿一期工程质量合格，工程保证体系、施工、监理、检查、验收等建设环节，符合规定的程序。项目的设计变更程序符合规定。"三同时"监督管理、建设项目审批、施工建设、安全生产基本条件符合国家规定，具备了竣工验收的必备条件。

　　（2）一期工程开采区域地表除措施井外，其他各井筒及工业场地均布置在岩石移动界线以外，满足安全距离要求。当地洪水位为+20 m，各条井筒井口标高均高于当地最高洪水位 1 m 以上。一期工程地面工业场地总平面布置符合安全规定和设计要求。

　　（3）开拓系统符合设计和安全规程规定。对井巷建设工程的竣工验收资料进行查阅，井巷建设工程均为合格工程，验收的签章手续齐全，符合有关标准、规程的规定。

　　（4）通过现场检查、核实有关资料并经试生产运行表明，提升运输系统各项安全设施、设备均具备符合性的要求。

　　（5）通过现场检查评价，该矿业公司铁矿一期工程采用充填法开采；目前开采−560 m 以上的矿体，采区及中段设置、采矿设备的型号及防护设施符合《安全设施设计》的设计；井下爆破作业、爆破工艺符合安全规程规定，爆破员持证上岗。

　　（6）通过现场检查、核实有关检测报告，抽查日常通风监测资料，矿山现已按照设计要求形成了通风系统，满足设计与规范要求。

　　（7）通过现场检查、抽查、核对电气设备安装技术资料，以及试生产期间的运行记录，所有配电设备均采用了相关的保护，各种电气设备、设施符合设计和规范要求；井下总接地网、主接地极和局部接地极符合设计；地面防雷接地装置经过验收合格；矿山供电系统符合设计和规程规定。

　　（8）按照设计要求已形成了防排水系统，试生产运行表明，排水系统工作正常。井下及地面的防火设施满足设计要求，地面建筑物通过了当地公安消防部门的验收，符合安全要求。

　　（9）井下安全避险系统与设计相符，各项指标符合设计要求。

　　（10）地表给排水、维修、仓储设施、空压站的安全设施符合规定。

　　（11）该矿业公司铁矿一期工程安全管理状况可以满足安全生产的要求。

　　经过安全验收评价，该矿业公司铁矿一期工程贯彻了安全设施"三同时"的建设方针；矿山各生产系统安全设施在试生产过程中运行良好、有效。综上所述，该矿业公司铁矿一期工程具备了安全设施验收条件。

参考文献

[1]任建国. 安全评价在我国的发展历程[J]. 安防科技(安全管理者)，2005(1)：28-30.

[2]白文元，何昕，赵云胜. 非煤矿山安全评价方法探讨[J]. 工业安全与环保，2004(8)：32-34.

[3]牛更奇，王小妹，李献功. 安全评价中危险辨识的地位、存在问题和对策[J]. 中国安全科学学报，2003，13(6)：57-59.

［4］李发荣. 预先危险分析在安全评价中的应用研究［J］. 劳动保护科学技术，1999(5)：56-60.

［5］丁新国，赵云胜，万祥云. 关于安全评价中几个重要概念的研讨［J］. 安全与环境工程，2004，11(3)：79-81，90.

［6］刘骥，魏利军，刘君强. 浅谈安全评价对企业安全生产的作用［J］. 劳动保护，2003(7)：20-21.

［7］杨冠洲. 安全评价应关注的问题［J］. 劳动保护，2005(4)：26-27.

［8］毛益平，郭金峰. 非煤矿山安全评价技术与实践［J］. 金属矿山，2003(4)：7-10.

［9］徐宏达，谢亦石. 尾矿库安全评价初探［J］. 工业安全与环保，2005，31(9)：15-18.

［10］熊志乾. 我国非煤矿山安全评价［J］. 决策与信息(财经观察)，2008(7)：148.

［11］石永国，傅忠清，郑敏. LEC 评价法在非煤矿山安全评价中的应用［J］. 黄金，2009，30(9)：33-36.

［12］王卸云. 浅谈 LEC 法在非煤矿山安全评价中的应用［J］. 金属矿山，2008(1)：110-113.

［13］毛树怀，陈志勇，程世勇. 安全评价工作对非煤矿山安全生产影响［J］. 西部探矿工程，2011，23(4)：200-201.

［14］李晓飞. 浅析非煤矿山安全验收评价的若干问题［J］. 金属矿山，2010(7)：146-149.

［15］王军. 地下开采非煤矿山主要有害因素识别与分析［J］. 现代矿业，2010，26(11)：112-114.

［16］耿继原，耿志超，迟彩芳. 基于非煤露天矿山的安全评价方法［J］. 辽宁工程技术大学学报，2005，24(S2)：45-47.

［17］刘小林. 当前和今后一个时期非煤矿山安全评价的定位［J］. 矿业研究与开发，2006，26(S1)：128-130.

［18］张云鹏，于亚伦. 爆破工程安全评价初探［J］. 工程爆破，2004，10(4)：81-84，77.

［19］国家安全生产监督管理总局. 安全评价（第 3 版）［M］. 北京：煤炭工业出版社，2005.

［20］王运敏. 现代采矿手册［M］. 北京：冶金工业出版社，2012.

［21］于润沧. 采矿工程师手册［M］. 北京：冶金工业出版社，2009.

［22］刘铁民，张兴凯，刘功智. 安全评价方法应用指南［M］. 北京：化学工业出版社，2005.

［23］佟瑞鹏. 常用安全评价方法及其应用［M］. 北京：中国劳动社会保障出版社，2011.

［24］赵耀江. 安全评价理论与方法［M］. 北京：煤炭工业出版社，2008.

［25］姚根华，吴桂才，徐伟兰，等. 论非煤矿山火区及地压隐患安全专项评价［J］，金属矿山，2009(S1)：664-667.

［26］徐伟兰. 安全预评价中边坡稳定性分析的应用［J］. 有色金属(矿山部分)，2017，69(5)：71-74，91.

［27］沈斐敏. 安全系统工程理论与应用［M］. 北京：煤炭工业出版社，2001.

第 9 章

矿山安全标准化

安全生产管理是无止境的，金属非金属矿山的不断发展，推动着企业安全管理模式的持续改进。安全标准化是一种适合企业现阶段情况的一种很好的安全生产管理办法。企业通过安全标准化管理体系的创建，建立自我完善、持续改进的管理模式，通过不断努力，提高管理水平和本质安全性，从而减少事故发生的概率。

创建并运行安全标准化系统，首先应对安全标准化概念、特点、发展历程、规范标准要求有清晰的认识。在此基础上，系统分析安全标准化各元素在系统建设及运行过程中的内容，明确建设的难点与重点。采用企业实例等方式列出系统创建的程序，并分析安全标准化与其他运行体系的关联，能够有效指导企业开展安全标准化的创建及保持等工作。

9.1 概述

9.1.1 基本概念及特点

安全标准化是指企业通过落实安全生产主体责任，注重全员全过程参与，建立并保持安全生产管理体系，全面管控生产经营活动各环节的安全生产与职业卫生工作，实现安全健康管理系统化、岗位操作行为规范化、设备设施本质安全化、作业环境器具定置化，并持续改进。

安全标准化体现了"安全第一、预防为主、综合治理"的方针和"以人为本"的科学发展观，强调企业安全生产工作的规范化、科学化、系统化和法治化，强化风险管理和过程控制，注重绩效管理和持续改进，符合安全管理的基本规律，代表了现代安全管理的发展方向，是先进安全管理思想与我国传统安全管理方法、企业具体实际的有机结合，有助于促进企业提高安全生产水平，从而推动我国安全生产状况的根本好转。

安全标准化的管理过程，在深度上是一个持续改进的过程。安全标准化具有如下主要特点。

(1)普适性。安全标准化作为一种现代安全管理模式和工具、手段，适用于不同规模、不同性质、不同生产方式、不同技术装备条件、不同安全管理水平的企业。

(2)灵活性。安全标准化文件体系的结构形式、文件名称、文件数量、文件编写格式、文件执行记录格式等均无硬性规定，企业可根据自身机构设置与职能划分、管理风格与习惯、人员素质、工艺设备风险特点等方面的实际情况，自行设计。

（3）兼容性。推行安全标准化，不是要推翻企业现有管理制度体系另搞一套，而是在充分分析评估企业安全管理现状、工艺设备风险特点和人员素质等方面实际情况的基础上，完善企业的管理制度和管理模式，不断提高企业的风险控制能力和安全管理水平，不断改进企业的安全生产绩效。

（4）系统性。系统的方法是把一个要研究和管理的事件看作一个系统，并从整体的角度对系统元素进行处理和协调，使系统完成特定功能达到最佳效果的程序方法。安全标准化在管理思想上具有整体性、全局性、全面性的特点，在管理手段上体现了结构化、程序化、文件化的特点，在管理职能上强调企业各级机构和全体员工参与，在管理过程上强调从建章立制开始，到制度颁布实施、执行过程的符合性检查，再到实际取得安全生产绩效，实施全过程闭环控制。

（5）动态性。推行安全标准化，旨在帮助企业建立一种"及时发现问题，及时解决问题"的机制，是一种动态发展、不断改进、不断完善的过程，即通过检查、持续风险识别、班组危险预知、绩效测量、系统内部评价和管理评审等环节，及时发现和纠正企业生产经营活动中出现的安全偏差、缺陷、隐患等不符合项，持续改进短板弱项，不断提高企业安全生产绩效。

9.1.2 目的和意义

近年来，在各级安全生产监管部门和各类矿山企业共同努力下，通过开展安全生产专项整治，强化安全生产许可，加强企业安全管理，金属非金属矿山安全生产整体水平不断提高。但部分金属非金属矿山开采不正规、工艺技术落后、设备设施水平低、基础管理薄弱等问题没有根本解决，导致各类生产安全事故多发，事故总量依然较大，重特大事故没有得到有效遏制，安全生产形势依然严峻。造成这种局面的原因是多方面的，其中很重要的一条，就是我国金属非金属矿山安全管理基础薄弱，管理模式相对落后，不能适应现代企业安全管理的需要。

金属非金属矿山安全标准化是一种安全管理模式，它要求企业按照《企业安全生产标准化基本规范》《金属非金属矿山安全标准化规范 导则》的规定，建立安全生产管理系统，实施对生产过程科学化、系统化和规范化的安全管理。

金属非金属矿山安全标准化强调"安全"和"标准化"，"安全"和"标准化"应该覆盖企业生产的全过程和所有因素，即覆盖生产过程的"人、机、料、法、环"，即"人员、机器、物料、方法与制度、环境"都要达到相关标准的要求。

企业的安全标准化等级，是企业遵守安全生产法律法规、持续改进安全生产绩效承诺的标志，也是企业安全生产诚信的表现，同时表明企业是否是一个自愿守法、能够守法的企业。因此，达到安全标准化要求的企业，首先是一个执行安全生产法律法规并愿意使其生产活动达到安全生产法律法规要求的企业。

推进金属非金属矿山安全标准化工作，促使各类矿山企业逐步建立以风险控制为核心、全员参与、过程控制和持续改进的动态安全管理体系，实现对矿山各个环节的风险进行辨识、预控，最大限度地消除在作业过程中可能产生的事故隐患，有效降低事故总量，防范重特大事故发生。同时，加强安全标准化建设也是实现依法治安的必要要求，是促进金属非金属矿山企业进一步落实安全生产主体责任，改善安全生产条件，提高安全生产管理水平，逐步建立起自我约束、自我完善、持续改进的安全生产长效机制,是实现安全生产形势稳定好转的有效途径,对保障生命财产安全有着重大意义。

(1)有利于进一步落实企业安全生产主体责任。《中华人民共和国安全生产法》对生产经营单位在遵守法规、加强安全生产管理、健全安全生产责任制和完善安全生产条件等方面都作出了明确规定,同时明确了生产经营单位主要负责人、安全管理人员和其他从业人员的安全生产责任。安全标准化工作要求企业将安全生产责任从主要负责人开始,逐一落实到每个基层单位、每个从业人员、每个操作岗位,强调安全生产工作的规范化和标准化,建立起自我约束机制,主动地遵守各项安全生产法律、法规、规章、标准,从而真正落实企业作为安全生产主体的责任,保证企业的安全生产。

(2)有利于企业预防和控制事故风险。开展安全标准化工作,有利于强化企业安全生产基础工作,促使企业建立健全安全生产规章制度和操作规程,规范管理程序和管理过程,推动企业安全生产程序化、规范化、标准化。安全标准化是以安全风险预控为核心,强调任何事故都是可以预防的理念,将传统的事后处理,转变为事前预防。随着安全标准化的实施,企业安全管理会持续改进,设备设施本质安全水平会逐步提升,违章指挥、违章作业和违反劳动纪律的"三违"现象会得到有效抑制,事故风险会不断降低,最终实现事故为零的目标。

(3)有利于企业建立安全生产长效机制。安全标准化借鉴了质量、环境、安全管理体系的思想及其实践经验,强调过程管控、闭环管理,促使企业各个生产岗位、环节、人员、机器设备、物品材料、环境等各个方面,达到和保持一定的安全标准,满足法律、法规、规章、标准的要求,推动企业建立健全"及时发现问题,及时解决问题"的安全生产工作机制,确保企业安全生产始终处于良好的运行状态,实现安全生产长治久安,以适应企业发展的需要。

(4)有利于进一步维护从业人员的合法权益。安全标准化强调全员参与,要求企业为员工参与企业安全生产工作提供必要的渠道和平台,并采取措施确保所有员工均有机会参与下列安全生产事项:作业任务分析与讨论;设计与流程变化的讨论;安全意识强化与安全技能提升;作业指导书和安全操作规程(程序)的讨论;安全生产委员会的活动;危害辨识、风险评价和持续风险识别;变化管理的讨论;事件/事故调查、分析;企业安全文化创建活动等。要求企业建立并保持认可与奖励程序,对员工安全生产方面好的表现予以认可和奖励。通过全员全过程参与安全管理,可最大限度地保障员工安全生产各项权利与义务的落实。

(5)有利于企业在激烈的市场竞争环境中生存与发展。随着社会主义市场经济体系的建立、发展和不断完善,企业间的竞争更加激烈。企业在日益激烈的市场竞争中立足、生存和发展,必须有一个好的安全状况。安全标准化是企业安全生产工作的基础,是提高企业核心竞争力的关键。安全生产工作做不好,安全生产没有保证,企业不仅没有进入市场、参与竞争的能力,甚至被关闭、淘汰,生存发展就是一句空话。只有抓好安全标准化,做到强基固本,才能应对市场经济的挑战,在市场竞争中立于不败之地。安全标准化强调持续改进,随着企业安全标准化的建立与运行,企业安全管理水平会逐步提升,这对企业其他管理工作的改善有一定的促进作用,间接推动企业的全面发展。

(6)有利于企业树立良好的社会形象。一个现代化金属非金属矿山企业除了它的经济实力和技术能力外,还应具有强烈的社会责任感,树立对职工安全与健康负责的良好社会形象。现代企业在市场中的竞争不仅是资本和技术的竞争,也是品质和形象的竞争。因此,开展安全标准化将逐渐成为现代企业的普遍需求。通过开展安全标准化,一方面可以改善作业条件，增强劳动者身心健康，提高劳动效率；另一方面在有效预防和控制工伤事故及职业病危害因素的基础上，对企业的经济效益和生产发展也具有长期的积极效应。

9.1.3　发展历程

安全标准化核心工作任务之一为风险管理，是指开展危险源辨识、风险评价以及风险控制措施策划与实施的全过程。风险管理是企业安全管理的核心，企业一切的安全事务，最终目的都是为了控制风险。企业在安全标准化建设与构建过程中，首要任务便是开展危险源辨识与风险评价，并通过风险评价的结果，对系统构建做出规划。安全风险管理的发展，对安全标准化的发展起到了极大的促进作用。

（1）风险管理的发展

风险是人们从事生产活动或社会活动时可能受危害的影响而产生有害后果的定量描述，即风险是在一定时期内危害出现的可能性（概率）与危害导致后果的严重性的乘积。

危险源，是指可能造成人员伤亡、疾病、财产损失、工作环境破坏的根源或状态。这种"根源或状态"来自作业环境中的人的不安全行为、物的不安全状态、安全管理的缺陷及有害作业环境。

风险是危险源的属性，危险源是风险的载体。风险的大小既要看危害出现的概率，更要看危害所导致后果的严重程度。风险是描述未来的随机事件，意味着不希望事件状态的存在，更表明了不希望其转化为事故的机制和可能性。人类社会要生存、技术要进步、经济要发展，不可避免地要遇到各种风险。风险是一种客观存在，是一种不以人的意志为转移的潜在危险。

风险管理是研究风险发生规律和风险控制技术的一门管理学科。企业通过风险识别、风险估计、风险评价，并在此基础上优化组合各种风险管理技术，对风险实施有效的控制，妥善处理风险造成的后果，期望达到以最少成本获得最大安全保障的目的。在风险控制过程中，应具备系统化的管理思想。根据人的不安全行为、物的不安全状态、安全管理的缺陷及有害作业环境等，对企业中的各项工艺、各种设备、各项作业及企业管理进行分析，识别出一切可能导致事故发生的危害因素，再通过选用合适的风险评价方法，开展评价工作，确定各项风险的等级，进而提出合理的风险控制措施。

自风险管理理论和技术应运而生和全面发展之后，风险管理已经发展成为一门新兴科学，蓬勃发展，日益受到重视。

风险管控问题起源于第一次世界大战后的德国，德国人较早建立了风险管理的系统理论。在风险管理研究方面，美国是较早开展风险管理研究的国家之一，其理论研究与应用范围很广，且拥有大量风险管理研究与应用人才。与美国相比，英国的风险管理研究有自己的特色，C. B. Chapman 教授在文献中提出了"风险工程"的概念，使得在较高层次上大规模地应用风险分析领域的研究成果成为可能。

风险评价最先出现在 20 世纪 30 年代的保险行业，随着工业化进程的加快，生产过程中的火灾、爆炸、有毒有害气体泄漏和扩散等重大事故不断发生。20 世纪 60 年代开始了全面、系统地研究企业、装置、设施的安全评价阶段。

在安全风险评估方法方面，比较有代表性的有：英国帝国化学公司（ICI）的"蒙德（Mond）火灾、爆炸、毒性指标评价法"，该方法于 1976 年正式提出，1979 年做出修订；美国道

（DOW）化学公司火灾爆炸指数评价法，该方法于1964年首次提出，是一种专门应用于危险爆炸场所的评价法，至今已进行了7次修订，目前已成为世界各大石油化工公司用于危险爆炸性场所安全评价及安全防范的有效方法，产生了巨大的安全效益。

随着航天、航空和核工业等高技术的迅速发展，20世纪60年代后期，以概率风险评价为代表的系统安全评价技术得到了研究和开发。英国在20世纪60年代中期建立了故障数据库和可靠性服务咨询机构，对企业开展概率风险评价工作。1974年，美国原子能委员会完成了商用核电站危险状况的全面评价，并于1975年由麻省理工学院领导的研究小组发表了《Wash1400：反应堆安全研究》，在科技界和工程界引起了轰动。1976年，英国生产安全管理局对Canvey岛以及Thurrock地区的工业设施进行了危险评价。1979年，英国伦敦Cremer & Warner公司和德国法兰克福Battle公司对荷兰Rjnmuncl地区工业设施进行了评价。此后，这类评价法在工业发达国家的许多项目中得到了广泛的应用。学术界随之又开发出一系列以概率论为理论基础的有特色的安全评价方法。

1997年，南非颁布并实施了《矿山健康与安全法》，引入了风险评估的概念和采矿业职业健康与安全管理体系，以法律法规的形式规范了风险评估的要求。该法要求雇主和雇员识别危害，将消除、控制和减少与矿山健康和安全有关的风险作为立法目的，并对雇主的危险评估和调查进行了明确和细化。该法体现出风险管理的理念，以法律法规手段完善了矿山风险管理。

1981年，我国劳动人事部首次组织有关科研机构和大专院校的研究人员开展了安全评价研究工作。化工、机电、航空以及交通等部门和行业同时开展了企业安全评价的试点工作。1988年，提出了首个安全评价标准，即《机械工厂安全性评价标准》，随即在机械行业全面推行安全评价工作。我国民航业通过建立SMS系统进行风险管理，形成了系列成果。

目前，国内大部分矿山对风险控制一般还停留在安全管理的传统方式上，缺乏对前期因果及诱发因素的分析研究和对策，即在超前控制方面缺乏实效手段。而危害因素本身具有广泛性、连锁性、隐蔽性和多样性等特征，使得风险控制十分复杂，传统的管理方式难以落实。

随着金属非金属矿山的不断发展，我国越来越重视风险的控制，并通过建立多种安全管理体系来预控风险。

2015年3月3日，国家安全生产监督管理总局发布了《国家安全监管总局关于全面开展非煤矿山"三项监管"工作的通知》。通知要求，全面加强非煤矿山安全生产专家"会诊"监管、风险分级监管、微信助力监管（以下统称"三项监管"）工作，其中，强化风险分级监管，确保风险防控到位是三项监管中的重要内容。要求安全生产监管部门根据非煤矿山企业安全生产状况和风险程度进行安全风险分级，按照风险优先原则实施差异化和动态化安全监管的过程。提出了基本情况普查到位、企业风险辨识到位、风险公告到位、按风险分级原则监管到位、安全风险防控到位。

2015年8月15日，国家安全生产监督管理总局发布了《国家安全监管总局关于非煤矿山安全生产风险分级监管工作的指导意见》，提出了分级方法，并要求为每名员工量身定制风险告知卡，列出岗位职责、岗位风险、岗位安全规程、事故预防及应急措施等内容。

2016年10月9日，国务院安委会办公室印发了《关于实施遏制重特大事故工作指南构建双重预防机制的意见》，要求坚持风险预控，全面推行安全风险分级管控，实现企业安全风险自辨自控，提升安全生产整体预控能力，夯实遏制重特大事故的坚实基础。

2020年4月1日，国务院安委会办公室印发了《全国安全生产专项整治三年行动计划》，明确提出 2021 年底前，各类企业建立完善的风险防控及隐患排查治理体系。针对非煤矿山，要求应急部门制订出"非煤矿山安全风险分级管控工作指南"，企业应建立安全风险管控隐患排查治理体系及一张网信息系统，实现地区安全风险一张网在线监控、企业隐患自查自报并与应急管理部门的隐患排查系统对接。

（2）安全标准化的起源与发展

企业安全标准化建设在我国已经历了几十年的发展历程。20 世纪 80 年代，一些大中型骨干企业，率先在冶金、机械、采矿等领域开展了企业安全标准化活动。一些企业首先实施的是设备设施维护管理标准化，内容包括设备设施的安装、使用、维护、维修和管理等方面，目的是提高设备的本质安全化水平。

企业通过对设备设施标准化管理的实施，提高了对安全标准化的认识。20 世纪 80 年代末 90 年代初，部分企业陆续开始实施安全标准化班组、安全标准化车间和安全标准化厂矿的达标创建与升级活动。这一时期的安全标准化主要是指作业现场标准化和作业过程标准化活动。作业现场标准化的理论基础是 5S 管理，旨在创建安全整洁的作业环境。作业过程标准化是通过制订和实施标准化作业程序，来规范作业方式、作业过程和作业步骤，控制作业过程风险，避免作业过程发生人身伤亡事故。

随着人们对安全标准化认识的提高，特别是在 20 世纪末，职业安全健康管理体系引入我国，风险管理方法逐渐被一些企业接受，安全标准化不仅包括设备设施维护标准化、作业现场标准化、行为动作标准化，也开始了安全生产管理活动标准化。以危险源辨识、风险评价为核心的安全标准化进入了新的发展阶段。

根据金属非金属矿山安全标准化实施的经验，国家安全生产监督管理总局为加强安全生产监察，配合安全生产许可证颁发后的安全生产监督管理，全面提高整体的安全生产水平，于 2003 年开始布置安全标准化标准的制订与实施等工作，并于 2005 年下发了《金属非金属矿山安全质量标准化企业考评办法及标准》（安监总管一字〔2005〕27 号），在金属非金属矿山开始实施安全标准化。

2010 年 7 月，国务院下发了《国务院关于进一步加强企业安全生产工作的通知》（国发〔2010〕23 号）提出了安全达标的要求，在规定时间范围内，不能达到国家安全标准化等级的企业，将会被暂扣安全生产许可证，提出整改措施后仍不能达标的，将会被强行关闭。该通知明确了安全标准化达标的重要性。

2021 年 6 月，《中华人民共和国安全生产法》经修订后发布，提出生产经营单位必须遵守本法和其他有关安全生产的法律、法规，加强安全生产管理。建立、健全全员安全生产责任制和安全生产规章制度，改善安全生产条件，加强安全生产标准化、信息化建设，构建安全风险分级管控和隐患排查治理双重预防机制，健全风险防范化解机制，提高安全生产水平，确保安全生产。

为了推动金属非金属矿山安全标准化工作在全国范围内全面、持久地开展，真正通过安全标准化建设，促进各类金属非金属矿山持续不断地改进和提高安全管理水平，提升本质安全文化程度，2004 年 8 月，国家安全生产监督管理局有关部门与南非有关职业安全健康管理机构签订合作备忘录，就在中国建立与国际现代安全管理接轨的金属非金属矿山安全标准化体系开展合作研究。在充分研究和借鉴国际上先进的矿业安全管理理念，结合国内金属非金属矿山有关安全生产法律、法规、标准的具体规定和矿山企业实际情况的基础上，2006 年 11

月2日,《金属非金属矿山安全标准化规范》以安全生产行业标准向全社会发布,并于2007年7月1日起在全国范围内实施。规范由导则、地下矿山实施指南、露天矿山实施指南、小型露天采石场实施指南、尾矿库实施指南等5个子标准组成。

2008年,国家安全生产监督管理总局首次发布了金属非金属矿山安全标准化评定标准,并于2009年,对评定标准进行了修订,更新为评分办法。

此时,安全标准化评定指标包括标准化得分、百万工时伤害率和百万工时死亡率,标准化得分采用百分制,根据安全标准化评定指标,将企业安全标准化评定为五个等级。

2011年,国家安全生产监督管理总局组织修订了金属非金属矿山安全生产标准化各专业评分办法,提出了相关否决项的说明。修订后的评分办法中,使用标准化得分和安全绩效两个指标确定安全生产标准化等级。最终确定的标准化等级由原来的五级变为三级,一级为最高,评审等级须同时满足标准化两个指标的要求。

2016年8月29日,国家安全生产监督管理总局对《金属非金属矿山安全标准化规范 导则》及各项实施指南进行了修订,批准发布了《金属非金属矿山安全标准化规范 导则》(AQ/T 2050.1—2016)、《金属非金属矿山安全标准化规范 地下矿山实施指南》(AQ/T 2050.2—2016)、《金属非金属矿山安全标准化规范 露天矿山实施指南》(AQ/T 2050.3—2016)、《金属非金属矿山安全标准化规范 尾矿库实施指南》(AQ/T 2050.4—2016),于2017年3月1日实施。

2016年12月13日,国家质量监督检验检疫总局、中国国家标准化管理委员会发布了《企业安全生产标准化基本规范》(GB/T 33000—2016),于2017年4月1日实施。2017年4月12日,《国家安全监管总局关于进一步规范非煤矿山安全生产标准化工作的通知》(安监总管一〔2017〕33号)强调进一步明确标准化工作职责,规范标准化建设运行,通过标准化工作推进双重预防机制构建。法律法规的不断更新,推动了行业安全标准化的持续发展。

9.1.4 矿山安全标准化规范简介

《金属非金属矿山安全标准化规范》是用于指导金属非金属矿山企业建立并保持安全标准化系统的技术标准,包括导则和实施指南两部分,其组成及其关系如图9-1所示。《金属非金属矿山安全标准化规范》明确了金属非金属地下矿山、露天矿山、小型露天采石场和尾矿库建立并保持安全标准化系统的总体原则、创建过程、核心内容、具体要求、具体做法、评定指标、评定要求和评定过程等,立足于危险源辨识和风险评价,从金属非金属矿山危险源的辨识入手,强调危险源辨识与风险评价要覆盖生产工艺、设备设施、环境以及人的行为、管理等各方面。通过对生产系统、设备设施、作业现场等进行风险控制,消除物和环境的缺陷;通过教育培训保证有关人员具备良好的安全意识和完成任务所需的知识、能力,形成良好的从业习惯,从而消除人的不安全行为,以达到对安全生产工作实施标准化管理,不断消除和控制生产过程中的风险,持续改进安全生产绩效,防止人身伤害或财产损失事故发生的目的。

为有效推进金属非金属矿山安全标准化工作,根据金属非金属矿山的不同专业类型,原国家安全生产监督管理总局组织编制了《金属非金属地下矿山安全生产标准化评分办法》《金属非金属露天矿山安全生产标准化评分办法》《尾矿库安全生产标准化评分办法》《小型露天采石场安全生产标准化评分办法》等一系列文件,以实现对各专业安全生产标准化运行情况的具体评审。

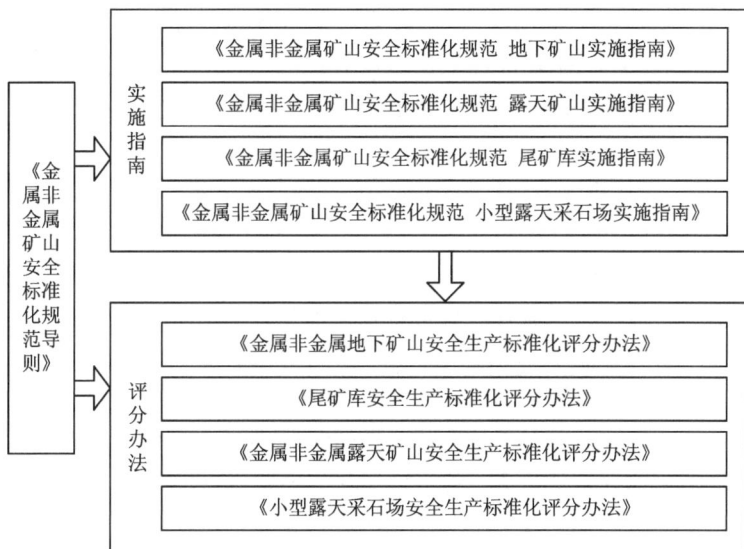

图 9-1　《金属非金属矿山安全标准化规范》组成及其关系

9.2　安全标准化系统元素

金属非金属露天矿山、地下矿山安全生产标准化系统由 14 个元素组成，小型露天采石场安全生产标准化系统由 12 个元素组成，尾矿库安全生产标准化系统由 9 个元素组成，每个元素划分为若干子元素，每一子元素包含若干内容。

其中，露天矿山、地下矿山的 14 个元素名称相同，与尾矿库 9 个元素比较，只在现场部分有所差异。小型露天采石场 12 个元素的内容，基本在露天矿山 14 个元素中能够体现。因此，本章节重点介绍通用的 14 个元素，并将尾矿库中"尾矿库建设""尾矿库运行"两个元素内容在通用的 14 个元素中的"生产工艺系统安全管理"及"作业现场安全管理"元素中进行说明。

本节对标准化系统各元素的核心要求、建设内容、运行控制及工作方式、工作重点或难点四个方面进行编排。"核心要求"是对《金属非金属矿山安全标准化规范实施指南》中对应的元素内容进行解释说明。"建设内容"是根据《金属非金属矿山安全标准化规范评分办法》的要求，企业在建设标准化系统中各元素应当策划的制度。"运行控制及工作方式"是对各元素在体系创建中及创建后具体的实施细节及其应形成的各项记录、活动等文件。"工作重点或难点"是企业在实施安全标准化过程中，容易忽略的事项，或者企业需要特别重视的地方。

9.2.1　安全生产方针与目标

1）核心要求

（1）应根据国家"安全第一、预防为主、综合治理"的安全生产方针，遵循以人为本、风险控制、持续改进的原则，制订企业安全生产方针和目标。

（2）为贯彻企业安全生产方针、实现安全生产目标提供所需的资源和能力，包括人力、物力、财力等；建立有效的支持保障机制，包括安全生产责任制、人员配置、安全投入、目标分解与考核等。

（3）企业安全生产方针的内容，应包括遵守法律法规以及事故预防、持续改进安全生产绩效的承诺，体现企业生产风险特点和安全生产管理现状，并随企业情况变化及时更新。

（4）企业安全生产目标的确定，应以企业安全生产方针、现状评估的结果和其他内外部要求为基础，应适合企业安全生产的特点，符合不同层级的具体情况。

（5）目标应具体，可测量，为确保能够实现，需自上而下进行分解执行。

2）建设内容

（1）企业应有安全生产方针的管理制度，制度要明确：

①企业安全生产方针制订的程序，负责企业安全生产方针制订的责任部门、责任人员及其职责，如何确保员工参与企业安全生产方针的制订过程；

②企业安全生产方针由谁发布，以什么方式发布；

③企业安全生产方针如何传达，如何确保所有员工熟悉和理解企业安全生产方针；

④企业安全生产方针评审的周期，修订的条件，负责修订的责任部门、责任人员。

（2）企业应有安全生产目标的管理制度，制度要明确：

①负责企业安全生产目标设立、沟通（目标分解的过程）、回顾（目标设立过程，分析、讨论目标完成情况）或跟踪监督监测与评估的责任部门、责任人员及其职责；

②目标设立的依据、发布的时间；

③目标分解的要求，如何确保企业安全生产目标分解到基层生产单位和职能部门；

④目标实施计划的内容及编制要求；

⑤目标完成情况的跟踪监测、评估方法、频次以及考核结果的处理等。

3）运行控制及工作方式

（1）企业有由最高管理者签发的、文件化的安全生产方针；有员工参与方针制订过程的记录；有证据或记录表明企业已通过文件（方针发布令）分发、会议学习讨论、张贴、印在安全手册中或作为安全培训内容等任一方式或其组合来向员工传达企业安全生产方针，确保所有员工熟悉和理解企业安全生产方针。

（2）指定部门与人员负责：企业年度安全生产目标的设立与分解；回顾或跟踪监测与评估企业年度安全生产目标的完成情况；针对企业年度安全生产目标分解与完成情况与相关部门或人员进行沟通。

（3）设立文件化的年度安全生产目标（如企业每年以1号文的形式发布），目标应尽可能地量化，确保其可评估，且在确定具体指标时考虑：安全生产法律法规与其他要求的规定；安全标准化系统管理评审的结果；危险源辨识与风险评价的结果；企业以往的安全生产绩效；安全标准化系统内部评价的结果。

（4）开展企业安全生产目标的分解工作，将目标以安全生产责任状、安全生产目标书、安全生产指标体系等方式分解至各单位。

（5）制订目标实施计划，并明确目标实施所需的资源（人、财、物和技术）。

（6）建立目标跟踪监测机制，并定期对目标完成情况进行跟踪监测与评估，年底对当年的目标完成情况进行评估考核。

（7）定期与员工沟通企业安全生产目标的完成情况，有证据或记录表明企业已通过定期的职工大会、安全活动日、安全分析会等形式向员工传达企业安全生产目标完成情况。

4）工作重点或难点

（1）设立合理的安全生产目标，且目标中包含的各项指标，能够反映企业的风险情况、生产任务等现状。

（2）安全生产目标分解到各个单位，且各个单位分解的目标，与企业设置的安全生产目标保持一致的同时，还能够体现层级的衔接。

（3）设立的安全生产目标可测量，能够提供考核数据，可以以此制订出考核细则。

9.2.2　安全生产法律法规与其他要求

1）核心要求

（1）企业应建立相应机制，识别适用企业生产管理的安全生产法律法规与其他要求。

（2）建立获取渠道，确保遵守最新的安全生产法律法规与其他要求。

（3）安全生产法律法规与其他要求应融入企业管理制度。

2）建设内容

（1）企业应有安全生产法律法规与其他要求的需求识别与获取的管理制度，制度要明确：负责识别安全生产法律法规与其他要求的需求并获取相应法律法规与其他要求的部门、人员及其职责；法律法规与其他要求的需求识别与获取的程序、方法和途径。

（2）企业应有安全生产法律法规与其他要求融入的管理制度，制度要明确：负责安全生产法律法规与其他要求融入的责任部门、责任人员及其职责；融入的对象与工作程序。

（3）企业应有评审与更新所获取安全生产法律法规与其他要求的管理制度，制度要明确：负责评审与更新所获取的安全生产法律法规与其他要求的责任部门、责任人员及其职责；评审与更新周期及工作程序。

3）运行控制及工作方式

（1）识别企业各生产单位和职能部门以及基层员工的安全生产法律法规与其他要求的需求，可采取问卷调查、征求意见、安全教育考试等手段进行识别，保留识别记录。

（2）建立企业获取安全生产法律法规与其他要求的渠道，包括网络免费下载、政府公文接收、付费购买等方式。

（3）建立安全生产法律法规与其他要求的清单和文本库。

（4）将识别并获取的安全生产法律法规与其他要求融入企业安全标准化系统，包括融入安全管理制度、安全操作规程、应急救援预案等。

（5）基于员工的安全生产法律法规与其他要求需求识别结果，为员工提供了安全生产法律法规与其他要求的培训，并有相关培训记录。

（6）建立员工获取相应安全生产法律法规与其他要求的有效途径，比如及时发放文本、小册子等至班组值班室，发布电子信息系统，确保生产单位和员工可以方便获取所需的法律法规与其他要求的具体内容。

（7）定期评审所获取的安全生产法律法规与其他要求的适用性，包括颁布时间、版本、适用内容及其范围等，并有评审记录。

（8）当变化发生时，及时更新安全生产法律法规与其他要求的清单，并及时将更新后的安全生产法律法规与其他要求融入安全标准化系统。

4）工作重点或难点

（1）企业应通过各种方式评审安全生产法律法规的适应性，认识到评审法规适应性的过程即是企业自查自纠的过程。

（2）采取合理的方式，识别员工的安全生产法律法规需求，且识别过程普及到全体员工。

（3）及时获取最新的安全生产法律法规与其他要求，并将更新后的内容写入企业安全规章制度中，确保法律法规融入企业管理之中。

9.2.3　安全生产组织保障

9.2.3.1　安全生产责任制

1）核心要求

（1）企业应建立所有岗位的安全生产责任制，明确主要负责人、管理人员和各岗位作业人员的安全生产责任。

（2）安全生产责任的描述应具体、简明、界定清晰并能考核。

2）建设内容

企业应有安全生产责任制的管理制度，制度要明确：

（1）负责企业安全生产责任制制订、沟通、培训、考核、评审与更新的责任部门、责任人员及其职责；

（2）企业安全生产责任制的制订程序；

（3）自上而下逐级说明安全生产职责的要求；

（4）对相关人员进行安全生产责任制培训的要求；

（5）企业安全生产责任制落实情况监督检查与考核奖惩的要求；

（6）对企业安全生产责任制进行定期评审与更新的要求。

3）运行控制及工作方式

（1）安全生产责任制是落实安全生产职责、贯彻执行安全生产方针与目标的关键。企业应根据"谁主管，谁负责，一岗双责"的原则，建立健全主要负责人、各级安全管理人员和各岗位作业人员的安全生产责任制，形成"横向到边，纵向到底"的责任体系。

（2）安全生产责任的描述要求明确、具体，具有可操作性。各部门和各岗位之间的责任不能出现交叉，否则同一责任由多个部门或岗位承担时极有可能导致责任落空。

（3）企业的安全生产责任制应以正式文件的形式下发，并对安全生产责任制进行了自上而下逐级说明，保留说明记录。

（4）对各级管理层进行相关安全生产职责与权限的培训，并保留培训记录。

（5）建立安全生产责任制考核办法，对各级各类部门与人员履行安全生产职责的情况进行定期考核，针对考核发现的问题要提出纠正和预防措施，将考核结果与风险抵押金或其他安全奖惩挂钩，并保留有考核与奖惩记录。

（6）企业主要负责人组织有关人员定期对安全生产责任制的适宜性进行评审，分析责任制是否与国家的安全生产法律法规与其他要求的规定一致，是否适应企业风险特点和部门职能的变化情况，各层级各岗位的实际职责与安全生产责任制是否相符。根据内外部条件的变化及时对安全生产责任制进行了更新，并保留有评审与更新记录。

4）工作重点或难点

（1）建立健全全员安全生产责任制，并针对性建立安全生产责任清单。根据各项安全生产责任制及责任清单，均建立对应的安全生产责任制考核标准，且考核内容与责任制内容统一，可测量。

(2)安全生产责任制的责任内容不能出现交叉。

(3)安全生产责任制的考核结合实际情况定期开展，且考核后应有对应的控制措施，实现闭环管理。

9.2.3.2 安全机构设置与人员任命

1)核心要求

(1)企业应设置安全管理机构或配备专职安全管理人员，明确规定相关人员的安全生产职责和权限，尤其是高级管理人员的职责。

(2)安全管理机构与安全管理人员的配置应符合国家要求和生产管理实际需求。

2)建设内容

企业应有安全机构设置与人员任命的管理制度，制度明确：

(1)安全管理机构设置和安全管理人员及相关人员的任命形式。

(2)安全生产委员会或安全生产领导机构的组成、各成员的职责、成员能力培训的要求、定期会议制度与重大事项决策程序等。

3)运行控制及工作方式

(1)依据安全生产法律法规与其他要求的规定以及企业的实际情况，设立安全生产委员会或安全生产领导机构。安全生产委员会要有意识地吸收部分员工代表参加，委员会的主任、副主任和委员要以书面文件正式任命，并明确其各自的职责。

(2)对安全生产委员会或安全生产领导机构成员进行相关安全生产知识和管理能力的培训，确保其具有履行自身职责的能力，并保留相关培训记录。

(3)定期召开安全生产委员会或安全生产领导机构会议，学习有关安全生产的政策、文件、领导讲话精神，讨论企业安全生产工作的进展，研究解决企业日常安全生产工作中出现的重大问题，并保留会议记录、会议决议或纪要等资料。

(4)依据安全生产法律法规与其他要求的规定，设置安全生产管理机构或配备专职安全生产管理人员，且所配备的专职安全管理人员的数量也满足相关规定。

(5)最高管理者已书面任命下列职位：员工代表、安全员、急救员、事故调查员、法律法规需增加的职位、与风险及其评估相关的职位，并明确相关职责。

(6)对上述书面任命的人员进行有针对性的培训，确保其具有履行职责的能力，需要持证上岗的，要经培训考核合格，取得相关资格证书。

(7)在工作场所展示安全生产委员会或安全生产领导机构成员、员工代表的职责，以便企业所有员工知晓上述成员并了解其具体职责，从而确保员工在遇到安全生产问题的时候知道向谁反映、找谁解决。

4)工作重点或难点

最高管理者书面任命的特殊职位人员，必须进行专项培训，确保其了解相应职责，具备相应工作能力。

9.2.3.3 班组安全建设和员工参与

1)核心要求

(1)企业应开展班组安全建设，创建安全标准化班组，并为班组安全建设提供必要资源。

(2)企业应确保员工或员工代表参与安全活动，确保员工关心的安全问题得到积极响应和处理。

2）建设内容

（1）企业应有班组安全建设的管理制度，制度要明确：负责企业班组安全建设的责任部门、责任人员及其职责；班组安全建设的内容和要求；安全标准化班组的考评标准与考评程序；班组安全建设所需资源的保障要求等。

（2）企业应有员工参与的管理制度，制度要明确：负责收集、处理和反馈员工关注的安全、健康事项的责任部门、责任人员及其职责；收集、处理和反馈员工关注的安全、健康事项的程序和要求；员工获得参与安全、健康活动机会的保障措施；员工在安全状况异常情况下拒绝工作的权益保障措施。

3）运行控制及工作方式

（1）制订班前、班后会和交接班、现场文明生产、安全活动日、班组学习培训、事故事件报告和处置、安全检查与隐患排查、互保联保、合理化建议等规定或办法。

（2）建立安全标准化班组评比标准，对班组安全建设情况进行量化评比与考核。

（3）班组定期开展学习培训、危险预知（KYT）、事故回顾、安全文化、5S管理、现场应急处置方案演练等活动，并有完整的活动记录。

（4）企业为班组安全建设提供必要的活动时间、场地、经费、技术指导等资源。

（5）指定人员定期收集、汇总员工关注的安全、健康事项，责任部门或人员及时处理与反馈有关事项，并保存收集、处理与反馈的相关记录，比如合理化建议表、信访记录等。

（6）确保员工有参与下列安全生产活动或过程的机会，并保留了相关记录：

①作业任务分析与讨论（分析任务执行过程中可能出现的风险，并提出风险防范措施及现场应急处置措施）；

②安全意识强化与安全技能提升学习培训；

③作业指导书和安全操作规程的讨论，必要时提出修订意见或建议；

④与政府有关部门沟通安全生产事项（违章指挥、违规生产、侵害员工权益等）；

⑤危害辨识、风险评价和持续风险评价；

⑥安全合理化建议活动；

⑦设计与流程变化的讨论；

⑧安全认可与奖励活动；

⑨参与安全问题的调查（包括事故、事件调查，违章指挥、违规生产、侵害员工权益等情况调查）；

⑩企业安全文化创建活动。

（7）当出现员工拒绝不安全、不健康的工作情形时，有部门或人员对员工拒绝事项进行了公正调查。

4）工作重点或难点

（1）制订的班组安全建设办法，应有明确的班组安全建设的具体内容、标准、评比方式等，确保持续开展班组安全建设并取得实效。

（2）采取措施保障全员参与各类安全生产活动的机会，并能够根据全员参与的程度，调查出活动的有效性。

（3）实现员工拒绝操作的有效性，提升企业、员工对拒绝操作的正确认识。

9.2.3.4 文件与资料控制

1）核心要求

（1）建立健全并执行各种安全生产管理制度。

（2）定期或不定期对安全生产规章制度进行评审，必要时予以修订或废除。

2）建设内容

企业应有文件与资料控制的管理制度，制度要明确：

（1）负责企业安全标准化制度文件制订、发布、培训、执行、考核、评审与修订的责任部门、责任人员及其职责。

（2）企业安全标准化制度文件的制订与发布程序。

（3）对相关人员进行安全标准化制度文件培训的要求。

（4）企业安全标准化制度文件执行及其监督检查与考核奖惩的要求。

（5）对企业安全标准化制度文件进行定期评审与更新的要求。

（6）建立并保持企业安全标准化制度文件培训、执行、检查、考核、评审与修订记录的要求。

（7）文件与资料的类型、存档及档案管理要求。

3）运行控制及工作方式

（1）制订并正式发布、执行安全管理制度，包括安全检查与隐患排查治理管理制度、安全生产例会管理制度、安全生产教育培训管理制度、安全风险分级管控管理制度、重大危险源监控管理制度、危险物品管理制度、应急管理制度、职业危害防治管理制度、安全生产费用提取与使用管理制度、特种作业管理制度、事故和事件管理制度、设备设施安全管理制度、安全生产档案管理制度、安全生产奖惩管理制度、地下矿山领导带班下井制度等。

（2）对员工进行相关安全标准化文件制度的培训，并保存有相关培训记录。

（3）按规定定期对企业安全标准化制度文件的执行情况进行检查、考核，将考核结果与奖惩挂钩，并保存相关检查、考核与奖惩记录。

（4）根据内外部条件的变化，如法律法规与其他要求的变化、机构或其职能的调整、生产工艺技术条件的改进等，定期对企业安全标准化制度文件的适宜性进行评审，并根据评审结果及时修订或废除制度文件。

（5）依据安全生产法律法规与其他要求和自身安全标准化系统要求，在安全生产过程中填写有关管理、活动、事件的记录。

（6）安全记录内容要求真实、准确、清晰，能完整反映相应的过程，体现可追溯性，并便于掌握事件的真实面目。记录的标识、收集、编目、归档、保存、维护、查阅和处置是记录管理的重要内容。

4）工作重点或难点

（1）在尽可能采用企业现有的安全管理模式和已有安全生产规章制度的基础上，构建安全标准化制度体系。

（2）规范记录的名称、类型或格式要求，确保需要记录的内容齐全、简洁。

（3）严格按要求填写相关记录并保存。

（4）保持制度规定的一致性，防止制度规定的相互矛盾。

9.2.3.5 外部联系与内部沟通

1）核心要求

（1）建立外部联系渠道，明确职责，确保与外界就相关安全生产事项进行及时有效联系。

（2）建立内部沟通方式，确保管理人员与员工就内部安全生产事项进行及时沟通。

2）建设内容

（1）企业应有外部联系的管理制度，制度要明确：

①负责外部联系的责任部门、责任人员及其职责；

②外部联系对象的识别要求；

③外部联系的事项、方式、时机和记录要求；

④外部抱怨或投诉的应对要求。

（2）企业应有内部沟通的管理制度，制度要明确：

①负责内部沟通的责任部门、责任人员及其职责；

②内部沟通的对象、方式、时机、内容及信息处理的要求。

（3）企业应有合理化建议的管理制度，制度要明确：

①负责收集、处理和反馈员工与相关方的合理化建议的责任部门、责任人员及其职责；

②员工与相关方的合理化建议收集、处理和反馈的工作程序和要求。

3）运行控制及工作方式

（1）外部联系：向可能受影响的各方通报企业重大安全生产事项，并收集所有相关方对企业安全生产问题的抱怨和投诉，及时调查、处理和反馈抱怨和投诉的问题。

①识别外部联系对象，并列出外部联系对象清单。

②建立外部联系渠道，明确具体联系人和联系方式。

③针对外部联系对象关注的安全生产事项，双方进行沟通。

④及时有效地履行告知义务，即及时向外界披露了重大安全生产事项。

⑤建立并保持外部投诉与沟通记录。

（2）内部沟通：内部的各个部门之间、各个层级之间、各类人员之间的沟通，沟通方式包括访问、电话、E-mail、报纸、宣传单、会议、意见箱、企业主要负责人接待日等多种方式。沟通的目的是促使各方就企业的相关安全生产问题达成一致认识，有效激发员工的安全生产的积极性和主动性，使相关方更进一步理解和认可企业为改进其安全生产状况而付出的努力。

①建立内部沟通的机制，如定期会议制度，主要负责人接待日制度（在接待日听取员工对企业安全生产工作的意见和建议，并就有关问题与员工进行沟通），设立意见箱等；

②基层（车间、班组）在合理的时间范围内（每周、每旬或每半个月一次）召开会议，并在会上讨论了员工关心的安全生产事项；

③按规定对处理不了的安全生产事项进行了逐级汇总上报。

（3）合理化建议。

①有便于收集员工合理化建议的措施或渠道；

②对员工进行了合理化建议培训，确保其熟悉合理化建议制度的详细内容，了解建议的格式、受理过程、反馈期限；

③评估员工与相关方的合理化建议，并对已采纳的建议进行表扬、认可，对未采纳的建议给予必要的解释。

4）工作重点或难点

（1）确保采用有效的途径讨论员工关心的安全生产事项，并解决相关问题。

（2）开展全员合理化建议活动，支持合理化建议的评审与落实工作。

9.2.3.6　系统管理评审

1）核心要求

企业应定期组织实施安全标准化系统的管理评审，评价本企业安全标准化系统的实施状况，识别不足和需改进的事项。

2）建设内容

企业应有安全标准化系统管理评审的管理制度，制度要明确：

（1）系统管理评审的组织者与参与者；

（2）系统管理评审的频次、内容、记录要求；

（3）系统管理评审发现问题的处理要求，包括制订实施纠正与预防措施的行动计划，计划要明确负责实施纠正与预防措施的责任部门、责任人员，以及纠正与预防措施实施的时限、实施后的效果评估和信息反馈要求等。

3）运行控制及工作方式

（1）企业管理层定期组织有关部门和人员，对企业安全标准化系统实施管理评审，以确保系统的持续适宜性、充分性和有效性；管理评审由最高管理者主持进行，一般为每年一次。

（2）企业应在年度工作计划中安排当年管理评审的时间，通常是在内部评价之后、外部评价之前进行；当安全标准化系统发生重大变化或发生重大事故时，应临时组织管理评审。

（3）针对评审发现的问题提出相应的纠正与预防措施，并制订实施纠正与预防措施的行动计划。

（4）所有纠正与预防措施的行动计划已按规定执行，并进行效果评估和信息反馈。

（5）保存系统管理评审过程及结果的记录。

（6）系统管理评审的内容包括：绩效测量与强制性检测检验记录；以前评审所发现问题的处理情况；持续风险识别的结果及影响标准化系统运行的变化；纠正与预防措施制订及实施的有效性；事故、事件的统计分析结果；员工和相关方意见和建议的处理情况；方针、目标、计划（方案）及其实施情况；企业安全标准化系统覆盖范围的充分性；企业安全标准化系统内部评价报告；实施安全标准化系统的资源（人、财、物、技术）的保障情况。

4）工作重点或难点

（1）区分内部评价与管理评审。内部评价后根据评价结果开展系统管理评审，评审应可量化，且提出标准化系统运行中具体的改进措施。

（2）管理评审结果形成记录，提出改进措施，明确具体的落实人员、时间等，验证改进效果，形成闭环管理。

9.2.3.7　供应商与承包商管理

1）核心要求

企业应识别供应商与承包商带来的风险，确保供应商与承包商在各方面满足企业的要求。

2）建设内容

企业应有供应商和承包商的管理制度，制度要明确：

（1）负责供应商与承包商选择、评审与管理的责任部门、责任人员及其职责；

（2）供应商与承包商的选择条件；

（3）合格供应商与承包商的评审要求；

（4）供应商与承包商在企业现场提供服务时的安全监督管理要求；

（5）供应商与承包商评审与批准过程记录存档的要求。

3）运行控制及工作方式

（1）按规定选择合格供应商和承包商，选择条件包括：

①相关资质，如供应商营业执照、特定产品（如自给式正压氧气呼吸器）的《特种劳动保护用品生产许可证》，采掘施工承包商的《采掘施工单位安全生产许可证》等；

②安全管理制度；

③遵守安全生产法律法规与其他要求的能力，如是否按规定配备安全管理人员，特种作业人员是否具备有效的资格证等；

④过去的安全生产绩效、供货能力、安全与质量保证水平、售后服务和支持能力等。

（2）识别供应商、承包商可能带来的重大风险。

（3）与所选择的供应商、承包商签订安全生产管理协议，明确双方的安全生产责任与义务。

（4）企业对供应商、承包商的现场服务过程进行监督检查，以便及时识别及控制可能的风险。

（5）指定与供应商、承包商对接的协调或联系人员，建立定期沟通与评估的机制，对供应商、承包商的以下安全生产表现进行评估：积极参加企业组织的各项安全生产活动；主动配合企业的安全生产监督检查；注重从业人员安全培训；按规定开展安全检查与隐患排查；认真整改自查和督查发现的各类安全生产隐患；及时通报或沟通重大安全生产事项。

（6）在许可供应商与承包商的员工使用企业的设备、设施前，企业应对供应商或承包商的员工进行包括下列内容的培训：作业指导书或安全操作规程；现场紧急处置程序；事故、事件报告程序；员工安全、健康责任；与任务相关的风险；法律法规的相关要求；个体防护用品的配备与使用要求；许可作业要求等。

4）工作重点或难点

（1）将承包商纳入企业自身安全管理体系中，在安全标准化建设中，实现承包商的全过程、全员参与。

（2）对承包商的日常监督管理中，落实作业现场、安全管理等各方面的考核。

9.2.3.8　安全认可与奖励

1）核心要求

企业应确保所有层面的员工均能参与安全认可与奖励。

2）建设内容

企业应有针对安全生产表现的认可与奖励管理制度，制度要明确：

（1）负责对安全生产表现进行认可与奖励的责任部门、责任人员及其职责。

（2）安全生产表现认可与奖励的程序、范围、方式、频次等。

3）运行控制及工作方式

安全认可与奖励的目的是根据马斯洛需求层次理论，认可员工的安全表现，鼓励员工积极的行为，减少员工的抱怨，调动员工的工作积极性，提高员工安全工作效率。

（1）对员工好的安全生产表现给予认可，如评选年度安全员工、优秀安全员、安全特殊贡献奖等。

（2）对部门执行企业安全标准化系统绩效给予认可，如每年评选名列前三的最佳安全绩效单位、每季度奖励顺利完成安全指标的单位等。

（3）认可范围包括所有的员工及其所从事的所有活动。

（4）采用公告牌、电子展示屏、网上公布等方式，展示安全表现信息。

（5）员工只要做好身边的事情，就有获得认可和奖励的机会。

4）工作重点或难点

（1）尽可能地提高获得认可的员工比例，确保大部分员工的安全生产表现得到了及时认可。

（2）采取多种方式认可员工行为，如心理、精神层面的奖励。口头表扬、奖励员工参与安全决策活动、授予安全标兵、提供外部培训机会等，可作为认可奖励的手段。

9.2.4 危险源辨识与风险评价

1）核心要求

（1）风险管理是安全生产管理工作的基础，是创建并保持安全标准化系统的核心和关键。

（2）风险管理应覆盖生产工艺、设备、设施、环境以及人的行为、管理等各方面。

（3）风险管理应能够获取充足的信息，为策划风险控制措施和监督管理提供依据。

（4）风险管理的结果应根据变化及时评审与更新。

2）建设内容

（1）企业应有危险源辨识与风险评价的管理制度，制度要明确：

①负责危险源辨识与风险评价的责任部门、责任人员及其职责；

②开展危险源辨识和风险评价的工作程序；

③开展危险源辨识和风险评价前的准备工作；

④危险源辨识过程、方法及要求；

⑤风险评价范围、方法、流程；

⑥进行风险控制策划的方法；

⑦风险分级、分类控制原则；

⑧风险控制措施落实要求；

⑨风险结果及控制措施的告知要求；

⑩对风险评价结果的定期评审以及持续风险评价要求；

⑪当出现活动变更、技术改造、管理变更或其他变化时，危险源辨识和风险评价的要求及说明。

（2）企业应有关键任务识别与分析的管理制度，制度要明确：

①负责关键任务识别与分析的责任部门、责任人员及其职责；

②关键任务识别的方法和程序；

③关键任务作业指导书的编制要求；

④对执行关键任务的人员进行针对性培训的要求等。

（3）企业应有任务观察的管理制度，制度要明确：

①负责实施任务观察的责任部门、责任人员及其职责；

②任务观察的类型（完整任务观察和部分任务观察两类）；

③对执行任务观察的人员进行观察方式、方法培训的要求；

④任务观察记录的要求。

(4)企业应有许可作业的管理制度，制度要明确：

①负责许可作业管理的责任部门、责任人员及其职责；

②许可作业的认定标准、程序及要求；

③许可作业的申请、审批及技术交底的要求；

④培训许可签发人并评估其能力的要求；

⑤许可作业范围的评审与更新要求；

⑥许可作业申请、审批与执行过程记录存档的要求等。

3)运行控制及工作方式

(1)企业制订的风险评价计划包括：周边环境风险评价、关键设备风险评价、重要设施风险评价、重要场所风险评价、主要作业过程风险评价、职业卫生风险评价。

(2)危险源辨识与风险评价的一般要求：

①企业创造条件对员工进行危险源辨识与风险评价方法培训，确保不同层面员工参与危险源辨识与风险评价过程；

②按规定开展危险源辨识与风险评价，并确定重大危险源；

③危险源辨识与风险评价范围涵盖所有生产和辅助系统、所有作业活动、所有情形，以地下矿山为例，生产和辅助系统包括采掘、运输、充填、通风、防排水、防灭火、供风、供水、供配电、监测预警、安全避险应急保障等系统；所有作业活动包括凿岩、爆破、通风、支护、出矿(渣)、运输、提升、检查、维修、安全监控、应急处置和救援等活动；所有情形包括正常与异常情况、现在与将来的生产活动、内部与外部因素的变化等；

④通过初始及持续的风险评价，对风险评价实施动态、闭环的管理；

⑤危险源辨识与风险评价的结果文件化，形成危险源辨识与风险评价信息汇总表；

⑥根据内部或外部的变化情况，定期或及时对危险源辨识与风险评价工作的开展情况进行分析、讨论，提出相应的改进措施，并及时更新危险源辨识与风险评价信息汇总表的相关内容。

(3)方法与流程。

危险源辨识与风险评价方法的确定：在不同作业场所，危害的特性及风险的大小是不同的，企业选择合适的危险源辨识和风险评价方法是实现风险控制的关键。对于作业活动较简单、风险水平较低的场所，可以采用较为简单的辨识评价方法，包括安全检查表、访谈、工作任务分析法、对以往监测结果(可以是作业环境、设备或人员等)及以往事故统计分析等方法。对于高风险或复杂的作业环境及设备设施，在进行危险源辨识和风险评价时应采用系统的评价方法。常见的有安全检查表法、预先危险性分析法、故障类型和影响分析法、矩阵法、作业条件危险性评价法、故障树分析法、事件树分析法等。

(4)风险评价。

①开展针对周边环境、关键设备、重要设施、重要场所、主要作业过程的风险评价工作。

②根据风险评价结果制订针对性的风险控制措施；风险控制措施确定原则包括：

消除：通过合理设计和有效管理，尽可能从根本上消除危害，如采用无害工艺技术、实现自动化作业、遥控操作等；

预防：当消除危害有困难时，可采取预防性技术措施，如使用安全屏护、漏电保护装置、加强局部通风、使用安全电压等；

减弱：在无法消除危害和难以预防的情况下，可采取减少危害的措施，如喷雾洒水、减振装置、消声装置等；

隔离：在无法消除、预防、减弱的情况下，应将人员与危害隔开，或将不能共存的物质分开，如隔离操作间、安全距离、避灾硐室等；

连锁：当操作者失误或设备运行达到危险状态时，通过连锁装置终止危害发生，如罐笼防坠器、防跑车装置等；

警告：在易发生故障或危险性较大的地方，配备醒目的安全色、安全标志，必要时设置声、光或声光组合报警装置。

当员工安全健康与财产保护发生矛盾时，应优先考虑确保员工安全健康的措施。

③已识别、评价粉尘、高温与低温、振动与噪声、辐射、毒物、生物危害和其他职业病危害及其影响，并对已识别的、可能造成严重风险的职业病危害进行了监测；地下矿山已识别、评价了火灾、水灾、冒顶片帮、坍塌、矿岩突出、机电设备伤害、意外爆炸、中毒窒息等灾害及其影响；露天矿山已识别、评价了滑坡、泥石流、水灾、意外爆炸、火灾等灾害及其影响。

④为风险评价计划配备相应的资源。

（5）关键任务识别与分析。

①基于危险源辨识与风险评价的结果，识别关键任务；

②针对所识别的关键任务，分析关键任务的作业过程，编制作业指导书，作业指导书的内容包括作业名称、主要工作内容、与作业有关的主要危害因素、作业程序、作业过程的安全注意事项、作业过程可能出现的突发情况及其现场应急处置措施等；

③针对关键任务作业指导书，对相关作业人员进行专门培训；

④作业前或班组安全例会讨论作业指导书。

（6）任务观察。

①明确需开展任务观察的作业过程；

②制订任务观察计划，并按计划执行任务观察；

③针对观察发现的问题提出有针对性的改正意见；

④针对观察发现的安全行为给予赞誉和强化；

⑤对执行任务观察的人员进行观察方式、方法的培训；

⑥建立并保存任务观察记录。

（7）许可作业管理。

①认定需要许可的作业范围，列出许可作业清单；一般来说，金属非金属矿山的许可作业包括但不限于下列各项：处理开采境界内的废弃巷道、采空区和溶洞；规模较大的爆破作业；平硐溜井系统的定期检修；采出岩柱或撤出保护盘（井筒延深）；维修主要提升井筒、运输大巷和大型硐室；回收废竖井和倾角 30°以上的废斜井的支护材料；采用特殊方法处理溜井、漏斗堵塞；建井期间临时用无防坠器的罐笼升降人员；特殊情况下使用普通箕斗或急救罐升降人员；井下采用硐室爆破；主扇风机停机检修；对断面大、围岩不稳定、水头高的巷道进行探水；井下进行动火作业；矿井火灾情况下，主扇风机的运转或反风；在活动性火区附近（下部和同一中段）进行回采；进入密闭或有限空间进行焊接等作业；

②将需要许可的作业清单发放给受影响的部门；

③执行作业前进行作业风险识别，办理作业许可证，参与作业的人员对作业风险及其控制措施进行讨论；

④严格执行许可作业审批程序。

4）工作重点或难点

（1）确定符合企业实际情况的危险源辨识方法，辨识方法统一客观。选用的评价方法，数据标准，结果可定量。

（2）企业必须按照安全标准化的要求，制订覆盖工艺、设备设施、作业过程等的风险评价计划，开展全面的危险源辨识、采用合适的方法开展风险评价、制订并落实适用的风险管控措施。

（3）确保全员参与。全员参与过程中，保证危险源辨识标准统一、评价结果及记录统一。

（4）每条危害制订相应的对策措施，措施针对性强，且可执行。

（5）任务观察避免流于形式，观察过程中，应对员工的安全行为予以鼓励和强化，对发现的不安全行为予以及时纠正并提出改进措施。

（6）明确许可作业范围和审批流程，制订针对性的许可作业安全措施，确保严格执行作业过程中的安全保障措施。

9.2.5　安全教育与培训

1）核心要求

（1）提供必要的教育培训，保证有关人员具备良好的安全意识和完成任务所需的知识和能力。

（2）培训应充分考虑企业员工的实际需求。

2）建设内容

（1）企业应有员工安全意识的管理制度，制度要明确：

①负责员工安全意识识别与提升的责任部门、责任人员及其职责；

②员工安全意识识别方法、频次；

③员工安全意识提升计划编制要求；

④员工安全意识提升的程序等。

（2）企业应有安全培训的管理制度，制度要明确：

①负责安全培训的责任部门、责任人员及其职责；

②培训需求识别方法与程序；

③培训计划的编制要求；

④培训过程控制要求；

⑤培训结果评估方法、程序与要求等。

3）运行控制及工作方式

（1）员工安全意识

①通过问卷调查、访谈或其他方式对员工的安全意识进行调查、分析与评价，重点了解员工对下列安全健康问题的掌握和熟悉程度：

A. 企业的安全生产方针；

B. 岗位安全生产职责、作业指导书与安全操作规程；

C. 突发情况的应急处置程序；

D. 工作场所特定的安全要求；

E. 事故、事件、不符合情况的报告程序；

F. 作业场所存在的或潜在的危害；

G. 安全生产法律法规与其他要求；

H. 个人防护用品的使用和维护保养要求；

I. 违章指挥和不安全的作业行为；

J. 相关方的要求等。

②基于安全意识调查结果，对企业员工的安全意识水平进行总结分析，归纳得出安全意识提升的重点，以便于制订具体的安全意识提升计划。

③结合企业实际，利用安全讲座、安全操作训练、班组危险预知活动、企业安全文化创建活动、工作场所特定要求的回顾等多种形式，提升员工的安全意识，包括以下方式：

A. 对新员工进行安全意识培训，并对其最初 3 个月的安全意识进行跟踪；

B. 对所有员工进行安全检查程序和安全操作程序的训练；

C. 推行危险预知活动；

D. 根据工艺流程的变化情况，要求班组讨论作业现场的特定安全要求；

E. 对脱离工作岗位超过规定时间的返岗员工，进行工作现场特定要求的培训；

F. 结合安全周（月）活动，做好员工的日常安全培训工作；

G. 结合企业安全文化建设，开展安全文艺表演、安全板报比赛、事故展览与回顾等活动；

H. 对安全业绩好的员工进行认可与奖励等。

④建立并保持员工安全意识强化记录。

（2）培训

①每年回顾并适当更新培训需求；

②培训需求的识别要针对所有员工和所有作业过程来进行，并充分考虑：

A. 安全生产法律法规与其他要求：主要负责人和安全管理人员要经过安全培训合格，取得安全生产资格证书；员工年度在职安全教育不得少于法律相关规定等；

B. 员工和管理层的意见和建议：员工可以要求企业针对其工作岗位可能存在的风险，对其进行必要的培训；领导层如果认为员工安全培训不充分的话，可以要求员工继续接受安全培训教育；

C. 技术发展的需要：技术的发展往往带来新的风险，由此提出新的培训需求；

D. 变化管理的要求：制度变了要熟悉新的规定，职能变了要补充新职能所需要的知识，工艺、设备变了要掌握新的操作方法；

E. 风险评价的结果：为减少人为操作失误，需要提供必要的培训；

F. 相关方的要求：政府安全生产监督管理部门、员工家属要求等；

③针对已识别的培训需求，制订年度培训计划，计划内容应包括：培训对象、时间、地点和方式；授课教师；培训大纲、培训教材和培训要求；考核方式；培训经费预算；计划编制人、审核人、批准人等；

④履行培训程序，评估培训效果：

A. 对管理层的培训内容包括事故调查分析技术；危险源辨识、风险评价与风险控制技术；沟通的技巧；安全检查与安全标准化审核技术；安全生产法律法规与其他要求依从性管理；应急管理；职业卫生管理；变化管理等；

B. 对安全可能有重大影响的员工的培训内容包括工作中潜在的风险；事故、事件预防及应急响应中的职责；依从企业安全标准化系统的重要性；偏离制度文件规定的可能后果；操作程序、作业指导书和作业任务说明等；

C. 进行学员能力测试和培训效果评估，一般通过学员反馈、员工安全绩效的改善、管理层反馈、测试结果的分析(主要找出大多数人出现的趋同性错误)、员工现场应用能力的评估等方式来进行；

⑤保存培训过程及结果的记录。

4)工作重点或难点

①安全培训满足法律法规要求的同时，更应当符合员工的培训需求，重视培训需求的识别工作，并根据需求识别结果制订相应的培训计划。

②对培训教师的能力进行评估，采取多种方式评估学员的学习效果，确保持续改进各类安全培训。

③对承包商、供应商，进行统一的培训管理。

9.2.6　生产工艺系统安全管理

1)核心要求

(1)建立管理制度，控制生产工艺设计质量、"三同时"的符合性、工艺技术的适用性、回采顺序的符合性、生产保障系统的可靠性和稳定性等，以提高生产过程的安全水平。

(2)通过改进和更新生产工艺系统，降低生产系统风险。

(3)尾矿库勘察、设计、施工、验收、闭库、再利用等各建设阶段的安全生产工作均应符合国家相关法律法规的要求。

2)建设内容

(1)企业应有设计的管理制度，制度要明确：

①负责设计管理的责任部门、责任人员及其职责；

②审核设计单位资质的要求(包括资质范围和资质等级)；

③审核设计文件(图纸)的要求；

④要求设计单位(人员)进行技术交底的规定；

⑤保存相关设计文件(图纸)的规定。

(2)企业应有采矿工艺的管理制度，制度要明确：

①采矿工艺安全技术要求；

②开采过程的灾害防治措施；

③设备、设施和工序之间协同要求；

④回采顺序和方式；

⑤开采范围。

(3)露天矿山应建立健全运输、供配电、排土、防排水、防灭火等生产保障系统的管理制度。

（4）地下矿山应建立健全提升运输、供配电、通风、防排水、防灭火、安全避险"六大系统"等生产保障系统的管理制度。

（5）尾矿库应建立勘察、设计、施工管理制度、闭库管理制度、再利用管理制度等。

（6）企业应有变化的管理制度，确保无论是安全标准化系统文件发生变化，还是其运行条件发生变化，实施变化前均进行危险源辨识和风险评价，并履行评审与批准程序。制度要明确：负责变化管理的责任部门、责任人员及其职责；变化类型的识别要求；变化管理的程序；过程及结果记录存档的要求等。

3）运行控制及工作方式

（1）设计要求

①企业新建、改建、扩建工程项目的设计由有资质的单位承担；

②设计文件对工艺流程潜在的风险进行分析；

③严格履行"三同时"程序；

④按制度规定审核、保存设计文件（图纸）；

⑤露天矿山保存以下图纸，并根据实际情况的变化及时更新：地形地质图、采剥工程年末图、采场边坡工程平面及剖面图、排土场年末图、排土场工程平面及剖面图、供配电系统图、井下采空区与露天矿平面对照图、防排水系统图；

⑥地下矿山保存以下图纸，并根据实际情况的变化及时更新：矿区地形地质图、水文地质图、中段平面图、井上与井下对照图、通风系统图、提升运输系统图、井上与井下配电系统图、井下电气设备布置图、风水管网系统图、井下避灾线路图、井下通信系统图、充填系统图、安全避险"六大系统"相关图纸、相邻采区或矿山与本矿山空间位置关系图。

⑦尾矿库的设计文件应明确下列安全运行控制参数：最终堆积高程、最终坝体高度、总库容；尾矿坝堆积坡比；尾矿坝不同堆积标高时，库内控制的正常水位、调洪高度、安全超高及最小干滩长度；尾矿坝浸润线控制。

（2）采矿工艺

①露天开采符合以下要求：按自上而下顺序开采；按设计要求布置采掘作业面；对开采形成的局部滑坡与滚石进行监控与处理；不越层越界开采；

②地下开采符合以下要求：按要求的回采顺序进行开采；按设计要求布置矿房、矿柱；对回采过程中产生的冒顶片帮等进行监控；当地质等条件出现变化时及时调整采矿工艺；在规定的范围内进行回采；及时测绘和处理采空区。

（3）生产保障系统

①露天矿山生产保障系统符合以下要求：

A. 运输线路的宽度、坡度、最小转弯半径、外部超高、弯道处的会车视距、安全护栏和挡车墙、长大坡道的避让道、安全警示标志等满足设计和规范要求；

B. 供配电系统的短路、断路、接地和雷击等各种安全保护措施符合设计文件、安全规程、设计规范的要求；严格按照设计和规程、规范要求敷设；供配电系统的能力满足设计要求；

C. 按规定对排土场进行监测和稳定性分析；对排土场的滚石、滑坡和泥石流等危害采取监测和控制措施；设置防止人员进入排土场作业危险区的警示标志；按设计要求的工艺参数进行排土作业；对排土场严格按照设计要求采取相应的防洪措施，包括周围修筑了截洪和排水设施，场内平台设置坡度满足要求，渗流通道畅通，场内外截洪沟畅通，及时了解气象和水文信息；

D. 查明矿区及其附近地表水流系统与汇水面积、河流沟渠汇水情况与疏水能力、积水区和水利工程情况、当地降雨量、历年最高洪水位等情况，按照设计要求建立了防排水系统，并确保防排水设备、设施维护良好，防排水能力满足实际需求；

E. 建立相应的消防隔离设施，配置了消防设备和器材；主要建构筑物、主要采掘与机电设备、主要供配电设施、防护用品仓库、爆破器材库、液化石油站、油库等场所或设备、设施配有相应的消防设备和器材；

②地下矿山生产保障系统符合以下要求：

A. 矿井提升系统按照设计和规程、规范的要求，设置相应的安全保护装置和信号装置；

B. 供配电系统按照设计和规程、规范的要求，配备可靠的短路保护、接地保护、防雷系统等措施。

C. 矿井按照设计要求建立机械通风系统；定期对矿井空气质量进行检测；设置风流调节和防止污风串联通风的通风构筑物；井下爆破器材库和充电硐室有独立回风道；井下机电硐室有新鲜风流供给；无风流串通通风；

D. 对矿区水文地质进行详细勘查，查明矿井正常涌水量、矿区及其附近地表水流系统与汇水面积、河流沟渠汇水情况与疏水能力、积水区与水利工程、当地降雨量、历年最高洪水位等情况；按照设计要求建立防排水系统，并确保防排水设备、设施维护良好，防排水能力满足实际需要；受水害威胁的矿井设置安全隔离矿柱；矿井井口的标高高于当地历史最高洪水位 1 m 以上；

E. 按照设计和规程、规范的要求，配备消防设施和器材；主要进风巷道与风硐、进风井筒及其井架与井口建筑物、主要通风机房、压入式辅助通风机房、井下机电硐室、爆破器材库及油库等采用阻燃材料建筑；井下动力与照明电缆、变压器、电动设备以及带式输送机的胶带、局部通风的风筒、支护材料等必须使用阻燃材料；严禁在井下使用电炉、灯泡等进行防潮、烘烤、做饭和采暖。

（4）变化管理

①对执行变化管理的人员进行培训；

②识别变化的类型；

③变化前开展危险源辨识和风险评价，并提出风险控制措施；

④变化前履行评审和批准的程序；

⑤变化后进行启动前的检查验收，内容包括安全卫生设施，应急处理程序更新，培训要求更新，受影响员工的针对性培训，作业指导书、作业程序的更新，强制性检测检验与取证，危险源辨识与风险评价信息更新，相关文件资料归档等方面的情况；

⑥资料记录整体移交归档。

4）工作重点或难点

①生产工艺设计、开采以及生产保障系统的建设维护都必须符合矿山安全规程等法律法规的要求。

②生产工艺风险往往隐藏重大风险。企业应针对生产工艺开展风险辨识与评价，并开展有效的专项安全检查，确保有效控制生产工艺风险。特别应注意因工艺匹配性问题带来的安全问题，评估工艺之间的匹配带来的安全风险。

③保障在设计阶段,全面考虑安全问题。

④及时识别工艺过程中由变化带来的风险,评估某一环节或者工艺的变化带来的整个系统的变化。

9.2.7　设备设施安全管理

1)核心要求

(1)建立必要的设备、设施安全管理制度,有效控制设备和设施的设计、采购、安装(施工)、调试、验收、使用、维护、拆除、报废等活动。

(2)应按规定执行安全设施"三同时"制度,保存有关文件和记录。

(3)应根据法律法规要求进行设备、设施的检测检验,建立设备、设施管理档案,保存检测检验结果。

(4)采用新技术、新工艺、新设备和新材料时,应进行充分的安全论证。

2)建设内容

(1)企业应有设备设施的安全管理制度,制度要明确:负责设备设施安全管理的责任部门、责任人员及其职责;设备设施规划、采购、安装(建设)、调试、验收、使用、维护和报废的过程控制要求;设备设施安全管理要求,包括对操作人员的要求(如知识水平、身体条件、培训与资格证书等),维护、检验、测试和报废的程序和要求,技术资料、图纸和记录管理的要求等。

(2)企业应有针对设备设施维护的管理制度,制度要明确:负责设备设施维护的责任部门、责任人员及其职责;维护计划的编制要求;设备异常情况报告要求;维护程序与要求;保持维护过程与结果记录的要求等。

3)运行控制及工作方式

(1)基本要求

①对设备采购、安装(建设)、调试、验收、使用、维护等过程的风险进行辨识和分析;

②明确新设备操作、维护、检验和测试的要求,对设备操作规程或相关制度的形式予以明确;

③对设备的操作和维护人员进行有针对性的培训,内容包括安全操作规程、现场应急处置程序、与任务相关风险、防护设施与个体防护用品配备和使用要求;

④保存设备的技术资料,尤其与安全相关的信息,包括操作、维护规程,技术资料和图纸,风险评价信息,操作、维护、检修和检验、测试记录。

(2)设备设施维护

①对设备设施实施预防性维护、检修。

②露天矿山制订穿孔设备、铲装设备、运输设备、排土设备、电气设备、排水设备、照明设施、仪器仪表、防雷设施、备用设备等设备设施的维护计划;地下矿山制订建(构)筑物、采掘设备、运输设备、提升设备、通风设备、电气设备、排水设备、供气设备、照明设施、仪器仪表、安全避险"六大系统"设备设施、备用设备等设备设施的维护计划。

③除按维护计划对设备设施开展周期性的维护之外,企业在日常工作中还应开展及时有效的点检和维修,并做好故障性维修。

④在维护设备设施的同时,对相应的安全防护装置进行维护。

⑤明确设备异常报告的程序，有设备设施异常情况报告与调查的记录。

⑥需要取得矿用安全标志的设备，按规定取得安全标志。

⑦电气设备、开关等有永久性标签。

⑧设备的危险部位有可靠的防护措施。

⑨当设备设施维护作业属许可作业时，按规定办理作业许可证。

⑩针对维护结果，设备维护人员与操作人员应进行沟通。

（3）检测检验

对特种设备按规定进行定期检测检验，且对检测检验发现的问题及时进行处理。一般来说，矿山企业需要定期检测检验的设备、设施包括：

①特种设备，如锅炉、空压机、电梯、起重机械等；

②执行安全标志管理的矿用产品，如矿用高低压电气设备；提升运输设备；通风系统及设备；排水设备；安全检测、监测、监控、通信仪器与装备；应急救援设备等；

③露天矿山的边坡和排土场，地下矿山的井筒设施、采空区和地表塌陷区等。

4）工作重点或难点

①在采购过程中，应提前开展设备的风险评估，考虑设备安全性，并将使用部门作为采购过程的重要参与人员，以保障设备的安全、匹配性；

②设备设施更新后，及时识别风险，开展变化管理。

③完善设备的点检维护系统，保持其有效性。采取有效的奖惩措施等手段，保障设备维护的执行效果。

9.2.8　作业现场安全管理

1）核心要求

（1）加强企业作业现场的安全管理，对物料、设备、设施、器材、通道、作业环境等进行有效控制。

（2）保证作业场所布置合理，现场标识清楚。

（3）确保作业人员按照安全操作规程作业，按规定佩戴个体防护用品，开展有效的交接班。

2）建设内容

（1）企业应有安全标志的管理制度，制度要明确：负责安全标志管理的责任部门、责任人员及其职责；安全标志的需求识别依据和程序，以及危险源辨识与风险评价结果等；安全标志制作、安设、维护与档案管理的要求。

（2）露天矿山企业应有作业环境的安全管理制度，制度要明确：负责作业环境管理的责任部门、责任人员及其职责；露天矿边界管理要求；开采境界内钻孔、废弃巷道、采空区、溶洞、陷坑、泥浆池和水仓等的管理要求；夜间作业环境照明的要求等。

（3）露天矿山企业应有穿孔、爆破、铲装、运输、排土、边坡管理、交接班的管理制度，制度要明确穿孔、爆破、铲装、运输、排土、边坡管理、交接班的职责、程序和要求。

（4）地下矿山企业应有基于风险评价的下列管理制度：人员紧急撤离管理制度；巷道与采场顶板的分级管理制度；采空区管理制度，包括采空区的安全警戒、监测和处理等；地表塌陷区管理制度，包括安全距离要求、设置围栏和警示标志的要求、防洪排水要求、塌陷监测监控要求等；井巷、硐室维护与报废管理制度，包括报废井巷、硐室封堵与重新启用的要求，维护作业方案编制及作业许可的要求等；照明管理制度，包括照明方式、照度、照明电压、系统维护要求等；爆破器材库管理制度，包括爆破器材的存放、发放、退库、检验、销毁等要求。

（5）地下矿山企业应有凿岩、爆破、通风、出矿（渣）、提升与运输、支护、交接班等的管理制度，制度要明确凿岩、爆破、通风、出矿（渣）、提升与运输、支护、交接班的职责、程序和要求。

（6）尾矿库主体企业应根据工艺要求，建立下列管理制度：尾矿浓缩管理制度、尾矿输送管理制度、尾矿库筑坝管理制度、尾砂排放管理制度。制度要明确；责任部门、责任人员及其职责；对相关作业人员的要求；作业与运行过程管理要求；设备设施巡检与维护保养要求；设备设施故障、缺陷、隐患处置与整改要求；技术资料、图纸和记录管理要求。

（7）尾矿库主体企业应基于风险评价建立下列管理制度：水位控制与防汛安全管理制度、渗流控制和排渗设施安全管理制度、尾矿库防震与抗震安全管理制度、尾矿库监测监控管理制度及作业现场管理制度。

（8）企业应有劳动防护用品的管理制度，制度要明确：负责劳动防护用品管理的责任部门、责任人员及其职责；劳动防护用品评估、采购、储存、发放、使用、维护与保养、更换、监督与检查的程序、周期、记录要求等。

3）运行控制及工作方式

（1）作业环境

①露天矿山作业环境要求：

A. 露天矿边界设置围栏或警示标志；及时清理露天矿边界上可能危及人身安全的松散岩土层、植物和不稳固矿岩；在邻近露天矿边界堆卸废石时，要严格遵照设计和安全规程的规定；

B. 采场内的人行通道保持安全畅通；

C. 开采境界内的钻孔、废弃巷道、采空区、溶洞、陷坑、泥浆池和水仓等，已加盖或设栅栏，并设置了明显的警示标志；

D. 夜间工作时，有人作业或通行的场所与通道，以及钻孔、废弃巷道、采空区、溶洞、陷坑、泥浆池和水仓等危险部位有良好的照明；

E. 采场最终边坡按设计要求留有安全平台、清扫平台和运输平台；

F. 边坡浮石得到及时处理；

G. 重要设备和设施设有警示标志。

②地下矿山作业环境要求：

A. 每个生产水平（中段）至少有两个符合规定的安全出口；

B. 作业现场有紧急撤离路线的标识；

C. 有人作业或通行的场所与通道以及天井、溜井和漏斗口等危险部位有照明；作业场所存在坠落危险的钻孔、井巷、溶洞、陷坑、泥浆池和水仓等，已加盖或设栅栏，并设有明显的警示标志；

D. 井下破碎硐室、卸矿站等粉尘浓度较大的场所采取了防尘措施；

E. 采空区得到及时处理；地表塌陷区设有明显标志或栅栏，及时封闭了通往塌陷区的井巷，且地表移动区外修筑有截洪沟；

F.采用崩落法开采的矿山,采场顶部有满足要求厚度的覆盖岩层;

G.顶板不稳固的采场有监控手段和处理措施;

H.围岩松软不稳固的回采工作面及采准、切割巷道采取支护措施;

I.建立了岩体变形与移动的监测系统;

J.按计划对井巷实施了维护。

③尾矿库作业环境要求:

A.所有作业地点及危险点在夜间作业时有足够的照明;

B.库区内的电力线路敷设整齐、安全保护措施有效;

C.在库区内陡峭的山坡、坝体、深水区设立了明显的安全警示标志;

(2)作业过程

①露天矿山作业过程要求:

A.认真做好作业前对作业现场的安全检查确认工作;

B.交接班时,对发现潜在的或已发生的危及作业人员安全的状况进行交代;

C.员工进入作业现场按规定正确佩戴个体防护用品;

D.穿孔作业做到:孔网参数符合设计要求;不打残眼;采用湿式作业或采取其他有效防尘措施;钻机行走、稳车和作业的位置符合安全规程的规定,且其危险范围内不应有人;

E.铲装作业做到:悬臂和铲斗下面及工作面附近无人员停留;挖掘机平衡装置外形的垂直投影到台阶坡底的水平距离不小于1 m;铲斗不应从车辆驾驶室上方通过;不用铲斗处理黏厢车辆;上、下台阶同时作业时,作业点沿台阶走向错开一定距离;发现悬浮岩块或崩塌征兆、盲炮等情况,立即停止铲装作业,并将设备移至安全地带;

F.爆破作业做到:严格按照爆破设计书或爆破说明书的要求进行;爆破作业人员具备相应的资格和能力;爆破前确定危险区并设置标志和岗哨;爆破后爆破员按规定的等待时间进入爆破地点检查危石、盲炮等;临近最终边坡爆破采用控制爆破或减震措施;在爆破危险区域内有两个以上的单位(作业组)进行露天爆破作业时有统一指挥;认真填写爆破记录;

G.道路运输作业做到:不超载运输;不用自卸汽车运载易燃、易爆物品;装车时不检查、维护车辆;装车时驾驶员不离开驾驶室;车辆在急弯、陡坡、危险地段限速行驶;不采用溜车的方式发动车辆;下坡行驶时不空挡滑行;在坡道上停车时使用停车制动采取安全措施;在恶劣天气条件下,控制行车速度并保持车距;

H.边坡检查与处理做到:爆破后检查;暴雨后检查;寒冷地区解冻时检查;检查和处理人员佩戴安全带;边坡危害大的矿山采取了边坡观测措施;有潜在滑坡地段采取了处理措施;

I.带式输送机运输作业做到:不乘坐非乘人带式输送机;不运送设备和过长的材料等;输送机运转时不注油、检查和修理;

J.采用汽车运输的排土作业做到:汽车排土作业有专人指挥;进入排土作业区内的工作人员、车辆、工程机械服从指挥人员的指挥;在同一地段进行卸车和推土作业时,设备之间保持足够的安全距离;视距小于30 m或遇暴雨、大雪、大风等恶劣天气时,停止排土作业;

②地下矿山作业过程要求:

A.认真做好作业前对作业现场的安全检查确认工作;

B.交接班时,对发现潜在的或已发生的危及作业人员安全的状况进行了交代;

C.员工进入作业现场按规定正确佩戴个体防护用品;

D.作业过程做到：按规定交接班，并做好交接班记录；按规定正确佩戴和使用个体防护用品；作业人员熟悉安全出口和紧急撤离路线；认真做好作业前的安全检查确认工作；严格遵照作业指导书的要求进行作业；作业结束认真清理作业现场，并认真填写当班作业记录；

E.凿岩作业做到：按设计要求布孔；采用湿式凿岩；不打残眼；人员在安全地点进行凿岩作业；

F.爆破作业做到：按说明书的要求进行爆破；作业由有资质和能力的人员承担；爆破前确定危险区并设置标志和岗哨；按规定等待时间进入爆区检查危石、盲炮；剩余爆破器材及时退库；

G.提升运输做到：不超定员、不超载提升运输；向作业地点运送爆破器材时严格遵守相关规定；当班作业前认真检查提升运输设备的安全装置；提升运输途中，任何人不得将肢体或物件露出提升运输容器（车辆）之外；提升运输速度控制在规定范围内；提升运输线路符合设计和相关规范要求；任何人不得乘坐非运送人员的提升运输工具；运输通道安全设施和信号装置的设置符合规定要求；

H.通风作业做到：根据生产变化及时调整矿井通风系统，并绘制全矿通风系统图；经常检查、维护主要进风巷和回风巷；有专人负责检查通风构筑物及设施；每班对扇风机运转情况进行检查，并填写运转记录；每年至少进行一次反风试验，并测定主要风路反风后的风量；定期检查风速传感器和风机开停传感器；主扇发生故障或需要停机检查时，立即向调度室和主管矿长报告，并通知所有井下作业人员；独头工作面有人作业时，局扇要连续运转；

I.顶板检查与支护作业做到：有专门人员负责顶板检查与支护工作，并为其提供必要的培训和作业器具；人员在安全地点进行浮石处理和支护作业；支护作业严格按设计或作业指导书要求进行；支护作业现场有专人监护；支护工作结束，按规定对支护质量进行检查。

③尾矿库作业过程要求：

A.水位控制与防汛要求：编制尾矿年、季作业计划和详细运行图表，统筹安排和实施尾矿输送、分级、排放和筑坝工作；按规定进行尾矿输送设备、设施和管线的检查与维护，并保存相关记录；子坝堆筑前按规定处理岸坡，并做好隐蔽工程记录；子坝堆筑完毕进行质量检查，检查记录由主管技术人员签字并存档备查；按照设计要求进行坝外坡面维护；采用上游式筑坝法，要求坝前均匀放矿，维持坝体均匀上升；较长坝体采用分段交替作业，保证坝体均匀上升。

B.水位控制与防汛要求：严格按照设计要求控制库内水位；汛期前对排洪设施进行检查、维修和疏浚，确保排洪设施畅通，排洪能力满足设计要求，无堵塞、裂缝、腐蚀和磨损；排出库内蓄水或大幅度降低库内水位时，有流量控制方案，控制措施落实、有效；确保尾矿库在最高洪水位时能同时满足设计规定的安全超高和最小干滩长度。

C.尾矿坝渗流与防震、抗震要求：严格按设计要求对尾矿库浸润线进行观测，填写观测记录并保存；坝体浸润线超过控制线时，增设或更新排渗设施；及时采取相应措施处理坝面或坝肩集中出现的渗流、渗土、管涌、大面积沼泽化、渗水量增大或渗水变浑等异常现象；尾矿库原设计抗震标准低于现行标准时，进行安全技术论证；及时了解尾矿库上游所建工程的稳定情况，并采取防范措施；若发生地震，应及时开展震后检查，及时修复被破坏的设施。

（3）劳动防护用品

①进行防护需求的评估，包括头保护、脸保护、听力保护、手保护、脚保护、呼吸保护；

②为进入作业现场的人员(包括相关方人员)提供适合的劳动防护用品;

③在发放劳动防护用品时,为发放对象提供正确使用和维护劳动防护用品的培训;

④保存劳动防护用品的发放记录(劳动防护用品发放台账);

⑤不合适的劳动防护用品禁止使用并得到妥善处理;

⑥提供劳动防护用品的供应商具备相应的资质(如特种劳动防护用品的生产许可证);

⑦劳动防护用品的维护适当;

⑧定期评估劳动防护用品配备与使用的依从程度(配备标准,更新周期)。

4)工作重点或难点

(1)保持作业环境的安全可靠。应确保生产作业环境符合矿山安全规程等法律法规的要求,并按安全检查元素的要求,定期对特殊的作业环境开展安全检查,及时整改作业环境。

(2)推广危险预知、班前检查、班中任务观察等方式,保证作业人员按照操作规程及作业指导书作业。

(3)控制不同作业之间的相互影响。

9.2.9　职业卫生管理

1)核心要求

(1)建立职业病危害预防、控制制度,有效预防、控制生产作业过程及作业环境产生的职业病危害。

(2)通过技术、工艺、管理等手段,消除或降低粉尘、放射性、高低温、噪声及其他职业危害因素的影响。

(3)建立健康监护制度,做好员工上岗前和离岗时的健康监护工作,健全相关作业人员的健康监护档案。

2)建设内容

(1)企业应有职业卫生的管理制度,制度要明确:

①负责职业卫生管理的责任部门、责任人员及其职责;

②职业卫生管理人员的配备及其资格要求;

③职业卫生"三同时"的要求;

④职业病危害监测与防治要求,包括监测方法、手段、频次、记录与结果处置要求;防治措施(工程控制措施,管理控制措施,个体防护措施)及要求;

⑤员工健康监护要求,包括监护对象、项目、频次和问题处置方式等;

⑥在醒目位置设置公告栏,公布有关职业病防治的规章制度、操作规程、职业病危害事故应急救援措施和工作场所职业病危害因素检测结果等。

(2)企业应有职业病危害控制的管理制度,制度要明确:

①负责职业病危害控制的责任部门、责任人员及其职责;

②危害辨识与控制方法、频次、程序等。

(3)企业应有职业卫生监测的管理制度,制度要明确监测种类、监测方法、监测时间、监测地点、检测人员、措施响应、监督检查、记录等要求。

3)运行控制及工作方式

(1)健康监护

①企业应识别需要定期进行心理及生理监测的工种和员工,并列出清单,明确其体检周期;

②根据体检要求制订年度体检计划,包括员工上岗前、在岗期间、离岗时的体检,以及特定的体检;

③组织员工按计划开展相应体检;

④对新入矿员工应进行健康检查(如胸透、听力测定、血液化验等指标),不适合从事矿山作业者不应录用;企业应按照国家规定的职业病范围和诊断标准,定期对员工进行职业病鉴定和复查,并建立员工健康档案;体检鉴定患有职业病或职业禁忌症并确诊不适合原工种的,应及时调离;

⑤职业卫生管理人员接受过相关知识的培训。

(2)设施及服务

①作业场所提供卫生设施和急救器材,设置足够的急救箱,并确保按标准和风险放置了有效的急救用品;

②急救箱位置应有明显标识,并明示急救箱专管人员姓名与联系方式;

③建立职业危害控制设备设施清单,并按照设备维护要求,对设备进行维护。

(3)职业病危害控制

①采取危害辨识方法对工作场所存在的职业病危害因素进行识别,形成企业的职业病危害清单,包括粉尘、炮烟、放射性物质、高温、低温、噪声与振动、照度不良、潮湿、紫外线、微生物等类型;

②采取职业病危害防治措施,包括工程控制措施(如加强照明、设备、工艺、材料变更、隔离/密闭、局部通风、喷雾洒水、屏蔽、监测与报警、工作场所设计等)、管理控制措施(如对员工进行职业卫生知识培训、控制作业人员持续接触职业病危害的时间等)、个体防护措施(如配备并正确使用符合要求的个体防护用品);

③在工作场所设立职业病危害警示标识,告知该场所或岗位存在的危害因素;

④对员工进行职业病危害控制技术的培训,包括职业病危害辨识、危害后果、自我防护方法、危害报告方法等。

(4)职业卫生监测

①应制订职业病危害监测计划,并采取相关技术对企业的职业病危害实施有效监测。地下矿山对噪声、粉尘、空气质量、有毒有害气体和其他职业病危害进行监测;露天矿山对噪声、粉尘、辐射和其他职业病危害进行监测;

②充分保障监测所需的资源(人、财、物、技术等);

③定期对监测结果进行分析并找出相关的趋势,可以图表的方式进行展示;

④保留有监测记录。

4)工作重点或难点

(1)识别作业环节或工作场所的职业病危害因素,具体说明存在职业病危害因素的步骤或地点。

(2)对职业病危害因素开展有效的监测。

(3)在完成岗前健康监护的基础上,执行换岗、离岗员工的体检。

9.2.10　安全投入、安全科技与工伤保险

1）核心要求

（1）企业应按规定足额提取安全生产费用，用于改善安全生产条件，提高安全管理水平和本质安全程度。

（2）主动研究和引进先进的技术和方法，积极采用新技术、新工艺、新材料、新设备，有效控制风险。

（3）根据法律法规与其他要求，完善员工工伤保险或安全生产责任保险工作。

2）建设内容

（1）企业应有安全生产费用提取和使用的管理制度，制度要明确：

①负责安全生产费用提取和使用的责任部门、责任人员及其职责；

②费用提取、使用和账户管理要求等；

③安全技术措施计划的编制要求等。

（2）企业应有安全科技的管理制度，制度要明确：

①负责安全科技管理的责任部门、责任人员及其职责；

②科研范畴；

③立项审批程序；

④过程控制要求；

⑤成果奖励办法；

⑥资料存档要求等。

（3）企业应有员工工伤保险的管理制度，制度要明确：

①负责企业工伤保险的责任部门、责任人员及其职责；

②办理、维护员工工伤保险的程序和要求；

③员工工伤保险待遇的保障要求等。

3）运行控制

（1）安全投入

①在执行国家相关安全生产费用提取标准时，应注意：

A.原矿产量不含金属、非金属矿山尾矿库和废石场中用于综合利用的尾砂和低品位矿石；

B.所提取的费用只是最低标准，不一定能满足企业年度安全生产的需要，主要负责人应确保有足够的安全投入；

C.按照国家相关规定，金属非金属矿山企业安全生产费用的使用范围包括：完善、改造和维护安全防护设备、设施支出（不含"三同时"要求初期投入的安全设施）和重大安全隐患治理支出，包括矿山综合防尘、防灭火、防治水、危险气体监测、通风系统、支护及防治边帮滑坡设备、机电设备、供配电系统、运输（提升）系统和尾矿库等完善、改造和维护支出以及实施地压监测监控、露天矿边坡治理、采空区治理等支出；完善非煤矿山监测监控、人员定位、紧急避险、压风自救、供水施救和通信联络等安全避险"六大系统"支出，完善尾矿库全过程在线监控系统和海上石油开采出海人员动态跟踪系统支出，应急救援技术装备、设施配置及维护保养支出，事故逃生和紧急避难设施设备的配置和应急演练支出；开展重大危险源和事故隐患评估、监控和整改支出；安全生产检查、评价（不包括新建、改建、扩建项目安全

评价)、咨询、标准化建设支出;配备和更新现场作业人员安全防护用品支出;安全生产宣传、教育、培训支出;安全生产适用的新技术、新标准、新工艺、新装备的推广应用支出;安全设施及特种设备检测检验支出;尾矿库闭库及闭库后维护费用支出;地质勘探单位野外应急食品、应急器械、应急药品支出;其他与安全生产直接相关的支出等。

②按规定足额提取安全生产费用,并充分论证安全生产费用的投入范围和项目。

③安全生产费用使用范围符合相关规定,并根据风险评价结果确保年度安全工程、安全管理、安全设备、个体防护用品、安全标志及标识、安全奖励、安全教育培训、安全科技、应急设备设施和其他与安全生产直接相关的支出。

④编制年度安全技术措施计划,并考虑:安全生产法律法规与其他要求的相关规定;风险控制要求;事故应对措施;员工的合理化建议;工艺、设备安全技术改造要求。

⑤安全生产费用专款专用,并有专门账户管理,不得挪用;保留完整的安全生产费用提取和使用记录。

(2)安全科技

①建立鼓励员工创新安全技术的激励机制;

②设立的安全科技项目考虑了安全技术与管理创新,工艺设备安全技术改造,先进安全技术与管理方法的引进与消化吸收,重大危险源监控与重大隐患整改;

③结合生产工艺、设备的风险特点有计划地开展科研工作并取得创新性成果;

④对安全生产中遇到的技术难题进行专题研究;

⑤员工的安全技术创新成果得到认可与奖励。

(3)工伤保险

①及时为员工足额缴纳工伤保险;

②确保受伤害员工享受相应的工伤保险待遇;

③收集并保持工伤保险的相关资料和记录;

④购买安全生产责任险。

4)工作重点或难点

(1)通过召开会议、风险分析论证等手段,编制有效的安全生产费用使用计划,保障安全经费的合理使用。

(2)对识别的重大隐患、存在的关键技术开展专题研究。

9.2.11　安全检查与隐患排查

1)核心要求

(1)建立和完善安全检查制度,对目标实现、安全标准化系统运行、法律法规遵守情况等进行检查,检查结果作为改进安全绩效的依据。

(2)建立健全安全检查与隐患排查信息收集、传递、处理和反馈的渠道,针对安全检查与隐患排查发现的问题,进行原因分析,制订有效的纠正和预防措施并确保实施。

(3)安全检查与隐患排查的方式、方法应切实有效,并根据实际情况确定适合的检查周期。

2)建设内容

(1)企业应有安全检查与隐患排查管理制度,制度要明确:

①负责安全检查与隐患排查的责任部门、责任人员及其职责；

②对检查人员的专业知识、身体条件、能力培训的要求；

③检查的分级分类、周期或频次、工作程序；

④检查内容及其评审与更新的要求；

⑤检查方法及相关技术保障措施的要求；

⑥检查结果及隐患治理的要求；

⑦隐患治理情况评估、验收的要求；

⑧检查结果定期回顾与分析的要求等。

(2)企业应有巡回检查、例行检查、专业检查、综合检查的管理制度，制度要明确：

①负责相应检查的责任部门、责任人员及其职责；

②检查的内容、程序及要求；

③检查结果的处理及记录存档的要求等。

(3)企业应有纠正和预防措施的管理制度，制度要明确：

①负责制订与实施纠正和预防措施的责任部门、责任人员及其职责；

②沟通与实施纠正和预防措施的要求；

③纠正和预防措施实施情况反馈的要求；

④纠正和预防措施实施情况跟踪督查与效果评估的要求等。

3)运行控制及工作方式

(1)一般要求

①对检查人员进行针对下列内容的培训：危险有害因素分类及其辨识方法；风险控制技术；安全检查与隐患排查程序与要求；安全检查与隐患排查方法与技巧；现场应急处置措施；

②建立安全检查与隐患排查信息收集、传递、处理和反馈的渠道；

③每年或在有变化发生时，对安全检查内容进行回顾，并及时更新检查的内容和方法；

④安全检查与隐患排查的范围涵盖所有的作业场所，所有的作业活动（包括临时性检修作业活动），所有的设备、设施，所有人员的作业行为，安全管理的所有方面；

⑤针对不同的检查对象，制订满足下列要求的检查表：反映检查对象的风险特点；检查内容明确、具体；判断依据或对照标准选择得当；

⑥安全检查与隐患排查记录已存档并可获取。

(2)巡回检查

①依据巡回检查制度的规定，有效开展巡回检查的工作；

②巡回检查的内容包括：违章指挥或违章作业；安全着装及防护用品使用；协同作业的统一指挥和信息联络；危险作业的保护措施；现场危险物品的存放和处置；关键设备、设施和场所；作业场所的危险因素；作业人员的操作程序；

③对检查发现的重大不安全因素和行为，按规定立即报告，并采取相应的行动；

④针对检查发现的问题提出整改建议；

⑤保存巡回检查的记录并可获取。

(3)例行检查

①依据例行检查制度规定的日程和周期，有效开展例行检查工作；

②例行检查的内容包括：责任制和规章制度落实情况；作业安全规程执行情况；安全培

训和持证情况；安全生产费用提取和使用情况；检查和隐患整改情况；设备、设施检测与维护保养情况；健康监护、个体防护用品发放、职业病危害监控情况；应急管理情况；法律法规与其他要求的依从情况；

③对检查发现的重大不安全因素和行为，按规定立即报告，并采取相应的行动；

④针对检查发现的问题提出整改建议；

⑤保存例行检查的记录并可获取。

（4）专业检查

①基于危险源辨识与风险评价结果，识别需要专业检查的设备、设施，列出需要专业检查的设备、设施清单；

②明确专业检查的周期；

③地下矿山专业检查项目包括：顶板检查；提升系统检查；排水及供水施救系统检查；通风及压风自救系统检查；紧急通信、联络系统检查；应急救援系统检查；监测监控系统及设施检查；紧急避险系统检查；供配电系统检查；人员定位系统检查；

④露天矿山专业检查对象包括：边坡；排土场；油库；爆破器材存放点；运输系统；供配电系统；防排水系统；应急装备与通信系统；作业场所职业危害；其他重要设备设施；

⑤针对确定的专业检查对象，编制安全检查表或隐患排查清单；

⑥按计划（或按规定的周期）实施设备、设施的专业检查和维护；

⑦保存已完成的专业检查记录，并方便获取。

（5）综合检查

①明确综合检查的类型（季节性检查、长假前后的检查、主管部门布置的检查），识别季节性检查的对象，并按制度规定有效开展综合检查；

②综合检查的内容包括重大风险的控制情况、责任制的落实情况、安全生产法律法规与其他要求的执行情况、主管部门布置的专项工作开展情况、具有季节性特点的事故及灾害的防控情况；

③针对检查发现的问题提出整改建议；

④保存综合检查的记录并可获取。

（6）纠正与预防措施

①明确纠正和预防措施沟通的要求（沟通人员、沟通对象、沟通记录要求）；

②针对标准化实施中出现的问题，采取纠正与预防行动；

③未按计划执行的纠正与预防行动有跟进的计划或解释；

④保存纠正与预防行动的记录，并可获取；

⑤对纠正与预防行动执行情况实施跟踪监督；

⑥实施的纠正与预防措施考虑人的因素，设备、设施因素，技术因素，环境因素，以及管理因素。

4）工作重点或难点

（1）针对检查对象的风险情况，制订包含具体、明确检查条款的安全检查表。

（2）加强安全检查人员的专项培训，确保检查人员具有履行安全检查职责的能力。

（3）根据风险分级、分类的结果，制订合理的分级排查依据，保证分级分类检查的有效实施，并按规定的周期实施检查。

(4)对检查结果进行跟踪落实,实现闭环管理。

(5)对安全检查表、检查过程、检查结果处理等方面开展审核,及时发现安全检查存在的问题并加以改进。

9.2.12　应急管理

1)核心要求

(1)企业应识别可能发生的事故和紧急情况,确保应急救援的针对性、有效性和科学性。

(2)提供必要的应急救援物资、人力和设备等,保证所需的应急能力。

(3)建立应急体系,编制应急预案,保证在事故或紧急情况出现时能够及时做出反应。

(4)应定期进行应急演练,检验并确保应急体系的有效性。

(5)应急体系应重点关注透水、地压灾害、矿井火灾、中毒和窒息、尾矿库溃坝、边坡滑坡、排土场坍塌或泥石流等金属非金属矿山生产的重大风险。

2)建设内容

(1)企业应有应急准备的管理制度,制度要明确:紧急事件认定与应急预案编制的要求;应急机构组成、应急职责划分和应急装备配备的要求;应急预案培训与演练的要求;外部应急机构识别与联络的要求;应急预案评审与更新的要求;兼职应急队伍训练的要求等。

(2)企业应建立健全应急预案体系,包括综合预案、专项预案和现场处置方案。

(3)企业应明确负责应急预案管理的责任部门、责任人员及其职责。

(4)企业应在综合应急预案中明确应急响应程序,要设立应急指挥机构与平台。

(5)矿山企业的应急指挥中心最好设在生产调度中心(室),以确保指挥的效力和效率。

(6)企业针对识别的紧急事件配备满足要求的应急队伍,且在配置应急队伍时应考虑应急指挥、医疗救护、抢险救援、安全警戒、通信联络、后勤保障等人员。

(7)企业应有应急演练与应急预案评审的管理制度,制度要明确:预案评审的频率;预案评审的组织要求;应急演练的频率;应急演练策划的要求;演练结果评估的要求;预案评审与演练的记录要求等。

3)运行控制及工作方式

(1)应急准备

①有管理机构和专人负责应急管理工作;

②依据危险源辨识与风险评价的结果、安全生产法律法规与其他要求、以往的事故/事件和紧急状况,对紧急事件进行识别,并分析和预测其可能的后果;

③在识别紧急事件时,考虑可能造成紧急事件的外部机构(如承包商、周边企业)及其影响,也考虑周边环境的影响;

④确定可能参与应急响应的外部机构,并建立有效的联系,明确联系人和联系方式;

⑤对员工进行应急培训;

⑥在生产场所的显著位置张贴紧急疏散提示和紧急联系方式;

⑦当设备、设施或流程发生变化时,对应急预案进行回顾和更新;

⑧在确定紧急事件时,地下矿山应考虑自然灾害[暴风雪(雨)、雷击、地震、洪水、泥石流、山体崩塌、地面沉陷等]、水害、地压灾害、地表塌陷(冒顶)、坠罐(跑车)、火灾、爆炸、突然停电、中毒和窒息等;露天矿山应考虑暴风雪(雨)、雷击、地震、洪水、火灾、爆炸、滑

坡、坍塌、泥石流等。

（2）应急预案

①针对识别的紧急事件，按照层次原则和相关法律法规及标准的规定，建立涵盖综合预案、专项预案、现场处置方案的应急预案体系；

②应急预案明确应急机构的组成、各自的职责及其履行职责的方法和手段；

③将应急预案分发给相关的部门和人员；

④就应急预案对（或与）员工、承包商、其他相关人员进行培训（或沟通）。

（3）应急响应

①当紧急事件发生时，地下矿山能够做到：及时发出警报并通知有关人员；井下带班领导及时组织撤离；及时启动应急预案；及时做出应急响应；应急人员及时到场；有人指挥并控制好现场；提供有效的应急设备设施；应急通信畅通；安全避险"六大系统"运行可靠；实施现场警戒；疏散相关人员；救治受伤人员；保障应急人员安全；搜救失踪人员；控制泄漏物；事后处置。

露天矿山能够做到：及时发出警报并通知有关人员；及时启动应急预案并做出应急响应；应急人员及时到场；有人指挥并控制好现场；提供有效的应急设备设施；应急通信畅通；实施现场警戒并疏散相关人员；搜救失踪人员并救治受伤人员；保障应急人员安全；控制泄漏物；

②紧急事件结束后，进行现场恢复、应急响应评估、应急预案评审和修订；

③应急指挥中心依照需要配备必要的设备、设施，包括通信设备；相关图纸资料；应急服务电话；交通工具；紧急、备用电源及设备；应急处置方案；周围地区主要干线和支线道路的交通图；摄影设备；应急人员配备能识别的徽章、袖标；应急人员安全保障设备和设施等。

（4）应急保障

①针对潜在紧急情况进行应急能力评估，以确定所需的应急装备和支援来源；

②对应急人员进行应急知识和技能的培训，包括应急装备的维护与使用方法，现场自救与互救；

③定期进行安全避险"六大系统"和其他应急装备与系统检查维护；

④每年回顾和更新应急装备的需求；

⑤与已识别的外部应急机构建立正式的支援关系（如签订救护协议），并通过演练测试了相互支援关系的效力。

（5）应急评审与改进

①按制度规定对应急预案进行评审；

②按制度规定开展应急演练；

③依据应急演练结果及时修订应急预案并改进应急准备工作；

④修订后的应急预案及时发放给相关人员，并对其提供必要的培训；

⑤应急评审应考虑紧急情况响应和应急演练的结果，外部应急经验，设备、设施或流程的变化情况，承包商、供应商的意见和建议，外部应急机构的意见和建议等。

4）工作重点或难点

（1）根据风险情况和紧急事件认定的结果，编制应急预案。确保应急预案的针对性和可操作性及现场处置方案程序的规范性。

（2）根据风险评估结果，制订满足企业实际情况的应急演练方案，确保应急演练的有效性。

（3）根据应急演练结果，有效评估应急资源及应急能力。

9.2.13　事故、事件报告、调查与分析

1）核心要求

（1）建立和完善制度，明确事故调查的有关职责和权限，调查、分析各种事故、事件和其他不良安全绩效表现的原因、趋势与共同特征，为改进提供依据。

（2）调查、分析过程应考虑专业技术需要以及纠正与预防措施。

2）建设内容

（1）企业应有事故、事件报告的管理制度，制度要明确：

①负责事故、事件报告管理的责任部门、责任人员及其职责；

②事故、事件类别；

③报告范围（对象）；

④报告时间、方式和内容；

⑤补充报告的要求等。

（2）企业应有事故、事件调查的管理制度，制度要明确：

①负责事故、事件调查的责任部门、责任人员及其职责；

②事故、事件的类型；

③事故、事件调查内容、调查方法和时限的要求；

④相关证据、资料的收集整理；

⑤事故、事件的防范措施要求等。

（3）企业应有事故、事件统计与分析的管理制度，制度要明确：

①负责事故、事件统计与分析的责任部门、责任人员及其职责；

②事故、事件统计与分析的指标、内容和时间要求等。

（4）企业应有事故、事件回顾的管理制度，制度要明确：

①负责事故、事件回顾管理的责任部门、责任人员及其职责；

②回顾方式、频次；

③回顾所需的资源保障要求；

④回顾记录存档要求等。

3）运行控制及工作方式

（1）报告

①明确事故、事件的报告范围，建立事故、事件的报告渠道，包括内外部报告的联系部门、联系人及联系电话；

②根据制度规定，编制事故、事件登记表及相关的报告、表格格式，并对报告的事故、事件进行登记管理；

③针对事故、事件报告的要求，对相关人员特别是现场作业人员进行专门培训；

④按要求报告并登记人身伤亡事故、职业病、设备事故、财产损失事故（事件或险肇事故）、相关方投诉、违章等。

（2）调查

①书面任命事故、事件调查员；

②被任命的调查人员接受了事故、事件调查技巧和知识的培训，培训内容包括访谈技巧；证据收集和保留；原因分析技术；调查报告书编写、报送及记录保存；

③依据制度对报告的事故、事件进行了调查，并确保员工或员工代表参与事故、事件的调查；

④在形成事故、事件调查报告前，将事故、事件调查结果与相关的员工进行沟通；

⑤根据事故、事件性质和结案权限，按时完成事故、事件结案工作；

⑥对防范措施的落实情况进行跟踪监督，并对防范措施的有效性进行评估；

⑦按要求报送事故、事件调查结果的信息；

⑧整理并归档保存事故、事件调查的相关文件资料；

⑨事故、事件的调查做到：查明事故、事件经过；查明事故、事件原因；查明事故、事件后果；提出防止同类事故、事件再次发生的措施；查明标准化系统暴露的问题；明确负责落实事故、事件防范措施的人员；明确防范措施实施的时间表；明确防范措施落实后效果评估的要求；

⑩与员工沟通事故、事件的信息，沟通方式包括事故、事件快报和通报；安全生产月报、季报、年报；公告栏或备忘录；媒体公布；年度或半年度安全生产工作总结报告等。

（3）统计与分析

①整理月度、季度、年度死亡、受伤、职业病、事件（险肇事故）的统计资料；

②为了寻找事故、事件规律和趋势，针对下列内容进行统计分析：事故、事件类别；事故、事件原因；伤害发生的时间分布特性；伤害发生的地点分布特性；致害物；受伤人员的工龄或年龄结构；事故、事件频率分析；事故、事件费用分析；职业卫生重要因素分析；标准化系统元素分析；

③按要求公布统计分析结果，且企业主要负责人掌握事故、事件统计分析的结果。

（4）事故、事件回顾

①将事故、事件回顾作为班组安全学习与安全活动的内容之一；

②回顾由班组长牵头，并在需要时由安全管理人员协助；

③回顾时讨论已发生事故、事件的原因和防范措施；

④为员工进行事故、事件回顾提供环境和时间；

⑤定期开展事故、事件展览和警示教育；

⑥保留回顾记录。

4）工作重点或难点

（1）重视事件的报告、调查与分析。采取措施确保事件的上报，进而统一分析，制订防范措施，形成事件管理体系。

（2）从技术、工艺等事故根源分析事故事件发生的原因，确保找出事故发生的根源，以提出针对性的防范措施。避免事故调查的表面性、不充分性。

（3）定期对事故、事件的历史数据进行统计，从多角度开展分析预测，为事故预防提供参考。

9.2.14 绩效测量与评价

1）核心要求

（1）建立并完善制度，对企业的安全生产绩效进行测量，为安全标准化系统的完善提供足够信息。

（2）测量方法应适应企业生产特点，测量对象包括各生产系统、安全措施、制度遵守情况、法律法规遵守情况、事故事件发生情况等。

（3）应定期对安全标准化系统进行评价，评价结果作为采取进一步控制措施的重要依据。

（4）安全标准化是动态完善的过程，企业应根据内外部条件的变化，定期和不定期对安全标准化系统进行评定，不断提高和完善安全标准化的水平，持续改进安全绩效。

（5）企业内部评定每年至少进行一次。

2）建设内容

（1）企业应有绩效测量的管理制度，制度要明确：

①负责绩效测量的责任部门、责任人员及其职责；

②监测内容与监测计划的编制要求；

③监测人员的能力及培训要求；

④监测过程的要求；

⑤监测结果记录、沟通与回顾的要求等。

（2）企业应有系统内部评价的管理制度，制度要明确：

①负责系统内部评价的责任部门、责任人员及其职责；

②评价的组织、时间、人员、方法与技术、过程、结果分析与报告编制要求等。

3）运行控制及工作方式

（1）绩效测量

①制订年度监测计划，计划内容包括监测的频率、范围、标准、程序、方法与技术以及资源配备等；

②按照年度监测计划，对反映企业安全生产绩效的相关指标进行监测，包括：安全、健康目标；各项安全、健康检查完成率；设备定期检查完成率；个人防护用品的依从程度；职业危害监测情况；事故、事件调查完成率；纠正与预防行动完成率及其效果；安全、健康有关数据统计、分析情况；现场安全、健康许可依从情况；任务分析及任务观察执行情况；安全、健康委员会会议情况；变化管理回顾情况；培训情况；法律法规依从程度；持续改进标准化系统效力的情况；安全、健康投入情况等。

（2）内部评价与等级评定

①制订年度系统内部评价计划，计划明确评价的时间、范围、方法，依据的标准，参与评价的人员，评价结果处理和反馈的要求等；

②按照年度系统内部评价计划，实施内部评价；

③内部评价人员熟悉相关的安全健康法律法规与其他要求，接受过安全标准化规范评价技术培训，具备与评审对象相关的技术知识和技能，具备操作内部评价过程的能力，具备危险源辨识和风险评价的能力，具备标准化系统评价所需的语言表达、沟通及合理的判断能力；

④内部评价由胜任的评价人员进行；

⑤保留内部评价的记录；

⑥内部评价时对好的表现给予认可；

⑦对内部评价发现的问题采取纠正与预防措施；

⑧评价人员综合运用问询、查阅文件资料与记录、现场察看等手段来获取评价信息；

⑨对内部评价发现的不符合项进行主次分析。

4)工作重点或难点

（1）选取符合企业实际情况的绩效测量指标，对年度各项工作的计划情况、完成情况做出对比说明，最终确定完成率。

（2）采用多种方式测量各类指标的完成情况，包括查看记录、调阅数据、现场访谈、统计分析等方法。

（3）内部评价应关注各要素之间的关联，同一问题可能涉及多个要素，不能简单地对照安全标准化评分办法逐项检查评价。

（4）内部评价的结果与实际情况保持一致，避免评价结果浮于表面。

9.3 标准化系统建设基本要求

9.3.1 系统建设依据

《金属非金属矿山安全标准化规范　导则》对金属非金属矿山安全标准化系统的创建原则、核心内容以及创建步骤有明确规定。安全标准化系统以危险源辨识与风险评价为基础，通过前期的现场调研、安全培训及后期的文件编写、措施落实等工作，为每一项风险建立起配套的控制措施，确保所有风险得到有效控制，实现企业全员、全过程、全天候、全方位的安全管理。

安全标准化系统旨在系统地实现企业的安全管理，力求在安全管理各个环节实现完善管理。金属非金属矿山地下矿山、露天矿山、尾矿库安全标准化系统的支撑元素如图9-2、图9-3所示。小型露天采石场安全标准化系统支撑元素，与露天矿山相似。

9.3.2 系统应用原则

1)基于风险原则

安全标准化系统将风险管理引入矿山企业安全标准化管理，"基于风险"就是根据实际情况，一切从企业现场实际出发，进行危险源辨识与风险评价，找出可能导致损失的风险，使系统的任何一个管理标准都是针对元素管理的风险而设计的，指明安全标准化管理的方向，即控制损失。企业的生产安排也应以风险为基础来进行，企业应采取风险可接受的生产工艺技术，配置本质安全相对好的设备工具，根据采场风险编排作业计划等。

2)事件、事故预先控制原则

通过对事件、事故发生的全过程管理，实施事件、事故的预先控制，主要表现为，在事件、事故发生前，通过危险源辨识与风险评价，提前预测事件、事故发生的可能性，从而先期制订风险管控措施，控制危害、降低风险，避免意外的发生，实现"零意外、零伤害"。

对事件、事故发生过程中的能量总量或任何有害的相互作用预知，在事件、事故发生前采取措施，如选择有害性更低的物质，减少能源使用或释放的总量，源头的封锁或隔离，修改接触面，加强人员体质，减少意外事件的严重性。通过任务观察、安全检查、隐患排查等方式，及时查找发现风险管控措施的失效、缺陷和不足，通过隐患治理预防事故发生。

通过对事件、事故发生后应急设备的维护与标示，应急计划的制订、培训、演练等方面的超前管理，事件、事故发生后能够及时启动应急系统，防止事故的扩大，控制损失的范围。

3)系统性原则

安全标准化系统是各个环节、元素环环相扣，从横向与纵向形成一系列链条式的闭环控

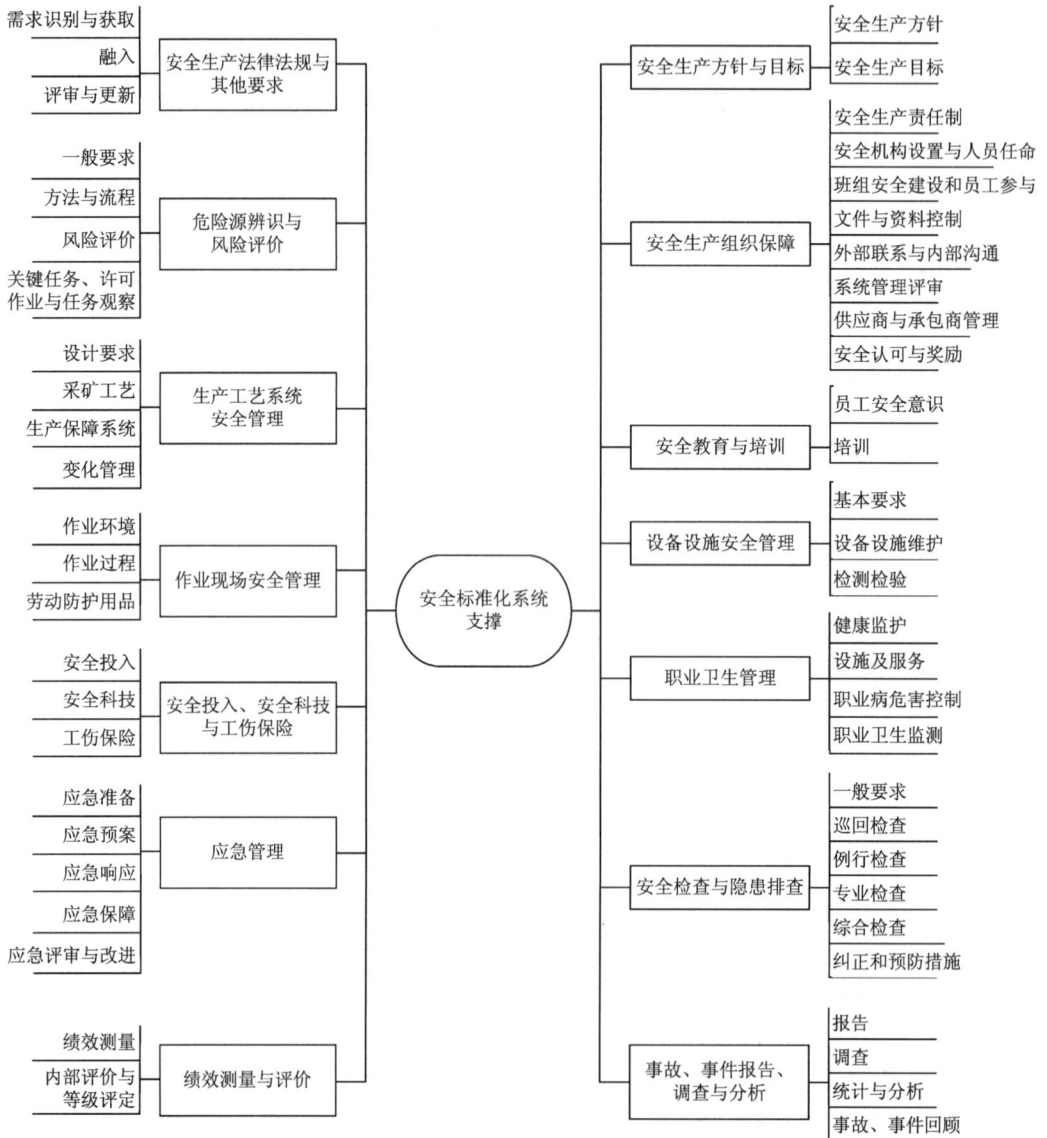

图 9-2 地下矿山、露天矿山安全标准化系统支撑元素图

制，它实质上是戴明原则（PDCA）的具体体现。安全标准化系统通过计划、执行、检查、改进闭环管理的有机整合，形成密切配合、互相包容、互相关联的一个有机整体，从而克服安全监管不力、规章执行不严的传统管理缺陷。安全标准化系统关注人、机、物、环、管等系统多个元素存在的风险，注重从系统和整体的角度开展安全管理。因此，企业单个元素或环节出现问题，不能仅仅着眼于这个元素，而应从系统全局的角度去审视，查找背后的缺陷和原因。如凿岩工发生断钎伤人的事故，企业不仅要关注员工是否违章操作，还应分析钎杆的质量如何、钻机是否卡钻、员工是否参加岗位操作培训、员工作业前是否按规定开展了安全检查等。

4）全员参与原则

安全标准化系统的实施强调企业的全员参与，上至最高管理者，下至每一个基层员工。基

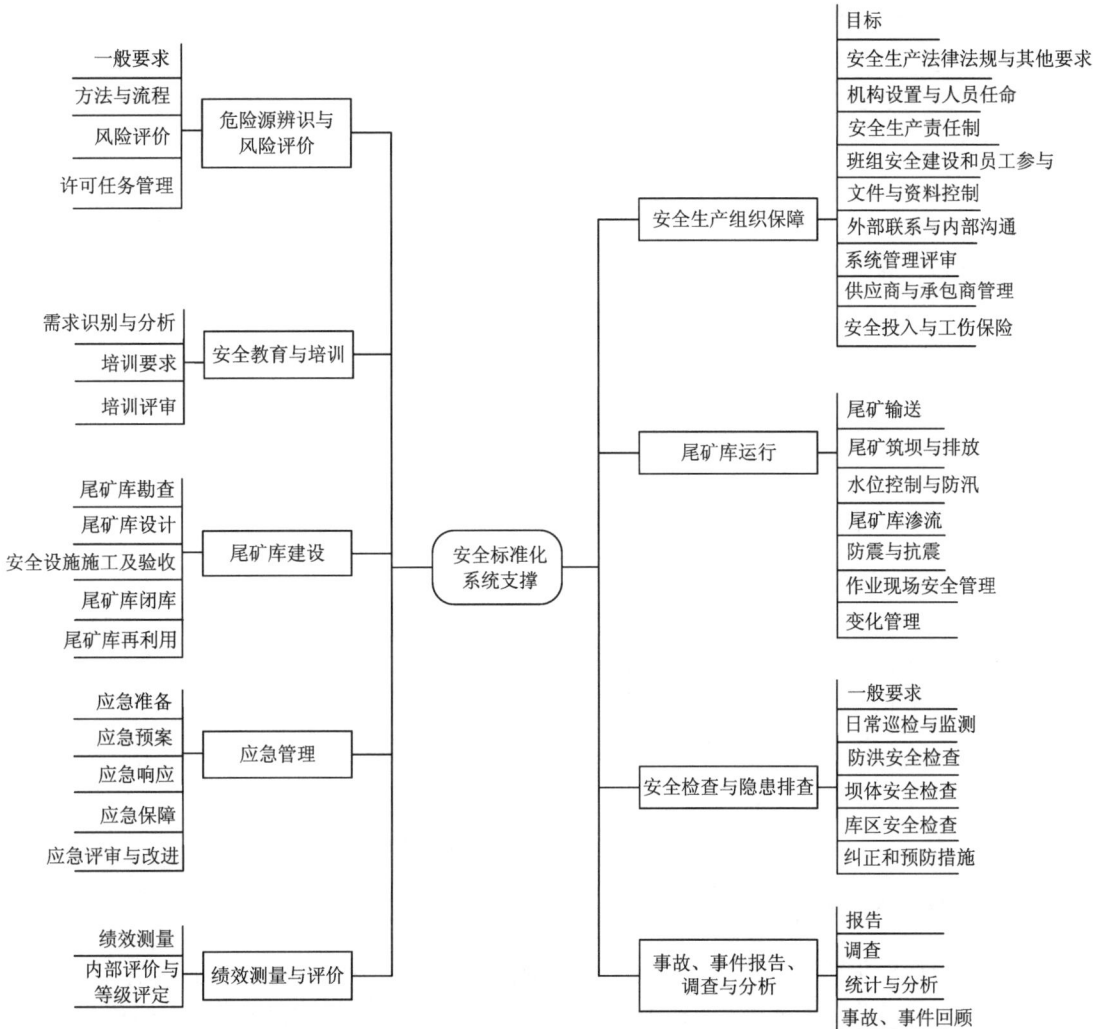

图 9-3 尾矿库安全标准化系统支撑元素图

层员工是安全标准化管理的基础，他们每天暴露于工作场所，对安全风险最了解。安全标准化系统致力于将员工训练成胜任的安全从业者，并积极参与企业安全风险管理，发挥群体效应。

通过安全标准化活动，一方面系统培养和加强全体员工的遵纪守法意识以及"安全第一"的思想意识，另一方面使全体员工系统掌握与岗位密切相关的安全专业知识及基础技能。

5）行为与态度的原则

企业管理健康和安全，传统上只关注于实际条件和培训。实质上行为基础上的健康和安全才是实现健康和安全良好绩势在必行的第三方面因素，安全标准化系统的运作与执行以员工个体为载体和依托，它通过行为干预技术，赋予员工相关知识、操作技能与处理风险的经验，最终实现态度、价值观及行为规范的改变。

6）持续改进原则

持续改进是企业永恒的目标，是强化安全标准化系统，实现整体绩效改进，使其符合企业预期要求的过程。实行闭环管理，在各个元素运行中，从策划、实施、检查、改进四个方面，按照持续改进的要求实行动态循环管理。

在安全标准化系统创建过程中，不应摒弃企业原有安全管理体系，而应适当沿用与完善原有安全管理的相关做法，并结合安全标准化的新要求，构建安全标准化管理系统，如图9-4所示。

（1）沿用：对经过长期实践证明行之有效，既满足安全标准化系统的要求，又能体现金属非金属矿山行业特点的管理手段和方法，在创建安全标准化系统时，继续沿用。特别是已建立职业健康管理体系的，其绝大部分要素的规定和做法，均可以继续沿用。

（2）完善：对企业现有管理方法或管理模式与安全标准化系统的要求尚有差距的，需要应用安全标准化系统先进的管理理念和方法进行完善。

（3）建立：对安全标准化系统提出的新的先进管理手段和方法，在创建安全标准化系统时，需要重新建立。

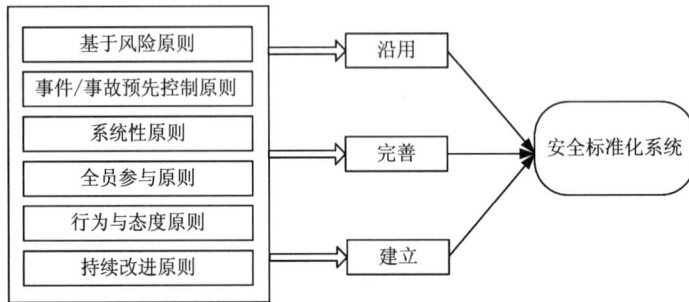

图9-4　安全标准化系统应用原则图

9.3.3　系统运行模式

我国安全标准化初期建设是一种自愿的活动，同时是一种固定的静止的模式，很大程度上局限了安全标准化的发展。在《金属非金属矿山安全标准化规范 导则》（以下简称《标准化规范导则》）起草初期，专家组对安全标准化的运行模式进行了研究，同时结合南非钻石体系等国外先进安全管理体系，制订出PDCA（PLAN—DO—CHECK—ACTION）运行模式，即通过PLAN（准备与策划）—DO（实施与运行）—CHECK（监督与评价）—ACTION（改进与提高），构建闭环控制的管理模式，其具体内容包括：

（1）准备与策划P：根据管理流程节点，确定需要实施管理的具体工作内容，按照"5W1H"[即为什么做（why）、做什么（what）、谁做（who）、何时做（when）、何地做（where）、怎样做（how）]的原则，制定管理制度，明确管理责任、对象、内容、管理和执行要求。

（2）实施与运行D：按照管理制度的要求，开展相关生产作业活动，并实施规范化管理，完整记录生产作业活动与管理过程及结果的相关信息。

（3）监督与评价C：现场检查相关生产作业活动及其管理过程是否符合管理制度、法律法规与其他要求的规定，并收集管理制度在规定的严谨性、可操作性和与现场的适应性等方面存在的问题。

（4）改进与提高A：根据所收集的现场数据资料，对管理制度及其执行情况进行评审，并对评审发现的问题采取相应的纠正和预防措施，包括修订、完善管理制度，对受管理制度影响的人员进行培训，提供足够的确保管理制度有效执行的资源等。

　　安全标准化系统的运行过程，既是标准化系统各元素间的 PDCA 循环过程，也是每个元素自身的 PDCA 循环过程，安全管理系统运行模式如图 9-5、图 9-6 所示。安全标准化系统在经过一轮评审后，对不符合预先要求的部分，进一步地规范与完善，进而转入新的 PDCA 循环，如此往复，形成螺旋上升、持续改进的发展模式。安全标准化系统的 PDCA 运行模式，将金属非金属矿山企业的安全管理，由过去静态管理方式变为动态管理模式，其较好地适应了金属非金属矿山企业生产经营活动的风险特点和动态特性，有利于促进企业构建持续改进安全绩效的安全生产长效机制。

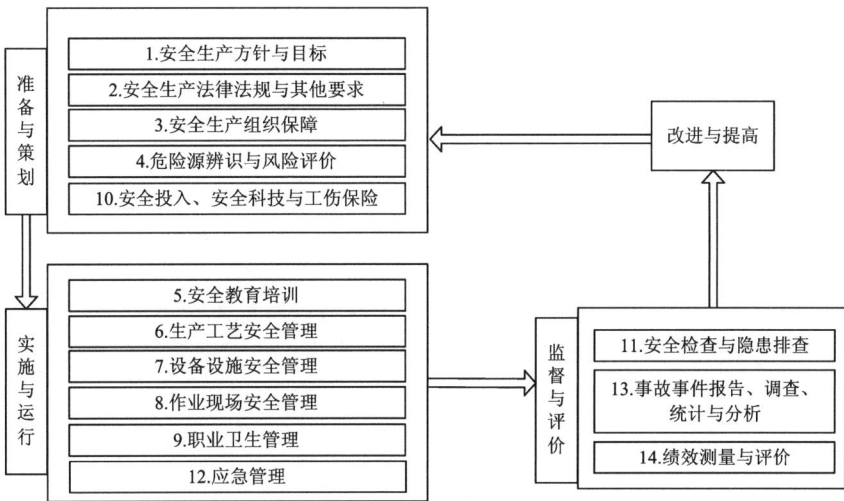

图 9-5　系统闭环管理图

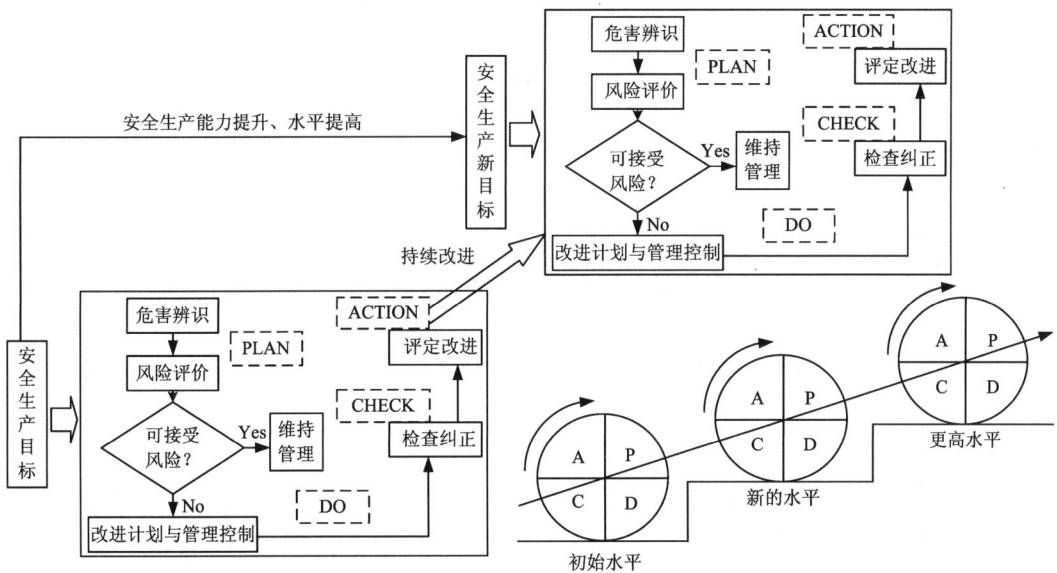

图 9-6　安全管理系统运行模式图

9.3.4　系统创建注意事项

企业在安全标准化系统创建过程中，应重点注意以下方面：

1）把握系统元素的关联性

安全标准化系统各元素之间是相互关联、相互作用的。在安全标准化系统创建的各个阶段，应始终坚持系统性原则，全面分析各元素之间的关联性，准确把握安全标准化的系统性与动态特性。

在安全标准化系统建设中，安全管理的元素与生产现场的元素看似是分开设立的，实际上，在管理元素达到要求的同时，若现场元素不能满足要求，可否决管理元素内容，也可对管理元素的完成情况提出质疑。各元素之间相互制约、相互促进，才能实现系统的完整性。

安全标准化工作不可流于形式，片面强调标准化体系文件的编写，忽略标准化体系的日常运行，将造成重形式、轻效果的局面，难以真正实现持续改进的目的。

2）提高思想认识

思想是行动的先导，先进的思想认识推动正确的实践活动。安全标准化系统建设能否在各矿山企业得以正确实施，关键取决于认识是否到位。企业在开展安全标准化系统创建工作时，应当通过举办启动会议等形式进行充分的宣传，并通过专题讲座、骨干培训、小组讨论、基层学习等多种形式，做好培训工作。企业要充分认清安全标准化系统建设的现实意义，认清做好安全标准化工作是现代企业管理的重要组成部分，是实现安全管理现代化的有效途径。要充分把握标准化建设的具体内容、应用原则、创建步骤，从思想上摆脱经验式、静态达标式的安全管理模式的束缚，用"风险管理、过程控制、持续改进"的思想来统领安全标准化系统建设的实践。

3）做好现状评估

企业创建安全标准化系统，应在原有的安全管理模式或系统的基础上，研究如何改进、完善、提高。因此，在开展安全标准化系统建设工作之前，应先进行企业安全现状评估。现状评估中的重要环节，即为危险源辨识与风险评价。由于企业的生产工艺、发展历史、职工素质、文化理念、管理模式有很大差异，因此安全标准化系统建设在目标设立、工作重点、组织形式、实现方式、工作进程等各方面也就不尽相同。各矿山企业必须立足本企业的生产特点，针对不同时期、不同时段、不同工艺、不同环节、不同人群所呈现出的不同特点，合理评定企业的安全状况，突出抓住制约本单位安全生产的主要矛盾，有针对性地解决重点和难点问题，合理确立安全生产方针和目标，阶梯式向前推进。

在企业建设安全标准化系统时，很多企业已建立职业安全健康管理体系、质量管理体系或其他安全管理体系，此时，要特别注意安全标准化系统建设与体系的结合，充分利用企业已有的体系资源。

4）注重全员参与

安全标准化系统的创建工作，必须确保全员参与，注重全员安全意识和素质的提升。企业在安全标准化系统创建过程中，应把全体员工作为行为主体，通过各种形式向员工宣传标准化建设的相关知识，使员工充分理解安全标准化建设对于保障员工安全的重要作用。把依靠每位员工的参与作为开展安全标准化系统建设的根本前提，把提高每个员工的意识、素质作为实现安全标准化系统建设的根本途径，把保证每个员工的生命健康作为实现安全标准化系统建设的最终目的。一线员工在安全标准化系统创建过程中参与的工作越多，越有利于安全标准化系统后期的持续运行。

5) 坚持持续改进

安全标准化系统建设是一个持续的过程，要避免系统创建与运行的分离。这个过程包括吸收先进管理思想、危险源辨识和风险评估、员工良好行为规范的培养、系统文件起草、系统实施与运行、系统改进与提高等。它是一个循环往复、螺旋上升的过程。因此，绝不能把安全标准化系统建设工作形式化、简单化、表面化，杜绝创建完成或达标后放松安全管理等情况。要注意用发展的观点来正确评估建设成果，安全生产标准化在某个阶段的达标，只能代表该时期的某种成效。企业的生产活动不断发生变化，构成安全生产的元素也会不断出现新的情况，风险的表现形式也会不断涌现。安全标准化系统的建设目标就要不断调整、成效也要不断地改善和提高。要坚持持续改进、不断提高的安全管理长效机制，实现企业安全管理能力与安全标准化达标等级水平匹配。

6) 为系统建设与运行所需的资源提供保障

安全标准化系统建设与运行，是对企业安全管理的完善和重塑，无论是管理现状的评估、方案的制订，还是危险源辨识与风险评价，系统运行与维护都要花费一定的人力、物力和财力。因此，企业应加大安全标准化系统建设的投入力度，充分保障系统建设、运行、维护所需的资源，确保系统功能的全面实现。企业要充分用好国家关于矿山安全费用提取的政策，提足安全费用，并将安全费用真正运用到安全标准化系统建设与运行中，切实改善安全条件。通过合理配置各项资源，保证标准化系统建设与运行对人员、技术等各方面资源的需求。

9.4　系统创建程序

《标准化规范导则》中提出的 PDCA 运行模式，对于不同的金属非金属矿山企业，由于其机构设置、风险特点、安全生产基础条件和管理水平的差异，建立安全标准化系统的过程不会完全相同，但总体而言，金属非金属矿山企业安全标准化管理系统的创建步骤如图 9-7 所示。

准备与策划阶段应确定企业安全标准化系统创建的工作目标，对企业安全生产、管理现状进行初始评估，并根据初始评估的结果和《标准化规范导则》及相关实施指南的要求，确定和实施安全标准化系统建设方案，建立安全标准化系统文件体系。

实施与运行阶段应根据策划结果，落实安全标准化系统的各项要求，并提供安全标准化系统有效运行所需的资源。

监督与评价阶段应对安全标准化系统的实施情况进行监督、检查和内部评价，分析安全标准化系统各元素是否按计划有效运行，检查和评估运行是否达到预期目标，发现问题并采取纠正和预防措施。

改进与提高阶段应根据监督与评价的结果，针对安全标准化系统运行过程中出现的缺陷以及各种条件变化，改进安全标准化系统，不断提高安全标准化系统的运行水平和安全绩效。

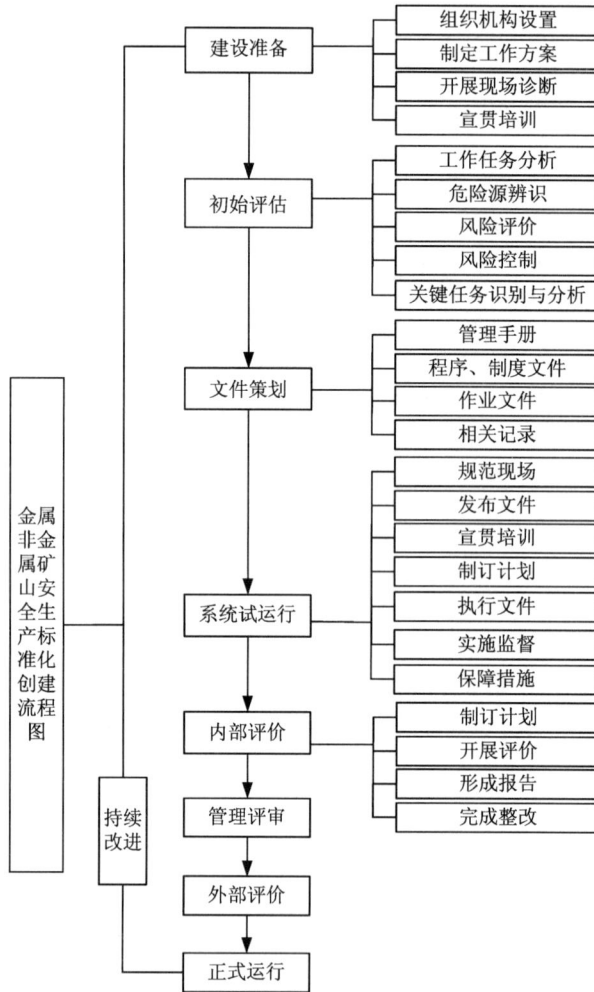

图 9-7 安全标准化管理系统创建步骤图

9.4.1 建设准备

1) 设置组织机构

企业在创建安全标准化系统中，需要起草一系列制度文件及对应的记录表格，并通过实时跟踪、管理评审、安全检查等活动来保障系统有效运行。因此，需要企业各个部门分工合作、同心协力地开展工作。安全管理涉及企业的管理、生产、设备、环境、信息等多个方面。创建安全标准化系统必须按照正规的程序开展工作，并设置专门的组织机构指导工作。安全标准化系统创建工作的组织机构主要包括安全标准化系统创建领导小组、核心工作小组。企业须以正式文件的形式发布安全标准化系统创建工作的组织机构。

两个机构的设置意义重大，对安全标准化系统的创建工作起着决定性的作用。安全标准化系统创建领导小组是创建安全标准化系统的支持力量，为创建工作提供人力、财力资源。领导小组成员由企业高层领导和各职能管理部门、各二级单位的负责人组成，组长建议由企业最高管理者担任。最高管理者担任组长，可以更有效地获得企业支持，在安全标准化系统创建过程中遇到问题时，有利于及时获得人力、物力、财力、技术方面的资源。领导小组是创建安全标准化系统的主要工作力量，负责安全标准化系统创建方案的审查、资源的保障、监督与评价等。核心工作小组由企业分管安全工作的副职领导、相关职能管理部门和二级单位有关人员组成，主要负责安全标准化系统创建的工作组织与业务指导。工作机构设置如图9-8所示。

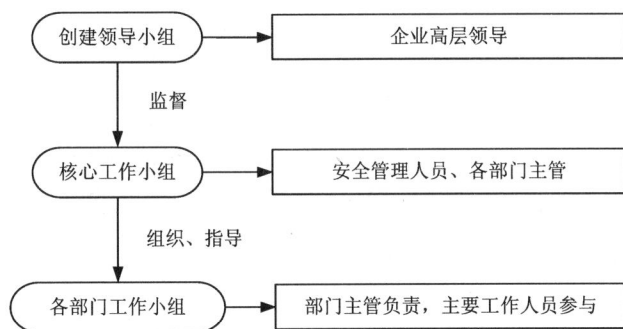

图9-8　企业安全生产标准化工作机构图

　　企业应制订安全标准化系统创建工作方案，任命合适的安全标准化系统创建工作人员，以免在工作期间经常换人，影响安全标准化系统创建工作的连续性。

　　为确保创建过程中的信息流通，企业应设置固定的信息传递渠道。如某矿在企业内部局域网中的信息发布区专门设置安全标准化系统创建工作板块，或为安全标准化系统创建工作小组设置OA工作平台等。

　　2）制订工作方案

　　制订安全标准化系统创建工作方案是开展工作的基础。建立安全标准化系统是一项十分复杂和涉及面广泛的工作，因此，在企业确定工作小组之后，小组成员应根据企业实际情况，建立符合本单位的安全标准化系统创建工作方案。在工作方案中，应明确各个阶段的工作任务及时间，尽量以图表的形式体现，可用企业安全标准化实施进程表示，如图9-9所示。

　　3）开展现状诊断

　　现状诊断的目的是了解企业安全生产现状，明确企业安全标准化系统的创建内容及相关要求，确保所建立的安全标准化系统符合企业实际，具备运行的基本条件。现状诊断包括企业管理现状调查和企业生产现场隐患排查两个方面。

　　（1）企业安全管理现状调查

　　企业安全管理现状可以采取安全标准化评分办法来开展调查，调查的内容包括：

　　①企业的组织架构，包括管理层级，如矿级-车间级-工区级-班组级，或是矿级-车间级-班组级等，管理职能划分等情况。

　　②企业的生产工艺流程与设备设施，如采矿工艺与方法、采掘与运输设备、排土场与尾矿库设施等。

　　③企业的生产作业工种，如采矿的风钻工、爆破工、挖掘机司机、尾矿工等。

　　④企业在程序合法性建设方面的文件，包括企业合法性证件、项目安全设施设计、安全验收评价、安全现状评价等。

工作步骤/进程安排		3月	4月	5月	6月	7月	8月
准备阶段							
初始评审阶段	现场诊断						
	第二次培训						
	风险评价						
	关键任务识别与分析						
	第三次培训						
策划阶段	机构完善						
	文件调查						
	文件修订						
	第四次培训						
运行阶段	文件执行						
	规范现场						
	第五次培训						
内部评价阶段							
管理评审阶段							
外部评价阶段							

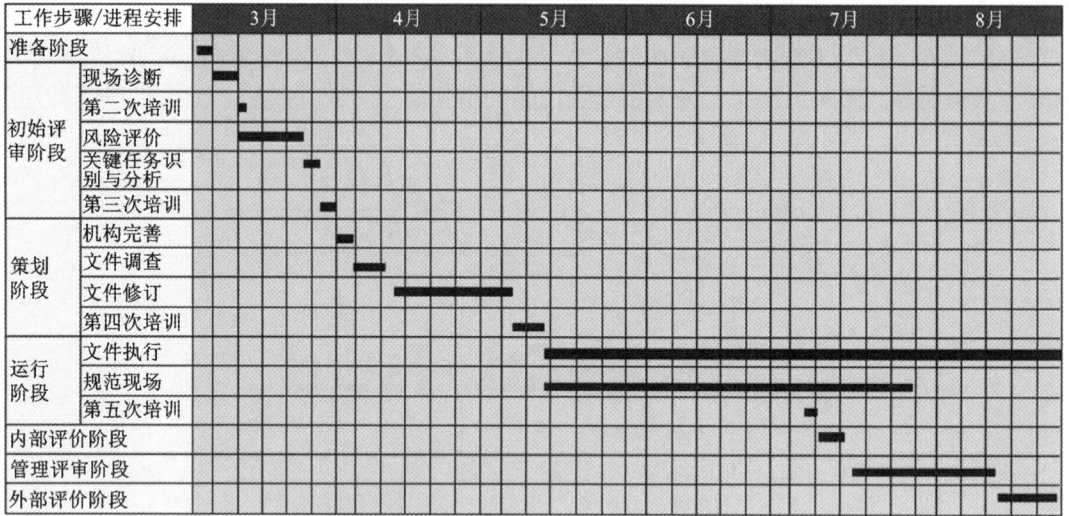

图9-9 企业安全标准化实施进程

⑤企业的事故、事件发生情况，如对事故、事件的历史数据进行统计分析，以便找出相关规律，明确相应的预防和控制措施。

⑥收集现有安全管理模式的相关资料，如企业的安全生产方针、安全生产责任制、安全管理制度、安全记录档案、生产技术规程、设备维护规程等。

⑦其他需要收集的资料和需要了解的情况。

通过现状调查，可以预估企业安全标准化系统的创建工作任务及其难易程度，进而做好相应的人力、物力、财力和技术等资源的合理配置。

（2）生产现场隐患排查

企业生产现场隐患排查，旨在查找企业主要生产作业现场(地下矿山、露天矿山、尾矿库等场所)、关键设备设施及重要作业过程与环节存在的安全隐患，尤其是要诊断工艺流程、大型设备、复杂环境等方面存在的不符合项，并根据现场实际情况提出针对性的《隐患整改意见》。企业应根据《隐患整改意见》的要求，落实相应的整改措施，改善员工作业环境和作业条件，提高作业场所与关键设备设施的本质安全水平。

（3）法律法规及其他要求获取及评审

根据资料调查及生产现场隐患排查结果，结合已识别的法律法规及其他要求，初步评审企业在安全生产法律法规与其他要求方面的遵守、符合情况。获取及评审中，根据具体法律法规及其他要求，明确适用于企业的具体条款、内容。金属非金属矿山一般需要识别并评审的法律法规及其他要求包括法律、法规、部门规章、标准及规范性文件等，部分法律法规及其他要求见表9-1。

表 9-1 部分法律法规及其他要求获取及评审清单

法律	中华人民共和国宪法	行业标准	金属非金属矿山安全标准化规范 导则
	中华人民共和国刑法		生产安全事故应急演练基本规范
	中华人民共和国安全生产法		金属非金属矿山在用设备实施安全检验目录
	中华人民共和国矿山安全法		金属非金属矿山提升系统日常检查和定期检测检验管理规范
	中华人民共和国消防法		金属非金属矿山在用高压开关设备电气安全检测检验规范
	中华人民共和国职业病防治法		金属非金属矿山安全标准化规范露天矿山实施指南
	中华人民共和国突发事件应对法		金属非金属矿山安全标准化规范尾矿库实施指南
	中华人民共和国矿产资源法		金属非金属矿山安全标准化规范地下矿山实施指南
行政法规	中华人民共和国环境保护法	部门规章及规范性文件	金属非金属地下矿山企业领导带班下井及监督检查暂行规定
	中华人民共和国特种设备安全法		安全生产事故隐患排查治理暂行规定
	中华人民共和国矿山安全法实施条例		非煤矿山企业安全生产许可证实施办法
	工伤保险条例		用人单位职业健康监护监督管理办法
	安全生产许可证条例		作业场所职业危害申报管理办法
	生产安全事故报告和调查处理条例		生产安全事故应急预案管理办法
	特种设备安全监察条例		生产经营单位安全培训规定
	民用爆炸物品安全管理条例		尾矿库安全监督管理规定
	危险化学品安全管理条例		非煤矿山外包工程的安全管理办法
国家标准	金属非金属矿山安全规程		关于加强金属非金属地下矿山外包工程安全管理的若干规定
	爆破安全规程		建设项目安全设施"三同时"监督管理办法
	尾矿库安全规程		企业安全生产费用提取和使用管理办法
	矿山安全标志		工作场所职业卫生监督管理规定
	生产经营单位生产安全事故应急预案编制导则		金属非金属矿山重大安全事故隐患判定标准
	非煤露天矿边坡工程技术规范		矿山重大隐患调查处理办法
	矿山电力设计标准		危险化学品登记管理办法
	个体防护装备配备规范 第 4 部分：非煤矿山		特种设备作业人员监督管理办法
	企业安全生产标准化基本规范		用人单位劳动防护用品管理规范

4）宣贯培训

为确保全员参与企业安全标准化系统建设，企业在建设安全标准化系统前，需要对企业全体员工进行安全标准化相关知识的培训教育。首先要解决企业领导层对安全标准化工作重要性的认识，加强其对安全标准化工作的理解，使企业领导层深刻认识该工作的重要性，进而加大推广力度，监督执行进度。其次要使企业中层管理人员了解建立安全标准化系统的意义和重要性，以及安全标准化系统创建的主要工作内容、程序和要求。最后要通过基层宣贯培训，充分调动全体员工参与安全标准化系统建设的积极性和主动性，确保安全标准化系统能够落地生根和有效运行。

宣贯培训前应通过现状调查，充分了解和掌握不同层次人员的培训需求，并按照实际情况，实施分阶段、分层次培训。企业安全标准化宣贯培训一般可以分为高层（决策层）、中层（管理层）、基层（执行层）三个层次，分别进行培训，如图 9-10 所示。

宣贯培训一般分为强化培训和持续培训两个阶段。强化培训阶段是在安全标准化系统创建初期，分别对上述三个层次的人员进行集中强化培训，重点使其了解安全标准化系统创建的目的意义、方法程序、标准要求。持续培训阶段是安全标准化系统建设核心工作小组，对所属二级单位全体员工进行的业务培训，在安全标准化系统建设过程中持续进行。

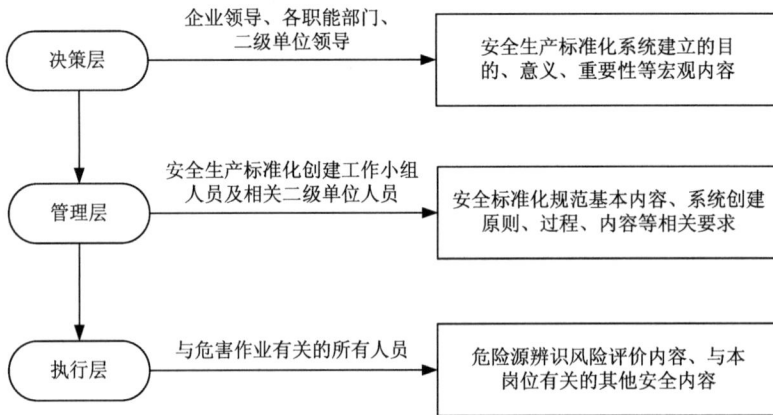

图 9-10　安全标准化宣贯培训层次图

9.4.2　初始评估

初始评估阶段，是企业安全标准化系统建设的核心阶段。通过初始评估，全面掌握企业安全生产的风险因素、所采取的风险控制措施以及风险受控状况，明确企业安全风险分级管控的内容和要求。初始评估阶段工作应充分与企业安全预防控制体系有关内容进行融合。

初始评估的主要工作，包括工作任务分析、危险源辨识、风险评价、风险分级控制、关键任务识别与分析等。

1）工作任务分析

开展工作任务分析之前，应做好各单位安全标准化系统建设工作小组成员的培训。培训内容包括工作任务分析的步骤、方法、要求及危险源辨识与风险评价的基本知识。

企业各单位根据企业前期现状诊断的结果，了解本单位的作业过程、设备设施和工艺流程及其风险特点，并制订初始评估工作计划，明确初始评估各环节的主要工作内容和要求，如表 9-2 所示。

表 9-2　某矿初始评估工作计划

工作步骤	主要内容	要求	时间
工作任务分析	按照作业流程梳理作业任务、收集作业信息、明确作业步骤	（1）以车间、科室为基本单元开展工作。 （2）尽可能地收集作业信息，包括正常情况下的作业信息、故障或应急情况下的作业信息以及检修作业信息。 （3）列出作业任务及其作业步骤明细表	10 天
设计危险源辨识调查表	评定作业任务及其作业步骤划分的全面性和合理性，并设计《作业任务危险源辨识调查表(样表)》	由安全科组织相关人员，对汇总的作业任务及其作业步骤进行评定、修改。这里的相关人员要具有丰富的现场工作经验和一定的安全管理经验。 根据确定的作业任务及其作业步骤，设计《作业任务危险源辨识调查表(样表)》	1~2 天
危险源辨识	开展作业任务危害辨识，并填写《作业任务危险源辨识表》	各车间、科室根据发放的《作业任务危险源辨识调查表(样表)》，选择本单位具有一定实际工作经验和安全管理能力的 2~3 人牵头，组织对本单位的作业任务进行危险源辨识。 要求本单位的全员参与到危险源辨识当中来，所有员工都有机会参与危险源辨识的讨论及《作业任务危险源辨识调查表(样表)》的填写。 按照"初始风险评价程序说明书"的要求，各单位根据自身作业特点与管理范围，针对某项作业任务，开展危险源辨识活动。辨识出的该作业任务的危害类型可以交叉重复，确保不遗漏。 及时上交书面和电子版的《作业任务危险源辨识调查表》到安全科	2 个月
风险评价	选定风险评价方法，对作业任务风险进行评价，并完成《风险评价信息汇总表》	由安全科组织，在车间、科室中，选择具有一定工作经验和安全管理能力，且有一定知识水平的人员，组成风险评价小组。 根据实际的生产情况，确定风险等级的划分标准。 按照"初始风险评价程序说明书"的要求，采用有关的系统风险评价方法进行风险评价。 及时上交书面的和电子版的《风险评价信息汇总表》到安全科	1 个月
提出风险控制措施（管控分级）	完成《风险评价信息汇总表》中"风险控制措施""管控责任人"栏的内容填写	由风险评价小组成员，按照"初始风险评价程序说明书"的要求，对风险提出合理的控制措施。 及时上交书面的和电子版的已填写风险控制措施的《风险评价信息汇总表》	1 个月

续表9-2

工作步骤	主要内容	要求	时间
审核风险控制措施	完成风险控制措施审核	由安全科组织有关人员对风险控制措施进行审核	10 天
形成风险评估与分级管控报告	充实风险评估内容，对辨识结果进行分析统计	由安全科对表格进行统计分析，确定出人、机、物、管、环各类风险的数量，并绘制成图，作出趋势分析，下发给各生产单位学习	10 天

工作任务分析应全面、具体，重点考虑生产工艺流程、设备设施、作业活动三个方面。同时，针对管理方面，也应作明确的分析，如图9-11所示。

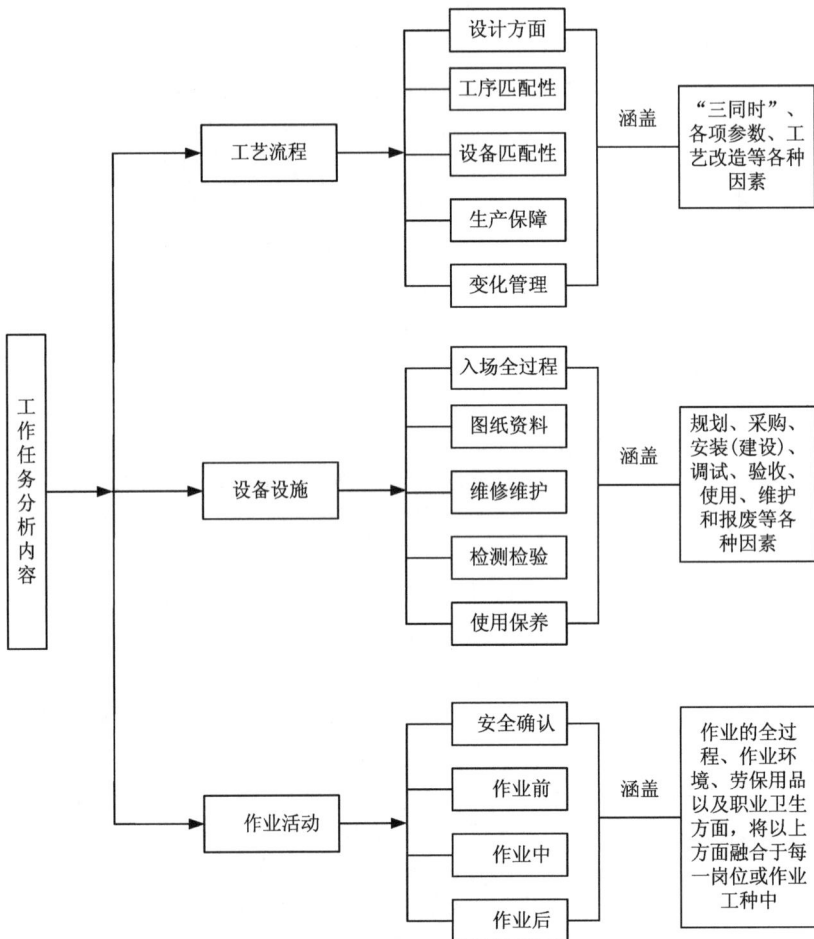

图 9-11　工作任务分析内容图

各单位完成任务分析之后，将表格提交上级单位进行审核，及时提交工作总结与计划。工作任务分析总结内容主要包括：

(1)本单位参与初始风险评估的作业过程、设备设施以及工艺流程。

（2）工作任务分析过程中的问题。

（3）工作任务分析人员的工作能力及其对专业知识的了解程度。

（4）危险源辨识工作的初步计划。

以某露天矿山为例，首先对其剥离、采矿等各项作业的工作程序、设备设施、工艺等进行调查，并列出清单，以便后期逐项对应进行辨识，如表 9-3 所示。

表 9-3　某露天矿剥离、采矿车间作业信息收集

生产单位	工种	设备设施	生产工艺
剥离车间	运输司机、松土机司机、装载机司机、挖掘机司机、平地机司机、洒水车司机、推土机司机、技术员、电铲司机、运矿司机、排土工、重型修理工、汽车修理工、交、直流电工、焊工、天车工、车工、车间主任、车间副主任、安全点检员、劳资统计员、库工	电铲、挖掘机、推土机、装载机、平路机、洒水机、运输车、天车、普通车床、电焊机、维修厂房、砂轮机	生产剥离工艺
采矿车间	修理工、汽车司机、松土机司机、挖掘机司机、装载机司机、排土工、洒水车司机、爆破工、天车工、空压机操作工、电焊工、气焊工、直流电工、外线电工、库工、材料员、轮胎工、平地机司机	维修厂房、天车、松土机、装载机、挖掘机、运岩车辆、洒水车、汽车、平地机、电焊机、砂轮机、气泵、防灭火系统、乙炔、氧气设施	采矿工艺

2）危险源辨识

危险源辨识是识别危害的存在并确定其性质的过程。企业在工作任务分析的基础上，对确定的所有工作任务，开展危险源辨识工作。

危险源辨识应坚持科学性、系统性、全面性和预测性的原则。因此，危险源辨识要求考虑所有的作业场所，作业场所内所有作业人员的作业活动，以及作业场所内的所有设备设施，并根据三种状态（正常、异常和紧急）和三种时态（过去、现在和将来），从人（人员）、机（设备设施与工艺）、料（物料）、法（制度、规程、方法、程序）、环（环境）五个方面，物理、化学、心理、生理等多种因素，全面系统识别，以确保危险源辨识结果的完整性、准确性和针对性。

危险源辨识的一般工作步骤如图 9-12 所示。

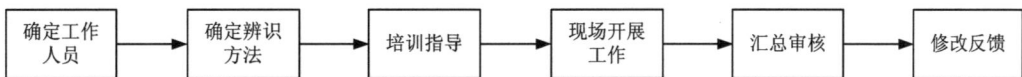

确定工作人员 → 确定辨识方法 → 培训指导 → 现场开展工作 → 汇总审核 → 修改反馈

图 9-12　危险源辨识工作步骤

（1）确定危险源辨识工作人员

企业在开展危险源辨识工作前，应选择专业基础好、对设备设施及工艺过程危险特性较为了解、对作业现场和作业过程较为熟悉的人员组成工作指导小组，并在指导小组的指导下，以班组为单位，以全员参与的形式开展危险源辨识工作。

（2）确定辨识方法

危险源辨识的方法很多，各种方法从切入点和分析过程上，都有其各自的适用范围或局限性，在辨识危害的过程中，使用一种方法有时不足以全面辨识其所存在的危害，可以针对不同情况采用多种方法。目前常用的危险源辨识方法包括询问交谈、问卷调查、现场观察、安全检查表、工作任务分析、作业条件危险性分析和系统安全分析方法等多种方法。企业可根据实际情况，选择适用的危害辨识方法。目前，在大部分金属非金属矿山，多采用询问交谈、安全检查表（SCL）、工作安全分析（JSA）、作业条件危险性分析（LEC）、故障树分析（FTA）、事件树分析（ETA）和预先危险性分析（PHA）等方法。

（3）培训指导

企业组织开展危险源辨识培训，主要培训内容为危害因素的分类、危害辨识的方法以及危害辨识工作的注意事项等。通过培训，确保所有主管危险源辨识工作的人员熟悉辨识的方法，有能力组织开展辨识工作。

（4）现场开展工作

在工作指导小组成员的现场指导下，采取班组讨论会的形式，现场开展危险源辨识工作。工作指导小组应现场跟踪检查各单位的进展情况，确保危险源辨识工作按照规定的时限，保质保量地完成。

班组在讨论危害因素及其可能导致的后果时，可参照《生产过程危险和有害因素分类与代码》（GB/T 13861—2009）确定可能的危害因素，同时参照《企业职工伤亡事故分类》（GB 6441—86）确定可能的危害后果。

（5）汇总审核

危险源辨识工作指导小组成员汇总各单位上交的危害辨识内容，并对辨识结果的完整性和准确性进行全面审核。

（6）修改反馈

对审核提出的修改意见，及时反馈至各单位，监督其组织班组学习、讨论，并修改、完善相关辨识内容。

在现场工作中，任务分析明确后，对于具体的作业过程，要进行作业活动的划分，对于工艺，要列出工艺流程，对于设备，要详细列出具体的辨识内容，如图9-13、表9-4、表9-5、表9-6所示。

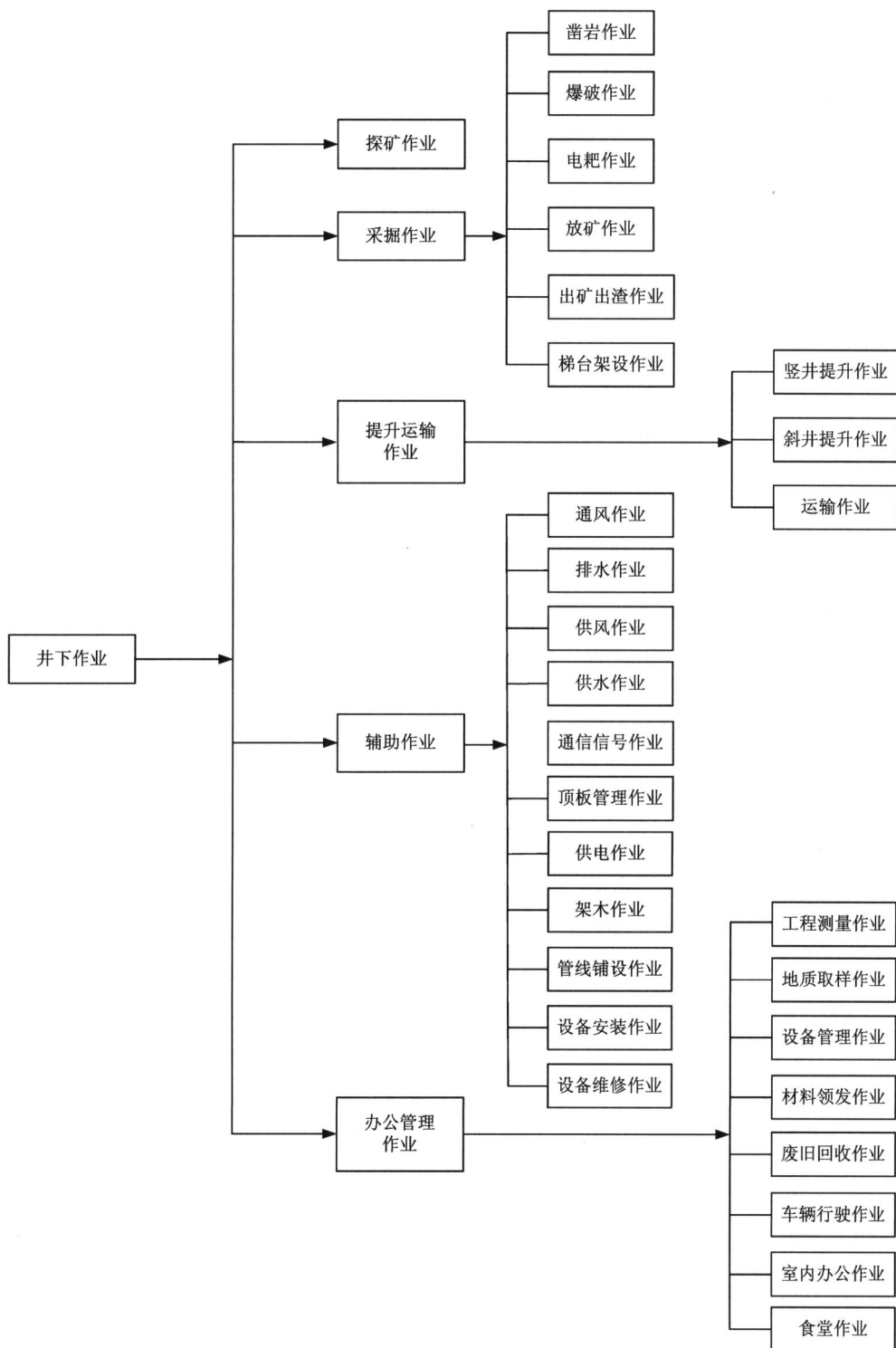

图 9-13　某地下矿山作业活动划分图

表 9-4　某露天矿山爆破工艺辨识内容划分表

工艺	工序	辨识内容
爆破	设计	部位
		台阶高度
		最小抵抗线
		钻孔深度
		孔距
		排距
		钻孔数量
		起爆方式
		起爆间隔
		第一排孔及后一排孔装药量
		矿岩性质
		爆破方量
	工序的匹配	爆破经审核批准后，实施铲装
		爆破设计
		爆破设计审批
		钻孔
		验孔
		火工材料使用审批
		领取、装药
		警戒、撤离
		实施爆破
		爆破后检查
		警戒解除
	设备的匹配	潜风钻的钻孔能力
		空压机的配置
	保障的可靠性	柴油供应的连续性
		收尘的有效性
		协调作业的可靠性
		火工材料供应的连续性
		照明的可靠性
		警示标志的齐全性
		维修的及时性
	意外或者突发情况	地震
		台风
		连续暴雨
		机器无法开启

表 9-5 某露天矿山装载机辨识内容划分表

设备/设施	项目	辨识内容
装载机	规划	周边设备设施影响
		设备型号匹配性
	设计	结构合理性、稳定性
		安全防护设施
		辅助设施(照明、除尘、噪声、振动、防护栏杆)
		技术图纸
	采购	配件、整机
	使用	稳定性、可靠性
		安全性
	保养维护	机械系统
		润滑系统
		液压系统
		参数测定
		自动保护系统
	报废	
	检测检验	

表 9-6 某矿采掘作业信息收集表

1)凿岩作业
使用规程与制度：安全规程、安全技术操作规程、岗位责任制
作业人数：10 人
作业时间：8 小时
作业类型：人工
作业频率：每天
安全注意事项：穿戴劳保，做好采场照明、加强顶板管理、加强采场通风、设备设施安全
历史上发生过事故：高空坠落事故、冒顶片帮事故、中毒窒息事故
事故伤害主要类别：冒顶片帮、中毒或窒息、粉尘、其他伤害
2)爆破作业
使用规程与制度：安全规程、安全技术操作规程、岗位责任制
作业人数：8 人
作业时间：8 小时
作业类型：人工
作业频率：每天
安全注意事项：预警工作、飞石

历史上发生过事故：人员伤亡

事故伤害主要类别：耳聋、伤亡、其他伤害

3）放矿作业

使用规程与制度：安全规程、安全技术操作规程、岗位责任制

作业人数：6 人

作业时间：8 小时

作业类型：人工

作业频率：每天

安全注意事项：穿戴劳保、坠石、触电

历史上发生过事故：无

事故伤害主要类别：砸伤、粉尘、其他伤害

4）出矿出渣作业

使用规程与制度：安全规程、安全技术操作规程、岗位责任制

作业人数：20~30 人

作业时间：8 小时

作业类型：人工

作业频率：每天

安全注意事项：穿戴劳保，注意飞石，松板

历史上发生过事故：无

事故伤害主要类别：砸伤，其他伤害

5）梯台架设作业

使用规程与制度：安全规程、安全技术操作规程、岗位责任制

作业人数：2 人

作业时间：8 小时

作业类型：人工

作业频率：约 3 天/次

安全注意事项：高空坠落

历史上发生过事故：无

事故伤害主要类别：坠落、其他伤害

3）风险评价

风险评价是建立安全标准化系统的基础和前提，是寻求持续改进企业安全绩效的基本工具。在开展充分的危险源辨识基础上，企业将汇总整理的危险源辨识结果选用合理的评价方法进行逐项评价，并判断风险等级。风险评价工作步骤如图 9-14 所示。

图 9-14 风险评价工作步骤

（1）制订风险评价工作计划

在开展风险评价工作之前，企业应制订风险评价工作计划，内容包括工作起止时间、人员培训要求、风险评价步骤、评价结果审核与发布要求等，并根据企业情况，确定风险评价方法。

（2）确定工作人员

风险评价工作要求工作人员既懂生产，又懂安全，且具有一定知识水平，要求各单位根据之前的培训及企业实际情况，选出评价小组人员。

（3）培训指导

风险评价培训的主要内容为各种风险评价方法，目标是确保所有参与风险评价的人员熟悉评价方法，有能力开展风险评价。

（4）开展工作

根据危险源辨识结果，选择合适的评价方法，对危害后果进行风险评价。目前，金属非金属矿山大多采用直接判断法和作业条件危险性评价法两种方法进行风险评价工作。

由美国安全专家格雷厄姆和金尼提出的作业条件危险性评价是一种简便易行的、衡量人们在某种具有潜在危险的环境中作业的危险性的半定量评价方法。该方法认为作业条件危险性（D）的大小，取决于事故或危险事件发生的可能性（L）、暴露于危险环境的频繁程度（E）和危险严重程度（C）这三个因素，各因素取值见表 8-3、表 8-4、表 8-5。

作业条件危险性（D）是 L、E、C 三者的乘积，用公式来表示，则为：

$$D = L \times E \times C \tag{9-1}$$

式（9-1）中，L、E、C 的取值可通过专家交叉打分的方式确定。具体做法是将危险源辨识结果分成多块，并分发给不同的专家，每个专家可根据专业情况分配多个板块。同一危害辨识板块至少由三位专家打分，得出分数后，再集中汇总，取平均分作为该项危险源辨识的最终评价结果。

金属非金属矿山风险等级，一般从高到低划分为四个等级，分别对应重大风险、较大风险、一般风险和低风险，并用红、橙、黄、蓝四种颜色标示。风险点的等级按风险点内各危险源的最高风险级别确定。

（5）汇总审核

多个专家完成打分后，将打分结果汇总，并报风险评价领导小组审核。

（6）修改发布

风险评价领导小组审核后，将有争议的评价结果，发回重新评价，审核通过后，发布风险评价结果，指导、督促各单位组织相关人员学习并落实评价结果。

在矿山实际风险评价中，对于大的生产系统，可先通过故障树进行初步分析，再通过作业条件危险性评价法进行具体评价，见表 9-7。

表 9-7　某矿斜井跑车事故风险及措施评价表

系统：提升系统		事件：斜井跑车事故			评估时间：			
序号	项目	危险有害因素	易发生的事故类型	影响范围	LEC 评价法			
					L	E	C	D
1	提升机	提升机未取得矿用安全标志，造成设备不匹配，形成各项缺陷	跑车事故	整个提升系统	1	6	40	240
2	提升机	提升机为淘汰设备，造成设备不匹配，形成各项缺陷	跑车事故	整个提升系统	1	6	40	240
3	制动系统	制动系统未配置或失灵	跑车事故	整个提升系统	0.5	6	40	120
4	机电控制系统	机电控制系统失效	跑车事故	整个提升系统	0.5	6	40	120
5	连锁系统	无保护连锁系统或失效	跑车事故	整个提升系统	0.5	6	40	120
6	保护装置	保护装置：限速、过速、过卷、闸间隙、松绳、减速、深度指示器失效、过负荷等保护装置开关不灵敏、不可靠	跑车事故	整个提升系统	1	6	40	240
7	操作台	操作台开关、按钮不灵敏、不可靠	跑车事故	整个提升系统	0.5	6	40	120
8	深度指示器	提升装置深度指示不准确，引起人员操作失误	跑车事故	整个提升系统	0.5	6	40	120
9	钢丝绳	钢丝绳未取得矿用标志，造成设备不匹配，形成各项缺陷	跑车事故	整个提升系统	1	6	40	240
10	钢丝绳	提升装置钢丝绳缠绕层数不符合标准	跑车事故	整个提升系统	0.5	6	40	120
11	钢丝绳	提升装置钢丝绳绳头固定方式不准确	跑车事故	整个提升系统	1	6	40	240
12	钢丝绳	钢丝绳的钢丝有变黑、锈皮、点蚀麻坑等损伤	跑车事故	整个提升系统	1	6	40	240
13	防跑车装置	未安装阻车器、挡车栏等防跑车装置或斜井防跑车装置失灵	跑车事故	整个提升系统	1	6	40	240
14	提升机操作	未按规定试车、试验	跑车事故	整个提升系统	0.5	6	40	120
15	提升机操作	未得到明确的信号便开车	跑车事故	整个提升系统	0.5	6	40	120
16	提升机操作	超速、超载操作	跑车事故	整个提升系统	0.5	6	40	120

续表 9-7

系统：提升系统			事件：斜井跑车事故			评估时间：			
序号	项目	危险有害因素	易发生的事故类型	影响范围		LEC 评价法			
						L	E	C	D
17	日常管理	未对提升机、钢丝绳等设备设施进行定期检测检验，造成设备缺陷	跑车事故	整个提升系统		0.5	6	40	120
18	日常管理	未按期对设备进行维护、保养，造成设备缺陷	跑车事故	整个提升系统		0.5	6	40	120
19	……	……	……	……		……	……	……	……

4）风险控制

完成风险评价工作之后，应根据结果针对性地提出控制措施，并根据安全技术措施等级顺序的要求，确定风险控制的基本原则，即消除、预防、减弱、隔离、联锁、警告。

提出的控制措施，是企业未来控制风险的重要依据，因此，各项措施应在经济、技术、时间上是可行的，能够落实和实施的，这就要求企业在落实措施前，应对制订的风险控制措施进行充分论证与评审。

对风险控制措施进行评审时，注意以下事项：

（1）风险控制措施的选择是否合理；

（2）风险控制措施是否有效；

（3）风险控制措施是否具备可操作性。

风险控制措施评审时，还要严防措施就事论事、不够全面，措施笼统、操作性差，只顾眼前、不顾潜在异常等问题。

企业应遵循风险分级管控的要求，管控层级一般可分为公司（矿）级、部门（科室）级、区队（车间）级、岗位（班组）级。按照风险等级越高、管控层级越高的原则，对安全风险逐级落实具体管控措施。上级负责管控的风险，下级要同时负责管控。

5）关键任务识别与分析

在危险源辨识与风险评价基础上，结合划分的作业活动，开展关键任务识别与分析工作。

关键任务是指特定的工作任务，如果其未正确执行，可能造成重大的人员伤亡、财产损失、环境破坏或其他损失。关键任务识别与分析的目的是为后一步的作业指导书的编制提供依据，是编制作业指导书的前提与基础。识别关键任务，建立关键任务档案，健全关键任务管理程序，对关键任务实施有效管控，是企业预防重大人身伤亡事故，实现安全生产的重要保障措施。

金属非金属矿山工作任务有很多类，划分的方式也有很多，如按工作场所划分、按工种类别划分等。目前，使用最多的是按工种进行任务分类。如凿岩工负责凿岩工作任务，爆破工负责爆破工作任务，通风工负责通风系统工作任务等。每个工种，根据其工作性质的差异,可能负责一项工作任务,也可能负责多项工作任务,各工作任务造成的后果也不尽相同。因此,关键任务不能简单定义为某个工种的工作任务,而应根据工种的具体工作性质加以区分。关键任务识别与分析流程一般按照图9-15所示。

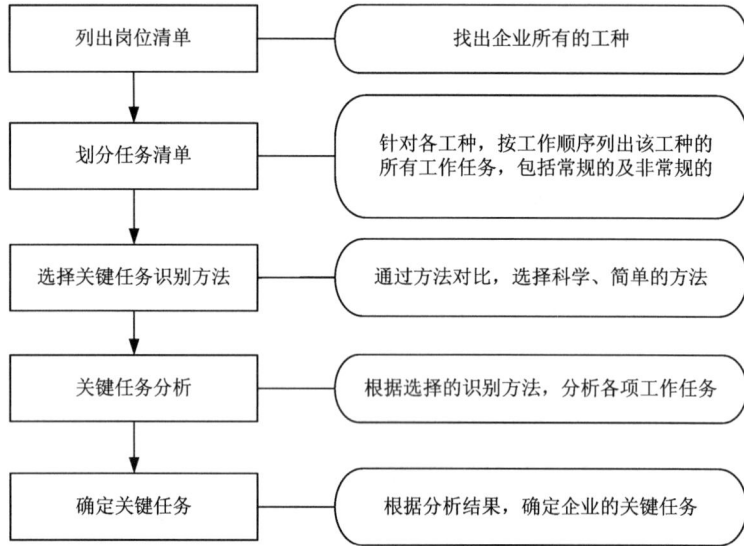

图 9-15 关键任务识别与分析流程图

(1)确定岗位清单

根据本单位岗位设置情况进行岗位分析。金属非金属矿山工作任务的执行,是由人或人与设备共同完成的。因此,在关键任务识别过程中,以岗位员工为基础,按工种划分作业活动,分析各岗位的工作任务,可有效地保证关键任务识别的全面性,避免漏项。

(2)任务清单

根据所划分的作业单元,列举所有的作业任务,并根据危险源辨识和风险评价结果,填写"风险类别描述""风险数量""风险等级描述"。"风险类别描述"需要将所对应的作业任务中识别出来的所有风险类别全部填写出来;"风险数量"是所对应的作业任务的风险数量总和;"风险等级描述"是所对应的作业任务中辨识出来的最高风险等级。

(3)关键任务识别与分析方法

关键任务的识别,是通过分析工种的任务来确定的。金属非金属矿山安全生产标准化系统创建过程中,企业可以使用作业条件危险性分析(LEC)及 MLS 评价法等方法进行评定。同时,也可综合两种方法,通过"将来的可能性""过去的经验""合法性/危险性分析"来确定每项任务清单的分值,进而确定该项任务是否为关键任务。识别与分析可按照表9-8进行。

表9-8 关键任务识别样表

| 部门： | | 区域： | | 制表人： | | 日期： | 年 月 日 |

| 分数说明：0＝没有 1＝低 2＝中等 3＝高 4＝非常高 （总分高于15分的为关键任务） | | | | | | | | | | |

序号	所有的任务清单	将来的可能性			过去的经验					合法性/危险性分析		总分（相加）	这个任务需要一个作业指导书/操作惯例吗	必要的话，谁负责制定这个作业指导书/操作惯例
		任务可能导致			任务导致了以往的					资质证/特定的技能等				
		伤害可能性	损失可能性	污染可能性	伤害	损失	污染	未遂	重复率	危险任务	新的或法定要求			

表中的各项取值，见表9-9至表9-13。

表9-9 伤害、损失、污染可能性取值标准表

分数值	描述
0	没有伤害，疾病；质量、生产环境或其他损失低于1000元
1	小的擦伤/撞伤或疾病；损失在1000~9999元的财产损害、质量、生产事件，或发生电网、设备二类障碍；或少于5 L的泄漏然后自己清除干净的环境事件
2	损失工时的伤害或疾病，没有永久性伤残；其损失在10000~99999元的破坏性的财产损害、质量、生产事件或发生电网＆设备一类障碍；或多于5 L的泄漏并找别人帮助清除的环境事件
3	特别严重的伤害(残废等)；其损失在100000~999999元的破坏性的财产损害、质量、生产事故或发生电网＆设备一般事故；或大量泄露，清除要花大量成本的环境事故
4	死亡；损失高于1000000元的破坏性的财产损害、质量、生产事故或发生电网＆设备重大以上事故，或中断安全记录；或灾难性环境事故，影响了经营，上电视新闻，可能有法律问题等

表9-10 未遂次数取值标准

分数值	描述
1	未遂次数总和少于10次
2	未遂次数总和为10~30次
3	未遂次数总和大于30次

表9-11 事故重复率发生次数取值标准

分数值	描述
1	事件重复发生次数总和低于5次
2	事件重复发生次数总和为5~10次
3	事件重复发生次数总和大于10次

表 9-12 危险性任务取值标准

分数值	描述
0	非危险性任务
4	危险性任务(如处于高压、高空等危险环境中)

表 9-13 新的或法定要求取值标准

分数值	描述
0	常见的、非法定的任务
4	新的、不常见的或有法定要求的任务

判断值 J 为将前面的各项分数相加,如果 $J \geq 15$,则该项任务为一个关键任务,需要编制作业指导书;如果 $J < 15$,则该项任务为非关键任务,按照操作惯例/规程来作业即可。某地下矿山工区关键任务识别与分析表见表 9-14。

表 9-14 某地下矿山工区关键任务识别与分析表

部门: 工区　　　　区域:　　　　　　制表人:　　　　　日期:

分数说明:0=没有　1=低　2=中等　3=高　4=非常高　(总分高于或等于15分的为关键任务)

序号	所有的任务清单	将来的可能性			过去的经验					合法性分析		总分	这个任务需要一个作业指导书/操作惯例吗
		任务可能导致			任务导致了以往的					特定的技能等			
		伤害可能性	损失可能性	污染可能性	伤害	损失	污染	未遂	重复率	危险任务	法定要求		
1	90 钻钻工作业	2	1	2	2	1	2	1	2	4	4	21	作业指导书
2	大爆破作业	2	2	4	2	2	4	1	1	4	4	26	作业指导书
3	支柱工作业	1	1	1	2	1	1	1	2	4	0	14	作业指导书
4	平巷掘进风钻工作业	2	1	2	2	1	2	1	2	4	4	21	作业指导书
5	天井风钻工作业	2	1	2	2	1	2	1	2	4	4	21	作业指导书
6	斜坡道风钻工作业	2	1	2	2	1	2	1	2	4	4	21	作业指导书
7	松石洒水作业	2	1	1	2	1	1	1	1	4	4	18	合为《通风降尘作业指导书》
8	通风防尘作业	1	1	1	1	1	1	1	1	4	4	16	
9	柴油铲车工作业	2	1	2	2	1	2	1	1	0	0	12	操作惯例
10	汽车司机作业	2	1	2	2	1	2	1	1	0	0	12	操作惯例

续表 9-14

| 部门： | 工区 | | | | 区域： | | | | 制表人： | | 日期： | |

分数说明：0=没有　1=低　2=中等　3=高　4=非常高　（高于或等于 15 分的得分为关键任务）

序号	所有的任务清单	将来的可能性			过去的经验					合法性分析		总分	这个任务需要一个作业指导书/操作惯例吗
		任务可能导致			任务导致了以往的					特定的技能等			
		伤害可能性	损失可能性	污染可能性	伤害	损失	污染	未遂	重复率	危险任务	法定要求		
11	电动铲运工作业	2	1	2	2	1	2	1	1	4	4	20	作业指导书
12	手工出渣作业	1	1	1	1	1	1	1	1	4	0	12	操作惯例
13	格筛工作业	1	1	1	1	1	1	1	1	4	0	12	操作惯例
14	管道工作业	1	1	1	1	1	1	1	1	4	0	12	操作惯例
15	井下维修钳工作业	1	1	1	1	1	1	1	1	4	0	14	操作惯例
16	汽车维修作业	2	1	2	2	1	2	1	1	4	4	20	作业指导书
17	锅炉工作业	2	1	2	2	1	2	1	1	4	4	20	作业指导书
18	油料库工作业	1	1	1	1	1	1	1	1	4	4	16	作业指导书
19	行车工作业	2	1	2	2	1	2	1	1	4	4	20	作业指导书
20	炸药库工作业	2	1	2	2	1	2	1	1	4	4	20	作业指导书

9.4.3　文件策划

安全标准化系统的运行就是按照安全标准化系统文件进行管理，而文件策划的基础即为初始评估阶段的风险控制措施。企业根据风险控制措施的结果，设计本单位的安全标准化文件体系。安全标准化系统文件是安全标准化系统运行的依据和支撑。根据企业风险控制特点，结合以往的安全管理体系，可将安全标准化系统文件分为 4 个层次，4 个层次的文件内容应涵盖安全标准化系统策划阶段的所有要求。文件体系结构如图 9-16 所示。

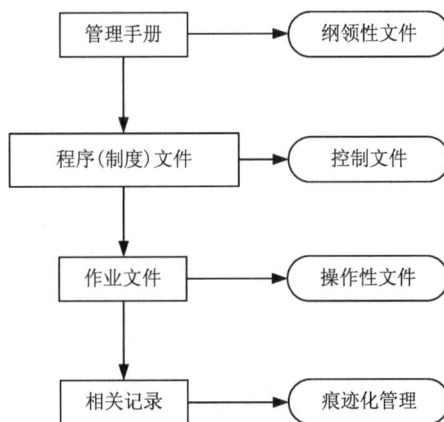

图 9-16　文件体系结构图

安全标准化系统文件的编制，在内容上，要准确体现《标准化规范》的要求，融入适用于企业的法律法规及其他要求内容，体现初始评估确定的风险控制要求。在文字陈述上既要具体、细致又要简明。

1）管理手册

管理手册作为体系的纲领性文件，浓缩了体系工作的内容要求与职责，有利于企业落实安全标准化系统其他文件，是金属非金属矿山企业向内部和外部提供关于企业安全标准化系统整体信息的文件，是对本企业安全生产保障能力的集中表述，供企业中高层管理人员和相关方以及相关技术服务机构实施外部评审时使用。管理手册主要用于描述系统主要元素及其相互作用，并说明相关文件的关联及如何查询。一般来说，金属非金属矿山企业管理手册结构如图 9-17 所示。

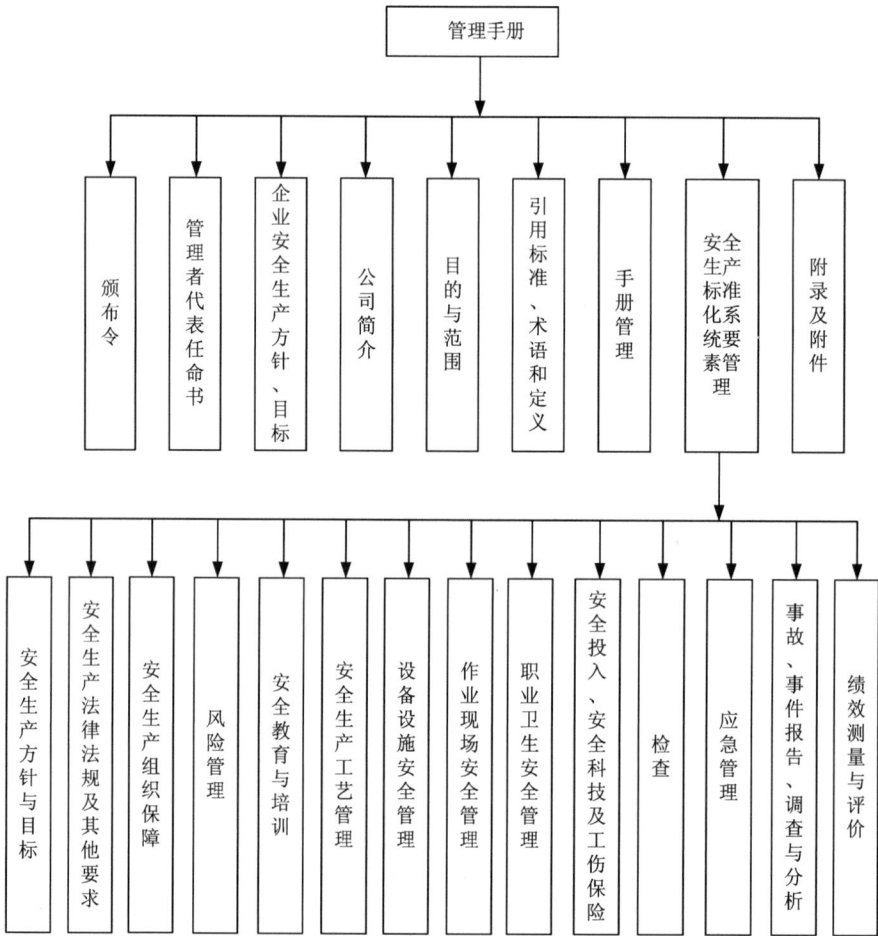

图 9-17 金属非金属矿山企业管理手册结构图

（1）手册的作用

管理手册主要有三方面作用，一是对安全标准化系统进行总体规划；二是规范、协调各职能部门的安全生产职责；三是向相关方或外部评审机构简要阐述企业安全标准化系统的主要内容。

（2）编写要求

企业编写管理手册，应遵循 7 项原则，管理手册编制原则如图 9-18 所示。

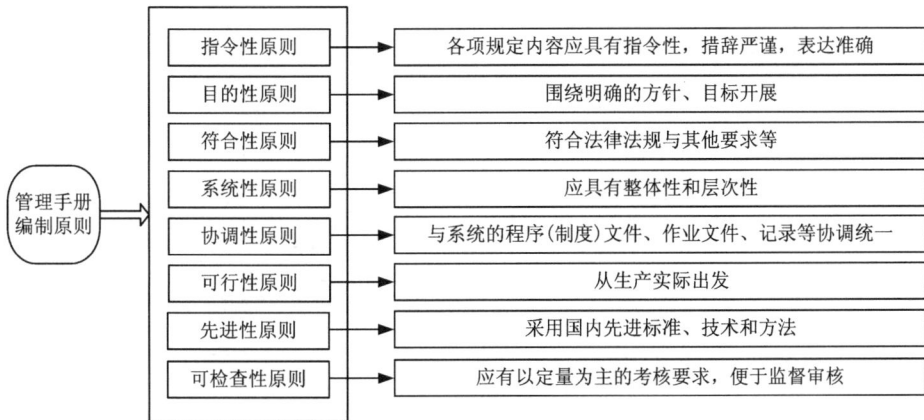

图 9-18　管理手册编制原则图

管理手册用简明的文字描述系统的基本要求，核心内容是 14 个元素的基本要求。若企业只有尾矿库，则管理手册只需 9 个元素内容。若企业既有矿山又有尾矿库，则在 14 个元素部分，还应融入尾矿库 2 项独立元素的内容。

对元素的描述一般包括总则(目的)、职责、控制要求、相关文件(支持性文件)、相关记录等内容。描述中应当注意如下要求：

①总则(目的)：写明本元素的具体目的，不应写管理系统的目的，不宜出现"保护员工的安全健康""提高安全管理水平""预防事故的发生"等概括性语句，应具有明确针对性。

②职责：对于需要制订制度的元素，这里关于职责的描述应当简明，不需像相应制度关于职责的描述那样细致。

③相关文件：除本元素的制度文件外，只列出关系较为紧密的元素的相关文件。

④相关记录：对于需要制订制度的元素，一般不列相关记录，相关记录列入制度文件中。

(3)手册编制程序

管理手册编制程序可按照图 9-19 所示进行。

完成管理手册的编制之后，企业应组织人员审核。由于管理手册是安全标准化系统的纲领性文件，因此，企业各个部门的高层管理人员均应参与审核，以便明确安全标准化系统的职责与工作要求。

2)程序、制度文件

企业根据生产实际情况、初始风险评估结果及《标准化规范》的要求等，确定所需编制的程序或制度文件。在职业安全健康管理体系中，一般称之为程序文件。在《非煤矿矿山企业安全生产许可证实施办法》《金属非金属矿山安全规程》等法规中，一般称之为制度文件。制度文件是管理手册的支持性文件，是管理手册中原则性要求的进一步展开和落实，因此，编制的制度文件必须符合管理手册的有关规定和要求，并从安全标准化系统的整体出发，进行系统编制。

制度文件属于系统文件结构中的第二层，起到一种承上启下的作用，对上是管理手册的展开和具体化；对下其引出相应的支持性文件，主要为作业指导书、操作规程、安全检

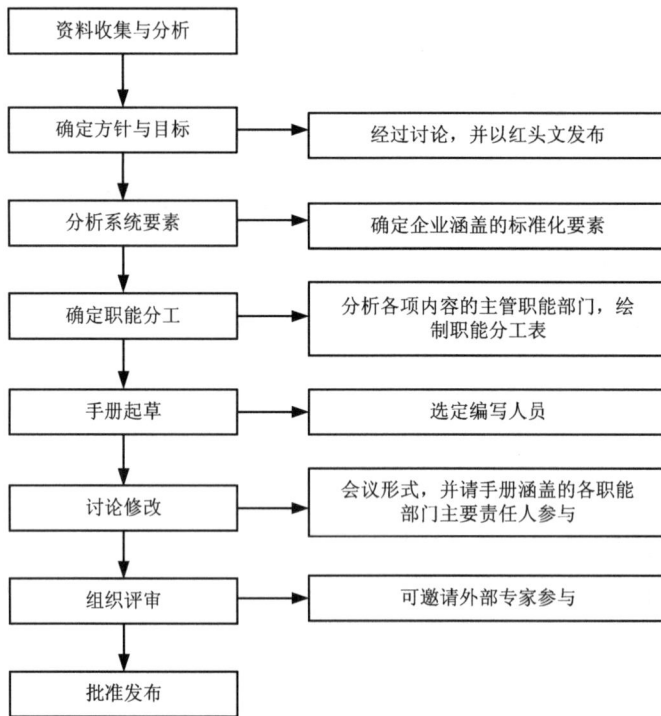

图 9-19 管理手册编制程序图

表等。

制度文件一般包含目的、适用范围、引用文件、定义、职责、工作程序及要求(或管理内容及要求)、相关文件、相关记录、附录、附表等多个章节。

一个制度文件可以是安全标准化系统某个元素的全部要求,也可以是某个元素的部分要求,还可以是几个相关元素的全部或部分要求,但一般不包括纯技术性的细节。制度文件展开的深度和广度,取决于企业过程或活动的风险特点和复杂性,以及人员能力等因素。

(1)制度文件基本内容

①目的。

说明本制度的目的,不应写建立安全标准化系统的目的。

②适用范围。

说明制度文件适用的部门或单位、区域或场所、人员或活动。

③术语及定义。

适用于多个制度文件或通用的术语可以集中放在一起予以定义,置于管理手册中或制度文件合订本的前面,而不需要在每个制度文件中重复定义或解释。仅在个别制度文件中用到的术语,需要在该制度文件中予以定义。

④职责。

应将该制度中相关的职责说全,避免遗漏。如《安全培训教育管理制度》中就培训而言,在本部分要说明培训工作的负责部门或负责人;培训需求的确定和提出,培训需求的评审,培训计划的制订、实施，培训效果的评价，培训计划的修改，人员能力的测评与考核等。

⑤工作程序及要求。

该部分是制度文件的核心，主要说明：做什么，谁去做，何时做，何地做，如何做，达到怎样的标准，以及留下什么记录。

⑥相关文件。

相关文件包括：本制度文件的"子文件"——作业指导书等，本制度文件的"同层文件"——其他制度文件，"借用的"其他体系的文件，写明文件号和文件名。

⑦相关记录。

本制度文件要求使用的记录，给出记录号和记录名，并说明负责保存的部门和保存期限。

（2）制度文件编写步骤

为确保企业在运行过程中，制度文件能充分发挥作用，一般按照图9-20所示流程开展制度文件的编制工作。

成立文件编制小组 → 策划 → 起草文件 → 会签或公开征求意见 → 审核 → 签发 → 发布 → 培训 → 反馈

图9-20 文件编写流程图

①成立编制小组。

根据制度文件的性质，企业应确定相关安全管理人员、专业技术人员、岗位作业人员为编写组成员，并进行明确的分工。

②策划。

A.收集资料并进行初始评估识别，包括法律法规的要求、企业管理要求、现有管理制度。

B.根据《标准化规范》的要求，结合企业现状，确定需要编写的制度文件。

C.评价能力与资源，包括人力资源、设备设施、知识与技能。

D.列出文件清单。

③起草文件。

制度文件编制小组根据任务分工，参照事先收集的相关资料，按照制度文件的结构要素的基本要求，分别起草制度文件的目的、适用范围、术语及定义、职责、工作程序及要求、相关文件、相关记录等内容，并明确制度文件规定解释部门和施行日期。所编制的制度文件要求做到目的明确、条理清楚、结构严谨、文字简明。

④会签或公开征求意见。

起草的制度文件初稿，应通过正式渠道征求相关部门的意见和建议，意见不一致时，由制度文件编制小组负责人组织讨论，确定最终结果。

⑤审核。

签发前，企业要组织相关人员对起草的制度文件进行审核。专业性较强的制度文件，应由企业安全生产委员会组织审核。涉及员工利益的制度，应依法经过职工代表大会审核。

⑥签发。

原则上,安全标准化制度文件应由企业主要负责人签发。如果企业对制度文件的签发有明确的规定,也可执行其规定。

⑦发布。

企业可采用红头文件形式、办公网络形式等方式发布制度文件。发布范围应涵盖与制度文件相关的部门和人员。

⑧培训。

新修订的制度文件应组织相关人员进行培训,涉及专业类的制度,还应组织考试。

⑨反馈。

应通过安全标准化系统运行定期检查制度执行中存在的问题,建立信息反馈渠道,及时掌握制度文件的执行效果。

(3)编写要求

①以企业现有安全管理规章制度为基础,根据企业风险评价的结果和安全标准化的工作要求,提出需要修改、完善、新增、沿用的制度文件清单。

②编写制度文件时,要考虑到需要哪些支撑文件,如管理办法、记录表单等,并根据记录内容设计记录表格。

③制度文件的编制人员应具备一定的知识水平,熟悉企业内的各种管理制度,清楚《标准化规范》的要求和安全标准化系统的文件结构。

④制度文件要说明怎么做才能符合与主题内容有关的法律、法规和其他要求,特别是强制性要求。为此,在文件编写前,应熟悉并列出与主题内容密切相关的法规(尤其是行政法规、标准、规章)中相关条款或内容。若某个法规性文件的全部内容或绝大多数内容都运用,可以直接引用该文件。

⑤制度文件在安全标准化系统中具有强制属性,要强制执行,因此,必须具有可操作性和可检查性。

制度文件既要满足《标准化规范》的要求,更要适用于企业的实际情况。因此,制度文件的编审,应注意强制与实用的紧密结合,既要保持必要的原则性,又要考虑企业的实际情况,确保其在企业能实施、可执行。某地下矿山制度清单见表9-15。

表9-15　某地下矿山制度清单

序号	管理制度	序号	管理制度
1	安全生产目标管理制度	8	安全记录管理制度
2	安全生产方针管理制度	9	内外部沟通管理制度
3	安全生产法律法规及其他要求管理制度	10	合理化建议管理制度
4	安全生产责任制管理制度	11	系统管理评审制度
5	安全机构设置与人员任命管理制度	12	供应商与承包商管理制度
6	员工安全健康权益保障管理制度	13	安全认可与奖励管理制度
7	文件与资料控制管理制度	14	安全生产档案管理制度

续表9-15

序号	管理制度	序号	管理制度
15	工余安全管理制度	44	爆破作业管理制度
16	安全生产会议管理制度	45	提升与运输作业管理制度
17	危险源辨识与风险评价管理制度	46	通风作业管理制度
18	重大危险源监控管理制度	47	支护作业管理制度
19	关键任务识别与分析管理制度	48	交接班管理制度
20	任务观察管理制度	49	出入井登记制度
21	员工安全意识管理制度	50	领导带班下井管理制度
22	安全教育培训管理制度	51	特种作业管理与审批管理制度
23	设计管理制度	52	特殊工种管理制度
24	采矿工艺管理制度	53	危险物品和材料管理制度
25	提升运输系统管理制度	54	劳动防护用品管理制度
26	供配电系统管理制度	55	放矿管理制度
27	通风系统管理制度	56	职业卫生预防制度
28	防排水系统管理制度	57	职业危害控制制度
29	防灭火系统管理制度	58	职业卫生监测制度
30	安全避险六大系统管理制度	59	劳动管理制度
31	变化管理制度	60	安全费用提取与使用管理制度
32	设备设施管理制度	61	安全科技管理制度
33	设备设施维护管理制度	62	工伤保险管理制度
34	设备异常情况报告管理制度	63	安全检查与隐患排查管理制度
35	紧急撤离管理制度	64	纠正与预防管理制度
36	顶板分级管理制度	65	应急管理及响应制度
37	采空区管理制度	66	应急预案评审制度
38	地表塌陷区管理制度	67	事故/事件报告管理制度
39	井巷、硐室维护与报废管理制度	68	事故/事件调查管理制度
40	照明管理制度	69	事故/事件统计与分析管理制度
41	爆破器材库管理制度	70	事故/事件回顾管理制度
42	安全警示标志管理制度	71	绩效测量管理制度
43	凿岩作业安全管理制度	72	标准化系统评价管理制度

3）作业文件

作业文件是程序（制度）文件的支持性文件，具有较强的指导作用，为保障各项作业安全进行，控制各项活动风险的文件。为使企业安全生产管理工作具有可操作性，一个程序（制度）文件往往需要若干作业文件来予以支持。作业文件的规定要明确、具体、可操作、可执行，符合企业生产经营活动的实际情况。

金属非金属矿山安全标准化系统中，作业文件是具有较强指导作用的，为保障各项作业安全进行，控制各项风险活动的文件。一般包括关键任务作业指导书、应急救援预案、安全技术操作规程、培训教育方案、安全投入提取与使用计划等。

基于金属非金属矿山企业诸多的作业文件类型，企业在编制作业文件之前，应根据风险辨识结果及制度文件的引用文件来确定作业文件的类型，并建立作业文件清单。

4）记录文件

记录文件是安全标准化系统运行的支持性材料，这些材料主要用于阐明安全标准化系统运行所取得的结果或提供所实施活动的证据，记录文件具有可追溯性的特点。记录文件是安全标准化系统最基础的文件，包括系统运行中产生的各种记录、表格、图片、音像、日志等，如安全会议记录、安全监测记录、安全检查记录、员工培训记录、开采现状图、安全风险管控四色图、视频监控录像等。记录文件的格式、填写要求、保存方式与时限等，在程序（制度）文件或作业文件中应有明确的规定。

9.4.4 系统试运行

安全标准化系统文件完成编制、通过审查、发布实施后，系统将进入试运行阶段。试运行的目的，是通过该过程检验安全标准化系统文件的有效性和协调性。在此阶段中，企业要通过安全标准化系统管理手册、程序（制度）文件、作业文件和记录文件的贯彻落实，加强安全标准化系统的目标跟踪、安全检查、纠正与预防、绩效测量、系统评价、管理评审等环节的运行管理，充分发挥安全标准化系统本身具有的自我纠偏、自我完善、持续改进功能，以期形成"及时发现问题，及时解决问题"的工作机制，不断完善安全标准化系统文件。

1）试运行的目的

（1）检验安全标准化系统文件的适宜性、充分性和有效性。

（2）积累安全标准化系统有效性和符合性的证据。

（3）确保安全标准化系统全部元素的功能的实现。

（4）通过安全标准化系统各元素的运行，监测不可承受的风险，有效控制事故风险。

（5）运用 PDCA 的机制，对安全标准化系统运行实施管理。

（6）发挥安全标准化系统自我监督、自我完善、自我改进机制的作用，实现安全标准化系统的初步完善。

2）试运行流程

安全标准化系统试运行流程如图 9-21 所示。

（1）规范现场

试运行阶段，首先应根据初始风险评估结果和法律法规与其他要求，对企业的生产作业现场、主要设备设施和重要作业环境进行规范化、标准化整治，建立健全安全监测、防护设施与装置，安全警示标志标识，安全出口与通道等，并确保内外部作业环境满足安全要求。

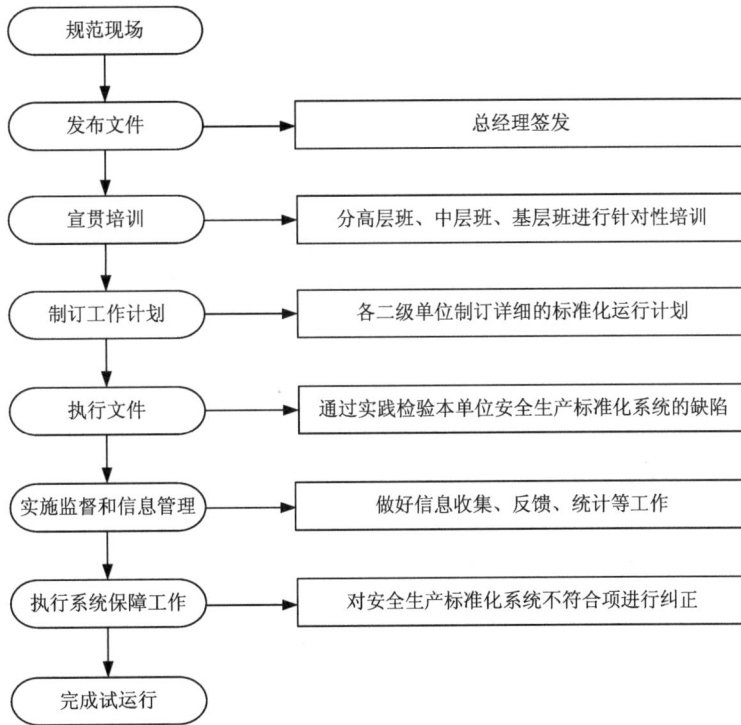

图 9-21 安全标准化系统试运行流程图

在规范现场过程中，应统一对标志标识进行规范，矿山设置的安全警示、提示等标志应参照《矿山安全标志》(GB 14161)、《安全标志及其使用导则》(GB 2894)等要求制订，实现标准化，见表 9-16。

表 9-16 某地下矿山安全标志标识设置要求

序号	位置	标牌类别
1	办公楼前坪或一楼大厅	安全生产方针、目标展示牌；安全宣传栏；安全绩效通告栏
2	会议室或办公楼宣传栏	安全管理机构图、员工代表职责展示牌、安全委员会职责展示牌
3	办公室(安全部等主要部门)	安全生产责任制
4	井口(副井、新进井)	入井须知、井下避灾线路图、领导带班下井展示牌(排班表)、井下突发事故应急处置措施；危险有害因素公示牌；"必须持证上岗"提示标志；
5	项目部宿舍区附近	安全教育栏(安全生产信息通报、工余安全宣传教育)
6	各卷扬机房	设备管理责任标牌；检修作业提示牌；操作规程(操作、维修)；岗位职责；制动系统原理图；电气线路原理展示牌；特种作业人员证书复印张贴；设备检查、检修制度；危险有害因素公示牌

续表9-16

序号	位置	标牌类别
7	地表(井下)空压机、配变电房(硐室)、水泵、主扇机房	岗位责任制；操作规程；设备管理责任标牌；检修作业提示牌；硐室名称标识；警示牌；危险有害因素公示牌；安全警示标志("配电重地,闲人免入""高压危险""检修作业,禁止合闸""注意防火"等)
8	爆破器材库	管理制度；操作规程；爆破人员证件复印件；"当心爆炸"警示；"必须持证上岗"提示标志；门口设置盒子(供进库人员存放打火机、手机等物品)
9	井下各通信电话	电话号码簿以及电话拨打方法介绍展示牌
10	井下电气开关(含架线开关)	开关用途及开停标识
11	溜井、天井、漏斗	名称标识、警示标识(当心坠落、当心坠物)
12	巷道岔道、弯道	"减速慢行""当心列车行驶""当心弯道"等警示标志
13	电线电缆	标识牌(编号、用途、电压、型号、规格、起止地点等)
14	各中段	安全出口、路标指示牌(岔道口、风井、电话、硐室等)、位置指示牌
15	采掘作业面	通风牌

(2)发布文件

根据文件策划的结果,对上一阶段完成的各项安全标准化系统文件,由企业最高管理者签发布令,颁发执行。

(3)宣贯培训

安全标准化系统文件发布后,企业应组织宣贯培训,并要求各单位、部门组织内部的全员教育培训,确保企业的中高层管理者、各单位安全标准化系统建设工作小组成员、岗位作业人员都得到充分培训,使其切实了解安全标准化系统的构成、特性(各元素的关联性)、运行流程、运行过程控制要求、运行结果记录与保存要求等。

企业管理人员,应着重掌握安全标准化系统的原理、原则、功能及控制方法,以及管理手册中的各项内容。各二级单位或部门管理人员,应掌握本单位或部门相关元素与文件的内容、运行控制要求。企业一般员工应重点掌握作业文件的使用方法。

企业培训、二级单位或部门内部培训的一般内容如图9-22所示。

通过安全标准化系统文件的学习,使各单位、部门或人员明确了解自身相关的职责、风险及其控制要求,并按文件规定的去做。

安全标准化系统的运行需企业全体人员的积极参与,各岗位的人员只有理解了程序化、系统化的安全标准化系统的重要性及个人在其中的作用,才能主动、有效地参与其管理活动。安全标准化系统文件能否得到充分运行和有效发挥其作用,关键在于全体员工对系统文件的理解和系统文件对企业的适用性。

(4)制订安全标准化系统实施计划

企业应制订详细的安全标准化系统实施计划,计划内容包括负责安全标准化系统实施的

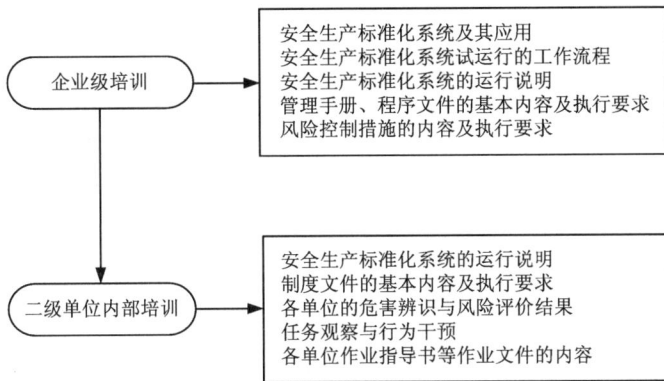

图 9-22　企业安全标准化培训内容图

责任部门、责任人员及其职责，系统实施所需资源的保障要求，各单位、部门对与本单位、部门有关的文件规定的理解和执行要求，系统运行过程与文件执行程序的监督与检查要求，系统运行中出现问题的收集、传递、处理与反馈要求，系统运行结果的记录与保存要求等。

（5）执行文件

安全标准化系统的运行过程实际上就是系统文件的执行过程。企业要为系统文件的有效执行提供足够的人、财、物、技术等资源；要督促、指导各单位或部门严格按照系统文件的要求，开展风险识别、人员培训、安全检查、隐患整改、沟通协调等相关工作；要及时研究解决系统文件执行过程中出现的各种问题与偏差，持续改进与完善系统文件的相关规定及其运行条件；应完整记录系统文件的运行过程与结果。

（6）实施监督和信息管理

对安全标准化系统运行过程实施监督与管理，是保证系统试运行成功的重要保障。认真收集、传递、处理和反馈安全标准化系统运行过程中的各种信息，有利于及时发现和解决安全标准化系统运行过程中出现的这样或那样的问题，及时采取纠正与预防措施防止同类问题的再次出现，保证系统能持续正常地运行，从而实现对安全标准化系统运行的动态控制。信息管理是保障安全标准化系统有效运行的重要手段。

（7）执行系统保障工作

保障安全标准化系统运行的有效性和符合性，主要依靠绩效测量、纠正与预防措施、内部评价和管理评审。企业应提供必要的测量设备设施，并督促、指导各单位、部门做好职责范围内的安全标准化系统运行绩效测量工作。及时开展安全标准化系统的内部评价与管理评审工作，及时发现系统运行存在的各种问题，提出并实施有效的纠正和预防措施。

3）试运行注意事项

安全标准化系统文件的发布标志着系统的"创建"工作已经完成，系统进入试运行阶段，系统的"保持"工作即将开始。"保持"的含义是按照文件的规定去执行、落实，并通过监控机制促进持续改进。

（1）强化培训工作

安全标准化系统文件发布之后，首先应进行文件的培训，特别是程序（制度）文件和作业文件的培训。企业要按照培训制度的要求，对全体员工进行针对性的培训。不同层次和岗位的培训内容应是不同的。凡是安全标准化系统文件要求全体员工了解和参与的，如对安全生产方针的理解，都要培训到位，经得起审核。

（2）重视记录填写和管理工作

按照安全标准化系统文件的要求，认真填写各类运行记录，并做好记录管理工作，实现痕迹化管理是十分重要的。记录是反映安全标准化系统运行绩效的证据，记录的可追溯性可以使人们发现实际或潜在的不符合，以便采取纠正与预防措施。

（3）避免"两张皮"现象

安全标准化系统的运行管理要与企业已有的各项实际工作相结合，避免"两张皮"现象。应使全体员工，特别是管理人员，清晰地认识到日常工作必须执行安全标准化系统文件的要求。

"两张皮"现象的具体表现有两个方面：一是安全标准化系统文件之外还存在着一套或一些关于安全管理的文件（制度、方法、规程等）；二是安全标准化系统文件发布后，有些单位、部门不执行文件规定，而是按照原有的习惯动辄发出红头文件，干扰系统运行。

针对第一种情况应在安全标准化系统创建过程的策划阶段解决。关于红头文件，如果红头文件的内容不及安全标准化系统文件的内容，就没有必要发布；如果红头文件的内容优于安全标准化系统文件的内容，则应该修改安全标准化系统文件。

如果"两张皮"的问题是安全标准化系统文件未执行或执行不到位，行动和文件是两回事，那就超出了正常运行的范围，企业最高管理者首先应当检讨创建安全标准化系统的目的，检讨自己的价值观。

（4）文件修改

安全标准化系统文件在试运行的过程中，总是不可避免地要出现一些问题。对安全标准化系统的运行过程实施监督，是保证系统正常运行的必要手段。应依靠全体员工的积极参与，员工将偏离标准的现象及改进意见及时反映到有关部门，以便及时采取纠正与预防措施。同时，通过有组织、有计划的内部评价和管理评审发现和解决问题。

在安全标准化系统试运行过程中，应注意发现系统文件的规定与实际工作不相符的问题，如职责不清、文件规定不明确、文件规定可操作性不强等，有关单位、部门、人员应记录这些信息，并根据信息交流的规定，及时向企业安全标准化管理部门提出修改意见或建议。企业安全标准化管理部门应随时记录、研讨这些问题。如果存在的问题在整体上不影响系统的运行，可只对其中少数较严重的问题立即进行修改，而其余问题可留待适当时候一并进行修改；当问题严重到影响系统整体运行时，应立即修改，甚至换版。

9.4.5 内部评价

1）基本要求

在安全标准化系统试运行 6 个月左右，开展一次完整的、涉及所有管理部门的内部评价。内部评价中发现的不符合项应进行追踪，采取整改措施并予以记录。

内部评价是检查与确认系统各元素的实施效果是否按照计划有效实现，并对系统的运行是否达到规定的目标所做的系统的、独立的检查和评价。通过内部评价，企业自我诊断和评审安全标准化系统方面所取得的成效及不足，是进一步改善系统的强有力的手段。内部评价对任何单位和部门都具有必要性，也是安全标准化的内在要求。

一般来说，企业应每半年组织一次内部评价。当企业内外部条件发生重大变化时，应增加内部评价的频次或对某些部门进行重点评价。这些重大变化包括：组织机构的变动；法律法规与其他要求的变化；采用新技术、新设备、新工艺、新材料；发生重大生产安全事故或环境污染事故；其他，如最高管理者认为有必要时。

2) 制订内部评价计划

在开展内部评价之前，企业应制订内部评价计划，计划主要包括评价目的、范围、时间；评价人员的组成及分工；评价内容及所依据的标准；评价发现问题的整改与反馈要求；评价报告的编写要求等。

3) 组建内部评价组

企业最高管理者任命内部评价组长，成立内部评价组，批准内部评价计划。

参与内部评价的人员应具备以下能力：

(1) 熟悉相关的安全、健康法律法规、标准与其他要求；

(2) 接受过安全标准化系统评价的技术培训；

(3) 具备与评价对象相关的专业知识和技能；

(4) 具备操作内部评价过程的能力；

(5) 具备辨别危险源和评价风险的能力；

(6) 具备标准化系统评价所需要的语言表达、沟通及合理的判断能力。

内部评价人员的主要职责：

(1) 服从内部评价组长的指导，支持内部评价组长开展工作，在内部评价组长的指导下编制工作文件；

(2) 充分收集并分析有关的内部评价证据，确定内部评价所见，做出关于安全标准化体系的内部评价结论；

(3) 协助内部评价组长编制内部评价报告，将个人发现的问题形成文件；

(4) 负责不符合项的跟踪验证和评价记录的汇总、造册、存档。

接受内部评价的部门或单位应做好准备工作：

(1) 确认对本部门、本单位进行内部评价的计划，做好接受内部评价的准备工作；

(2) 指定联络人员协助内部评价组完成内部评价，确认不符合项；

(3) 对不符合项的原因进行分析，按照内部评价组的要求制订纠正与预防措施，报内部评价组长审批。严重不符合项的纠正与预防措施，报最高管理者批准后实施。

4) 编制自评报告

自评报告的编制应满足国家相关标准的要求。同时，企业应根据自身特色及行业要求，充实报告的内容。金属非金属矿山安全标准化自评报告一般由安全标准化自评基本情况、企业概况、安全标准化创建情况概述、标准化元素自评情况概述、安全标准化自评得分概况、附件等六部分组成，标准化自评报告如图 9-23 所示。

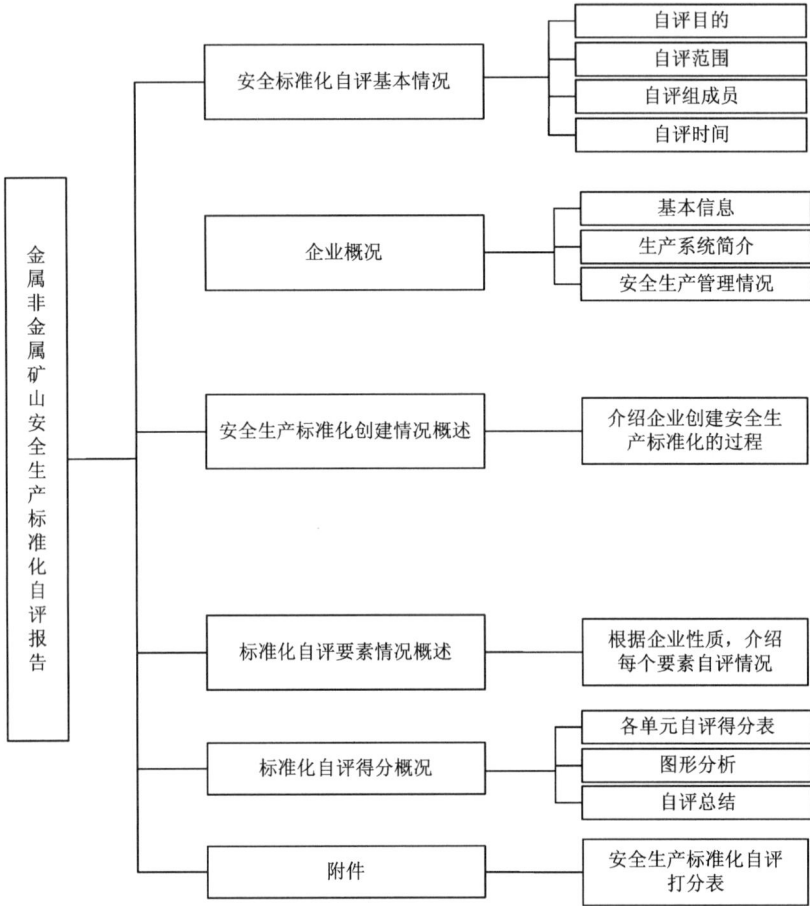

图 9-23 标准化自评报告图

9.4.6 管理评审

管理评审由企业最高管理者亲自主持，是按规定的周期或频次，对企业安全标准化系统的适应性、充分性和有效性进行全面、系统的评审。内部评价结束后，企业应对其安全标准化系统进行一次管理评审。

1）制订管理评审计划

在开展管理评审工作之前，企业应制订管理评审计划。管理评审计划应由主管部门组织编制，并通过主要负责人的审批。管理评审计划中，应包括评审时间、评审地点、评审类型、评审目的、评审范围、评审依据、评审组成员、安全标准化评审资料准备、会议要求等内容。

2）管理评审流程

管理评审一般安排在内部评价结束之后进行，如遇企业安全标准化系统需接受外部评价，则在外部评价实施之前进行一次管理评审。一般来说，企业应每年至少组织一次安全标准化系统的管理评审。两次管理评审的间隔时间不超过 15 个月。在下列情况下企业最高领导者可随时追加管理评审次数：

（1）安全标准化管理体系发生重大变化时；

（2）安全生产方针、目标修改时；

（3）企业内部组织结构发生重大调整时；

（4）发生重大生产安全事故时；

（5）最高管理者认为需要的其他情况。

管理评审应该输入的内容包括：

（1）监测与检测记录；

（2）以前评审的跟踪结果；

（3）影响标准化系统的变化；

（4）纠正与预防措施制订及实施有效性；

（5）事故统计分析；

（6）员工和相关方抱怨；

（7）目标和指标完成情况；

（8）标准化系统覆盖范围的充分性；

（9）标准化系统内部评价报告；

（10）实施标准化系统的资源（人、财、物、技术）的保障情况；

（11）现场人员职责的合理性。

企业最高领导者主持管理评审会议，参与评审的单位、部门要详细汇报管理评审需要了解的相关情况，并针对有关问题提出相应的改进或纠正和预防措施，供会议讨论。管理评审最终要形成《管理评审报告》，其基本内容包括评审的结论、发现的问题及其改进措施等，如图 9-24 所示。

管理评审应针对以下事项提出需要持续改进的意见和建议：

①方针；

②风险降低；

③目标和指标；

④标准化系统评价；

⑤监测；

⑥职业安全健康数据分析；

⑦纠正和预防措施；

⑧现场人员能力。

管理评审之后，有关单位、部门要落实改进意见或建议，实施相应的纠正和预防措施，并对实施情况进行跟踪、复核和记录。

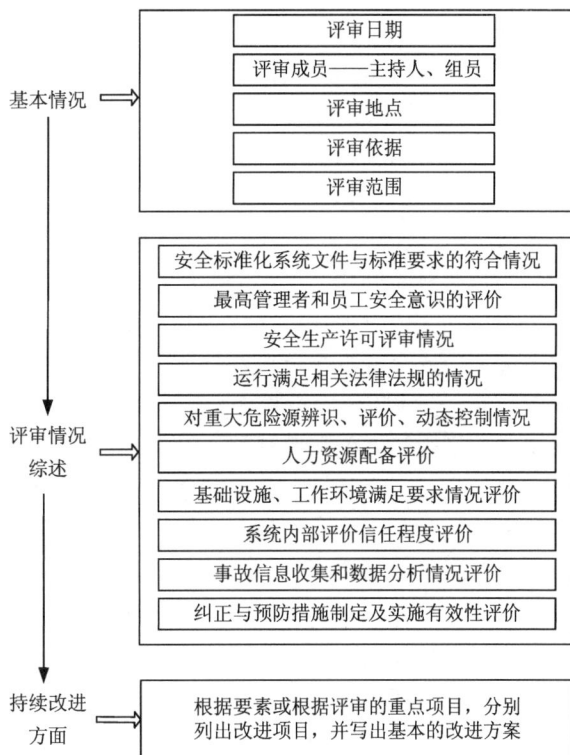

基本情况
- 评审日期
- 评审成员——主持人、组员
- 评审地点
- 评审依据
- 评审范围

评审情况综述
- 安全标准化系统文件与标准要求的符合情况
- 最高管理者和员工安全意识的评价
- 安全生产许可评审情况
- 运行满足相关法律法规的情况
- 对重大危险源辨识、评价、动态控制情况
- 人力资源配备评价
- 基础设施、工作环境满足要求情况评价
- 系统内部评价信任程度评价
- 事故信息收集和数据分析情况评价
- 纠正与预防措施制定及实施有效性评价

持续改进方面
- 根据要素或根据评审的重点项目，分别列出改进项目，并写出基本的改进方案

图 9-24　管理评审报告基本内容图

3）与内部评价的比较

管理评审是在内部评价的基础上进行的，内部评价的输出是管理评审的输入。两者的区别见表 9-17。

表 9-17　内部评价与管理评审的区别

	内部评价	管理评审
目的	评价系统运行的符合性和有效性	评价系统运行的充分性、适宜性和有效性
依据	系统文件、标准、法律法规等	内部评价的结果、管理者的期望
结果	找出系统要素运行存在的问题，采取纠正和预防措施，确保系统有效运行和持续改进	找出系统运行结果与期望值之间的差距，并分析问题出现的根源，明确改进要求，充分保障系统运行所需资源，不断改进和提升系统运行水平
执行者	由相关安全管理人员、专业技术人员和岗位作业人员组成	最高管理者主持，管理层人员参与
方式	现场评价	一般采用会议形式

9.4.7　外部评价

安全标准化系统是企业建立诚信体系、落实社会责任、实现自我约束的重要体现。国家对金属非金属矿山的安全标准化工作实行评审认证。安全标准化等级分为一、二、三共 3 个等级，一级为最高，三级为最低。

1）外部评价依据

根据发布的金属非金属地下矿山、露天矿山、尾矿库、小型露天采石场等多个评分、定级办法，逐项打分，评定金属非金属矿山安全标准化的等级。

2）申报外部评价

企业在完成内部评价与管理评审后，可按规定申请相应安全标准化等级的外部评价。申请外部评价时，企业需要向负责安全标准化外部评价的组织递交申请书及相关材料。评审申请书及相关材料的准备，可参照原国家安全生产监督管理总局印发的相关文件要求执行。

3）外部评价流程

企业安全标准化的等级由外部评价机构根据现场评审结果提出建议，由相关安全生产监督管理部门或其委托的组织机构最终核定。

外部评价流程如图 9-25 所示。

（1）评价准备

①初访。

外部评价单位在进行现场正式评价前，要先派相关人员到被评价单位进行初访。初访过程中，应掌握被评价单位的组织机构、员工人数、生产系统类型及生产规模等企业基本内容。具体初访的任务包括：

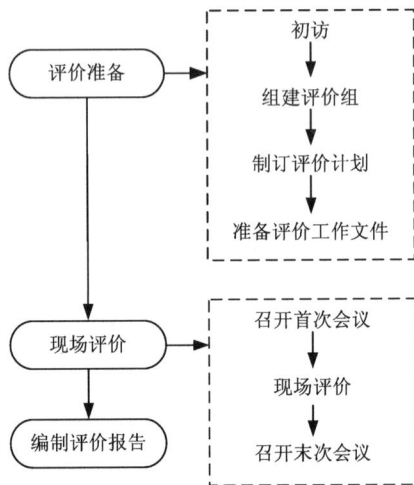

图 9-25　外部评价流程图

A.被评价单位的组织机构、员工人数、生产系统类型及生产规模、设施与场地布局、主要生产工艺及其风险特点；

B.了解被评价单位的安全标准化系统创建的基本情况，如安全标准化系统创建范围、投入运行时间、运行管理部门等；

C.确认被评价单位的安全标准化系统已按照制度文件要求有效运行，且做过一次完整的内部评价及管理评审，系统运行时间达 6 个月；

D.复核被评价单位安全标准化系统是否满足评价的前置条件，如发现有些前置条件不符，则中止初访，等待被评价单位整改达标，再次履行初访程序；

E.在复核完所有前置条件且未发现不符合情形后，初访人员要同被评价单位的相关人员进行评价合同谈判与签订工作，以合同的形式，明确双方的责、权、利。

②组建评价组。

评价组成员一般应包括参与初访的所有人员或部分人员，相关专业技术人员，必要时聘请外部技术专家。评价单位应将评价组组长及成员名单通知被评价单位，以便得到被评价单位的确认。

③制订评价计划。

评价计划是指现场评价时的人员、日程安排及评价路线的确定。评价计划一般应提前 1 周以上由评价组组长通知被评价单位，以便其有充分的时间准备和提出异议。评价计划中一般应包括评价目的、范围、依据、评价组成员、日期、日程安排、保密要求等内容。

④准备评价工作文件。

现场评价需要用到的评价工作文件主要有评价计划、评价记录表格、评价任务分配表、评价计划日程表、相关抽样调查表、首末次会议签到表、评价过程公正性承诺书和保密承诺书等文件。

⑤召开首次会议。

首次会议是现场评价的序幕，首次会议的召开表明现场评价的正式开始。首次会议是评价组与被评价单位高层管理人员见面和介绍评价过程的第一次会议，其目的是与被评价单位建立联系，确认评价安排，讨论、解决评价过程可能遇到的相关问题。首次会议由评价组长主持，参加人员为评价组全体成员、被评价单位的管理者代表及各有关部门的管理人员。首次会议流程一般如图 9-26 所示。

⑥现场评价。

现场评价一般分组进行。评价组分组的方式主要有三种：第一种是按照安全标准化系统的要素进行分组，如第一组负责安全生产方针与目标、安全生产法律法规与其他要求、安全生产组织保障、危险源辨识与风险评价、安全教育与培训 5 个要素的评价，第二组负责生产工艺系统安全管理、设备设施安全管理、作业现场安全管理 3 个要素的评价，第三组负责职业卫生管理、安全投入安全科技与工伤保险、安全检查与隐患排查、应急管理、事故事件报告调查与分析、绩效测量与评价 6 个要素的评价；第二种是按照专业进行分组，如第一组负责日常安全生产管理工作的评价，第二组负责矿山地质和采掘工程的评价，第三组负责矿山机电安全的评价；第三种是按照部门(单位)或区域(场所)进行分组，如第一组负责企业职能部门的评价，第二组负责采矿车间的评价，第三组负责提升运输车间的评价，第四组负责选矿车间的评价，第五组负责尾矿库的评价。这三种分组方式，其每一组的评价都贯穿安全标准化系统的全部元素。

分组进行现场评价时，各组只记录评价发现的问题，不按照标准化评分办法进行逐项打分。若分组直接确定分数，将易割裂安全标准化系统元素之间的关联，其结果往往不能真实地反映安全标准化系统的运行状况。例如，现场评价发现采场顶板有大块浮石，其可能原因有：责任制不明确或未落实；安全检查与隐患排查的频次不够或缺乏有效的手段；检查人员的安全培训不到位，致使检查人员不具备履行检查职责的能力；危险源辨识不充分，没有识别出顶板可能产生浮石的风险；未有效实施纠正与预防措施，或对纠正与预防措施的落实情况缺乏必要的跟踪监督等。再如，某矿山企业的目标之一是所有应培训人员 100%接受相应的安全培训，而现场评价时发现该目标并未完成，对此评价人员要分析问题的根源，至少要考虑：目标子元素中是否存在目标设立错误、缺乏目标实施计划、为目标实施所提供的资源不充分、对目标的完成情况缺乏跟踪监督等问题；培训子元素中是否存在无培训计划、培训

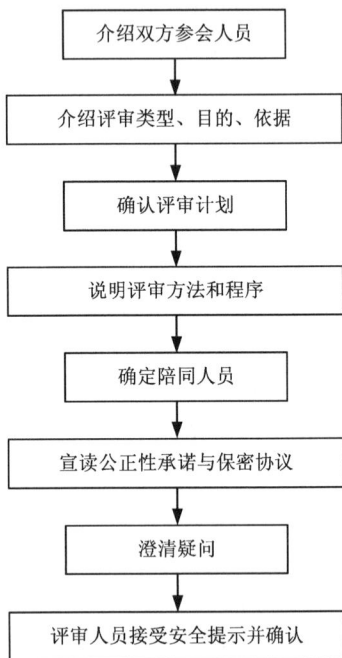

图 9-26 首次会议流程图

计划未实施等问题；责任制子元素中是否存在部门或人员职责不明、未履行相关职责等问题；纠正与预防子元素中是否存在未落实相关纠正与预防措施的问题；安全检查子元素中是否存在检查不认真、不负责、未能及时发现安全培训出现的问题；安全投入子元素中是否存在未足额提供安全培训经费的问题等。由此可见，现场评价发现的一项不符合，往往可能涉及安全标准化系统的多个元素。现场评价如果按照标准化评分办法一项一项打分的话，则会漏掉很多扣分项。

因此，进行现场评价时，评价人员应始终牢记安全标准化系统各元素之间是相互关联的，不是相互割裂的。评价人员要做好发现问题的记录，并在分组讨论会上提出来，分组负责人要将这些问题汇总整理，再由评价组全体会议上进行讨论，最终确定相关要素的扣分并给出扣分说明。

现场评价信息的获取方法包括人员访谈、查阅文件资料和记录、现场查看等。

人员访谈涉及对企业高层(决策层面)领导、中层(部门或单位层面)领导和基层(操作层面)人员的沟通与问询。

针对企业的最高管理者和管理者代表等高层领导访谈可能会涉及的内容，包括安全生产方针与目标理解和贯彻、安全标准化系统管理思想、建立安全标准化系统的目的或意义、安全标准化系统的运行情况、不可承受风险控制情况、人财物资源保障情况、最高管理者和管理者代表在安全标准化系统中担负的主要职责、内部评价与管理评审相关情况、安全生产法律法规的了解。

针对部门领导层访谈可能会涉及的内容，包括安全生产方针与目标理解和贯彻、安全标准化系统管理思想、建立安全标准化系统的目的或意义、本部门安全标准化系统的运行情况、本部门危害辨识与风险控制情况、本岗位职责、内部评价与管理评审不符合项整改情况、

安全生产法律法规的了解。

针对操作层人员访谈可能会涉及的内容，包括安全生产方针的了解、本岗位安全职责、本岗位危害因素控制要求、紧急或意外情况相关知识的掌握、本岗位安全操作规程或作业指导书等作业文件的了解、安全标准化系统的基本知识等。

查阅文件资料是评价人员获取第一手评价信息、查找企业安全标准化系统运行存在问题的有效方法之一。评价人员按照分工，对照安全标准化要素提出的工作要求，分别查阅企业相关的制度文件和工作记录。

现场查看的目的，一方面是核实现场管理是否与制度文件的要求相符合，即安全标准化落地执行的情况如何，另一方面是查看企业生产现场是否存在问题和隐患，特别是否决安全标准化评审的问题和隐患。

⑦召开末次会议。

末次会议主要是向被评价单位详细说明评价的相关结果，使被评价单位了解安全标准化系统的运行状况及存在的问题，并针对需要整改的问题确定现场复核的时间。

⑧编制评价报告。

评价报告是评价工作的重要成果，是政府主管部门核准被评价单位安全标准化等级的依据，它提供了评价结果的可追溯性。评价报告的内容一般包括：

A.被评价单位的基本情况，包括企业名称、企业性质、经营范围、法定代表人、员工人数、地理位置、开采方式及规模、主要工艺流程及主要危害因素；

B.被评价单位的安全标准化系统概述，包括系统建立与运行的事件，制度文件的结构和整体情况；

C.评价的类型、目的、对象或范围、依据标准、评价组成员、评价日期；

D.评价程序或过程的简要描述；

E.评价所发现的问题及其处理意见或建议的详细说明；

F.评价结论；

G.附评分表；

H.其他附件。

9.4.8　持续改进

企业的安全标准化系统经过外部评价并取得相应等级后，最主要的工作即是如何保持系统有效运行、如何持续改进系统运行质量、不断提升企业安全生产绩效。企业的日常安全管理工作，应紧紧围绕保持安全标准化系统有效运行、持续改进企业安全生产绩效来展开。

1）不断完善系统的制度文件

安全标准化系统的运行过程，即是执行安全标准化系统制度文件的过程，且这个过程是动态的、不断变化的。企业的生产工艺、设备设施、作业人员、作业条件经常会发生变化，企业的外部环境如方针政策、供应商与承包商、自然环境等也可能出现变化。因此，在日常工作中，企业应做好变化管理工作，并根据变化管理的要求，不断健全制度文件的规定，认真落实各项体系文件的要求，经常检查文件执行的符合性，准确测量文件的运行绩效，推动企业安全标准化系统的各个元素始终保持 PDCA 循环，最终促使企业安全管理水平不断提升。

2）做好系统运行的监测工作

安全标准化系统为企业提供了目标跟踪监测、安全检查与隐患排查、纠正与预防措施、绩效测量与评价、管理评审等多种监测方法和手段，可以实时监测安全标准化系统的运行情况。企业在运行中，应充分保障安全标准化运行所需的资源，切实做细、做好安全标准化系统运行情况的监测工作，及时发现安全标准化系统运行出现的偏差或不符合。

3）及时采取纠正与预防措施

在安全标准化系统的运行过程中，不符合项的出现是不可避免的。问题的关键是出现事故、事件或其他不符合项，就要及时采取相应的纠正与预防措施，解决问题，采取源头控制，确保其不会再次出现。

4）定期开展安全标准化系统内部评价

安全标准化系统经过一段时期的运行后，在整体上是否正确运行，需要通过完整的内部评价来判定。内部评价的过程，就是对安全标准化系统进行全面体检的过程。通过内部评价，及时发现和解决安全标准化系统运行出现的偏差，也可在一定程度上确保安全标准化系统在正确的轨道上运行。

5）定期组织管理评审

随着企业内外部条件的变化，其管理系统是否适应新的情况和环境，需要通过最高管理者组织的管理评审来判定。通过管理评审，可判定企业的安全标准化系统面对变化的内部条件和外部环境是否充分、适用、有效，由此决定对系统是否做出调整，包括方针、目标、机构、程序、资源保障等。

9.5　与其他安全管理体系的融合

国内在推行安全标准化管理前，已有多套管理体系在矿山企业中试行。其中，应用较多的包括质量管理体系、环境管理体系、职业健康安全管理体系（OHSMS）、健康安全环境管理体系（HSE）等。企业要建立多套制度文件，而且相互之间独立运行，经常会出现制度文件相互打架或运行过程重复记录的情形，给企业的正常运营带来许多不必要的麻烦和巨大的资源浪费，极大降低了企业的管理效率和效力，往往导致企业管理人员无所适从。因此，体系的一体化运行是非常必要的。本章节以安全标准化体系与职业健康安全管理体系的融合为例，说明体系的整合方式，融合后的运行及保持。其他体系融合时，可参照执行。

9.5.1　区别与联系

1）与职业健康安全管理体系的共同点

安全标准化系统与职业健康安全管理体系存在多处不同点，但两者作为企业的安全管理体系，也有很多共同之处，主要表现在两者的属性、运行原理、运行模式、体系结构及元素、体系的评价方式、控制方式、对管理者的要求、改进措施及领导承诺等方面。安全标准化系统与职业健康安全管理体系的相同点见表9-18。

表 9-18　安全标准化系统与职业健康安全管理体系共同点

类别	共同点
属性	都是企业的一种管理体系，具有普适性、兼容性、系统性和动态特性
原理	都遵循系统管理的原理
运行基础	都基于危险源辨识与风险评价，控制系统运行过程中的各种安全风险，始终确保安全风险处于企业可接受的水平
循环模式	都是采用 PDCA 循环管理模式
结构及要素	有相同或相似的结构和要素
监控机制	都有目标跟踪、绩效测量、内部评价(审核)、管理评审和外部评价方式，具有自我检查、自我纠正、自我完善的功能
管控方式	都需要建立文件体系，并强调依照文件体系要求实施全过程管理
管理者代表	都要求企业最高管理者任命管理者代表，具体负责建立、实施和保持管理体系
全员参与	都强调全员参与体系建设与保持，要求企业提供员工参与安全管理的渠道或平台
绩效改进	都非常重视纠正和预防机制建设，及时发现和解决体系运行出现的问题，持续改进安全绩效
两个承诺	都强调企业安全生产方针和目标要体现对遵守相关法律法规和持续改进安全绩效的承诺

2) 与职业健康安全管理体系的区别

比较安全标准化系统与职业健康安全管理体系，两者也有不同之处，具体如下：

(1)适用范围不同。我国安全标准化工作是由原国家安全生产监督管理总局推动的，不同行业的安全标准化建设规范和评价标准不尽相同，导致不同行业企业的安全标准化系统有所差异。职业健康安全管理体系对不同行业采用同一标准。

(2)关注点不同。安全标准化既强调企业安全管理的系统化、标准化、程序化，也强调设备设施和作业现场的标准化、规范化，目的是同步提高企业的本质安全程度和安全管理水平，最终达到《标准化规范》的要求，实现企业安全生产的长效机制。职业健康安全管理体系则是为了规范企业安全健康管理活动。

(3)元素差异较大。根据《标准化规范》的规定，金属非金属矿山安全标准化系统一级元素、二级元素的数量、名称等均与职业健康安全管理体系不同。

(4)文件化要求不同。安全标准化对系统文件的层次结构、名称、数量无明确要求。职业健康安全管理体系则明确要求建立一整套层级清晰的文件体系，且至少包括管理手册、程序文件、作业文件三个层级。

3) 元素关联分析

金属非金属矿山安全标准化系统元素与职业健康安全管理体系元素存在较强的关联性，元素之间可相互促进、相互融合。二者虽然各元素名称有差异，但元素中的要求具有相通之处。如在金属非金属地下矿山安全标准化系统一级元素"安全生产组织保障"中，其二级元素"安全生产责任制"、"安全机构设置与人员任命"对应于职业健康安全管理体系中的二级元素"领导作用与承诺"；其二级元素"文件与资料控制"，同时对应于职业健康安全管理体系中的"文件化信息"元素。金属非金属地下矿山安全标准化系统元素中，更加明确地规定了生产现场安全管理要求，如"生产工艺安全管理"、"设备设施安全管理"、"作业现场安全管理"这三个一级元素，属于金属非金属矿山安全标准化系统的专业元素，具有较强的针对性。在职业健康安全管理体系中，"运行策划和控制"元素对危险源相关运行和活动作出了规定。这几个元素之间具有细微的相关，但不完全相关，都具有各自的独立性及专业性。以金属非金属地下矿山安全标准化系统元素为例，与职业健康安全管理体系元素关联如图9-27所示。

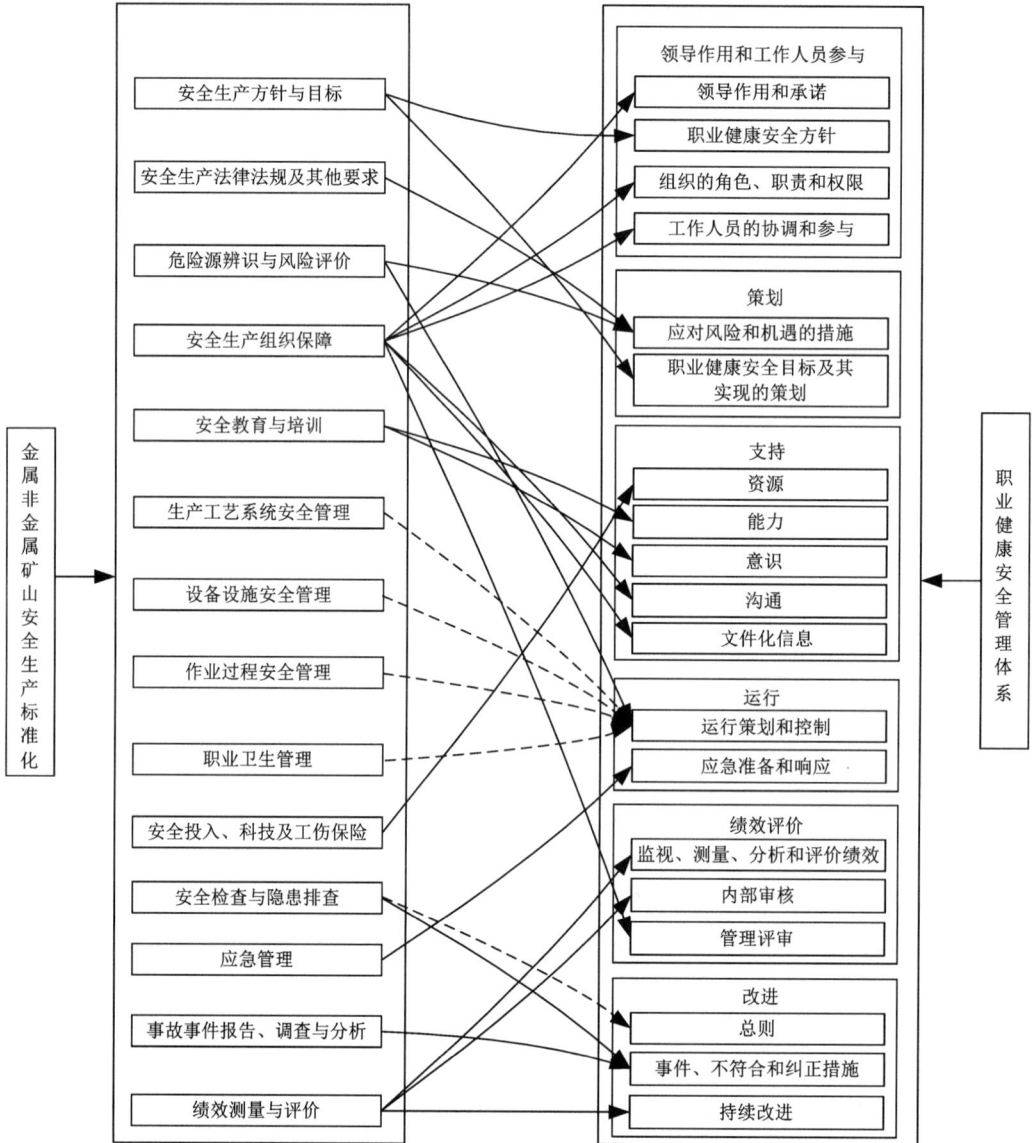

图9-27 金属非金属地下矿山安全生产标准化系统元素与职业健康安全管理体系元素关联图

9.5.2 不同管理体系的整合方法

1）基本方法

管理体系的整合应根据体系共有的目标确定体系的功能，并根据体系的功能和外部环境设计整合的结构,确定体系由哪些子系统或元素组成,各个子系统或元素的结构及相互间的关系又是怎样的,既强调统筹规划、自上而下分层次地构建体系,又要详细分析,纵向开展,整合体系基本流程如图 9-28 所示。

　　体系整合的方法一般可以分为两种。一种是横向聚集形成体系的方法,该方法如同企业二级单位、部门之间横向协作,将有关元素整合起来,如图 9-29 所示。另外一种方法是随机地将 1 个或 2 个元素添加到某个现成的体系中去,形成新的元素,如图 9-30 所示。

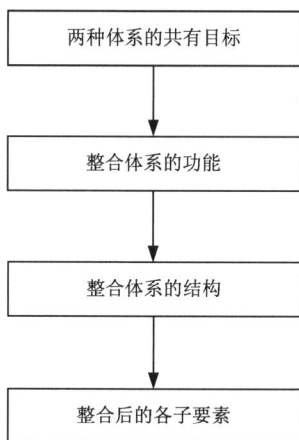

图 9-28　整合体系基本流程图

图 9-29　横向聚集示意图

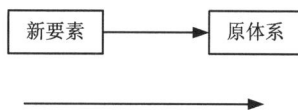

图 9-30　横向添加示意图

　　安全标准化系统与其他体系的整合,也是这两种整合方法的实际应用。安全标准化系统中的方针和目标元素,与职业健康安全管理体系中的职业健康安全方针、目标和方案两个元素,通过横向聚集形成了整合管理体系的安全生产方针与目标元素。横向聚集的一个特点就是元素之间的整合是通过协同的方式进行的,在平等的基础上来整合,不以哪个为主。而横向添加则是把一个或多个元素添加到现成的系统中,形成新的系统,正如以安全标准化系统中的"生产工艺系统安全管理"这个元素为主线,把职业健康安全管理体系的"运行策划与控制"元素添加进去,形成一个新的元素,这种整合方式强调了把多个元素添加到一个现成的元素中,体现出以哪个为主的特点。应用这种整合的方法构建系统,可以实现企业的技术创新、管理创新和制度创新,促进企业的可持续发展。

　　安全标准化系统及职业健康安全管理体系两种管理体系的立足点在于每一个作业过程之中。人们在每一个作业过程中都要考虑两个问题,即工作的要求和标准、存在哪些危险及如何避免。安全标准化系统及职业健康安全管理体系两种管理体系建立的出发点,都是先进行危险源辨识及风险评价。安全标准化系统中的"危险源辨识与风险评价"元素对如何识别企业内外部的各项风险提出了具体要求。在职业健康安全管理体系中,在"策划"元素中的"应对风险和机遇的措施"子元素,也是开展风险管理工作。通过这种过程控制,首先,辨识出企业内部有哪些经营活动,这些经营活动涉及哪些工艺、设备,人们在协调工艺、操控设备等作业活动中,涉及哪些作业过程。其次,识别这些工艺、设备设施及作业过程存在哪些危害。再次,评价已经识别出的危害,确定其风险等级。最后,根据确定的风险等级,寻找适合的方法分级管控各项风险。

两个管理体系整合之后的体系元素组成，应根据两个管理体系的结构模式、企业的性质和特点来确定。因此，在整合安全标准化系统与其他管理体系时，首先应确定两个体系所需的公共元素和所需的组织机构，然后在这个框架下确定每一个体系的专业元素。为使两种体系整合后的元素更加清晰明确，应尽量将涉及人、机、物、环、管理五大类管理的元素整合在一起。

整合之后的体系，同样要建立两体系需要的体系文件，但无须建立两套文件，需一步到位实施整合文件，建立一整套包括两套体系内容的文件，包括管理手册、制度文件、作业文件、记录文件等。

2) 整合的具体步骤

一般来讲，企业整合两种管理体系，实现一体化管理，应按照图 9-31 所示的步骤进行，并做好相应的辅助工作。

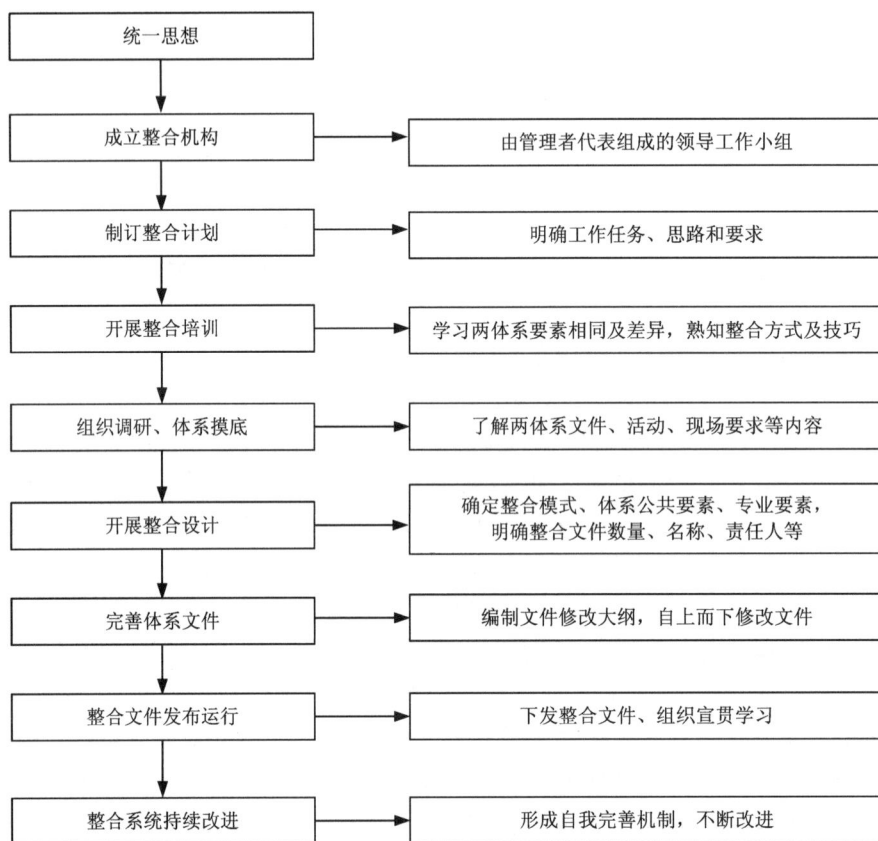

图 9-31 体系整合步骤图

(1) 统一思想

整合开展前，企业领导应统一思想，并做出决策，同时给予各项支持。

(2) 成立整合机构

整合机构与体系创建时的机构设置一样，有严格的要求。最高管理者为整合机构的组长，安全管理者代表为整合机构的副组长，各职能部门的负责人为整合机构的组员，其他员工代表及专业人员也要适当参加。

（3）制订整合计划

组长任命相关人员制订整合计划，计划应包括整合的工作任务、目的、思路、要求、整合时间及整合人员的分工等内容。

（4）开展整合培训

重点学习、理解安全标准化系统和其他体系的元素和内容，保证全体员工理解两种模式的异同点以及体系整合的必要性，熟知整合的方式和技巧。

（5）组织调研、体系摸底

调查企业现有的安全标准化系统和其他体系在可操作性、有效性上还存在哪些问题，重点了解哪些制度文件、作业文件和记录表格可以合并，哪些问题需要通过整合一并解决等。

（6）开展整合设计

整合设计的内容包括整合的模式、组织机构的调整、公共元素和专业元素的确定、文件整合的名称及数量、记录表格的名称及数量、确定各项整合任务的责任人和职责。

（7）完善体系文件

企业可以根据自身的规模、机构设置和体系文件的实施程度等因素来选择和决定体系文件的整合模式。如果企业中的安全标准化管理体系和其他体系都是新建立的，则应一步到位实行整合模式，即把安全标准化系统和其他体系合二为一，即一本管理手册、一套制度文件或程序文件、一套作业文件（记录表格）。

在修改完善文件之前，应编制一份文件修改大纲，明确文件（表格）的编排格式、编号规则、起草人员等。文件的完善、修订顺序应"自上而下"进行，主要包括以下三方面。

①编制管理手册。

按照 PDCA 循环管理模式的要求，并综合考虑《标准化规范》和其他管理体系所依据标准的规定，分别编制安全标准化系统管理手册及和其他体系管理手册，并将两个手册的职能分配表合并，形成新的职能分配表。在新的职能分配表中将两个体系的相同或相似要素划归同一主管部门，理顺管理关系，避免职责交叉或相互冲突。

②编制程序文件、制度文件。

根据《标准化规范》和其他体系所依据标准的要求，编写一套"整合管理体系的程序文件"。将两类标准中规定需要建立的制度文件、程序文件进行整合，编写出一套"二合一"的制度文件体系。两个体系大部分相对应的要素或子要素可以共用一个制度文件，如方针、目标、管理评审、法律法规及其他要求、文件与资料控制、安全教育与培训、应急管理、危害辨识与风险评价、事故事件管理、纠正和预防措施、绩效测量、内部评价等。不太适宜合并编写的要素或子要素，主要涉及生产工艺系统、设备设施、作业现场等，可单独编制制度文件。两个体系整合编制时，应结合企业的实际情况，充分考虑可行性和可操作性。

③完善作业文件和记录文件。

根据制度文件，完善企业的安全操作规程、安全检查表、应急预案、关键任务作业指导书、工作表、隐患整改方案、各种记录、图片或图纸等作业文件和记录文件，结合实际情况，形成统一的记录文件编号标准，确保体系运行的各个环节保留客观证据以便追溯，促进管理体系规范、有效运行。

(8)整合文件发布运行

在文件发布后应做好文件运行和配套措施,如文件和表格应发放到位,并分层次、有重点地进行贯标学习、培训。

体系整合后的运行过程等同于单一体系的运行过程,简化了企业内部管理的步骤,提高了体系运行效率,减少体系运行维护的人力、时间、资金等资源投入,并避免管理混乱。如内部审核(内部评价)时,只需编制一个体系内部审核(内部评价)计划,一套检查表,一套内部评价人员,一个内部审核(内部评价)报告。

(9)整合系统持续改进

持续改进是两种体系的共同要求,整合后的体系同样要实现自我纠偏、自我完善的功能,持续改进运行质量,不断提升安全绩效。

3)整合后的运行模式

两种管理体系整合的最终目的是体系的有效实施和运行,通过实施运行发现体系的缺陷及薄弱环节,加以改进,在新的条件下进行新的实施和运行,发现问题再加以改进,这便是体系 PDCA 循环运行的过程。整合体系在这种运行过程中不断改进,进而推动企业的安全管理绩效不断提高。

9.5.3 整合体系的运行

职业安全健康管理体系与安全标准化系统的独立运行模式均采用戴明的 PDCA 循环管理模式,体系整合后,也适用于这种管理模式。整合体系运行中,既要满足安全标准化所有要素的输入,又要确保其他管理体系要素内容的健全。同时,体系运行的文件,既要涵盖安全标准化要求的制度文件,又要包括其他管理体系建立的程序文件。整合的管理体系的运行模式如图 9-32 所示。

整合体系各项元素运行的具体要求如下:

1)建立方针与目标

建立企业的安全生产方针与目标,满足法律法规的要求,体现遵守法律法规和改进安全绩效两个承诺,确保向全体员工及相关方收集相关意见,并传达至全体员工,定期评审与更新。

2)设置机构和划分职责

整合管理体系首先要从企业有关管理体系的机构设置入手,在进行两个管理体系整合时,必须将已有的管理职责重新整理,合理划定整合后的管理体系的主管部门。同时,任命新的管理者代表,废除原有的两项管理者代表,使其由一人担任,以便整合体系的有效运行。整合体系中的职能分配表,对所有管理要素分配主管部门,并确定该主管部门的职责,同时列出每个要素的配合部门,以此来厘清各部门的职责。

3)宣贯培训

宣贯培训是建立整合体系的基础。体系的运行强调全员参与的原则,企业各个岗位的人员只有充分认识和理解安全标准化系统与职业安全健康管理体系的重要性及个人在其中的作用,才能积极参与企业的安全管理活动,并较好地配合落实体系运行过程中的各项要求。在整合体系建设的各个阶段都需要开展全员培训,包括危险源辨识调查方式的培训,基本操作技能的培训,任务观察与行为干预的培训,职责理解与落实的培训、事故事件报告的培训、

```
                                    ┌──────────┐
                            ┌──────→│ 现状调查  │
                    ┌───────────┐   ├──────────┤
              ┌────→│   准备    │──→│ 机构设置  │
              │     └───────────┘   ├──────────┤
              │                     │ 宣贯培训  │
              │                     └──────────┘
┌─────┐       │                     ┌──────────┐
│  P  │       │                 ┌──→│作业活动划分│
│ 策  │───────┤     ┌───────────┐   ├──────────┤
│ 划  │       ├────→│ 初始评审  │──→│ 危害辨识  │
└─────┘       │     └───────────┘   ├──────────┤
   ↑          │                     │风险评价控制│
   │          │                     └──────────┘
   │          │                     ┌──────────┐
   │          │                 ┌──→│编制作业文件│
┌─────┐       │     ┌───────────┐   ├──────────┤
│  D  │       └────→│ 文件策划  │──→│编制制度文件│
│ 执  │             └───────────┘   ├──────────┤
│ 行  │                             │编制管理手册│
└─────┘                             └──────────┘
   │                                ┌──────────┐
   │               ┌───────────┐ ┌─→│ 执行文件  │
┌─────┐            │ 实施运行  │──┤  ├──────────┤
│  C  │            └───────────┘  └─→│ 现场整改  │
│ 检  │                             └──────────┘
│ 查  │                             ┌──────────┐
└─────┘            ┌───────────┐ ┌─→│ 管理评审  │
   │               │ 监督评价  │──┤  ├──────────┤
   │               └───────────┘  └─→│ 内部审核  │
┌─────┐                             └──────────┘
│  A  │                             ┌──────────┐
│ 改  │            ┌───────────┐ ┌─→│ 外部评价  │
│ 进  │            │ 改进提高  │──┤  ├──────────┤
└─────┘            └───────────┘  └─→│ 持续改进  │
                                    └──────────┘
```

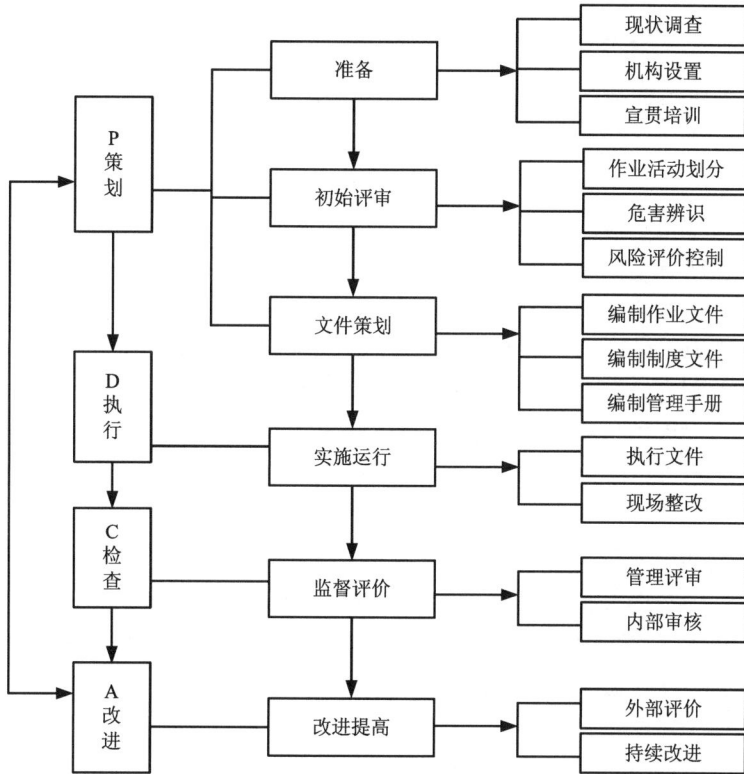

图 9-32 整合体系运行模式图

现场处置方案的培训、相关作业文件实施方法的培训等。培训的全面程度决定着体系运行的效果。因此，全面的安全教育培训对整合体系的实施与运行起着决定性的作用。

4) 充分保障资源

整合体系的运行需要同时满足两套法规标准的要求。企业应加大安全投入，为整合体系配备充足的人力、物力、财力资源，才能保证体系的正常运行，进而不断改进自身的安全绩效，满足相关方和社会要求，提升企业的竞争力。

5) 严格执行体系文件

安全标准化系统及职业安全健康管理体系都是文件化的管理体系，这也决定了整合管理体系的文件化管理方式。企业的管理手册、程序文件(制度文件)、作业文件及相关的记录文件都是企业依照规范、标准及企业实际制订的，并通过最高管理者的审核、签发，具有强制约束力，必须严格执行，以保证体系的有效运行。在体系文件运行过程中，会产生或形成大量记录文件，作为证实体系是否有效运行的客观证据。这些记录文件是进行内部审核(评价)和外部评价的重要参照依据，也是整合体系改进的依据，必须认真填写和妥善保存。

6) 认真践行两个承诺

整合体系能否有效运行，很大程度上取决于管理者特别是企业最高管理者对体系的认知和态度。管理者特别是企业最高管理者认识到位，自觉践行"严格遵守法律法规，持续改进安全绩效"的承诺，积极履行自身的职责，主动参与体系的过程管理，充分保障体系运行所需的资源，才能确保整合体系的高效运行，推动企业安全管理水平不断提升。

9.5.4 整合管理体系的保持

建立管理体系是企业实施安全管理的基本，建立体系后的保持工作是企业的关键工作。管理体系的保持是要体现持续改进的思想，在改进中，不断发现不符合项目，保证体系不断得到更新。

1）定期或适时评审、调整安全生产方针、目标

企业的安全生产方针代表了组织的安全理念和宗旨，它既要体现企业的重大危险因素，也要体现企业在遵守法律法规方面的决心。因此，在企业的生产环境及机构等发生变化时，就应审核安全生产方针的适用性，进而及时调整，以满足企业的要求。

企业的安全生产目标要与企业的安全生产方针相符合，它是在某个阶段实现安全生产方针的具体表现。安全生产目标是逐步完成的，企业应在不同阶段对目标的完成情况进行审核，并根据相关条件的变化，适时调整安全生产目标，确保目标完成情况与预期保持一致或好于预期。

2）组织体系的内部审核

整合后的管理体系要求企业每半年至少完成一次内部审核工作，评价体系的运行是否正常，是否存在不符合项，并及时整改这些不符合项。通过体系的内部审核，可以找出整合体系的不足，并确定改进方法，以有效地推动整合体系的持续改进。

3）数据分析

体系运行中产生的大量数据是体系运行结果的展示，若不对这些数据进行分析，就无法发挥数据应有的作用。如对事故事件的数据进行统计，并在统计的基础上，分类别分析数据结果，发现事故事件产生的各项原因，进而找到最优良的控制方法，提高安全绩效。因此，数据分析在体系保持过程中起到关键的作用。

4）纠正和预防措施

纠正措施和预防措施是整合体系进行改进的指导元素。体系运行包括三项评价阶段——内部评价、管理评审、外部评价。在这三项阶段中，会查找体系的不符合项，此时就需要通过原因分析确定不符项产生的原因，进而采取纠正和预防措施。通过纠正措施的实施，不断解决体系运行过程中出现的问题。通过预防措施的实施，不断避免体系运行出现偏差，确保体系长期有效运行。

参考文献

[1] AQ/T 2050.1—2016. 金属非金属矿山安全标准化规范 导则[S].

[2] AQ/T 2050.2—2016. 金属非金属矿山安全标准化规范 地下矿山实施指南[S].

[3] AQ/T 2050.3—2016. 金属非金属矿山安全标准化规范 露天矿山实施指南[S].

[4] AQ/T 2050.4—2016. 金属非金属矿山安全标准化规范 尾矿库实施指南[S].

[5] 连民杰，李晓飞. 金属非金属矿山安全标准化建设[M]. 第1版. 北京：气象出版社，2012.

[6] 中国安全生产科学研究院，五矿邯邢矿业有限公司. 金属非金属地下矿山安全生产标准化体系策划及运行控制[M]. 北京：煤炭工业出版社，2013.

[7] 华安天宇. 安全生产标准化[M]. 北京：中国环境科学出版社，2012.

[8]国家安全生产监督管理总局宣传教育中心. 金属非金属矿山安全生产标准化培训教材[M]. 北京：团结出版社，2012.

[9]陈谨，付俊江，隋阳. 基于PDCA理论创建矿山安全标准化系统的研究[J]. 中国安全科学学报，2010，20(4)：49-54.

[10]朱栗宝，罗周全，罗贞焱，等. 我国金属非金属矿山安全标准化问题及对策[J]. 矿业工程研究，2009，24(4)：43-46.

[11]周建新，张兴凯，刘晓宇，等. 非煤矿山安全标准化在安全生产中的地位和作用[J]. 金属矿山，2007(4)：1-5+18.

[12]刘峰，王红汉，朱晓林，等. 金属非金属矿山安全生产标准化的创建[J]. 安全，2010，31(2)：26-28.

[13]侯茜，王云海，程五一，等. 金属非金属矿山安全标准化创建与考评[J]. 金属矿山，2009(8)：140-142，148.

[14]裴文田. 金属非金属矿山标准化建设研究[J]. 中国安全生产科学技术，2009，5(6)：119-122.

[15]蔡希彪. 安全生产标准化与HSE管理体系整合建设的必要性和可行性探索[J]. 中国石油和化工标准与质量，2013，33(12)：12-13.

[16]陈研文. 石油化工企业安全标准化与HSE管理体系的比较和整合利用[D]. 长沙：中南大学，2011.

[17]熊远喜，孟庆贵. 金属非金属地下矿山安全标准化实施指南[M]. 北京：气象出版社，2010.

[18]"'绿十字'安全基础建设新知丛书"编委会. 安全生产标准化建设知识[M]. 北京：中国劳动社会保障出版社，2014.

[19]杨凯，吕淑然. 浅议企业安全文化建设与安全标准化建设的关系[J]. 中国安全生产科学技术，2012，8(9)：190-193.

[20]王凯歌，郑志琴. 安全标准化在矿山企业推进中所存在的问题及对策[J]. 价值工程，2014，33(20)：158-159.

[21]赵艳艳. 关键任务作业指导书在矿山安全标准化系统中的应用[J]. 采矿技术，2017，17(2)：73-76.

[22]刘业娇，曹庆贵，王文才，等. 基于安全标准化的非煤矿山安全管理系统研究[J]. 工业安全与环保，2012，38(5)：74-76，96.

[23]张丽敏. 企业安全标准化监管信息系统的构建与应用[J]. 企业改革与管理，2016(14)：181.

[24]杨健，沈斐敏. 企业安全标准化监管信息系统构建与应用[J]. 中国安全生产科学技术，2014，10(1)：170-174.

[25]赵艳艳，李畅. 矿山安全标准化与职业健康安全管理体系的整合研究[J]. 矿业研究与开发，2015，35(5)：78-81.

图书在版编目（CIP）数据

采矿手册. 第七卷，矿山安全／唐绍辉主编. —长沙：
中南大学出版社，2022.7

ISBN 978-7-5487-4535-8

Ⅰ. ①采… Ⅱ. ①唐… Ⅲ. ①矿山开采－技术手册
②矿山安全－技术手册 Ⅳ. ①TD8-62

中国版本图书馆 CIP 数据核字（2021）第 131756 号

采矿手册 第七卷 矿山安全
CAIKUANG SHOUCE DIQI JUAN KUANGSHAN ANQUAN

古德生 ◎ 总主编

唐绍辉 ◎ 主 编

谢 源 赵艳艳 ◎ 副主编

□ 出 版 人 吴湘华
□ 责任编辑 伍华进 罗园园
□ 责任印制 唐 曦
□ 出版发行 中南大学出版社

社址：长沙市麓山南路 邮编：410083

发行科电话：0731-88876770 传真：0731-88710482

□ 印 装 湖南省众鑫印务有限公司

□ 开 本 787 mm×1092 mm 1/16 □ 印张 48 □ 字数 1221 千字
□ 版 次 2022 年 7 月第 1 版 □ 印次 2022 年 7 月第 1 次印刷
□ 书 号 ISBN 978-7-5487-4535-8
□ 定 价 280.00 元